普通高等教育案例版系列教材

案例版

供临床、预防、基础、口腔、麻醉、影像、药学、检验、护理、法医等专业使用

生物化学与分子生物学

第3版

主　　编　刘新光　罗德生

副 主 编　张志珍　肖建英　田余祥　裴秀英

编　　者（以姓名笔画为序）

叶　辉（温州医科大学）
田余祥（大连医科大学）
刘勇军（广东医科大学）
刘新光（广东医科大学）
江旭东（佳木斯大学）
李有杰（滨州医学院）
李旭霞（大连大学）
肖建英（锦州医科大学）
库热西·玉努斯（新疆医科大学）
张志珍（广东医科大学）
陆红玲（遵义医科大学）
陈维春（广东医科大学）
罗晓婷（赣南医学院）
罗德生（湖北科技学院）
费小雯（海南医学院）
钱文斌（湖北科技学院）
殷嫦嫦（九江学院）
裴秀英（宁夏医科大学）

科 学 出 版 社

北　京

郑 重 声 明

为顺应教学改革潮流和改进现有的教学模式，适应目前高等医学院校的教育现状，提高医学教学质量，培养具有创新精神和创新能力的医学人才，科学出版社在充分调研的基础上，首创案例与教学内容相结合的编写形式，组织编写了案例版系列教材。案例教学在医学教育中，是培养高素质、创新型和实用型医学人才的有效途径。

图书在版编目（CIP）数据

生物化学与分子生物学 / 刘新光，罗德生主编 . —3 版 . —北京：科学出版社，2021.7

ISBN 978-7-03-068591-9

Ⅰ. ①生… Ⅱ. ①刘… ②罗… Ⅲ. ①生物化学 – 医学院校 – 教材 ②分子生物学 – 医学院校 – 教材 Ⅳ. ① Q5 ② Q7

中国版本图书馆 CIP 数据核字（2021）第 064153 号

责任编辑：张天佐　胡治国 / 责任校对：宁辉彩
责任印制：霍　兵 / 封面设计：陈　敬

科学出版社 出版
北京东黄城根北街 16 号
邮政编码：100717
http://www.sciencep.com

天津市新科印刷有限公司印刷
科学出版社发行　各地新华书店经销

*

2007 年 6 月第　一　版　开本：850 × 1168　1/16
2021 年 7 月第　三　版　印张：28 1/2
2024 年 7 月第二十八次印刷　字数：903 000

定价：98.00 元

（如有印装质量问题，我社负责调换）

前　　言

为深化课程体系与教学方法改革，加大教材建设改革力度，提高高等医学教育教学质量，更好地贯彻落实教育部高等学校教学指导委员会研究制定的《普通高等学校本科专业类教学质量国家标准》，科学出版社于 2018 年 6 月在北京召开了高等医学院校临床医学类专业案例版教材主编人会议，会上就临床医学类专业本科案例版教材的“教材定位、案例特色、课程内容满足三个层次的需求（三纲）、教学组织形式和突出‘三基、五性、三特定’原则”等五方面做了详尽的解读，并提出了具体的编写要求。

《生物化学与分子生物学》（案例版，第 3 版）是在周克元、罗德生主编的《生物化学》（案例版，第 2 版）基础上的再版，故本教材仍然以五年制医学本科生为主要对象，以临床医学专业需求为主，兼顾预防医学、基础医学、口腔医学、麻醉学、医学影像学、法医学、医学检验技术、护理学、药学等专业需求。本教材涵盖的内容可以满足教育部规定的医学本科生教学要求、医学生毕业后执业医师考试和硕士研究生入学考试的要求。

本版教材大部分章节保持第 2 版的基本框架、结构与内容，拓展内容介绍了各章节相关诺贝尔奖获奖人、获奖时间及获奖内容。由此向学生说明，生物化学与分子生物学在现代分子医学的发展中发挥了其前沿学科、带头学科的作用，可大大提高医学生学习生物化学与分子生物学的兴趣和创新思维的培养。本次修订中，除了修改原版教材中的错误文字、符号外，主要作了如下修改：①撤换或增加了部分章节中的临床案例；②更换或增加了部分章节的图表；③规范了科技名词术语；④调整了部分章节的编排顺序，如将“糖代谢”放在“生物氧化”之前；⑤增加了“聚糖的结构与功能”和“疾病相关基因检测”两章；⑥更换了两章的名称，将“分子生物学常用技术”更名为“分子生物学常用技术及其应用”，将“基因组学与蛋白质组学”更名为“组学”；⑦将第 2 版全书 23 章六部分调整为本教材全书 25 章四篇（即生物分子的结构与功能篇、物质代谢与调节篇、遗传信息的传递篇与专题篇），每篇篇首都编写了内容提要。

本版教材编写参考了周春燕、药立波教授主编的《生物化学与分子生物学》（第 9 版）及部分国内外相关教材，是在周克元、罗德生教授主编的《生物化学》（案例版，第 2 版）基础上的再版。在此，我们向所有参与第 2 版教材编写的作者表示衷心的感谢。在召开本教材编委会和定稿会过程中我们得到了科学出版社、广东医科大学和锦州医科大学的大力支持，在此一并表示衷心感谢。

由于生物化学与分子生物学发展迅速，内容涉及广泛，加之我们水平有限，书中难免存在不足之处，敬请各位教师、同行和同学们在使用过程中给予批评指正，以便再次修订完善。

刘新光　罗德生

2020 年 11 月

目　　录

第三篇　遗传信息的传递

第四篇　专　题　篇

第 1 章　绪　　论

第 1 章 PPT

生物化学（biochemistry）即生命的化学（life chemistry），简称生化。它是研究活细胞和生物体内的各种化学分子及其化学反应的一门科学。其任务是研究生物体内物质的化学组成、分子结构与功能、物质代谢与调节和基因信息传递与调控及其与生理功能的关系。其目的是从分子水平和化学变化的深度揭示生命奥秘，探讨生命现象的本质，并把这些基础理论、基本原理与方法应用于有关学科领域和生产实践，从而为控制生物并改造生物，保障人类健康和提高人类生存质量服务。

第 1 节　生物化学与分子生物学发展简介

生物化学的发展，在欧洲约是在 200 年前开始的，逐渐发展，一直到 20 世纪初才引进“生物化学”这个名称而成为一门独立的学科。但在我国，其发展历史悠久，可追溯到远古，所以生物化学是一门既古老又年轻的学科。

近代生物化学发展可划分成三个阶段：初期、蓬勃发展时期和分子生物学时期。

第一阶段——生物化学初期（或萌芽时期）：从 18 世纪中叶至 20 世纪初。在这一个多世纪中，一些化学家、生理化学家的主要工作是研究生物体的化学组成，客观描述组成生物体的物质含量、分布、结构、性质与功能，故又称为叙述生物化学阶段。其间对生物化学发展所作出的重要贡献有：对三大供能营养素（糖、脂质、蛋白质或氨基酸）的性质进行了较为系统的研究；证实了肽链中肽键的作用；人工合成简单多肽化合物并可被消化酶水解；淀粉酶、蛋白水解酶的发现；提出了酶催化作用特异性的“锁钥”学说；无细胞提取物中的“可溶性催化剂”的作用证实；核酸的发现并确定了嘌呤和嘧啶环的结构等。实际上，在这一时期，不少的科学家已经在进行物质代谢方面的研究，并有所发现，也取得了很多成果。例如，18 世纪末至 19 世纪 20 年代证明动物呼吸过程中氧被消耗的同时，呼出 CO_2 并释放出热量，认为这是食物在体内“燃烧”的结果，是生物氧化及能量代谢研究的开端。并在 19 世纪 40 年代提出了新陈代谢的概念，认为体内的物质是处于合成与分解的化学变化过程。

第二阶段——生物化学蓬勃发展时期：从 20 世纪初期开始，生物化学进入这一时期。这一时期在营养、内分泌及酶学等方面有许多重大发现与进展，如研究了人体对蛋白质的需要及需要量，并发现了营养必需氨基酸、营养必需脂肪酸、多种维生素及一些不可或缺的微量元素；发现了多种激素并能进行纯化与合成；制备出多种酶的结晶等。除此之外，更主要的进展是利用化学分析及放射性核素示踪技术对体内主要物质代谢，尤其是物质的分解代谢途径如脂肪酸 β 氧化、糖酵解、鸟氨酸循环及三羧酸循环等过程均已基本弄清楚。所以，又称此阶段为动态生物化学阶段。

第三阶段——分子生物学时期：20 世纪 50 年代以来，生物化学的发展进入了一个新的高潮——分子生物学崛起，即分子生物学时期。所以，分子生物学也被视为生物化学的发展与延续。科学家们采用现代的先进技术与方法，更深入地研究物质代谢途径，尤其是对错综复杂的“中间代谢”网络途径的研究，重点是研究物质代谢的调节与合成代谢。焦点是研究蛋白质与核酸之类生物大分子的结构与功能、代谢与调节（调控），并取得了举世瞩目的成果。特别是 1953 年沃森（Watson）和克里克（Crick）提出 DNA 双螺旋结构模型，作为现代分子生物学诞生的里程碑，开创了分子遗传学基本理论建立和发展的黄金时代。在此基础上建立了遗传信息传递的中心法则并得到补充与完善；遗传密码的破译揭示 mRNA 碱基序列与多肽链中氨基酸序列的关系。

20 世纪 70 年代，以重组 DNA 技术的出现作为新的里程碑，标志着人类深入认识生命本质并能主动改造生命的新时代开始。通过基因工程技术，相继获得了许多基因工程产品，大大推动了医药工业和农业的发展，并且产生了巨大的社会效益和经济效益。转基因动植物和基因敲除（gene knockout）动物模型的成功建立及基因诊断与基因治疗等都是重组 DNA 技术在各个领域中的应用，这些都足以说明重组 DNA 技术对人类生产、生活和健康的影响是巨大的。

基因工程的迅速发展与应用得益于许多分子生物学新技术的不断涌现。包括核酸的化学合成从手工发展至全自动合成，以及聚合酶链反应（polymerase chain reaction，PCR）即特定核酸序列扩增技术的发明和全自动核酸序列测定仪等。核酶（ribozyme）的发现是人们对生物催化剂认识的补充，也丰富了核酸的生物学功能。

美国科学家于1985年提出，1990年正式启动的计划耗资30亿美元，用15年完成的人类基因组计划（human genome project，HGP）是生命科学领域有史以来全球性最庞大的研究计划，它与“曼哈顿”原子弹计划、“阿波罗”登月计划并称自然科学史上的“三大计划”。经过包括中国在内的6个成员国16个实验室1110余名生物科学家、计算机专家和有关技术人员的不懈努力，提前5年于2000年6月完成第一个基因组草图的绘制，并于次年2月由公共基金资助的HGP和私人企业塞雷拉（Cerela）基因组学公司共同公布了人类基因组“工作框架图”。2003年4月14日HGP组委会隆重宣布：人类基因组序列图绘制成功，HGP的所有目标基本实现，但在1号染色体上依然还存在一些漏洞和不精确的地方。2006年5月18日，英美科学家宣布完成了人类1号染色体的基因测序图，这表明人类最大和最后一个染色体的测序工作已经完成，历时16年的人类基因组计划终于画上了句号。基因组序列图首次在分子层面上为人类提供了一份生命“说明书”，它不仅奠定了人类认识自我的基石，推动了生命与医学科学的革命性进展，而且为全人类的健康带来了福音。

随着人类基因组计划和百余种模式生物的基因组全序列测定的完成，生命科学研究进入了一个新的纪元——后基因组时代（postgenome era）。基因组计划的重心已逐渐由结构基因组学研究转移到功能基因组学、蛋白质组学、转录物组学、代谢组学及系统生物学的研究，开启了蛋白质空间结构的分析与预测、基因表达产物的功能分析、代谢物整体分析及细胞信号转导机制等的研究。各种组学研究将对疾病的发生发展机制作出最终的解释，也将在各个层次和水平上为疾病的诊断和治疗提供新的线索。

我国在生物化学发展中的作用和地位：公元前21世纪，我们的祖先已能用曲作“媒”（即酶）催化谷物中的淀粉转化为酒。此后，公元前12世纪以前，我国人民已能利用麦、谷、豆等原料制饴（麦芽糖）、醋和酱。这些足以表明我国在几千年前已有酶学的萌芽。在营养方面，《黄帝内经·素问》的“脏气法时论”篇记载有“五谷为养，五畜为益，五果为助，五菜为充”，将食物分为四大类，并以“养”“益”“助”“充”表明其在营养上的价值，这在近代营养学中也是配制完全膳食的一个好原则。在医药方面，我国古代医学家对某些营养缺乏病的治疗也有所认识。主要因饮食中缺碘所致的如地方性甲状腺肿古称“瘿病”，可用含碘丰富的海带、海藻、紫菜等海产品防治。夜盲症古称“雀目”，是一种维生素A缺乏的病症。孙思邈（公元581～682年）首先用含维生素A较丰富的猪肝治疗雀目。我国早期的眼科专著《秘传眼科龙木论》记载用苍术、地肤子、细辛、决明子等含维生素A原的植物治疗雀目。更不用说，明代李时珍（公元1518～1593年）撰著的《本草纲目》这一巨著，它不仅集药物之大成，对生物化学的发展也不无贡献。

20世纪20年代以来，我国生物化学家吴宪等在营养学、临床生物化学、蛋白质变性学说和免疫化学的抗原-抗体分析及免疫反应机制等方面的研究都有重大发现。中华人民共和国成立后，我国的生物化学迅速发展。1965年，我国科学家在世界上首先人工合成了有生物活性的结晶牛胰岛素，1973年又完成了用X线衍射法测定牛胰岛素分子的空间结构，分辨率达0.18nm。1981年又采用有机合成和酶促相结合的方法成功合成了酵母丙氨酰tRNA。近年来，我国的基因工程、蛋白质工程、新基因的克隆与功能、疾病相关基因的定位克隆及其功能研究均取得了重要的成果。我国已有人干扰素、人白介素2、人集落刺激因子、重组人乙型肝炎疫苗等多种基因工程药物和疫苗进入生产或临床应用。我国在1994年用导入人凝血因子Ⅸ基因的方法成功治疗了乙型血友病的患者。在我国用作基因诊断的试剂盒已有数百余种，基因诊断和基因治疗还在快速发展之中。值得指出的是，我国于1999年9月跻身人类基因组计划，负责测定的区域位于人类3号染色体短臂上，该区域约占人类整个基因组的1%。虽然参与时间较晚，但是我国科学家提前于2000年4月底绘制完成“中国卷”，赢得了国际科学家的高度评价。

第2节 当代生物化学与分子生物学研究的主要内容

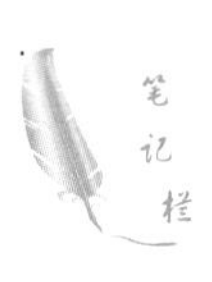

生物化学与分子生物学研究的内容十分广泛，当代生物化学与分子生物学的研究主要集中在以

下几个方面：

1. 生物分子的结构与功能　组成生物体的生物分子复杂多样，有无机物和有机物等。有机物中包括有机小分子和生物大分子。通常将蛋白质、核酸等所有生物大分子的结构与功能、代谢与调节（调控）等的研究，称为分子生物学。因此，分子生物学实际上是生物化学的重要组成部分。研究这些生物大分子的结构与功能、空间结构及其与功能的关系、分子之间的相互识别与相互作用是当代生物化学与分子生物学研究的热点和焦点之一。

2. 物质代谢及其调节　物质代谢的正常进行是正常生命活动的必要条件。体内物质与外界环境中的物质不断进行交换的过程，即新陈代谢，它是生命体的基本特征之一，新陈代谢的正常进行是维持内环境相对恒定的保证。新陈代谢十分活跃，以 60 岁计算，推测人的一生中与外界环境进行交换的水、糖类、蛋白质及脂质分别为 60 000kg、10 000kg、1600kg 和 1000kg。此外，其他小分子物质和无机盐类也在不断交换之中。体内的物质代谢几乎都是由一系列酶催化的反应所组成的代谢途径所完成。正常情况下，体内千变万化的化学反应及错综复杂的代谢途径能按照一定的规律有条不紊地进行，是因为机体内存在一整套精细、完善的调节机制。物质代谢紊乱或调节失控则可引起疾病。因此，深入探讨物质代谢有序性调节的分子机制及其涉及的细胞信号转导机制与网络正是近代生物化学研究的重要课题。

3. 遗传信息传递及其调控　基因是 DNA 分子中编码活性产物的一段碱基序列（或功能片段）。基因信息传递涉及遗传、变异、生长、发育与分化等诸多生命过程，也与遗传性疾病、恶性肿瘤、有遗传倾向疾病（如原发性高血压、糖尿病、溃疡病等）、代谢异常性疾病、免疫缺陷性疾病等的发病机制有关。因此，基因及基因信息传递的研究在生命科学特别是医学中的作用越来越显示出重要意义，因而疾病基因组学应运而生。随着人类基因组计划的完成和后基因组计划的启动，DNA 重组、转基因、新基因克隆、基因诊断与基因治疗等大力开展，必将大大推动基因分子生物学及基因疾病学的研究进程。

微课 1

第 3 节　生物化学与分子生物学和医学

生物化学与分子生物学是一门重要的基础医学必修课程，研究的是正常人体的生物化学及疾病过程中的生物化学相关问题，与医学的发展密切相关，并已形成临床生物化学一门学科。生物化学与分子生物学的理论和技术已渗入基础医学和临床医学的各个领域，促进了现代医学的快速发展，一大群交叉学科或分支学科已经形成或正在形成，有的已经初步形成体系，如分子病理学、分子药理学、分子遗传学、分子微生物学、分子免疫学、神经分子生物学、细胞分子生物学、发育分子生物学、衰老分子生物学、分子流行病学、肿瘤分子生物学等。

生物化学与分子生物学的发展推动现代医学各学科迅速发展的同时，现代医学各学科尤其是临床医学又不断地向生物化学和分子生物学提出问题和挑战。随着近代医学的发展，越来越多的生物化学的理论和技术，被应用于疾病的预防、诊断、治疗和预后判断。从分子水平探讨各种疾病的发生发展机制，也已成为现代医学研究的共同目标。近年来，人们在一些重大疾病的发病机制研究方面都是采用生物化学与分子生物学的手段在分子水平上取得突破的。PCR、基因芯片和蛋白质芯片等技术已应用于临床疾病的诊断，基因治疗手段也已应用于临床，这给临床医学的诊断和治疗带来了全新的理念。随着基因工程、蛋白质工程、酶工程及细胞工程等共同构成的生物技术工程和胚胎工程等的发展，人类在各种传染病、恶性肿瘤、心脑血管疾病、免疫性疾病、神经系统疾病、计划生育和抗衰老等方面一定会获得更为有效的治疗手段。

因此对于医学生来讲，学习和掌握生物化学与分子生物学知识，既可以理解生命现象的本质与人体生命过程中的分子机制，也可为进一步学习基础医学其他课程和临床医学奠定扎实的生物化学与分子生物学基础。

第 4 节　本书的主要内容

全书共 25 章，分成四篇。第一篇是生物分子的结构与功能，包括教材的第 2 章至第 6 章。前两章主要从化学组成、分子结构、主要理化性质及生物学功能等方面比较性学习，重点掌握它们的组成、结构特点、重要功能及主要理化性质与应用。酶是具有高效、特异催化作用的一类特殊蛋白质，

体内的一切化学反应几乎都是由酶催化的。因此，在学习物质代谢与调节的有关章节前必须学好该章内容。由于结合酶中的辅助因子主要是一些维生素及其衍生物或某些微量元素，学习第 4 章时应结合第 5 章的有关内容。本教材在第 2 版基础上增加了第 6 章聚糖的结构与功能。聚糖是糖蛋白、蛋白聚糖和糖脂等复合糖类的重要组成部分。这一章重点学习聚糖类型、聚糖与蛋白质或脂质的连接方式及三类复合糖的功能。第二篇是物质代谢与调节，包括教材的第 7 章至第 12 章，是生物化学的最重要部分。机体的一切生命活动都需要能量，能量由糖、脂肪及蛋白质三大供能营养素氧化分解产生，以糖氧化供能为主，主要是通过线粒体氧化体系经氧化磷酸化方式生成。核苷酸是核酸的基本组成单位，体内的核苷酸是通过从头合成和补救合成两种方式生成。体内的各种物质混为一体，其代谢十分活跃、极为复杂，且各组织、器官的代谢又各具特点，并能相互联系、相互协调、有序进行。学习这部分内容时，要对糖、脂质、蛋白质及核苷酸的主要生理功能及消化吸收的特点进行归纳比较，重点掌握各类物质的合成与分解代谢途径的主要过程、关键酶反应及其生理意义；物质代谢的主要特点、各物质代谢间的联系和物质代谢的三级水平调节。第三篇是遗传信息的传递，包括 DNA、RNA 和蛋白质的生物合成及基因表达调控。前三章主要讨论遗传学中心法则的三个环节，同时还讨论了逆转录、DNA 损伤与修复、RNA 转录后的加工和翻译后加工及蛋白质输送等方面的内容。基因经转录生成 RNA 或经转录与翻译生成蛋白质的过程即为基因表达。基因表达涉及的酶类、蛋白质因子较多，因而其调控为多水平、多环节、多因素参与的复杂过程。第四篇是专题篇，包括教材的第 17 章至第 25 章，内容包括细胞信号转导、血液生物化学、肝的生物化学、重组 DNA 技术、分子生物学常用技术及其应用、癌基因与抑癌基因、基因诊断与基因治疗、疾病相关基因检测和组学。本篇的各章内容各院校可根据具体情况选择，有些章节可以供学生自学或作为专题讲座。

值得一提的是，本书作为案例版教材，在每章中都安排了相关案例，学生利用该章的生物化学知识阐明其发病机制或药物治疗的作用机制，在生物化学与分子生物学教材中将生物化学与分子生物学知识直接与临床联系起来，这是一种新的尝试。

（刘新光　罗德生）

第一篇　生物分子的结构与功能

生命体内重要的生物分子包括蛋白质、核酸、酶、聚糖和维生素等。蛋白质是生命功能的执行者，核酸是生物遗传信息的储存者和传递者，两者的存在与配合是生命现象如遗传、繁殖、生长、运动、物质代谢等的基础。酶是一类重要的蛋白质、RNA 或其复合体，是生物体的催化剂；体内几乎所有的化学反应都是由特异性的酶所催化。聚糖与蛋白质、脂质等构成复合糖类，如糖蛋白、蛋白聚糖、糖脂，在各种生命活动中发挥作用。维生素尽管为小分子化合物，却是维系人体正常生命活动所必需的要素，在各种代谢途径中发挥重要作用，包括参与抗氧化、钙磷代谢及凝血过程等。

参与机体构成并发挥重要作用的生物大分子通常都有一定的分子结构规律，即由一定的基本结构单位，按一定的排列顺序和连接方式而形成多聚体。例如，蛋白质的基本组成单位是氨基酸，氨基酸按照从 N 端到 C 端的一定顺序以肽键连接而成多肽链；核酸则是核糖核苷酸或脱氧核糖核苷酸按照从 $5' \rightarrow 3'$ 的顺序以 3′,5′- 磷酸二酯键相连而成多核苷酸链。聚糖是继蛋白质、核酸后被重视的结构复杂且有规律可循的重要分子之一，但组成糖蛋白和蛋白聚糖的聚糖结构迥然不同，因此两者在功能上也有显著差异。

学习这一部分内容，要重点掌握生物体内上述重要分子的结构特性、功能及基本的理化性质与应用，这对理解生命的本质具有重要意义，也可为后续课程的学习打下基础。

第 2 章　蛋白质结构与功能

第 2 章 PPT

蛋白质（protein）是生命的物质基础，是生命活动最主要的载体和功能执行者。蛋白质几乎存在于所有的器官和组织，约占人体固形成分的 45%，分布广泛，是生物体的基本组成之一。蛋白质在所有的生命过程中起重要作用，生物体结构越复杂，其蛋白质种类和功能也越繁多。一个真核细胞可有数千种蛋白质，包括各种酶、抗体、多肽类激素、转运蛋白、收缩蛋白等。它们不仅作为细胞和组织的结构如胶原蛋白、角蛋白，而且参与生物体的几乎所有生理生化过程，如物质代谢、血液凝固、机体防御、肌肉收缩、细胞信号转导、个体生长发育等重要生命过程；一些蛋白质还具有调节作用，如多肽激素与生长因子有调节机体功能的作用；蛋白质分解后的氨基酸也可供给机体能量。有些蛋白质的功能相当特异，如南极水域中生长的某些鱼类，血液中含有抗冻蛋白，可保护血液不被冻凝，使生物体得以在低温下生存。

蛋白质是由 DNA 编码的氨基酸组成的。如果说核酸是生物遗传信息的储存者和传递者，蛋白质则是生命信息的体现者和功能执行者。一些新的研究结果不断给蛋白质的功能增添新的色彩。1982 年，Prusiner 发现一类具有传染性的蛋白质颗粒，称为朊病毒（prion），Prusiner 因此而获得 1997 年诺贝尔生理学或医学奖。实际上朊蛋白（prion protein）是人体内一种正常无致病性的短链蛋白质，一旦朊蛋白折叠方式发生改变就可形成可致病性蛋白质，引发致命的、传染的海绵状脑病，如牛海绵状脑病（疯牛病）。

第 1 节　蛋白质的分子组成

组成蛋白质分子的主要元素有碳（50% ～ 55%）、氢（6% ～ 8%）、氧（19% ～ 24%）、氮（13% ～ 19%）和硫（0 ～ 4%）。有些蛋白质还含有少量的磷或金属元素铁、铜、锌、锰、钴、钼等，个别蛋白质还含有碘。各种蛋白质的含氮量很接近，平均为 16%。动植物组织中的含氮化合物主要以蛋白质为主，因此测定生物样品中的含氮量就可按下列公式推算出样品中蛋白质的大致含量。

每克样品中含氮克数 ×6.25×100=100g 样品中蛋白质的含量（g %）

一、氨 基 酸

蛋白质的基本组成单位是氨基酸（amino acid）。蛋白质受酸、碱或蛋白酶的作用而水解成为游离的氨基酸。自然界中存在的氨基酸有 300 余种，但组成人体蛋白质的氨基酸只有 20 种。除甘氨酸外，均为 *L*-*α*- 氨基酸。

（一）氨基酸的一般结构

尽管组成蛋白质的氨基酸有 20 种，但其化学结构具有共同的特点（图 2-1）。

α- 碳原子上除连接一个羧基，还有一个氨基，故称为 *α*- 氨基酸。此外还有一个侧链（R 基团）。不同的氨基酸其侧链各异。除甘氨酸外，*α*- 碳原子均为不对称碳原子，因此具有 *L* 型和 *D* 型两种旋光异构体（图 2-2）。自然界中已发现的 *D* 型氨基酸大多存在于某些细菌产生的肽类抗生素及细菌细胞壁的多肽中，个别植物的生物碱中也有一些 *D* 型氨基酸。细胞能够特异性地合成 *L* 型氨基酸是因为酶的活性位点是不对称的，从而催化立体异构特异性产物。

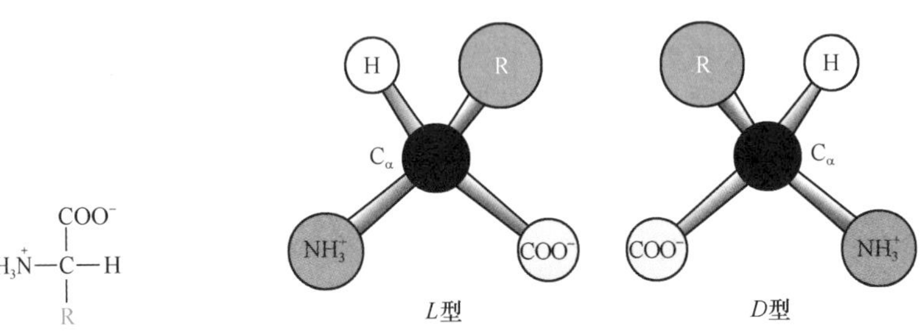

图 2-1 *L*-*α*- 氨基酸结构通式

R 基团代表 20 种不同的化学基团中的一种，通式中的 C 为 *α*- 碳原子

图 2-2 *L*- 氨基酸和 *D*- 氨基酸

（二）氨基酸的分类

组成蛋白质的 20 种氨基酸根据其侧链 R 基团的结构和理化性质不同，可分为五类（表 2-1）。

表 2-1 氨基酸的分类

中文名	英文名	缩写		pK_a			pI
		三字符	一字符	pK_1（$—COO^-$）	pK_2（$—NH_3^+$）	pK_R（R 基）	
1. 非极性疏水性氨基酸							
甘氨酸	glycine	Gly	G	2.34	9.60		5.97
丙氨酸	alanine	Ala	A	2.34	9.69		6.01
脯氨酸	proline	Pro	P	1.99	10.60		6.30
缬氨酸	valine	Val	V	2.32	9.62		5.97
亮氨酸	leucine	Leu	L	2.36	9.60		5.98
异亮氨酸	isoleucine	Ile	I	2.36	9.68		6.02
甲硫氨酸	methionine	Met	M	2.28	9.21		5.74
2. 极性中性氨基酸							
丝氨酸	serine	Ser	S	2.21	9.15	13.6	5.68
苏氨酸	threonine	Thr	T	2.11	9.62	13.6	5.87
半胱氨酸	cysteine	Cys	C	1.96	10.28	8.18	5.07
天冬酰胺	asparagine	Asn	N	2.02	8.80		5.41
谷氨酰胺	glutamine	Gln	Q	2.17	9.13		5.65
3. 含芳香环的氨基酸							
苯丙氨酸	phenylalanine	Phe	F	1.83	9.13		5.48
色氨酸	tryptophan	Trp	W	2.38	9.39		5.89

笔记栏

续表

中文名	英文名	缩写		pK_a			pI
		三字符	一字符	pK_1（$-COO^-$）	pK_2（$-NH_3^+$）	pK_R（R 基）	
酪氨酸	tyrosine	Tyr	Y	2.20	9.11	10.07	5.66
4. 带正电的碱性氨基酸							
赖氨酸	lysine	Lys	K	2.18	8.95	10.53	9.74
组氨酸	histidine	His	H	1.82	9.17	6.00	7.59
精氨酸	arginine	Arg	R	2.17	9.04	12.48	10.76
5. 带负电的酸性氨基酸							
天冬氨酸	aspartic acid	Asp	D	1.88	9.60	3.65	2.77
谷氨酸	glutamic acid	Glu	E	2.19	9.67	4.25	3.22

1. 非极性疏水性氨基酸　包括四种带有脂肪烃侧链的氨基酸（丙氨酸、缬氨酸、亮氨酸和异亮氨酸）；一种含硫氨基酸（甲硫氨酸）和一种亚氨基酸（脯氨酸）。甘氨酸也属于此类。这类氨基酸在水中的溶解度较小（图 2-3）。

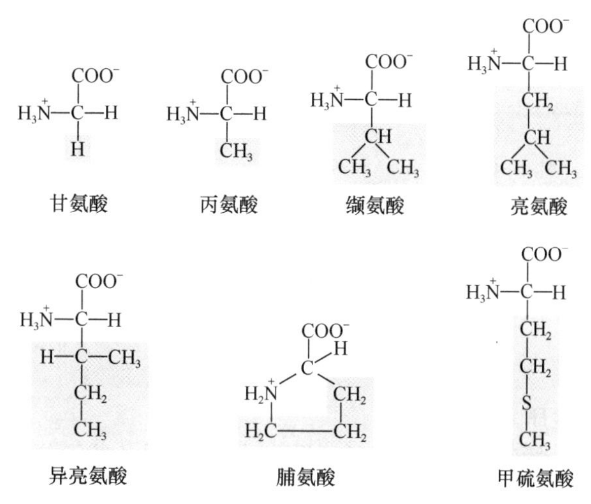

图 2-3　非极性疏水性氨基酸

2. 极性中性氨基酸　这类氨基酸由于含有具有一定极性的 R 基团，在水中的溶解度较非极性疏水性氨基酸大。包括两种具有羟基的氨基酸（丝氨酸和苏氨酸）；两种具有酰胺基的氨基酸（谷氨酰胺和天冬酰胺）和一种含巯基的氨基酸（半胱氨酸）（图 2-4）。

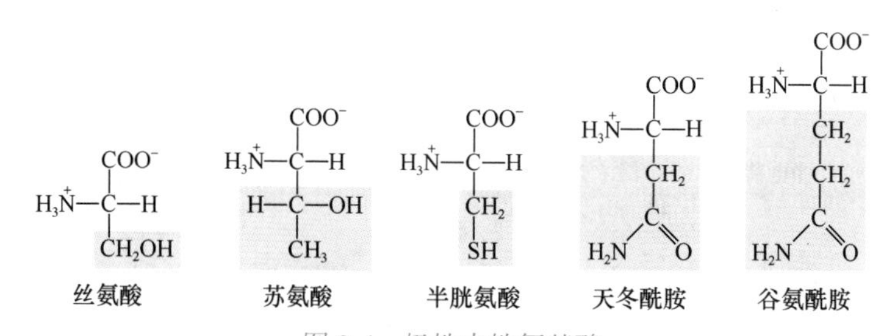

图 2-4　极性中性氨基酸

3. 含芳香环的氨基酸　包括三种含芳香环的氨基酸（苯丙氨酸、酪氨酸和色氨酸）（图 2-5）。

4. 带正电荷的碱性氨基酸　在生理条件下这类氨基酸带正电荷。包括侧链含 ε - 氨基的赖氨酸；R 基团含有一个带正电荷胍基的精氨酸和含有弱碱性咪唑基的组氨酸，是一类碱性氨基酸（图 2-6）。

笔记栏

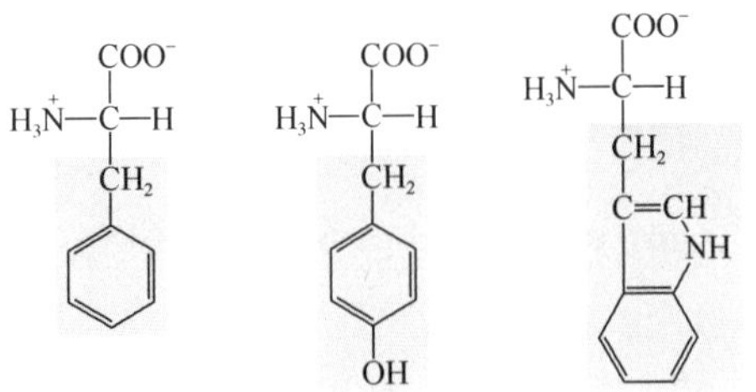

苯丙氨酸 酪氨酸 色氨酸

图 2-5 含芳香环的氨基酸

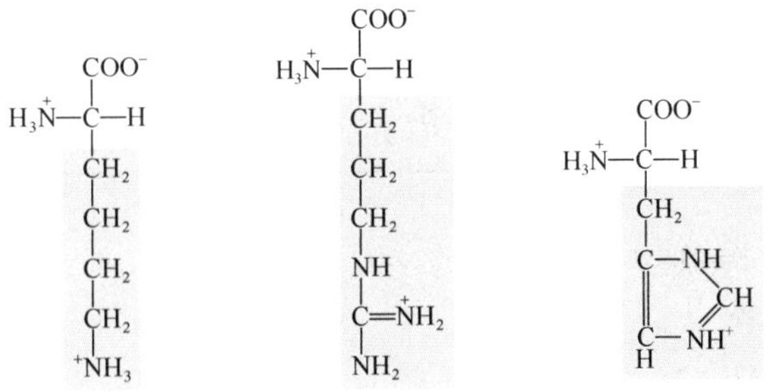

赖氨酸 精氨酸 组氨酸

图 2-6 碱性氨基酸

5. 带负电荷的酸性氨基酸 天冬氨酸和谷氨酸都含有两个羧基，在生理条件下带负电荷，为酸性氨基酸（图 2-7）。

20 种氨基酸中脯氨酸和半胱氨酸结构较为特殊。脯氨酸为亚氨基酸，但其亚氨基仍能与另一氨基酸的羧基形成肽键。脯氨酸在蛋白质加工时可被修饰成羟脯氨酸。此外，2 个半胱氨酸通过脱氢后以二硫键相结合，形成胱氨酸（图 2-8）。蛋白质的半胱氨酸多以胱氨酸形式存在，二硫键在稳定蛋白质空间结构中起重要作用。

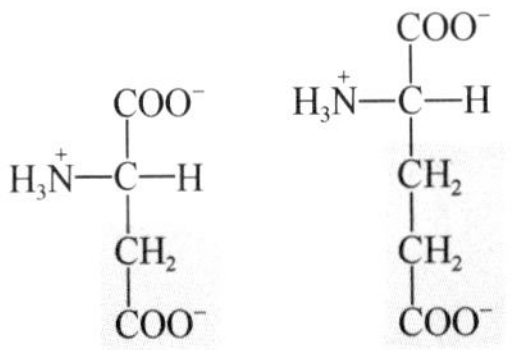

天冬氨酸 谷氨酸

图 2-7 酸性氨基酸

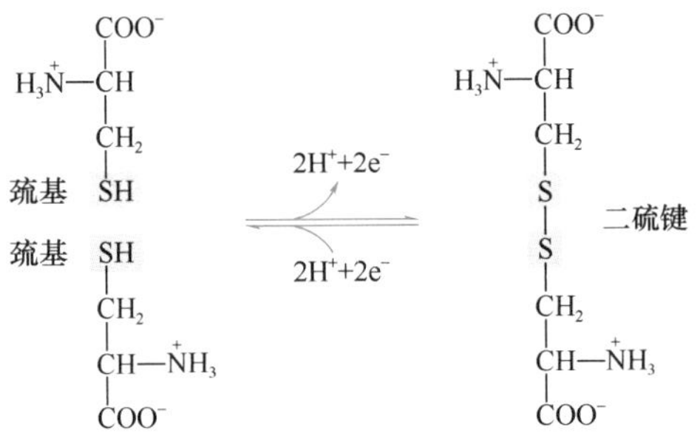

巯基 巯基 半胱氨酸 $2H^{+}+2e^{-}$ 二硫键 胱氨酸

图 2-8 二硫键的形成

（三）氨基酸的理化性质

1. 两性解离及等电点 所有的氨基酸都含有碱性的 *α*- 氨基（或亚氨基）和酸性的 *α*- 羧基，可在酸性溶液中与质子（H^{+}）结合成带有正电荷的阳离子（$—NH_3^{+}$），也可在碱性溶液中失去质子变成带负电荷的阴离子（$—COO^{-}$），因此氨基酸是一种两性电解质，具有两性解离的特性。氨基酸在溶液中的解离方式取决于其所处溶液的酸碱度。在某一 pH 的溶液中，氨基酸解离成阳离子和阴离子的趋势及程度相同，成为兼性离子，净电荷为零，呈电中性。此时溶液的 pH 称为该氨基酸的等电点（isoelectric point，pI）。

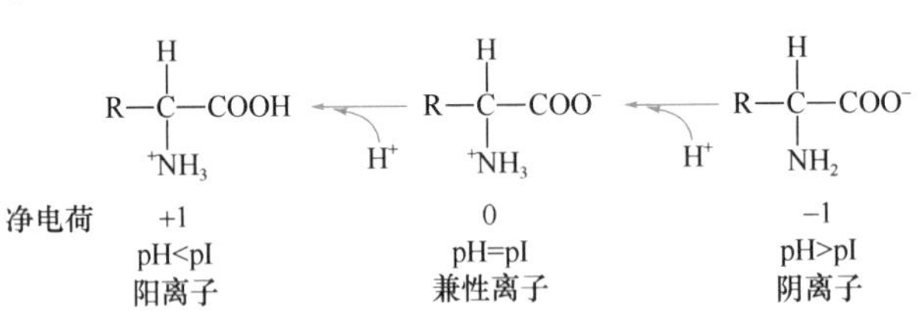

	$R—CH(NH_3^{+})—COOH$		$R—CH(NH_3^{+})—COO^{-}$		$R—CH(NH_2)—COO^{-}$
		← H^{+}		← H^{+}	
净电荷	+1		0		−1
	pH<pI		pH=pI		pH>pI
	阳离子		兼性离子		阴离子

氨基酸的 pI 是由 *α*- 羧基和 *α*- 氨基的解离常数的负对数 pK_1 和 pK_2 决定的。pI 的计算方法为：$pI=1/2(pK_1+pK_2)$。如甘氨酸的 $pK_{-COOH}=2.34$，$pK_{-NH_2}=9.60$，故 $pI=1/2(2.34+9.60)=5.97$。大多数氨基酸的 R 基团为非极性或虽为极性却不可解离。如果一个氨基酸中有三个可解离基团，其等电点由 *α*- 羧基、*α*- 氨基和 R 基团的解离状态共同确定。表 2-1 列出了蛋白质中各氨基酸的等电点，同时给出了各氨基酸的 *α*- 羧基和 *α*- 氨基的 pK_a 值。

2. 紫外吸收性质 色氨酸、酪氨酸和苯丙氨酸由于含有共轭双键，在 280nm 附近有最大吸收峰（图 2-9）。由于大多数蛋白质含有酪氨酸和色氨酸残基，所以测定蛋白质在 280nm 处的吸光度值，是定量分析溶液中蛋白质含量的快速简便的方法。

笔记栏

3. 茚三酮反应 氨基酸与茚三酮（ninhydrin）的水合物共同加热，氨基酸被氧化分解，茚三酮水合物则被还原。在弱酸性溶液中，茚三酮的还原产物与氨基酸分解产生的氨及另一分子茚三酮缩合成为蓝紫色化合物，其最大吸收峰在波长 570nm 处。蓝紫色化合物颜色的深浅与氨基酸分解产生的氨含量呈正比，据此可进行氨基酸定量分析。脯氨酸、羟脯氨酸与茚三酮试剂反应产物呈黄色，天冬酰胺与茚三酮反应产物呈棕色。

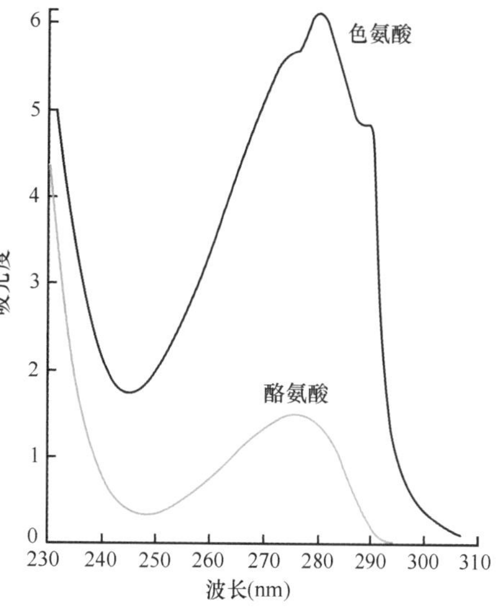

图 2-9 芳香族氨基酸的紫外吸收

二、肽

（一）肽与肽键

氨基酸可相互结合成肽（peptide）。两分子氨基酸可借一分子的氨基与另一分子的羧基脱去一分子水，缩合成为最简单的肽，即二肽（dipeptide）（图 2-10）。

图 2-10 肽与肽键

在这两个氨基酸之间所产生的酰胺键（—CO—NH—）称为肽键（peptide bond）。二肽同样能借肽键与另一分子氨基酸缩合成三肽。如此进行下去，依次生成四肽、五肽……，多个氨基酸可连成多肽（polypeptide）。肽链分子中的氨基酸相互衔接，形成长链，称为多肽链（polypeptide chain）。多肽链中 α- 碳原子和肽键的若干重复结构称为主链（backbone），而各氨基酸残基的侧链基团为多肽链的侧链（side chain）。多肽链两端有自由氨基和自由羧基，分别称为氨基末端（amino terminal）或 N 端和羧基末端（carboxyl terminal）或 C 端。肽链中的氨基酸分子因脱水缩合而残缺，故被称为氨基酸残基（residue）。多肽的命名从 N 端开始指向 C 端。如由丝氨酸、甘氨酸、酪氨酸、丙氨酸和亮氨酸组成的五肽应称为丝氨酰 - 甘氨酰 - 酪氨酰 - 丙氨酰 - 亮氨酸（图 2-11）。

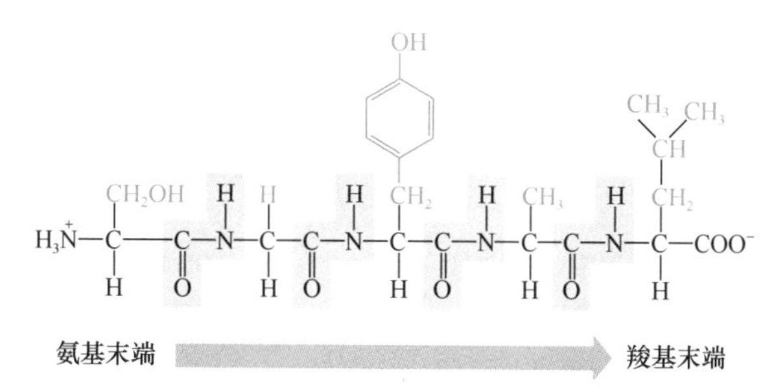

图 2-11 丝氨酰 - 甘氨酰 - 酪氨酰 - 丙氨酰 - 亮氨酸（Ser-Gly-Tyr-Ala-Leu）

20 世纪 30 年代末，Pauling 和 Corey 应用 X 线衍射技术研究肽结晶中各原子间键长与键角时发现，肽键（C—N）具有部分双键的性质，其键长（0.132nm）介于单键（0.149nm）和双键（0.127nm）之间，不能自由旋转。因此，组成肽键的 4 个原子（C，O，N，H）和与之相邻的 2 个 α- 碳原子（$C_{\alpha1}$，$C_{\alpha2}$）等 6 个原子位于同一酰胺平面内，构成肽单元（peptide unit）（图 2-12）。肽单元中 α- 碳原子分别与 N 和羰基 C 相连的键都是典型的单键，可以自由旋转，α- 碳原子与羰基 C 的键旋转角度以 φ 表示，α- 碳原子与 N 的键旋转角度以 ψ 表示。正是由于肽单元上 α- 碳原子所连的两个单键的自由旋转角度，决定了两个相邻的肽单元平面的相对空间位置。

笔记栏

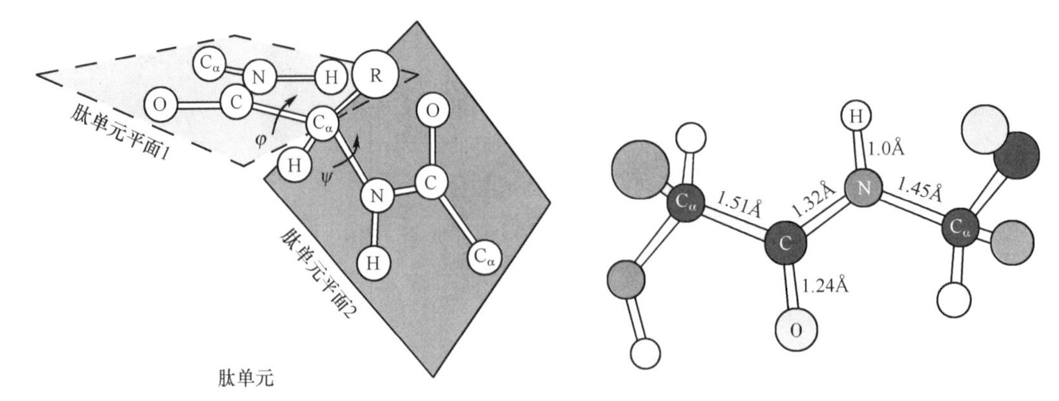

图 2-12 肽单元和肽键中的键长

绝大多数肽单元中 $C_{\alpha 1}$ 和 $C_{\alpha 2}$ 在平面所处的位置为反式（trans），即在连接它们的肽键的相反方向。蛋白质中遇到脯氨酸时会形成顺式（cis）肽单元。由于顺式肽单元能量高，故不如反式肽单元稳定。

（二）天然存在的活性肽

人体内存在许多具有重要生物功能的肽，称为生物活性肽，有的仅三肽，有的为寡肽或多肽，在代谢调节、神经传导等方面起着重要的作用，如谷胱甘肽、多肽类激素、神经肽及多肽类抗生素等。随着生物技术的发展，许多化学合成或重组 DNA 技术制备的肽类药物和疫苗已在疾病预防和治疗方面取得了成效。

1. 谷胱甘肽（glutathione，GSH） GSH 是由谷氨酸、半胱氨酸和甘氨酸组成的三肽（图 2-13A）。第一个肽键是由谷氨酸的 γ- 羧基与半胱氨酸的 α- 氨基脱水缩合而成，称为 γ- 谷氨酰 - 半胱氨酰 - 甘氨酸。分子中半胱氨酸的巯基是 GSH 的主要功能基团。GSH 的巯基具有还原性，可作为体内重要的还原剂，保护体内蛋白质或酶分子中的巯基免遭氧化，使蛋白质或酶处在活性状态。H_2O_2 是细胞内产生的重要氧化剂，可氧化蛋白质中的巯基而破坏其功能。在谷胱甘肽过氧化物酶的作用下，GSH 可还原细胞内产生的 H_2O_2，使其变成 H_2O，失去氧化性。与此同时，GSH 被氧化成氧化型谷胱甘肽（GSSG）；GSSG 在谷胱甘肽还原酶的作用下再生成 GSH（图 2-13B）。此外，GSH 的巯基还有嗜核特性，能与外源的嗜电子毒物如致癌剂或药物等结合，从而阻断这些化合物与 DNA、RNA 或蛋白质结合，以保护机体免遭毒物损害。

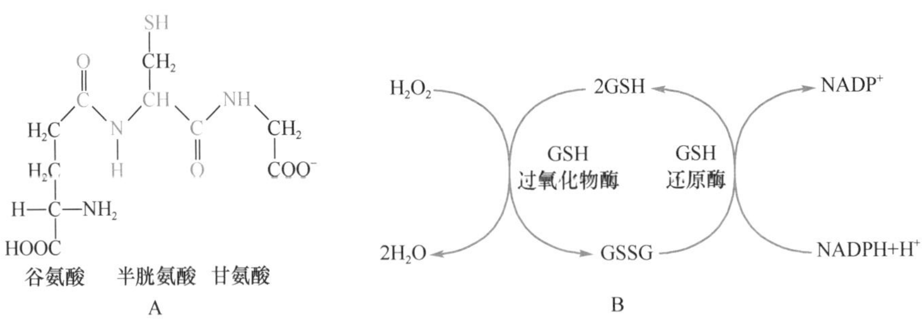

图 2-13 谷胱甘肽（A）和 GSH 与 GSSG 间的转换（B）

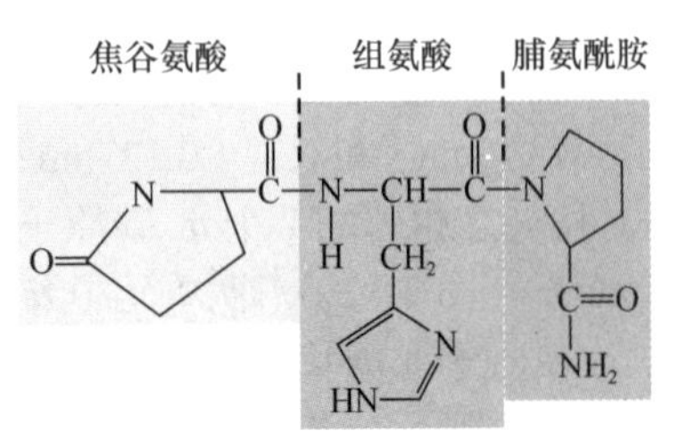

图 2-14 促甲状腺素释放激素（TRH）

2. 多肽类激素及神经肽 体内有许多激素属寡肽或多肽，如缩宫素（催产素）（9 肽）、升压素（9 肽）、促肾上腺皮质激素（39 肽）、促甲状腺素释放激素（3 肽）。它们各有其重要的生理功能。如促甲状腺素释放激素（TRH）是一个特殊结构的三肽（图 2-14），其 N 端的谷氨酸环化成为焦谷氨酸（pyroglutamic acid），C 端的脯氨酸残基酰化成为脯氨酰胺，它由下丘脑分泌，可促进腺垂体分泌促甲状腺素。

与神经传导等有关的神经肽如 P 物质（11 肽）、脑啡肽（5 肽）、强啡肽（17 肽）等，在神经传导中起信号传导作用。它们在生物体内发挥神经递质和神经调质的作用，是中枢神经系统调控机体功能的一类重要化学物质。

3. 抗生素肽　抗生素肽是一类能抑制或杀死细菌的天然活性肽，如短杆菌肽 A、短杆菌素 S、缬氨霉素（valinomycin）和博来霉素（bleomycin）等。20 世纪 70 年代中期以后，通过重组 DNA 技术获得的多肽类药物、肽类疫苗等越来越多，应用也越来越广泛。

第 2 节　蛋白质的分子结构

蛋白质分子是由多个氨基酸通过肽键相连聚合而成的有序的线性大分子。通常从四个层次来描述蛋白质分子的结构，即一级、二级、三级、四级结构。在每种蛋白质中，氨基酸按照一定的数目和组成进行排列，并进一步折叠成特定的空间结构。前者我们称为蛋白质的一级结构，也叫初级结构或基本结构；后三者被称为蛋白质的三维结构（three dimensional structure），也叫高级结构或空间构象（conformation）。由一条多肽链形成的蛋白质只有一、二、三级结构，而由两条或两条以上肽链形成的蛋白质才有四级结构（图 2-15）。蛋白质的一级结构中 20 种氨基酸的排列顺序的多样性反映了蛋白质结构的独特性；而蛋白质特定的空间排布赋予了蛋白质特有的性质和生理功能。

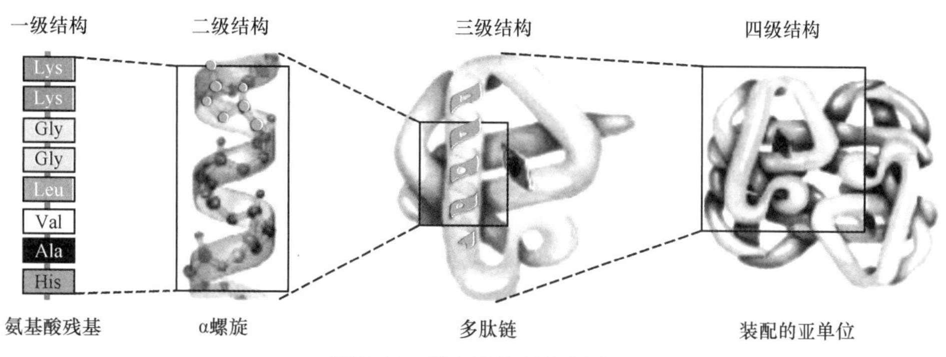

图 2-15　蛋白质的结构层次

一、蛋白质的一级结构

蛋白质分子中从 N 端至 C 端氨基酸排列顺序称为蛋白质的一级结构（primary structure）。一级结构中的主要化学键是肽键。此外，蛋白质分子中还含有二硫键，是由两个半胱氨酸巯基（—SH）脱氢氧化而成（图 2-8）。蛋白质分子中所有二硫键的位置也属于一级结构范畴。

牛胰岛素的一级结构是由英国化学家 F.Sanger 于 1953 年测定完成的。这是第一个被测定一级结构的蛋白质分子。牛胰岛素有 A 和 B 两条多肽链，A 链有 21 个氨基酸残基，B 链有 30 个氨基酸残基，分子质量为 5733Da。A 链和 B 链通过两个链间二硫键相连。A 链的第 6 位和第 11 位半胱氨酸的巯基脱氢形成一个链内二硫键（图 2-16）。

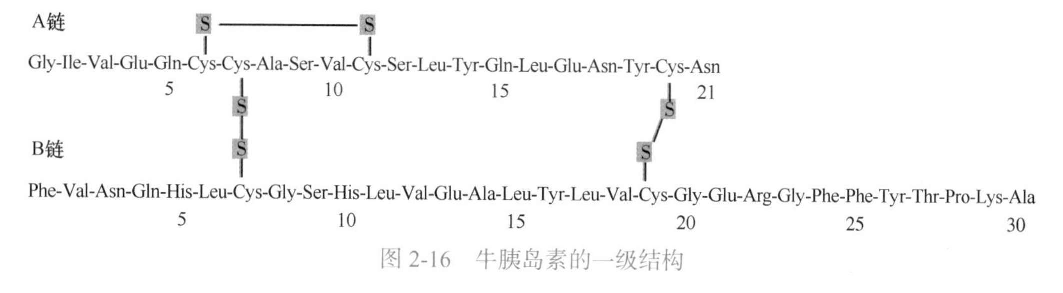

图 2-16　牛胰岛素的一级结构

蛋白质的一级结构是其特异性空间结构和生物学活性的基础。体内蛋白质种类繁多，各种蛋白质之间的差别是由其氨基酸组成、数目及氨基酸在蛋白质多肽链中的排列顺序决定的。不同的蛋白质其一级结构不同。氨基酸的排列顺序决定其空间结构和性质，一级结构的改变往往会导致疾病的发生。因此测定蛋白质的一级结构是非常必要的。随着蛋白质结构研究的深入，人们已认识到蛋白质一级结构并不是决定蛋白质空间构象的唯一因素。

二、蛋白质的二级结构

蛋白质的二级结构（secondary structure）是指蛋白质分子中多肽链骨架中原子的局部空间排列，不涉及氨基酸残基侧链的构象。蛋白质的二级结构主要包括 α 螺旋、β 折叠、β 转角和有序非重复结构。

（一）α 螺旋

Linus Pauling (1901～1994) Robert Corey (1897～1971)

图 2-17 Linus Pauling（左）和 Robert Corey（右）

α 螺旋（α-helix）是存在于各种天然蛋白质中的一种特定的螺旋状肽链立体结构，是蛋白质中最常见、最典型、含量最丰富的二级结构元件。Pauling 和 Corey（图 2-17）在 Astbury 对 *α*- 角蛋白（*α*-keratin）进行的 X 线衍射分析的启发下，于 1951 年首先提出了 α 螺旋的结构模型，后来 Pauling 又提出了另一种多肽主链规律性的构象——β 折叠。它们是蛋白质二级结构的主要形式。Astbury 衍射图中看到每隔 5.15Å ～ 5.2Å 有一个重复单位，故推测蛋白质分子中有重复性结构，结合这一信息及他们对肽键的数据分析，Pauling 和 Corey 认为这种重复性结构是由肽单元之间形成规律性的氢键而盘绕形成的螺旋状结构，他们称之为 α 螺旋（图 2-18A）。这一发现为蛋白质空间结构的研究打下了基础。Pauling 早在 1931 年就提出了杂化轨道理论和共振论，1936 年他用 X 线晶体衍射研究蛋白质结构，并在 1951 年确定了蛋白质的 α 螺旋二级结构。他因阐明化学结构的本性，解释了复杂的分子结构而获得 1954 年的诺贝尔化学奖。Pauling 不仅是一位成就显赫的化学家，同时也是著名的社会活动家，他为世界和平事业做出了巨大的贡献，并获得 1962 年的诺贝尔和平奖。

α 螺旋的结构特点如下：

（1）多个肽键平面通过 *α*- 碳原子旋转，相互之间紧密盘曲成稳固的右手螺旋。主链呈螺旋上升，每隔 3.6 个氨基酸残基上升一圈，相当于 0.54nm，每个氨基酸残基向上平移 0.15nm（图 2-18A）。这与 X 线衍射图符合。

（2）相邻两圈螺旋之间借肽键中 C═O 和 NH 形成许多链内氢键，即每一个氨基酸残基中的 NH 和前面相隔三个残基的 C═O 之间形成氢键（图 2-18B）。肽链中的全部肽键都可形成氢键，这是稳定 α 螺旋的主要因素。氢键的方向与螺旋长轴基本平行。

（3）肽链中氨基酸侧链 R 分布在螺旋外侧，其形状、大小及电荷影响 α 螺旋的形成。酸性或碱性氨基酸集中的区域，由于同性电荷相斥，不利于 α 螺旋形成；较大的 R 基（如苯丙氨酸、色氨酸、异亮氨酸）集中的区域，也妨碍 α 螺旋形成；脯氨酸因其 *α*- 碳原子位于五元环上，不易扭转，加之它是亚氨基酸，不易形成氢键，故不易形成上述 α 螺旋；甘氨酸的 R 基为 H，空间占位很小，也会影响该处螺旋的稳定。

肌红蛋白和血红蛋白分子中有许多肽链段呈 α 螺旋结构。毛发的角蛋白、肌肉的肌球蛋白及血凝块中的纤维蛋白，它们的多肽链几乎全长都卷曲成 α 螺旋。数条 α 螺旋状的多肽链尚可缠绕起来，形成缆索，增强其机械强度和伸缩性（图 2-18C）。

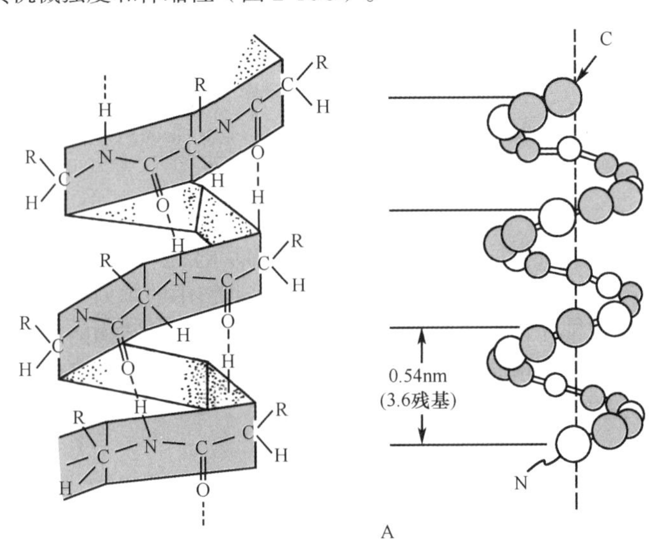

A

笔记栏

图 2-18 α 螺旋（A）、α 螺旋中的氢键（B）及角蛋白中的 α 螺旋（C）

（二）β 折叠

β 折叠（β-pleated sheet），也叫 β 片层（β-sheet），也是蛋白质中常见的二级结构，是由伸展的多肽链组成的。折叠片的构象是通过一个肽键的羰基氧和位于同一个肽链的另一个亚氨基氢之间形成的氢键维持的。氢键几乎都垂直于伸展的肽链（图 2-19）。

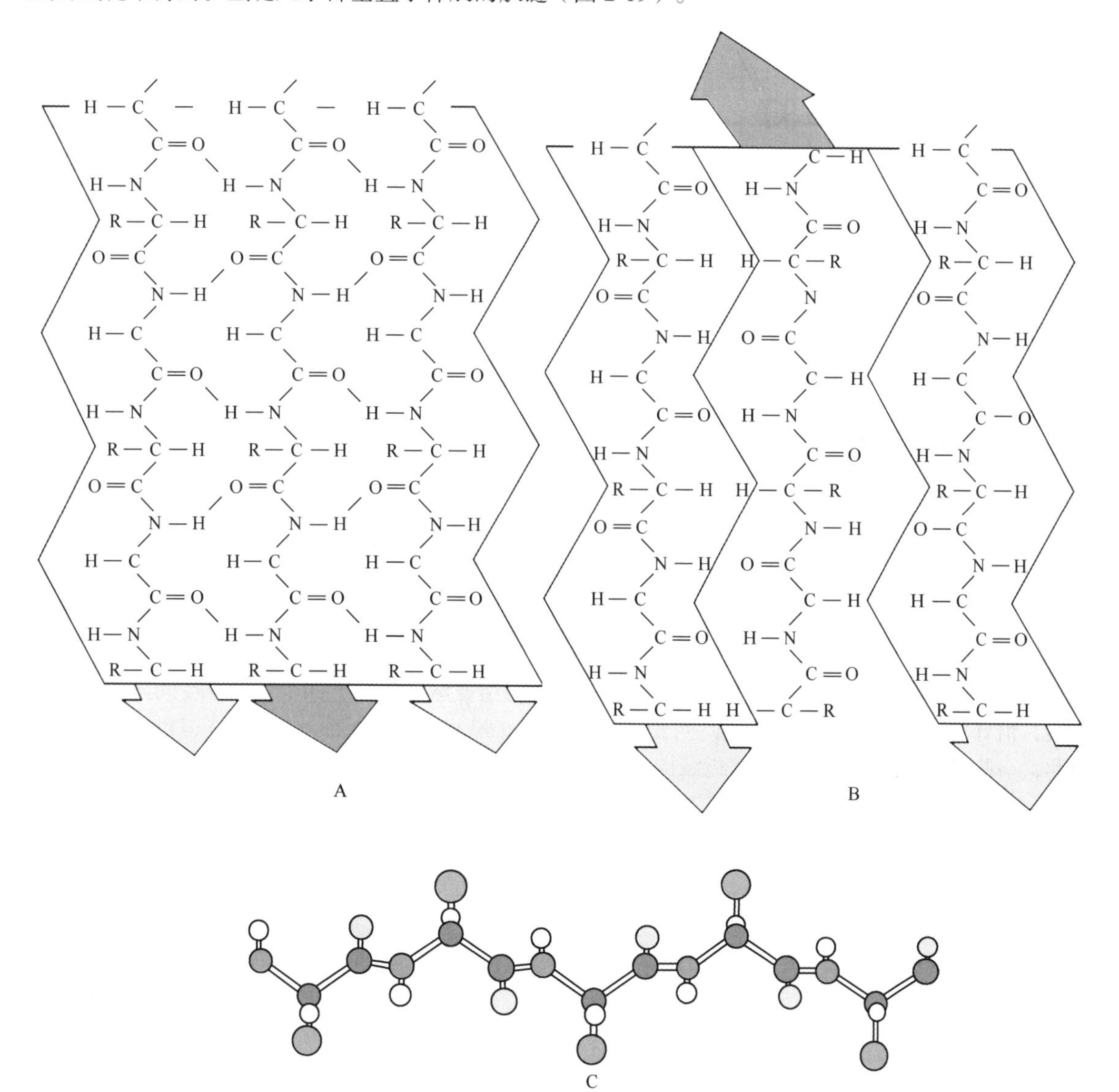

图 2-19 β 折叠

A. 平行折叠；B. 反平行折叠；C. 侧视

β 折叠的结构特点是：

（1）多肽链充分伸展，肽链平面之间折叠成锯齿状，相邻肽键平面间呈 110° 角。氨基酸残基的 R 侧链伸出在锯齿的上方或下方。

（2）依靠两条肽链或一条肽链内的两段肽链间的 C═O 与 NH 形成氢键，使构象稳定。

（3）两段肽链可以是平行的，也可以是反平行的。即前者两条链从“N 端”到“C 端”是同方向的，后者是反方向的。平行的 β 折叠结构中，两个残基的间距为 0.65nm；反平行的 β 折叠结构间距则为 0.70nm。β 折叠结构的形式十分多样，正、反平行能相互交替。

蚕丝蛋白几乎都是 β 折叠结构，但许多蛋白既有 α 螺旋，也有 β 折叠结构。

（三）β 转角

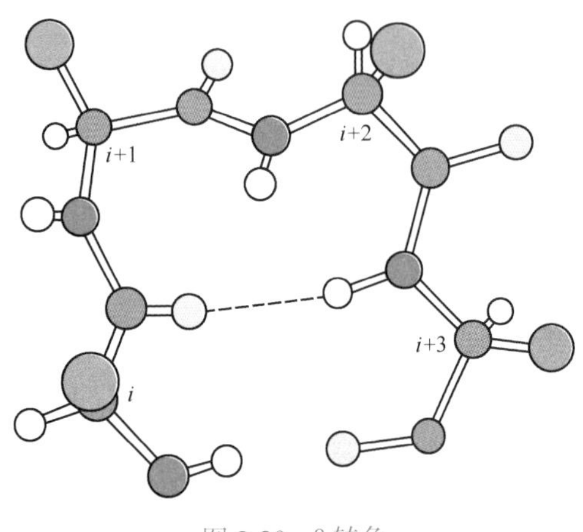

图 2-20 β 转角

蛋白质分子中，肽链经常会出现 180° 的回折，在这种回折角处的构象就是 β 转角（β-turn）。β 转角中，第一个氨基酸残基的 C═O 与第四个氨基酸残基的 NH 形成氢键，从而使结构稳定（图 2-20）。β 转角结构中第二个氨基酸残基往往为脯氨酸，甘氨酸、天冬氨酸、天冬酰胺和色氨酸也在 β 转角中常见。β 转角常发生在球状蛋白质分子的表面，这与蛋白质的生物学功能相关。

（四）有序非重复结构

大部分蛋白质，尤其是球状蛋白质，通常包含几种有规律的二级结构，如上面提到的 α 螺旋和 β 折叠，但蛋白质多肽链中还包含一些难以确定规律的部分肽链构象，称为无规卷曲（random coil）。但这种无法确定规律的（irregular）二级结构并不等同于蛋白质变性后的没有确定规律性的（disordered）非折叠状态，而是一种有序的结构，通常是一些环（loop）或者转角（turn），一般含 3 ～ 15 或 16 个氨基酸残基。其特点不同于 α 螺旋和 β 折叠，是非重复性的结构，故称为有序非重复结构（ordered nonrepetitive structures）。这种结构的作用通常是连接 α 螺旋和 β 折叠，形成简单的模体，如螺旋 - 环 - 螺旋。许多环或转角含有功能氨基酸残基，是金属离子结合的部位。

（五）超二级结构和模体

超二级结构（supersecondary structure），是指在多肽链内顺序上相互邻近的二级结构常常在空间折叠中靠近，彼此相互作用，形成规则的二级结构聚集体，是蛋白质构象中二级结构与三级结构之间的一个层次，故称超二级结构。目前发现的超二级结构有三种基本形式：α 螺旋组合（αα）；β 折叠组合（βββ）和 α 螺旋 β 折叠组合（βαβ），其中以 βαβ 组合最为常见（图 2-21）。模体（motif）是具有特殊功能的超二级结构，它们可直接作为三级结构的“建筑块”或结构域的组成单位。锌指结构（zinc finger）就是一个典型的模体，它由一个 α 螺旋和两个反平行的 β 折叠三个肽段构成（图 2-22），模体的 N 端有一对半胱氨酸残基，C 端有一对组氨酸残基，这四个残基在空间上形成一个洞穴，恰好容纳一个 Zn^{2+}。由于 Zn^{2+} 可稳定模体中的 α 螺旋结构，保证 α 螺旋嵌在 DNA 大沟中，因此，一些转录调节因子都含有锌指结构，能与 DNA 或 RNA 结合。常见的模体还有亮氨酸拉链。

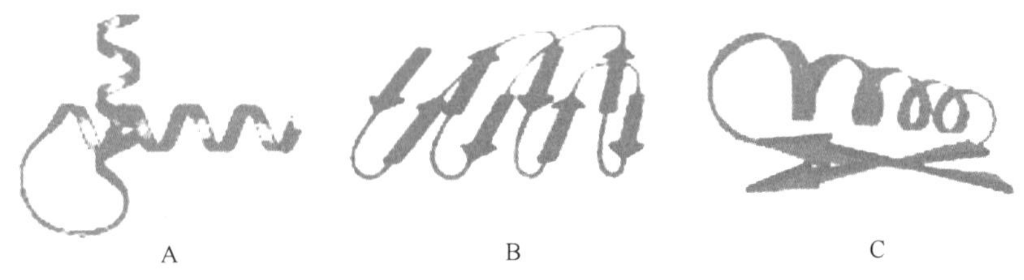

图 2-21 蛋白质的超二级结构

A. α 螺旋组合（αα）；B. β 折叠组合（βββ）；C. α 螺旋 β 折叠组合（βαβ）

笔记栏

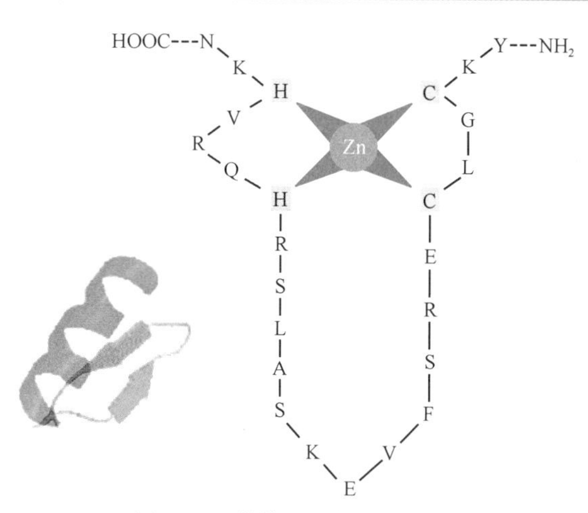

图 2-22　模体（示锌指结构）

三、蛋白质的三级结构

具有二级结构的蛋白质的一条多肽链再进一步盘曲或折叠可形成具有一定规律的三维空间结构，这种在一条多肽链中所有原子在三维空间的整体排布称为蛋白质的三级结构（tertiary structure）。蛋白质的三级结构不仅包括蛋白质分子主链的构象，还包括分子中的各个侧链所形成的一定的构象。侧链构象主要是形成结构域。

结构域（domain）是蛋白质构象中特定的空间区域。在较大的蛋白质分子中，由于多肽链上相邻的超二级结构紧密联系，形成两个或多个稳定球形结构单位。一般每个结构域由 100 ～ 200 个氨基酸残基组成，各有独特的空间结构，并承担不同的生物学功能。如细胞表面蛋白 CD4 分子包含 4 个结构相似的结构域（图 2-23）。一个蛋白质分子中的几个结构域有的相同，有的不同；而不同蛋白质分子之间肽链中的各结构域也可以相同。如乳酸脱氢酶、3- 磷酸甘油醛脱氢酶、苹果酸脱氢酶等均属以 NAD^+ 为辅酶的脱氢酶类，它们各自由 2 个不同的结构域组成，但它们与 NAD^+ 结合的结构域构象则基本相同。

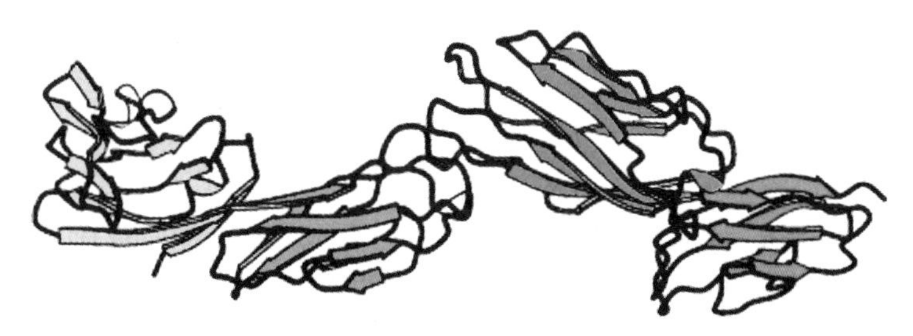
图 2-23　细胞表面蛋白 CD4 分子 4 个相似结构域

对球状蛋白质来说，氨基酸残基形成疏水区和亲水区。亲水区多在蛋白质分子表面，由很多亲水侧链组成。疏水区多在分子内部，由疏水侧链集中构成，疏水区常形成一些“洞穴”或“口袋”，某些辅基就镶嵌其中，成为活性部位。如肌红蛋白（myoglobin，Mb）是由 153 个氨基酸残基组成的单链蛋白质，含有一个血红素辅基，能够与氧进行可逆的氧合和脱氧反应。X 线衍射测定其空间结构显示，多肽链中 α 螺旋占 75%，形成 A ～ H 8 个螺旋区，两个螺旋区之间有一段无规卷曲，脯氨酸位于拐角处（图 2-24）。由于侧链 R 基团的相互作用，多肽链缠绕形成一个紧密的球状结构。亲水的 R 基团大部分分布在球状分子的表面；疏水的 R 基团位于分子内部，形成一个疏水的“口袋”。血红素位于“口袋”中。

蛋白质三级结构的稳定主要靠次级键，包括疏水键、氢键、盐键及范德瓦耳斯力（van der Waals force）等，其中疏水键是最主要的稳定力量（图 2-25）。疏水键是蛋白质分子中疏水基团之间的结合力。酸性和碱性氨基酸的 R 基团可以带电荷，正负电荷互相吸引形成盐键。与氢原子共用电子对形成的键为氢键。这些次级键可存在于一级结构序号相隔很远的氨基酸残基的 R 基团之间。次级键都是非共价键，易受环境中 pH、温度、离子强度等的影响，有变动的可能性。二硫键

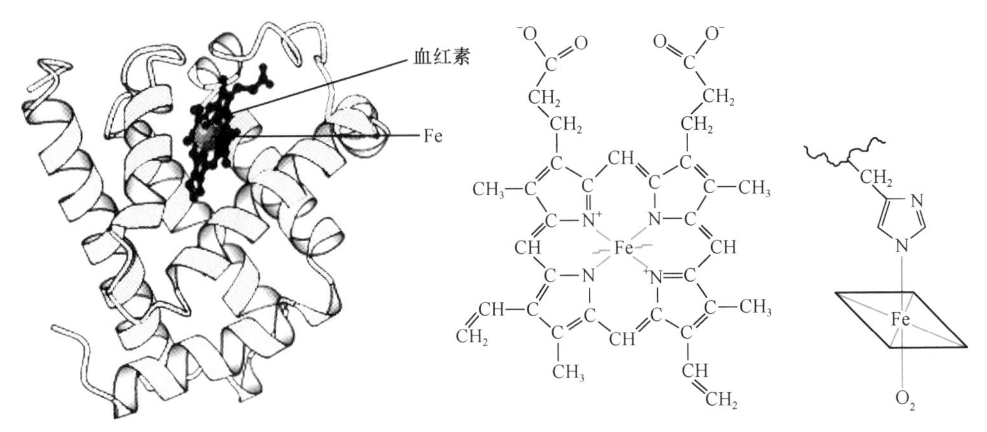

图 2-24 肌红蛋白三级结构（示血红素与肽链的关系）

不属于次级键，但在某些肽链中能使远隔的两个肽段联系在一起，这对于蛋白质三级结构的稳定起着重要作用。

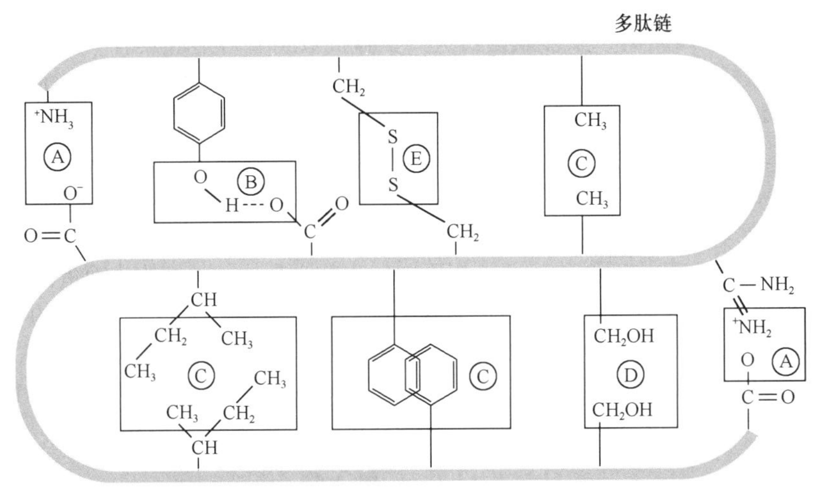

图 2-25 维持蛋白质分子构象的各种化学键

A. 盐键；B. 氢键；C. 疏水作用；D. 范德瓦耳斯力；E. 二硫键

一些具备三级结构的蛋白质，如血浆清蛋白、球蛋白、肌红蛋白等属于球状蛋白。球状蛋白的疏水基多聚集在分子的内部，而亲水基则多分布在分子表面，因而球状蛋白质是亲水的。更重要的是，多肽链经过如此盘曲后，可形成某些发挥生物学功能的特定区域，如酶的活性中心等。

四、蛋白质的四级结构

由一条肽链形成的蛋白质只有一级、二级和三级结构。在体内有许多蛋白质分子含有两条或多条肽链，每一条多肽链都有其完整的三级结构，称为蛋白质的亚基（subunit），亚基与亚基之间呈特定的三维空间排布，并以非共价键相连接。这种蛋白质分子中各个亚基的空间排布及亚基接触部位的布局和相互作用，称为蛋白质的四级结构（quaternary structure）。在四级结构中，各亚基间的结合力包括疏水作用、范德瓦耳斯力（分子间作用）、氢键、离子键和二硫键；其中起主导作用的是疏水作用；氢键和离子键对四级结构的维持起优化作用；二硫键在大多数蛋白质中不存在，主要见于分泌型蛋白，如二聚体及六聚体胰岛素、抗体等。亚基间次级键的结合比二、三级结构疏松，因此在一定的条件下，四级结构的蛋白质中的亚基可相互分离，而亚基本身构象仍可不变。一种蛋白质中，亚基结构可以相同，也可以不同。例如，烟草斑纹病毒的外壳蛋白是由 2200 个相同的亚基组成；天冬氨酸氨甲酰基转移酶由 6 个调节亚基与 6 个催化亚基组成；血红蛋白由 2 个 α- 亚基和 2 个 β- 亚基组成。含有四级结构的蛋白质，单独的亚基一般没有生物学功能，只有完整的四级结构才具有生物学功能。例如，血红蛋白 A 的 2 个 α- 亚基和 2 个 β- 亚基都能与氧结合，有运输氧的功能。4 个亚基通过 8 个离子键相连形成四聚体。亚基中的血红素辅基是结合氧的功能部位（图 2-26）。实验证明，血红蛋白的任何一个亚基单独存在时都不能起到运输氧的作用。

微课 2-1

某些蛋白质分子可进一步聚合成聚合体(polymer)。聚合体中的重复单位称为单体(monomer),根据聚合体中所含单体的数量不同而分为二聚体、三聚体……寡聚体(oligomer)和多聚体(polymer)。例如,胰岛素(insulin)在体内可形成二聚体及六聚体。聚合体中的单体一般都具备完整的三级或四级结构。

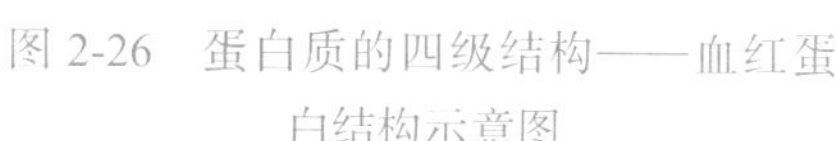

图 2-26　蛋白质的四级结构——血红蛋白结构示意图

五、蛋白质的分类

蛋白质分子种类繁多,功能多样,分类方法也不统一。为了研究方便,一般都按蛋白质或多肽的分子组成、性质、结构或功能等基本原则进行分类。

(一)根据蛋白质的分子组成进行分类

根据蛋白质分子组成可将蛋白质分为单纯蛋白质(simple protein)和结合蛋白质(conjugated protein)。单纯蛋白质只由氨基酸组成,其水解产物只有氨基酸,不含其他化合物。结合蛋白质则由单纯蛋白质和非蛋白成分结合而成。非蛋白部分称为结合蛋白质的辅基(prothetic group)。常见的辅基有色素化合物、糖类、脂质、磷酸、硫酸、金属离子及核酸等。

(二)根据蛋白质形状进行分类

根据分子形状不同,可将蛋白质分为纤维状蛋白质(fibrous protein)和球状蛋白质(globular protein)。蛋白质分子长轴与短轴之比大于 10 的为纤维状蛋白质,如胶原蛋白、弹性蛋白、角蛋白等。长轴和短轴之比小于 10 的为球状蛋白质,如免疫球蛋白、肌红蛋白、血红蛋白等。纤维状蛋白一般都不溶于水,延展的分子具有韧性,主要功能是为单个细胞和整个有机体提供机械支撑。球状蛋白质的水溶性较好,其在水溶液中分子的形状接近球形,空间结构比纤维状蛋白更复杂,生物体内的功能蛋白质多属于这一类。

(三)根据蛋白质功能进行分类

根据蛋白质的功能可将蛋白质分为酶蛋白、调节蛋白、运输蛋白、结构蛋白等。也可根据蛋白质的分布进行分类,如膜蛋白、核蛋白等。

第 3 节　蛋白质结构与功能的关系

生物体内有数以万计的蛋白质,每一种蛋白质都执行着其独特的功能。生物体功能的复杂性有赖于其空间结构的复杂性和其一级结构的独特性。

一、蛋白质一级结构与功能的关系

(一)一级结构是空间结构的基础

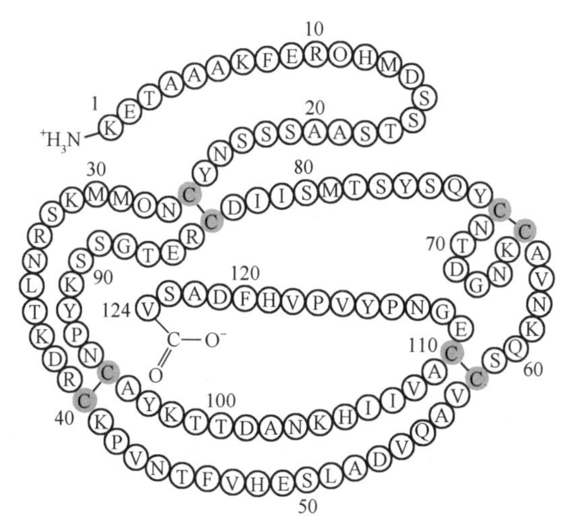

图 2-27　RNase A 的一级结构

20 世纪 60 年代,Anfinsen 在研究牛胰核糖核酸酶 A(RNase A)的变性和复性时发现,蛋白质的功能与其三级结构密切相关。而特定的三级结构是以蛋白质的一级结构即氨基酸的排列顺序为基础的。

RNase A 是由 124 个氨基酸残基组成的一条多肽链,分子中 8 个半胱氨酸的巯基形成 4 个二硫键,多肽链进一步折叠成为具有特定空间结构的三级结构(图 2-27)。

在天然 RNase A 溶液中加入适量变性剂尿素和还原剂 β- 巯基乙醇,分别破坏次级键和二硫键,使蛋白质空间结构被破坏,酶即变性失去活性。由于肽键未受影响,故蛋白质的一级结构仍存在。将尿素和 β- 巯基乙醇经透析除去,酶活性及其他一系列性质均可恢复到与天然酶一样。若不除去尿素,只是将还原

状态 RNase A 的 8 个巯基全部重新氧化成二硫键，产物的酶活性仅有 1%。这是因为重新氧化生成的二硫键位置与天然酶不同，是随机的。从理论上推算，二硫键被还原成巯基后若要再形成 4 个二硫键，有 105 种配对方式，唯有与天然酶完全相同的配对方式才能呈现酶活性。除去变性剂，并向溶液中加入痕量的 β- 巯基乙醇，产物又逐渐恢复了天然酶的活性（图 2-28）。β- 巯基乙醇可将随机结合的二硫键打开，在无变性剂的溶液中，二硫键位置的选择则是由肽链中氨基酸的排列顺序决定的。牛胰 RNase A 的变性、复性及其酶活性变化充分说明，蛋白质一级结构是空间结构形成的基础。而只有具备了特定的空间结构的蛋白质才具有生物学活性。人工合成牛胰岛素并获得具有生物学活性的胰岛素晶体是又一个一级结构决定空间结构的有力证据。这是我国科学家完成的具有世界领先水平的科研成果。

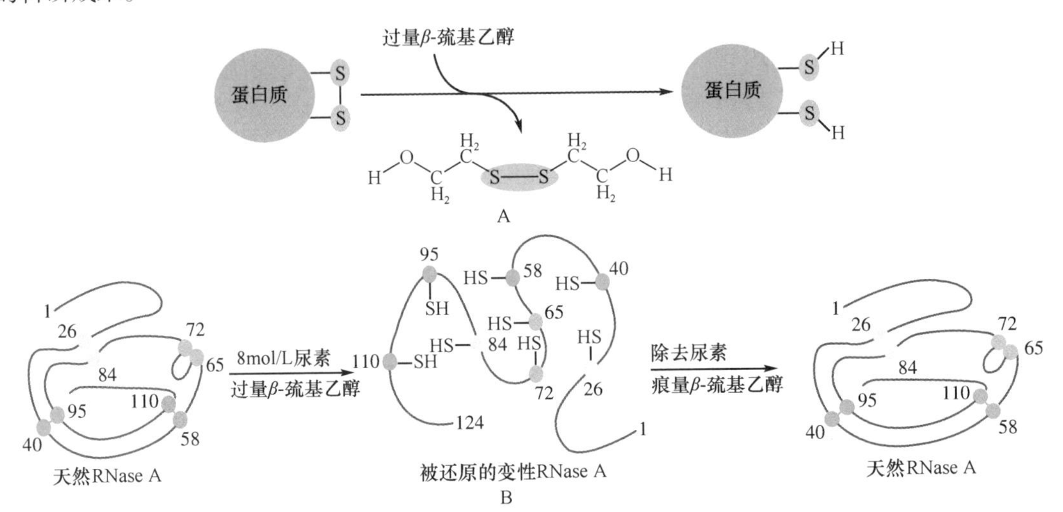

图 2-28 β- 巯基乙醇还原二硫键（A）和牛胰 RNase A 一级结构与空间结构的关系（B）

蛋白质的空间结构除一级结构和溶液环境为决定因素外，大多数蛋白质的正确折叠还需要一类称为分子伴侣（chaperone）的蛋白质参与。分子伴侣广泛地存在于从细菌到人的细胞中。它通过提供一个保护环境从而加速蛋白质折叠成天然构象，在新生肽链的折叠和穿膜进入细胞器的转位过程中起关键作用。有些分子伴侣可结合在多肽链上，从而防止多肽链的降解或侧链的非特异聚集；有的则可诱导肽链正确折叠。热激蛋白（heat shock protein，HSP）是很重要的一个分子伴侣家族，将在第 18 章中详述。

（二）一级结构是功能的基础

大量研究数据表明，相似的一级结构具有相似的功能；不同的一级结构具有不同的功能。例如，不同种属来源的胰岛素，其一级结构都是由 A、B 两条多肽链组成、氨基酸序列相差甚微，二硫键的分布也相同。各种来源的胰岛素氨基酸序列的高度同源性决定了它们功能的相同性，即都具有调节血糖的功能。

对蛋白质一级结构的比较可以反映分子的进化。如广泛存在于生物界的细胞色素 c（cytochrome c），物种间亲缘关系越近，则细胞色素 c 的一级结构越相似，其空间结构和功能就越相似。如人类和黑猩猩的细胞色素 c 一级结构完全相同，与猕猴相差 1 个氨基酸，与面包酵母却相差 51 个氨基酸。

蛋白质一级结构的改变，尤其是参与功能活性部位的残基或处于特定构象关键部位的残基的改变，往往会影响蛋白质的功能。有时仅仅是一个氨基酸残基的异常也可能导致蛋白质功能的异常。镰状细胞贫血就是一个典型的例子。

案例 2-1

患者，女性，16 岁。因发热、间歇性上下肢关节疼痛 3 个月余就诊。体格检查：体温 38.5℃，贫血貌，轻度黄疸，肝、脾略肿大。实验室检查：血红蛋白（Hb）80g/L，血细胞比容 9.5%，红细胞 3×10^{12}/L，白细胞 6×10^{9}/L，白细胞分类正常。网织红细胞百分数 12%；血清铁 21μmol/L，次亚硫酸氢钠试验阳性；血红蛋白电泳产生一条带，所带正电荷较正常 HbA 多，与 HbS 同一部位。红细胞形态：镰形。

患者呈现明显的贫血症状（红细胞缺乏）、严重感染及重要器官损伤。

诊断：镰状细胞贫血。

问题讨论：1. 镰状细胞贫血患者的细胞学特征是什么？

2. HbS 与 HbA 的一级结构有什么区别？

3. 血红蛋白结构的变化对其功能有什么影响？

（三）一级结构改变与分子病

由蛋白质异常和缺乏导致的疾病通常被称为“分子病”。人类有很多种疾病的发生都与蛋白质的异常有关。目前已知几乎所有遗传病都与正常蛋白质分子结构改变有关，即都是分子病。这些缺损的蛋白质可能仅仅有一个氨基酸异常，如镰状细胞贫血。

1904 年芝加哥内科医师 Herrick 首先发现一个患有严重贫血的黑种人大学生的红细胞是镰形。1945 年 Pauling 等应用电泳技术发现镰状细胞贫血是细胞中含有的异常的血红蛋白（HbS）所引起，并提出“分子病”的概念。本病主要见于非洲及美洲黑种人，我国曾有报道，但其亲代系非洲黑种人。

镰状细胞贫血是一种遗传性贫血症，属隐性遗传。镰状细胞贫血的症状是由血红蛋白异常引起的。血红蛋白是红细胞中主要的蛋白质，负责从肺部携带氧并将其运送至全身。正常的血红蛋白 A 是由两条 α 链和两条 β 链构成的四聚体，其中每条肽链都以非共价键与一个血红素相连接。α 链由 141 个氨基酸残基组成，β 链由 146 个氨基酸残基组成。镰状细胞贫血患者的血红蛋白（HbS）代替了正常的血红蛋白（HbA）。HbA 分子中的 β 链的第六位 Glu 被 Val 取代后产生 HbS。

HbA 的 β 链的氨基末端：Val-His-Leu-Thr-Pro-Glu-Glu-Lys

HbS 的 β 链的氨基末端：Val-His-Leu-Thr-Pro-Val-Glu-Lys

氨基酸突变的根本原因是编码多肽链的基因的碱基序列的改变。在此案例中，HbA β 链编码基因中发生单个碱基突变，导致 HbA 分子中 β 链 mRNA 结构中的第六位 Glu 密码子 GAG 被 GUG 取代而变成 Val。当 HbS 中疏水性氨基酸缬氨酸取代了带负电的极性亲水的谷氨酸后，蛋白质分子的疏水性增加，血红蛋白的溶解度下降。这种疏水作用导致脱氧 HbS 之间在低氧分压下发生聚合作用，分子间发生黏合，形成线状巨大分子而沉淀。红细胞内 HbS 浓度较高时（纯合子状态），对氧亲和力显著降低，加速氧的释放。患者虽能耐受严重缺氧，但在脱氧情况下，HbS 分子间相互作用，成为溶解度很低的螺旋形多聚体，使红细胞扭曲成镰状细胞（镰变）（图 2-29）。镰状细胞贫血的分子机制总结见图 2-30。

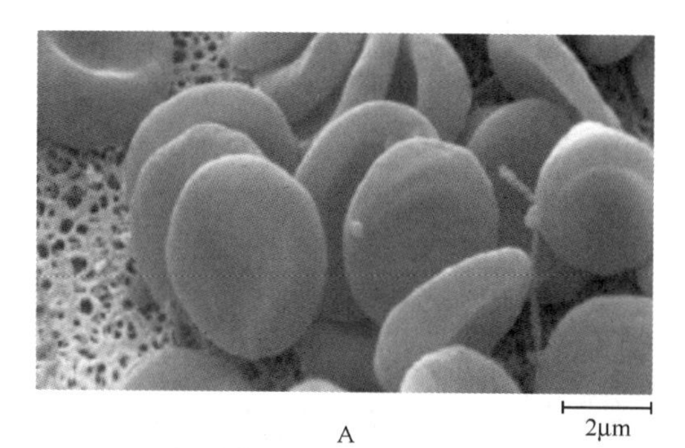

A

B

图 2-29　正常红细胞和镰状红细胞

A. 正常红细胞；B. 镰状红细胞

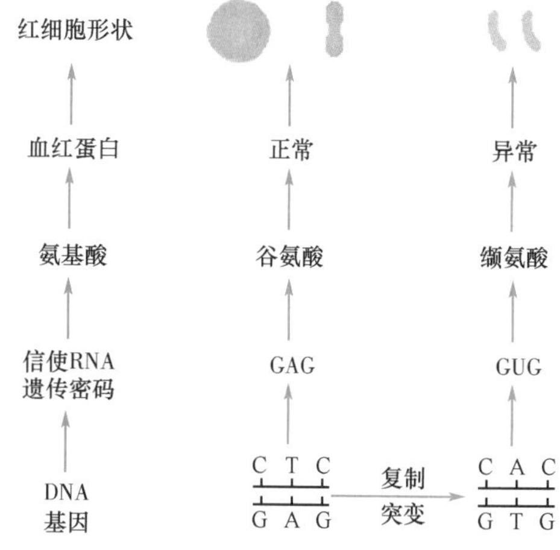

图 2-30　镰状细胞贫血的分子机制示意图

案例 2-1 分析讨论

通常，红细胞为圆形且富有弹性，容易穿过血管。但在镰状细胞贫血中，异常的血红蛋白使红细胞变得僵硬，在显微镜下，看上去呈“C”形镰刀状。这种僵硬的镰状红细胞不能通过毛细血管，加上血红蛋白的凝胶化使血液的黏滞度增大，堵塞微血管，从而切断微血管对附近部位的供血，引起局部组织器官缺血缺氧，产生脾大、胸腹疼痛（又叫做“镰形细胞痛性危象”）等临床表现。镰状红细胞比正常红细胞更容易衰老死亡，从而导致贫血。

患者出生后 3～4 个月即有黄疸、贫血及肝脾大，发育较差。镰状红细胞阻塞微循环而引起的脏器功能障碍可表现为腹痛、气急、肾区痛和血尿。患者常因再生障碍性贫血危象、贫血加重，并发感染而死亡。体外重亚硫酸钠镰变试验可见大量镰状红细胞，有助于诊断。

本病无特殊治疗，宜预防感染和防止缺氧。溶血发作时可予供氧、补液和输血等支持疗法。对镰状细胞贫血的患儿来讲，接受常规预防接种是很重要的。唯一能够使患者痊愈的治疗方法是为患者移植健康的造血干细胞。美国科学家用基因疗法的研究成果为镰状细胞贫血病患者提供了新的希望，这项研究是由美国纽约纪念斯隆-凯特琳癌症中心进行的。他们从患者身上提取干细胞，用“小干扰核糖核酸”（siRNA）封闭缺陷基因，同时用健康的基因将其替换，再把修复的干细胞重新移植到患者体内。

HbS 杂合子者，由于红细胞内 HbS 浓度较低，除在缺氧情况下，一般不发生贫血。临床无症状或偶有血尿、脾梗死等表现。

微课 2-2

二、蛋白质空间结构与功能的关系

（一）蛋白质的功能依赖于特定的空间结构

蛋白质的功能不仅与一级结构有关，更重要的是依赖于蛋白质的空间结构。没有适当的空间结构，蛋白质就不能发挥它的生物学功能。我们在前面提到的牛胰 RNase A 变性时，其一级结构没有改变，但其空间结构完全被破坏，导致其酶活性的丧失。当除去变性剂后，只有恢复到天然构象状态，其活性才可恢复，说明空间结构在蛋白质生物学功能中的重要性。

酶原的激活或各种蛋白质前体的加工和激活证明，蛋白质只有具备适当的空间结构形式才能执行其功能。在第 4 章中将了解到，许多消化道中的蛋白水解酶及血液中的凝血酶等，新合成出来时都是以无活性的前体形式存在，前体经特异的蛋白水解酶作用切去几个氨基酸残基，才能表现其活性。如胰蛋白酶原的激活就是在肠激酶的作用下切去 N 端的 6 个氨基酸残基，蛋白质才折叠形成酶的活性中心。

（二）血红蛋白的空间结构变化与结合氧

蛋白质多种多样的功能与各种蛋白质特定的空间结构密切相关。其构象发生改变，功能活性也随之改变。以肌红蛋白（Mb）和血红蛋白（hemoglobin，Hb）为例阐述蛋白质空间结构与功能的关系。

Mb 与 Hb 都是含有血红素辅基的蛋白质。携带氧的是血红素中的 Fe^{2+}，后者有 6 个配位键，其中 4 个与吡咯环 N 配位结合，1 个与蛋白质的组氨酸残基结合，1 个与氧结合。而血红素与蛋白质的稳定结合主要靠以下两种作用：一种作用是血红素分子中的两个丙酸侧链与肽链中氨基酸侧链相连，另一种作用即是肽链中的组氨酸残基与血红素中 Fe^{2+} 配位结合。

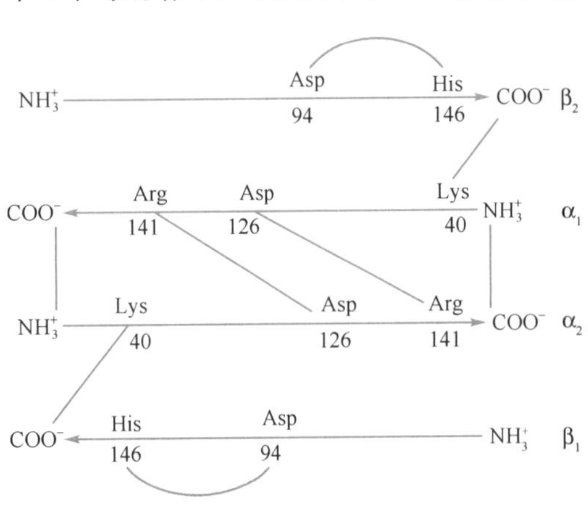

图 2-31　脱氧 Hb 亚基间和亚基内的盐键

Mb 只有一条肽链，只结合一个血红素，故只携带 1 分子氧，其氧解离曲线为矩形双曲线，而 HbA 是由 $\alpha_2\beta_2$ 组成的四聚体（图 2-26）。在由四个亚基组成的四级结构中，每个亚基的三级结构与 Mb 相似，中间有一个疏水“口袋”，亚铁血红素位于“口袋”中间，血红素上 Fe^{2+} 能够与氧进行可逆结合。Hb 亚基间有许多氢键及 8 个盐键，使 4 个亚基紧密结合在一起（图 2-31），形成亲水的球状蛋白，球状 Hb 中间

笔记栏

形成“中心空穴”。Hb 共可结合 4 分子氧（图 2-32），其氧解离曲线为“S”形曲线，从曲线的形状特征可知，Hb 第一个亚基与 O_2 结合，可促进第二、第三个亚基与 O_2 的结合，前三个亚基与 O_2 结合，又大大促进第四个亚基与 O_2 结合。这种一个亚基与其配体结合后，能影响蛋白质分子中另一亚基与配体结合能力的效应，称协同效应（cooperative effect）。O_2 与 Hb 之间是促进作用，称正协同效应。之所以会有这种效应，是因为未结合 O_2 时，Hb 结构紧密，此时 Hb 与 O_2 亲和力小，随着 O_2 的结合，其亚基之间盐键断裂，空间结构变得松弛，此种状态 Hb 与 O_2 亲和力即增加。这种一个氧分子与 Hb 亚基结合后引起亚基构象变化的效应称变构效应（allosteric effect）。变构效应是 20 世纪 70 年代中期以后发展起来的生物调节理论的重要基础，很多调节蛋白、代谢酶都属于别构蛋白或别构酶。别构酶与它们的作用物结合，Hb 与 O_2 结合均呈特征性“S”形曲线。有关此效应会在后面酶一章中详细解释。肌红蛋白只有一条肽链，不存在协同效应。

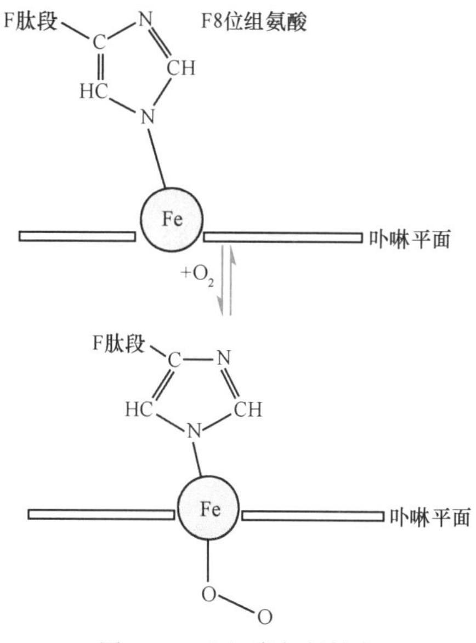

图 2-32　血红素与氧结合

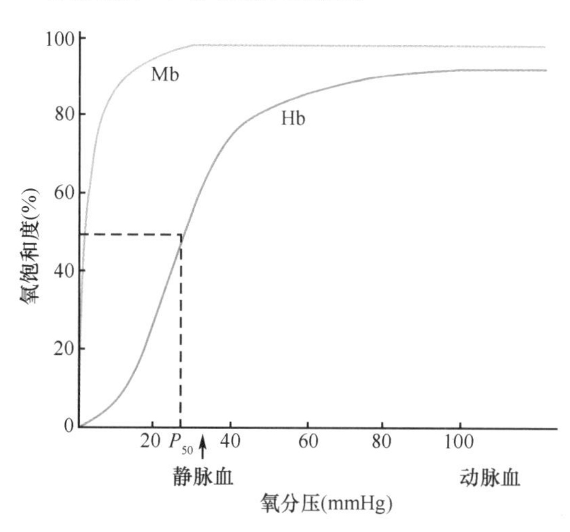

图 2-33　Mb 与 Hb 的氧解离曲线

（1mmHg=133.322Pa）

Mb 是只有三级结构的单链蛋白质。它与 Hb 的空间结构不同，功能也不相同；Hb 的功能是在肺和肌肉组织间运输氧，而 Mb 则主要储存氧。图 2-33 显示，Mb 比 Hb 对氧的亲和力大。Mb 和氧结合达 50% 饱和度时的氧分压（P_{O_2}）为 0.15 ～ 0.30kPa；而 Hb 与氧结合达 50% 时的 P_{O_2} 为 3.5kPa；动脉血和肺部的 P_{O_2} 为 13kPa，Hb 和 Mb 结合氧都能达到 95% 的饱和度。但在肌肉组织中，休息时毛细血管内 P_{O_2} 大约为 5kPa，肌肉工作时因消耗 O_2，P_{O_2} 仅 1.5kPa。尽管 Hb 在肌肉休息时的氧饱和度能达到 75%，但肌肉活动时，Hb 的氧饱和度仅达 10%，因此，它可以有效地释放 O_2，供肌肉活动需要；在同样 P_{O_2}（1.5kPa）的条件下，Mb 在肌肉活动时仍保持 80% 的氧饱和度，不释放 O_2 而储存 O_2。由此可见，Hb 与 Mb 在空间结构上的不同，决定了它们在体内发挥不同的生理功能。

（三）蛋白质空间结构改变与疾病

案例 2-2

患者，男性，42 岁。因进行性痴呆、间歇性肌阵挛发作半年入院。体格检查：反应迟钝，言语较少，理解力差，计算力下降；腱反射亢进，肌力 3 级，水平眼震，闭目难立征阳性。实验室检查：脑脊液（CSF）蛋白 0.6g/L；脑电图示弥漫性异常；头颅磁共振（MRI）提示：脑萎缩。

入院后经氯硝西泮、巴氯芬（baclofen）治疗，肌阵挛有所减轻，但痴呆症状无明显好转，且言语障碍加剧，1 个月后患者出现昏迷，半年后死亡。经家属同意对死者进行尸检，行脑组织切片后，发现空泡、淀粉样斑块，胶质细胞增生，神经细胞丢失；免疫组织化学染色检查 PrP^{sc} 阳性，确诊为克 - 雅病（Creutzfeldt-Jakob disease，CJD）。

问题讨论：1. 克 - 雅病是由什么原因引起的？

2. 朊蛋白变构以后有什么特征？

3. 朊蛋白的变化对其功能有什么影响？

蛋白质的合成、加工、成熟是一个非常复杂的过程，其中多肽链的正确折叠对其正确构象的形成和功能发挥至关重要。因蛋白质折叠错误或不能折叠导致构象异常变化引起的疾病，称为蛋白质构象病（protein conformational diseases）。朊病毒病就是蛋白质构象病中的一种。

"朊病毒"（prion）最早是由美国加州大学Prusiner等提出的，Prusiner因这一发现而获得1997年度的诺贝尔生理学或医学奖。朊病毒是一组至今不能查到任何核酸，对各种理化作用具有很强抵抗力，传染性极强的蛋白质颗粒。朊病毒蛋白（prion protein，PrP）是一类高度保守的糖蛋白，有两种构象：细胞型（正常型 PrP^c）和瘙痒型（致病型 PrP^{sc}）。正常型朊蛋白（PrP^c）广泛表达于脊椎动物细胞表面，二级结构中仅存在α螺旋，它可能与神经系统功能维持、淋巴细胞信号转导及核酸代谢等有关。致病型朊病毒（PrP^{sc}）有多个β折叠存在，是 PrP^c 的构象异构体，两者之间没有共价键差异。PrP^{sc} 可胁迫 PrP^c 转化为 PrP^{sc}，实现自我复制，并产生病理效应；基因突变可导致细胞型 PrP^c 中的α螺旋结构不稳定，至一定量时产生自发性转化，β折叠增加，最终变为 PrP^{sc} 型；初始的和新生的 PrP^{sc} 继续攻击另外两个 PrP^c，这种类似多米诺效应使 PrP^{sc} 积累，直至致病。PrP^{sc} 可引起一系列致死性神经变性疾病。这种与朊病毒蛋白构象相关的疾病统称为朊病毒病。

已发现的人类朊病毒病有库鲁病（Kuru disease）、脑软化病（GSS）、纹状体脊髓变性病或克-雅病（Creutzfeldt-Jakob disease，CJD）、新变异型CJD（new variant CJD，nvCJD）或称人类疯牛病和致死性家族性失眠症（fatal familial insomnia，FFI）。动物的朊病毒病有牛海绵状脑病或称疯牛病（bovine spongiform encephalopathy，BSE）、羊瘙痒症（scrapie，SC）等。这些疾病都是由朊病毒引起的人和动物神经退行性病变。临床症状都局限于人和动物的中枢神经系统而致病。典型的共同症状是痴呆、丧失协调性及神经系统障碍。病理研究表明，随着朊病毒的侵入、复制，在神经元树突和细胞本身，尤其是小脑星状细胞和树枝状细胞内发生进行性空泡化，星状细胞胶质增生，灰质中出现海绵状病变。此类疾病有遗传性、传染性和偶发性形式。以潜伏期长，病程缓慢，进行性脑功能紊乱，无缓解康复，终至死亡为特征。

第4节　蛋白质的理化性质及其分离纯化

蛋白质是由氨基酸组成，因此其理化性质必定有一部分与氨基酸相同或相关，如两性解离及等电点、紫外吸收性质、呈色反应等；蛋白质又是由许多氨基酸组成的高分子化合物，也必定有一部分化学性质与氨基酸不同，从而表现出单个氨基酸分子所未有的性质，如高分子质量、胶体性质、沉淀、变性和凝固等。认识蛋白质在溶液中的性质，对于蛋白质的分离、纯化及结构与功能的研究都极为重要。本节在介绍蛋白质有关理化性质时结合讨论蛋白质分离、纯化的几种基本方法。

一、蛋白质的理化性质

（一）两性解离及等电点

蛋白质由氨基酸组成，其分子末端有自由的 $\alpha\text{-}NH_3^+$ 和 $\alpha\text{-}COO^-$，蛋白质分子中氨基酸残基侧链也含有可解离的基团：赖氨酸的 $\varepsilon\text{-}NH_3^+$、精氨酸的胍基、组氨酸的咪唑基、谷氨酸的 $\gamma\text{-}COO^-$ 和天冬氨酸的 $\beta\text{-}COO^-$ 等。这些基团在一定pH溶液条件下可以结合与释放 H^+，解离成带正电荷和负电荷的基团，这就是蛋白质两性解离的基础。在某一pH溶液中，蛋白质解离成正、负离了的趋势相等，即成为兼性离子，净电荷为零，此时溶液的pH称为蛋白质的等电点。当蛋白质溶液的pH大于等电点时，该蛋白质解离成阴离子，带负电荷；反之则带正电荷。

体内各种蛋白质的等电点不同，但大多数接近于pH5.0，所以在人体组织体液pH7.4环境下，大多数蛋白质解离成为阴离子。少数蛋白质含碱性氨基酸较多，因而其分子中含有较多自由氨基，故其等电点偏于碱性，称碱性蛋白质，如鱼精蛋白和细胞色素c等。也有少数蛋白质含酸性氨基酸较多，其分子也因之含有较多的羧基，故其等电点偏于酸性，此类蛋白质称为酸性蛋白质，如丝蛋白和胃蛋白酶等。

在等电点时，蛋白质兼性离子带有相等的正、负电荷，成为中性微粒，故不稳定而易于沉淀。

$$P\begin{matrix}\nearrow NH_3^+\\ \searrow COOH\end{matrix} \underset{+H^+}{\overset{+OH^-}{\rightleftharpoons}} P\begin{matrix}\nearrow NH_3^+\\ \searrow COO^-\end{matrix} \underset{+H^+}{\overset{+OH^-}{\rightleftharpoons}} P\begin{matrix}\nearrow NH_2\\ \searrow COO^-\end{matrix}$$

蛋白质的阳离子　　蛋白质的兼性离子（等电点）　　蛋白质的阴离子

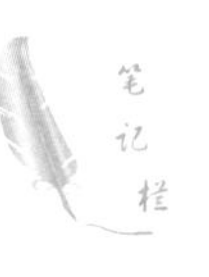

（二）蛋白质的胶体性质

蛋白质是相对分子质量较高的有机化合物，介于1万到百万，其分子直径为1～100nm，属胶体颗粒。所以，蛋白质溶液是胶体溶液，具有胶体溶液的性质。蛋白质是亲水胶体。球状蛋白质分子的亲水基团位于分子的表面，与水结合。每克蛋白质结合的水可高达0.3～0.5g，形成包绕分子表面的水化膜（hydration shell）。蛋白质分子之间相同电荷的相斥作用和水化膜的相互隔离作用是维持蛋白质胶粒在水中稳定性的两大因素。若去掉这两个稳定因素，蛋白质就极易从溶液中沉淀（图2-34）。

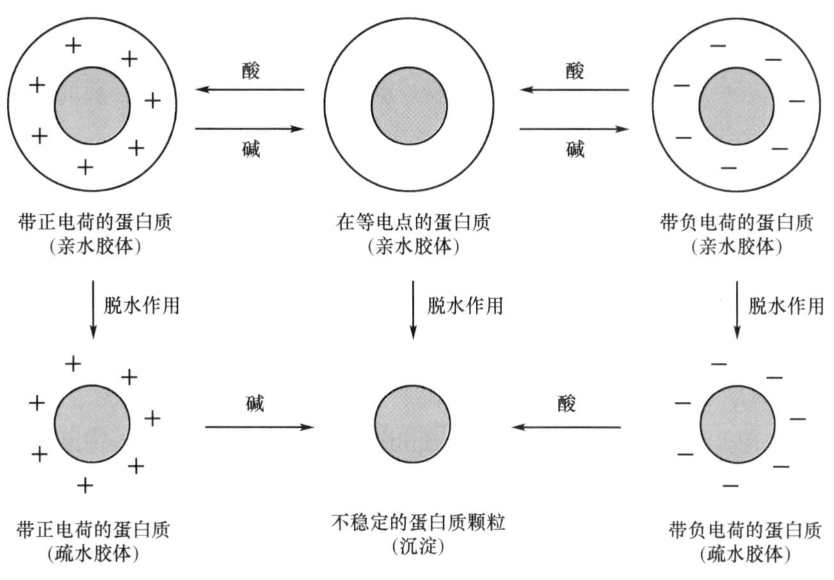

图2-34 蛋白质的胶体性质

（三）蛋白质的变性与沉淀

1. 蛋白质的变性 在某些理化因素的作用下，蛋白质中维系其空间结构的次级键（甚至二硫键）断裂，使其空间结构遭受破坏，造成其理化性质的改变和生物活性的丧失。这种现象称为蛋白质的变性（denaturation）。变性蛋白质仅是其天然构象的紊乱，一级结构中氨基酸序列不被改变。

引起蛋白质变性的物理因素有加热、紫外线照射、超声波和剧烈振荡；化学因素有强酸、强碱、有机溶剂和重金属盐等。

球状蛋白质变性后溶解度降低，主要是因为变性蛋白质疏水基团外露，丧失水化膜，由亲水胶体变成疏水胶体。本来在等电点时能溶于水的蛋白质经过变性就不再溶于原来的水溶液。

变性蛋白质空间结构的破坏造成分子的不对称性增大，在溶液中的黏度增大；变性蛋白质分子中各原子和基团的正常排布发生变化，造成其吸收光谱改变，并丧失其生物学活性；变性蛋白质由于其盘曲肽链的伸展，肽键外露，易被蛋白酶水解。

变性蛋白质的一级结构未被破坏，有些蛋白质在发生轻微变性后，可因去除变性因素而恢复活性。这种现象称为复性（renaturation）。前面提到的牛胰RNase A在8mol/L尿素和还原剂β-巯基乙醇存在时，分子中的非共价键和二硫键断裂，其有规律的三级结构遭到破坏，发生变性，丧失其生物活性。如果用透析的方法去除尿素和保留痕量β-巯基乙醇，则多肽链又可再次形成非共价键和二硫键，逐步恢复其特定的三级结构，并恢复其生物活性。这也说明，蛋白质的空间结构对其一级结构的依赖性。实际上，大多数蛋白质在变性后，其空间结构遭到严重破坏而不能复性。

2. 蛋白质沉淀 蛋白质从溶液中析出的现象称为蛋白质沉淀。已知蛋白质在水溶液中稳定的两大因素是水化膜和电荷。若除去蛋白质的水化膜并中和其电荷，蛋白质便发生沉淀。使蛋白质沉淀的方法很多。向蛋白质溶液中加入大量中性盐可夺取蛋白质的水化膜并中和电荷，使蛋白质从溶液中析出。乙醇、正丁醇、丙酮等有机溶剂可降低溶液的介电常数，夺取蛋白质的水化膜，均可使蛋白质沉淀。生物碱试剂（苦味酸、鞣酸等）、三氯乙酸、磺基水杨酸酸根离子可与带正电荷的蛋白质结合，使蛋白质沉淀并变性。汞、铅、铜、银等重金属离子可与带负电的蛋白质结合，使蛋白质变性、沉淀。临床上常用口服大量蛋白质（如牛奶）和催吐剂抢救误服重金属而中毒的患者。高浓度中性盐和有机溶剂沉淀法常用于蛋白质的分离和纯化。

3. 蛋白质的凝固 蛋白质被强酸或强碱变性后，仍能溶于强酸或强碱溶液中。若将此强酸或强

碱溶液的 pH 调至等电点，则变性蛋白质立即结成絮状的不溶解物。这种现象称为变性蛋白质的结絮作用（flocculation）。结絮作用所生成的絮状物仍能再溶于强酸或强碱中。如再加热，则絮状物变为比较坚固的凝块；此凝块不易再溶于强酸或强碱中。这种现象称为蛋白质的凝固作用（protein coagulation）。鸡蛋煮熟后本来流动的蛋清变成了固体状；豆浆中加少量氯化镁即可变成豆腐，都是蛋白质凝固的典型例子。蛋白质的变性与凝固常常是相继发生的，蛋白质变性后结构松散，长肽链状似乱麻，或相互缠绕、相互穿插、凝成一团、结成一块，不能恢复其原来的结构，即是凝固。可以说凝固是蛋白质变性后进一步发展的一种结构。

变性的蛋白质不一定沉淀，沉淀的蛋白质不一定变性，但变性蛋白质容易沉淀，凝固的蛋白质均已变性，而且不再溶解。

了解变性理论有重要的实际意义：一方面注意低温保存生物活性蛋白质（如抗体、疫苗等），避免其变性失活；另一方面可利用变性因素消毒灭菌。

（四）蛋白质的光谱吸收与呈色反应

1. 蛋白质的光谱吸收　蛋白质侧链上的某些基团对一定波长的光有其特征性的吸收峰。色氨酸残基和酪氨酸残基含有共轭双键，使蛋白质在波长 280nm 紫外光下有最大吸收峰，在此波长范围内，蛋白质溶液的吸光度值（A_{280}）与其含量呈正比关系。因此，280nm 处吸光度的测定常用于蛋白质的定量。

2. 蛋白质的呈色反应　蛋白质分子中的肽键和许多侧链基团均可与一些特定的试剂发生呈色反应。这些呈色反应常用于蛋白质的定性与定量。

双缩脲反应（biuret reaction）的原理是在碱性溶液中，Cu^{2+} 可与蛋白质分子中肽键形成紫红色络合物。蛋白质和多肽中均有两个以上肽键，与双缩脲有一定联系，故它们都可发生这一呈色反应。因氨基酸无此反应，故此法还可用于检测蛋白质的水解程度。水解越完全则颜色越浅。双缩脲反应对蛋白质的检出量为 1 ～ 20mg。

酚试剂呈色反应是最为常用的蛋白质定量方法（Lowry 法）。此法除蛋白质分子中肽键与碱性铜发生双缩脲反应外，蛋白质分子中的色氨酸与酪氨酸残基还将使试剂中的磷钨酸和磷钼酸盐还原生成蓝色化合物（钼蓝）。酚试剂法很灵敏，可检测 5μg 的蛋白质。

考马斯亮蓝 G250 与蛋白质通过范德瓦耳斯力结合后颜色由红色转变成蓝色，最大光吸收波长由 465nm 变成 595nm，通过测定 595nm 处吸光度的增加量可知与其结合蛋白质的量。此法干扰物少，是定量地测定微量蛋白质浓度的快速、灵敏方法。

二、蛋白质的分离和纯化

破碎组织和细胞，将蛋白质溶解于溶液中的过程称为蛋白质的提取。将溶液中的蛋白质相互分离而取得单一蛋白质组分的过程称为蛋白质的纯化。蛋白质的各种理化性质和生物学性质是提取与纯化的依据。目前尚无单一的方法可纯化出所有的蛋白质，每一种蛋白质的纯化过程是许多方法综合应用的系列过程。

（一）改变蛋白质的溶解度

通过改变蛋白质的溶解度沉淀蛋白质的常用方法有盐析和有机溶剂沉淀。此外，还有调节 pH 和改变温度等方法。

盐析（salting out）是用高浓度的中性盐将蛋白质从溶液中析出的方法。常用的中性盐有硫酸铵、硫酸钠和氯化钠等。高浓度的中性盐可以夺取蛋白质周围的水化膜，破坏蛋白质在水溶液中的稳定性。对不同的蛋白质进行盐析时，需要采用不同的盐浓度和不同的 pH。盐析时的 pH 多选择在蛋白质的等电点附近。例如，在 pH7.0 附近时，血清清蛋白溶于半饱和硫酸铵中，球蛋白沉淀下来；当硫酸铵达到饱和浓度时，清蛋白也沉淀出来。

与水互溶的有机溶剂（丙酮、正丁醇、乙醇和甲醇等）可以显著降低溶液的介电常数，使蛋白质分子之间相互吸引而沉淀。有机溶剂沉淀蛋白质应在低温下进行，低温不仅降低蛋白质的溶解度，而且还可以减少蛋白质变性的机会。

（二）根据蛋白质分子大小不同的分离方法

各种蛋白质分子具有不同的分子质量和形状，可采用离心、透析、超滤和凝胶过滤等技术将其分离。

1. 离心　离心（centrifugation）分离是利用机械的快速旋转所产生的离心力，将不同密度的物质分离开来的方法。

超速离心法（ultracentrifugation）既可以用来分离纯化蛋白质，也可以用来测定蛋白质的分子质量。超速离心可产生比地心引力（g）大60万倍以上的离心力，此离心力超过蛋白质分子的扩散力，所以蛋白质分子可以在此力场中下沉。下沉的速度与蛋白质分子质量的大小、分子的形状、密度及溶剂的密度有关。蛋白质在离心场中的沉降行为用沉降系数（sedimentation coefficient，S）表示，沉降系数（S）使用Svedberg单位（$1S=10^{-13}$秒）。S与蛋白质的密度和形状有关。

2. 透析与超滤　利用具有半透膜性质的透析袋将大分子的蛋白质与小分子化合物分离的方法称为透析（dialysis）。半透膜的特点是只允许小分子通过，而大分子物质不能通过，各种生物膜及人工制造的火棉胶、玻璃纸、塑料薄膜等，可用来做成透析袋，把含有杂质的蛋白质溶液放于袋内，将袋置于流动的水或缓冲液中，小分子杂质从袋中透出，大分子蛋白质留于袋内，使蛋白质得以纯化。透析法常用于除去以盐析法纯化的蛋白质带有的大量中性盐，以及以密度梯度离心法纯化蛋白质混入的氯化铯、蔗糖等小分子物质。

超滤法是利用超滤膜在一定压力下使大分子蛋白质滞留，而小分子物质和溶剂滤过。可选择不同孔径的超滤膜以截留不同分子质量的蛋白质。此法的优点是在选择的分子质量范围内进行分离，没有相态变化，有利于防止变性。这种方法既可以纯化蛋白质，又可达到浓缩蛋白质溶液的目的。

3. 凝胶过滤　凝胶过滤（gel filtration chromatography）是按照天然蛋白质分子质量大小进行分离的技术，又称为分子筛层析或排阻层析。在层析柱内填充惰性的微孔胶粒（如交联葡聚糖），将蛋白质溶液加入柱上部后，小分子物质通过胶粒的微孔进入胶粒，向下流动的路径加长，移动缓慢；大分子物质不能或很难进入胶粒内部，通过胶粒间的空隙向下流动，其流动的路径短，移动速率较快，从而达到按不同分子质量将溶液中各组分分开的目的。

从图2-35中可以看出，天然分子质量大小不同的蛋白质分子可以通过凝胶层析分开。在一定条件下，被分离的蛋白质的分子质量的对数与其洗脱体积成比例，所以可事先利用天然分子质量已知的一组蛋白质做成一个标准曲线，然后利用同样的柱子进行未知蛋白质的层析，获得未知蛋白的洗脱体积，就可利用标准曲线求出未知蛋白质的天然分子质量。

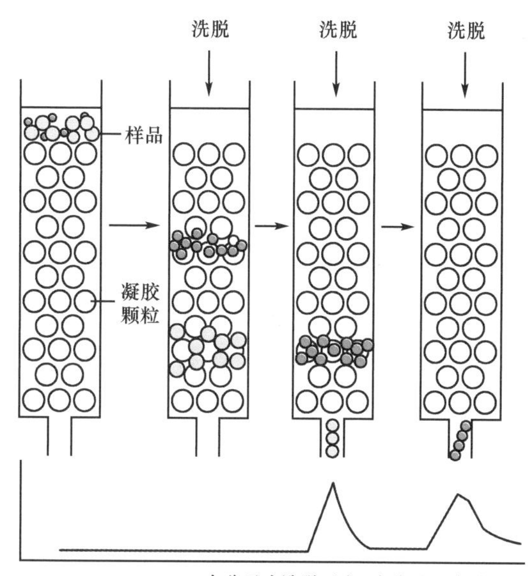

图2-35　凝胶过滤分离蛋白质

（三）根据蛋白质电荷性质的分离方法

可以根据各种蛋白质在一定的pH环境下所带电荷种类与数量不同的特点，分离不同蛋白质。常用的方法有离子交换层析、电泳和等电聚焦。

1. 离子交换层析　离子交换层析（ion exchange chromatography）是利用蛋白质两性解离特性和等电点作为分离依据的一种方法。这种方法应用广泛，是蛋白质分离纯化的重要手段之一。离子交换层析的填充料是带有正（负）电荷的交联葡聚糖、纤维素或树脂等。根据层析柱内填充物（交换剂）的电荷性质不同，离子交换层析可分为阴离子交换层析和阳离子交换层析。阴离子交换层析的交换剂本身带正电荷，而阳离子交换层析的交换剂本身带负电荷。

以阴离子交换剂弱碱型二乙基氨乙基纤维素（DEAE纤维素）为例，在pH7.0时带有稳定的正电荷，可与蛋白质的阴离子结合。当被分离的蛋白质溶液流经离子交换柱时，带有相反电荷的蛋白质可因离子交换而吸附于柱上，随后又可被带同样性质电荷的离子所置换而被洗脱。由于蛋白质的pI不同，在某一pH时所带电荷多少不同，与离子交换剂结合的紧密程度也不同，所以用一系列pH递增或递减的缓冲液洗脱或者提高洗脱液的离子强度，可以降低蛋白质与离子交换剂的亲和力，将不同的蛋白质逐步由柱上洗脱下来（图2-36）。

2. 电泳　带电颗粒在电场中可发生移动。蛋白质在高于或低于其等电点的pH缓冲溶液中可以分别带负电荷或正电荷。通过蛋白质在电场中泳动而达到分离蛋白质的技术称为电泳（electrophoresis）。

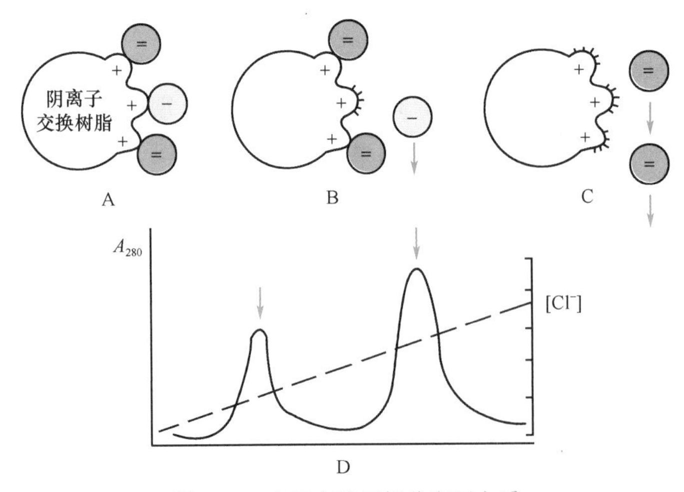

图 2-36　离子交换层析分离蛋白质

A. 样品全部交换并吸附到树脂上；B. 负电荷较少的分子用较稀的 Cl^- 或其他负离子溶液洗脱；C. 电荷多的分子随 Cl^- 浓度增加依次洗脱；D. 洗脱图中 A_{280} 表示 280nm 处的吸光度

电泳技术已成为分离蛋白质及其他带电颗粒的一种重要技术。带电颗粒在电场中泳动的速度主要决定于所带电荷的性质、数目、颗粒的大小和形状等因素。根据蛋白质分子大小和所带电荷的不同，可以通过电泳将其分离。根据支持物的不同，电泳有薄膜电泳、凝胶电泳等。

最常用的凝胶电泳有琼脂糖电泳（agarose electrophoresis）和聚丙烯酰胺凝胶电泳（polyacrylamide gel electrophoresis，PAGE）等。在 PAGE 基础上发展得到的 SDS-PAGE 是实验室常用的测定蛋白质分子质量的简便方法。SDS（十二烷基硫酸钠）是一种阴离子去垢剂，它能破坏活性蛋白质中的非共价键从而使蛋白质变性，使欲分离的蛋白质分解为亚基，由于 SDS 是负电性很强的物质，它可使所有的亚基均带上大致相等的负电荷。这样，在具有分子筛作用的 PAGE 中，各种蛋白质的泳动速率仅仅取决于其分子大小。这种电泳称为 SDS-PAGE（图 2-37）。由于聚丙烯酰胺凝胶具有筛分的能力，所以较小的多肽链比较大的多肽链移动快。大多数肽链的迁移率和它们相应的分子质量的对数成直线比例关系，若以已知分子质量的一组蛋白质作标准曲线，在同样条件下作未知样品电泳，就可推算出未知蛋白质的分子质量（图 2-37C）。

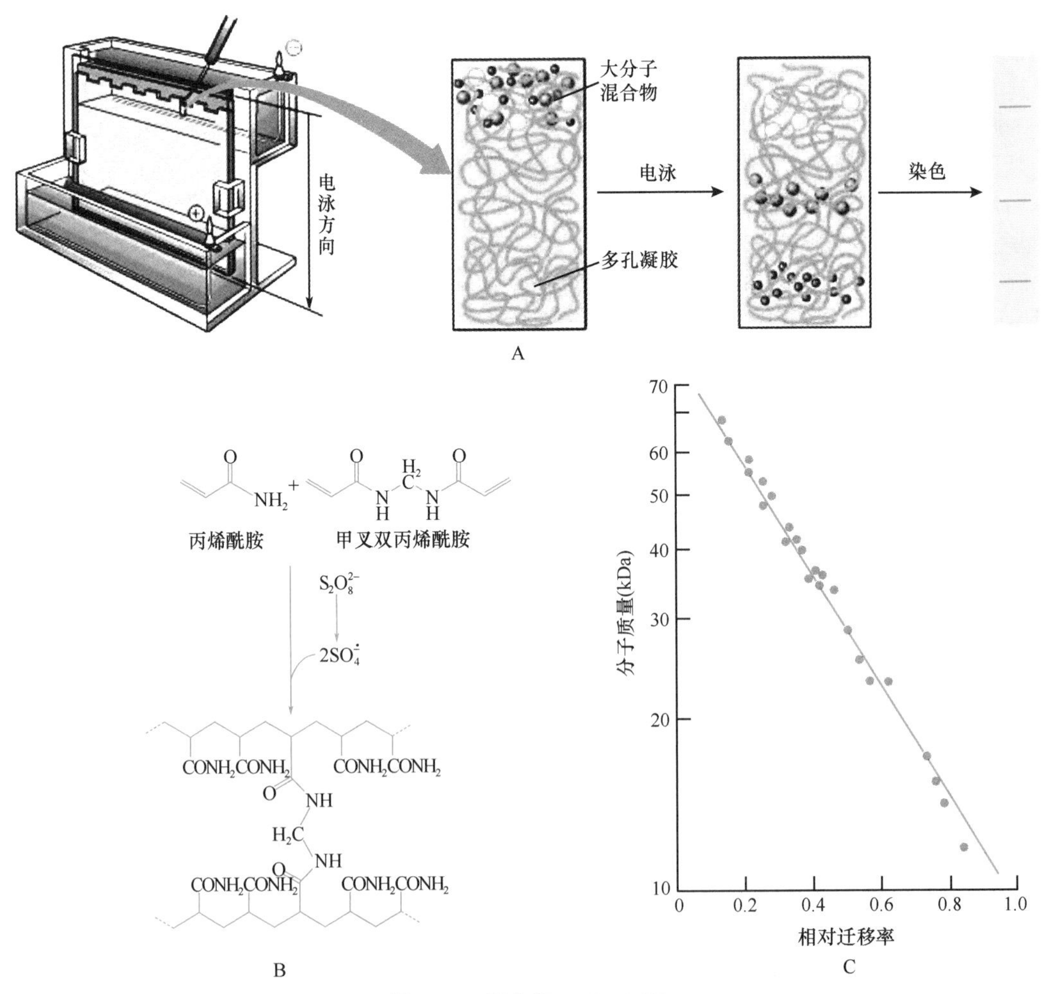

图 2-37　蛋白质 SDS-PAGE

A. SDS-PAGE；B. 聚丙烯酰胺凝胶的聚合；C. SDS-PAGE 测定蛋白质分子质量

电泳后，用蛋白质显色剂显色，可以清楚地看到已分离的各蛋白质条带。

3. 等电聚焦　等电聚焦电泳（isoelectric focusing electrophoresis，IFE）是一种电泳的改进技术，实际上是利用聚丙烯酰胺凝胶内的缓冲液在电场作用下在凝胶内沿电场方向制造的一个 pH 梯度。pH 梯度的形成依赖于一组分子质量低的脂肪族多氨基、多羧基化合物的混合物，它们等电点各不相同，该混合物称为两性电解质（ampholytes）。

等电聚焦是在具有 pH 梯度的电场中进行的电泳，蛋白质按其 pI 不同予以分离。各种蛋白质均有其特定的 pI，在 pH 呈梯度的电场中，按其 pI 不同，带有不同的电荷，于是向与其带电相反的电极方向泳动。这样，在电泳时某一蛋白质迁移到电场中 pH 等于其 pI 的位置时，该蛋白质便因电中性而停止泳动。这样，各种蛋白质按其 pI 不同得以分离（图 2-38）。

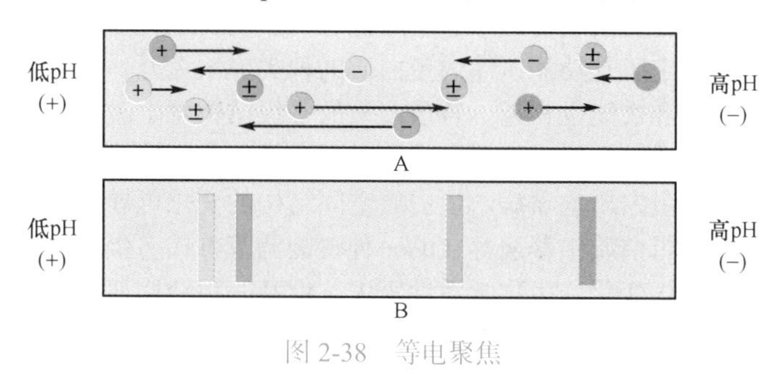

图 2-38　等电聚焦

4. 双向电泳　双向电泳（two dimensional electrophoresis，2-DE）是利用不同蛋白质所带电荷和质量的差异，用两种方法、分两步进行的蛋白质电泳。第一步是以聚丙烯酰胺凝胶为支持物，在玻璃管中进行 IFE，使蛋白质按其不同的等电点进行分离。第二步是将 IFE 的胶条取出，横放在另一平板上，进行 SDS-PAGE。第二次电泳的方向与 IFE 垂直，使已按 IFE 分离的蛋白质再进行一次按其不同质量的再分离。双向电泳后的凝胶经染色，蛋白质呈现二维分布图，水平方向反映出蛋白质在 pI 上的差异，垂直方向反映出它们在分子质量上的差异。所以双向电泳可以将分子质量相同而等电点不同的蛋白质及等电点相同而分子质量不同的蛋白质分开（图 2-39）。

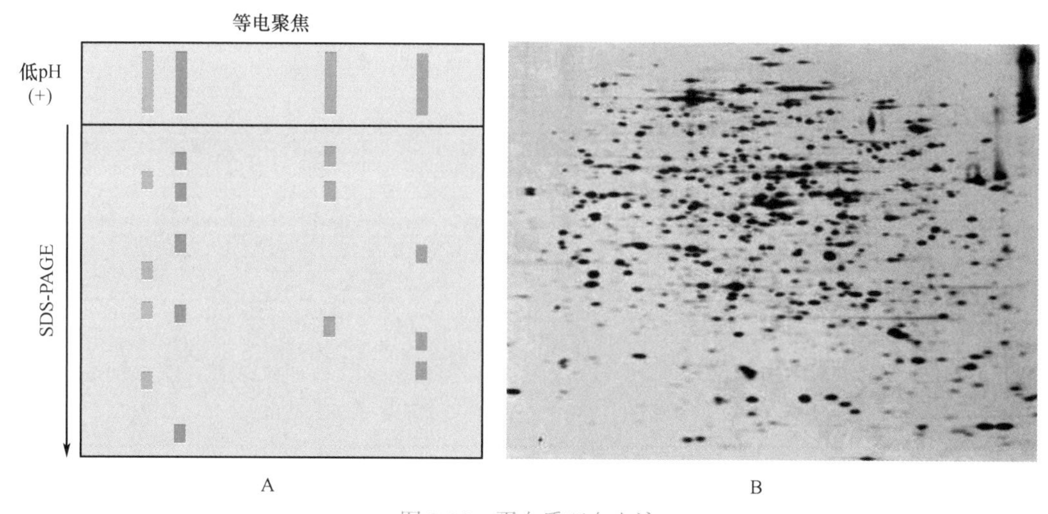

图 2-39　蛋白质双向电泳

A. 双向电泳示意图；B. 双向电泳分离结果

2-DE 的分辨率很高，可将大肠埃希菌提取液分离出 1400 多个蛋白点，每个点基本上代表一种蛋白质。2-DE 是研究蛋白质组不可缺少的工具。

小　　结

蛋白质是重要的生物大分子。它在人体内含量丰富，种类繁多。每种蛋白质都有其特定的结构和生物学功能。蛋白质是由 *L*-*α*- 氨基酸（甘氨酸除外）组成。氨基酸为两性电解质，其 *α*- 氨基和 *α*- 羧基均可解离，在溶液的 pH 等于 pI 时，氨基酸呈兼性离子，净电荷为 0。氨基酸可通过肽键相连成肽。谷胱甘肽、促甲状腺素释放激素和神经肽是体内重要的生物活性肽。

蛋白质的结构可分为四个层次。蛋白质的一级结构是指蛋白质分子中自N端至C端的氨基酸排列顺序，包括二硫键的位置。形成肽键的四个原子和与其相连的两个*α*-碳原子处于同一平面，构成肽单元。蛋白质的二级结构是指蛋白质主链局部的空间结构，不涉及氨基酸残基侧链构象。主要有α螺旋、β折叠、β转角和有序非重复结构。二级结构的稳定主要由氢键维持。相邻的两个或三个具有二级结构的肽段形成一个特殊的空间结构，称为模体。蛋白质的三级结构是指多肽链主链和侧链全部原子的空间排布位置。三级结构的形成和稳定主要靠次级键。一些蛋白质的三级结构中可见一个或数个球状或纤维状的区域，执行特定的生物学功能，称为结构域。四级结构是指蛋白质亚基之间的空间排布及亚基接触部位的布局和相互作用。蛋白质的二、三、四级结构又称为蛋白质的空间结构。仅由一条多肽链组成的蛋白质没有四级结构；由两条以上的多肽链形成的蛋白质必须形成四级结构才具有生物学活性。根据蛋白质的形状、组成等可对蛋白质进行分类。蛋白质的一级结构决定其特定的空间结构，从而决定了其功能。体内蛋白质的种类成千上万，功能也千差万别。一级结构相似的蛋白质，其空间结构和功能也相近。若蛋白质的一级结构发生改变则功能受到影响，由此引起的疾病称为分子病。蛋白质在合成、加工和成熟过程中的正确折叠对其正确构象和功能的发挥至关重要，错误的折叠可导致蛋白质构象病。蛋白质空间结构的变化可导致蛋白质功能的改变。血红蛋白与氧结合的别构效应是蛋白质中普遍存在的一种功能调节方式。蛋白质发生变性后，空间构象改变，可导致其理化性质发生变化和生物学活性丧失。但其一级结构通常未改变，故可在一定条件下复性。

分离纯化蛋白质是研究蛋白质结构和功能的先决条件。通常利用蛋白质的理化性质而采用不同的物理方法分离纯化蛋白质。常用的技术有电泳、层析、超速离心等方法。

（裴秀英）

笔记栏

第 3 章 核酸的结构与功能

第 3 章 PPT

核酸（nucleic acid）是一类含磷的生物大分子化合物，它决定生物体遗传特征，担负着生命信息的贮存和传递。依据核酸的化学组成不同，可分为核糖核酸（ribonucleic acid，RNA）和脱氧核糖核酸（deoxyribonucleic acid，DNA）。无论动物、植物还是微生物细胞中都含有 DNA 和 RNA，它们占细胞干重的 5% ～ 15%。人类 DNA 分子含有约 30 亿个碱基对，而 RNA 分子比 DNA 小得多，一般由数十至数千个单核苷酸相连而成。在真核生物中，核酸常与蛋白质结合形成核蛋白。核酸不仅是基本的遗传物质，而且在蛋白质的生物合成上也占重要位置，因而在生物的生长、遗传、变异等一系列重大生命现象中起决定性的作用。此外，还有少数核酸具有生物催化作用，可将其分为核酶（ribozyme）和脱氧核酶（deoxyribozyme）。

第 1 节 核酸的化学组成及一级结构

核酸分子的元素组成为 C、H、O、N 和 P，其中 P 的含量较为恒定，占 9% ～ 10%，可用于核酸含量测定。核酸是由多个核苷酸通过 3′,5′- 磷酸二酯键连接而形成的多聚物，所以核酸又称多聚核苷酸（polynucleotide）。核酸完全水解可释放出等摩尔量的含氮碱基、戊糖（脱氧戊糖）和磷酸，三种成分以共价键依次连接而成（图 3-1）。

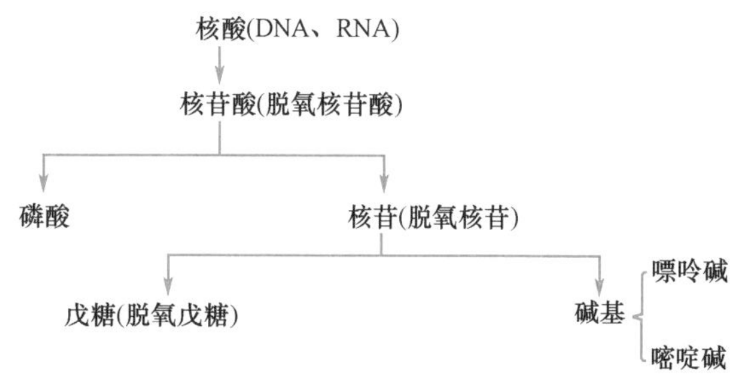

图 3-1 核酸组成

一、核 苷 酸

组成 DNA 的基本单位是四种脱氧核苷酸（deoxynucleotide），而组成 RNA 的基本单位是四种核苷酸（nucleotide）。

（一）碱基

核酸中的碱基为含氮杂环化合物，分为嘌呤（purine）和嘧啶（pyrimidine）两类（图 3-2）。

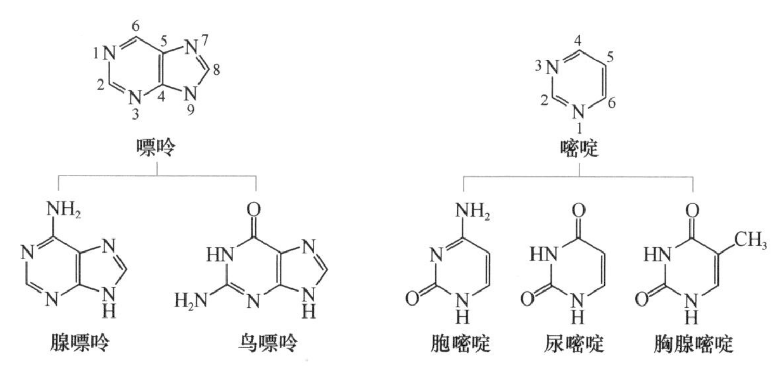

图 3-2 基本碱基化学结构

常见的嘌呤碱包括腺嘌呤（adenine，A）和鸟嘌呤（guanine，G），为 DNA、RNA 共有成分。常见的嘧啶碱包括胞嘧啶（cytosine，C）、尿嘧啶（uracil，U）和胸腺嘧啶（thymine，T），其中 C 存在于 DNA 和 RNA 分子中，T 主要存在于 DNA 分子中，而 U 仅存在于 RNA 分子中。

核酸中除了这五种基本的碱基外，还有一些含量甚少的碱基，称为稀有碱基（rare base），其种类繁多，大多数是碱基甲基化的衍生物。tRNA 中可含有高达 10% 的稀有碱基。部分稀有碱基的种类见表 3-1。

表 3-1　核酸中部分稀有碱基

	DNA		RNA	
嘌呤	m^7G	7- 甲基鸟嘌呤	N^6，N^6-2m^6A	N^6，N^6- 二甲基腺嘌呤
	N^6-m^6A	N^6- 甲基腺嘌呤	N^6-m^6A	N^6- 甲基腺嘌呤
			m^7G	7- 甲基鸟嘌呤
嘧啶	m^5C	5- 甲基胞嘧啶	DHU	二氢尿嘧啶
	hm^5C	5- 羟甲基胞嘧啶	T	胸腺嘧啶

（二）戊糖

参与组成核酸分子骨架的戊糖（又称核糖）有两种，即β-D- 核糖与β-D-2′- 脱氧核糖（图 3-3）。为了有别于碱基分子中的碳原子标号，核糖的碳原子编号都加“′”，标为 C-1′、C-2′…。RNA 所含的戊糖是β-D-核糖，DNA 所含的戊糖是β-D-2′- 脱氧核糖。两者相比，RNA 所含核糖 C-2′ 有 1 个羟基，致使整个分子比 DNA 分子更易产生自发水解，性质不如 DNA 分子稳定。

图 3-3　β-D-核糖和β-D-2′- 脱氧核糖的化学结构

（三）核苷

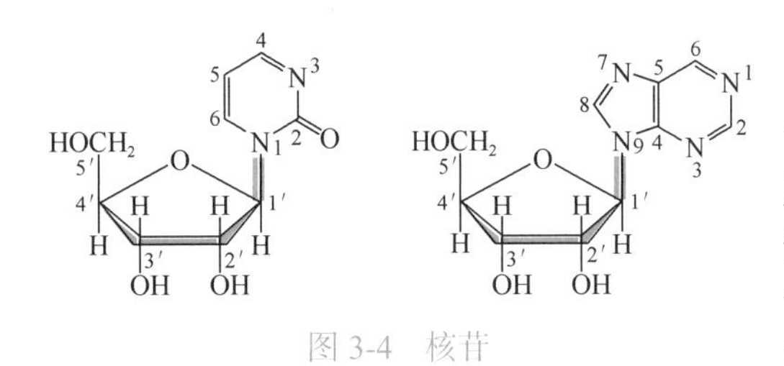

图 3-4　核苷

核苷（nucleoside）是由核糖和碱基通过糖苷键（glycosidic bond）连接而成，即嘌呤碱的第 9 位氮原子（N-9）或嘧啶碱的第 1 位氮原子（N-1）与核糖或脱氧核糖的 C-1′ 脱水缩合相连（图 3-4），称为 N-糖苷键。由核糖与碱基形成的核苷称为核糖核苷，简称核苷；由脱氧核糖与碱基形成的核苷称为脱氧核糖核苷，简称脱氧核苷（deoxynucleoside）。核苷的命名是在其前面加上相应碱基的名称，如腺嘌呤核苷（简称腺苷）、胸腺嘧啶脱氧核苷（简称脱氧胸苷）等。另外核酸中还含有少量稀有的核苷，如 tRNA 中的假尿嘧啶核苷（Ψ），它的核糖 C-1′ 连接在尿嘧啶的 C-5 上，而不是通常的 N-1 上。部分核苷的结构见图 3-4。

（四）核苷酸

核苷酸由核苷和磷酸通过磷酸酯键连接形成，即核苷的磷酸酯。整个分子的酸性就源自这一磷酸基团。酯化可以发生在核苷的任意游离羟基上，核糖核苷的糖基上有 3 个自由羟基，故能分别形成 2′、3′ 或 5′- 三种核苷酸；脱氧核糖核苷的糖基上只有两个自由羟基，所以只能形成 3′ 或 5′- 两种脱氧核苷酸，生物体内游离存在的多是 5′- 核苷酸。常见的核苷酸（NMP）有腺苷酸（AMP，称为腺苷一磷酸或一磷酸腺苷）、鸟苷酸（GMP）、胞苷酸（CMP）和尿苷酸（UMP）。脱氧核苷酸（dNMP）有脱氧腺苷酸（dAMP）、脱氧鸟苷酸（dGMP）、脱氧胞苷酸（dCMP）和脱氧胸苷酸（dTMP）。

在体内，核苷一磷酸（5′-NMP，N 代表任意一种碱基）上的磷酸与另外一分子磷酸以磷酸酯键相连形成游离核苷二磷酸（NDP），后者再和一分子磷酸以磷酸酯键相连则形成核苷三磷酸（NTP），从接近核糖的位置开始，三个磷酸基团分别以 α、β、γ 标记。例如，常见的腺苷三磷酸（ATP），它作为能量的通用载体在生物体的能量转换中起核心作用，UTP、GTP 和 CTP 则在某些专门的生化反应中起传递能量的作用。另外，各种核苷三磷酸及脱氧核苷三磷酸是合成 RNA 与 DNA 的原料。

核苷酸还可环化形成 3′,5′- 环核苷酸，如 3′,5′- 环腺苷酸（cAMP）或 3′,5′- 环鸟苷酸（cGMP）等形式，这些分子常在生物体的信息传递中起重要作用。另外核苷酸亦是某些重要辅酶的组成成分，如辅酶 A 含 3′- 磷酸腺苷酸，辅酶 Ⅰ 含有 AMP，辅酶 Ⅱ 含 2′- 磷酸腺苷酸等。图 3-5 为不同类型核苷酸的化学结构式。

笔记栏

AMP　GMP

ATP　dAMP

3′, 5′-cAMP　3′, 5′-cGMP

图 3-5　不同类型核苷酸的化学结构式

二、核酸的一级结构

核酸是由数量众多的核苷酸通过3′,5′-磷酸二酯键连接而成的且无分支结构的生物大分子。它的一级结构是指核苷酸的排列顺序，由于四种核苷酸间的差异主要是碱基不同，因此核酸的一级结构也称为碱基序列。脱氧核糖分子中3′和5′有两个自由羟基，相邻的两个核苷酸形成3′,5′-磷酸二酯键连接，核糖分子中虽然有2′、3′和5′三个自由羟基，但是相连的两个核苷酸还是以3′,5′-磷酸二酯键连接。线性多聚核苷酸链有两个游离的末端，分别称为5′端（磷酸基）和3′端（羟基）。可见，多聚核苷酸链是有方向性的。

多聚核苷酸结构的书写采用公认的从左至右按碱基顺序排列的方式，通常左侧端标为5′端，右侧为3′端，或更简化为仅写出从左至右的碱基顺序，而不写5′和3′，核苷酸连接的方向性及书写方式从繁到简如图3-6所示。

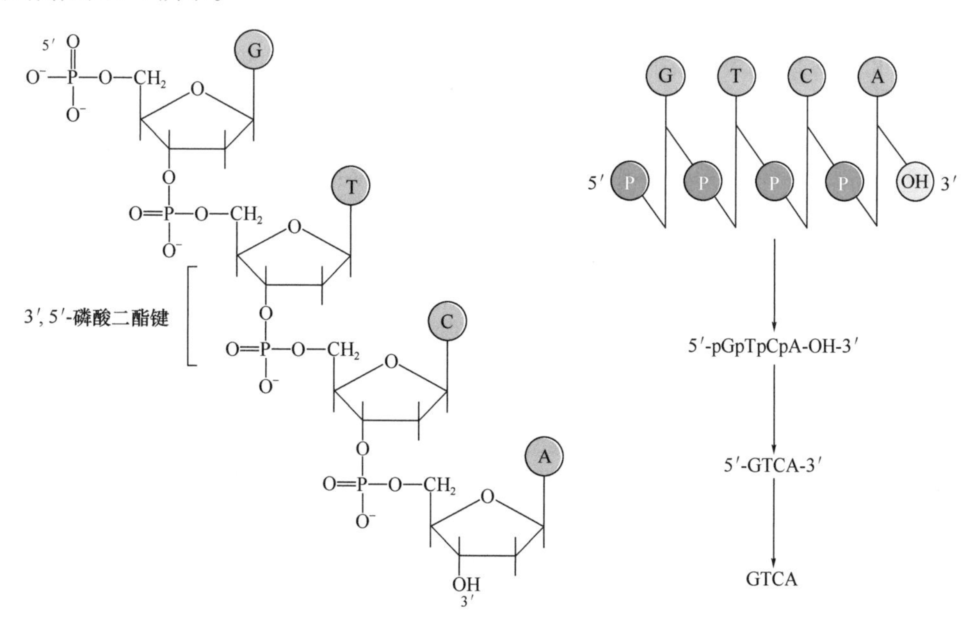

图 3-6　核酸一级结构及其书写方式

核酸分子的大小常用核苷酸数目（nucleotide，nt，用于单链 DNA 和 RNA）或碱基对数目（base pair，bp，用于双链 DNA 和 RNA）表示。小的核酸片段（＜ 50 bp 或 nt）常被称为寡核苷酸。自然界 DNA 和 RNA 的长度在几十至几万个碱基对或核苷酸之间，碱基排列顺序的不同表示携带的遗传信息不同。

第 2 节　DNA 的空间结构与功能

从发现核酸到揭示核酸的组成和结构及其与遗传的关系，历经了大半个世纪。1865 年 Mendel 在进行了 8 年的豌豆杂交实验后提出：决定生物性状的是"遗传因子"。1909 年丹麦生物学家 Johannsen 根据希腊文"给予生命"之义，最先提出"基因"一词，替代遗传因子概念。此时的基因仍然是一个抽象的概念，而无具体的结构形态。随后经过果蝇杂交实验，证实决定生物性状的基因与生物体中特定的染色体结构相关。1953 年，DNA 双螺旋结构被阐明，自此人们才开始对基因、染色体及遗传物质 DNA 等有了真正意义的理解，并逐步揭示了它们在控制遗传性状中的重要作用与机制。

一、DNA 双螺旋结构的研究背景

早在 20 世纪 20 年代，人们已经知道基因位于染色体上，很多科学家都急于想阐明染色体上基因的化学本质。但由于蛋白质是生物体功能的执行者，而且由 20 种氨基酸组成，其复杂性和多样性似乎远比核酸要高，所以大多数科学家先入为主地认为蛋白质是遗传物质，而不是 DNA。直到 1944 年 Avery 等利用从致病肺炎球菌中提取的 DNA 使另一种非致病性肺炎球菌的遗传性状改变而成为致病菌，证实了遗传物质是 DNA 而不是蛋白质。人们才逐渐将核酸化学的研究和细胞的功能联系起来。

1951 年 Pauling 利用 X 线晶体衍射技术对 α 角蛋白的空间结构进行分析，成功地发现了蛋白质的 α 螺旋结构，并且从那时起，Pauling 也开始了 DNA 分子结构的分析工作。α 螺旋结构理论首次用分子形成螺旋这种方式解释生物大分子的空间结构。α 螺旋结构的提出对于 DNA 二级结构的发现也起了很重要的启发作用，以后许多科学家在研究 DNA 空间结构时，都会考虑 DNA 分子是否同样存在一个类似的螺旋结构。同年 11 月，Wilkins 和 Franklin 利用 X 线衍射技术获得了高质量的 DNA 分子结构照片。分析结果表明 DNA 是螺旋状分子，并且以双链的形式存在。

1952 年 Chargaff 等科学家采用层析和紫外吸收光谱分析等技术发现了 DNA 碱基的组成规律（Chargaff 定律）：①腺嘌呤和胸腺嘧啶的摩尔数相等（即 A=T），鸟嘌呤和胞嘧啶的摩尔数也相等（即 G=C）；②来自不同种属的 DNA 的 4 种碱基组成不同；③同一种属、不同组织的 DNA 样品具有相同的碱基组成，即碱基组成没有组织和器官的特异性。这一定律揭示了 DNA 分子碱基之间存在 A 与 T、G 与 C 的互补配对关系。

综合了前人的研究成果，Watson 和 Crick 提出了 DNA 分子的双螺旋结构模型，并于 1953 年 4 月在英国 *Nature* 杂志上发表。同一期的 *Nature* 杂志上，还发表了 Franklin 的高质量的 DNA X 线衍射图谱，以及 Wilkins 的 DNA X 线衍射分析数据。这两篇研究报告，为 DNA 的双螺旋结构模型提供了重要的实验依据。DNA 双螺旋结构的发现为遗传物质提供了一个合理的、可能的复制和遗传机制的解释，为破译生物的遗传密码提供了依据，将生物大分子的结构与功能的研究结合在一起，是"分子生物学"这一新学科诞生的重要里程碑。Watson、Crick 和 Wilkins 因此分享了 1962 年的诺贝尔生理学或医学奖。1989 年，美国科学家用"扫描隧道显微镜"直接观察到了脱氧核糖核酸的双螺旋结构。1990 年，我国科学家白春礼用自己研制的"扫描隧道显微镜"首次观察到人们尚未认知的三链状脱氧核糖核酸，为生命信息研究又辟新途。

二、DNA 的二级结构——双螺旋结构模型

（一）DNA 双螺旋结构提出的依据

Watson 与 Crick 提出 DNA 双螺旋结构模型主要依据：①已知核酸化学结构和核苷酸键长与键角的数据。② Chargaff 规则为 DNA 二级结构模型的建立提供了一个有力的证据。细胞中的 DNA 分子几乎都是由双链分子构成，对其组成成分的结晶学和物理化学研究表明，A 与 T、C 与 G 可形成配对关系。③对 DNA 纤维进行 X 线衍射分析获得的精确结果。

DNA 双螺旋模型的建立不仅揭示了 DNA 的二级结构，也开创了生命科学研究的新时期。

（二）DNA 双螺旋结构的特点

现已证实 Watson 与 Crick 于 1953 年提出 DNA 双螺旋结构模型为 B 型双螺旋结构，B 型双螺旋结构特点如下：

（1）DNA 分子由两条脱氧多聚核苷酸链围绕同一中心轴盘曲而构成右手螺旋结构（图 3-7），两条链在空间的走向呈反向平行，一条链是 5′→3′ 的方向，另一条链是 3′→5′ 的方向。这是由核苷酸连接过程中严格的方向性和碱基结构对氢键形成的限制共同决定的。

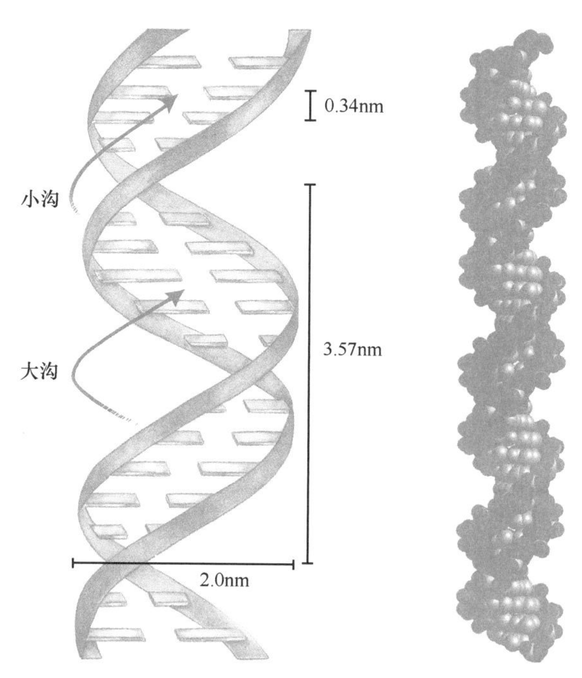

图 3-7 DNA 双螺旋结构

（2）DNA 链的骨架由交替出现的亲水脱氧核糖基和磷酸基构成，位于双螺旋的外侧，碱基配对位于双螺旋的内侧。

（3）两条脱氧多聚核苷酸链以碱基之间形成氢键配对而相连，即 A 与 T 形成两个氢键，G 与 C 形成三个氢键（图 3-8）。这种碱基相互配对关系称为互补碱基对，DNA 分子中的两条链则称为互补链。

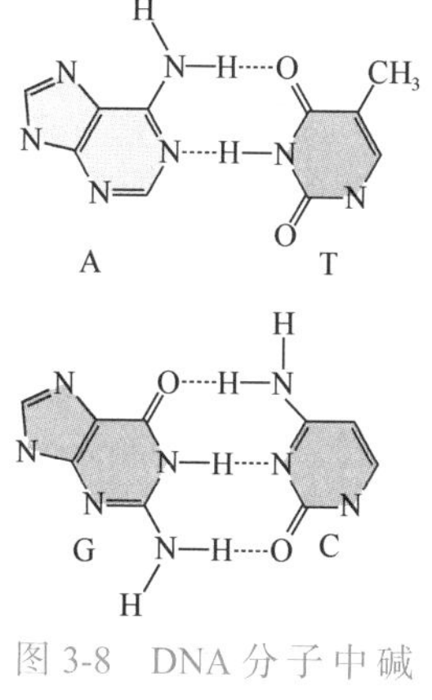

图 3-8 DNA 分子中碱基配对模式

（4）碱基对平面与螺旋轴几乎垂直，每两个相邻碱基对平面之间的距离为 0.34nm，每个螺旋结构含有 10（后来精确测量为 10.5）个碱基对，螺距约为 3.4nm（后来精确测量为 3.57nm），双螺旋结构的直径为 2.0nm。DNA 两股链之间的螺旋形成凹槽，一条浅的叫小沟（minor groove），一条深的叫大沟（major groove）。大沟是蛋白质识别 DNA 的碱基序列发生相互作用的基础。

（5）DNA 双螺旋结构的稳定主要由互补碱基对之间的氢键和碱基堆积力共同维持。碱基堆积力主要指疏水作用力，即同一条链中相邻碱基之间的非特异性作用力。疏水作用是不溶于水或难溶于水的分子，在水中具有相互靠近、成串地结合在一起的趋势，致使 DNA 分子层层堆积，分子内部形成疏水核心，这对维持 DNA 结构的稳定非常有利。因此，纵向靠碱基平面间的疏水性堆积力维持，而横向稳定则依靠两条链互补碱基间的氢键维系。

（三）DNA 双螺旋结构的多样性

Waston 和 Crick 提出的右手双螺旋结构模型称为 B 型 DNA，是基于与细胞内相似的温度环境进行 X 线衍射所得的分析结果，它是 DNA 分子在水性环境中和生理条件下最稳定和最普遍的构象形式。但这种结构并不是一成不变的，当改变溶液的离子强度或相对湿度时，DNA 结构会呈现不同的螺旋异构体。例如，降低环境的相对湿度，B 型 DNA 将会发生一个可逆性构象改变，将其称为 A 型 DNA，尽管两型都为右手螺旋，但 A 型 DNA 较粗，每两个相邻碱基对平面之间的距离为 0.26 nm，

笔记栏

比B型DNA的短了许多，然而每圈螺旋结构却含有11个碱基对，双螺旋结构的直径为2.55 nm，而且比B型DNA的刚性强，如图3-9所示。

1979年美国科学家A.Rich等在研究了荷兰科学家提供的CGCGCG结晶结构后，提出了Z型DNA结构模型，如图3-9所示。Z型为左手螺旋，每一螺旋含12个碱基对，每两个相邻碱基对平面之间的距离为0.37nm，直径是1.8 nm。且有证据表明在细胞中有短的Z型DNA片段。Z型DNA可增强某些基因的转录，还有助于负超螺旋结构的打开，一些特异的调节蛋白可与之结合，因此Z型DNA可能与基因的调控有关。

> 如何判断右手螺旋还是左手螺旋？
> 双手握拳，大拇指伸直指向螺旋前进方向，即3′端方向，螺旋盘绕方向如果与右手四指指向方向一致，即为右手螺旋；反之，就是左手螺旋。

微课3-1

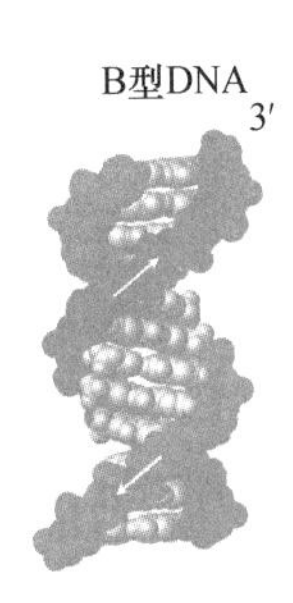

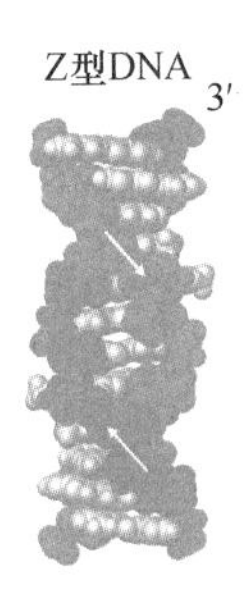

图3-9 不同类型DNA双螺旋结构模型（B型DNA和A型DNA是右手螺旋；Z型DNA是左手螺旋，以颜色深的单链为例）

三、DNA的超螺旋结构及其在染色质中的组装

DNA是高分子化合物，其长度十分可观。因此，DNA在细胞内形成双螺旋结构基础上还要进一步盘旋和高度压缩，形成致密的结构组装在细胞核内。

（一）DNA超螺旋结构

DNA在双螺旋结构基础上通过扭曲、折叠所形成的特定三维构象称为三级结构，它具有多种形式，其中以超螺旋（supercoil）最常见。两端开放的DNA双螺旋分子在溶液中以处于能量最低的状态存在，此为松弛态DNA（relaxed DNA）。但如果DNA分子的两端是固定的，或者是环状分子，当双螺旋缠绕过分或缠绕不足时，双螺旋由旋转产生的额外张力就会使DNA分子发生扭曲，以抵消张力，这种扭曲称为超螺旋（图3-10）。如果盘旋方向与双螺旋旋转方向一致，即与右手螺旋方向相同，会造成DNA双螺旋分子旋转过度，此种超螺旋结构为正超螺旋（positive supercoil），反之则为负超螺旋（negative supercoil）。负超螺旋在蛋白质同DNA结合时可能起到促进作用。在正常生理条件下，自然界的闭合双链DNA主要以负超螺旋形式存在。

（二）原核生物DNA的环状超螺旋结构

绝大部分原核生物DNA都是共价闭环双螺旋分子（图3-10），如大肠埃希菌的DNA是4 639kb，它在细胞内紧密缠绕形成致密的小体，称为拟核（nucleoid），拟核结构中DNA约占80%，其余是结合的碱性蛋白质和少量RNA。在细菌基因组中，超螺旋可以相互独立存在，形成超螺旋区，各区域间的DNA可以有不同程度的超螺旋结构。

图3-10 环状和超螺旋DNA示意图

（三）真核生物DNA在核内的组装

真核细胞DNA与蛋白质结合以分散的染色质（chromatin）形式存在于细胞周期的大部分时间里，在细胞分裂期则形成高度致密的染色体（chromosome）。染色质的基本组成单位是核小体（nucleosome），由5种组蛋白和长度约200bp的重复序列DNA所组成（图3-11）。组蛋白（histone）是一种碱性蛋白质，其特点是富含两种碱性氨基酸（赖氨酸和精氨酸）。

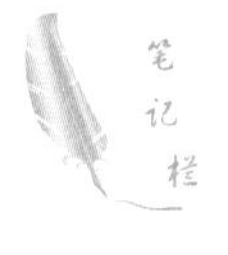
笔记栏

组蛋白 H_2A、H_2B、H_3 和 H_4 各 2 分子组成一个八聚体构成核心组蛋白，长度为 146bp 的 DNA 双链以左手螺旋紧紧缠绕核心组蛋白 1.67 圈形成核心颗粒（core particle）；余下的 DNA 双链作为连接 DNA 和组蛋白 H_1 构成的连接区将两相邻核心颗粒连接起来，彼此靠拢，在电子显微镜下观察犹如一串念珠（beads-on-a-string）。

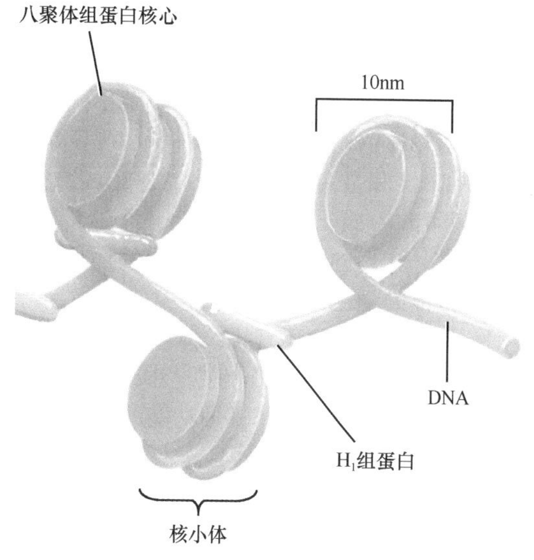

图 3-11　核小体的结构示意图

核小体链可进一步盘绕成 30nm 的染色质纤丝（chromatin fiber），每圈 6 个核小体。组蛋白 H_1 是维系这种高级结构的重要成分。纤丝并不是染色质的最终结构，在细胞分裂的中期，纤丝就像一个大的晕圈一样环绕在中心纤维蛋白质周围，此即称为辐射状结构。30nm 纤丝是染色质第二级组织，它使 DNA 压缩大约 100 倍。真核生物染色体还存在更高层次的结构，使 DNA 进一步被压缩。图 3-12 所示为一种目前比较能接受的组装模型：由染色质纤丝组成突环，再由突环形成玫瑰花结形状的结构，进而组装成螺旋圈，由螺旋圈再组装成染色单体（chromatid）。简言之，染色体是由 DNA 和蛋白质及少量 RNA 构成的不同层次缠绕线和螺线管结构。很可能不同物种的染色体，或同一物种不同状态下的染色体，或同一染色体的不同区域，其高级结构均有所不同。

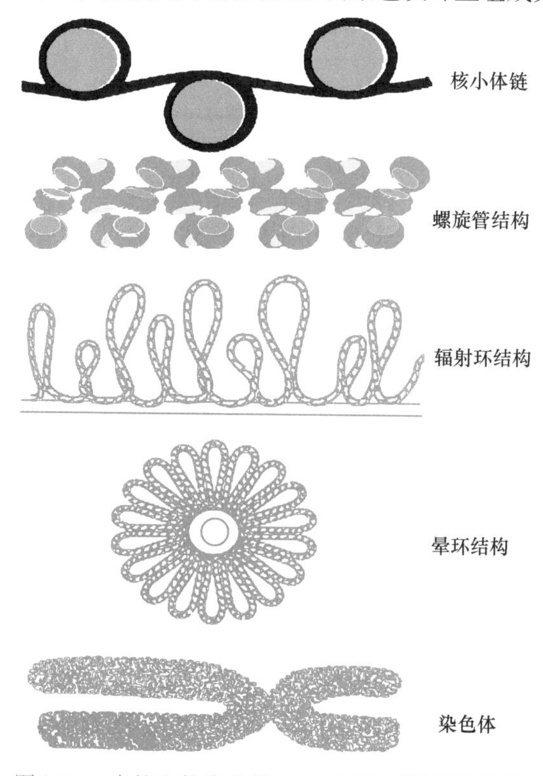

图 3-12　真核生物染色体 DNA 组装不同层次的结构示意图

微课 3-2

四、DNA 的功能

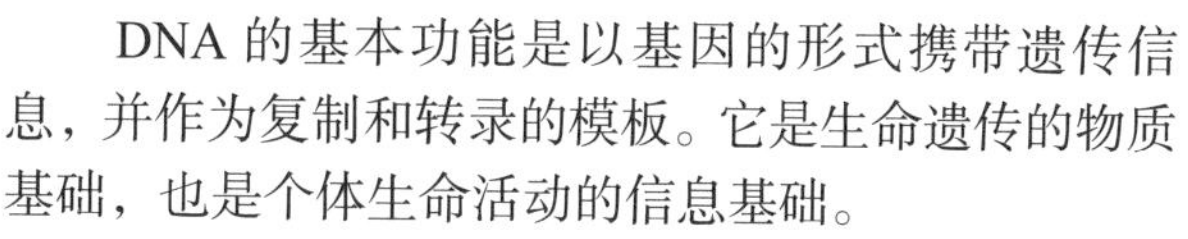

DNA 的基本功能是以基因的形式携带遗传信息，并作为复制和转录的模板。它是生命遗传的物质基础，也是个体生命活动的信息基础。

细胞学的证据早就提示 DNA 可能是遗传物质。DNA 分布在细胞核内，是染色体的主要成分，而染色体已知是基因的载体。细胞内 DNA 含量十分稳定，而且与染色体数目平行。一些可作用于 DNA 的物理化学因素均可引起遗传性状的改变。但直接证明 DNA 是遗传物质的证据则来自肺炎球菌转化实验和噬菌体的感染实验。

1944 年，Avery 利用致病肺炎球菌中提取的 DNA 使另一种非致病性的肺炎球菌的遗传性状发生改变而成为致病菌，于是得出结论：抽提自致病菌株的 DNA 带有使无致病菌株转化的可遗传信息。当时不是所有的人都接受这一结论，因为 DNA 样品中有微量残留的蛋白质，它是否可能携带遗传信息？很快这种可能性被排除，实验发现，把 DNA 样品用蛋白酶处理不破坏 DNA 的转化活性，但是使用脱氧核糖核酸酶（DNase）处理，则可使 DNA 失去转化活性。由此证实了 DNA 是遗传的物质基础。1952 年 Hershey 和 Chase 各自独立的实验提供了 DNA 是遗传物质的另一个证据。其实验方法是把 T_2 噬菌体分别用 ^{35}S 和 ^{32}P 标记，再分别去感染大肠埃希菌。结果显示，用 ^{35}S 标记的噬菌体感染时，大肠埃希菌细胞内几乎没有放射性；用 ^{32}P 标记的噬菌体感染时，大肠埃希菌细胞内有放射性。由此看来，T_2 噬菌体注入大肠埃希菌体内的是含 ^{32}P 的 DNA 起作用，而不是含 ^{35}S 的蛋白质外壳起作用。DNA 结构的阐明使得它作为遗传信息载体的作用更加确定无疑。

从遗传学角度讲，基因（gene）就是指在染色体上占有一定位置的遗传基本单位，含有编码一种 RNA，大多数情况是编码一种多肽的信息单位；从分子生物学角度讲，基因是负载特定遗传信息

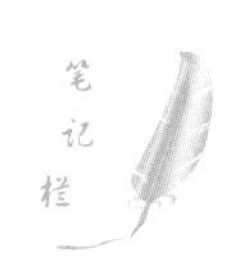

的DNA片段，其结构包括DNA编码序列和非编码序列。其中DNA编码序列的核苷酸排列顺序决定了基因的功能，作为细胞内RNA合成的模板，部分DNA又为细胞内蛋白质的合成带去指令。DNA的核苷酸序列以遗传密码的方式决定不同蛋白质的氨基酸顺序，仅仅利用四种碱基的不同排列，即可以对生物体的所有遗传信息进行编码，经过复制遗传给子代，通过转录和翻译保证支持生命活动的各种RNA和蛋白质在细胞内有序合成；非编码序列中包含多种具有调控作用的调节区。

基因组（genome）是指来自一个遗传体系的一整套遗传信息。对所有原核细胞（如细菌）和噬菌体而言，它们的基因组就是单个的环状染色体所含的全部基因；对真核生物而言，基因组就是指一个生物体的染色体所包含的全部DNA，通常又称为染色体基因组，是真核生物主要的遗传物质基础。此外，真核细胞还有线粒体或叶绿体，分别含有线粒体DNA或叶绿体DNA，属核外遗传物质。人的基因组则有3.0×10^9个碱基对，经推算可编码大约20 000种蛋白质。人类基因组的全部碱基序列测定工作已经完成，为基因功能的研究奠定了基础。

DNA的结构特点是具有高度的复杂性和稳定性，可以满足遗传多样性和稳定性的需要。不过DNA分子又绝非一成不变，它可以发生各种重组和突变，为自然选择提供机会。尽管DNA结构与功能的研究成果已经为当今社会带来了巨大变化，但是DNA分子如何在进化过程中成为生命的主宰？地球上或其他星球是否有非核酸的生命形式？这些生命起源和生命本质问题目前尚未解决。

DNA作为高性能的信息贮存装置，在理解它在生命中作用的同时，人们已经试图利用DNA的结构特点完成生命活动以外的工作。例如，DNA分子计算机已经可以利用DNA分子完成简单的数学计算和逻辑推理，其前景也是各个领域所关注的问题。

第3节 RNA的结构与功能

RNA的基本结构也是以3′,5′-磷酸二酯键连接而成的多聚核苷酸链。组成RNA分子的基本单位是四种核苷酸：AMP、GMP、CMP和UMP。除此之外，在有些RNA分子中尚含有少量的稀有碱基。成熟的RNA主要存在于细胞质中，少量位于细胞核中。RNA分子一般比DNA小得多，由数十个至数千个核苷酸组成。RNA通常是单链线型分子，但可自身回折在碱基互补区（A与U配对，C与G配对）形成局部短的双螺旋结构，而非互补区则膨出成环。RNA与DNA的明显差异是核糖环的C-2′位含有游离的羟基，它使RNA的化学性质不如DNA稳定，能产生更多的修饰组分，使RNA主链构象因羟基（或修饰基团）的立体效应而呈现出复杂、多样的折叠结构，这是RNA能执行多种生物功能的结构基础。

RNA的种类、大小、结构都比DNA多样化，DNA的遗传信息表达为蛋白质的氨基酸排列顺序，RNA在两者之间发挥着重要作用，按照功能的不同和结构特点，RNA主要可分为以下三大类。

一、信使RNA的结构与功能

DNA决定蛋白质合成的作用是通过这类特殊的RNA来实现，这种作用很像一种信使作用，因此，这类RNA被命名为信使RNA（messenger RNA，mRNA）。

mRNA是细胞内含量较少的一类RNA，仅占细胞总RNA的3%～5%，但其种类最多。mRNA的功能是作为遗传信息的传递者，将核内DNA的碱基顺序（遗传信息）按碱基互补原则抄录并转送至核糖体，指导蛋白质的合成。尽管细胞中，mRNA有相同功能，但是原核生物和真核生物的mRNA在合成和结构上仍有很大区别。原核生物中mRNA的转录和翻译在细胞内同一个空间进行，而且这两个过程紧密偶联同时发生。真核细胞中mRNA以大的前体形式在细胞核内合成，经加工成熟后再运送到细胞质内，它的合成和表达是在细胞的不同空间内完成。一个多肽链所对应的DNA序列及其翻译起始信号和终止信号称为顺反子，编码单个多肽的mRNA是单顺反子（monocistron），真核生物mRNA都属单顺反子；编码几个不同多肽链的mRNA分子是多顺反子（polycistron），原核生物mRNA属此类。

真核细胞的成熟mRNA在一级结构上与原核细胞相比具有以下特点：

1. 5′-端具有共同的帽子结构 在mRNA生物合成过程中，当初始转录物长达20～30个核苷酸时，转录产物5′-端加上一个甲基化鸟苷酸（图3-13）与末端起始核苷酸以5′，5′-焦磷酸键连接，形成m^7G-5′ppp5′-N-3′帽子结构，同时原始转录产物的第一、二个核苷酸残基的C-2′通常也被甲基化。

mRNA的帽子结构可以与一类称为帽结合蛋白（cap binding proteins，CBPs）的分子结合形成复

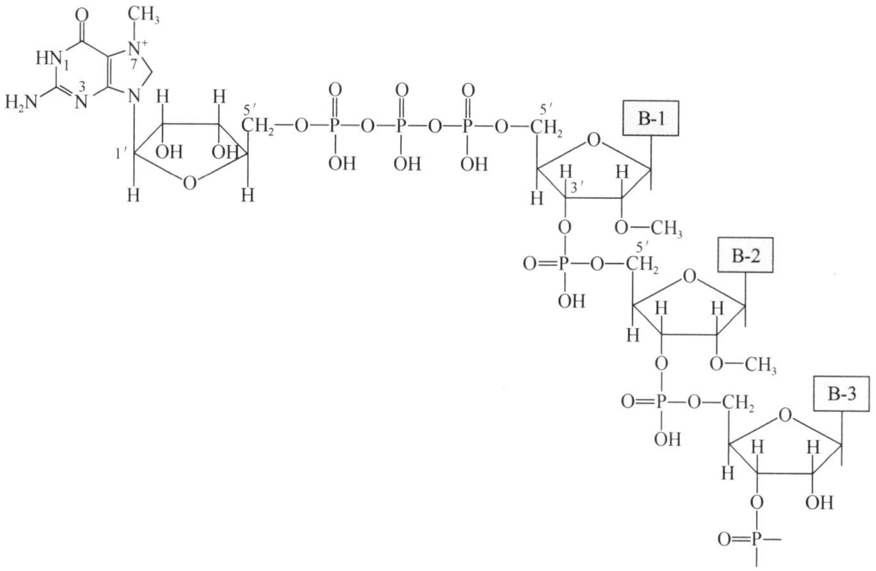

图 3-13　真核生物 mRNA 的帽子结构 [B：碱基（base）]

合物，这种复合物对于 mRNA 从细胞核向细胞质的转运、与核糖体的结合、与翻译起始因子的结合及 mRNA 稳定性的维持等方面均有重要作用。

2. 3′- 端具有多聚腺苷酸尾巴结构　在真核生物 mRNA 的 3′- 端，大多数有一段由 80 ～ 250 个腺苷酸连接而成的多聚腺苷酸结构，称为多聚 A 尾 [poly（A）]。poly A 结构也是在 mRNA 转录完成以后额外加入的，催化这一反应的酶为 poly A 转移酶。poly A 在细胞内与 poly A 结合蛋白（poly A-binding protein，PABP）相结合而存在。目前认为，这种 3′- 端多聚 A 尾巴结构和 5′ 帽子结构共同负责 mRNA 从核内向胞质的转运、mRNA 的稳定性维系及翻译起始的调控。

生物体各种 mRNA 链的长短差别很大，主要是由转录的模板 DNA 区段的大小及转录后的剪接方式所决定。mRNA 分子的长短决定了它要翻译出的蛋白质的分子大小。

mRNA 的功能是转录细胞核内 DNA 遗传信息，并携带此信息至细胞质，指导蛋白质合成，决定蛋白质多肽链中的氨基酸排列顺序。mRNA 分子从 5′- 端的 AUG 开始，每相邻 3 个核苷酸为一组，决定多肽链上一个氨基酸，称为三联体密码（triplet code）或密码子（codon）。一条完整的 mRNA 包括 5′ 非翻译区（5′-untranslated region，5′-UTR）、编码区和 3′ 非翻译区（3′-untranslated region，3′-UTR）。编码区包括起始密码子、编码其他氨基酸的密码子和终止密码子（图 3-14）。

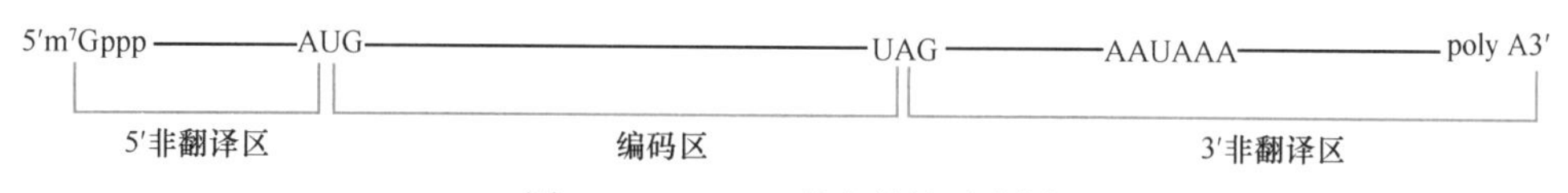

图 3-14　mRNA 基本结构示意图

二、转运 RNA 的结构与功能

转运 RNA（transfer RNA，tRNA）约占总 RNA 的 15%，是细胞内分子质量最小的 RNA，目前已完成一级结构测定的 tRNA 有 100 多种，由 70 ～ 90 个核苷酸组成。细胞内 tRNA 的种类很多，每一种氨基酸都有其相应的一种或几种 tRNA。所有 tRNA 均有以下类似的结构特点：

1. tRNA 分子含有较多的稀有碱基　稀有碱基是指除 A、G、C、U 以外的一些碱基，包括二氢尿嘧啶（DHU）、甲基化的嘌呤（^{m}G、^{m}A）和假尿苷（ψ）等，一般嘧啶核苷是以杂环上 N-1 与糖环的 C-1′ 连成糖苷键，而假尿嘧啶核苷则是以杂环上的 C-5 与糖环的 C-1′ 相连而成。各种稀有碱基均是 tRNA 转录后加工产生的。tRNA 中的稀有碱基约占所有碱基的 10%，部分稀有碱基结构见图 3-15。

2. tRNA 二级结构呈三叶草形　组成 tRNA 的几十个核苷酸中存在着一些能局部互补配对的区域，形成局部的双链，呈茎状，中间不能配对的部分则膨出形成环，称为茎环结构。使得 tRNA 整个分子的形状类似于三叶草形（cloverleaf pattern）。它包括三个单链构成的环和四个局部双链组成的臂，即二氢尿嘧啶环、反密码环和 TψC 环及三个环所对应的三个臂和氨基酸臂等部分组成，

m^7G(7-甲基鸟嘌呤)　m^6A(N^6-甲基腺嘌呤)　$2m^6A$(N^6, N^6-二甲基腺嘌呤)

m^5C(5-甲基胞嘧啶)　hm^5C(5-羟甲基胞嘧啶)　DHU(二氢尿嘧啶)

图 3-15　部分稀有碱基结构

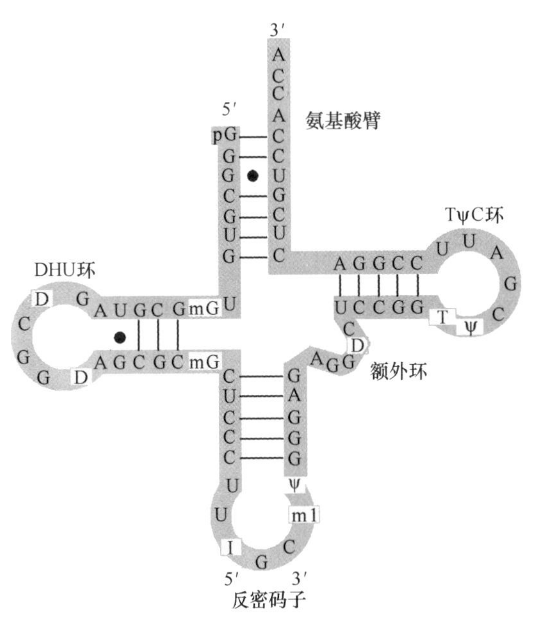

图 3-16　tRNA 二级结构

另外还有一个额外环（图 3-16）。

（1）二氢尿嘧啶环（dihydrouracil loop, DHU）：它是 5′- 端起第一个环，由 8～12 个核苷酸组成，含有二氢尿嘧啶，故得名。另由 3～4 对碱基组成的双螺旋区（也称二氢尿嘧啶臂）与 tRNA 分子的其余部分相连。

（2）反密码环（anticodon loop）：由 7 个核苷酸组成。环中部的 3 个碱基可以与 mRNA 的密码子形成碱基互补配对，构成反密码子。次黄嘌呤核苷酸（缩写 I）常出现于反密码子中。反密码环通过由 5 对碱基组成的双螺旋区（反密码臂）与 tRNA 分子的其余部分相连。

（3）TψC 环：由 7 个核苷酸组成的近 3′- 端的环结构，因环起始的前三个核苷酸分别是胸嘧啶核苷酸（T）、假尿嘧啶核苷酸（ψ）和胞嘧啶核苷酸（C）而得名。除个别 tRNA 外，几乎所有 tRNA 都含有 TψC 环。此环与核糖体的大亚基起作用，与自身三级结构折叠有关。

（4）额外环（extra loop）：由 3～8 个核苷酸组成，不同 tRNA 的此环大小是高度可变的，故又称可变环，是 tRNA 分类的重要指标。

（5）氨基酸臂（amino acid arm）由 5′- 端和 3′- 端 7 对碱基组成，富含鸟嘌呤，所有 tRNA 的 3′- 端均为 CCA，是活化氨基酸的结合部位，又称氨基酸接纳臂。

3. tRNA 的三级结构呈倒“L”形　tRNA 折叠形成的三级结构呈倒“L”形（图 3-17），由氨基酸臂与 TψC 臂形成一个连续的双螺旋区，构成字母 L 下面的一横。而 DHU 臂与它相垂直，DHU 臂与反密码臂及反密码环共同构成字母“L”的一竖。反密码臂经额外环与 DHU 臂相连接。此外，DHU 环中的某些碱基与 TψC 环及额外环中的某些碱基之间形成额外的碱基对，它们是维持 tRNA 三级结构的重要因素。

tRNA 在蛋白质生物合成过程中具有转运氨基酸和识别密码子的作用，它的名称也是由此而来的。不仅如此，它还在蛋白质生物合成的起始过程、DNA 逆转录合成及其他代谢调节过程中起重要作用。

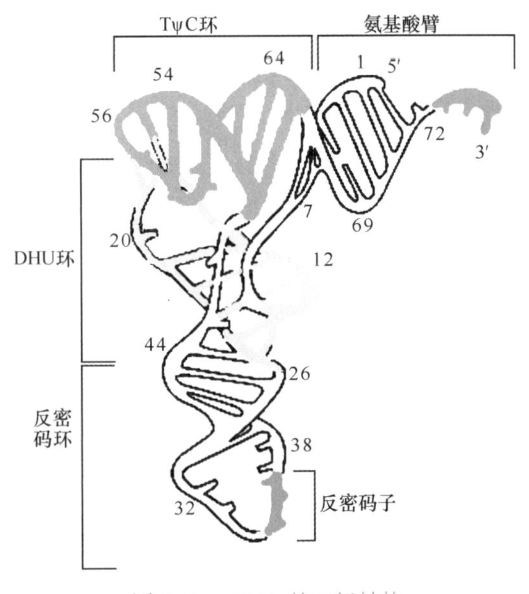

图 3-17　tRNA 的三级结构

三、核糖体 RNA 的结构与功能

核糖体 RNA（ribosomal RNA，rRNA）是细胞内含量最多的 RNA，约占总 RNA 的 80% 以上。rRNA 与核糖体蛋白（ribosomal protein）共同构成核糖体（ribosome，旧称核糖核蛋白体或核蛋白体）。核糖体均由易于解聚的大、小两个亚基组成。

原核生物有三种 rRNA，大小分别为 5S、16S、23S（S 为沉降系数，是大分子物质在超速离心沉降中的一个物理学单位，可间接反映分子质量的大小）。其中 16S rRNA 和 20 余种蛋白质构成核糖体的小亚基（30S）；大亚基（50S）则由 5S 和 23S rRNA 共同与 30 余种蛋白质结合构成。

真核生物有四种 rRNA，大小分别为 5S、5.8S、18S、28S。其中由 18S rRNA 和 30 余种蛋白质构成核糖体小亚基（40S）；大亚基（60S）则由 5S、5.8S、28S 三种 rRNA 和近 50 种蛋白质结合构成（表 3-2）。

表 3-2　核糖体的组成

原核生物（以大肠埃希菌为例）			真核生物（以小鼠肝为例）	
核糖体	70S		80S	
小亚基	30S		40S	
rRNA	16S	1540 个核苷酸	18S	1900 个核苷酸
蛋白质	21 个	占总量的 40%	33 个	占总量的 50%
大亚基	50S		60S	
rRNA	23S	3200 个核苷酸	28S	4 700 个核苷酸
	5S	120 个核苷酸	5.8S	160 个核苷酸
			5S	120 个核苷酸
蛋白质	36 个	占总量的 30%	47 个	占总量的 35%

各种 rRNA 的碱基顺序均已测定，并据此推测出了二级结构和空间结构。数种原核生物 16S rRNA 的二级结构颇为相似，形似 30S 小亚基。真核生物 18S rRNA 的二级结构呈花状，形似 40S 小亚基（图 3-18），其中多个茎环结构为核糖体蛋白的结合和组装提供了结构基础。

rRNA 的主要功能是与多种蛋白结合构成核糖体，为多肽链合成所需要的 mRNA、tRNA 及多种蛋白质因子提供相互结合的位点和相互作用的空间环境，在蛋白质生物合成中起着“装配机”的作用。

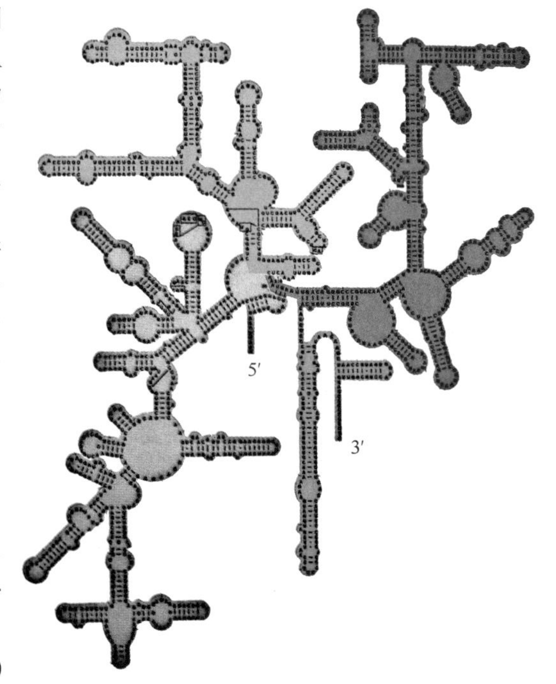

图 3-18　核糖体小亚基 rRNA 二级结构

四、其他小分子 RNA 及 RNA 组学

除 mRNA、tRNA、rRNA 三种外，细胞的不同部位还存在着许多其他种类的小分子 RNA，这些小 RNA 被统称为非信使小 RNA(small non-messenger RNA，snmRNA）。有关 snmRNA 的研究近年来受到广泛重视，并由此产生了 RNA 组学（RNomics）的概念。有关 RNA 组学的内容详见第 25 章。

snmRNA 主要包括核小 RNA（small nuclear RNA，snRNA），参与 mRNA 前体的剪接过程；核仁小 RNA（small nucleolar RNA，snoRNA），参与 rRNA 中核苷酸残基的修饰；干扰小 RNA（small interfering RNA，siRNA），参与转录后调控；催化小 RNA（small catalytic RNA），参与特殊 RNA 剪切。这种在 RNA 合成后的剪接修饰中起重要作用，具有催化活性的小 RNA 亦被称为核酶。总而言之，小分子 RNA 研究的不断深入将为我们揭示更多生命的奥秘。

第4节　核酸的理化性质

核酸作为高分子化合物，其化学结构决定着一些特殊的理化性质，这些理化性质已被广泛用作基础研究及疾病诊断的工具。

一、核酸的紫外吸收

核酸分子中有末端磷酸和许多连接核苷的磷酸残基，为多元酸，具有较强的酸性。同时核酸分子中含氮碱基上还有碱性基团，所以核酸为两性电解质。各种核酸分子大小及所带电荷不同，可用电泳和离子交换等方法进行分离提取、鉴定。

由于核酸分子所含的嘌呤和嘧啶分子中都有共轭双键，使核酸分子在紫外260nm波长处有最大吸收峰，这一特点常被用来对核酸进行定性、定量分析。根据经验，当比色杯厚度为1cm，吸光度为1.0时，分别相当于如下浓度的核酸溶液：50μg/ml双链DNA、40μg/ml单链DNA（或RNA）、20μg/ml寡核苷酸。在核酸提取过程中，蛋白质是最常见的杂质（蛋白质最大吸收峰280nm），故常用A_{260}/A_{280}值判断提取的核酸纯度。纯DNA的A_{260}/A_{280}值应大于1.8，纯RNA应达到2.0。紫外吸收值还可作为核酸变性、复性的指标。

在碱性溶液中，RNA能在室温下被水解，DNA则较稳定，此特性可用来测定RNA的碱基组成，也可利用此特性除去DNA中混杂的RNA，从而纯化DNA。DNA是线性高分子，黏度极大，在机械力作用下易断裂，因此提取DNA过程中应注意不能过度用力，如剧烈振荡、吹打等。RNA分子小且短，其溶液的黏度较DNA溶液低。表示核酸分子大小的方式有多种，主要有：①分子质量道尔顿（Da）；②碱基数或碱基对数，碱基数适用于单股链核酸，碱基对数bp适用于双股链核酸；③链长（μm）；④沉降系数（S）。它们的关系是，一个bp的核苷酸，其分子质量平均为660 Da；1 μm长的DNA双螺旋相当于3 000bp或2×10^6 Da。

二、DNA的变性

大多数天然存在的DNA都具有规则的双螺旋结构。当DNA受到某些理化因素（温度、pH、乙醇和丙酮等有机溶剂及尿素、离子强度等）作用时，DNA双链互补碱基对之间的氢键和相邻碱基之间的堆积力受到破坏，DNA分子被解开成单链，逐步形成无规则线团构象的过程称为DNA变性（denaturation），变性并不涉及核苷酸间共价键（磷酸二酯键）的断裂。

将DNA的稀盐溶液加热到80～100℃时，双螺旋结构即发生解体，两条链分开，形成无规则线团。一系列理化性质也随之发生改变，如260nm区紫外吸光度值升高，此现象称为增色效应（hyperchromic effect）。这是因为双螺旋内侧的碱基发色基团因变性而暴露所引起。此外，变性核酸的溶液黏度下降、沉降速度增加、双折射现象消失等。因此，利用这些性质可以追踪变性过程。

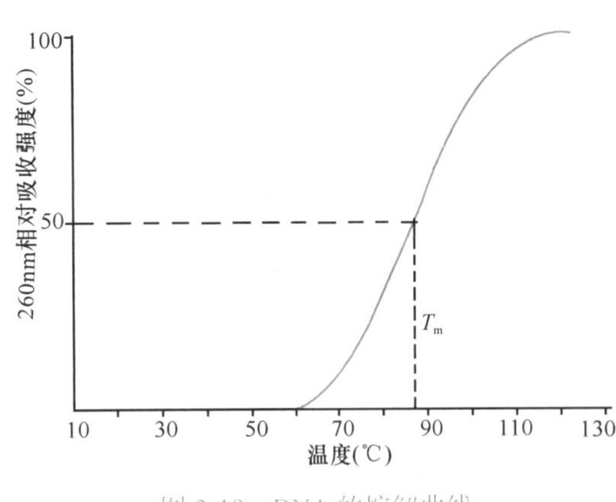

图3-19　DNA的熔解曲线

可以引起核酸变性的因素很多，如尿素就是聚丙烯酰胺凝胶电泳法分离DNA片段或测定DNA序列时常用的变性剂。由酸碱度改变而引起的称酸碱变性。由温度升高而引起的称热变性，DNA热变性的特点是爆发式，变性作用发生在一个很窄的温度范围内，类似金属熔解，有一个相变的过程。若以温度对DNA溶液的紫外吸光率作图，即可绘制典型的DNA熔解曲线，呈“S”形（图3-19）。

“S”形曲线下方平坦段，表示DNA的氢键未被破坏，待加热到某一温度时，次级键（包括氢键和碱基堆积力）突然断裂，DNA迅速解链，同时伴随紫外吸光率急剧上升，此后因没有双链可以解离而出现上方平坦段。通常将加热变性使DNA分子的双螺旋结构破坏一半时的温度称为该DNA的熔点或熔解温度（melting temperature），用T_m表示，它在“S”形曲线上相当于吸光率增加的中点处所对应的横坐标。不同来源DNA间的T_m存在差异，在溶剂相同的前提下，T_m值大小与下列因素有关：

笔记栏

1. DNA 的均一性　是指 DNA 分子中碱基组成的均一性，人工合成的只含有一种碱基对的多核苷酸片段，如多聚腺嘌呤 - 胸腺嘧啶脱氧核苷酸，简称 polyd（A-T），与天然 DNA 比较，其 T_m 值范围较窄。因前者在变性时氢链的断裂几乎同时进行，使得解链温度更趋于一致，熔解过程发生在一个较小的温度范围之内。其次考虑待测样品 DNA 的组成是否均一，如样品中只含有一种病毒 DNA，其 T_m 值范围较窄，若混杂有其他来源的 DNA，则 T_m 值范围较宽。其原因显然也与 DNA 的碱基组成有关。总之，DNA 的均一性较高，那么 DNA 链各部分的氢键断裂所需能量较接近，T_m 值范围较窄，反之亦然。由此可见 T_m 值可作为衡量 DNA 样品均一性的指标。

2. G-C 碱基对含量　在溶剂固定的前提下，T_m 值的高低取决于 DNA 分子中（G-C）的含量。（G-C）含量越高，T_m 值越高。因为 G-C 碱基对具有 3 个氢键，而 A-T 碱基对只有 2 个氢键。DNA 中（G-C）含量越高，其结构越趋于稳定，要破坏 G-C 间氢键需比 A-T 氢键付出更多的能量。因此，测定 T_m 值，可以推算出 DNA 碱基的百分组成。T_m 与（G-C）含量（X）百分数的这种关系可用以下经验公式表示（DNA 溶于 0.2 mol/L NaCl 中）：

$$X\%(G+C)=(T_m-69.3)\times 2.44$$

也可以利用此公式从 DNA 的（G-C）含量来计算出 T_m 值。

3. 介质中的离子强度　一般说在离子强度较低的介质中，DNA 的 T_m 值较低，而且熔解温度的范围较宽。而在较高的离子强度时，DNA 的 T_m 值较高，且熔解过程发生在一个较小的温度范围之内。所以 DNA 制品不应保存在浓度较低的电解质溶液之中，一般在含盐缓冲溶液中保存较为稳定。

三、DNA 的复性与分子杂交

在适当条件下，变性 DNA 去除变性因素后，两条互补链可重新结合恢复天然的双螺旋构象，这一现象称为复性（renaturation）。DNA 复性后，许多理化性质又得到恢复。复性时需要考虑下列条件：①有足够的盐浓度以消除磷酸基的静电排斥力，常用的 NaCl 为 0.15 ～ 0.50mol/L。②有足够高的温度以破坏无规则的链内氢键，但又不能太高，否则配对碱基之间的氢键又难以形成。一般使用的温度比 T_m 低 20 ～ 25℃。

热变性的 DNA 经缓慢冷却后即可复性（图 3-20），这一过程亦称为退火（annealing）。DNA 片段越大，复性越慢。而且，只有温度缓慢下降才可使其重新配对复性。如加热后，将其迅速冷却至 4℃以下，则几乎不能发生复性。这一特性常被用来保持 DNA 的变性状态。实验还证明，两种浓度相同但来源不同的 DNA，复性时间的长短与基因组的大小有关。另外，DNA 具有的重复序列较多，复性速度加快。因此，可以用复性动力学方法测定基因组的大小和重复序列的拷贝数。

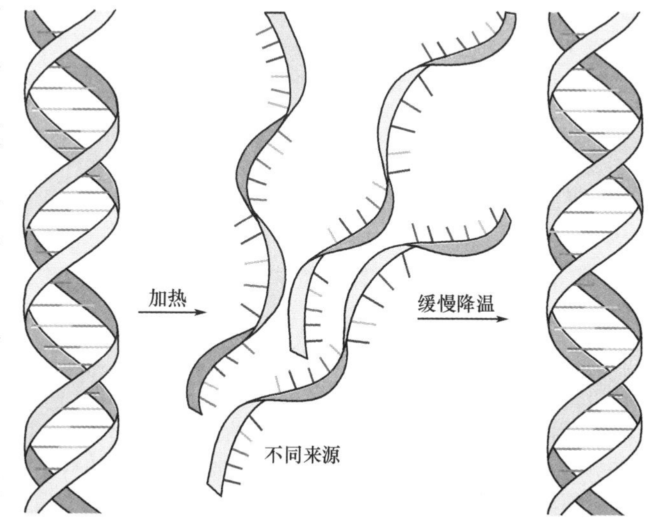

图 3-20　DNA 变性与复性

如果将不同来源的 DNA 单链分子或 RNA 分子放在同一溶液中，只要两种单链分子之间存在着一定程度的碱基配对关系，在适宜的条件（温度及离子强度等）下，就可以使不同的分子间形成杂化双链，这种杂化双链可以在不同的 DNA 与 DNA 单链之间形成，也可以在 DNA 和 RNA 单链之间或者 RNA 与 RNA 单链之间形成。这种现象称为核酸分子杂交（hybridization）。杂交的本质就是在一定条件下使互补核酸链形成氢键实现复性。

核酸分子杂交作为一项基本技术，已应用于核酸结构与功能研究的各个方面。例如，Southern 印迹法可检测 DNA，Northern 印迹法可检测 RNA。目前在医学上已用于多种遗传病的基因诊断（gene diagnosis）、恶性肿瘤的基因分析、传染病病原体的检测等领域中，最新发展起来的基因芯片等现代检测手段的最基本原理也是核酸分子杂交，其成果大大促进了现代医学的进步和发展。有关核酸分子杂交和基因芯片技术详述参见第 21 章。

第5节　核酸的分离与纯化

一、分离与纯化的一般原则

我们所看到的活细胞是一个十分复杂的实体，能产生成千上万种大分子，并含有一个从几百万到几十亿碱基对的基因组。研究核酸的首要任务就是从细胞混合物中分离和纯化核酸，以及将基因组切割成可处理的片段以便于特定DNA序列的操作和分析。核酸分离与纯化的一般原则就是：去除干扰，防止降解。因此，核酸制备中特别需要注意的是防止核酸的降解和变性，要尽量保持其在生物体内的天然状态，必须采用温和的条件，防止过酸、过碱、避免剧烈搅拌等以防核酸分子变性，尤其重要的是抑制核酸酶的活性，防止核酸被降解。

天然核酸都具有生物活性，这是检验提取纯化质量的重要指标。物理化学指标也常用来评定核酸的品质，这些指标包括分子质量、紫外吸收、沉降系数、电泳迁移率、黏度等。制备的方法因所用生物材料不同而有很大差异，核酸的提取没有统一的方法，一般选择一种较合适的分离纯化程序以获得高纯度的制品。

二、分离与纯化的方法

1. 酚抽提法

（1）酚抽提法提取DNA：真核生物中的染色体DNA与碱性蛋白结合成核蛋白（DNP）形式存在于细胞核内。DNP溶于水和浓盐溶液（如1mol/L氯化钠），但不溶于生理盐溶液（0.14mol/L氯化钠）。利用这一性质，可将细胞破碎后用浓盐溶液提取，然后用水稀释成0.14mol/L盐溶液，使DNP沉淀出来。苯酚是很强的蛋白质变性剂，用水饱和的苯酚与DNP样品一起振荡，DNA溶于上层水相，不溶性的和变性蛋白质残留物位于中间界面及酚相，冷冻离心。反复多次除净蛋白质。水相中DNA在有适当浓度的盐和乙醇存在时可沉淀、析出，得到纯的DNA。

为了得到大分子DNA，避免核酸酶和机械振荡对DNA的降解，在细胞悬液中直接加入2倍体积含1%十二烷基硫酸钠（SDS）缓冲溶液，并加入终浓度达100mg/L的广谱蛋白酶（如蛋白酶K），在55℃保温4小时，使细胞蛋白质全部降解，然后用苯酚抽提，除净蛋白酶和蛋白质的部分降解产物。DNA制品中的少量RNA可用纯的RNase分解除去。

（2）酚抽提法提取RNA：RNA不如DNA稳定，而且RNase又无处不在，因此RNA的分离更为困难。制备RNA通常需要：①所有用于制备RNA的玻璃器皿都要经过高温焙烤，塑料用具经过高压灭菌，不能高压灭菌的用具要用0.1%焦碳酸二乙酯处理。②在破碎细胞的同时加入强变性剂使RNase失活。③在RNA的反应体系内加入RNase的抑制剂（如RNasin）。制备RNA通常采用酸性胍盐/苯酚/氯仿抽提。异硫氰酸胍是极强的蛋白质变性剂，它几乎可使所有蛋白质都变性。然后用苯酚和氯仿多次除净蛋白质。

2. 超速离心法　溶液中的核酸在引力场中可以下沉。在超速离心机造成的极大的离心力场中，不同质量的核酸分子沉降速率不同；利用沉降和平衡原理，采用不同密度梯度的介质可将不同分子质量的核酸分子分离。常用的有蔗糖密度梯度离心和氯化铯密度梯度离心。应用超速离心技术，还可测定核酸的沉降常数和分子质量，测定DNA的分子质量时，由于它具有极大的黏度，所以应采用极稀的溶液，否则不可能得到可靠的结果。核酸的不同构象具有不同的浮力密度，可利用此技术研究核酸的构象变化及动力学过程。

3. 凝胶电泳法　因为核酸是两性分子，通常显电负性，不同核酸分子质量大小不一，构象不同，故可采用电泳方法分离核酸。凝胶电泳是当前核酸研究中最常用的方法。常用的凝胶电泳介质有琼脂糖和聚丙烯酰胺凝胶。可以在水平或垂直的电泳槽中进行。凝胶电泳兼有分子筛和电泳双重效果，所以分离效率很好，它还有简单、快速、灵敏、成本低等许多优点。还有一种技术称为脉冲电场凝胶电泳，适用于分离大分子DNA。

4. 层析分离法

（1）亲和层析法分离特异核酸：原理是利用被分离核酸与生物分子（配体）具有特殊亲和力，能可逆地结合和解离。配体是亲和层析的关键，其一端能与固相载体凝胶共价连接，另一端能与被分离的核酸分子形成可逆的、专一的非共价结合，在适当条件下可以洗脱下来。常用的亲和层析介质有oligo-dT琼脂糖（寡聚胸腺嘧啶核苷酸偶联到琼脂糖上），用于分离含poly（A）的mRNA。

（2）凝胶过滤层析：又称分子筛过滤，分子筛凝胶有很多种。当溶液通过分子筛凝胶层析柱时，大于凝胶孔径的分子不能进入凝胶孔内，即被凝胶排阻。本方法早期曾较多地用于核酸分离，近代多用于标记寡核苷酸探针的纯化等。

三、核酸序列分析

在 20 世纪 70 年代之前，测定一个五核苷酸或十核苷酸的 DNA 顺序是十分困难和费力的。1975 年 Sanger 提出了一种新的策略。他设法获得一系列多核苷酸片段，使其末端固定为一种核苷酸，然后通过测定片段的长度来推测核苷酸的序列。随后核酸序列测定技术的发明便依赖于这一原理及对核酸化学和 DNA 代谢基础知识的研究，还得益于能把仅相差一个核苷酸残基的 DNA 链分开的电泳技术。在这个基础之上，科学家发明了荧光标记的自动测序技术，大大提高了测序效率和测序精度。但随着生物科学研究要求不断提高，荧光全自动测序的速度逐渐无法满足科研工作的需要，在这样的背景下，出现了第二代、第三代乃至第四代测序技术。详细内容见第 21 章。

案例 3-1　**DNA 指纹图谱与甘肃省白银市连环杀人案告破**

DNA 指纹指具有完全个体特异的 DNA 多态性，其个体识别能力足以与手指指纹相媲美，因而得名。可用来进行个体身份识别及亲权鉴定。DNA 指纹图谱由于具有高度的变异性和稳定的遗传性，且仍按简单的孟德尔方式遗传，成为目前最具吸引力的遗传标记。DNA 指纹特点：①高度的特异性：除非是同卵双生子女，否则几乎不可能有两个人的 DNA 指纹的图形完全相同。②稳定的遗传性：DNA 是人的遗传物质，其特征是由父母遗传的。分析发现，DNA 指纹图谱中几乎每一条带纹都能在其双亲之一的图谱中找到，这种带纹符合经典的孟德尔遗传规律，即双方的特征平均传递 50% 给子代。③体细胞稳定性：即同一个人的不同组织如血液、肌肉、毛发、精液等产生的 DNA 指纹图形完全一致。

常用于 DNA 指纹的多态性位点为短串联重复序列（short tandem repeat，STR），其是一类广泛存在于人类基因组中的 DNA 多态性基因座。它由 2 ～ 6 个碱基对构成核心序列，呈串联重复排列。STR 基因位点长度一般在 100 ～ 300bp。因个体间 DNA 片段长度或 DNA 序列差异而呈高度多态性，在基因传递过程中遵循孟德尔共显性方式遗传。因其基因片段短、扩增效率高、判型准确等特点，常用于 DNA 指纹分析。

个体身份识别在刑事案件侦破中起着非常重要的作用，近年来又发展了一种 Y-STR 技术。Y-STR 是指 Y 染色体 DNA 短串联重复序列，是一种针对男性 Y 染色体上短串联重复序列进行的个体身份识别技术。对刑事案件，特别是性侵案件优势更为明显。Y-STR 最大的优势在于刑事侦破中可以大幅度缩小破案范围至犯罪嫌疑人的父系家族。因为，Y 染色体只传男性不传女性，同一父系家族的直系父子或旁系兄弟之间，Y-STR 通常变化极小或没有变化，其变异率远远低于非同系男性之间，这就为依赖 Y-STR 分型锁定范围提供了科学依据。

甘肃省某市连环杀人案是指从 1988 年至 2002 年的 14 年间，该市有 11 名女性惨遭入室杀害的案件，部分受害人曾遭受性侵害。凶手专挑年轻女性下手，作案手段残忍，极具隐蔽性，造成巨大的社会恐慌。2004 年，该市警方向外界公布详细案情，希望能够取得线索。但是案件一直没有进展。2016 年初，在公安部刑侦局、甘肃省公安厅的主持下，×× 连环杀人案低调启动重新调查。警方此次确定了“利用新科技手段对原有生物物证再利用的主攻方向”，也就是利用 Y-STR 技术对原来的犯罪现场留下的生物样本重新分析。经过与数据库比对，结果发现犯罪现场留下 Y-STR 结果与当地一位在押高姓盗窃犯的 Y-STR 特征值高度相似。随后，警方启动家系排查，对其家族上下直系男性挨个排查分析，尤其是根据警方已经掌握的嫌犯的大致年龄，确定此人的远房侄子高承勇，在时间和空间上具备作案条件；接着在提取高承勇指纹和 DNA 时，他表现惊慌，警方现场将指纹和 DNA 发回比对后，很快发现他的指纹和命案现场指纹高度吻合，最后实施抓捕，案件得以告破，罪犯得到了应有的惩罚。

小　结

核酸是以核苷酸为基本单位组成的线性多聚生物信息大分子，分为 DNA 和 RNA 两大类。3′,5′-磷酸二酯键是基本结构键。核苷酸由碱基、戊糖（脱氧戊糖）和磷酸组成。DNA 分子中的碱基成分

为A、G、C和T四种，戊糖是β-D-2′-脱氧核糖；而RNA分子中的碱基成分则为A、G、C和U四种，戊糖为β-D-核糖。

DNA的一级结构是指脱氧核苷酸的排列顺序。其二级结构是右手双螺旋结构，由两条反向平行的脱氧多聚核苷酸链组成。双螺旋结构的稳定靠氢键和碱基堆积的疏水键维持。碱基之间形成氢键配对，即A与T形成两个氢键，G与C形成三个氢键。DNA在形成双链螺旋式结构的基础上还将进一步折叠成为超螺旋结构，并且在蛋白质的参与下以核小体为基本单位形成染色体。DNA的基本功能是以基因的形式携带遗传信息，并作为基因复制和转录的模板。

RNA主要分为三大类。① mRNA的功能是作为遗传信息的传递者，将核内DNA的碱基顺序（遗传信息）按碱基互补原则抄录并转送至核糖体，指导蛋白质的合成。真核生物成熟mRNA的结构特点是5′-端含有特殊的“帽子”结构，3′-端具有多聚腺苷酸尾巴结构，中间是多肽链编码序列。② tRNA的功能是在蛋白质生物合成过程中作为各种氨基酸的运载体和识别密码子的作用。tRNA二级结构呈三叶草形，含有较多的稀有碱基。③ rRNA的功能是与多种蛋白构成核糖体，为多肽链合成所需要的mRNA、tRNA及多种蛋白质因子提供了相互结合的位点和相互作用的空间环境。在蛋白质生物合成中起着“装配机”的作用。

核酸具有多种重要理化性质。核酸分子在紫外260 nm波长处有最大吸收峰，这一特点常被用来对核酸进行定性、定量分析。核酸在酸、碱或加热情况下可发生变性，即空间结构破坏；通常将加热变性使DNA的双螺旋结构破坏一半时的温度称为该DNA的熔点或熔解温度，用T_m表示。变性的核酸可以复性。利用核酸变性、复性原理发明的核酸分子杂交这一项分子生物学技术，已应用于核酸结构与功能研究的各个方面。

利用核酸的物理化学特点，采用酚抽提法、超速离心法、凝胶电泳法、层析分离法等方法对核酸进行分离与纯化。用酶法和化学法等对核酸进行序列分析。

（刘勇军）

第 4 章　酶

第 4 章 PPT

生物体维持生命必须不断地进行新陈代谢。这些新陈代谢是通过有序的、连续不断的各种化学反应来进行。生物体内存在的千变万化的化学反应，几乎都是在特异的生物催化剂（biocatalyst）的催化下进行的。迄今为止，人们已发现两类生物催化剂。酶（enzyme，E）是催化特定化学反应的蛋白质，是体内主要的生物催化剂；核酶（ribozyme）是具有高效、特异催化作用的小分子核糖核酸，能参与 RNA 的剪接；脱氧核酶（deoxyribozyme）是利用人工技术得到的一种具有催化功能的单链 DNA 片段。与酶相比，核酶的催化效率较低，是一种较为原始的催化酶。随着人们对酶的认识的深入，逐步形成了一门专门研究酶的学科——酶学。酶学与医学的关系非常密切，人体许多疾病与酶的异常密切相关，许多酶也已经用于临床疾病的诊断和治疗。

第1节　概　　述

一、酶的概念

酶对生命活动是必不可少的。生物体内新陈代谢的一系列复杂化学反应几乎均是由酶催化的，没有酶就没有新陈代谢，也就没有生命活动。这些复杂的化学反应如果在体外进行通常需要在高温、高压、强酸、强碱等剧烈条件下才能发生。而在生物体内，在酶的催化下，这些反应可在极为温和的条件下高效、有条不紊地进行。在生物化学中，常把由酶催化进行的反应称为酶促反应（enzymatic reaction）。在酶（E）的催化下，发生化学变化的物质称为底物（substrate，S），反应后生成的物质称为产物（product，P）。

我们在生活中常常接触到酶。例如，吃馒头时多嚼一会儿，就会感到甜味。这是因为我们口腔里有唾液淀粉酶，能把馒头中的淀粉水解成麦芽糖和糊精。医生常用多酶片给患者治疗消化不良，这是因为多酶片中含有的蛋白酶能将蛋白质水解成氨基酸；淀粉酶能将淀粉水解成寡糖；脂肪酶能将脂肪水解成脂肪酸和甘油。那么，酶是什么？酶是由活细胞产生的具有催化能力的蛋白质。

酶学知识得益于发酵，远在 4000 年前，古希腊人即已开始利用糖发酵成醇。Enzyme 的词根“zyme”是希腊文中“发酵”或“酵母”的意思。我国民间利用发酵原理制作豆酱、酿酒、制醋等已有几千年的历史。19 世纪初，人们就已经知道生物体内存在能催化化学反应的热不稳定物质。1850 年，Paster 证明“发酵”是酵母细胞生命活动的结果，1897 年，德国科学家 Buchner 首次成功地用无细胞酵母提取液，实现了生醇发酵，将蔗糖转变成了乙醇，证明酶的催化反应也可以在无细胞条件下进行。1926 年，美国生物化学家 Sumner 第一次从刀豆中提纯得到脲酶结晶，并证明脲酶的化学本质是蛋白质。以后陆续发现的 2000 余种酶，均被证明其化学本质是蛋白质。酶的化学本质是蛋白质的概念一直延续到 20 世纪 80 年代初。

1982 年，Thomas Cech 从四膜虫 rRNA 前体加工的研究中首次发现 rRNA 前体本身具有自身催化作用，并提出了核酶的概念。

迄今为止，人们已发现生物体内的两类酶：一类是以蛋白质为本质的酶，是机体内催化各种代谢反应最主要的生物催化剂；另一类为核酶，是具有催化作用的核糖核酸（RNA），主要作用于核酸。

20 世纪 80 年代以后，采用新技术合成、改造的生物催化剂，如抗体酶、模拟酶、人工酶等相继问世，1995 年，Szostak 研究室报道了具有 DNA 连接酶活性的 DNA 片段，命名为脱氧核酶。随着科学的发展，还可能出现各种新的、具有催化作用的生物分子。尽管如此，生物体内绝大多数化学反应仍是由本质为蛋白质的天然酶所催化，所以传统的天然酶，仍然是最主要的生物催化剂。

二、酶的分类与命名

（一）酶的分类

按照酶催化反应的性质，将酶分为七大类，排序如下：

1. 氧化还原酶类（oxidoreductases） 催化底物进行氧化还原反应的酶类。包括催化传递电子、氢及需氧参加反应的酶，如乳酸脱氢酶、细胞色素氧化酶、过氧化氢酶等。

2. 转移酶类（transferases） 催化底物之间进行某些基团的转移或交换的酶类，如氨基转移酶、甲基转移酶、己糖激酶、磷酸化酶等。

3. 水解酶类（hydrolases） 催化底物发生水解反应的酶类，如淀粉酶、蛋白酶、脂肪酶等。

4. 裂合酶类（lyases） 催化从底物移去一个基团而形成双键的反应或其逆反应的酶，如醛缩酶、碳酸酐酶。

5. 异构酶类（isomerases） 催化各种同分异构体间相互转变的酶类，如磷酸丙糖异构酶、磷酸己糖异构酶等。

6. 连接酶类（ligases/synthetases） 催化两分子底物合成一分子化合物，同时偶联有核苷三磷酸（NTP）的磷酸酯键断裂的酶类称为连接酶类（ligases），也称合成酶类（synthetases），如谷氨酰胺合成酶、谷胱甘肽合成酶等。此类酶催化分子间的缩合反应，或同一分子两个末端的连接反应，在催化反应时需 NTP 的水解释能。合酶（synthase）在合成过程中不伴有 ATP 的磷酸酯键断裂，但仍属于连接酶类，如糖原合酶。

7. 易位酶（translocase） 催化离子或分子跨膜转运或在细胞膜内易位反应的酶，如泛醇氧化酶（转运 H^+）、抗坏血酸铁还原酶（跨膜）、线粒体蛋白质转运 ATP 酶等。易位酶是国际生物化学与分子生物学联盟（International Union of Biochemistry and Molecular Biology，IUBMB）的命名委员会于 2018 年 8 月提出的，以补充原来无法明确归类的催化细胞膜内的离子或分子从一面到另一面的反应的酶类。

根据国际系统分类法，每一种酶都有一个特定的编号，编号之前冠以酶学委员会（Enzyme Commision）的缩写“EC”，编号由四位数字组成，数字间由“.”隔开。编号中第一位数字指明该酶为哪一类；第二个数字指出该酶属于哪一个亚类；第三个数字指出该酶的亚 - 亚类；第四个数字指明该酶在亚 - 亚类中的序号。酶编号中的前三个数字能够清楚地表明这个酶的特性：反应性质、底物性质、化学键的类型，第四个数字则没有特殊的意义。

（二）酶的命名

1. 酶的习惯命名 习惯命名法多由发现者确定，根据酶所催化的底物、反应的性质及酶的来源而定。在底物的英文名词上加上尾缀 -ase，作为酶的名称。例如，分解脂肪的酶，称脂肪酶（lipase）；水解蔗糖的酶，称蔗糖酶（sucrase）；有些酶则是依据其所催化反应的类型或方式命名。例如，将氨基从一个化合物转移到另一个化合物上去的酶称为氨基转移酶（aminotransferase）；催化脱氢反应的酶称为脱氢酶（dehydrogenase）；还有些酶是根据上述两项原则综合命名的，如将丙氨酸上的氨基转移到 α- 酮戊二酸上去的酶，称丙氨酸氨基转移酶（alanine transaminase，ALT）。习惯命名法常出现混乱，有的名称（如心肌黄酶、触酶等）完全不能说明酶促反应的本质。

2. 酶的系统命名 为了克服习惯名称的弊端，国际酶学委员会以酶的分类为依据，于 1961 年提出系统命名法。系统命名法规定每一酶均有一个系统名称（systematic name），它标明酶的所有底物与反应性质。底物名称之间以“：”分隔。由于许多酶促反应是双底物或多底物反应，且许多底物的化学名称太长，这使许多酶的系统名称过长或过于复杂。为了应用方便，国际酶学委员会又从每种酶的数个习惯名称中选定一个简便实用的推荐名称（recommended name），举例列于表 4-1。

表 4-1 酶的分类与命名举例

编号	推荐名称	系统名称	催化的反应
EC 1.1.1.1	乙醇脱氢酶	乙醇：NAD^+ 氧化还原酶	乙醇 +NAD^+ →乙醛 +NADH + H^+
EC 2.6.1.2	丙氨酸氨基转移酶	*L*- 谷氨酸：丙酮酸氨基转氨酶	*L*-Glu+ 丙酮酸→ Ala+α- 酮戊二酸
EC 3.1.1.7	乙酰胆碱酯酶	乙酰胆碱水解酶	乙酰胆碱 +H_2O →胆碱 + 乙酸
EC 4.2.1.2	磷酸丙糖异构酶	*D*- 甘油醛 -3- 磷酸醛 - 酮 - 异构酶	*D*- 甘油醛 -3- 磷酸→磷酸二羟丙酮
EC 6.3.1.1	天冬酰胺合成酶	天冬氨酸：NH_3 连接酶	Asp+ATP+NH_3 → Asn+ADP+P_i
EC 7.1.1.3	泛醇氧化酶	泛醇：O：H^+ 易位酶（H^+ 转运）	2 泛醇 +O_2+$nH^+_{[面1]}$ → 2 泛醌 + $2H_2O$ + $nH^+_{[面2]}$

笔记栏

第2节　酶的分子结构与功能

酶和一般蛋白质一样，具有一、二、三乃至四级结构。仅具有一条多肽链的酶称为单体酶（monomeric enzyme）；由多个相同或不同的亚基组成的酶称寡聚酶（oligomeric enzyme）；由几种不同功能的酶彼此聚合形成多酶复合体，也称为多酶体系（multienzyme system）；有些多酶体系在生物进化过程中由于基因的融合，多种不同催化功能存在于一条多肽链中，这类酶称为串联酶（tandem enzyme）或多功能酶（multifunctional enzyme）。

一、酶的分子组成

按照酶的分子组成，可将酶分为单纯酶（simple enzyme）和结合酶（conjugated enzyme）两类。单纯酶是仅由氨基酸残基构成，不含其他的非蛋白质部分。如脲酶、一些消化蛋白酶、淀粉酶、脂肪酶和核糖核酸酶等均属此类。结合酶是由蛋白质和非蛋白质部分组成。体内大多数酶属于结合酶。结合酶中的蛋白质部分称为酶蛋白（apoenzyme），非蛋白质部分称为辅助因子（cofactor），辅助因子包括金属离子和小分子有机化合物。酶蛋白决定反应的特异性，辅助因子决定反应的类型与性质，与电子、原子或某些化学基团的传递或连接有关。酶蛋白与辅助因子结合形成的复合物称为全酶（holoenzyme），即结合酶。只有全酶才具有催化作用。

辅助因子多为小分子有机化合物或金属离子。金属离子作为酶的辅助因子最常见的有K^+、Na^+、Mg^{2+}、Cu^{2+}（Cu^+）、Zn^{2+}、Fe^{2+}（Fe^{3+}）、Mo^{2+}等，约2/3的酶都含有或需要金属离子作为辅助因子。按照金属离子与酶结合的紧密程度分为：①金属酶（metalloenzyme）——这类酶中的金属离子与酶结合紧密，在提取过程中通常不会丢失，如羧肽酶（含Zn^{2+}）、黄嘌呤氧化酶（含Mo^{2+}）等；②金属激活酶（metal-activated enzyme）——金属离子为酶活性所必需，但与酶蛋白结合疏松，如己糖激酶的作用需要Mg^{2+}参与、丙酮酸激酶的作用需要Mg^{2+}和Mn^{2+}等的参与。金属离子在酶促反应中的主要作用有：①作为催化基团参与催化反应，传递电子；②在酶与底物间起桥梁作用，维持酶分子的构象；③中和阴离子，降低反应的静电斥力，有利于酶与底物的结合。

小分子有机化合物作为辅助因子参与酶的催化过程，主要起运载体的作用，传递质子、电子和一些基团。这类辅助因子分子结构中主要含有维生素或维生素B族衍生物（表4-2），还有含铁卟啉的辅助因子，如细胞色素P_{450}。

根据辅助因子与酶蛋白结合的牢固程度不同，将辅助因子中与酶蛋白紧密结合，甚至共价结合，在反应中不能离开酶蛋白，并且不能通过透析或超滤等方法将其去除的称为辅基（prosthetic group），如FAD、FMN、生物素等。与酶蛋白以非共价键疏松结合的称为辅酶（coenzyme），在酶促反应中接受质子或基团后离开酶蛋白，参加另一酶促反应。通常一种酶蛋白只能与一种辅助因子结合，组成一个酶，作用一种底物，向着一个方向进行化学反应。而一种辅助因子，则可以与若干种酶蛋白结合，组成若干种酶，催化若干种底物发生同一类型的化学反应。例如，乳酸脱氢酶的酶蛋白，只能与NAD^+结合，组成乳酸脱氢酶，使底物乳酸发生脱氢反应。但可以与NAD^+结合的酶蛋白则有很多种，如乳酸脱氢酶、苹果酸脱氢酶（malate dehydrogenase，MDH）及磷酸甘油醛脱氢酶（glycerophosphate dehydrogenase，GDH）中都含NAD^+，能分别催化乳酸、苹果酸及磷酸甘油醛发生脱氢反应。由此也可看出，酶蛋白决定了反应底物的种类，即决定该酶的专一性，而辅酶（基）决定底物的反应类型。

表4-2　辅酶的种类及其作用

辅酶	缩写	转移基团	所含的维生素
烟酰胺腺嘌呤二核苷酸（辅酶Ⅰ）	NAD^+	氢原子	烟酰胺
烟酰胺腺嘌呤二核苷酸磷酸（辅酶Ⅱ）	$NADP^+$	氢原子	烟酰胺
黄素单核苷酸	FMN	氢原子	维生素B_2
黄素腺嘌呤二核苷酸	FAD	氢原子	维生素B_2
焦磷酸硫胺素	TPP	醛基	维生素B_1
辅酶A	CoA	酰基	泛酸
硫辛酸		酰基	硫辛酸
磷酸吡哆醛		氨基	维生素B_6

续表

辅酶	缩写	转移基团	所含的维生素
生物素		CO_2	生物素
钴胺素辅酶类		烷基	维生素 B_{12}
四氢叶酸	FH_4	一碳单位	叶酸

二、酶的活性中心

酶是生物大分子，酶作为蛋白质，其分子体积比底物分子体积要大得多。在反应过程中酶与底物接触结合时，只限于酶分子的少数基团或较小的部位。酶分子中直接与底物结合，并催化底物发生化学反应的部位，称为酶的活性中心。在酶分子的氨基酸残基侧链上含有许多不同的化学基团。一般将与酶活性有关的化学基团称作酶的必需基团（essential group）。有些必需基团虽然在一级结构上可能相距很远，但在空间结构上彼此靠近，集中在一起形成具有一定空间结构的区域，该区域与底物相结合并将底物转化为产物，这一区域就称为酶的活性中心（active center）或活性部位（active site）。对于结合酶来说，辅酶或辅基上的一部分结构往往是活性中心的组成成分。

构成酶活性中心的必需基团可分为两类：①结合基团（binding group）：直接与底物和辅酶结合，形成酶 - 底物过渡态复合物（E-S complex），决定酶的专一性；②催化基团（catalytic group）：催化底物中某些化学键，使之不稳定，并发生化学反应，进而转变为产物，决定酶的催化能力。常见的必需基团有组氨酸的咪唑基、丝氨酸的羟基、半胱氨酸的巯基，以及谷氨酸的 γ- 羧基。活性中心内有的必需基团同时具有结合和催化两方面功能。还有些必需基团不参与酶活性中心组成，但却为维持酶活性中心应有的空间构象所必需，这些基团称为酶活性中心外的必需基团（图 4-1A）。

酶的活性中心是酶分子多肽链折叠成形如裂隙或凹陷的三维立体区域，常常深入到酶分子的内部，多为氨基酸残基的疏水基团组成的疏水环境，形成疏水“口袋”。这种疏水环境有利于底物与酶形成复合物（图 4-1B）。

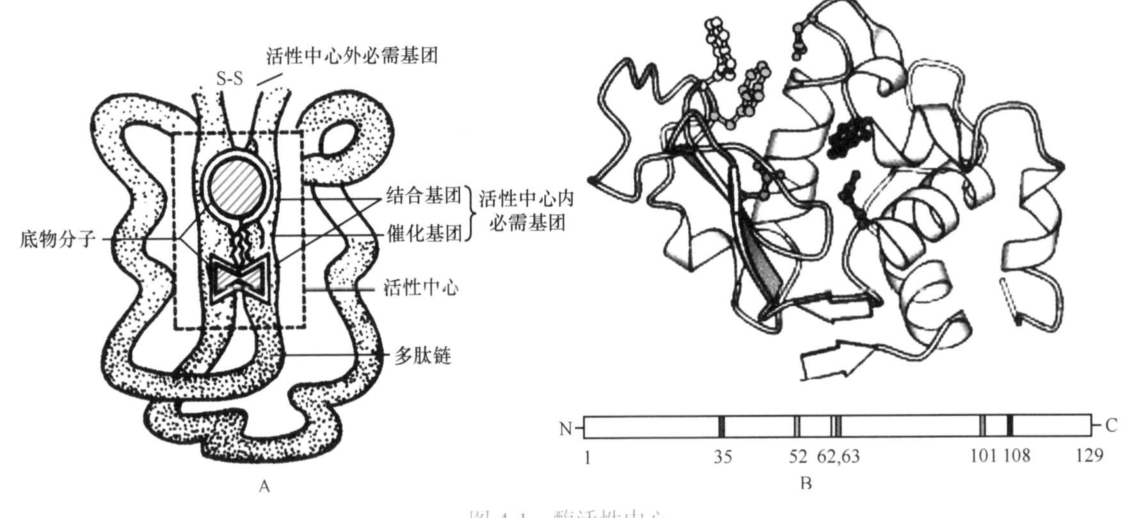

微课 4-1

图 4-1　酶活性中心

A. 酶活性中心示意图；B. 溶菌酶的活性中心

第 3 节　酶促反应的特点与机制

酶是一类生物催化剂，与一般催化剂一样，在化学反应前后都没有质和量的变化，只能催化热力学上允许进行的反应；只能加速可逆反应的进程，而不改变反应的平衡点，即不改变反应的平衡常数。但酶是蛋白质，它又具有一般催化剂所没有的生物大分子的特性，它所催化的反应具有特殊的性质和反应机制。

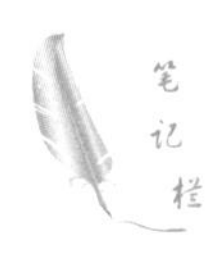
笔记栏

一、酶促反应的特点

（一）酶促反应具有极高的催化效率

酶的催化效率通常比非催化反应高 10^8 ～ 10^{20} 倍，比一般催化剂高 10^7 ～ 10^{13} 倍。例如，脲酶催化尿素的水解速度是 H^+ 催化作用的 7×10^{12} 倍；*α*- 胰凝乳蛋白酶对苯酰胺的水解速度是 H^+ 的 6×10^6 倍，而且不需要较高的反应温度。与一般催化剂一样，酶加速反应的作用也是通过降低反应所需的活化能而实现的。分子从初态达到活化态所需要的能量称为活化能（activation energy）。在任何一种热力学允许的反应体系中，在反应的任一瞬间，只有那些能量较高，达到或超过一定水平的过渡态（transition state）分子或活化（态）分子才有可能进行化学反应。活化能的高低决定反应体系活化分子的多少，活化能越低，能达到活化态的分子就越多，反应速率就越快。酶通过其特有的作用机制，比一般催化剂更有效地降低反应的活化能，使底物只需较少的能量便可进入活化状态，因此具有极高的催化效率（图 4-2）。

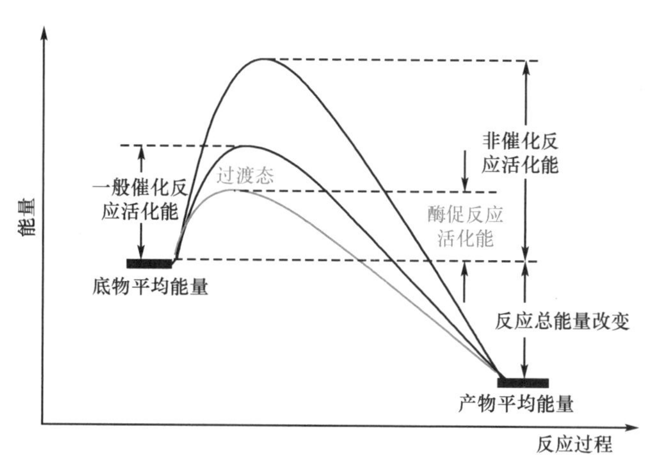

图 4-2　酶与一般化学催化剂降低反应活化能示意图

（二）酶促反应具有高度的特异性

一般催化剂对作用物的结构要求不严格，一种催化剂常可催化多种作用物发生同一类型的多种化学反应。但酶对其所催化的底物具有较严格的选择性，一种酶仅作用于一种或一类化合物，或一定的化学键，催化一定的化学反应并产生一定的产物。例如，淀粉酶只能水解淀粉，而不能水解蛋白质和脂肪；蛋白酶只能水解蛋白质，而且通常只能水解由特定氨基酸构成的肽键，这就是酶的特异性或专一性（specificity），酶促反应具有高度的特异性。根据酶对其底物结构选择的严格程度不同，酶的特异性可大致分为以下三类。

1. 绝对特异性　有的酶只能作用于一种特定结构的作用物，进行一种专一的反应，生成一种特定结构的产物。这种特异性称为绝对特异性（absolute specificity）。例如，脲酶只能催化尿素水解为 CO_2 和 NH_3，而对尿素的各种衍生物，如尿素的甲基取代物或氯取代物均不起作用；琥珀酸脱氢酶只催化琥珀酸与延胡索酸之间的氧化还原反应。

2. 相对特异性　有些酶对底物的要求不十分严格，可作用于结构类同的一类化合物或一种化学键，这种不太严格的选择性称为相对特异性（relative specificity）。可分为：①键特异性（bond specificity），只对底物中某些化学键有选择性的催化作用，对此化学键两侧连接的基团并无严格要求。例如，酯酶（esterase）作用于底物中的酯键，使底物在酯键处发生水解反应，而对酯键两侧的酸和醇的种类均无特殊要求。例如，磷酸酶对一般的磷酸酯都有水解作用，而不论是甘油磷酸酯、葡萄糖磷酸酯或酚磷酸酯。②基团特异性（group specificity），基团特异性与键特异性相比，酶对底物的选择较为严格。酶作用底物时，除了要求底物有一定的化学键，还对键两侧的基团有特定要求。例如，不同的消化蛋白酶对其所作用的蛋白质种类无严格要求，但对其作用的肽键两侧的氨基酸残基种类有一定的要求，如胰蛋白酶仅作用于由碱性氨基酸（Lys 或 Arg）的羧基所形成的肽键。

3. 立体异构特异性（stereospecificity）　是指酶对底物的光学异构体或几何异构体有特异的选择性，一种酶仅作用于底物的一种立体异构体。例如，*L*- 乳酸脱氢酶只作用于 *L*- 乳酸而不作用于 *D*- 乳酸；体内合成蛋白质的氨基酸均为 *L*- 型，所以体内参与氨基酸代谢的酶绝大多数均只能作用于 *L*- 型

氨基酸，而不能作用于 *D-* 型氨基酸；延胡索酸酶只催化反 - 丁烯二酸（延胡索酸）而不催化顺 - 丁烯二酸（马来酸）的加水作用产生苹果酸；琥珀酸脱氢酶只能催化琥珀酸脱氢生成反 - 丁烯二酸等。

微课 4-2

（三）酶促反应的可调节性

酶促反应受多种因素的调控，以适应机体对不断变化的内外环境和生命活动的需要。酶的调控方式多种多样，十分严密，十分精细，这是一般催化剂所不具有的特征。酶的可调节性包括：①对酶含量的调节（慢速调节），通过对酶合成的诱导与阻遏及对酶降解量的调节，实现对酶活性的长期调节作用。②对酶活性的调节（快速调节），通过酶原的激活，使酶在合适的环境被激活和发挥作用；通过变构酶的变构抑制或变构激活调节代谢途径中关键酶的活性；以及酶共价修饰的级联调节。③酶与代谢物在细胞内的区域化分布、进化过程中基因分化形成的各种同工酶、多酶体系和多功能酶的形成等，使各组织器官或各亚细胞结构具有各自的代谢特点。

二、酶促反应的机制

酶在催化反应的过程中首先与底物结合形成中间复合物，并通过有效降低反应的活化能的方式实现其高效催化作用。

（一）酶 - 底物复合物的形成与诱导契合假说

酶在发挥其作用之前，需与底物密切结合。这种结合不是锁与钥匙的机械关系，而是在酶与底物相互接近时，其结构相互诱导、相互变形、相互适应，进而相互结合的过程。这就是酶 - 底物结合的诱导契合假说（induced-fit hypothesis）。也就是说，酶分子的构象与底物的结构原来并不完全吻合；只有当二者接近时，结构上才相互诱导适应，酶与底物的结构均发生变形，才能更密切地多点结合。同时，酶在底物的诱导下，其活性中心进一步形成，并与底物受催化攻击的部位密切靠近，形成酶 - 底物复合物（图 4-3）。这种相互诱导变形，使底物转化为不稳定的过渡态，易受酶催化攻击。过渡态的形成和活化能的降低是反应进行的关键，任何有助于过渡态的形成与稳定的因素都有利于酶行使其高效催化作用。

（二）邻近效应与定向排列

在两个以上底物参加的反应中，底物之间必须以正确的方向发生碰撞，才有可能形成具有所需取向的过渡态分子。酶将反应中所需的底物和辅助因子按特定顺序和空间定向结合于酶的活性中心，使它们相互接近并形成有利于反应的正确定向关系，提高底物分子发生碰撞的概率，这种邻近效应（proximity effect）和定向排列（orientation arrange），实际上是将分子间的反应变成类似于分子内的反应，从而提高反应速率（图 4-4）。

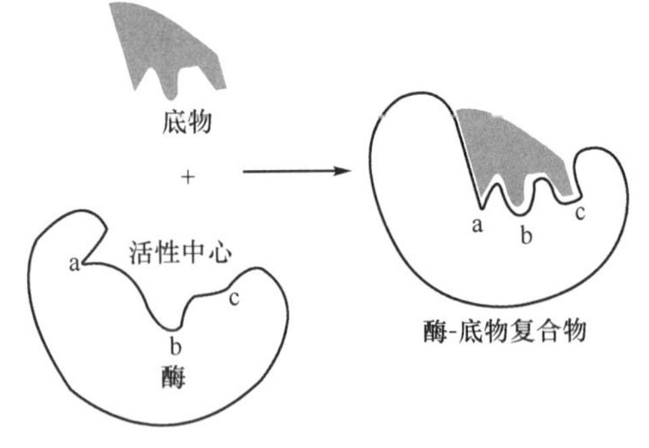

图 4-3　酶 - 底物复合物的形成与诱导契合假说示意图

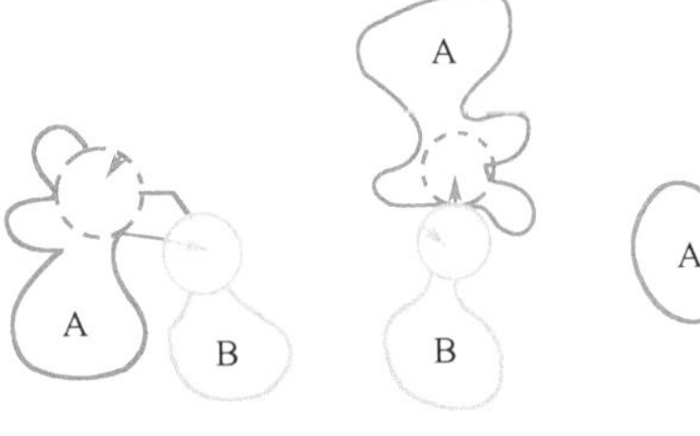
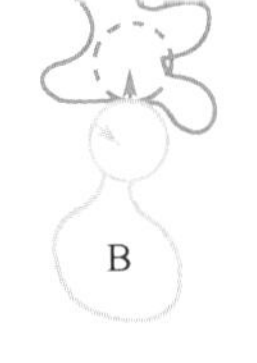

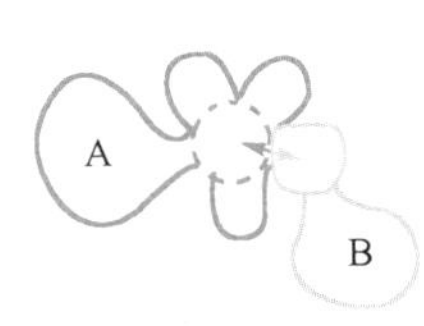

图 4-4　邻近效应与定向排列（A、B 分别为两个相互作用的底物）

（三）表面效应

酶的活性中心多为氨基酸残基的疏水基团在酶分子内部组成的疏水环境，形成疏水“口袋”，酶促反应在疏水环境中进行，使底物分子脱溶剂化（desolvation），排除水分子对酶和底物功能基团的干扰性吸引或排斥，防止在底物与酶之间形成水化膜，有利于酶与底物的密切接触和结合，并相互作用。这种现象称表面效应（surface effect）。

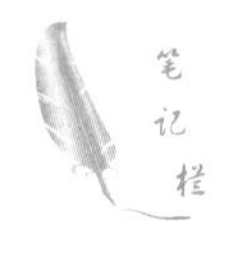

（四）多元催化

许多酶促反应通常是多种催化机制综合作用的结果，称为多元催化（multielement catalysis）。

1. 共价催化（covalent catalysis） 很多酶在催化反应过程中，催化基团与底物形成瞬间共价键而将底物激活，形成的特殊共价结构中间体很容易进一步被水解形成产物和游离酶。

2. 酸碱催化（acid-base catalysis） 一般催化剂进行催化反应时，通常只限于一种解离状态。酶是两性电解质，所含的多种功能基团具有不同的解离常数，酶活性中心的有些基团可以作为质子供体（酸催化），有些基团可作为质子受体（碱催化）。即使同种基团在同一酶分子中处于不同的微环境，解离常数也有差异。因此，同一种酶常常兼有酸、碱双重催化作用。酶蛋白可以起广义酸碱催化作用的功能基团有氨基、羧基、巯基、酚羟基及咪唑基等。酸碱催化作用是生物化学常见的催化机制。

3. 亲核催化（nucleophilic catalysis） 酶分子活性中心的一些基团如羟基和巯基，分别带有多电子的原子如 O 和 S，可以提供电子给相对带正电（亲电子）的过渡态底物，加速产物的生成，起亲核催化作用。辅酶或辅基的协同作用可极大地提高酶的催化效率。

第4节 酶促反应动力学

酶促反应动力学（kinetics of enzyme-catalyzed reaction）是研究酶促反应的速度及其影响因素的科学。这些影响因素包括酶浓度、底物浓度、pH、温度、抑制剂、激活剂等。在探讨各种因素对酶促反应速率的影响时，通常是测定反应的初速度来代表酶促反应速率，即初始底物浓度被消耗 5% 以内的速度。采用反应的初速度可以避免反应进行过程中，底物浓度消耗或反应产物堆积等因素对反应速率的影响。

一、底物浓度对酶促反应速率的影响

酶促反应中，在其他因素不变的情况下，底物浓度的变化对反应速率影响作图呈矩形双曲线（图 4-5）。在底物浓度（[S]）较低，酶量恒定的情况下，酶促反应的速度主要取决于底物的浓度。当底物初始浓度很低时，游离的酶多，故随着 [S] 增高，酶与底物结合产生的中间复合物（ES）量也随之增高，反应速率随底物浓度的增加而急剧上升，反应速率 V 随 [S] 增高而呈直线上升关系。随着底物浓度的进一步增高，反应速率不再呈正比例增加，反应速率增加的幅度逐渐下降。如果继续加大底物浓度，反应速率将不再增加而达到极限最大值，表现为零级反应，反应达最大反应速率（V_{max}）。此时，反应体系中所有酶的活性中心均被底物饱和，形成中间复合物（ES）。所有的酶均有此饱和现象，只是达到饱和时所需的底物浓度不同而已。

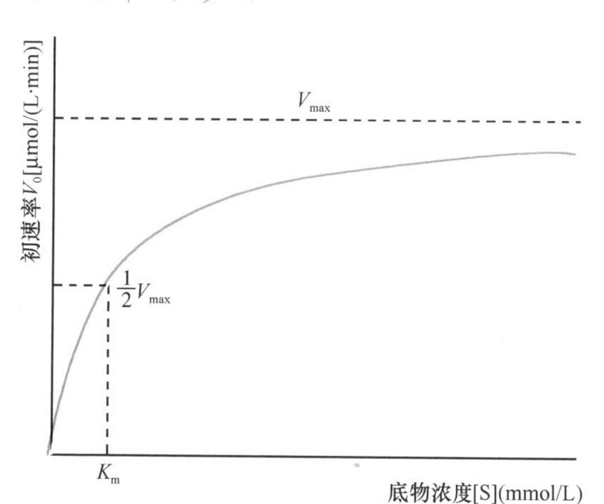

图 4-5 底物浓度对酶促反应速率的影响

（一）中间产物学说与米氏方程

1903 年，Henri 提出中间产物学说，解释酶促反应中底物浓度和反应速率的关系。酶（E）首先与底物（S）结合形成酶 - 底物复合物（中间产物 ES），此复合物再分解为产物（P）和游离的酶。

$$\underset{\text{酶}}{E} + \underset{\text{底物}}{S} \underset{k_2}{\overset{k_1}{\rightleftharpoons}} \underset{\text{中间底物}}{ES} \xrightarrow{k_3} \underset{\text{产物}}{E + P}$$

式中，k_1、k_2 和 k_3 分别为各向反应的速度常数。

1913 年，Michaelis 和 Menten 继承和发展了中间产物学说，提出酶促动力学的基本原理，并以数学方程式表明底物浓度与酶促反应速率的定量关系，即著名的米氏方程，简称米氏方程（Michaelis equation）：

$$V = \frac{V_{max}[S]}{K_m + [S]}$$

式中，[S] 为底物浓度，K_m 为米氏常数（Michaelis constant），V 是在不同 [S] 时的反应速率，V_{max} 为

最大反应速率（maximum velocity）。当底物浓度很低（$[S] \ll K_m$）时，$V=V_{max}/K_m[S]$，反应速率与底物浓度呈正比。当底物浓度很高（$[S] \gg K_m$）时，$V=V_{max}$，反应速率达最大速度，再增加底物浓度也不再影响反应速率。

米氏方程的建立是基于这样的假设：

（1）在反应的初始阶段，底物浓度远远大于酶浓度，底物浓度 [S] 的变化可忽略不计。

（2）测定的反应速率为初速度，产物生成量很小，所以 P+E → ES 的逆反应可以忽略不计。

（3）游离的酶与底物形成 ES 的速度极快（E + S → ES），而 ES 形成产物的速度极慢，即 k_1、$k_2 \gg k_3$，ES 分解成产物 P 对于 [ES] 浓度的动态平衡没有影响，可不予考虑。

反应中游离酶的浓度为总酶浓度减去结合到中间产物中的酶的浓度，即 [游离酶]=[E]–[ES]

根据质量作用定律，ES 生成的速度为：$d[ES]/dt = k_1([E]-[ES])[S]$

ES 的分解速度为：$-d[ES]/dt = k_2[ES]+k_3[ES]$

当反应处于稳态时，ES 的生成速度 =ES 的分解速度，即

$$k_1([E]-[ES])[S]=k_2[ES]+k_3[ES] \quad (1)$$

经整理 $$\frac{([E]-[ES])[S]}{[ES]}=\frac{k_2+k_3}{k_1} \quad (2)$$

令 $\frac{k_2+k_3}{k_1}=K_m$，K_m 即为米氏常数，

则 $[E][S]-[ES][S]=K_m[ES]$

$$[ES]=\frac{[E][S]}{K_m+[S]} \quad (3)$$

由于反应速率取决于单位时间内产物 P 的生成量，所以 $V=k_3[ES]$

将式（3）代入得

$$V=\frac{k_3[E][S]}{K_m+[S]} \quad (4)$$

当底物浓度很高时，所有的酶与底物生成中间产物（即 [E]=[ES]），反应达最大速度。即

$$V_{max}=k_3[ES]=k_3[E] \quad (5)$$

将式（5）代入式（4），即得米氏方程

$$V=\frac{V_{max}[S]}{K_m+[S]}$$

（二）K_m 值和 V_{max} 的意义

1. K_m 相当于 V 为 V_{max} 一半时的 [S] 当反应速率为最大速度的一半时（$V=1/2\ V_{max}$），米氏方程可写成：

$$V=\frac{V_{max}[S]}{K_m+[S]}$$

整理得：$K_m=[S]$

由此可见，K_m 值的物理意义是酶促反应速率为最大速度一半时的底物浓度。K_m 值的单位与底物浓度的单位一致，为 mol/L 或 mmol/L。

2. K_m 是酶的特征性常数 K_m 一般只与酶的结构、底物和反应环境有关，与酶的浓度无关。不同的酶 K_m 值不同。各种酶的 K_m 值大致在 10^{-6} ～ 10^{-2}mol/L。对于同一底物，不同的酶有不同的 K_m 值；多底物反应的酶对不同底物的 K_m 值也各不相同，其中 K_m 最小的底物称该酶的最适底物或天然底物。

3. K_m 在一定条件下可以表示酶对底物的亲和力 $K_m=(k_2+k_3)/k_1$，从某种意义上讲，K_m 是 ES 分解速度（k_2+k_3）与形成速度（k_1）的比值，当 $k_2 \gg k_3$ 时，ES 解离成 E 和 S 的速度远超过分解成 E 和产物 P 的速度，此时，k_3 可忽略不计，K_m 近似于 ES 的解离常数 $K_s=k_2/k_1$，即 $K_m \approx K_s$，此时的 K_m 值可以近似地表示酶对底物亲和力的大小，K_m 值越小，酶与底物的亲和力越大。这表示不需要很高的底物浓度便可容易地达到最大反应速率。但 k_3 值并非在所有酶促反应中都远小于 k_2，所以 K_s 值和 K_m 值的含义不同，不能互相代替使用。

笔记栏

4. V_{max} 是酶被底物完全饱和时的反应速率 在酶浓度一定，[S] ≫ [E] 时，酶对特定底物的最大反应速率 V_{max} 也是一个常数。此时，由式（5）可知，$V_{max}=k_3[E]$。V_{max} 与 [E] 呈直线关系，即 V_{max} 与酶浓度呈正比，增加底物浓度不会影响 V_{max}，而直线的斜率是 k_3，k_3 表示当酶被底物饱和时，每单位时间内、每个酶分子所能转化底物的分子数，k_3 称为转换数（turnover number），也称为催化常数（catalytic constant，K_{cat}），它相当于一旦底物 - 酶中间复合物形成后，酶将底物转化为产物的效率，K_{cat} 值越大表示酶的催化效率越高。

（三）K_m 值和 V_{max} 值的测定

米氏方程是一个双曲线函数，其图形为渐近线，很难准确地测得 K_m 值和 V_{max} 值。通常将该方程转化成各种线性方程，由曲线作图改为直线作图，便可容易地用图解法准确求得 K_m 值和 V_{max} 值。

（1）双倒数作图法（double reciprocal plot）又称为林 - 贝（Lineweaver-Burk）作图法。将米氏方程等号两边取倒数，所得到的双倒数方程称为林 - 贝方程

$$\frac{1}{V}=\frac{K_m}{V_{max}}\cdot\frac{1}{[S]}+\frac{1}{V_{max}}$$

以 1/V 对 1/[S] 作图（图 4-6），得一直线图，其纵轴上的截距为 $1/V_{max}$，横轴上的截距为 $-1/K_m$。

（2）Hanes 作图法：该作图法也是从米氏方程衍化而来的，其方程为

$$\frac{[S]}{V}=\frac{K_m}{V_{max}}+\frac{1}{V_{max}}[S]$$

以 [S]/V 对 [S] 作图（图 4-7），横轴截距为 $-K_m$，直线的斜率为 $1/V_{max}$。

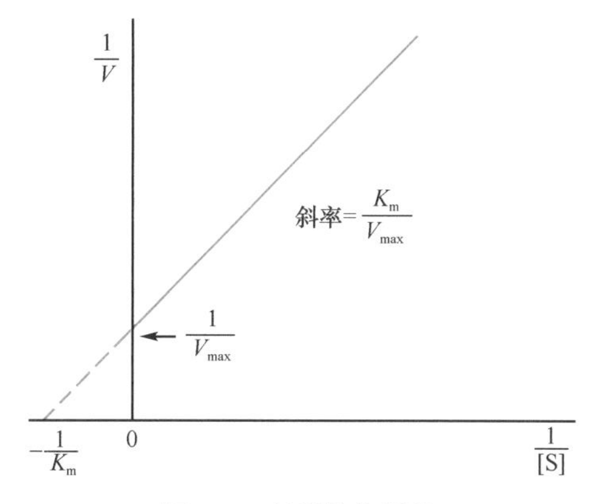

图 4-6 双倒数作图法

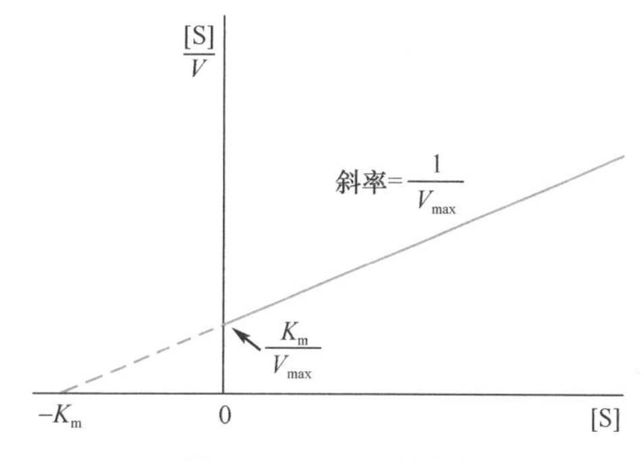

图 4-7 Hanes 作图法

二、酶浓度对酶促反应速率的影响

在酶促反应系统中，当 [S] ≫ [E] 时，酶被底物饱和，反应速率达到最大。从式（4）可知，此时式中 K_m 可以忽略不计，其关系式可简化为式（5）：$V=k_3[E]$。反应速率与酶的浓度变化呈正比关系（图 4-8）。

日常生活中有很多酶浓度影响酶促反应速率的例子。例如，饭前不宜大量饮水，以免稀释胃肠中的酶；洗较脏的衣服时，要多加点含酶的洗衣粉等。

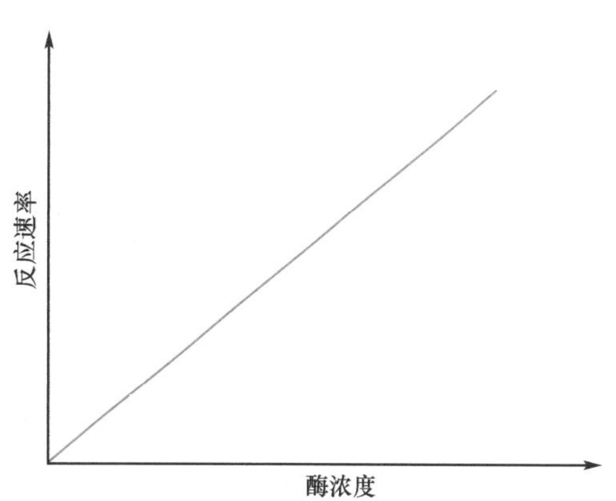

图 4-8 酶浓度对酶促反应速率的影响

三、温度对酶促反应速率的影响

酶是生物催化剂，是一种特殊的蛋白质，对温度的变化极为敏感。温度对酶促反应速率具有双重影响：①提高温度，加快酶促反应速率。②提高温度的同时增加酶蛋白变性失活的机会，降低酶的催化作用。温度升高到 60℃以上时，大多数酶开始变性；80℃时，多数酶的变性已不可逆。综合两种因素作用的结果，将酶促反应速率最快时的环境温度称为酶促反应的最适温度（optimum temperature）（图 4-9）。反应体系的温度低于最适温度时，温度每升

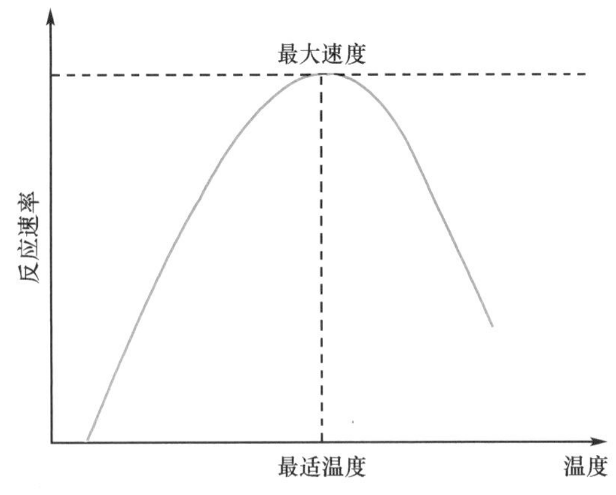

图 4-9 温度对酶促反应速率的影响

高 10℃，反应速率可增加 1 ～ 2 倍，温度对加快反应速率起主导作用。温度高于最适温度时，因酶趋于变性而失活，反应速率降低。温血动物体内的酶，最适温度为 35 ～ 40℃；植物酶最适温度为 40 ～ 50℃；一种来源于栖热水生菌（*Thermus aquaticus*）体内提取的耐热 DNA 聚合酶（*Taq* DNA polymerase）的最适温度则达 72℃，95℃的半衰期为 40 分钟。此酶作为工具酶已被广泛应用于基因工程研究中。

酶的最适温度不是酶的特征性常数，它与反应进行的时间有关。酶可以在短时间内耐受较高的温度。相反，延长反应时间，最适温度便降低。低温使酶活性降低，但低温一般不会破坏酶使酶失去活性。当温度回升后，酶活性即恢复。临床上利用酶的这种性质，采用低温麻醉以减慢组织细胞代谢速率，提高机体对氧和营养物质缺乏的耐受性。实验室利用低温保存菌种、酶制剂；生化实验中测定酶活性时，需要严格控制反应液的温度等都基于这一原理。

四、pH 对酶促反应速率的影响

在不使酶变性的 pH 条件下，反应的起始速度对 pH 作图，大多数情况下可得到一个钟形曲线（图 4-10），从曲线可以看出，在某一 pH 下，反应速率可达到最大，这一 pH 称为酶的最适 pH（optimum pH）。最适 pH 不是酶的特征常数，会受到酶的浓度、底物及缓冲液的种类等因素的影响。虽然不同酶的最适 pH 各不相同，但除少数酶（如胃蛋白酶的最适 pH 约为 1.8，肝精氨酸酶最适 pH 为 9.8）外，动物体内多数酶的最适 pH 接近中性。

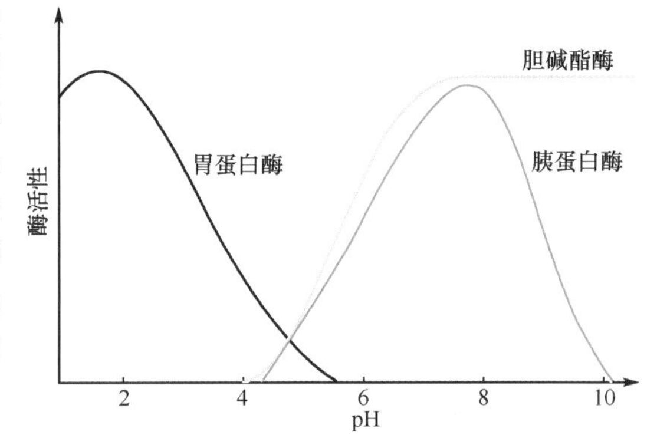

图 4-10 pH 变化与酶促反应速率的关系

酶分子中尤其是酶活性中心的许多极性基团，在不同的 pH 条件下解离状态不同，所带电荷的种类和数量不同。酶活性中心的某些必需基团往往仅在某一解离状态时才最容易同底物结合，或具有最大的催化作用。许多具有可解离基团的底物与辅酶（如 ATP、NAD^+、辅酶 A、氨基酸等）荷电状态也受 pH 改变的影响，从而影响它们对酶的亲和力。此外，pH 还可影响酶活性中心的空间构象，从而影响酶的活性。

五、抑制剂对酶促反应速率的影响

临床上常会见到这样的病例：

案例 4-1

患者，女性，45 岁，因与家人争吵自服敌百虫约 100ml。服毒后自觉头晕、恶心，并伴有呕吐，呕吐物有刺鼻农药味。患者服药后即被家属发现，立即到当地医院就诊，洗胃 10 000ml 后，予阿托品 5ml 静脉推注，解磷定 2g 肌内注射后，病情无好转。渐出现神志不清，呼之不应，刺激反应差，于凌晨服药后 5 小时转入某医学院附属医院。经辅助检查诊断为有机磷中毒，立即予以催吐洗胃，硫酸镁导泻，阿托品、解磷定静脉注射，反复给药补液、利尿等对症支持治疗。

问题讨论：

1. 有机磷中毒的生化机制是什么？
2. 有机磷化合物对酶的抑制作用属于哪种类型？有何特点？
3. 解磷定解毒的生化机制是什么？
4. 催吐洗胃，硫酸镁导泻，阿托品、解磷定静脉注射，反复给药补液、利尿等对症治疗的根据是什么？

有机磷农药（有机磷酸酯类农药）如敌百虫、敌敌畏等能特异地与胆碱酯酶（choline esterase）

活性中心的丝氨酸残基的羟基共价结合，在体内形成磷酰化胆碱酯酶，使胆碱酯酶活性受到抑制。正常机体在神经兴奋时，神经末梢释放乙酰胆碱，乙酰胆碱发挥作用后，被胆碱酯酶水解为乙酸和胆碱。若胆碱酯酶被抑制，神经末梢分泌的乙酰胆碱不能被及时地分解而积聚在突触间隙，使胆碱能神经过度兴奋，引起迷走神经的毒性兴奋状态，出现呕吐、抽搐、神志不清等症状，最终导致死亡。因此这类物质又称神经毒剂。

临床上用解磷定和氯解磷定治疗有机磷农药中毒。解磷定（pyridine dioxime methyliodide，PAM）和氯解磷定为肟类复能剂，可解除有机磷化合物对羟基酶的抑制作用。阿托品能清除或减轻中枢神经系统症状，改善呼吸中枢抑制。

上述病例显示，有机磷化合物抑制了胆碱酯酶的活性。凡能使酶的催化活性下降而不引起酶蛋白变性的物质统称为酶的抑制剂（inhibitor，I）。抑制剂多与酶的活性中心内、外必需基团相结合，从而抑制酶的催化活性。除去抑制剂后酶的活性得以恢复。根据抑制剂与酶结合的紧密程度不同，酶的抑制作用分为不可逆性抑制与可逆性抑制两类。

（一）不可逆性抑制作用

有些抑制剂能与酶活性中心上的必需基团以共价键相结合，使酶失活，抑制剂不能用透析、超滤等方法予以去除。这种抑制作用称为不可逆性抑制作用（irreversible inhibition）。这种抑制剂为不可逆抑制剂。

上述病例有机磷中毒的生化机制是有机磷作为不可逆抑制剂与胆碱酯酶活性中心的羟基结合而失活。可用下式表示：

有机磷农药 (R—O)(R′—O)P(=O)—O—X

E—OH 羟基酶（有活性） ⇌ 磷酰化酶（失活） (R—O)(R′—O)P(=O)—O—E + H—X 酸

磷酰化酶 + 解磷定 HO—N═CH—(N⁺—CH₃吡啶) → 磷酰化解磷定（无毒性） (R—O)(R′—O)P(=O)—O—N═CH—(N⁺—CH₃吡啶) + E—OH

解磷定解除有机磷化合物对羟基酶的抑制作用的机制如图4-11所示。

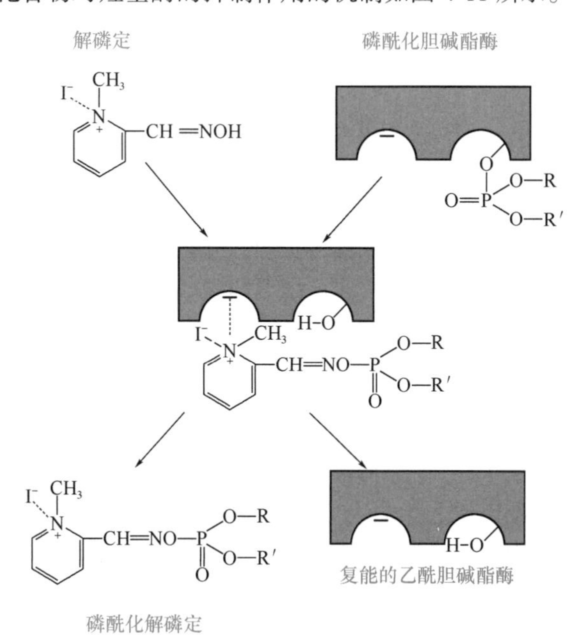

图4-11　解磷定解除有机磷抑制作用的机制

低浓度的重金属离子，如 Pb^{2+}、Hg^{2+}、Ag^{+}，以及含有 As^{3+} 等的化合物可与酶分子活性中心的巯基结合，使酶失活。化学毒气路易斯气（lewisite）是一种含砷的化合物，它能抑制体内的巯基酶而使人畜中毒。

$$\mathrm{Cl_2As-CH{=}CHCl + E(SH)_2 \longrightarrow E(S)_2As-CH{=}CHCl + 2HCl}$$

路易斯气　　巯基酶　　失活的酶　　酸

重金属盐引起的巯基酶中毒可用二巯基丙醇（British anti-lewisite，BAL）解毒。BAL 含有 2 个—SH，在体内达到一定浓度后，可与毒剂结合，使酶恢复活性。由于重金属抑制剂结合酶的巯基不局限在活性中心的必需基团，因此这一类抑制剂又称为非专一性抑制剂。

抑制剂对酶的抑制作用有一定的选择性，一种抑制剂只能引起一种酶或某一类酶的活性降低或丧失。蛋白质变性剂均可使酶蛋白变性而使酶活性丧失，但变性剂对酶的作用没有选择性。

（二）可逆性抑制作用

有些酶抑制剂是以非共价键方式与酶和（或）酶 - 底物复合物可逆性结合，使酶活性降低或消失，这种抑制作用可通过简单的透析或超滤的方法解除，这种抑制作用称为可逆性抑制作用（reversible inhibition）。引起可逆性抑制作用的抑制剂称为可逆性抑制剂。可逆性抑制作用类型常见的可分为以下三种。

1. 竞争性抑制作用　竞争性抑制剂（I）与酶的底物（S）结构相似，可与底物竞争酶的活性中心，阻碍酶与底物结合成中间复合物（ES），而生成抑制剂 - 酶复合物（EI），使反应速率下降。这种抑制作用称为竞争性抑制作用（competitive inhibition）。竞争性抑制剂与酶的结合是可逆的，其抑制程度取决于抑制剂和底物的相对浓度和二者对酶的相对亲和力，增加底物的浓度，可降低甚至解除抑制剂的抑制作用。竞争性抑制作用的机制和特点表示如下（图 4-12）：

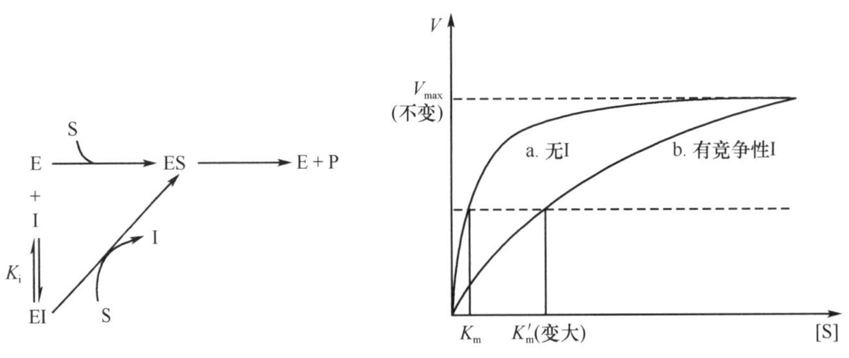

图 4-12　竞争性抑制作用机制

K_i 称为抑制常数，即酶 - 抑制剂复合物（EI）的解离常数。按米氏方程的推导方法可导出竞争性抑制剂、底物和反应速率之间的动力学关系式

$$V=\frac{V_{max}[S]}{K_m\left(1+\frac{[I]}{K_i}\right)+[S]}$$

其双倒数方程为

$$\frac{1}{V}=\frac{K_m}{V_{max}}\left(1+\frac{[I]}{K_i}\right)\frac{1}{[S]}+\frac{1}{V_{max}}$$

以 $1/V$ 对 $1/[S]$ 作图，可得其动力学曲线（图 4-13）。

竞争性抑制作用的特点为：①竞争性抑制剂往往是酶的底物类似物或反应产物；②抑制剂与酶的结合部位和底物与酶的结合部位相同；③抑制剂浓度越大，则抑制作用越大；但增加底物浓

度可使抑制程度减小；④动力学参数：K_m 值增大，V_{max} 值不变。

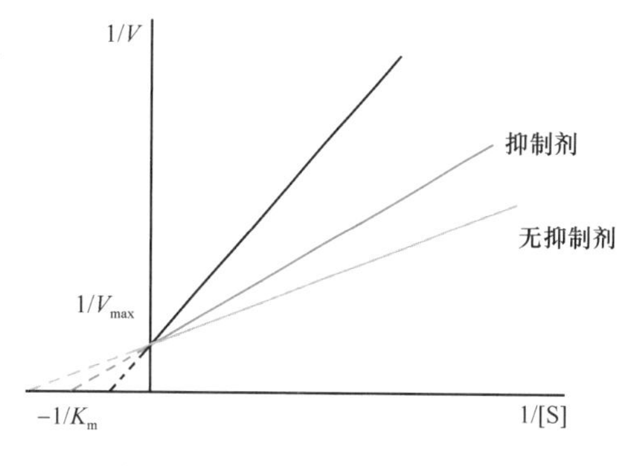

图 4-13 竞争性抑制的特征性曲线

竞争性抑制作用的典型实例是丙二酸对琥珀酸脱氢酶的竞争性抑制和抗肿瘤药物甲氨蝶呤对二氢叶酸还原酶的竞争性抑制。

丙二酸与琥珀酸结构相似，可竞争性结合琥珀酸脱氢酶的活性中心，而且琥珀酸脱氢酶对丙二酸的亲和力远大于酶对琥珀酸的亲和力，当丙二酸的浓度仅为琥珀酸浓度的 1/50 时，酶的活性便被抑制 50%。若增大琥珀酸的浓度，可削弱这种抑制作用。

COOH—CH_2—CH_2—COOH 琥珀酸

COOH—CH_2—COOH 丙二酸

甲氨蝶呤（methotrexate，MTX）为抗代谢类抗肿瘤药，用于治疗癌症。此药通过对二氢叶酸还原酶的竞争性抑制而发挥作用。二氢叶酸还原酶是 DNA 合成中的一个重要的酶，特别是在叶酸变成四氢叶酸及脱氧尿嘧啶核苷甲基化而转变成胸腺嘧啶核苷的过程中是必不可少的。甲氨蝶呤的结构与叶酸近似，叶酸 4 位上羟基（—OH）和 10 位 NH 的氢（—H）在 MTX 中分别为氨基（$—NH_2$）和甲基（$—CH_3$），因此，甲氨蝶呤可以与叶酸竞争性地结合二氢叶酸还原酶。甲氨蝶呤与二氢叶酸还原酶结合，阻断叶酸和二氢叶酸还原为活化型的四氢叶酸，因而抑制细胞内的一碳单位转移，进而影响嘌呤新合成和脱氧尿嘧啶核苷酸转变为脱氧胸腺嘧啶核苷酸，使 DNA 和 RNA 合成受阻，从而抑制肿瘤细胞的生长和增殖而起到抗肿瘤作用。用抗代谢类药物进行化疗时必须保持血液中药物的高浓度，以发挥其有效的竞争性抑制作用。

甲氨蝶呤　　叶酸

甲氨蝶呤选择性地作用于 DNA 合成期（即 S 期），属周期特异性药物，在大剂量使用时对非增殖细胞特别是肝细胞也有直接毒性。为了减轻其细胞毒性，临床使用时常配合亚叶酸钙一起使用，四氢叶酸钙可直接向细胞提供四氢叶酸辅酶，避开甲氨蝶呤的抑制作用，以减轻其细胞毒性作用。

5- 氟尿嘧啶（5-FU）、6- 巯基嘌呤（6-MP）等抗代谢药物，都是酶的竞争性抑制剂，分别通过抑制脱氧胸苷酸和嘌呤核苷酸的合成，而抑制肿瘤细胞的生长。

2. 非竞争性抑制作用 非竞争性抑制剂与酶活性中心外的必需基团结合，底物与抑制剂之间无竞争关系，抑制剂既可以与游离酶结合，也可以与 ES 复合物结合，抑制剂与酶的结合不影响底物与酶的结合，酶和底物的结合也不影响酶与抑制剂的结合。但酶 - 底物 - 抑制剂三元复合物（ESI）不能进一步释放出产物，从而使酶的催化活性降低，这种抑制作用称为非竞争性抑制作用（non-competitive inhibition）（图 4-14）。

按米氏方程的推导，得出非竞争性抑制剂、底物浓度和反应速率之间的动力学关系，其双倒数方程是

$$\frac{1}{V}=\frac{K_m}{V_{max}}\left(1+\frac{[I]}{K_i}\right)\frac{1}{[S]}+\frac{1}{V_{max}}\left(1+\frac{[I]}{K_i}\right)$$

笔记栏

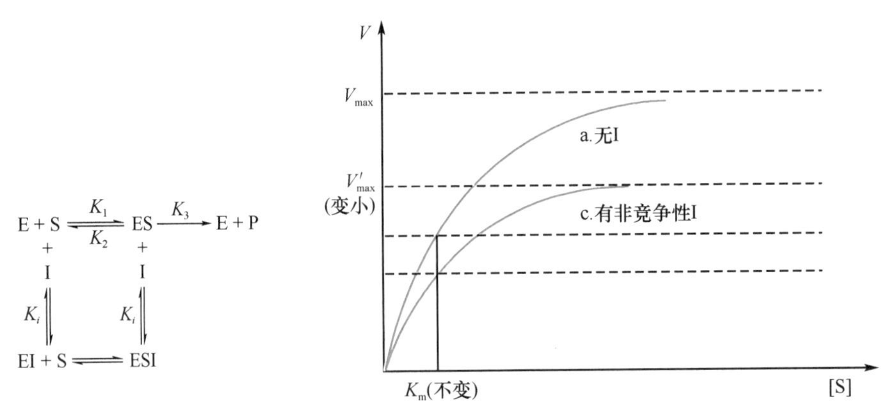

图 4-14 竞争性抑制与非竞争性抑制的作用机制

以 1/*V* 对 1/[S] 作图，可得其动力学曲线（图 4-15）。

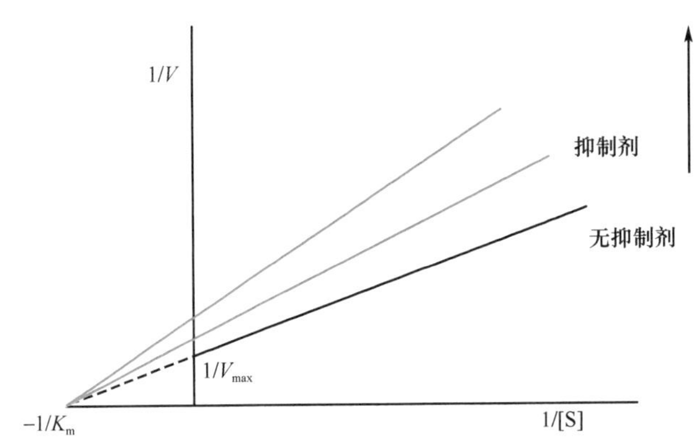

图 4-15 非竞争性抑制的特征性曲线

非竞争性抑制作用的特点为：①底物和抑制剂分别独立地与酶的不同部位相结合；②抑制剂对酶与底物的结合无影响，故底物浓度的改变对抑制程度无影响；③动力学参数：K_m 值不变，V_m 值降低。显然，非竞争性抑制作用不能通过增加底物浓度的办法来消除抑制作用。

3. 反竞争性抑制作用 此类抑制剂与上述两种抑制作用不同，抑制剂不与酶结合，仅与酶和底物形成的中间产物（ES）结合，使中间产物 ES 的生成量下降，酶分子转换为非活性形式 ESI 三元复合物（图 4-16）。这样，既减少从中间产物转化为产物的量，也同时减少从中间产物解离出游离酶和底物的量。这种抑制作用称为反竞争性抑制作用（uncompetitive inhibition），其抑制作用的反应式如下

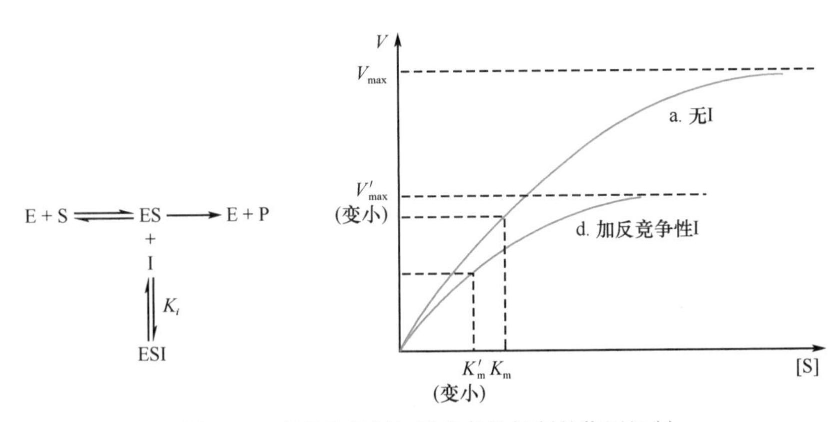

图 4-16 竞争性抑制与反竞争性抑制的作用机制

其双倒数方程是

$$\frac{1}{V}=\frac{K_m}{V_{max}}\cdot\frac{1}{[S]}+\frac{1}{V_{max}}\left(1+\frac{[I]}{K_i}\right)$$

从反竞争性抑制作用的双倒数作图得其动力学曲线（图4-17）。

反竞争性抑制作用的特点：①反竞争性抑制剂只与底物-酶复合物结合，不与游离酶结合，并且是可逆结合；②动力学参数：K_m值和V_{max}值都降低，但V_{max}/K_m值不变，这是由于ES和ESI形成的平衡倾向于结合I的复合物的形成。将三种可逆性抑制作用总结如下（图4-18，表4-3）：

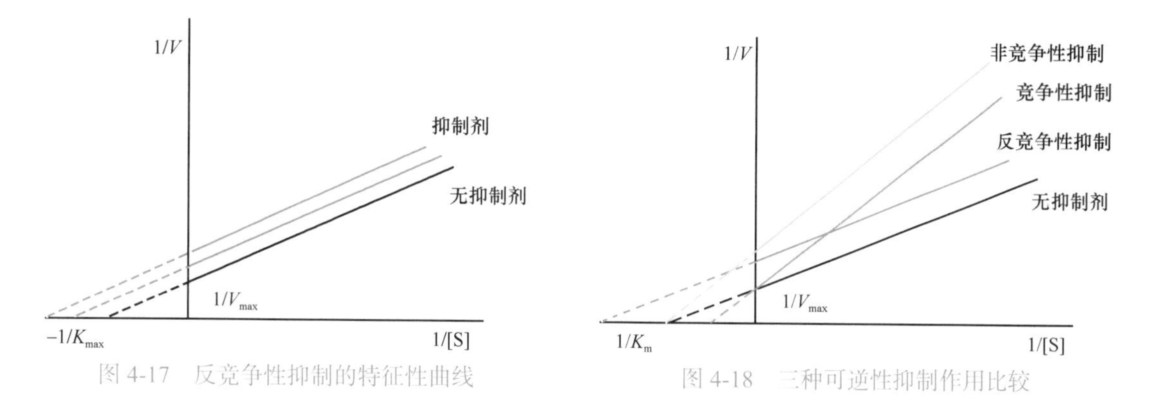

图4-17 反竞争性抑制的特征性曲线

图4-18 三种可逆性抑制作用比较

表4-3 各种可逆性抑制作用特点的比较

作用特征	无抑制剂	竞争性抑制	非竞争性抑制	反竞争性抑制
I与酶结合		E	E或ES	ES
动力学参数的变化				
表观K_m	K_m	增大	不变	降低
表观V_{max}	V_{max}	不变	降低	降低
双倒数作图变化				
斜率	K_m/V_{max}	增大	增大	不变
纵轴截距	$1/V_{max}$	不变	增大	增大
横轴截距	$-1/K_m$	降低	不变	增大

微课4-4

六、激活剂对酶促反应速率的影响

使酶从无活性变为有活性或使酶活性增加的物质称为酶的激活剂（activator）。酶的激活剂大多为金属离子，如Mg^{2+}、K^+、Mn^{2+}等；少数为阴离子，如Cl^-是淀粉酶的最强激活剂。

大多数金属离子激活剂对酶促反应是不可缺少的，这类激活剂称为必需激活剂（essential activator）。例如，Mg^{2+}是多种激酶和合成酶的激活剂。己糖激酶催化的反应中，Mg^{2+}与底物ATP结合生成Mg^{2+}-ATP参加反应。有些激活剂不存在时，酶仍有一定的催化活性，这类激活剂称为非必需激活剂（non-essential activator）。激活剂可能通过参与酶的活性中心的构成或与酶及底物结合成复合物而起促进作用。

七、酶活性测定与酶活性单位

在生物组织中，酶蛋白多与其他蛋白质共存，很难直接测定其蛋白质的含量。因此，要了解组织提取液、体液或纯化的酶液中酶的存在与酶量的多少，需要通过对酶活性的测定间接进行测定。酶的活性是指酶催化反应的能力。酶的活性单位是衡量酶活力大小的尺度，它反映在规定条件下（影响酶促反应速率的各种因素，如底物的种类和浓度、反应体系的pH、温度、缓冲液的种类和浓度、辅助因子、激活剂或抑制剂等均需恒定），酶促反应在单位时间（秒、分钟或小时）内生成一定量（mg、μg、μmol等）的产物或消耗一定量的底物所需的酶量。为统一标准，1976年国际生物化学联合会（International Union of Biochemistry，IUB）酶学委员会规定：在特定条件下，每分钟催化1μmol底物转化为产物所需的酶量为一个国际单位（IU）。1979年该学会又推荐以催量单位（katal，简写kat）表示酶的活性。1催量（1kat）是指在特定条件下，每分钟催化1mol底物转化成产物所需的酶量。$1IU=16.67\times10^{-9}kat$。

酶的比活力（specific activity）是每单位（一般是 mg）蛋白质中的酶活力，如 μmol/min•mg 蛋白等。比活力是表示酶纯度的较好指标。比较不同酶制剂中的酶活性时，也应用比活力为单位进行比较。

第 5 节 酶的调节

体内各种代谢途径错综复杂而有条不紊是因为机体存在着精细的调控系统。机体对代谢途径的调节主要是对代谢途径中关键酶活性的调节及对酶含量的调节。此外，在长期进化过程中，各组织细胞形成了独特的代谢特征。

一、酶活性的调节

酶活性的调节是代谢途径速率调节的最直接、最有效的方式。下列几种方式是酶活性调节的主要方式。

（一）酶原与酶原的激活

机体内有些酶在细胞内合成或初分泌时，以酶的无活性前体形式存在。这种无活性酶的前体称为酶原（zymogen 或 proenzyme）。由无活性酶原转变成有活性酶的过程称为酶原的激活。酶原的激活一般通过某些蛋白酶的作用，水解一个或几个特定的肽键，致使蛋白质构象发生改变，其实质是酶活性中心的形成或暴露的过程。酶原的激活是不可逆的。

消化道中的酶如胃蛋白酶、胰蛋白酶、胰凝乳蛋白酶、羧基肽酶、弹性蛋白酶等及血液中凝血与纤维蛋白溶解系统中的酶类通常都以酶原的形式存在，在一定条件下水解掉 1 个或几个短肽，转变成相应的酶。如胰蛋白酶原进入小肠后，在 Ca^{2+} 存在下受肠激酶的激活，第 6 位赖氨酸残基与第 7 位异亮氨酸残基之间的肽键被切断，水解掉一个六肽，分子的构象发生改变，形成酶的活性中心，从而成为有催化活性的胰蛋白酶（图 4-19）。

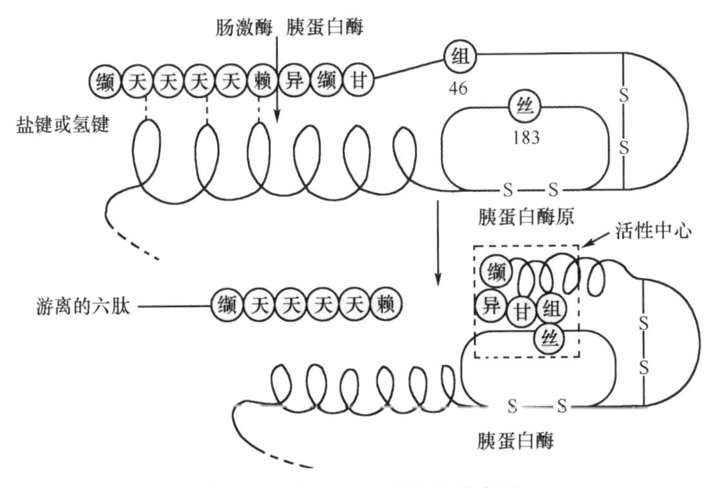

图 4-19 胰蛋白酶原激活示意图

酶原的激活具有重要的生理意义。一方面可保护细胞本身的蛋白质不受蛋白酶的水解破坏；另一方面保证了合成的酶在特定部位和环境中发挥生理作用。急性胰腺炎时，大量含有各种胰酶的胰液进入胰腺实质，胰蛋白酶原被激活成胰蛋白酶，胰实质发生自身消化作用，进而可引起胰腺组织的水肿、炎性细胞浸润、充血、出血及坏死。急性胰腺炎的主要病理学变化是由于胰腺内的酶，特别是蛋白水解酶的过早活化引起的组织自溶。

此外，酶原还可以视为酶的储存形式。生理状态下，血液中的凝血因子如凝血和纤维蛋白溶解酶类以酶原形式存在，不发生凝固。一旦发生出血，这些凝血因子便被激活转变为有活性的酶，凝血酶催化纤维蛋白原转化为纤维蛋白，产生血凝块以阻止大量出血，发挥其对机体的保护作用。

（二）变构酶与变构调节

变构酶也称为别构酶，其酶分子活性中心外的某一部位可以与体内一些代谢物可逆地结合，使酶发生变构而改变其催化活性。这种调节酶活性的方式称为变构调节（allosteric regulation）。受变构调节的酶称变构酶（allosteric enzyme）。引起变构效应的代谢物称变构效应剂（allosteric effector）。

有时底物本身就是变构效应剂。变构效应剂引起酶活性的增强或减弱，分别称变构激活作用或变构抑制作用。

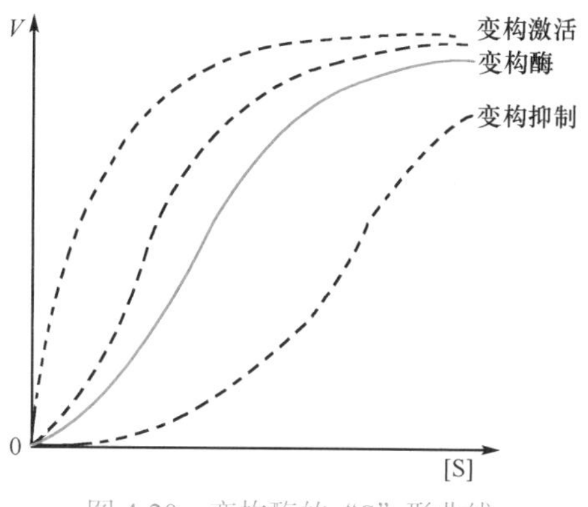

图 4-20　变构酶的“S”形曲线

变构酶常为含有偶数亚基的寡聚酶，酶分子中包括含有催化部位的催化亚基和含有调节部位的调节亚基。催化部位和调节部位有的在同一亚基内，也有的不在同一亚基内。多亚基变构酶与血红蛋白一样，存在协同效应，包括正协同效应和负协同效应。如果效应剂与酶的一个亚基结合引起的变构效应使相邻亚基也发生变构，并增加对此效应剂的亲和力，此协同效应为正协同效应。如果相邻亚基的变构降低对此效应剂的亲和力，则此效应为负协同效应。如果效应剂是底物本身，以变构酶反应速率对底物浓度作图，其动力学曲线为“S”形曲线（图 4-20），与血红蛋白的氧解离曲线类似。可见，变构酶不遵守米氏动力学原则。这种“S”形曲线体现为，当底物浓度发生较小变化时，变构酶可以极大程度地控制反应速率，这是变构酶可以灵活调节反应速率的原因。

血红蛋白与氧的结合过程就是蛋白变构调节现象。体内一些代谢物对代谢途径中的关键酶起反馈调节，变构抑制是最常见的变构调节。

（三）酶的共价修饰调节

酶的共价修饰调节是通过某些化学基团与酶的共价结合与分离而实现。某些酶蛋白肽链上的侧链基团在另一酶的催化下可与某种化学基团发生共价结合或解离，从而改变酶的活性，这种调节酶活性的方式称为酶的共价修饰（valent modification）或化学修饰（chemical modification）。在共价修饰过程中，酶发生无活性（或低活性）与有活性（或高活性）两种形式的互变。这种互变是由两种酶催化的两个不可逆反应，它们又都受激素的调控。酶的共价修饰形式包括磷酸化与去磷酸化、乙酰化与去乙酰化、甲基化与去甲基化、腺苷化与去腺苷化及—SH 与—S—S—的互变等，其中以磷酸化修饰最为常见。酶的共价修饰属于体内酶活性快速调节的另一种重要方式。

二、酶含量的调节

（一）酶蛋白合成的诱导与阻遏调节

酶蛋白合成量的调节是对酶蛋白的基因表达的调节。影响酶蛋白生物合成的因素有：底物、产物、激素、药物等。能促进酶蛋白的基因表达，增加酶蛋白生物合成的物质为诱导剂（inducer），引起酶蛋白生物合成量增加的作用称为诱导作用（induction）；相反，抑制酶蛋白的基因表达，减少酶蛋白生物合成的物质称为阻遏剂（repressor）。阻遏剂可促进阻遏蛋白的活化，使基因表达抑制，减少酶蛋白的产生量，这种作用称阻遏作用（repression）。由于酶的生物合成经过转录、转录后加工、翻译和翻译后加工过程，所以这种调节效应出现较迟。然而，一旦酶被诱导合成后，即使去除诱导因素，酶的活性仍然存在。可见，酶的诱导与阻遏作用对代谢的调节属于缓慢而长效的调节。

（二）酶的降解调节

酶是机体细胞的组成成分，也需要不断自我更新。酶蛋白的降解与一般蛋白质的降解途径相同。酶蛋白的降解也是细胞内对酶含量调控的一种方式。细胞内的酶均具有最稳定的分子构象。当酶蛋白构象受到破坏，即可被细胞内的蛋白水解酶所识别而降解成氨基酸。酶的降解受许多因素影响，酶的 N- 端被置换、磷酸化、突变、被氧化、酶发生变性等因素均可能成为酶被降解的标记，易受蛋白水解酶的攻击。细胞内酶的降解速度也与机体的营养和激素的调节有关。细胞内存在两种降解蛋白质的途径：①溶酶体蛋白酶降解途径（不依赖 ATP 的降解途径）；②非溶酶体蛋白酶降解途径（依赖 ATP 和泛素的降解途径）。在肝细胞中，前一种途径约占 40%，后者约占 60%。有关内容详见氨基酸代谢一章。

三、同　工　酶

同工酶（isoenzyme）指催化相同的化学反应，但酶蛋白的分子结构、理化性质、免疫学性质不同的一组酶。同工酶是生物长期进化过程中基因分化的产物。同工酶的多肽链是由不同基因或等位基

因编码，或由同一基因转录的 mRNA 前体经过不同的剪接过程，生成不同的 mRNA 所翻译的产物。同工酶存在于同一种属或同一个体的不同组织或同一细胞的不同亚细胞结构中。同工酶使不同的组织、器官和不同的亚细胞结构具有不同的代谢特征。临床上利用同工酶谱的变化进行疾病的辅助诊断。

案例 4-2

患者王某，男，65 岁，因“突发胸部闷痛 3 小时”入院，3 小时前患者与人争执后突发胸痛，伴大汗，持续不缓解，有濒死感伴呼吸困难，急送至急诊科。患者有原发性高血压 20 余年，平素血压控制不佳，有吸烟史 30 年，每天 1 包。急诊心电图示：广泛前壁 ST 段抬高。急诊诊断：急性 ST 段抬高型前壁心肌梗死。

体格检查：T 37.0℃，P 88 次 / 分，R 20 次 / 分，BP 13.6/8.4kPa；患者神志清楚，痛苦面容，自主体位，心前区未见异常隆起，心尖冲动位于第 5 肋间左侧锁骨中线内侧 0.5cm。心脏相对浊音界无扩大，心率 88 次 / 分，律齐，S1 降低，各瓣膜听诊区未闻及病理性杂音及心包摩擦音，周围血管征阴性。

实验室检查：心肌损伤标志物示肌钙蛋白 17.7ng/ml（参考值＜ 0.04ng/ml），肌酸激酶 1530U/L（参考值 115U/L ± 32U/L），肌酸激酶同工酶（CK-MB）59.4U/L（参考值 25U/L ± 8U/L），肌红蛋白 1050ng/ml（参考值＜ 100ng/ml）。

问题讨论：1. 肌酸激酶催化什么反应？

2. 正常血清中 CK 同工酶有多少种？心肌梗死时血浆哪种类型肌酸激酶会升高？

3. 在所有疾病时 CK 的各种同工酶是否同样地成比例升高？为什么？

肌酸激酶（creatine kinase，CK）通常存在于动物的心脏、肌肉及脑等组织的细胞质和线粒体中，参与体内能量代谢，是一个与细胞内能量运转、肌肉收缩、ATP 再生有直接关系的重要激酶，它可逆地催化肌酸与 ATP 之间的转磷酰基反应。

肌酸激酶是二聚体酶，其亚基有 M 型（肌型）和 B 型（脑型）两种。肌酸激酶有三种同工酶形式（图 4-21）：CK_1（BB）主要存在于脑细胞中，CK_3（MM）存在于骨骼肌中，而 CK_2（MB）仅见于心肌细胞中，其活性的测定作为早期诊断心肌梗死的“心梗三项”（肌钙蛋白、肌红蛋白、肌酸激酶）指标之一，在临床辅助诊断中有重要意义。心肌梗死患者发病后 2 ～ 4 小时，血液中 CK 和 CK-MB 即开始上升，比血清中的天冬氨酸氨基转移酶和乳酸脱氢酶的活性变化都出现得早，特异性高。病毒性心肌炎、进行性肌营养不良、多发性肌炎及肌肉损伤、严重的心绞痛、心包炎、房颤、脑血管意外、脑膜炎以及心脏手术时也会见 CK-MB 升高。在心肌和骨骼肌线粒体中还存在一种线粒体型肌酸激酶（MiMi）。

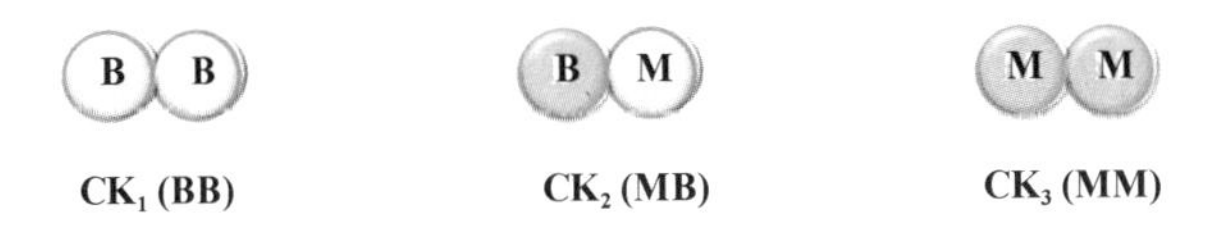

图 4-21 肌酸激酶同工酶的亚基组成

乳酸脱氢酶（lactate dehydrogenase，LDH）是最早发现的同工酶，是由 H 型（心肌型）及 M 型（骨骼肌型）两种亚基组成的四聚体蛋白，这两种亚基以不同的比例组成五种不同的 LDH 同工酶：LDH_1（H_4）、LDH_2（H_3M）、LDH_3（H_2M_2）、LDH_4（HM_3）、LDH_5（M_4）。此外，在动物睾丸及精子中还发现另一种基因编码的 X 亚基组成的四聚体 C_4（LD-X）同工酶。LDH 同工酶在不同组织中的含量与分布比例不同，各器官组织都有其各自特定的分布酶谱，且有组织特异性，LDH_1 在心肌中表达量较高，而 LDH_5 在肝、骨骼肌中相对含量高。同工酶对同一底物的脱氢表现出不同的 K_m 值。由于 5 种 LDH 同工酶分子结构的差异，它们在电泳中泳动速度亦不同（图 4-22）。

同工酶广泛存在于生物界。同工酶的存在能满足某些组织或某一发育阶段代谢转换的特殊需要，提供了对不同组织和不同发育阶段代谢转换的独特调节方式；同工酶作为遗传标志，已广泛用于遗传分析的研究；农业上同工酶分析法已用于优势杂交组织的预测。

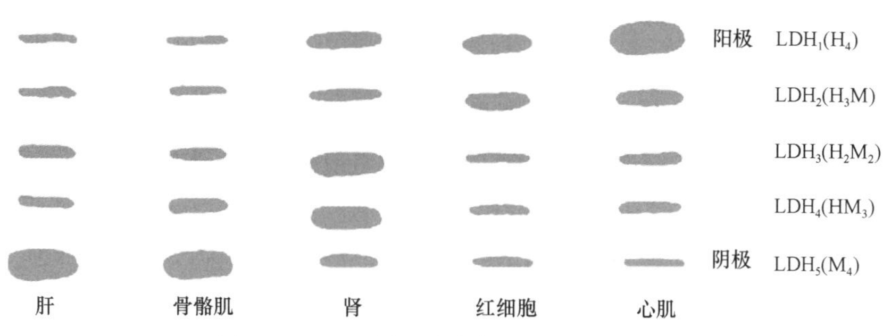

图 4-22 LDH 同工酶在某些组织中的含量

第6节 酶与医学的关系

一、酶与疾病的关系

（一）酶与疾病的发生

酶是体内重要的功能蛋白。酶的催化作用是机体实现物质代谢、生长和生命活动的重要环节。酶的异常或活性受到抑制会直接或间接导致疾病的发生。据分子流行病学、分子遗传学结合生物信息学统计，在胚胎发育过程中，因酶或其编码基因异常引起的发育缺陷占全部出生缺陷的 27% ～ 30% 以上；出生后至老年，因酶异常所引起的疾病占全部发病的 20% ～ 45% 以上。现已发现 140 多种遗传性代谢缺陷中，多由于基因突变不能合成某种特殊的酶所致。如酪氨酸酶缺乏引起白化病；缺乏苯丙氨酸羟化酶，会使苯丙氨酸及其脱氨基产物苯丙酮酸在体内堆积，高浓度的苯丙氨酸可抑制 5- 羟色胺（一种神经递质）的生成，导致精神幼稚化；积聚的苯丙酮酸经肾排出，表现为苯丙酮尿症。

许多疾病也可引起酶的异常，这种异常又使病情加重。如急性胰腺炎时，由于胰腺合成的蛋白水解酶原在胰腺中被激活，导致胰腺组织的严重破坏。许多炎症对组织的破坏和损伤作用是由于巨噬细胞或白细胞释放蛋白水解酶所致。

激素代谢障碍或维生素缺乏可引起某些酶的异常。如维生素 K 缺乏时，凝血因子Ⅱ、Ⅶ、Ⅸ、Ⅹ的前体不能在肝内进一步羧化生成成熟的凝血因子，患者表现出因这些凝血因子的异常所致的临床表征。

（二）酶与疾病的诊断

1. 疾病与酶活性的异常 许多组织器官的疾病常表现为血液中一些酶活性的异常。正常情况下，在组织细胞中发挥催化作用的酶在血清中含量甚微，只有在组织器官受损造成细胞破坏或细胞膜通透性改变时，胞内某些酶会大量释放入血；细胞内酶的合成或诱导增强，或酶的清除受阻也会引起血中酶活性的增高；细胞的增殖加快或转换率增高时，其特异的标志酶也可释放入血。

2. 酶活性的检测 临床上通过检测血清中某些酶的活性来辅助诊断某些疾病。酶活性的检测在临床诊断中具有重要意义，尤其是同工酶在疾病的鉴别和诊断上具有重要作用。

几种疾病时血清酶活性的改变见表 4-4。

表 4-4 几种疾病时血清酶活性的改变

血清酶	酶活性的改变						
	病毒性肝炎	胆管阻塞	肌营养障碍	急性心肌梗死	急性胰腺炎	肿瘤转移到	
						肝	骨
胆碱酯酶	↓↓	—或↓				↓↓	—
丙氨酸氨基转移酶	↑↑↑	↑	—或↑	—或↑	↑	↑	—
天冬氨酸氨基转移酶	↑↑↑	↑	↑	↑↑		↑↑	—
碱性磷酸酶	↑	↑↑↑	—	—	—	↑↑	↑↑↑
酸性磷酸酶	—	—	—	—	—	—	—或↑
LDH	↑	↑	↑↑	↑↑	—	↑↑↑	—或↑
CK	—	—	↑↑↑	↑↑	—	—	—

续表

血清酶	酶活性的改变						
	病毒性肝炎	胆管阻塞	肌营养障碍	急性心肌梗死	急性胰腺炎	肿瘤转移到	
						肝	骨
脂酶	—	—	—	—	↑↑↑	—	—
淀粉酶	—	—	—	—	↑↑↑	—	—
γ- 谷氨酰转移酶	↑	↑↑↑	—	—	—	↑↑	—

（三）酶与疾病的治疗

1. 酶作为药物用于临床治疗 酶是生物大分子，难以透过细胞膜。因此，酶作为药物直接应用相对较少。常应用于消化系统、循环系统的疾病。例如，因消化腺分泌不足所致的消化不良，可补充胃蛋白酶、胰蛋白酶、胰脂肪酶及胰淀粉酶等帮助消化；链激酶、尿激酶、纤溶酶等用于防治血栓的形成；天冬酰胺酶用于治疗白血病；外科扩创、化脓伤口净化、浆膜粘连的防治和一些炎症治疗可用胰蛋白酶、胰凝乳蛋白酶、溶菌酶、木瓜蛋白酶、菠萝蛋白酶等酶制剂。

2. 酶作为药物的靶点 用酶的抑制剂治疗癌症。肿瘤细胞有其独特的代谢方式，若能阻断相应酶的活性，就可达到遏制肿瘤生长的目的。如前所述的抗代谢类药物甲氨蝶呤可抑制肿瘤细胞的二氢叶酸还原酶，使肿瘤细胞的核酸代谢受阻而抑制其生长繁殖。其他如 5- 氟尿嘧啶、6- 巯基嘌呤等，都是核苷酸代谢途径中相关酶的竞争性抑制剂。用酶的抑制剂也可治疗细菌感染。酶的抑制剂能抑制细菌重要代谢途径中的酶活性，达到灭菌或抑菌目的。如磺胺类药物可竞争性抑制细胞中的二氢叶酸合成酶，使细菌的核酸代谢障碍而抑制其生长、繁殖。氯霉素因抑制某些细菌的转肽酶活性，而抑制其蛋白质的生物合成。

通过合适的载体导入某种缺陷基因或通过反义核酸技术及 RNAi 封闭某些异常的基因表达，以达到治疗某一疾病的目的将是未来基因治疗的目标。病毒导向酶的药物前体治疗（virus directed enzyme prodrug therapy，VDEPT），即用逆转录病毒载体将外源基因转移到细胞内。该基因编码一种酶，此酶可将一种无害的药物前体转变为细胞毒素复合物。带有这一基因的病毒载体只在特殊组织或肿瘤细胞中表达而不在正常细胞中表达。例如，胞嘧啶脱氨酶（cytosine deaminase）可将无害的 5- 氟胞嘧啶（5-fluorocytosine，5-FC）转变为细胞毒素 5- 氟尿嘧啶（5-fluorouracil，5-FU），此病毒可感染正常细胞和癌细胞，但将该酶基因连接到一种“分子开关”后，则只能在肿瘤细胞中表达。

二、酶在医学上的其他应用

1. 抗体酶（abzyme） 又称为催化性抗体（catalytic antibody），是一类具有催化活性的抗体，兼有抗体和酶的特点。这类酶在免疫球蛋白的易变区具有某种酶的属性，如催化性、底物特异性、pH 依赖性及可被抑制剂抑制等。

所谓抗体酶是基于底物与酶的活性中心结合时底物发生形状改变，形成过渡态，将底物的过渡态类似物作为抗原，注入动物体内，产生抗体。该抗体在结构上与过渡态类似物相互适应并可相互结合。因而该抗体便具有能催化该过渡态反应的酶活性，即抗体酶。当抗体酶与底物结合时，就可使底物转变为过渡态，进而发生催化反应。

制备抗体酶的技术比蛋白质工程甚至比生产酶制剂简单，可大量生产。因此，可通过抗体酶的途径来制备自然界不存在的新酶种，生成目前尚不易获得的各种酶类。抗体酶可用于临床疾病的治疗，一个长远的目标是希望获得能抗肿瘤和细菌的抗体酶，现在已有报道用特异的抗体酶治疗小鼠的红斑狼疮的动物实验。

2. 固定化酶（immobilized enzyme） 固定化酶是将水溶性酶经物理或化学方法处理后，成为不溶于水但仍具有酶活性的一种酶的衍生物。在催化反应中它以固相状态作用于底物，并保持酶的高度特异性和高催化效率。

酶的催化反应依赖于它的活性部位的完整性，因此在固定某一酶时必须选择适当条件，使其活性部位的基团不受影响，并避免高温、强酸及强碱等条件，不使蛋白质变性。酶的固定化方法的分类见图 4-23。

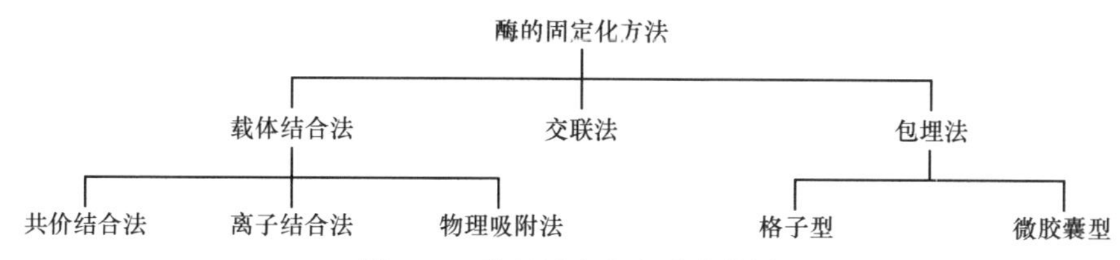

图 4-23 酶的固定化方法分类图

固定化酶的优点在于它有类似离子交换树脂和亲和层析样的优点，其机械性强，可以用装柱的方式作用于流动相中的底物，使反应管道化、连续化和自动化。反应后可与产物自然分开，利于产物回收。其稳定性较好，可以长期反复应用，利于储存，用途很广。例如，慢性肾功能衰竭患者，含氮废物如尿素不能从肾中滤出，需要进行人工透析以清除血中的含氮废物。若在透析管上含有固定化的脲酶，则流经透析管的血液易于把尿素清除，这是因为尿素经脲酶作用后生成的氨和 CO_2 透过透析管的速度，远比尿素的透过速度快。再例如，临床检验中常用酶作为工具，以分析血液中的某些可受该酶作用的物质含量。若将葡萄糖氧化酶固定在玻璃电极上，可测定血中葡萄糖的含量，称为酶电极。将不同的酶固定在不同的酶电极上，可分别测定许多不同的物质。

3. 化学修饰酶 用化学方法对酶分子进行改造，即在体外，在酶的侧链基团上接上或去掉一些化学基团，从而改变酶的物理化学性质，最终达到改变酶催化性质的目的。但大多数酶经修饰后，理化及生物学性质会发生改变，因此应根据具体情况选定修饰方法，同时应注意采取一些保护性措施来尽量维持酶的稳定性及得率。主要方法有：

（1）酶功能基修饰：通过对酶功能基团的化学修饰提高酶的稳定性和活性。例如，将 α- 胰凝乳蛋白酶表面的氨基修饰成亲水性更强的—$NHCH_2COOH$，可使酶抗不可逆热失活的稳定性在 60℃时提高 1000 倍。

（2）交联反应：用某些双功能试剂能使酶分子间或分子内发生交联反应而改变酶的活性或稳定性。例如，将人 α- 半乳糖苷酶 A 经交联反应修饰后，其酶活性比天然酶稳定，对热变性与蛋白质水解的稳定性也明显增加。若将两种大小、电荷和生物功能不同的药用酶交联在一起，则有可能在体内，将这两种酶同时输送到同一部位，提高药效。

（3）大分子修饰：可溶性高分子化合物如肝素、葡聚糖、聚乙二醇等可修饰酶蛋白侧链，提高酶的稳定性，改变酶的一些重要性质。例如，α- 淀粉酶与葡聚糖结合后热稳定性显著增加，在 65℃时结合酶的半衰期为 63 分钟，而天然酶的半衰期只有 2.5 分钟。

4. 模拟酶（mimic enzyme） 通过有机化学合成的方法合成一些非蛋白质、非核酸的生物催化剂，这些生物催化剂的结构比蛋白质酶的结构简单得多，可以模拟酶对底物的结合和催化过程，既可以达到酶催化的高效率，又可克服酶的不稳定性，这样的生物催化剂称模拟酶。

如利用环糊精已成功地模拟了谷胱甘肽过氧化物酶、胰凝乳蛋白酶、核糖核酸酶、氨基转移酶、碳酸酐酶等。其中对胰凝乳蛋白酶的模拟，其活性已接近天然胰凝乳蛋白酶。

模拟酶具有天然酶的高效、特异催化作用，由于是小分子稳定的化合物，应用方便，具有酶所没有的优越性。同时，模拟酶还克服了天然酶提取纯化的复杂性、耗材多、产量低、不稳定性、生物大分子在应用上的抗原性等许多不便，在工农业生产、医疗服务、新药开发等领域具有广阔的开发应用前景。

5. 核酶和脱氧核酶 1981 年，Thomas Cech 在研究四膜虫 rRNA 前体加工时发现其具有自我催化作用，提出了核酶的概念。核酶是具有催化作用的 RNA 分子，其化学本质是核糖核酸（RNA），却具有催化功能。核酶的作用底物可以是不同的分子，有些作用底物就是同一 RNA 分子中的某些部位。目前已发现的核酶有几十种，它们绝大部分参与 RNA 的加工和成熟。根据它们的作用方式可以分为：①剪切型，催化自身 RNA 或其他 RNA 剪切掉多余的核苷酸片段，如四膜虫 rRNA 的加工。②剪接型，催化自身 RNA 前体切除内含子并把外显子部分连接起来。根据核酶的作用底物不同又分成自体催化和异体催化两类，已发现的核酶多数属于自体催化。与蛋白质酶相比，核酶的催化效率较低，是一种较为原始的催化酶。Cech 和 Altman 因发现 RNA 的催化性质而获得 1989 年的诺贝尔化学奖。核酶的结构见图 4-24。

笔记栏

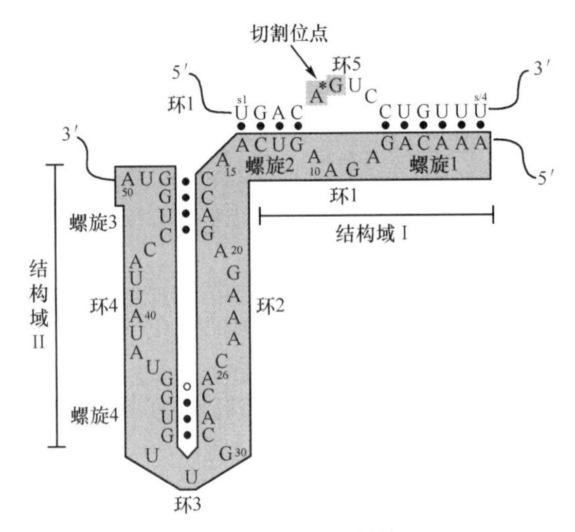

图 4-24　核酶的结构

核酶的发现，在理论上和实际应用上有着重大的意义：①核酶的发现扩充了原有的酶学知识，现在认为酶在本质上主要是蛋白质，也可以是核酸类物质；②在生命起源理论上，能较好地解释自然界中先有核酸，还是先有蛋白质的问题，对于生命起源和生命进化的研究有着重要的启示；③在实践上，由于核酶有内切酶的活性，切割位点高度特异，因此，可以用来切割特定的基因转录产物。为基因功能研究、病毒感染和肿瘤的治疗提供了一个可行的途径和非常有希望的前景。

核酶的临床治疗比较适用于一些病毒感染性疾病，如艾滋病和肝炎等。一些病毒如人类免疫缺陷病毒（HIV）突变率很高，用免疫方法治疗比较困难。但有一些区域像启动子、剪接信号区或包装信号区的序列较为保守，针对该序列的靶向核酶（targeting ribozyme）可以扩大抗病毒亚型的作用，减少突变体的逃避。在乙型肝炎的治疗上，已设计了针对 HBV 前 RNA 和编码 HBV 表面抗原、聚合酶及 X 蛋白质 mRNA 的发夹型核酶，这些核酶由载体带入肝细胞后可抑制乙肝病毒达 83%。此外核酶的研究应用也涉及丙型肝炎病毒、流感病毒、小鼠肝炎病毒、烟草斑纹病毒和人乳头瘤病毒等。不仅仅是病毒感染性疾病，只要是 RNA 表达异常均可考虑用核酶打靶，如肿瘤。例如，用抗 bcl-2 mRNA 核酶治疗前列腺癌，可能成为一种基因治疗的非常有效的途径。

脱氧核酶是利用体外分子进化技术合成的一种具有催化功能的单链 DNA 片段，具有高效的催化活性和结构识别能力。

1994 年，Gerald F.Joyce 等报道了一个人工合成的 35bp 的多聚脱氧核糖核苷酸能够催化与它互补的两个 DNA 片段之间形成磷酸二酯键，并将这一具有催化活性的 DNA 称为脱氧核酶。

尽管到目前为止，还未发现自然界中存在天然的脱氧核酶，但脱氧核酶的发现仍然使人类对于酶的认识又产生了一次重大飞跃，是继核酶发现后又一次对生物催化剂知识的补充。这将有助于了解有关生命的一个最基本问题，即生命如何由 RNA 世界演化为今天的以 DNA 和蛋白质为基础的细胞形式。这项发现也揭示出 RNA 转变为 DNA 过程的演化路径可能也存在于其他与核酸相似的物质中，有助于了解生命基础结构及其进化过程。

根据催化功能的不同，可以将脱氧核酶分为 5 大类：切割 RNA 的脱氧核酶、切割 DNA 的脱氧核酶、具有激酶活力的脱氧核酶、具有连接酶功能的脱氧核酶、催化卟啉环金属螯合反应的脱氧核酶。其中以对 RNA 切割活性的脱氧核酶更引人注意，其不仅能催化 RNA 特定部位的切割反应，而且能从 mRNA 水平对基因进行灭活，从而调控蛋白质的表达。

对于脱氧核酶的研究有望成为基因功能研究、核酸突变分析、治疗肿瘤、对抗病毒及肿瘤等疾病的新型基因治疗药物的新型核酸工具酶。由于 DNA 分子较 RNA 稳定，而且合成成本低，因此在未来的治疗药物发展中可能具有更广泛的前景。

6. 核酸酶　催化核酸中磷酸二酯键水解的酶统称为核酸酶。与上述核酶和脱氧核酶不同，这类酶是以蛋白质为本质的酶。在细胞内存在多种不同的核酸酶。按其作用的底物不同，可将核酸酶分为 DNA 酶（DNase）和 RNA 酶（RNase）。

根据酶作用的部位，核酸酶又可分为核酸外切酶和核酸内切酶。

（1）核酸外切酶：能从 DNA 或 RNA 链的一端逐个水解下单核苷酸的核酸酶，称为核酸外切酶。核酸外切酶从 3′ 端开始逐个水解核苷酸，称为 3′ → 5′ 外切酶。例如，蛇毒磷酸二酯酶即是一种 3′ → 5′ 外切酶，水解产物为 5′- 核苷酸；核酸外切酶从 5′ 端开始逐个水解核苷酸，称为 5′ → 3′ 外切酶。例如：牛脾磷酸二酯酶即是一种 5′ → 3′ 外切酶，水解产物为 3′- 核苷酸。

（2）核酸内切酶：催化水解多核苷酸内部的磷酸二酯键的核酸酶，称为核酸内切酶。有些核酸内切酶仅水解 5′- 磷酸二酯键，把磷酸基团留在 3′ 位置上，称为 5′- 内切酶；而有些仅水解 3′- 磷酸二酯键，把磷酸基团留在 5′ 位置上，称为 3′- 内切酶（图 4-25）。还有一些核酸内切酶对磷酸酯键一侧的碱基有专一要求，如胰脏核酸内切酶（RNaseA）即是一种高度专一性核酸内切酶，它是作用于嘧啶核苷酸的 C'_3 上的磷酸根和相邻核苷酸的 C'_5 之间的键，产物为 3′ 嘧啶单核苷酸或以 3′ 嘧啶核苷酸结尾的低聚核苷酸（图 4-26）。

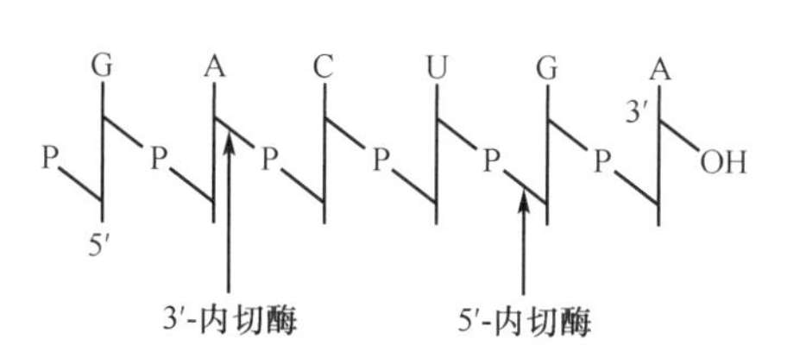

图 4-25 核酸内切酶的水解位置

G 嘧啶 C 嘧啶 G A
3′
P P P P P P OH
5′
内切酶 内切酶

图 4-26 胰脏核酸内切酶的水解位置

还有一类核酸酶因具有严格的序列依赖性被称为限制性核酸内切酶，其在重组 DNA 技术中被广泛应用（详见第 20 章）。

小 结

酶是由活细胞合成的，对其特异底物具有高效催化作用的蛋白质。酶分为七大类，分别是氧化还原酶类、转移酶类、水解酶类、裂合酶类、异构酶类、连接酶类和易位酶类。酶的名称包括系统名称和推荐名称。按酶的分子组成分为单纯酶和结合酶。单纯酶是仅由氨基酸残基组成的蛋白质，结合酶是由蛋白质和非蛋白质辅助因子组成。酶的辅助因子包括金属离子和小分子有机化合物。辅助因子中与酶蛋白紧密结合，甚至共价结合的称辅基，与酶蛋白非共价结合的称为辅酶。它们参与酶的活性中心的组成，并且决定反应的类型和性质。

酶分子中一些必需基团在一级结构上相距甚远而在空间结构上相互靠近，组成具有特定空间结构的区域，能与底物特异性结合并将底物转变为产物，这一区域称为酶的活性中心。酶促反应具有高效、特异和可调性。酶在催化过程中通过诱导契合与底物形成酶 - 底物中间复合物，并使底物处于过渡态，通过邻近效应、定向排列、多元催化及表面效应等机制使酶发挥高效催化作用。

酶促反应动力学是研究影响酶促反应速率的各种因素，包括底物浓度、酶浓度、温度、pH、激活剂和抑制剂等。底物浓度对酶促反应速率的影响规律为矩形双曲线，可用米氏方程来表示：

$$V = \frac{V_{\max}[S]}{K_m + [S]}$$

K_m 为米氏常数，是酶的特征性常数，其意义是酶促反应速率达到最大反应速率一半时的底物浓度。通过米氏方程的双倒数作图可求得 V_{max} 和 K_m。酶促反应在最适温度、最适 pH 时活性最高。酶的抑制作用包括不可逆抑制和可逆抑制作用。两者的区别在于抑制剂与酶结合的方式，前者以共价键结合，而后者以非共价键结合。可逆性抑制有三种类型：竞争性抑制作用的抑制剂与底物结构相似而与底物竞争酶的活性中心，其特点是抑制作用取决于抑制剂和底物与酶的相对亲和力与浓度。竞争性抑制作用不改变 V_{max} 而增大 K_m；非竞争性抑制作用抑制剂与酶活性中心以外的部位结合，抑制剂与底物不存在竞争作用，使 V_{max} 减小，K_m 值不变。反竞争性抑制剂只与酶 - 底物复合物结合，V_{max} 和 K_m 都降低。

酶活性单位是衡量酶催化活力的尺度，以单位时间内底物的消耗或产物的生成量来表示。在规定条件下，每分钟催化 1μmol 底物转化为产物所需的酶量为 1IU。

酶活性和酶含量的调节是机体代谢调节的主要方式。酶活性的调节主要包括酶原的激活、变构调节和共价修饰调节，均属快速调节。酶含量的调节是通过酶生物合成的诱导与阻遏及对酶降解的调节，属慢速调节。同工酶是指催化相同的化学反应而分子结构、理化性质乃至免疫学性质均不相

同的一组酶。同工酶谱的改变可用于临床辅助诊断。核酶是指具有催化功能的RNA，脱氧核酶是指具有催化功能的单链DNA。

酶与医学的关系十分密切。许多疾病的发生、发展与酶的异常或酶受到抑制有关。血清酶的测定可作为疾病的辅助诊断。许多药物可通过抑制体内某些酶以达到治疗目的。抗体酶、固定化酶和模拟酶等具有广阔的应用前景。

（裴秀英）

笔记栏

第 5 章　维生素与微量元素

第 5 章 PPT

维生素（vitamin）是一类维持生物生长发育和正常生理功能所必需的营养素。这类物质由于人体内不能合成或者合成量不足，所以，虽然需要量很少，每日仅以 mg 或 μg 计算，但必须由食物供给的一类小分子有机化合物。这类物质在体内的作用不同于糖、脂肪和蛋白质，它们既不能为机体提供碳源、能源和氮源，也不能参与机体组织的构成，然而在调节人体正常的物质代谢及维持人体正常生理功能等方面发挥着极其重要的作用。

微量元素（trace element）是指人体中每人每日的需要量在 100mg 以下或其含量占体重 0.01% 以下的元素，总共只占体重的 0.05%。

第1节　维　生　素

一、概　　述

（一）维生素的发现

1911 年，波兰化学家 Funk 发现糙米中能够防治维生素 B_1 缺乏症（脚气病）的物质（维生素 B_1）是一种胺，因此他提议将这种化合物称为 Vitamine，意为“Vital amine”，其中文意思“致命的胺”强调其重要性。然而，许多其他的维生素并不含有“胺”结构，但由于 Funk 的叫法已被广泛采用，所以仅仅将 amine 的最后一个“e”去掉，变为“Vitamin”音译为“维他命”即维生素。

（二）维生素的命名与分类

1. 维生素的命名　维生素有三种命名系统：①按发现的先后顺序，以拉丁字母命名，如在“维生素”之后加上 A、B、C、D 等字母。有些维生素混合存在，便在字母右下注以 1、2、3……等数字加以区别，如 A_1 和 A_2、B_1 和 B_2、D_2 和 D_3 等。目前，有些维生素名称不连续，是由于当初发现，后来被证明不是维生素，或者其间有的维生素被重复命名；②按化学结构特点命名，如视黄醇、核黄素、吡哆醛等；③根据其生理功能和治疗作用命名，如抗干眼病维生素、抗佝偻病维生素、抗坏血酸等。

2. 维生素的分类　维生素的种类繁多，自然界存在的常见重要维生素大约有十几种，化学结构差异很大。通常按其溶解性质的不同，可将维生素分为脂溶性维生素和水溶性维生素两大类。脂溶性维生素包括维生素 A、维生素 D、维生素 E、维生素 K。水溶性维生素分为 B 族维生素和维生素 C。B 族维生素包括维生素 B_1、维生素 B_2、维生素 PP、维生素 B_6、泛酸、生物素、叶酸、维生素 B_{12} 等。

（三）维生素缺乏病的原因

维生素缺乏往往不是单纯一种，而是多种维生素缺乏，如 B 族维生素常是几种同时缺乏。造成维生素缺乏的常见原因有：

1. 维生素摄入量不足　主要见于某些原因造成食物供给的维生素严重不足。例如，膳食结构不合理或严重偏食或长期食欲不振或吞咽困难；食物烹调方法不当；食物运输、加工、储藏不当造成维生素大量破坏或丢失。

2. 吸收障碍　因牙齿的咀嚼功能降低的老人或肝、胆、胃肠道等消化系统疾病患者，对维生素的消化、吸收与利用存在障碍；膳食中脂肪过少，纤维素过多，也会减少脂溶性维生素的吸收。

3. 维生素需要量增加而补充相对不足　孕妇、乳母、儿童、重体力劳动者、特殊工种工人及慢性消耗性疾病患者对维生素需要量相对增高，如仍按常规量供给即可引起维生素不足或产生维生素缺乏病。

4. 其他　长期服用广谱抗生素会抑制肠道细菌的生长，从而造成由肠道细菌合成的某些维生素（如维生素 K、维生素 PP、维生素 B_6 等）的缺乏；日光照射不足，可引起维生素 D_3 缺乏。

二、脂溶性维生素

脂溶性维生素是疏水性化合物，包括维生素 A、维生素 D、维生素 E、维生素 K，它们不溶于水而溶于脂肪及有机溶剂（如乙醚、氯仿等）。在食物中它们通常与脂质共同存在，在肠道与脂质物质一同被吸收。脂溶性维生素在体内有一定量的储存，主要储存在肝脏中，食用过量可引起中毒。

（一）维生素 A

1. 化学本质与性质 维生素 A 是一类由一分子 *β*- 白芷酮环和两分子异戊二烯构成的多烯化合物。天然的维生素 A 有两种形式，即维生素 A_1（视黄醇）和维生素 A_2（3- 脱氢视黄醇），维生素 A_2 生物活性约为维生素 A_1 的 40%。视黄醇在体内可氧化成视黄醛，进一步氧化成视黄酸。视黄醇、视黄醛和视黄酸是维生素 A 的活性形式。维生素 A_1 主要存在于哺乳动物和咸水鱼的肝中，维生素 A_2 主要存在于淡水鱼的肝中。

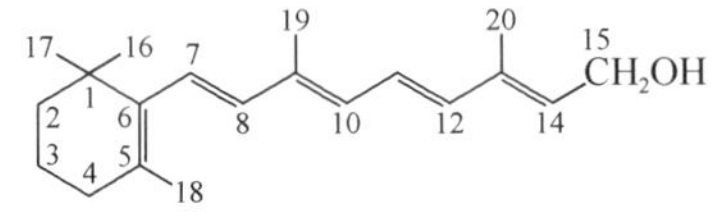

维生素A_1(全反型)

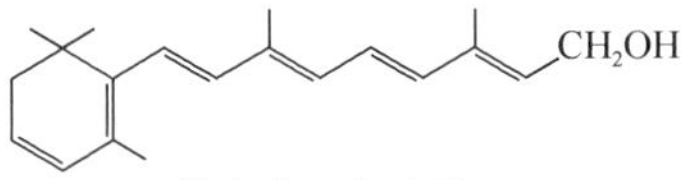

维生素A_2(全反型)

植物中不存在维生素 A，但含有多种胡萝卜素，称维生素 A 原，包括 α、β、γ 等多种，其中以 β- 胡萝卜素最为重要。胡萝卜素本身并无生理活性，但在人和动物的小肠黏膜胡萝卜素加双氧酶作用下，β- 胡萝卜素可生成两分子视黄醇（图 5-1）。β- 胡萝卜素的吸收率远低于维生素 A，仅为摄入量的 1/3，而吸收后在体内可转变为维生素 A 的转换率为 1/2。视黄醇在小肠黏膜上皮细胞吸收后重新酯化并主要参与生成乳糜微粒。乳糜微粒中的视黄醇酯被肝细胞和其他组织摄取，视黄醇酯在肝细胞中又水解出游离的视黄醇。一部分视黄醇与视黄醇结合蛋白（retinol binding protein，RBP）结合并分泌入血。在血液中，绝大部分 RBP 再与甲状腺素转运蛋白（transthyretin，TTR）相结合。在靶组织，视黄醇与细胞表面特异受体结合并被摄取利用。在细胞内，视黄醇与视黄醇结合蛋白结合。肝细胞内多余视黄醇则进入星形细胞，以视黄醇酯的形式储存，其储存量高达 100mg，占体内视黄醇总量的 50% ～ 80%。由于维生素 A 是含共轭双键的醇类化合物，故易被氧化，尤其是在光照和加热时更易被氧化破坏。

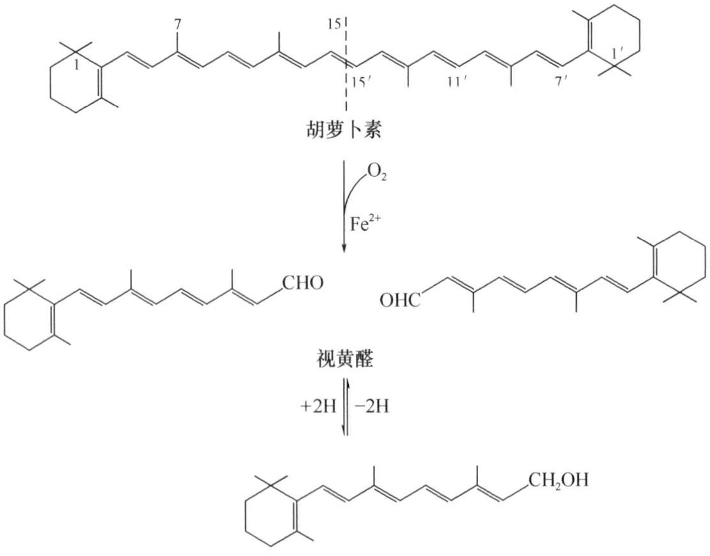

胡萝卜素

O_2 Fe^{2+}

视黄醛

+2H −2H

视黄醇

图 5-1 胡萝卜素的氧化及视黄醛与视黄醇的互变

笔记栏

2. 生化作用及缺乏病

案例 5-1

患儿，女性，4岁3个月，因眼部不适数月，从亮处到暗处时视物不清半月余来诊。患儿数月来不明原因经常眨眼，诉眼痒感不适，常用手揉擦，眼泪少。曾用过多种眼药水点眼无效。近半个月以来，上述症状加重，并且出现从亮处到暗处时视物不清，常跌倒，有时怕光。该患儿系第1胎第1产，足月顺产。出生后母乳喂养，6个月时改为牛奶、稀饭、面条喂养，未添加其他辅食。2岁后以大米食为主，平素偏食，吃菜少，尤其不喜荤食。经常患“腹泻”、“感冒”等。体格检查：T 36.6℃、R 25次/分、P 103次/分、血压未测、消瘦，体重14kg。全身皮肤干燥，双下肢触之有粗糙感。眼部检查，在球结膜处可见Bitots斑，角膜干燥，视力正常。暗适应检查：暗适应延长。指甲脆、易断。

初步诊断：夜盲症。

问题讨论：1. 夜盲症的发病机制如何？

2. 患儿为何出现皮肤干燥、双下肢触之有粗糙感？

3. 患儿腹泻、感冒与维生素A有何关系？

4. 实验室还需要做哪些必要检查？

（1）维生素A参与构成视网膜内感光物质：人视网膜中有对弱光或暗光敏感的杆状细胞，杆状细胞的视紫红质感受弱光或暗光。缺乏维生素A时，杆状细胞内的视紫红质合成减少，暗适应能力降低，严重时会发生夜盲症。

夜盲症的发病在于缺乏维生素A时，视紫红质的合成与再生障碍，而视紫红质是杆状细胞感受弱光的物质基础。当视紫红质感光时视紫红质中的11-顺视黄醛转化为全反型视黄醛而与视蛋白分离。这一光异构变化，同时可引起杆状细胞膜的钙通道开放，Ca^{2+}迅速内流而激发神经冲动，经传导到大脑后产生视觉。视网膜内产生的全反视黄醛，小部分可经异构酶缓慢地重新异构化为11-顺视黄醛，大部分则被还原为全反视黄醇，后者经血流运至肝脏转变为11-顺视黄醇，然后再随血循环返回视网膜氧化成11-顺视黄醛，在暗处再与视蛋白重新合成视紫红质，构成视紫红质的暗视觉循环（图5-2）。由于种种原因，光化学反应过程会引起维生素A的损失。如果不及时地补充维生素A，以维持杆状细胞内的视紫红质的合成，就会导致暗光视觉异常，从而出现夜盲症。

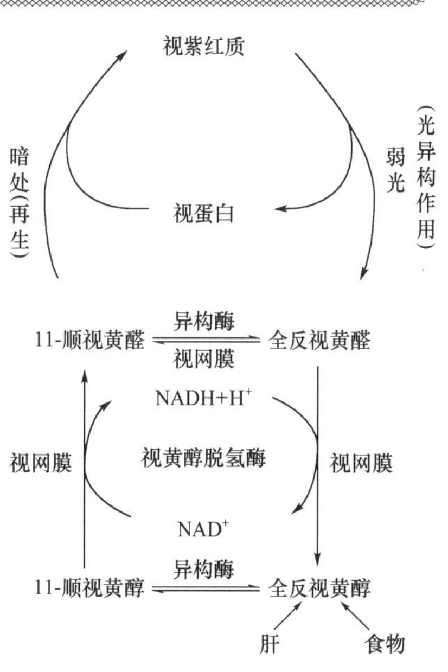

图5-2　视紫红质的暗视觉循环

案例 5-1 分析 1

患儿6个月断奶后，人工喂养，进食牛奶、稀饭、面条和普食，且有偏食，没有补充维生素A，加上经常腹泻。维生素A来源不足和丢失，导致维生素A的缺乏，出现夜盲症，从亮处到暗处时视物不清。

（2）维生素A参与细胞膜糖蛋白的合成以维持皮肤黏膜层的完整性：视黄醇与ATP反应后生成的磷酸视黄醇是细胞膜上的单糖基载体，在糖基转移酶作用下生成的中间体，参与糖蛋白的糖基化反应，从而合成糖蛋白。维生素A可视为调节糖蛋白合成的一种辅因子，对上皮细胞的细胞膜起稳定作用，从而维持上皮细胞的形态完整和功能健全。当维生素A缺乏时，可引起严重的上皮角化，表现为皮肤粗糙、毛囊丘疹等。在眼部会出现眼结膜黏液分泌细胞的丢失和角化，或者糖蛋白分泌减少，导致角膜干燥，泪液分泌减少，泪腺萎缩，称为干眼病（xerophthalmia），故维生素A又称抗干眼病维生素。缺乏维生素A还可因眼部上皮组织发育不健全，容易受到微生物袭击而感染疾病，儿童、老人还易引起呼吸道炎症。

笔记栏

案例 5-1 分析 2

患儿结膜近角膜边缘处干燥起褶皱，出现毕脱（Bitots）斑，皮肤干燥，双下肢触之有粗糙感等，正是由于维生素 A 缺乏，细胞膜糖蛋白合成障碍，而导致上皮组织的干燥、增生和角化。

（3）促进生长、发育和维持生殖功能：维生素 A 的这一功能可能与视黄酸参与类固醇激素的合成有关。此外，维生素 A 对细胞的分化和组织更新有一定影响。当维生素 A 缺乏时，使 3β- 羟类固醇转变为 3- 酮类固醇的酶活性下降，导致肾上腺皮质、性腺及胎盘中类固醇激素合成减少，影响生长、发育与繁殖。

（4）维生素 A 的抗氧化作用：视黄酸通过细胞膜糖蛋白的甘露糖基化，从而增强细胞粘连，对上皮细胞的正常分化、细胞粘连与识别起重要作用。流行病学调查表明，维生素 A 的摄入与癌症的发生呈负相关。动物实验也发现，摄入维生素 A 可减轻致癌物质的作用。β- 胡萝卜素是天然的抗氧化剂，在氧分压较低的条件下，能直接消除自由基，而自由基是引起肿瘤和许多疾病及衰老的重要因素。

（5）维持和促进免疫功能：机体的免疫功能是与免疫细胞的抗体和某些细胞因子的产生有关。维生素 A 维持和促进免疫功能的作用是通过其在细胞核内的视黄酸受体实现的。视黄酸受体可以形成异二聚体或同二聚体与视黄酸反应元件结合，从而调控靶细胞相应基因的表达，以促进免疫细胞产生抗体及 T 淋巴细胞产生某些细胞因子，促进细胞免疫功能。

案例 5-1 分析 3

患儿经常腹泻和感冒，提示患儿免疫功能低下。因为缺乏维生素 A 时，免疫细胞内视黄酸受体的表达相应下降，视黄酸受体视黄酸反应元件结合减少，从而引起免疫细胞的抗体产生能力下降和淋巴细胞产生的细胞因子减少。免疫功能下降引起患儿腹泻，腹泻又造成维生素 A 的丢失，从而导致免疫功能进一步降低，使得腹泻迁延不愈。

正常成人维生素 A 每日生理需要量仅为 1mg。若维生素 A 的摄入量超过视黄醇结合蛋白的结合能力，游离的维生素 A 可造成组织损伤。一次服用 200mg 或长期每日服用 40mg 维生素 A 可引起中毒。其症状主要有恶心、呕吐、头痛、共济失调等中枢神经系统表现；肝细胞损伤、高脂血症表现；长骨增厚、高钙血症、软组织钙化等钙稳态失调表现，以及皮肤干燥、脱屑和脱发等皮肤表现。

案例 5-1 分析 4

实验检查除做暗适应检查外，还可做血浆维生素 A 测定、尿液脱落细胞检查等。患儿的血浆维生素 A 含量为 186μg/L（参考值：300 ～ 500μg/L），尿液脱落细胞数为 5 个 /mm^3（正常者＜3 个 /mm^3）。

（二）维生素 D

1. 化学本质及性质 维生素 D 是类固醇衍生物，其种类很多，以维生素 D_2 和维生素 D_3 为主，维生素 D_2 又称麦角钙化醇，维生素 D_3 又称胆钙化醇。维生素 D_2 与维生素 D_3 对人类有相同的生理功能，但在体内代谢中起作用的主要是 1,25-$(OH)_2D_3$。

植物油和酵母中的麦角固醇人体不能吸收，经紫外线照射后转变为能吸收的维生素 D_2，所以麦角固醇又称为维生素 D_2 原。人体从食物中摄入或体内合成的胆固醇经转变为 7- 脱氢胆固醇储存于皮下，在紫外线照射后转变为维生素 D_3，所以 7- 脱氢胆固醇称为维生素 D_3 原（图 5-3）。维生素 D_3 主要存在于动物性食物（如肝、肾、蛋黄、鱼肝油等）中。

维生素 D_3 在肝经 25- 羟化酶的作用转变为 25- 羟维生素 D_3——25-(OH)D_3，经过血液循环到肾小管上皮细胞在 1α- 羟化酶的作用下生成维生素 D_3 的活性形式：1,25- 二羟维生素 D_3——1,25-$(OH)_2D_3$，见图 5-4。

笔记栏

麦角固醇　紫外光　麦角钙化醇；维生素D_2

7-脱氢胆固醇　紫外光　胆钙化醇；维生素D_3

图 5-3　维生素 D_2 和维生素 D_3 的形成

维生素D_3　25-羟化酶　NADPH、O_2　(肝微粒体)　25-羟维生素D_3

25-羟维生素D_3　1α-羟化酶　NADPH、O_2　(肾线粒体)　1, 25-二羟维生素D_3

图 5-4　维生素 D_3 的羟化

维生素 D_2 和维生素 D_3 为白色晶体，其化学性质比较稳定，在酸性和碱性溶液中稳定、耐热、耐氧，不易被破坏，通常的烹调加工不会引起维生素 D_3 的损失。

2. 生化作用及缺乏病　维生素 D_3 的活性型 1,25-$(OH)_2D_3$，由于其作用方式与类固醇激素相似，有人将 1,25-$(OH)_2D_3$ 视为一种由肾产生的激素。

（1）调节血钙水平：1,25-$(OH)_2D_3$ 的主要作用是促进小肠黏膜对钙、磷的吸收及肾小管对钙、磷的重吸收，维持血浆中钙、磷浓度的正常水平，促进成骨和破骨细胞的形成，促使骨骼的重建，有利于新骨钙盐沉着。当维生素 D_3 缺乏时，儿童可发生佝偻病，因此，维生素 D 又称抗佝偻病维生素。佝偻病实质为钙化不良，结果形成软而易弯的骨，出现鸡胸、串珠肋及“X”形腿等；成人易引起软骨病，使骨脱骨盐而易骨折。此外，1,25-$(OH)_2D_3$ 还能与靶细胞特异的核受体结合，调节相关基因如钙结合蛋白基因、骨钙蛋白基因等的表达，或者通过信号转导系统使钙通道开放，来调节钙、磷代谢。

（2）影响细胞分化：大量研究表明，1,25-$(OH)_2D_3$ 具有调节皮肤、大肠、前列腺、乳腺等许多组织细胞分化的作用。1,25-$(OH)_2D_3$ 还能促进胰岛 B 细胞合成和分泌胰岛素，有抗糖尿病的功能。对某些肿瘤细胞也具有抑制增殖和促进分化的作用。

维生素 D 的推荐量为每日 10μg。经常晒太阳是人体获得维生素 D_3 的最廉价而又最有效的方法。过量摄入维生素 D 也可引起中毒，在食用维生素 D 强化食品时，应该慎重。维生素 D 中毒，主要表现为高钙血症、高钙尿症、高血压及软组织钙化。

（三）维生素 E

1. 化学本质及性质　维生素 E 又称生育酚，是含苯骈二氢吡喃结构的衍生物，包括生育酚和

生育三烯酚，每类又分 α、β、γ、δ 4 种，其中 α- 生育酚的生理活性最高，分布最广。维生素 E 主要存在于植物油、油性种子、麦胚油和蔬菜中。在体内，维生素 E 主要存在于细胞膜、血浆脂蛋白和脂库中。

生育酚

维生素 E 在无氧条件下对热稳定，对氧敏感，一般烹调维生素 E 损失不大，在空气中维生素 E 易被氧化。

2. 生化作用及缺乏病

（1）抗氧化作用：维生素 E 本身极易被氧化，作为脂溶性抗氧化剂和自由基清除剂，主要避免生物膜上脂质过氧化物的产生，保护细胞免受自由基的损害，维持生物膜结构与功能。维生素 E 能捕捉过氧化脂质自由基，生成生育酚自由基，进而被维生素 C 和谷胱甘肽还原生成生育醌，消除自由基引起的毒性损害。因此，维生素 E 在预防衰老中的作用受到重视。

（2）调节基因表达：维生素 E 对细胞信号转导和基因表达具有调节作用。维生素 E 上调或下调生育酚的摄取和降解的相关基因、脂质摄取和动脉硬化相关基因、表达某些细胞外基质蛋白基因、细胞黏附和炎症等相关基因，以及细胞信号系统和细胞周期调节的相关基因等的表达。因此，维生素 E 具有抗炎、维持正常免疫功能、抑制细胞增殖及预防和治疗动脉粥样硬化等作用。

（3）与生殖功能有关：动物实验表明，动物缺乏维生素 E 时其生殖器官受损而不育。雌鼠缺乏时，其胚胎及胎盘萎缩而被吸收，引起流产。雄鼠缺乏时，可出现睾丸萎缩及上皮变性，孕育异常。临床上常用维生素 E 治疗先兆流产和习惯性流产，但尚未发现人类因缺乏维生素 E 而引起的不孕症。

（4）促进血红素生成：维生素 E 能提高血红素合成的关键酶——δ- 氨基 -γ- 酮戊酸合酶（ALA 合酶）和 ALA 脱水酶的活性，促进血红素的合成。

维生素 E 的推荐量为每日 8 ～ 10mg，维生素 E 不易缺乏，在严重的脂质吸收障碍和肝严重损伤时可出现缺乏症。维生素 E 缺乏表现为红细胞数量减少、脆性增加等溶血性贫血症。人类尚未发现维生素 E 中毒症。

（四）维生素 K

1. 化学本质及性质　维生素 K 是 2- 甲基 -1,4- 萘醌的衍生物，天然的维生素 K 有 K_1 及 K_2 两种。维生素 K_1 从深绿叶蔬菜和植物油中获得，维生素 K_2 由肠道细菌合成。临床上常用的维生素 K_3 及维生素 K_4 是人工合成的。

维生素 K 的吸收主要在小肠，随乳糜微粒代谢，经淋巴吸收入血，在血液中由 β- 脂蛋白转运至肝储存，体内维生素 K 的储存量有限。脂质吸收障碍引发的首个脂溶性维生素缺乏便是维生素 K 缺乏。

维生素 K_1　维生素 K_3

维生素 K_2　维生素 K_4

维生素 K_1 和维生素 K_2 为脂溶性，对热稳定，易受光线和碱的破坏。人工合成的维生素 K_3 和维生素 K_4 溶于水，可口服或注射，其活性高于维生素 K_1 及维生素 K_2。

2. 生化作用及缺乏病　维生素 K 与凝血有关，故又称为凝血维生素。维生素 K 的主要功能是促进活性凝血因子（Ⅱ、Ⅶ、Ⅸ、Ⅹ）的合成。这些凝血因子在肝脏初合成时是无活性的前体，这些前体从无活性向活性的转变需要其分子中 4 ～ 6 个谷氨酸残基（Glu）经羧化变为 γ- 羧基谷氨酸（Gla）。Gla 具有很强的螯合 Ca^{2+} 的能力，因而使其转变为活性型。催化这一反应的 γ- 羧化酶的辅助因子为维生素 K。

维生素 K 的成人推荐量为每日 100μg，一般不易缺乏。当缺乏时，患者可出现出血症状，但对胆道、胰腺疾患、脂肪泻或长期服用抗生素药物的患者及术前患者应补充维生素 K，起预防作用。维生素 K 不能通过胎盘，新生儿肠道内又无细菌，故可能发生维生素 K 缺乏。

三、水溶性维生素

水溶性维生素包括 B 族维生素和维生素 C，除维生素 B_{12} 外，在体内很少储存，一般不发生中毒现象。正因为水溶性维生素在体内的储存很少，体内过剩的水溶性维生素随尿排出体外，所以必须经常从食物中摄取。水溶性维生素的作用比较单一，它们主要构成酶的辅助因子直接影响某些酶的催化作用。

（一）维生素 B_1

1. 化学本质及性质　维生素 B_1 分子由含硫的噻唑环和含氨基的嘧啶环两部分组成，又称硫胺素（thiamine），维生素 B_1 在体内经硫胺素焦磷酸化酶作用转变成其活性形式焦磷酸硫胺素（thiamine pyrophosphate，TPP）。

硫胺素

焦磷酸硫胺素(TPP)

维生素 B_1 在酸性环境中稳定，一般烹饪温度下破坏较少。维生素 B_1 在植物中分布广泛，谷类、豆类的种皮中含量丰富，精白米和精白面粉中维生素 B_1 含量较低，酵母中含量则较丰富，因其在中性或碱性环境中易破坏，在烹调食物中不宜加碱。维生素 B_1 极易溶于水，故淘米时不宜多洗，以免损失维生素 B_1。

2. 生化作用及缺乏病　TPP 是 α- 酮酸氧化脱羧酶多酶复合物的辅酶，在体内供能代谢中具有重要地位。TPP 噻唑环上硫和氮原子之间的碳十分活跃，易释放 H^+，成为负碳离子。负碳离子与 α- 酮酸的羧基结合，使之发生脱羧。维生素 B_1 缺乏时，α- 酮酸氧化脱羧障碍，使氧化过程受阻，影响能量的产生，底物丙酮酸和乳酸在血中堆积，导致末梢神经炎和其他神经肌肉变性病变，即维生素 B_1 缺乏症（脚气病），故维生素 B_1 被称为抗神经炎或脚气病的维生素，严重缺乏者可发生水肿及心力衰竭；TPP 可作为转酮醇酶的辅酶参与磷酸戊糖途径。

维生素 B_1 还可影响神经传导。乙酰胆碱的合成原料乙酰辅酶 A 主要来自丙酮酸的氧化脱羧，维生素 B_1 不足时，乙酰辅酶 A 生成不足，乙酰胆碱合成减少。同时，维生素 B_1 还能抑制胆碱酯酶的活性，后者催化乙酰胆碱水解生成乙酸和胆碱。缺乏维生素 B_1 时，乙酰胆碱合成减少、分解加强，主要表现为消化液分泌减少，胃肠蠕动变慢，消化不良，食欲不振等。

维生素 B_1 的正常成人推荐摄入量每日为 1.0 ～ 1.5mg。发热、外伤、妊娠或哺乳、糖类摄入量增加或代谢率增强时，应增加维生素 B_1 的供给。咖啡和茶中成分可破坏维生素 B_1，但常量饮用影响不大。

（二）维生素 B_2

1. 化学本质及性质　维生素 B_2 是核醇与 7,8- 二甲基异咯嗪的缩合物，呈黄色，有荧光色素，故又称核黄素。在体内的活性形式是黄素单核苷酸（flavin mononucleotide，FMN）和黄素腺嘌呤二核苷酸（flavin adenine dinucleotide，FAD）。维生素 B_2 在小肠黏膜黄素激酶的催化下生成 FMN，FMN 进一步在焦磷酸化酶作用下生成 FAD。

维生素 B_2 分布很广，在肝、奶、大豆和肉类中含量丰富。维生素 B_2 在 N_1 位和 N_{10} 位之间有两

个活泼的双键，此 2 个氮原子可反复接受或释放氢，因而具有可逆的氧化还原性。维生素 B_2 在酸性和中性溶液中对热稳定，在碱性溶液中易被破坏。游离核苷酸对光敏感，核黄素溶于水中呈黄绿色荧光，依此可作为定性定量分析的依据。

FMN　AMP

FAD

2. 生化作用及缺乏病　FMN 和 FAD 结构中，异咯嗪环上 N_1 和 N_{10} 可反复加氢和脱氢，分别作为各种黄素酶（氧化还原酶）的辅基，起传递氢的作用。维生素 B_2 广泛参与体内的各种氧化还原反应，能促进糖、脂肪和蛋白质的代谢。它对维持皮肤、黏膜和视觉的正常功能均有一定的作用。维生素 B_2 缺乏时，常引起口角炎、舌炎、唇炎、阴囊炎、眼睑炎等。

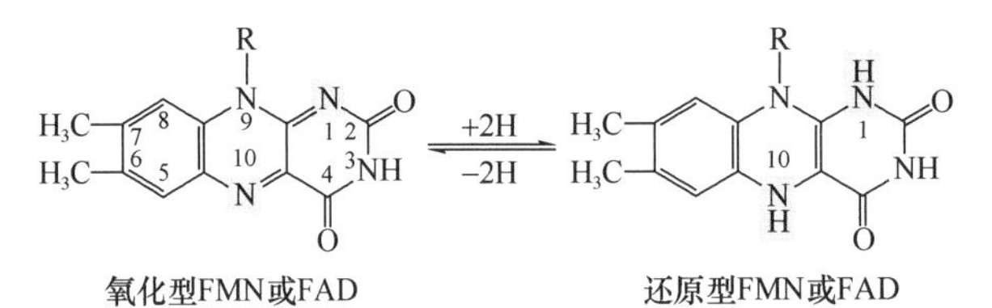

微课 5-1

成人维生素 B_2 每日推荐量为 1.2 ～ 1.5mg。用光照疗法治疗新生儿黄疸时，在破坏皮肤胆红素的同时，核黄素也可同时遭到破坏，引起新生儿维生素 B_2 缺乏症。

（三）维生素 PP

1. 化学本质及性质　维生素 PP 是吡啶的衍生物，包括烟酸（又称尼克酸，nicotinic acid）和烟酰胺（又称尼克酰胺，nicotinamide）两种，二者在体内可互相转化，并在胃肠道被迅速吸收。维生素 PP 广泛存在于自然界，以酵母、花生、谷类、豆类、肉类和动物肝中含量丰富。在体内可由色氨酸转变而来，其转变率为 1/60。维生素 PP 性质稳定，不易被酸、碱和加热破坏。

烟酸　烟酰胺

维生素 PP 在体内转变为烟酰胺腺嘌呤二核苷酸（nicotinamide adenine dinucleotide，NAD^+）和烟酰胺腺嘌呤二核苷酸磷酸（nicotinamide adenine dinucleotide phosphate，$NADP^+$），后二者是维生素 PP 的活性形式。

烟酰胺

烟酰胺核苷酸　AMP

NAD^+的结构

NADP$^+$的结构

2. 生化作用及缺乏病　NAD^+ 和 $NADP^+$ 是体内多种不需氧脱氢酶的辅酶，分子中烟酰胺部分有可逆的加氢脱氢特性，在酶促反应中起递氢体的作用。

$$NAD^+(或NADP^+) + H + H^+ + e \rightleftharpoons NADH(或NADPH) + H^+$$

维生素 PP 缺乏可表现为皮炎、腹泻及痴呆，称为癞皮病（或糙皮病）。皮炎常呈对称性出现在皮肤暴露部位，故维生素 PP 又称抗癞皮病维生素。近年来的研究发现，维生素 PP 可抑制脂肪动员，使肝中 VLDL 的合成下降，从而降低血浆甘油三酯。

维生素 PP 的成人推荐量为每天 15 ～ 20mg。抗结核药异烟肼与维生素 PP 结构相似，两者具有拮抗作用，故使用异烟肼抗结核治疗时，应注意补充维生素 PP。

（四）维生素 B_6

1. 化学本质及性质　维生素 B_6 是吡啶的衍生物，包括吡哆醇、吡哆醛、吡哆胺。维生素 B_6 吸收后，在肝内经磷酸化作用，可生成相应的磷酸吡哆醛与磷酸吡哆胺，它们是维生素 B_6 的活性形式。维生素 B_6 存在于种子、谷类、肝、肉类及绿叶蔬菜中。

吡哆醇　→　吡哆醛　⇌　吡哆胺

磷酸吡哆醛　　磷酸吡哆胺

维生素 B_6 在酸中较稳定，但易于被碱破坏，中性溶液中易被光破坏，高温下可迅速被破坏。

2. 生化作用及缺乏病　磷酸吡哆醛是氨基酸转氨酶和脱羧酶的辅酶，起传递氨基和脱羧基作用。由于磷酸吡哆醛是血红素合成的关键酶 δ- 氨基 -γ- 酮戊酸（ALA）合酶的辅酶，故它与低色素小细胞性贫血有关。

维生素 B_6 的每天推荐摄入量为 1.5 ～ 1.8mg。尚未发现维生素 B_6 缺乏症，但异烟肼能与磷酸吡哆醛结合，故长期服用异烟肼时，易造成维生素 B_6 缺乏，应补充维生素 B_6。临床上常用维生素 B_6 治疗婴儿惊厥和妊娠呕吐，其机制是因为磷酸吡哆醛是谷氨酸脱羧酶的辅酶，该酶催化谷氨酸脱羧而生成 γ- 氨基丁酸，后者是中枢神经系统抑制性递质。过量服用维生素 B_6 可引起中毒，表现为周围感觉神经病。

（五）泛酸

1. 化学本质及性质　泛酸（pantothenic acid）在自然界普遍存在，又称遍多酸。它经磷酸化并与巯基乙胺结合生成 4′- 磷酸泛酰巯基乙胺，后者参与组成辅酶 A（CoA）和酰基载体蛋白（acyl carrier protein，ACP），CoA 和 ACP 是泛酸在体内的活性形式。泛酸在中性溶液中对热稳定，对氧化剂和还原剂也极为稳定，但易被酸、碱破坏。

$$HS-CH_2-CH_2-NH-\underset{\underset{O}{\|}}{C}-CH_2-CH_2-NH-\underset{\underset{O}{\|}}{C}-\overset{OH}{\underset{H}{C}}-\overset{CH_3}{\underset{CH_3}{C}}-CH_2-O-\overset{OH}{\underset{\underset{O}{\|}}{P}}-O-\overset{OH}{\underset{\underset{O}{\|}}{P}}-CH_2-\text{(3'-磷酸腺苷)}$$

巯基乙胺　泛酸

4′-磷酸泛酰巯基乙胺

3′-磷酸腺苷

辅酶A(CoA)

2. 生化作用及缺乏病　辅酶 A 在物质代谢中起转移酰基的作用，是酰基转移酶的辅酶，广泛参与糖类、脂质和蛋白质代谢及肝的生物转化作用，如丙酮酸氧化脱羧生成乙酰 CoA。人类尚未发现泛酸缺乏病。

（六）生物素

1. 化学本质及性质　生物素（biotin）是由噻吩和尿素相结合的骈环并且有戊酸侧链的双环化合物，生物素在动植界分布广泛，如肝、肾、蛋黄、酵母、蔬菜、谷类中含量丰富。肠道细菌也能合成生物素，故很少出现缺乏病。生物素为无色针状晶体，耐酸不耐碱，氧化剂及高温均可导致其失活。

微课 5-2

HN　NH　O　S　$-[CH_2]_4-COOH$

生物素

2. 生化作用及缺乏病　生物素是体内羧化酶的辅酶，参与 CO_2 的固定过程。例如，丙酮酸羧化酶的辅酶是生物素，使丙酮酸经羧化反应生成草酰乙酸。生物素一般不致缺乏，但长期服用抗生素者需要补充生物素。新鲜鸡蛋中含抗生物素蛋白，与生物素结合而使生物素失活不被吸收。加热可破坏抗生物素蛋白，不再阻碍生物素的吸收。生物素缺乏表现为疲乏、恶心、呕吐、食欲不振及皮炎。

（七）叶酸

1. 化学本质及性质　叶酸（folic acid）由谷氨酸、对氨基苯甲酸（PABA）和 2- 氨基 -4- 羟基 -6- 甲基蝶呤啶组成。叶酸因在绿叶中含量丰富而得名，肝、酵母、水果中含量也丰富，肠道细菌也可合成，故一般不易患缺乏症。叶酸为黄色晶体，微溶于水，易溶于乙醇，在醇溶液中不稳定，易被光破坏。

2-氨基-4-羟基-6-甲基蝶呤啶　对氨基苯甲酸　谷氨酸

蝶酸

叶酸

叶酸分子的 5，6，7，8 位可被加氢还原成四氢叶酸（FH_4），FH_4 是叶酸的活性形式。

$$\cdots-CH_2-NH-C_6H_4-\overset{O}{\overset{\|}{C}}-NH-\underset{COOH}{CHCH_2CH_2COOH}$$

四氢叶酸

2. 生化作用及缺乏病　FH_4 是一碳单位转移酶的辅酶，传递一碳单位，参与氨基酸代谢和核苷

酸代谢。在胸腺嘧啶核苷酸和嘌呤核苷酸合成时，FH_4 提供一碳单位，故在核酸合成中至关重要。若叶酸缺乏，一碳单位的转移受阻，核苷酸代谢障碍，使 DNA 合成受抑制，红细胞的发育和成熟受影响，骨髓幼红细胞 DNA 合成减少，细胞分裂速度降低，体积增大，核内染色质疏松，造成巨幼红细胞性贫血。

案例 5-2

患儿，女，14 岁，因乏力数月，近 20 天腹胀、腹泻前来就诊。患儿数月来不明原因面色苍白，乏力，耐力下降，头昏，头晕，心悸，食欲不振，恶心，腹胀，腹泻。曾用过助消化和治疗腹泻的药物无效。近 20 天上述症状加重，并且出现视力下降、黑矇等症状。该患儿是一名初中学生，住校，偏食，喜欢吃零食、小食品等，很少吃新鲜水果、蔬菜及肉类食品，经常感冒。体格检查：T 36.5℃，R 24 次 / 分，P 93 次 / 分，BP 8.7/14.7kPa，消瘦，体重 37kg。血常规检查：呈大细胞性贫血，MCV、MCH 均增高。网织红细胞计数稍低。血化验：血清叶酸低于 6.8nmol/L，红细胞叶酸低于 227 nmol/L。

初步诊断：巨幼红细胞性贫血。

问题讨论：1. 巨幼红细胞性贫血的原因是什么？

2. 患儿为何面色苍白，乏力，耐力下降，头昏，头晕，心悸？

3. 患儿为何有消化道的症状？

4. 实验室还需要做哪些必要的检查？

案例 5-2 分析 1

患儿面色苍白，乏力，耐力下降，头昏，头晕，心悸等，正是由于叶酸缺乏，DNA 合成障碍，DNA 复制延缓。而 RNA 合成所受影响不大，细胞内 RNA/DNA 值增大，造成细胞体积增大，细胞核发育滞后于细胞质，形成巨幼变，发生巨幼红细胞性贫血所致。

DNA 合成障碍也累及黏膜上皮组织，影响口腔和胃肠道功能。叶酸缺乏还可引起 DNA 低甲基化，增加某些癌症（如结肠癌、直肠癌）的危险性。

案例 5-2 分析 2

患儿食欲不振，恶心，腹胀，腹泻，正是由于累及了黏膜上皮组织的分裂引起的。

案例 5-2 分析 3

除做血常规检查、血清叶酸和红细胞叶酸含量测定外，还可做骨髓象检查及血清维生素 B_{12} 含量测定，以进一步确诊是叶酸缺乏引起巨幼红细胞性贫血，排除维生素 B_{12} 缺乏引起的巨幼红细胞性贫血。骨髓象检查结果：增生活跃。红系增生显著、巨幼变；粒系也有巨幼变，成熟粒细胞分叶；巨核细胞体积增大，分叶过多。骨髓铁染色增多。血清维生素 B_{12} 含量为 5.8nmol/L（低于参考范围）。

（八）维生素 B_{12}

1. 化学本质及性质　维生素 B_{12} 含有金属元素钴，又称钴胺素，是唯一含金属元素的维生素。维生素 B_{12} 在体内有多种存在形式，如甲基钴胺素、5′- 脱氧腺苷钴胺素、氰钴胺素和羟钴胺素等，前两种是维生素 B_{12} 在体内的活性形式，也是在血液中的主要存在形式。维生素 B_{12} 广泛存在于动物食物中，肠道细菌也可合成。维生素 B_{12} 必须与胃黏膜细胞分泌的内因子结合在回肠被吸收。肝中富含维生素 B_{12}，可供数年之需。维生素 B_{12} 为粉红色结晶，它的水溶液在 pH4.5 ～ 5.0 弱酸环境下稳定，在强酸、碱环境下极易分解。日光、氧化剂及还原剂均易破坏维生素 B_{12}。

笔记栏

氰钴铵素(维生素B_{12})	R=—CN
羟钴胺素	R=—OH
甲钴铵素	R=—CH_3
5′-脱氧腺苷钴铵素	R=—5′-脱氧腺苷

维生素B_{12}

2. 生化作用及缺乏病　维生素B_{12}是甲硫氨酸合成酶的辅酶，参与同型半胱氨酸甲基化生成甲硫氨酸的反应。维生素B_{12}缺乏时，一方面，甲基转移受阻，同型半胱氨酸在体内堆积造成同型半胱氨酸尿症，增加动脉硬化、血栓生成和高血压的危险性。另一方面，使FH_4不能再生，组织中游离的FH_4含量减少，造成核酸合成障碍，产生巨幼红细胞性贫血。

微课 5-3

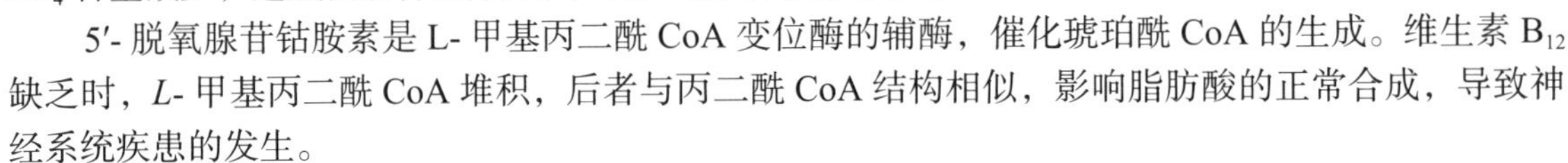

5′-脱氧腺苷钴胺素是L-甲基丙二酰CoA变位酶的辅酶，催化琥珀酰CoA的生成。维生素B_{12}缺乏时，*L*-甲基丙二酰CoA堆积，后者与丙二酰CoA结构相似，影响脂肪酸的正常合成，导致神经系统疾患的发生。

正常膳食者很少发生维生素B_{12}缺乏症，但偶见于有严重吸收障碍疾病的患者及长期素食者。

（九）维生素C

1. 化学本质及性质　维生素C又称抗坏血酸，是一种含己糖内酯的弱酸，其烯醇羟基的氢容易游离，因此产生酸性及还原性。维生素C可发生自身氧化还原反应，与脱氢抗坏血酸之间互相转变，这种性质可用于维生素C的定量测定。还原型坏血酸是维生素C在体内的主要存在形式。

维生素C广泛存在于新鲜蔬菜和水果中，植物中含有的抗坏血酸氧化酶能将维生素C氧化为灭活的二酮古洛糖酸，所以蔬菜和水果储存久后其维生素C会大量减少。干种子不含有维生素C，经发芽后即可合成，故豆芽等是维生素C的重要来源。

维生素C为无色片状结晶，味酸，维生素C耐酸不耐碱，对热不稳定，烹调不当可引起维生素C大量流失。

L-抗坏血酸　$\underset{+2H}{\overset{-2H}{\rightleftharpoons}}$　脱氢抗坏血酸

2. 生化作用及缺乏病

（1）参与体内氧化还原反应：维生素C能使氧化型谷胱甘肽还原成还原型谷胱甘肽，使巯基酶分子中的巯基保持还原状态；维生素C还可作为抗氧化剂清除自由基，有保护DNA、蛋白质和膜结构免遭损伤的重要作用；维生素C能使叶酸转变为有活性的四氢叶酸。所以维生素C有保护细胞和抗氧化作用。

（2）参与体内的羟化反应：维生素C是体内许多羟化酶的辅酶，参与多种羟化反应。

1）维生素C是胶原脯氨酸羟化酶及赖氨酸羟化酶的辅酶：维生素C促进胶原中脯氨酸和赖氨酸残基羟化生成羟脯氨酸和羟赖氨酸，羟脯氨酸和羟赖氨酸是维持胶原蛋白空间结构的关键成分，而胶原又是骨、毛细血管和结缔组织的重要组成部分。当维生素C缺乏时，胶原蛋白不足使细胞间隙增大，伤口不易愈合，毛细血管通透性和脆性增加，易破裂出血，骨骼脆弱易折断，牙齿易松动等，严重时可引起内脏出血，即维生素C缺乏症（坏血病）。

2）维生素C促进胆固醇转变为胆汁酸：胆固醇经羟化反应转变成胆汁酸，维生素C是其限速酶——7α-羟化酶的辅酶。故维生素C有降低血中胆固醇的作用。

（3）其他作用：临床上维生素C常用于癌症辅助治疗，这可能与维生素C所具有的阻断致癌物亚硝酸胺的生成、促进透明质酸酶抑制物合成、防止癌扩散、减轻抗癌药的副作用等功能有关。维生素C还可促进免疫球蛋白的合成与稳定，增强机体抵抗力。

维生素C对人体是很重要的，但长期大量使用可引起中毒。据报道，过量维生素C可引起疲乏、呕吐、荨麻疹、腹痛、尿路结石等。

体内重要维生素的来源、功能及缺乏病见表5-1。

表5-1 各种维生素的来源、功能和缺乏病

维生素	活性形式	来源	主要生理功用	缺乏症
维生素A	视黄醇 视黄醛 视黄酸	肝、蛋黄、鱼肝油、乳汁、绿叶蔬菜、胡萝卜、玉米	1. 合成视紫红质，与视觉有关 2. 维持上皮组织结构完整 3. 促进生长发育 4. 抗氧化作用和防癌作用 5. 维持和促进免疫功能	夜盲症 干眼病 皮肤干燥
维生素D	1,25-$(OH)_2D_3$	鱼肝油、肝、蛋黄、牛奶	1. 促进钙、磷的吸收 2. 影响细胞分化	儿童：佝偻病 成人：软骨病
维生素E	生育酚	植物油	1. 与生殖功能有关 2. 抗氧化作用	人类未发现缺乏病
维生素K	2-甲基-1,4-萘醌	肝、绿色蔬菜、肠道细菌合成	促进肝脏合成凝血因子Ⅱ、Ⅶ、Ⅸ、Ⅹ	皮下出血及胃肠道出血
维生素B_1	TPP	酵母、蛋类、瘦肉、谷类外皮及胚芽	1. α-酮酸氧化脱羧酶辅酶 2. 抑制胆碱酯酶活性 3. 转酮醇酶的辅酶	脚气病、末梢神经炎
维生素B_2	FMN、FAD	酵母、蛋黄、绿叶蔬菜	各种黄素酶的辅基，起传递氢的作用	舌炎、唇炎、口角炎、阴囊炎
维生素PP	NAD^+、$NADP^+$	肉、酵母、谷类、花生胚芽、肝	多种不需氧脱氢酶的辅酶，起传递氢的作用	癞皮病
维生素B_6	磷酸吡哆醛 磷酸吡哆胺	酵母、蛋黄、肝、谷类	1. 氨基酸脱羧酶和氨基转移酶的辅酶 2. ALA合酶的辅酶	人类未发现缺乏病
泛酸	CoA、CAP	动植物组织	1. 构成CoA的成分，参与体内酰基的转移 2. 构成ACP的成分，参与脂肪酸合成	人类未发现缺乏病
生物素	生物素辅基	动植物组织、肠道细菌合成	羧化酶的辅酶，参与CO_2的固定	人类未发现缺乏病
叶酸	四氢叶酸	肝、酵母、绿叶蔬菜、肠道细菌合成	参与一碳单位的转移，与蛋白质、核酸合成、红细胞、白细胞成熟有关	巨幼红细胞性贫血
维生素B_{12}	甲钴胺素、5′-脱氧腺苷钴胺素	肝、肉、肠道细菌合成	1. 促进甲基的转移 2. 促进DNA合成 3. 促进红细胞成熟	巨幼红细胞性贫血
维生素C	抗坏血酸	新鲜水果、蔬菜，特别是番茄、橘子、鲜枣等	1. 参与体内的氧化还原反应 2. 参与羟化反应	坏血病

笔记栏

第2节 微量元素

虽然从动物体内发现的微量元素有50多种，但现已确定的人体必需的微量元素有铁、碘、锌、铜、锰、硒、氟、钼、钴、铬等。

一、铁

（一）铁在人体内的含量、分布和需要量

在微量元素中铁是人体内含量最多的一种，正常成人体内含铁3～5g，平均4.5g，而女性略低，与月经失血丢失铁、怀孕期及哺乳期铁的消耗量增加有关。体内铁的75%左右存在于铁卟啉化合物中，主要有血红蛋白、肌红蛋白、细胞色素、过氧化氢酶和过氧化物酶等；约25%存在于非铁卟啉化合物（如含铁的黄素蛋白、铁硫蛋白、运铁蛋白等）中。

铁的需要量个体差异很大，成年男性和绝经期妇女每日需铁量约1mg，经期妇女每日约需2mg，妊娠期妇女每日需要量增至3.6mg，青少年的需铁量也高于成年男性。

（二）铁的代谢

1. 铁的吸收 铁的吸收部位主要在十二指肠和空肠上段。无机铁以Fe^{2+}形式吸收，Fe^{3+}很难吸收，络合物铁的吸收大于无机铁。凡能将Fe^{3+}还原为Fe^{2+}的物质及能与Fe^{3+}络合的物质均有利于铁的吸收，因此影响铁吸收的因素主要为食物的性质和胃肠道的状态。食物中的还原物质如维生素C、半胱氨酸、葡萄糖和果糖等及胃液中的盐酸，在肠道内使Fe^{3+}还原为Fe^{2+}，促进铁的吸收；食物中的柠檬酸、苹果酸等有机酸及蛋白质消化产物氨基酸均可与铁形成络合物而增加了铁的吸收；消化道功能紊乱如萎缩性胃炎、腹泻时，铁的吸收均减少；食物中的鞣酸和多酚及碱性药物可降低铁的溶解度，抑制铁的吸收。

铁的吸收是小肠上皮细胞的主动代谢过程。Fe^{2+}首先与肠黏膜细胞刷状缘的特定受体结合而被细胞摄取，吸收入肠黏膜细胞的铁有两条去路：一是与黏膜细胞内铁的载体脱铁铁蛋白结合成铁蛋白，储存于细胞内；二是以Fe^{2+}的形式通过细胞膜转送入血液运往全身。

2. 铁的运输和储存 从小肠黏膜细胞吸收入血的Fe^{2+}在血浆铜蓝蛋白即血清亚铁氧化酶催化下氧化成Fe^{3+}，然后与运铁蛋白结合。运铁蛋白是一种结合三价铁的血浆糖蛋白，由两条多肽链构成，每条多肽链有一个铁的结合位点。运铁蛋白结合的铁除来自肠黏膜细胞吸收外，还可来自单核-吞噬细胞系统和肝、脾等组织。一般人体血浆内含铁3 mg，大部分结合在运铁蛋白内。每天运送的铁约27 mg，其主要去向是运至肝、脾等器官储存，或为其他组织利用。

机体内的铁以铁蛋白和含铁血黄素形式储存。铁蛋白是铁储存的主要形式，绝大部分分布在肝、脾、骨髓、骨骼肌和肠黏膜中。铁在铁蛋白中以Fe^{2+}的形式存在，在出血或其他需要铁的情况下，储存铁可以释放，参与造血或其他含铁化合物的合成。含铁血黄素是多种形式的凝集铁蛋白，不溶于水，在体内的分布与铁蛋白大致相同，但不如铁蛋白中的铁易被动员和利用。

3. 铁的排泄 正常情况下，铁的吸收与排泄保持动态平衡，每日排出铁0.5～1mg。人体大部分铁随粪便排出，粪便中铁的来源除食物外，还有来自脱落的含铁胃肠道上皮细胞、红细胞排出的铁。

（三）铁的生理功能

铁是血红蛋白和肌红蛋白的组成成分，参与O_2和CO_2的运输，也是细胞色素体系、铁硫蛋白、过氧化物酶、过氧化氢酶的组成成分，在生物氧化中起重要作用。体内缺铁或铁代谢障碍时可导致缺铁性贫血。因红细胞更新时由血红蛋白释放出来的铁可反复利用，故营养性缺铁尚不多见。产生缺铁的主要原因为：①需铁量增加而摄取或吸收量不足；②反复多次失血（如上消化道出血、月经过多等）或长期少量出血（如钩虫病）；③严重的慢性腹泻或胃酸缺乏等。

二、碘

（一）人体内碘的含量、分布和需要量

正常成人体内含碘量为20～50mg，其中30%集中在甲状腺内，供给合成甲状腺素，其余分布在其他组织内。人体内碘含量受环境、食物和摄入量的影响。

按国际上推荐的标准，成人每日需要碘100～300μg，儿童则按每日每千克体重1μg计算，在

地方性甲状腺肿流行地区，应额外补充碘。

（二）吸收、运输和利用

碘的吸收部位主要在小肠，胃可少量吸收。碘在吸收前必须先还原为碘化物。通常成人每天从食物中摄取200μg左右的碘。

摄入的碘化物在消化道转变为I^-后，迅速由肠上皮细胞吸收入血，在血浆内I^-与蛋白质结合，有70%～80%被甲状腺滤泡上皮细胞摄取和浓聚。这种由低浓度向高浓度转运碘的机制，是依靠Na^+，K^+-ATP酶的主动转运过程。腺细胞膜上有被称为“碘泵”的特殊载体，对I^-的亲和力强。

摄入甲状腺的碘化物或I^-在过氧化物酶催化下氧化成“活性碘”（I_2），然后在碘化酶催化下，使甲状腺素结合球蛋白（TBG）分子中的酪氨酸残基碘化，生成一碘酪氨酸（T_1）和二碘酪氨酸（T_2），2分子T_2缩合形成甲状腺素（T_4），1分子T_2和1分子T_1缩合成三碘甲状腺原氨酸（T_3）。T_3的活性比T_4强3～5倍。

（三）碘的储存、释放和排泄

TBG是一种糖蛋白，由4个亚基组成，共含120个酪氨酸残基。其中约20%酪氨酸残基被碘化，主要为T_1和T_2，一般只合成2～4分子T_4或少量T_3，已碘化的TBG经细胞分泌作用排入腺泡腔中储存。

促甲状腺素（thyroid stimulating hormone，TSH）刺激腺细胞经胞饮作用从腺泡腔中摄取TBG，在细胞内形成小囊泡，囊泡中的TBG由溶酶体的蛋白酶水解，产生T_1、T_2、T_4和少量T_3。T_3和T_4释放入血，运往全身利用，T_1和T_2由腺细胞内脱碘酶催化脱碘，脱下的I^-再用于合成甲状腺素。

碘主要以碘化物的形式通过肾排出，约占总排泄量的85%，随粪、汗排出量较少。吸收量和排泄量保持动态平衡。

（四）碘的生理功能

碘在人体内的主要作用是参与甲状腺素的组成。因适量的甲状腺素有促进蛋白质合成、加速机体生长发育、调节能量的转换利用和稳定中枢神经系统的结构和功能等重要作用，故碘对人体极为重要。

碘缺乏病在我国发病率甚高，地区性缺碘或食物中干扰碘代谢的成分是发生缺碘症的主要原因。人体中度缺碘会引起地方性甲状腺肿，严重缺碘会导致发育停滞、痴呆，如胎儿期缺碘可致呆小病。若摄入碘过量又可致高碘性甲状腺肿，表现为甲状腺功能亢进及一些中毒症状。

三、锌

（一）人体内锌的含量、分布和需要量

成人体内含锌量2～3g。锌广泛分布于所有组织，以视网膜、胰岛及前列腺等组织中含锌量最高。头发含锌量为125～250μg/g，发锌可作为含锌总量是否正常的重要指标之一。

锌的需要量因人的性别、年龄、生长发育等情况而异。正常成人需锌量为15～20mg/d，经期妇女为25mg/d，孕妇或哺乳期妇女为30～40mg/d，儿童为5～10mg/d。

（二）锌的吸收、运输、利用和储存

锌主要在小肠吸收，吸收率为20%～30%。食品中以肝、鱼、蛋、瘦肉等动物性食品中含锌丰富，植物性食品含锌量少而且难以吸收和利用，因为植酸、纤维素等能与锌形成螯合物而阻碍锌的吸收。锌的吸收必须有金属结合蛋白类物质作为载体。从小肠吸收的锌入血后与清蛋白或运铁蛋白结合而运输到全身各组织利用，大都参与各种含锌酶的合成。人体中的锌25%～30%储存在皮肤和骨骼内。

（三）锌的生理功能

锌在体内与80多种酶的活性有关，如碳酸酐酶、DNA聚合酶、RNA聚合酶、乳酸脱氢酶、谷氨酸脱氢酶、超氧化物歧化酶等，许多蛋白质如反式作用因子、类固醇激素及甲状腺素的受体的DNA结合区，都有锌参与形成的锌指结构，在转录调控中起着重要的作用。由此不难理解，锌的缺乏必然会引起机体代谢紊乱，导致体内多方面的功能障碍。尤其是儿童，缺锌可引起生长不良及生殖器官发育受损、伤口愈合迟缓等。缺锌还可影响皮肤健康，出现皮肤粗糙和干燥。此外，唾液中的味觉素是一种含锌的多肽，缺锌可引起味觉的敏感性减退。

笔记栏

四、铜

铜在成人体内含量为 80 ～ 110mg，肌肉中约占 50%，10% 存在于肝。肝中铜的含量可反映体内的营养及平衡状况。按国际上推荐的标准，成人每日每千克体重需铜 0.5 ～ 2.0mg，婴儿和儿童每日每千克体重需铜 0.5 ～ 1.0mg，孕妇和成长期的青少年可略有增加。铜主要在十二指肠吸收，铜的吸收受血浆铜蓝蛋白的调控，主要以复合物的形式被吸收，只有极少部分是以离子形式被吸收。吸收入血后与清蛋白结合运至肝，被肝细胞迅速摄取，一部分铜储存在肝细胞中，大部分则用于合成血浆铜蓝蛋白再进入血浆。体内的铜主要由肝经胆汁排出，少量经尿排出。

铜是体内多种酶的辅基，如细胞色素氧化酶等，铜离子在将电子传递给氧的过程中是不可缺少的。此外单胺氧化酶、超氧化物歧化酶等也都是含铜的酶。铜蓝蛋白可催化 Fe^{2+} 氧化成 Fe^{3+}，在血浆中转化为运铁蛋白。铜缺乏时，会影响一些酶的活性，如细胞色素氧化酶活性下降可导致能量代谢障碍，可表现为一些神经症状。ALA 合酶也是含铜酶，铜缺乏也可导致血红蛋白合成障碍，引起贫血。

五、锰

正常人体含锰 12 ～ 20mg，主要分布在脑、骨骼、肝、肾等组织细胞内。成人每日需锰 2.5 ～ 5mg，儿童则按每日每千克体重 0.3μg 计算。锰主要从小肠吸收，入血后大部分与血浆中 β_1 球蛋白结合而运输。锰主要经胆道由粪便排出，极少量随尿排出。

锰主要为多种酶的组成成分及活性剂，如 RNA 聚合酶、超氧化物歧化酶等。它不仅参加糖和脂质代谢，还在蛋白质、DNA 和 RNA 的合成中起作用。缺锰时生长发育会受到影响。工业生产上引起的锰中毒也有报道，且无治疗良方，应加以预防。

六、硒

人体含硒总量为 14 ～ 21mg，广泛分布于除脂肪以外的所有组织中，一般以硒蛋白或含硒酶的形式存在。成人每日需要量为 30 ～ 50μg。硒在十二指肠吸收，入血后大部分与 α 及 β 球蛋白结合，小部分与血浆极低密度脂蛋白结合而运输、转运至各组织利用。硒大部分随粪便排出，小部分由肾、皮肤和肺排泄。

硒是谷胱甘肽过氧化物酶活性中心的组成成分，故有抗氧化作用，可保护细胞膜及蛋白质的巯基，并能加强维生素 E 的抗氧化功能；硒还参加辅酶 A 与辅酶 Q 的合成，促进 *α*- 酮酸脱氢酶系的活性；硒还能拮抗和减低汞、镉、铊、砷等元素的毒性作用。目前认为大骨节病及克山病可能与缺硒有关；硒过多也会引起中毒症状。

七、氟

成人体内含氟 2 ～ 6g，氟分布于骨、牙、指甲、毛发及神经肌肉中，氟的生理需要量每日为 0.5 ～ 1.0mg，氟主要从胃肠和呼吸道吸收，入血后与球蛋白结合，小部分以氟化物形式运输。80% 的氟随尿排出。

氟与骨、牙的形成及钙磷代谢密切相关，它参与羟磷灰石结晶的形成，增强骨的硬度和牙齿的抗磨、抗酸腐蚀能力。缺氟易患龋齿病，并可致骨质疏松，易发生骨折。氟过多也可引起多方面的代谢障碍，导致骨骼变形、生长缓慢和体重下降；严重氟中毒会导致死亡。

八、钴

正常人体含钴 1.1 ～ 1.5mg。钴是维生素 B_{12} 的组成成分，从食物中摄入的钴必须在肠内经细菌合成维生素 B_{12} 后才能被吸收利用，吸收部位主要为十二指肠及回肠末段，钴主要从尿中排泄。钴的作用主要体现在维生素 B_{12} 的作用中，维生素 B_{12} 的缺乏可引起巨幼红细胞性贫血。由于人体排钴能力强，很少有钴蓄积的现象发生。

九、钼

正常成人体内含钼约 9mg，WHO 推荐的需要量为每日每千克体重 2μg。钼是黄嘌呤氧化酶、醛氧化酶、亚硝酸盐还原酶、亚硫酸盐氧化酶等的重要组分，故钼通过上述酶发挥作用。人体钼中毒很罕见。

十、铬

成人体内含铬约6mg，铬每日需要量约为75μg。体内铬大多以Cr^{3+}的形式存在，但无机铬离子几乎没有生物学活性，Cr^{3+}必须通过形成葡萄糖耐量因子（glucose tolerance factor，GTF）或其他有机铬化物，才能发挥生理功能，并且易被人体吸收和利用。GTF是Cr^{3+}与烟酸及氨基酸形成的复合物，能调节胰岛素与其膜受体上的巯基形成二硫键，提高胰岛素的生物学效应，维持机体正常的糖代谢和脂质代谢。

小　　结

维生素是维持机体正常生理功能所必需的营养素，在体内不能合成或合成量很少，必须由食物供给的一类小分子的有机化合物。许多维生素参与辅酶的组成，在调节人体正常的物质代谢及维持人体正常生理功能等方面都是必不可少的。根据其溶解性质不同而分为脂溶性维生素和水溶性维生素两大类。脂溶性维生素在体内有一定量的储存，食用过量可引起中毒。人体对于水溶性维生素的需求量较少，在体液中过剩的部分超过肾阈值时通常由尿排出，一般不会发生中毒现象，应不断从食物中摄取。

脂溶性维生素有维生素A、维生素D、维生素E、维生素K，均不溶于水，可伴随脂质物质的吸收而吸收。维生素A以视黄醛的形式与视蛋白结合成视紫红质，感受弱光；维生素A对维持上皮组织的健康也起着重要作用。维生素D_3活性形式为$1,25\text{-}(OH)_2D_3$，可调节钙磷代谢。维生素E是体内最重要的抗氧化剂，具有抗氧化和维持生殖功能作用。维生素K则与血液凝固有关。水溶性维生素包括B族维生素和维生素C。B族维生素多构成酶的辅酶，参与体内物质代谢。硫胺素在体内转变成TPP，是α-酮酸氧化脱羧酶及转酮醇酶的辅酶；维生素B_2参与FMN和FAD的组成，作为黄素酶的辅基；维生素PP参与NAD^+和$NADP^+$的组成，为多种脱氢酶的辅酶；泛酸存在于CoA和ACP中，参与转运酰基的作用；磷酸吡哆醛含有维生素B_6，是氨基酸转移酶和脱羧酶的辅酶；生物素是多种羧化酶的辅酶，起CO_2的固定作用；维生素B_{12}和叶酸在核酸和蛋白质合成中起重要作用。维生素C具有还原性，并参与羟化反应。

人体所需的无机盐还有铁、碘、铜、锌、锰、硒、氟、钼、钴、铬等微量元素，虽然所需甚微，但生理作用却十分重要。铁是血红蛋白和肌红蛋白的组成成分，参与O_2和CO_2的运输，也是细胞色素体系、铁硫蛋白、过氧化物酶、过氧化氢酶的组成成分，在生物氧化中起重要作用。碘主要参与甲状腺素的合成。铜、锌、锰、硒、钼等都参与一些酶的组成：如碳酸酐酶、DNA聚合酶、RNA聚合酶、乳酸脱氢酶、谷氨酸脱氢酶、超氧化物歧化酶等含有锌；细胞色素氧化酶、铜蓝蛋白等含有铜；RNA聚合酶、超氧化物歧化酶等含有锰；谷胱甘肽过氧化物酶含有硒；黄嘌呤氧化酶、醛氧化酶等含有钼。钴是维生素B_{12}的组成成分。氟参与羟磷灰石结晶的形成，增强骨的硬度和牙的抗磨、抗酸腐蚀能力。铬必须通过形成GTF才能发挥作用。

（罗德生　钱文斌）

笔记栏

第6章PPT

第6章 聚糖的结构与功能

糖类是自然界分布最广的有机分子。糖类可与蛋白质或脂质以共价键连接而形成多种复合生物大分子，统称为复合糖类（complex carbohydrate），又称为糖复合体（glycoconjugate）。组成复合糖类中的糖组分是由单糖通过糖苷键聚合而成的寡糖或多糖，称为聚糖（glycan）。

复合糖类主要包括糖蛋白、蛋白聚糖和糖脂。就结构而言，糖蛋白和蛋白聚糖均由以共价键连接的蛋白质和聚糖两部分组成，而糖脂由聚糖与脂质组成。糖蛋白分子中蛋白质重量百分比大于聚糖，而蛋白聚糖中聚糖所占重量在一半以上，甚至高达95%，以致大多数蛋白聚糖中聚糖分子量高达10万以上。由于组成糖蛋白和蛋白聚糖的聚糖结构迥然不同，因此两者在功能上差异显著。体内也存在着蛋白质、糖与脂质三位一体的复合物。

第1节 糖蛋白分子中的聚糖

糖类分子与蛋白质分子共价结合形成的结合蛋白质称为糖蛋白（glycoprotein），其分子中的含糖量因糖蛋白不同而异，有的可达20%，有的仅为5%以下。此外，糖蛋白分子中的单糖种类、组成比和聚糖的结构也存在显著差异。组成糖蛋白分子中聚糖的单糖有7种：葡萄糖（glucose，Glc）、半乳糖（galactose，Gal）、甘露糖（mannose，Man）、*N*-乙酰半乳糖胺（*N*-acetylgalactosamine，GalNAc）、*N*-乙酰葡糖胺（*N*-acetylglucosamine，GlcNAc）、岩藻糖（fucose，Fuc）和*N*-乙酰神经氨酸（*N*-acetylneuraminic acid，NeuNAc）。

一、糖蛋白分子中聚糖的结构

糖蛋白分子中的聚糖可经两种方式与蛋白质部分连接，根据连接方式不同可将糖蛋白聚糖分为*N*-连接型聚糖（*N*-linked glycan）和*O*-连接型聚糖（*O*-linked glycan）。*N*-连接型聚糖是指与蛋白质分子中天冬酰胺残基的酰胺氮相连的聚糖；*O*-连接型聚糖是指与蛋白质分子中丝氨酸或苏氨酸羟基相连的聚糖（图6-1）。所以，糖蛋白也相应分成*N*-连接糖蛋白和*O*-连接糖蛋白。

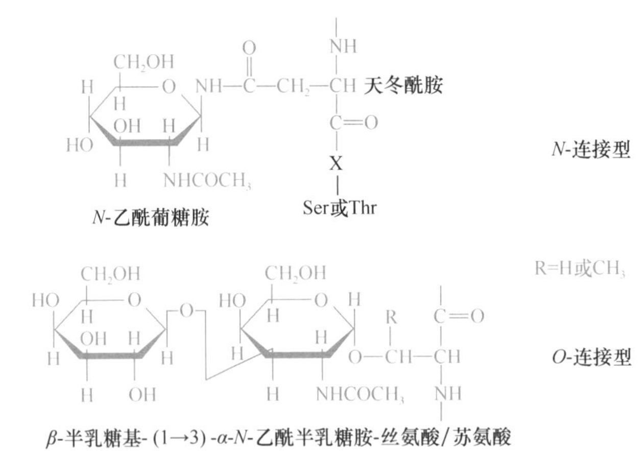

图6-1 糖蛋白聚糖的*N*-连接型和*O*-连接型

注：X为脯氨酸以外的任何氨基酸

（一）*N*-连接型聚糖

1. *N*-连接型聚糖的结构 不同种属、组织的同一种糖蛋白的*N*-连接型聚糖的结合位置、糖基数目、糖基序列不同，可以产生不同的糖蛋白分子形式。即使是同一组织中的某种糖蛋白，不同分子的同一糖基化位点的*N*-连接型聚糖结构也可以不同，这种糖蛋白聚糖结构的不均一性称为糖形（glycoform）。

笔记栏

（1）糖基化位点：聚糖中的 *N*- 乙酰葡糖胺与蛋白质中天冬酰胺残基的酰胺氮以共价键连接，形成 *N*- 连接型糖蛋白，这种蛋白质等非糖生物分子与糖形成共价结合的反应过程称为糖基化。但是并非糖蛋白分子中所有天冬酰胺残基都可连接聚糖，只有糖蛋白分子中与糖形成共价结合的特定氨基酸序列，即 Asn-X-Ser/Thr（其中 X 为脯氨酸以外的任何氨基酸）3 个氨基酸残基组成的序列子（sequon）才有可能，这一序列子被称为糖基化位点（图 6-1）。一个糖蛋白分子可存在若干个 Asn-X-Ser/Thr 序列子，这些序列子只能视为潜在糖基化位点，能否连接上聚糖还取决于周围的立体结构等。

（2）*N*- 连接型聚糖的分型：根据聚糖结构不同可将 *N*- 连接型聚糖分为 3 型，即高甘露糖型、复杂型和杂合型。这 3 型 *N*- 连接型聚糖都有一个由 2 个 *N*-GlcNAc 和 3 个 Man 形成的五糖核心（图 6-2）。高甘露糖型在核心五糖上连接了 2 ～ 9 个甘露糖，复杂型在核心五糖上可连接 2、3、4 或 5 个分支聚糖，宛如天线状，天线末端常连有 *N*- 乙酰神经氨酸。杂合型则兼有二者的结构。

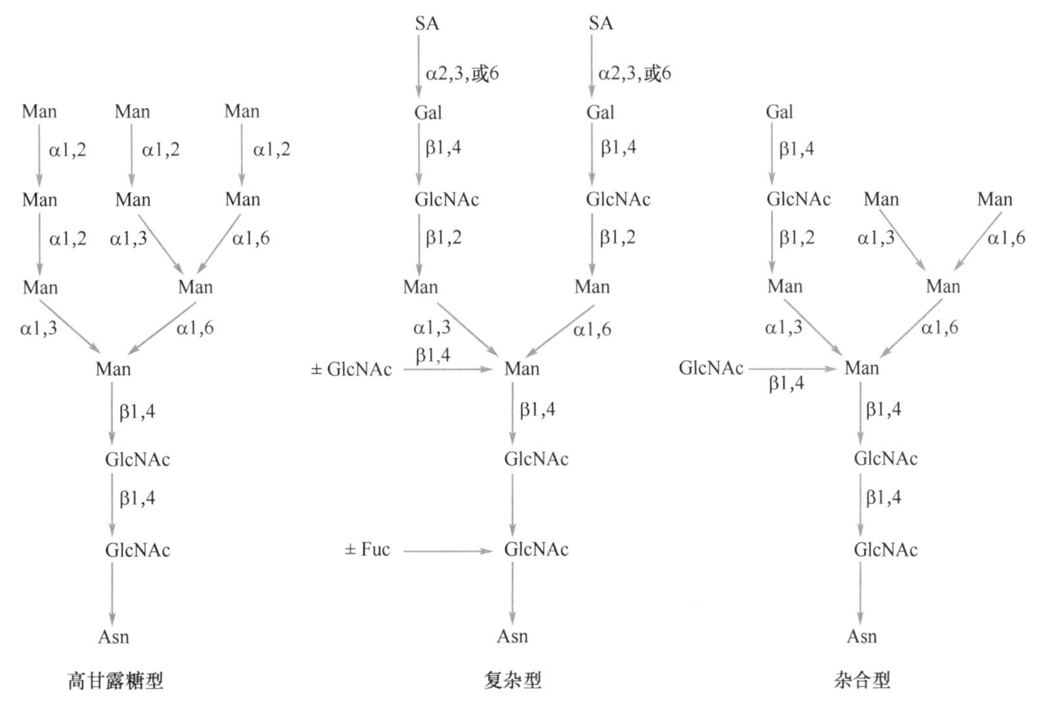

图 6-2　*N*- 连接型聚糖的分型

Man：甘露糖；GlcNAc：*N*- 乙酰葡糖胺；SA：唾液酸；
Gal：半乳糖；Fuc：岩藻糖；Asn：天冬酰胺

2. *N*- 连接型聚糖的合成　*N*- 连接型聚糖的合成可与蛋白质肽链的合成同时进行，合成场所是粗面内质网和高尔基体。在内质网内以长萜醇（dolichol，dol）作为聚糖载体，在糖基转移酶（一种催化糖基从糖基供体转移到受体化合物的酶）的作用下先将 UDP-GlcNAc 分子中的 GlcNAc 转移至长萜醇，然后再逐个加上糖基，糖基必须先活化成 UDP 或 GDP 的衍生物，才能作为糖基供体底物参与反应，直至形成含有 14 个糖基的长萜醇焦磷酸聚糖结构，后者作为一个整体被转移至肽链的糖基化位点中的天冬酰胺的酰胺氮上。然后聚糖链依次在内质网和高尔基体进行加工，先由糖苷水解酶除去葡萄糖和部分甘露糖，然后再加上不同的单糖，成熟为各型 *N*- 连接型聚糖（图 6-3）。

在生物体内，有些糖蛋白的加工简单，仅形成较为单一的高甘露糖型聚糖，有些形成杂合型，而有些糖蛋白则通过多种加工形成复杂型的聚糖。不同组织的同一种糖蛋白分子中的聚糖结构可以不同，说明 *N*- 连接型聚糖存在极大的多样性。即使同一种糖蛋白，其相同糖基化位点的聚糖结构也可不同，显示出相当大的微观不均一性，这可能与不完全糖基化及糖苷酶和糖基转移酶缺乏绝对专一性有关。

笔记栏

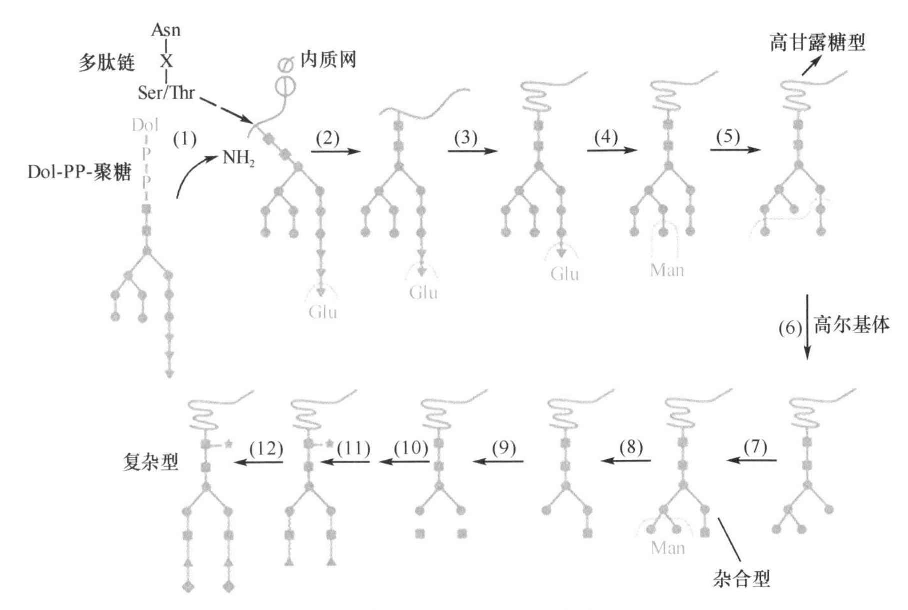

图 6-3 三种不同类型 *N*- 连接型聚糖加工过程

（二）*O*- 连接型聚糖

1. *O*- 连接型聚糖的结构 *O*- 连接型聚糖常由 *N*- 乙酰半乳糖胺与半乳糖构成核心二糖，核心二糖可重复延长及分支，再连接上岩藻糖、*N*- 乙酰葡糖胺等单糖。聚糖中的 *N*- 乙酰半乳糖胺与多肽链的丝氨酸或苏氨酸残基的羟基以共价键相连而形成 *O*- 连接糖蛋白。其糖基化位点的确切序列子还不清楚，但通常存在于糖蛋白分子表面丝氨酸和苏氨酸比较集中且周围常有脯氨酸的序列中，提示 *O*- 连接糖蛋白的糖基化位点由多肽链的二级结构、三级结构决定。

2. *O*- 连接型聚糖的合成 与 *N*- 连接型聚糖合成不同，*O*- 连接型聚糖合成是在多肽链合成后进行的，而且不需聚糖载体。在 GalNAc 转移酶作用下，将 UDP-GalNAc 中的 GalNAc 基转移至多肽链的丝 / 苏氨酸的羟基上，形成 *O*- 连接，然后逐个加上糖基，每一种糖基都有其相应的专一性糖基转移酶。整个过程以内质网开始，到高尔基体内完成。

（三）单糖基修饰

蛋白质糖基化修饰除 *N*- 连接型聚糖修饰和 *O*- 连接型聚糖修饰外，还有 *β*-*N*- 乙酰葡糖胺的单糖基修饰（*O*-GlcNAc），主要发生于膜蛋白和分泌蛋白。蛋白质的 *O*-GlcNAc 糖基化修饰是在 *O*-GlcNAc 糖基转移酶（*O*-GlcNAc transferase，OGT）作用下，将 *β*-*N*- 乙酰葡糖胺以共价键方式结合于蛋白质的丝 / 苏氨酸残基上。这种糖基化修饰与 *N*- 或 *O*- 连接型聚糖修饰不同，不在内膜系统中进行，主要存在于细胞质或细胞核中。

蛋白质在 *O*-GlcNAc 糖基化后，其解离需要特异性的 *β*-*N*- 乙酰葡糖胺酶（*O*-GlcNAcase）作用，*O*-GlcNAc 糖基化与去糖基化是个动态平衡的过程。糖基化后，蛋白质肽链的构象将发生改变，从而影响蛋白质功能。可见，蛋白质在 OGT 与 *O*-GlcNAcase 作用下的这种糖基化过程与蛋白质磷酸化调节具有相似特性。此外，*O*-GlcNAc 糖基化位点也经常位于蛋白质丝 / 苏氨酸磷酸化位点处或其邻近部位，糖基化后即会影响磷酸化的进行，反之亦然。因此，*O*-GlcNAc 糖基化与蛋白质磷酸化可能是一种相互拮抗的修饰行为，共同参与信号通路调节过程。

二、糖蛋白分子中聚糖的功能

人体细胞内的蛋白质约 1/3 为糖蛋白，执行着不同的功能。聚糖组分为糖蛋白执行功能所必需。糖蛋白分子中聚糖不但能影响糖蛋白的生物活性，还参与糖蛋白新生肽链的折叠或聚合、糖蛋白的转运和分泌、分子识别和细胞识别等功能。

（一）聚糖影响糖蛋白的生物活性

聚糖常覆盖于蛋白质的表面，所以蛋白质的聚糖可起屏障作用。一般来说，去除聚糖的糖蛋白，容易受蛋白酶水解，说明聚糖可保护肽链，延长半衰期。有些酶属于糖蛋白，去除聚糖并不影响酶的活性；但有些酶的活性依赖其聚糖，如羟甲基戊二酸单酰辅酶 A 还原酶去聚糖后其活性降低 90%

笔记栏

以上，脂蛋白脂肪酶*N*-连接型聚糖的核心五糖为酶活性所必需。糖蛋白的聚糖通常存在于蛋白质表面环或转角的序列处，并突出于蛋白质的表面。有些聚糖可能通过限制与它们连接的多肽链的构象自由度而起结构性作用。*O*-连接型聚糖常成簇地分布在蛋白质高度糖基化的区段上，有助于稳固多肽链的结构。

（二）聚糖参与糖蛋白新生肽链的折叠或聚合

不少糖蛋白的*N*-连接型聚糖参与新生肽链的折叠，维持蛋白质正确的空间构象。如用DNA定点突变方法去除某一病毒G蛋白的两个糖基化位点，此G蛋白就不能形成正确的链内二硫键而错配成链间二硫键，空间构象也发生改变。运铁蛋白受体有3个*N*-连接型聚糖，分别位于Asn251、Asn317和Asn727。已发现Asn727与肽链的折叠和运输密切相关；Asn251连接有三天线复杂型聚糖，此聚糖对于形成正常二聚体起重要作用，可见聚糖能影响亚基聚合。在哺乳类动物新生蛋白质折叠过程中，具有凝集素活性的分子伴侣——钙连蛋白（calnexin）和（或）钙网蛋白（calreticulin）等，通过识别并结合折叠中的蛋白质（聚糖）部分，帮助蛋白质进行准确折叠，同样也能使错误折叠的蛋白质进入降解系统。

（三）聚糖参与糖蛋白的转运和分泌

糖蛋白的聚糖可影响糖蛋白在细胞内靶向运输的典型例子是溶酶体酶合成后向溶酶体的靶向运输。溶酶体酶在内质网合成后，其聚糖末端的甘露糖在高尔基体被磷酸化成6-磷酸甘露糖，然后与溶酶体膜上的6-磷酸甘露糖受体识别、结合，定向转送至溶酶体内。若聚糖末端的甘露糖不被磷酸化，那么溶酶体酶只能被分泌至血浆，而溶酶体内几乎没有酶，可导致疾病产生。

（四）聚糖参与分子识别和细胞识别

聚糖中单糖间的连接方式有多种，这种结构的多样性是聚糖参与分子识别、细胞识别、细胞黏附、细胞分化、免疫识别、细胞信号转导、微生物致病过程和肿瘤转移过程等作用的结构基础。

猪卵细胞透明带中含有*O*-连接型聚糖，能识别精子并与之结合。受体与配体识别、结合也需聚糖的参与。如整合素（integrin）与其配体纤连蛋白结合，依赖完整的整合素*N*-连接型聚糖的结合；若用聚糖加工酶抑制剂处理白血病K562细胞，使整合素聚糖改变成高甘露糖型或杂合型，均可降低与纤连蛋白识别和结合的能力。ABO血型物质是存在于红细胞表面糖脂或糖蛋白中的聚糖组分。ABO系统中血型物质A和B均是在血型物质O的聚糖非还原端各加上GalNAc或Gal，仅一个糖基之差，使红细胞能分别识别不同的抗体，产生不同的血型。

细胞表面复合糖类的聚糖还能介导细胞-细胞的结合。血液循环中的白细胞需通过沿血管壁排列的内皮细胞，才能出血管至炎症组织。白细胞表面存在一类黏附分子称选凝素（selectin），其能识别并结合内皮细胞表面糖蛋白分子中的特异聚糖结构，白细胞以此与内皮细胞黏附，进而通过其他黏附分子的作用，使白细胞移动并完成出血管的过程。

免疫球蛋白G（IgG）属于*N*-连接糖蛋白，其聚糖主要存在于Fc段。IgG的聚糖可结合单核细胞或巨噬细胞上的Fc受体，并与补体C1q的结合和激活及诱导细胞毒等过程有关。若IgG去除聚糖，其铰链区的空间构象遭到破坏，上述与Fc受体和补体的结合功能就会丢失。

（五）聚糖结构携带大量生物信息

糖生物学研究表明，特异的聚糖结构被细胞用来编码若干重要信息。各类多糖或聚糖的合成并没有类似核酸、蛋白质合成所需模板的指导，而聚糖中的糖基序列或不同糖苷键的形成，主要取决于糖基转移酶的特异性识别糖底物和催化作用。鉴于糖基转移酶由基因编码，所以糖基转移酶继续了基因至蛋白质信息流，将信息传递至聚糖分子。目前对聚糖携带大量生物信息的分子机制所知甚少，主要包括两方面。

1. 聚糖空间结构的多样性　聚糖结构的多样性和复杂性很可能赋予其携带大量生物信息的能力。复合糖类中的各种聚糖结构存在单糖种类、化学键连接方式及分支异构体的差异，形成千变万化的聚糖空间结构。尽管哺乳类动物单糖种类有限，但由于单糖连接方式、修饰方式的差异，使存在于聚糖中的单糖结构不计其数。例如，2个相同己糖的连接就有α与β1，2连接、1，3连接、1，4连接和1，6连接8种方式，加之聚糖中的单糖修饰（如甲基化、硫酸化、乙酰化、磷酸化等），所以从理论上计算，组成复合糖类中聚糖的己糖结构可能达10^{12}种之多；目前已知糖蛋白*N*-连接型聚糖中的己糖结构已有2000种。这种聚糖序列结构的多样性可能是其携带生物信息的基础。

2. 糖基转移酶和糖苷酶的调控作用　聚糖序列的多变性、空间结构的多样性提示其所含信息量

可能不亚于核酸和蛋白质。每一种聚糖都有一个独特的能被单一蛋白质阅读，并与其相结合的特定空间构象（语言），这就是现代糖生物学家假定的糖密码（sugar code）。如果真的存在着糖密码的话，那么糖密码是如何产生的，其上游分子又是什么？这是糖生物学研究领域面临的挑战。

已知构成聚糖的单糖种类与单糖序列是特定的，即存在于同一糖蛋白同一糖基化位点的聚糖结构通常是相同的（但也存在不均一性），提示"糖蛋白聚糖合成规律可能由上游分子控制"。基于目前对复合糖类中聚糖的生物合成过程了解，聚糖的合成受基因编码的糖基转移酶和糖苷酶调控。糖基转移酶的种类繁多，已被克隆的糖基转移酶就多达 130 余种，主要分布于内质网或高尔基体，参与聚糖的生物合成。除了受糖基转移酶和糖苷酶调控外，聚糖结构可能还受其他因素影响与调控。

微课 6-1

第 2 节　蛋白聚糖分子中的糖胺聚糖

蛋白聚糖（proteoglycan）是一类非常复杂的复合糖类，以聚糖含量为主，由糖胺聚糖（glycosaminoglycan，GAG）共价连接于不同核心蛋白质形成的糖复合体。一种蛋白聚糖可含有一种或多种糖胺聚糖。除糖胺聚糖外，蛋白聚糖还含有一些 *N*- 或 *O*- 连接型聚糖。核心蛋白质种类颇多，加之核心蛋白质相连的糖胺聚糖的种类、长度及硫酸化程度等复杂因素，蛋白聚糖的种类更为繁多。

一、糖胺聚糖的结构

糖胺聚糖是由己糖醛酸和己糖胺组成的二糖单位重复连接而成的杂多糖，不分支。二糖单位中一个是糖胺（*N*- 乙酰葡糖胺或 *N*- 乙酰半乳糖胺），另一个是糖醛酸（葡糖醛酸或艾杜糖醛酸）。由于糖胺聚糖的二糖单位含有糖胺故而得名。体内重要的糖胺聚糖有 6 种：硫酸软骨素（chondroitin sulfate）、硫酸皮肤素（dermatan sulfate）、硫酸角质素（keratan sulfate）、透明质酸（hyaluronic acid）、肝素（heparin）和硫酸类肝素（heparan sulfate）。这些糖胺聚糖都是由重复的二糖单位组成（图 6-4）。除透明质酸外，其他的糖胺聚糖都带有硫酸。

图 6-4　重要的糖胺聚糖的重复二糖单位

笔记栏

1. 硫酸软骨素　硫酸软骨素的二糖单位由 *N*- 乙酰半乳糖胺和葡糖醛酸组成，最常见的硫酸化部位是 *N*- 乙酰半乳糖胺残基的 C_4 和 C_6 位。单个聚糖约有 250 个二糖单位，许多这样的聚糖与核心蛋白质以 *O*- 连接方式相连，形成蛋白聚糖。

2. 硫酸皮肤素　硫酸皮肤素分布广泛，其二糖单位与硫酸软骨素很相似，仅一部分葡糖醛酸为艾杜糖醛酸所取代，所以硫酸皮肤素含有两种糖醛酸。葡糖醛酸转变为艾杜糖醛酸是在聚糖合成后进行，由差向异构酶催化。

3. 硫酸角质素　硫酸角质素的二糖单位由半乳糖和 *N*- 乙酰葡糖胺组成。它所形成的蛋白聚糖可分布于角膜中，也可与硫酸软骨素共同组成蛋白聚糖聚合物，分布于软骨和结缔组织中。

4. 透明质酸　透明质酸的二糖单位为葡糖醛酸和 *N*- 乙酰葡糖胺。一分子透明质酸可由 50 000 个二糖单位组成，但它所连接的蛋白质部分很小。透明质酸分布于关节滑液、眼的玻璃体及疏松的结缔组织中。

5. 肝素和硫酸类肝素　肝素的二糖单位为葡糖胺和艾杜糖醛酸（iduronic acid），葡糖胺的氨基氮和 C_6 位均带有硫酸。肝素合成时都是葡糖醛酸，然后差向异构化为艾杜糖醛酸，并随之进行 C_2 位硫酸化。肝素所连接的核心蛋白质几乎仅由丝氨酸和甘氨酸组成。肝素分布于肥大细胞内，有抗凝作用。硫酸类肝素是细胞膜成分，突出于细胞外。

二、核心蛋白质的结构

与糖胺聚糖链共价结合的蛋白质称为核心蛋白质。核心蛋白质均含有相应的结合糖胺聚糖的结构域，一些蛋白聚糖通过核心蛋白质特殊结构域锚定在细胞表面或细胞外基质的大分子中。

核心蛋白质最小的蛋白聚糖称为丝甘蛋白聚糖（serglycan），含有肝素，主要存在于造血细胞和肥大细胞的储存颗粒中，是一种典型的细胞内蛋白聚糖。

黏结蛋白聚糖（syndecan）的核心蛋白质分子质量为 3.2 万，含有胞质结构域、插入质膜的疏水结构域和胞外结构域，其细胞外结构域连接有硫酸肝素和硫酸软骨素，是细胞膜表面主要蛋白聚糖之一。

饰胶蛋白聚糖（decorin）的核心蛋白质分子质量为 3.6 万，富含亮氨酸重复序列的模体，它能与胶原相互作用，调节胶原纤维的形成和细胞外基质的组装。

蛋白聚糖聚合体（aggrecan）是细胞外基质的重要成分之一，由透明质酸长聚糖两侧经连接蛋白而结合许多蛋白聚糖而成，由于糖胺聚糖上羧基或硫酸根均带有负电荷，彼此相斥，所以在溶液中蛋白聚糖聚合物呈瓶刷状（图 6-5）。

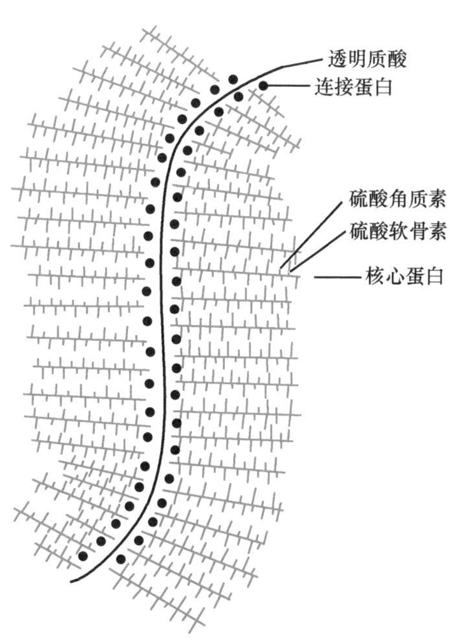

图 6-5　骨骺软骨蛋白聚糖聚合物

三、蛋白聚糖的合成

在内质网上，蛋白聚糖先合成核心蛋白质的多肽链部分，多肽链合成的同时即以 *O*- 连接或 *N*- 连接的方式在丝氨酸或天冬酰胺残基上进行聚糖加工。聚糖的延长和加工修饰主要是在高尔基体内进行，以单糖的 UDP 衍生物为供体，在多肽链上逐一加上单糖基，而不是先合成二糖单位。每一单糖都有其特异性的糖基转移酶，使聚糖依次延长。聚糖合成后再予以修饰，糖胺的氨基来自谷氨酰胺，硫酸则来自“活性硫酸”即 3′- 磷酸腺苷 -5′- 磷酰硫酸。差向异构酶可将葡糖醛酸转变为艾杜糖醛酸。

四、蛋白聚糖的功能

（一）细胞间基质的重要成分

蛋白聚糖最主要的功能是构成细胞间基质。在细胞间基质中各种蛋白聚糖以特异的方式与弹性蛋白、胶原蛋白相连，赋予基质特殊的结构。基质中含有大量透明质酸，可与细胞表面的透明质酸受体结合，影响细胞与细胞的黏附、细胞迁移、增殖和分化等细胞行为。由于蛋白聚糖中的糖胺聚糖是多阴离子化合物，可结合 Na^+、K^+，从而吸收水分子；糖的羟基也是亲水的，所以基质内的蛋白聚糖可以吸引、保留水而形成凝胶，容许小分子化合物自由扩散但阻止细菌通过，起保护作用。

细胞表面也有众多类型的蛋白聚糖，大多数含有硫酸肝素，分布广泛，在神经发育、细胞识别结合和分化等方面起重要的调节作用。有些细胞还存在丝甘蛋白聚糖，它的主要功能是与带正电荷的蛋白酶、羧肽酶或组胺等相互作用，参与这些生物活性分子的储存和释放。

微课 6-2

（二）各种蛋白聚糖的特殊功能

肝素是重要的抗凝剂，能使凝血酶失活；肝素还能特异地与毛细血管壁的脂蛋白脂肪酶结合，促使后者释放入血。在软骨中硫酸软骨素含量丰富，维持软骨的机械性能。角膜的胶原纤维之间充满硫酸角质素和硫酸皮肤素，使角膜透明。在肿瘤组织中各种蛋白聚糖的合成发生改变，可能与肿瘤增殖和转移有关。

第3节 糖 脂

糖脂（glycolipid）是一种携有一个或多个以共价键连接糖基的复合脂质。由于脂质部分不同，糖脂可有鞘糖脂（glycosphingolipid）、甘油糖脂和类固醇衍生糖脂之分。鞘糖脂、甘油糖脂是细胞膜脂的主要成分，具有重要的生理功能。鞘糖脂和甘油糖脂代谢紊乱均可导致疾病的发生。

案例 6-1

患儿，男，9 个月。父母非近亲结婚，出生后 6 个月内状态良好，6 个月后发现发育迟缓，抬头不稳，不能翻身，不会坐，之后出现进展性的恶化。父母代诉患儿入院前 20 天出现低热，并伴有抽搐、口吐白沫。

体征：患儿肌张力减退，不能抓到自己的脖子，听觉敏锐，稍闻声响即出现惊跳现象。角膜知觉减退，屈光间质清晰，双目对强光及威吓动作无反射性，双侧黄斑区中央为一小樱桃红点。

辅助检查：实验室检查血清氨基己糖苷酶 A 的活性显著降低（其活性低于血清氨基己糖苷酶 A 总活性的 10%）。超声检查未见腹部器官巨大症。CT 检查双侧丘脑出现对称性高密度影（病灶），在双侧基底核有少许低密度影。MRI 检查在 T2 加权像上可见双侧基底核对称的异常高信号，脑白质胼胝体正常信号。双侧丘脑也见对称的异常信号，在 T2 加权像上呈低信号，T1 加权像上呈高信号。

初步诊断：根据临床表现和影像学检查结果，该患儿初步诊断为 G_{M2} 神经节苷脂贮积病，结合血清学检查结果明确诊断为 Tay-Sachs 病。

问题讨论： 试从鞘糖脂代谢角度分析 Tay-Sachs 病产生的生化机制。

一、鞘糖脂的结构与功能

鞘糖脂是神经酰胺被糖基化的糖苷化合物。与鞘磷脂一样，鞘糖脂也是以神经酰胺为母体的化合物。鞘磷脂分子中的神经酰胺 1- 位羟基被磷脂酰胆碱或磷脂酰乙醇胺化，而鞘糖脂分子中的神经酰胺 1- 位羟基被糖基化，形成糖苷化合物。鞘糖脂结构通式如下：

鞘糖脂的结构通式

鞘糖脂分子中单糖主要为 *D*- 葡萄糖、*D*- 半乳糖、*N*- 乙酰葡糖胺、*N*- 乙酰半乳糖胺、岩藻糖和唾液酸；脂肪酸成分主要为 16 ～ 24 碳的饱和与低度饱和脂肪酸，此外，还有相当数量的 *α*- 羟基脂肪酸。鞘糖脂又可根据分子中是否含有唾液酸或硫酸基成分，分为中性鞘糖脂和酸性鞘糖脂两类。

（一）中性鞘糖脂

中性鞘糖脂的糖基不含唾液酸或硫酸基成分，常见的糖基是半乳糖、葡萄糖等单糖，也有二糖、三糖。含单个糖基的中性鞘糖脂有半乳糖基神经酰胺（Galβ1，1Cer）和葡糖基神经酰胺（Glcβ1，1Cer），又称脑苷脂（cerebroside）（图 6-6A）。含二糖基的中性鞘糖脂有乳糖基神经酰胺（Galβ1，4Glcβ1，1Cer）。已知 ABH 和 Lewis 血型的细胞表面抗原物质也为鞘糖脂，通常由抗原决定簇的蛋白质部分与乳糖基神经酰胺共价连接成五糖基神经酰胺和六糖基神经酰胺。

鞘糖脂的疏水部分伸入膜的磷脂双层中，而极性糖基暴露在细胞表面，发挥血型抗原、组织或器官特异性抗原、分子与分子相互识别的作用。

（二）酸性鞘糖脂

酸性鞘糖脂依据其糖基部分含有酸性基团的不同分为硫苷脂和神经节苷脂。

1. 硫苷脂　鞘糖脂的糖基部分可被硫酸化，形成硫苷脂（sulfatide）。例如，脑苷脂被硫酸化，就形成最简单的硫苷脂，即硫酸脑苷脂（cerebroside sulfate）（图 6-6B）。硫苷脂广泛地分布于人体的各器官中，以脑中的含量为最多。硫苷脂可能参与血液凝固和细胞黏着等过程。

A. *N*-神经酰脑苷脂 (Galβ1→1Cer)　　B. 硫酸脑苷脂 (SO_4^--3Galβ1→1Cer)

G_{M1}　Galβ1→3GalNAcβ1→4Galβ1→4Glcβ1→1Cer（3←2 αSA）

G_{M2}　GalNAcβ1→4Galβ1→4Glcβ1→1Cer（3←2 αSA）

G_{M3}　4Galβ1→4Glcβ1→1Cer（3←2 αSA）

C. 神经节苷脂

图 6-6　几种鞘糖脂的化学结构

2. 神经节苷脂　糖基部分含有唾液酸的鞘糖脂，常称为神经节苷脂（ganglioside），属于酸性鞘糖脂。神经节苷脂分子中的糖基较硫苷脂大，常为含有 1 个或多个唾液酸的寡糖链。在人体内的神经节苷脂中神经酰胺全为 *N*- 乙酰神经氨酸，并以 *α*-2,3 连接于寡糖链内部或末端的半乳糖残基上，或以 *α*-2,6 连接于 *N*- 乙酰半乳糖胺残基上，或以 *α*-2,6 连接于另一个唾液酸残基上。

神经节苷脂是一类化合物，人体至少有 60 多种。神经节苷脂可根据含唾液酸的多少以及与神经酰胺相连的糖链顺序命名。M、D、T 分别表示含 1、2、3 个唾液酸的神经节苷脂；下标 1、2、3 表示与神经酰胺相连的糖链顺序：1 为 Gal-GalNAc-Gal-Glc-Cer；2 为 GalNAc-Gal-Glc-Cer；3 为 Gal-Glc-Cer。图 6-6C 显示了 G_{M1}、G_{M2}、G_{M3} 的结构。

神经节苷脂分布于神经系统中，在大脑中占总脂类的 6%，神经末梢含量丰富，种类繁多，在神经冲动传递中起重要作用。神经节苷脂位于细胞膜表面，其头部是复杂的碳水化合物，伸出细胞膜表面，可以特异地结合某些垂体糖蛋白激素，发挥很多重要的生理调节功能。神经节苷脂还参与细胞相互识别，因此，在细胞生长、分化，甚至癌变时具有重要作用。神经节苷脂也是一些细菌蛋白毒素（如霍乱毒素）的受体。神经节苷脂分解紊乱时，引起多种遗传性鞘糖脂过剩疾病（sphingolipid storage disease），如 Tay-Sachs 病，主要症状为进行性发育阻滞、神经麻痹、神经衰退等，其原因为溶酶体内先天性缺乏氨基己糖苷酶 A，不能水解神经节苷脂极性部分 GalNAc 和 Gal 残基之间的糖苷键而引起 G_{M2} 在脑中堆积。

案例 6-1 分析讨论

Tay-Sachs 病（Tay-Sachs disease）即家族性黑矇性痴呆，是一种与神经鞘脂代谢相关的常染色体隐性遗传病，溶酶体内先天性缺乏氨基己糖苷酶 A，故血清氨基己糖苷酶 A 活性显著降低，不能水解神经节苷脂极性部分 GalNac 和 Gal 残基之间的糖苷键而导致皮质和小脑的神经细胞及神经轴索内神经节苷脂 G_{M2} 积聚、沉淀，因此影像学检查可见双侧丘脑高密度影。

患儿出生时正常，出生后 4 ～ 6 个月开始对周围注意力下降，运动减少，肌张力降低，听觉过敏、惊跳、尖叫，肌阵挛发作或不自主发笑等首发早期表现。起病后 3 ～ 4 个月内病程迅速发展，头围增大，视力下降而逐步出现黑矇、视神经萎缩，体检可见瞳孔对光反应差，视网膜神经纤维变性使黄斑区血管脉络暴露，检眼镜检查 90% 以上患儿可见有诊断意义的眼底黄斑桃红色斑点。1 岁以后出现肢体肌张力增高，去皮质强直样角弓反张体位，痛苦尖叫病容，但叫不出声音。2 岁之后完全痴呆，全身频繁肌阵挛和抽搐发作，反应消失，吸吮和吞咽能力消失而需要鼻饲。平均病程 2 年左右，多数患儿在 3 ～ 4 岁之前夭折。

本病目前尚无有效的治疗方法，采用基因治疗有望治愈该病。预防措施：避免近亲结婚，进行遗传咨询、携带者基因检测、产前诊断和选择性人工流产等防止患儿出生。

二、甘油糖脂的结构与功能

甘油糖脂由甘油二酯分子 3 位上的羟基与糖苷键连接而成。最常见的甘油糖脂有单半乳糖基甘油二酯和二半乳糖基甘油二酯。甘油糖脂（glyceroglycolipid）也称糖基甘油脂，是髓磷脂的重要成分。髓磷脂（myelin）是包绕在神经元轴突外侧的脂质，起到保护和绝缘的作用。

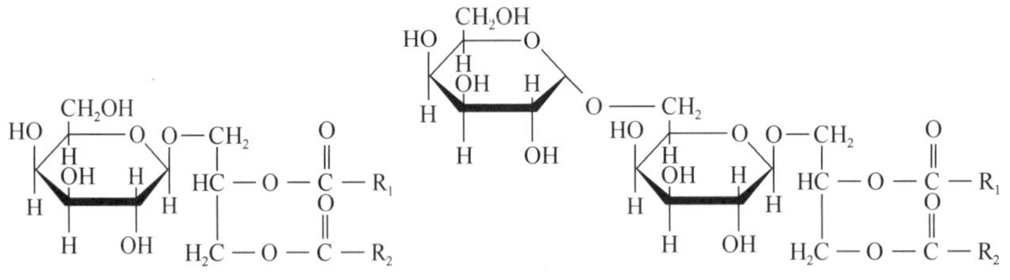

单半乳糖基甘油二酯　　　二半乳糖基甘油二酯

小　　结

糖蛋白和蛋白聚糖都由蛋白质部分和聚糖部分组成。糖蛋白聚糖有 *N*- 连接型和 *O*- 连接型之分。*N*- 连接型聚糖以共价键方式与糖基化位点即 Asn-X-Ser/Thr 序列中的天冬酰胺的酰胺氮连接，分为高甘露糖型、复杂型和杂合型，它们都是由特异的糖苷酶和糖基转移酶催化加工而成。*O*- 连接型聚糖与糖蛋白特定丝 / 苏氨酸残基侧链的羟基共价结合。糖蛋白的聚糖参与许多生物学功能，如影响新生肽链的加工、运输和糖蛋白的生物半衰期，参与糖蛋白的分子识别和生物活性等。复合糖类中聚糖结构的多样性和复杂性远高于核酸或蛋白质结构，很可能赋予其携带大量生物信息的能力。聚糖空

间结构的多样性受糖基转移酶和糖苷酶等多种因素的调控。

蛋白聚糖由糖胺聚糖和核心蛋白质组成。体内重要的糖胺聚糖有硫酸软骨素、硫酸肝素、透明质酸等。蛋白聚糖是主要的细胞外基质成分，它与胶原以特异的方式相连而赋予基质特殊的结构。细胞表面的蛋白聚糖还参与细胞黏附、迁移、增殖和分化等功能。

糖脂由鞘糖脂、甘油糖脂和类固醇衍生糖脂组成。鞘糖脂、甘油糖脂是细胞膜脂的主要成分。鞘糖脂是以神经酰胺为母体的化合物，根据分子中是否含有唾液酸或硫酸基成分又分为中性鞘糖脂和酸性鞘糖脂两类。脑苷脂是不含唾液酸的中性鞘糖脂；神经节苷脂是含唾液酸的酸性鞘糖脂，主要分布于神经系统，种类繁多，在神经冲动传递中起重要作用。

（肖建英）

笔记栏

第二篇　物质代谢与调节

从单细胞生物到人体，与环境不断地进行着各类物质交换，称为物质代谢或新陈代谢，这是生命体的基本特征。物质的交换包括生物体从外界环境中摄取营养物质，转化为机体的组成成分的同化作用，以及分解代谢产物并排出体外的异化作用。本篇涉及的物质主要包括糖、脂质、蛋白质、核酸等，都需经消化、吸收进入到体内，参与各自的合成和分解代谢。

糖类主要以葡萄糖的形式吸收，并能在体内以糖异生的方式进行合成，葡萄糖同时具备多条分解途径，但最重要的还是有氧氧化被彻底分解释放能量；脂质有脂肪、磷脂、胆固醇及胆固醇酯等多种形式，这些脂质也是食物中的重要营养物质，有着各自独特的合成和分解（或转化）方式，脂质是细胞和组织的成分，但脂肪主要作为能量的储备方式，其分解主要作用也是提供能量；氨基酸是蛋白质的基本组成单位，必需氨基酸在体内不能合成，只能由食物提供，转氨基和联合脱氨基既是分解也是合成的方式，氨基酸的基本功能是参与蛋白质合成；核酸虽然不作为营养物质，但也具有食物来源，体内核苷酸可以从头合成及补救合成，合成出现障碍或被抗代谢物干扰，则影响核酸的合成，导致细胞出现增殖减慢，影响个体的生长发育或肿瘤的发生发展。葡萄糖和脂肪的氧化方式主要是脱氢，辅酶携带的氢需要进入线粒体进行氧化磷酸化，能量以 ATP 的形式转移和利用。各种物质的代谢过程是以一些重要的代谢中间物作为纽带而相互联系，形成一个整体并受到精确调控。代谢进程的改变受关键酶的变化影响，后者则又受到激素、神经调节。多数代谢物可以相互转化，使得各种物质得以处于动态平衡，维持机体的正常生命活动并实现对环境的适应。当这种代谢平衡出现紊乱，则可能出现代谢性疾病。

本篇的学习在把握各种物质代谢过程、代谢调节及生理意义的基础上，需要从整体水平理解各种物质的代谢是处于一个代谢池，既存在着相互的影响、制约及转化，又受到统一的调节，最终体现在新陈代谢上的协调性和环境的适应性上，进而认识生命活动的基本规律和基本特征。

第 7 章 PPT

第 7 章　糖　代　谢

糖又称为碳水化合物，是人体生命活动的主要能量来源，也是机体的组成成分之一。糖的化学本质是多羟基醛、多羟基酮及相应的衍生物和多聚物。糖在自然界中分布十分广泛，几乎存在于所有的生物体内，植物体内含糖最多，占 85% ～ 95%，主要以淀粉（starch）、纤维素、杂多糖、戊多糖等形式存在，其中淀粉是人类食物的主要成分，纤维素等其他形式的糖由于人体内缺乏相应的水解酶而不能被利用。葡萄糖（glucose）和糖原（glycogen）是动物体内糖的主要存在形式，既是人类的食物成分，也是人体内糖的储存形式。人体每日食物中糖一般占 50% 以上，摄入的各种多糖经过消化吸收，主要以葡萄糖的形式吸收进入血液，进行各种形式的代谢过程。本章在列举糖的重要生理功能基础上，着重探讨人体内葡萄糖和糖原的来源及代谢去路，糖的来源途径主要包括：食物中糖类的消化、吸收和转运，以及内源性的糖异生合成途径；糖的代谢去路主要包括糖的无氧酵解、有氧氧化、磷酸戊糖途径以及糖原代谢等。机体内糖代谢以血糖作为枢纽，正常情况下血糖稳定在一定范围，影响血糖稳定的因素及相关的激素调节，是糖代谢异常疾病的主要原因。

第1节　概　　述

一、糖的生理功能

糖是人类食物中的重要成分，其消化产物被吸收后经血液循环运送到全身，可以被分解利用也可以以糖原的形式储存。糖在人体内的主要生理功能是为生命活动提供能源和碳源。作为机体主要的供能物质，糖提供了人体所需总能量的50%～70%，1mol葡萄糖在体内完全氧化可释放2840kJ的能量，其中约34%转化成ATP参与各类代谢过程。糖同时也是机体重要的碳源，许多代谢中间物参与了氨基酸、核苷酸、脂肪的合成；糖与蛋白质结合形成的糖蛋白（glycoprotein）是结缔组织、软骨和骨基质的基本成分，与脂质结合形成的糖脂（glycolipid）是神经组织和细胞膜的组成成分；糖还参与构成血浆蛋白、抗体、酶和某些激素等生理活性物质。

二、糖的消化吸收

食物中的糖类主要有大分子多糖——植物淀粉、纤维素和动物糖原，少量二糖——麦芽糖、蔗糖、乳糖，以及葡萄糖、果糖、半乳糖等单糖，由于人体缺少能特异水解*β*-1,4-糖苷键的纤维素酶，因而不能利用纤维素，但纤维素能刺激肠蠕动，有利于肠道的功能和机体健康。除单糖外，二糖和多糖都必须经过消化道中水解酶类分解为单糖后才能被吸收利用。

食物中的糖以淀粉为主，唾液和胰液中均含有*α*-淀粉酶（*α*-amylase），可催化水解淀粉分子内部的α-1,4-糖苷键。由于食物在口腔中停留时间一般都不长，胃中又缺乏水解糖类的酶，故食物淀粉的消化主要在小肠中进行。肠液中来自胰腺分泌的*α*-淀粉酶催化淀粉水解，生成麦芽糖、麦芽三糖（约占65%）以及含有分支的异麦芽糖（葡萄糖-*α*-1,6-葡萄糖）和*α*-极限糊精（约占35%），*α*-极限糊精是由4～9个葡萄糖残基构成的有支链的寡糖。二糖、三糖及寡糖的进一步消化在肠黏膜刷状缘进行。*α*-葡萄糖苷酶（包括麦芽糖酶）水解麦芽糖及麦芽三糖，*α*-极限糊精酶（包括异麦芽糖酶）则能水解*α*-1,4-糖苷键和*α*-1,6-糖苷键，将*α*-极限糊精和异麦芽糖水解为葡萄糖。此外，肠黏膜细胞内还含有*β*-葡萄糖苷酶类（包括蔗糖酶和乳糖酶），可水解蔗糖和乳糖。有部分人由于缺乏乳糖酶，食用牛奶后发生乳糖消化吸收障碍，引起腹胀、腹泻等乳糖不耐症（lactose intolerance）。

食物淀粉经过上述消化过程生成单糖后，才能在小肠上段经肠黏膜细胞吸收入血。小肠黏膜有一种专一性的转运单糖的载体蛋白，称为Na^+依赖型葡萄糖转运蛋白（sodium-dependent glucose transporter，SGLT），SGLT与单糖之间的亲和力和糖浓度有关，而且对单糖分子结构有一定的选择性，只能与吡喃型单糖的第2位碳原子上有羟基和第5位碳原子上有游离羟甲基的单糖结合，并伴有Na^+吸收的同向协同转运过程，Na^+为顺浓度梯度吸收，但需依赖钠泵并消耗ATP以维持该浓度梯度。SGLT的选择性使得小肠对半乳糖和葡萄糖的吸收速度远大于果糖、甘露糖、木酮糖和阿拉伯糖等。经小肠上皮细胞吸收的单糖，循门静脉进入血液循环，再输送到全身各组织器官加以利用。

三、葡萄糖的转运及代谢

血液中的葡萄糖需要进入各组织器官的细胞内才能进行代谢反应，这一过程依赖葡萄糖转运蛋白（glucose transporter，GLUT）。人体中已发现12种葡萄糖转运蛋白在不同组织细胞中起作用，其中GLUT1～5功能较为明确。GLUT1和GLUT3分布广泛，是细胞基本的葡萄糖转运体；GLUT2主要存在于肝细胞和胰腺B细胞，与葡萄糖亲和力较低，调节肝摄取葡萄糖并影响胰岛素分泌；GLUT4主要存在于脂肪和肌肉细胞中，以胰岛素依赖的方式摄取葡萄糖，耐力训练能增加肌肉组织细胞中的GLUT4数量；GLUT5主要分布在小肠，主要转运果糖进入细胞。葡萄糖转运蛋白分布的差异反映了各组织糖代谢各具特色，若组织细胞摄取葡萄糖出现障碍则可能导致高血糖的发生。1型糖尿病患者由于胰岛素分泌不足，导致脂肪和肌肉组织细胞中的GLUT4移位至细胞膜减少，对葡萄糖的转运和利用能力相应降低。

细胞内糖的代谢包括糖的分解代谢与糖的合成代谢，体内绝大多数组织细胞都能有效地转运葡萄糖，但利用能力各不相同，分解代谢的途径也不完全相同，这与代谢酶的差异分布相关。糖在体内分解代谢的主要途径有4条：①糖的无氧分解（糖酵解）；②糖的有氧氧化；③磷酸戊糖途径；④糖醛酸途径。代谢途径在很大程度上还受供氧状况的影响：氧充足时糖进行有氧氧化分解成CO_2和H_2O，而在缺氧情况下则进行糖酵解生成乳酸。不同分解途径产物也不同，发挥着不同的生理作用。糖的合成代谢包括糖原合成和糖异生。葡萄糖经合成代谢聚合成糖原，储存在肝或肌肉组织中。甘油、乳酸、丙氨酸等非糖物质可以经糖异生途径转变成葡萄糖或糖原，这是饥饿条件下糖的重要来源方式。

第2节　糖的无氧分解

一、糖无氧分解的反应过程

机体细胞质中一分子葡萄糖经10步反应分解成两分子丙酮酸，这是糖酵解（glycolysis）的过程。在无氧或氧供应不足时，人体组织细胞或某些微生物中丙酮酸被还原成乳酸，并生成少量ATP，整个过程称为糖的无氧分解（anaerobic degradation）或乳酸发酵（lactic acid fermentation）。酵母细胞能使丙酮酸转变为乙醇和CO_2，称为生醇发酵（ethanol fermentation）。在有氧的条件下，丙酮酸进入线粒体，彻底氧化成H_2O和CO_2，即为有氧氧化（aerobic oxidation）。可见，糖的无氧分解可分成两个阶段：糖酵解及乳酸生成过程。

（一）糖酵解

1. 葡萄糖磷酸化生成葡萄糖-6-磷酸（glucose-6-phosphate，G-6-P）　细胞内葡萄糖代谢的第一步反应是磷酸化，由ATP提供磷酸基团转移到葡萄糖，生成葡萄糖-6-磷酸，反应消耗1分子ATP，$\Delta G^{\ominus}$=−16.7kJ/mol，不可逆，是糖酵解过程中第一个限速步骤。葡萄糖-6-磷酸可以看作是葡萄糖的活化形式，分子能级升高，不能自由通过细胞膜而逸出细胞。催化此步反应的酶是己糖激酶（hexokinase，HK），需Mg^{2+}参加，哺乳类动物体内已发现4种己糖激酶的同工酶，分别为Ⅰ～Ⅳ型，其中Ⅳ型存在于肝和胰腺B细胞中，对葡萄糖的亲和力较低（K_m值约为10mmol/L）并受激素调控，称为葡萄糖激酶（glucokinase，GK）；Ⅰ～Ⅲ型HK对葡萄糖的亲和力高，K_m值在0.1mmol/L左右。GK在调节葡萄糖的磷酸化及维持血糖水平稳定方面起着重要的生理作用，当血糖浓度升高时，GK的活性增高，肝可不断地将葡萄糖变为葡萄糖-6-磷酸而缓解血糖浓度的升高；血糖浓度降低时，GK活性降低，从而避免肝从血液中摄取过多的葡萄糖。

糖磷酸化后形成相对较活泼的产物，容易参与代谢反应，这也是生物化学代谢反应过程的普遍规律，即反应途径的第一步往往是反应底物的活化。葡萄糖-6-磷酸含有带负电荷的磷酸基团而不能透过细胞质膜，是细胞的一种保糖机制。

糖原分子中的葡萄糖基进行酵解时，先在糖原磷酸化酶的作用下生成葡萄糖-1-磷酸，然后在磷酸葡萄糖变位酶（phosphoglucose mutase）催化下转变为葡萄糖-6-磷酸。

2. 葡萄糖-6-磷酸异构化转变为果糖-6-磷酸（fructose-6-phosphate，F-6-P）　这是由磷酸己糖异构酶（phosphohexose isomerase）催化的己醛糖和己酮糖之间的异构化反应，$\Delta G^{\ominus}$=−1.7kJ/mol，是需要Mg^{2+}参加的可逆反应。

3. 果糖-6-磷酸再磷酸化生成果糖-1,6-二磷酸（fructose-1,6-biphosphate，F-1,6-BP或FBP）　这步磷酸化反应由ATP提供能量和磷酸基团，经磷酸果糖激酶-1（phosphofructokinase-1，PFK-1）催化，需Mg^{2+}参加，$\Delta G^{\ominus}$=−14.2kJ/mol，反应不可逆，是糖酵解的第二个限速步骤。体内还有磷酸果糖激酶-2（PFK-2），催化果糖-6-磷酸C_2位磷酸化，生成果糖-2,6-二磷酸（F-2,6-BP），它是PFK-1最强的变构激活剂，是果糖二磷酸酶-1的变构抑制剂，在糖酵解的调控上有重要作用。

4. 果糖-1,6-二磷酸裂解成两分子磷酸丙糖　由醛缩酶（aldolase）催化果糖-1,6-二磷酸裂解为磷酸二羟丙酮和3-磷酸甘油醛。此步反应可逆，其逆反应是一个醛缩反应，故催化此反应的酶称为醛缩酶或醇醛缩合酶。

5. 磷酸二羟丙酮转变为3-磷酸甘油醛　磷酸二羟丙酮和3-磷酸甘油醛互为同分异构体，可在磷酸丙糖异构酶（phosphotriose isomerase）的催化下互相转变。当反应达到平衡时，反应体系中磷酸二羟丙酮占96%，3-磷酸甘油醛只占4%，但由于3-磷酸甘油醛不断地消耗，进入糖酵解后续的反应。因此该平衡反应主要是磷酸二羟丙酮不断地转变成3-磷酸甘油醛，结果相当于1分子果糖-1,6-二磷酸生成了2分子3-磷酸甘油醛。此外，磷酸二羟丙酮还能转变成α-磷酸甘油，使糖代谢与脂代谢相联系。

6. 3-磷酸甘油醛氧化为1,3-二磷酸甘油酸　在NAD^+及H_3PO_4存在下，3-磷酸甘油醛脱氢酶（glyceraldehydes-3-phosphate dehydrogenase）催化3-磷酸甘油醛的醛基氧化为羧基以及羧基的磷酸化，脱氢氧化时释出的能量可保存于羧酸与磷酸构成的混合酸酐内，生成一个含有高能磷酸键的1,3-二磷酸甘油酸。3-磷酸甘油醛脱氢酶是一含巯基的酶，碘乙酸可强烈抑制此酶活性。

7. 1,3-二磷酸甘油酸生成3-磷酸甘油酸　反应需要Mg^{2+}存在，3-磷酸甘油酸激酶（3-phosphoglycerate kinase）催化1,3-二磷酸甘油酸将其分子内的高能磷酸基转移给ADP，生成3-磷酸甘油

酸和ATP。这是糖酵解途径中第一次生成ATP的反应，这种ADP（或其他核苷二磷酸）的磷酸化与底物的高能化学键的转移直接相偶联生成ATP的反应过程称为底物水平磷酸化（substrate-level phosphorylation）。

8. 3-磷酸甘油酸转变为2-磷酸甘油酸 反应是发生了一次磷酸基的位置变化，从3-磷酸甘油酸的C_3位转移到C_2位，由磷酸甘油酸变位酶（phosphoglycerate mutase）催化，需要Mg^{2+}参与，反应是可逆的。

9. 2-磷酸甘油酸脱水生成磷酸烯醇式丙酮酸（phosphoenolpyruvate，PEP） 此步反应由烯醇化酶（enolase）催化，需Mg^{2+}或Mn^{2+}参加，反应可逆且标准自由能变化不大。2-磷酸甘油酸在脱水过程中分子内部能量重新分布，集中于C_2位的磷酸酯键上，生成具有高能键的磷酸烯醇式丙酮酸。氟化物能络合Mg^{2+}而抑制烯醇化酶的活性，从而抑制糖酵解。红细胞内发生的糖酵解会导致血浆葡萄糖测定结果偏低，因此常用氟化钠为抗凝剂来抑制红细胞的糖酵解。

10. 磷酸烯醇式丙酮酸转变为烯醇式丙酮酸 该步反应由丙酮酸激酶（pyruvate kinase，PK）催化，需要Mg^{2+}及K^+来激活酶的活性。磷酸烯醇式丙酮酸分子内的高能磷酸键转给ADP，从而生成ATP和烯醇式丙酮酸，这是糖酵解途径中第二次底物水平磷酸化。烯醇式丙酮酸化学性质不稳定，生成后可经分子重排而自动转变为丙酮酸，不需要酶的催化。PEP释放的能量除了转移至ADP生成ATP外，还有大量的自由能以热能的形式释放，故在生理条件下此步反应是不可逆的，这是糖酵解途径中第三个限速步骤。

（二）丙酮酸还原为乳酸

乳酸脱氢酶（lactate dehydrogenase，LDH）催化丙酮酸还原为乳酸，辅酶是NAD^+或$NADH+H^+$。丙酮酸还原所需的H来自$NADH+H^+$，$NADH+H^+$的H又来自糖酵解途径中3-磷酸甘油醛脱氢反应。在缺氧情况下，3-磷酸甘油醛脱氢生成的$NADH+H^+$用以使丙酮酸还原生成乳酸，NAD^+则重新形成，继续参与脱氢反应，使得糖酵解得以不断进行；当供氧充足时，细胞质中生成的$NADH+H^+$通过α-磷酸甘油穿梭或苹果酸-天冬氨酸穿梭进入线粒体，其携带的氢经电子传递链（呼吸链）最终传递给氧，生成H_2O和ATP。糖的无氧分解的全部反应过程见图7-1。

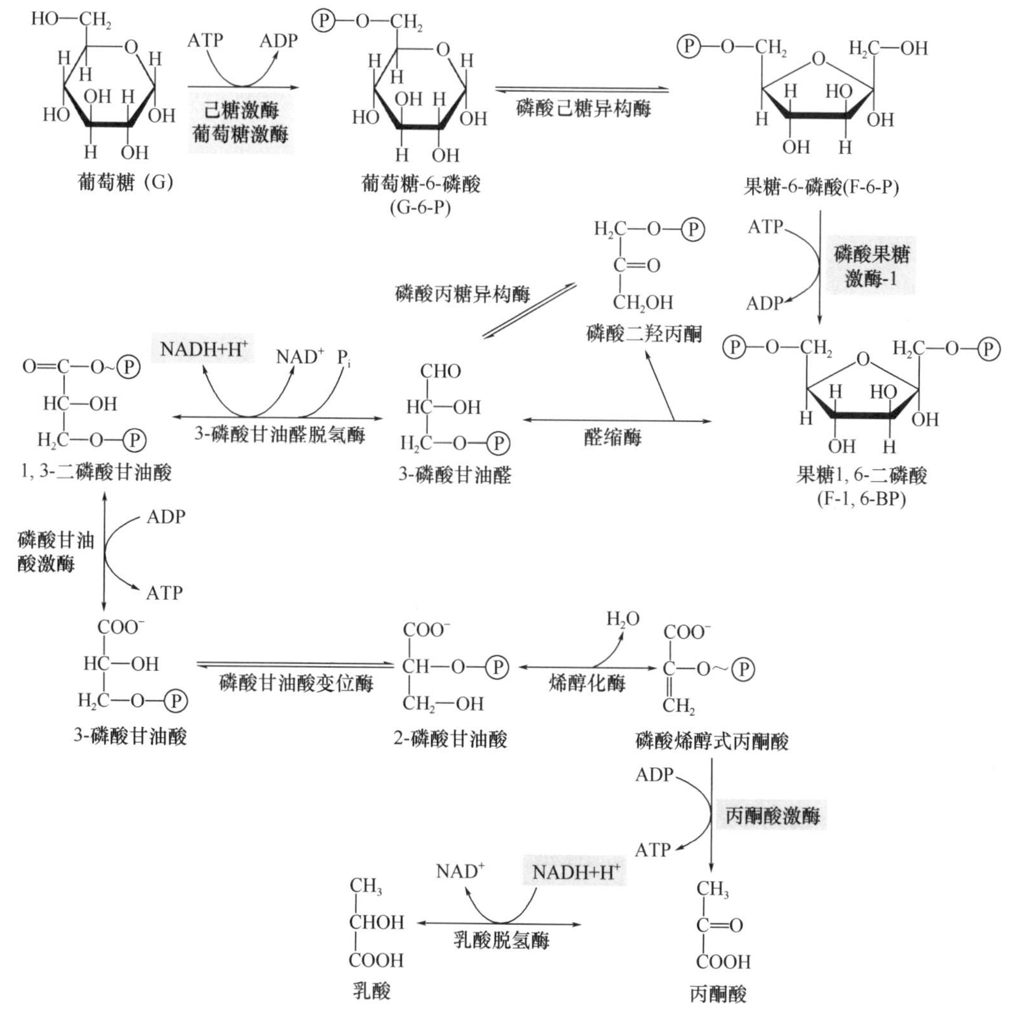

图7-1 糖的无氧分解

糖无氧分解的最终产物是乳酸和少量 ATP。此途径的所有酶均分布于细胞质中，其中己糖激酶、磷酸果糖激酶 -1 和丙酮酸激酶是糖酵解的关键酶。1mol 葡萄糖通过无氧分解可净生成 2mol ATP（表 7-1）；若从糖原开始，1mol 葡萄糖单位则可净生 3mol ATP。

表 7-1　糖酵解过程中 ATP 的生成

1mol 葡萄糖经过下列反应	生成 ATP（mol）
葡萄糖 → G-6-P	–1
F-6-P → F-1,6-BP	–1
2× 1,3- 二磷酸甘油酸 → 2× 3- 磷酸甘油酸	2×1
2× 磷酸烯醇式丙酮酸 → 2× 烯醇式丙酮酸	2×1
净生成	2

微课 7-1

二、糖酵解的调节

糖酵解过程中多数反应是可逆的。这些可逆反应的速率、方向由底物和产物浓度决定，催化反应的酶活性变化不能决定反应的方向。但是在酵解途径中有 3 个反应速率慢，不可逆，分别由磷酸果糖激酶 -1、丙酮酸激酶和已糖激酶（葡萄糖激酶）催化，是糖酵解途径流量的 3 个调节点，这 3 个限速酶均受变构效应剂和激素的调节。

（一）磷酸果糖激酶 -1

磷酸果糖激酶 -1 被认为是糖酵解途径流量最重要的调节点。该酶是四聚体，受多种变构效应剂的影响。ATP 和柠檬酸是磷酸果糖激酶 -1 的变构抑制剂。ATP 与变构部位结合抑制酶的活性，同时 ATP 又是该酶的底物，与活性中心内的催化部位结合。ATP 与变构部位亲和力低，细胞内 ATP 达到一定浓度才能抑制酶活性使糖酵解减弱。而 AMP、ADP、果糖 -1,6- 二磷酸和果糖 -2,6- 二磷酸是磷酸果糖激酶 -1 的变构激活剂，AMP 可以与 ATP 竞争变构部位，抵消 ATP 的抑制作用。果糖 -2,6- 二磷酸是磷酸果糖激酶 -1 最强的变构激活剂，与 AMP 一起消除 ATP、柠檬酸的变构抑制作用。果糖 -1,6- 二磷酸是磷酸果糖激酶 -1 催化的产物，这是罕见的产物正反馈激活酶的催化功能。

（二）丙酮酸激酶

丙酮酸激酶是糖酵解第二个重要的调节点。果糖 -1,6- 二磷酸是丙酮酸激酶的变构激活剂，ATP 是变构抑制剂，在肝内丙氨酸也有变构抑制作用。丙酮酸激酶还受共价修饰方式调节，依赖 cAMP 的蛋白激酶和依赖 Ca^{2+}、钙调蛋白的蛋白激酶均可使其磷酸化而失活，胰高血糖素可以通过 cAMP 依赖的蛋白激酶途径使其失活。

（三）已糖激酶

已糖激酶受其反应产物葡萄糖 -6- 磷酸的反馈抑制。肝内的葡萄糖激酶没有葡萄糖 -6- 磷酸的变构部位，因此不受葡萄糖 -6- 磷酸的影响，但受到长链脂酰 CoA 的变构抑制作用，这对饥饿时减少肝和其他组织摄取葡萄糖有一定意义。胰岛素可诱导葡萄糖激酶基因的转录，促进酶的合成。

三、糖酵解的生理意义

一般情况下，人体主要靠糖的有氧氧化供能，但当机体缺氧或因剧烈运动肌肉供血相对不足时，则主要依靠糖酵解供能。糖酵解是机体迅速获取能量的重要方式，特别是对肌肉组织显得尤为重要。肌肉组织中 ATP 含量仅为 5 ～ 7μmol/g 新鲜组织，肌肉收缩几秒钟就可全部耗尽这些储存的 ATP。葡萄糖进行有氧氧化的过程比糖酵解长得多，即使不缺氧也很难及时满足肌肉快速收缩时对 ATP 的生理需要，而通过糖酵解则可迅速获得 ATP，剧烈运动时更是主要以这种方式快速获得能量而导致较多乳酸堆积。

在人体内成熟红细胞缺乏线粒体，其生命活动所需的能量完全依靠糖酵解供应。少数组织如视网膜、肾髓质、皮肤、睾丸等，即便在有氧条件下，也主要依靠糖酵解供能。此外，神经、白细胞、骨髓等代谢极为活跃，即使不缺氧，也常由糖酵解提供部分能量。此外，在一些病理情况下（如严重贫血、大量失血、呼吸障碍、循环衰竭等）可因供氧不足而使糖酵解加强，甚至可因糖酵解过度致使体内乳酸堆积过多而发生乳酸性酸中毒。

笔记栏

第3节 糖的有氧氧化

葡萄糖在有氧条件下彻底氧化分解生成 CO_2 和 H_2O，并释放大量能量的反应过程，称为糖的有氧氧化。有氧氧化是糖在体内氧化供能的主要方式，体内大多数组织细胞都通过糖的有氧氧化方式来获得能量。

一、有氧氧化的反应过程

糖的有氧氧化可分成三个阶段：第一阶段为细胞质当中葡萄糖→丙酮酸，与无氧分解的第一阶段相同；第二阶段是丙酮酸→乙酰 CoA，在线粒体中发生的氧化脱羧过程；第三阶段为三羧酸循环（tricarboxylic acid cycle，TCA cycle），将乙酰 CoA 彻底氧化分解过程。糖的有氧氧化可概括如图 7-2 所示。此外，代谢脱下的 H 通过呼吸链进行氧化磷酸化最终与 O 结合生成水，归于生物氧化的内容，是有氧氧化的下游过程。

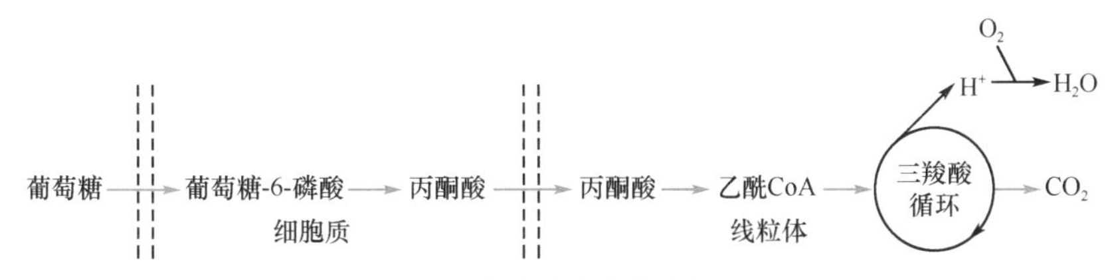

图 7-2 葡萄糖有氧氧化概况

（一）丙酮酸生成

同糖酵解的第一阶段。

（二）丙酮酸氧化脱羧生成乙酰 CoA

细胞质中生成的丙酮酸，经线粒体内膜上丙酮酸载体转运到线粒体内，在丙酮酸脱氢酶复合体（pyruvate dehydrogenase complex）催化下，氧化脱羧生成乙酰 CoA，其总反应为：

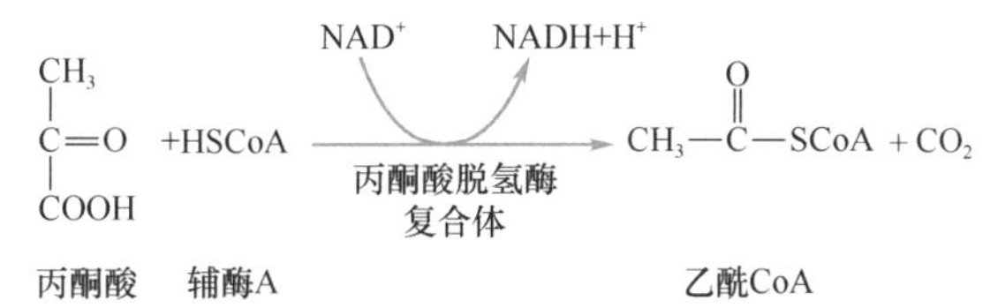

丙酮酸脱氢酶复合体由 3 种酶和 6 种辅助因子组成：丙酮酸脱氢酶 [E_1，辅酶为焦磷酸硫胺素（TPP），并需 Mg^{2+} 参与反应]、二氢硫辛酰胺转乙酰酶（E_2，辅基是硫辛酸和 HSCoA）、二氢硫辛酰胺脱氢酶（E_3，辅酶为 FAD，并需线粒体基质中的 NAD^+ 参与反应）。三种酶按一定比例组合成多酶复合体，不同生物体中组合比例有所不同。在哺乳动物细胞中，酶复合体由 60 个二氢硫辛酰胺转乙酰酶组成核心，周围排列着 20 个或 30 个丙酮酸脱氢酶和 6 个二氢硫辛酰胺脱氢酶，形成一个紧密的连锁反应机构，其催化效率极高。

丙酮酸氧化脱羧过程由下列 5 步反应组成，如图 7-3 所示。

（1）丙酮酸脱羧形成羟乙基 -TPP：丙酮酸脱氢酶（E_1）催化丙酮酸脱去羧基，与辅酶 TPP 结合形成羟乙基 -TPP，并产生 CO_2，反应需要 Mg^{2+} 参与。

（2）羟乙基 -TPP 形成乙酰硫辛酰胺：羟乙基 -TPP 的羟乙基被氧化成乙酰基并转移至硫辛酰胺，形成乙酰硫辛酰胺。

（3）乙酰硫辛酰胺生成二氢硫辛酰胺：由二氢硫辛酰胺转乙酰酶催化，乙酰硫辛酰胺上的乙酰基进一步转移给辅酶 A，生成乙酰 CoA，硫辛酰胺接受氧化过程中产生的 2 个 H 转变为还原型的二氢硫辛酰胺。

（4）二氢硫辛酰胺脱氢，由二氢硫辛酰胺脱氢酶催化将 2H 传递给 FAD，生成 $FADH_2$ 和硫辛酰胺。

（5）$FADH_2$ 上的 H 转移给 NAD^+，形成 $NADH+H^+$，仍由二氢硫辛酰胺脱氢酶催化。

笔记栏

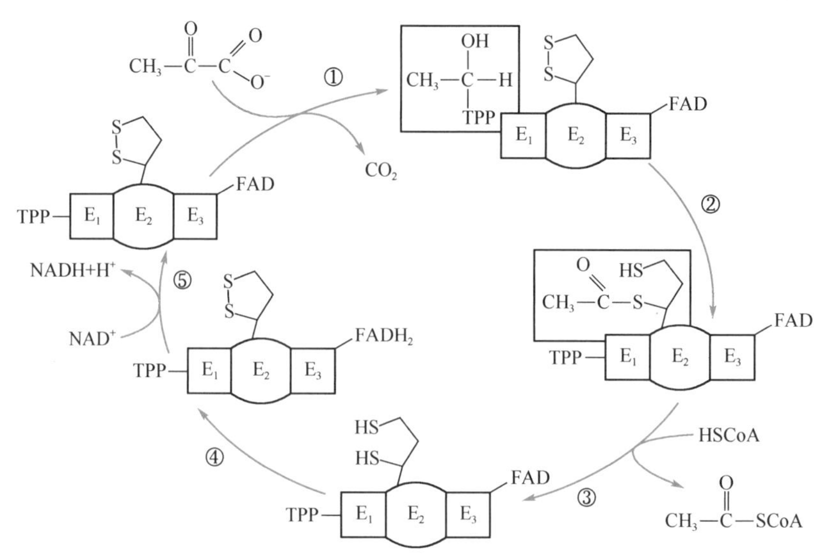

图 7-3 丙酮酸氧化脱羧过程

在整个 5 步反应中，中间产物均与酶复合体结合，使得各步反应能够连续而迅速进行，没有副反应发生，且$\Delta G^{\ominus}=-33.4$kJ/mol（-7.99kcal/mol），酶复合体催化的反应不可逆。

（三）三羧酸循环

三羧酸循环是线粒体内发生的从乙酰 CoA 与草酰乙酸缩合，形成含 3 个羧基的柠檬酸开始，经过一连串的代谢反应，使 1 分子乙酰基被彻底氧化，草酰乙酸重新形成所构成的一个循环反应过程，又称柠檬酸循环（citric acid cycle）或 Krebs 循环。该循环反应过程最早是由 Krebs 于 1937 年正式提出的，Krebs 也因此获得了 1953 年的诺贝尔生理学或医学奖。整个循环过程共有 8 步反应。

1. 柠檬酸的形成 由柠檬酸合酶（citrate synthase）催化，乙酰 CoA 与草酰乙酸（oxaloacetate）缩合为柠檬酸。HSCoA 失去乙酰基后重新游离出来，又可参与其他转酰基反应。

$$\underset{\text{草酰乙酸}}{\begin{array}{l}O=C-COO^{-}\\ \quad\;|\\ \quad\;CH_2-COO^{-}\end{array}} + \underset{\text{乙酰CoA}}{CH_3-\overset{\overset{\displaystyle O}{\|}}{C}-SCoA} + H_2O \xrightarrow{\text{柠檬酸合酶}} \underset{\text{柠檬酸}}{\begin{array}{c}CH_2-COO^{-}\\ |\\ HO-C-COO^{-}\\ |\\ CH_2-COO^{-}\end{array}} + \underset{\text{辅酶A}}{HSCoA} + H^{+}$$

柠檬酸合酶是三羧酸循环中的第一个关键酶，它催化乙酰 CoA 的高能硫酯键加水分解，释放出较多的自由能（$\Delta G^{\ominus}=-32.2$kJ/mol）促进缩合反应，反应不可逆。而且柠檬酸合酶对草酰乙酸的亲和力很强，所以即使线粒体内草酰乙酸的浓度很低（约 10mmol/L），反应也能迅速进行。

2. 柠檬酸异构化生成异柠檬酸 在顺乌头酸酶（cis-aconitase）催化下，柠檬酸先脱水生成顺乌头酸，再加水变成异柠檬酸，原来在 C_2 上的羟基转到 C_3 上。当异构化反应平衡时，柠檬酸约占 90%，顺乌头酸占 4%，异柠檬酸占 6%。反应中间产物顺乌头酸仅与酶结合在一起以复合物的形式存在。由于异柠檬酸不断参加后续反应，故整个反应仍趋向于异柠檬酸的生成方向。

$$\underset{\text{柠檬酸}}{\begin{array}{c}CH_2-COO^{-}\\ |\\ HO-C-COO^{-}\\ |\\ CH_2-COO^{-}\end{array}} \underset{H_2O}{\overset{H_2O}{\rightleftharpoons}} \underset{\text{[顺乌头酸-酶]复合物}}{\begin{array}{c}CH_2-COO^{-}\\ |\\ C-COO^{-}\\ \|\\ CH-COO^{-}\end{array}} \underset{H_2O}{\overset{H_2O}{\rightleftharpoons}} \underset{\text{异柠檬酸}}{\begin{array}{c}CH_2-COO^{-}\\ |\\ H-C-COO^{-}\\ |\\ HO-C-COO^{-}\\ |\\ H\end{array}}$$

3. 异柠檬酸氧化脱羧生成 *α*- 酮戊二酸 在异柠檬酸脱氢酶（isocitrate dehydrogenase）的催化下，异柠檬酸脱氢生成 NADH+H^{+} 和不稳定的中间产物草酰琥珀酸，后者再脱羧形成 *α*- 酮戊二酸和 CO_2，在生理条件下是不可逆反应，是循环中的第一次氧化脱羧。

$$\begin{array}{l} CH_2—COO^- \\ H—C—COO^- \\ HO—C—COO^- \\ H \end{array} \xrightarrow[Mg^{2+}\ \ CO_2]{NAD^+\ \ NADH+H^+} \begin{array}{l} CH_2—COO^- \\ CH_2 \\ C—COO^- \\ \| \\ O \end{array}$$

异柠檬酸　　异柠檬酸脱氢酶　　α-酮戊二酸

细胞内存在着两种异柠檬酸脱氢酶：一种以 NAD^+ 为辅酶（仅存在于线粒体基质中）；另一种以 $NADP^+$ 为辅酶（大多存在于细胞质中，线粒体内也有少量）。需 NAD^+ 的异柠檬酸脱氢酶是三羧酸循环的第二个关键酶，因其催化的反应速度最慢，故它也是整个三羧酸循环的限速酶。该酶活性受 ADP 变构激活，ATP 和 NADH 则对其变构抑制。

4. *α*-酮戊二酸氧化脱羧生成琥珀酰CoA　催化*α*-酮戊二酸氧化脱羧的酶是*α*-酮戊二酸脱氢酶复合体（*α*-ketoglutarate dehydrogenase complex），与丙酮酸脱氢酶复合体相似，酶复合体同样包括 3 种酶（*α*-酮戊二酸脱氢酶、二氢硫辛酸琥珀酰基转移酶和二氢硫辛酸脱氢酶）和 6 种辅助因子（TPP、HSCoA、硫辛酸、FAD、NAD^+ 及 Mg^{2+}），作用机制与丙酮酸脱氢酶复合体也相似，也是不可逆反应。*α*-酮戊二酸脱氢酶复合体是三羧酸循环中第三个关键酶。

$$\begin{array}{l} CH_2—COO^- \\ CH_2 \\ C—COO^- \\ \| \\ O \end{array} + HSCoA \xrightarrow[Mg^{2+}\ \ CO_2]{NAD^+\ \ NADH+H^+} \begin{array}{l} CH_2—COO^- \\ CH_2 \\ C\sim SCoA \\ \| \\ O \end{array}$$

α-酮戊二酸　　α-酮戊二酸脱氢酶复合体　　琥珀酰CoA

5. 琥珀酰 CoA 转变为琥珀酸　在 GDP、无机磷酸和 Mg^{2+} 参与下，琥珀酰 CoA 合成酶（succinyl CoA synthetase）催化琥珀酰 CoA 转变为琥珀酸。反应过程中高能硫酯键的能量转移给 GDP 而生成 GTP，$\Delta G^{\ominus}$约 –33.5kJ/mol。GTP 在二磷酸核苷激酶的催化下，将高能磷酸键转移给 ADP 生成 ATP。这是三羧酸循环中唯一以底物水平磷酸化方式生成 ATP 的反应。

$$\begin{array}{l} CH_2—COO^- \\ CH_2 \\ C\sim SCoA \\ \| \\ O \end{array} \underset{琥珀酰CoA合成酶}{\overset{GDP+P_i\ \ \ GTP}{\rightleftharpoons}} \begin{array}{l} CH_2—COO^- \\ CH_2 \\ COO^- \end{array} + HSCoA$$

琥珀酰CoA　　琥珀酸

6. 琥珀酸氧化脱氢生成延胡索酸　在琥珀酸脱氢酶（succinate dehydrogenase）的催化下，琥珀酸脱氢氧化为延胡索酸。脱下的 2H 转给 FAD，使之还原为 $FADH_2$，再经过琥珀酸氧化呼吸链氧化生成 H_2O。

$$\begin{array}{l} CH_2—COO^- \\ CH_2 \\ COO^- \end{array} \underset{琥珀酸脱氢酶}{\overset{FAD\ \ \ FADH_2}{\rightleftharpoons}} \begin{array}{l} COO^- \\ CH \\ \| \\ HC \\ COO^- \end{array}$$

琥珀酸　　延胡索酸

琥珀酸脱氢酶是三羧酸循环中唯一存在于线粒体内膜上的酶。从心肌线粒体内膜分离的此酶由两个亚基组成，大亚基结合 FAD 并具有底物结合位点，小亚基与铁硫蛋白结合。该酶具有立体异构特异性，仅催化琥珀酸氧化生成反丁烯二酸（延胡索酸）而不生成顺丁烯二酸（马来酸），后者对机体有毒性。

7. 延胡索酸水化生成苹果酸　延胡索酸在延胡索酸酶（fumarase）的催化下，加水生成苹果酸。延胡索酸酶具有立体异构特异性，催化延胡索酸分子上加水时，H^+ 和 OH^- 以反式加成，因此只形成 L-苹果酸（L-malic acid）。

$$\begin{array}{l} COO^- \\ CH \\ \| \\ HC \\ COO^- \end{array} + H_2O \underset{延胡索酸酶}{\rightleftharpoons} \begin{array}{l} COO^- \\ HO—CH \\ CH_2 \\ COO^- \end{array}$$

延胡索酸　　L-苹果酸

8. 苹果酸脱氢生成草酰乙酸 在苹果酸脱氢酶（*L*-malate dehydrogenase）的催化下，苹果酸脱氢生成草酰乙酸和 $NADH+H^+$，草酰乙酸又可进入第二次三羧酸循环。在离体标准热力学条件下，反应有利于苹果酸的生成，但在生理条件下草酰乙酸不断被高度放能的柠檬酸合成反应所消耗，使草酰乙酸在细胞中浓度极低，因此有利于苹果酸脱氢酶催化苹果酸脱氢转变为草酰乙酸。

$$\underset{\text{苹果酸}}{\begin{matrix}COO^-\\ HO-CH\\ CH_2\\ COO^-\end{matrix}} \xrightleftharpoons[\text{苹果酸脱氢酶}]{NAD^+ \quad NADH+H^+} \underset{\text{草酰乙酸}}{\begin{matrix}O=C-COO^-\\ CH_2-COO^-\end{matrix}}$$

三羧酸循环的总反应为：

$$CH_3CO \sim SCoA+3NAD^+ + FAD+GDP+P_i+2H_2O \longrightarrow HS\text{-}CoA+2CO_2+3NADH+3H^+ + FADH_2+GTP$$

反应过程归纳如图 7-4 所示。

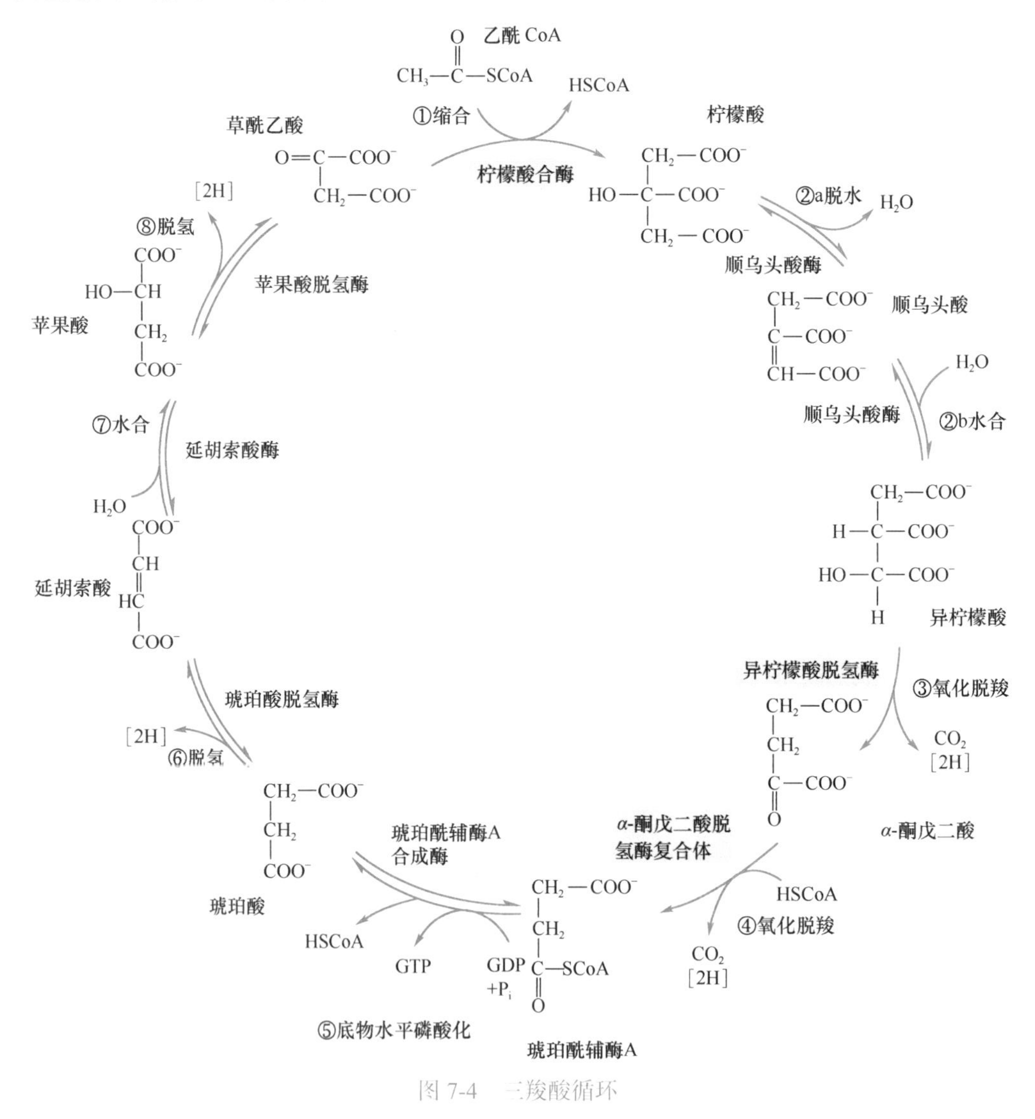

图 7-4 三羧酸循环

三羧酸循环是生物体内一个极其重要的代谢途径，现将其主要特点总结如下：

（1）三羧酸循环是在细胞线粒体内进行的一系列连续酶促反应。从乙酰 CoA 与草酰乙酸缩合为柠檬酸开始，到草酰乙酸的再生，构成一轮循环过程。每轮三羧酸循环的净结果是氧化了 1 分子乙酰 CoA，生成 2 分子 CO_2。

（2）每轮循环有 2 次脱羧和 4 次脱氢反应。2 次脱羧生成 2 分子 CO_2，但用 ^{14}C 标记乙酰 CoA 的研究表明，第一轮循环中并无 ^{14}C 出现于 CO_2 中，说明 CO_2 的碳原子是来自草酰乙酸而不是来自乙

酰 CoA。由于循环反应中的琥珀酸是对称分子，乙酰 CoA 的 2 个碳原子都作标记时，可使草酰乙酸的 4 个碳原子均带有 ^{14}C。第二轮循环时，才有 ^{14}C 出现在 CO_2 中。每轮循环有 4 次脱氢反应，然而在此循环中并没有看到生成 H_2O 和 ATP 的反应，实际上脱下的氢是在线粒体内经不同的氧化呼吸链途径生成 H_2O 和 ATP。其中，琥珀酸脱下的 2H 由 FAD 接受，其余 3 次脱氢均由 NAD^+ 接受。每分子 $FADH_2$ 经琥珀酸氧化呼吸链进行的氧化磷酸化生成 1.5 分子 ATP，而每分子 $NADH+H^+$ 经 NADH 氧化呼吸链氧化磷酸化可产生 2.5 分子 ATP（具体生成过程详见第 8 章）。因此，1 分子乙酰 CoA 进入三羧酸循环氧化分解，经脱氢氧化及经电子传递链氧化磷酸化可产生 9 分子 ATP，再加上琥珀酰 CoA 底物水平磷酸化产生的 1 分子 ATP，总共可生成 10 分子 ATP。

（3）三羧酸循环中有 3 个关键酶：柠檬酸合酶、异柠檬酸脱氢酶和 *α*- 酮戊二酸脱氢酶复合体，催化的反应是不可逆反应，故三羧酸循环不可逆。其中异柠檬酸脱氢酶是最主要的限速酶。

（4）体内凡是能转变为乙酰 CoA 的物质，都能进入三羧酸循环而被彻底氧化分解。

（5）三羧酸循环的中间代谢物，理论上讲可重复利用而不被消耗，但实际上循环中的某些成分经常由于参与体内各种相应的合成途径而被移去，所以必须不断通过各种途径加以补充，这种作用称为“添补反应”（anaplerotic reaction）。例如：草酰乙酸→天冬氨酸；草酰乙酸→丙酮酸→丙氨酸；*α*- 酮戊二酸→谷氨酸；柠檬酸转移出线粒体参与脂肪酸合成等。“添补反应”以草酰乙酸的补充最为重要，草酰乙酸主要由丙酮酸的羧化反应进行补充，也可通过苹果酸脱氢生成，无论哪种添补途径，其最终来源都是葡萄糖的分解代谢。因此糖的供应及代谢情况直接影响着乙酰 CoA 进入三羧酸循环的速度，不仅使三羧酸循环的中间代谢物不断得到补充和更新，保证三羧酸循环的正常运转和流量，也可将多种物质代谢过程彼此联系起来。

微课 7-2

二、有氧氧化生成的 ATP

（1）糖有氧氧化是机体获取能量的主要途径。1mol 葡萄糖经有氧氧化彻底分解可净生成 30 或 32mol ATP（表 7-2）；若从糖原开始进行糖的有氧氧化，则 1mol 葡萄糖单位可净生成 31 或 33mol ATP。因此维持体内糖有氧氧化的正常进行对维持正常生命活动具有极其重要的意义。

糖有氧氧化的总反应式为：

$$C_6H_{12}O_6+30/32ADP+30/32P_i+6O_2 \longrightarrow 30/32ATP+6CO_2+36H_2O$$

表 7-2 葡萄糖有氧氧化生成的 ATP

阶段	反应	辅酶	生成 ATP 数
第一阶段	葡萄糖→葡萄糖 -6- 磷酸		–1
	果糖 -6- 磷酸→果糖 -1,6- 二磷酸		–1
	2×3- 磷酸甘油醛→2×1,3- 二磷酸甘油酸	NAD^+	2×1.5*（或 2×2.5*）
	2×1,3- 二磷酸甘油酸→2×3- 磷酸甘油酸		2×1
	2× 磷酸烯醇式丙酮酸→2× 丙酮酸		2×1
第二阶段	2× 丙酮酸→2× 乙酰 CoA	NAD^+	2×2.5
第三阶段	2× 异柠檬酸→2×*α*- 酮戊二酸	NAD^+	2×2.5
	2×*α*- 酮戊二酸→2× 琥珀酰 CoA	NAD^+	2×2.5
	2× 琥珀酰 CoA→2× 琥珀酸		2×1
	2× 琥珀酸→2× 延胡索酸	FAD^+	2×1.5
	2× 苹果酸→2× 草酰乙酸	NAD^+	2×2.5
净生成			30（或 32）

* 细胞质中的 $NADH+H^+$ 的还原当量需进入线粒体内发生氧化磷酸化，存在 *α*- 磷酸甘油穿梭和苹果酸 - 天冬氨酸穿梭两种不同的进入方式，导致所生成的 ATP 数不同。

（2）糖有氧氧化是体内三大营养物质代谢的总枢纽。体内凡可转变为糖有氧氧化途径中间代谢物的物质，最终都能进入三羧酸循环而被氧化为 CO_2、H_2O 并生成 ATP。

需要强调的是，三羧酸循环中的中间代谢物通过本循环代谢，均可生成草酰乙酸，但不能认为

草酰乙酸再通过两轮三羧酸循环就可彻底氧化成 CO_2 和 H_2O，而应该是草酰乙酸经过穿梭转运出线粒体，由磷酸烯醇式丙酮酸羧激酶催化生成三碳的磷酸烯醇式丙酮酸，再转化成丙酮酸，丙酮酸又转变成二碳的乙酰 CoA 后再次进入三羧酸循环方可彻底氧化。

三羧酸循环不仅是体内糖分解代谢的重要途径，也是脂肪、蛋白质彻底氧化供能的共同通路。例如，蛋白质分解后生成的丙氨酸、谷氨酸、天冬氨酸转变成相应的丙酮酸、α- 酮戊二酸和草酰乙酸；脂肪酸氧化分解产生的乙酰 CoA，都可进入三羧酸循环被彻底氧化。不仅如此，三羧酸循环还是体内三大营养物质互相转变的重要枢纽。

（3）糖有氧氧化途径与体内糖的其他代谢途径（如糖酵解、磷酸戊糖途径及其他己糖的代谢等）有着密切的联系。

三、有氧氧化的调节

在有氧氧化的三个阶段中，糖酵解途径的调节前面已述，这里主要叙述丙酮酸脱氢酶复合体的调节及三羧酸循环的调节。

（一）丙酮酸脱氢酶复合体的调节

丙酮酸脱氢酶复合体可以通过变构效应和共价修饰两种方式影响酶的活性来进行快速调节。酶复合体催化的反应产物乙酰 CoA 及 $NADH+H^+$ 是酶的反馈抑制剂，当乙酰 CoA/HSCoA 升高时，酶活性被抑制；$NADH/NAD^+$ 升高也有同样的抑制作用。当机体处于饥饿、大量脂肪酸被动员利用时，这两种比例升高，从而抑制了丙酮酸进入有氧氧化，大多数组织器官利用脂肪酸作为能量来源，以确保脑等对葡萄糖的需要。ATP 对丙酮酸脱氢酶复合体有变构抑制作用，AMP 则是变构激活剂。丙酮酸脱氢酶复合体可被丙酮酸脱氢酶激酶磷酸化而失去活性，丙酮酸脱氢酶磷酸酶则使之去磷酸化而恢复活性。乙酰 CoA 和 $NADH+H^+$ 除对酶有直接抑制作用外，还可间接通过增强丙酮酸脱氢酶激酶的活性而使其失活。胰岛素可促进丙酮酸脱氢酶复合体的去磷酸化作用，使其从无活性向有活性转变。

（二）三羧酸循环的速率和流量的调控

在三羧酸循环中有三个不可逆反应，分别由柠檬酸合酶、异柠檬酸脱氢酶和 α- 酮戊二酸脱氢酶复合体催化。其中异柠檬酸脱氢酶和 α- 酮戊二酸脱氢酶复合体被认为是主要的调节点，两者在 $NADH/NAD^+$、ATP/ADP 值高时被反馈抑制。ADP 还是异柠檬酸脱氢酶的变构激活剂。另外，当线粒体内 Ca^{2+} 浓度升高时，Ca^{2+} 不仅可与异柠檬酸脱氢酶和 α- 酮戊二酸脱氢酶结合，降低其对底物的 K_m 而使酶激活；也可激活丙酮酸脱氢酶复合体，从而促进三羧酸循环和有氧氧化的进行。

四、巴斯德效应

法国科学家巴斯德（Pasteur）发现酵母菌在无氧条件下能使糖生醇发酵，若将其移至有氧环境时，生醇发酵则被抑制。糖有氧氧化抑制糖酵解的作用称为巴斯德效应（Pasteur effect）。动物肌肉组织中也存在此种效应。研究发现，无氧条件下丙酮酸不能进入三羧酸循环彻底氧化，而是被细胞质中的 $NADH+H^+$ 还原为乳酸，通过糖酵解途径消耗的葡萄糖量约为有氧时的 7 倍，其原因是缺氧时氧化磷酸化受阻，ADP 与无机磷酸不能合成 ATP，致使 ADP/ATP 值升高，激活糖酵解途径关键酶磷酸果糖激酶 -1 和丙酮酸激酶的结果。有氧时细胞质中产生的 $NADH+H^+$ 可进入线粒体内氧化，于是丙酮酸就进行有氧氧化而不生成乳酸，因此有氧氧化可抑制糖酵解。

第 4 节　磷酸戊糖途径

体内糖酵解和糖的有氧氧化是糖分解代谢的主要途径，此外，在肝、脂肪组织、泌乳期乳腺、肾上腺皮质、睾丸、红细胞及嗜中性粒细胞等还有磷酸戊糖途径（phosphopentose pathway），也称为己糖单磷酸旁路（hexose monophosphate shunt，HMS）。磷酸戊糖途径以糖酵解途径中的葡萄糖 -6- 磷酸为起始物，直接氧化脱羧生成磷酸戊糖，再经异构反应及中间代谢物分子之间的转酮醇基、转醛醇基反应，最终生成果糖 -6- 磷酸和 3- 磷酸甘油醛，重新回到糖酵解代谢途径。该途径的主要特点是能生成磷酸核糖、CO_2 和 $NADPH+H^+$，但不能直接生成 ATP。

一、磷酸戊糖途径的反应过程

案例 7-1

患儿，男，2岁，因面色苍白伴血尿2天入院。2天前患儿食新鲜蚕豆后，次日出现发热、恶心、呕吐，排浓茶色尿，面色苍白渐渐加重。追问病史，其母曾有类似病史。体检：T 38℃，P 148次/分，R 38次/分，BP 10.67/8kPa，呼吸急促，神清，精神萎靡，面色苍白，皮肤及巩膜黄染。睑结膜及口唇苍白，咽不红，心、肺无异常，肝大，脾无触及，双肾区无叩击痛，神经系统无异常。实验室检查：RBC 1.98×10^{12}/L，Hb 53g/L，血清总胆红素 85.5μmol/L，结合胆红素 13.7μmol/L，未结合胆红素 71.8μmol/L，肾功能正常。尿蛋白(++)，潜血(+)，尿胆红素(-)，尿胆素原(+)，尿镜下未见红细胞。

问题讨论：1. 该病初步诊断是什么？还需进行何种检测项目才可以确诊？

2. 该病的发病机制如何？

（一）脱氢氧化（葡萄糖-6-磷酸→5-磷酸核酮糖）

六碳的葡萄糖-6-磷酸由葡萄糖-6-磷酸脱氢酶（glucose-6-phosphate dehydrogenase，G6PD）催化生成6-磷酸葡萄糖酸内酯，再在内酯酶（lactonase）的作用下加水生成6-磷酸葡萄糖酸，后者在6-磷酸葡萄糖酸脱氢酶（6-phosphogluconate dehydrogenase）的催化下，经过氧化脱羧反应而生成五碳的5-磷酸核酮糖。上述两种脱氢酶的辅酶均为 $NADP^+$，两次脱氢反应脱下的2H均由 $NADP^+$ 接受而生成 $NADPH+H^+$。葡萄糖-6-磷酸脱氢酶是该途径的限速酶，它对 $NADP^+$ 有高度特异性，对 NAD^+ 的 K_m 值为 $NADP^+$ 的1000倍。上述反应是不可逆的。

（二）异构化反应

5-磷酸核酮糖在磷酸戊糖异构酶（phosphopentose isomerase）的催化下异构为5-磷酸核糖；而由磷酸戊糖差向异构酶（phosphopentose epimerase）催化下则转变为5-磷酸木酮糖。

（三）基团转移

共有2种特殊的酶分别催化二碳和三碳基团的转移作用。首先，在转酮醇酶（transketolase）的催化下，将5-磷酸木酮糖分子中的酮醇基（二碳单位）转移至5-磷酸核糖的醛基碳原子上，从而生成七碳的7-磷酸景天庚酮糖和三碳的3-磷酸甘油醛。7-磷酸景天庚酮糖又在转醛醇酶（transaldolase）的催化下将醛醇基（三碳单位）转移至3-磷酸甘油醛的醛基碳原子上，生成六碳的果糖-6-磷酸和四碳的4-磷酸赤藓糖。4-磷酸赤藓糖进一步与另一分子5-磷酸木酮糖进行转酮醇基反应，生成果糖-6-磷酸和3-磷酸甘油醛。

上述脱氢氧化、异构化反应和基团转移反应，可以看成3分子葡萄糖-6-磷酸经过磷酸戊糖途径生成3分子 CO_2、6分子 $NADPH+H^+$、2分子果糖-6-磷酸和1分子3-磷酸甘油醛，总反应式为：

$$3\times \text{葡萄糖-6-磷酸} + 6NADP^+ \rightarrow 2\times \text{果糖-6-磷酸} + \text{3-磷酸甘油醛} + 6NADPH + 6H^+ + 3CO_2$$

磷酸戊糖途径的全部反应见图7-5。

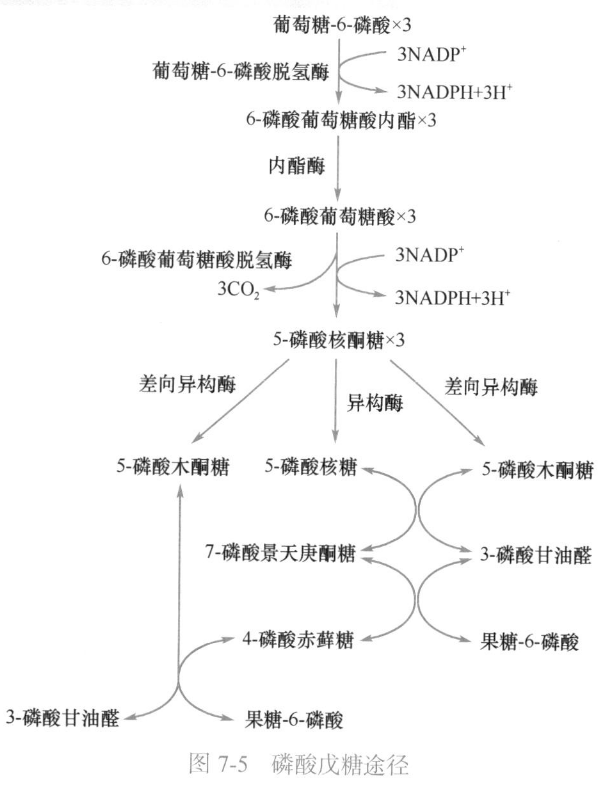

图7-5 磷酸戊糖途径

二、磷酸戊糖途径的调节

葡萄糖-6-磷酸脱氢酶是磷酸戊糖途径的第一个酶，又是限速酶，其活性决定葡萄糖-6-磷酸进入此旁路的流量。因此磷酸戊糖途径的调节点主要是葡萄糖-6-磷酸脱氢酶，该酶的快速调节主要受

$NADPH/NADP^+$ 值的影响。

（一）高糖饮食的影响

高糖饮食时肝中葡萄糖 -6- 磷酸脱氢酶含量明显增多（可增加10倍），产生更多的 $NADPH+H^+$，用以合成脂肪酸所需的原料。

（二）$NADPH+H^+$ 的影响

$NADPH+H^+$ 对葡萄糖 -6- 磷酸脱氢酶有明显的抑制作用。当 $NADPH/NADP^+$ 大于10时，其抑制作用可达90%。相反，比例降低时激活。因此，磷酸戊糖途径的流量取决于 $NADPH+H^+$ 的浓度。

（三）组织细胞对 $NADPH+H^+$ 和 5- 磷酸核糖相对需要量的调节

$NADPH+H^+$ 和 5- 磷酸核糖是磷酸戊糖途径的主要产物，若细胞对 $NADPH+H^+$ 的需要量多于对 5- 磷酸核糖的需要量时，则过多的磷酸戊糖可经基团转移变为磷酸己糖进行代谢；若 5- 磷酸核糖需要量增加时，果糖 -6- 磷酸可以转变为 5- 磷酸核糖以供机体之需。

（四）该途径的中间代谢物的影响

7- 磷酸景天庚酮糖、4- 磷酸赤藓糖和 6- 磷酸葡萄糖酸是磷酸葡萄糖异构酶的抑制剂，而果糖 -1,6- 二磷酸又是葡萄糖 -6- 磷酸脱氢酶的抑制剂，因此磷酸戊糖途径与糖有氧氧化和糖酵解途径之间也存在着互相制约的关系。

案例 7-1 分析 1

蚕豆病是由于G6PD缺乏者进食新鲜蚕豆或接触蚕豆花粉或服用抗疟药或磺胺药物等引起的急性溶血性贫血。临床表现以贫血、黄疸、血红蛋白尿（浓茶色或酱油样）为主。本病常起病突然，自然转归一般呈良性经过。本病以3岁以下小儿多见，也有成年发病者，男性显著多于女性。

本病患儿为2岁男孩，有服蚕豆病史，发病迅速，出现贫血、黄疸和血红蛋白尿。实验室检查符合溶血性贫血的改变（RBC和Hb下降；未结合胆红素明显升高，结合胆红素不高；尿胆素原明显升高，尿胆红素阴性），基本可诊断。

如需进一步确诊，还需做高铁血红蛋白还原试验、荧光斑点试验和红细胞G6PD活性检测。

蚕豆病患者可因G6PD缺乏，NADPH生成不足，出现高铁血红蛋白还原率降低。

荧光斑点试验是利用G6PD能使 $NADP^+$ 还原为NADPH，后者在紫外线照射下会发生荧光。在G6PD活性正常时10分钟内出现荧光，G6PD中度缺乏者10～30分钟内出现荧光，严重缺乏者30分钟内不出现荧光。

红细胞G6PD活性则可直接检测，蚕豆病患者G6PD活性下降或缺乏，该指标可作为蚕豆病的确诊依据之一。

三、磷酸戊糖途径的生理意义

磷酸戊糖途径的主要意义是产生 5- 磷酸核糖和 $NADPH+H^+$。

（一）磷酸核糖是体内合成核苷酸和核酸的必要原料

体内的核糖并不完全依靠从食物中摄取，主要是从磷酸戊糖途径生成。葡萄糖既可经葡萄糖 -6- 磷酸脱氢、脱羧的氧化反应生成磷酸核糖，也可通过糖酵解途径的中间代谢物 3- 磷酸甘油醛和果糖 -6- 磷酸通过前述的基团转移反应而生成。通过此条代谢途径，还能将体内戊糖和己糖的代谢互相联系起来。人类主要通过氧化反应生成核糖。

（二）$NADPH+H^+$ 具有多方面重要生理功能

（1）$NADPH+H^+$ 是体内多种重要生理活性物质合成代谢过程中的供氢体。例如，脂肪酸、胆固醇、类固醇激素等合成所需的氢原子均由 $NADPH+H^+$ 提供。

（2）$NADPH+H^+$ 是体内谷胱甘肽还原酶的辅酶，对于维持还原型谷胱甘肽（GSH）的正常含量起重要作用。

谷胱甘肽还原酶可催化细胞中氧化型谷胱甘肽（GSSG）还原为还原型谷胱甘肽：

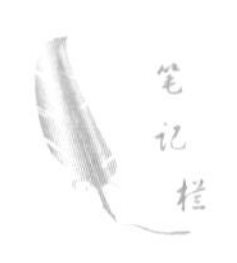

$$2GSH \underset{NADP^+ \quad NADPH+H^+}{\overset{A \quad AH_2}{\rightleftharpoons}} GSSG$$

谷胱甘肽还原酶

GSH具有抗氧化作用，它在谷胱甘肽过氧化物酶的催化下，可清除脂过氧化物（LOOH）和H_2O_2，保护血红蛋白、巯基酶和膜蛋白上的巯基免受过氧化物的氧化作用，故可维持这些蛋白质的还原型巯基，这对于保护红细胞的正常功能和寿命具有重要意义。

案例 7-1 分析 2

某些具有氧化作用的外源性物质（如蚕豆、抗疟药、磺胺药等），可使机体产生较多的H_2O_2。正常人由于G6PD活性正常，服用蚕豆或药物时，可使磷酸戊糖途径增强，生成较多$NADPH+H^+$导致GSH增加，这样可及时清除对红细胞有破坏作用的H_2O_2，不会出现溶血。

但遗传性G6PD缺乏者，其磷酸戊糖途径不能正常进行，$NADPH+H^+$缺乏或不足，导致GSH生成量减少，由于平时机体产生的H_2O_2等强氧化性物质并不多，因此不会发病，与正常人无异。但当服用蚕豆或药物时，机体中的GSH不足以及时清除产生的H_2O_2，后者可破坏患者红细胞膜而发生溶血，从而诱发急性溶血性贫血。

（3）$NADPH+H^+$参与肝的生物转化作用。肝细胞内质网含有以$NADPH+H^+$为供氢体的单加氧酶系，该酶系与体内多种类固醇化合物的代谢和药物、毒物的生物转化作用有关（详见第19章）。

（4）$NADPH+H^+$可参与体内嗜中性粒细胞和巨噬细胞在吞噬细菌后产生超氧阴离子（O_2^-）等的清除过程，故与这些细胞的灭菌作用有关（详见第8章）。

第5节 糖 异 生

正常成人每小时可由肝释出葡萄糖210mg/kg体重，若没有进食补充，10多个小时肝糖原即可被耗尽，血糖来源断绝。但实际上在禁食甚至长期饥饿下机体仍能保持血糖处于参考值范围，除了周围组织减少对葡萄糖的利用外，主要还是依赖肝将氨基酸、乳酸等转变为葡萄糖来补充血糖。由非糖化合物（如乳酸、甘油、丙酮酸、生糖氨基酸等）转变为葡萄糖或糖原的过程称为糖异生（gluconeogenesis）。机体内进行糖异生补充血糖的主要器官是肝，肾在正常情况下糖异生能力只有肝的1/10，长期饥饿时肾糖异生能力则可以大为增强。

一、糖异生途径

以丙酮酸为原料的糖异生途径是指丙酮酸大体上逆糖酵解的反应方向生成葡萄糖的过程，生糖氨基酸、乳酸就是通过丙酮酸进入糖异生途径。但葡萄糖经酵解途径分解为丙酮酸时，$\Delta G^{\ominus}$为–85kJ/mol（–120kcal/mol），从热力学角度看由丙酮酸转变为葡萄糖不可能全部循糖酵解逆行。糖酵解和糖异生多数反应是可逆的，但糖酵解的3个限速步骤，其对应的逆过程由糖异生特有的关键酶催化，并需要克服“能障”和“膜障”。

（一）糖异生途径中“能障”的克服

糖酵解途径中多数反应可逆，但由己糖激酶、磷酸果糖激酶-1和丙酮酸激酶3个关键酶所催化的3个反应过程都有相当大的能量变化：己糖激酶（包括葡萄糖激酶）及磷酸果糖激酶-1所催化的反应均需消耗ATP；而丙酮酸激酶所催化的反应则是使磷酸烯醇式丙酮酸转移分子内的能量和磷酸基团而生成ATP，这些反应逆行时就需要吸收相等量的能量，因此构成“能障”（energy barrier）难以逆行。在糖异生途径中，这种“能障”必须借助于另外的酶促反应加以克服。

己糖激酶（或葡萄糖激酶）和磷酸果糖激酶-1所催化的两个反应的逆过程，分别由葡萄糖-6-磷酸酶（glucose-6-phosphatase）和果糖二磷酸酶-1（fructose bisphosphatase-1）催化，以另外一种反应绕过各自的“能障”。此种由不同的酶催化两个单向反应使两种底物互变的循环称为底物循环（substrate cycle），见图7-6。

丙酮酸激酶所催化的不可逆反应，则由丙酮酸羧化酶和磷酸烯醇式丙酮酸羧激酶催化的两步反应所构成的丙酮酸羧化支路（pyruvate carboxylation shunt），绕过磷酸烯醇式丙酮酸变为丙酮酸这一“能障”反应。丙酮酸羧化支路是耗能的循环反应，它是许多物质在体内进行糖异生的必由之路（图7-7）。

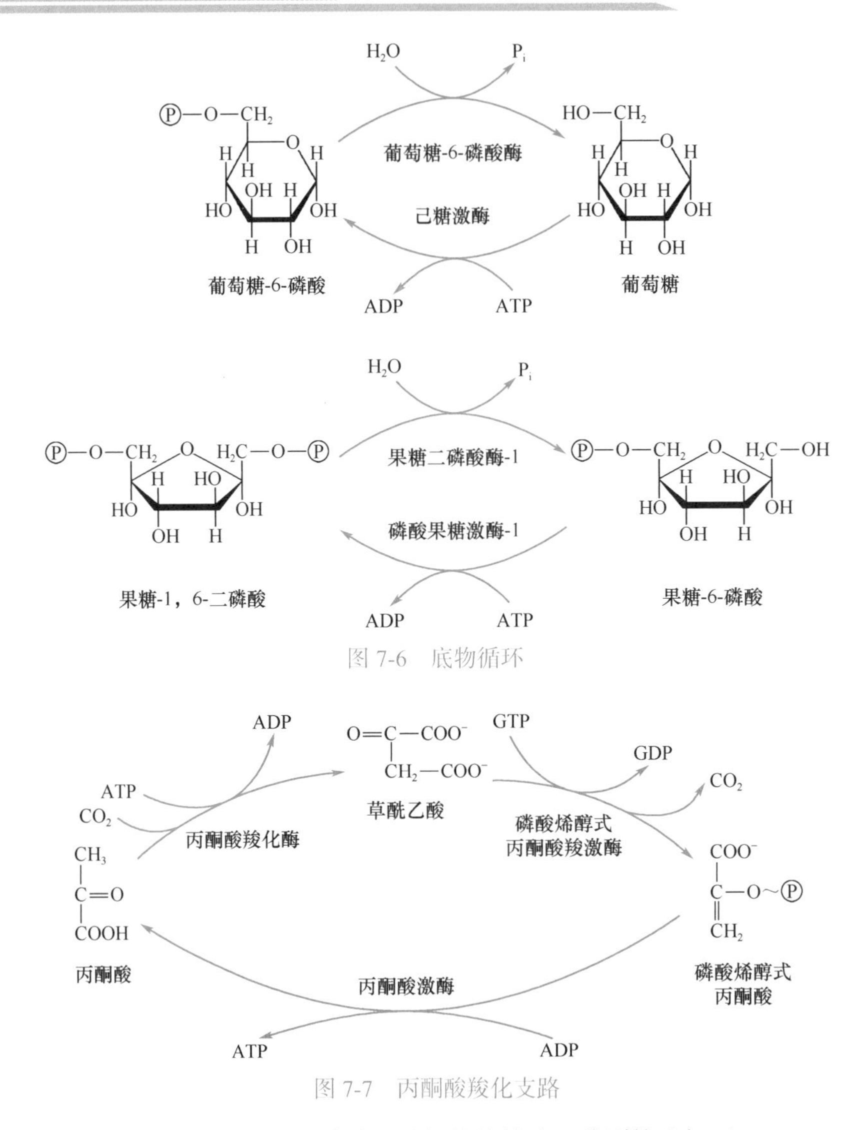

图 7-6　底物循环

图 7-7　丙酮酸羧化支路

上述参与克服“能障”的 4 个酶是糖异生途径的关键酶，分别简述如下：

（1）葡萄糖 -6- 磷酸酶：它可催化多种磷酸酯加水分解，主要存在于肝、肾中，其活性中心含有巯基。

（2）果糖二磷酸酶 -1 又称为果糖 -1,6- 二磷酸酶（fructose 1,6-bisphosphatase）：它在 Mg^{2+} 或 Mn^{2+} 存在下水解果糖 -1,6- 二磷酸。哺乳动物肝、肾中此酶活性较强而肌肉中活性极低。果糖二磷酸酶有果糖二磷酸酶 -1 和果糖二磷酸酶 -2，前者水解果糖 -1,6- 二磷酸，后者水解果糖 -2,6- 二磷酸。

（3）丙酮酸羧化酶（pyruvate carboxylase）：存在于细胞的线粒体内而不存在于细胞质中，在 CO_2 和 ATP 参与下可使丙酮酸羧化成草酰乙酸，这是体内草酰乙酸的重要来源之一。该酶的辅酶是生物素。

（4）磷酸烯醇式丙酮酸羧激酶（phosphoenolpyruvate carboxykinase，PEPCK）：在 GTP 参与下，可催化草酰乙酸转变为磷酸烯醇式丙酮酸。此酶在不同动物的细胞中分布不同，以肝为例，细胞质与线粒体分布的比值在兔、鸡、鸽为 0/100，小鼠为 100/0，大鼠为 90/10，人则为 67/33。可见这一羧化反应在人肝细胞质和线粒体内均可进行，但细胞质中，此酶的活性约为线粒体中的 2 倍。饥饿时此酶活性升高，有利于糖异生的进行。

（二）糖异生过程中“膜障”的克服

线粒体内膜对各种物质的透过有严格的选择性。几乎所有离子和不带电荷的小分子化合物都不能自由透过。例如，糖异生途径中的关键物质——草酰乙酸不能自由透过线粒体内膜，致使这些物质在线粒体与细胞质之间的交换受阻而构成“膜障”。线粒体内膜两侧物质的通过依赖于内膜上的特殊转运蛋白的参与（见第 8 章 表 8-5），这种特殊的蛋白质多数是载体，重要的载体有腺苷酸载

体、谷氨酸/天冬氨酸载体和二羧酸载体等。这些载体还能起协同作用，构成“穿梭系统”（shuttle system）而克服膜障完成转运，如草酰乙酸就是依赖于苹果酸-天冬氨酸穿梭系统完成线粒体内膜两侧转运的（图7-8）。此外，糖异生途径各限速酶在不同物种中亚细胞定位不同，也使丙酮酸羧化支路的反应步骤更加复杂。

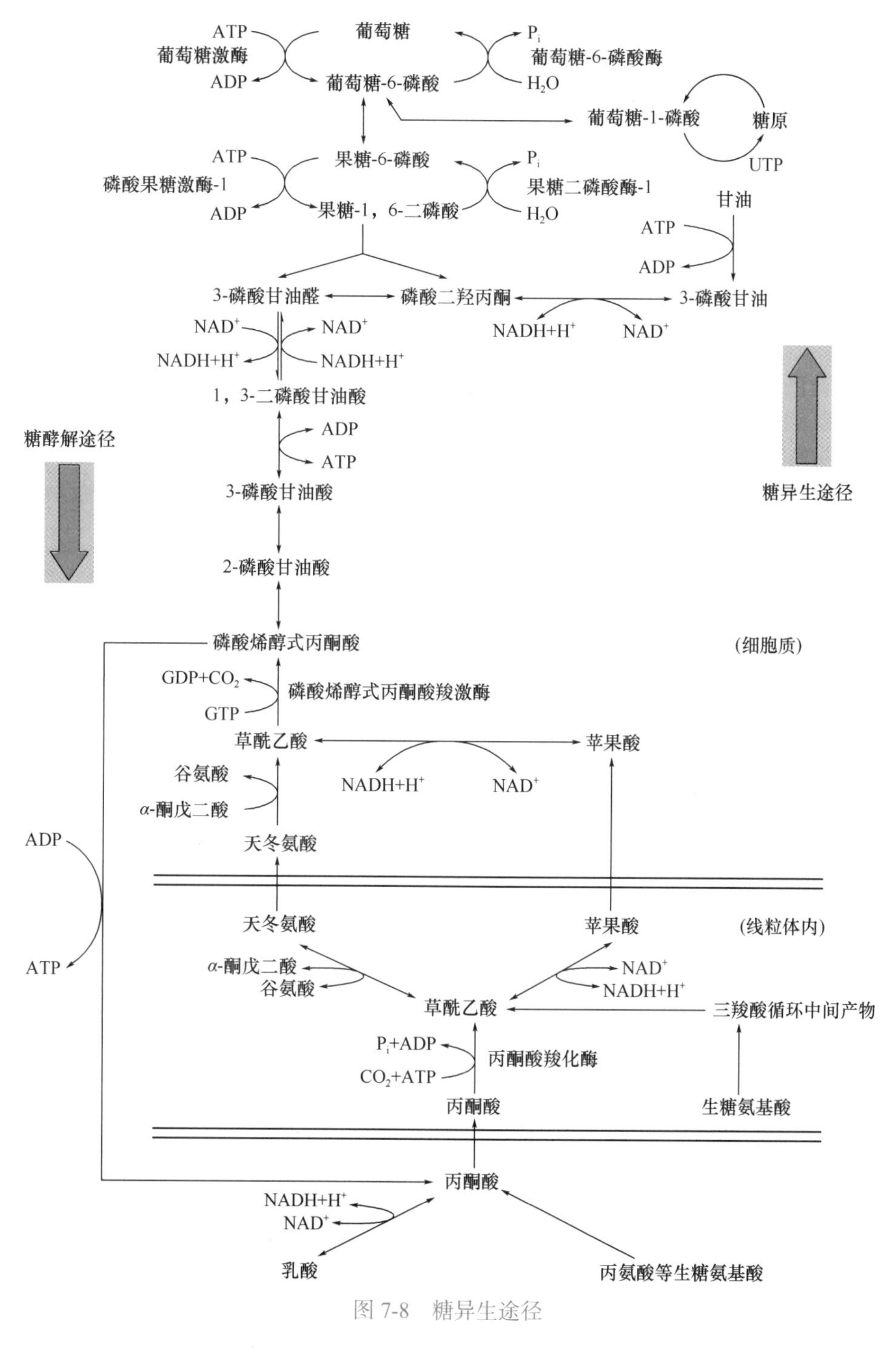

图7-8 糖异生途径

二、糖异生的调节

糖酵解途径与糖异生途径是方向相反的两条代谢途径（图7-8）。要进行有效的糖异生，即从丙酮酸生成葡萄糖的过程，就必须抑制糖酵解途径，以防止葡萄糖重新分解为丙酮酸，反之亦然。因此，一般对糖异生关键酶起激活作用的变构效应剂，对糖酵解途径的关键酶就是变构抑制剂；而糖异生途径关键酶的变构抑制剂，就是糖酵解关键酶的变构激活剂。例如，ATP、柠檬酸可激活果糖二磷酸酶-1，同时抑制磷酸果糖激酶-1，乙酰CoA能激活丙酮酸羧化酶，故ATP、柠檬酸和乙酰CoA

促进糖异生，抑制糖酵解；果糖-2,6-二磷酸和AMP可变构抑制果糖二磷酸酶-1，激活磷酸果糖激酶-1，故能抑制糖异生作用，促进糖酵解。

三、糖异生的生理意义

1. 保持血糖浓度恒定 糖异生最重要的生理意义是在空腹或饥饿状态下保持血糖浓度的相对恒定，即使禁食数周，血糖浓度仍可维持3.9mmol/L（70mg/dl）左右，这对于保证大脑、红细胞等主要依靠葡萄糖供能的组织细胞的正常功能具有重要意义。处于安静状态的正常成人每天体内葡萄糖的消耗量为：大脑约125g，肌肉约50g，血细胞约50g。仅这几种组织的耗糖量就多达225g，而肝糖原只有150g左右，若只靠肝糖原维持血糖浓度，最多只可维持12小时，因此必须通过糖异生获得葡萄糖，以维持血糖浓度的恒定，这对于必须依靠血糖作为能源的脑及红细胞具有重要意义。

2. 有利于体内乳酸的利用 见“乳酸循环”。

3. 补充肝糖原 糖异生是肝补充或恢复糖原的重要途径，这在饥饿后进食更为重要。肝灌注和肝细胞培养实验表明：只有当葡萄糖浓度达12mmol/L以上时，才观察到肝细胞摄取葡萄糖。这么高的浓度在体内是很难达到的，即使在消化吸收的时期，门静脉内葡萄糖浓度也只达8mmol/L。这主要是葡萄糖激酶的K_m太高导致肝摄取葡萄糖能力降低。当在灌注液中加入一些可异生成糖原的甘油、谷氨酸、丙酮酸、乳酸，则肝糖原迅速增加。同位素示踪研究表明，摄入的葡萄糖相当一部分先分解成丙酮酸、乳酸等三碳化合物，然后再异生成糖原。这既解释了肝摄取葡萄糖的能力低但仍可以合成糖原，又可解释为什么进食2～3小时内肝仍要保持较高的糖异生活性。合成糖原的这条途径称为三碳途径，也有学者称之为间接途径。相应的葡萄糖经UDPG合成糖原的过程称为直接途径。

4. 调节酸碱平衡 长期饥饿时，肾糖异生显著增强，原因可能是饥饿造成的代谢性酸中毒造成的。长期饥饿时体液pH降低，促进肾小管中磷酸烯醇式丙酮酸羧激酶的合成，从而使糖异生作用增强。另外，当肾中α-酮戊二酸因异生成糖而减少时，可促进谷氨酰胺脱氨生成谷氨酸，肾小管细胞将NH_3分泌入管腔中，与原尿中H^+结合，降低原尿中H^+的浓度，有利于排氢保钠作用的进行，对于维持酸碱平衡，防止酸中毒有重要作用。

四、乳酸循环

在缺氧情况下（如剧烈运动、呼吸或循环衰竭等），肌肉中糖酵解增强生成大量乳酸，通过细胞膜弥散入血并运送至肝，通过糖异生作用合成肝糖原或葡萄糖，葡萄糖再释入血液被肌肉摄取，如此构成一个循环，称为乳酸循环（lactate cycle），也称为Cori循环（图7-9）。乳酸循环的形成是由于肝和肌组织中酶的特点所致。肝内含有葡萄糖-6-磷酸酶，因而可水解葡萄糖-6-磷酸释出葡萄糖而进行糖异生或补充血糖；而肌肉除了糖异生能力低外，没有葡萄糖-6-磷酸酶的存在，因此肌肉中生成的乳酸，既不能异生成糖，更不能释出葡萄糖。该循环的生理意义在于可对体内乳酸进行再利用，防止发生乳酸中毒；促进肝糖原的不断更新。乳酸循环是耗能的过程，2分子乳酸异生成葡萄糖需消耗6分子ATP。

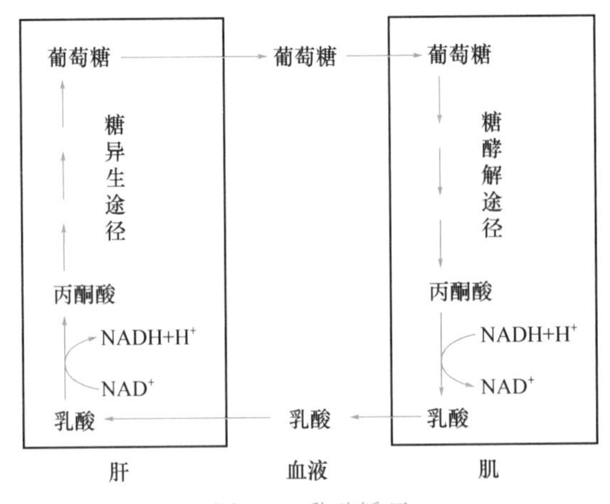

图7-9 乳酸循环

第6节 糖原的合成与分解

糖原（glycogen）是以葡萄糖为基本单位聚合而成的多分支多糖，其结构与支链淀粉相似。在糖原分子中，相邻的葡萄糖残基之间以 α-1,4- 糖苷键（占糖基连接键的93%）相连形成 7 ～ 12 个葡萄糖单位构成的直链，两直链间又以 α-1,6- 糖苷键（占 7%）相连而形成分支。整个糖原分子呈树枝状，其分子质量在 100 万～ 1000 万。每个糖原分子只有一个末端葡萄糖残基保留有半缩醛羟基而具有还原性，称为还原性末端；其他的末端葡萄糖残基都没有半缩醛羟基，因而不具还原性，故称为非还原性末端。糖原在体内的合成与分解反应均从非还原端开始。

人体摄入的糖类大部分转变成脂肪（甘油三酯）储存于脂肪组织内，只有一小部分以糖原形式储存。糖原主要存在于肝和肌肉中，但肝糖原和肌糖原生理功能有很大不同。肌糖原主要供肌肉收缩的急需，而肝糖原则是血糖的重要来源。

一、糖原的合成代谢

葡萄糖（还有少量果糖和半乳糖）在肝、肌肉等组织中可以合成糖原。由单糖合成糖原的过程称为糖原合成（glycogenesis）。此过程具有储存葡萄糖和调节血糖浓度的作用。

由葡萄糖合成糖原的反应过程包括：

（一）葡萄糖磷酸化生成葡萄糖 -6- 磷酸

糖原合成时，进入肝或肌肉中的葡萄糖首先在己糖激酶（肝内为葡萄糖激酶）的作用下磷酸化生成葡萄糖 -6- 磷酸。此步反应与糖酵解的起始反应相同。

（二）葡萄糖 -6- 磷酸转变为葡萄糖 -1- 磷酸

葡萄糖 -6- 磷酸在磷酸葡萄糖变位酶催化下，磷酸基从 6 位移至 1 位而转变为葡萄糖 -1- 磷酸，反应可逆。葡萄糖合入糖原分子时要形成 α-1,4- 糖苷键，故磷酸基从 6 位移至 1 位是为葡萄糖与糖原分子连接作准备。

（三）尿苷二磷酸葡萄糖的生成

葡萄糖 -1- 磷酸与尿苷三磷酸（UTP）反应，由尿苷二磷酸葡萄糖焦磷酸化酶（UDPG 焦磷酸化酶）催化生成尿苷二磷酸葡萄糖（UDPG）和焦磷酸：

$$\text{葡萄糖-1-磷酸} + \text{Ⓟ}\sim\text{Ⓟ}\sim\text{Ⓟ—尿苷 (UTP)} \xrightleftharpoons[\text{焦磷酸化酶}]{\text{UDPG}} \text{UDPG (…O—Ⓟ}\sim\text{Ⓟ—尿苷)} + PP_i$$

由于焦磷酸迅速被焦磷酸酶水解为 2 分子无机磷酸，使反应向合成 UDPG 方向进行。UDPG 可看作体内的“活性葡萄糖”，充当葡萄糖供体。

（四）UDPG 中的葡萄糖连接到糖原引物上

UDPG 中的葡萄糖基不能与游离状态的葡萄糖结合，只能与原来存在于细胞内的较小的糖原分子相连，这种较小的糖原分子即为糖原引物。在糖原合酶（glycogen synthase）催化下，UDPG 与糖原引物反应，将 UDPG 中的葡萄糖基以 α-1,4- 糖苷键连接到糖原引物的非还原端，生成比原来多一分子葡萄糖基的糖原，反应不可逆。

$$\text{UDPG} + (\text{葡萄糖})_n \xrightarrow[\text{糖原合酶}]{} (\text{葡萄糖})_{n+1} + \text{UDP}$$

上述反应反复进行，可使糖原的糖链不断延长。糖原合酶是糖原合成的限速酶，只能使糖链不断延长，而不能形成新分支。

（五）分支酶催化糖原不断形成新分支链

当糖链长度达到 12 ～ 18 个葡萄糖基时，分支酶（branching enzyme）将 6 ～ 7 个葡萄糖基组成的一段糖链转移到邻近的糖链上，以 α-1,6- 糖苷键相连而形成新分支。新的分支点与邻近的分支点的距离至少有 4 个葡萄糖基。分支的不断形成不仅可增加糖原的水溶性，更重要的是可增加非还原

笔记栏

端的数目，有利于糖原的合成及分解代谢。分支酶的作用见图 7-10。

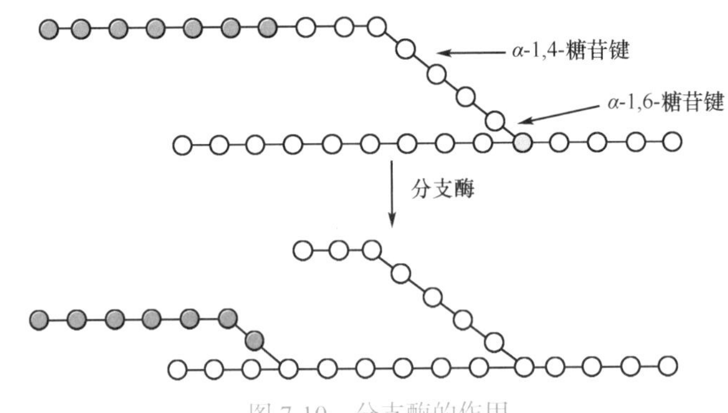

图 7-10 分支酶的作用

从葡萄糖合成糖原是耗能的过程。葡萄糖磷酸化时消耗 1 分子 ATP，UDPG 的生成再消耗 1 分子 ATP（UDP+ATP → UTP+ADP）。因此，糖原合成时每增加 1 个葡萄糖基需消耗 2 分子 ATP。

二、糖原的分解代谢

糖原分解（glycogenolysis）是指糖原分解为葡萄糖的过程。尽管体内多数组织中都有一定量的糖原储存，但只有肝才能进行糖原分解。因此，糖原分解习惯上是指肝糖原分解为葡萄糖，其反应步骤如下：

（一）糖原磷酸解为葡萄糖 -1- 磷酸

1. 糖原磷酸化酶（phosphorylase）催化糖原非还原端的葡萄糖基磷酸化 生成葡萄糖 -1- 磷酸，糖原分子减少一个葡萄糖基。该反应所需的磷酸基团由无机磷酸提供。

此反应自由能变动较小，不消耗 ATP，故反应可逆。但由于细胞质中无机磷酸盐的浓度约为葡萄糖 -1- 磷酸的 100 倍，所以实际上反应只能向糖原分解的方向进行。磷酸化酶是糖原分解过程的限速酶，其辅酶是磷酸吡哆醛。

2. 葡萄糖 -1- 磷酸转变为葡萄糖 -6- 磷酸 催化这个反应的是磷酸葡萄糖变位酶。

3. 葡萄糖 -6- 磷酸水解为葡萄糖 体内肝和肾中含有葡萄糖 -6- 磷酸酶，而肌肉中缺乏此酶，因此，肝糖原可直接分解为葡萄糖，肌糖原却不能直接转变为葡萄糖。

$$\text{葡萄糖-6-磷酸} + H_2O \xrightarrow[\text{葡萄糖-6-磷酸酶}]{} \text{葡萄糖} + P_i$$

（二）转移

当糖原分支上的糖链被磷酸化分解到剩下 4 个葡萄糖基时，由于位阻效应，磷酸化酶不能继续发挥其作用，此时由葡聚糖转移酶催化糖原分支上近末端侧的 3 个葡萄糖基转移到邻近糖链的非还原端，形成更长的 α-1,4- 糖苷链，以便磷酸化酶发挥其催化作用。转移的结果，是支链剩下的最后一个葡萄糖基与主链相连接的 α-1,6- 糖苷键暴露出来。

（三）脱支

在 α-1,6- 葡萄糖苷酶作用下，将已暴露出的分支点处的 α-1,6- 糖苷键水解，生成游离的葡萄糖，糖原分子脱去分支（图 7-11）。

目前认为葡聚糖转移酶及 α-1,6- 葡萄糖苷酶是同一种酶的两种活性，合称脱支酶（debranching enzyme）。在糖原磷酸化酶和脱支酶的协调反复作用下，糖原可迅速地磷酸解和水解。通常所得产物葡萄糖 -1- 磷酸与游离葡萄糖之比为 12 ∶ 1。

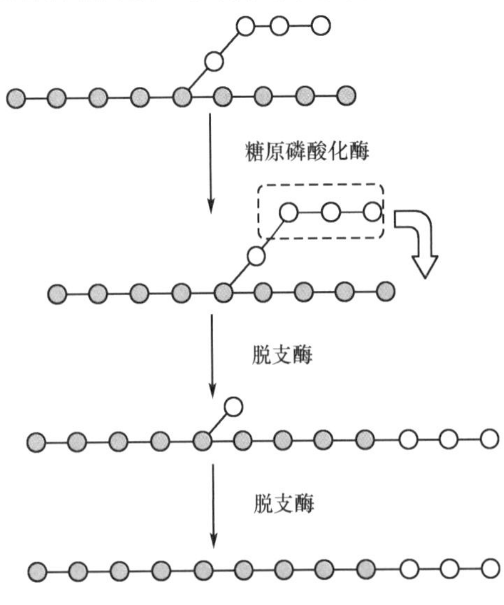

图 7-11 糖原磷酸化酶和脱支酶的作用

三、糖原合成与分解的调节

糖原的合成与分解不是简单的可逆反应，而是通过两条途径分别进行的，这样有利于进行精细的调节。糖原合成和分解的限速酶分别是糖原合酶和糖原磷酸化酶，这两种酶的快速调节均有共价修饰调节和变构调节两种方式。

（一）共价修饰调节

1. 磷酸化酶 该酶有两种构象即紧密型（T 型）和松弛型（R 型）。两种构象的主要区别在于T 型磷酸化酶的 14 位丝氨酸残基位于酶分子表面，当此丝氨酸残基被磷酸化时，活性很低的磷酸化酶（称为磷酸化酶 b）转变为活性很强的磷酸型磷酸化酶（称为磷酸化酶 a），由磷酸化酶 b 激酶催化。另一方面，磷蛋白磷酸酶 -1 则可使磷酸化酶 a 去磷酸化成为磷酸化酶 b，活性降低。R 型磷酸化酶的 14 位丝氨酸残基埋在酶分子内部，故不能进行共价修饰。

磷酸化酶 b 激酶也有两种形式：去磷酸的磷酸化酶 b 激酶没有活性。在依赖 cAMP 的蛋白激酶（蛋白激酶 A，又称 A 激酶）催化下可转变为磷酸型的活性磷酸化酶 b 激酶。其去磷酸同样由磷蛋白磷酸酶 -1 催化。

2. 糖原合酶 糖原合酶分为 a、b 两种形式，糖原合酶 a 有活性，磷酸化变成糖原合酶 b 后即失去活性。催化糖原合酶磷酸化的也主要是蛋白激酶 A。

磷酸化酶 a、糖原合酶 b 及磷酸化酶 b 激酶的去磷酸化均由磷蛋白磷酸酶 -1 催化。磷蛋白磷酸酶 -1 的活性也受到精细的调节。细胞内有一种蛋白质，称为磷蛋白磷酸酶抑制剂，当它与磷蛋白磷酸酶 -1 结合时可抑制磷蛋白磷酸酶 -1 的活性。磷蛋白磷酸酶抑制剂分子内的苏氨酸残基可以磷酸化，此磷酸化过程由蛋白激酶 A 催化，只有磷酸化的磷蛋白磷酸酶抑制剂具有抑制作用。因此，蛋白激酶 A 活性升高时，不仅可促进磷酸化酶 b 磷酸化生成磷酸化酶 a，又可通过磷蛋白磷酸酶抑制物的激活而抑制磷蛋白磷酸酶 -1 对磷酸化酶 a 的去磷酸作用，使磷酸化酶激活并保持其活性（图 7-12）。

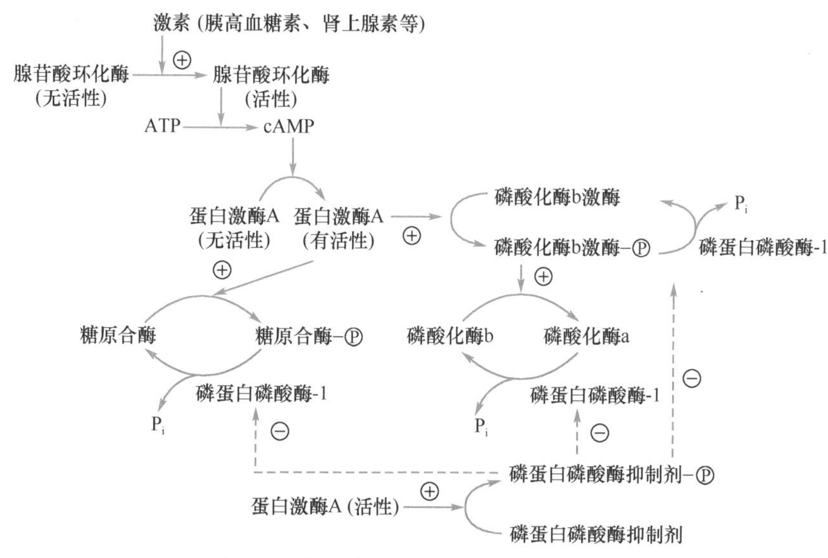

图 7-12 糖原合成、分解的共价修饰调节

需要强调的是，由于糖原合成与分解是两条方向相反的反应途径，对两条途径中的酶进行磷酸化与去磷酸化共价修饰的最终结果是：要么使糖原分解增强而糖原合成减弱；要么使糖原合成增强而糖原分解减弱，而不可能对两条途径同时增强或抑制。例如，胰高血糖素或肾上腺素分泌，激活相关的信号通路使依赖 cAMP 的蛋白激酶 A 活性增强，促进磷酸化酶和糖原合酶的磷酸化，前者酶活性增强，后者则酶活性下降，总的结果是糖原分解增强，糖原合成抑制，从而升高血糖。

（二）变构调节

磷酸化酶和糖原合酶也存在变构调节。如 AMP 是磷酸化酶的变构激活剂，葡萄糖 -6- 磷酸是糖原合酶的变构激活剂；而葡萄糖和 ATP 则为磷酸化酶的变构抑制剂。当葡萄糖供应充足血糖升高时，葡萄糖与磷酸化酶 b 结合，暴露出磷酸化了的第 14 位丝氨酸残基，易被磷蛋白磷酸酶 -1 催化失去磷酸而失活，从而抑制糖原分解。

四、糖原贮积症

糖原贮积症（glycogen storage disease）是一类遗传性代谢病，特点是体内某些组织器官中有大

量糖原堆积。引起糖原贮积症的原因是某些催化糖原分解的酶缺陷。根据缺陷的酶在糖原代谢中的作用不同，受累的器官和糖原的结构亦有差异，对健康的影响程度也不同。受累的器官主要是肝，其次是心和肌肉。糖原贮积症通常可以分为多型（表 7-3），最常见为Ⅰ型。Ⅰ型是由于肝或肾中缺乏葡萄糖 -6- 磷酸酶，致使不能动用糖原维持血糖浓度，可引起低血糖、乳酸血症、酮症、高脂血症等。Ⅱ型糖原贮积症则是由于溶酶体中缺乏 α-1,4- 葡萄糖苷酶和 α-1,6- 葡萄糖苷酶，使糖原蓄积在各组织的溶酶体内，引起心力衰竭而死亡。

表 7-3　糖原贮积症分型

型别	缺陷的酶	受累的组织器官	糖原结构
Ⅰ	葡萄糖 -6- 磷酸酶	肝、肾	正常
Ⅱ	α- 葡萄糖苷酶	所有组织	正常
Ⅲ	脱支酶	肝、肌肉	分支多
Ⅳ	分支酶	肝、脾	分支少
Ⅴ	肌糖原磷酸化酶	肌肉	正常
Ⅵ	肝糖原磷酸化酶	肝	正常
Ⅶ	磷酸果糖激酶 -1	肌肉、红细胞	正常
Ⅷ	磷酸化酶激酶	肝	正常

第 7 节　血糖及其调节

血液中的单糖（主要是葡萄糖）称为血糖（blood sugar），是糖在体内的运输形式。正常人在安静空腹状态下，血糖浓度相对恒定，空腹血糖（fasting plasma glucose，FPG）维持在 3.9 ～ 6.0mmol/L。正常人 24 小时内血糖浓度有所波动，饭后或大量摄入糖后血糖浓度升高，约 2 小时后可恢复正常水平；饥饿时血糖浓度逐渐降低。正常人短期内不进食，血糖浓度经体内调节也能维持在正常水平，这对保证人体各组织器官（特别是脑）利用葡萄糖供能发挥正常功能极为重要。

一、血糖的来源和去路

血糖来源有三：①食物中的糖类经消化吸收入血，这是血糖的主要来源；②储存的肝糖原分解为葡萄糖入血，这是空腹时血糖的直接来源；③饥饿状态下由非糖物质在肝、肾中通过糖异生作用转变为葡萄糖以补充血糖。

血糖的去路有：①葡萄糖在各组织细胞中氧化分解供能，这是血糖的主要去路；②在肝和肌肉组织中合成糖原储存；③转变为非糖物质如脂肪、多种有机酸和非必需氨基酸等；④转变为其他糖类及其衍生物，如核糖、脱氧核糖、氨基糖、唾液酸、葡糖醛酸等；⑤血糖浓度若高于 8.9mmol/L（160mg/dl），超过肾小管重吸收葡萄糖的能力（称为肾糖阈）时，尿中可出现葡萄糖，称为尿糖（图 7-13）。

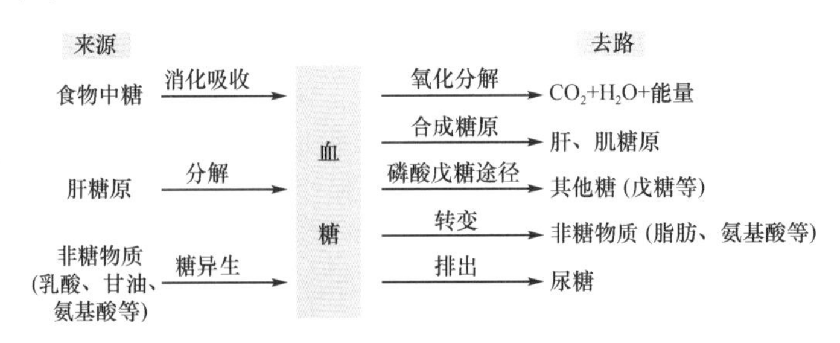

图 7-13　血糖的来源和去路

二、血糖水平的调节

体内糖代谢包括几条相关的代谢途径。其中每条途径都由一系列连续进行的酶促反应按一定顺序组合而成。生理情况下，各条途径不仅以一定速度有规律地进行，而且各条途径相互联系、相互

制约，从而维持体内糖代谢的动态平衡。

饱食状态和饥饿状态进入血流的葡萄糖量差别甚大，但血糖浓度并不是悬殊太多；临床上口服葡萄糖耐量试验（oral glucose tolerance test，OGTT）时，正常人口服葡萄糖 75g 后 30 ～ 60 分钟血糖浓度达高峰，其峰值一般不超过 9.0mmol/L，在 90 ～ 120 分钟时回到正常水平。如 FPG 为 3.0 ～ 6.0mmol/L，OGTT 2h 血糖 < 7.7mmol/L 则为正常糖耐量；如 FPG 为 6.1 ～ 6.9mmol/L 和 OGTT 2h 血糖为 7.8 ～ 11.0mmol/L，为糖耐量减低（impaired glucose tolerance，IGT）；如 FPG 为 5.6 ～ 6.9mmol/L，OGTT 2h 血糖 < 7.7mmol/L，为空腹血糖调节受损（impaired fasting plasma glucose，IFG）。糖尿病患者的 OGTT 2h 血糖 ≥ 11.1mmol/L。

血糖浓度之所以能维持在相对恒定的范围内，是由于体内具有高效率的调节血糖浓度的机制，能有效地调节血糖的来源和去路，使之处于动态平衡状态（图 7-13）。血糖浓度的相对恒定实际上是体内各组织器官中糖酵解、糖有氧氧化、糖原合成和分解以及糖异生等各条糖代谢途径相互协同的结果。肝是调节血糖浓度的主要器官。此外，高等动物体内还有激素的调节，对于协调体内各个器官、各种营养物质的代谢起重要的作用。

（一）肝的调节作用

肝对血糖浓度的变化极为敏感，进食后血糖浓度升高，由肠道吸收入血的葡萄糖，经门静脉进入肝，促进肝细胞合成糖原，减少葡萄糖进入体循环；饥饿时血糖浓度偏低，肝又通过肝糖原分解和糖异生两种方式将葡萄糖释放入血液，以补充血糖。除肝外，肌肉等外周组织摄取和利用葡萄糖的速度对血糖浓度也有一定影响。

（二）激素对血糖浓度的调节作用

体内激素对血糖浓度和糖代谢有重要的调节作用，最重要的调节激素是胰岛素和胰高血糖素；肾上腺素主要是在机体应激状态下发挥作用；肾上腺皮质激素、生长素等都可影响血糖水平，但在生理性调节中仅居次要地位。

1. 胰岛素（insulin） 它是体内唯一降低血糖的激素，也是唯一可同时促进体内糖原、脂肪、蛋白质合成的激素。胰岛素由胰岛 B 细胞合成，储存于 B 细胞中的是由 84 个氨基酸残基构成的单条多肽链，称为胰岛素原，在分泌前由蛋白酶切除一段长 33 个氨基酸残基的 C 肽，余下部分即为胰岛素，由 A、B 两条链借二硫键连接而成。

胰岛素的分泌受血糖浓度的控制，血糖浓度升高立即引起胰岛素分泌，血糖浓度降低，胰岛素分泌即减少。胰岛素降血糖是多方面作用的结果：①胰岛素促进肌肉、脂肪组织等细胞膜上的载体将葡萄糖转运入细胞内；②胰岛素通过增强磷酸二酯酶的活性，分解 cAMP 以降低细胞内 cAMP 水平，从而使糖原合酶活性增强而磷酸化酶活性降低，加速糖原合成，抑制糖原分解；③胰岛素能激活丙酮酸脱氢酶复合体，加速丙酮酸氧化为乙酰 CoA，从而加快糖的有氧氧化；④胰岛素可抑制肝内糖异生作用，其机制是抑制磷酸烯醇式丙酮酸羧激酶的合成，并可促进氨基酸进入肌肉组织用以合成蛋白质，减少肝中糖异生的原料；⑤胰岛素可抑制脂肪组织中激素敏感性脂肪酶，减少脂肪动员，促进肝、肌肉、心肌组织利用葡萄糖，减少对脂肪酸的利用。

2. 胰高血糖素（glucagon） 它由胰岛 A 细胞分泌，在 A 细胞内先合成分子较大的前体，分泌时再从前体分解出由 29 个氨基酸残基组成的胰高血糖素。血糖浓度降低或血中氨基酸浓度升高可刺激胰高血糖素分泌。胰高血糖素调节血糖的机制是：①胰高血糖素可激活依赖 cAMP 的蛋白激酶，通过共价修饰调节抑制糖原合酶和激活磷酸化酶，在 10 分钟左右即可使肝糖原分解，血糖浓度升高。②胰高血糖素能抑制肝中的磷酸果糖激酶 -2，使果糖 -2,6- 二磷酸生成减少；激活果糖二磷酸酶 -2，促进果糖 -2,6- 二磷酸水解，结果使细胞内果糖 -2,6- 二磷酸水平降低。果糖 -2,6- 二磷酸是磷酸果糖激酶 -1 的最强变构激活剂，又是果糖二磷酸酶 -1 的变构抑制剂，因而抑制糖酵解，促进糖异生。③胰高血糖素可诱导肝中磷酸烯醇式丙酮酸羧激酶的合成，抑制丙酮酸激酶，促进糖异生。④胰高血糖素可促进肝细胞增加摄取氨基酸，为糖异生作用提供更多原料。⑤胰高血糖素可激活脂肪组织中激素敏感性脂肪酶，加速脂肪动员，释放出的脂肪酸可抑制周围组织摄取葡萄糖从而间接地升高血糖浓度。

3. 糖皮质激素 肾上腺皮质所分泌的皮质醇（cortisol）等对体内糖、氨基酸和脂质代谢的作用较强，对水和无机盐代谢的影响很弱，故称为糖皮质激素或糖皮质类固醇。糖皮质激素可引起血糖升高，肝糖原增加。其作用机制有两方面：①促进肌肉组织中蛋白质分解，使糖异生的原料氨基酸增

多，并使磷酸烯醇式丙酮酸羧激酶的合成增强，加速糖异生；②抑制丙酮酸脱氢酶复合体的活性，减少肝外组织摄取和利用葡萄糖，间接使血糖浓度升高；③协同增强其他激素加快脂肪动员，减少对葡萄糖的利用。

4. 肾上腺素（adrenalin） 它是强有力的升高血糖的激素。肾上腺素升高血糖的机制是：①肾上腺素可提高细胞中 cAMP 浓度，激活蛋白激酶 A，调节糖原磷酸化酶及糖原合酶的活性，加速糖原分解抑制糖原合成。肝糖原直接分解为血糖，而肌糖原则分解为乳酸，经乳酸循环间接地升高血糖浓度。②肾上腺素与肝细胞膜受体结合，通过依赖 cAMP 的蛋白激酶系统的作用，抑制磷酸果糖激酶 -1 活性并增强果糖二磷酸酶 -1 活性，抑制糖酵解而增强糖异生作用。肾上腺素调节血糖的水平主要在应激状态下发挥作用，而对进食 - 饥饿循环这样的常规性血糖波动没有生理作用。

从上述激素对血糖水平的调节作用可以看出，血糖水平的相对恒定，不仅是体内糖、脂肪、氨基酸代谢协调的结果，也是肝、肌肉、脂肪组织等各器官代谢协调的结果。

三、血糖水平异常

案例 7-2

某男，59 岁，已婚，厨师。于 4 个月前开始自觉口渴、多饮，每日饮水量约 4 000ml。多尿，每日 10 余次，每次尿量均较多。不伴尿急、尿痛及血尿，昼夜尿量无明显差异。无明显多食，日进主食 300 ～ 350g，也无饥饿感。当时未注意，也未检查治疗；近 1 个月来上述症状明显加重，并出现严重乏力、消瘦，体重较前减轻约 10kg，不能从事正常工作，故前来就诊。

体格检查：T 36.2℃，P 89 次 / 分，R 20 次 / 分，BP 16/10.7kPa。一般状态尚可，神志清楚，消瘦体质，自主体位。皮肤弹性佳。双眼球无突出及凹陷。甲状腺未触及。双肺呼吸音清，未听到干、湿啰音。心率 89 次 / 分，心律齐，未听到病理性杂音。腹软，无压痛，肝脾未触及，移动性浊音阴性。双肾区无叩击痛。双下肢无水肿。

实验室检查：尿常规示糖（+），酮体（–），蛋白（–），隐血（–），尿比重 1.020。尿沉渣镜检白细胞（WBC）2 ～ 3 个 /HP。空腹血糖 7.0mmol/L。

问题讨论：1. 初步考虑该患者患有何种疾病？其诊断依据是什么？

2. 为了确诊还应进一步做哪些检查？预计结果如何？

3. 出现糖尿病典型症状的机制是什么？

（一）高血糖

空腹血糖浓度高于 7.2mmol/L（130mg/dl）时称为高血糖（hyperglycemia）。高血糖可由多种原因引起，生理性高血糖与糖尿是指在生理情况下，如情绪激动时交感神经兴奋或一次性大量摄入葡萄糖等均可使血糖浓度暂时性升高，当血糖浓度超过肾糖阈（8.9mmol/L）时则可出现糖尿，分别称为情感性和饮食性糖尿。病理性高血糖和糖尿则常见于内分泌功能紊乱，其中以糖尿病最多见。

案例 7-2 分析

糖尿病是由胰岛素绝对或相对缺乏或胰岛素抵抗所致的一组糖、脂肪和蛋白质代谢紊乱综合征，其中以高血糖为特征，根据其病因目前主要分 1 型、2 型、其他特异型糖尿病和妊娠期糖尿病。其典型的症状为“三多一少”即多饮、多尿、多食、体重减少，但许多轻症或 2 型糖尿病患者早期常无明显症状，在普查、健康检查或其他疾病时才偶然发现，不少患者甚至以各种急性或慢性并发症而就诊。

1999 年 WHO 提出了新的糖尿病诊断标准，并得到中华医学会糖尿病学会的认同。确诊糖尿病的标准为：①具有典型症状，FPG ≥ 7.0mmol/L（126mg/dl）或任意时间血糖≥ 11.1mmol/L（200mg/dl）或 OGTT 2h 血糖≥ 11.1mmol/L。②没有典型症状，仅 FPG ≥ 7.0mmol/L（126mg/dl）或任意时间血糖≥ 11.1mmol/L（200mg/dl）或 OGTT 2h 血糖≥ 11.1mmol/L，应再重复一次，仍达以上值者，可以确诊为糖尿病。

本病例初步诊断为糖尿病，诊断依据是：①具有糖尿病“三多一少”典型症状；②实验室检查：空腹血糖 7.0mmol/L，血糖轻度升高，尿糖（+）。

由于该患者空腹血糖刚好处于 WHO 的诊断标准临界值，为了确定诊断还需做 OGTT。预计该患者在 OGTT 2h 血糖可达到或者超过 11.1mmol/L。

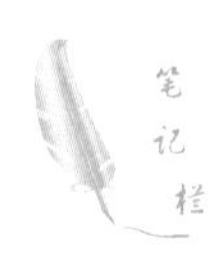

多尿是因血糖升高，经肾小球滤出的葡萄糖不能完全被肾小管重吸收，形成渗透性利尿。尿糖越高，尿量越多，日尿量可达 5 000 ～ 10 000ml。多饮是由于多尿，水分丢失过多，发生细胞内脱水而加重高血糖，使血浆渗透压明显升高，刺激口渴中枢，导致口渴而多饮。多饮进一步加重多尿。多食的机制目前不十分清楚，多数倾向是葡萄糖利用率降低所致。糖尿病患者尽管食欲和食量正常，甚至增加，但体重却下降，主要是由于机体不能充分利用葡萄糖，导致脂肪和蛋白质分解加强，消耗过多，呈负氮平衡，体重逐渐下降，乃至出现消瘦。

（二）低血糖

空腹血糖浓度低于 2.8mmol/L（50mg/dl）时为低血糖（hypoglycemia）。血糖是大脑能量的主要来源，脑细胞对血糖浓度降低尤为敏感。低血糖的常见症状表现为脑昏迷（低血糖性昏迷），重者甚至死亡。引起低血糖的原因有：①糖摄入不足或吸收不良；②组织细胞对糖的消耗量过多；③严重肝疾病；④临床治疗时使用胰岛素过量；⑤胰岛 B 细胞功能亢进，胰岛 A 细胞功能低下，肾上腺皮质功能低下等。

小　　结

糖是自然界一大类有机化合物。其主要生物学功能是在机体代谢中提供能源和碳源，也是组织和细胞的重要组成成分。

食物中可被消化的糖主要是淀粉，消化后主要以葡萄糖单体的形式在小肠被吸收。细胞摄取葡萄糖依赖特定的葡萄糖转运蛋白，是耗能过程。

糖代谢包括糖的分解代谢和合成代谢。糖的分解代谢途径主要有糖酵解、有氧氧化、磷酸戊糖途径及糖原分解等；糖的合成代谢有糖异生和糖原合成。

糖酵解是在缺氧情况下，葡萄糖生成乳酸和少量 ATP 的反应过程，反应在细胞质中进行。反应可分为两个阶段：第一阶段是葡萄糖分解为丙酮酸；第二阶段为丙酮酸加氢还原为乳酸。关键酶是己糖激酶或葡萄糖激酶、磷酸果糖激酶 -1 和丙酮酸激酶。糖酵解的生理意义在于为机体迅速提供能量，1mol 葡萄糖经糖酵解可净生成 2mol ATP。

糖的有氧氧化是指葡萄糖在有氧条件下彻底氧化生成 H_2O、CO_2 和 ATP 的过程，1mol 葡萄糖经有氧氧化可净生成 30 或 32mol ATP，是糖氧化供能的主要方式。反应过程分为三个阶段：第一阶段为丙酮酸的生成，同糖酵解，在细胞质中完成；第二阶段为丙酮酸进入线粒体氧化脱羧生成乙酰 CoA、$NADH+H^+$ 和 CO_2；第三阶段为乙酰 CoA 进入三羧酸循环并进行氧化磷酸化，生成 CO_2、H_2O 和 ATP。三羧酸循环是以草酰乙酸和乙酰 CoA 缩合生成柠檬酸开始，经脱氢脱羧等一系列反应又生成草酰乙酸的循环过程，每轮循环生成 10 分子 ATP。三羧酸循环是三大营养素最终的共同代谢通路及相互转变的联系枢纽。调节糖有氧氧化的关键酶包括己糖激酶或葡萄糖激酶、磷酸果糖激酶 -1、丙酮酸激酶、丙酮酸脱氢酶复合体、柠檬酸合酶、异柠檬酸脱氢酶、*α*- 酮戊二酸脱氢酶复合体。

磷酸戊糖途径产生磷酸核糖和 NADPH。磷酸核糖是合成核苷酸的重要原料，NADPH 作为供氢体参与多种代谢反应。磷酸戊糖途径在细胞质中进行，其关键酶为葡萄糖 -6- 磷酸脱氢酶，缺乏时可诱发溶血性贫血。

肝和肌肉是储存糖原的主要组织。肝糖原分解是血糖的重要来源；肌组织中由于缺乏葡萄糖 -6- 磷酸酶而不能分解成葡萄糖，只能进行糖酵解或有氧氧化为肌肉收缩供能。糖原合成与分解的关键酶分别为糖原合酶及磷酸化酶，二者均受到共价修饰和变构调节。

糖异生是肝、肾等利用乳酸、甘油和生糖氨基酸等非糖化合物转变为葡萄糖或糖原的过程，在饥饿时补充血糖。关键酶是丙酮酸羧化酶、磷酸烯醇式丙酮酸羧激酶、果糖二磷酸酶 -1 和葡萄糖 -6- 磷酸酶。

血糖保持相对稳定，主要受多种激素的调控。胰岛素是唯一降低血糖的激素，胰高血糖素、肾上腺素、糖皮质激素有升高血糖的作用。糖尿病是最常见的糖代谢紊乱疾病。

（陈维春　刘新光）

笔记栏

第8章 生物氧化

第8章PPT

化学物质在生物体内进行的氧化分解称为生物氧化（biological oxidation），主要是指糖、脂肪、蛋白质等在体内分解释放能量，最终生成CO_2和H_2O的过程。生物氧化在细胞的线粒体内外均可进行，但氧化过程及产物不同。线粒体内的氧化伴有ATP的生成，而在线粒体外如内质网、过氧化物酶体、微粒体等的氧化是不伴有ATP生成的，主要和代谢物或药物、毒物的生物转化有关。物质在细胞的线粒体内进行生物氧化时，主要表现为摄取O_2，并释出CO_2，故又称为细胞呼吸或组织呼吸。

生物氧化中物质的氧化方式有加氧、脱氢、失电子，遵循氧化还原反应的一般规律。物质在体内外氧化时所消耗的氧、最终产物（CO_2、H_2O）和释放的能量均相同，但生物氧化又具有与体外氧化明显不同的特点。生物氧化是在细胞内温和的环境中（体温，pH接近中性），在一系列酶的催化下逐步进行的，因此物质中的能量得以逐步释放，有利于机体捕获能量，提高ATP生成的效率。生物氧化过程中进行广泛的加水脱氢反应使物质能间接获得氧，并增加脱氢的机会；生物氧化中生成的H_2O是由脱下的氢与氧结合产生的，CO_2由有机酸脱羧产生。体外氧化（燃烧）产生的CO_2、H_2O由物质中的碳和氢直接与氧结合生成，能量是突然释放的。本章将主要介绍线粒体内的氧化，即糖、脂肪、蛋白质等氧化分解最终生成CO_2和H_2O及逐步释放能量并以氧化磷酸化的方式生成ATP的过程。

第1节 线粒体氧化体系与ATP的生成

微课8-1

一、氧化呼吸链

线粒体的生物氧化有赖于多种酶和辅酶（或辅基）的作用，代谢物脱下的成对氢原子（2H）通过多种酶和辅酶（或辅基）所催化的连锁反应逐步传递，最终与氧结合生成H_2O。由于此过程与细胞呼吸有关，所以将这一含多种氧化还原组分的传递链称为氧化呼吸链（oxidative respiratory chain）。在氧化呼吸链中，酶和辅酶（或辅基）按一定顺序排列在线粒体内膜上，其中传递氢的酶和辅酶（或辅基）称为递氢体，传递电子的酶和辅酶（或辅基）称为电子传递体。不论递氢体还是电子传递体都起传递电子的作用（$2H \rightleftharpoons 2H^++2e$），所以氧化呼吸链又称电子传递链（electron transfer chain）。

（一）氧化呼吸链的组分及各组分的功能

现已发现组成氧化呼吸链的组分有多种，主要可分为以下五大类。

1. 烟酰胺腺嘌呤二核苷酸（nicotinamide adenine dinucleotide，NAD^+） 烟酰胺腺嘌呤二核苷酸，又称辅酶Ⅰ（CoⅠ），它是多种脱氢酶的辅酶，是连接代谢过程与呼吸链的重要环节。分子中除含烟酰胺（维生素PP）外，还含有核糖、磷酸及一分子腺苷酸（AMP），其结构如图8-1所示。

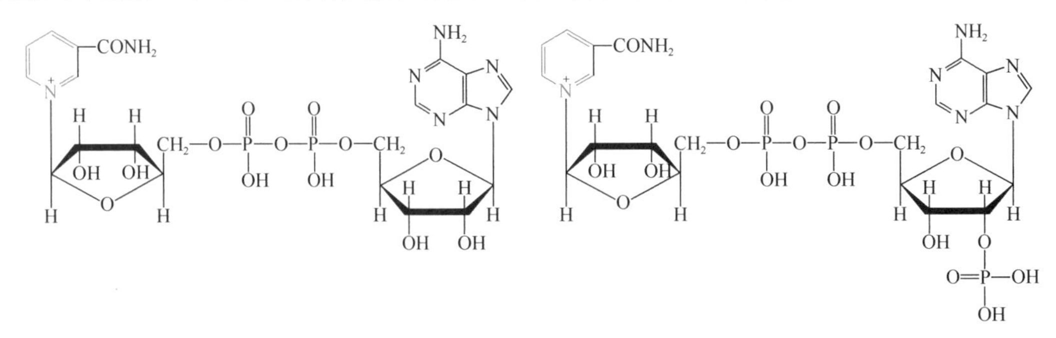

图8-1 NAD^+和$NADP^+$的结构

NAD^+的主要功能是接受从代谢物上脱下的2H（$2H^++2e$）。在生理pH条件下，烟酰胺中的吡啶氮为五价氮，它能可逆地接受电子而成为三价氮，与氮对位的碳也较活泼，能可逆地加氢还原，故可将NAD^+视为递氢体。反应时，NAD^+中的烟酰胺部分可接受一个氢原子及一个电子，尚有一个

笔记栏

质子（H^+）留在介质中（图 8-2）。因此，将还原型的 NAD^+ 写成 $NADH+H^+$（简写为 NADH）。

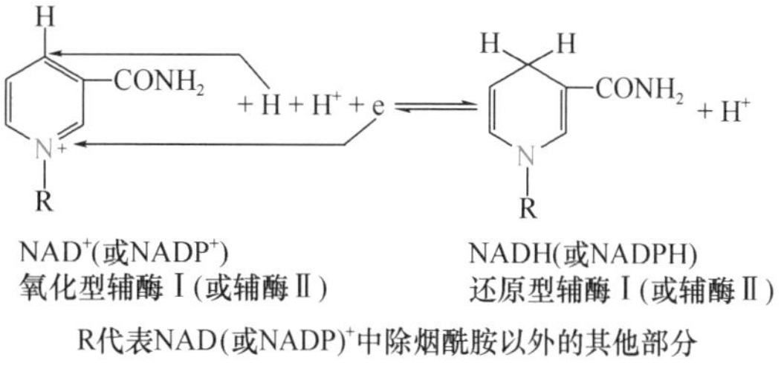

此外，亦有不少脱氢酶的辅酶为烟酰胺腺嘌呤二核苷酸磷酸（$NADP^+$），又称辅酶Ⅱ（CoⅡ），它与 NAD^+ 不同之处是在腺苷酸部分中核糖的 2′ 位碳上羟基的氢被磷酸基取代而成（图 8-1）。$NADP^+$ 接受氢而被还原生成 $NADPH+H^+$（简写为 NADPH），发挥传递氢和电子的作用。NADPH 一般是为合成代谢或羟化反应提供氢。

NAD^+(或$NADP^+$) 氧化型辅酶Ⅰ(或辅酶Ⅱ)　$+H+H^++e \rightleftharpoons$　NADH(或NADPH) 还原型辅酶Ⅰ(或辅酶Ⅱ) $+H^+$

R代表NAD(或NADP)$^+$中除烟酰胺以外的其他部分

图 8-2　NAD^+ 或 $NADP^+$ 的作用机制

2. 黄素蛋白（flavoproteins，FP）　黄素蛋白种类很多，其黄素核苷酸辅基有两种，一种为黄素单核苷酸（FMN），另一种为黄素腺嘌呤二核苷酸（FAD）。两者均含核黄素（维生素 B_2），此外 FMN 尚含一分子 5′- 磷酸核糖，而 FAD 则比 FMN 多含一分子腺苷酸（AMP），其结构如图 8-3 所示。

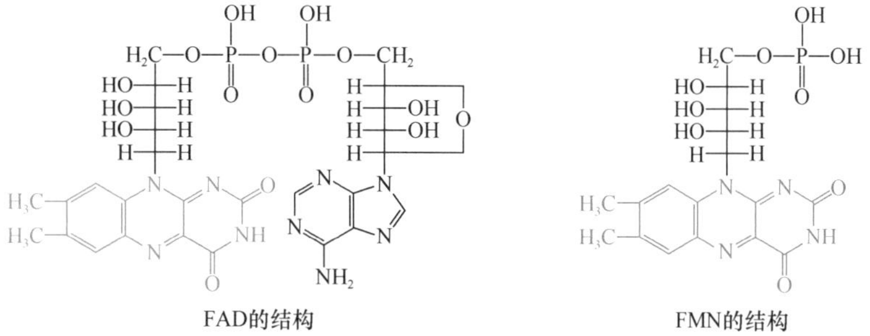

FAD的结构　　FMN的结构

图 8-3　FAD 和 FMN 的结构

黄素蛋白是以 FMN 或 FAD 为辅基的不需氧脱氢酶。催化代谢物脱下的氢，由辅基 FMN 或 FAD 的异咯嗪环上的第 1 位和第 10 位的氮原子接受，从而转变成还原态的 $FMNH_2$ 或 $FADH_2$。FMN 或 FAD 分子中的异咯嗪环，在可逆的氧化还原反应中显示 3 种分子状态，氧化型 FMN（或 FAD）可接受 1 个质子和 1 个电子形成不稳定的 FMNH·（或 FADH·），再接受 1 个质子和 1 个电子转变为还原型 $FMNH_2$（$FADH_2$），氧化时反应逐步逆行，因此属于单、双电子传递体（图 8-4）。

氧化型FMN或FAD　$\underset{}{\overset{H^++e}{\rightleftharpoons}}$　FMNH(或FADH)　$\overset{H^++e}{\rightleftharpoons}$　还原型$FMNH_2$或$FADH_2$

图 8-4　FAD 和 FMN 的作用机制

多数黄素蛋白参与呼吸链组成，与电子转移有关，如 NADH 脱氢酶（NADH dehydrogenase）以 FMN 为辅基，是氧化呼吸链的组分之一，介于 NADH 与其他电子传递体之间。其他如琥珀酸脱氢酶（succinate dehydrogenase）、线粒体内的甘油磷酸脱氢酶（glycerol phosphate dehydrogenase）、脂酰 CoA 脱氢酶的辅基亦为 FAD，它们可直接从作用底物转移氢进入呼吸链传递。

黄素蛋白除有一个黄素核苷酸辅基外，还有几个非血红素铁原子（nonheme iron atoms），这些铁原子都和蛋白质中半胱氨酸残基的硫原子相结合，具体见下述。

3. 铁硫蛋白（iron-sulfur protein，Fe-S）　铁硫蛋白又称铁硫中心或铁硫簇，是存在于线粒体内膜上的一种与电子传递有关的蛋白质，其特点是分子中含铁原子和硫原子，铁与无机硫原子和蛋白质多肽链上半胱氨酸残基的硫相结合。铁硫蛋白在线粒体内膜上往往和其他递氢体或递电子体（黄素蛋白或细胞色素 b）结合成复合物而存在。根据所含铁原子和硫原子的数目不同，分为单个铁原子与半胱氨酸的巯基硫相连、2Fe-2S、4Fe-4S 等类型（图 8-5）。

笔记栏

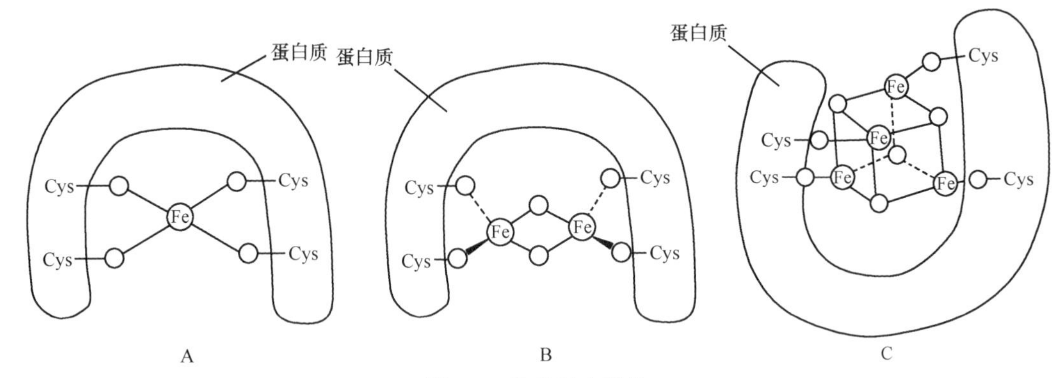

图 8-5 铁硫蛋白结构

A. 单个铁与半胱氨酸的巯基硫相连；B. 2Fe-2S；C. 4Fe-4S；（○）代表 S 原子

氧化状态时，铁硫蛋白中的铁原子是三价，当铁硫蛋白还原后，其中的三价铁转变成二价铁。一般认为，在两个铁原子中，只有一个被还原，因此，铁硫蛋白可能是一种单电子传递体。

4. 泛醌（ubiquinone，UQ 或 Q） 泛醌又称辅酶 Q（CoQ），是一种脂溶性的苯醌类化合物，广泛存在于生物界。其分子结构中带有一条很长的侧链，是由多个异戊二烯（isoprene）单位构成，不同来源的泛醌其异戊二烯单位的数目不同，在哺乳动物组织中最多见的泛醌的侧链由 10 个异戊二烯单位组成，用 Q_{10} 表示。

泛醌因侧链的疏水作用，它能在线粒体内膜中迅速扩散，是线粒体内膜上较小的流动电子载体（mobile electron carriers）。这种在线粒体内膜上的均一流动性使其在黄素蛋白和细胞色素类之间作为一种活跃的电子载体起作用，从而在呼吸链中处于中心地位。它不仅接受 NADH- 泛醌还原酶脱下的氢和电子，还接受线粒体其他黄素酶类脱下的氢和电子，如琥珀酸 - 泛醌还原酶、脂酰 -CoA 脱氢酶等。泛醌的醌型结构可以结合 2 个电子和 2 个质子而被还原为氢醌型，故它是一种双递氢体（即双电子传递体）。先接受一个电子和一个质子还原成半醌，再接受一个电子和一个质子还原成二氢泛醌，后者又可脱去电子和质子而被重新氧化为泛醌（图 8-6）。

泛醌（醌型或氧化型） $\underset{}{\overset{H^{+}+e}{\rightleftharpoons}}$ 泛醌H·（半醌型） $\overset{H^{+}+e}{\rightleftharpoons}$ 二氢泛醌（氢醌型或还原型）

侧链：$(CH_2—CH=C(CH_3)—CH_2)_nH$

图 8-6 泛醌的结构和递氢反应

5. 细胞色素（cytochromes，Cyt） 细胞色素是位于线粒体内膜的含铁电子传递体，其辅基为铁卟啉，铁原子处于卟啉的结构中心，构成血红素（heme）。细胞色素类是呼吸链中将电子从泛醌传递到氧的专一酶类。根据它们不同的吸收光谱分为三大类，即细胞色素类 a、b、c。每一类中又因其最大吸收峰的微小差别再分为几种亚类，如细胞色素 a 又分为 a、a_3。细胞色素 c 又有 c 与 c_1 之别。线粒体的电子传递链至少含有五种细胞色素，即 Cyt b、c、c_1、a、a_3。各种细胞色素的主要差别在于铁卟啉辅基的侧链以及铁卟啉与蛋白质部分的连接方式。Cyt b、c 的铁卟啉都是铁原卟啉Ⅸ，与血红素相同，但 Cyt c 中卟啉环上的乙烯侧链与蛋白质部分的半胱氨酸残基相连接。Cyt a 的卟啉环中有一个甲基被甲酰基取代，一个乙烯基侧链被多聚异戊烯长链取代（图 8-7）。

细胞色素主要是通过辅基铁卟啉中 $Fe^{3+}+e \rightleftharpoons Fe^{2+}$ 的互变起传递电子的作用，因此是单电子传递体。Cyt b 接受从泛醌传来的电子，并将其传递给 Cyt c_1，Cyt c_1 又将接受的电子传送给 Cyt c。电子在从泛醌到 Cyt c 的传递过程中还有一铁硫蛋白起中间作用。Cyt a 与 Cyt a_3 以复合物形式存在，又称细胞色素氧化酶（cytochrome oxidase）。Cyt a、a_3 还含有两个铜原子，Cyt a 从 Cyt c 接受电子后，传递给 Cyt a_3，由还原型 Cyt a_3 将电子直接传递给氧分子。在 Cyt a 和 Cyt a_3 间传递电子的是两个铜原子，铜在氧化 - 还原反应中也发生价态变化（$Cu^{2+}+e \rightleftharpoons Cu^{+}$）。

笔记栏

细胞色素a辅基　　细胞色素b辅基　　细胞色素c辅基

图 8-7 细胞色素辅基

（二）氧化呼吸链组分的排列顺序

微课 8-2

氧化呼吸链组分的排列顺序是根据下列实验和原则确定的：

1. 根据测定呼吸链各组分的标准氧化还原电位（$E^{\ominus}$）确定其顺序　因为电子流动趋向从氧化还原电位低向氧化还原电位高的方向流动。氧化还原电位的数值越低，即负值越大，则该物质失去电子的倾向越大，越易成为还原剂而处于呼吸链的前面。呼吸链中 $NAD^+/NADH$ 的 $E^{\ominus}$ 最小，而 O_2/H_2O 的 $E^{\ominus}$ 最大（表 8-1）。

表 8-1　呼吸链中各种氧化还原对的标准氧化还原电位

氧化还原对	$E^{\ominus}$(V)	氧化还原对	$E^{\ominus}$(V)
$NAD^+/NADH^+H^+$	–0.32	$Cytc_1Fe^{3+}/Fe^{2+}$	0.22
$FMN/FMNH_2$	–0.30	$CytcFe^{3+}/Fe^{2+}$	0.25
$FAD/FADH_2$	–0.06	$CytaFe^{3+}/Fe^{2+}$	0.29
$Q_{10}/Q_{10}H_2$	0.06	$Cyta_3Fe^{3+}/Fe^{2+}$	0.35
$CytbFe^{3+}/Fe^{2+}$	0.08	$1/2O_2/H_2O$	0.82

注：$E^{\ominus}$值为 pH 7.0，25℃，1mol/L 底物浓度条件下，和标准氢电极构成的化学电池的测定值。

2. 选择性阻断呼吸链确定其顺序　利用呼吸链特异的抑制剂阻断某一组分的电子传递，在体外将呼吸链拆开和重组，鉴定呼吸链的组成与排列。在阻断部位以前的组分处于还原状态，后面组分处于氧化状态。由于呼吸链每个组分的氧化和还原状态吸收光谱不相同，故可根据吸收光谱的改变进行检测，推断出呼吸链各组分的排列顺序。

3. 利用呼吸链各组分特有的吸收光谱的改变分析其顺序　以离体线粒体无氧时处于还原状态作为对照，缓慢给氧，观察各组分被氧化的顺序。测定表明：在呼吸链的 NAD^+ 一端，电子传递体的还原性最强；而在靠近氧一端，电子传递体（Cyt aa_3）几乎全部处于氧化状态。

4. 在体外将呼吸链进行拆开和重组，鉴定它们的组成与排列　用胆酸、脱氧胆酸等反复处理线粒体内膜，可将呼吸链分离得到四种仍具有传递电子功能的酶复合体（表 8-2）。

表 8-2　人线粒体呼吸链复合体

复合体	酶名称	多肽链数	功能辅基
复合体Ⅰ	NADH- 泛醌还原酶	43	FMN，Fe-S
复合体Ⅱ	琥珀酸 - 泛醌还原酶	4	FAD，Fe-S
复合体Ⅲ	泛醌 - 细胞色素 c 还原酶	11	血红素，Fe-S
复合体Ⅳ	细胞色素 c 氧化酶	13	血红素，Cu_A，Cu_B

复合体Ⅰ，又称NADH- 泛醌还原酶，含有以 FMN 为辅基的黄素蛋白和以铁硫簇为辅基的铁硫蛋白。

整个复合体Ⅰ嵌在线粒体内膜上，呈“L”形（图8-8），其NADH结合面朝向线粒体基质，这样就能与基质内经脱氢酶催化产生的$NADH+H^+$相互结合，NADH脱下的氢经FMN、铁硫蛋白传递后，再传到泛醌，与此同时，伴有质子从线粒体基质转移至线粒体外（膜间隙）。每传递一对电子的同时，将4个H^+从线粒体基质侧泵到膜间隙侧，复合体Ⅰ有质子泵功能。复合体Ⅰ的功能是将电子从NADH传递给泛醌。

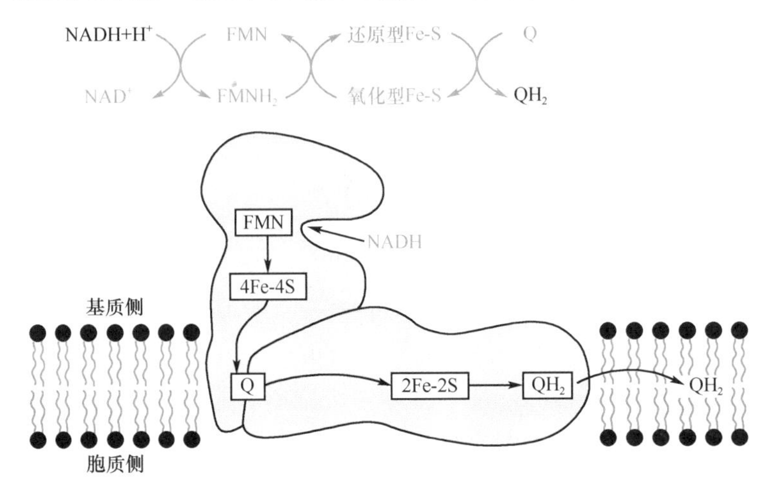

图 8-8 复合体Ⅰ结构及电子传递示意图

复合体Ⅱ，又称琥珀酸-泛醌还原酶，含有以FAD为辅基的黄素蛋白、铁硫蛋白。其功能是将氢从琥珀酸传给FAD，然后经铁硫蛋白传递到泛醌（图8-9）。该过程传递电子释放的自由能极小，不足以将H^+泵出线粒体内膜，因此复合体Ⅱ没有质子泵的功能。

泛醌不包含在复合体中，它可接受复合体Ⅰ或Ⅱ的氢后将H^+释放入线粒体基质中，将电子传递给复合体Ⅲ。

复合体Ⅲ，又称泛醌-细胞色素c还原酶，含有Cyt b_{562}、Cyt b_{566}、Cyt c_1、铁硫蛋白及其他多种蛋白质。这些蛋白质不对称分布在线粒体内膜上，其中Cyt b横跨线粒体内膜，Cyt c_1和铁硫蛋白位于内膜偏外侧部。这里是由双电子载体泛醌向单电子载体（细胞色素体系）传递的转换部位，即二氢泛醌被氧化成泛醌，而Cyt c被还原（图8-10）。与此同时，质子从线粒体内膜转移至内膜外，每次传递一对电子的同时将4个H^+从内膜基质侧泵到内膜胞质侧。因此复合体Ⅲ具有质子泵的作用。复合体Ⅲ的功能是将电子从还原型泛醌传递到Cyt c。

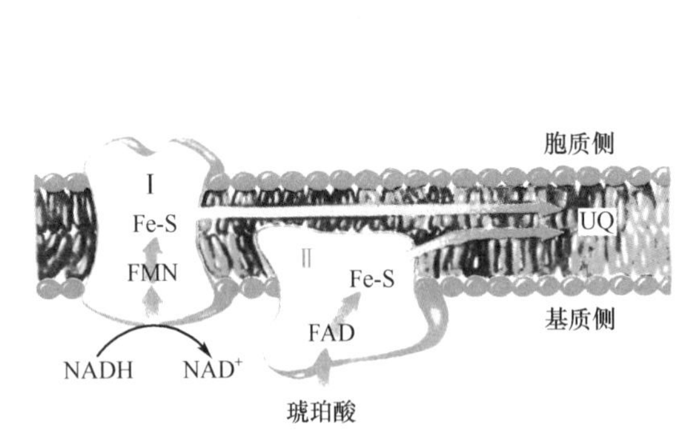

图 8-9 复合体Ⅱ结构及电子传递示意图

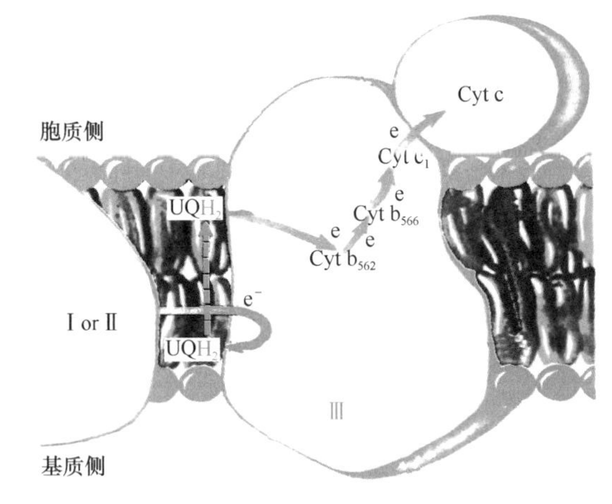

图 8-10 复合体Ⅲ结构及电子传递示意图

Cyt c不包含在上述复合体中，是氧化呼吸链唯一水溶性球状蛋白，与线粒体内膜外表面疏松结合。Cyt c可将从Cyt c_1获得的电子传递到复合体Ⅳ。

复合体Ⅳ，又称细胞色素c氧化酶，包括Cyt a、Cyt a_3及2个铜原子，由于Cyt a、Cyt a_3两者结合紧密，很难分离，故称之为Cyt aa_3。Cyt aa_3中含有2个铁卟啉辅基，铜原子可进行$Cu^+ \rightleftharpoons Cu^{2+}+e$反应传递电子。电子Cyt c通过复合体Ⅳ到氧，使$O_2$还原与$H^+$生成$H_2O$，同时引起质子从线粒体基质向膜间隙移动，每次传递一对电子的同时将2个H^+从内膜基质侧泵到内膜胞质侧，故复合

笔记栏

体Ⅳ也有质子泵的功能。复合体Ⅳ的功能是将电子从 Cyt c 传递给氧（图 8-11）。

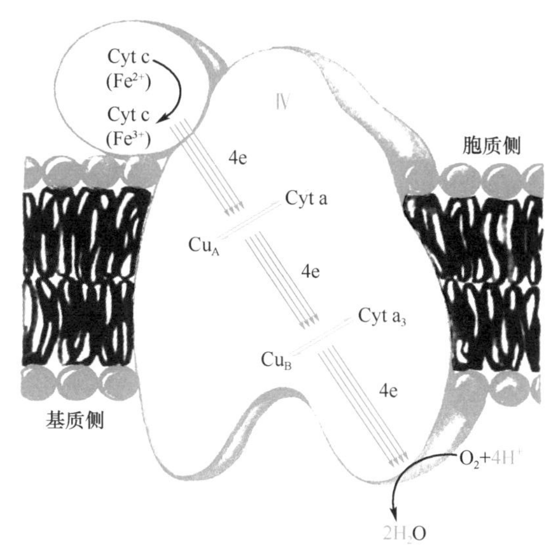

图 8-11 复合体Ⅳ结构及电子传递示意图

代谢物氧化后脱下的氢通过上述四个复合体的传递顺序为：从复合体Ⅰ或复合体Ⅱ开始，经泛醌到复合体Ⅲ，再经 Cyt c 到复合体Ⅳ，然后复合体Ⅳ从还原型细胞色素 c 转移电子到氧。活化了的氧与质子（活化了的氢）结合成水。电子通过复合体转移的同时伴有质子从线粒体基质流向膜间隙，从而产生质子跨膜梯度储存能量，形成跨膜电位，促使 ATP 的生成（图 8-12）。

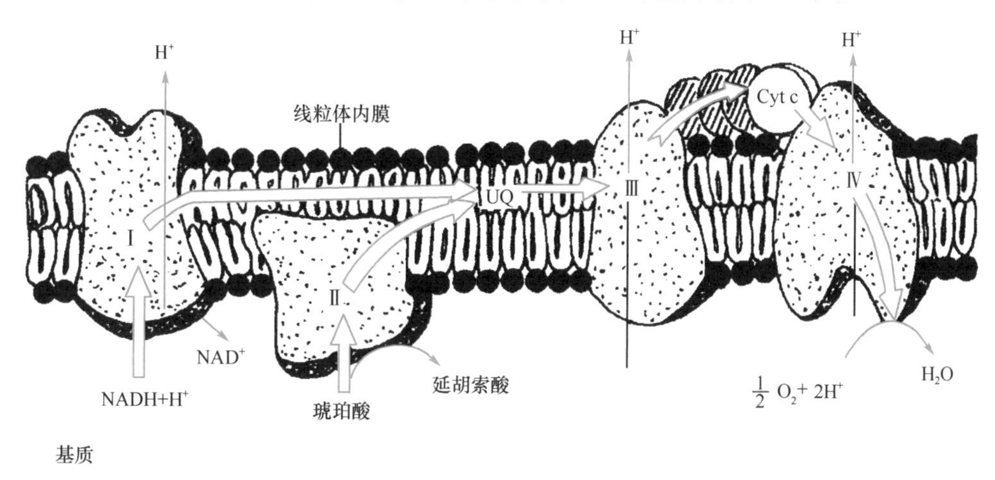

图 8-12 呼吸链四个复合体传递顺序示意图

（三）线粒体内主要的呼吸链

目前已知线粒体内的呼吸链有两条，即 NADH 氧化呼吸链和 $FADH_2$ 氧化呼吸链。呼吸链由 NADH 和 $FADH_2$ 提供氢，通过 4 个蛋白复合体、泛醌、Cyt c 共同完成电子的传递。

1. NADH 氧化呼吸链 NADH 氧化呼吸链是细胞内最主要的呼吸链，因为生物氧化过程中绝大多数脱氢酶都是以 NAD^+ 为辅酶。底物在相应脱氢酶的催化下，脱下 2H（$2H^+$+2e），交给 NAD^+ 生成 $NADH+H^+$；在 NADH 脱氢酶作用下，脱下的氢经 FMN 给泛醌而生成二氢泛醌；二氢泛醌中的 2H 解离成 $2H^+$ 和 2e，其中 $2H^+$ 游离于介质中，而 2e 通过复合体Ⅲ传递给 Cyt c，最后经复合体Ⅳ传递给 O_2，使氧生成 O^{2-}，O^{2-} 即与介质中的 $2H^+$ 结合生成 H_2O。NADH 氧化呼吸链组成及作用如图 8-13 所示。

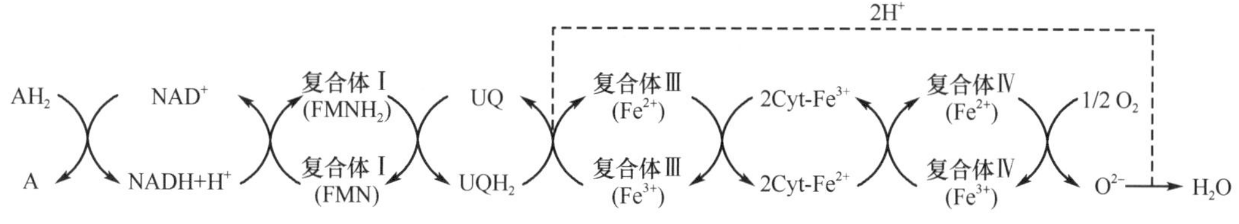

图 8-13 NADH 氧化呼吸链的组成及作用

2. $FADH_2$ 氧化呼吸链（又称琥珀酸氧化呼吸链） 琥珀酸在琥珀酸脱氢酶催化下脱下2H使FAD还原生成$FADH_2$，后者把氢传递给泛醌，形成二氢泛醌，再往下的传递及最后H_2O的生成过程与NADH氧化呼吸链相同。*α*-磷酸甘油脱氢酶及脂酰CoA脱氢酶催化代谢物脱下的氢也由FAD接受通过此呼吸链被氧化，故琥珀酸、*α*-磷酸甘油和脂酰CoA等脱下的氢循琥珀酸氧化呼吸链传递。其组成及作用如图8-14所示。

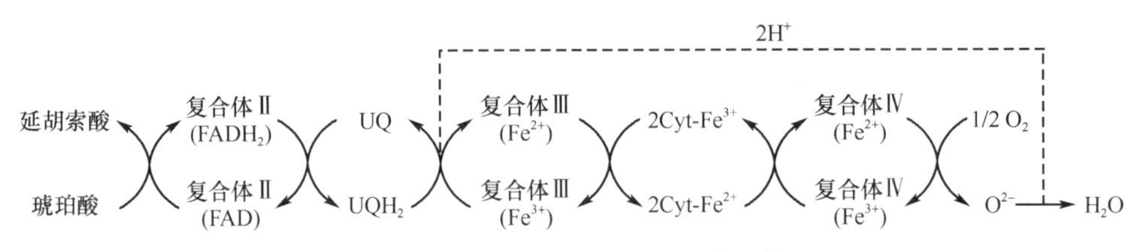

图8-14 琥珀酸氧化呼吸链的组成及作用

二、氧化磷酸化

在机体能量代谢中，ATP是体内主要的高能化合物。细胞内的ATP有两种生成方式：一种是底物水平磷酸化（见第7章），能够生成少量的ATP。另一种是氧化磷酸化（oxidative phosphorylation），即代谢物氧化脱氢经呼吸链传递给氧生成水的同时，释放能量使ADP磷酸化生成为ATP，由于是代谢物的氧化反应与ADP磷酸化反应偶联发生，故称为氧化磷酸化，又称偶联磷酸化（图8-15）。

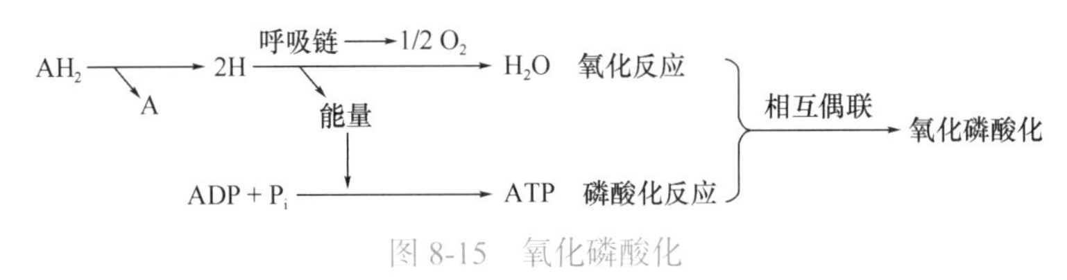

图8-15 氧化磷酸化

氧化磷酸化是人体内生成ATP的主要方式，人体90%的ATP是由线粒体中的氧化磷酸化产生的，而产生ATP所需的能量由线粒体氧化体系提供。在糖类、脂质等氧化分解代谢过程中除少数反应外，几乎全通过氧化磷酸化生成ATP。本部分内容介绍线粒体内ATP的生成，即氧化磷酸化。

（一）氧化磷酸化的偶联部位

根据下述实验结果，可大致确定氧化磷酸化的偶联部位，即ATP产生的部位。

1. P/O值的测定 P/O值是指物质氧化时，每消耗1/2mol O_2所需磷酸的摩尔数，即所能合成ATP的摩尔数。通过测定离体线粒体内几种物质氧化时的P/O值，可以大体推测出偶联部位及ATP的生成数。在氧化磷酸化过程中，无机磷酸是用于ADP磷酸化生成ATP的，所以消耗无机磷的摩尔数可反映ATP的生成数（表8-3）。实验证明，*β*-羟丁酸的氧化是通过NADH进入呼吸链，脱下的2H经FMN、UQ、Cyt b、c_1、c，最后由Cyt aa_3传到氧生成水，测得其P/O值约为2.5，即NADH氧化呼吸链可能存在3个ATP生成部位。而琥珀酸氧化时，测得P/O值约为1.5，即琥珀酸氧化呼吸链可能存在2个ATP生成部位。后者与前者的不同在于琥珀酸氧化直接经黄素蛋白（辅基为FAD）进入UQ，因此表明，在NADH至UQ之间存在1个偶联部位。此外，测得抗坏血酸氧化时P/O值接近1，还原型Cyt c氧化时P/O值也接近1。此两者的不同在于抗坏血酸是通过Cyt c进入呼吸链被氧化的，而还原型Cyt c则只经Cyt aa_3氧化，表明在Cyt aa_3到氧之间存在1个偶联部位。从琥珀酸、抗坏血酸及还原型Cyt c的氧化可以表明在UQ至Cyt c间存在另1个偶联部位。所以，复合体Ⅰ、Ⅲ、Ⅳ可能是氧化磷酸化的偶联部位，用于生成ATP。

根据近年的实验和电化学计算，合成1个分子ATP需要消耗4个H^+的跨膜势能，即经氧化呼吸链平均每泵出4个H^+才能生成1分子可被机体利用的ATP。NADH氧化呼吸链每传递2个电子与氧结合成水，共泵出10个H^+，P/O值应为2.5，琥珀酸氧化呼吸链共泵出$6H^+$，P/O值应为1.5。也就是说，一对电子经过NADH氧化呼吸链传递平均可生成2.5个ATP，而经过琥珀酸氧化呼吸链传递平均可生成1.5个ATP。

表 8-3 线粒体离体实验测得的一些底物的 P/O 值

底物	呼吸链的组成	P/O 比值
β-羟丁酸	NAD^+ ⟶ 复合体Ⅰ ⟶ CoQ ⟶ 复合体Ⅲ ⟶ Cyt c ⟶ 复合体Ⅳ ⟶ O_2	2.4 ~ 2.8
琥珀酸	复合体Ⅱ ⟶ CoQ ⟶ 复合体Ⅲ ⟶ Cyt c ⟶ 复合体Ⅳ ⟶ O_2	1.7
抗坏血酸	Cyt c ⟶ 复合体Ⅳ ⟶ O_2	0.88
细胞色素 c	复合体Ⅳ ⟶ O_2	0.61 ~ 0.68

2. 自由能变化 根据热力学公式，在电子传递过程中，pH7.0 时标准自由能变化（$\Delta G^{\ominus}$）与还原电位变化（$\Delta E^{\ominus}$）之间存在以下关系：

$$\Delta G^{\ominus}=-nF\Delta E^{\ominus}$$

n= 传递电子数；F 为法拉第常数 [96.5 kJ/（mol·V）]

从 NAD^+ 到 UQ 段测得的电位差约 0.36V，从 UQ 到 Cyt c 的电位差为 0.19V，而 Cyt aa_3 到分子氧为 0.58V。通过计算，它们相应的 $\Delta G^{\ominus}$ 分别约为 69.5kJ/mol、36.7kJ/mol、112kJ/mol，而生成 1mol ATP 所需能量约为 30.5kJ/mol，可见以上三处提供了足够合成 ATP 所需的能量，说明在复合体Ⅰ、Ⅲ、Ⅳ内各存在一个 ATP 的偶联部位。

（二）氧化磷酸化的偶联机制

1. 化学渗透假说 化学渗透假说（chemiosmotic hypothesis）是 20 世纪 60 年代初由 1978 年获诺贝尔化学奖得主 Mitchell 提出的。其基本要点是电子经呼吸链传递释放的能量，可将 H^+ 从线粒体内膜的基质侧泵到膜间隙，线粒体内膜不允许质子自由回流，因此产生质子电化学梯度储存能量。当质子顺梯度经 ATP 合酶 F_0 回流时，质子跨膜梯度中所蕴含的能量便被用于 ADP 和 P_i 生成 ATP，于是跨膜的电化学梯度亦随之消失。

实验证明，递氢体和电子传递体在线粒体内膜上交替排列，复合体Ⅰ、Ⅲ、Ⅳ如同线粒体内膜上的 3 个质子泵，均能将 H^+ 从线粒体基质泵出到膜间隙。首先由 NADH 提供的一个 H^+ 和 2e，加上线粒体基质内的 1 个 H^+ 使复合体Ⅰ中的 FMN 还原成 $FMNH_2$，$FMNH_2$ 向膜间隙泵出 $2H^+$，产生的 2e 使铁硫簇（Fe-S）被还原。然后，铁硫簇放出 2e 重新被氧化，将 2e 和基质内的 $2H^+$ 传递给泛醌，使泛醌还原成二氢泛醌（UQH_2）。泛醌是脂溶性小分子，易于在膜脂质内流动，移动至内膜间隙侧时泵出 $2H^+$，而将 2e 传给复合体Ⅲ的 Cyt b，Cyt b 是跨膜蛋白。还原型的 Cyt b 将 2e 传至基质侧的另一分子泛醌，泛醌接受 2e 并从基质侧获取 $2H^+$ 又还原成 UQH_2。UQH_2 又将 $2H^+$ 泵到膜间隙，产生的 2e 传给复合体Ⅲ的 Fe-S、Cyt c_1，再通过 Cyt c 到达复合体 Ⅳ 的 Cyt aa_3，最后到氧，O^{2-} 再与基质侧 $2H^+$ 结合成水（图 8-16）。

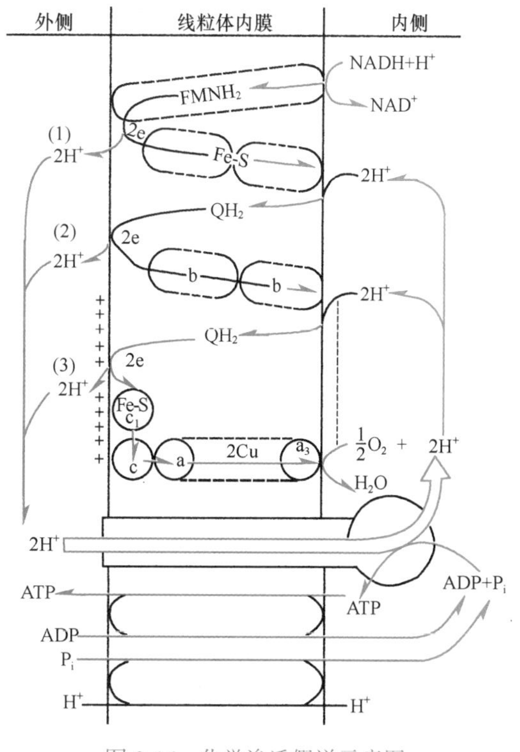

图 8-16 化学渗透假说示意图

2. ATP 合酶 ATP 是由位于线粒体内膜上的 ATP 合酶（ATP synthase）催化生成的。ATP 合酶是生物体能量代谢的关键酶，由亲水性的 F_1 和疏水性的 F_0 两部分组成。F_1 在线粒体内膜的基质侧形成颗粒状突起。它主要是由 5 种亚基组成的九聚体蛋白，具体为 $\alpha_3\beta_3\gamma\delta\varepsilon$，其功能是催化生成 ATP。其催化部位在 β 亚基中，但 β 亚基必须与 α 亚基结合才有活性。F_0 镶嵌在线粒体内膜中，它由 $a_1b_2c_{9\sim12}$ 亚基组成：c 亚基形成环状结构，a 亚基位于环外侧，与 c 亚基之间形成质子通道。F_1 与 F_0 之间，其中心部位由 $\gamma\varepsilon$ 亚基相连，外侧由 b_2 和 δ 亚基相连。F_1 中

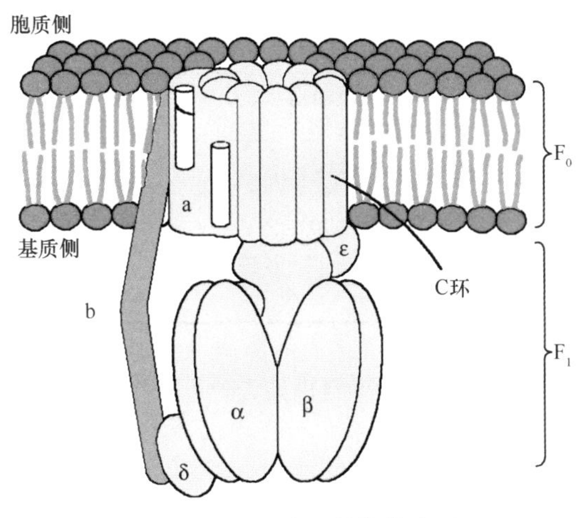

图 8-17 ATP 合酶结构模式图

的 $\alpha_3\beta_3$ 亚基间隔排列形成六聚体，部分 γ 亚基插入六聚体中央。由于 3 个 β 亚基与 γ 亚基插入部分的不同部位相互作用，使每个 β 亚基形成不同的构象（图 8-17）。

当 H^+ 顺浓度梯度经 F_0 中 a 亚基和 c 亚基之间回流时，γ 亚基发生旋转，3 个 β 亚基的构象发生改变，以三种独立的状态存在：紧密状态 T，与 ATP 紧密连接；松弛状态 L，可与 ADP 及无机磷酸连接；开放状态 O，释放出 ATP。一旦 ADP 和 P_i 结合到 L 状态上，由质子传递引起的构象变化将 L 状态转换为 T 状态，生成 ATP。同时，相邻的 T 状态转换为 O 状态，使生成的 ATP 释出。第三个 β 亚基又将 O 状态转换为 L 状态，使 ADP 结合上来，以便进行下一轮的 ATP 合成（图 8-18）。

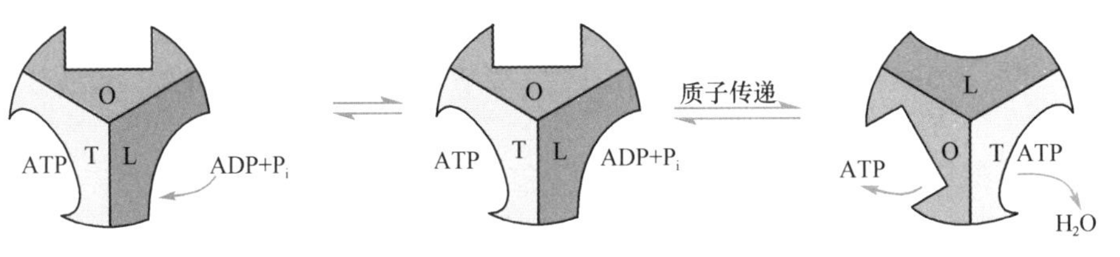

图 8-18 ATP 合酶的各种状态

ATP 的合成在 T 状态下进行并从 O 状态下释出。电化学梯度的能量使 T 状态转换为 O 状态。L 状态可结合 ADP

三、影响氧化磷酸化的因素

（一）体内能量状态的调节作用

正常机体氧化磷酸化的速率主要受 ADP 的调节。当机体利用 ATP 增多，ADP 浓度增高，转运入线粒体后使氧化磷酸化速度加快；反之 ADP 不足，使氧化磷酸化速率减慢。这种调节作用可使 ATP 的生成速度适应机体需要。

离体线粒体实验证明，ADP 具有关键的调节作用。当线粒体仅加入底物时，耗氧量变化不大，而加入 ADP 时，耗氧量显著增加，直至 ADP 转变成 ATP，其浓度降低时为止；这时再加入 ADP 又可促进氧化磷酸化。因此，ADP 或 ADP/ATP 是调节氧化磷酸化的重要因素。

（二）抑制剂

氧化磷酸化为机体提供各种生命活动所需 ATP，抑制氧化磷酸化会对机体造成严重后果。氧化磷酸化的抑制剂有三类。

1. 呼吸链抑制剂　这类抑制剂能阻断呼吸链中某些部位的电子传递。如鱼藤酮（rotenone）、粉蝶霉素 A（piericidin A）及异戊巴比妥（amobarbital）等，它们与复合体 I 中的铁硫蛋白结合，从而阻断电子传递。萎锈灵（carboxin）是复合体Ⅱ的抑制剂。抗霉素 A（antimycin A）抑制复合体Ⅲ中 Cyt b 与 Cyt c_1 间的电子传递。CO、CN^-、N_3^- 及 H_2S 抑制细胞色素 c 氧化酶，使电子不能传递给氧。目前发生的城市火灾事故中，由于装饰材料中的 N 和 C 经高温可形成 HCN，因此，伤员除因燃烧不完全造成 CO 中毒外，还存在 CN^- 中毒。此类抑制剂可使细胞内呼吸停止，与此相关的细胞生命活动停止，导致人迅速死亡（图 8-19）。

2. 解偶联剂（uncoupler）　解偶联剂可使氧化与磷酸化偶联过程脱离。其基本作用机制是使呼吸链传递电子过程中泵出的 H^+ 不经 ATP 合酶的 F_0 质子通道回流，而通过线粒体内膜中其他途径返回线粒体基质，从而破坏内膜两侧的质子电化学梯度，使 ATP 的生成受到抑制，而电化学梯度储存的能量以热能形式释放。例如，脂溶性物质二硝基苯酚（dinitrophenol，DNP），在线粒体内膜中可自由移动，进入基质侧时释出 H^+，返回胞质侧时结合 H^+，从而破坏了电化学梯度。解偶联剂只破坏电子传递发生的磷酸化，不影响对氧的需要。新生儿体内存在含有大量线粒体的棕色脂肪组织，该

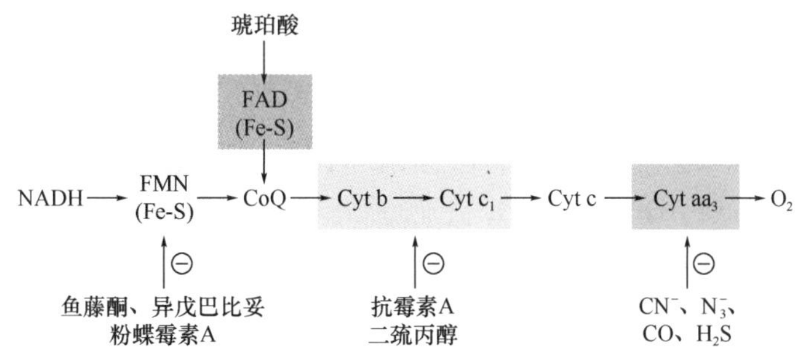

图 8-19 呼吸链抑制剂的作用部位

组织线粒体内膜中存在的解偶联蛋白 1（uncoupling protein 1）为内源性解偶联剂，它是由 2 个 32kD 亚基组成的二聚体，在内膜上形成质子通道，H^+ 可经此通道返回线粒体基质中，同时释放热能。因此，棕色脂肪组织是产热御寒组织，新生儿可通过这种机制产热，维持体温。新生儿寒冷损伤综合征就是因为缺乏棕色脂肪组织，不能维持正常体温而使皮下脂肪凝固引起的。

案例 8-1

患儿，女，7 天，因少哭少动，拒奶 2 天入院。患儿系第 3 胎第 1 产，因母亲重度妊高征，孕 36 周时行剖宫产。生时羊水清，胎盘、脐带正常，生后 5 分钟 Apgar 评分 10 分。患儿生后第 3 天开奶，母乳喂养。患儿于 2 天前开始出现少哭、少动，伴拒奶，四肢冷，体温未测，无青紫，无抽搐，无呼吸暂停，无窒息。

体格检查：T 32℃，P 100 次 / 分，R 30 次 / 分，WT 2.0kg。早产儿貌，反应差，呼吸表浅。全身皮肤冷，可见明显花纹，无黄染、皮疹及出血点。头颅无畸形，前囟约 1.0cm×1.0cm，平软。眼球无凝视，双瞳孔等大、等圆，对光反射存在。耳鼻外观无异常。口周微绀，颈软，胸廓对称，双肺呼吸音低，未闻及干、湿啰音。心率 100 次 / 分，节律规整，心音低钝，心脏各瓣膜听诊区未闻及杂音。腹部稍膨隆，肠鸣音弱，脐带未脱落，脐窝干燥无渗液，肝脾肋下未触及。肛门外观未见畸形。四肢肌张力低，双下肢及臀部硬性水肿，呈暗紫色。四肢末端微绀。握持反射、吸吮反射未引出。

初步诊断：新生儿寒冷损伤综合征。

问题讨论： 1. 根据病情需要，应该做哪些检查？

2. 棕色脂肪缺乏引起患儿脂肪凝固的生化机制是什么？

分析讨论：

新生儿，尤其是早产儿，体温调节中枢不成熟；体表面积较大，皮肤脂肪少；体内贮存热量少；棕色脂肪比例小，代偿产热能力差；皮下脂肪中的饱和脂肪酸含量高。上述原因导致新生儿在寒冷时，失热多，代偿产热能力差，体温降低；脂肪易于凝固，容易出现皮肤硬肿。低体温及皮肤硬肿可使局部血液循环淤滞，引起缺氧和代谢性酸中毒，甚至引发多器官功能损害。根据病情需要，应检测血常规、动脉血气、电解质、血糖、尿素氮、肌酐及 DIC 筛查试验。必要时可行 EEG 及 X 线胸片检查。

正常新生儿体内存在含有大量线粒体的棕色脂肪组织，该组织线粒体内膜中存在的解偶联蛋白可以在线粒体内膜上形成质子通道，H^+ 可经此通道返回线粒体基质中，同时释放热能，维持体温。新生儿寒冷损伤综合征就是因为缺乏棕色脂肪组织，导致不能维持正常体温而使皮下脂肪凝固。

3. 氧化磷酸化抑制剂 此类抑制剂对电子传递及 ADP 磷酸化均有抑制作用。例如，寡霉素（oligomycin）可以阻止质子从 F_0 质子通道回流，抑制 ATP 生成。这是由于线粒体内膜两侧质子电化学梯度增高影响呼吸链质子泵的功能，继而抑制电子传递。

（三）甲状腺激素的影响

甲状腺激素是调节氧化磷酸化的重要激素。目前认为甲状腺激素可诱导细胞膜上 Na^+，K^+-ATP 酶的生成，使 ATP 加速分解为 ADP 和 P_i，ADP 增多促进氧化磷酸化。甲状腺激素（T_3）还可使解偶联蛋白基因表达增加，因而引起耗氧和产热均增加。所以甲状腺功能亢进症患者基础代谢率增高，

产热增加，喜冷怕热，易出汗。

微课 8-3

（四）线粒体 DNA 突变的影响

线粒体 DNA 以裸露而缺乏蛋白质保护的形式存在于线粒体内，易被损伤而发生突变，其突变率远高于细胞核内的染色体基因组。因为线粒体 DNA 可以编码呼吸链中的 13 条多肽链，故其突变可直接影响电子的传递过程或 ADP 的磷酸化。

四、ATP

（一）ATP 与高能磷酸化合物

糖、脂肪等物质在细胞内分解氧化过程中释放的能量，有相当一部分以化学能的形式储存在某些特殊类型的有机磷酸酯或硫酯类化合物中。通常在代谢过程中出现的有机磷酸化合物有两类，一类化合物的磷酸酯键比较稳定，水解时释放能量 9 ～ 16 kJ/mol，一般将其称为低能磷酸化合物或低能化合物；另一类有机磷酸化合物大多为酸酐类，如 ATP、磷酸肌酸、1，3- 二磷酸甘油酸、磷酸烯醇式丙酮酸等，这些化合物的磷酸酯键水解时，释放的能量为 30 ～ 60 kJ/mol。一般将化合物水解时释出的自由能大于 25 kJ/mol 者称为高能化合物，包括高能磷酸化合物和高能硫酯化合物，而其所含的磷酸键称为高能磷酸键（energy-rich phosphate bond），以～ P 表示。所含的硫酯键称为高能硫酯键。实际“高能磷酸键”的名称是不恰当的，高能磷酸键水解时释放的能量是整个高能磷酸化合物分子释放的能量，并不存在键能特别高的化学键。但因用高能磷酸键来解释生化反应较为方便，所以仍被采用。代谢过程中也产生一些高能硫酯化合物，如乙酰 CoA、琥珀酰 CoA 等。几种常见的高能化合物及其水解时能量的释放情况见表 8-4。

表 8-4　几种常见的高能化合物

通式	举例	释放能量（pH 7.0，25℃）kJ/mol(kcal/mol)
R—C(=NH)—N(H)～PO_3H_2	磷酸肌酸	–43.9（–10.5）
R—C(=CH_2)—O～PO_3H_2	磷酸烯醇式丙酮酸	–61.9（–14.8）
R—C(=O)—O～PO_3H_2	乙酰磷酸	–41.8（–10.1）
—P(=O)(OH)—O～P(=O)(OH)—OH	ATP，GTP，UTP，CTP	–30.5（–7.3）
R—C(=O)～SCoA	乙酰 CoA	–31.4（–7.5）

（二）ATP 的转换储存和利用

虽然人类一切生理功能所需的能量，主要来自糖、脂质等物质的分解代谢，但都必须转化成 ATP 的形式被利用，所以 ATP 是机体所需能量的直接供给者。ATP 为高能化合物，在标准状态下，其分解时可以释放的自由能为 30.5 kJ/mol，这一放能反应可以与体内各种需要能量做功的吸能反应相配合，从而完成各种生理活动。

1. ATP 参与核苷酸的相互转变　各种一磷酸核苷在核苷单磷酸激酶的催化下生成二磷酸核苷，后者经核苷二磷酸激酶催化可生成相应的三磷酸核苷。

$$ATP + UDP \longrightarrow ADP + UTP$$
$$ATP + CDP \longrightarrow ADP + CTP$$
$$ATP + GDP \longrightarrow ADP + GTP$$

另外，当体内 ATP 消耗过多（如肌肉剧烈收缩）时，ADP 累积，在腺苷酸激酶（adenylate kinase）催化下由 ADP 转变成 ATP 被利用。此反应是可逆的，当 ATP 需要量降低时，AMP 从 ATP 中获得～ P 生成 ADP。

$$ADP + ADP \rightleftharpoons ATP + AMP$$

2. ATP 可将能量储存在磷酸肌酸 肌酸在肌酸激酶（creatine kinase，CK）的催化下，由 ATP 提供～P 生成磷酸肌酸，作为肌肉和脑中能量的一种储存形式。当体内 ATP 不足时，磷酸肌酸将～P 转移给 ADP，生成 ATP，再为生理活动提供能量。

$$\underset{\text{肌酸}}{H_3C-N(CH_2COOH)-C(=NH)-NH_2} + ATP \xrightleftharpoons{\text{肌酸激酶}} \underset{\text{磷酸肌酸}}{H_3C-N(CH_2COOH)-C(=NH)-NH\sim P} + ADP$$

3. ATP 参与糖、脂质及蛋白质的生物合成过程 ATP 可用于糖、脂质及蛋白质的生物合成过程。糖原合成除直接消耗 ATP 外，还需要 UTP 参加；磷脂合成需要 CTP；蛋白质合成需要 GTP。这些三磷酸核苷均是高能磷酸化合物，它们的生成和补充都要依赖于 ATP。

生物体内能量的储存和利用都以 ATP 为中心（图 8-20）。

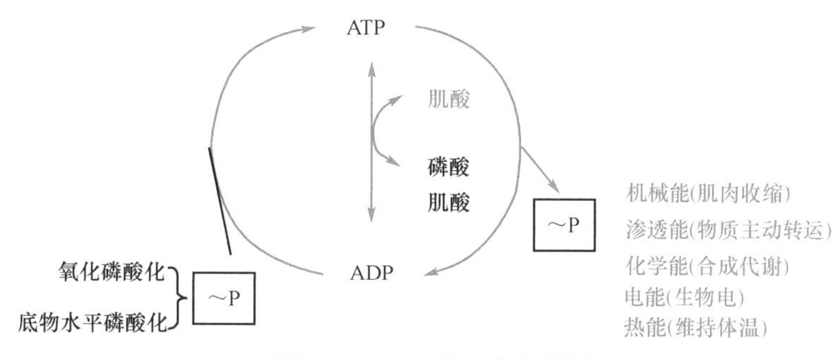

图 8-20 ATP 的生成和利用

五、通过线粒体内膜的物质转运

线粒体基质与胞质之间有线粒体内、外膜相隔，线粒体外膜中存在线粒体孔蛋白（mitochondrial pore protein），大多数小分子化合物和离子可以自由通过进入膜间腔，而内膜对各种物质的通过有严格的选择性。线粒体对物质通过的选择性主要依赖于内膜中不同的转运蛋白（transporter）对各种物质进行转运，以保证生物氧化的顺利进行（表 8-5）。

表 8-5 线粒体内膜的主要转运蛋白

转运蛋白	功能		
	胞质		线粒体基质
α- 酮戊二酸转运蛋白	苹果酸	⇄	α- 酮戊二酸
酸性氨基酸转运蛋白	谷氨酸	⇄	天冬氨酸
腺苷酸转运蛋白	ADP	⇄	ATP
磷酸盐转运蛋白	$H_2PO_4^-H^+$	⇄	$H_2PO_4^-H^+$
丙酮酸转运蛋白	丙酮酸	⇄	OH^-
三羧酸转运蛋白	苹果酸	⇄	柠檬酸
碱性氨基酸转运蛋白	鸟氨酸	⇄	瓜氨酸
肉碱转运蛋白	脂酰肉碱	⇄	肉碱

（一）胞质中 NADH 的跨膜转运

线粒体内生成的 NADH 可直接进入呼吸链参与氧化磷酸化过程，但有些物质的脱氢反应生成的 NADH 在胞质中进行。例如，3- 磷酸甘油醛和乳酸脱氢时，脱氢酶的辅酶也是 NAD^+，NAD^+ 接受电子和质子形成的 NADH 不能自由透过线粒体内膜进入线粒体，因此线粒体外 NADH 所携带的氢必须通过某种转运机制才能进入线粒体，然后再经呼吸链进行氧化磷酸化过程。胞质中 NADH 转运进入线粒体的机制主要有两种：*α*- 磷酸甘油穿梭（*α*-glycerophosphate shuttle）和苹果酸 - 天冬氨酸穿梭（malate-asparate shuttle）。

1. *α*- 磷酸甘油穿梭 如图 8-21 所示，线粒体外的 NADH，在胞质中磷酸甘油脱氢酶催化下，使磷酸二羟丙酮还原成 *α*- 磷酸甘油，后者通过线粒体外膜，再经位于线粒体内膜近胞质侧的磷酸甘油脱氢酶催化，氧化生成磷酸二羟丙酮和 $FADH_2$。磷酸二羟丙酮可穿出线粒体外膜至胞质，继续进行穿梭，而 $FADH_2$ 则进入琥珀酸氧化呼吸链进行氧化磷酸化，生成 1.5 分子 ATP。*α*- 磷酸甘油穿梭主要存在于脑和骨骼肌中。因此，在这些组织糖分解过程中 3- 磷酸甘油醛脱氢产生的 NADH 要通过 *α*- 磷酸甘油穿梭进入线粒体，故 1 分子葡萄糖彻底氧化可生成 30 分子 ATP。

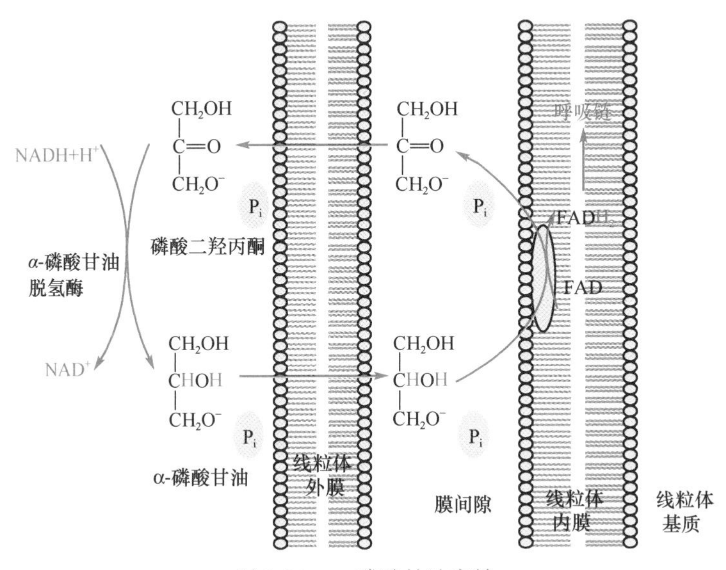

图 8-21 *α*- 磷酸甘油穿梭

2. 苹果酸 - 天冬氨酸穿梭 苹果酸 - 天冬氨酸穿梭又称苹果酸穿梭，如图 8-22 所示，胞质中生成的 NADH 在苹果酸脱氢酶的作用下，使草酰乙酸还原成苹果酸，后者通过线粒体内膜上的苹果酸 - *α*- 酮戊二酸转运体进入线粒体，又在线粒体内苹果酸脱氢酶的作用下重新生成草酰乙酸和 NADH。NADH 进入 NADH 氧化呼吸链进行氧化磷酸化，生成 2.5 分子 ATP。线粒体内生成的草酰乙酸经谷草转氨酸（天冬氨酸氨基转移酶）的作用生成天冬氨酸，后者经谷氨酸天冬氨酸转运体运出线粒体再转变成草酰乙酸，继续进行穿梭。苹果酸 - 天冬氨酸穿梭主要存在于肝、肾和心肌组织中。因此，在这些组织糖分解过程中，3- 磷酸甘油醛脱氢产生的 NADH 要通过苹果酸 - 天冬氨酸穿梭进入线粒体，故 1 分子葡萄糖彻底氧化可生成 32 分子 ATP。

（二）ATP 与 ADP 的转运

ATP、ADP 和 P_i 都不能自由通过线粒体内膜，必须依赖载体转运。ATP、ADP 由腺苷酸载体（adenine nucleotide transporter）转运，腺苷酸载体又称腺苷酸转运蛋白。它是由 2 个 3.0 kD 亚基组成的二聚体，ADP 与 ATP 经该转运蛋白反向转运。此时，胞质中的 $H_2PO_4^-$ 经磷酸盐转运蛋白与 H^+ 同向转运到线粒体内（图 8-23）。转运的速率受胞质和线粒体内 ADP、ATP 水平的影响。当胞质内游离 ADP 水平升高时，ADP 进入线粒体内，而 ATP 则自线粒体转运至胞质，结果线粒体基质内 ADP/ATP 值升高，促进氧化磷酸化。

心肌和骨骼肌等耗能多的组织线粒体膜间隙中存在一种肌酸激酶同工酶，它催化经腺苷酸转运蛋白运到膜间隙中的 ATP 与肌酸之间～P 的转移，生成的磷酸肌酸经线粒体外膜中的孔蛋白进入胞质中。进入胞质中的磷酸肌酸，在细胞需能部位由相应的肌酸激酶同工酶催化，将～P 转移给 ADP 生成 ATP，供细胞利用。

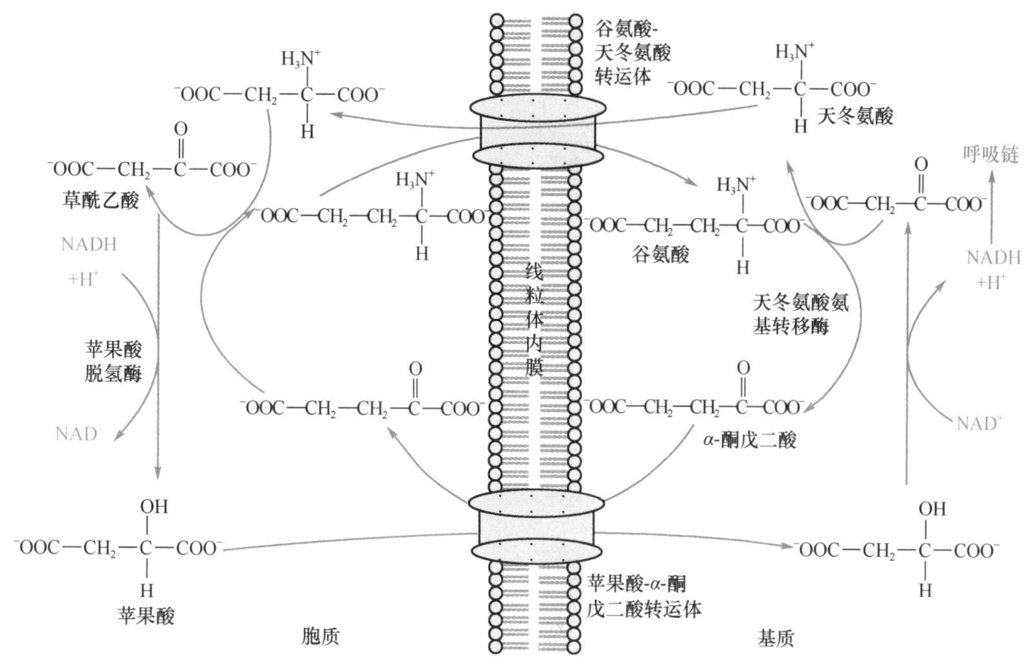

图 8-22 苹果酸 - 天冬氨酸穿梭

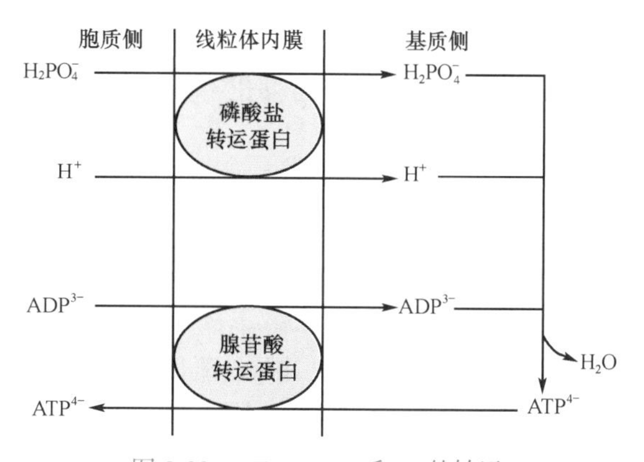

图 8-23 ATP、ADP 和 P_i 的转运

第 2 节 其他氧化体系

除线粒体外，细胞的微粒体和过氧化物酶体也是生物氧化的场所。其中存在一些不同于线粒体的氧化酶类，组成特殊的氧化体系，其特点是在氧化过程中不伴有偶联磷酸化，不生成 ATP。

一、过氧化物酶体中的酶类

过氧化物酶体（peroxisome）是一种特殊的细胞器，存在于动物的肝、肾、中性粒细胞和小肠黏膜细胞中。过氧化物酶体中含有多种催化生成 H_2O_2 的酶，也含有分解 H_2O_2 的酶，可氧化氨基酸、脂肪酸等多种底物。

（一）体内过氧化氢的生成

过氧化物酶体内含有多种氧化酶，可以催化 H_2O_2 以及超氧阴离子的生成。如氨基酸氧化酶、胺氧化酶、黄嘌呤氧化酶等，它们都属黄素蛋白酶。能直接作用于底物而获得两个氢原子，然后将氢交给氧生成 H_2O_2。

微粒体的 NAD(P)H 氧化酶、脱氢酶和细胞色素 P_{450} 还原酶，正常情况下在中间代谢中作为电子载体，但在氧应激条件下或没有合适的电子受体时，这些还原型黄素蛋白能与 O_2 反应生成 H_2O_2。

细胞内产生的超氧阴离子都能通过歧化反应生成 H_2O_2。此反应受过渡金属离子或超氧化物歧化酶催化，氧自由基的损伤作用也往往是由歧化反应生成的 H_2O_2 所介导。

生理量的 H_2O_2 对机体有一定生理功能。例如，在粒细胞和吞噬细胞中，H_2O_2 可氧化杀死入侵的细菌；甲状腺细胞中产生的 H_2O_2 可使 $2I^-$ 氧化成 I_2，进而使酪氨酸碘化生成甲状腺激素。

过多的 H_2O_2 可以氧化巯基酶和具有活性巯基的蛋白质，使之丧失生理活性。但体内有催化效率极高的过氧化氢酶及过氧化物酶消除 H_2O_2，在正常情况下不会发生 H_2O_2 的蓄积。

（二）过氧化氢酶

过氧化氢酶（catalase）又称触酶，广泛分布于血液、骨髓、黏膜、肾脏及肝脏等组织。其辅酶分子含 4 个血红素，催化的反应如下：

$$2H_2O_2 \longrightarrow 2H_2O+O_2$$

（三）过氧化物酶

过氧化物酶（peroxidase）分布在乳汁、白细胞、血小板等体液或细胞中。该酶的辅基也是血红素，与酶蛋白结合疏松，这和其他血红素蛋白有所不同。它催化 H_2O_2 直接氧化酚类或胺类化合物，反应如下：

$$R+H_2O_2 \longrightarrow RO+H_2O \text{ 或 } RH_2+H_2O_2 \longrightarrow R+2H_2O$$

临床上判断粪便中有无隐血时，就是利用白细胞中含有过氧化物酶的活性，将联苯胺氧化成蓝色化合物。

二、超氧物歧化酶

呼吸链电子传递过程中及体内其他物质氧化时可产生超氧阴离子，超氧阴离子可进一步生成 H_2O_2 和羟自由基（·OH），统称反应氧族。其化学性质活泼，可使磷脂分子中不饱和脂肪酸氧化生成过氧化脂质，损伤生物膜；过氧化脂质与蛋白质结合形成的复合物，积累成棕褐色的色素颗粒，称为脂褐素，与组织老化有关。

超氧物歧化酶（superoxide dismutase，SOD）可催化一分子超氧阴离子氧化生成 O_2，另一分子超氧离子还原生成 H_2O_2：

$$2O_2^-+2H^+ \xrightarrow{SOD} H_2O_2+O_2$$

在真核细胞胞质中，该酶以 Cu^{2+}、Zn^{2+} 为辅基，称为 CuZn-SOD；线粒体内以 Mn^{2+} 为辅基，称 Mn-SOD。生成的 H_2O_2 可被活性极强的过氧化氢酶分解。SOD 是人体防御内、外环境中超氧离子损伤的重要酶。

此外，在红细胞及其他一些组织中存在着谷胱甘肽过氧化物酶（glutathione peroxidase），此酶含硒（selenium），它利用还原型谷胱甘肽（GSH）使 H_2O_2 或过氧化脂质（ROOH）等还原生成水或醇类（ROH），从而保护生物膜脂质及血红蛋白等免受氧化。

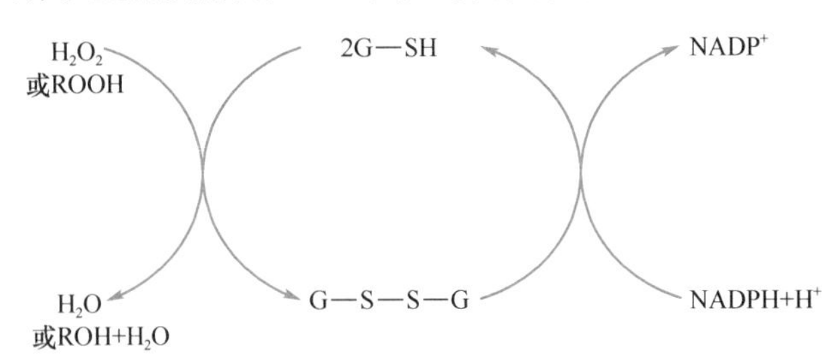

三、微粒体中的酶类

单加氧酶

微粒体内有一种重要的氧化酶体系，它的功能是催化一个氧原子加到底物分子上使其羟化（加氧氧化），所以这个氧化酶体系又称单加氧酶（monooxygenase）或称羟化酶（hydroxylase）。由于此酶催化氧分子中一个氧原子加到底物分子上，而另一个氧原子被氢（来自 $NADPH+H^+$）还原成 H_2O，因此又称此酶为混合功能氧化酶（mixed-function oxidase，MFO）。

$$RH+NADPH+H^++O_2 \longrightarrow ROH+NADP^++H_2O$$

参与该酶催化的电子传递系统比较复杂，其整个反应途径如图 8-24 所示。

上述反应需要细胞色素 P_{450}（cytochrome P_{450}，Cyt P_{450}）参与。Cyt P_{450} 属于 Cyt b 类，与 CO 结合后在波长 450nm 处出现最大吸收峰。首先，氧化型细胞色素 P_{450} 结合底物（A-H）形成 P_{450}-Fe^{3+}-A-H 复合物，继而在 NADPH-CytP_{450}-Fe^{3+} 还原酶催化下，由 NADPH 供给电子，经 FAD、$2(Fe_2S_3)^{2+}$

笔记栏

传递，接受一个电子被还原成 P_{450}-Fe^{2+}-A-H，加入 O 并再接受一个电子使氧分子活化，结果底物被羟化（AOH）并释出，而另一个氧原子接受 e 还原成氧离子，并与介质中 $2H^+$ 结合成水。如此可周而复始进行底物加氧反应的循环。

Cyt P_{450} 在生物中广泛分布，哺乳类动物 Cyt P_{450} 分属 10 个基因家族，人 Cyt P_{450} 有 100 多种同工酶，对被羟化的底物各有其特异性。

单加氧酶在肝和肾上腺的微粒体中含量最多，参与类固醇激素、胆汁酸及胆色素等的生成，此外，该酶系统对脂溶性药物、毒物等生物转化及促进其排出也起重要作用。

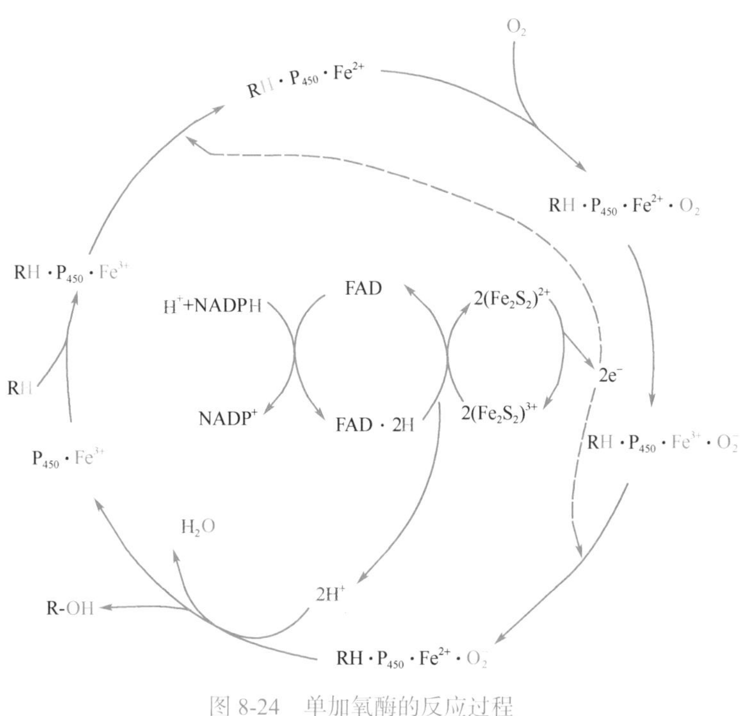

图 8-24 单加氧酶的反应过程

小　结

物质在生物体内进行的氧化作用称为生物氧化。主要指三大供能营养物质在生物体内氧化分解，逐步释放能量，最终生成 CO_2 和 H_2O 的过程。由于消耗 O_2，产生 CO_2，与细胞呼吸有关，所以又称为细胞呼吸。

组成呼吸链的成分大多数镶嵌在线粒体内膜中，用超声或去垢剂处理线粒体内膜，可分离得到 4 个有电子传递功能的复合体：Ⅰ、Ⅱ、Ⅲ、Ⅳ。复合体Ⅰ又称 NADH- 泛醌还原酶，可将电子从 NADH 传递给泛醌；复合体Ⅱ又称琥珀酸 - 泛醌还原酶，可将电子从琥珀酸传递给泛醌；复合体Ⅲ又称泛醌 - 细胞色素 c 还原酶，能把电子从泛醌传递给 Cytc；复合体Ⅳ又称细胞色素 c 氧化酶，能把电子从 Cytc 传递给氧。以上四种复合体按一定顺序排列组成两条呼吸链，分别是 NADH 氧化呼吸链和 $FADH_2$ 氧化呼吸链。

呼吸链电子传递过程中释放的能量，大约有 40% 可使 ADP 磷酸化生成 ATP，此过程称为氧化磷酸化。物质氧化时，每消耗 1/2mol O_2 所需磷酸的摩尔数，即所能合成 ATP 的摩尔数，称 P/O 值。在电子传递过程中同时伴有电位改变，在标准状态下，以 $\Delta E^{\ominus}$ 表示电位变化，以 $\Delta G^{\ominus}$ 表示自由能改变，两者之间的关系符合以下公式：$\Delta G^{\ominus}=-nF\Delta E^{\ominus}$。通过测定不同底物经呼吸链氧化的 P/O 值或通过呼吸链各组分之间电位差与自由能变化之间的关系计算所得的结果表明，在 NADH 氧化呼吸链中，存在 3 个偶联部位，物质经该呼吸链氧化可生成 2.5 分子 ATP；而在 $FADH_2$ 氧化呼吸链中，存在 2 个偶联部位，物质经该呼吸链氧化可生成 1.5 分子 ATP。

对于氧化磷酸化的作用机制，目前化学渗透假说是较为普遍公认的学说。该学说认为，电子经呼吸链传递释放的能量，可将质子从线粒体基质侧泵到内膜外侧，产生质子电化学梯度而积蓄能量，当质子梯度达到一定程度时，经 ATP 合酶 F_0 质子通道回流，产生的能量由 F_1 催化 ADP 磷酸化生成 ATP。

氧化磷酸化作用可受到多种因素的影响。能阻断呼吸链中某一部位的电子传递，使电子不能传递给氧的一类物质称为呼吸链抑制剂，如鱼藤酮、抗霉素 A、氰化物、叠氮化物和 CO 等。能解除氧化与磷酸化正常偶联的物质，称解偶联剂，如 2,4- 二硝基苯酚（DNP），其作用是破坏质子浓度梯度而影响 ATP 的生成。对电子传递和磷酸化均有抑制作用的称为氧化磷酸化抑制剂，如寡霉素。

除氧化磷酸化外，体内还有一种生成 ATP 的方式，称为底物水平磷酸化，即代谢物分子氧化过程中生成高能磷酸直接转移给 ADP 生成 ATP。

由于线粒体内膜对物质的通透具有严格的选择性，在线粒体外生成的 NADH 不能直接进入线粒体经呼吸链氧化，需要借助穿梭系统才能使 2H 进入线粒体内，即 *α*- 磷酸甘油穿梭和苹果酸 - 天冬氨酸穿梭系统。

体内有许多高能化合物，以含高能磷酸键的物质尤为重要，这类物质水解时释放的能量较多。ATP 是多种生理活动能量的直接提供者，体内能量的生成、转化、储存和利用，都以 ATP 为中心。

生物体内除线粒体的氧化体系外，在微粒体、过氧化物酶体以及细胞其他部位还存在其他氧化体系，参与呼吸链以外的生物氧化过程，其特点是不伴有磷酸化生成 ATP，主要与体内代谢物、药物和毒物的生物转化有关。

（李有杰）

第 9 章 脂质代谢

第 9 章 PPT

脂质（lipids）包括脂肪和类脂，是一类不溶于水而易溶于乙醚、氯仿、丙酮等有机溶剂并能被机体利用的有机化合物。脂肪（fat）即甘油三酯（triglyceride，TG）又称为三酰甘油（triacylglycerol），是由一分子丙三醇（甘油）的三个羟基和三分子脂肪酸通过羧酸酯键连接生成的化合物。脂肪酸（fatty acid，FA）是脂肪烃的羧酸，一端含有一个疏水性烃链基团，另一端含有一个亲水性羧基。甘油三酯分子内的三个脂酰基可以相同也可以不同。类脂（adipoid）包括磷脂（phospholipids，PL）、糖脂（glycolipid）、胆固醇（cholesterol）及胆固醇酯（cholesterol ester，CE）。磷脂和糖脂组成中除含有不同的醇类、脂肪酸外，还分别特征性地含有磷酸和糖基。本章主要讨论脂肪、磷脂、胆固醇等脂质的生理功能、消化吸收、在体内的分解代谢和合成代谢、血浆脂蛋白的代谢，并介绍当脂质代谢出现异常时可导致的相关疾病。

第 1 节 脂质的生理功能

机体内的脂质种类多、分布广，具有多种重要生理功能，主要表现在以下几方面。

一、储能与供能

甘油三酯是体内含量最多的脂质，占体重的 10% ～ 20%，主要生理功能是储能与供能。进食后，机体将能量以甘油三酯的形式主要储存在脂肪组织，以皮下、肾周围、肠系膜等处储存最多，称为脂库。甘油三酯提供了一种浓缩形式的代谢能，可代谢能值为 38.9kJ/g。储存的甘油三酯几乎是无水的，这与作为碳水化合物（糖原或淀粉）的能量储存不同，碳水化合物的固有代谢能值较低（17kJ/g），以水合形式储存（糖原与相当于其自身重量三倍的水结合储存）。一个正常体重的成年人体内可储存 400 ～ 500g 糖原（7 ～ 8kJ）的能量供应，足够 24 小时使用，而储存 15 kg 左右的甘油三酯（550kJ）的能量，足够近 2 个月使用。此外，糖原储存有限，主要存在于骨骼肌和肝，相比之下，甘油三酯的存储空间几乎可以无限制地扩展。

在饥饿或禁食等特殊情况下，脂库中的脂肪被动员产生能量，以满足机体对能量的需求。人体活动所需能量的 20% ～ 30% 由甘油三酯氧化分解提供。在脂肪分子中，氢原子所占的比例比葡萄糖分子要高，所以，同样质量的脂肪和糖，在完全氧化生成二氧化碳和水时，脂肪所释放的能量较糖多。如 1g 甘油三酯氧化分解释放的能量（38.9kJ，9.3kcal）是氧化等量糖或蛋白质的一倍多。可见，甘油三酯是体内能量最有效的储存形式。

二、维持生物膜的结构完整与功能正常

生物膜（biological membrane）是细胞膜结构的总称，包括质膜和细胞内膜（即各种细胞器膜），由脂质、蛋白质和糖类等主要通过非共价键方式结合构成。类脂约占生物膜重量的一半，是维持生物膜正常结构与功能必不可少的重要成分。生物膜的基本骨架是脂质双分子层（lipid bilayer），由磷脂分子排列形成，胆固醇分子散布于磷脂分子之间。磷脂分子中的不饱和脂肪酸有利于膜的流动性，而胆固醇的甾环结构则使与之相邻的磷脂烃链的活动性下降，有利于膜的刚性，从而维持膜的稳定性。

三、维持体温与保护内脏

甘油三酯广泛分布于全身。在人体中，脂肪很大一部分位于皮下，提供了一个绝缘层和保护层，可以防止热量的过多散失，对维持体温的恒定具有重要作用。脂肪组织也可分布在一些器官（如肾、心脏）、肠系膜、大网膜周围，起保护垫作用，能够缓冲外界的机械撞击，对内脏具有保护功能。

四、参与细胞信息传递

细胞膜上的磷脂酰肌醇 -4,5- 二磷酸（phosphatidylinositol-4,5-biphosphate，PIP_2），可以被特异性磷脂酶 C 水解生成肌醇三磷酸（inositol triphosphate，IP_3）和甘油二酯，后两者均为细胞内的第二

信使。甘油二酯在磷脂酰丝氨酸和 Ca^{2+} 的协同作用下可以激活蛋白激酶 C，启动蛋白激酶 C 信号系统；IP_3 能使细胞内的 Ca^{2+} 浓度升高，启动 Ca^{2+} 信号系统。

五、转变成多种重要的生理活性物质

脂质分子特别是磷脂分子中含有多不饱和脂肪酸，如亚油酸（18 ∶ 2，$\Delta^{9,12}$）、亚麻酸（18 ∶ 3，$\Delta^{9,12,15}$）和花生四烯酸（20 ∶ 4，$\Delta^{5,8,11,14}$）。其中花生四烯酸是前列腺素、血栓素及白三烯等生理活性物质的前体，具有多种重要生理功能。胆固醇在体内可转变成胆汁酸盐、维生素 D_3、性激素、肾上腺皮质激素等生理活性物质，参与机体的代谢调节。

第 2 节　脂质的消化和吸收

膳食中的脂质以甘油三酯为主，约占 90%，主要来源于动物的脂肪组织、牛奶，或植物种子油；食物中的胆固醇主要来自动物内脏、蛋黄、奶油及肉类，多为游离胆固醇，10% ～ 15% 与脂肪酸结合形成胆固醇酯。脂质不溶于水，消化吸收时需要胆汁酸盐帮助乳化分散及多种消化酶协同作用。唾液中不含消化脂质的酶，故脂肪在口腔里不被消化；胃中有少量脂肪酶，但胃液 pH 偏酸，脂肪酶活性受到抑制；肠中含有来自胰液的多种脂酶及来自胆汁的胆汁酸盐，所以小肠是脂质消化吸收的主要部位。脂质消化吸收的具体过程如下（图 9-1）。

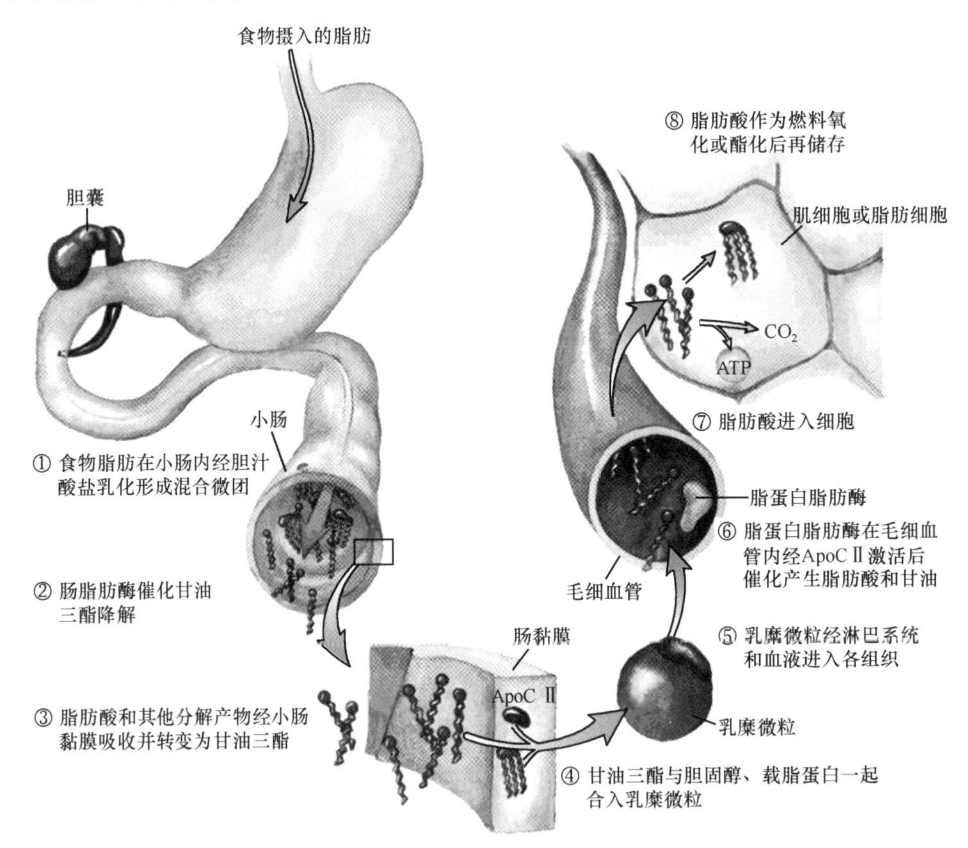

图 9-1　脂质的消化与吸收

脂质进入小肠后，刺激肠促胰液肽（secretin）、肠促胰酶素（pancreozymin）和胆囊收缩素（cholecystokinin）的分泌。前两者促进胰酶原分泌，后者引起胆囊收缩，促进胆汁分泌。胆汁酸盐是双性分子，具有较强的乳化作用，可降低脂质表面张力，将不溶于水的脂质分散成细小的水包油的乳化微团（micelles），增加了消化酶对脂质的作用面积，有利于脂肪和类脂的消化吸收。胆汁酸是维持胆固醇吸收的主要因素，胆汁酸缺乏时，明显降低胆固醇的吸收。食物中的纤维素、果胶、植物固醇及某些药物如考来烯胺（消胆胺）等，通过在消化道中与胆汁酸结合促使其从粪便排出，发挥减少胆固醇的吸收、降低血中胆固醇的作用。

胰腺分泌入十二指肠的脂质消化酶类有胰脂酶（pancreatic lipase）、磷脂酶 A_2（phospholipase A_2）、胆固醇酯酶（cholesteryl esterase）及辅脂酶（colipase）。胰脂酶特异性催化甘油三酯的 1 位与

3 位酯键水解，生成 1 分子 2- 甘油一酯和 2 分子脂肪酸。胰脂酶必须吸附在乳化微团水油界面上，才能水解微团内的甘油三酯，其发挥作用的必需辅助因子是辅脂酶。辅脂酶分子质量约 10kD，以酶原形式随胰液分泌进入十二指肠后，在胰脂酶的作用下从 N 端切下一个五肽而被激活。辅脂酶本身不具脂肪酶活性，但激活的辅脂酶具有与胰脂酶及甘油三酯结合的结构域，分别通过氢键与胰脂酶结合，通过疏水键与甘油三酯结合，在胰脂酶与甘油三酯之间起桥梁作用，使胰脂酶充分发挥水解甘油三酯的作用。在小肠内，胰脂酶的作用依赖于胆汁酸盐的存在，但又受胆汁酸盐的抑制，因为脂质乳化后其表面张力升高，反而使胰脂酶不能与微团内的甘油三酯接触；同时在水油界面胰脂酶易于变性失活。磷脂酶催化磷脂酯键水解，生成脂肪酸及溶血磷脂。胆固醇酯酶催化胆固醇酯水解，生成游离脂肪酸与胆固醇。

$$\text{食物脂质} \xrightarrow{\text{乳化}} \text{微团} \xrightarrow{\text{消化酶}} \text{产物}$$

$$\text{甘油三酯} + H_2O \xrightarrow[\text{辅脂酶}]{\text{胰脂酶}} \text{2-甘油一酯} + \text{2脂肪酸}$$

$$\text{磷脂} + H_2O \xrightarrow{\text{磷脂酶A}} \text{溶血磷脂} + \text{脂肪酸}$$

$$\text{胆固酯脂} + H_2O \xrightarrow{\text{胆固醇酯酶}} \text{胆固醇} + \text{脂肪酸}$$

2- 甘油一酯、溶血磷脂、胆固醇及脂肪酸等消化产物进一步与胆汁酸盐乳化成体积更小、极性更大的混合微团（mixed micelles），在十二指肠下段及空肠上段，经被动扩散透过小肠黏膜细胞表面的水屏障进入小肠黏膜细胞内。甘油、短链（2C ～ 4C）及中链（6C ～ 10C）脂肪酸易被肠黏膜吸收，并直接进入门静脉。一部分未被消化的由短链及中链脂肪酸构成的甘油三酯，被胆汁酸盐乳化后也可被吸收。其吸收后在肠黏膜细胞内脂肪酶的作用下水解为脂肪酸和甘油，通过门静脉进入血循环。长链脂肪酸（12C ～ 26C），2- 甘油一酯及其他脂质消化产物在脂酰 CoA 合成酶（fatty acyl CoA synthetase）和脂酰 CoA 转移酶（acyl-CoA transferase）催化下，消耗 ATP 生成新的甘油三酯、磷脂及胆固醇酯，它们再与细胞内粗面内质网合成的载脂蛋白（apolipoprotein，apo）构成乳糜微粒（chylomicrons，CM），通过淋巴最终进入血液，被其他细胞所利用。

$$HSCoA + RCOOH \xrightarrow[ATP \rightarrow AMP + PP_i]{\text{脂酰CoA合成酶}} RCO{\sim}SCoA$$

$$\text{2-甘油一酯} \xrightarrow[R_2CO{\sim}SCoA \rightarrow HSCoA]{\text{脂酰CoA转移酶}} \text{1，2-甘油二酯} \xrightarrow[R_3CO{\sim}SCoA \rightarrow HSCoA]{\text{脂酰CoA转移酶}} \text{甘油三酯}$$

（2-甘油一酯：CH_2OH—CHO—$C(=O)$—R_1—CH_2OH；1，2-甘油二酯：CH_2O—$C(=O)$—R_2，CHO—$C(=O)$—R_1，CH_2OH；甘油三酯：CH_2O—$C(=O)$—R_2，CHO—$C(=O)$—R_1，CH_2O—$C(=O)$—R_3）

$$\text{溶血磷脂} \xrightarrow[R_2CO{\sim}SCoA \rightarrow HSCoA]{\text{脂酰CoA转移酶}} \text{磷脂}$$

$$\text{胆固醇} \xrightarrow[R_2CO{\sim}SCoA \rightarrow HSCoA]{\text{脂酰CoA转移酶}} \text{胆固醇酯}$$

第 3 节 不饱和脂肪酸的命名及分类

脂肪酸是具有不分支长烃链的羧酸。人体内的脂肪酸主要以天然脂肪和油脂中的酯形式存在，但其在血浆中的运输形式是未酯化的游离脂肪酸。脂肪酸按碳原子数目多少，分为短链（碳链中碳原子少于 6 个）、中链（6C ～ 12C）及长链（碳链中碳原子多于 12 个）脂肪酸。高等动植物中的脂肪酸碳链长度一般在 14 ～ 26 个碳，且多为偶数碳。脂肪酸按是否含有双键，分为饱和与不饱和脂肪酸。不饱和脂肪酸按含双键数目的多少，分为含一个双键的单不饱和脂肪酸（monounsaturated fatty acid）和含有 2 个或 2 个以上双键的多不饱和脂肪酸（polyunsaturated fatty acid）。不饱和脂肪酸的双键存在顺式和反式两种构型（图 9-2）。各种脂肪酸碳链长短、饱和度及双键位置的不同导致其某些理化性质及生物学功能性质各异。例如，随着碳链长度的增加，熔点逐渐增加，随着不饱和度的增加，熔点逐渐下降，顺式双键的熔点比反式双键低，这对于细胞膜脂质在各种环境温度下保持流

笔记栏

态并由此维持细胞膜的正常功能具有十分重要的意义。

$$\begin{array}{ccc} H & & H \\ & C=C & \\ CH_3(CH_2)_yCH_2 & & CH_2(CH_2)_xCOOH \end{array} \qquad \begin{array}{ccc} H & & CH_2(CH_2)_xCOOH \\ & C=C & \\ CH_3(CH_2)_yCH_2 & & H \end{array}$$

图 9-2 不饱和脂肪酸的顺式（左）与反式（右）双键

机体内脂肪酸可来源于自身合成或从食物中摄取。某些多不饱和脂肪酸在体内不能合成，必须从食物中摄取，称为必需脂肪酸（essential fatty acids），包括亚油酸、亚麻酸和花生四烯酸。

不饱和脂肪酸的系统命名有 Δ 和 *ω*（或 *n*）两种编码体系。Δ 编码体系从脂肪酸的羧基碳原子起计算碳原子的顺序，标示双键的位置；*ω* 编码体系从脂肪酸的甲基碳原子起计算碳原子的顺序，标示双键的位置，并且根据第一个双键所在碳原子的位置，可以把不饱和脂肪酸分为不同的族（表 9-1，表 9-2）。

表 9-1 不饱和脂肪酸 *ω*（或 *n*）编码体系及分族

族	母体脂肪酸	族	母体脂肪酸
ω-7（*n*-7）	软油酸（16 ∶ 1，*ω*-7）	*ω*-6（*n*-6）	亚油酸（18 ∶ 2，*ω*-6，9）
ω-9（*n*-9）	油酸（18 ∶ 1，*ω*-9）	*ω*-3（*n*-3）	*α*- 亚麻酸（18 ∶ 3，*ω*-3，6，9）

表 9-2 常见不饱和脂肪酸

习惯名	系统名	碳原子及双键数目	双键位置			分布
			Δ 系	n 系	族	
软油酸	十六碳一烯酸	16 ∶ 1	9	7	*ω*-7	广泛
油酸	十八碳一烯酸	18 ∶ 1	9	9	*ω*-9	广泛
亚油酸	十八碳二烯酸	18 ∶ 2	9，12	6，9	*ω*-6	植物油
α- 亚麻酸	十八碳三烯酸	18 ∶ 3	9，12，15	3，6，9	*ω*-3	植物油
γ- 亚麻酸	十八碳三烯酸	18 ∶ 3	6，9，12	6，9，12	*ω*-6	植物油
花生四烯酸	二十碳四烯酸	20 ∶ 4	5，8，11，14	6，9，12，15	*ω*-6	植物油
timnodonic	二十碳五烯酸（EPA）	20 ∶ 5	5，8，11，14，17	3，6，9，12，15	*ω*-3	鱼油
clupanodonic	二十二碳五烯酸（DPA）	22 ∶ 5	7，10，13，16，19	3，6，9，12，15	*ω*-3	鱼油，脑
cervonic	二十二碳六烯酸（DHA）	22 ∶ 6	4，7，10，13，16，19	3，6，9，12，15，18	*ω*-3	鱼油

哺乳动物体内的多不饱和脂肪酸由相应的母体脂肪酸衍生而来，如 *γ*- 亚麻酸（18 ∶ 3，*ω*-6，9，12）和花生四烯酸（20 ∶ 4，*ω*-6，9，12，15）可由亚油酸（18 ∶ 2，*ω*-6，9）转变而来。*ω*-3、*ω*-6 及 *ω*-9 三族多不饱和脂肪酸在体内彼此不能互相转化。动物只能合成 *ω*-9 及 *ω*-7 系多不饱和脂肪酸，如油酸（18 ∶ 1，*ω*-9）和软油酸（16 ∶ 1，*ω*-7）；不能合成 *ω*-6 及 *ω*-3 系多不饱和脂肪酸，如亚油酸和 *α*- 亚麻酸（18 ∶ 3，*ω*-3，6，9）。这是因为在哺乳动物体内缺乏 *ω*-6 及 *ω*-3 脂肪酸去饱和酶系，不能在脂肪酸的 *ω*-6 及 *ω*-3 碳原子处引入双键。

第 4 节 甘油三酯代谢

甘油三酯是机体储存能量的重要形式，也是含量最多的脂质。人体内的甘油三酯处于不断自我更新的转变中。脂肪组织和肝内的脂肪有较高的更新率，其次为黏膜和肌组织，皮肤和神经组织中的脂肪更新率较低。

一、甘油三酯的分解代谢

甘油三酯在体内氧化与分解为机体提供生命活动所需的能量。甘油三酯分解代谢的过程包括以下步骤：

笔记栏

（一）脂肪动员

储存在脂肪组织中的甘油三酯在脂肪酶作用下逐步分解成甘油和游离脂肪酸（free fatty acid，FFA），并释放入血供其他组织利用的过程，称为脂肪动员（fat mobilization）。参与脂肪动员的酶有甘油三酯脂肪酶（triglyceride lipase，TGL）、激素敏感性脂肪酶（hormone sensitive lipase，HSL）和甘油一酯脂肪酶（monoglyceride lipase，MGL）。脂肪动员由TGL引起，HSL主要对甘油二酯有活性，对甘油三酯活性较弱，MGL是脂肪组织中一种特殊、高度活跃的脂肪酶，3种酶依次起作用，将甘油三酯水解为甘油和3分子游离脂肪酸。

甘油三酯 —ATGL（H_2O → 脂肪酸）→ 甘油二酯 —HSL（H_2O → 脂肪酸）→ 甘油一酯 —MGL（H_2O → 脂肪酸）→ 甘油

HSL主要分布在脂肪细胞和一些类固醇代谢活跃的细胞（肾上腺皮质细胞、巨噬细胞、睾丸），是脂肪动员的限速酶，其活性受多种激素的调控。不同激素对HSL的影响不同，其中能提高HSL活性、促进脂肪动员的激素，称为脂解激素（lipolytic hormone）；能降低HSL活性、抑制脂肪动员的激素，称为抗脂解激素（antilipolytic hormone）。脂解激素包括胰高血糖素、肾上腺素和去甲肾上腺素等，它们可与脂肪细胞膜上的受体结合，激活腺苷酸环化酶（adenylate cyclase，AC），促进细胞内cAMP的合成，进而激活cAMP依赖蛋白激酶（cAMP-dependent protein kinase，PKA），使HSL磷酸化而活化，促进甘油二酯水解生成甘油一酯和脂肪酸（图9-3）。而胰岛素能抑制腺苷酸环化酶，增强磷酸二酯酶（phosphodiesterase，PDE）活性，减少cAMP生成，增加cAMP水解，抑制蛋白激酶，从而使HSL去磷酸化而失活，抑制脂肪动员，故称之为抗脂解激素。机体对脂肪动员的调控通过激素对HSL的作用来实现。当禁食、饥饿或处于兴奋状态时，肾上腺素、胰高血糖素等分泌增加，脂解作用加强；进食后胰岛素分泌增加，脂解作用降低。

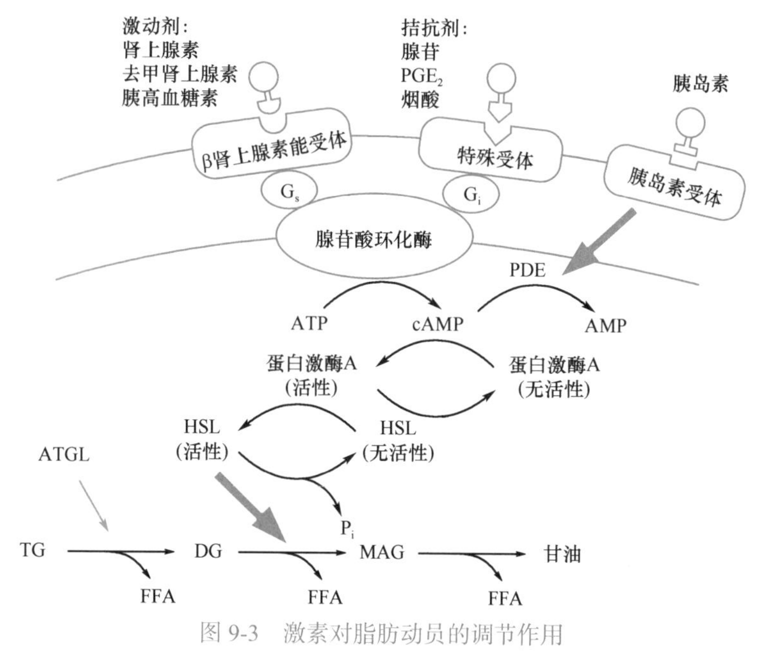

图9-3 激素对脂肪动员的调节作用

TG：甘油三酯；DG：甘油二酯；MAG：甘油一酯

脂肪动员生成的甘油可在血液中游离运输，主要被运输到肝经甘油激酶催化生成3-磷酸甘油，进入糖酵解氧化分解或异生成糖（图9-4）。肾、肠等组织细胞中含有甘油激酶，可以利用甘油；脂肪组织和骨骼肌缺乏甘油激酶，不能利用甘油。

脂肪酸释放入血，与清蛋白结合形成脂肪酸-清蛋白，随血液循环运输至心、肝、骨骼肌等各组织利用，但脑、神经组织及红细胞等不能直接利用脂肪酸。

（二）脂肪酸的β-氧化

在供氧充足的条件下，脂肪酸在体内分解成CO_2和H_2O，并产生大量能量，因其氧化首先发生

CH_2OH
HO—C—H
CH_2OH　甘油

甘油激酶（ATP → ADP）

CH_2OH
HO—C—H　O
CH_2—O—P—O^-
O^-　L-3-磷酸甘油

3-P-甘油脱氢酶（NAD^+ ⇌ NADH + H^+）

CH_2OH
O═C　O
CH_2—O—P—O^-
O^-　磷酸二羟丙酮

磷酸丙糖异构酶

H　O
C
H—C—OH　O
CH_2—O—P—O^-
O^-　D-3-磷酸甘油醛

↓

糖酵解

图 9-4　甘油的利用

在 β- 碳原子上，故叫 β- 氧化（β-oxidation），是脂肪酸最常见的一种氧化方式。除少数组织外，大多数组织都能氧化分解脂肪酸，其中以肝及肌肉组织最为活跃。

脂肪酸的 β- 氧化大致可以划分为活化 - 转移 - 氧化三个阶段。

1. 脂肪酸的活化　内质网、线粒体外膜上的脂酰 CoA 合成酶催化脂肪酸活化为脂酰 CoA。此反应需要消耗 ATP。脂肪酸活化为代谢活跃的硫酯通常是其代谢的先决条件。

$$\text{HSCoA} + \text{脂肪酸} \xrightarrow[\text{ATP}\quad \text{AMP} + \text{PP}_i]{\text{脂酰CoA合成酶}} \text{脂酰CoA}$$

活化生成的脂酰 CoA 极性增强，易溶于水；分子中含高能硫酯键，代谢活性增强；与酶的亲和力提高，反应速度加快。同时，反应生成的焦磷酸在细胞内迅速被焦磷酸酶（pyrophosphatase）水解成 2 分子无机磷酸，阻止了逆向反应的进行。因此，活化 1 分子脂肪酸实际上消耗了 1 分子 ATP 中的两个高能磷酸键，相当于消耗了 2 分子 ATP。

2. 脂酰 CoA 进入线粒体　由于脂肪酸 β- 氧化酶系分布在线粒体基质中，因此必须将活化的脂酰 CoA 转运到线粒体中才能进行 β- 氧化。实验证明，少于 10 碳的脂肪酸被活化后，可直接进入线粒体内膜进行氧化，但长链脂酰 CoA 不能自由通过线粒体内膜，需要通过特异运载体肉毒碱（carnitine）或称肉碱（L-3- 羟基 -4- 三甲氨基丁酸）的帮助才能进入线粒体基质进行代谢。脂酰 CoA 穿越线粒体内膜的具体机制为：①长链脂酰 CoA 透过线粒体外膜进入内、外膜间的基质，在线粒体外膜的肉碱脂酰转移酶Ⅰ（carnitine acyl transferase-Ⅰ，CAT-Ⅰ）催化下，脂酰 CoA 脱去 HSCoA 将脂酰基转移至肉碱的 3- 羟基上生成脂酰肉碱；②脂酰肉碱经线粒体内膜上肉碱 - 脂酰肉碱转位酶（carnitine-fatty acyl carnitine transposase）的转运作用，进入线粒体基质；③脂酰肉碱在肉碱脂酰转移酶Ⅱ（CAT-Ⅱ）的催化下，与 HSCoA 进行脂酰基的交换，释放出肉碱生成脂酰 CoA，在线粒体基质中作为 β- 氧化酶系的底物（图 9-5）。

$$\text{H}_3\text{C}-\overset{\text{CH}_3}{\underset{\text{CH}_3}{\text{N}^+}}-\text{CH}_2-\overset{\text{OH}}{\text{CH}}-\text{CH}_2-\underset{\text{O}^-}{\text{C}}=\text{O}$$

肉碱（L-3-羟基-4-三甲氨基丁酸）

肉碱脂酰转移酶Ⅰ和Ⅱ是同工酶，酶Ⅰ是限速酶，其催化脂酰肉碱生成的反应是脂酰CoA进入线粒体的关键反应，也是脂肪酸 β- 氧化的主要限速步骤。酶Ⅰ受丙二酰 CoA 抑制，酶Ⅱ受胰岛素抑制。胰岛素还通过诱导乙酰 CoA 羧化酶的合成使丙二酰 CoA 浓度增加，进而抑制酶Ⅰ。可见，胰岛素对脂肪酸的氧化具有直接和间接双重抑制作用。饥饿或禁食时胰岛素分泌减少，丙二酰 CoA 合成减少，失去对肉碱脂酰转移酶Ⅰ的抑制作用，长链脂肪酸进入线粒体氧化加快，为机体提供能量供应。

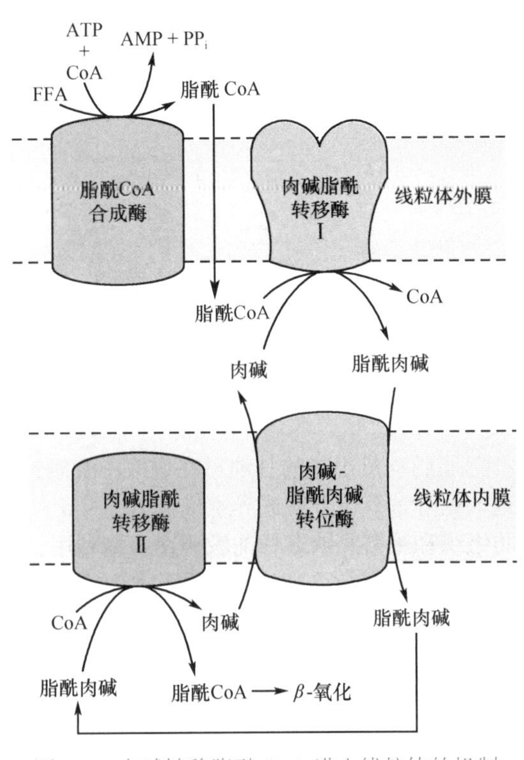

图 9-5　肉碱转移脂酰 CoA 进入线粒体的机制

3. 脂酰 CoA 的 β- 氧化　1904 年，Knoop 用不被机体分解的苯基标记脂肪酸的 ω- 甲基，并以此饲喂犬，通过检测犬尿中代谢产物。结果发现，若饲喂带标记的奇数碳脂肪酸，尿液代谢物中均有苯甲酸；若饲喂带标记的偶数碳脂肪酸，尿液代谢物中均有

苯乙酸。据此，Knoop 认为：脂肪酸在体内的氧化分解首先是从羧基端β-碳原子开始的，碳链依次断裂，每次断下一个2碳单位，即乙酰 CoA，这就是著名的β-氧化学说。后来，经酶学和同位素示踪技术证明：脂酰 CoA 在线粒体基质中经脂肪酸β-氧化多酶复合体的催化，首先从羧基端β-碳原子开始氧化，经过脱氢、加水、再脱氢、硫解四步连续反应，每循环一次生成1分子乙酰 CoA 和1分子少两个碳原子的新的脂酰 CoA。

（1）脱氢（dehydrogenation）：脂酰 CoA 脱氢酶催化脂酰 CoA 的α和β碳原子各脱去1个氢原子，生成反式Δ^2-烯脂酰 CoA。脱下的2个氢由辅基 FAD 接受，生成 $FADH_2$。

（2）加水（hydration）：Δ^2-烯脂酰 CoA 水化酶（hydratase）催化反式Δ^2-烯脂酰 CoA 加1分子 H_2O 生成 L-(+)-β-羟脂酰 CoA。

（3）再脱氢：在β-羟脂酰 CoA 脱氢酶催化下，L-(+)-β-羟脂酰 CoA 脱氢生成β-酮脂酰 CoA，脱下的2个氢由氧化型 NAD^+ 接受生成还原型 $NADH+H^+$。

（4）硫解（thiolysis）：在β-酮脂酰 CoA 硫解酶催化下，β-酮脂酰 CoA 在α和β碳原子之间断链，加上1分子辅酶A生成乙酰 CoA 和1分子少两个碳原子的脂酰 CoA。后者再次经脱氢—加水—再脱氢—硫解四步反应反复进行β-氧化，最终可将偶数碳脂酰 CoA 全部氧化分解成乙酰 CoA（图9-6）。

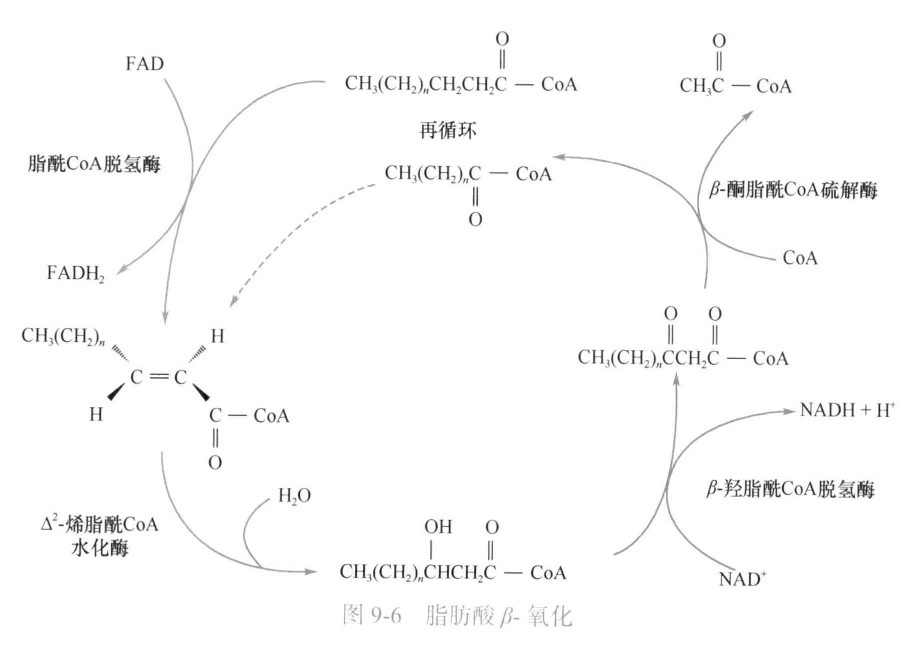

图9-6 脂肪酸β-氧化

4. 脂肪酸β-氧化的能量生成及生理意义 脂肪酸β-氧化是体内脂肪酸分解的主要途径，产生的乙酰 CoA 在线粒体中通过三羧酸循环，彻底氧化成二氧化碳和水，并释放大量能量。现以十八碳的硬脂酸为例，说明其能量的生成。1分子硬脂酸需进行8次β-氧化，生成8分子 $FADH_2$、8分子 $NADH+H^+$ 及9分子乙酰 CoA，总反应式如下：

$$CH_3(CH_2)_{16}COSCoA \xrightarrow[8HSCoA + 8FAD + 8NAD^+ + 8H_2O \;\to\; 8FADH_2 + 8NADH + 8H^+]{} 9CH_3COSCoA$$

硬脂酸的β-氧化产物经三羧酸循环及呼吸链彻底氧化，8分子 $FADH_2$ 生成 8×1.5 ATP=12ATP，8分子 $NADH+H^+$ 生成 8×2.5 ATP =20ATP，9分子乙酰 CoA 生成 9×10 ATP =90 ATP。因此，1分子硬脂酸彻底氧化成 CO_2 和 H_2O，总共可以生成 12+20+90=122 ATP。由于活化1分子硬脂酸需要消耗2个高能磷酸键，所以1分子硬脂酸完全氧化可净生成120分子 ATP 或 120 mol×30.56kJ/mol=3678kJ。与葡萄糖氧化相比，1分子葡萄糖彻底氧化生成32分子 ATP，3分子葡萄糖所含碳原子数与1分子硬脂酸相等，前者可产生96分子 ATP，后者可产生122分子 ATP。可见，在碳原子数相同的情况下，脂肪酸氧化能够为机体提供更多的能量。脂肪酸碳链越长，产生的能量就越多。研究显示，脂肪酸氧化释放的能量约有40%被机体用于合成其他化合物，其余60%以热能形式释放用于维持体温，热效率高达40%，说明人体能有效地利用脂肪酸能源。

笔记栏

微课 9-1

脂肪酸β-氧化生成的乙酰 CoA 除了进入三羧酸循环彻底氧化供能，在肝中还可以转变为酮体供机体利用，或作为胆固醇和类固醇化合物等的合成原料。此外，脂肪酸β-氧化也是脂肪酸的改造过程。人体所需脂肪酸碳链的长短不同，通过β-氧化可将长链脂肪酸改造成中短链脂肪酸，供机体所用。

（三）脂肪酸的特殊氧化形式

脂肪酸除了进行β-氧化作用外，不同的脂肪酸还有不同的氧化方式。

1. 奇数碳脂肪酸的氧化　人体内和膳食中含有少量奇数碳原子的脂肪酸，经过连续多次β-氧化后，除生成乙酰 CoA 外还生成 1 分子丙酰 CoA。支链氨基酸氧化分解及胆汁酸生成过程中亦可产生丙酰 CoA。丙酰 CoA 的氧化与乙酰 CoA 的氧化不同，首先经过丙酰 CoA 羧化酶（propionyl-CoA carboxylase）催化生成甲基丙二酰 CoA，然后在甲基丙二酰 CoA 异构酶（methylmalonyl-CoA isomerase）和甲基丙二酰 CoA 变位酶（methylmalonyl-CoA mutase）的作用下经过分子内重排转变成琥珀酰 CoA，后者或进入三羧酸循环氧化分解或经草酰乙酸异生成糖（图 9-7）。

图 9-7　丙酰 CoA 的氧化

甲基丙二酰 CoA 变位酶以 5′-脱氧腺苷 B_{12}（5′-dAB_{12}）为辅酶。因此，维生素 B_{12} 缺乏或 5′-dAB_{12} 合成障碍均影响该酶活性，造成甲基丙二酰 CoA 堆积。后者脱去 CoA 生成甲基丙二酸，使血中甲基丙二酸含量增高，引起甲基丙二酸血症（methylmalonic acidemia）。同时，随尿液排出体外的甲基丙二酸也随之升高，若 24 小时排出量大于 4mg 则导致甲基丙二酸尿症（methylmalonic aciduria）。此外，甲基丙二酸的增高还能引起丙酰 CoA 浓度增高，合成较多的异常脂肪酸（十五碳、十七碳和十九碳脂肪酸）掺入神经髓鞘脂质中，引起神经髓鞘脱落、神经变性等亚急性变性症。

2. 不饱和脂肪酸的氧化　人体内约有 1/2 以上的脂肪酸是不饱和脂肪酸，食物中也含有不饱和脂肪酸。天然不饱和脂肪酸的双键均为顺式构型，而脂肪酸β-氧化酶系只能氧化反式不饱和脂肪酸。因此，不饱和脂肪酸在线粒体中的氧化需要特异性烯脂酰 CoA 顺反异构酶（cis-trans isomerase）

笔记栏

的帮助，将顺式烯脂酰 CoA 转变成反式构型的烯脂酰 CoA。其余氧化过程与 β- 氧化过程相同（图 9-8）。

3. ω- 氧化　脂肪酸的 ω- 氧化是指从碳链的甲基端进行的氧化，由肝微粒体中的加单氧酶或称混合功能氧化酶（mixed function oxidase）的催化，需要 O_2 和 NADPH 作为辅助因子，以及细胞色素 P_{450} 作为电子载体参与作用。ω- 氧化主要是对一些中短链脂肪酸先进行加工改造，然后再转入线粒体中进行 β- 氧化。

具体过程是：中短链脂肪酸在混合功能氧化酶的催化下，首先在 ω- 碳原子羟化生成 ω- 羟脂肪酸，然后经脱氢酶作用依次生成 ω- 醛脂肪酸和 α，ω- 二羧酸，并进入线粒体，分别从 α- 端和 ω- 端或同时从两侧进行 β- 氧化，最后生成琥珀酰 CoA（图 9-9）。

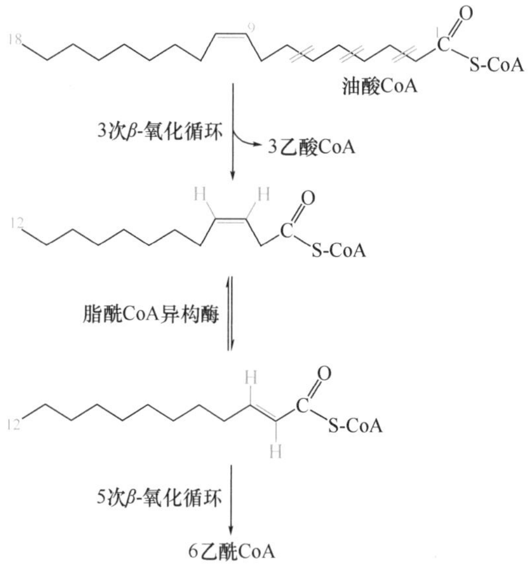

图 9-8　不饱和脂肪酸的氧化

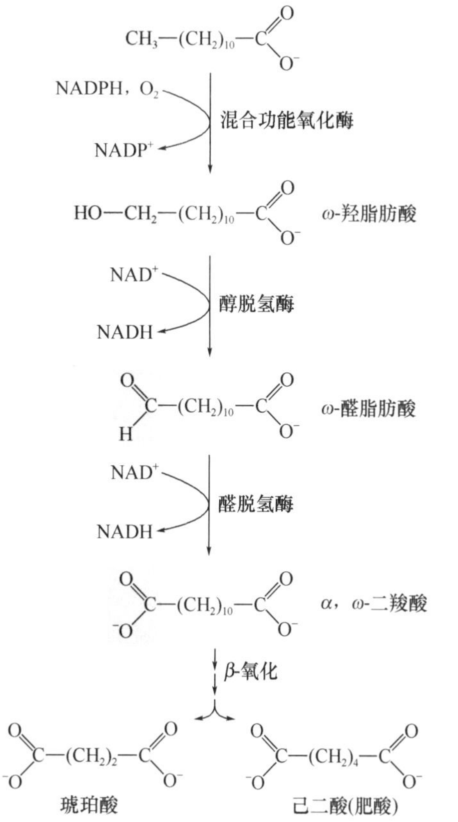

图 9-9　脂肪酸的 ω- 氧化

4. α- 氧化　脂肪酸的 α- 氧化是指由微粒体加单氧酶或脱羧酶催化脂肪酸生成 α- 羟脂肪酸或少一个碳原子的脂肪酸的过程（图 9-10）。长链脂肪酸在 O_2 和 Fe^{2+} 存在的情况下，以维生素 C 或四氢叶酸为供氢体，经加单氧酶催化生成 α- 羟脂肪酸。α- 氧化产生的 α- 羟脂肪酸对不能进行脂肪酸 β- 氧化的动物组织很重要。α- 羟脂肪酸是脑组织中脑苷脂和其他鞘脂质的重要成分。α- 羟脂肪酸可继续氧化脱羧生成奇数碳原子脂肪酸。α- 氧化不能使脂肪酸彻底氧化，碳链缩短后还要进行 β- 氧化。α- 氧化障碍者（植烷酰辅酶 A 羟化酶缺乏）不能氧化植烷酸（phytanic acid）即 3,7,11,15- 四甲基十六烷酸。牛奶和动物脂肪中均含有此成分。若存在 α- 氧化障碍，则导致其在人体内的大量堆积，会引起 Refsum 氏病。由于 α- 氧化主要在脑组织内发生，因而 α- 氧化障碍多引起神经系统紊乱，如共济失调。植烷酸氧化代谢见图 9-11。

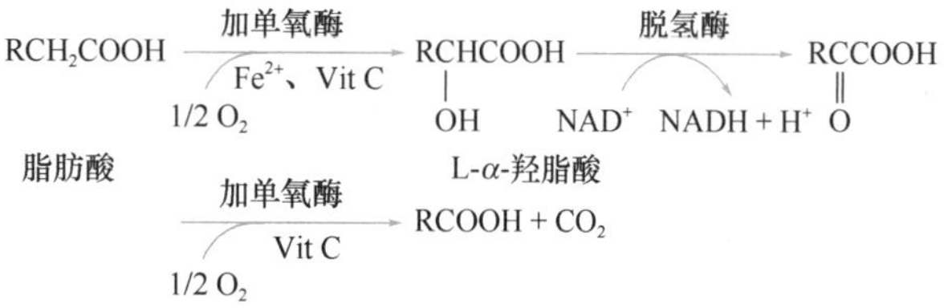

图 9-10　脂肪酸的 α- 氧化

笔记栏

$$RCH_2\overset{CH_3}{\overset{|}{C}H}-CH_2COOH \xrightarrow{\alpha\text{-氧化}} RCH_2\overset{CH_3}{\overset{|}{C}H}-COOH \xrightarrow{\text{脂酰CoA合成酶}}$$

植烷酸　　降植烷酸

$$RCH_2\overset{CH_3}{\overset{|}{C}H}-CO-CoA \xrightarrow{\beta\text{-氧化}} RCO\overset{CH_3}{\overset{|}{C}H}CO-CoA \xrightarrow{\text{硫解酶}}$$

降植烷酰CoA　　2-甲基酮脂酰CoA

$$RCO-CoA + CH_3CH_2CO-CoA$$

酰基CoA　　丙酰CoA

图 9-11　植烷酸的氧化

（四）酮体的生成与利用

在骨骼肌、心肌等肝外组织，脂肪酸β-氧化产生的乙酰 CoA 主要进入三羧酸循环彻底氧化供能；而在肝，乙酰 CoA 除氧化供能外还可转变为酮体（ketone bodies）。酮体是脂肪酸在肝进行正常分解代谢所产生的特殊中间产物，包括乙酰乙酸（acetoacetic acid）、β-羟丁酸（β-hydroxybutyric acid）及丙酮（acetone）。其中，乙酰乙酸约占 70%，β-羟丁酸约占 30%，丙酮仅少量。这是因为肝细胞中分布着活性较高的酮体合成酶系，而脂肪酸在肝线粒体进行β-氧化时又有大量乙酰 CoA 产生，由此一些乙酰 CoA 便可以在酮体合成酶系的催化下转变成酮体。同时，肝细胞缺乏酮体利用酶系，因此肝中生成的酮体必须运往肝外组织利用。这就形成了“肝内生酮肝外用”的酮体代谢特点。

案例 9-1

患者，22 岁，身高 1.78m，体重 100kg。平时喜欢吃肉，最爱回锅肉、红烧肉，也爱喝含糖饮料，常常熬夜打游戏，也不爱运动。半年前被查出患上了糖尿病。医生提醒他注意吃药并严格控制饮食，结果他自认身体好没有把医生的叮嘱当回事，依旧经常炸鸡、红烧肉配饮料。三天前因淋雨而感冒，以为吃点药就没事了，不料 3 小时前突然出现呼吸急促、心跳加快、血压升高、嗜睡、意识模糊等症状，其呼出的气体带有“烂苹果味”。家人赶紧将其送至医院急诊。

体格检查：T 37.0℃，P 112 次 / 分，R 28 次 / 分，BP 138/100mmHg，嗜睡，肥胖体型，双肺呼吸音粗，呼吸深大，心率 112 次 / 分，腹平软，无压痛反跳痛，生理反射存在，病理反射未引出。

实验室检查：血糖 35.9mmol/L（空腹血糖参考值为 3.9 ～ 6.0mmol/L），糖化血红蛋白 12.5%（参考值 4% ～ 6%）；二氧化碳结合力 13.5mmol/L（参考值 24 ～ 28mmol/L），血钾 3.7mmol/L（参考值 3.5 ～ 5.5 mmol/L）。血白细胞 15.45×10^9/L[参考值（4 ～ 10）$\times10^9$/L]，中性粒细胞 95.33%。动脉血气分析：pH 7.152（参考值 7.35 ～ 7.45），二氧化碳分压 4.4kPa（参考值 4.6 ～ 6.0kPa），氧分压 10.3kPa（参考值 10.9 ～ 13.7 kPa），碱剩余 –5.3mmol/L（参考值 –3 ～ +3 mmol/L），HCO_3^- 18.4mmol/L（参考值 21.3 ～ 24.8mmol/L）。尿糖 +++（参考值阴性），尿酮体 ++（参考值阴性）。

初步诊断：糖尿病，糖尿病高渗性昏迷，糖尿病酮症酸中毒，肺部感染。

问题讨论：1. 如何诊断酮症酸中毒？

2. 为什么糖尿病患者易发生酮症酸中毒？

1. 酮体的生成　肝线粒体中有活性较高的酮体合成酶系：乙酰乙酰 CoA 硫解酶、β-羟基-β-甲基戊二酰 CoA 合酶（β-hydroxy-β-methyl glutaryl-CoA synthase，HMG-CoA synthase）与 HMG-CoA 裂解酶（HMG-CoA catenase）。在酮体合成酶系催化下，以脂肪酸β-氧化生成的乙酰 CoA 为原料，以 $NADH+H^+$ 为供氢体，经过下面的酶促反应生成酮体。

（1）乙酰乙酰 CoA 的生成：2 分子乙酰 CoA 在乙酰乙酰 CoA 硫解酶的催化下，缩合生成 1 分子乙酰乙酰 CoA，释放出 1 分子 HSCoA。

（2）HMG-CoA 的生成：乙酰乙酰 CoA 在关键酶 HMG-CoA 合酶催化下，再与 1 分子乙酰 CoA 缩合生成 HMG-CoA，释放出 1 分子 HSCoA。

（3）酮体的生成：在HMG-CoA裂解酶催化下，HMG-CoA分解成1分子乙酰乙酸和1分子乙酰CoA；乙酰乙酸在β-羟丁酸脱氢酶（β-hydroxybutyrate dehydrogenase）的催化下，加氢还原生成β-羟丁酸，该酶的活性取决于线粒体中[$NADH+H^+$]/[NAD^+]的值；少量乙酰乙酸或自发脱羧或在酶催化下脱羧生成丙酮（图9-12）。

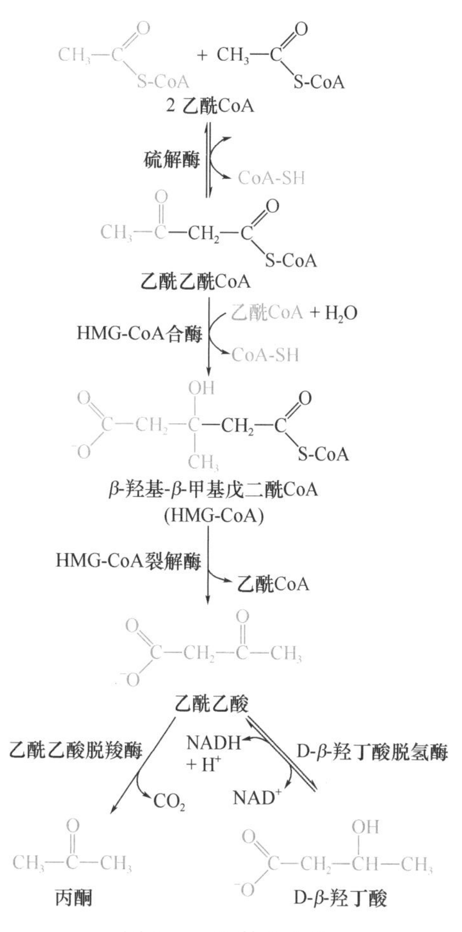

图9-12 酮体的生成

2. 酮体的利用 酮体利用的酶类主要有琥珀酰CoA转硫酶（succinyl CoA thiophorase）、乙酰乙酸硫解酶（acetoacetic acid thiolase）、乙酰乙酸硫激酶（acetoacetic acid thiokinase）及β-羟丁酸脱氢酶等。在脑、心、肾和骨骼肌等肝外组织细胞线粒体中，分解利用酮体的酶类活性很强，能够将酮体氧化分解成H_2O和CO_2，同时释放大量能量供这些组织利用，而这些酶在肝中活性较差。因此，肝外组织是利用酮体最主要的场所。

（1）乙酰乙酸的活化：酮体中的β-羟丁酸在β-羟丁酸脱氢酶的作用下，脱氢生成乙酰乙酸。乙酰乙酸的活化有两条途径（图9-13）：①在ATP和HSCoA参与下，乙酰乙酸经乙酰乙酸硫激酶催化，直接活化生成乙酰乙酰CoA；②在琥珀酰CoA转硫酶的作用下，乙酰乙酸与琥珀酰CoA进行高能硫酯键的交换，生成乙酰乙酰CoA和琥珀酸。催化乙酰乙酸活化的两个酶都分布于脑、心、肾和骨骼肌等肝外组织细胞的线粒体中。

（2）乙酰CoA的生成：乙酰乙酰CoA在硫解酶的催化下，生成2分子乙酰CoA，然后进入三羧酸循环彻底氧化（图9-13）。

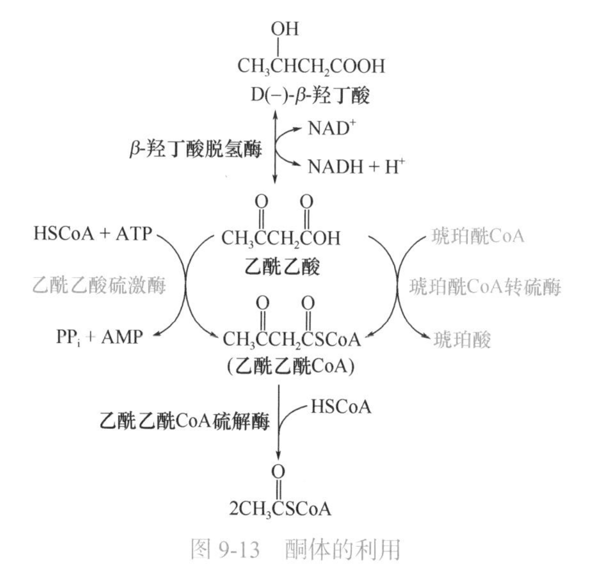

图9-13 酮体的利用

（3）丙酮的呼出：丙酮生成量少、挥发性强，主要通过肺部的呼吸作用排出体外。部分丙酮也可在多种酶催化下转变成丙酮酸或乳酸，或异生成糖（这是脂肪酸碳原子转变成糖的一个途径，但因丙酮量少而有限）或彻底氧化。

肝外组织利用酮体的量与动脉血中酮体的浓度成正比，血中酮体浓度达7mmol/L时，肝外组织的利用能力达到饱和。因为人体肾酮阈为7mmol/L，当血中酮体浓度超过此值，酮体经肾小球的滤过量就会超过肾小管的重吸收能力，出现酮尿症（ketonuria）。脑组织利用酮体的能力与血糖水平有关，只有血糖水平降低时才利用酮体。

笔记栏

案例 9-1 分析 1

患者有糖尿病史，血糖超过正常参考值的 6 倍，尿糖（+++），出现了糖尿病高渗性昏迷；呼吸具有丙酮独特的“烂苹果”味，说明有大量的丙酮通过呼吸排出体外；尿酮体（++），表明血中酮体浓度升高（参考值 0.03 ～ 0.5mmol/L），超过人体肾酮阈（7mmol/L）产生了酮尿症。即患者体内酮体产生过多，已超过肝外组织的利用能力。酮体中大约 70% 为 *β*- 羟丁酸，大约 30% 为乙酰乙酸，丙酮很微量，只占不到 1%。*β*- 羟丁酸和乙酰乙酸都是有机酸，血酮增高使血中有机酸浓度增高；同时大量有机酸从肾排出时，除很少量呈游离状态或被肾小管泌 $[H^+]$ 中和排出外，大部分与体内碱结合成盐而排出，造成体内碱储备大量丢失而致代谢性酸中毒，即酮症酸中毒。患者动脉血气分析 pH 7.152（参考值 7.35 ～ 7.45）、二氧化碳分压 4.4kPa（参考值 4.6 ～ 6.0kPa）、氧分压 10.3kPa（参考值 10.9 ～ 13.7kPa）、碱剩余 –5.3 mmol/L（参考值 –3 ～ +3mmol/L）、HCO_3^-18.4mmol/L（参考值 21.3 ～ 24.8mmol/L）等指标均低于参考值，由此可以诊断其“酮症酸中毒”。

3. 酮体生成的意义 酮体分子小、溶于水，易于运输、便于利用，能够透过血脑屏障、毛细血管壁及线粒体内膜，是肝向肌肉、脑组织等肝外组织输出脂肪性优质能源的一种形式。在生理条件下，肝中的乙酰 CoA 顺利进入三羧酸循环进行氧化供能，脂肪酸的合成作用也正常进行，肝细胞中乙酰 CoA 的浓度不会增高，故肝中产生的酮体很少。进入血液中的酮体也很少，常维持在 0.03 ～ 0.5mmol/L。饥饿、妊娠中毒症、糖尿病，以及过多摄入高脂低糖膳食者血液中酮体含量往往会升高。在饥饿或糖供不足时，机体脂肪动员加强，所产生的脂肪酸转变为乙酰 CoA 氧化供能，以减少葡萄糖和蛋白质的消耗，维持血糖浓度的恒定。但脂肪酸不能透过血脑屏障，故脑组织不能直接利用脂肪酸。肝可以将脂肪酸分解转化成酮体，以替代葡萄糖能源为脑组织提供能量保障，确保大脑功能正常。

严重糖尿病等糖代谢异常情况下，葡萄糖得不到有效利用，脂肪动员而来的脂肪酸被转化成大量酮体。若肝生成酮体的能力超过肝外组织对酮体的利用能力，就会引起血液酮体含量升高、血液 pH 下降，严重时可导致酮症酸中毒。

案例 9-1 分析 2

患者患有糖尿病，糖的氧化利用出现障碍，机体脂肪动员加强，酮体生成增多，当超过体内利用和排出的限度时，血中酮体就在体内积聚起来。同时，酮体的利用需转变成乙酰 CoA 后与糖代谢的产物草酰乙酸结合形成柠檬酸，然后进入三羧酸循环。糖尿病患者糖代谢障碍，无充足的糖代谢产物草酰乙酸，酮体的消除亦受到障碍。当患者酮体来源过多和利用分解受阻时，酮体便蓄积，体内产生酮血症，进而诱发酮症酸中毒。

4. 酮体生成的调节 酮体的生成与糖代谢的关系极为密切。在饱食及糖的利用充分的情况下，酮体生成减少；反之亦然。其机制主要包括以下几方面（图 9-14）。

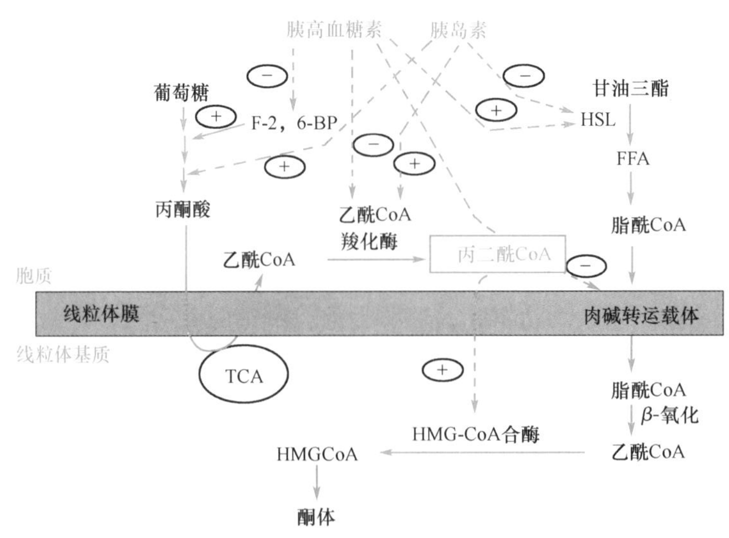

图 9-14 酮体生成的调节

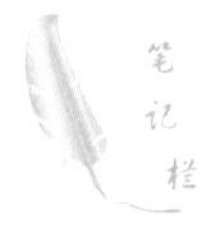

（1）饱食和饥饿时激素的调节：①饱食状况下，胰岛素分泌增强。胰岛素是抗脂解激素，可抑制脂肪动员，血中游离脂肪酸浓度降低，肉碱脂酰转移酶Ⅰ活性减弱，肝内β-氧化减弱，故酮体生成减少（图9-14）。②饥饿状况下，胰岛素分泌下降，脂解激素如胰高血糖素等分泌增加，作用正好与上述过程相反。机体以脂肪酸氧化分解供能为主，脂肪动员增强，血中游离脂肪酸浓度升高，肉碱脂酰转移酶Ⅰ活性增强，肝内β-氧化增强，故酮体生成增多（图9-14）。

（2）丙二酰CoA对生酮作用的调节：糖代谢旺盛时，产生的乙酰CoA和柠檬酸通过别构激活乙酰CoA羧化酶，促进丙二酰CoA的生物合成。丙二酰CoA竞争性抑制肉碱脂酰转移酶Ⅰ，阻止长链脂酰CoA进入线粒体进行β-氧化，故酮体生成减少（图9-14）。

（3）糖代谢旺盛时，3-磷酸甘油及ATP生成充足，进入肝细胞的脂肪酸主要用于酯化生成甘油三酯及磷脂（见本节“甘油三酯的合成代谢”和第5节“磷脂的合成代谢”），而不是进行β-氧化，故酮体生成减少。

微课9-2

二、甘油三酯的合成代谢

（一）脂肪酸的合成

人体内的脂肪酸包括从食物中摄取的外源性脂肪酸和机体自身合成的内源性脂肪酸。外源性脂肪酸主要被机体加工改造后利用。内源性脂肪酸主要利用糖代谢的中间产物乙酰CoA为原料合成。体内的脂肪酸大多以甘油三酯、胆固醇酯等酯化的形式储存。其中甘油三酯主要储存在脂肪组织中，是机体能量的储存形式，对于哺乳动物（尤其是人类）来说，脂肪沉积是能量过剩的典型反应，因脂肪酸合成所需碳主要由糖代谢提供。机体的多种组织如肝、肾、脑、肺、乳腺、小肠及脂肪组织等均能合成脂肪酸，但合成最活跃的组织是肝。16碳软脂酸（palmitic acid）合成的细胞定位在细胞质，碳链的延长分别在线粒体及内质网进行。

1. 软脂酸的生成 软脂酸的合成是以乙酰CoA和由乙酰CoA生成的丙二酰CoA（malonyl-CoA）为反应物，在脂肪酸合成酶系（fatty acid synthetases）作用下，重复循环反应，每循环一次碳链延长两个碳原子，最终生成16C软脂酸的过程。

（1）脂肪酸合成原料：乙酰CoA是脂肪酸合成的主要原料，凡是在代谢中能够产生乙酰CoA的物质均可作为脂肪酸合成的物质来源，但其主要来自糖的分解代谢。脂肪酸合成酶系分布于细胞质中，脂肪酸合成的全过程在胞质进行。而乙酰CoA全部在线粒体内生成，因线粒体膜对酰基不敏感，乙酰CoA需要其他物质携带才能透过线粒体膜进入胞质参加脂肪酸的合成，这一过程由柠檬酸-丙酮酸循环（citrate-pyruvate cycle）来完成。具体穿梭机制如下：①在线粒体内生成的乙酰CoA，首先与草酰乙酸在柠檬酸合酶催化下，缩合生成柠檬酸；②柠檬酸经线粒体内膜上的柠檬酸载体协助进入细胞质，在柠檬酸裂解酶催化下裂解成乙酰CoA及草酰乙酸；③乙酰CoA在细胞质中用于脂肪酸的生物合成，草酰乙酸在苹果酸脱氢酶的作用下生成苹果酸，苹果酸又可在苹果酸酶作用下生成丙酮酸；④苹果酸和丙酮酸分别经苹果酸载体和丙酮酸载体转运返回线粒体，重新转变成草酰乙酸，以补充合成柠檬酸时草酰乙酸的消耗。柠檬酸-丙酮酸循环每运转一次，消耗2分子ATP，将1分子乙酰CoA从线粒体中带入胞质，并为机体提供1分子$NADPH+H^+$，以补充合成反应的需要（图9-15）。

脂肪酸的生物合成除需要原料乙酰CoA外，还需要ATP、$NADPH+H^+$、HCO_3^-及Mn^{2+}。

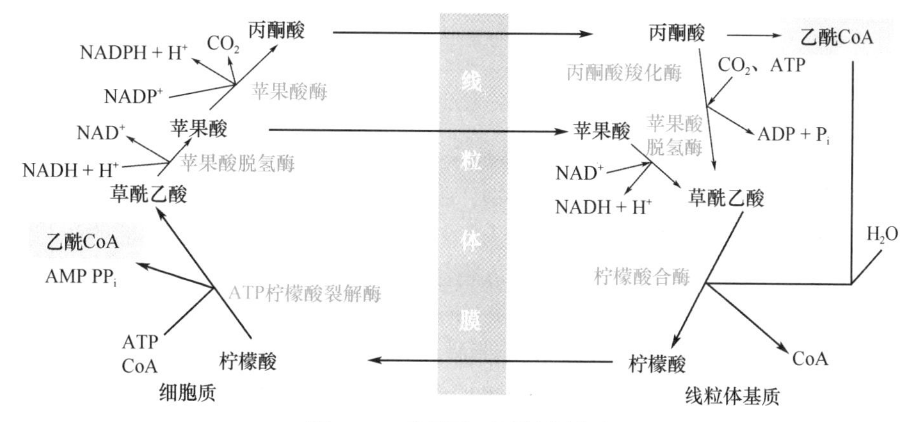

图9-15 柠檬酸-丙酮酸循环

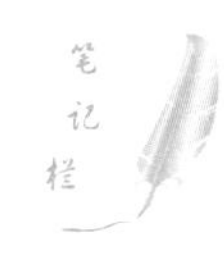

（2）参与脂肪酸合成的酶及反应过程

1）丙二酰 CoA 的生成：脂肪酸合成的第一步反应是以乙酰 CoA 为原料生成丙二酰 CoA，反应由乙酰 CoA 羧化酶（acetyl CoA carboxylase）催化。该酶分布于细胞质中，以生物素为辅基，Mn^{2+} 为激活剂，是脂肪酸生物合成的关键酶。该酶主要通过以下两个步骤催化羧基化反应，反应不可逆：首先，在生物素及 Mn^{2+} 存在情况下，利用 ATP 水解释放能量促进 CO_2 转移至生物素分子上，随后酶分子将携带在生物素分子上的羧基转移给乙酰 CoA 生成丙二酰 CoA。反应如下：

生物素-羧基载体蛋白 + ATP + HCO_3^- —乙酰CoA羧化酶→ ^-OOC-生物素-羧基载体蛋白（BCCP）+ ADP + P_i

^-OOC-生物素-BCCP + 乙酰CoA（H_3C-CO-CoA）—乙酰CoA羧化酶→ 生物素-羧基载体蛋白 + 丙二酰CoA（^-OOC-H_2C-CO-CoA）

乙酰 CoA 羧化酶活性可受变构调节和化学修饰及激素的调节（图 9-16）。真核生物中乙酰 CoA 羧化酶有两种形式，一种是无活性单体，分子质量约为 40kD；另一种是有活性的多聚体，通常由 10 ～ 20 个单体组成，分子质量为 600 ～ 800kD。两种形式可通过变构调节发生相互转变。乙酰 CoA 羧化酶的无活性单体可受柠檬酸和异柠檬酸的变构激活转变成有活性的多聚体，促进脂肪酸的合成；而脂肪酸合成的终产物软脂酰 CoA 及其他长链脂酰 CoA 则是乙酰 CoA 羧化酶的变构抑制剂，可使其有活性的多聚体解聚而失活，抑制脂肪酸的合成。同时，乙酰 CoA 羧化酶还受到化学修饰调节：乙酰 CoA 羧化酶的第 79 位丝氨酸被蛋白激酶磷酸化而失去活性；而蛋白质磷酸酶可移去乙酰 CoA 羧化酶的磷酸基，从而使它恢复活性。胰高血糖素及肾上腺素可激活蛋白激酶使脂肪酸合成受到抑制；而胰岛素则可激活蛋白磷酸酶而促进脂肪酸合成。此外，长期摄入高糖低脂膳食能诱导乙酰 CoA 羧化酶的生物合成，同时糖代谢加强，供给脂肪酸合成的原料乙酰 CoA、NADPH、ATP 等增多，从而促进脂肪酸合成；长期摄入高脂低糖膳食可抑制酶的生物合成，以及因脂肪动员使细胞内脂酰 CoA 增多，降低脂肪酸的生成。

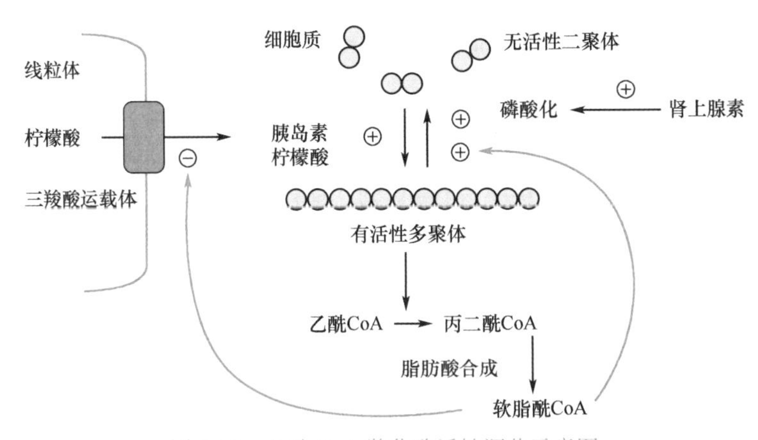

图 9-16 乙酰 CoA 羧化酶活性调节示意图

2）脂肪酸合成：脂肪酸合成实际是一个碳原子重复加成的过程，每次延长一个二碳单位，该反应由脂肪酸合成酶系催化。不同进化程度的生物，脂肪酸合成酶系的组成和结构不同。

A. 在大肠埃希菌中，脂肪酸合成酶系是一个多酶复合体，由 7 种不同功能的酶与酰基载体蛋白（acyl carrier protein，ACP）聚合形成，脂肪酸合成的各步反应均在酶的辅基上进行。这七种酶分别是：乙酰基转移酶（acetyl transferase，AT）；丙二酰基转移酶（malonyl transferase，MT）；*β*- 酮脂酰合酶（ketoacyl synthase，KS）；*β*- 酮脂酰还原酶（ketoreductase，KR）；*β*- 羟脂酰脱水酶（dehydratase，DH）；烯脂酰还原酶（enoyl reductase，ER）；硫酯酶（thioesterase，TE）。

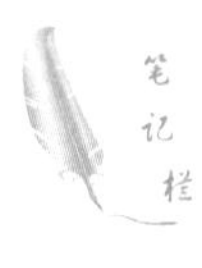

B. 在酵母中，脂肪酸合成酶系由两条不同功能的肽链构成，一条肽链具有 ACP 功能和两种酶活性，另一条肽链具有四种酶活性，两条肽链聚合成 1 个异二聚体，6 个异二聚体组合成一个分子质量

为 2.4×10^3kD 的大复合体。

C. 哺乳动物的脂肪酸合成酶是一种多功能酶（540kD），肽链中含有 7 个不同催化功能的结构域和 1 个相当于 ACP 的结构域。其中 ACP 的辅基 4′- 磷酸泛酰巯基乙胺的—SH（中心巯基）与 *β*- 酮脂酰合酶分子中半胱氨酸残基的—SH（外周巯基）均参与脂肪酸合成反应，但只有两个巯基在空间上紧密相邻才能完成反应，因此需要两条相同的肽链首尾相连形成二聚体时酶才具有催化活性，当二聚体解聚成 2 个独立的亚基时酶则失去催化功能（图 9-17）。

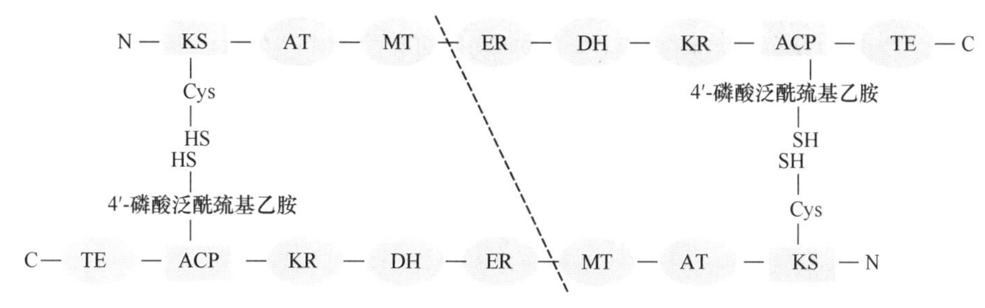

图 9-17 哺乳动物脂肪酸合成酶二聚体

KS：*β*- 酮脂酰合酶；AT：乙酰基转移酶；MT：丙二酰基转移酶；ER：烯脂酰还原酶；DH：*β*- 羟脂酰脱水酶；KR：*β*- 酮脂酰还原酶；TE：硫酯酶；ACP：酰基载体蛋白

ACP 是一种小分子质量的蛋白质（约 8.8kD），每摩尔蛋白质含有一个—SH 基团，对热和酸非常稳定。无论高等生物或低等生物，脂肪酸合成酶系中的 ACP 均以 4′- 磷酸泛酰氨基乙硫醇（4′-phosphopantetheine）为辅基，辅基的 4′- 磷酸与 ACP36 位的丝氨酸残基通过酯键相连接；辅基的末端巯基为脂酰基携带基团，可与脂酰基结合形成硫酯键。ACP 结构如下：

CoA
O-P(O)(O⁻)-O-CH_2-C(CH_3)(CH_3)-CH(OH)-C(=O)-NH-CH_2-CH_2C(=O)-NH-CH_2-CH_2-SH
泛酸　巯乙胺（半胱胺）
4′-磷酸泛酰氨基乙硫醇
ACP　…—Gly—Ala—Asp—Ser—Leu—…　多肽链

从乙酰 CoA 及丙二酰 CoA 合成软脂肪酸，是一个重复加成过程，每一轮的反应均需通过酰基转移、缩合、还原、脱水、再还原等步骤，每次延长 2 个碳原子。经过 7 次循环，最后硫解生成 1 分子十六碳的软脂酸（图 9-18）。软脂酰链中除了前两个碳来自乙酰 CoA，其余碳原子均来自丙二酰 CoA。

1）酰基转移（acyl transfer）：乙酰基转移酶催化乙酰 CoA 的乙酰基转移到 ACP 的巯基即中心巯基上，然后再转移到酶分子的半胱氨酸巯基即外周巯基上。丙二酰基转移酶催化丙二酰基转移到 ACP 巯基上，形成“乙酰基 - 酶 - 丙二酰基”三元复合物。

E(Cys—SH)(ACP—SH) —(乙酰CoA → HSCoA)→ E(Cys—SH)(ACP—S—$COCH_3$) → E(Cys—S—$COCH_3$)(ACP—SH)

E(Cys—S—$COCH_3$)(ACP—SH) —(丙二酰CoA → HSCoA)→ E(Cys—S—$COCH_3$)(ACP—S—$COCH_2COOH$)

2）缩合（condensation）：在 *β*- 酮脂酰合酶的催化下，外周巯基上的乙酰基转移到丙二酰基的第二个碳原子上并脱去羧基，连接在 ACP 巯基上。丙二酰基 ACP 与乙酰基发生脱羧缩合生成乙酰乙酰 ACP。

3）加氢（hydrogenation）：在 *β*- 酮脂酰还原酶的催化下，以 NADPH+H^+ 为供氢体，乙酰乙酰 ACP 被加氢还原生成 *α*，*β*- 羟丁酰 ACP。

4）脱水（dehydration）：在β-羟脂酰脱水酶的催化下，α，β-羟丁酰 ACP 分子中β位的羟基与α位的氢脱水，生成α，β-反式-丁烯酰 ACP。

5）再加氢（re-hydrogenation）：在Δ^2-烯脂酰还原酶的催化下，α，β-丁烯酰 ACP 加氢还原生成丁酰 ACP。如此，经过上述酰基转移、缩合、还原、脱水、再还原等步骤，生成丁酰 ACP，脂酰基由 2 个碳原子增加到 4 个碳原子，完成了脂肪酸合成的第一轮循环。丁酰基又在脂酰转移酶催化下，从 ACP 的中心巯基转移到外周巯基上，ACP 上的中心巯基再与新的丙二酰基结合，继续第二轮循环，再增加 2 个碳原子，经 7 次循环之后，消耗 1 分子乙酰 CoA、7 分子丙二酰 CoA、7 分子 ATP 和 14 分子 $NADPH+H^+$，生成 16 碳的软脂酰 -ACP。脂肪酸链延长二碳单位的反应循环过程见图 9-18。

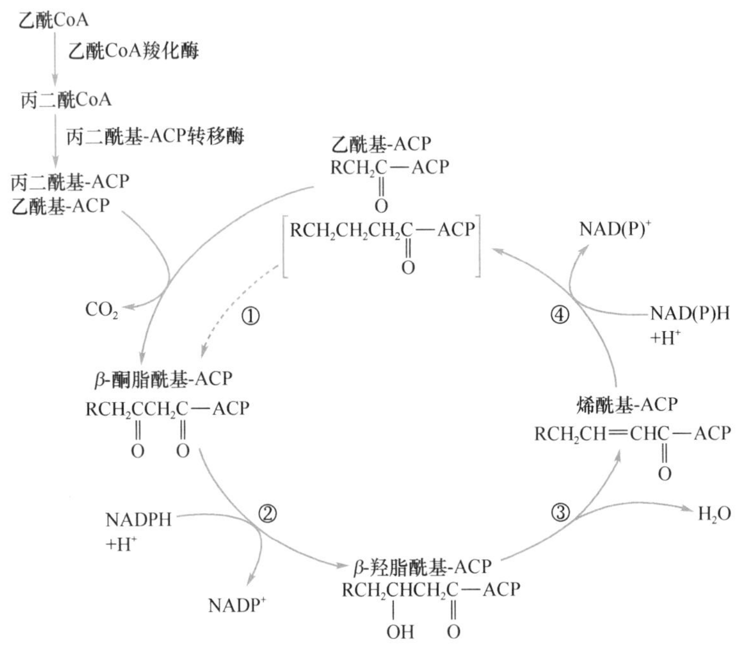

图 9-18 脂肪酸合成酶催化脂肪酸链延长二碳单位的循环反应

①缩合；②加氢；③脱水；④再加氢

6）硫解（thiolysis）：在长链脂酰硫酯酶的催化下，软脂酰 ACP 的硫酯键水解断裂，将软脂酸从酶复合体中释放出来。

总反应式如下：

$$CH_3COSCoA + 7HOOCCH_2COSCoA + 14NADPH + 14H^+ \longrightarrow CH_3(CH_2)_{14}COOH + 7CO_2 + 6H_2O + 8HSCoA + 14NADP^+$$

脂肪酸β-氧化每重复循环一次断裂一个二碳单位，软脂酸的合成也是每重复循环一次增加 2 个碳链长度，二者似乎互为逆过程，但两者在组织与细胞定位、转移载体、酰基载体、限速酶、供氢体与受氢体、底物与产物及激活剂与抑制剂等方面均不相同（表 9-3）。

表 9-3 脂肪酸合成与分解比较

比较类别	合成	分解
反应最活跃时期	高糖膳食后	饥饿
刺激激素	胰岛素 / 胰高血糖素值↑	胰岛素 / 胰高血糖素值↓
主要组织定位	肝为主	肌肉、肝
亚细胞定位	胞质	线粒体为主
酰基转运机制	柠檬酸循环（线粒体到胞质）	肉碱穿梭（胞质到线粒体）
酰基载体	酰基载体蛋白区，HSCoA	HSCoA
氧化还原辅因子	$NADPH+H^+$	NAD^+，FAD
底物 / 产物	乙酰 CoA/ 脂酰 CoA	脂酰 CoA/ 乙酰 CoA
关键酶	乙酰 CoA 羧化酶	肉碱酰基转移酶 I

笔记栏

续表

比较类别	合成	分解
激活剂	柠檬酸、异柠檬酸、胰岛素、高糖低脂膳食	饥饿、高脂低糖膳食
抑制剂	长链脂酰 CoA、胰高血糖素、肾上腺素、高脂低糖膳食	丙二酰 CoA、胰岛素、饱食

2. 软脂酸的加工改造

（1）碳链长度的加工改造：体内脂肪酸合成的主要产物通常是软脂酸，但许多组织的（膜）脂质中含有长链脂肪酸。例如，在神经组织的髓磷脂中，18C 及以上脂肪酸占总脂肪酸的 2/3，而在许多鞘脂质中，脂肪酸在 24C 以上是常见的。早期对肝、大脑等哺乳动物组织的研究表明，线粒体和内质网中分别存在两个碳链延长系统，可以软脂酸为母体，进行碳链长短和饱和度的加工改造，从而维持人体组织细胞正常结构与生理功能。

1）内质网碳链延长系统：哺乳动物细胞的内质网碳链延长酶系以软脂酸为母体、丙二酰 CoA 为二碳单位供体、HSCoA 为酰基载体、$NADPH+H^+$ 为供氢体，经过缩合—加氢—脱水—再加氢等步骤，使软脂酸的碳链延长，其过程与胞质中脂肪酸合成过程基本相同。内质网碳链延长系统一般以合成 18C 的硬脂酸为主，也可合成油酸、亚油酸等。脑组织可将碳链最多延长至 24C，以供脑中脂质代谢需要。

2）线粒体碳链延长系统：软脂酸在线粒体中，以乙酰 CoA 为二碳单位供体，以 $NADPH+H^+$ 为供氢体，经过与乙酰 CoA 缩合—加氢—脱水—再加氢等步骤，使软脂酸的碳链逐步延长，其过程类似于脂肪酸 β- 氧化的逆反应，仅烯脂酰 CoA 还原酶的辅酶为 $NADPH+H^+$ 与 β- 氧化过程不同。线粒体碳链延长系统一般可将脂肪酸碳链延长至 24C 或 26C，但仍以 18C 的硬脂酸最多（表 9-4）。该系统也可延长不饱和脂肪酸的碳链。

3）脂肪酸碳链的缩短：脂肪酸碳链的缩短在线粒体由 β- 氧化酶系催化完成，每经过一次 β- 氧化循环就可以减少两个碳原子。

表 9-4 内质网与线粒体碳链延长系统比较

碳链加长酶系	二碳单位供体	酰基载体	基本过程	碳链加长限度
内质网酶系	丙二酰 CoA	HSCoA	类似软脂肪酸合成	24C 酸，以 18C 酸为主
线粒体酶系	乙酰 CoA	—	类似 β- 氧化逆过程，需烯脂酰 CoA 还原酶及 $NADPH+H^+$	26C 酸，以 18C 酸为主

（2）饱和度的加工改造：人和动物组织中的不饱和脂肪酸主要有单不饱和脂肪酸如软油酸（16 ∶ 1，Δ^9）、油酸（18 ∶ 1，Δ^9），以及多不饱和脂肪酸，如亚油酸（linoleate）（18 ∶ 2，$\Delta^{9,12}$）、亚麻酸（linolenate）（18 ∶ 3，$\Delta^{9,12,15}$）及花生四烯酸（arachidonate）（20 ∶ 4，$\Delta^{5,8,11,14}$）等。哺乳动物有 Δ^4、Δ^5、Δ^8 及 Δ^9 去饱和酶（desaturase），催化饱和脂肪酸引入双键，使之转变为不饱和脂肪酸。软油酸和油酸就是在 Δ^9 去饱和酶（desaturase）催化下由软脂酸和硬脂酸活化后脱氢所得。但哺乳动物缺乏 Δ^9 以上的去饱和酶，需要的多不饱和脂肪酸则必须从食物摄取，故亚油酸、亚麻酸及花生四烯酸称为必需脂肪酸。这是因为植物组织中含有 Δ^{10}、Δ^{12}、Δ^{15} 去饱和酶，能够合成上述多不饱和脂肪酸。脂肪酸的去饱和过程是一个脱氢过程，需要有线粒体外电子传递系统参与，电子传递系统包括黄素蛋白（细胞色素 b_5 还原酶）和细胞色素 b_5（图 9-19）。

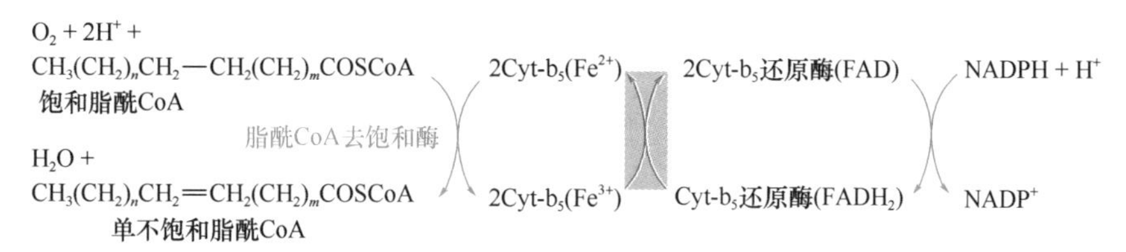

图 9-19 动物组织脂肪酸去饱和作用的电子传递过程

（二）3- 磷酸甘油的生成

人体合成甘油三酯还需要 3- 磷酸甘油，其来源有两方面：

1. 从糖代谢生成 糖分解代谢产生的磷酸二羟丙酮在胞质中 3- 磷酸甘油脱氢酶催化下，以 $NADH+H^+$

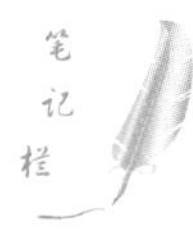

为供氢体，还原为3-磷酸甘油。此反应普遍存在于人体内各组织，是3-磷酸甘油的主要来源。

$$\begin{array}{l} CH_2OH \\ | \\ C{=}O \\ | \\ CH_2{-}O{-}\text{Ⓟ} \end{array} + NADH + H^+ \xrightleftharpoons{\text{3-磷酸甘油脱氢酶}} \begin{array}{l} CH_2OH \\ | \\ CHOH \\ | \\ CH_2{-}O{-}\text{Ⓟ} \end{array} + NAD^+$$

2. 细胞内甘油再利用　肝、肾、哺乳期乳腺及小肠黏膜富含甘油激酶，在该酶催化下，可将甘油活化形成3-磷酸甘油。

$$\begin{array}{l} CH_2OH \\ | \\ CHOH \\ | \\ CH_2OH \end{array} \xrightarrow[\text{ATP} \quad \text{ADP}]{\text{甘油激酶}} \begin{array}{l} CH_2OH \\ | \\ CHOH \\ | \\ CH_2{-}O{-}\text{Ⓟ} \end{array}$$

（三）甘油三酯合成

1. 代谢概况　人体大部分组织都可以合成甘油三酯，但主要合成场所是肝、脂肪组织和小肠。合成途径有两条，即甘油一酯途径（monoacylglycerol pathway）和甘油二酯途径（diacylglycerol pathway）。

肝主要以糖代谢中间产物为原料，通过甘油二酯途径合成甘油三酯。肝的合成能力最强，但不储存甘油三酯，合成的甘油三酯主要与载脂蛋白及磷脂、胆固醇等组装成极低密度脂蛋白（VLDL），由肝细胞分泌入血，经血液循环向肝外组织输出。若磷脂合成不足或载脂蛋白合成障碍，或者甘油三酯合成量超过了肝的外运能力，多余的甘油三酯就会在肝细胞中聚集，导致脂肪肝（fatty liver）的形成。

脂肪组织既能合成甘油三酯，又能储存甘油三酯。既可以利用葡萄糖为原料经甘油二酯途径合成甘油三酯，也可以利用乳糜微粒（CM）和VLDL运输来的脂肪酸为原料经甘油一酯途径合成甘油三酯。与肝不同，脂肪细胞合成的甘油三酯可以就地储存。当机体需要能量时，储存在脂肪细胞中的甘油三酯被动员分解为甘油和脂肪酸，通过血液循环运输到肝、心、肌肉等组织利用。

小肠主要以外源性脂质的部分降解产物2-甘油一酯、游离脂肪酸为原料通过单酰甘油途径合成甘油三酯，除少部分就地储存外，绝大多数以乳糜微粒形式分泌入血，经血液循环向肝及脂肪组织输送。在饱食情况下，小肠黏膜细胞也能利用糖、甘油和脂肪酸等为原料，经甘油二酯途径合成甘油三酯，参与VLDL构成。甘油三酯在体内的代谢概况见图9-20。

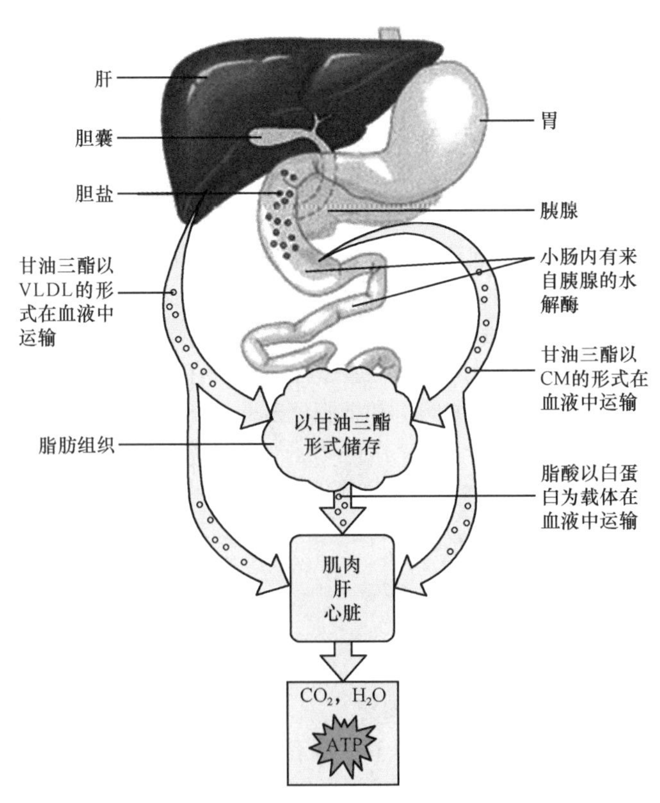

图9-20　甘油三酯在体内的代谢概况示意图

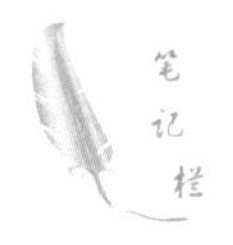
笔记栏

2. 合成过程 在甘油三酯合成过程中需要脂酰 CoA 合成酶（acyl-CoA synthetase）和脂酰 CoA 转移酶，分别催化脂肪酸活化和脂酰基的转移。

（1）甘油一酯途径：该途径是小肠黏膜细胞利用食物脂质的消化降解产物为原料合成甘油三酯的主要途径（见第2节 脂质的消化和吸收），主要是对食物中的甘油三酯进行改造。这是因为在胰脂肪酶水解肠道内膳食甘油三酯的过程中，1、3位的脂肪酸优先被去除，剩余的2-甘油一酯对进一步水解具有相对抗性，经吸收进入小肠黏膜上皮细胞后，脂酰转移酶催化2分子脂酰 CoA 与其重新结合生成甘油三酯。

$$\text{甘油一酯 } R_2{-}\overset{O}{\overset{\|}{C}}{-}O{-}CH(CH_2OH)_2 + 2RCO{\sim}SCoA \xrightarrow{\text{脂酰转移酶}} \text{甘油三酯 } R_2{-}\overset{O}{\overset{\|}{C}}{-}O{-}CH(CH_2O{-}\overset{O}{\overset{\|}{C}}{-}R_3)_2 + 2HSCoA$$

2. 甘油二酯途径：又称磷脂酸途径（phosphatidic acid pathway），在脂酰 CoA 转移酶催化下，3-磷酸甘油与2分子脂酰 CoA 反应生成甘油脂质的共同前体磷脂酸（phosphatidic acid，PA）。后者在磷脂酸磷酸酶（phosphatidic acid phosphatase）的作用下，水解脱去磷酸生成1,2-甘油二酯，再在脂酰 CoA 转移酶催化下，加上1分子脂酰基生成甘油三酯。

肝、肾等细胞还能利用游离甘油，经甘油激酶（glycerol kinase）催化生成3-磷酸甘油用于甘油三酯的合成。脂肪、骨骼肌组织缺乏甘油激酶，不能利用游离甘油合成甘油三酯（图9-21）。

$$\text{3-磷酸甘油 } (CH_2OH{-}CHOH{-}CH_2O{-}P_i) \xrightarrow[R_1COCoA \to CoA]{\text{脂酰CoA转移酶}} \text{1-脂酰-3-磷酸甘油 } (CH_2O{-}\overset{O}{\overset{\|}{C}}{-}R_1 \,/\, CHOH \,/\, CH_2O{-}P_i) \xrightarrow[R_2COCoA \to CoA]{\text{脂酰CoA转移酶}}$$

$$\text{磷脂酸 } (CH_2O{-}\overset{O}{\overset{\|}{C}}{-}R_1 \,/\, CHO{-}\overset{O}{\overset{\|}{C}}{-}R_2 \,/\, CH_2O{-}P_i) \xrightarrow[\to P_i]{\text{磷脂酸磷酸酶}} \text{1，2-甘油二酯 } (CH_2O{-}\overset{O}{\overset{\|}{C}}{-}R_1 \,/\, CHO{-}\overset{O}{\overset{\|}{C}}{-}R_2 \,/\, CH_2OH) \xrightarrow[R_3COCoA \to CoA]{\text{脂酰CoA转移酶}} \text{甘油三酯 } (CH_2O{-}\overset{O}{\overset{\|}{C}}{-}R_1 \,/\, CHO{-}\overset{O}{\overset{\|}{C}}{-}R_2 \,/\, CH_2O{-}\overset{O}{\overset{\|}{C}}{-}R_3)$$

图9-21 甘油二酯途径合成甘油三酯

甘油三酯所含的三个脂肪酸可以相同或不同，可以为饱和脂肪酸或不饱和脂肪酸。人体甘油三酯中有50%的脂肪酸为不饱和脂肪酸，膳食中脂肪酸的组成会在一定程度上影响体内脂质的组成。实验证明，动物长时间摄入大量亚油酸时，体脂中亚油酸含量也随之增加。甘油三酯的合成速度受多种激素的影响：胰岛素促进糖转变为脂肪，胰高血糖素、肾上腺皮质激素等则抑制甘油三酯的生物合成。

三、多不饱和脂肪酸的重要衍生物

哺乳动物体内有几种来源于花生四烯酸的二十碳多烯脂肪酸衍生物，包括前列腺素（prostaglandin，PG）、血栓素（thromboxane，TX）和白三烯（leukotrienes，LT），统称为前列腺素类化合物。它们对细胞代谢具有重要调节作用，并且与炎症、免疫、过敏反应和心血管疾病等多种疾病的病理过程有关。

（一）前列腺素

前列腺素（PG）为一类二十碳多不饱和脂肪酸衍生物，由花生四烯酸经内质网膜结合的环加氧酶途径（cycloxygenase pathway）产生，环加氧酶也称前列腺素内过氧（化）物酶（prostaglandin synthase），因其具有环加氧酶（cyclooxygenase）和过氧化物酶（peroxidase）两种活性被称为"双功能酶"。在环加氧酶的作用下，花生四烯酸依次转变成前列腺素 G_2 及 H_2，PGH_2 又可转变成 PGE_2、$PGF_{2\alpha}$、PGI_2、$PGF_{1\alpha}$ 等其他前列腺素。前列腺素基本骨架是前列腺烷酸（prostanoic acid，PA），含

笔记栏

有一个五元环、两条侧链（R_1、R_2）及多个不饱和双键，其基本结构如下：

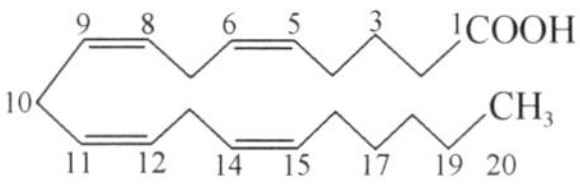

花生四烯酸
(20:4，$\Delta^{5,8,11,14}$)

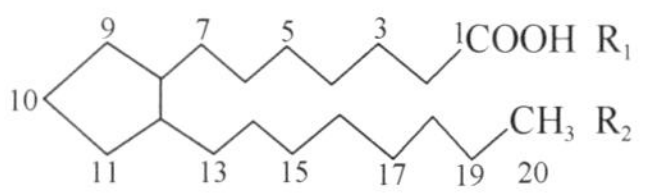

前列腺酸

根据五碳环上取代基团和双键位置不同，可将前列腺素分为9型，分别命名为PGA、PGB、PGC、PGD、PGE、PGF、PGG、PGH、PGI，根据R_1、R_2两条侧链上双键数目多少，PG又被分为1、2、3类，并将阿拉伯数字标在英文大写字母的右下角表示（图9-22）。

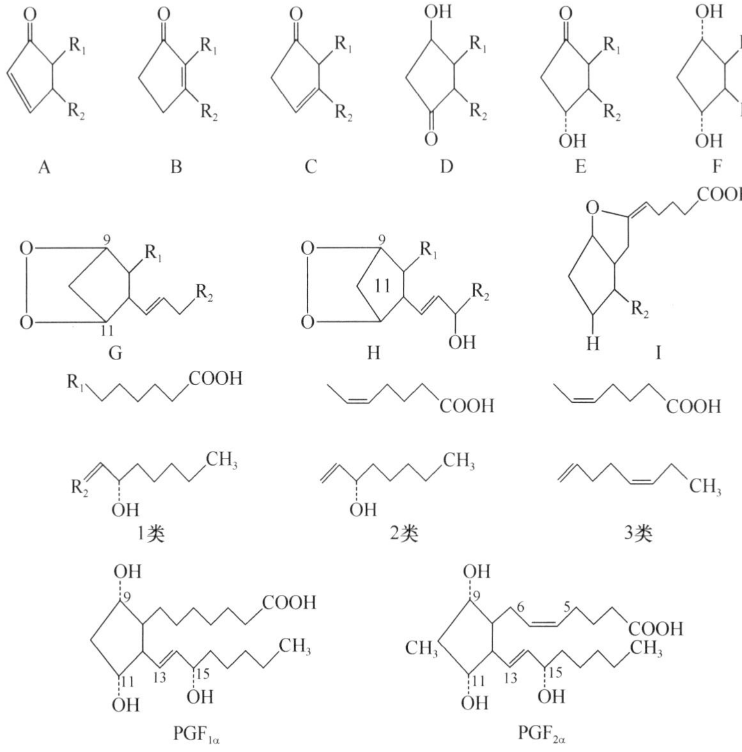

图9-22 前列腺素分类及结构

PG在细胞内含量极低，但生理功能很强。PGE_2能诱发炎症，促进局部血管扩张，毛细血管通透性增加，引起红、肿、痛、热等症状。PGE_2、PGA_2能舒张动脉平滑肌，具有降血压作用。PGE_2及PGI_2可抑制胃酸分泌，促进胃肠平滑肌蠕动。卵泡产生的PGE_2及$PGF_{2\alpha}$在排卵过程中具有重要功能，$PGF_{2\alpha}$能促进卵巢平滑肌收缩引起排卵，子宫释放的$PGF_{2\alpha}$能溶解黄体，分娩时子宫内膜释出的$PGF_{2\alpha}$能加强子宫收缩，促进分娩。非甾体抗炎药如阿司匹林为环加氧酶抑制剂，可灭活环氧化酶-1，减轻由PGE_2所诱发的炎症。

（二）血栓素

血小板产生的血栓素A_2（TXA_2）也是二十碳多不饱和脂肪酸衍生物，与前列腺素不同的是五碳环被一环醚结构的六元环所取代。在血小板中含有血栓素合酶（thromboxane synthase），它催化PGE_2形成血栓素六元噁烷环，从而形成TXA_2。

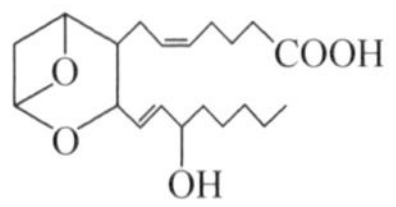

血栓素A_2

血小板产生的TXA_2与PGE_2的功能类似，能促进血小板聚集、血管收缩，促进凝血及血栓形成。血管内皮细胞释放的PGI_2具有很强的舒血管及抗血小板聚集作用，抑制凝血及血栓形成，刚好

笔记栏

与 TXA_2 的作用相反。因此，TXA_2 与 PGI_2 的相互平衡与协调是调节小血管收缩与血小板黏聚的重要条件，并且与心脑血管疾病具有密切联系。

（三）白三烯

白三烯（LT）同样是一类二十碳多不饱和脂肪酸衍生物，由花生四烯酸经线性脂加氧酶途径（linear lipoxygenase pathway）产生，有三个双键的三烯及四个双键的四烯，主要在白细胞内合成。

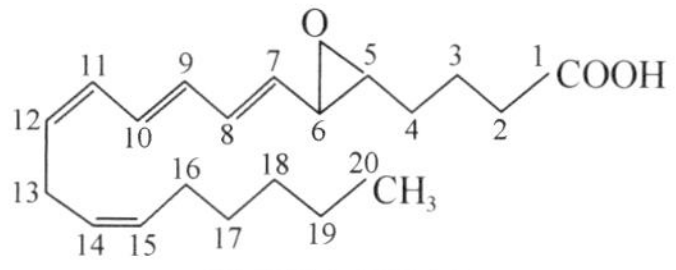

白三烯A_4(LTA_4)

研究证明，LTC_4、LTD_4 及 LTE_4 是过敏反应的慢反应物质（slow reacting substance of anaphylaxis，SRS-A），能使冠状动脉及支气管平滑肌收缩，作用缓慢而持久，较组胺及 $PGF_{2\alpha}$ 强 100 ～ 1000 倍。在变应性炎性反应中，LT 作为嗜酸性粒细胞的趋化因子（chemotactic factor），能引起组织中嗜酸性粒细胞浸润增多，导致组织病理学改变；调节肿瘤坏死因子 -α（tumor necrosis factor-α，TNF-α）、IL-6 和黏附分子（adhesion molecule）等细胞因子的产量；上调巨噬细胞和平滑肌细胞组胺受体的表达水平，放大机体对组胺的反应。LT 还能调节白细胞的功能，促进白细胞游走、凝集、附着及趋化作用，刺激腺苷酸环化酶，诱发多核白细胞脱颗粒，使溶酶体释放水解酶类，促进炎症及过敏反应的发展。

（四）二十碳多不饱和脂肪酸衍生物的合成途径

PG、TX、LT 等二十碳多不饱和脂肪酸衍生物合成的具体过程较为复杂，它们都由一个共同的母体花生四烯酸衍生而来。合成过程分为两条途径：环加氧酶途径与线性脂加氧酶途径，环加氧酶途径的生成产物有 PG 与 TX，线性脂加氧酶途径的产物为 LT（图 9-23，图 9-24）。

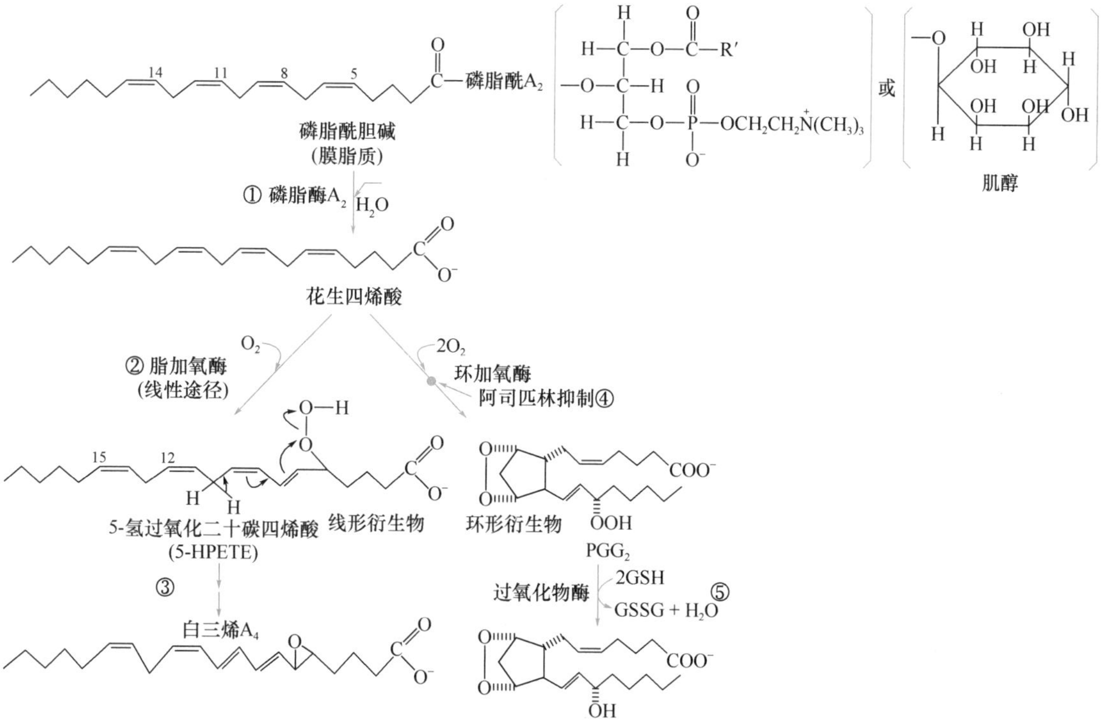

图 9-23 二十碳多不饱和脂肪酸衍生物的线性与环形合成途径

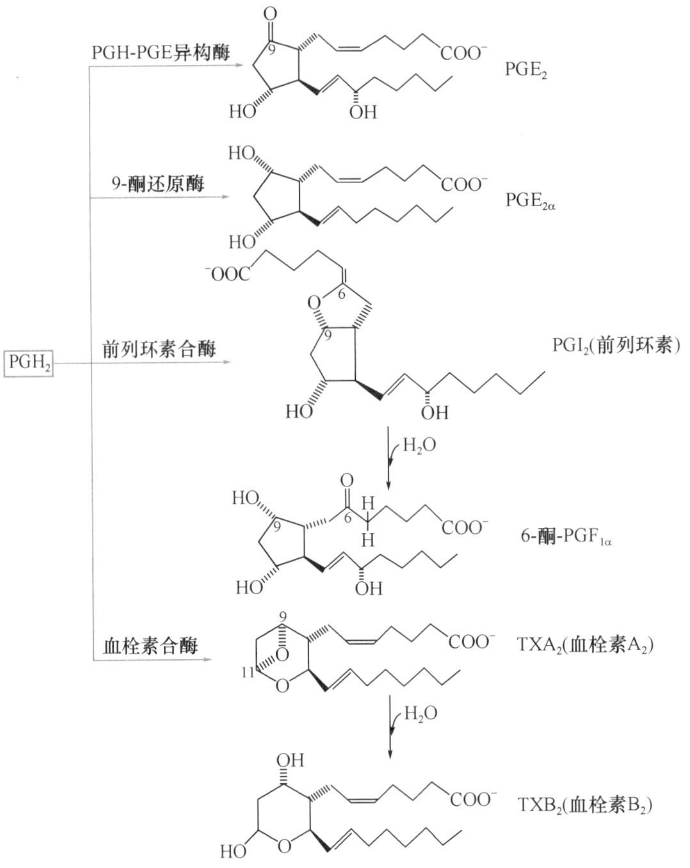

PGH-PGE异构酶 → PGE_2

9-酮还原酶 → $PGE_{2\alpha}$

PGH_2 前列环素合酶 → PGI_2(前列环素) —H_2O→ 6-酮-$PGF_{1\alpha}$

血栓素合酶 → TXA_2(血栓素A_2) —H_2O→ TXB_2(血栓素B_2)

图 9-24 PGH_2 转变成其他二十碳多不饱和脂肪酸衍生物

第 5 节 磷脂的代谢

磷脂（phospholipids，PL）是指一类含有磷酸的脂质，机体中主要有两大类磷脂：甘油磷脂和鞘磷脂。以甘油为基本骨架的磷脂称为甘油磷脂（glycerophospholipids），以鞘氨醇为基本骨架的磷脂称为鞘磷脂（sphingomyelin）。

一、甘油磷脂的代谢

甘油磷脂都是由基本的母体化合物磷脂酸形成，磷脂酸也是甘油三酯生物合成的重要中间产物。磷脂酸本身来源于 3- 磷酸甘油的酰化。

（一）甘油磷脂的结构、分类及生理功能

甘油磷脂种类繁多，是机体含量最丰富的一类磷脂，由 1 分子甘油、2 分子脂肪酸、1 分子磷酸及 1 分子 X 取代基团组成，是具有亲水头部和疏水尾部的双亲分子。其构成生物膜的磷脂双分子层。通常在甘油 C1 位上多为饱和脂肪酸，C2 位上多为不饱和脂肪酸，基本化学结构如下：

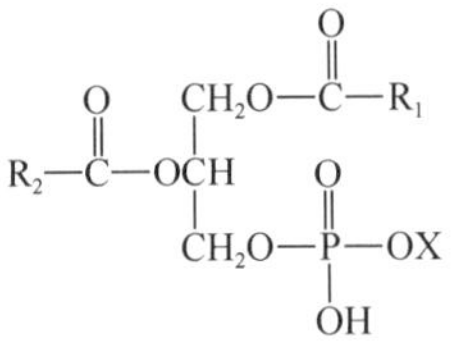

$$
\begin{array}{l}
\qquad\qquad\quad CH_2O-\overset{O}{\overset{\|}{C}}-R_1 \\
R_2-\overset{O}{\overset{\|}{C}}-OCH \\
\qquad\qquad\quad CH_2O-\underset{OH}{\underset{|}{\overset{O}{\overset{\|}{P}}}}-OX
\end{array}
$$

在甘油磷脂分子中，由于 X 取代基团不同，可将其分为许多种类。每一类磷脂又因所酯化的脂肪酸的不同而分为若干种，重要的甘油磷脂见表 9-5。

笔记栏

表 9-5 机体中几类重要的甘油磷脂

X-OH	X 取代基	甘油磷脂的名称
水	—H	磷脂酸
胆碱	$—CH_2CH_2N^+(CH_3)_3$	磷脂酰胆碱（卵磷脂）
乙醇胺	$—CH_2CH_2NH_3^+$	磷脂酰乙醇胺（脑磷脂）
丝氨酸	$—CH_2CHNH_2COOH$	磷脂酰丝氨酸
甘油	$—CH_2CHOHCH_2OH$	磷脂酰甘油
磷脂酰甘油	$—CH_2CHOHCH_2O—P(=O)(OH)—OCH_2—HCOCOR_2—CH_2OCOR_1$	二磷脂酰甘油（心磷脂）
肌醇	(肌醇环结构：—O, OH, OH, H, H, H, H, H, HO, OH, OH, H)	磷脂酰肌醇

当 X 取代基团为 H 时，即为最简单的甘油磷脂——磷脂酸（phosphatidic acid，PA）；X 为胆碱（bilineurine）时，即为磷脂酰胆碱（phosphatidyl choline，PC），又名卵磷脂（lecithin）；X 为乙醇胺（cholamine）时，即为磷脂酰乙醇胺（phosphatidyl ethanolamine，PE），又名脑磷脂（cephalin）；当甘油 C1 位或 C2 位上的脂酰基被水解脱落，即为溶血磷脂（lysophospholipids）。1 分子甘油的 C1 位 OH 和 C3 位 OH 分别与 1 分子磷脂酸的磷酸羟基脱水，则生成心磷脂（cardiolipin）。除表 9-5 所列的 6 种主要磷脂以外，在甘油磷脂分子中甘油第 1 位的脂酰基被长链醇取代形成醚，如缩醛磷脂（plasmalogen）及血小板活化因子（platelet activating factor，PAF），它们也属于甘油磷脂。结构式如下：

缩醛磷脂：
$$^1CH_2—O—CH{=}CH—R;\quad ^2CH—O—C(=O)—R;\quad ^3CH_2—O—P(=O)(O^-)—O—CH_2—CH_2—\overset{+}{N}(CH_3)_3$$

血小板活化因子：
$$^1CH_2—O—CH_2—CH_2—R;\quad ^2CH—O—C(=O)—CH_3;\quad ^3CH_2—O—P(=O)(O^-)—O—CH_2—CH_2—\overset{+}{N}(CH_3)_3$$

甘油磷脂 C1 和 C2 位上的长链脂酰基是两个疏水的非极性尾，C3 位上的磷酸含氮碱基或羟基是亲水的极性头部。甘油磷脂的极性头基团与磷脂酸的磷酸盐结合方式有较大差异。这样的结构特点使磷脂在水和非极性溶剂中都有很大的溶解度，能同时与极性或非极性物质结合，因而磷脂是生物膜系统及血浆脂蛋白的重要结构成分，对维持细胞和细胞器的正常形态与功能起着重要作用。细胞膜上还分布着许多脂质依赖性酶类，如 NADH- 细胞色素还原酶、琥珀酸 - 细胞色素 c 还原酶、Na^+，K^+-ATP 酶等，这些酶类的活性也与磷脂关系密切。

不同的磷脂还有一些特殊的功能。研究证明，神经膜上三磷酸磷脂酰肌醇和二磷酸磷脂酰肌醇的相互转变，能改变膜的通透性，完成离子的能动输送，使神经兴奋。磷脂酰肌醇及其衍生物还参与细胞膜对蛋白质的识别和细胞信号传导：一磷酸磷脂酰肌醇与去甲肾上腺素的受体有很强的结合力，对去甲肾上腺素的激素信息传递具有一定的影响；三磷酸肌醇（IP_3）和甘油二酯（DAG）是细胞内重要的信使分子。心磷脂是线粒体内膜和细菌膜的重要成分，而且是唯一具有抗原性的磷脂分子。软脂酰胆碱（C1，C2 位上均为饱和的软脂酰基，C3 位上是磷酸胆碱）是肺表面活性物质的重要成分，能保持肺泡表面张力，防止气体呼出时肺泡塌陷，早产儿由于这种磷脂的合成和分泌缺陷而患呼吸困难综合征。血小板激活因子也是一种特殊的磷脂酰胆碱，具有极强的生物活性，能激活

笔记栏

血小板，促进血小板聚集及 TXA_2 合成，刺激 5- 羟基色胺释放，在血栓形成及炎症与过敏反应中起重要作用。磷脂还是血浆脂蛋白的重要组成成分，具有稳定血浆脂蛋白、帮助脂质运输的功能。此外甘油磷脂分子上 C2 位的脂酰基多为不饱和必需脂肪酸，因而存在于膜结构中的甘油磷脂还是必需脂肪酸贮库。

（二）甘油磷脂的生物合成

1. 合成部位 全身各组织细胞内质网都分布有磷脂合成酶系，均能合成甘油磷脂，但以肝、肾、肠等组织最活跃，肝的合成能力最强。

2. 合成原料 甘油磷脂的生物合成以甘油、脂肪酸、磷酸盐、丝氨酸、肌醇胆碱等为原料。甘油和脂肪酸主要来自糖代谢；甘油磷脂 C2 位上多为不饱和脂肪酸，且主要是必需脂肪酸，需由食物提供。丝氨酸和肌醇主要由食物提供。胆碱和乙醇胺可从食物摄取，也可由丝氨酸在体内转变生成。丝氨酸脱羧后生成乙醇胺，乙醇胺从 *S*- 腺苷甲硫氨酸（*S*-adenosyl methionine，SAM）获得 3 个甲基即合成胆碱。甘油磷脂的合成还需 ATP 供能，CTP 作为合成 CDP- 乙醇胺、CDP- 胆碱及 CDP- 甘油二酯等活化中间物的载体（图 9-25）。

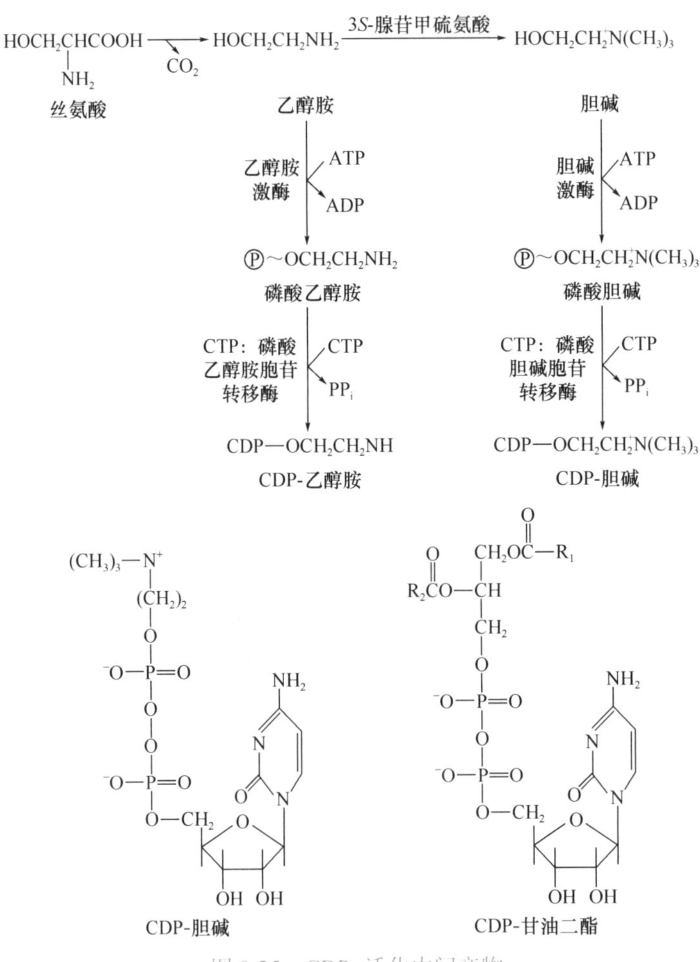

图 9-25 CDP- 活化中间产物

3. 合成过程 甘油磷脂的生物合成有两条途径，一条是甘油二酯合成途径，另一条是 CDP- 甘油二酯合成途径，磷脂酸是两条途径共同的起始反应物。磷脂酸是由 3- 磷酸甘油在脂酰 CoA 合成酶催化下与 2 分子脂酰 CoA 酯化而成，3- 磷酸甘油可来自糖酵解途径的磷酸二羟丙酮还原，或甘油经甘油激酶磷酸化生成（图 9-26）。此外，利用甘油二酯激酶直接磷酸化甘油二酯也可以制备磷脂酸。

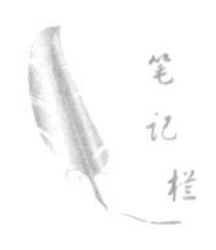

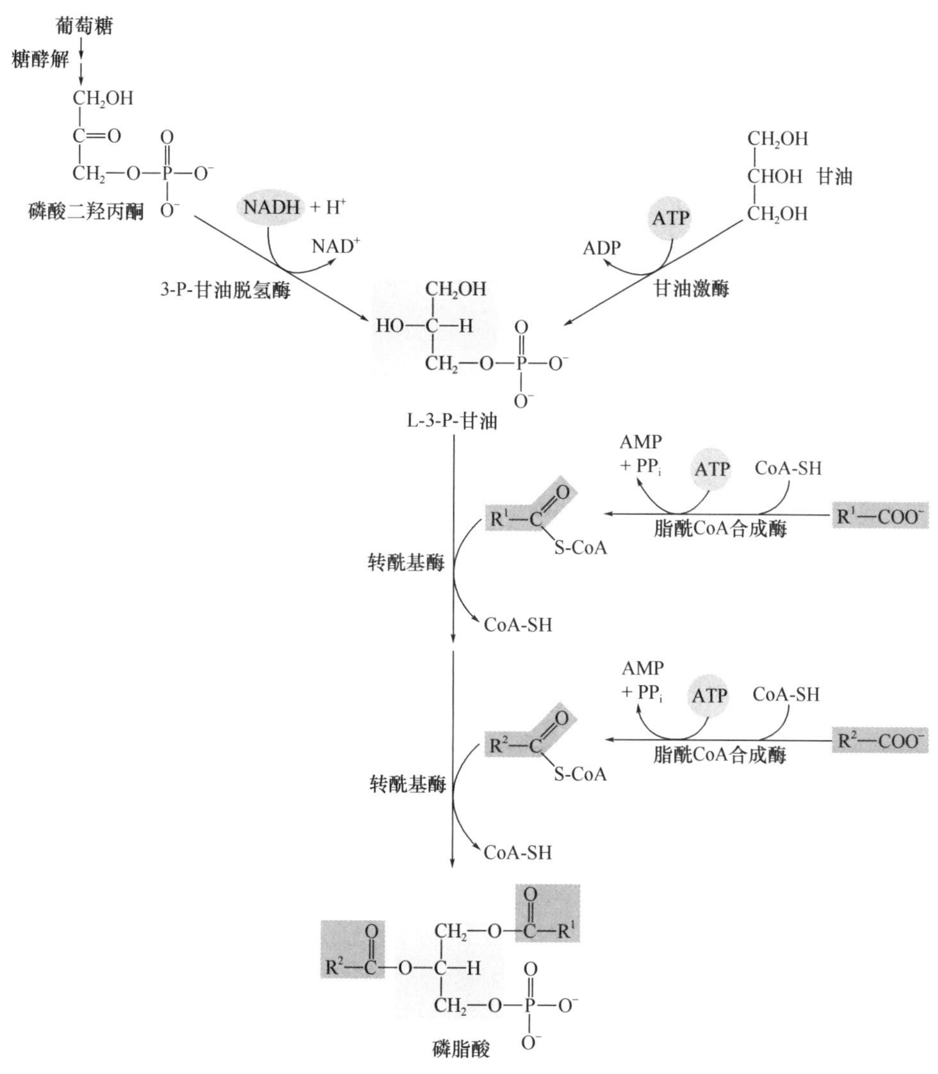

图 9-26 磷脂酸合成

（1）甘油二酯合成途径：这条合成途径主要合成卵磷脂和脑磷脂。这两类磷脂在体内含量最多，占组织及血液中磷脂的 75% 以上，其中卵磷脂在大多数细胞膜中占总脂质的 40% ～ 50%。磷脂酸经磷脂酸磷酸酶水解生成的 1,2- 甘油二酯是该途径的重要中间产物，CDP- 胆碱与 CDP- 乙醇胺分别为胆碱和乙醇胺的活化形式（图 9-27）。

（2）CDP- 甘油二酯合成途径：这条合成途径以 CDP- 甘油二酯为重要中间产物，磷脂酰肌醇、磷脂酰丝氨酸及心磷脂（二磷脂酰甘油）为主要产物。在合成过程中，磷脂酸即为合成这类磷脂的前体；丝氨酸、肌醇及磷脂酰甘油等在相应合成酶催化下，直接与 CDP- 甘油二酯反应生成磷脂酰丝氨酸（phosphatidyl serine，PS）、磷脂酰肌醇（phosphatidyl inositol，PI）及二磷脂酰甘油（diphosphatidyl glycerol）（图 9-28）。

此外，在肝合成的磷脂酰乙醇胺也可由 *S*- 腺苷甲硫氨酸提供甲基，在磷脂酰乙醇胺甲基转移酶作用下生成磷脂酰胆碱，通过这种方式合成的卵磷脂占肝合成总量的 10% ～ 15%。磷脂酰丝氨酸占总磷脂 5%，可由磷脂酰乙醇胺羧化或乙醇胺与丝氨酸交换生成（图 9-29），在哺乳动物中分布广泛。二软脂酰胆碱 1,2 位均为软脂酰基，在Ⅱ型肺泡上皮细胞合成。

胞质中存在一类分子质量在 16 ～ 30kD，能促进磷脂在细胞内膜之间进行交换的磷脂交换蛋白（phospholipid exchange proteins，PEP），它们催化不同种类的磷脂在膜之间进行交换。内质网合成的磷脂即可通过 PEP 转移至细胞内的不同生物膜上，促进磷脂的更新。

(磷脂酸 PA)

磷脂酸磷酸酶 H_2O P_i

(甘油二酯DAG)

$CDP-OCH_2CH_2NH_2$ → CMP（磷酸乙醇胺转移酶）

$CDP-OCH_2CH_2N^+(CH_3)_3$ → CMP（磷酸胆碱转移酶）

(磷脂酰乙醇胺)

3S-腺苷甲硫氨酸 → 3S-腺苷同型半胱氨酸

(磷脂酰胆碱)

磷脂酰乙醇胺丝氨酸转移酶 $HOCH_2CH(NH_2)COOH$ → $HOCH_2CH_2NH_2$

(磷脂酰丝氨酸)

图 9-27 脑磷脂与卵磷脂的生物合成及相互转化

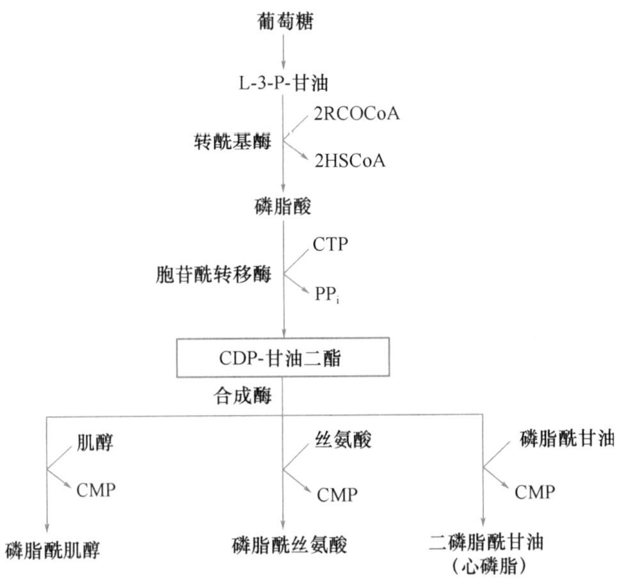

图 9-28 磷脂酰丝氨酸、磷脂酰肌醇及心磷脂的生物合成

图 9-29 磷脂酰丝氨酸与磷脂酰乙醇胺的相互转化

（三）甘油磷脂的分解

生物体内能够水解甘油磷脂的酶类称为磷脂酶（phospholipase），是一种具有选择性地去除磷脂分子中不同组分的水解酶：磷脂中位于C1 和 C2 位置的酰基、磷脂酰化的头基或单独的头基。根据其水解酯键的特异部位不同分为磷脂酶 A_1、A_2、B、C 和 D 等几种主要类型（图 9-30）。

图 9-30 磷脂酶的作用部位

1. 磷脂酶 A_1 广泛分布于动物细胞溶酶体中。特异性水解甘油磷脂分子中 C_1 位酯键，产物一般为饱和脂肪酸和溶血磷脂 2。磷脂酶 A_1 还可以降解非极性脂质（如甘油三酯），起脂肪酶的作用参与脂蛋白代谢。

2. 磷脂酶 A_2 广泛分布于动物细胞膜及线粒体膜上，以 Ca^{2+} 为激活剂，特异性水解甘油磷脂分子中 C_2 位上的酯键，产物一般为多不饱和脂肪酸及溶血磷脂 1。磷脂酶 A_2 的作用最早是在 100 多年前被科学家通过研究胰腺切片，和眼镜蛇毒液降解卵磷脂的方法而发现。磷脂酶 A_2 在生物膜脂酰基组成的重构中发挥了重要作用。

3. 磷脂酶 B 又称溶血磷脂酶，催化溶血磷脂分子中 C1 或 C2 位上的酯键水解，产物为脂肪酸、甘油磷酸胆碱或甘油磷酸乙醇胺。

4. 磷脂酶 C 存在于细胞膜及某些细菌中，催化甘油磷脂分子中 C3 位上的磷酸酯键水解，产物为甘油二酯、磷酸胆碱或磷酸乙醇胺及作用物分子中的其他组分。例如，磷脂酶 C 作用于磷脂酰肌醇 -4,5- 二磷酸，产生甘油二酯和三磷酸肌醇，这些产物在信号转导中发挥重要的生理作用。

5. 磷脂酶 D 主要分布于植物及动物脑组织细胞中，催化磷脂分子中磷酸与取代基团（如胆碱、乙醇胺等）间的酯键断裂，释放出磷脂酸及取代基团。

磷脂酶 A_1 及 A_2 水解产生的溶血磷脂是一类很强的表面活性物质，能使细胞膜破坏，引起溶血或细胞坏死。人胰腺细胞含有大量磷脂酶 A_2 原，胰腺磷脂酶 A_2 的序列与眼镜蛇毒液中的酶序列密切相关，磷脂在消化胰酶或毒液磷脂酶 A_2 的催化下可造成全面破坏。急性胰腺炎时，胰腺细胞中的磷脂酶 A_2 原被脱氧胆酸或胰蛋白酶激活，作用于细胞膜和线粒体膜上的磷脂酰胆碱，产生大量的溶血磷脂，引起胰腺细胞膜及线粒体膜结构溶解、破坏，而致胰腺出血坏死及腹腔各脏器损害。磷脂酶 C 能水解溶血磷脂 C1 或 C2 位上的酯键，使其失去溶解细胞膜的作用。

二、鞘磷脂的代谢

鞘磷脂是包含磷酸基团的鞘脂。

（一）鞘脂的化学组成及结构

鞘脂（sphingolipid，SL）指含有鞘氨醇或二氢鞘氨醇的脂质。鞘氨醇（sphingosine）是脂肪族（16C～20C）氨基二元醇，可来源于软脂酰 CoA 与丝氨酸的缩合，分子中含有一疏水性长链脂肪烃尾巴和 2 个羟基及 1 个氨基构成的极性头部。二氢鞘氨醇（dihydrosphingosine）与鞘氨醇相比，分子中没有双键。自然界中，以 18C 鞘氨醇最多，亦有 16C、17C、19C 及 20C 鞘氨醇存在。鞘氨醇分子中有双键存在，故有顺反异构体，但天然结构均为反式构型。

反式

$CH_3(CH_2)_{12}-CH{=}CH-CHOH-CHNH_2-CH_2OH$

鞘氨醇

$CH_3(CH_2)_{14}-CHOH-CHNH_2-CH_2OH$

二氢鞘氨醇

鞘氨醇

$CH_3(CH_2)_mCH{=}CH-CHOH-CHNHCO(CH_2)_nCH_3-CH_2-O-X$

脂肪酸

取代基

图 9-31 鞘脂的化学结构通式

m 多为 12；*n* 多为 12～22

鞘脂的组成特点：不含甘油而含鞘氨醇，一分子脂肪酸以酰胺键与鞘氨醇的氨基相连，鞘脂的末端羟基常为极性基团（X）如磷酸胆碱或糖基所取代。鞘脂分子中的脂肪酸，主要为 16C、18C、22C 或 24C 饱和或单不饱和脂肪酸，有的还含 *α*- 羟基（图 9-31）。按照取代基团 X 的不同，可分为鞘磷脂和鞘糖脂两种。鞘磷脂含磷酸，末端羟基取代基团 X 为磷酸胆碱或磷酸乙醇胺；鞘糖脂（glycosphingolipid）含糖，末端羟基取代基团 X 为单糖基或寡糖链，通过 *β*- 糖苷键与其末端羟基相连。

（二）鞘磷脂的合成

人体含量最多的鞘磷脂是神经鞘磷脂（sphingomyelin），其由鞘氨醇、脂肪酸及磷酸胆碱构成。它是构成生物膜的重要磷脂，常与磷脂酰胆碱并存于细胞膜的外侧。在神经髓鞘中，脂质的 5% 为神经鞘磷脂；在人红细胞膜中，20%～30% 为神经鞘磷脂。

1. 合成部位 全身各组织细胞的内质网都含有鞘磷脂合成酶系，均可合成鞘磷脂，但以脑组织最为活跃。

2. 合成原料 软脂酰 CoA 和丝氨酸为合成鞘氨醇的基本原料，长链脂肪酸、CDP- 胆碱为合成辅料，磷酸吡哆醛、NADPH+H^+、FAD 等为合成所需辅酶。

3. 合成过程 软脂酰 CoA 与丝氨酸在 3- 酮二氢鞘氨醇合成酶和还原酶的催化下，先脱羧缩合、再加氢还原生成二氢鞘氨醇；后者在脂酰转移酶作用下，其氨基与脂酰 CoA 的脂酰基进行酰胺缩合，生成二氢神经酰胺；再在脱氢酶的催化下，生成神经酰胺（ceramide）；最后，在鞘磷脂合成酶（sphingophospholipid synthetase）的催化下，由磷脂酰胆碱提供磷酸胆碱与神经酰胺合成神经鞘磷脂（图 9-32）。

$CH_3-(CH_2)_{12}-CH_2-CH_2-C{=}O-SCoA$ + $COOH-HCNH_2-CH_2OH$ $\xrightarrow[\text{(需磷酸吡哆醛)}]{CO_2+HSCoA}$ $CH_3-(CH_2)_{12}-CH_2-CH_2-C{=}O-CHNH_2-CH_2OH$ $\xrightarrow{NADPH+H^+ \;\; NADP^+}$ $CH_3-(CH_2)_{12}-CH_2-CH_2-CHOH-CHNH_2-CH_2OH$

软脂酰CoA　丝氨酸　3-酮二氢鞘氨醇　二氢鞘氨醇

$CH_3-(CH_2)_{12}-CH_2-CH_2-CHOH-CHNH_2-CH_2OH$ $\xrightarrow{RC(=O)SCoA \;\; HSCoA}$ $CH_3-(CH_3)_{12}-CH_2-CH_2-CHOH-CHNH-C(=O)-R-CH_2OH$ $\xrightarrow{FAD \;\; FADH_2}$ $CH_3-(CH_2)_{12}-HC{=}CH-CHOH-CHNH-C(=O)-R-CH_2OH$

二氢鞘氨醇　二氢神经酰胺　神经酰胺

笔记栏

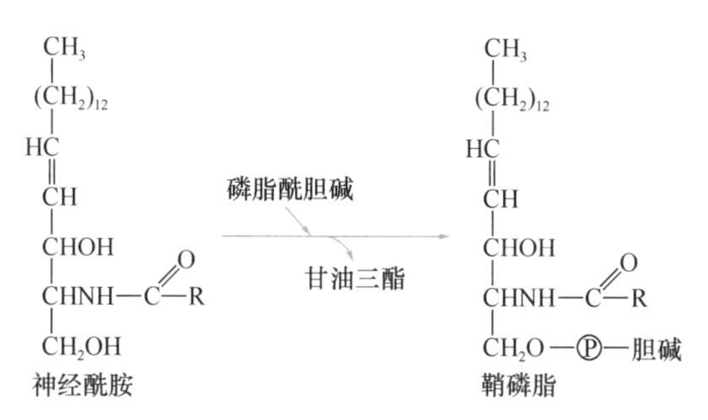

图 9-32　神经鞘磷脂的合成

（三）鞘磷脂的分解

在脑、肝、脾、肾等细胞的溶酶体中，含有鞘磷脂酶（sphingomyelinase）。其属于磷脂酶C类，能水解神经酰胺与磷酸胆碱间的磷酸酯键，生成神经酰胺及磷酸胆碱。鞘磷脂酶先天缺乏者，因鞘磷脂不能降解而在细胞内沉积，可引起肝脾肿大及痴呆等症状，称为Nieman-Pick病。

第6节　胆固醇的代谢

一、胆固醇的结构、分布和生理功能

1816年，Chevreul创造了cholesterine（chole来自希腊语，意思是胆汁，stereos，意思是固体）这个词，它是一种可以从动物胆结石中分离出来的醇溶性物质，故名胆固醇（cholesterol）。胆固醇是类固醇家族的重要成员，其结构在1932年被阐明，即具有环戊烷多氢菲烃核结构，在C_3位含有1个羟基。胆固醇及其衍生物不溶于水，易溶于有机溶剂，在人体内主要以游离胆固醇（free cholesterol，FC）及胆固醇酯（cholesteryl ester，CE）的形式存在，它们的结构式如下：

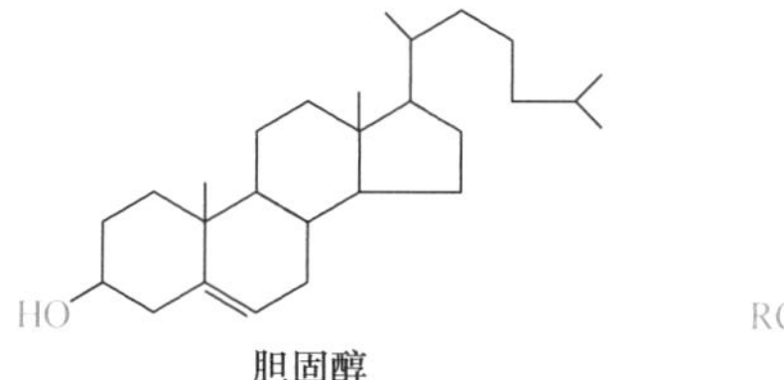

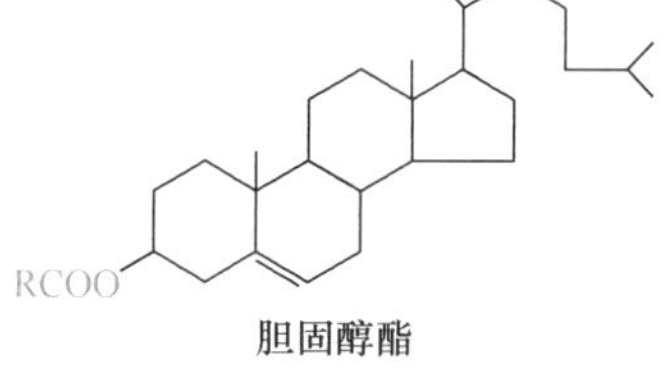

胆固醇广泛存在于全身各组织中，约1/4分布在脑及神经组织中，占脑组织总重量的2%左右。肝、肾、肠等内脏及皮肤、脂肪组织亦含较多的胆固醇，每100g组织中含200～500mg，以肝为最多，肌肉较少，肾上腺、卵巢等组织胆固醇含量可高达1%～5%，但总量很少。

机体内的胆固醇具有多种重要生理功能，主要表现在以下四个方面：①构成细胞膜：胆固醇是构成细胞膜的重要组成成分，由于存在于膜上的游离胆固醇为两性分子，其3位羟基极性端指向膜的亲水界面，疏水的母核及侧链具有一定刚性深入膜双脂层，对维持生物膜的流动性和正常功能具有重要作用。②转变成胆汁酸盐：胆固醇可以在肝中转变成胆汁酸盐，帮助脂质的乳化、消化与吸收。③合成类固醇激素：胆固醇是合成皮质醇、醛固酮、睾酮、雌二醇及维生素D_3等类固醇激素的前体物质，这些激素在调节机体内各种物质代谢，维持人体正常生理功能方面具有重要的作用。④调节脂蛋白代谢：胆固醇还参与脂蛋白组成，引起血浆脂蛋白关键酶活性的改变，调节血浆脂蛋白代谢（图9-33）。当胆固醇代谢发生障碍时，可引起血浆胆固醇增高，脑血管、冠状动脉及周

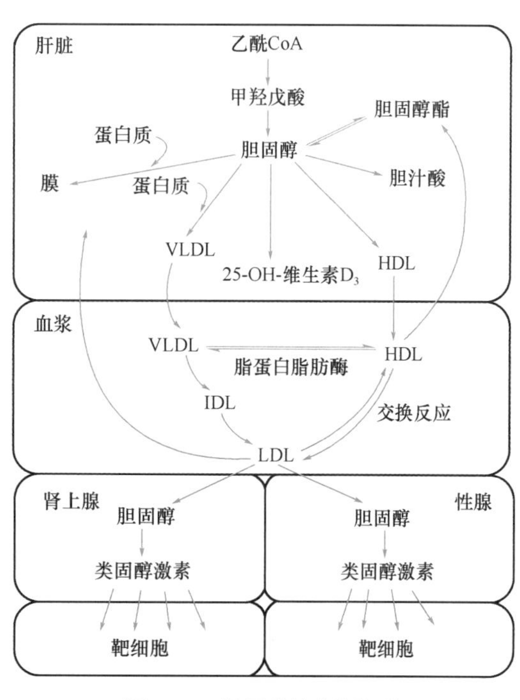

图 9-33　胆固醇的代谢概况

围血管病变，导致动脉粥样硬化的产生。

二、胆固醇的合成

人体内的胆固醇主要由机体自身合成，成人每天合成 1 ～ 1.5g，仅少量从动物性食物中摄取。

（一）合成部位

除成年动物脑组织及成熟红细胞外，几乎全身各种组织均能合成胆固醇。肝合成胆固醇的能力最强，合成量占体内胆固醇总量的 70% ～ 80%；小肠次之，合成量占总量的 10%。肝合成的胆固醇一部分在肝内代谢和利用，另一部分参与脂蛋白组成，随血液循环向肝外组织输出。胆固醇合成定位于细胞质及滑面内质网膜。

（二）合成原料

胆固醇合成的碳源也是由乙酰 CoA 提供。乙酰 CoA 可来自葡萄糖、脂肪酸及某些氨基酸在线粒体内的分解代谢，其中以葡萄糖为主。乙酰 CoA 需要经过柠檬酸 - 丙酮酸循环从线粒体内转移至细胞质，才能作为合成胆固醇的原料。每转运 1 分子乙酰 CoA，需要消耗 1 个 ATP。此外，胆固醇合成所需 $NADPH+H^+$ 主要来自磷酸戊糖途径。ATP 是胆固醇合成的能量保证，大多来自糖的有氧氧化。每合成 1 分子胆固醇需 18 分子乙酰 CoA、36 分子 ATP 及 16 分子 $NADPH+H^+$。糖是合成胆固醇原料的主要来源，故高糖饮食的人也可能出现血浆胆固醇增高的现象。

（三）合成基本过程

胆固醇合成过程比较复杂，有近 30 步反应，整个过程可分为 3 个阶段。

1. 甲羟戊酸的生成 由乙酰 CoA 转变成甲羟戊酸（mevalonic acid，MVA）是胆固醇合成的第一个阶段，包含 3 步反应，分别由乙酰乙酰 CoA 硫解酶、HMG-CoA 合酶及 HMG-CoA 还原酶（HMG-CoA reductase）催化，其中 HMG-CoA 还原酶为限速酶。首先两分子乙酰 CoA 在乙酰 CoA 硫解酶催化下，缩合成乙酰乙酰 CoA。然后在 HMG-CoA 合酶催化下，再与 1 分子乙酰 CoA 缩合生成 HMG-CoA。以上反应与肝内生成酮体的前几步相同。最后，HMG-CoA 在内质网 HMG-CoA 还原酶的作用下，消耗 2 分子 $NADPH+H^+$ 生成 MVA。

2. 鲨烯的生成 从 MVA 转变成鲨烯经过 7 步酶促反应，需要大量 ATP 供能、$NADPH+H^+$ 供氢。MVA（C_6）在一系列酶的催化下，经过两次磷酸化、一次脱羧及一次异构生成性质活泼的异戊烯焦磷酸（isopentenyl pyrophosphate，IPP，C_5）和二甲基丙烯焦磷酸（3,3-dimethylallyl pyrophosphate，DPP，C_5）。1 分子二甲基丙烯焦磷酸（C_5）与 2 分子异戊烯焦磷酸（C_5）缩合生成焦磷酸法尼酯（farnesyl pyrophosphate，FPP，C_{15}）。2 分子焦磷酸法尼酯（C_{15}）在内质网鲨烯合酶（squalene synthase）的作用下，经再次缩合，最后加氢还原生成多烯烃——鲨烯（squalene，C_{30}）。

3. 胆固醇的生成 鲨烯为 30C 多烯烃，具有与固醇母核相近似的结构。鲨烯与固醇载体蛋白（sterol carrier protein，SCP）结合进入内质网，经鲨烯单加氧酶（squalene monooxygenase）与环化酶（cyclase）的催化，先氧化后环化生成羊毛固醇（lanosterol）。后者再经氧化、脱羧、还原等约 20 步反应，脱去 3 个羧基生成 27C 的胆固醇。

胆固醇的合成过程见图 9-34。

（四）胆固醇的酯化

血液及细胞内的胆固醇均可接受脂酰基生成胆固醇酯，催化胆固醇酯化的酶有两种：卵磷脂胆固醇脂酰转移酶（lecithin cholesterol acyl transferase，LCAT）与脂酰 CoA 胆固醇脂酰转移酶（acylcoenzyme A cholesterol acyltransferase，ACAT），前者催化血液中的胆固醇酯化，后者催化细胞内的胆固醇酯化（图 9-35）。

1. 血液内胆固醇的酯化 LCAT 由肝细胞合成，常与高密度脂蛋白（HDL）结合在一起，在血液中发挥催化作用。它的主要功能是催化 HDL 中的卵磷脂 C_2 位上的不饱和脂肪酸转移到胆固醇的 C_3 位羟基上，生成胆固醇酯和溶血卵磷脂。

2. 细胞内胆固醇的酯化 在组织细胞内，ACAT 可催化游离胆固醇分子中的 C_3-OH 接受脂酰 CoA 的脂酰基，酯化生成胆固醇酯。

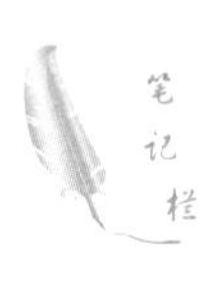

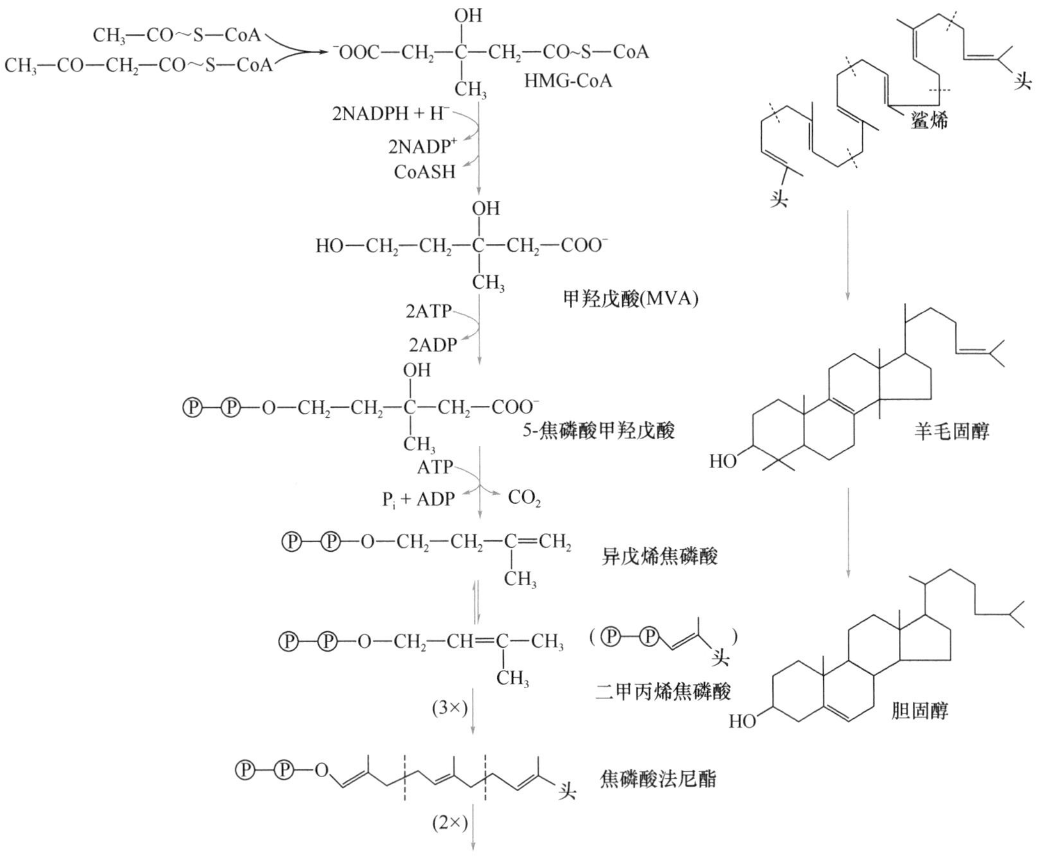

图 9-34 胆固醇的合成

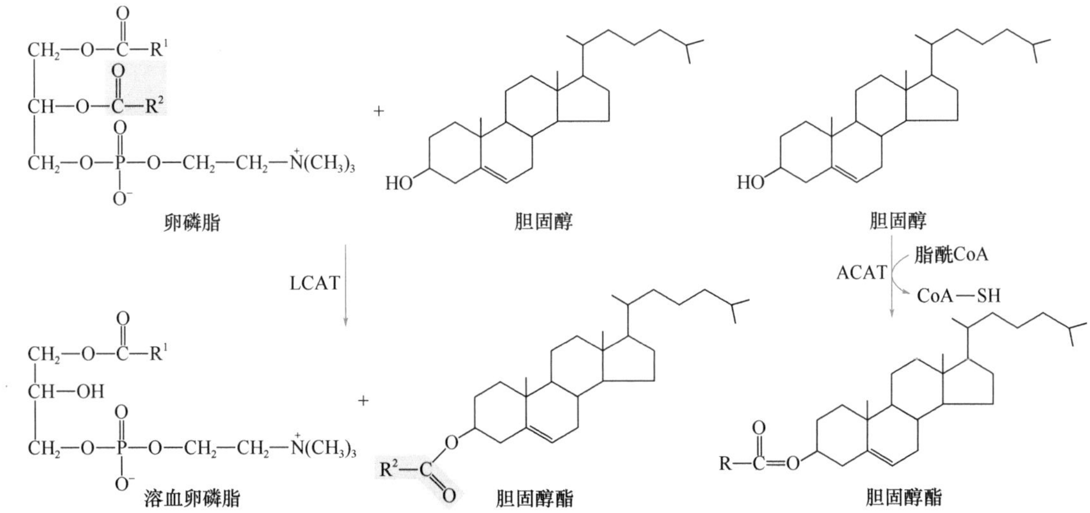

图 9-35 胆固醇的酯化反应

（五）胆固醇合成的调节

HMG-CoA 还原酶半衰期较短（约 3 小时），其催化的反应通常被认为对胆固醇生物合成速率起最稳定的控制作用。该酶活性及合成受很多因素影响，因此是胆固醇合成的限速酶。

1. 饥饿与饱食调节 饥饿与禁食对胆固醇合成的影响体现在三个方面：①使 HMG-CoA 还原酶合成减少；②酶活性降低；③乙酰 CoA、ATP、NADPH+H^+ 等合成原料不足，从而抑制胆固醇的合成。相反，摄入高糖及高饱和脂肪膳食，HMG-CoA 还原酶活性增加，胆固醇合成也增加。此外，食物中的胆固醇及一些衍生物能够反馈抑制 HMG-CoA 还原酶的合成与活性，从而引起胆固醇的合成量下降，但小肠黏膜细胞中的胆固醇合成不受影响。细胞内高浓度胆固醇可反馈抑制 HMG-CoA 还原酶的合成，因而合成胆固醇的速率下降。

2. 激素调节　HMG-CoA 还原酶在细胞质中有两种存在形式，无活性的磷酸型与有活性的脱磷酸型。胰高血糖素通过细胞内信使 cAMP 激活蛋白激酶，使 HMG-CoA 还原酶磷酸化失活，从而抑制胆固醇合成。胰岛素一方面通过激活磷酸酶，促进 HMG-CoA 还原酶脱磷酸恢复活性；另一方面通过诱导 HMG-CoA 还原酶的合成，从而促进胆固醇合成。甲状腺素通过促进 HMG-CoA 还原酶的合成与促进胆固醇转变为胆汁酸的双向作用，增加胆固醇的合成。由于促进胆固醇转化的作用强于前者，因此当甲状腺功能亢进时，患者血清胆固醇含量反而下降。

3. 昼夜节律　HMG-CoA 还原酶具有昼夜节律性，午夜时酶活性最高，中午酶活性最低，最高与最低活性差别可达 10 倍左右，由此使胆固醇合成具有周期节律性。

三、胆固醇的转化

人体内没有降解胆固醇母核——环戊烷多氢菲的酶类，因此其不能彻底氧化分解为 CO_2 和 H_2O，而是在胆固醇的侧链经氧化、还原转变成含环戊烷多氢菲母核的其他化合物，参与体内代谢调节，或直接或经转化后排出体外（图 9-36）。

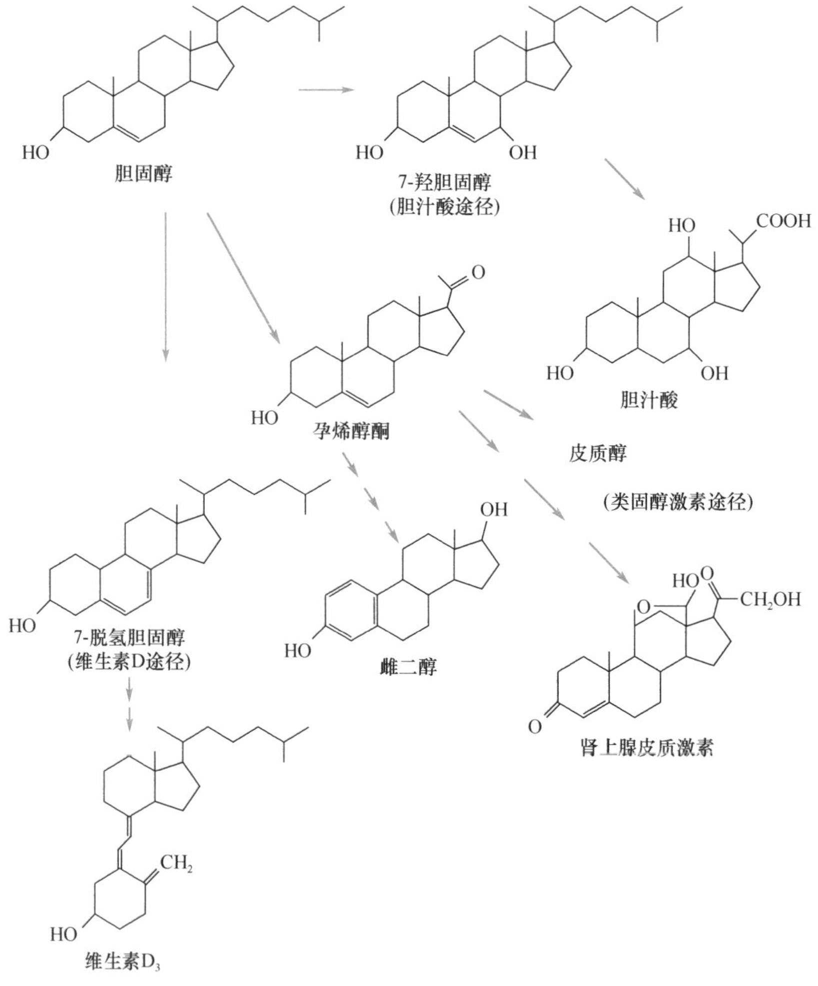

图 9-36　胆固醇转化产物的形成

（一）胆固醇转化为胆汁酸

胆固醇的主要代谢去路是在肝中转化为胆汁酸（bile acid），经肠道排出体外。正常成人每天合成胆固醇 1.0 ～ 1.5g，其中 0.4 ～ 0.6g 在肝内转变为胆汁酸，随胆汁排入肠道。其具体转化过程见第 19 章肝的生物化学。

（二）胆固醇转化为类固醇激素

胆固醇是体内合成肾上腺皮质激素、性激素的原料，这些激素在体内物质代谢中具有重要生理功能。

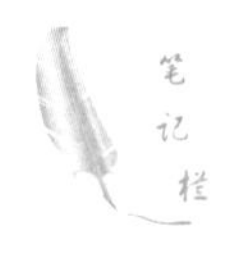

1. 肾上腺皮质激素　肾上腺皮质球状带细胞可以利用胆固醇为原料，在一系列酶的催化下，合

成盐皮质激素醛固酮（aldosterone），参与水盐代谢的调节。肾上腺皮质束状带细胞可以利用胆固醇为原料合成皮质醇（corticosteroid）和少量的皮质酮（corticosterone），参与糖类、脂质及蛋白质代谢调节。肾上腺网状带细胞可以以胆固醇为原料合成雄激素（androgen）。

醛固酮　　皮质醇　　皮质酮

2. 性激素　性激素具有维持副性器官分化、发育及副性征的作用，对全身代谢也有重要影响。性腺可以利用胆固醇为原料合成性激素，睾丸间质细胞在特异酶系催化下能够合成睾酮（testosterone），卵巢卵泡在卵子成熟前可以合成雌二醇（estradiol），卵巢黄体及胎盘则可以合成孕酮（progesterone）。所有这些性激素的生物合成，均以胆固醇为合成原料。

睾酮　　雌二醇　　孕酮

（三）胆固醇转化为维生素 D_3

微课 9-3

维生素 D_3（vitamin D_3，Vit-D_3）可以由食物供给，也可在体内合成。皮肤中的胆固醇经酶促氧化生成 7- 脱氢胆固醇，在紫外线照射下，形成维生素 D_3。维生素 D_3 经肝细胞微粒体 25- 羟化酶催化生成 25- 羟维生素 D_3，后者经血浆转运至肾，再经 1 位羟化形成具有生理活性的 1,25-$(OH)_2D_3$。活性 D_3 具有调节钙、磷代谢的作用（见第 5 章 维生素与微量元素）。

第7节　血浆脂蛋白代谢

一、血　　脂

血浆中含有的脂质统称为血脂，包括甘油三酯、磷脂、胆固醇及其酯、非酯化脂肪酸（non-esterified fatty acid），即游离脂肪酸，以及少量甘油二酯和甘油一酯。血脂的主要来源：①肠道中食物脂质的消化吸收；②由肝、脂肪细胞及其他组织合成后释放入血；③储存的甘油三酯动员入血。血脂的主要去路：①进入脂肪组织储存；②氧化供能；③构成生物膜；④转变为其他物质。

血脂总量并不多，只占体内总脂的极少部分，但外源性和内源性脂质都需经过血液转运于各组织之间，因此血脂的含量常可以反映体内各组织器官的脂质代谢情况，对血脂的检测有利于对某些疾病的诊断。人群中血脂水平受年龄、性别、遗传及代谢等因素的影响，因职业、生活方式、饮食习惯、劳动类型不同而异。因此，各地区正常人血脂参考值也不尽相同。空腹状态下个体血脂水平相对稳定，临床血脂检测常在进食后 12 小时左右抽取空腹血进行化验，这样才能可靠地反映血脂水平。正常人空腹血脂水平见表 9-6。

表 9-6　正常成人空腹血脂的组成及含量

组成	血浆含量		空腹时主要来源
	mg/dl	mmol/L	
总脂	400～700（500）		
甘油三酯	10～150（100）	0.11～1.69（1.13）	肝
总胆固醇	100～250（200）	2.59～6.47（5.17）	肝

续表

组成	血浆含量		空腹时主要来源
	mg/dl	mmol/L	
游离胆固醇	40 ～ 70（55）	1.03 ～ 1.81（1.42）	
总磷脂	150 ～ 250（200）	48.44 ～ 80.73（64.58）	肝
卵磷脂	50 ～ 200（100）	16.1 ～ 42.0（22.6）	肝
神经磷脂	50 ～ 200（100）	4.8 ～ 13.0（6.4）	肝
脑磷脂	15 ～ 35（20）		肝
游离脂肪酸	5 ～ 20（15）		脂肪组织

注：括号内为均值

正常血脂有以下特点：①血脂水平波动较大，受膳食因素影响大；②血脂成分复杂；③通常以脂蛋白的形式存在，但游离脂肪酸是与清蛋白构成复合体而存在。

二、血浆脂蛋白的分类、组成及结构

脂质不溶或仅微溶于水，在水中应呈乳浊液，但正常人血浆脂质含量达 500mg/dl，却仍清澈透明，说明血脂在血浆中不是以自由状态存在。事实上，血脂在血浆中与蛋白质结合形成血浆脂蛋白，呈颗粒状亲水复合体，是血脂在血浆中的存在及运输形式。

（一）血浆脂蛋白的分类

血液中的脂蛋白（lipoprotein）存在多种形式，其脂质和蛋白质的组成有很大差异，一般采用电泳法和超速离心法对血浆脂蛋白进行分类。

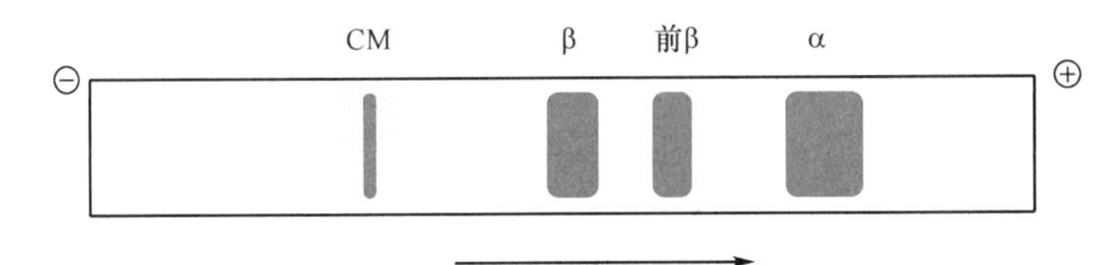

图 9-37　血浆脂蛋白琼脂糖凝胶电泳图

电泳法是利用脂蛋白颗粒大小及表面电荷的不同，在电场中迁移速度不同而予以分离。影响脂蛋白在电场中迁移速率的重要因素有电荷多少、分子大小、含脂质多少等。通常用琼脂糖凝胶电泳法可将血浆脂蛋白分为 α- 脂蛋白、前 β- 脂蛋白、β- 脂蛋白及在原点不移动的乳糜微粒。α- 脂蛋白含蛋白质多，分子小，所以迁移最快。乳糜微粒中蛋白质含量很低，98% 为不带电的脂质，所以在电场中基本不移动（图 9-37）。

超速离心法是根据各种脂蛋白所含的脂质及蛋白质的质和量不同，而导致其密度大小差异对其进行分类。由于蛋白质的密度比脂质大，故脂蛋白中蛋白质含量越高，脂质含量越低，其密度越大；反之，其密度越小。据此可将脂蛋白按密度从小到大依次分为四类，即乳糜微粒（chylomicron，CM）、极低密度脂蛋白（very low density lipoprotein，VLDL）、低密度脂蛋白（low density lipoprotein，LDL）和高密度脂蛋白（high density lipoprotein，HDL）；分别相当于电泳分离中的乳糜微粒、前 β- 脂蛋白、β- 脂蛋白和 α- 脂蛋白。除上述几类脂蛋白以外，还有一种中间密度脂蛋白（intermediate density lipoprotein，IDL），其密度介于 VLDL 与 LDL 之间，IDL 是 VLDL 代谢的中间产物。

（二）血浆脂蛋白的组成

从表 9-7 中可以看出，血浆脂蛋白的主要组成是载脂蛋白（apoprotein，Apo）及脂质（甘油三酯、磷脂、胆固醇及胆固醇酯）。但各类脂蛋白所包含的 Apo 种类、数量均不相同，所含脂质的比例、数量也不相同。

表 9-7 血浆脂蛋白的分类、性质、组成及功能

分类	密度法	乳糜微粒	极低密度脂蛋白	低密度脂蛋白	高密度脂蛋白
	电泳法		前 β- 脂蛋白	β- 脂蛋白	α- 脂蛋白
性质	密度	< 0.95	0.95 ~ 1.006	1.006 ~ 1.063	1.063 ~ 1.210
	Sf 值	> 400	20 ~ 400	0 ~ 20	沉降
	电泳位置	原点	α_2- 球蛋白	β- 球蛋白	α_1- 球蛋白
	颗粒直径（mm）	80 ~ 500	25 ~ 80	20 ~ 25	7.5 ~ 10
组成（%）	蛋白质	0.5 ~ 2	5 ~ 10	20 ~ 25	50
	脂质	98 ~ 99	90 ~ 95	75 ~ 80	50
	甘油三酯	80 ~ 95	50 ~ 70	10	5
	磷脂	5 ~ 7	15	20	25
	胆固醇	1 ~ 4	15	45 ~ 50	20
	游离胆固醇	1 ~ 2	5 ~ 7	8	5
	酯化胆固醇	3	10 ~ 12	40 ~ 42	15 ~ 17
载脂蛋白组成（%）	ApoA Ⅰ	7	< 1	—	65 ~ 70
	ApoA Ⅱ	5	—	—	20 ~ 25
	ApoA Ⅳ	10	—	—	—
	ApoB100	—	20 ~ 60	95	—
	ApoB48	9	—	—	—
	ApoC Ⅰ	11	3	—	6
	ApoC Ⅱ	15	5	微量	1
	ApoC Ⅲ$_{0-2}$	41	40	—	4
	ApoE	微量	7 ~ 15	< 5	2
	ApoD	—	—	—	3
合成部位		小肠黏膜细胞	肝细胞	血浆	肝、肠、血浆
功能		转运外源性甘油三酯及胆固醇	转运内源性甘油三酯及胆固醇	转运内源性胆固醇	逆向转运胆固醇（从肝外组织至肝细胞）

（三）血浆脂蛋白的结构

各种血浆脂蛋白的基本结构相似，除新生的 HDL 为圆盘状外，脂蛋白一般为球状颗粒，具有极性（亲水）的表面和非极性（疏水）的核心。脂蛋白都是以疏水的甘油三酯和胆固醇酯构成核心；由具有双性 α- 螺旋结构的载脂蛋白和双性磷脂分子及胆固醇组成表面极性单层结构（2nm 厚），它们的疏水基团与核心相连，其亲水基团朝向外面，从而使脂蛋白分子既能够稳定，又增加了颗粒的亲水性，得以在血液中运输（图 9-38）。

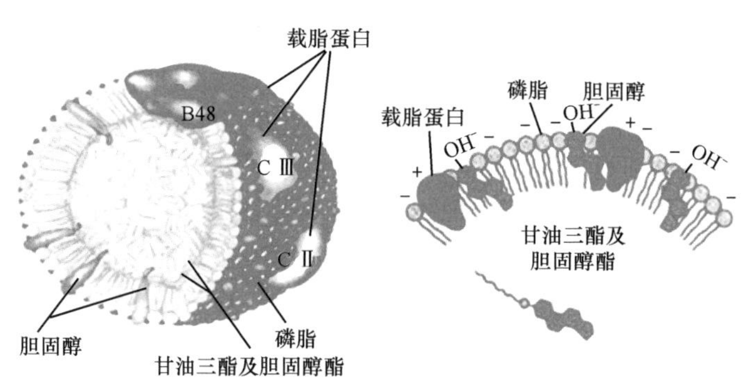

图 9-38 血浆脂蛋白的一般结构

笔记栏

三、载脂蛋白

脂蛋白中与脂质结合的蛋白质称为载脂蛋白，载脂蛋白在肝和小肠黏膜细胞中合成。目前已发现了18种载脂蛋白，结构与功能研究比较清楚的有ApoA、ApoB、ApoC、ApoD与ApoE五类。每一类载脂蛋白又可分为不同的亚类，如ApoA又分为ApoAⅠ、ApoAⅡ和ApoAⅣ；ApoB分为ApoB100和ApoB48；ApoC分为ApoCⅠ、ApoCⅡ和ApoCⅢ。载脂蛋白在分子结构上具有一定特点，在Apo的氨基酸排列顺序中，每间隔2～3个氨基酸残基，通常出现一个带极性侧链的氨基酸残基。当这种多肽链形成α螺旋时，极性氨基酸残基集中在α螺旋一侧形成极性（亲水）侧面，非极性氨基酸残基集中在另一侧形成非极性（疏水）侧面，即形成所谓双性α螺旋结构（amphipathic α-helix），表现出两面性，分子的一侧极性较强可与水溶剂及磷脂或胆固醇极性区结合，构成脂蛋白的亲水面；分子的另一侧极性较低可与非极性的脂质结合，构成脂蛋白的疏水核心区。这种双性α螺旋结构在Apo结合和转运脂质及构成和稳定脂蛋白结构上起重要作用。不同的血浆脂蛋白中包含一种或多种载脂蛋白，但多以某一种为主，且各种载脂蛋白之间维持一定比例（表9-8）。载脂蛋白的主要功能是稳定血浆脂蛋白结构，作为脂质的运输载体；此外，有些载脂蛋白还可作为酶的激活剂：如ApoAⅠ可激活LCAT，ApoCⅡ可激活脂蛋白脂肪酶（lipoprotein lipase，LPL）；有些载脂蛋白还可作为细胞膜受体的配体，如ApoB48、ApoE参与肝细胞对CM的识别，ApoB100可被各种组织细胞表面LDL受体所识别等（表9-8）。

表9-8 血浆脂蛋白的载脂蛋白

载脂蛋白	分子质量(Da)	氨基酸组成数	所在脂蛋白	合成部位	生理功能
ApoAⅠ	28 300	243	HDL	小肠、肝	LCAT的激活剂
ApoAⅡ	17 000	154	HDL	小肠、肝	稳定HDL结构
ApoAⅣ	46 000	371	CM	小肠	辅助激活LPL
ApoB100	512 723	4 536	LDL，VLDL	肝	被LDL受体识别
ApoB48	240 000	2 152	CM	小肠	促成CM生成
ApoCⅠ	6 630	57	VLDL，HDL，CM	小肠	LCAT的激活剂
ApoCⅡ	8 840	79	VLDL，HDL，CM	肝	激活LPL
ApoCⅢ	8 760	79	VLDL	肝	抑制肝摄取VLDL
ApoD	22 100	167	HDL	未确定	促进胆固醇酯的转移
ApoE	33 000	249	VLDL，CM，HDL	肝	被CM受体识别

四、血浆脂蛋白代谢

在血浆脂蛋白代谢过程中，有三种酶起重要作用，它们是脂蛋白脂肪酶（lipoprotein lipase，LPL）、肝脂肪酶（hepatic lipase，HL）和卵磷脂胆固醇脂酰基转移酶（LCAT）。

LPL在组织细胞（如脂肪细胞、肌肉细胞、乳腺产乳细胞）内合成，然后输出到毛细血管内皮细胞表面。其主要功能是催化CM和VLDL中的甘油三酯水解为甘油和脂肪酸，释放的脂肪酸可扩散到邻近的细胞中进行再酯化和储存（如在脂肪组织中）或氧化（在肌肉中）。LPL早期被称为清除因子脂肪酶，因为它具有清除血浆中含有大量甘油三酯的脂蛋白颗粒所引起的浑浊度的能力。HL在肝内合成，被输送到肝窦内皮细胞（肝内相当于毛细血管的微小血管）。其主要作用是进一步水解CM和VLDL残粒中的甘油三酯和磷脂，其次可介导脂蛋白颗粒与受体结合，参与细胞对脂蛋白的结合和摄取。LCAT由肝细胞合成，常与HDL结合在一起，在血液中发挥催化作用。它的主要功能是催化HDL中的卵磷脂C2位上的不饱和脂肪酸转移到胆固醇的C3位羟基上，生成胆固醇酯和溶血卵磷脂。血浆中90%以上的胆固醇酯由此酶催化生成，LCAT在机体胆固醇逆转运中起重要作用。

（一）乳糜微粒

CM是在小肠黏膜细胞中生成的，食物中的脂质在细胞滑面内质网上经再酯化后与粗面内质网上合成的载脂蛋白构成新生的乳糜微粒（包括甘油三酯、胆固醇酯和磷脂及ApoB48），经高尔基复

合体分泌到细胞外，进入淋巴循环，最终进入血液。

新生CM入血后，接受来自HDL的ApoC和ApoE，同时失去部分ApoA，被修饰成为成熟的乳糜微粒。成熟分子上的ApoC Ⅱ可激活脂蛋白脂肪酶（LPL），催化CM中甘油三酯水解为甘油和脂肪酸。脂肪酸可被心、肌肉和脂肪组织等摄取利用，甘油可进入肝用于糖异生。通过LPL的作用，CM中的甘油三酯大部分被水解利用，同时ApoA、ApoC、胆固醇和磷脂转移到HDL上，CM逐渐变小，成为以含胆固醇酯为主的CM残余颗粒。肝细胞膜上的ApoE受体可识别CM残余颗粒，将其吞噬入肝细胞，与细胞溶酶体融合，载脂蛋白被水解为氨基酸，胆固醇酯分解为胆固醇和脂肪酸，进而被肝细胞利用或分解，完成最终代谢（图9-39）。正常人CM在血浆中的半衰期为5～15分钟，故空腹血中不含CM。

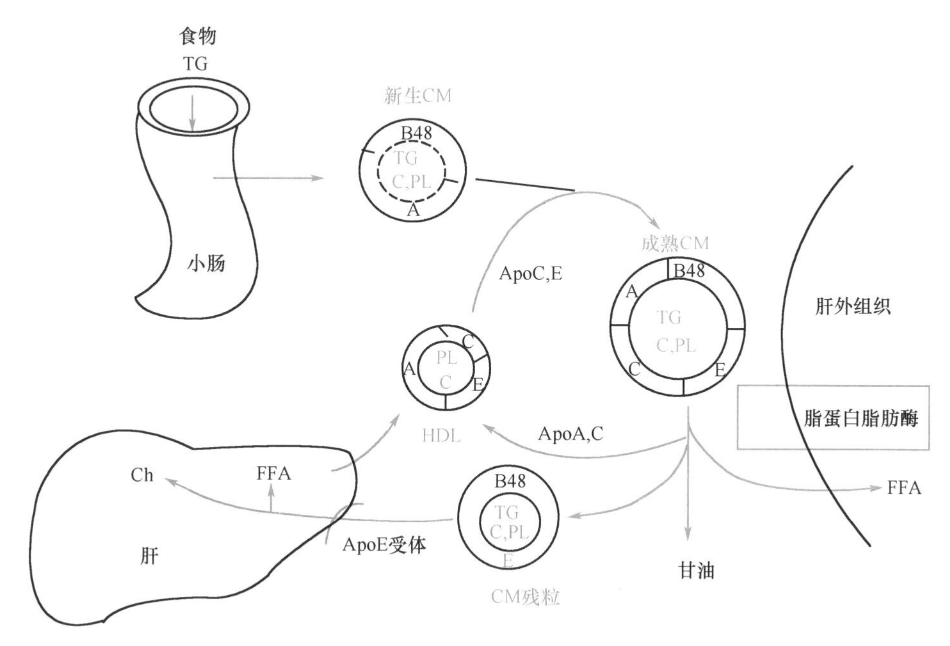

图9-39 乳糜微粒代谢示意图

由此可见，CM代谢的主要功能就是将外源性甘油三酯转运至心、肌肉和脂肪组织等肝外组织利用，同时将食物中外源性胆固醇转运至肝进行转化。

（二）极低密度脂蛋白

VLDL在肝内生成，主要成分是肝细胞利用糖和脂肪酸（来自脂肪动员或CM残余颗粒）自身合成的甘油三酯，与肝细胞合成的载脂蛋白ApoB100、ApoA Ⅰ和ApoE等加上少量磷脂和胆固醇及胆固醇酯。小肠黏膜细胞也能生成少量VLDL。VLDL分泌入血后，接受来自HDL的ApoC和ApoE，由ApoC Ⅱ激活LPL，催化甘油三酯水解，产物被肝外组织利用。同时VLDL与HDL之间进行物质交换，一方面将ApoC和ApoE等在两者之间转移；另一方面在胆固醇酯转移蛋白（cholesteryl ester transfer protein，CETP）协助下，将VLDL的磷脂、胆固醇等转移至HDL，将HDL的胆固醇酯转至VLDL，使VLDL逐渐转变为IDL。

IDL有两条去路：一是通过肝细胞膜上的ApoE受体的介导被吞噬利用；二是进一步被水解生成LDL（图9-40）。VLDL在血浆中的半衰期为6～12小时。

由此可见，VLDL是体内转运内源性甘油三酯的主要方式。

（三）低密度脂蛋白

LDL由VLDL转变而来，LDL中脂质主要是胆固醇及胆固醇酯，载脂蛋白为ApoB100。在肝及肝外组织细胞表面分布着ApoB100受体或称LDL受体，它能与LDL进行特异性结合。美国科学家Brown与Goldstein两人在研究胆固醇的代谢调节过程中发现了细胞表面的LDL受体，并发现LDL受体控制着细胞对LDL的摄取，从而保持血液LDL浓度正常，防止胆固醇在动脉血管壁的沉积。这一研究成果是对胆固醇代谢调节研究的伟大贡献，Brown与Goldstein因此共同获得1985年的诺贝尔生理学或医学奖。这些研究为相关疾病（如冠心病）的预防和治疗提供了崭新的手段。

笔记栏

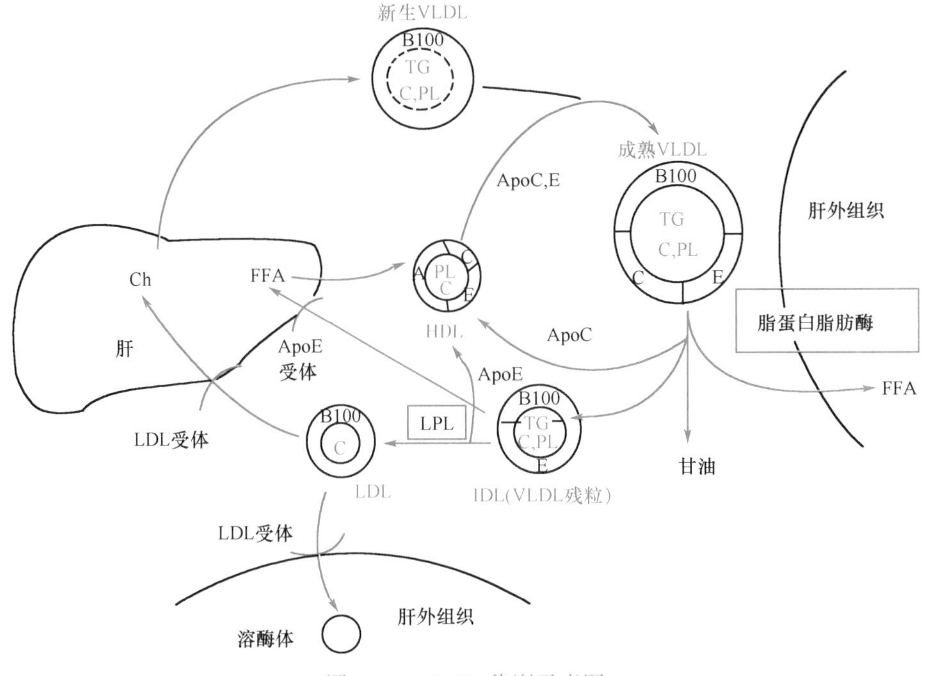

图 9-40 VLDL 代谢示意图

在 LDL 代谢过程中，通过 LDL 受体介导将 LDL 吞入细胞内并与溶酶体融合，胆固醇酯水解为游离胆固醇及脂肪酸。这种游离胆固醇除参与细胞生物膜的构成之外，还对细胞内胆固醇的代谢具有重要调节作用：①通过抑制 HMG-CoA 还原酶活性，减少细胞内胆固醇的合成；②激活 ACAT 使胆固醇生成胆固醇酯在胞内储存；③抑制 LDL 受体蛋白基因的转录，减少 LDL 受体蛋白的合成，降低细胞对 LDL 的摄取；④在肾上腺、卵巢等细胞中用以合成类固醇激素（图 9-41）。除上述由受体介导的 LDL 代谢途径外，血浆中的 LDL 还可被单核 - 吞噬细胞系统中的巨噬细胞清除，经此途径代谢的 LDL 约占每日 LDL 降解总量的 1/3，此途径生成的胆固醇不具有上述调节作用。因此过量摄取 LDL 可导致吞噬细胞空泡化。LDL 在血浆中的半衰期为 2 ～ 4 天。

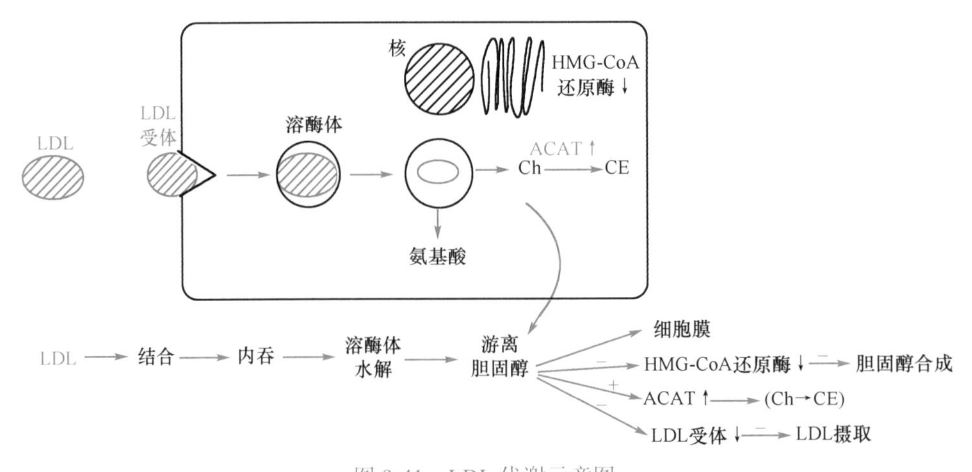

图 9-41 LDL 代谢示意图

由此可见，LDL 代谢的功能是将肝合成的内源性胆固醇运到肝外组织，保证组织细胞对胆固醇的需求。

（四）高密度脂蛋白

HDL 在肝和小肠中生成。HDL 中的载脂蛋白含量很多，包括 ApoA、ApoC、ApoD 和 ApoE 等，脂质以磷脂为主。HDL 的主要功能是参与胆固醇的逆向转运（cholesterol reverse transport），即将肝外组织细胞中的胆固醇通过血循环转运到肝，在肝中转化为胆汁酸后排出体外。

胆固醇的逆向转运分为两个步骤：①胆固醇自肝外细胞包括动脉壁细胞、平滑肌细胞及巨噬细胞移出。近年来的研究证明，HDL 是胆固醇从细胞移出不可缺少的接受体。在肝细胞内，由磷脂、

少量胆固醇及 ApoA、ApoC、ApoE 组成新生 HDL，小肠黏膜细胞合成的新生 HDL 除脂质外仅含 ApoA，入血后再获得 ApoC、ApoE。新生 HDL 呈盘状双脂层结构，几乎不含胆固醇，是外周细胞游离胆固醇的最好接受体。② HDL 所运载的胆固醇酯化并被转运。由肝细胞分泌入血的 LCAT 催化卵磷脂 2 位脂肪酸（通常是亚油酸）转移到游离胆固醇使之生成 CE，卵磷脂则转变成溶血卵磷脂。ApoA Ⅰ是 LCAT 的激活剂。由于生成的 CE 可反馈抑制 LCAT 活性，因此 LCAT 催化的反应就成为血液胆固醇清除的限速步骤。

许多研究表明，血浆中 CETP 能迅速将 CE 由 HDL 转移至 VLDL，后者随即转变成 LDL。CE 的转移使 LCAT 活性恢复，从而保证胆固醇的酯化反应得以顺利进行。HDL 中的 ApoD 也是一种转脂蛋白，具有将 CE 由 HDL 表面转移到 HDL 内核的作用。此外，血浆中还存在磷脂转运蛋白（phospholipid transport protein，PTP）。CETP 既可促进 CE 由 HDL 向 VLDL 和 LDL 转移，又可促进 TG 由 VLDL 转移至 HDL；而 PTP 只能促进磷脂由 HDL 向 VLDL 转移。由于 LCAT、CETP 及 ApoD 的共同作用，使 HDL 表面 ApoA Ⅰ空出较多的胆固醇结合位点，使之不致处于饱和状态，以便从细胞摄取更多的游离胆固醇。因此，HDL 能否不断地清除细胞流出的胆固醇，主要取决于 ApoA Ⅰ的数量和 ApoA Ⅰ上的有效结合位点的多少。

HDL 在血浆 LCAT、ApoA Ⅰ、ApoD 及 CETP 和 PTP 的共同作用下，使 HDL 中的游离胆固醇不断被酯化，酯化的胆固醇有 80% 转移至 VLDL 和 LDL，20% 进入 HDL 内核。同时 HDL 表面的 ApoE 和 ApoC 也转移到 VLDL 和 CM 上，TG 又由 VLDL 和 CM 转移至 HDL，结果使 HDL 的脂双层圆盘状结构逐步膨胀为脂单层球状结构，即新生 HDL 转变为密度较高的成熟 HDL_3。HDL_3 在 LCAT 的作用下，胆固醇酯化继续增加，逐步转变为颗粒较大、密度较小的 HDL_2。HDL_1 仅在高胆固醇膳食诱导后才在血浆中出现。HDL 每发生一次转变，颗粒中 CE 的数目就会增加 40 倍左右。

胆固醇逆向转运的最终步骤发生在肝，肝细胞膜上除分布有 HDL 受体和 LDL 受体外，还存在着特异的 ApoE 受体，经过受体介导将 HDL 吞入胞内代谢，最后将其排出体外（图 9-42）。HDL 在血浆的半衰期为 3 ～ 5 天。研究表明，血浆中胆固醇酯 90% 以上来自 HDL，其中约 70% 的胆固醇在胆固醇酯转运蛋白（CETP）作用下由 HDL 转移至 VLDL 及 LDL 后被清除，10% 则通过肝的 HDL 受体清除。

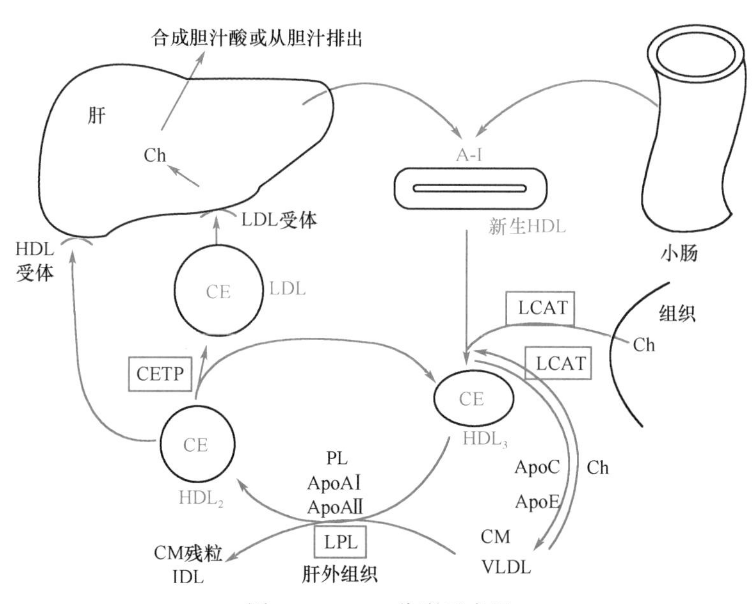

图 9-42 HDL 代谢示意图

综上所述，HDL 在 LCAT、ApoA Ⅰ及 CETP 等的作用下，从外周组织细胞表面摄取胆固醇，经过颗粒内胆固醇酯化和颗粒间脂质交换，最终将胆固醇从肝外组织转运到肝进行代谢。机体通过 HDL 逆向转运胆固醇的机制，将外周组织细胞膜中的胆固醇运到肝代谢并清除出体外，避免了胆固醇在局部组织细胞中的大量堆积，可以防止动脉粥样硬化。研究发现，血中 HDL 的浓度与冠状动脉粥样硬化呈负相关。

四种血浆脂蛋白代谢概况如图 9-43 所示。

笔记栏

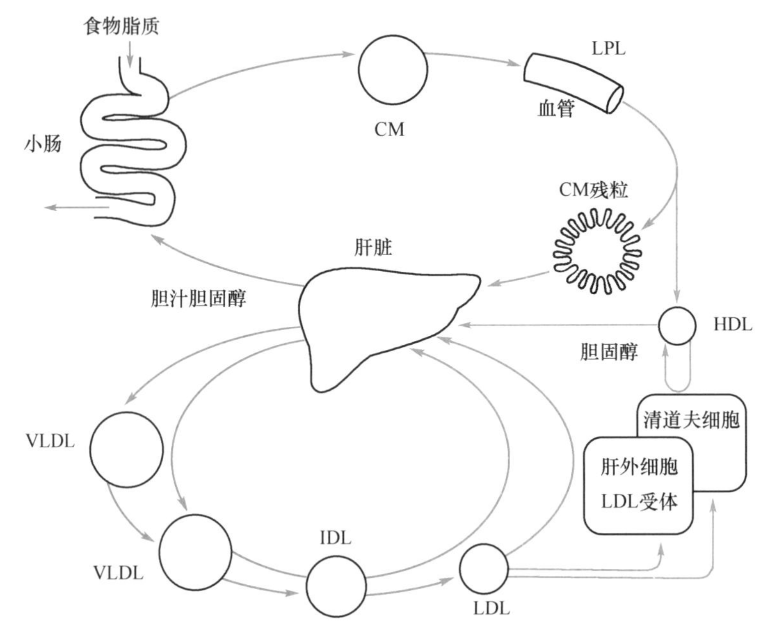

图 9-43 血浆脂蛋白代谢总示意图

五、血浆脂蛋白代谢异常

脂蛋白代谢紊乱必然会使血浆某种脂蛋白水平升高或降低，最常见的是高脂蛋白血症（hyperlipoproteinemia），由于高脂蛋白血症与动脉粥样硬化有密切关系，所以临床上受到普遍重视。

案例 9-2

前述病例患者，因糖尿病酮症酸中毒住院治疗期间，进一步接受检查。医生在追问病史中了解到，患者自 5 年前开始体重逐渐增加，平时不喜欢活动，稍微活动即感到气喘和疲劳，加之喜食肥肉和高糖饮料、熬夜打游戏等不健康的生活方式，其体重增加 25kg，至目前的 100kg。家族史中，父亲肥胖患有"高血压，高血脂"，爷爷因患"冠心病"死于心肌梗死。

体格检查：BP 138/100mmHg，身高 1. 78m，体重 100kg，腰围 95cm，臀围 86cm。甲状腺不大，心脏无异常。肝脾未触及。双下肢无水肿。

生化检查：总胆固醇（TC）14.56mmol/L（参考值 3.3 ～ 5.7 mmol/L），低密度脂蛋白胆固醇（LDL-C）8.31mmol/L（参考值 2.1 ～ 3.6mmol/L），高密度脂蛋白胆固醇（HDL-C）0.88mmol/L（参考值≥ 1.0mmol/L），甘油三酯（TG）4.83mmol/L（参考值 0.45 ～ 1.70 mmol/L）。丙氨酸氨基转移酶 187U/L（参考值 7 ～ 40U/L），天冬氨酸氨基转移酶 125U/L（参考值 13 ～ 35U/L）。肾功能、粪便常规、尿常规均正常。

其他辅助检查：心电图检查结果正常；腹部 B 超检查结果提示中度脂肪肝；腹部磁共振成像（MRI）扫描，见皮下和腹腔均有脂肪堆积，检查结果提示患者肝也有脂肪堆积。

临床初步诊断：肥胖症，脂肪肝，高脂血症（Ⅱb 型），家族性高胆固醇血症（？）

问题讨论：1. 如何诊断肥胖症？

2. 引起脂肪肝的原因有哪些？

3. 如何从生化角度解释和诊断高脂血症（Ⅱb 型）及家族性高胆固醇血症？

4. 如何对患者进行治疗？

（一）高脂血症的定义和分类

脂质代谢异常可引起血脂水平改变，若血脂浓度高于正常值上限即可称为高脂血症（hyperlipidemia）。由于血脂在血中以脂蛋白形式存在和转运，高脂血症实际上表现为高脂蛋白血症，主要表现为血浆中 CM、VLDL、LDL、HDL 等脂蛋白有一种或几种过高的现象。WHO 于 1970 年建议将高脂蛋白血症分为六型，其判断标准见表 9-9。

笔记栏

表 9-9 高脂蛋白血症的类型

分型	脂蛋白变化	血脂变化
Ⅰ	乳糜微粒增高	甘油三酯↑↑↑，胆固醇↑
Ⅱa	低密度脂蛋白增加	胆固醇↑↑
Ⅱb	低密度及极低密度脂蛋白同时增加	胆固醇↑↑，甘油三酯↑↑
Ⅲ	中密度脂蛋白增加（电泳出现宽β带）	胆固醇↑↑，甘油三酯↑↑
Ⅳ	极低密度脂蛋白增加	甘油三酯↑↑
Ⅴ	极低密度脂蛋白及乳糜微粒同时增加	甘油三酯↑↑↑，胆固醇↑

（二）生化机制

高脂血症分为原发性和继发性两大类。原发性高脂血症（essential hyperlipidemia）属遗传性缺陷，常有家族史；继发性高脂血症（secondary hyperlipidemia）是指继发于其他疾病（如糖尿病、肾病、甲状腺功能减退等）的高脂血症。从生化观点看，原发性脂蛋白代谢紊乱是在蛋白质水平上的缺陷，包括载脂蛋白、酶和受体缺陷。载脂蛋白缺陷最常见的是ApoE变异，可导致Ⅲ型高脂蛋白血症；酶缺陷是指与脂蛋白代谢有密切联系的LCAT和LPL缺陷，后者出现Ⅰ型高脂蛋白血症；受体缺陷最重要的为家族性高胆固醇血症（familial hypercholesterolemia），即Ⅱa型高脂蛋白血症。Brown和Goldstein对LDL受体进行了深入研究，证实LDL受体缺陷是家族性高胆固醇血症发病的重要原因。LDL受体缺陷可通过常染色体隐性遗传。LDL受体基因至少存在10种突变型，可分为四类：①受体阴性突变；②受体前体加工缺陷型突变；③受体结合缺陷型突变；④受体内吞缺陷型突变。纯合子突变者细胞膜上LDL受体完全缺乏，引起LDL代谢异常，患者血浆总胆固醇高达15mmol/L以上；杂合型突变者，细胞膜上LDL受体数目减半，同样可引起LDL代谢异常，患者血浆总胆固醇可高达10mmol/L。

继发性高脂血症比原发性高脂血症多见，成人3%～5%有继发性高脂血症。常见于糖尿病、肝胆疾病、肾病等。摄入过量糖、酗酒或长期服用某些药物，也可引起继发性高脂蛋白血症。

案例 9-2 分析 1

肥胖是指一定程度的明显超重与脂肪层过厚，是体内脂肪，尤其是甘油三酯积聚过多而导致的一种状态。目前医学上可以通过体重指数和腰围与臀围比例来判断肥胖症：在排除肌肉发达和水分潴留后，体重指数（BMI）= 体重（kg）÷ 身高^2（m^2）。因体脂增加使体重超过标准体重20%，或体重指数大于24；男性腰围与臀围比例超过0.9，女性超过0.8即为肥胖症。该患者身高1. 78m，体重100kg，腰围95cm，臀围86cm，BMI=31.57，腰围与臀围比例达1.1，故可诊断肥胖症。

患者的血清氨基转移酶检查及腹部B超和MRI检查结果均提示有脂肪肝。正常人肝中脂质含量约占肝重的5%，其中磷脂约占3%，甘油三酯约占2%。肝中合成的甘油三酯主要与载脂蛋白以及磷脂、胆固醇等组装成极低密度脂蛋白（VLDL），由肝细胞分泌入血，经血液循环向肝外组织输出。若磷脂合成不足或载脂蛋白合成障碍，或者甘油三酯合成量超过了肝的外运能力，多余的甘油三酯就会在肝细胞中聚集，导致脂肪肝的形成。脂肪肝是一种常见的临床现象，而非一种独立的疾病。形成脂肪肝的主要原因有：①肝中脂肪来源太多，如高脂肪及高糖膳食；②肝功能障碍，肝合成脂蛋白能力降低；③合成磷脂原料不足，特别是胆碱或胆碱合成的原料（如甲硫氨酸）缺乏以及缺少必需脂肪酸。

（三）临床联系

动脉粥样硬化主要是由于血浆中胆固醇含量过高，沉积于大、中动脉内膜上，形成粥样斑块，引起局部坏死、结缔组织增生、血管壁纤维化和钙化等病理改变，使血管管腔狭窄。冠状动脉若发生这种变化，常引起心肌缺血，称为冠心病（coronary heart disease），甚至发生心肌梗死。

血浆中LDL及VLDL增高的患者，冠心病的发病率显著升高。近年来的研究表明：HDL的水平与冠心病的发病率呈负相关，因为HDL能将外周细胞过多的胆固醇转变为胆固醇酯，并将其转运到肝，转变成胆汁酸或促使其直接由胆道排出。因此HDL含量较高者，冠心病发病率相对较低；缺

乏 HDL 的人，即使胆固醇含量不高也易发生动脉粥样硬化。总之，血浆 LDL 和 VLDL 含量的升高和 HDL 含量的降低是导致动脉粥样硬化的关键因素。降低 LDL 和 VLDL 的水平和提高 HDL 的水平是防治动脉粥样硬化、冠心病的基本原则。

案例 9-2 分析 2

临床上将空腹时血脂持续超出正常值上限称为高脂血症。由于血脂在血中以脂蛋白形式存在和运输，因此也称为高脂蛋白血症。高脂血症分为原发性和继发性两大类。患者血清 TG 4.83mmol/L、TC 14.56mmol/L 及 LDL-C 8.31mmol/L 均高于参考值，HDL-C 0.88mmol/L 低于参考值，已表明其血脂代谢出现异常，可诊断Ⅱ型高脂血症。家族性高胆固醇血症主要系 LDL 受体缺陷所致，引起的高脂蛋白血症以胆固醇升高为主。患者祖父及父亲血脂代谢均有异常，推断有家族遗传史，但患者有糖尿病史，因此患者的高脂血症是原发性还是继发性，需对其父母的血脂水平做检测，同时对患者父母及其本人进一步做基因检测才能明确诊断。

目前对于本病的治疗尚无确切方法，可采用以下方法缓解病情：①建议患者严格控制饮食，控制高胆固醇、高热、高糖膳食的摄入，增加膳食中蔬菜、水果、豆类、牛奶等的比例。②服用胃肠道脂肪酶抑制剂奥利司他，减少食物中脂肪吸收，促进能量负平衡从而达到减肥效果。同时服用辛伐他汀、洛伐他汀等限制胆固醇合成的药物，减少胆固醇合成。③适当运动，增加骨骼肌和心肌细胞的耗能。每周测定体重，定期复查腹部 B 超及肝功能。

微课 9-4

小　结

脂质包括脂肪（甘油三酯）和类脂两大类，类脂包括磷脂、糖脂、胆固醇及胆固醇酯等。脂肪的主要功能是储能和供能；类脂是生物膜的重要组分，参与细胞识别及信息传递，胆固醇等是体内多种生理活性物质的前体。

脂质消化吸收的场所主要在小肠。在脂质消化酶及辅助因子的作用下，脂质消化产物（甘油一酯、脂肪酸、胆固醇及溶血磷脂等）以混合微团的方式与胆汁酸盐结合后被肠黏膜细胞所吸收。食物吸收或机体合成的脂肪可储存在脂肪组织，构成脂库。脂库中贮存的脂肪经脂肪酶的水解作用而逐步释放出脂肪酸与甘油，经血液运输至其他组织氧化的过程称为脂肪动员。脂肪动员的关键酶主要为激素敏感脂肪酶，其活性受多种激素的调节。胰高血糖素、肾上腺素、促肾上腺皮质激素和促甲状腺素为脂解激素，胰岛素为抗脂解激素。

脂肪被脂肪酶水解为甘油和脂肪酸。甘油可经糖氧化途径分解提供能量，也可异生成葡萄糖。脂肪酸则主要在肝、肌、心等组织线粒体中以 β- 氧化的方式分解，此过程释放大量能量并以 ATP 的形式供机体利用。肝中脂肪酸经 β- 氧化生成的乙酰 CoA 还可用于合成酮体并运至肝外组织氧化利用。酮体是脂肪酸在肝内不完全氧化生成的中间产物，包括乙酰乙酸、β- 羟丁酸及丙酮。酮体是肝输出能源的一种形式，是肌肉尤其是脑组织的重要能源。血糖供应不足时，酮体生成过多可引起酮血症，严重时可引起酮症酸中毒。

甘油三酯是机体储存能量的主要形式。组织细胞（肝、脂肪组织及小肠）利用糖代谢提供的脂肪酸（脂酰 CoA）和甘油（3- 磷酸甘油）合成脂肪，合成的途径有甘油一酯途径（小肠）和甘油二酯途径（肝、脂肪组织）。机体首先合成软脂酸（十六碳饱和酸），再转变为多种不同碳数的、不同饱和度的脂肪酸，但亚油酸、亚麻酸和花生四烯酸等多不饱和脂肪酸必须由食物提供，称为人体必需脂肪酸。花生四烯酸是体内前列腺素、白三烯及血栓素等生理活性物质的前体。

体内的磷脂主要是甘油磷脂。全身各组织细胞内质网均能合成甘油磷脂。合成原料为磷酸、甘油、脂肪酸、胆碱、胆胺及丝氨酸、肌醇等。CTP 参与胆碱、胆胺及甘油二酯的活化。通过甘油二酯途径主要合成卵磷脂与脑磷脂；CDP- 甘油二酯途径主要合成磷脂酰肌醇、心磷脂等。磷脂在体内经磷脂酶 A_1、A_2、B、C、D 的作用下生成脂肪酸、磷酸、甘油及胆碱或胆胺等多种产物。鞘磷脂不含甘油而含有鞘氨醇，鞘磷脂是生物膜的重要组分，并参与细胞识别及细胞信息传递过程。

胆固醇是膜结构重要组分。胆固醇除由食物供应外，主要由体内合成，肝是合成胆固醇的主要器官。体内合成胆固醇的原料有乙酰 CoA、$NADPH+H^+$ 及 ATP，主要来源于糖代谢。合成过程可分为三个阶段：①甲羟戊酸（MVA）的合成；②鲨烯的合成；③胆固醇的合成。HMG-CoA 还原酶是

合成胆固醇的限速酶。胆固醇不能彻底氧化分解提供能量，但可转化生成胆汁酸、维生素 D_3 及类固醇激素等生理活性物质。胆固醇在肝转变成胆汁酸或直接排出。

血脂是血浆中各种脂质的总称。血脂不溶于水，来源于食物及体内合成的脂质在血浆中与载脂蛋白结合成脂蛋白运输。通常用超离心法或电泳法可将血浆脂蛋白分成 4 种，即乳糜微粒（CM）、极低密度脂蛋白（VLDL）或称前 β- 脂蛋白、低密度脂蛋白（LDL）或称 β- 脂蛋白、高密度脂蛋白（HDL）或称 α- 脂蛋白。CM 的组成特点是含甘油三酯最多，含蛋白质最少，其功能是运输外源性甘油三酯。VLDL 的组成特点是含较多的甘油三酯，其功能是转运内源性甘油三酯。LDL 的组成特点是含胆固醇最多，其主要功能是运输内源性胆固醇。HDL 的组成特点是含蛋白质最多，其功能是逆向转运胆固醇。体内脂质代谢的异常可导致高脂血症，而高脂血症与临床心血管疾病的发生关系密切。

（陆红玲）

笔记栏

第 10 章 PPT

第 10 章　氨基酸代谢

已知蛋白质是所有活细胞的重要组成成分，它在体内由氨基酸构成，它在水解时分解成氨基酸；氨基酸的重要性不仅在于它是蛋白质的组成单位，而且在于它在代谢中能以各种方式变化，并作为体内其他物质（如血色素）的重要前体。除构成蛋白质的 20 种常见氨基酸之外，还有一些其他氨基酸，它们中有些是常见氨基酸的代谢物，有些具有特殊功能。由于蛋白质在体内首先分解成氨基酸，而后再进一步代谢，所以本章主要阐述氨基酸的分解代谢。

氨基酸在体内有重要作用：①参与蛋白质的组成：20 种常见氨基酸（又称编码氨基酸，即有密码子对应的氨基酸），通过肽键相连构成蛋白质分子的多肽链。②转化为体内重要的生理活性物质：氨基酸可在体内转变成一些具有重要生理功能的衍生物，如儿茶酚胺、γ- 氨基丁酸、5- 羟色胺等神经递质，均为体内的生理活性物质，参与物质代谢与调节。体内氨基酸还参与合成嘌呤、嘧啶等含氮化合物。③氧化供能：氨基酸经脱氨基作用产生 α- 酮酸，再进一步分解释放能量。在饥饿时，氨基酸还可通过糖异生作用转变成糖。

第 1 节　蛋白质的营养作用

体内的大多数蛋白质均不断地进行分解与合成。体内蛋白质的更新和氨基酸的分解均需要食物蛋白质来补充。为此，在讨论氨基酸代谢之前，先介绍蛋白质的营养作用及蛋白质的消化、吸收。

一、蛋白质营养的重要性

（一）维持细胞组织的生长、发育、更新和修复

参与构成各种细胞组织是蛋白质最重要的功能，蛋白质是细胞组织的主要成分，约占干重的 45% 以上。食物中必须提供足够数量的蛋白质，才能维持细胞组织的生长、发育、更新和修复的需要。

（二）参与体内多种重要生理活动

蛋白质是生命的物质基础。体内具有多种特殊功能的蛋白质，如多肽激素、催化蛋白（酶）、免疫蛋白（抗原及抗体）、运动蛋白（肌肉）、物质转运蛋白（载体）、凝血蛋白（凝血系统）、某些调节蛋白等。肌肉的收缩、血液的凝固、物质的运输等都是通过蛋白质实现的。高等动物的学习能力、记忆功能也与蛋白质有关。

（三）氧化供能

蛋白质降解产生氨基酸，通过分解作用可释放能量，供给机体需要；蛋白质分解产生的某些氨基酸可通过糖异生转变成糖，为机体提供能量。每克蛋白质在体内氧化分解产生 17.19kJ（4.1kcal）能量。一般来说，成人每日约有 18% 的能量来自蛋白质。蛋白质氧化供能作用可由糖或脂肪替代。

因此，提供足够食物蛋白质对机体正常代谢和各种生命活动的进行是十分重要的，对于生长发育的儿童和康复期的患者，供给足量、优质的蛋白质尤为重要。

二、蛋白质的需要量和营养价值

氮平衡（nitrogen balance）是反映机体内蛋白质代谢概况的一项指标，是指机体从食物中摄入氮与排泄氮之间的关系。蛋白质在体内分解代谢所产生的含氮物质主要由尿、粪排出。测定尿与粪中的含氮量（排出氮）及摄入食物的含氮量（摄入氮）基本上可以反映人体内蛋白质代谢的状况。

（一）氮平衡

1. 总氮平衡　每日摄入氮 = 排出氮，反映正常成人的蛋白质代谢情况，即每日体内蛋白质合成的量与分解的量大致相当。

2. 正氮平衡　每日摄入氮＞排出氮，体内蛋白质的合成多于分解，见于儿童、孕妇及恢复期的患者。

3. 负氮平衡　每日摄入氮＜排出氮，体内蛋白质的分解多于合成，见于蛋白质摄入量不足，如饥饿、消耗性疾病或长期营养不良。

（二）生理需要量

氮平衡实验结果表明，正常成年人在食用不含蛋白质食物时，每日排氮量约3.18g，即相当于分解了蛋白质约20g。由于食物蛋白质与人体蛋白质组成的差异，经消化、吸收的氨基酸不可能全部被利用，故成人每日最低需要食入蛋白质30～50g，才能保持人体总氮平衡。我国营养学会推荐成人每日蛋白质需要量为80g。

（三）蛋白质的营养价值

人体内蛋白质合成的原料主要来源于食物蛋白质的消化吸收，评定食物蛋白质的营养价值指标主要有三个。①蛋白质的含量：一种食物的蛋白质含量多少是评定其营养价值的重要前提。②蛋白质的消化率：蛋白质的消化率受人体和食物两方面多因素的影响。如大豆，整粒进食时蛋白质消化率为60%，加工为豆腐时蛋白质消化率则为90%。③蛋白质的利用率：也称蛋白质的生理价值或生物价，是指食物蛋白质消化吸收后在体内被利用的程度。蛋白质生理价值的高低，一方面取决于食物蛋白质中各种氨基酸的组成、数量和相互比例是否与人体蛋白质接近；另一方面取决于所含的营养必需氨基酸的种类多少和含量高低。由于动物性蛋白质所含有的必需氨基酸的种类和比例与人体需要相近，故营养价值较植物蛋白质为高。

1. 必需氨基酸　机体需要，但体内不能合成或合成的量不能满足机体需要，必须从食物摄取的氨基酸，称为必需氨基酸（essential amino acid）。必需氨基酸种类与机体发育阶段和生理状态有关；成人维持氮平衡所需的必需氨基酸有8种：苏氨酸（Thr）、缬氨酸（Val）、赖氨酸（Lys）、异亮氨酸（Ile）、亮氨酸（Leu）、苯丙氨酸（Phe）、甲硫氨酸（Met）和色氨酸（Trp）。儿童生长必需的还有组氨酸（His）和精氨酸（Arg）。其余的氨基酸在体内可以合成，不一定需要由食物供应，这些氨基酸在营养学上称为非必需氨基酸（non-essential amino acid）。

2. 食物蛋白质的互补作用　将不同来源的蛋白质混合食用，其所含的必需氨基酸可以互相补充提高营养价值，则称为食物蛋白质的互补作用（complementation of diet protein）。谷类蛋白含赖氨酸较少而含色氨酸较多，豆类蛋白质含赖氨酸较多而含色氨酸较少，如将谷类和豆类蛋白混合食用，则可提高其营养价值。

第2节　蛋白质的消化、吸收与腐败

食物蛋白质在胃、小肠及肠黏膜细胞中经一系列酶促反应水解生成氨基酸及小分子肽的过程称为蛋白质的消化。

一、蛋白质的消化

食物蛋白质必须在消化道彻底消化成氨基酸，以消除蛋白质的种属特异性后才能被吸收进入血液。若消化不彻底则容易导致过敏、中毒。唾液中无蛋白酶，因此，食物蛋白质的消化从胃开始，主要在小肠中进行。

（一）胃中的消化

胃液中的胃蛋白酶（pepsin），由胃黏膜主细胞合成并分泌，开始时是酶原的形式，即胃蛋白酶原（pepsinogen）。在胃酸作用下，从其分子的N端水解掉42个氨基酸残基，从而激活成胃蛋白酶。已经激活的胃蛋白酶可以激活胃蛋白酶原，称自身催化作用（autocatalysis）。胃蛋白酶最适pH为1.5～2.5，能水解蛋白质N端的亮氨酸残基和芳香族氨基酸（苯丙氨酸、色氨酸和酪氨酸）残基构成的肽键，将长肽链水解成短肽链混合物。胃中的pH（1.0～2.5）比较低，乳中的酪蛋白在胃中容易沉淀，这对乳儿较为重要，因为乳液凝成乳块后在胃中停留时间延长，有利于蛋白质的充分消化。

（二）小肠中的消化

小肠是蛋白质消化的主要场所。当酸性胃内容物进入小肠时，低pH触发激素分泌到血液中。促胰液素刺激胰腺向小肠分泌碳酸氢盐以中和胃盐酸，将pH增加到大约7。蛋白质的消化在小肠中继续，到达小肠上部（十二指肠）的氨基酸引起缩胆囊肽（cholecystokinin）释放到血液中，它可以刺激几种在pH7～8下活性最佳的胰腺酶分泌。

笔记栏

小肠中蛋白质的消化主要靠胰腺酶来完成，胰腺中的蛋白酶大致分为内肽酶（endopeptidase）与外肽酶（exopeptidase）两大类。内肽酶可以水解蛋白质肽链内部的一些肽键，如胰蛋白酶（trypsin）、糜蛋白酶（chymotrypsin）及弹性蛋白酶（elastase）等。这些酶对所水解的肽键羧基侧的氨基酸组成有一定的特异性，如胰蛋白酶主要水解由赖氨酸和精氨酸等碱性氨基酸残基的羧基组成的肽键。外肽酶有羧基肽酶A（carboxypeptidase A）和羧基肽酶B（carboxypeptidase B）两类，它们自肽链的羧基末端开始，每次水解掉一个氨基酸残基，对不同氨基酸组成的肽键也有一定专一性。蛋白质在胰酶的作用下，最终产物为氨基酸和一些寡肽。

蛋白质经胃液和胰液中各种酶的水解，所得到的产物中仅有1/3为氨基酸，其余2/3为寡肽。寡肽的水解主要在小肠黏膜细胞内进行，小肠黏膜细胞的刷状缘及胞质中存在着一些寡肽酶（oligopeptidase），如氨基肽酶（aminopeptidase）及二肽酶（dipeptidase）等。氨基肽酶从肽链的氨基末端逐个水解出氨基酸，最后生成二肽。二肽再经二肽酶水解，最终生成氨基酸（图10-1）。由此产生的游离氨基酸混合物被运输到小肠内上皮细胞中，氨基酸通过该上皮细胞进入小肠绒毛中的毛细血管并传播到肝脏。在人类中，来自动物来源的大多数球状蛋白在胃肠道中几乎完全被水解成氨基酸，但是一些纤维蛋白，如角蛋白，仅被部分消化。此外，一些植物性食品的蛋白质由于受到不可消化的纤维素外壳的保护而不被消化。

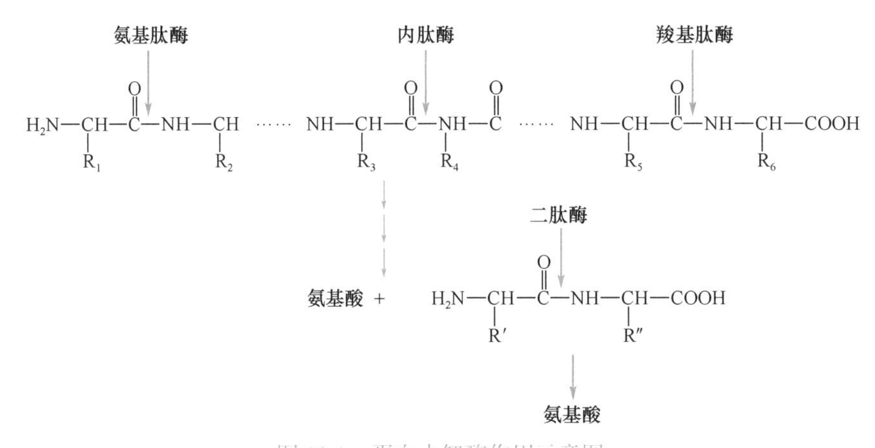

图10-1 蛋白水解酶作用示意图

蛋白水解酶对肽键作用的专一性不同，但通过它们的协同作用，蛋白质消化的效率很高。一般正常成人，食物蛋白质的95%可被完全水解。但是，一些纤维状蛋白质只能部分被水解。

由胰腺细胞分泌的各种蛋白酶，最初均以无活性的酶原形式存在，并分泌到十二指肠后通过肠激酶（enterokinase）迅速被激活成为有活性的蛋白水解酶，见图10-2。且胰蛋白酶的自身激活作用较弱，同时胰液中还存在着胰蛋白酶抑制剂，由于胰液中各种蛋白水解酶最初均以酶原形式存在，可保护胰组织免受蛋白酶的自身消化作用。

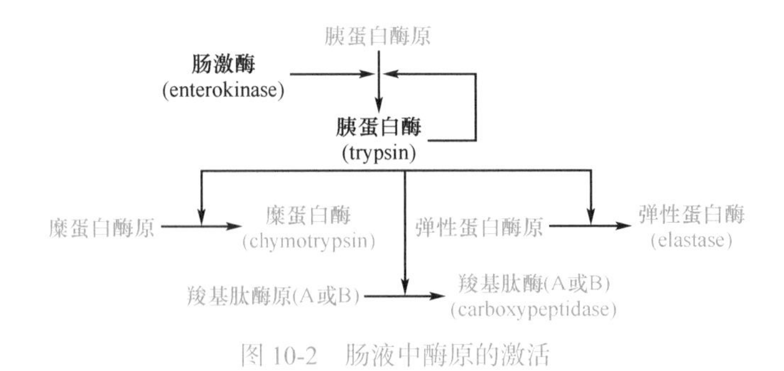

图10-2 肠液中酶原的激活

二、氨基酸的吸收

氨基酸的吸收是一个需要载体的主动吸收过程，但吸收的详细机制，目前尚不完全清楚。

（一）氨基酸转运载体的吸收方式

肠黏膜细胞上有转运氨基酸的载体蛋白（carrier protein），其与氨基酸、钠离子形成三联体，可将氨基酸转运进细胞。不同的氨基酸需要不同的转运载体，现已知人体内至少有7种氨基酸载体，这些转运蛋白（transporter）包括中性氨基酸转运蛋白、酸性氨基酸转运蛋白、碱性氨基酸转运蛋白、亚氨基酸转运蛋白、β-氨基酸转运蛋白、二肽转运蛋白及三肽转运蛋白。同一种载体转运的氨基酸在结构上有一定的相似性，当某些氨基酸共用同一种载体时，则它们在吸收过程中将彼此竞争。在所有载体中，中性氨基酸载体是主要的载体。

氨基酸通过转运蛋白的吸收过程不仅存在于小肠黏膜细胞，也存在于肾小管细胞和肌细胞等细胞膜上。

（二）肽的吸收

肠黏膜细胞上还存在着吸收二肽或三肽的转运体系。肽的吸收也是一个耗能的主动吸收过程，吸收作用在小肠近端较强，故肽吸收入细胞甚至先于游离氨基酸。

三、蛋白质的腐败作用

肠道细菌对未被消化和吸收的蛋白质及其产物所起的作用称为蛋白质的腐败作用（putrefaction）。腐败作用的产物大多有害，如胺、氨、苯酚、吲哚及硫化氢等，也可产生少量的脂肪酸及维生素。

（一）胺类的生成

肠道细菌的蛋白酶将蛋白质水解成氨基酸，再经氨基酸脱羧基作用，产生胺类（amines）。例如，赖氨酸脱羧基生成尸胺，组氨酸脱羧基生成组胺，色氨酸脱羧基生成色胺，酪氨酸脱羧基生成酪胺等。这些腐败产物大多有毒性，如组胺和尸胺具有降低血压的作用，酪胺具有升高血压的作用。

酪胺和由苯丙氨酸脱羧基生成的苯乙胺，若不能在肝内分解而进入脑组织，则可分别经*β*-羟化而形成*β*-羟酪胺和苯乙醇胺。它们的化学结构与儿茶酚胺类似，称为假神经递质。假神经递质增多，可取代正常神经递质儿茶酚胺，但它们不能传递神经冲动，可使大脑发生异常抑制，这可能是肝性脑病发生的原因之一。

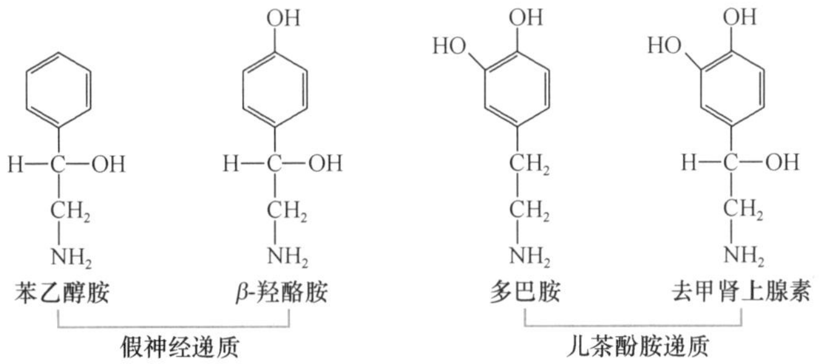

苯乙醇胺　*β*-羟酪胺　多巴胺　去甲肾上腺素

假神经递质　儿茶酚胺递质

（二）氨的生成

人体肠道中氨（ammonia）的来源主要有两个：一个是未被吸收的氨基酸在肠道细菌作用下脱氨基而生成；另一个是血液中的尿素渗入肠道黏膜，受肠道细菌尿素酶的水解而生成氨。这些氨均可被吸收入血液，在肝中合成尿素。降低肠道的pH，可减少氨的吸收。

（三）其他有害物质的生成

除了胺类和氨以外，通过腐败作用还可产生其他有害物质，如酪氨酸形成苯酚、色氨酸转变成吲哚及半胱氨酸形成硫化氢等。

正常情况下，上述有害物质大部分随粪便排出，只有小部分被吸收，经肝的代谢转变而解毒，故不会发生中毒现象。

第3节　氨基酸的一般代谢

食物蛋白质经消化而被吸收的氨基酸（外源性氨基酸）与体内组织蛋白质降解产生的氨基酸（内源性氨基酸）混在一起，分布于体内各处，参与代谢，称为氨基酸代谢库（metabolic pool）。氨基酸代谢库通常以游离氨基酸总量计算。血浆氨基酸是体内各组织之间氨基酸转运的主要形式。虽然正常人血浆氨基酸浓度并不高，但其更新却很迅速，平均半衰期约为15分钟，表明一些组织器官不断向血浆释放和摄取氨基酸。肌肉和肝在维持血浆氨基酸浓度的相对稳定中起着重要作用。体内氨基酸的主要功能是合成蛋白质和多肽。蛋白质降解所产生的氨基酸，70% ～ 80% 又被重新利用合成新的蛋白质。

此外，氨基酸也可以转变成其他含氮物质。正常人尿中排出的氨基酸极少。各种氨基酸具有共同的结构特点，故它们有共同的代谢途径，但不同的氨基酸由于结构的差异，也各有其个别的代谢方式。体内氨基酸代谢的概况见图 10-3。

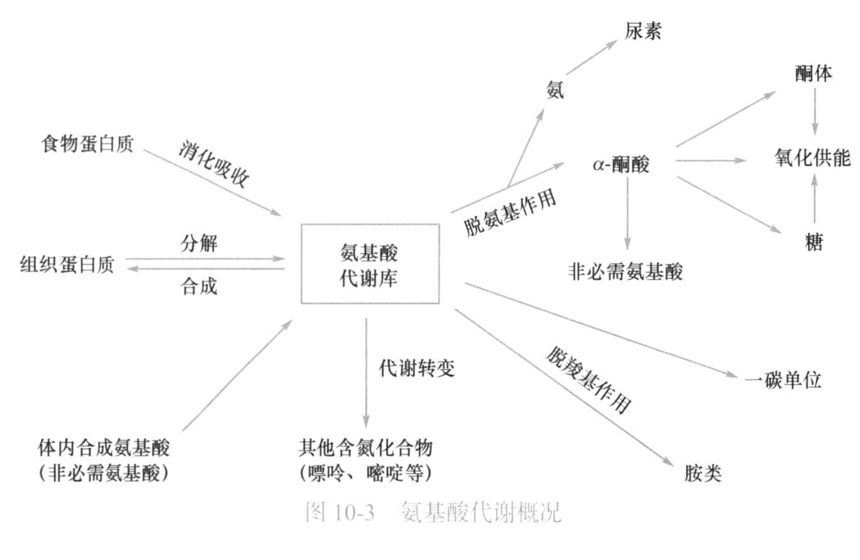

图 10-3　氨基酸代谢概况

一、体内蛋白质的转换更新

体内的蛋白质处于不断合成与降解的动态平衡。成人体内的蛋白质每天有 1% ～ 2% 被降解，其中主要是肌肉蛋白质。体内蛋白质的降解是由一系列蛋白酶（protease）和肽酶（peptidase）完成的。蛋白质降解的速率用半衰期（half-life，$t_{1/2}$）表示，半衰期是指将其浓度减少到开始值的 50% 所需要的时间。肝中蛋白质的 $t_{1/2}$ 短的低于 30 分钟，长的超过 150 小时，但肝中大部分蛋白质的 $t_{1/2}$ 为 1 ～ 8 天。人血浆蛋白质的 $t_{1/2}$ 约为 10 天，结缔组织中一些蛋白质的 $t_{1/2}$ 可达 180 天以上，眼晶体蛋白质的 $t_{1/2}$ 更长。体内许多关键酶的 $t_{1/2}$ 都很短，如胆固醇合成的关键酶 HMG-CoA 还原酶的 $t_{1/2}$ 为 0.5 ～ 2 小时。

体内蛋白质的降解也是由相关的蛋白酶催化完成的。蛋白质在真核生物体内降解的两条途径：①溶酶体的蛋白质降解（ATP- 非依赖途径）在溶酶体内，利用溶酶体中的组织蛋白酶（cathepsin）降解外源性蛋白、膜蛋白和长寿命蛋白。该途径为不依赖 ATP 的过程。②泛素介导的蛋白质降解（ubiquitin-mediated protein degradation）（ATP- 依赖途径）依赖 ATP 和泛素化的过程降解异常蛋白和短寿命蛋白，如图 10-4 所示。

泛素是由 76 个氨基酸组成，高度保守，从酵母到人，其一级结构只有 3 个氨基酸序列不同，普遍存在于真核细胞，故名泛素（图 10-5）。共价结合泛素的蛋白质能被蛋白酶体识别和降解，这是细胞内短寿命蛋白和一些异常蛋白降解的普遍途径，泛素相当于蛋白质被降解的标签。

26S 蛋白酶体（proteasome）是一个中空的圆柱体形的大型蛋白复合体，其内表面衬有蛋白酶，两侧附有盖子（图 10-6）；该盖子能捕获泛素化的蛋白质，在 ATP 水解释能的帮助下使泛素化的蛋白质变性，并将它们送入中空圆筒中降解，产生一些 3 ～ 25 个氨基酸残基组成的肽链，肽链进一步水解生成氨基酸。蛋白酶体在细胞质、细胞核和线粒体中含量丰富，但内质网缺失；它们占细胞总蛋白的 1%。

泛素控制的蛋白质降解具有重要的生理意义，它不仅能够清除错误的蛋白质，而且对细胞生长周期、DNA 复制及染色体结构都有重要的调控作用。

笔记栏

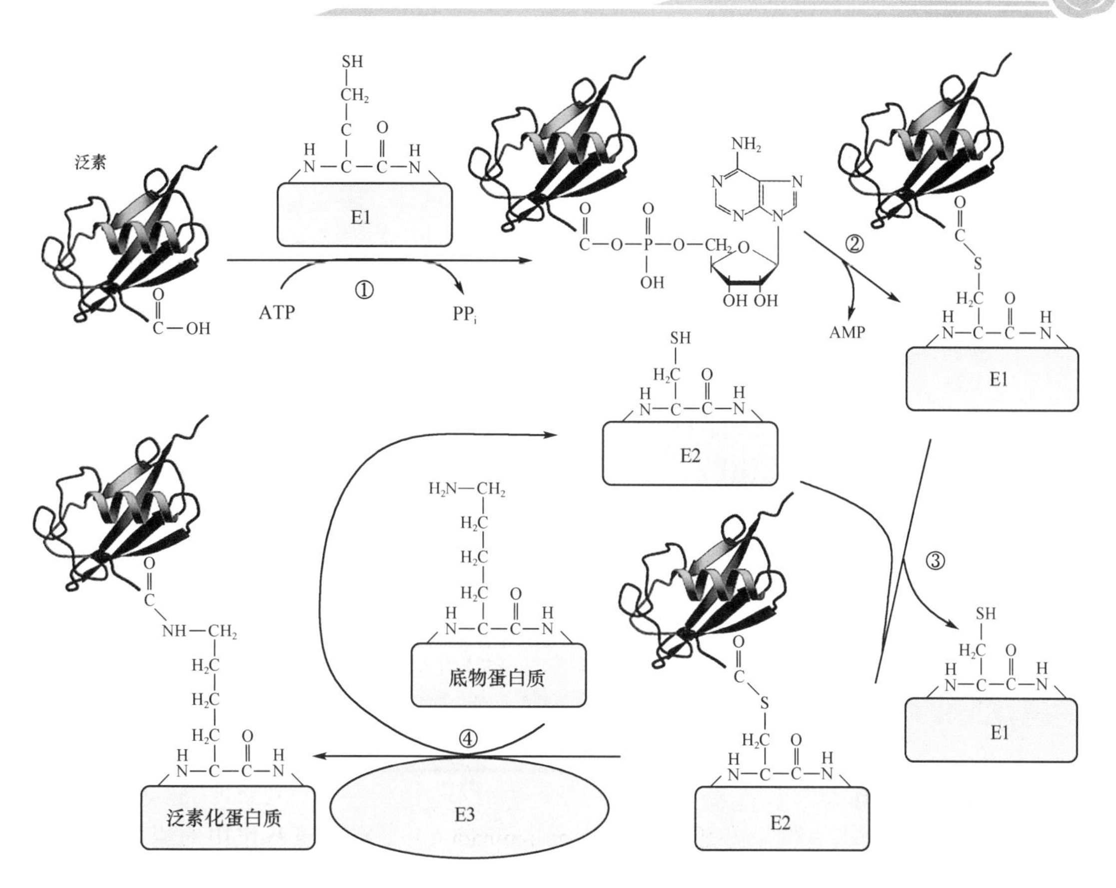

图 10-4　泛素介导的蛋白质降解过程

E1（ubiquitin-activating enzyme，泛素活化酶），E2（ubiquitin-conjugating enzyme，泛素结合酶），E3（ubiquitin-ligase，泛素连接酶）。①泛素和 ATP 在 E1 作用下水解产生一分子焦磷酸和泛素 -AMP 复合物，泛素被活化；②泛素 -AMP 复合物中的 AMP 被水解释放，泛素和 E1 结合形成复合物；③ E2 将 E1 上的高能硫酯键 - 泛素转移在 E2 分子上，E1 被释放；④ E3 具有高度靶底物专一性，它将 E2 上的高能硫酯键 - 泛素中泛素分子转移到专一的靶蛋白质上，这样靶蛋白质分子就连有一个泛素分子，游离出的 E2 又可以从③步重复进行，这样靶蛋白质上会串联一定数量（或并联一定数量）的泛素，然后会被 26S 蛋白酶体识别、结合并降解靶蛋白质，泛素游离可重新使用；这是分解许多内源性蛋白的极重要的途径

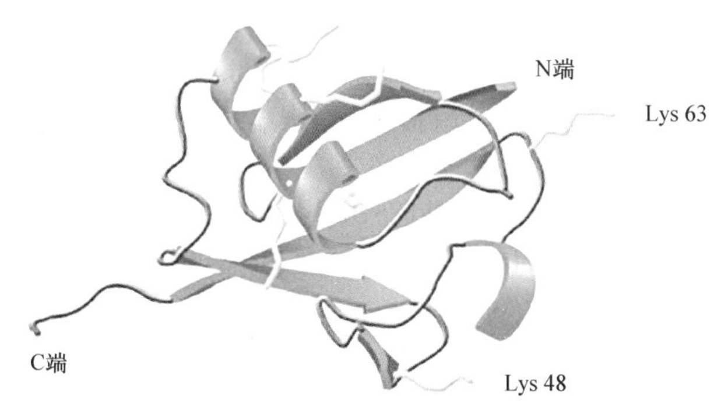

图 10-5　泛素分子的三维结构

图中蓝色部分是 α 螺旋，绿色是 β- 片层，Lys48 和 Lys63 是聚泛素化过程中附加泛素分子的位点

二、氨基酸的脱氨基作用

氨基酸的一般分解代谢包括脱氨基作用和脱羧基作用，但最主要反应是脱氨基作用。体内大多数组织都能进行氨基酸的脱氨基作用。氨基酸可以通过多种方式脱去氨基，如转氨基、氧化脱氨基、联合脱氨基及非氧化脱氨基等，其中，以联合脱氨基作用最为重要。

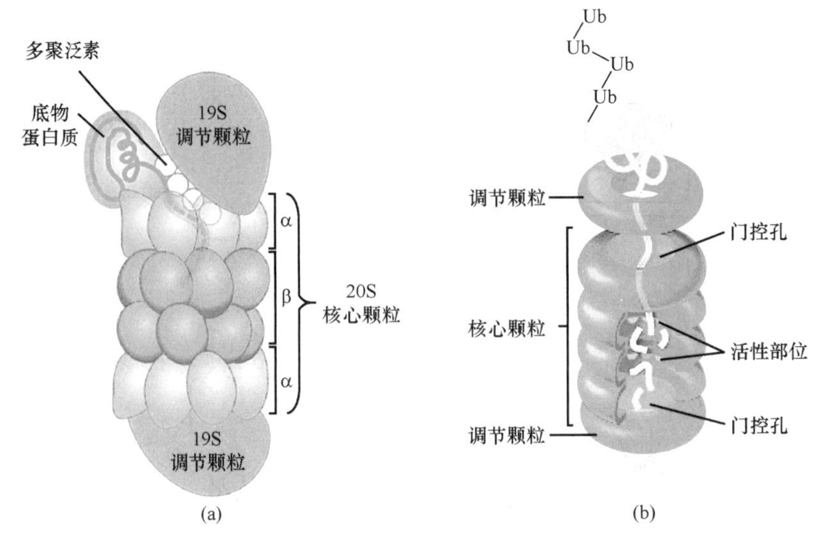

图 10-6　26S 蛋白酶体结构

26S 蛋白酶体在所有真核生物中高度保守。由 20S 核心颗粒子和 19S 调节颗粒组成，或 CAP。（a）核心颗粒由 4 个环组成，形成圆筒状结构。中间的两个内环，每个都有七个不同的 β 亚基，其中三个 β 亚基具有蛋白酶活性；两端的两个外环，每个都有七个不同的 α 亚基；调节颗粒是位于核心颗粒两端“盖子样结构”。（b）调节颗粒结合泛素化蛋白质，展开它们，并将它们转入核心粒子，在那里它们降解为 3 ～ 25 个氨基酸残基的肽

（一）转氨基作用

1. 转氨基作用与转氨酶　转氨基作用（transamination）是在转氨基作用的酶 [统称转氨酶（transaminase）或氨基转移酶（aminotransferase）] 的催化下，可逆地把 α- 氨基酸的氨基转移给 α- 酮酸，结果是氨基酸脱去氨基生成相应的 α- 酮酸，而原来的 α- 酮酸则转变成其对应的氨基酸。体内各组织细胞中都有转氨酶，而且存在着多种转氨酶，在体内分布广泛。但不同氨基酸与 α- 酮酸之间的转氨基作用只能由专一的转氨酶催化。

$$\begin{array}{c} R_1 \\ | \\ H-C-NH_2 \\ | \\ COOH \end{array} + \begin{array}{c} R_2 \\ | \\ C=O \\ | \\ COOH \end{array} \xrightleftharpoons{\text{转氨酶}} \begin{array}{c} R_1 \\ | \\ C=O \\ | \\ COOH \end{array} + \begin{array}{c} R_2 \\ | \\ H-C-NH_2 \\ | \\ COOH \end{array}$$

转氨基作用的平衡常数接近 1.0，反应是完全可逆的。因此，转氨基作用既是氨基酸的分解代谢过程，也是体内某些氨基酸合成的重要途径。除赖氨酸、苏氨酸、脯氨酸及羟脯氨酸外，大多数氨基酸都能进行转氨基作用。除 α- 氨基外，氨基酸侧链末端的氨基也可通过转氨基作用而脱去，如鸟氨酸的 δ- 氨基可通过转氨基作用而脱去。

在各种转氨酶中，以 L- 谷氨酸和 α- 酮酸的转氨酶最为重要。例如，丙氨酸氨基转移酶（alanine transaminase，ALT）和天冬氨酸氨基转移酶（aspartate transaminase，AST）在体内广泛存在，但各组织中的含量不同（表 10-1）。

$$\text{丙氨酸} + \alpha\text{- 酮戊二酸} \xleftrightarrow{\text{ALT}} \text{谷氨酸} + \text{丙酮酸}$$
$$\text{天冬氨酸} + \alpha\text{- 酮戊二酸} \xleftrightarrow{\text{AST}} \text{谷氨酸} + \text{草酰乙酸}$$

表 10-1　正常成人各器官组织中 ALT 和 AST 活性（单位 /g 湿组织）

器官组织	AST	ALT	组织	AST	ALT
心	156 000	7 100	胰腺	28 000	2 000
肝	142 000	44 000	脾	14 000	1 200
骨骼肌	99 000	4 800	肺	10 000	700
肾	91 000	19 000	血清	20	16

正常情况下，上述转氨酶主要存在于细胞内，而血清中的活性很低；各组织器官中以心和肝的活性为最高。当某种原因使细胞膜通透性增高或细胞破坏时，则转氨酶可以释放入血，造成血清中

转氨酶活性明显升高。例如，急性肝炎患者血清 ALT 活性显著升高；心肌梗死患者血清中 AST 明显上升。临床上可以此作为疾病诊断和预后的辅助指标之一。

2. 转氨基作用的机制 转氨酶的辅酶都是维生素 B_6 的磷酸酯，即磷酸吡哆醛，它结合于转氨酶活性中心赖氨酸的 ε-氨基上。在转氨基过程中，磷酸吡哆醛先从氨基酸接受氨基转变成磷酸吡哆胺，同时氨基酸则转变成 α-酮酸。磷酸吡哆胺进一步将氨基转移给另一种 α-酮酸而生成相应的氨基酸，同时磷酸吡哆胺又转变回磷酸吡哆醛。在转氨酶的催化下，磷酸吡哆醛与磷酸吡哆胺的这种相互转变，起着传递氨基的作用。反应如下：

$$\underset{\text{氨基酸}}{HOOC-CH(R_1)-NH_2} + \underset{\text{磷酸吡哆醛}}{O{=}CH-Py(CH_2OPO_3H_2)(OH)(CH_3)} \underset{+H_2O}{\overset{-H_2O}{\rightleftharpoons}} \underset{\text{Schiff碱}}{HOOC-CH(R_1)-N{=}CH-Py(CH_2OPO_3H_2)(OH)(CH_3)}$$

分子重排

$$\underset{\alpha\text{-酮酸}}{HOOC-C(R_1){=}O} + \underset{\text{磷酸吡哆胺}}{H_2N-CH_2-Py(CH_2OPO_3H_2)(OH)(CH_3)} \underset{+H_2O}{\overset{-H_2O}{\rightleftharpoons}} \underset{\text{Schiff碱异构体}}{HOOC-C(R_1){=}N-CH_2-Py(CH_2OPO_3H_2)(OH)(CH_3)}$$

（二）氧化脱氨基作用

催化氨基酸氧化脱氨基作用（oxidative deamination）的酶有两类：氨基酸氧化酶和 *L*-谷氨酸脱氢酶（L-glutamate dehydrogenase）。

1. 氨基酸氧化酶 氨基酸氧化酶在体内分布不广，活性不高，对脱氨作用并不重要。但在肝肾组织中还存在一种 *L*-氨基酸氧化酶，属黄酶类，其辅基是 FMN 或 FAD。这些能够自动氧化的黄素蛋白将氨基酸氧化成 α-亚氨基酸，接着再加水分解成相应的 α-酮酸，并释放铵离子，分子氧再直接氧化还原型黄素蛋白形成过氧化氢（H_2O_2），H_2O_2 被过氧化氢酶裂解成氧和 H_2O，过氧化氢酶存在于大多数组织中，尤其是肝。

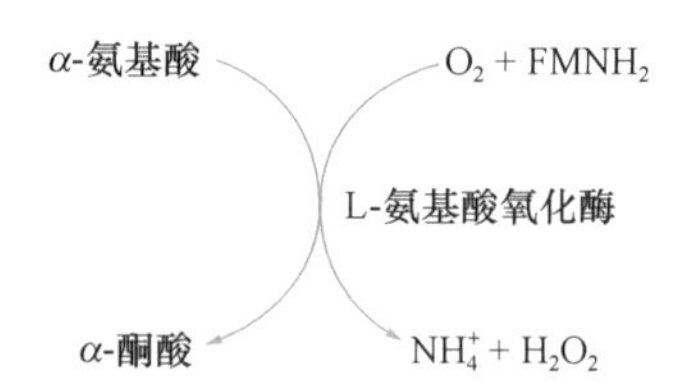

2. *L*-谷氨酸脱氢酶 *L*-谷氨酸脱氢酶广泛分布于肝、肾和脑等组织中，活性较强，是一种不需氧脱氢酶。但骨骼肌和心肌中活性较弱。转氨基作用使许多氨基酸的氨基被浓集在 α-酮戊二酸上生成 *L*-谷氨酸，*L*-谷氨酸脱氢酶催化 *L*-谷氨酸氧化脱氨生成 α-酮戊二酸，辅酶是 NAD^+ 或 $NADP^+$。*L*-谷氨酸脱氢酶是唯一既能利用 NAD^+ 又能利用 $NADP^+$ 接受还原当量的酶。

$$\underset{\text{L-谷氨酸}}{HOOC-(CH_2)_2-CH(NH_2)-COOH} \underset{NAD^+\ \ NADH+H^+}{\overset{\text{L-谷氨酸脱氢酶}}{\rightleftharpoons}} HOOC-(CH_2)_2-C({=}NH)-COOH \underset{-H_2O}{\overset{+H_2O}{\rightleftharpoons}} \underset{\alpha\text{-酮戊二酸}}{HOOC-(CH_2)_2-C({=}O)-COOH} + NH_3$$

L-谷氨酸脱氢酶是一种变构酶，由 6 个相同的亚基聚合而成，每个亚基的分子质量为 56kD。已知 GTP 和 ATP 是此酶的变构抑制剂，而 GDP 和 ADP 是变构激活剂。因此，当体内 GTP 和 ATP 不足时，谷氨酸加速氧化脱氨基，这对于氨基酸氧化供能起着重要的调节作用。

（三）联合脱氨基作用

联合脱氨基作用就是转氨基作用与谷氨酸的氧化脱氨基作用偶联，转氨酶与 L-谷氨酸脱氢酶协同作用，可达到把氨基酸转变成 NH_3 及相应 α-酮酸的目的。转氨基作用与谷氨酸氧化脱氨作用的结合被称作转氨脱氨作用（transdeamination），又称联合脱氨基作用。此类联合脱氨基作用主要在肝、肾等组织中进行。

笔记栏

其过程是：氨基酸首先与α-酮戊二酸在转氨酶作用下生成α-酮酸和谷氨酸，然后谷氨酸再经*L*-谷氨酸脱氢酶作用，脱去氨基而生成α-酮戊二酸，后者再继续参加转氨基作用（图10-7）。联合脱氨基作用的全过程是可逆的，因此这一过程也是体内合成非必需氨基酸的主要途径。

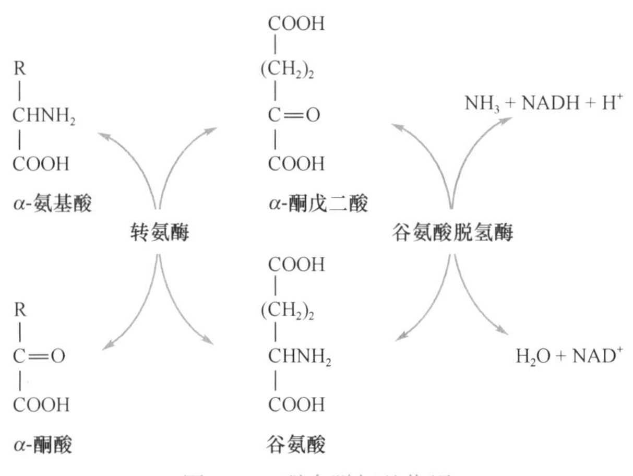

图10-7 联合脱氨基作用

（四）非氧化脱氨基作用

1. 脱水脱氨基 丝氨酸在脱水酶催化下，先脱去水，再水解为丙酮酸和氨。

2. 脱硫化氢脱氨基 半胱氨酸经脱硫化氢酶作用，先脱下H_2S，然后水解生成丙酮酸和氨。

3. 直接脱氨基 天冬氨酸在天冬氨酸酶催化下，生成延胡索酸和氨。

三、α-酮酸的代谢

氨基酸脱氨基后生成的α-酮酸（α-keto acid）可以进一步代谢，主要有生成非必需氨基酸、转变成糖或脂质及氧化供能三方面的代谢途径。

（一）经氨基化生成非必需氨基酸

人体内的一些非必需氨基酸一般通过相应的α-酮酸经氨基化而生成。例如，丙酮酸、草酰乙酸、α-酮戊二酸经氨基化可分别转变成丙氨酸、天冬氨酸、谷氨酸。过程如前，不再赘述。

（二）转变成糖及脂质

在体内α-酮酸可以转变成糖和脂质化合物。实验发现，用各种不同的氨基酸饲养人工造成糖尿病的犬时，大多数氨基酸可使尿中排出的葡萄糖增加，少数几种则可使葡萄糖及酮体排出量同时增加，而亮氨酸和赖氨酸只能使酮体排出量增加。由此，将在体内可以转变成糖的氨基酸称为生糖氨基酸（glucogenic amino acid）；能转变成酮体者称为生酮氨基酸（ketogenic amino acid）；二者兼有者称为生糖兼生酮氨基酸（glucogenic and ketogenic amino acid）（表10-2）。在体内，α-酮酸可以转变成糖及脂质。

表10-2 氨基酸生糖及生酮性质的分类

类别	氨基酸
生糖氨基酸	甘氨酸、丝氨酸、缬氨酸、组氨酸、精氨酸、半胱氨酸、脯氨酸、丙氨酸、谷氨酸、谷氨酰胺、天冬氨酸、天冬酰胺、甲硫氨酸
生酮氨基酸	亮氨酸、赖氨酸
生糖兼生酮氨基酸	异亮氨酸、苯丙氨酸、酪氨酸、苏氨酸、色氨酸

用放射性同位素标记氨基酸的实验证明，各种氨基酸脱氨基后产生的α-酮酸结构差异很大，其代谢途径也不尽相同，这些转变过程的中间产物不外乎是乙酰CoA（二碳化合物）、丙酮酸（三碳化合物）及三羧酸循环的中间物，如琥珀酸单酰CoA、延胡索酸、草酰乙酸（四碳化合物）及α-酮戊二酸（五碳化合物）等。以丙氨酸为例，丙氨酸脱去氨基生成丙酮酸，丙酮酸可以转变成葡萄糖，因此丙氨酸是生糖氨基酸；又如亮氨酸经过一系列代谢转变生成乙酰CoA或乙酰乙酰CoA，它们可以进一步转变成酮体或脂肪，所以亮氨酸是生酮氨基酸；再如，苯丙氨

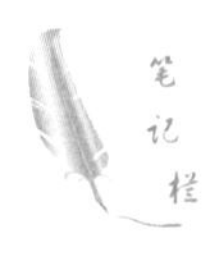
笔记栏

酸与酪氨酸经代谢转变既可生成延胡索酸，又可生成乙酰乙酸，所以这两种氨基酸是生糖兼生酮氨基酸。

综上可见，氨基酸的代谢与糖和脂肪的代谢密切相关。氨基酸可转变成糖与脂肪；糖也可以转变成脂肪和一些非必需氨基酸的碳架部分（图 10-8）。

（三）氧化供能

α- 酮酸在体内可先转变成丙酮酸、乙酰 CoA 或三羧酸循环的中间产物，经过三羧酸循环与生物氧化体系彻底氧化成 CO_2 和 H_2O，同时释放能量，供生理活动的需要。可见，氨基酸也是一类能源物质，但此作用可被糖和脂肪代替。三羧酸循环是物质代谢的总枢纽，通过它可使糖、脂肪及氨基酸完全氧化，也可使其彼此相互转变，构成一个完整的代谢体系（图 10-8）。

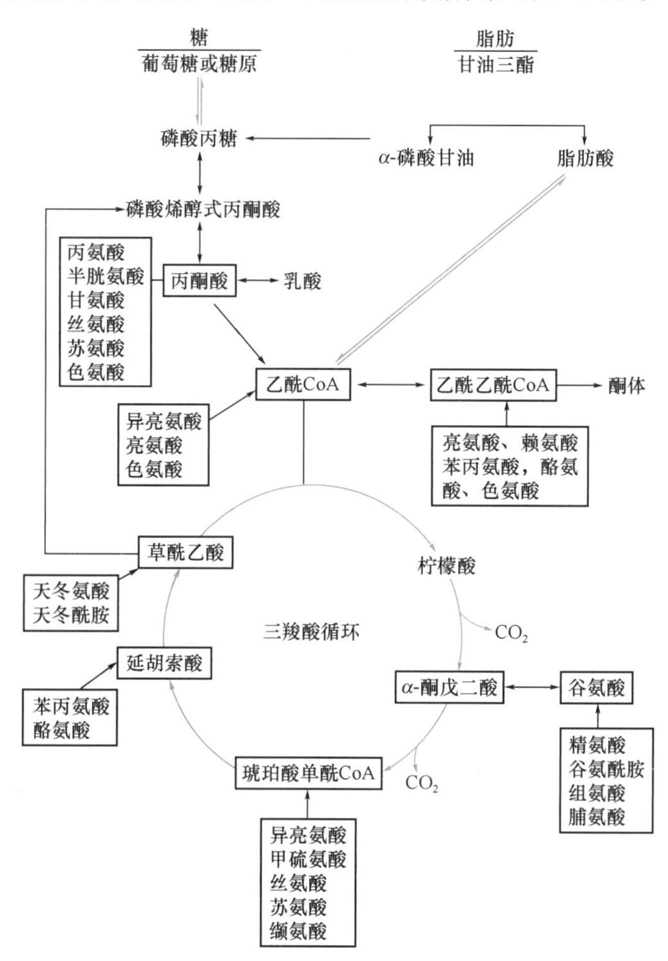

图 10-8　氨基酸、糖与脂肪代谢关系

微课 10-1

第 4 节　氨的代谢

氨具有毒性，尤其脑组织对氨的毒性作用特别敏感。机体内代谢产生的氨及消化道吸收来的氨进入血液，形成血氨。体内的氨主要在肝合成尿素而解毒。因此，一般来说，除门静脉血液外，体内血液中氨的浓度很低。正常人血浆中氨的浓度，全血标本用化学显色法测定，参考值为 33 ～ 83μmol/L；血清标本用酶法测定，参考值为 22 ～ 45μmol/L。严重肝病患者尿素合成功能降低，血氨增高，引起脑功能紊乱，常与肝性脑病的发病有关。

案例 10-1

患者，女性，47 岁，农民。因反复发作性昏迷半年，今发病 7 小时入院。患者于某年 6 月 12 日凌晨 5 时出现意识丧失，来院看病。

笔记栏

体检：中度昏迷，稍偏瘦，皮肤偏黑，肝未触及，无瘫痪征，心电监测无异常。做头颅CT检查无异常。立即使用甘露醇250ml静脉滴注及输液，约3小时后患者清醒。醒后检查其记忆力、判断力、计算力等均正常。追问病史，患者来自血吸虫病疫区，3年前因脾大行脾切除；每次发病前均有进食高蛋白食物史但未引起重视，本次发病前在亲戚家中进食鸡蛋2个，烤鸭约300g及少量猪肉等。

肝功能检查结果：血氨150μmol/L，血清清蛋白38.2g/L，球蛋白27.4g/L，A/G值1.4 ∶ 1，总胆红素15.2μmol/L，ALT 135U/L，AST 45U/L。B超检查示血吸虫性肝纤维化。

问题讨论：1. 患者进食高蛋白食物与肝性脑病发病的关系如何？

2. 该病的发病机制是什么？

3. 从生化角度探讨对肝性脑病治疗的原则。

一、体内氨的来源

人体内氨的来源主要有三个，即各组织器官中氨基酸及胺、嘌呤或嘧啶等分解产生的氨、肠道吸收的氨及肾小管上皮细胞分泌的氨。

1. 氨基酸脱氨基作用产生的氨　它是体内氨的主要来源，胺类的分解也可以产生氨。其反应如下：

$$RCH_2NH_2 \xrightarrow{\text{胺氧化酶}} RCHO + NH_3$$

2. 肠道来源的氨　主要有两个来源，蛋白质和氨基酸在肠道细菌作用下产生氨，肠道尿素经细菌尿素酶水解也产生氨。肠道产氨量较多，每天约4g，并能吸收入血。

在肠道，NH_3 比 NH_4^+ 更易于穿过细胞膜而被吸收；在碱性环境中，NH_4^+ 倾向于转变成 NH_3。当肠道pH偏碱时，氨的吸收加强。临床上对高血氨患者采用弱酸性透析液作结肠透析，禁止用碱性肥皂水灌肠，就是为了减少肠道氨的吸收。

3. 肾脏来源的氨　肾小管上皮细胞中的谷氨酰胺在谷氨酰胺酶的催化下水解成谷氨酸和 NH_3，这部分氨分泌到肾小管腔中主要与尿中的 H^+ 结合成 NH_4^+，以铵盐的形式由尿排出体外，这对调节机体的酸碱平衡起着重要作用。酸性尿有利于肾小管细胞中的氨扩散入尿，但碱性尿则可妨碍肾小管细胞中的 NH_3 分泌，此时氨易被重吸收入血，引起血氨升高。因此，临床上对肝硬化而产生腹水的患者，为减少肾小管对氨的重吸收，不宜使用碱性利尿药（如双氢克尿噻），以免血氨升高。

二、氨的转运

氨是有毒物质，各组织中产生的氨如何以无毒的方式经血液运输到肝合成尿素或运输到肾以铵盐的形式排出？现已知，氨在血液中主要是以丙氨酸及谷氨酰胺两种形式转运。

（一）丙氨酸-葡萄糖循环

肌肉中的氨基酸经转氨基作用将氨基转给丙酮酸生成丙氨酸；丙氨酸经血液运到肝。在肝中，丙氨酸通过联合脱氨基作用，释放出氨，用于合成尿素。转氨基后生成的丙酮酸可经糖异生途径生成葡萄糖。葡萄糖由血液输送到肌组织，沿糖酵解途径转变成丙酮酸，后者再接受氨基而生成丙氨酸。丙氨酸和葡萄糖反复地在肌肉和肝之间进行氨的转运，故将这一途径称为丙氨酸-葡萄糖循环（alanine-glucose cycle）。通过这个循环，既可以使肌肉中的氨以无毒的丙氨酸形式运输到肝，同时，肝又为肌肉提供了生成丙酮酸的葡萄糖（图10-9）。

（二）谷氨酰胺的运氨作用

谷氨酰胺是氨的另一种转运形式，它主要从脑、肌肉等组织向肝或肾转运氨。脑组织中产生的氨可转变为谷氨酰胺并以谷氨酰胺的形式运到脑外。因此，合成谷氨酰胺是脑组织中解氨毒的主要方式。氨与谷氨酸在谷氨酰胺合成酶（glutamine synthetase）的催化下生成谷氨酰胺，并由血液输送到肝或肾，再经谷氨酰胺酶（glutaminase）水解成谷氨酸及氨。谷氨酰胺的合成与分解是由不同酶催化的不可逆反应，其合成需要ATP参与，并消耗能量。临床上对氨中毒患者可服用或输入谷氨酸盐，以降低氨的浓度。

笔记栏

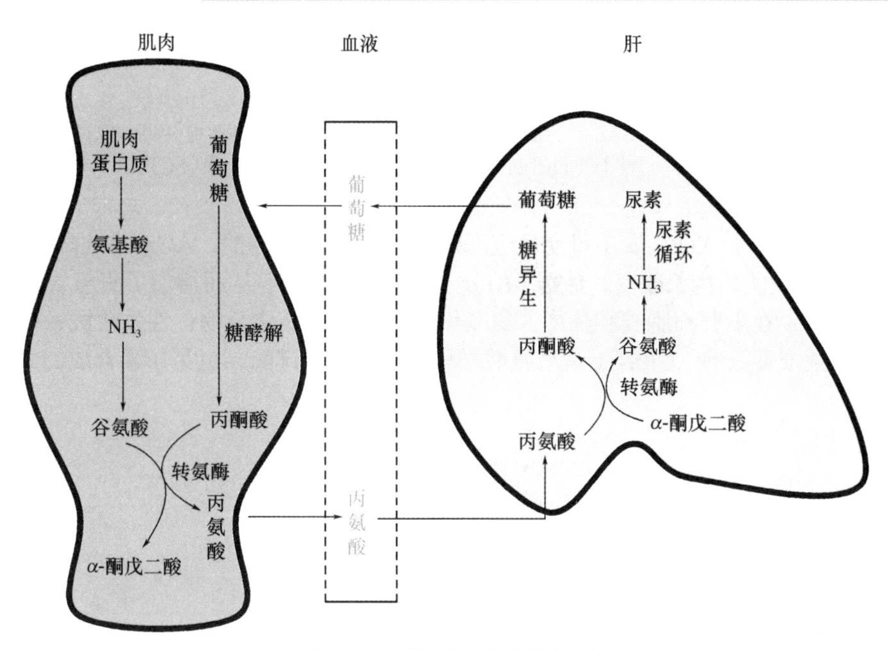

图 10-9　丙氨酸 - 葡萄糖循环

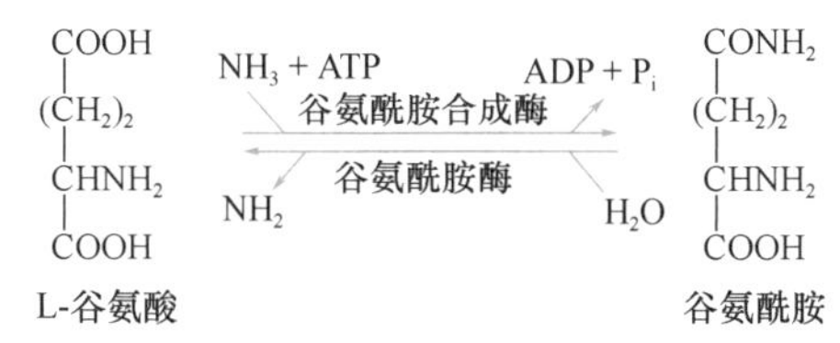

谷氨酰胺既是氨的解毒产物，也是氨的储存及运输形式。谷氨酰胺在肾脏分解生成氨与谷氨酸，氨与原尿中 H^+ 结合形成铵盐随尿排出，这也有利于调节酸碱平衡。

三、氨的去路

（一）合成尿素

氨在体内的主要去路是在肝合成尿素，然后由肾排出。正常人尿素占排氮总量的 80% ～ 90%，肝是合成尿素的最主要器官，肾及脑等其他组织虽然也能合成尿素，但合成量甚微。

早在 1932 年，德国学者 Krebs 和 Henseleit 首次提出了鸟氨酸循环（ornithine cycle）学说，又称尿素循环（urea cycle）或 Krebs-Henseleit 循环。鸟氨酸循环学说的实验根据：将大鼠肝的薄切片放在有氧条件下加铵盐保温数小时后，铵盐的含量减少，同时尿素增多。另外，在切片中，分别加入不同化合物，并观察它们对尿素生成的影响，发现鸟氨酸、瓜氨酸或精氨酸能够大大加速尿素的合成。根据以上三种氨基酸的结构推断，它们彼此相关，即鸟氨酸可能是瓜氨酸的前体，而瓜氨酸又是精氨酸的前体。进一步实验发现，当大量鸟氨酸与肝切片及 NH_4^+ 一起保温时，的确有瓜氨酸的积聚。基于这些事实，Krebs 和 Henseleit 提出了一个循环机制，即鸟氨酸先与氨及 CO_2 结合生成瓜氨酸；然后瓜氨酸再接受 1 分子氨生成精氨酸；接着精氨酸又被水解产生尿素和新的鸟氨酸。此鸟氨酸又参与第二轮循环（图 10-10）。由此可见，在这个循环过程中，鸟氨酸所起的作用与三羧酸循环中草酰乙酸所起的作用类似。后来有人用同位素标记的 $^{15}NH_4Cl$ 或含 ^{15}N 的氨基酸饲养犬，发现随尿排出的尿素含有 ^{15}N，但鸟氨酸中不含 ^{15}N；用含 ^{14}C 标记的 $NaH^{14}CO_3$ 饲养犬，随尿排出的尿素也含有 ^{14}C。由此进一步证实了尿素可由氨及 CO_2 合成。

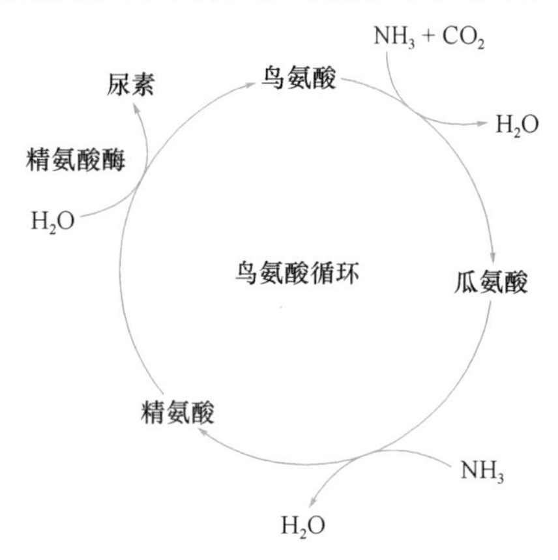

图 10-10　尿素生成的鸟氨酸循环简图

这是第一条被发现的循环代谢途径，比 Krebs 自己发现三羧酸循环还早 5 年。Krebs 一生两个循环途径的提出为生物化学的发展做出了重要贡献。

其详细反应过程可分为五步：①氨基甲酰磷酸的合成；②瓜氨酸的合成；③精氨酸代琥珀酸生成；④精氨酸的合成；⑤精氨酸水解生成尿素。

1. 氨基甲酰磷酸的合成 在 ATP、Mg^{2+} 及 *N*- 乙酰谷氨酸（*N*-acetylglutamate，AGA）存在时，氨与 CO_2 可在氨基甲酰磷酸合成酶Ⅰ（carbamoyl phosphate synthetase Ⅰ，CPS-Ⅰ）的催化下，合成氨基甲酰磷酸。

此反应需消耗 2 分子 ATP，属不可逆反应。CPS-Ⅰ是一种变构酶，AGA 是此酶的变构激活剂。AGA 的作用可能是使酶的构象改变，暴露了酶分子中的某些巯基，从而增加了酶与 ATP 的亲和力。CPS-Ⅰ和 AGA 都存在于肝细胞线粒体中。氨基甲酰磷酸是高能化合物，性质活泼，在酶的催化下易与鸟氨酸反应生成瓜氨酸，CPS-Ⅰ是鸟氨酸循环启动前的关键酶，也是尿素合成的关键酶，催化的反应不可逆。

$$CO_2 + NH_3 + H_2O + 2ATP \xrightarrow[N\text{-乙酰谷氨酸},\ Mg^{2+}]{\text{氨基甲酰磷酸合成酶Ⅰ}} H_2N{-}\overset{\overset{\displaystyle O}{\|}}{C}{-}O \sim PO_3^{2-} + 2ADP + P_i$$

氨基甲酰磷酸

$CH_3C(=O){-}NH{-}CH(COOH){-}(CH_2)_2{-}COOH$

N-乙酰谷氨酸(AGA)

2. 瓜氨酸的合成 在鸟氨酸氨基甲酰转移酶（ornithine carbamoyl transferase，OCT）的催化下，氨基甲酰磷酸与鸟氨酸缩合生成瓜氨酸。鸟氨酸氨基甲酰转移酶也存在于肝细胞的线粒体中，并通常与氨基甲酰磷酸合成酶Ⅰ结合成酶的复合体。此反应也不可逆。

3. 精氨酸代琥珀酸生成 瓜氨酸在线粒体合成后，即被转运到线粒体外，在胞质中经精氨酸代琥珀酸合成酶（argininosuccinate synthetase）催化，与天冬氨酸反应生成精氨酸代琥珀酸，此反应由 ATP 供能，精氨酸代琥珀酸合成酶是鸟氨酸循环过程中的关键酶，也是尿素合成的关键酶。天冬氨酸提供了尿素分子的第二个氮原子。

$NH_2{-}(CH_2)_3{-}CH(NH_2){-}COOH$（鸟氨酸） + $NH_2{-}C(=O){-}O \sim PO_3^{2-}$（氨基甲酰磷酸） $\xrightarrow{\text{鸟氨酸氨基甲酰转移酶}}$ $NH_2{-}C(=O){-}NH{-}(CH_2)_3{-}CH(NH_2){-}COOH$（瓜氨酸）

$NH_2{-}C(=O){-}NH{-}(CH_2)_3{-}CH(NH_2){-}COOH$（瓜氨酸） + $H_2N{-}CH(COOH){-}CH_2{-}COOH$（天冬氨酸） $\xrightarrow[ATP \quad H_2O \quad AMP + PP_i]{\text{精氨酸代琥珀酸合成酶}\ Mg^{2+}}$ $NH_2{-}C(=N{-}CH(COOH){-}CH_2{-}COOH){-}NH{-}(CH_2)_3{-}CH(NH_2){-}COOH$（精氨酸代琥珀酸）

$\xrightarrow{\text{精氨酸代琥珀酸裂解酶}}$ $NH_2{-}C(=NH){-}NH{-}(CH_2)_3{-}CH(NH_2){-}COOH$（精氨酸） + $HOOC{-}CH{=}CH{-}COOH$（延胡索酸）

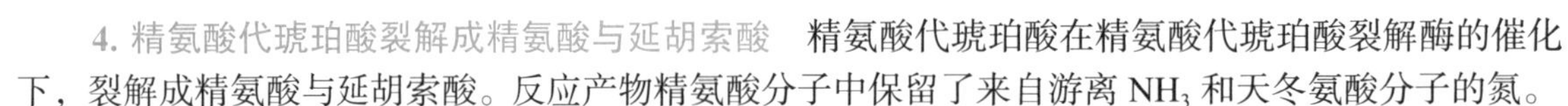

4. 精氨酸代琥珀酸裂解成精氨酸与延胡索酸 精氨酸代琥珀酸在精氨酸代琥珀酸裂解酶的催化下，裂解成精氨酸与延胡索酸。反应产物精氨酸分子中保留了来自游离 NH_3 和天冬氨酸分子的氮。

上述反应裂解生成的延胡索酸可经三羧酸循环的中间步骤转变成草酰乙酸，后者与谷氨酸进行转氨基反应，又可重新生成天冬氨酸，而谷氨酸的氨基可来自体内的多种氨基酸。由此可见，体内多种氨基酸的氨基可通过天冬氨酸的形式参与尿素的合成。

5. 精氨酸水解生成尿素 在精氨酸酶的作用，精氨酸被水解生成尿素和鸟氨酸，此反应在胞质中进行。鸟氨酸通过线粒体内膜上载体的转运再进入线粒体，并参与瓜氨酸合成。如此反复，完成尿素循环。

$$\underset{\text{精氨酸}}{NH_2-C(=NH)-NH-(CH_2)_3-CH(NH_2)-COOH} + H_2O \xrightarrow{\text{精氨酸酶}} \underset{\text{尿素}}{NH_2-C(=O)-NH_2} + \underset{\text{鸟氨酸}}{NH_2-(CH_2)_3-CH(NH_2)-COOH}$$

尿素作为代谢终产物通过肾脏排出体外，综上所述，可将尿素合成的总反应归结为图 10-11。

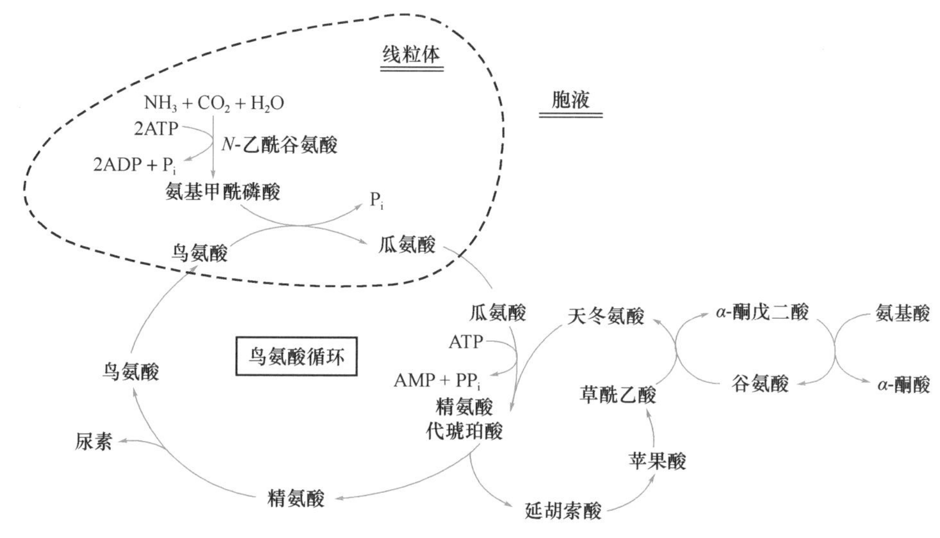

图 10-11 尿素生成的步骤和细胞定位

从图 10-11 可见，合成尿素的两个氮原子，一个主要来自氨基酸脱氨基生成的氨；另一个则由天冬氨酸提供，而天冬氨酸又可由多种氨基酸通过转氨基反应而生成。因此，尿素分子的两个氮原子都是直接或间接来源于氨基酸。另外，尿素的生成是耗能的过程，每合成 1 分子尿素需消耗 3 分子 ATP（消耗 4 个高能磷酸键）。

尿素作为代谢终产物排出体外。综上所述，尿素合成的总反应为：

$$2NH_3 + CO_2 + 3ATP + 3H_2O \longrightarrow NH_2-C(=O)-NH_2 + 2ADP + AMP + 4P_i$$

正常情况下，机体通过合适的速度合成尿素，以保证及时、充分地解除氨毒。尿素合成的速度可受多种因素的调节。

（1）食物蛋白质的影响：高蛋白质膳食时尿素的合成速度加快，排出的含氮物中尿素约占 90%；反之，低蛋白质膳食时尿素合成速度减慢，尿素排出量可低于含氮排泄量的 60%。

（2）CPS-Ⅰ的调节：氨基甲酰磷酸的生成是尿素合成的一个重要步骤，CPS-Ⅰ是尿素合成的关键酶。AGA 是 CPS-Ⅰ的变构激活剂，由乙酰 CoA 和谷氨酸通过 AGA 合成酶催化而生成。精氨酸是 AGA 合成酶的激活剂，精氨酸浓度增高时，尿素生成量增加。

（3）尿素合成酶系的调节：参与尿素合成的酶系中每种酶的相对活性相差很大，其中精氨酸代琥珀酸合成酶的活性最低，是尿素合成的限速酶，可调节尿素的合成速度。

笔记栏

（二）鸟氨酸循环的一氧化氮支路

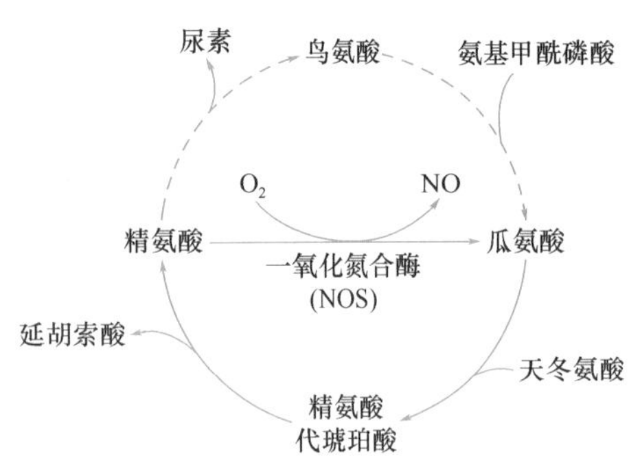

图 10-12　NO 的生成

精氨酸除在精氨酸酶的作用下，水解为尿素和鸟氨酸外，还可通过一氧化氮合酶（nitric oxide synthase，NOS）作用，使精氨酸越过上述通路直接氧化为瓜氨酸，并产生一氧化氮（NO），从而使天冬氨酸携带的氨基最终不形成尿素，而是被氧化为 NO，称为“鸟氨酸循环的 NO 支路”（图 10-12）。

NO 支路处理氨的数量有限，远不如生成尿素大循环那样多，生成的 NO 也不是代谢终产物，而是生物体内一种新型的信息分子和效应分子，兼有细胞间信息传递和神经递质的作用，参与体内众多的病理生理过程，如神经传导、血压调控、平滑肌舒张、血液凝固等。NO 是至今在体内发现的第一个气体性信息分子，1992 年被美国 *Science* 杂志评选为“明星分子”。

（三）合成非必需氨基酸

氨还可以通过还原性加氨的方式固定在 *α*- 酮戊二酸上而生成谷氨酸；谷氨酸的氨基又可以通过转氨基作用，转移给其他 *α*- 酮酸，生成相应的氨基酸，从而合成某些非必需氨基酸。

（四）生成谷氨酰胺

氨还可与谷氨酸反应生成谷氨酰胺，在肾小管上皮细胞通过谷氨酰胺酶的作用水解成氨和谷氨酸，谷氨酸被肾小管上皮细胞重吸收而进一步利用。

（五）肾脏泌氨

谷氨酰胺酶的作用使谷氨酰胺水解成的氨，由肾小管上皮细胞分泌，随尿排出。氨的来源及去路总结如下（图 10-13）。

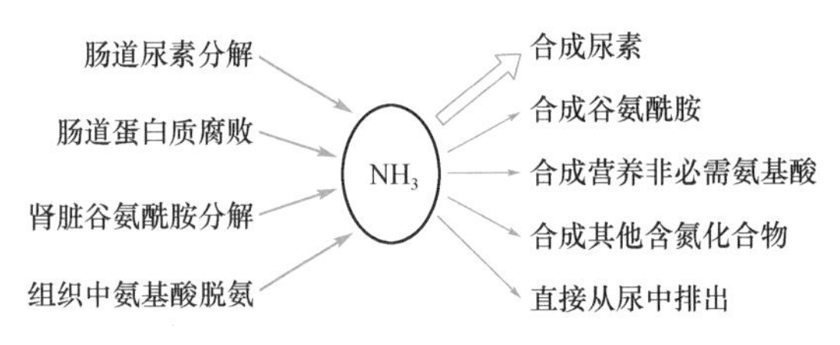

图 10-13　氨的来源及去路

（六）高氨血症和氨中毒

正常情况下，血氨的来源与去路保持动态平衡，血氨浓度处于较低水平。而氨在肝中合成尿素是维持这种平衡的关键。当某种原因，如肝功能严重受损时或尿素合成的鸟氨酸循环中某些酶的遗传性缺陷，都可导致尿素合成发生障碍，使血氨浓度升高，称为高氨血症（hyperammonemia）。高氨血症引起脑功能障碍称为肝性脑病或肝昏迷。常见的临床症状有呕吐、厌食、间歇性共济失调、嗜睡甚至昏迷等。高血氨毒性作用的机制尚不完全清楚。一般认为：氨进入脑组织，可与脑中的 *α*- 酮戊二酸结合生成谷氨酸，氨还可与脑中的谷氨酸进一步结合生成谷氨酰胺。这两步反应需分别消耗 $NADH+H^+$ 和 ATP，并使脑细胞中的 *α*- 酮戊二酸减少，导致三羧酸循环和氧化磷酸化减弱，从而使脑组织中 ATP 生成减少，引起大脑功能障碍，此乃肝性脑病发生的氨中毒学说的基础。另一种可能性是谷氨酸、谷氨酰胺增多，渗透压增大引起脑水肿。

另外，血氨浓度过高对三羧酸循环的直接影响，主要是影响 *α*- 酮戊二酸脱氢酶系（三羧酸循环的关键酶之一）的活性，该酶使 *α*- 酮戊二酸氧化脱羧生成琥珀酰 CoA，后者进一步生成琥珀酸的反应受到影响。此外，血氨浓度过高还可直接影响丙酮酸脱氢酶系的活性，使丙酮酸不能正常进行氧化脱羧生成乙酰 CoA，不能进入三羧酸循环彻底氧化。因此，血氨浓度过高使三羧酸循环受到影响，使 ATP 生成减少而使大脑的能量供应不足，出现肝性脑病。

还有可能是假神经递质导致肝性脑病：肠道内未被消化的蛋白质或未被吸收的氨基酸经肠道细菌的腐败作用能使酪氨酸脱羧基生成酪胺、苯丙氨酸脱羧基生成苯乙胺，若有肝功能障碍则不能在肝内分解而进入脑组织，可分别经过 *β*- 羟化而生成 *β*- 羟酪胺和苯乙醇胺。它们的化学结构与儿茶酚胺类似，称为假神经递质。由于肝功能障碍使假神经递质增多，可取代正常神经递质儿茶酚胺，但假神经递质不能传递神经冲动，可使大脑发生异常抑制而出现肝性脑病。

笔记栏

案例 10-1 分析讨论

本病例临床特征为：①中年女性，农民。②生活在血吸虫病疫区，有脾大及脾切除史。③已出现发作性昏迷6次，每次持续数小时，发病前进高蛋白食物。④B超示血吸虫性肝纤维化，肝功能检查示肝细胞有损害。故诊断为：血吸虫性肝纤维化并发肝性脑病。

肝性脑病的发病机制：虽然非常复杂，但根据本病例的特点来看，仍支持氨中毒学说。患者每次发病都有比较明确的诱因，即比平时进食更多的蛋白质食物，超过了肝脏对氨的解毒功能，使氨进入脑组织，导致大脑功能受损，临床上称肝性脑病，也叫肝昏迷。其发病机制一般用氨中毒学说解释。由此也说明了患者的肝功能处于代偿与非代偿的边缘状态，氮负荷明显降低。因此，患者进食高蛋白食物是导致肝性脑病发生的直接原因。限制蛋白质的摄入量是控制该病发生的一个重要方面。对发作性昏迷的患者进行诊治时，若病史不明确或者有关资料较少难以确诊时，则应考虑肝性脑病的可能。

肝性脑病临床表现是严重肝病引起的以代谢紊乱为基础的中枢神经系统综合征，临床上以意识障碍和昏迷为主要表现，实验室检查包括肝功能和血氨。

肝性脑病的防治原则：限制蛋白质的摄入量、降低血氨浓度和防止氨进入脑组织是治疗本病的关键，临床上常采取服用酸性利尿剂、酸性盐水灌肠、静脉滴注或口服谷氨酸盐、精氨酸等降血氨药物等措施，其目的就是一个，降低患者的血氨浓度。另外，服用一些保肝药物也是非常必要的。

微课 10-2

第5节 个别氨基酸的代谢

氨基酸的分解代谢，除了脱氨基作用之外，某些氨基酸还有特殊的代谢途径，通过这些代谢途径可以生成具有重要生理功能的生物活性物质。本节首先介绍某些氨基酸的另一些代谢方式，如氨基酸的脱羧基作用和一碳单位的代谢，然后介绍含硫氨基酸、芳香族氨基酸及支链氨基酸的代谢。

一、氨基酸的脱羧基作用

体内部分氨基酸也可进行脱羧基作用（decarboxylation）生成相应的胺，催化这些反应的是氨基酸脱羧酶（decarboxylase）。氨基酸脱羧酶的辅酶是磷酸吡哆醛。

（一）γ-氨基丁酸

谷氨酸脱羧基生成γ-氨基丁酸（γ-aminobutyric acid，GABA），催化此反应的酶是谷氨酸脱羧酶，此酶在脑、肾组织中活性很高，所以脑中GABA的含量较多。GABA是中枢神经抑制性神经递质，对中枢神经有抑制作用。临床上对妊娠呕吐和小儿搐搦患者常用维生素B_6治疗，加强氨基酸脱羧酶的活性，增加GABA生成，以抑制神经过度兴奋。

$$\underset{\text{谷氨酸}}{HOOC-(CH_2)_2-CHNH_2-COOH} \xrightarrow[\quad -CO_2\quad]{\text{L-谷氨酸脱羧酶}} \underset{\gamma\text{-氨基丁酸}}{HOOC-(CH_2)_2-CH_2NH_2}$$

（二）组胺

组氨酸脱羧基生成组胺（histamine），反应由组氨酸脱羧酶催化。组胺在体内分布广泛，乳腺、肺、肝、肌肉及胃黏膜中含量较高，主要存在于肥大细胞中。

$$\underset{\text{L-组氨酸}}{\text{咪唑环}-CH_2CH(NH_2)COOH} \xrightarrow[\quad -CO_2\quad]{\text{组氨酸脱羧酶}} \underset{\text{组胺}}{\text{咪唑环}-CH_2CH_2NH_2}$$

组胺是一种强烈的血管扩张剂，并能增加毛细血管的通透性。组胺可使平滑肌收缩，引起支气管痉挛导致哮喘。组胺还能促进胃黏膜细胞分泌胃蛋白酶原及胃酸。创伤性休克或炎症病变部位可有组胺的释放。

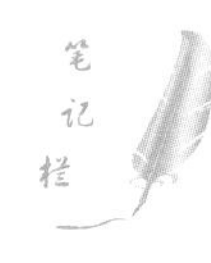

（三）牛磺酸

半胱氨酸首先氧化成磺酸丙氨酸，再脱去羧基生成牛磺酸（taurine）。牛磺酸是结合胆汁酸的结合剂。人体内牛磺酸主要来自食物，主要由肾脏排泄。

$$\underset{\text{L-半胱氨酸}}{\begin{matrix}CH_2SH\\|\\CH-NH_2\\|\\COOH\end{matrix}}\xrightarrow{3[O]}\underset{\text{磺酸丙氨酸}}{\begin{matrix}CH_2SO_3H\\|\\CH-NH_2\\|\\COOH\end{matrix}}\xrightarrow[\searrow CO_2]{\text{磺酸丙氨酸脱羧酶}}\underset{\text{牛磺酸}}{\begin{matrix}CH_2SO_3H\\|\\CH_2NH_2\end{matrix}}$$

近年研究发现，牛磺酸具有广泛的生物学功能，脑组织中有较多的牛磺酸，它是一种中枢神经抑制性神经递质，调节着中枢神经系统的兴奋性；维持正常的视觉和视网膜结构；具有抗心律失常、降血压和保护心肌的作用；是维持血液、免疫和生殖系统正常功能所必需的物质；可促进婴幼儿的生长发育，被认为是婴幼儿的必需营养素。其细胞保护作用表现为维持细胞内外渗透压平衡、直接稳膜作用、调节细胞钙稳态、清除自由基及抗脂质过氧化损伤等。

（四）5-羟色胺

在色氨酸羟化酶的作用下，色氨酸先羟化生成5-羟色氨酸，然后经脱羧酶作用生成5-羟色胺（5-hydroxytryptamine，5-HT）。

$$\underset{\text{色氨酸}}{\text{(吲哚-3-基)}-CH_2-\overset{\overset{NH_2}{|}}{CH}-COOH}\xrightarrow{\text{色氨酸羟化酶}}\underset{\text{5-羟色氨酸}}{HO-\text{(吲哚-3-基)}-CH_2-\overset{\overset{NH_2}{|}}{CH}-COOH}$$

$$\xrightarrow{\text{5-羟色氨酸脱羧酶}}\underset{\text{5-羟色胺}}{HO-\text{(吲哚-3-基)}-CH_2-CH_2NH_2}$$

在脑内，5-羟色胺是一种神经递质，主要具有抑制作用。现已知中枢神经系统有5-羟色胺能神经元。在外周组织，5-羟色胺有很强的收缩血管作用，但能扩张骨骼肌血管。5-羟色胺广泛分布于体内各组织，除神经组织外，还存在于胃肠、血小板及乳腺细胞中。

经单胺氧化酶作用，5-羟色胺可以生成5-羟色醛，进一步氧化而成5-羟吲哚乙酸。类癌患者尿中5-羟吲哚乙酸排出量明显升高。

（五）多胺

某些氨基酸经脱羧基作用可以产生多胺（polyamines）。例如，鸟氨酸脱羧酶催化鸟氨酸脱羧生成腐胺；*S*-腺苷甲硫氨酸脱羧酶催化*S*-腺苷甲硫氨酸脱羧产生*S*-腺苷-3-甲基硫基丙胺。在丙胺转移酶作用下，*S*-腺苷-3-甲基硫基丙氨分子中丙氨基被转移到腐胺分子上形成精脒（spermidine）；在精脒分子上再加上一个丙氨基即可生成精胺（spermine）。反应如下：

$$\text{L-鸟氨酸}\xrightarrow[-CO_2]{\text{鸟氨酸脱羧酶}}H_2N-(CH_2)_4-NH_2\ (\text{腐胺})$$

$$S\text{-腺苷甲硫氨酸 (SAM)}\xrightarrow[-CO_2]{\text{SAM脱羧酶}}\text{腺苷}-\overset{\overset{CH_3}{|}}{S}-(CH_2)_3-NH_2\ (\text{脱羧基 SAM})$$

$$\text{腐胺}+\text{脱羧基 SAM}\xrightarrow[\text{-腺苷-S-}CH_3]{\text{丙胺转移酶}}H_2N-(CH_2)_4-NH-(CH_2)_3-NH_2\ (\text{精脒})$$

$$\text{精脒}+\text{脱羧基 SAM}\xrightarrow[\text{-腺苷-S-}CH_3]{\text{丙胺转移酶}}H_2N-(CH_2)_3-NH-(CH_2)_4-NH-(CH_2)_3-NH_2\ (\text{精胺})$$

精脒与精胺称为多胺，是调节细胞生长的重要物质。凡生长旺盛的组织，如胚胎、再生肝、生长激素作用的细胞及癌瘤组织等，多胺的含量都较高，作为多胺合成限速酶的鸟氨酸脱羧酶（ornithine decarboxylase，ODC）活性均较强。多胺促进细胞增殖的机制可能与稳定核酸和细胞结构，促进核酸和蛋白质的合成有关。临床上常把测定癌瘤患者血或尿中多胺的含量作为观察病情的一个重要指标。

二、一碳单位的代谢

（一）一碳单位（one carbon unit）

某些氨基酸在分解代谢过程中产生的含有一个碳原子的有机基团称为一碳单位，主要包括甲基（$—CH_3$，methyl）、亚甲基（$—CH_2—$，methylene）、次甲基（—CH═，methenyl）、甲酰基（—CHO，formyl）及亚氨甲基（—CH═NH，formimino）等五种。但 CO_2 不属于一碳单位。

（二）一碳单位与四氢叶酸

一碳单位不能游离存在，一碳单位是与四氢叶酸结合而进行转运并参与代谢，因此，四氢叶酸（FH_4）是一碳单位的运载体和代谢的辅酶。一般说来，一碳单位通常结合在 FH_4 分子的 N^5、N^{10} 位上。哺乳类动物体内，四氢叶酸可由叶酸经二氢叶酸还原酶的催化，通过两步还原反应而生成。四氢叶酸的结构与生成反应如下：

5，6，7，8-四氢叶酸（FH_4）

$$\text{叶酸}\xrightarrow[\text{NADPH(H}^+)\ \ \text{NADP}^+]{\text{二氢叶酸还原酶}}\text{二氢叶酸}\xrightarrow[\text{NADPH(H}^+)\ \ \text{NADP}^+]{\text{二氢叶酸还原酶}}\text{四氢叶酸}$$

（三）一碳单位与氨基酸代谢

能产生一碳单位的氨基酸主要有丝氨酸、甘氨酸、组氨酸及色氨酸。

$$\underset{\text{丝氨酸}}{CH_2OH-CHNH_2-COOH} + FH_4 \xrightarrow[-H_2O]{\text{丝氨酸羟甲基转移酶}} N^5,N^{10}-CH_2-FH_4 + \underset{\text{甘氨酸}}{CH_2NH_2-COOH}$$

$$\underset{\text{甘氨酸}}{CH_2NH_2-COOH} + FH_4 \xrightarrow[NAD^+\ \ NADH^+ + H^+]{\text{甘氨酸裂解酶}} CO_2 + NH_3 + N^5,N^{10}-CH_2-FH_4$$

$$\text{组氨酸}\longrightarrow\text{亚氨甲基谷氨酸 } HOOC-CH(N\text{-}CH{=}NH)-(CH_2)_2-COOH \xrightarrow[FH_4\ \ N^5-CH{=}NH-FH_4]{\text{亚氨甲基转移酶}} \text{谷氨酸 } COOH-(CH_2)_2-CHNH_2-COOH$$

$$\text{色氨酸}\longrightarrow HCOOH\ (\text{甲酸}) + \text{犬尿氨酸}$$

$$HCOOH \xrightarrow[N^{10}-CHO-FH_4\ \text{合成酶}]{FH_4,\ ATP\ \to\ ADP + P_i} N^{10}-CHO-FH_4$$

（四）一碳单位的相互转变

在适当条件下，一碳单位之间可以通过氧化还原反应而彼此转变（图10-14）。但在这些反应中，N^5-甲基四氢叶酸的生成反应基本是不可逆的。

笔记栏

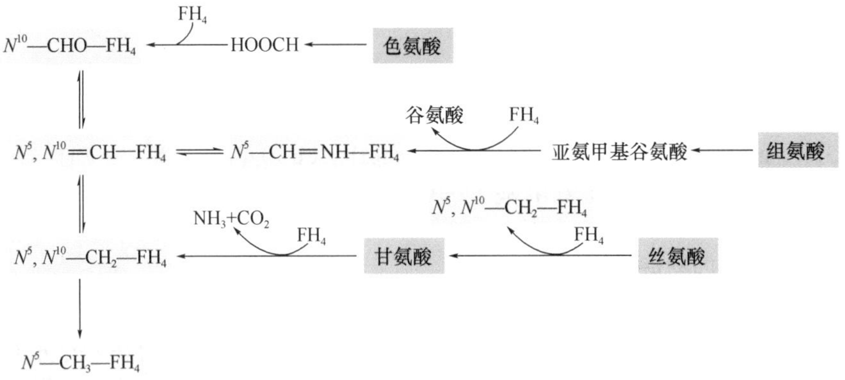

图 10-14 一碳单位的代谢

（五）一碳单位的生理功能

一碳单位的生理功能主要是作为合成嘌呤及嘧啶的原料，故在核酸生物合成中占有重要地位。一碳单位是合成核苷酸进而合成 DNA 和 RNA 的原料。例如，N^{10}—CHO—FH_4 与 N^5，N^{10}═CH—FH_4 分别提供嘌呤合成时 C_2 与 C_8 的来源；N^5，N^{10}—CH_2—FH_4 提供胸苷酸（dTMP）合成时甲基的来源（见第 11 章 核苷酸代谢）。一碳单位的生成和转移障碍，使核酸合成受阻，妨碍细胞增殖，造成某些病理情况，如巨幼红细胞贫血等。由此可见，一碳单位将氨基酸与核酸代谢密切联系起来。磺胺药及某些抗恶性肿瘤药（甲氨蝶呤等）也正是分别通过干扰细菌及恶性肿瘤细胞的叶酸、四氢叶酸合成，进一步影响一碳单位代谢与核酸合成而发挥其药理作用。

三、含硫氨基酸的代谢

体内的含硫氨基酸有三种，即甲硫氨酸（Met）、半胱氨酸（Cys）和胱氨酸，其中甲硫氨酸是必需氨基酸。这三种氨基酸的代谢是相互联系的，甲硫氨酸又被称为蛋氨酸，可以转变为半胱氨酸和胱氨酸，半胱氨酸和胱氨酸也可以互变，但后两者不能转变为甲硫氨酸。

（一）甲硫氨酸的代谢

1. 甲硫氨酸与转甲基作用 甲硫氨酸分子中含有 *S*- 甲基，通过转甲基作用可以生成多种含甲基的重要生理活性物质，如肌酸、肾上腺素、肉毒碱等。但是，甲硫氨酸在转甲基之前，必须先与 ATP 作用，生成 *S*- 腺苷甲硫氨酸（SAM）。此反应由甲硫氨酸腺苷转移酶催化。SAM 中的甲基称为活性甲基，SAM 称为活性甲硫氨酸。活性甲硫氨酸在甲基转移酶（methyl transferase）的作用下，可将甲基转移至另一种物质，使其甲基化（methylation），而活性甲硫氨酸即变成 *S*- 腺苷同型半胱氨酸，后者进一步脱去腺苷，生成同型半胱氨酸（homocysteine）。

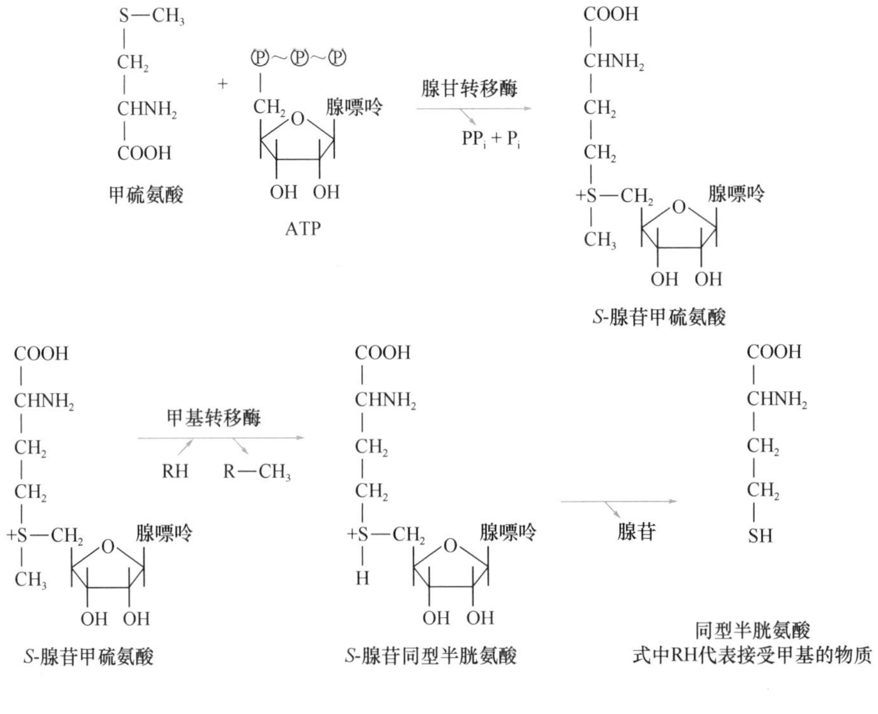

式中RH代表接受甲基的物质

甲基化作用是体内重要的代谢反应之一，具有广泛的生理意义（包括DNA与RNA的甲基化），而SAM则是体内最重要的甲基直接供给体。据统计，体内有50多种物质需要SAM提供甲基，生成甲基化合物。

2. 甲硫氨酸循环　甲硫氨酸在体内最主要的分解代谢途径是通过上述转甲基作用而提供甲基，与此同时产生的*S*-腺苷同型半胱氨酸进一步转变成同型半胱氨酸。体内同型半胱氨酸主要通过两条途径进行代谢，即甲基化途径和转硫途径。

（1）甲基化途径：约50%的同型半胱氨酸经此途径重新合成甲硫氨酸。同型半胱氨酸可以接受N^5-甲基四氢叶酸提供的甲基，重新生成甲硫氨酸，形成一个循环过程，即称为甲硫氨酸循环（methionine cycle）（图10-15）。这个循环的生理意义是由$N^5—CH_3—FH_4$供给甲基合成甲硫氨酸，再通过此循环中的SAM提供甲基，以进行体内广泛存在的甲基化反应。因此，$N^5—CH_3—FH_4$可看成是体内甲基的间接供体。

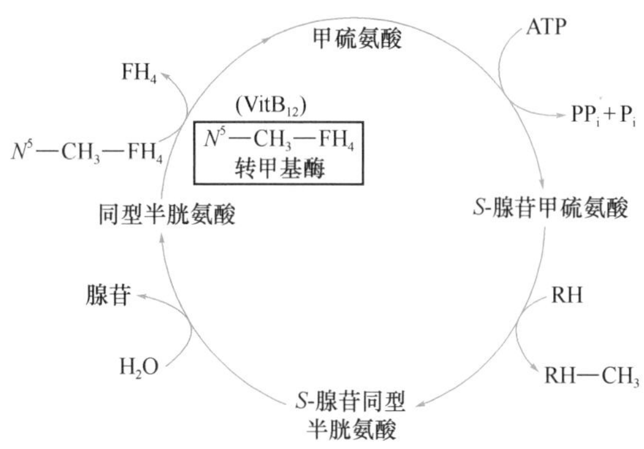

图10-15　甲硫氨酸循环

应当注意的是，由$N^5—CH_3—FH_4$提供甲基使同型半胱氨酸转变成甲硫氨酸的反应是目前已知体内能利用$N^5—CH_3—FH_4$的唯一反应。催化此反应的N^5-甲基四氢叶酸转甲基酶，又称甲硫氨酸合成酶，其辅酶是维生素B_{12}，它参与甲基的转移。维生素B_{12}缺乏时，$N^5—CH_3—FH_4$上的甲基不能转移，这不仅不利于甲硫氨酸的生成，同时也影响四氢叶酸的再生，使组织中游离的四氢叶酸含量减少，导致核酸合成障碍，影响细胞分裂。可见，维生素B_{12}不足时可以引起巨幼红细胞性贫血；同时同型半胱氨酸在血中浓度升高，可能是动脉粥样硬化和冠心病的独立危险因子。研究发现同型半胱氨酸的作用机制包括刺激心血管细胞增殖等多种作用，甚至引起更为广泛的医学问题。如果由于遗传缺陷造成甲硫氨酸代谢障碍，引起体内同型半胱氨酸含量高达几百纳摩尔每升，患儿往往由于严重的心血管疾病而早死。

（2）转硫途径：另约50%的同型半胱氨酸经转硫途径不可逆生成半胱氨酸和α-酮丁酸，此过程需维生素B_6依赖的胱硫醚β合成酶的催化。因此，科学家们试图用转硫途径等多种手段降低血中同型半胱氨酸浓度，达到预防心血管疾病等的作用。

3. 甲硫氨酸为肌酸合成提供甲基　肌酸（creatine）和磷酸肌酸（creatine phosphate）是能量储存与利用的重要化合物。肌酸以甘氨酸为骨架，由精氨酸提供脒基，*S*-腺苷甲硫氨酸提供甲基而合成，肝是合成肌酸的主要器官。在肌酸激酶（creatine kinase，CK）的催化下，肌酸接受ATP的高能磷酸基形成磷酸肌酸。磷酸肌酸在心肌、骨骼肌及脑组织中含量丰富。

肌酸和磷酸肌酸的终末代谢产物是肌酸酐（creatinine）。肌酸酐主要在肌肉中通过磷酸肌酸的非酶促反应生成。肌酸、磷酸肌酸和肌酸酐的代谢见图10-16。肌酸酐随尿排出，正常人，每日尿中肌酸酐的排出量恒定。当肾功能障碍时，肌酸酐排出受阻，血中浓度升高。血中肌酸酐的测定有助于肾功能不全的诊断。

肌酸激酶由M亚基（肌型）与B亚基（脑型）两种亚基组成，有MM型、MB型及BB型三种同工酶。它们在体内各组织中的分布不同，MM型主要在骨骼肌（muscle），MB型主要在心肌，BB型主要在脑（brain）。心肌梗死时，血中MB型肌酸激酶活性增高，可作为辅助诊断的指标之一。

（二）半胱氨酸的代谢

1. 半胱氨酸与胱氨酸互变　半胱氨酸含有巯基，可形成二硫键而生成胱氨酸。

$$2\begin{array}{c}CH_2\boxed{SH}\\|\\CHNH_2\\|\\COOH\end{array}\underset{+2H}{\overset{-2H}{\rightleftharpoons}}\begin{array}{ccc}CH_2&—S—S—&CH_2\\|&&|\\CHNH_2&&CHNH_2\\|&&|\\COOH&&COOH\end{array}$$

半胱氨酸　　　　　　　胱氨酸

蛋白质中两个半胱氨酸残基之间形成的二硫键对维持蛋白质的结构具有重要作用。体内许多重要酶的活性均与其分子中半胱氨酸残基上巯基的存在直接有关，故有巯基酶之称。

笔记栏

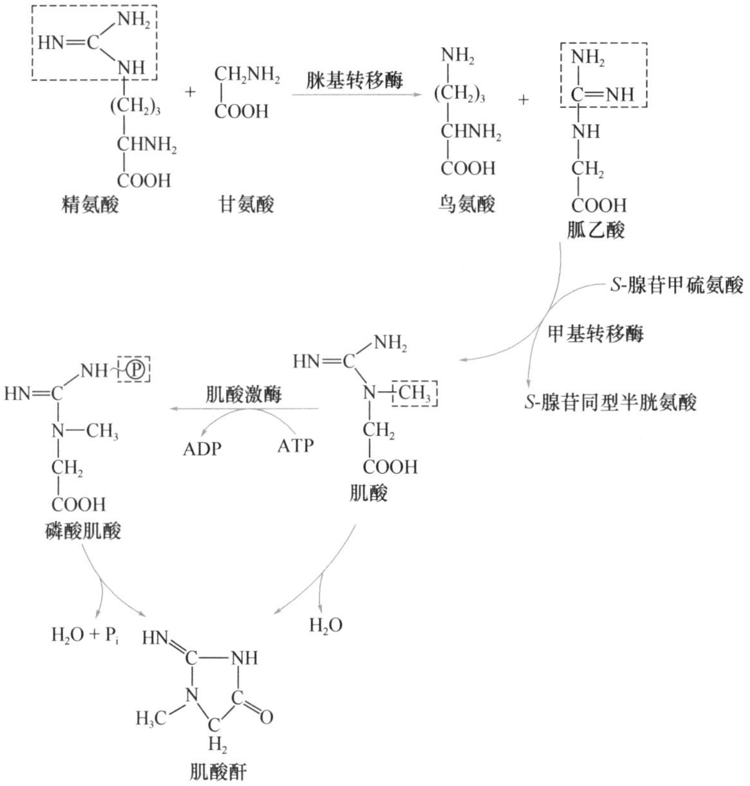

精氨酸 + 甘氨酸 —胍基转移酶→ 鸟氨酸 + 胍乙酸

胍乙酸 —甲基转移酶（S-腺苷甲硫氨酸 → S-腺苷同型半胱氨酸）→ 肌酸

肌酸 —肌酸激酶（ATP → ADP）→ 磷酸肌酸

磷酸肌酸 → 肌酐 + H_2O + P_i；肌酸 → 肌酐 + H_2O

图 10-16 肌酸代谢

有些毒物，如芥子气、重金属盐等，能与酶分子的巯基结合而抑制酶活性，从而发挥其毒性作用。

2. 硫酸根的代谢 半胱氨酸是体内硫酸根的主要来源，体内的硫酸根一部分以无机盐形式随尿排出，另一部分则经 ATP 活化成活性硫酸根，即 3′- 磷酸腺苷 -5′- 磷酸硫酸（3′-phospho–adenosine-5′-phospho-sulfate，PAPS），通过 PAPS 使一些物质形成硫酸酯。

$$ATP + SO_4^{2-} \xrightarrow{-PP_i} \underset{\text{腺苷-5'-磷酸硫酸}}{AMP—SO_3^-} \xrightarrow{+ATP} \underset{\text{PAPS}}{3—PO_3H_2—AMP—SO_3^-} + ADP$$

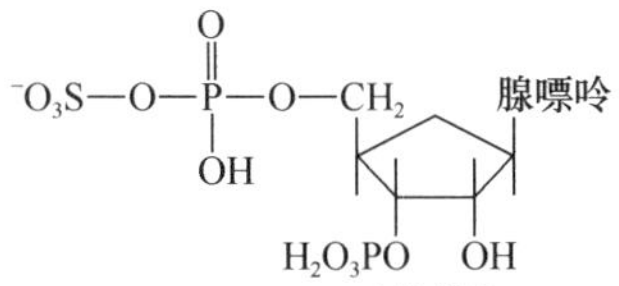

PAPS的结构

PAPS 化学性质活泼，在肝生物转化中可提供硫酸根使某些物质生成硫酸酯。例如，类固醇激素可形成硫酸酯而被灭活，一些外源性酚类化合物也可以形成硫酸酯而排出体外。此外，PAPS 还可参与硫酸角质素及硫酸软骨素等分子中硫酸化氨基糖的合成。

3. 生成谷胱甘肽 半胱氨酸、谷氨酸和甘氨酸可组成谷胱甘肽，为体内重要生物活性肽。体内存在的还原型谷胱甘肽能保护酶分子上的巯基，也具有解毒和抗氧化等重要生理功能，能保护酶和蛋白质的巯基不被氧化。

四、芳香族氨基酸的代谢

芳香族氨基酸包括苯丙氨酸、酪氨酸和色氨酸。其中苯丙氨酸、色氨酸是必需氨基酸。

苯丙氨酸在结构上与酪氨酸相似，且体内苯丙氨酸可转变成酪氨酸，所以合并在一起叙述。

案例 10-2

患儿王某，男，7 岁，就诊时其母代诉：患儿出生时未见异常，一周岁后发现有生长发育迟缓，随着年龄的增大，智力发育明显低于同龄人，生长迟缓、多动，毛发浅淡色，身上有特殊的发霉样气味。尿液三氯化铁试验立即呈现绿色反应，二硝基苯肼试验呈黄色沉淀。

笔记栏

问题讨论：1. 该病初步诊断是什么？
　　　　　2. 该病的防治原则有哪些？

（一）苯丙氨酸和酪氨酸的代谢

1. 生成酪氨酸　正常情况下，苯丙氨酸的主要代谢是经羟化作用生成酪氨酸。催化此反应的酶是苯丙氨酸羟化酶（phenylalanine hydroxylase，PHA）。苯丙氨酸羟化酶是一种单加氧酶，其辅酶是四氢生物蝶呤，催化的反应不可逆，因而酪氨酸不能转变为苯丙氨酸。

COOH—CHNH$_2$—CH$_2$—C$_6$H$_5$ (苯丙氨酸) + O_2 —[苯丙氨酸羟化酶；四氢生物蝶呤 → 二氢生物蝶呤；NADPH + H^+ → $NADP^+$]→ COOH—CHNH$_2$—CH$_2$—C$_6$H$_4$—OH (酪氨酸) + H_2O

2. 生成苯丙酮酸与苯丙酮酸尿症　正常情况下苯丙氨酸代谢的主要途径是转变成酪氨酸。苯丙氨酸除能转变为酪氨酸外，少量可经转氨基作用生成苯丙酮酸。当苯丙氨酸羟化酶先天性缺乏时，苯丙氨酸不能正常地转变成酪氨酸，体内的苯丙氨酸蓄积，此时苯丙氨酸可经转氨基作用生成苯丙酮酸，尿中出现大量苯丙酮酸等代谢产物，称为苯丙酮尿症（phenyl ketonuria，PKU）。苯丙酮酸的堆积对中枢神经系统有毒性，使脑发育障碍，患儿智力低下。

案例 10-2 分析讨论 1

实验室检查显示：尿液三氯化铁试验立即呈现绿色反应（阳性），二硝基苯肼试验呈黄色沉淀（阳性）。此两项都是检查尿液中苯丙酮酸含量的指标。表明患儿王某尿液中苯丙酮酸含量很高，身上又有特殊的发霉样（苯乙酸）气味，这些都是苯丙酮尿症的特点。因此，初步诊断为苯丙酮尿症。

苯丙酮酸可进一步转变成苯乙酸等衍生物。

COOH—CHNH$_2$—CH$_2$—C$_6$H$_5$ (苯丙氨酸) —[苯丙氨酸转氨酶]→ COOH—C=O—CH$_2$—C$_6$H$_5$ (苯丙酮酸) → COOH—CH$_2$—C$_6$H$_5$ (苯乙酸)

苯丙酮尿症为常染色体隐性遗传病，智力低下为本病最突出的表现。按酶缺陷的不同可分为经典型和四氢生物蝶呤（BH_4）缺乏型两种，大多数为经典型。经典型 PKU 是由于患儿肝细胞缺乏苯丙氨酸 -4- 羟化酶（基因位于 12q22-24.1）所致。BH_4 缺乏型 PKU 是由于缺乏鸟苷三磷酸环化水合酶（基因位于 14q22.1-q22.2）、二氢蝶呤还原酶（DHPR）等所致。苯丙酮酸的堆积对中枢神经系统有毒性，故患儿有智力发育障碍。

本病为少数可治的遗传性代谢病之一，对此种患儿的治疗原则是早期发现，并适当控制膳食中的苯丙氨酸含量。我国有些地方正在开展新生儿的 PKU 筛查，旨在及时发现所有可疑的 PKU 婴儿，做出早期诊断，以便得到及时的治疗。

案例 10-2 分析讨论 2

患儿在出生后 3 个月内就需用低苯丙氨酸膳食（如低苯丙氨酸的奶粉）治疗，控制血中苯丙氨酸浓度，可改善症状，防止痴呆发生。这种治疗至少要坚持到 10 岁，甚至终生。在停止饮食治疗前需作负荷试验，即进苯丙氨酸含量正常的普通饮食，观察血中苯丙氨酸浓度和脑电图是否保持正常。若是，则可停止饮食治疗。饮食治疗中，给予低苯丙氨酸及高酪氨酸膳食最为合理。因苯丙氨酸是必需氨基酸，酪氨酸可由苯丙氨酸转变而成，当限制苯丙氨酸后，则相当于酪氨酸成了必需氨基酸。女性患病若幼时治疗恰当，可正常生长发育；但到妊娠时，则应使用低苯丙氨酸膳食，以免因再发高苯丙氨酸血症而影响胎儿正常发育。

本患儿错过了最好的治疗时机。PKU 的理想根治方法应当是基因治疗。

3. 儿茶酚胺的合成 酪氨酸经酪氨酸羟化酶作用，生成3,4-二羟苯丙氨酸（dopa，多巴）。与苯丙氨酸羟化酶相似，此酶也是以四氢生物蝶呤为辅酶的单加氧酶。在多巴脱羧酶的作用，多巴转变成多巴胺（dopamine）。多巴胺是脑中的一种神经递质，帕金森病（Parkinson disease）患者，多巴胺生成减少。在肾上腺髓质中，多巴胺侧链的β碳原子可再被羟化，生成去甲肾上腺素（norepinephrine），后者经*N*-甲基转移酶催化，由*S*-腺苷甲硫氨酸提供甲基，转变成肾上腺素（epinephrine）。多巴胺、去甲肾上腺素、肾上腺素统称为儿茶酚胺（catecholamine），即含邻苯二酚的胺类。酪氨酸羟化酶是儿茶酚胺合成的限速酶，受终产物的反馈调节。

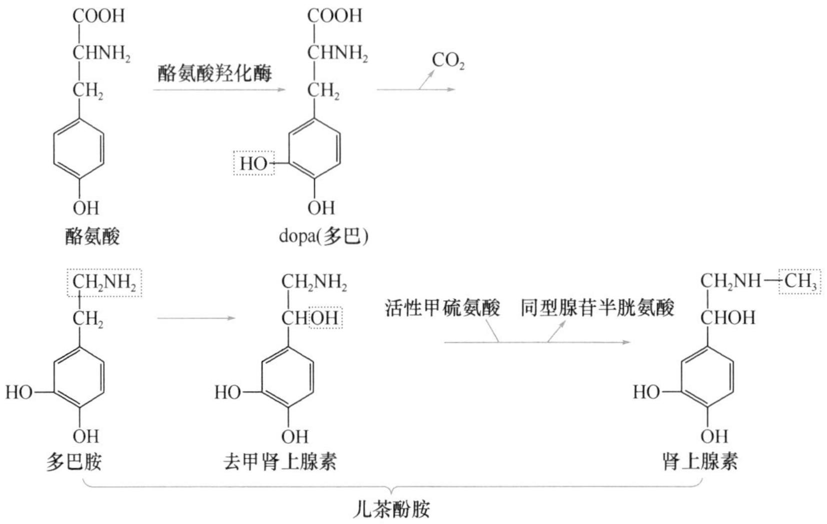

COOH, $CHNH_2$, CH_2, OH
酪氨酸
酪氨酸羟化酶
HO, OH
dopa(多巴)
CO_2
CH_2NH_2, CH_2, HO, OH
多巴胺
CH_2NH_2, CHOH, HO, OH
去甲肾上腺素
活性甲硫氨酸 同型腺苷半胱氨酸
$CH_2NH—CH_3$, CHOH, HO, OH
肾上腺素
儿茶酚胺

4. 黑色素的合成与白化病 酪氨酸代谢的另一条途径是合成黑色素（melanin）。在酪氨酸酶的催化下，黑色素细胞中的酪氨酸经羟化生成多巴，后者经氧化、脱羧等反应转变成吲哚醌。黑色素即是吲哚醌的聚合物。人体缺乏酪氨酸酶，黑色素合成障碍，导致皮肤、毛发等发白，称为白化病（albinism）。患者对阳光敏感，易患皮肤癌。

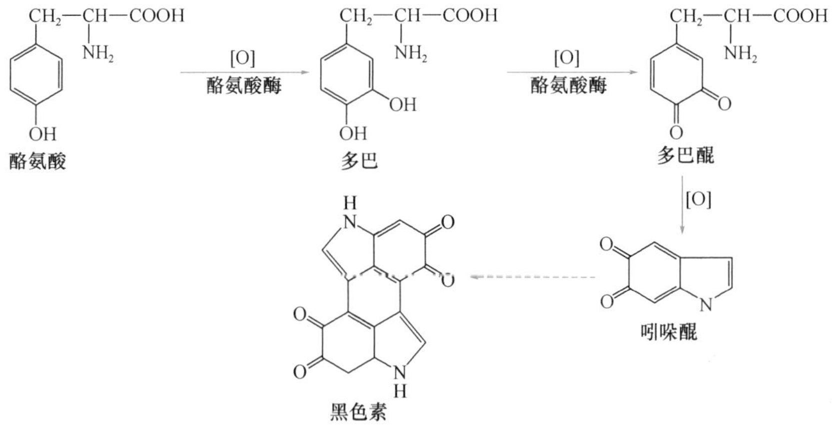

$CH_2—CH—COOH$, NH_2, OH
酪氨酸
[O] 酪氨酸酶
多巴
[O] 酪氨酸酶
多巴醌
[O]
吲哚醌
黑色素

除上述代谢途径外，酪氨酸还可在酪氨酸转氨酶的催化下，生成对羟苯丙酮酸，后者经尿黑酸等中间产物进一步转变成延胡索酸和乙酰乙酸，二者分别参与糖和脂肪酸代谢。因此，苯丙氨酸和酪氨酸是生糖兼生酮氨基酸。

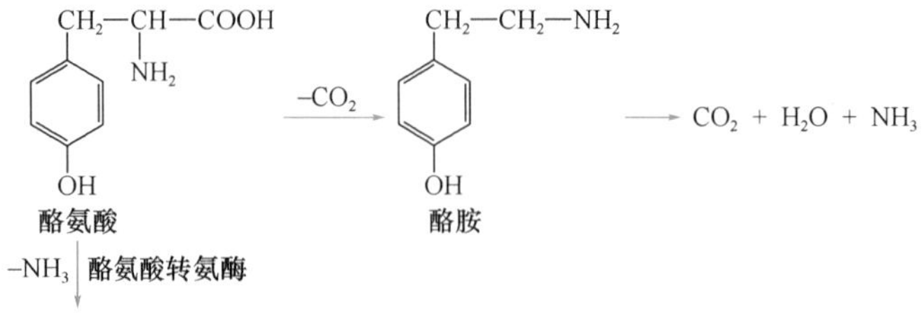

$CH_2—CH—COOH$, NH_2, OH
酪氨酸
$-CO_2$
$CH_2—CH_2—NH_2$, OH
酪胺
$\longrightarrow CO_2 + H_2O + NH_3$
$-NH_3$ 酪氨酸转氨酶

$$\text{对羟苯丙酮酸}\ \xrightarrow[\text{氧化酶，Vc}]{+O_2\quad -CO_2}\ \text{尿黑酸}\ \xrightarrow[+H_2O]{+O_2}\ \text{延胡索酸}\ (HOOC-CH=CH-COOH) + \text{乙酰乙酸}\ (CH_3-CO-CH_2-COOH)$$

（二）色氨酸的代谢

色氨酸除生成5-羟色胺外，本身还可分解代谢。在肝中，色氨酸通过色氨酸加氧酶（又称吡咯酶）的作用，生成一碳单位。色氨酸分解可产生丙酮酸与乙酰乙酰CoA，所以色氨酸是一种生糖兼生酮氨基酸。此外，色氨酸分解还可产生烟酸，这是体内合成维生素的特例，但其合成量甚少，不能满足机体的需要。

五、支链氨基酸的代谢

支链氨基酸包括亮氨酸（Leu）、异亮氨酸（Ile）和缬氨酸（Val）三种，它们都是必需氨基酸。这三种氨基酸分解代谢的开始阶段基本相同，先经转氨基作用，生成各自相应的α-酮酸，然后分别进行代谢，经过若干步骤，亮氨酸产生乙酰CoA及乙酰乙酰CoA；异亮氨酸产生乙酰CoA及琥珀酸单酰CoA；缬氨酸分解产生琥珀酸单酰CoA。因此，这三种氨基酸分别是生酮氨基酸、生糖兼生酮氨基酸及生糖氨基酸。支链氨基酸的分解代谢主要在骨骼肌中进行。

氨基酸作为组成蛋白质的基本原料，是其主要作用，它们还可以转变成其他多种含氮的生理活性物质，见表10-3。

表10-3　氨基酸衍生的重要含氮化合物

化合物	生理功能	氨基酸前体
嘌呤碱	含氮碱、核酸成分	天冬氨酸、谷氨酰胺、甘氨酸
嘧啶碱	含氮碱、核酸成分	天冬氨酸、谷氨酰胺
卟啉化合物	血红素、细胞色素	甘氨酸
肌酸、磷酸肌酸	能量储存	甘氨酸、精氨酸、甲硫氨酸
烟酸	维生素	色氨酸
儿茶酚胺	神经递质、激素	苯丙氨酸、酪氨酸
甲状腺素	激素	酪氨酸
黑色素	皮肤色素	苯丙氨酸、酪氨酸
5-羟色胺	血管收缩剂、神经递质	色氨酸
组胺	血管舒张剂	组氨酸
γ-氨基丁酸	神经递质	谷氨酸
精胺、精脒	细胞增殖促进剂	鸟氨酸、精氨酸、甲硫氨酸

小　　结

蛋白质基本组成单位是氨基酸，氨基酸的重要功能之一就是合成蛋白质。体内氨基酸主要是由食物蛋白质消化吸收、组织蛋白质分解及体内某些过程合成的。体内氨基酸去路主要是合成蛋白质，还可以转变成有特殊生理活性的含氮化合物及氧化分解释放能量。人体需要但体内又不能自身合成的，必须靠食物供给的氨基酸称营养必需氨基酸，共有8种营养必需氨基酸。

食物蛋白质的消化主要在小肠进行，由各种蛋白水解酶协同完成。水解生成的氨基酸通过载体蛋白吸收。未被消化的蛋白质和未被吸收的氨基酸在大肠下部发生腐败作用。不同的蛋白质由于所含氨基酸的种类和含量不同，其营养价值也不同。

人体内蛋白质的降解有两条：一条是非依赖ATP的溶酶体蛋白水解酶降解途径；另一条是胞质内的依赖ATP和泛素的蛋白酶体降解途径。后者被评为2004年度的诺贝尔化学奖的获奖成果。外源性与内源性的氨基酸共同构成“氨基酸代谢库”，参与体内代谢。

氨基酸的一般分解代谢包括脱氨基作用和脱羧基作用，主要是脱氨基作用。脱氨基作用方式主要有转氨基作用、氧化脱氨基及联合脱氨基等，以联合脱氨基最为重要。在转氨酶的作用下，α- 氨基酸的氨基转移至 α- 酮戊二酸，生成 L- 谷氨酸。在 L- 谷氨酸脱氢酶的催化下，L- 谷氨酸进行氧化脱氨基作用，生成氨和 α- 酮戊二酸。此途径是体内大多数氨基酸脱氨基的主要方式。由于该过程可逆，因此也是体内合成营养非必需氨基酸的重要途径。在骨骼肌等组织，氨基酸主要通过嘌呤核苷酸循环脱去氨基。人体内有 ALT（GPT）和 AST（GOT）两种重要的转氨酶。氨基酸脱氨基后生成氨及相应的 α- 酮酸，这是氨基酸的主要分解途径。

氨对中枢神经系统有毒性作用。血液中的氨主要以谷氨酰胺和丙氨酸两种形式运输。血氨的来源有氨基酸脱氨基作用、胺类物质分解；肠道吸收的氨；肾小管分泌的氨。血氨的去路除在肾脏以铵盐形式排出和参与合成非必需氨基酸等外，主要是在肝脏合成尿素，合成的机制是鸟氨酸循环，精氨酸代琥珀酸合成酶是尿素合成的限速酶。肝功能严重损伤时，可产生高氨血症及肝性脑病。体内少部分氨在肾以铵盐形式随尿排出。

α- 酮酸的代谢去路主要是部分生成非必需氨基酸，其余有些可转变成丙酮酸和三羧酸循环的中间产物而生成糖，有些可转变成乙酰 CoA 而生成脂质及氧化分解供能。由此可见，在体内，氨基酸与糖及脂肪代谢有着广泛的联系。

脱羧基作用是指一些氨基酸脱羧基生成胺类物质和 CO_2，有些胺类在体内具有重要的生理功能，如谷氨酸脱羧基生成的 γ- 氨基丁酸是一种抑制性神经递质，半胱氨酸氧化脱羧基生成牛磺酸。催化氨基酸脱羧的酶为氨基酸脱羧酶，其辅酶为磷酸吡哆醛。

一碳单位是指含有一个碳原子的基团，如甲基、甲烯基、甲炔基、甲酰基及亚氨甲基等。产生一碳单位的氨基酸主要有甘氨酸、丝氨酸、组氨酸和色氨酸。一碳单位的载体为四氢叶酸，一碳单位主要参与嘌呤、嘧啶及肾上腺素的合成等，是联系氨基酸与核酸代谢的枢纽。若叶酸、维生素 B_{12} 缺乏可致巨幼红细胞贫血。

体内含硫氨基酸主要有甲硫氨酸和半胱氨酸。通过甲硫氨酸循环，甲硫氨酸与 ATP 作用生成 *S*-腺苷甲硫氨酸（SAM），提供活性甲基，是体内甲基的直接供体。此外，还可参与肌酸等代谢。半胱氨酸与胱氨酸可以相互转变，半胱氨酸可转变成牛磺酸，后者是结合胆汁酸的组成成分。许多重要酶的活性与酶蛋白分子中半胱氨酸的自由巯基有关。半胱氨酸可参与活性硫酸（PAPS）生成。

苯丙氨酸和酪氨酸是两种重要的芳香氨基酸。苯丙氨酸经羟化酶作用生成酪氨酸，后者参与儿茶酚胺、黑色素等代谢。白化病是由于酪氨酸酶缺乏引起，苯丙酮酸尿症主要是因苯丙氨酸羟化酶缺乏所致。

（刘勇军）

笔记栏

第 11 章　核苷酸代谢

核酸是生命的基本物质，控制着生物体的遗传和变异。核酸的基本组成单位是核苷酸（nucleotides）。核苷酸在生物体内分布广泛，主要以 5′- 核苷酸形式存在，细胞中核苷酸的浓度远超脱氧核苷酸。核苷酸具有多方面生物学功能：①核苷酸是合成核酸的原料，这是其最主要的功能。②能量储存、转移和利用的载体：如 ATP 是细胞的主要能量形式，是众多代谢反应直接的能量来源。③参与代谢和生理调节：机体内 ATP、ADP 或 AMP 能变构调节关键酶的活性，影响物质代谢的进程；cAMP、cGMP 是激素信号转导过程中的第二信使。④辅酶的结构成分：如 NAD^+、$NADP^+$、FMN、FAD 及 HSCoA 等均包含 AMP 的成分，参与各类酶促反应。⑤构成活化的代谢中间物：如 UDPG 是活性葡萄糖，参与糖原合成；CDP- 胆碱、CDP- 甘油二酯参与磷脂合成；*S*- 腺苷甲硫氨酸是活性甲基供体。

人体内的核苷酸主要由机体细胞自身合成，因此与氨基酸不同，核苷酸不是营养的必需物质。核苷酸合成原料主要是葡萄糖和氨基酸，食物中的核酸降解产生的戊糖、碱基等也能部分作为补救合成的材料。核苷酸的主要去路是合成核酸，或降解为碱基、核苷或代谢终产物排出体外。细胞内核苷酸降解的中间产物碱基和核苷也能够被再利用来重新合成核苷酸。因而体内的核苷酸处于降解（degradation）和回收（salvage）的动态平衡之中。

第 1 节　核酸的酶促降解

高等生物细胞中的核酸通常与蛋白质结合构成核蛋白，这是食物中核酸存在的主要形式。食物进入到胃中，受胃酸的作用，核蛋白分解成蛋白质和核酸。核酸（包括 RNA 和 DNA）进入小肠后由胰液中的核酸酶水解成为单核苷酸，肠液中的核苷酸酶又可催化单核苷酸水解成为核苷和磷酸。核苷再经过核苷磷酸化酶的催化生成含氮碱基（嘌呤或嘧啶）和磷酸戊糖。磷酸戊糖受磷酸酶催化降解成戊糖和磷酸（图 11-1）。

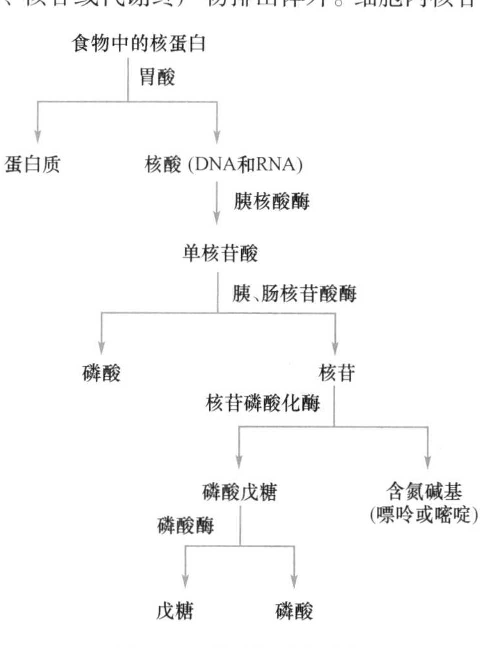

图 11-1　核酸的酶促降解

所有的降解产物均可以在小肠上部被吸收，未能完全降解的核苷酸及核苷也能够被直接吸收，然后再进行分解或直接用于核酸的补救合成。磷酸和戊糖可再被利用，碱基除小部分可再被利用外，大部分均被分解而排出体外。

第 2 节　嘌呤核苷酸代谢

一、嘌呤核苷酸的合成代谢

体内嘌呤核苷酸的合成可分为从头合成和补救合成两条途径。利用氨基酸、一碳单位、二氧化碳和磷酸核糖等简单物质为原料，经过一系列酶促反应合成嘌呤核苷酸的途径称为从头合成途径（*de novo* synthesis）。用体内游离的嘌呤或嘌呤核苷为原料经过比较简单的反应合成嘌呤核苷酸的过程称为补救合成途径（salvage pathway）。从头合成途径是嘌呤核苷酸合成的主要途径，主要在肝组织中进行，在脑、骨髓等部位则是采用补救合成途径。

（一）嘌呤核苷酸的从头合成

几乎所有生物体（某些细菌除外）都能合成嘌呤碱。早在 1948 年，Buchanan 等采用同位素标记不同化合物喂养鸽子，并测定排出的尿酸中标记原子的位置，证实合成嘌呤的前身物为：氨基酸（甘氨酸、天冬氨酸和谷氨酰胺）、CO_2 和一碳单位（N^{10}- 甲酰 -FH_4）等，并确定了嘌呤环

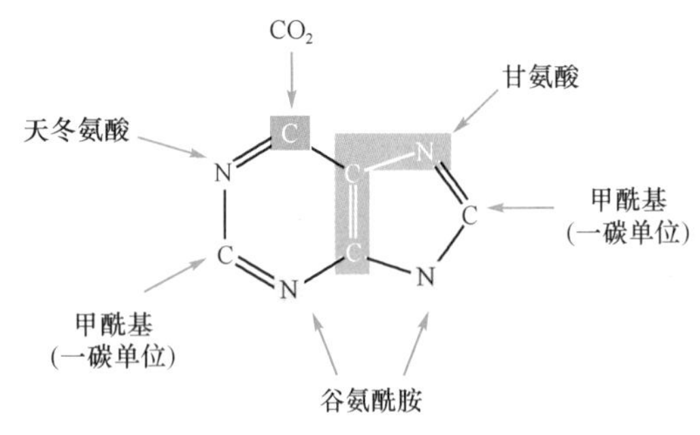

图 11-2 嘌呤环合成的原料来源

各元素来源（图 11-2）。

随后，由 Buchanan 和 Greenberg 等进一步弄清了嘌呤核苷酸的合成过程。结果发现，体内嘌呤核苷酸的合成并非先合成嘌呤碱基，然后再与核糖及磷酸结合，而是在磷酸核糖的基础上逐步合成嘌呤核苷酸。嘌呤核苷酸的从头合成主要在胞质中进行，可分为三个阶段：首先是 5- 磷酸核糖的活化，再分 10 步反应合成次黄嘌呤核苷酸（inosine monophosphate，IMP），然后通过不同途径分别生成腺嘌呤核苷酸（adenosine monophosphate，AMP）和鸟嘌呤核苷酸（guanosine monophosphate，GMP）。

1. 5- 磷酸核糖的活化 嘌呤核苷酸合成的起始物为 *α*-D- 核糖 -5- 磷酸，是磷酸戊糖途径的代谢产物。嘌呤核苷酸从头合成的第一步反应是由磷酸核糖焦磷酸激酶（phosphoribosyl pyrophosphokinase）催化，由 ATP 提供焦磷酸基团转移到 5- 磷酸核糖 C-1 位上，生成 5- 磷酸核糖 -*α*- 焦磷酸（5-phosphoribosyl-*α*-pyrophosphate，PRPP）（图 11-3）。PRPP 同时也是嘧啶核苷酸及组氨酸、色氨酸合成的前体，参与多种核苷酸生物合成过程。因此，磷酸核糖焦磷酸激酶是多种核苷酸生物合成的重要酶，该酶是一种变构酶，受多种核苷酸代谢产物的变构调节。该调控点能同时影响两类核苷酸的合成。

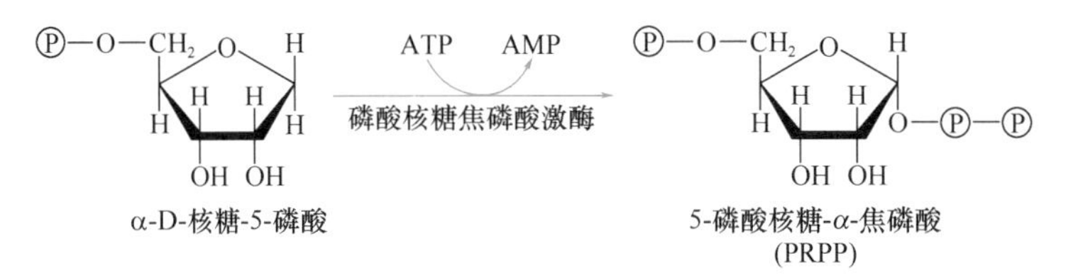

图 11-3 5- 磷酸核糖的活化

2. 次黄嘌呤核苷酸（IMP）的合成 在 PRPP 的基础上，经过 10 步反应合成次黄嘌呤核苷酸（图 11-4）。①获得嘌呤的 N-9 原子：由谷氨酰胺 -PRPP- 酰胺转移酶（glutamine-PRPP amidotransferase）催化，谷氨酰胺提供酰胺基取代 PRPP 的焦磷酸基团，形成 *β*-5- 磷酸核糖胺（*β*-5-phosphoribosylamine，PRA），PRA 极不稳定，半衰期为 30 秒。此步反应由焦磷酸的水解供能，是嘌呤合成的限速步骤。酰胺转移酶为限速酶，受嘌呤核苷酸的反馈抑制。②获得嘌呤 C-4、C-5 和 N-7 原子：甘氨酸与 PRA 加合生成甘氨酰胺核苷酸（glycinamide ribonucleotide，GAR），该反应由甘氨酰胺核苷酸合成酶（GAR synthetase）催化，由 ATP 水解供能。此步反应为可逆反应，是合成过程中唯一可同时获得多个原子的反应。③获得嘌呤 C-8 原子：GAR 的自由 *α*- 氨基甲酰化生成甲酰甘氨酰胺核苷酸（formylglycinamide ribonucleotide，FGAR）。由 N^5, N^{10}- 甲炔 -FH_4 提供甲酰基。催化此反应的酶为 GAR 甲酰转移酶（GAR transformylase）。④获得嘌呤的 N-3 原子：第二个谷氨酰胺的酰胺基转移到正在生成的嘌呤环上，生成甲酰甘氨脒核苷酸（formylglycinamidine ribonucleotide，FGAM）。此反应由 FGAR 酰胺转移酶催化并由 ATP 水解生成 ADP 供能。⑤嘌呤咪唑环的形成：FGAM 经过耗能的分子内重排，环化生成 5- 氨基咪唑核苷酸（5-aminoimidazole ribonucleotide，AIR）。⑥获得嘌呤 C-6 原子：C-6 原子由 CO_2 提供，由 AIR 羧化酶（AIR carboxylase）催化生成 5- 氨基咪唑 -4- 羧酸核苷酸（carboxyaminoimidazole ribonucleotide，CAIR）。⑦获得 N-1 原子：由天冬氨酸与 AIR 缩合，生成 *N*- 琥珀酰 -5- 氨基咪唑 -4- 酰胺核苷酸（*N*-succinyl-5-aminoimidazole-4-carboxamide ribonucleotide，SAICAR）。此反应与②步相似，由 ATP 水解供能。⑧去除延胡索酸：在 SAICAR 裂解酶催化下 SAICAR 脱去延胡索酸生成 5- 氨基咪唑 -4- 氨甲酰核苷酸（5-aminoimidazole-4-carboxamide ribonucleotide，AICAR）。⑦、⑧两步反应与尿素循环中瓜氨酸生成精氨酸的反应相似。⑨获得 C-2：嘌呤环的最后一个 C 原子由 N^{10}- 甲酰 -FH_4 提供，由 AICAR 甲酰转移酶催化 AICAR 甲酰化生成 5- 甲酰胺基咪唑 -4- 氨甲酰核苷酸（5-formylaminoimidazole-4-carboxamide ribonucleotide，FAICAR）。⑩环化生成 IMP：FAICAR 脱水环化生成 IMP。与反应⑤相反，此环化反应无须 ATP 供能。

笔记栏

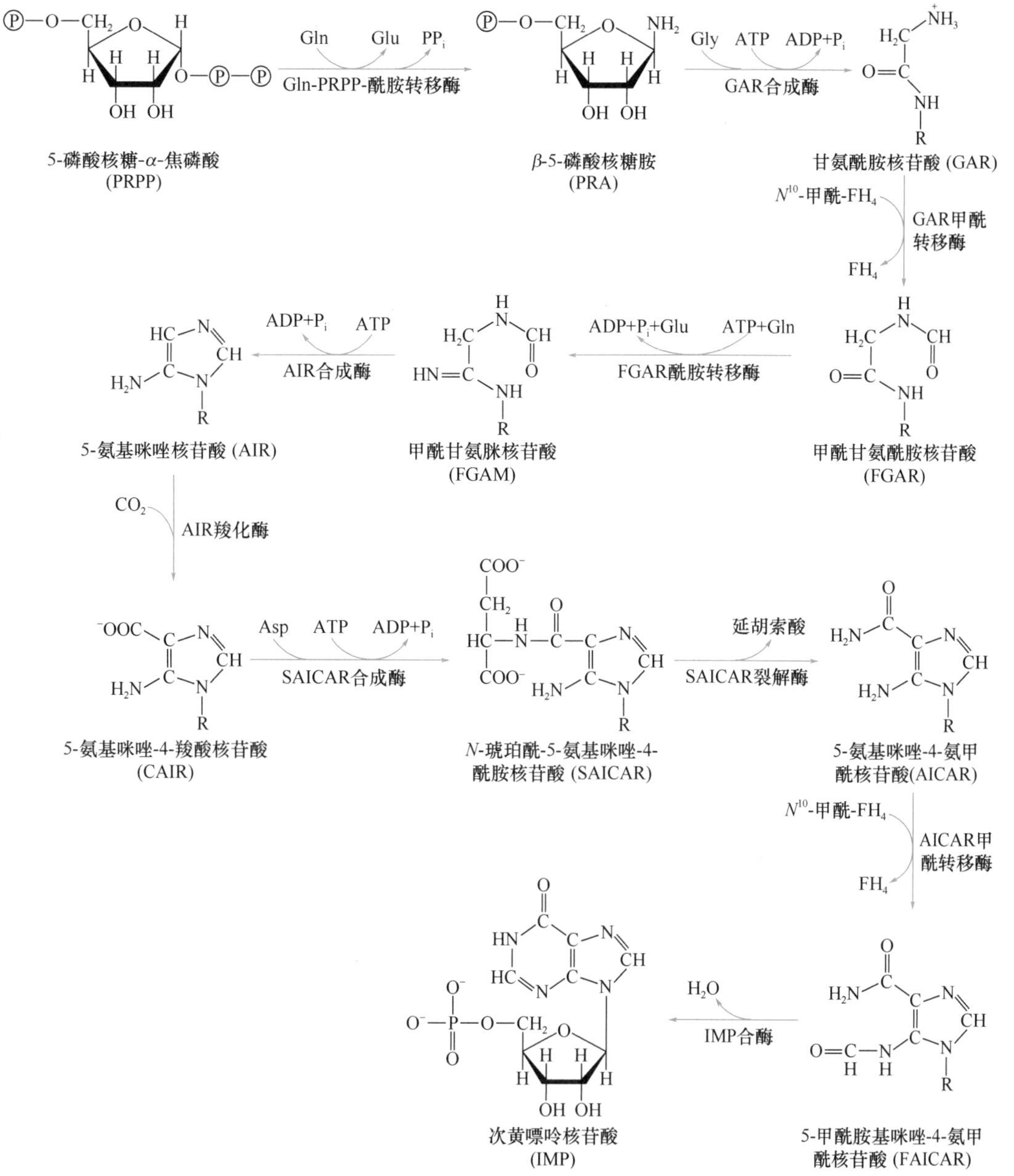

图 11-4　次黄嘌呤核苷酸的合成

3. AMP 和 GMP 的合成　上述反应生成的 IMP 并不堆积在细胞内，而是迅速转变为 AMP 和 GMP。AMP 与 IMP 的差别仅是 6 位酮基被氨基取代，由 IMP 生成 AMP 包括两步反应：①天冬氨酸的氨基与 IMP 相连生成腺苷酸代琥珀酸（adenylosuccinate），由腺苷酸代琥珀酸合成酶催化，GTP 水解供能；②在腺苷酸代琥珀酸裂解酶作用下脱去延胡索酸生成 AMP。GMP 的生成也由两步反应完成：①由 IMP 脱氢酶催化，以 NAD^+ 为受氢体，IMP 被氧化生成黄嘌呤核苷酸（xanthosine monophosphate，XMP）；②谷氨酰胺提供酰胺基取代 XMP 中 C-2 上的氧生成 GMP，此反应由 GMP 合成酶催化，由 ATP 水解供能（图 11-5）。

AMP 和 GMP 均以 IMP 为中间体，在体内两者可以相互转化以保持彼此的平衡。IMP 可以转变成 AMP、XMP 及 GMP，而 AMP 在腺苷酸脱氨酶的作用下可直接转变成 IMP。此外，GMP 在鸟苷酸还原酶作用下，以 NADPH 为供氢体，还原脱氨基也可生成 IMP。

要参与核酸的合成，一磷酸核苷必须先转变为二磷酸核苷，再进一步转变为三磷酸核苷。AMP 和 GMP 在激酶的作用下经过两步磷酸化反应分别生成 ATP 和 GTP。

笔记栏

HOOCCH$_2$CHCOOH

NH

HN C C N CH HC N C N R—5′—P

GDP+P$_i$

GTP

Asp

腺苷酸代琥珀酸合成酶

腺苷酸代琥珀酸

延胡索酸

腺苷酸代琥珀酸裂解酶

NH$_2$ HN C C N CH HC N C N R—5′—P

AMP

O HN C C N CH HC N C N R—5′—P

IMP

H_2O

NAD^+

$NADH+H^+$

IMP脱氢酶

O HN C C N CH O=C N H C N R—5′—P

XMP

Gln Glu ATP AMP+PP$_i$

H_2O

GMP合成酶

O HN C C N CH H_2N—C N C N R—5′—P

GMP

图 11-5 由 IMP 合成 AMP 和 GMP

$$AMP + ATP \xrightleftharpoons{\text{腺苷酸激酶}} 2ADP$$

$$GMP + ATP \xrightleftharpoons{\text{鸟苷酸激酶}} GDP + ADP$$

$$GDP + ATP \xrightleftharpoons{\text{鸟苷酸激酶}} GTP + ADP$$

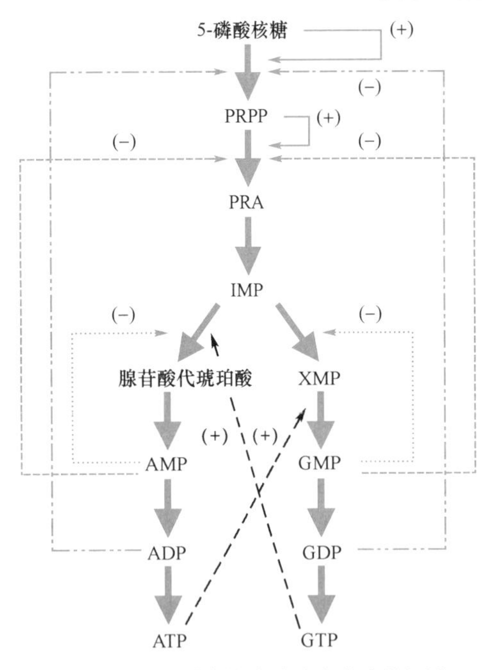

图 11-6 嘌呤核苷酸从头合成的调节

4. 嘌呤核苷酸从头合成的调节 从头合成是体内嘌呤核苷酸的主要来源，此过程要消耗氨基酸及大量ATP。机体对合成速度有着精细的调节，一方面满足机体合成核酸的需要；另一方面又不会大量合成过剩以节省底物及能量。在大多数细胞中，嘌呤核苷酸从头合成的调节主要通过产物的负反馈来实现（图 11-6），分别调节 IMP、ATP 和 GTP 的合成，使嘌呤核苷酸的总量相对稳定，而且使 ATP 和 GTP 的水平保持相对平衡。

IMP 途径的调节主要在合成的前两步反应，即催化 PRPP 和 PRA 的生成。磷酸核糖焦磷酸激酶受 ADP 和 GDP 的反馈抑制。磷酸核糖酰胺转移酶受到 ADP、AMP 及 GDP、GMP 的反馈抑制。ADP 和 AMP 结合酶的一个抑制位点，而 GDP 和 GMP 结合酶的另一抑制位点。因此，IMP 的生成速率受腺嘌呤和鸟嘌呤核苷酸的独立和协同调节。此外，PRPP 可变构激活磷酸核糖酰胺转移酶。

第二水平的调节作用于 IMP 向 AMP 和 GMP 转变过程。GMP 反馈抑制 IMP 向 XMP 转变，AMP 则反馈抑制 IMP 转变为腺苷酸代琥珀酸，从而防止生成过多 AMP 和 GMP。此外，腺嘌呤和鸟嘌呤的合成是平衡的，GTP 加速 IMP 向 AMP 转变，而 ATP 则可促进 GMP 的生成，这样使腺嘌呤和鸟嘌呤核苷酸的水平保持相对平衡，以满足核酸合成的需要。

微课 11-1

（二）嘌呤核苷酸的补救合成

骨髓、脑、脾脏等组织不能进行上述从头合成途径，必须依靠从肝脏运输而来的嘌呤碱或嘌呤核苷，经过简单的反应再合成嘌呤核苷酸的过程称为补救合成途径。补救合成途径比较简单，消耗

笔记栏

的能量也少。有两种酶参与嘌呤核苷酸的补救合成：腺嘌呤磷酸核糖转移酶（adenine phosphoribosyl transferase，APRT）和次黄腺嘌呤 - 鸟嘌呤磷酸核糖转移酶（hypoxanthine-guanine phosphoribosyl transferase，HGPRT），HGPRT 的活性较 APRT 活性高。正常情况下 HGPRT 可使 90% 左右的嘌呤碱再利用重新合成核苷酸，而 APRT 催化的再利用反应很弱。补救合成途径存在以下两种途径，以第一条较为重要。

1. 嘌呤碱与 PRPP 直接合成嘌呤核苷酸

$$\text{次黄嘌呤}+\text{PRPP}\xrightarrow{\text{HGPRT}}\text{次黄嘌呤核苷酸}+\text{PP}_i$$

$$\text{鸟嘌呤}+\text{PRPP}\xrightarrow{\text{HGPRT}}\text{鸟嘌呤核苷酸}+\text{PP}_i$$

$$\text{腺嘌呤}+\text{PRPP}\xrightarrow{\text{APRT}}\text{腺嘌呤核苷酸}+\text{PP}_i$$

2. 腺嘌呤在核苷磷酸化酶的催化下与 1- 磷酸核糖作用生成腺苷，再经腺苷激酶作用生成腺苷酸。

$$\text{腺嘌呤}+\text{1-磷酸核糖}\xrightarrow{\text{核苷磷酸化酶}}\text{腺苷}\ +\text{P}_i$$

$$\text{腺苷}+\text{ATP}\xrightarrow{\text{腺苷激酶}}\text{腺苷酸}+\text{ADP}$$

嘌呤核苷酸补救合成途径的生理意义在于减少从头合成时能量和原料（某些氨基酸）的消耗；同时体内脑、骨髓等器官缺乏从头合成有关的酶，只能进行补救合成，对这些器官来说补救合成途径具有更重要的意义。例如，由于基因缺陷而导致 HGPRT 完全缺失的患儿，表现为自毁容貌征或称 Lesch-Nyhan 综合征，这是一种遗传代谢病。

（三）脱氧核糖核苷酸的合成

脱氧核糖核苷酸是 DNA 合成的原料，在分裂旺盛的细胞中含量明显增加，以满足 DNA 复制的需要。实验证明，嘌呤脱氧核糖核苷酸和嘧啶脱氧核糖核苷酸中所含的脱氧核糖并非先行合成后，再结合碱基和磷酸形成脱氧核苷酸，而是在相应的二磷酸核苷（NDP，N 代表 A、G、U、C 等碱基）水平上直接还原得到的，即以氢取代核糖分子中 C-2 位的 OH 生成的，这种还原反应是由核糖核苷酸还原酶（ribonucleotide reductase）催化。总反应如下：

$$\text{NDP}\xrightarrow[\text{核糖核苷酸还原酶}]{\text{NADPH+H}^+\ \ \ \ \text{NADP}^++\text{H}_2\text{O}}\text{dNDP}$$

（NDP：HO—P(O)(OH)—O—P(O)(OH)—O—核糖（2'-OH，3'-OH）—碱基；dNDP：HO—P(O)(OH)—O—P(O)(OH)—O—脱氧核糖（3'-OH）—碱基）

因此嘌呤核苷酸和嘧啶核苷酸均通过以上反应转变为相应的脱氧核糖核苷酸（包括 dADP、dGDP、dUDP 和 dCDP）。

$$\text{dNDP + ATP}\xrightarrow{\text{激酶}}\text{dNTP + ADP}$$

经过激酶的作用，dNDP 再磷酸化生成相应的三磷酸脱氧核苷酸（如 dATP、dGTP、dUTP 和 dCTP），除 dUTP 外均可作为 DNA 合成的原料，dTNP 的生成详见第 3 节。

二、嘌呤核苷酸的分解代谢

嘌呤核苷酸可以在核苷酸酶的催化下，脱去磷酸成为嘌呤核苷，嘌呤核苷在嘌呤核苷磷酸化酶（purine nucleotide phosphorylase，PNP）的催化下转变为嘌呤及 1- 磷酸核糖。嘌呤核苷及嘌呤既可以进入补救合成途径又可经水解、脱氨及氧化作用生成尿酸（图 11-7），随尿排出体外。哺乳动物中，腺苷和脱氧腺苷不能由 PNP 分解，而是在核苷和核苷酸水平上分别由腺苷脱氨酶（adenosine deaminase，ADA）和腺苷酸脱氨酸（AMP deaminase）催化脱氨生成次黄嘌呤核苷或次黄嘌呤核苷酸。它们再在磷酸化酶的作用下脱去戊糖水解生成次黄嘌呤，并在黄嘌呤氧化酶（xanthine oxidase）的催化下逐步氧化为黄嘌呤和尿酸。GMP 生成鸟嘌呤，后者再转变成黄嘌呤，最后氧化为尿酸。体内嘌呤核苷酸的分解代谢主要在肝脏、小肠及肾脏中进行，在这些脏器中黄嘌呤氧化酶的活性较强。

笔记栏

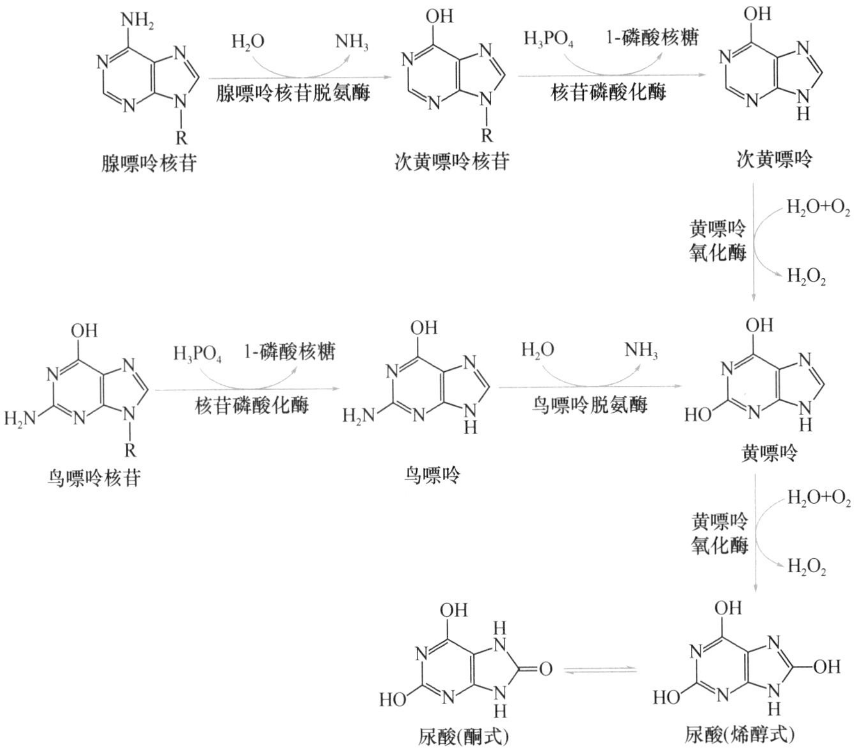

图 11-7 嘌呤核苷酸的分解代谢

三、嘌呤核苷酸的代谢异常及抗代谢物

案例 11-1

患者，男，40 岁，两年来因全身关节疼痛伴低热反复就诊，均被诊断为“风湿性关节炎”。经抗风湿和激素治疗后，疼痛现象稍有好转。两个月前，因疼痛加重，经抗风湿治疗不明显前来就诊。查体：体温 37.5℃，双足第一跖趾关节红肿，压痛，双踝关节肿胀，左侧较明显，局部皮肤有脱屑和瘙痒现象，双侧耳廓触及绿豆大的结节数个，白细胞 9.5×10^9/L，血沉 67mm/h。

问题讨论：1. 该患者的可能诊断是什么？需做什么检查进一步确诊？

2. 抗痛风药的作用机制是什么？

（一）痛风症及嘌呤类似物

正常生理情况下，嘌呤合成与分解处于相对平衡状态，所以尿酸的生成与排泄也较恒定。正常人血浆中尿酸含量为 120 ～ 360μmol/L（2 ～ 6mg/dl）。男性平均为 270μmol/L（4.5mg/dl），女性平均为 210μmol/L（3.5mg/dl）左右。主要以尿酸及其钠盐的形式存在，尿酸及其钠盐均难溶于水。当体内核酸大量分解（白血病、恶性肿瘤等）或食入高嘌呤食物或肾疾病尿酸排泄障碍时，血中尿酸（盐）水平升高，当浓度超过 480μmol/L（8mg/dl）时，尿酸盐将过饱和而形成结晶，沉积于关节、软组织、软骨及肾脏等处，而导致关节炎、尿路结石及肾疾病，引起疼痛及功能障碍，称为痛风症（gout）。痛风症多见于成年男性，其发病机制尚未完全阐明，可能与嘌呤核苷酸代谢酶的先天性缺陷有关。

案例 11-1 分析

该患者的可能诊断是痛风。因该患者有反复发作的关节炎，累及双足第一跖趾关节、双踝关节，肩和髋关节未累及，双侧耳廓（即软骨）触及绿豆大的结节数个（即痛风石）。本病的诊断要点有：反复发作的关节炎，痛风石，间质性肾病和尿酸性肾结石。典型的首次发作于夜间发生，常累及单个关节，也可能反复发作，累及多个关节，影响第一跖趾关节、足弓、踝、膝、腕、肘，而髋和肩等大关节较少受累。

如需进一步确诊，需检查血尿酸含量，经检查该患者血尿酸570μmol/L（男性参考值149～416μmol/L），表明是升高的。此外局部X线摄片：两足第一跖趾关节、双踝关节均符合痛风样改变。因此基本上可以确诊。

临床上常用别嘌呤醇（allopurinol）治疗痛风症。别嘌呤醇与次黄嘌呤结构类似，只是分子中N8与C7互换了位置，故可抑制黄嘌呤氧化酶，从而抑制尿酸的生成。同时，别嘌呤醇在体内经代谢转变，与PRPP反应生成别嘌呤核苷酸，不仅消耗了PRPP，使其含量下降，而且别嘌呤核苷酸与IMP结构类似，能反馈抑制PRPP酰胺转移酶，阻断嘌呤核苷酸的从头合成。这两方面的作用均可使嘌呤核苷酸的合成减少。

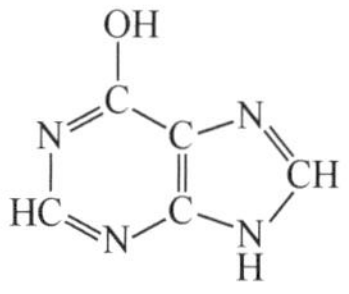

次黄嘌呤 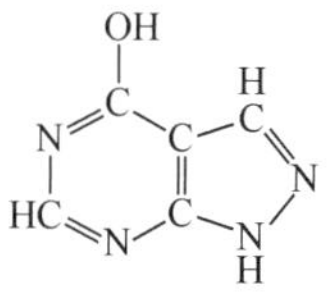　　别嘌呤醇

除了别嘌呤醇外，其他嘌呤类似物还包括6-巯基嘌呤（6-mercaptopurine，6-MP）、6-巯基鸟嘌呤和8-氮杂鸟嘌呤等，均是以竞争性抑制或“以假乱真”等方式干扰或阻断嘌呤核苷酸的合成代谢，从而阻止核酸及蛋白质的生物合成，抑制细胞的增殖。

临床上6-MP应用较多，与次黄嘌呤结构相似，在体内可经磷酸核糖化生成6-MP核苷酸。后者可以抑制IMP向AMP和GMP的转变，并反馈抑制PRPP酰胺转移酶，干扰磷酸核糖胺的生成，从而阻断嘌呤核苷酸的从头合成；6-MP还能竞争性抑制HGPRT，干扰补救合成。

（二）氨基酸类似物

氨基酸类似物有氮杂丝氨酸（azaserine）及6-重氮-5-氧正亮氨酸（6-diazo-5-oxonorleucine）等。它们的化学结构与谷氨酰胺相似，在嘌呤核苷酸合成中抑制PRPP酰胺转移酶和甲酰甘氨酰胺核苷酸酰胺转移酶，从而抑制嘌呤核苷酸的合成。

$H_2NCOCH_2CH_2CHNH_2COOH$　　谷氨酰胺

$N^{+}NCH_2COOCH_2CHNH_2COOH$　　氮杂丝氨酸（重氮乙酰丝氨酸）

$N^{+}NCH_2COCH_2CH_2CHNH_2COOH$　　6-重氮-5-氧正亮氨酸

（三）叶酸类似物

常见的叶酸类似物有氨蝶呤（aminopterin，APT）及甲氨蝶呤（methotrexate，MTX）。它们能竞争性抑制二氢叶酸还原酶，使叶酸不能还原成二氢叶酸及四氢叶酸，叶酸的缺乏导致嘌呤分子中来自一碳单位的C_2和C_8均得不到供应，从而抑制嘌呤核苷酸的合成。MTX在临床上用于白血病等恶性肿瘤的治疗。

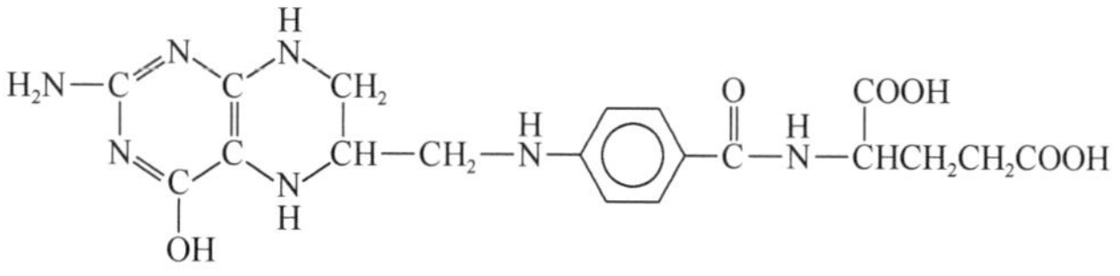

四氢叶酸

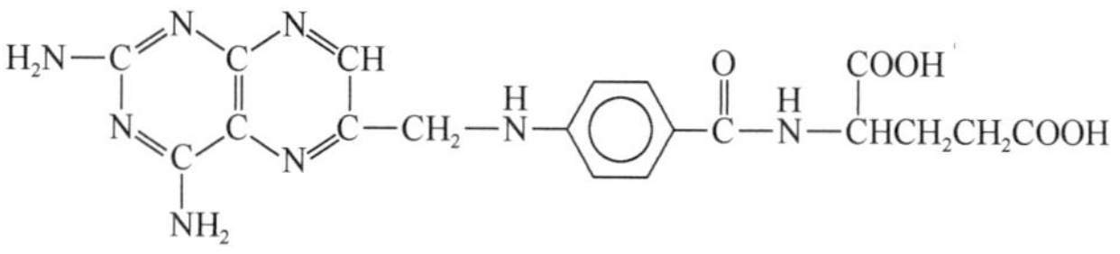

氨蝶呤

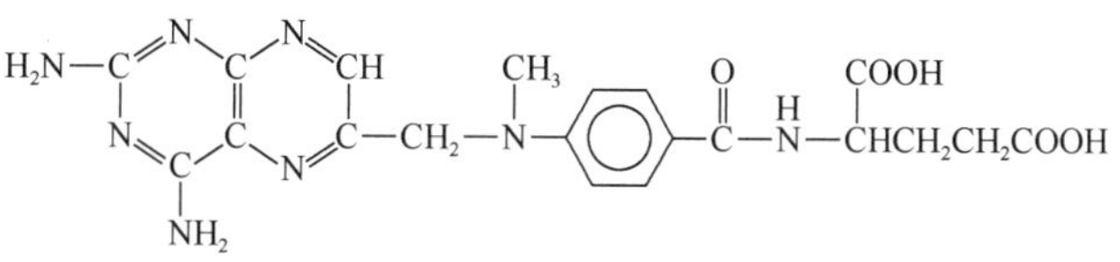

甲氨蝶呤

笔记栏

第 3 节　嘧啶核苷酸代谢

一、嘧啶核苷酸的合成代谢

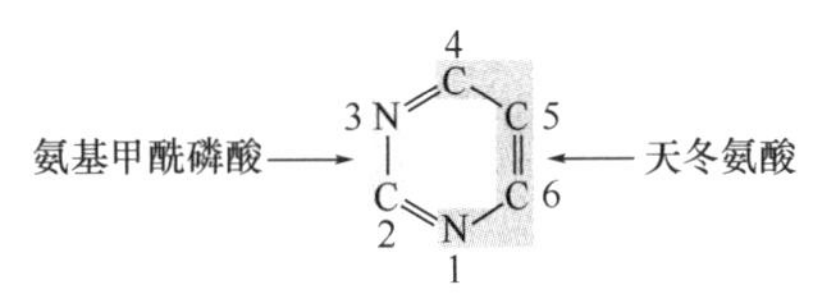

图 11-8　嘧啶环合成的原料来源

与嘌呤核苷酸合成相似，嘧啶核苷酸合成也有从头合成和补救合成两条途径。嘧啶核苷酸的从头合成较简单，同位素示踪实验证明构成嘧啶环的 N1、C4、C5 及 C6 均由天冬氨酸提供，C2 和 N3 来源于氨基甲酰磷酸（图 11-8）。

（一）嘧啶核苷酸从头合成途径

嘧啶核苷酸的从头合成主要在肝脏进行，但与嘌呤核苷酸的合成不同，嘧啶核苷酸是先合成嘧啶环，然后再与磷酸核糖连接生成核苷酸。合成嘧啶核苷酸的原料比较简单，分别来自氨基甲酰磷酸和天冬氨酸（图 11-9）。

1. 尿嘧啶核苷酸的从头合成　从头合成途径可分为以下 6 步反应：①嘧啶合成的第一步是谷氨酰胺和 CO_2 合成氨基甲酰磷酸，催化反应的氨基甲酰磷酸合成酶Ⅱ（carbamoyl phosphate synthetase Ⅱ，CPS Ⅱ）位于肝细胞的胞质中。它与尿素合成途径的氨基甲酰磷酸合成酶 I 不同，后者位于肝细胞线粒体中，其底物为 CO_2 和氨。②氨基甲酰磷酸转氨甲酰基给天冬氨酸，缩合生成氨甲酰天冬氨酸，催化此反应的酶是天冬氨酸氨基甲酰基转移酶（aspartate transcarbamoylase，ATCase）。此反应为嘧啶合成的限速步骤，受产物的反馈抑制，由氨基甲酰磷酸水解供能，不消耗 ATP。③氨甲酰天冬氨酸在二氢乳清酸酶催化下脱水环化生成具有嘧啶环的二氢乳清酸。④二氢乳清酸脱氢酶催化二氢乳清酸脱氢生成乳清酸（orotic acid）。此酶需 FMN 和非血红素 Fe^{2+}，位于线粒体内膜的外侧面，由醌类（quinones）提供氧化能力，嘧啶合成中的其余 5 种酶均存在于胞质中。⑤ 由乳清酸磷酸核糖转移酶催化 PRPP 中的磷酸核糖转移给乳清酸而生成乳清酸核苷酸（OMP），由 PRPP 水解供能。⑥乳清酸核苷酸脱羧酶催化 OMP 脱羧生成尿嘧啶核苷酸（uridine monophosphate，UMP）（图 11-9）。

图 11-9　嘧啶核苷酸的合成代谢

Jones 等研究表明，在动物体内催化上述嘧啶合成的前三个酶，即 CPS-Ⅱ、天冬氨酸氨基甲酰基转移酶和二氢乳清酸酶，位于分子质量约 210kD 的同一多肽链上，是一个多功能酶。与此相类似，

反应⑤和⑥的酶（乳清酸磷酸核糖转移酶和 OMP 脱羧酶）也位于同一条多肽链上。这种多功能酶的分布方式有利于它们以均匀的速度参与嘧啶核苷酸的合成，也便于调节。

2. 胞嘧啶核苷酸的生成　胞嘧啶核苷酸合成不是由 UMP 直接转变，而来而是从三磷酸的 UTP 进行氨基化来生成，即 UMP 先经一磷酸尿苷激酶和二磷酸核苷激酶催化转变成 UTP，由 ATP 提供磷酸基团，然后在三磷酸胞苷合成酶催化下由谷氨酰胺提供氨基而生成 CTP。

$$UMP \xrightarrow[\text{一磷酸尿苷激酶}]{ATP \quad ADP} UDP \xrightarrow[\text{二磷酸核苷激酶}]{ATP \quad ADP} UTP \xrightarrow[\text{CTP合成酶}]{ATP\ Gln \quad ADP+P_i\ Glu} CTP$$

3. 脱氧胸腺嘧啶核苷酸的合成　与其他脱氧核苷酸不同的是，只有脱氧胸腺嘧啶核苷酸（deoxythymidine monophosphate，dTMP）的合成过程特殊，它不能由相应的核糖核苷酸转变而来，而是由脱氧尿嘧啶核苷酸（dUMP）经甲基化而生成，反应由胸苷酸合酶（thymidylate synthase）催化，甲基供体是 N^5，N^{10}-甲烯-FH_4，当它提供甲基之后则生成二氢叶酸，二氢叶酸再经二氢叶酸还原酶催化生成四氢叶酸，再次参加一碳单位转移。

dUMP 则来自两个途径：① dUDP 水解；② dCMP 脱氨，以后一途径为主（图 11-10）。

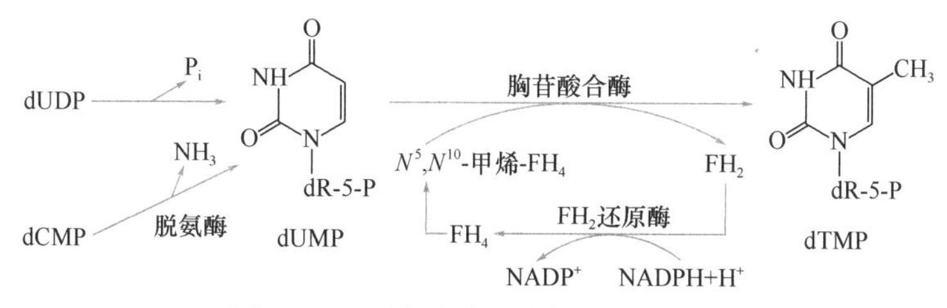

微课 11-2

图 11-10　脱氧胸腺嘧啶核苷酸的合成

dTMP 可继续由激酶作用而逐步生成 dTDP 和 dTTP。

$$dTMP \xrightarrow[\text{一磷酸胸苷激酶}]{ATP \quad ADP} dTDP \xrightarrow[\text{二磷酸胸苷激酶}]{ATP \quad ADP} dTTP$$

综上所述，嘌呤与嘧啶核苷酸的合成过程总结如图 11-11 所示。

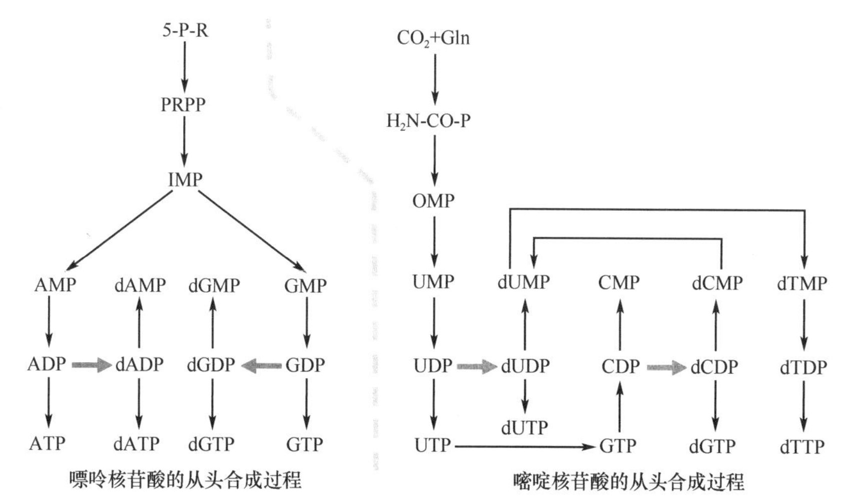

图 11-11　嘌呤和嘧啶核苷酸的从头合成过程总结

4. 从头合成的调节　嘧啶核苷酸从头合成的调节是由合成产物对 3 个关键酶的负反馈调节来实现的（图 11-12）。一是 UMP 对氨基甲酰磷酸合成酶Ⅱ的抑制作用；二是 CTP 和 UMP 对天冬氨酸氨基甲酰基转移酶的抑制作用；三是各种嘧啶核苷酸和嘌呤核苷酸对磷酸核糖焦磷酸激酶的抑制作用；此外 UMP 对 OMP 脱羧酶也有反馈作用，OMP 的生成还受 PRPP 的影响。

嘌呤核苷酸与嘧啶核苷酸的合成速度往往有平行的变化，同位素掺入实验表明，嘌呤与嘧啶的合成有着协调控制关系，按摩尔计算两者合成的速度通常是平衡的，这是由于两类核苷酸同时对磷酸核糖焦磷酸激酶进行调节，同时影响两类核苷酸的合成速度所致。在细菌中，天冬氨酸氨基甲酰基转移酶（ATCase）是嘧啶核苷酸从头合成的主要调节酶。在大肠埃希菌中，ATCase 受 ATP 的变构激活，而 CTP 为其变构抑制剂。而在许多细菌中，UTP 是 ATCase 的主要变构抑制剂。在动物细胞中，ATCase 不是调节酶，嘧啶核苷酸合成主要由 CPS-Ⅱ调控。UDP 和 UTP 抑制其活性，而 ATP 和 PRPP 为其激活剂。

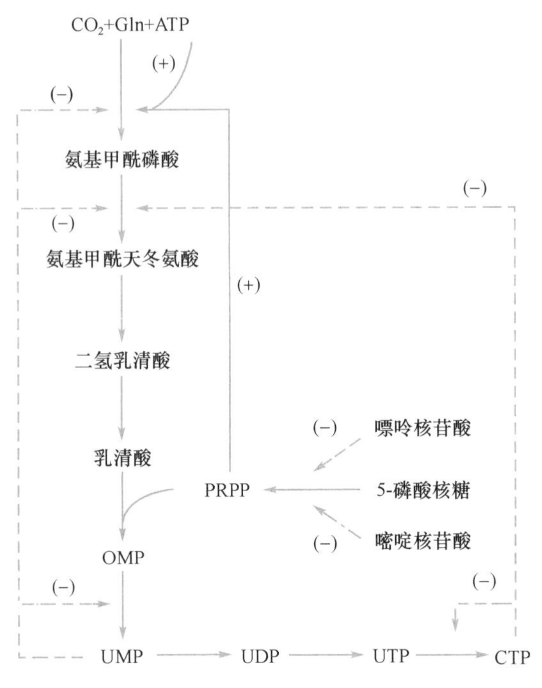

图 11-12 嘧啶核苷酸从头合成的调节

（二）嘧啶核苷酸补救合成途径

外源性或体内核苷酸降解的嘧啶碱在嘧啶磷酸核糖转移酶的催化下生成嘧啶核苷酸，该酶能够利用尿嘧啶、胸腺嘧啶和乳清酸作为底物，但不能利用胞嘧啶。

$$\text{嘧啶}+\text{PRPP}\xrightarrow{\text{嘧啶磷酸核糖转移酶}}\text{嘧啶核苷酸}+\text{PP}_i$$

$$\text{嘧啶核苷}+\text{ATP}\xrightarrow{\text{核苷激酶}}\text{嘧啶核苷酸}+\text{ADP}$$

各种嘧啶核苷可以在相应的核苷激酶的催化下，与 ATP 作用生成嘧啶核苷酸和 ADP。例如，脱氧胸苷可通过胸苷激酶（thymidine kinase，TK）作用生成 dTMP，此酶在正常肝中活性很低，再生肝中活性升高，恶性肿瘤中活性明显升高并与恶性程度有关。

二、嘧啶核苷酸的分解代谢

嘧啶核苷酸的分解代谢与嘌呤核苷酸相似，首先通过核苷酸酶及核苷磷酸化酶的作用，分别除去磷酸和核糖，产生的嘧啶碱在肝脏中再进一步分解。

$$\text{嘧啶核苷酸}\xrightarrow[\text{核苷酸酶}]{\nearrow H_3PO_4}\text{嘧啶核苷}\xrightarrow[\text{核苷磷酸化酶}]{H_3PO_4\ \curvearrowright\ \text{1-磷酸核糖}}\text{嘧啶}$$

分解代谢过程中有脱氨基、氧化、还原及脱羧基等反应。胞嘧啶脱氨基转变为尿嘧啶。尿嘧啶和胸腺嘧啶先在二氢嘧啶脱氢酶的催化下，由 NADPH+H^+ 供氢，分别还原为二氢尿嘧啶和二氢胸腺嘧啶。二氢嘧啶酶催化嘧啶环水解，分别生成 β- 丙氨酸（β-alanine）和 β- 氨基异丁酸（β-aminoisobutyric acid），两者经转氨基作用脱去氨基后，即汇入有机酸代谢途径（图 11-13）。β- 丙氨酸和 β- 氨基异丁酸可继续分解参与三羧酸循环而被彻底氧化，部分 β- 氨基异丁酸亦可随尿排出体外。

笔记栏

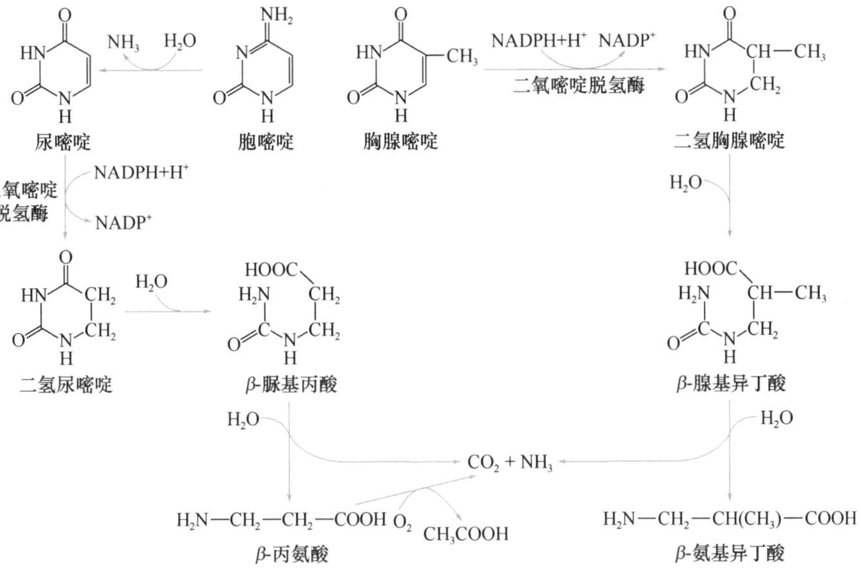

尿嘧啶 胞嘧啶 胸腺嘧啶 二氢胸腺嘧啶

NH_3 H_2O $NADPH+H^+$ $NADP^+$ 二氢嘧啶脱氢酶

二氢尿嘧啶 β-脲基丙酸 β-脲基异丁酸

H_2O $CO_2 + NH_3$

$H_2N—CH_2—CH_2—COOH$ O_2 CH_3COOH $H_2N—CH_2—CH(CH_3)—COOH$

β-丙氨酸 β-氨基异丁酸

图 11-13 嘧啶核苷酸的分解代谢

食入含 DNA 丰富的食物，经放射线治疗或化学治疗的癌症患者以及白血病患者，尿中 β- 氨基异丁酸排出量增多，这是细胞及核酸破坏，嘧啶核苷酸分解增加所致。嘧啶核苷酸分解代谢与嘌呤核苷酸分解代谢最大的不同是嘧啶环的裂解，最后生成 *β*- 氨基酸。与嘌呤碱的分解产物不同，嘧啶碱的降解产物易溶于水。

三、嘧啶核苷酸的代谢异常及抗代谢物

（一）乳清酸尿症

嘧啶核苷酸代谢异常的疾病较少见，乳清酸尿症（orotic aciduria）就是一种嘧啶核苷酸从头合成途径酶缺乏的原发性遗传病。此病有两种类型：一种是缺乏乳清酸磷酸核糖转移酶和乳清酸核苷酸脱羧酶，以致乳清酸代谢障碍，尿中排出大量乳清酸，患者发育不良，出现严重的巨幼细胞性贫血；另一类型是缺乏乳清酸核苷酸脱羧酶，尿中出现乳清酸核苷酸，也有一定量的乳清酸出现。两类患者均易发生感染，临床用尿苷治疗。尿苷经磷酸化可生成 UMP、UTP，进而反馈抑制乳清酸的合成以达到治疗的目的。

（二）嘧啶类似物

嘧啶类似物主要有 5- 氟尿嘧啶（5-fluorouracil，5-FU），其结构与胸腺嘧啶相似。5-FU 本身并无生物学活性，必须在体内转变成一磷酸脱氧核糖氟尿嘧啶核苷（FdUMP）和三磷酸氟尿嘧啶核苷（FUTP）后，才能发挥作用。FdUMP 与 dUMP 结构类似，是胸苷酸合酶的抑制剂，可阻断 dTMP 的合成；FUTP 可以 FUMP 的形式掺入 RNA 分子中，异常核苷酸的掺入则破坏 RNA 的结构与功能。

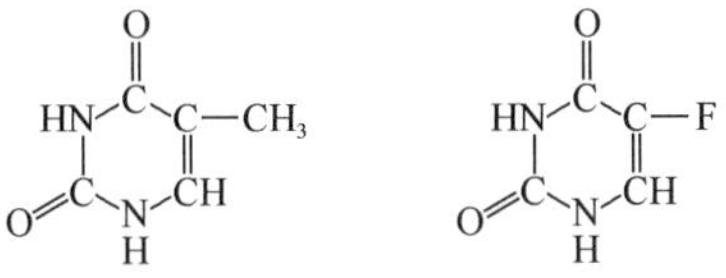

胸腺嘧啶 5-氟尿嘧啶

（三）嘧啶核苷酸类似物

阿糖胞苷和环胞苷是改变了核糖结构的嘧啶核苷类似物。临床上作为重要的抗癌药物应用，阿糖胞苷能抑制 CDP 还原成 dCDP，也能影响 DNA 的合成。

（四）氨基酸类似物

氨基酸类似物已在嘌呤抗代谢物中介绍。由于氮杂丝氨酸结构和谷氨酰胺相似，在嘧啶核苷酸的合成中能抑制氨基甲酰磷酸合成酶Ⅱ和 CTP 合成酶，从而干扰嘧啶核苷酸的合成代谢。

（五）叶酸类似物

叶酸类似物已在嘌呤抗代谢物中介绍。胸苷酸合成酶可使四氢叶酸氧化成二氢叶酸。氨蝶呤和

甲氨蝶呤抑制二氢叶酸还原酶，则阻断了二氢叶酸向四氢叶酸的转变（再循环），从而抑制胸苷酸的合成，进而影响 DNA 的合成，抑制细胞的增殖。

小　结

核苷酸具有多种重要的生理功能，基本功能是作为核酸生物合成的原料，此外，核苷酸还参与能量代谢、代谢调节等。体内的核苷酸主要由机体细胞自身合成，食物来源的嘌呤和嘧啶极少被利用，使得核苷酸不属于营养物质。

体内嘌呤核苷酸的生物合成有两条途径：从头合成和补救合成。从头合成的原料是磷酸核糖、氨基酸、一碳单位及 CO_2 等简单物质，在 PRPP 的基础上经过一系列酶促反应，逐步形成嘌呤环。首先生成 IMP，然后再分别转变成 AMP 和 GMP。从头合成过程受到精确的反馈调节。补救合成实际上是对现成嘌呤或嘌呤核苷的重新利用，虽然合成含量极少，但也有重要的生理意义，特别是骨髓、脑等器官只能进行补救合成。

体内嘧啶核苷酸的生物合成也同样存在从头合成和补救合成。机体从头合成嘧啶核苷酸与合成嘌呤核苷酸的过程有所不同，是先合成嘧啶环，再磷酸核糖化而生成核苷酸。嘧啶核苷酸的从头合成同样受反馈调控。现成的嘧啶或嘧啶核苷可通过补救途径合成嘧啶核苷酸。

无论是通过从头合成途径还是补救合成途径，均是先合成核苷一磷酸，然后通过相应的激酶生成相应的核苷二磷酸和核苷三磷酸。体内的脱氧核糖核苷酸是由各自相应的核糖核苷酸在二磷酸水平上还原而成，由核糖核苷酸还原酶催化此反应。4 种核糖核苷三磷酸（ATP，GTP，CTP，UTP）和 4 种脱氧核糖核苷三磷酸（dATP，dGTP，dCTP，dTTP）分别作为合成 RNA 和 DNA 的原料。

根据嘌呤和嘧啶核苷酸的合成过程，可以设计多种抗代谢物，包括嘌呤、嘧啶类似物，叶酸类似物，氨基酸类似物等。这些抗代谢物均通过竞争性抑制来干扰核苷酸的合成，在抗肿瘤治疗中发挥重要作用。

嘌呤在人体内分解代谢的终产物是尿酸，黄嘌呤氧化酶是这个代谢过程的重要酶。痛风症主要是由于嘌呤代谢异常，尿酸生成过多而引起的，利用别嘌呤醇可以治疗痛风症。嘧啶分解后产生的 *β*- 氨基酸可随尿排出或进一步分解。

（陈维春　刘新光）

笔记栏

第 12 章　物质代谢的联系与调节

第 12 章 PPT

物质代谢是生物体的一个重要的基本特征，也是机体一切生命活动的能量源泉。生物体的生存与健康有赖于机体经常不断地与外界进行物质交换。体内各种物质的代谢之间也有着广泛的联系。物质代谢和代谢间的联系是在体内完善、精密而又复杂的调节机制作用下进行的。如果物质代谢失调，就会产生疾病；一旦物质代谢停止，生命亦随之终止。

第1节　物质代谢的特点

一、整　体　性

人体从外界摄取的食物是含有糖类、脂质、蛋白质、核酸、水、无机盐、微量元素及维生素等成分的混合物。所以，食物中的这些成分经消化吸收到体内后的代谢就不可能彼此孤立、各自为政，而是同时进行的，而且各种物质代谢之间和各条代谢途径之间彼此互相联系，或相互转变，或相互依存，或相互制约，从而构成统一的整体。例如，进食后，摄取到体内的葡萄糖增加。此时，糖原合成加强，而糖原分解抑制；同时，糖的分解代谢加强。一方面，释放能量增多，以保证糖原、脂肪、磷脂、胆固醇、蛋白质等物质合成的能量需要；另一方面，糖分解代谢的一些中间产物，经过各自不同的代谢转变成脂肪、胆固醇、磷脂及非必需氨基酸等。在由糖转变成脂质、非必需氨基酸的同时，脂肪动员和蛋白质的分解就受到抑制。

二、物质代谢偶联能量代谢

广义的物质代谢是指物质的消化吸收、中间代谢及排泄。狭义的物质代谢通常指物质的中间代谢，包括合成代谢（anabolism）与分解代谢（catabolism）两个方面。

物质的合成伴有能量的吸收，即同化作用；物质的分解伴有能量释放，即异化作用。同化作用与异化作用即为新陈代谢（metabolism）（图 12-1）。

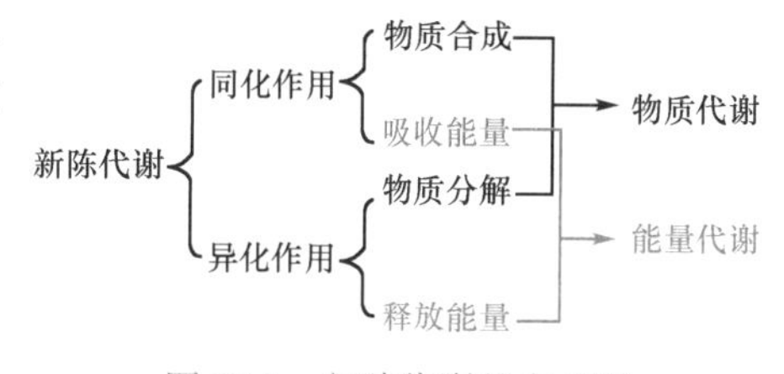

图 12-1　新陈代谢的定义图

（1）同化作用（assimilation）：指生物体把从外界环境中获取的营养物质转变成自身的组成物质，并且储存能量的变化过程。

（2）异化作用（dissimilation）：指生物体能够把自身的一部分物质加以分解，释放出其中的能量，并且把分解的终产物排出体外的变化过程。

同化作用以合成代谢为主，也有分解代谢，如核苷酸合成需要糖的磷酸戊糖途径提供 5- 磷酸核糖，需要氨基酸分解提供一碳单位。异化作用以分解代谢为主，也有合成代谢，如氨基酸分解产生的 NH_3 和 CO_2，在肝细胞中合成尿素。

由此可见，体内的物质代谢与能量代谢偶联进行。例如，进食后，能量来源超过能量利用，此时，脂肪合成增加以便能量储存。脂肪是机体最好的能量储存形式，而饥饿时的脂肪动员，脂肪酸分解，释放出能量供机体生命活动所需要。

三、代谢途径的多样性

体内的物质代谢通常是以由许多酶促反应组成的代谢途径进行。代谢途径有多种：

1. 直线途径　一般指从起始物到终产物的整个反应过程中无代谢支路。例如，DNA 的生物合成、RNA 的生物合成及蛋白质的生物合成等。

2. 分支途径　是指代谢物可通过某个共同中间物进行代谢分途，产生 2 种或更多种产物。例如，在胞质中，由葡萄糖代谢产生的丙酮酸无氧时还原为乳酸；有氧时进入线粒体内转变成乙酰 CoA 后进入三羧酸循环彻底氧化，生成 H_2O 和 CO_2 并释放出能量；可经转氨基作用生成丙氨酸；还可羧化成草酰乙酸。草酰乙酸又是另一个中间产物，它也有代谢分途，如经过一定代谢异生为糖；经转氨

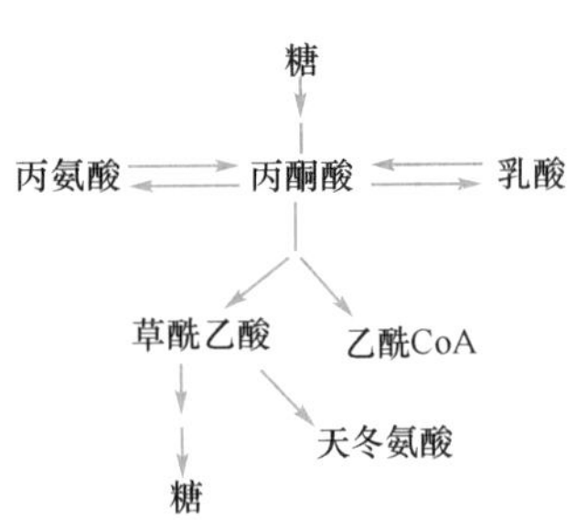

图 12-2 丙酮酸代谢分支反应示意图

基作用转变成天冬氨酸等（图 12-2）。

3. 循环途径 循环中的中间产物可反复生成，反复利用，使生物体能经济高效地进行代谢变化，而且循环反应可以从任一中间物起始或终止，可大大提高代谢变化的灵活性。例如，三羧酸循环、鸟氨酸循环等。

四、代谢调节

体内的各种物质代谢，千变万化，错综复杂。但由于机体存在着一套精细、完善而又复杂的调节机制，从而保证体内各种物质代谢有条不紊，使各种物质代谢的强度、方向和速度能适应内外环境的不断变化，保持机体内环境的相对恒定及动态平衡，保证机体各项生命活动的正常进行，也是身体健康的保证。参与代谢调节的物质很多，激素是其中最重要的信息分子。如果激素的合成、分泌或作用异常，都会导致代谢的异常而产生疾病。

案例 12-1

患者，女性，46 岁，因乏力 2 年，加重 2 天入院。

患者诉既往确诊有甲状腺功能减退（甲减），服药一周后自行停药。近 2 年来无明显诱因出现乏力，精神、饮食欠佳，嗜睡，畏寒、懒言少语，记忆力减退，便秘，平均 3 ～ 5 天解大便一次，呈羊粪状，小便正常。体重增加（近 2 年体重增加约 10kg）。无发热及颈部疼痛等不适，无明显胸闷、气促、腹胀、腹痛等不适，近 2 天因气温骤降自觉上诉症状加重而来医院就诊，以“甲状腺功能减退”收入院。

查体：神清，神志淡漠，皮肤萎黄，眼睑水肿，甲状腺无明显肿大，触之无结节，双肺呼吸音清，未闻及明显干湿啰音，血压 13.3/8kPa，心率 59 次 / 分，律齐，无明显额外心音及心脏杂音，腹软，无明显压痛及反跳痛，双下肢轻度水肿，神经系统检查正常。

实验室检查：

甲状腺功能	结果	参考值
游离三碘甲状腺原氨酸	3.34 pmmol/L	3.8 ～ 6.0pmmol/L
游离甲状腺素	4.11 pmmol/L	7.86 ～ 14.41pmmol/L
促甲状腺素	＞ 100 mIU/L	0.34 ～ 5.6mIU/L
抗甲状腺球蛋白抗体（Tg-Ab）	＞ 2439 IU/mL	＜ 4 IU/mL
甲状腺过氧化物酶抗体（TPO-Ab）	＞ 426.5IU/mL	＜ 9 IU/mL
血脂全套		
甘油三酯（TG）	5.78mmol/L	＜ 1.13mmol/L
血清总胆固醇（TC）	6.65mmol/L	＜ 5.17mmol/L
低密度脂蛋白胆固醇（LDL-C）	3.48mmol/L	＜ 3.37mmol/L
高密度脂蛋白胆固醇（HDL-C）	3.11mmol/L	＞ 1.04mmol/L
载脂蛋白 A（ApoA）	1.09 g/L	1 ～ 1.6g/L
载脂蛋白 B（ApoB）	1.34 g/L	0.6 ～ 1.1g/L
游离脂肪酸（FFA）	0.48mmol/L	0.1 ～ 0.9mmol/L

甲状腺彩超示：甲状腺体积增大，质地不均。

诊断：原发性甲状腺功能减退；病因为桥本氏病。

治疗：口服左旋甲状腺素片。

结果：患者上述症状得到明显改善，复查甲状腺功能（游离三碘甲状腺原氨酸 、游离甲状腺素）及血脂全套检查结果基本恢复至参考范围内，甲状腺彩超提示甲状腺较前缩小。

问题讨论：1. 诊断为原发性甲状腺功能减退的依据是什么？

2. 从生化角度解释甲状腺激素缺乏与血脂异常的关联。

笔记栏

案例 12-1 分析

甲状腺功能减退是由于甲状腺激素合成、分泌或生物效应不足或缺少所致的一组内分泌疾病。成人发病表现为一系列以全身性基础代谢率减低为主的症候群同时合并有不同程度的血脂异常。

该病例中：患者女性，中年起病，主要临床表现有乏力，精神、饮食欠佳，嗜睡，畏寒、懒言少语，记忆力减退，便秘。查体神志淡漠，皮肤萎黄，眼睑及双下肢水肿。实验室检查：甲状腺激素水平低下，血脂水平升高。彩超提示甲状腺体积增大。服用甲状腺素后患者症状得到好转，复查甲状腺功能及血脂全套较前明显恢复至正常范围内，甲状腺体积较前缩小。因此根据上述临床表现及检查可明确"原发性甲状腺功能减退"诊断；又因患者查 TPO-Ab、Tg-Ab 均为阳性，所以考虑病因诊断为"桥本氏病"。

甲状腺激素是由甲状腺分泌的在人体内参与脂肪、糖、蛋白质、维生素及水盐代谢的一种非常重要的激素。它可促进脂肪的合成和降解，以降解较明显；甲状腺激素一方面可通过促进乙酰 CoA 合成甲羟戊酸，使肝合成胆固醇增多；另一方面也能促进胆固醇转化为胆汁酸从血浆中移出，以促进胆固醇转化作用大于其合成。故甲减时，血中 TG、TC 水平升高。此外，甲状腺激素对 LDL 分解代谢的影响主要是通过 LDL 受体介导的，甲减时肝细胞上的 LDL 受体数目和活性均下降，导致体内 LDL 依赖其受体的降解途径减少，从而引起血 LDL-C 水平升高；甲减时患者体内的肝脂酶（HL）和脂蛋白脂肪酶（LPL）活性受抑制，使血中 TG 清除率下降，从而导致血 TG 水平升高。总之，甲减患者常伴有高胆固醇血症和高 LDL 血症和高甘油三酯血症。

病例中患者的 FT_3、FT_4 水平降低，TSH 水平显著升高，可诊断为甲状腺功能减退症；查血脂全套示 TG、TC、LDL-C 水平均明显升高，提示存在血脂异常；而在仅给予甲状腺素治疗而未给予任何降脂药物的情况下，通过随访，患者血脂水平逐渐恢复正常范围，推测血脂紊乱是由于甲状腺激素缺乏或不足引起。

五、物质代谢的组织特异性

由于各组织、器官的分化不同，所含酶类的种类和含量各有差异，导致各组织、器官具有不同的代谢特点即代谢具有组织特异性。例如，酮体在肝内生成而在肝外组织被利用；又例如，肝既能进行糖原合成，也能进行糖原分解，还能进行糖异生作用，是维持血糖水平恒定的重要器官；再例如，支链氨基酸主要在肌肉组织中分解，而芳香族氨基酸主要在肝中降解等等。这种物质代谢的组织特异性，对理解有关疾病的生化机制十分重要。

六、各种代谢物均具有共同的代谢池

体内的各种代谢物，无论是从外界摄入还是体内产生，混合在一起，共同构成了物质的代谢池，分布于全身各处进行代谢。例如，来自食物蛋白质消化吸收的氨基酸、体内蛋白质（主要是组织蛋白质）降解产生的氨基酸和机体自身合成的非必需氨基酸混在一起，分布于体内各处，共同构成氨基酸代谢池（或代谢库）。

七、ATP 是机体能量储存与利用的共同形式

一切生命活动都需要能量。能量的直接利用形式是 ATP。体内糖、脂肪、蛋白质分解氧化释放的部分能量，通过氧化磷酸化（主要）和底物水平磷酸化使能量以高能磷酸键形式储存于 ATP。需要时，ATP 水解释放出能量，供各种生命活动的需要。例如，各种生物合成，肌肉收缩，物质的主动转运，生物电，乃至体温的维持等。此外，在肌组织，ATP 可将其高能磷酸键转移给肌酸，以磷酸肌酸形式储存能量；需要时，将其能量转移给 ADP 生成 ATP 再被利用。

八、NADPH 为某些物质合成提供还原当量

体内的氧化反应，主要是脱氢反应，而且以不需氧脱氢酶催化的氧化反应为主，特别是以 NAD^+ 为辅酶的脱氢反应，生成的 $NADH+H^+$ 通过 NADH 氧化呼吸链氧化，生成水并产生 ATP。以 $NADP^+$ 为辅酶的脱氢酶有葡萄糖 -6- 磷酸脱氢酶、葡萄糖酸 -6- 磷酸脱氢酶及胞质中的异柠檬酸脱氢酶、苹

笔记栏

微课 12-1

果酸酶等，它们催化底物脱氢生成的 NADPH+H$^+$ 可为合成脂肪酸、胆固醇、脱氧核苷酸等化合物提供还原当量。

第 2 节　物质代谢的相互联系

一、在能量上的相互联系

生物体的能量来自糖、脂肪、蛋白质三大营养素在体内的分解氧化。通常情况下，人体摄取的食物中糖类含量最多，人体所需要能量的 50% ～ 70% 由糖提供，糖是体内的“燃烧材料”；其次是脂肪，脂肪是生物体的“储能材料”，储量大，因脂肪含水少，便于储存，当能量摄取超过利用时，多余能量主要以脂肪形式加以储存；蛋白质分解氧化提供的能量可占总能量的 18%，但机体尽可能节省蛋白质的消耗，因为蛋白质是机体的“建筑材料”，其主要功能是维持组织细胞的生长、更新、修补和执行各种生命活动，而蛋白质的氧化供能可由糖、脂肪所代替。

三大营养素的氧化供能，可分为三个阶段。首先，糖原、脂肪、蛋白质分解产生各自的基本组成单位（成分）；然后，这些基本单位按各自不同的分解途径分解生成共同的中间产物——乙酰 CoA；最后，乙酰 CoA 进入三羧酸循环和氧化磷酸化彻底氧化（图 12-3）。

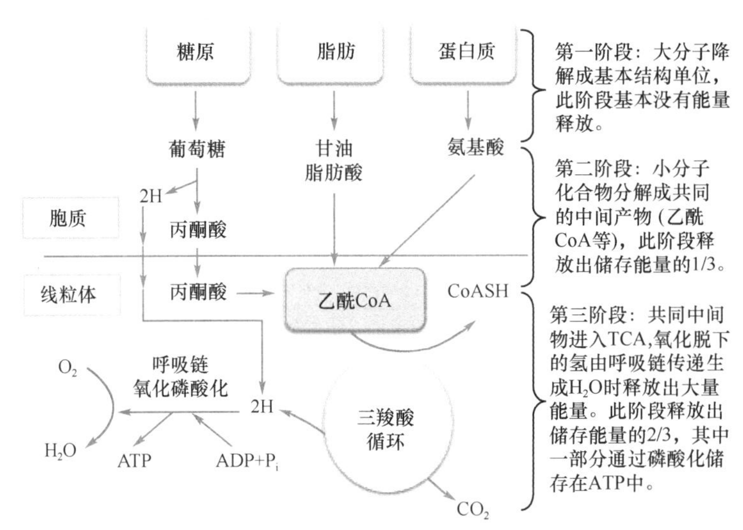

图 12-3　糖、脂肪和蛋白质氧化分解的三个阶段

由此可见，三大营养素最终都要通过三羧酸循环和氧化磷酸化的共同通路才能彻底氧化。因此，从供能角度看，三大营养素可以互相代替，并相互制约。当任一营养素的分解氧化占优势时，就会抑制和节省其他供能物质的降解。例如，脂肪动员加强，ATP 生成增多，ATP/ADP 值增高时，可变构抑制糖分解代谢的最主要限速酶——果糖磷酸激酶 -1 的活性，从而抑制糖的分解。相反，若 ATP 生成减少，ATP/ADP 值降低时，磷酸果糖激酶 -1 活性被变构激活，从而加速糖的分解。又例如，饥饿初期，由于血糖水平降低，胰岛素分泌减少，胰高血糖素分泌增加。这两种激素分泌的平衡改变，导致脂肪动员、蛋白质分解，而抑制糖的氧化，促进糖的异生，以维持血糖浓度相对恒定。但若长期饥饿，机体通过代谢调节，各组织包括脑的代谢发生相应变化，使脂肪动员进一步加强，肾皮质的糖异生作用也加强，而蛋白质分解减少，氮负平衡有所改善。

二、糖、脂质、蛋白质及核苷酸代谢之间的相互联系

如前所述，体内的物质代谢是一个整体。各种物质代谢不仅同时进行，而且通过它们的共同中间代谢物和共同通路而相互沟通，彼此联系。当一种物质代谢障碍时可引起其他物质代谢的紊乱。

（一）糖代谢与脂质代谢的相互联系

（1）糖可以转变为脂肪：脂肪是机体能量储存的主要形式。当人体摄取的糖量超过机体能量消耗时，除糖原合成增强外，主要转变为脂肪。此时，一方面糖分解产生的磷酸二羟丙酮可以转变为 *α*- 磷酸甘油；另一方面，糖代谢产生的乙酰 CoA 在乙酰 CoA 羧化酶（该酶被柠檬酸、ATP 变构激

笔记栏

活）的催化下生成丙二酰 CoA，再由 NADPH+H^+ 提供还原当量、ATP 提供能量合成脂肪酸，并活化成脂酰 CoA，进而与 *α*- 磷酸甘油在脂酰 CoA 转移酶的催化下合成脂肪而储存于脂肪组织中。这正是摄取高糖膳食可使人肥胖的原因。

（2）脂肪中的甘油部分可以转变为糖，而脂肪酸不能转变为糖：脂肪中的甘油可在肝、肾、肠等组织中被甘油激酶催化生成 *α*- 磷酸甘油，再转变成磷酸二羟丙酮，然后转变为糖。由于丙酮酸转变为乙酰 CoA 的反应不可逆，所以脂肪酸经 *β*- 氧化生成的乙酰 CoA 不能逆转生成丙酮酸，因而脂肪酸不能转变为糖。又由于甘油占脂肪组成比例较少，因此，脂肪转变为糖较少。

（3）糖可以转变为胆固醇，也能为磷脂合成提供原料。胆固醇合成的原料乙酰 CoA 和 NADPH+H^+，完全可以由糖代谢产生。当进食高糖膳食后，血糖升高时，胰岛素分泌增加，糖的分解加强，为合成胆固醇提供更多的乙酰 CoA 和 NADPH+H^+，这正是高糖膳食后，不仅脂肪合成增加，而且胆固醇合成也增加的原因。甘油磷脂的合成需要甘油、脂肪酸，鞘磷脂的合成也需要脂肪酸。甘油和脂肪酸可由糖代谢转变。所以，糖能为磷脂合成提供原料。

（4）胆固醇不能转变为糖，磷酸甘油磷脂中的甘油部分可以转变成糖。

（5）糖代谢的正常进行是脂肪分解代谢顺利进行的前提。因为脂肪酸氧化的产物乙酰 CoA 必须与草酰乙酸缩合成柠檬酸后进入三羧酸循环，才能被彻底氧化，而草酰乙酸主要靠糖代谢产生的丙酮酸羧化生成。当糖代谢障碍时，引起脂肪大量动员，脂肪酸 *β*- 氧化加强，生成的大量乙酰 CoA 不能进入三羧酸循环而在肝细胞线粒体转变成酮体。生成的酮体，也因糖代谢的障碍不能被利用，造成血酮体升高（高酮血症），甚至尿中有酮体排出，即酮尿症。

（二）糖代谢与氨基酸代谢的相互关系

1. 糖可以转变为非必需氨基酸　糖经过一系列化学反应生成丙酮酸或三羧酸循环中的任何一个中间代谢物，就可以经还原氨基化生成相应的氨基酸（如 *α*- 酮戊二酸还原氨基化生成谷氨酸），或经转氨基作用生成相应的氨基酸，如丙酮酸和谷氨酸在 ALT 催化下生成丙氨酸和 *α*- 酮戊二酸。但糖不能转变成必需氨基酸，必需氨基酸只能从食物中摄取。所以糖不能替代食物蛋白质的维持组织细胞生长、更新与修补的重要作用。

2. 除亮氨酸和赖氨酸外，其他 18 种编码氨基酸均能不同程度地转变为糖　亮氨酸和赖氨酸分解代谢的中间产物是乙酰 CoA 和（或）乙酰乙酰 CoA，因此它们只能转变为酮体而不能转变为糖。其他氨基酸经脱氨基作用或特殊代谢，都能转变为丙酮酸或三羧酸循环中的中间产物，因此都可以作为糖异生原料异生为糖。

（三）脂质代谢与氨基酸代谢的相互联系

（1）一般来说，脂肪很少能转变为氨基酸。正如脂肪很少能转变为糖一样，仅脂肪中的甘油可以转变为非必需氨基酸碳架，用以合成非必需氨基酸，脂肪酸不能转变为任何氨基酸。所以脂肪也不能替代食物蛋白质。

（2）亮氨酸和赖氨酸可以代谢转变为脂肪酸，但不能转变为甘油。因此，它们不能转变为脂肪。其他 18 种氨基酸都可以转变为糖，自然也就可以转变成脂肪。

（3）所有氨基酸的分解代谢都可以为胆固醇合成提供乙酰 CoA，参与促进胆固醇合成。

（4）丝氨酸参与磷脂酰丝氨酸的合成；丝氨酸可为脑磷脂合成提供胆胺；而且胆胺由 *S*- 腺苷甲硫氨酸提供甲基生成胆碱，进而参与卵磷脂合成。

（四）核苷酸与氨基酸代谢的相互联系

嘌呤的合成需要谷氨酰胺、甘氨酸、天冬氨酸和某些氨基酸分解代谢产生的一碳单位；尿嘧啶和胞嘧啶的合成需要谷氨酰胺和天冬氨酸，胸腺嘧啶的合成除需天冬氨酸和谷氨酰胺外，还需一碳单位。

微课 12-2

此外，所有核苷酸的合成都需要磷酸戊糖途径提供的 5- 磷酸核糖。除脱氧胸苷酸外，脱氧核苷酸的合成需 NADPH+H^+ 提供还原当量。

糖、脂质、氨基酸及核苷酸代谢途径之间的相互关系见图 12-4。

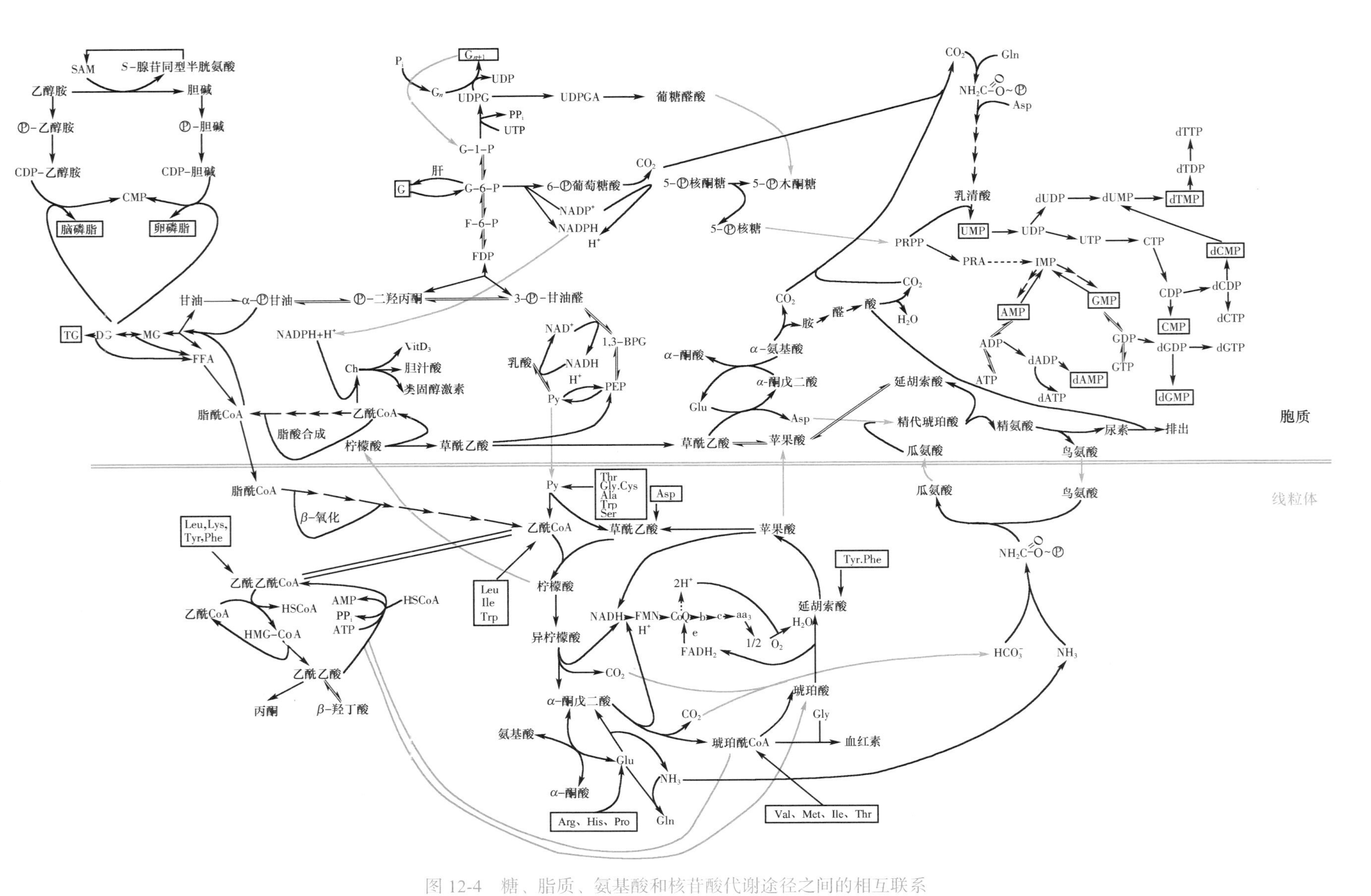

图 12-4 糖、脂质、氨基酸和核苷酸代谢途径之间的相互联系

G：葡萄糖；G_n：糖原；Ch：胆固醇；PEP：磷酸烯醇式丙酮酸；Py：丙酮酸；MG：甘油一酯；DG：甘油二酯；TG：甘油三酯；$VitD_3$：维生素 D_3

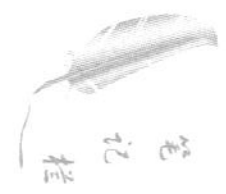

第3节　某些组织、器官的代谢特点

机体各组织、器官的物质代谢都不尽相同，是因为个体在生长发育过程中，各组织、器官的细胞分化不同，形成不同的形态结构，特别是细胞内酶系的种类、组成和含量的差异，因而代谢各具特色，但它们并非彼此孤立、各自为政，它们的代谢物、代谢中间物及终产物，通过血液循环及神经-体液调节互相联系，构成统一整体。

1. 肝　肝是人体中代谢最活跃也是最具特色的器官，耗氧量也大，占全身耗氧量的20%。它不仅在糖、脂质、蛋白质、水、无机盐及维生素等营养素的代谢中，而且在胆汁酸代谢及非营养物质（包括激素和胆色素）的代谢中均具有独特而重要的作用。所以，它是机体物质代谢的枢纽，人体的“中心生化工厂”。例如，肝通过糖原合成、糖原分解和糖异生作用，以维持血糖浓度的相对恒定。肝与肌肉相比，由于肝细胞中的己糖激酶为葡萄糖激酶，该酶对葡萄糖的亲和力低，K_m值为10mmol/L，故肝糖原的合成不是直接利用葡萄糖，而是经过三碳途径（或间接途径）合成，而肌糖原的合成是直接途径。肝糖原可以直接分解生成葡萄糖，肌糖原只能进行糖酵解，不能直接转变为葡萄糖。因肌肉细胞中缺乏葡萄糖-6-磷酸酶，该酶只存在于肝和肾皮质。又例如，酮体的代谢，肝细胞线粒体中有较强的合成酮体的酶类，但缺乏利用酮体的酶类，故有“肝内生酮肝外用”之说。肝的脂肪、胆固醇、磷脂合成非常活跃，但合成之后很快以VLDL形式释放入血，不能在肝储存，否则，脂质在肝中大量储存会造成脂肪肝。胆汁酸的生成、尿素的合成、激素的灭活等都是肝特有的功能。

2. 心　心的功能是泵出血液，通过血液沟通全身的物质代谢，所以，心肌对能量供应是敏感的。由于心肌细胞富含线粒体，三羧酸循环与氧化磷酸化酶类、脂蛋白脂酶丰富，且心肌细胞中的乳酸脱氢酶为LDH_1，故心肌细胞的能量来自酮体、乳酸、脂肪酸及葡萄糖等，并以有氧氧化途径为主。

3. 脑　脑是人体的神经中枢，能量需求和耗氧量大，耗氧量占全身耗氧的20%～25%。通常情况下，脑的能量来自葡萄糖的有氧氧化，脑组织无糖原储存，葡萄糖由血糖供应。所以血糖恒定对脑十分重要。饥饿时，血糖降低，脑组织利用酮体氧化供能加强，节省葡萄糖。

4. 肌　肌细胞富含脂蛋白脂酶和呼吸链，所以，通常以脂肪酸氧化供能为主，也能利用酮体。剧烈运动时则以糖的无氧酵解为主，以提供能量的急需。肌细胞能直接利用葡萄糖合成糖原，但肌糖原不能直接分解为葡萄糖。

5. 红细胞　成熟红细胞无线粒体，能量全靠葡萄糖的酵解途径产生，而且是经2,3-二磷酸甘油酸支路进行酵解。该途径产生的2,3-二磷酸甘油酸，能调节血红蛋白携氧功能，每天消耗30g葡萄糖。

6. 脂肪组织　脂肪组织是合成及储存脂肪的重要组织（脂库）。当摄取的糖量超过机体的消耗时，大量的糖可在脂肪细胞内转变为脂肪以便能量储存。需要时（如饥饿），脂肪进行动员，释放出脂肪酸和甘油供全身各组织利用。脂肪细胞因缺乏甘油激酶而不能代谢甘油。

7. 肾　肾（皮质）是肝外唯一能进行糖异生和生成酮体的器官。肾皮质不仅能生成酮体，还能利用酮体，这点又不同于肝。肾的糖异生作用在长期饥饿时加强，几乎与肝糖异生能力相当，故它对维持空腹血糖恒定尤为重要。肾髓质因无线粒体，能量靠糖酵解提供。

微课12-3

第4节　代谢调节

体内的物质代谢是由许多连续且相关的代谢途径所组成（如糖的分解代谢），而每条代谢途径又是由一系列酶促反应所组成。正常情况下，体内千变万化的物质代谢和错综复杂的代谢途径所构成的代谢网络能有条不紊地进行，并且物质代谢的强度、方向和速度能适应内外环境的不断变化，以保持机体内环境的相对恒定和动态平衡，就是因为体内存在着完善、精细、复杂的调节机制。

代谢调节普遍存在于生物界，是生物进化过程中逐步形成的一种适应能力。生物进化程度越高其代谢调节越精细越复杂。单细胞的生物因直接与外界环境接触，所以主要通过细胞内代谢物浓度的变化，对酶的活性和（或）含量进行调节。这种调节称为原始（基础）调节或细胞水平代谢调节。从单细胞生物进化至高等生物，在细胞水平调节的基础上，又出现了激素水平的调节。这种调节通过内分泌细胞或内分泌器官分泌的激素来影响细胞水平的调节，所以更为精细而复杂。高等动物不仅有完整的内分泌系统，而且还有功能十分复杂的神经系统。在中枢神经系统的控制下，或通过神

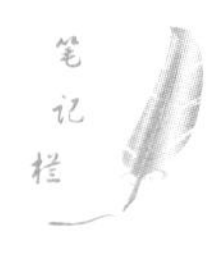

经纤维及神经递质对靶细胞直接发生影响，或通过某些激素的分泌来调节某些细胞的代谢与功能，并通过各种激素的互相协调对机体代谢进行综合调节，这种调节称为整体水平的代谢调节。细胞水平代谢调节、激素水平代谢调节及整体水平代谢调节统称为三级水平代谢调节。在这些水平代谢调节中，细胞水平代谢调节是基础，激素水平和整体水平的调节最终是通过细胞水平的代谢调节实现的。所以，本节的重点是细胞水平的代谢调节。三级水平的代谢调节见图 12-5。

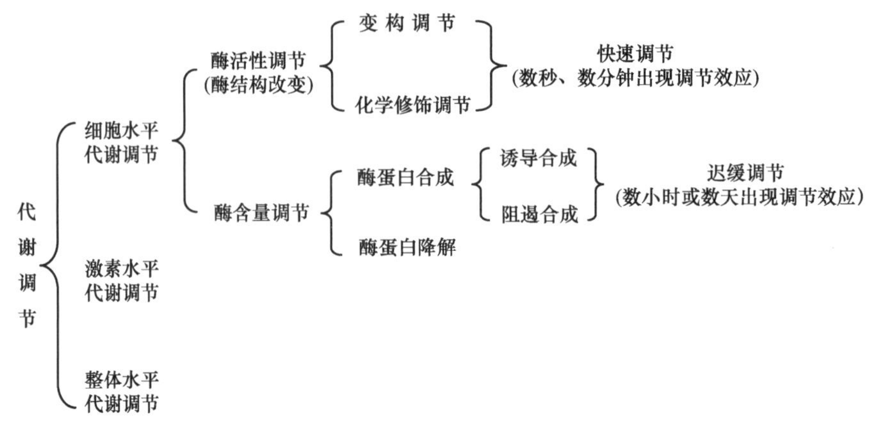

图 12-5　物质代谢的三级水平调节

一、细胞水平的代谢调节

（一）细胞内酶的隔离分布

体内的物质代谢几乎都是在细胞内进行，而且是由一系列酶促反应组成的代谢途径完成。组成每条代谢途径的酶类在细胞内都有一定区域或亚细胞分布（表 12-1）。酶系在细胞内隔离分布的意义在于使相关联而又不同的代谢途径间既有联系又不互相干扰，保证各条代谢途径按各自方向顺利进行。例如，脂肪酸合成酶系定位胞质，而脂肪酸 β 氧化酶类分布于线粒体。脂肪酸合成原料（底物）之一——乙酰 CoA 正好是脂肪酸 β 氧化的产物，如果两条途径共处同一区域，则会造成乙酰 CoA 的无意义循环。

表 12-1　某些代谢途径（酶体系）在细胞内的分布

代谢途径	酶分布	代谢途径	酶分布
糖酵解	胞质	脂肪酸活化与 β 氧化	胞质和线粒体
有氧氧化	胞质和线粒体	酮体生成与利用	线粒体
磷酸戊糖途径	胞质	胆固醇合成	胞质和内质网
糖原合成	胞质	磷脂合成	内质网
糖原分解	胞质	尿素合成	线粒体和胞质
糖异生	线粒体和（或）胞质	血红素合成	线粒体和胞质
三羧酸循环	线粒体	核酸合成	细胞核
氧化磷酸化	线粒体	蛋白质合成	内质网、胞质

某一代谢途径的化学反应速度与方向是由该途径中的一个或几个具有调节作用的关键酶（key enzyme）或调节酶（regulatory enzyme）的活性所决定的。关键酶或调节酶具有如下特点：①这类酶催化的反应速度最慢，其活性大小决定整个代谢途径的总速度，故又称为限速酶（limiting velocity enzyme）；②这类酶催化单向反应或非平衡反应，因此其活性还决定整个代谢途径的方向；③这类酶通常处于代谢途径的起始部位或分支处；④这类酶活性除受底物控制外，还受多种代谢物或效应剂的调节。因此对关键酶活性的调节是细胞代谢调节的一种重要方式。表 12-2 列举了某些代谢途径的关键酶。

表 12-2　某些代谢途径的关键酶

代谢途径	关键酶（调节酶、限速酶）
糖酵解	己糖激酶、磷酸果糖激酶 -1、丙酮酸激酶
糖有氧氧化	己糖激酶、磷酸果糖激酶 -1、丙酮酸激酶 丙酮酸脱氢酶复合体 柠檬酸合酶、异柠檬酸脱氢酶、α- 酮戊二酸脱氢酶复合体
磷酸戊糖途径	葡萄糖 -6- 磷酸脱氢酶
糖原合成	糖原合酶
糖原分解	糖原磷酸化酶
糖异生 *	丙酮酸羧化酶、磷酸烯醇式丙酮酸羧激酶 果糖二磷酸酶 -1、葡萄糖 -6- 磷酸酶或糖原合酶
脂肪动员	激素敏感性甘油三酯脂肪酶
脂肪酸 β- 氧化	肉碱脂酰转移酶 I
脂肪酸合成	乙酰 CoA 羧化酶
胆固醇合成	HMG-CoA 还原酶
胆汁酸生成	7α- 羟化酶
血红素合成	δ- 氨基 -γ- 酮基戊酸（ALA）合酶

* 糖异生的关键酶视糖异生的原料和产物不同而有所不同。如甘油为原料异生为葡萄糖的关键酶为果糖二磷酸酶 -1、葡萄糖 -6- 磷酸酶。如果乳酸为原料异生为糖原时的关键酶为丙酮酸羧化酶、磷酸烯醇式丙酮酸羧激酶、果糖二磷酸酶 -1、糖原合酶。

代谢调节主要是对关键酶的活性或含量进行调节。通过改变原有酶结构从而改变酶活性的调节，属快速调节，包括变构调节和化学修饰调节。通过改变酶含量的调节为迟缓调节，包括酶蛋白的合成和降解。

微课 12-4

（二）变构调节

1. 变构调节的概念　变构调节或别位调节（allosteric regulation）是指小分子化合物与酶蛋白分子活性中心外的某一部位（调节部位或调节亚基）特异的非共价键的结合，引起酶分子构象变化，从而改变酶活性的调节。受变构调节（或具有变构调节性质）的酶称变构酶或别构酶（allosteric enzyme）。变构效应剂是使酶发生变构效应（或能引起变构调节作用）的物质。通过变构调节，使酶的活性增加的效应剂称为变构激活剂。通过变构调节，使酶活性降低的效应剂称为变构抑制剂。变构效应剂可以是酶的底物，也可以是酶的产物或酶体系的终产物，或其他代谢物。它们在细胞内浓度的改变能灵敏地反映代谢途径的强度和能量供需情况，并通过变构调节，调节代谢强度、速度、方向以及能量的供需平衡。表 12-3 列举了一些代谢途径中的变构酶及其效应剂。

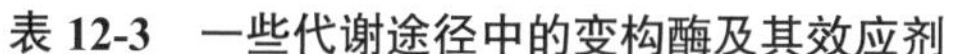

表 12-3　一些代谢途径中的变构酶及其效应剂

代谢途径	变构酶	变构激活剂	变构抑制剂
糖酵解	己糖激酶		G-6-P
	葡萄糖激酶（肝）		长链脂酰 CoA
	磷酸果糖激酶 -1	AMP，ADP，果糖 -1,6- 二磷酸，果糖 -2,6- 二磷酸	ATP，柠檬酸
	丙酮酸激酶	AMP，果糖 -2,6- 二磷酸	ATP，丙氨酸（肝）
三羧酸循环	柠檬酸合酶	AMP	ATP，长链脂酰 CoA
	异柠檬酸脱氢酶	AMP，ADP	ATP
糖原分解	磷酸化酶	AMP，P_i，G-1-P	ATP，G-6-P
糖异生	丙酮酸羧化酶	乙酰 CoA，ATP	AMP
	果糖二磷酸酶 -1	ATP	AMP，果糖 -2,6- 二磷酸
脂肪酸合成	乙酰 CoA 羧化酶	柠檬酸，异柠檬酸	长链脂酰 CoA，ATP
氨基酸脱氨基作用	L- 谷氨酸脱氢酶	ADP，GDP	ATP，GTP
嘌呤核苷酸合成	PRPP 酰胺转移酶	PRPP	IMP，AMP，GMP

2. 变构调节的机制　变构酶通常是由两个或两个以上相同或不相同亚基所组成并具有一定构象的四级结构的酶。酶分子中有与底物结合后起催化作用的催化亚基；有与变构效应剂结合后起调节作用的调节亚基。有的亚基上既有与底物结合的部位，也有与效应剂结合的部位。变构效应剂是通过非共价键与调节亚基或调节部位结合，引起酶的构象变化（如变为疏松或紧密），从而影响酶与底物的结合，使酶的活性受到抑制或激活。变构效应剂引起酶分子构象的改变，有的表现为亚基的聚合（如果糖 -1,6- 二磷酸，特别是果糖 -2,6- 二磷酸对磷酸果糖激酶 -1 的变构激活）或解聚（如 ATP 对磷酸果糖激酶 -1 的变构抑制）。有的表现为原聚体与多聚体的聚合与解聚，而引起酶活性发生相应改变。如柠檬酸、异柠檬酸可使乙酰 CoA 羧化酶由无活性的原聚体（由 4 种不同亚基构成）聚合成有活性的多聚体（变构激活），而 ATP-Mg^{2+} 可使多聚体解聚成原聚体而使酶变构抑制。

3. 变构调节的生理意义　变构调节是细胞水平代谢调节中一种较常见的快速调节，其生理意义在于: ①代谢途径的终产物作为变构抑制剂反馈抑制该途径的起始反应的酶，从而既可使代谢产物的生成不致过多，也避免原材料的浪费。例如，长链脂酰 CoA 可反馈抑制乙酰 CoA 羧化酶，从而抑制脂肪酸的合成，也避免乙酰 CoA 的消耗。②通过变构调节，使能量得以有效储存。例如，正常情况下，当血糖升高，G-6-P 增多时，G-6-P 变构抑制磷酸化酶使糖原分解减少，同时又激活糖原合酶，使过多的葡萄糖转变为糖原，从而使能量得以有效储存。③通过变构调节维持代谢物的动态平衡。例如，ATP 既可变构抑制磷酸果糖激酶 -1，又可变构激活丙酮酸羧化酶、果糖二磷酸酶 -1，从而在抑制糖分解代谢的同时又促进糖异生作用，这对维持血糖浓度恒定极为重要。④通过变构调节使不同代谢途径相互协调。例如，乙酰 CoA 既可抑制丙酮酸脱氢酶复合体，又可激活丙酮酸羧化酶，从而协调糖的分解代谢与合成代谢。再例如，血糖升高时，柠檬酸生成增多。柠檬酸既可变构抑制磷酸果糖激酶 -1，又可变构激活乙酰 CoA 羧化酶，使大量的乙酰 CoA 用以合成脂肪酸，进而合成脂肪。

（三）化学修饰调节

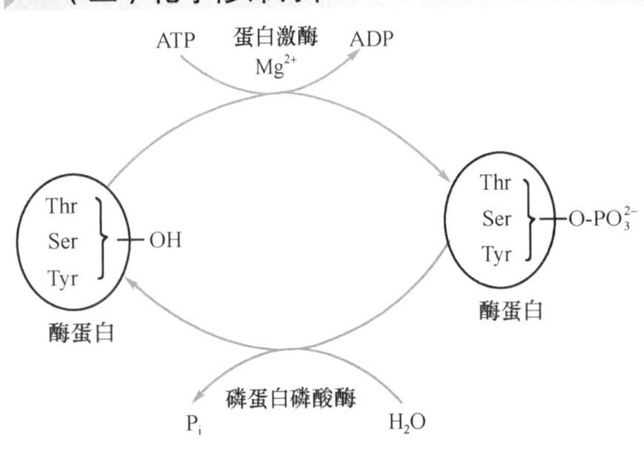

图 12-6　酶的磷酸化与脱磷酸

1. 化学修饰定义　酶蛋白分子上的某些氨基酸残基上的功能基团在不同酶催化下发生可逆的共价修饰，从而引起酶活性变化的一种调节称为酶的化学修饰（chemical modification）。

2. 化学修饰的方式　化学修饰方式有磷酸化与脱磷酸，乙酰化与脱乙酰，甲基化与脱甲基，腺苷化与脱腺苷及 SH 与—S—S—互变等，其中以磷酸化与脱磷酸为最常见最重要的化学修饰。美国 Fisher 和 Krebs 正因为发现蛋白质的可磷酸化是一种生物调节机制而共同获得 1992 年诺贝尔生理学或医学奖。酶蛋白分子中丝氨酸（Ser）、苏氨酸（Thr）及酪氨酸（Tyr）的羟基是磷酸化修饰的位点，可被一类蛋白激酶（protein kinase）催化磷酸化，磷酸基供体是 ATP，脱磷酸是磷蛋白磷酸酶（phosphoprotein phosphatase）催化的水解反应（图 12-6）。磷酸化后可以使酶激活，也可以使酶抑制，同样脱磷酸可以是激活，也可以是抑制（表 12-4）。

表 12-4　磷酸化 / 脱磷酸后酶活性变化

激活（磷酸化）/ 抑制（脱磷酸）	抑制（磷酸化）/ 激活（脱磷酸）
糖原磷酸化酶	糖原合酶
磷酸化酶 b 激酶	磷酸果糖激酶 -2
果糖二磷酸酶 -2	丙酮酸脱氢酶复合体
HMG-CoA 还原酶激酶	HMG-CoA 还原酶
激素敏感性甘油三酯脂肪酶	乙酰 CoA 羧化酶

3. 化学修饰特点

（1）绝大多数化学修饰的酶都具有无活性（或低活性）与有活性（或高活性）两种形式，它们之间的互变由两种不同的酶催化，催化互变反应的酶又受其他因素如激素的调节。

（2）化学修饰的调节效率比变构调节高，因为化学修饰是酶促反应，而酶促反应具有高度催化效率，而且磷酸化修饰具有级联放大效应。

（3）磷酸化与脱磷酸是最常见的化学修饰方式。磷酸化修饰仅需以 ATP 供给磷酸基团，其耗能远少于合成酶蛋白，且作用迅速，又有级联放大效应，因此是体内调节酶活性经济而有效的方式。

（4）细胞内同一关键酶同受化学修饰与变构调节的双重调节，两种调节方式的相互协作、相辅相成，更增强了调节因子的作用。例如，肌肉磷酸化酶 b 无活性，可被 AMP 变构激活成活性较低的磷酸化酶 b，后者更易受有活性的磷酸化酶 b 激酶催化磷酸化，形成活性更强的磷酸化酶 a，且不易受磷蛋白磷酸酶催化脱磷酸，从而增强了磷酸化酶 a 的稳定性。只有当 ATP 或 G-6-P 增多，使有活性的磷酸化酶 a 变构转变为无活性的磷酸化酶 a，才能被磷蛋白磷酸酶催化脱磷酸回到无活性的磷酸化酶 b（图 12-7）。

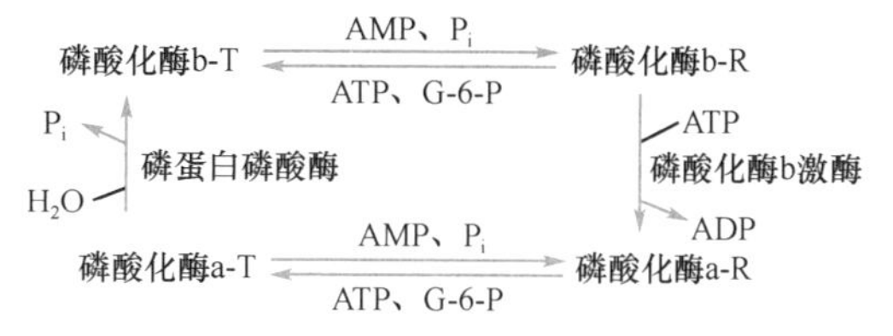

图 12-7　磷酸化酶的变构调节与磷酸化修饰的关系
T：紧密型构象（无活性）；R：疏松型构象（有活性）

（四）酶量的调节

酶量的调节是在不同环境因素（如营养摄取）和生理状况（如激素分泌）下，某些酶的合成或降解速率发生适应性变化，引起细胞内酶量发生相应增减，借此调节体内的物质代谢。

凡能促进酶蛋白合成的化合物称为酶的诱导剂（inducer），反之，减少酶蛋白合成的化合物称为酶的阻遏剂（repressor）。酶蛋白在诱导剂作用下，合成速度加速，这样的酶称为诱导酶。诱导剂诱发酶蛋白合成的作用称为诱导作用（induction）。一旦酶被诱导合成之后，由于酶量增加，此时即使除去诱导剂，仍可保持酶活性和调节效应，直到酶蛋白降解。通常酶作用的底物、激素或药物可作为酶的诱导剂。底物的诱导作用，普遍存在于生物界，如在动物饲料中增加蛋白质含量后，肝细胞内的精氨酸酶活性显著增高，尿素合成明显增多。在动物尤其是人体内，激素的诱导作用非常重要（表 12-5）。药物可诱导肝细胞微粒体中单加氧酶或其他一些药物代谢酶的合成，加速肝的生物转化作用，从而使药物失活而产生耐药性，这对临床有一定指导意义。通常代谢产物可作为酶的辅阻遏剂阻遏酶蛋白的合成，如色氨酸是色氨酸操纵子表达的 5 种酶合成的产物，它可作为辅阻遏剂与色氨酸操纵子的调节蛋白结合变构后结合到该操纵子的操纵序列上，从而使该操纵子的基因关闭，使参与色氨酸合成的 5 种酶的合成受到抑制。又例如，HMG-CoA 还原酶是胆固醇合成的关键酶，肝中该酶的合成可被产物胆固醇阻遏。再例如，ALA 合酶是血红素合成的限速酶，它除受血红素的反馈抑制外，血红素还可阻遏该酶合成，使血红素合成减少。

表 12-5　激素对大鼠肝中某些酶的诱导与阻遏

酶	酶活性		诱导剂	阻遏剂
	糖餐	饥饿或糖尿病		
糖酵解和磷酸戊糖途径酶类				
葡萄糖激酶	↑	↓	胰	
磷酸果糖激酶 -1	↑	↓	胰	
丙酮酸激酶	↑	↓	胰	
葡萄糖 -6- 磷酸脱氢酶	↑	↓	胰	
6- 磷酸葡萄糖酸脱氢酶	↑	↓	胰	
糖原合成和糖异生酶类				
糖原合酶	↑	↓	胰	
丙酮酸羧化酶	↓	↑	皮、高、肾	胰
磷酸烯醇式丙酮酸羧激酶	↓	↑	皮	胰
果糖二磷酸酶 -1	↓	↑	皮、高、肾	胰
葡萄糖 -6- 磷酸酶	↓	↑	皮、高、肾	胰

笔记栏

续表

酶	酶活性		诱导剂	阻遏剂
	糖餐	饥饿或糖尿病		
脂肪酸合成与胆固醇合成酶类				
苹果酸酶	↑	↓	胰	
柠檬酸裂解酶	↑	↓	胰	
乙酰 CoA 羧化酶	↑	↓	胰	
脂肪酸合成酶	↑	↓	胰	
HMG-CoA 还原酶	↑	↓	胰、甲	高、皮

注：胰表示胰岛素；皮表示糖皮质激素；高表示胰高血糖素；肾表示肾上腺素；甲表示甲状腺素。

二、激素水平的代谢调节

激素（hormone）水平的调节是生物进化至高等生物才出现的更复杂的调节方式。激素作用的一个重要特点是具有高度的组织特异性和效应特异性。激素发挥作用，首先要与特定组织（靶组织）或细胞（靶细胞）膜上或胞内受体（receptor）发生特异性识别与结合，然后将激素的信号传入细胞内（胞质或核内），转化为一系列细胞内的化学反应，最终表现出激素的生物学效应。按激素受体在细胞的部位不同，将激素分为膜受体激素和胞内受体激素两大类。

1. 膜受体激素　膜受体是存在于细胞表面质膜上的跨膜糖蛋白，有几种类型。这类激素也很多。有蛋白质类激素，如胰岛素、生长激素等；肽类激素，如胰高血糖素、生长因子等；以及儿茶酚胺类激素。由于受体类型、激素种类不同，这类激素的调节机制不尽相同，但共同的作用规律是：激素与相应受体特异识别相结合成激素 - 受体复合物，通过 G 蛋白介导影响某种酶活性变化而产生第二信使，再由第二信使将激素信号逐级传递放大，最终产生系列代谢及生理效应（见第 17 章第 3 节）。

2. 胞内受体激素　胞内受体存在于细胞质或细胞核内。固醇类激素、甲状腺素、1,25-$(OH)_2D_3$ 及视黄酸等疏水性激素，可透过细胞膜进入细胞内，或直接进入细胞核与核内特异受体识别结合成激素 - 受体复合物；或是与胞质中的特异受体结合后进入核内，再与核内特异受体结合。在细胞核内，两个激素受体复合物形成二聚体，并与 DNA 分子上的激素反应元件结合，促进（或抑制）相应基因的表达以调节细胞内蛋白质或酶的含量，从而实现激素对物质代谢的调节（见第 17 章第 3 节）。

三、整体调节

人体所处的内环境总是不断地发生着变化，因而体内各代谢途径中的关键酶（或调节酶）活性、激素的分泌及神经系统的活动都会发生相应的变化，使各种物质代谢的强度、速度及方向与内外环境的变化相适应，从而保证机体的能量供求，维持机体的正常生理活动和内环境的相对恒定。现举饥饿和应激为例讨论物质代谢的整体调节。

（一）饥饿

由于某种病理性（如消化道梗阻或昏迷）抑或特殊情况（如医疗上需禁食）不能进食时，如果未得到及时治疗或相应处理，必将引起体内的代谢在整体调节下发生一系列的变化。

1. 短期饥饿　饥饿的第 1 天至第 2 天，机体主要依靠肝糖原分解来维持血糖水平恒定。继之，血糖水平下降至一定程度后，引起胰高血糖素分泌增加和胰岛素分泌减少。这两种激素的增减可引起体内的代谢发生如下“三增强一减弱”为主要特征的变化。

（1）蛋白质分解增强，氨基酸释放增多：释放的氨基酸主要是转变成丙氨酸（占输出总氨基酸的 30% ～ 40%）和谷氨酰胺，以便为糖异生提供原料。

（2）糖异生作用增强：糖异生的原料主要来自蛋白质分解释放的氨基酸，其次是乳酸，还有少部分来自脂肪动员产生的甘油。生成约 150g 葡萄糖 / 天，其中 80% 由肝生成，余下在肾皮质中产生。

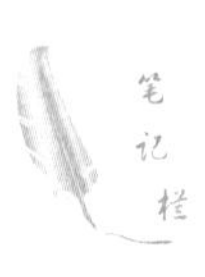

（3）脂肪动员增强，酮体生成增多：脂肪动员释放出的脂肪酸经 β 氧化后约 25% 的乙酰 CoA 在肝转变成酮体。饥饿初期，主要被心、肌、肾所利用。释放出的甘油可被肝异生为葡萄糖。

（4）组织氧化葡萄糖减弱：由于胰岛素分泌减少，葡萄糖进入组织细胞减少，葡萄糖氧化的关键酶活性降低，加之，心、肌、肾摄取氧化脂肪酸和酮体增加，因而葡萄糖的氧化减弱。但饥饿初期，大脑仍以氧化葡萄糖为主。

因此，如果在饥饿初期，及时补充葡萄糖，不仅可以减少酮体生成，降低酸中毒发生，同时也可减少体内蛋白质的消耗（每输入 100g 葡萄糖约可节省 50g 蛋白质的消耗），避免造成氮负平衡。

2. 长期饥饿　长期饥饿时的代谢变化主要是：

（1）组织蛋白质分解减少，氮负平衡有所改善。

（2）肾皮质的糖异生作用明显增强，其能力几乎和肝相当。生成约 40g 葡萄糖 / 天，占这个时期糖异生总量的 50%。由于蛋白质分解减少，糖异生原料主要是乳酸和丙酮酸。

（3）脂肪动员进一步增强，肝的生酮量进一步增多，肾皮质也可产生一定量的酮体。

（4）心、肌、肾皮质以直接氧化脂肪酸为主，节省酮体以供脑组织利用。此时，脑主要靠氧化酮体供能，占总耗氧量的 60%。

（二）应激

应激（stress）是一些异乎寻常的刺激（如创伤、剧痛、冻伤、缺氧、中毒、感染及剧烈情绪等）作用于机体后所作出的一系列反应的“应激状态”。应激状态伴有神经及体液的变化，包括交感神经兴奋引起肾上腺髓质和皮质激素分泌增多，血浆胰高血糖素及生长激素水平增高，胰岛素水平降低。这些激素水平的变化，引起一系列代谢改变。

1. 血糖升高　应激时，肾上腺素、去甲肾上腺素及胰高血糖素分泌增加，促进糖原分解而抑制糖原合成；同时，肾上腺皮质激素、胰高血糖素又可加快糖异生作用，使血糖来源增加。此外，胰岛素水平降低，组织细胞摄取和利用葡萄糖减少，也可进一步升高血糖。

2. 脂肪动员加速　脂解激素（肾上腺素、胰高血糖素及糖皮质激素等）分泌增加而胰岛素的分泌减少，促进脂肪大量动员，血液中脂肪酸升高，可作为心、肌、肾等组织能量的主要来源；而且肝生酮作用增强，肝外组织利用酮体也增加，节省葡萄糖的利用。这也是血糖升高的另一个原因。

3. 蛋白质分解加强　肾上腺皮质激素分泌增加和胰岛素分泌减少均可引起蛋白质分解加强，氨基酸释出增多，血中氨基酸增多，一方面为糖异生提供原料；另一方面，氨基酸分解加强，尿素合成及尿氮排出增加，可出现氮负平衡。

微课 12-5

小　　结

混合食物中的各种营养素经消化吸收进入机体后，与体内产生的相应成分混合在一起，构成共同的代谢池，分布于全身各组织细胞内进行中间代谢，即合成代谢与分解代谢。通常，合成代谢伴有能量的吸收，分解代谢伴有能量的释放。能量来自糖、脂质、蛋白质的氧化分解，通常以糖为主，但三大营养素的氧化供能可以相互替代，相互制约。释放的能量，部分以 ATP 形式捕获，ATP 是能量储存和利用的共同形式。在体内，所有物质的代谢并非彼此孤立各自为政，而是构成统一的整体。各种物质的代谢之间有着广泛和密切的联系，尤其是糖、脂质、蛋白质及核苷酸之间，通过共同的中间代谢物和共同通路而相互联系、相互依存、相互制约。糖可以转变为脂肪、胆固醇、非必需氨基酸，并为磷脂及核苷酸合成提供原料；甘油和除亮氨酸、赖氨酸外的其余编码氨基酸都可转变为糖，当然也可以转变为脂肪，但脂肪酸在人体内不能转变为糖和氨基酸。脂肪酸、胆固醇、脱氧核苷酸等的合成均需要 NADPH 提供还原当量。物质代谢是由一系列相关酶促反应组成的各条代谢途径完成，代谢途径有直线途径、分支途径及循环途径等。尽管全身所有体细胞含有相同的遗传信息，但由于各组织器官的细胞分化不同，因而形成不同的形态结构，特别是细胞内酶的种类、组成及含量不同，因而代谢各具特点。如肝在各种物质（包括营养物质和非营养物质）代谢中均具有独特而重要的作用。体内物质代谢的强度、方向和速度能适应内外环境的不断变化，以保持机体内环境的相对恒定，是因为体内存在着完善、精细和复杂的调节机制。

代谢调节是生物进化过程中逐步形成的一种适应能力。人体内的代谢调节有三级水平，即细胞

水平、激素水平和整体水平。细胞水平调节的基础是细胞内酶的隔离分布和代谢途径中存在着的关键酶（或限速酶或调节酶）。通过改变这些酶的活性或酶量实现对物质代谢的调节。前者是通过改变细胞内原有酶的结构从而改变酶活性的一种调节，属快速调节，包括变构调节和化学修饰。变构调节是由变构剂引起酶构象的改变。酶变构后可以是激活，也可以是抑制。化学修饰是酶催化酶分子上的某些基因的共价修饰，方式很多，最常见最重要的是磷酸化 / 脱磷酸的化学修饰。酶量调节是通过酶蛋白的合成与降解速度的改变，从而改变细胞内酶含量的一种调节，属迟缓调节。酶蛋白的合成调节有诱导和阻遏。激素水平的调节是激素通过与特异受体（有膜受体和胞内受体之分）结合后，通过不同的细胞信息转导作用，引起酶结构（活性）如磷酸化或酶含量（基因表达）改变而实现对物质代谢的调节。整体水平调节是通过神经体液途径，最终影响细胞水平变化的一种高等动物才具有的调节机制。饥饿、应激时的代谢变化及其机制能很好地解释整体水平调节。

（罗德生　刘汉才）

笔记栏

第三篇　遗传信息的传递

1953 年沃森和克里克提出 DNA 分子的双螺旋结构模型，标志着分子生物学的诞生。本篇所涉及的遗传信息的传递及其调控即是分子生物学的基本内容。

遗传信息是指储存在 DNA 或 RNA 分子中指导细胞内所有独特活动的指令的总和，其传递遵循分子生物学的基本法则——中心法则（central dogma）。该法则于 1958 年由克里克提出，包括由 DNA 到 DNA 的复制、由 DNA 到 RNA 的转录和由 RNA 到蛋白质的翻译等过程。20 世纪 70 年代逆转录酶的发现，表明遗传信息传递还有由 RNA 逆转录形成 DNA 的机制，这是对中心法则的补充和丰富。

本篇根据中心法则的内容，分章介绍 DNA 的生物合成（复制）、RNA 的生物合成（转录）、蛋白质的生物合成（翻译），包括合成的基本规律和特点、合成体系、合成过程及合成后的加工修饰等。另外，在 DNA 的生物合成一章，还介绍了引起 DNA 损伤的各种因素和由此产生的突变类型，以及生物体内的多种修复机制。

基因表达包括 RNA 和蛋白质的生物合成。在内、外环境因素的作用下，基因表达在多层次上受多种因子调控，调控的异常是造成突变和疾病的重要原因。基因表达调控一章介绍了遗传信息调控的基本概念及原理，并介绍染色质水平调控、转录水平调控、翻译水平调控等不同层次的调控。细胞内外的各种信号分子可通过相应的转导通路，激活转录因子，对体内的基因表达进行调控。

要学好本篇知识，重点在于理解，可采用整合、比较、归纳、联系等多种方法达到融会贯通的目的。例如，真核生物和原核生物在基因信息传递和表达各个环节的异同点，DNA 生物合成和 RNA 合成的异同点，各种 RNA 分子是如何参与蛋白质合成过程的。

第 13 章　DNA 的生物合成

第 13 章 PPT

在细胞传代过程中，遗传物质 DNA 通过复制（replication），将遗传信息从亲代传递到子代，使子细胞拥有与亲代细胞完全相同的遗传特征。因此，DNA 复制必须是完整的并以精确的方式进行，以保证物种的稳定性。DNA 在细胞中以高级结构的形式存在，复制过程却是以单链 DNA 为模板（template）进行脱氧核苷酸的酶促聚合反应，如何解旋解链？如何起止？怎样调控？复制的保真性是怎样实现的？研究结果表明，DNA 复制是一个由多种酶催化，多种蛋白质因子参与，并且受到精密调控的复杂过程。大肠埃希菌（*E. coli*）DNA 的复制涉及约 30 种蛋白质，真核生物的 DNA 复制则更复杂。在细胞中还存在多种酶促修复系统，对复制中出现的错误及受损伤的 DNA 进行修复，使 DNA 损伤减少到最低限度。

某些情况下 RNA 也可以作为遗传信息的携带者，如逆转录病毒（retrovirus）不仅能以 RNA 为模板进行自我复制，也可以通过逆转录（reverse transcription）方式将遗传信息传递给 DNA。

第 1 节　复制的基本规律

DNA 复制是指以母链 DNA 为模板，按碱基互补配对原则，合成两个完全相同的子链 DNA。这是一个遗传物质传代的过程，其化学本质是生物细胞内单核苷酸的酶促聚合反应。复制以半保留复制的方式进行，且子链 DNA 的合成具有半不连续复制的特点。真核生物线性的染色体和原核生物环状的 DNA，都采用双向复制的形式。

一、半保留复制

DNA 复制时，亲代双链 DNA 解开为两股单链，各自作为模板按碱基互补配对原则指导合成与模板

互补的新链。在理论上，亲代 DNA 复制出两条新的子代双链，有三种可能（图 13-1）：①全保留式复制（conservative replication）：亲代 DNA 完全恢复原来双螺旋结构，并产生一个全新的子代 DNA 双螺旋；②半保留式复制（semi-conservative replication）：即新老搭配，一条新合成的 DNA 链和一条模板链互补形成子代 DNA 双螺旋；③混合式复制（dispersive replication），即模板链片段和新链片段交替混杂在一起。

DNA 复制究竟以何种方式进行？DNA 双螺旋模型的提出就预示了半保留式复制的可能。1958 年，Meselson 和 Stahl 用实验证实了半保留式复制（图 13-2），否定了其他两种复制形式的可能。

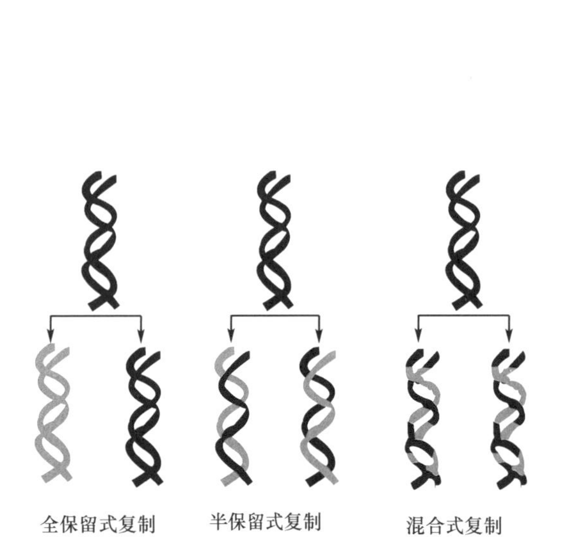

图 13-1 DNA 复制理论上三种可能形式

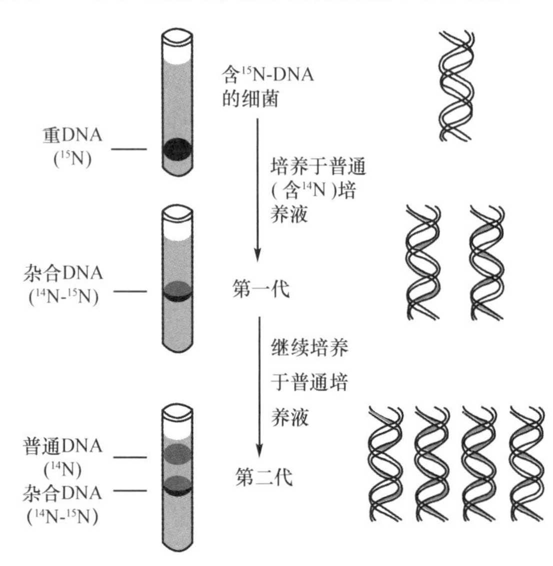

图 13-2 DNA 半保留式复制的实验流程

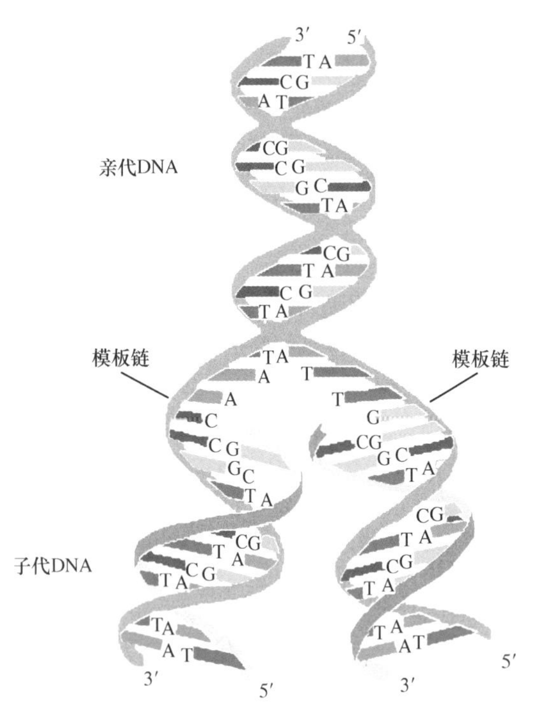

图 13-3 DNA 半保留式复制模型

实验中他们将大肠埃希菌放入以 $^{15}NH_4Cl$ 为唯一氮源的培养基中生长，经过连续培养若干代，可使分离出的所有 DNA 分子都被 ^{15}N（重氮）所标记，因其密度较普通 ^{14}N-DNA 的密度大约高 1%，用氯化铯密度梯度离心法（density gradient centrifugation）离心，^{15}N-DNA 形成的致密带位于 ^{14}N-DNA 形成的致密带下方。然后，将 ^{15}N 标记的大肠埃希菌转移至普通培养基（以 $^{14}NH_4Cl$ 为氮源）中培养一代，提取的子一代 DNA 再做密度梯度离心，发现所有 DNA 集于均一致密带，介于 ^{15}N-DNA 和 ^{14}N-DNA 区带之间，意味着形成的子一代 DNA 是 ^{14}N-^{15}N 各一半的杂合分子，排除了全保留式复制的可能性。接着将以上大肠埃希菌在普通培养基中继续培养至第二代 DNA，分析发现其中一半为中间密度 DNA，另一半为轻密度 DNA，这一结果符合半保留式复制的特点，排除了 DNA 混合式复制的可能性。随着大肠埃希菌在普通培养基中培养代数增加，轻密度 DNA 区带所占的比例越来越大，而中间密度 DNA 区带逐渐被“稀释”掉，这充分证明了 DNA 复制的方式和特点是半保留式复制（图 13-3）：即两股亲代 DNA 单链各自作为模板，按照碱基互补配对原则合成新链。子代细胞的 DNA，一股单链完整地来源于亲代，另一股单链则完全重新合成，两个子代细胞的 DNA 都和亲代 DNA 的碱基序列一致，保留了亲代 DNA 全部的遗传信息，体现了遗传的保守性。

但遗传的保守性是相对的而不是绝对的，自然界还存在着普遍的变异现象，在物种稳定遗传的过程中，同一物种个体与个体之间仍有差别。例如，流感病毒易变异产生很多不同的亚型，不同亚型在感染方式和毒性方面有很大差异，人群对新亚型的免疫力低，在防御上有相当大的困难，因而

流感曾多次导致世界性的流行。

二、双向复制

DNA 复制从固定的复制起点（origin，ori）开始，分别向两个方向进行解链和复制，称为双向复制（bidirectional replication）。复制起点是指 DNA 复制起始时必需的一段特殊 DNA 序列。虽然大肠埃希菌、酵母和猿猴空泡病毒 40（simian vacuolating virus 40，SV40）染色体的复制起点完全不同，但它们具有共同的特征：①由多个独特的短重复序列组成；②这些短重复序列被多亚基的复制起始因子所识别并结合；③一般富含 AT，有利于双螺旋 DNA 解旋解链产生单链 DNA。

双向复制过程中，DNA 母链形成两个延伸方向相反的生长点或复制叉（replication fork）。1972 年，利用放射自显影技术，Prescott 和 Kuempel 在电镜下观察到 DNA 复制区生长点呈"Y"字形或叉形，故称为复制叉。

原核生物的染色质和质粒、真核生物的细胞器 DNA 都是环状双链分子，它们的复制都从一个固定起点开始，分别向两侧形成两个复制叉，称为单点双向复制（图 13-4）。例如，经放射性标记大肠埃希菌 DNA 后，在电镜下观察到大肠埃希菌复制开始时呈现眼睛状的图形，因而称为复制眼。也有一些复制是单向的，只形成一个复制叉或生长点。通常复制是对称的，两条链同时进行复制；有些则是不对称的，一条链复制后再进行另一条链的复制，称为单点单向复制。少数环形 DNA 利用这种方式复制。真核生物基因组庞大而复杂，由多个染色体组成，全部染色体均需复制，每个染色体又有多个起点，称为多点双向复制。即每个起点产生两个移动方向相反的复制叉，复制完成时，复制叉相遇并汇合连接。习惯上把两个相邻起点之间的距离称为一个复制子（replicon）（图 13-5），它是独立完成复制的功能单位。

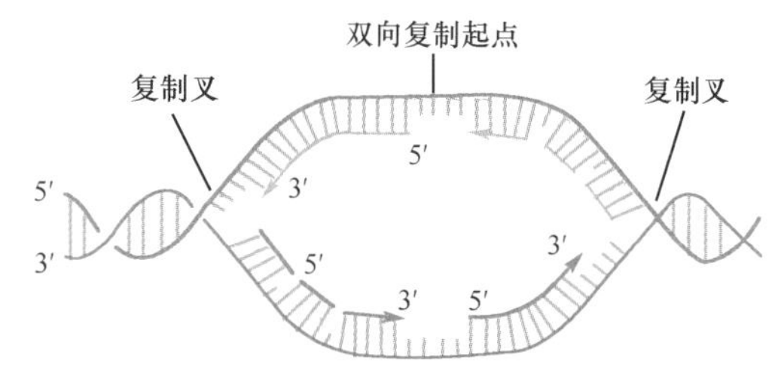

图 13-4 原核生物 DNA 单点双向复制

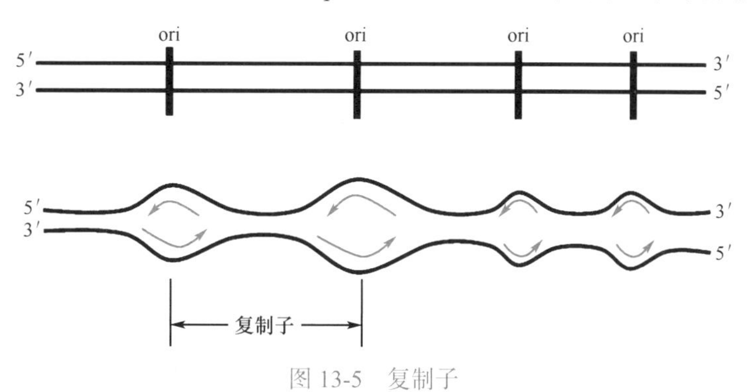

图 13-5 复制子

利用放射自显影的方法测定，细菌 DNA 的复制叉移动速度大约为 50kb/min。在营养丰富的培养基中，大肠埃希菌细胞每 20 分钟即可分裂一次。真核生物染色体 DNA 的复制叉移动速度比原核生物慢得多，为 1000 ～ 3000bp/min，这是由于真核生物染色体具有复杂的高级结构，复制时需要解开核小体，复制后又需重新形成核小体。高等真核生物一般复制子长度是 100 ～ 200kb，低等真核生物要小一些，每一个复制子在 30 ～ 60 分钟内完成复制，但各复制子启动复制有先后，就整个细胞而言，通常完成染色体复制时间要用 6 ～ 8 小时。

三、半不连续复制

DNA 双螺旋的两股单链是反向平行，一条链的走向为 $5' \rightarrow 3'$，其互补链为 $3' \rightarrow 5'$，故在 DNA 复制解链形成的复制叉处，两条母链也是走向相反，但所有 DNA 聚合酶合成新链的方向都是 $5' \rightarrow 3'$。因此复制时，一条链的合成方向和复制叉前进方向相同，可以连续复制，这条新合成的链称为领头链（leading strand）；另一条链的合成方向与复制叉前进方向相反，不能顺着解链方向连续延伸，必须待模板链解开至足够长度，然后从 $5' \rightarrow 3'$ 生成引物并合成子链，延长过程中，又要等待下一段有足够长度的模板，再生成引物并延长合成子链，这条不连续复制的链称为随从链（lagging strand）。复制中领头链连续合成与随从链不连续合成的方式并存，称为半不连续复制（semi-discontinuous replication）

（图 13-6）。随从链中不连续复制产生的 DNA 小片段称为冈崎片段（Okazaki fragment），是 1968 年日本科学家 Okazaki 通过放射自显影技术和电子显微镜观察到的。他以被 ^{3}H-TdR 标记的噬菌体 T4 来感染大肠埃希菌，瞬时标记后通过碱性密度梯度离心分离 DNA，发现短时间内新合成的是较短的 DNA 片段，在细菌中片段长度为 1000 ～ 2000 个核苷酸，相当于一个顺反子（cistron），即基因的大小；真核生物的片段长度为 100 ～ 200 个核苷酸，相当于一个核小体 DNA 的大小，随后检测到的是高分子 DNA。后人证实不连续片段只出现于同一复制叉上的一股链。不连续片段经过去除引物，填补空隙，再由 DNA 连接酶连成完整的 DNA 链。

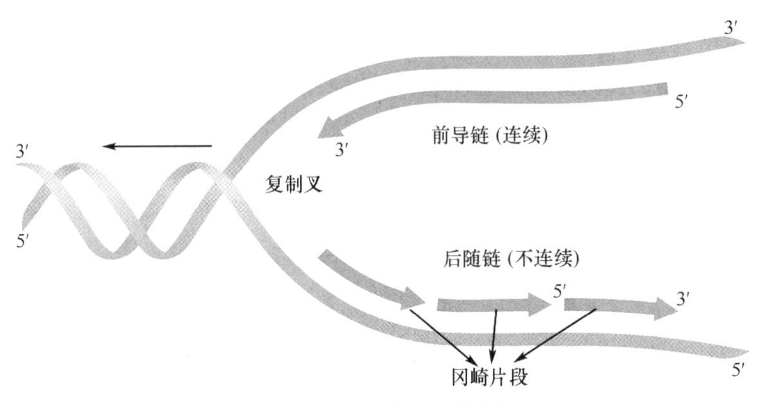

微课 13

图 13-6 DNA 半不连续复制

第 2 节 DNA 复制的酶学和拓扑学变化

双螺旋 DNA 的复制是一个复杂的酶促核苷酸聚合过程，需要多种生物分子共同参与，包括以下成分。①模板：指解开成单链的 DNA 母链。②原料：4 种脱氧核苷三磷酸即 dATP、dGTP、dCTP 和 dTTP，总称 dNTP（deoxynucleotide triphosphate）。③引物：提供 3′ 端羟基使 dNTP 可以依次聚合。④多种酶：DNA 聚合酶、拓扑异构酶、解旋酶、引物酶、DNA 连接酶等。⑤多种蛋白质因子。

一、复制的化学反应

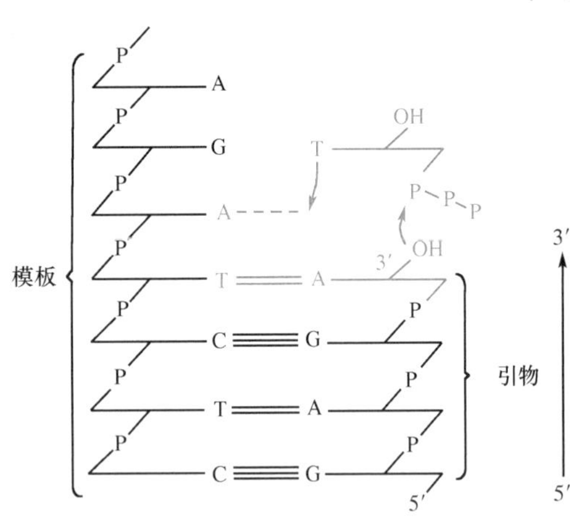

图 13-7 DNA 聚合的基本化学反应

复制的基本化学反应是在酶催化下脱氧核苷酸通过 3′,5′- 磷酸二酯键逐一聚合的过程（图 13-7），反应方程式是

$$(dNMP)_n + dNTP \rightarrow (dNMP)_{n+1} + PP_i$$

dNMP 和 dNTP 代表任意一个脱氧核苷酸残基和脱氧核苷三磷酸。反应原料是高能的 dNTP，新生链核苷酸的 3′-OH 对下一个掺入的 dNTP 的 α-P 发动亲核进攻，促使 dNTP 底物的 β-P 和 γ-P 释放出来，产生焦磷酸（PP_i），再由焦磷酸酯酶将焦磷酸快速水解成 2 个磷酸基团来提供反应所需的自由能。所以，DNA 合成是一个能量偶联反应，每延伸 1 个核苷酸实际上需要消耗 2 个高能磷酸键，反应是完全不可逆的。

二、DNA 聚合酶

DNA 聚合酶是指以 DNA 作为模板，催化底物 dNTP 合成 DNA 的一类酶，全称为依赖 DNA 的 DNA 聚合酶（DNA dependent DNA polymerase，DDDP，DNA-pol），又称 DNA 指导的 DNA 聚合酶。所有的 DNA-pol 都有 5′ → 3′ 聚合酶活性，这就决定了 DNA 的合成方向是从 5′ → 3′ 端。DNA-pol 不能聚合 2 个游离的核苷酸从头合成 DNA 新链（也就是不能从无到有进行合成），只能在一条核苷酸链的 3′ 端加接一个核苷酸，即所催化的聚合反应需要引物（primer）。引物是一段互补于模板链的寡聚核苷酸片段，所有细胞和多数病毒在 DNA 合成过程中先合成一段 RNA 引物。在 DNA-pol

的催化下，RNA引物暴露的3′端可与新的脱氧核苷酸5′-磷酸形成3′,5′-磷酸二酯键。

（一）原核生物DNA-pol

大肠埃希菌基因组编码3种DNA-pol。1958年Arthur Kornberg在研究大肠埃希菌DNA复制时首先发现了DNA-pol，当时命名为复制酶（replicase），10年后才陆续发现参与复制的其他种类DNA-pol。根据发现时间先后分别命名为DNA-pol Ⅰ、DNA-pol Ⅱ和DNA-pol Ⅲ，其中DNA-pol Ⅲ是Arthur Kornberg的儿子Tom B. Kornberg发现的。最先发现的DNA-pol Ⅰ并不是细胞中主要的DNA复制酶，研究发现，其催化合成DNA的速度较慢，每分钟聚合600个核苷酸，而大肠埃希菌DNA复制叉的移动速度是它的20倍以上。并且，DNA-pol Ⅰ的复制连续性很低，催化聚合生成短于50个核苷酸的DNA新链就与模板解离。最重要的是，1969年Cairns分离得到一株DNA-pol Ⅰ基因缺陷株，它对DNA损伤试剂超乎寻常的敏感，但菌株仍然能够存活，并从变异菌株中相继分离得到其他DNA-pol。这说明DNA-pol Ⅰ在活细胞内的功能主要是对复制中的错误进行校读，对复制和修复中出现的空隙进行填补。另外，利用它独特的5′→3′外切酶活性（从5′→3′方向依次水解核苷酸的磷酸二酯键），DNA-pol Ⅰ可特异性除去DNA合成所需的引物（图13-8）。

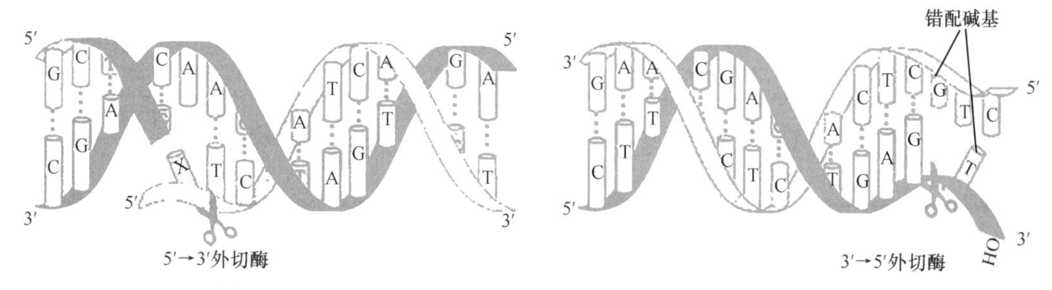

图13-8　DNA-pol的5′→3′外切酶活性和3′→5′外切酶活性

DNA-pol Ⅰ是有3个酶活性中心的单链多肽（109kDa），具有DNA-pol活性、5′→3′外切酶活性和3′→5′外切酶活性。其3′→5′外切酶活性可以使DNA-pol Ⅰ切除复制中碱基错配的核苷酸，具有即时校读功能。用枯草杆菌蛋白酶可将DNA-pol Ⅰ水解断裂为2个片段，N端小片段（33kDa）有5′→3′外切酶活性，大的C端片段（76kDa）具有DNA-pol活性和3′→5′外切酶的校对活性，称为大片段或Klenow片段（Klenow fragment），这是实验室合成DNA和进行分子生物学研究中常用的工具酶。

DNA-pol Ⅱ基因发生突变，细菌依然能存活，说明它可能是在DNA-pol Ⅰ和DNA-pol Ⅲ缺失情况下起作用。DNA-pol Ⅱ对模板的特异性不高，甚至能以损伤的DNA为模板催化核苷酸聚合。因此认为，它有可能参与DNA损伤后的应急修复功能。

研究表明，DNA-pol Ⅲ才是大肠埃希菌DNA复制延长中真正起催化作用的复制酶，其催化DNA的聚合作用非常迅速。DNA-pol Ⅲ是含有起码10种亚基的不对称异源多聚体（图13-9）。

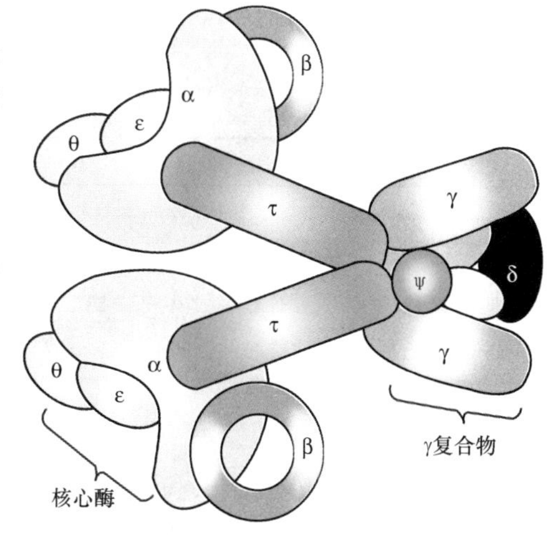

图13-9　DNA-pol Ⅲ异源多聚体的亚基结构

它由α、ε、θ亚基组成核心酶，其中，α亚基的主要功能是合成DNA；ε亚基具有3′→5′外切酶活性（校正功能），并对子链延长的核苷酸具有特异的选择功能；θ亚基在组装过程中发挥作用。β亚基二聚体形成一个环或夹子，这种结构使核心酶夹住单链DNA模板并滑动，由此使复制的连续性增加到1×10^5个核苷酸以上。τ亚基具有促使核心酶聚合的作用，所形成的柔性连接区使复制叉处1个全酶分子的2个核心酶能够相对独立运动，分别负责合成领头链和随从链（图13-10）。γ亚基是一种依赖DNA的ATP酶，2个γ亚基与另外4个亚基构成γ复合物，具有促进全酶组装至模板上及增强核心酶活性的作用。γ复合物能结合ATP并具有ATP酶活性，使2个β亚基形成的封闭环打开，再将这个“夹子”加载于双链DNA。因为只有ATP结合型γ复合物才能结合DNA夹子并使之结合DNA，所以ATP水解后，ADP结合型γ复合物迅速脱离

DNA 夹子和 DNA，将封闭型的 DNA 夹子留在引物 - 模板连接处。

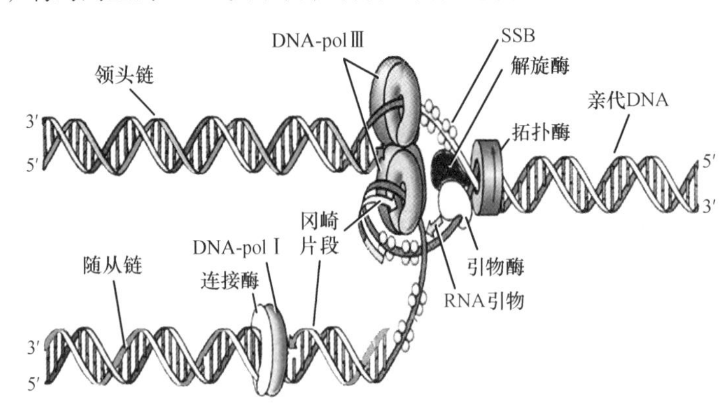

图 13-10　DNA-pol Ⅲ 同时合成领头链和随从链

DNA-pol Ⅲ各亚基的功能相互协调，使其具有更高的保真性、协同性，全酶可以持续完成整个染色体 DNA 的合成。现将大肠埃希菌 3 种 DNA-pol 性质和功能列于表 13-1。

表 13-1　大肠埃希菌 DNA-pol 的性质和功能

性质和功能	DNA-pol Ⅰ	DNA-pol Ⅱ	DNA-pol Ⅲ
性质			
5′ → 3′ 聚合酶活性	有	有	有
3′ → 5′ 外切酶活性	有	有	有
5′ → 3′ 外切酶活性	有	无	无
分子质量（kDa）	103	120	250
组成	单体	单体	多亚基复合物
分子数 / 细胞	400	100	10
聚合速度（掺入核苷酸数 / 秒）	600	30	30 000
基因突变后的致死性	可能	不可能	可能
功能	切除引物、DNA 修复	DNA 修复	染色体 DNA 复制

（二）真核生物 DNA-pol

目前已发现真核生物细胞中至少含有 15 种 DNA-pol，其中常见的 5 种 DNA-pol 分别命名为 DNA-pol α、DNA-pol β、DNA-pol γ、DNA-pol δ 和 DNA-pol ε（表 13-2）。各种酶都能按 5′ → 3′ 方向聚合 DNA 链。

表 13-2　真核生物 DNA-pol 性质和功能

性质和功能	DNA-pol α	DNA-pol β	DNA-pol γ	DNA-pol δ	DNA-pol ε
性质					
分子质量（kDa）	＞ 250	39 ～ 68	160 ～ 200	＞ 170	256
细胞内定位	核	核	线粒体	核	核
5′ → 3′ 聚合酶活性	有	有	有	有	有
3′ → 5′ 外切酶活性	无	无	有	有	有
持续合成能力	中等	低	高	有 PCNA 时高	高
功能	复制起始引发，引物酶活性	低保真性的复制	线粒体的 DNA 复制	延长子链的主要酶，解旋酶活性	填补引物空缺，切除修复，重组

染色体复制由 DNA-pol α 和 δ 共同完成。DNA-pol α 由 4 种不同亚基组成，最大的亚基具有聚合酶活性，2 个小亚基具有引物酶活性，它在合成一小段 RNA 链后还可聚合 4 ～ 5 个寡聚脱氧核糖核苷酸，无外切酶活性。DNA-pol δ 至少含 2 个亚基，有持续合成 DNA 链的能力，分别合成领头链和随

从链，又具有 3′→5′ 外切酶活性（校正功能）。DNA-pol δ 作用时需要增殖细胞核抗原（proliferation cell nuclear antigen，PCNA）的存在，PCNA 作用类似于大肠埃希菌 DNA-pol Ⅲ的 β 亚基，能形成环状夹子，显著增加聚合酶的持续合成能力。DNA-pol ε 的结构与 DNA-pol δ 相似，但不与 PCNA 结合，可能相当于细菌的 DNA-pol Ⅰ，它是一种修复酶，并存在于复制叉用以取代随从链冈崎片段的引物，RNA 引物被 RNaseH 和 FEN1（MF1）核酸酶水解后，由 DNA-pol ε 填补缺口，完成 DNA 的修补合成。DNA-pol β 是 5 个酶中分子最小的酶，其保真性低，主要功能是参与核内 DNA 的修复。DNA-pol γ 存在于线粒体中，参与线粒体 DNA 的复制。

三、复制保真性的酶学依据

除严格按照碱基互补配对规律进行外，还依赖于酶学的机制来保证复制的保真性。DNA-pol 对模板的依赖性，是子链与母链能准确配对，使遗传信息延续和传代的保证。碱基配对的关键在于氢键的形成。DNA-pol 具有监控进入的 dNTP 形成 A-T 或 C-G 配对的能力，只有在形成正确碱基对的情况下，DNA-pol 才能催化引物 3′-OH 和引入核苷三磷酸的 *α*- 磷酸反应，形成 3′,5′- 磷酸二酯键。不正确的碱基配对因底物处于不利于催化的排列，使得核苷酸的添加效率显著降低。据此推想：复制中核苷酸之间生成磷酸二酯键，应在氢键准确配对之后发生。DNA-pol 靠其大分子结构协调氢键和磷酸二酯键的有序形成。DNA-pol 催化过程中也可能产生碱基错配如碱基插入、缺失、替换而影响复制精确度，在细菌中的出错率可能达到 10^{-10} ～ 10^{-8}，即每添加 10^{10} 个碱基对大约产生 1 个错误。当不正确核苷酸被添加到引物链时，因为错配 DNA 改变了 3′-OH 和引入核苷酸的几何构象，DNA-pol 的聚合能力降低，此时将增强 DNA-pol 3′→5′ 核酸外切酶的活性（图 13-8），从引物链 3′ 端去除不正确碱基配对的核苷酸，同时利用 5′→3′ 聚合酶活性补回正确配对，并继续进行 DNA 合成，这种通过 DNA-pol 的外切酶活性实现的功能称为即时校正。

DNA-pol 的即时校正功能只能把最近发生的错误去除掉，它的参与显著增加了 DNA 合成的精确度。DNA-pol 平均每添加 10^5 个核苷酸就会插入 1 个不正确的核苷酸。即时校正功能将不正确配对碱基的发生概率降低到每添加 10^7 个核苷酸出现 1 次，但错误概率仍比通常观察到的细胞内实际突变率（10^{-10}）高很多。研究表明：细胞 DNA 修复系统和复制起始必须利用引物的机制，也是确保复制高度保真性的重要因素。

四、复制中的解链和 DNA 分子拓扑学变化

DNA 分子的碱基位于双螺旋内部，只有把 DNA 解成单链，它才能起模板作用，因此，DNA 复制涉及 DNA 双螺旋构象变化及解链过程。DNA 很长，且复制速度快，旋转达 100 次 / 秒，极易造成 DNA 分子盘绕过分的正超螺旋现象，复制解链时应沿同一轴反向旋转，使 DNA 分子盘绕松弛形成负超螺旋。复制起始时，需多种酶和辅助的蛋白质因子参与，共同将螺旋或超螺旋解开，使 DNA 的 2 条链至少分开一部分，并维持 DNA 分子在一段时间内处于单链状态，才能使 DNA 复制酶系统“阅读”模板链的碱基顺序。

（一）解旋酶和单链 DNA 结合蛋白

解旋酶（helicase）又称为解链酶，其利用水解 ATP 提供能量打断氢键，使 DNA 的两条链分开（图 13-10）。解旋酶通常是为多聚体的结构，提供多个 DNA 结合位点，使其能在 DNA 上定向移动。大肠埃希菌 DNA 复制起始的解旋酶 DnaB 就是一种典型的环形六聚体蛋白质，它可能存在两种构象：一种与双链 DNA 结合；另一种与单链 DNA 结合。两种构象的转化引发双链体的解链，这同时需要 ATP 提供能量，即每解开一个碱基对需要水解一个 ATP。解旋酶以环形的蛋白质复合体环绕在复制叉单链 - 双链接头的一条单链上，解链沿着一定的方向运动，即 DNA 解旋酶都具有极性，可以有 5′→3′ 或 3′→5′ 的极性，此方向性是根据结合的（或被解旋酶环绕的）DNA 链决定的。

经解旋酶作用产生的单链 DNA 因为碱基互补配对，有重新形成双链的倾向，且单链易被细胞内广泛的核酸酶降解，因此细胞内存在的单链 DNA 结合蛋白（single strand binding protein，SSB）可迅速地与单链 DNA 结合，起到维持、稳定 DNA 单链模板的作用。并且一个 SSB 与单链 DNA 的结合会促进另一个 SSB 与其紧邻的单链 DNA 的结合，这种协同结合大大提高了 SSB 与单链 DNA 之间的相互作用，一旦被多个 SSB 覆盖，单链 DNA 即处于伸直状态，有利于其作为模板进行 DNA 合成或 RNA 引物的合成。但复制反应之前，单链 DNA 上结合的 SSB 必须解离，因此随着复制叉的前移，

笔记栏

SSB 不断地结合、解离，进行反复利用。

（二）引物酶

DNA-pol 的一个显著特征是不能从头催化游离的 dNTP 聚合，其合成 DNA 新链的反应只能是从核苷酸链自由的 3′ 端添加新的 dNTP 并形成磷酸二酯键。所有细胞和多数病毒的 DNA 复制会首先利用模板合成一段由短链 RNA 序列组成的引物（图 13-7），其长度为几个到几十个核苷酸不等，合成方向也是自 5′ 端至 3′ 端，从而为 DNA-pol 提供游离 3′ 端来延伸 DNA。领头链和随从链冈崎片段合成的起始都需要引物。引物的合成由引物酶（primase）催化，这是一种仅用于 DNA 复制所需引物合成的 RNA 聚合酶（RNA polymerase，RNA-pol），不同于催化转录的 RNA-pol。但真核细胞的引物酶是 DNA-pol α 的两个小亚基。有的噬菌体（如 G4）利用宿主引物酶合成引物，有的噬菌体（如 M13）则利用细菌 RNA-pol 合成引物。也存在特殊的引物形式，如逆转录病毒利用宿主细胞 tRNA 的 3′ 端作为逆转录引物。线粒体 DNA 复制利用 RNA-pol 的转录产物 3′ 端作为引物。还有 ΦX174 噬菌体利用环形双链 DNA 中一条链的切口处为 DNA-pol 提供游离 3′ 端。

（三）DNA 拓扑异构酶

DNA 拓扑异构酶（DNA topoisomerase），简称拓扑酶，主要作用是通过水解 DNA 分子中的某一个部位的磷酸二酯键使超螺旋释放，然后催化形成磷酸二酯键，从而改变超螺旋状态。复制过程中，DNA 每复制 10bp，复制叉前方的模板 DNA 双螺旋就要绕其长轴旋转一周，产生正超螺旋。如 DNA 双链不断裂，随着解链进行，复制叉前的双链 DNA 将变得更加正超螺旋化，复制也会因不断上升的压力而陷于停顿。为消除正超螺旋，复制叉前方 DNA 需借助拓扑酶迅速反旋转，以克服解链过程中 DNA 打结、缠绕等现象。拓扑指物体作弹性移位而保持原来的性质。拓扑酶是一种可逆的核酸酶，它既能水解 DNA 分子中的磷酸二酯键，又能将其重新连接，可快速消除 DNA 解链过程中所产生的正超螺旋累积，使复制叉能够顺利前进。拓扑酶广泛存在于原核及真核生物，主要分Ⅰ型和Ⅱ型两种，最近还发现了拓扑酶Ⅲ。原核生物的拓扑酶Ⅱ又称为促旋酶（gyrase）。

拓扑酶Ⅰ可切断 DNA 双螺旋的一条链，使断裂的 DNA 链以切口为中心旋转，适当时候又封闭切口，使 DNA 变为松弛状态。拓扑酶Ⅰ的催化反应不需 ATP。拓扑酶Ⅱ可以同时共价结合于 DNA 的两条链，切断双链后，再利用 ATP 供能重新连接断端。在复制叉前进时，大肠埃希菌拓扑酶Ⅱ将前方产生的正超螺旋转变为负超螺旋。而真核生物拓扑酶Ⅰ和拓扑酶Ⅱ都能清除复制叉前方产生的正超螺旋。拓扑酶Ⅲ只消除负超螺旋，而且活性较弱。拓扑酶在复制全过程、DNA 重组、DNA 修复和其他 DNA 的转变方面均起着重要的作用。喜树碱等抗肿瘤药物通过抑制拓扑酶Ⅰ或拓扑酶Ⅱ的活性，干扰细胞 DNA 的合成，从而抑制肿瘤细胞增殖。

五、DNA 连接酶

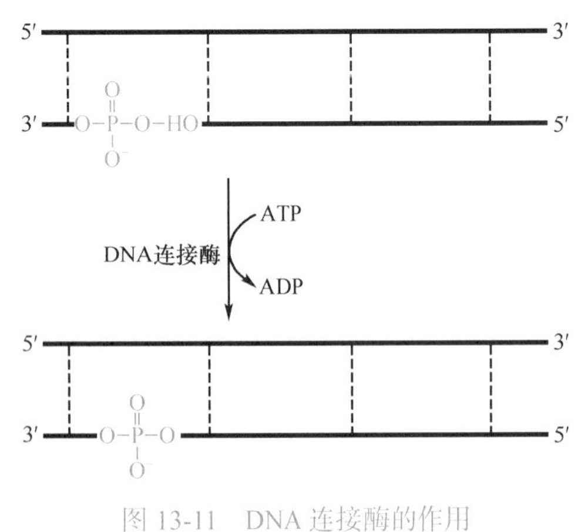

图 13-11　DNA 连接酶的作用

DNA-pol 只能从核苷酸链的 3′ 端催化链的延长反应，DNA 复制中不连续合成的冈崎片段之间，要靠 DNA 连接酶（DNA ligase）接合。图 13-11 说明了每一个冈崎片段的 RNA 引物去除后，由 DNA-pol Ⅰ将间隙填补成 DNA，最后的缺口由 DNA 连接酶催化，在一个冈崎片段的 3′ 端和相邻的一个冈崎片段的 5′ 端之间生成磷酸二酯键，从而把两段相邻的 DNA 片段连成完整的链。连接酶的催化作用需要消耗 ATP。在细菌中，DNA 连接酶需要 NAD^+ 辅助。DNA 连接酶不仅在复制中起最后接合缺口的作用，在 DNA 修复、重组、剪接中也起缝合缺口作用。如果 DNA 双链都有单链缺口，只要缺口前后的碱基互补，连接酶也可连接。它也是基因工程（DNA 体外重组技术）的重要工具酶之一。

第 3 节　DNA 生物合成过程

目前有关复制的基本知识主要来自对大肠埃希菌的研究，由于原核生物基因组相对简单，传代也快，便于研究，而真核生物基因组庞大、复杂。复制是一个连续的过程，根据复制的特点，人为

分成起始、延长和终止三个阶段进行阐述。

一、原核生物的 DNA 合成

（一）复制的起始

1. DNA 复制起点的辨认结合与解链　原核生物环状 DNA 的复制不是在基因组上任何部位都可以开始的，其有一个固定的特定位点作为复制起点。大肠埃希菌的复制起点称为 oriC，由 245bp 的保守序列和控制元件组成。碱基序列分析发现这段 DNA 上有 3 组 13bp 的串连重复序列和 2 组 9bp 反向重复序列（图 13-12），上游的串连重复序列称为识别区；下游的反向重复序列碱基组成以 A、T 为主，称为富含 AT 区。因为 A-T 配对只由 2 个氢键维系，此部位易发生解链。复制起始时，辨认 oriC 并解链主要需要 6 种蛋白质因子：DnaA、DnaB、DnaC、HU 蛋白、拓扑酶和 SSB。DnaA 首先辨认并结合于 oriC 下游的富含 AT 区，20 ～ 40 个 DnaA 正协同结合在此位点上，形成一个类似核小体的 DNA 蛋白质复合体结构。HU 蛋白是细胞的类组蛋白，可与 DNA 结合，促使双链 DNA 弯曲。接着，DnaA 作用于 oriC 上游 3 组 13bp 富含 AT 的串连重复序列，在 ATP 的存在下 3 个位点的 DNA 解链，成开放复合物。2 个 DnaB（解旋酶）六聚体在 DnaC 的协同下结合于解链区，沿解链方向移动并逐步置换 DnaA，再进一步利用其解旋酶活性，使解链部分延长，这样起始形成了 2 个复制叉。SSB 此时参与进来，结合于 DNA 单链区，起稳定单链 DNA、防止 DNA 复性的作用。每个复制叉大约有 60 个 SSB 四聚体正协同性结合在 DNA 单链上，但 SSB 不覆盖碱基，不影响单链 DNA 的模板功能，而且，SSB 稳定解旋后的单链 DNA 构象，有助于解旋。

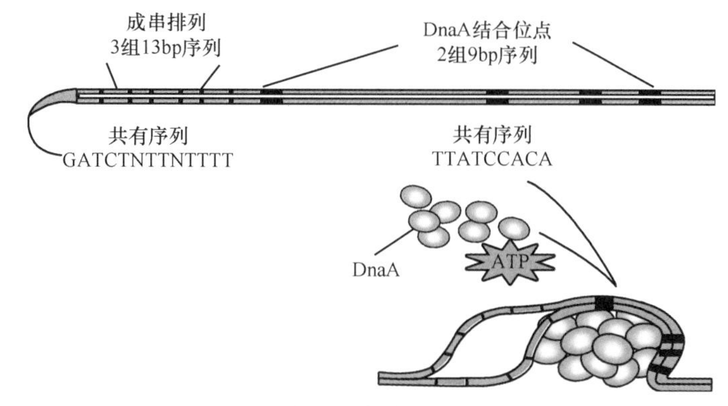

图 13-12　大肠埃希菌的复制起点 oriC

2. 引发体的形成　复制过程需要引物，在解链形成的 DnaB、DnaC 与 oriC 结合的复合体基础上，引物酶（DnaG）进入，每一个 DnaB 激活一个引物酶，起始领头链引物合成，或随从链上第一个冈崎片段的引物合成。此时形成含有 DnaB、DnaC、DnaG 和 DNA 的起始复制区域的复合结构称引发体。引发体的蛋白质组分在 DNA 链上移动，需由 ATP 供给能量。引物酶根据模板碱基序列，沿 5′ → 3′ 方向催化 NTP 的聚合，生成短链 RNA 引物。合成的引物留有 3′ 端，便可进入复制的延长过程。解链是一种高速的反向旋转，其下游势必发生打结现象。此时，拓扑酶，可能主要是Ⅱ型酶作用，在将要打结或已打结处作切口，提供旋转活性使一条链环绕另一条旋转，消除解旋酶产生的拓扑张力，再进行连接实现 DNA 超螺旋的转型，即正超螺旋变为负超螺旋。复制的起始，要求 DNA 呈负超螺旋，这是因为 DnaA 只能与负超螺旋的 DNA 相结合。另外，负超螺旋比正超螺旋有更好的模板作用。

（二）复制的延长

DNA 复制起始解链后形成 2 个复制叉，可双向复制，进入领头链和随从链的延长阶段。原核生物催化 DNA 链延长的酶是 DNA-pol Ⅲ，在引物的 3′ 端，以亲代 DNA 作模板按碱基互补配对原则不断加入 dNTP，每次只加一个核苷酸，其 α- 磷酸与引物或延长链上的 3′-OH 以磷酸二酯键相连，同时又为下一个核苷酸提供了 3′-OH，合成的新链按 5′ → 3′ 方向延长。DNA-pol Ⅲ以不对称多聚体形式分别催化领头链和随从链的延长。领头链的合成与复制叉的移动保持同步，合成为一段由 10 ～ 60 个核苷酸组成的 RNA 引物后，子链 DNA 可连续延长下去。而随从链的合成是分段进行的，需要不断合成 RNA 引物和冈崎片段。在同一复制叉上，领头链的复制先于随从链，由于 DNA 的 2 条互补链方向相反，随从链绕成一个突环，使随从链与领头链的生长点都处在 DNA-pol Ⅲ核心酶的催化位点上（图 13-10）。DNA 复制延长速度相当快，如大肠埃希菌在营养条件充足情况下，每 20 分钟可繁殖一代，按大肠埃希菌基因组的碱基数约 3000kb 推算，每秒钟可延长 2500bp。

（三）复制的终止

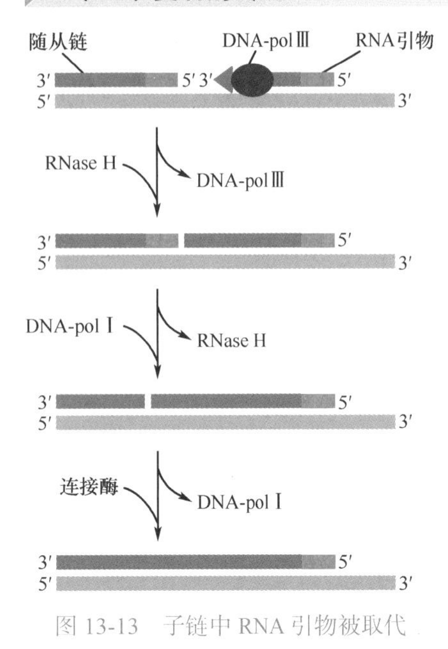

图 13-13 子链中 RNA 引物被取代

原核生物是单复制子复制，环状染色体从起点形成 2 个复制叉，各自向前推移，最后在一个终止区相遇并停止复制。该区含有多个约 22bp 的终止子（terminator，ter），识别并结合 ter 序列的是 Tus 蛋白。Tus 蛋白具有反解旋酶活性，Tus-ter 复合物可抑制 DnaB 的解旋作用，从而阻止复制叉前进。Tus-ter 复合物只阻止 1 个方向的复制叉前移，1 个复制叉形成 Tus-ter 复合物后停止前进，对侧复制叉遇到这个停顿后也将停止复制。在多数情况下，2 个复制叉前移的速度是相等的，故起点和终止点刚好将环状 DNA 分为 2 个半圆；某些生物 2 个方向复制是不等速的，一侧复制叉前进以便与先行受阻的复制叉汇合，起点和终止点不一定把基因组 DNA 分为 2 个等份。Tus 蛋白除了使复制叉停止运动以外，还可能造成复制体解体，解体后仍有 10 ～ 100bp 未被复制，这时通过修复方式填补空缺。由于复制的半不连续性，在随从链上出现许多冈崎片段。每个冈崎片段上的引物是 RNA，要完成 DNA 复制，RNA 引物必须被除去，并用 DNA 取代（图 13-13）先由 RNA 酶 H（RNase H）识别并除去各条 RNA 引物的大部分，但不能水解与 DNA 末端直接连接的核苷酸，这是因为 RNase H 只能断裂 2 个核苷酸之间的键。最后一个由 DNA-pol Ⅰ的外切酶活性除去，并由 DNA-pol Ⅰ催化复制片段的 3′-OH 以填补留下的空隙，直到最后的缺口由 DNA 连接酶将毗邻的 5′-P 和 3′-OH 之间形成一个磷酸二酯键。这样所有冈崎片段的 RNA 引物都被替代并连接成完整的 DNA 子链。

实际上此过程在子链延长中已陆续开始进行。领头链也有引物水解后的空隙，在环状 DNA 最后复制的 3′ 端继续延长，即可填补该空隙及连接，完成基因组 DNA 的复制过程。

二、真核生物的 DNA 合成

真核生物染色体 DNA 的复制过程与原核生物的基本相似，但存在多复制子、冈崎片段短、复制叉前进速度慢等特点，最重要的区别是参与复制的酶种类、数量更多、更复杂。真核生物 DNA 复制仅发生在细胞分裂的合成期（S 期），而且只复制一次。细胞完成一轮分裂所需要的过程称为细胞周期（cell cycle），典型的细胞周期分为 4 期（图 13-14）。在营养条件良好情况下培养细胞，历程约 24 小时。

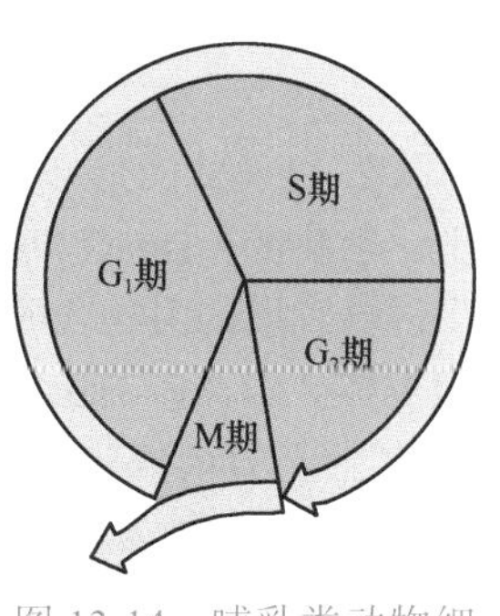

图 13-14 哺乳类动物细胞周期

（一）复制的起始

真核生物的染色体有上千个复制子，复制的起点很多。复制子以分组方式激活而不是同步启动，说明复制有时序性。转录活性高的 DNA 在 S 期早期即开始复制，而高度重复序列如卫星 DNA、染色体中心体和两端的端粒都是在 S 期的后期才开始复制的。

研究酵母的复制起点发现，复制起点含 11bp 富含 AT 的核心序列：A（T）TTTATA（G）TTTA（T），称为自主复制序列（autonomously replication sequence，ARS）。将 ARS 克隆于原核生物的质粒载体上，可使质粒 DNA 在酵母细胞里进行复制。复制的起始分两步进行，即 ARS 的选择和复制起点的激活。首先，在 G_1 期，由复制起点识别复合物（origin recognition complex，ORC）的 6 个蛋白质并结合 ARS，只在 G_1 期合成的不稳定蛋白 Cdc6 和 ORC 结合，并允许 MCM 2 ～ MCM 7 蛋白在 DNA 周围形成环状复合体，此时由 ORC、Cdc6 和 MCM 蛋白组装形成前复制复合物（pre-replicative complex，pre-RC）。但复制起点 DNA 不会立即解旋或募集 DNA-pol，因为 pre-RC 只能在 S 期细胞周期蛋白依赖性激酶（cyclin dependent kinase，CDK）磷酸化激活后才起始复制。复制起始时，Cdc6 和 MCM 蛋白被替代，Cdc6 的快速降解可阻止复制的重新起始（图 13-15）。复制的起始需要 DNA-

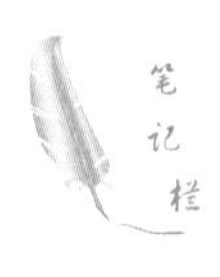

pol α 和 δ 共同参与，前者有引物酶活性而后者有解旋酶活性（表 13-2）。此外还需拓扑酶和复制因子（replication factor，RF）如 RFA、RFC 等。与大肠埃希菌一样，复制起始也是打开复制叉，形成引发体和合成 RNA 引物，完成起始过程。增殖细胞核抗原（proliferation cell nuclear antigen，PCNA）在复制起始和延长中起关键作用。PCNA 为同源三聚体，可形成闭合环形、可滑动的 DNA 夹子，在 RFC 的作用下 PCNA 结合于引物 - 模板链处，并使 DNA-pol δ 获得持续合成的能力，因此 PCNA 可作为检测细胞增殖的重要指标。

真核细胞通过蛋白激酶磷酸化激活各种 RF 而调控细胞周期进入 S 期，相关的细胞周期蛋白（cyclin）和 CDK 相互交叉配伍作用，实现对 DNA 复制的多样化和精确的调节，进入 S 期。

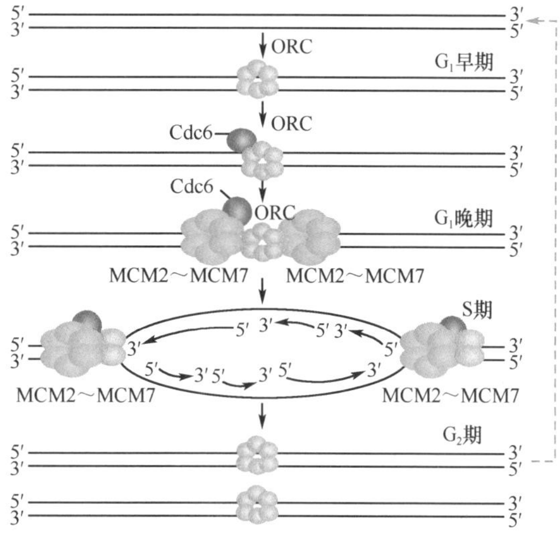

图 13-15 pre-RC 及复制叉的形成

（二）复制的延长

一旦复制起始，复制叉沿着 DNA 分子前进，2 条与亲代多聚核苷酸互补的 DNA 新链也不断延伸合成。分别兼有解旋酶和引物酶活性的 DNA-pol δ 和 DNA-pol α 均参与 DNA 合成。DNA-pol δ 延长 DNA 链的能力远比后者强，且对模板链的亲和力也较高。在起点处，DNA-pol α 和起始复合物结合，合成一条长为 10 个碱基的 RNA 引物和紧随的由 20 ～ 30 个碱基组成的 DNA（或称为 iDNA），然后 DNA-pol δ 逐渐替代 DNA-pol α。DNA-pol δ 高度前进的延伸能力可以连续地催化领头链的合成，它的前进能力来自另外 2 种蛋白质 RFGC 和 PCNA 的相互作用。随从链引物也由 DNA-pol α 催化合成，然后由 PCNA 协同，DNA-pol δ 置换 DNA-pol α，继续合成到遇到前一个冈崎片段时脱落。DNA-pol α 不断引发下一个新的引物合成，DNA-pol α 和 DNA-pol δ 也不断转换，PCNA 在全过程中也要多次发挥作用，这说明真核生物复制子内随从链的起始和延长交错进行。领头链的连续复制长度，亦是半个复制子的长度。

在大肠埃希菌中，冈崎片段长度为 1000 ～ 2000 个核苷酸，每次基因组复制大约需要合成 4000 次引物。在真核生物中，冈崎片段比原核生物的短得多，长度大致相当于一个核小体的所含 DNA 的量（135bp）或若干倍数，因此引物合成的频率也相当高。真核生物基因组比原核生物大，DNA-pol 的催化速率远比原核生物慢，约 50bp/s。但真核生物是多复制子复制，利用多个复制起点便可以提高整体复制速度。其与原核生物 DNA 的显著不同是，真核生物复制过程中涉及核小体的分离与重新组装，其机制尚未完全明了。但实验证实，原有组蛋白大部分可重新组装至新 DNA 链上，同时在 S 期细胞大量同步合成组蛋白，满足于新的核小体重新装配。

（三）复制终止和端粒酶

真核生物染色体 DNA 是线性结构，复制子内部冈崎片段的连接及复制子之间的连接均可在线性 DNA 内部完成。但染色体两端新链的 RNA 引物被去除后留下的空隙如何填补？如产生的 DNA 单链母链不填补成双链，就会被核内 DNase 酶解，这样 DNA 复制将造成子代染色体末端缩短（图 13-16）。确实某些低等生物中可出现少数特例，但显然多次复制后的染色体越来越短，将造成末端相邻的一些重要基因的丢失，破坏遗传信息的完整性。

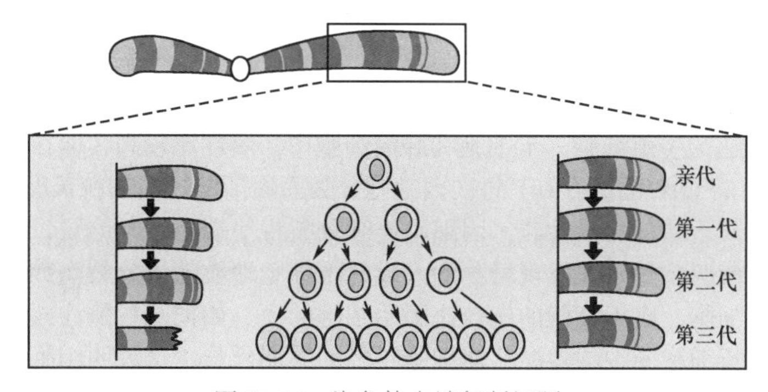

图 13-16 染色体末端复制问题

事实上，染色体在正常生理状况下复制，是可以保持其应有长度的，20 世纪 30 年代，研究者发现染色体的末端可维持染色体的稳定性，故将这一真核生物染色体线性 DNA 分子末端的特殊结构命名为端粒（telomere，TEL）。形态学上，染色体末端膨大成粒状，这是因为 DNA 和它的结合蛋白紧密结合，像 2 顶帽子那样盖在染色体两端，故而得名。端粒可防止染色体间末端连接，并可补偿 DNA5′ 端去除 RNA 引物后造成的空缺，可见端粒在维持染色体的稳定性及 DNA 复制的完整性中有重要作用。端粒的共同结构是富含（T_nG_n）$_x$ 的重复序列，重复的次数从几十到数千不等，并能反折成二级结构。水解引物后每个染色体的 3′ 端比 5′ 端长，伸出 12 ～ 16 个单核苷酸链，这一特殊结构可募集一种特殊的端粒酶（telomerase），从而解决染色体末端的复制问题。1978 年，Elizabeth H. Blackburn 首先从四膜虫中发现了端粒的结构，两年后与遗传学家 Jack W. Szostak 共同确证了四膜虫的端粒具有保护染色体线性 DNA 的作用。直到 1984 年，Blackburn 实验室工作的 Carol W. Greider 终于找到了端粒酶，3 位科学家因发现端粒和端粒酶保护染色体的机制而获 2009 年度诺贝尔生理学或医学奖。现已明确，端粒酶是由 RNA 和蛋白质组成的一种核糖体，功能是合成染色体末端的端粒，其蛋白质组分是识别并结合端粒 3′ 端序列，利用自身携带的 RNA 作模板，使端粒复制和延长的逆转录酶。1997 年，人类端粒酶被克隆成功，由 3 部分组成：端粒酶 RNA（human telomerase RNA，hTR）约 150 个核苷酸，富含 CA；人端粒酶协同蛋白 1（human telomerase associated protein1，hTP1）；端粒酶逆转录酶（human telomerase reverse transcriptase，hTRT）。与其他 DNA-pol 相似，端粒酶能够延伸其 DNA 底物的 3′ 端。与一般 DNA-pol 不同，端粒酶是以自己的 RNA 组分作为模板（这一 RNA 序列能与染色体的 3′ 端 ssDNA 互补），染色体的 3′ 端 ssDNA 作引物，开始以逆转录复制的方式，将端粒序列添加于染色体的 3′ 端。待 3′-OH 单链延长到一定长度后，可以反折成发夹结构，提供 3′ 端而利于复制延伸。延伸至足够长度后，端粒酶脱离母链，代之以 DNA-pol 催化完成末端双链的复制。端粒酶可能通过这一种称为爬行模型（inchworm model）的机制维持染色体的完整（图 13-17）。

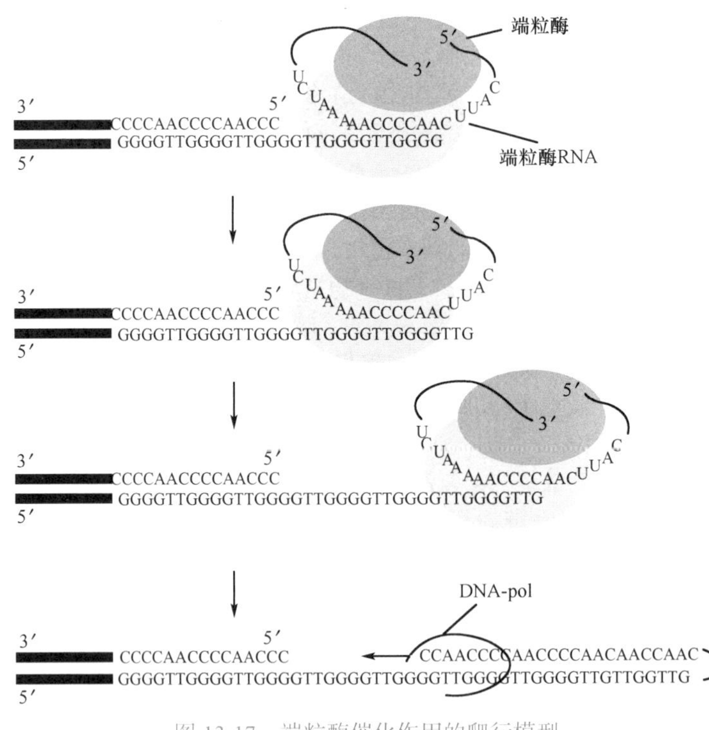

图 13-17　端粒酶催化作用的爬行模型

端粒酶在生长迅速的生殖细胞、干细胞和肿瘤细胞中，活性比较高，而在体细胞或分化完全的细胞中，活性较低。由于端粒酶的存在，每次因细胞分裂而逐渐缩短的端粒长度得以补偿，进而保持端粒长度的稳定。在缺乏端粒酶活性时，因细胞连续分裂将使端粒不断缩短，短到一定程度即引起细胞生长停止、衰老或凋亡。研究发现培养的人成纤维细胞端粒随着分裂次数的增加，长度变短。生殖细胞端粒长于体细胞，成年细胞的端粒比胚胎细胞的短。如把端粒酶注入衰老细胞中，可弥补端粒的缺损，可以延长细胞分裂的寿命，使细胞年轻的周期延长。这说明细胞水平的老化可能与端粒酶活性的下降有关。

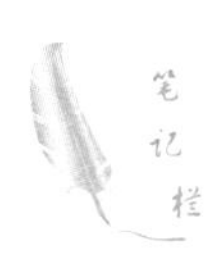

此外，研究也发现，基因突变、肿瘤形成时可产生端粒缺失、融合或缩短等现象。某些肿瘤细胞的端粒比正常同类细胞显著缩短。然而，主要的恶性肿瘤细胞中均发现具有高活性的端粒酶，因此不仅为病变组织的良恶性鉴别提供了一个良好的诊断指标，也设想端粒酶抑制剂有可能开发成为抗癌药物。某些动物病毒和细菌含有线性染色体，它们利用一种引发蛋白，其氨基酸残基提供一个羟基，取代正常情况下由 RNA 引物提供的 3′-OH，延续合成 DNA，完成线性染色体末端的复制。真核生物 DNA 复制与核小体装配同步进行，复制完成后随即组合成染色体并从 G_2 期过渡到 M 期。

第 4 节　逆转录和其他复制方式

高等生物的遗传物质大多数是双链 DNA，某些病毒的基因组是 RNA 而非 DNA，其遗传信息流动方向是以病毒 RNA 为模板，由 RNA → DNA，与中心法则的转录过程逆向，故称复制方式是逆转录。实际上，逆转录是一种特殊的复制方式。一些非染色体基因组，如原核生物的质粒、真核生物的线粒体 DNA，采用另一种特殊的方式进行复制。

一、逆转录酶和逆转录

20 世纪初，Peyton Rous（下文称为 Rous）首先发现鸡肉瘤可由病毒引起（后称 Rous 肉瘤病毒，Rous sarcoma virus，RSV）。1964 年，Howard M. Temin（下文称为 Temin）研究 RSV 致癌机制中发现，属于 RNA 病毒的 RSV 感染细胞可被 DNA 合成抑制剂遏制，说明 RNA 病毒复制过程中需要合成 DNA 中间体。于是提出了 RSV 前病毒的假设，即 RNA 病毒→合成 DNA 前病毒（provirus）→致细胞恶性转化（癌变）的 RNA 肿瘤病毒。其核心是认为遗传信息可以由 RNA 反向传递给 DNA，这意味着向遗传信息的中心法则提出了挑战。直至 1970 年，Temin 和 David Baltimore 分别从 RSV 和鼠白血病病毒中发现了催化 RNA 合成双链 DNA 的酶——逆转录酶（reverse transcriptase），即 RNA 指导的 DNA 聚合酶（RNA directed DNA polymerase，RDDP），证实了遗传信息流动方向由 RNA 反向传递给 DNA 的逆转录方式，为此获得了 1975 年度诺贝尔生理学或医学奖。

逆转录酶是一种多功能酶，它兼有 3 种酶的活性：RNA 指导的 DNA 聚合酶活性、DNA 指导的 DNA 聚合酶活性和 RNase 活性。含有逆转录酶的 RNA 病毒，称为逆转录病毒。绝大多数逆转录病毒进入宿主细胞不杀死细胞，而是在细胞内复制成双链 DNA 的前病毒。从单链 RNA 逆转录到双链 DNA 可分为三步：①利用病毒 RNA 为模板，逆转录酶发挥 RNA 指导的 DNA 聚合酶活性，催化 dNTP 聚合生成一条 DNA 互补链，形成 RNA-DNA 杂化双链；②逆转录酶中的 RNase 活性，和细胞内 RNase H 一样，特异水解杂化双链的 RNA 链；③以余下新合成的单链为模板，由逆转录酶再催化合成第二条 DNA 互补链（complementary DNA，cDNA），继而产生双螺旋 DNA 分子（前病毒），其保留了 RNA 病毒全部遗传信息。利用病毒 RNA 末端的几百个核苷酸残基的长末端重复顺序（long terminal repeat，LTR），可促进逆转录生成的前病毒双链 DNA 整合到宿主染色体上（图 13-18A）。

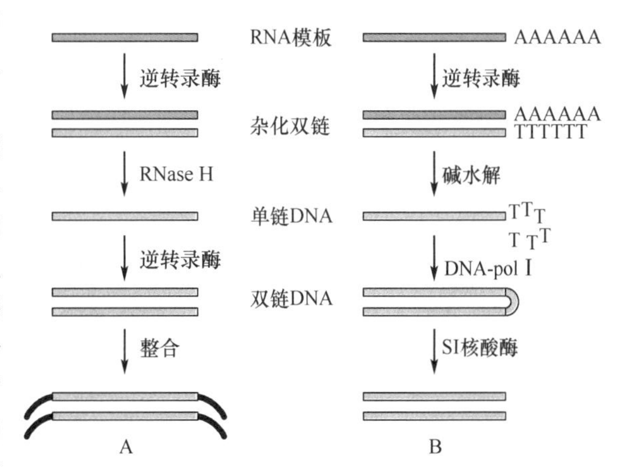

图 13-18　逆转录酶催化 RNA 转变为双链 cDNA 的途径
A. 逆转录病毒 RNA 细胞内复制；B. 试管内合成 cDNA

逆转录酶催化的反应要求有引物，可以是寡聚脱氧核糖核苷酸，也可以是寡聚核糖核苷酸，其长度至少要有 4 个核苷酸，具有游离 3′ 端，合成反应也按照 5′ → 3′ 延长的规律进行。有研究发现，病毒自身的 tRNA 可作为复制引物。此外还需要适当浓度的 2 价阳离子（Zn^{2+} 和 Mg^{2+} 等），这些性质都与 DNA-pol 相类似。但逆转录酶没有 3′ → 5′ 外切酶活性，因此没有校对功能。一般每添加 20 000 个核苷酸残基会出现一个错误，具有相对较高的出错率，这是绝大多数 RNA 病毒有很高进化率的原因之一，也可能是致病病毒较快地出现新病毒株的原因之一。逆转录病毒编码的整合酶是一种核酸内切酶，它识别 cDNA 两端的 LTR，可将 cDNA 随机整合或插入宿主细胞基因组内，随宿主染色体 DNA 一起复制和表达。前病毒在宿主中转录生成的 RNA，一部分作为病毒的遗传物质；另一部分则

笔记栏

作为 mRNA 翻译产生病毒特有的蛋白质，这些病毒蛋白质和病毒 RNA 基因组可迅速组装成新的病毒颗粒，从而成为致病的原因。而刚进入细胞的病毒 RNA 是无翻译活性的，因此，逆转录和整合所需的酶必须由病毒颗粒所携带。

二、逆转录研究的意义

逆转录酶和逆转录现象，是分子生物学领域中的重大发现。逆转录的发现扩展了中心法则，使人们对遗传信息的流向有了新的认识，也说明 RNA 可同时兼有遗传信息传代与表达的功能。逆转录病毒能够转导宿主的染色体 DNA 序列。前病毒 DNA 通过重组可以与宿主染色体 DNA 组合在一起。如果重组病毒携带了控制细胞生长分裂的原癌基因，使其异常高水平表达，或经突变失去了调节机制，就成为病毒致癌的原因。逆转录病毒中原癌基因的发现，有助于深入研究肿瘤的分子机制，并对肿瘤的防治提供重要线索和途径。

1983 年发现的人类获得性免疫缺陷病毒（human immune deficiency virus，HIV）也是一种逆转录病毒，其作用不是引起肿瘤，而是杀死被感染的宿主细胞（主要是淋巴细胞），逐渐造成宿主机体免疫系统损伤，引起获得性免疫缺陷综合征（acquired immune deficiency syndrome，AIDS），即艾滋病。根据 HIV 的作用特点，设计研发抑制逆转录酶的药物已用于临床治疗艾滋病，第一个有应用价值的药物是 AZT（3′ 叠氮 -2′，3′ 双脱氧胸腺核苷），AZT 经 T 淋巴细胞吸收后转变为 AZT 三磷酸酯，HIV 逆转录酶对 AZT 三磷酸酯有高亲和力，能把 AZT 加到合成中的 DNA 链 3′ 端，从而竞争性抑制了酶对 dNTP 的结合。由于 AZT 有 3′-OH，病毒 DNA 链的合成迅速终止。但是，HIV 中编码病毒外膜蛋白的 *env* 基因和基因组的其他部分以极快速度突变，且 HIV 中逆转录酶在复制中出错率比其他已知逆转录酶大 10 倍以上，因此有效的疫苗研制也是一项艰难复杂、亟待解决的难题。利用逆转录病毒的基因组易于整合到宿主基因组中的机制，转基因技术可采用逆转录病毒作为载体，向真核生物转移基因，用于疾病的治疗。逆转录酶的发现对于遗传工程起了一定的作用，它已经成为基因工程中获取目的基因的一个重要工具酶。此法称为 cDNA 法（图 13-18 B）。在哺乳动物真核细胞庞大的基因组 DNA 中选取某一目的基因，绝非易事。而在某些情况下，对 RNA 进行提取、纯化，较为可行。取得 RNA 后，可以通过逆转录方式在试管内操作，用逆转录酶催化 dNTP 在 RNA 模板指引下生成 RNA-DNA 杂化双链，用酶或碱水解除去 RNA，再以 DNA-pol Ⅰ的大片段，即 Klenow 片段催化合成 cDNA，此 cDNA 就是编码蛋白质的基因，进而用来深入研究。

三、滚环复制和 D 环复制

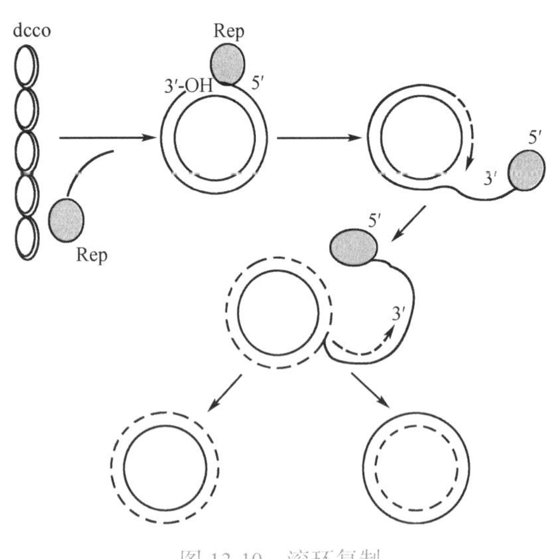

图 13-19 滚环复制

某些低等生物存在一种单向复制的特殊方式——滚环复制（rolling circle replication）。例如，噬菌体 ΦX174 是环状单链 DNA 分子，其入侵细胞后，在胞内的繁殖方式（复制型）为双链 DNA。首先由它自己编码的有核酸内切酶活性的 A 蛋白作用，在双链 DNA 复制起点打开一个缺口，形成开环单链，以产生的游离 3′-OH 作为引物，以保持闭环的对应单链为模板，一边滚动一边进行连续的复制合成新链。滚动的同时，外环 5′ 端逐渐离环向外伸出。合成一圈后，露出切口序列，Rep 蛋白即把母链和子链切断，外环母链再重新滚动一次，3′ 端沿母链延长，最后合成两个环状子链（图 13-19）。Rep 蛋白是一种较少见的体内顺式作用蛋白，它还应具有第二个活性，即单链 DNA 连接酶催化活性。Rep 蛋白仅仅结合和作用于表达它的 DNA 序列。

滚环复制是 M13 噬菌体在感染大肠埃希菌后 DNA 复制的方式。此外，爪蟾卵 rDNA 也利用滚环复制大量扩增，以满足卵发育阶段对 rRNA 的大量需求。线性 rDNA 通过滚环复制产生的多拷贝，既可以保持线性状态，也能够连接成闭合环形。经过若干次滚环复制，能迅速产生数以千计的 rDNA 拷贝。线粒体 DNA（mitochondrial DNA，mtDNA）采用另一种单向复制的特殊方式，称为 D 环或取

代环式（displacement loop）复制。复制时需合成引物。mtDNA为双链，在特异的复制起点解开进行复制，但两条链的合成是高度不对称的，第一个引物以内环为模板延伸，待链复制到全环的2/3时，暴露出另一条链的第二个复制起点，再合成另一个反向引物，才以外环为模板开始进行反向的延伸。最后完成两个双链环状DNA的复制（图13-20）。在电镜下可以看到呈D环形状。这表明复制起点是以一条链为模板起始合成DNA的一段序列，两条链的起点并不总在同一点上，当两条链的起点分开一定距离时就产生D环复制。叶绿体DNA的复制也采取D环复制的方式。

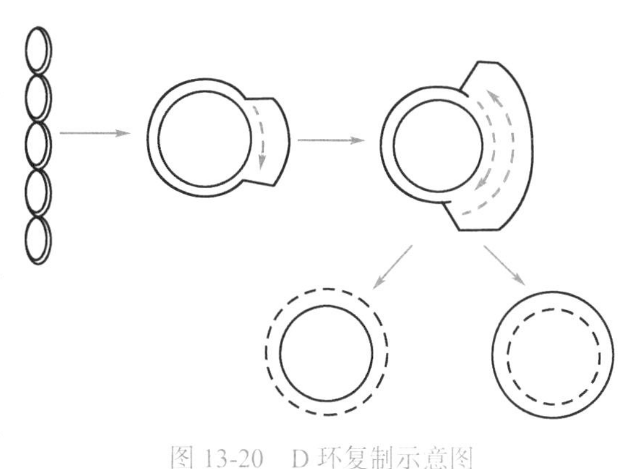
图13-20　D环复制示意图

第5节　DNA损伤（突变）与修复

DNA复制的保真性是生物遗传稳定性的基础。然而，生物体的遗传信息并非一成不变，而是在内外环境因素的作用下发生着变化。辐射或药物等可引起DNA发生改变，包括DNA结构的扭曲和DNA序列的点突变，称为DNA损伤（DNA damage）。DNA结构的扭曲会造成对复制、转录的干扰；而点突变则会扰乱正常的碱基配对，通过改变DNA序列对后代产生损伤效应。小的DNA损伤通常可通过DNA修复纠正，而程度广泛的损伤可引起细胞程序性死亡。针对这种最重要遗传物质的损伤，细胞尽量修复而不是降解。DNA是唯一一种在发生损伤后可以被细胞完全修复的生物大分子。一旦不能及时修复，不仅影响DNA的复制和转录，还导致DNA突变（mutation），即DNA分子上产生可遗传的结构变化。遗传物质保持代代持续传递依赖于把突变概率维持在低水平上。但是，没有遗传物质的变异，也就不可能出现新物种，因此，生物多样性依赖于突变与突变修复之间的良好平衡。

一、DNA的损伤

（一）引发DNA损伤的因素

多种因素能引发DNA的损伤，一般分为体内因素和体外因素，不同因素引发DNA损伤的机制各不相同。

1. 体内因素　在DNA复制过程中产生的错配，自发脱氨反应引起的DNA结构的不稳定，以及细胞内产生的活性氧的破坏作用，这些是细胞的自发突变，发生频率在10^{-9}左右。

2. 体外因素　由外界因素导致DNA发生突变，也称为诱变。DNA遭受天然和非天然化合物及辐射的攻击时，其骨架断裂，其碱基的化学结构发生改变。导致诱变的常见因素有如下三大类。①物理因素：主要是指紫外线和各种辐射。紫外线可以使相邻嘧啶之间双链打开，发生共价结合，形成嘧啶二聚体，使DNA产生弯曲和扭结。电离辐射（如X射线、γ射线等）不仅直接对DNA分子中的原子产生电离效应，还可以通过水在电离时所形成的自由基起作用（间接效应），DNA链可出现双链或单链断裂，甚至碱基被破坏的情况。紫外线和电离辐射都是强的诱变剂。②化学因素：一些化学诱变剂大多数是致癌物，如亚硝酸、芥子气、烷化剂、黄曲霉素等。从化工原料、化工产品和副产品、工业排放物、农药、食品防腐剂或添加剂、汽车废气等检出的致突变化合物已有6万多种，而且还以每年上千新品种的速度增加。③生物诱变剂：可移动遗传因子，即能在基因组中移动的DNA序列，如病毒（如细菌噬菌体Mu、逆转录病毒），附加体质粒（如F因子）和转座遗传因子（如P因子、Ty因子），由于它们插入或打断基因而导致诱变。它们也可能带有基因调控元件影响编码基因的表达，它们分散的拷贝便于异常重组。

（二）DNA损伤的类型

DNA分子中的碱基、核糖、磷酸二酯键等都可被损伤，造成碱基缺失、核糖损伤、DNA链断裂及生物大分子之间的共价交联（图13-21）。

笔记栏

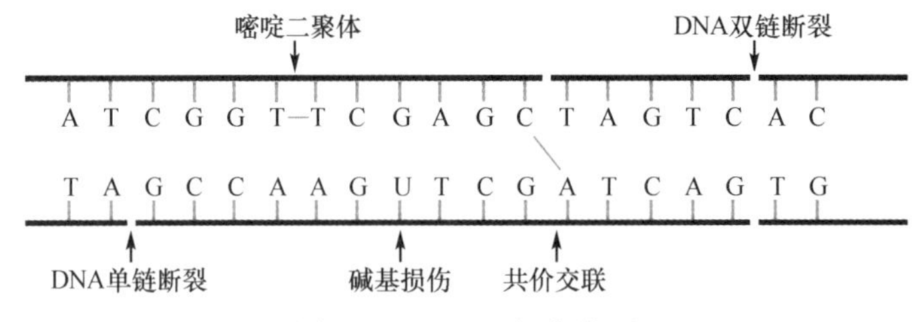

图 13-21 DNA 损伤类型

1. 碱基损伤 当细胞受热或处于较高酸度的环境中时，糖苷键可自发水解，产生无碱基核苷酸，以脱嘌呤最为普遍。化学试剂如亚硝酸可使含氮碱基发生脱氨反应，变为另外一种碱基，如 G 变成黄嘌呤（X），C 变成 U，A 变成次黄嘌呤（I）。而 8- 羟基脱氧尿苷和甲基尿嘧啶或活性氧等氧化性物质则可对碱基进行氧化修饰，产生氧化型碱基。紫外线可使相邻嘧啶碱基发生交联产生二聚体，如 T-T，其中的 T 不能与对应 A 进行配对。在 DNA 复制过程中，也会产生碱基错配，并且逃过 DNA-pol 的校对机制。

2. 核糖损伤 DNA 分子中的戊糖基的碳原子和羟基上的氢可与自由基反应，破坏戊糖基的正常结构。

3. DNA 链断裂 电离辐射和某些化学毒剂可破坏戊糖环及碱基，引起 DNA 双螺旋结构发生局部变性，形成酶的敏感位点，能够被特异的核酸内切酶识别及切割，进而造成 DNA 链发生断裂。DNA 链断裂可分为单链断裂和双链断裂。单链断裂后细胞能够以另外一条完整的 DNA 为模板，进行合成和修复。双链断裂后难以完全修复，容易产生染色体畸变，导致细胞凋亡。

4. 共价交联 甲醛、顺铂等致癌化学物质常常导致 DNA 链断裂，断裂后的 DNA 产生各种共价交联。共价交联可发生在同一条 DNA 链内部，称为 DNA 链内交联；也可发生在不同的两条链之间，称为链间交联；还可发生在 DNA 和蛋白质之间，称为 DNA- 蛋白质交联。

二、DNA 的突变

DNA 受到的各种损伤可传给子代 DNA，这些发生在 DNA 分子上的可遗传的结构变化称为突变（mutation）。突变是物种进化的分子基础，也是疾病发生的分子基础。因此有些突变是无害的（即中性突变），而有些突变是有害的，需要细胞启动修复系统进行修复。如果修复不彻底，则可能出现新的突变。

（一）突变的分子改变类型

化学或物理因素容易造成细胞 DNA 损伤，突变的 DNA 分子改变可分为错配（mismatch）、缺失（deletion）、插入（insertion）和重排（rearrangement）等几种类型。

1. 错配 自发突变和化学诱变可引起模板 DNA 上单个碱基发生置换，使得子代 DNA 突变位置上核苷酸与模板 DNA 对应的核苷酸不配对，这种 DNA 分子上的碱基错配又称为点突变（point mutation）。点突变分为如下两类。①转换（transition）：即一个嘌呤被另一个嘌呤所取代，或者一个嘧啶被另一个嘧啶所取代的置换，是同型碱基间的改变。②颠换（transversion）：即一个嘌呤被另一个嘧啶所取代或一个嘧啶被另一个嘌呤所替代的置换，是异型碱基间的改变，如 A→C 或 C→A，G→T 或 T→G 等。自然界的突变，转换多于颠换。点突变如发生在基因的编码区，可导致氨基酸组成的改变而影响蛋白质生物学功能。如果点突变发生在简并密码子的第三位，可能不会导致氨基酸的改变。

2. 缺失和插入 异常复制可造成合成的多聚核苷酸中插入少量多余核苷酸或模板中部分核苷酸未被拷贝，缺失和插入若出现在编码区，可导致编码特异性蛋白质的基因读码框发生移动（图 13-22），称为框移突变（frameshift mutation）。由于读码框三联体密码的阅读方式改变，造成蛋白质氨基酸排列顺序发生改变，其翻译出的蛋白质可能完全不同。并非所有编码区的缺失和插入都导致移码：3 个或 3*n* 个核苷酸的插入或缺失，不一定引起框移突变，但都会造成蛋白质一级结构的改变。

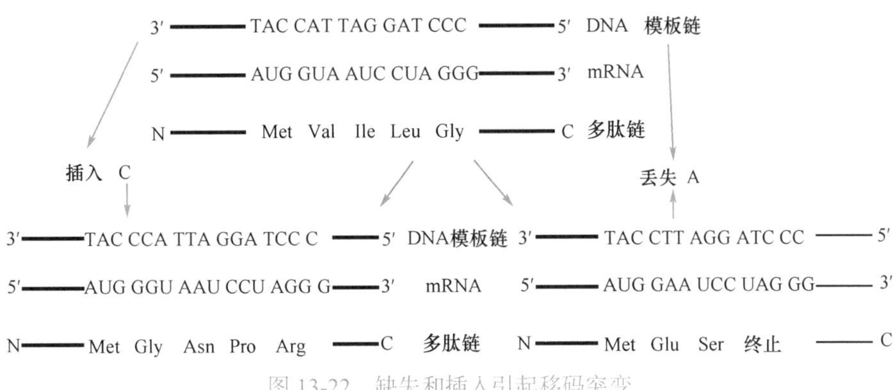

图 13-22 缺失和插入引起移码突变

3. 重排 DNA 分子内较大片段的交换，称为重组或重排。移位的 DNA 可以在新位点上颠倒方向反置（倒位），也可以在染色体之间发生交换重组。图 13-23 表示由于血红蛋白 β 链和 δ 链两种类型的基因重排而引起的珠蛋白生成障碍性贫血（又称地中海贫血，简称地贫）。

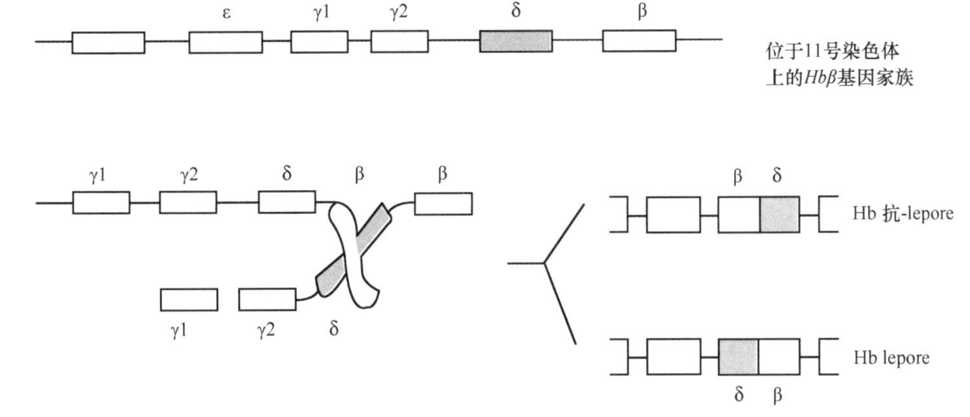

图 13-23 基因重排引起两种地贫的基因型

（二）突变的意义

一般认为基因突变是有害的，但突变在生物界的普遍存在也有其积极意义。从长远的生物进化史看，物种的进化过程是基因突变的不断发生、长期积累所造成的，没有突变就不可能有现今五彩缤纷的生物世界。研究基因突变的诱因对改造生命具有现实意义。

有的突变常发生在简并密码子第三位碱基上，或非功能区段编码序列上，这种突变不产生可察觉的表型改变。表型上无差异，但基因结构已发生改变，也可称为基因多态性，故可设计各种 DNA 多态性分析技术用于识别个体差异和种、株间差异，以及用于疾病预防及诊断，如法医学的个体识别、亲子鉴定、器官移植配型以及个体对某些疾病的易感性分析等。

有些突变发生在对生命过程至关重要的基因上，可导致细胞乃至个体的死亡。人类常利用这些特性消灭有害的病原体。某些突变会产生一些疾病，包括遗传病、肿瘤及有遗传倾向的疾病。其中少数疾病的遗传缺陷已知，如血友病是凝血因子基因的突变，镰状细胞贫血是由于患者的血红蛋白分子中一个氨基酸的遗传密码发生了改变，白化病则是缺乏促黑色素生成的酪氨酸酶基因所致。

三、DNA 损伤的修复

细胞自身具有修复功能，可纠正错配的碱基，清除受损的碱基和核糖，以达到恢复 DNA 正常结构并行使正常功能的目的。DNA 损伤的修复对维持 DNA 结构的完整性，保证物种稳定性具有重要意义。

根据受损 DNA 类型及大小的不同，不同的 DNA 修复系统参与其中，常见的包括直接修复（direct repair）、切除修复（excision repair）、重组修复（recombination repair）、跨损伤 DNA 合成（translesion DNA synthesis，TLS）和 SOS 修复（SOS repairing）。需要注意的是，一种损伤可以有多种修复系统参与，一种修复系统也可以修复多种不同的损伤。

笔记栏

（一）直接修复

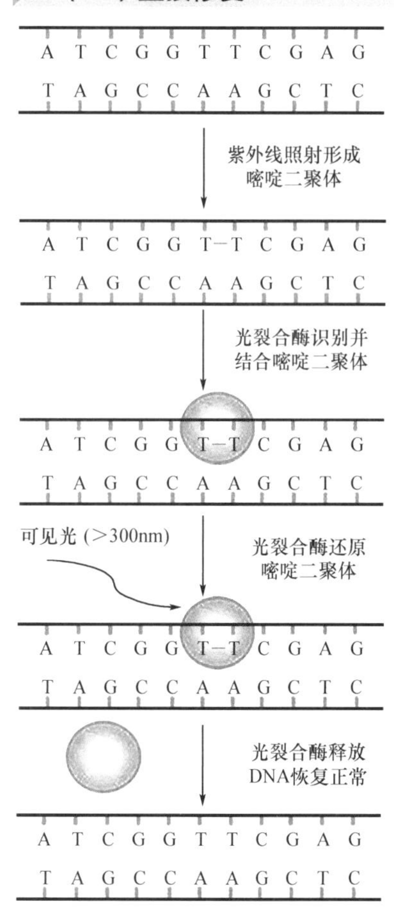

图 13-24 光修复

直接修复是最简单的修复系统，每种直接修复系统只有一种酶参与，直接作用于受损 DNA，将其修复为原来的结构，而不需要切除任何碱基或核苷酸。

1. 光修复（light repairing） 可见光（300 ～ 600nm）能激活细胞内的光裂合酶（photolyase），将 DNA 中因紫外线照射而形成的嘧啶二聚体分解为原来的非聚合状态。光裂合酶中的辅助因子四氢叶酸和 $FADH_2$ 作为生色基团，前者吸收光子并将后者激活，生成的激发型 FADH 再将电子转移给嘧啶二聚体，使其还原（图 13-24）。光修复作用是一种高度专一的直接修复方式。它只作用于紫外线引起的 DNA 嘧啶二聚体。光裂合酶在生物界分布很广，从低等单细胞生物到鸟类都有。虽然哺乳动物中缺乏光裂合酶，但是在它们体内具有光裂合酶的同源蛋白隐花色素（cryptochrome）1 和隐花色素 2。

2. 烷化碱基的直接修复 烷基转移酶可将受损核苷酸上的烷基直接转移到自身肽链上，在 DNA 脱去烷基得到修复的同时，该酶获得烷基而失活。最常见的烷基转移酶是 O^6- 甲基鸟嘌呤 -DNA 甲基转移酶（O^6-methylguanine methyltransferase，MGMT），它将受损鸟嘌呤的 O^6 位上甲基转移到自身的 Cys 的巯基上，该鸟嘌呤失去甲基恢复正常，而 MGMT 得到甲基而失活（图 13-25）。

3. 单链断裂的直接修复 电离辐射等引起DNA损伤断裂，断裂处两侧的 5′ 端和 3′ 端保持完整，DNA 连接酶可催化受损 DNA 链的 5′-P 基团和 3′-OH 基团之间形成磷酸二酯键，达到直接修复目的。然而这类损伤往往存在末端碱基的修饰，因此断裂处两端连接前需先除去修饰。

OCH_3 ... + MGMT—SH（有活性） → ... + MGMT—S—CH_3（无活性）

图 13-25 烷化碱基的直接修复

（二）切除修复

切除修复指在一系列酶的作用下，将 DNA 分子中受损伤部分切除，同时以另一条完整的链为模板，合成出被切除部分的空隙，使 DNA 恢复正常结构的过程。这是细胞内最重要和有效的一种修复机制，对多种损伤均能起修复作用。切除修复包括四个过程：①识别 DNA 的损伤部位；②切除损伤结构的核酸链；③重新合成核苷酸以填补空隙；④重新连接形成完整 DNA。损伤部位的切除，在原核生物和真核生物需要不同的酶系统。

1. 碱基切除修复（base excision repair，BER） BER 直接识别受损的碱基，如修复 C 自发脱氨基产生的异常碱基 U。在该修复系统中，DNA 糖苷酶发挥重要作用，它具有高度特异性，迄今为止已发现十多种作用于不同底物的 DNA 糖苷酶。在修复过程中，首先糖苷酶识别受损碱基并通过水解糖苷键切除，从而在 DNA 骨架上产生 1 个无嘌呤 / 嘧啶位点（apurinic/apyrimidinic site），即 AP 位点；然后 AP 内切酶在 AP 位点的 5′ 端切断磷酸二酯键，AP 外切酶再切割 AP 位点的 3′ 端，产生的缺口由 DNA-pol Ⅰ 填补，最后 DNA 连接酶连接（图 13-26A）。

2. 核苷酸切除修复（nucleotide excision repair，NER） NER 识别 DNA 受损后产生的双螺旋扭曲结构，可修复紫外线照射产生的嘧啶二聚体，以及致癌化学物质导致的 DNA 分子共价交联。研究人员对大肠埃希菌的 NER 系统研究得比较透彻，该系统主要由 4 种蛋白质组成：UvrA、UvrB、UvrC 和 UvrD。2 个 UvrA 和 1 个 UvrB 分子组成复合物与 DNA 结合，由 ATP 提供能量，沿着 DNA

笔记栏

运动，在这个过程中UvrA一旦发现损伤造成的DNA双螺旋结构变形，则UvrB使DNA变性，在损伤部位形成一个单链的凸起区；接着UvrB募集核酸内切酶UvrC，在损伤部位的两侧切断DNA链，导致由12～13nt组成的寡核苷酸片段在UvrD解旋酶的帮助下被除去；最后由DNA-pol Ⅰ和连接酶填补缺口（图13-26B）。

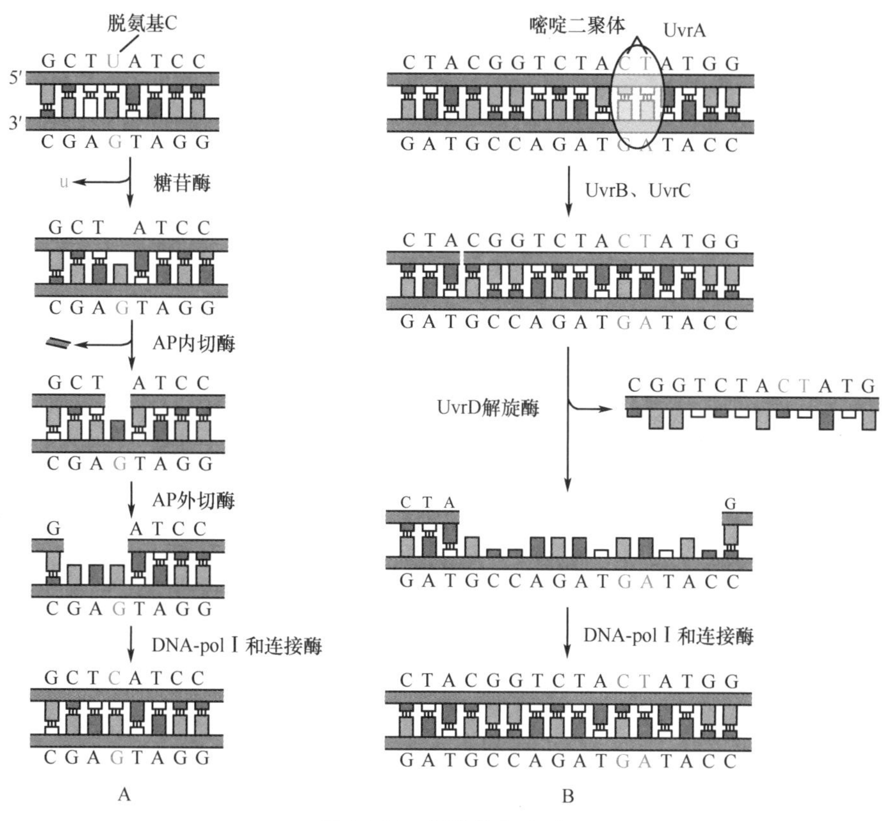

图13-26　切除修复方式

A. 碱基切除修复；B. 核苷酸切除修复

高等生物细胞中NER的原理与大肠埃希菌中的基本相同，但是对损伤的检测、切除和修复系统更为复杂，涉及检测、切除和修复损伤的酶多达25种以上。

人类有一种隐性遗传病称为着色性干皮病（xeroderma pigmentosum，XP），其发病机制与NER修复缺陷相关。已发现机体有一套XP相关基因（*XPA*、*XPB*、*XPC*、*XPD*、*XPF*、*XPG*等），XP相关基因的表达产物共同作用于损伤的DNA，进行核苷酸切除修复，任何一个XP相关基因突变造成细胞受损的DNA修复缺陷，都可引起XP。

案例13-1

患儿，女，1岁8个月，出生后20天右下眼睑出现片状红斑，4个月时颜面出现多数水肿性红斑，起水疱，破溃，结痂。眼流泪，分泌物增多。5个月时面部、肩部、前臂伸侧出现多数黑褐色斑点。患儿经常被父母抱到户外晒太阳，以防得佝偻病。而面部及前臂皮肤暴露部分斑块扩大，近10天上述症状进行性加重。

家族史：患儿家族其他人无相同疾病。

体检：患儿体温、呼吸、一般情况尚可，发育与同龄儿童相仿，未发现明显的耳、眼及神经系统症状。皮肤干燥，面、肩、前臂皮肤日光暴露部分可见深浅不一的黑褐色斑片及色素脱失斑，伴毛细血管扩张，无萎缩性瘢痕。下唇可见少数米粒大小黑斑。

临床初步诊断：着色性干皮病（XP）？

问题讨论：1. 如何确诊XP？实验室还需做哪些检查？

2. 简述XP发病机制及治疗原则。

案例 13-1 分析讨论

XP 是一种常染色体隐性遗传病。尽管家族中其他人无相同疾病，首先追问家族史，得知患儿父母在上五代前有血缘关系。采集患儿及其父母和一些亲属血样共 10 份，检测 XP 家系中 *XPA*、*XPB*、*XPC*、*XPF*、*XPG* 等基因是否突变。实验室通过 DNA 测序及限制性片段长度多态性（RFLP）分析，结果证实其父母皆为杂合子。患儿 *XPA* 基因发生了 C631 → T631 的点突变。患儿被确诊为 XP。

患儿经常于户外晒太阳，皮肤日光暴露部分因紫外线照射而易诱发细胞内 DNA 链的嘧啶二聚体形成。但患儿因 *XPA* 基因突变导致其机体 DNA 切除修复系统缺陷，因而不能切除嘧啶二聚体造成的 DNA 损伤，故其皮肤和眼对于日光敏感，易发生色素沉着或脱失、萎缩甚至癌变。

XP 发生的分子机制源于碱基错配所致。患儿 *XPA* 基因第 5 外显子上发生 C631 → T631 的碱基转换，使第 211 位氨基酸由精氨酸突变为终止密码子，导致 *XPA* 基因编码 XPA 蛋白提前终止，在 C 端缺失了 63 个氨基酸，从而丧失了 XPA 蛋白的功能。XPA 蛋白的功能是参与 DNA 的切除修复，*XPA* 基因突变致使 XPA 蛋白功能缺陷，直接导致细胞内 DNA 损伤的修复障碍，临床以光暴露部位色素增加和角化及癌变为特征。

目前对于 XP 的治疗尚无有效方法，主要以对症方法缓解病情：如避免紫外线照射，避免肿瘤致病因子刺激，对皮肤癌变和眼疾可利用手术对症治疗；因核酸内切酶异常可采用 T4 内切酶治疗。

3. 错配修复（mismatch repair，MMR） DNA 错配指非 Watson-Crick 碱基配对，可发生在复制过程和重组过程中，或者由碱基的脱氨基反应产生。在 MMR 中，对位于母链上正确碱基的识别至关重要，如果错误识别及切除，则位于子链上的错误碱基将作为遗传信息代代相传。

目前对原核生物大肠埃希菌的 MMR 研究比较清楚，该系统利用母链和新合成子链 DNA 分子上的甲基化程度不同而加以区分，母链上 GATC 序列中的 A 被甲基化，而新合成子链 DNA 则没有（图 13-27）。修复蛋白 MutS、MutL、MutH 以及 UvrD、核酸外切酶、DNA-pol Ⅲ、DNA 连接酶等参与了 MMR 过程。首先 MutS 识别并结合错配碱基；然后 MutL 结合上来，并沿 DNA 进行移动，在 GATC 位点处，MutH 和 MutL 与该序列结合；MutH 在非甲基化的子链的 5′ 端进行切除；UvrD 解离子链与母链，外切酶切除错配的子链；最后 DNA-pol Ⅲ和 DNA 连接酶修复缺口并缝合 DNA 子链。

在真核细胞中，已经发现了与大肠埃希菌 MMR 系统同源的部分蛋白质，说明真核生物中也存在类似修复系统。

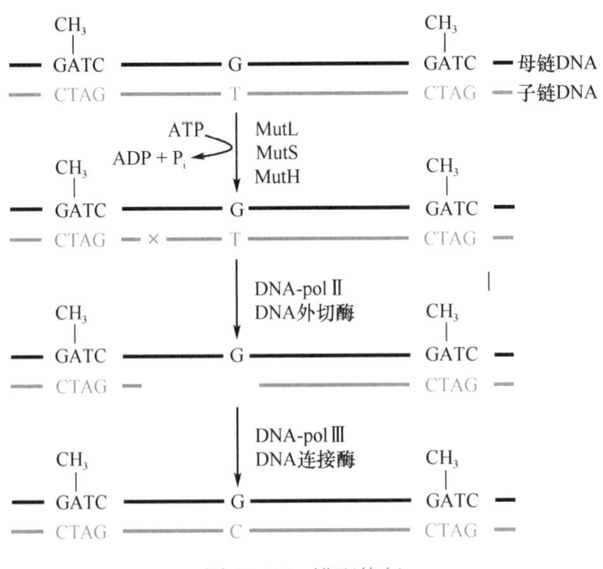

图 13-27 错配修复

（三）重组修复

根据修复机制和双链断裂方式的不同，重组修复分为同源重组（homologous recombination，HR）修复和非同源末端连接（non-homologous end joining，NHEJ）修复。前者包括单链损伤同源重组修复

和双链断裂同源重组修复。单链损伤同源重组修复是指当双链DNA分子中的一条链发生断裂时，DNA修复系统可以另外一条完整的互补链作为模板进行的修复。但是，当DNA分子的两条链同时发生断裂时，则无相应的无损互补链作为模板进行修复，这是一种极为严重的损伤。因此，细胞需要一种更为复杂的机制，来完成DNA双链断裂的修复，这种同源重组修复称为双链断裂同源重组修复（图13-28）。

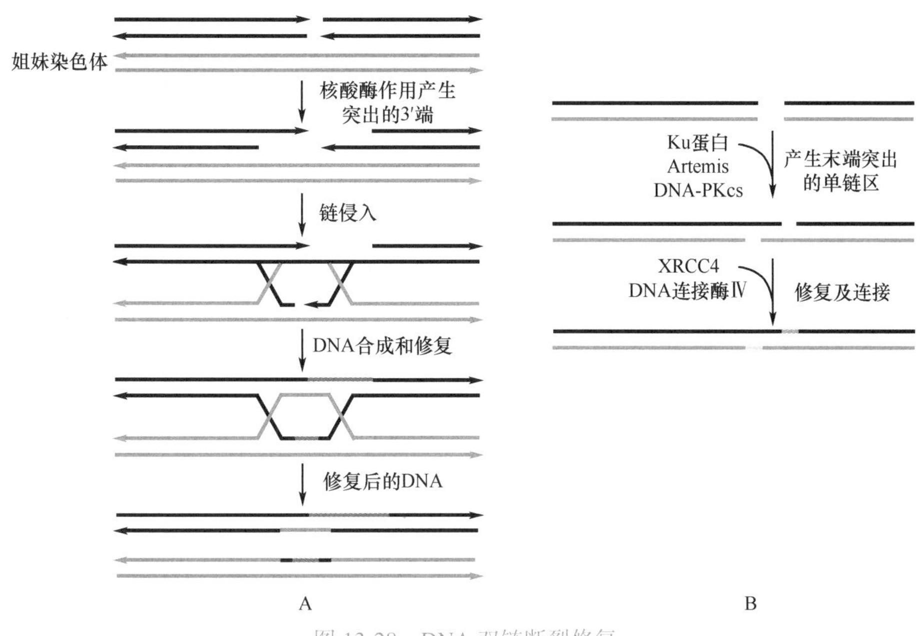

图13-28　DNA双链断裂修复

A.同源重组修复；B.非同源末端连接修复

1.同源重组修复　同源重组修复是利用细胞内的同源染色体对应的DNA序列作为修复的模板进行DNA修复的过程，在S期和G_2期比较活跃。同源重组修复过程：①当DNA链发生双链断裂时，在核酸酶的降解作用下，裂口处形成突出的3′端；②突出的3′端识别与受损DNA序列相同的姐妹染色体中的相应DNA链，如果发现同源序列，就侵入到另一个双链之中，进行链取代，形成异源双链；③以姐妹染色体为模板，同时修复断裂的两条DNA链；④在其他酶作用下解开交叉，连接合成的新链，完成同源重组修复。同源重组是一种无错修复方式，因为有正确的模板作为修复依据。在大肠埃希菌中RecA蛋白发挥关键作用，又被称为重组酶。在真核生物酵母中也发现了该类型修复系统。

2.非同源末端连接修复　非同源末端连接修复系统中无正确模板，而是让断裂的DNA双链末端直接连接起来，形成完整的DNA结构。这种修复方式容易发生错误，但却是哺乳动物细胞修复双链断裂的主要方式，参与的主要蛋白质和酶包括Ku蛋白（由Ku70和Ku80自组装形成的环状异二聚体）、核酸酶Artemis、蛋白激酶DNA-PKcs、修复蛋白XRCC4及DNA连接酶Ⅳ等。非同源末端连接修复过程：①Ku蛋白结合DNA断裂末端处，并将两段分开的DNA拉到一起；②二聚体将Artemis及DNA-PKcs招募到DNA断裂末端处；③DNA-PKcs和Ku蛋白组成具有活性的DNA-PK全酶，磷酸化底物Artemis，激活其核酸酶活性；④激活后的Artemis水解DNA末端产生突出单链区，生成连接酶可作用的底物；⑤DNA连接酶Ⅳ和XRCC4共同催化DNA断裂末端的连接反应，生成完整的DNA双链结构。缺乏非同源末端连接系统的细胞对离子辐射极为敏感。

（四）跨越损伤DNA合成

DNA发生大范围的损伤，致使无模板作为修复指令，或者在DNA复制过程中，两条母链已经解开形成复制叉，不能仅用无损母链作为模板合成子链，在这两种情况下，顺利完成DNA复制是细胞生存的关键，即使跨越母链DNA的损伤，合成带有错误遗传信息的子链，也是有意义的。这种方式就是跨越损伤DNA合成。根据跨越机制不同，分为重组跨越损伤修复和合成跨越损伤修复。

1.重组跨越损伤修复　在重组跨越损伤修复中，受损DNA母链无法作为模板使复制继续下去，细胞则利用同源重组的方式，将两条DNA母链进行部分重组交换，受损母链部分被无损母链部分所替代，复制得以继续。这种方式解决了复制问题，但是没有完全修复受损DNA，损伤仍然存在于受损DNA母链中，由细胞内其他修复系统继续修复。

2. 合成跨损伤修复 在合成跨损伤修复中，细胞利用无校读活性的 DNA-pol 取代具有校对活性的 DNA-pol，以损伤较大的母链 DNA 为模板，合成子链 DNA。这种合成方式，跨越了 DNA 的损伤部位，所合成的子链具有很大的错配性，但同时也为细胞的生存提供了机会。在大肠埃希菌中，合成跨损伤修复是其 SOS 应答的组成部分，是一个可诱导的过程，受 RecA 蛋白和 LexA 阻遏蛋白的相互作用所调控。正常情况下，大肠埃希菌的 LexA 蛋白表达，与 SOS 应答系列基因操纵子结合，阻止这些基因的表达。当细胞面临致死压力时，DNA 分子受到严重损伤，发生单链断裂，则 RecA 蛋白表达，作用于 LexA 蛋白，使之进行自我降解，导致其从 SOS 应答系列基因操纵子中脱落。这时，SOS 应答系列基因操纵子解除抑制，得以表达基因，包括与合成跨损伤修复相关的 dinB、umuC 和 umuD，其所编码的 DNA-pol Ⅳ和 DNA-pol Ⅴ忠实性较低，但是能够使 DNA 复制继续下去，使细胞得以存活。通过 SOS 应答产生的大肠埃希菌细胞具有各种突变类型，这也是利用 DNA 损伤试剂对大肠埃希菌细胞进行非定向突变技术的理论基础。

（五）SOS 修复

SOS 修复（SOS repairing）是指 DNA 损伤严重，复制难以继续进行，细胞处在危急状态下诱发产生的一种应急修复方式。有些致癌剂能诱发 SOS 修复系统。SOS 修复系统包括诱导切除修复和重组修复中某些关键酶和蛋白质的产生，即 *uvr*、*rec* 基因及产物，调节蛋白 LexA 等。在大肠埃希菌中由约 20 个与 DNA 损伤修复有关的基因构成一个网络式调控系统。此网络的反应特异性低，此外，SOS 修复还能诱导产生缺乏校对功能的 DNA-pol，它能在 DNA 损伤部位进行复制而避免细胞死亡，可是却带来了高的变异率。通过 SOS 修复，复制如能继续，细胞可存活，但 DNA 保留的错误较多，会引起长期广泛的突变，细胞癌变也可能与 SOS 修复有关。

小 结

生物体内 DNA 的合成包括 3 种方式：DNA 指导的 DNA 合成（复制）和 RNA 指导的 DNA 合成（逆转录）及 DNA 修复合成。

复制使遗传物质能够代代相传，它以母链 DNA 为模板，以 dNTP 为原料，按碱基互补配对原则，由 DNA-pol 催化生成磷酸二酯键，使 dNMP 聚合成 DNA 子链。DNA 复制的共同特点包括：半保留复制；生长点形成复制叉结构；多数为双向复制；半不连续复制；复制起点由多个短重复序列组成；不能从头合成，必须有引物，引物一般为 RNA；需要多种酶和蛋白质因子参与；具有高保真性，体现在酶的校读和碱基选择功能上。

在原核生物复制过程中，多种蛋白质因子和解旋酶在复制起点形成复合物，打开 DNA 双螺旋形成复制叉，由引物酶合成 RNA 引物，DNA-pol Ⅲ负责催化 DNA 子链的延伸。子链的合成方向总是 5′→3′，由于两条 DNA 母链走向相反，所以子链有领头链和随从链之分。复制完成前，需除去 RNA 引物，留下的空隙由 DNA-pol Ⅰ催化 dNTP 的聚合而填补，再由 DNA 连接酶将冈崎片段连接起来。原核生物环状 DNA 是单复制子，起点向终止点汇合而终止复制。

参与真核生物 DNA 复制的主要蛋白质的类型和功能与原核生物有相似之处，但更复杂。真核生物 DNA 复制独有的特点包括：真核染色体有多个复制起点，复制发生于细胞周期的 S 期，细胞周期蛋白及其相应的激酶参与复制的调节；复制的延长和核小体组蛋白的分离及重新组装有关；端粒酶的存在使染色体复制能维持应有的长度。

逆转录是 RNA 病毒的复制形式，由逆转录酶催化。逆转录酶具有 3 种酶活性，包括 RNA 指导的 DNA 聚合酶活性、DNA 指导的 DNA 聚合酶活性和 RNase 活性。它以病毒 RNA 为模板，逐步合成双链 cDNA，最后以原病毒形式插入宿主染色体。逆转录现象的发现，是对中心法则的重要发展和补充。拓宽了对 RNA 病毒致瘤、致病的研究。噬菌体的滚环复制和线粒体的 D 环复制方式表明，双螺旋 DNA 的两条链不一定同时复制，两条链的复制起点可能处于不同位置。

DNA 复制误差和物理、化学因素损伤，能够造成 DNA 碱基或核糖受损、DNA 链断裂及共价交联等损伤类型，导致可遗传的突变。体内有一系列修复机制，包括直接修复、切除修复、重组修复、跨越损伤 DNA 合成和 SOS 修复等，其中，切除修复最为普遍。XP 是核苷酸切除修复相关基因发生突变所导致。

（费小雯）

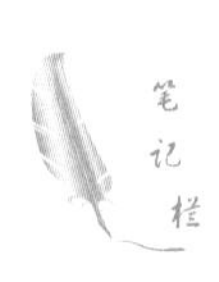

第 14 章　RNA 的生物合成

第 14 章 PPT

RNA 的生物合成有两种方式：一种是以 DNA 为模板，由 RNA-pol 催化的 RNA 合成（即转录），这几乎是所有的生物采取的一种方式；另外一种是以 RNA 为模板，由 RNA 复制酶催化的 RNA 合成（即 RNA 复制），这种方式只发生于 RNA 病毒（逆转录病毒除外）。本章重点阐述前一种方式——转录。

生物体以 DNA 为模板，以 4 种核糖核苷三磷酸（NTP）为底物，在 RNA-pol 催化下合成 RNA 的过程称为转录（transcription）。细胞中的各类 RNA 都是通过转录生成的。转录是基因表达的第一步。转录的实质是把 DNA 分子中的碱基序列（遗传信息）转抄成 RNA 分子中的碱基序列，其中 mRNA 分子的核苷酸序列（遗传密码）被翻译成蛋白质分子中的氨基酸序列，这样 mRNA 分子就将 DNA 和蛋白质这两种生物大分子从功能上衔接起来。

经转录生成的各类 RNA 分子（原核 mRNA 除外）尚不具有生物学功能，它们被称为初级转录本（primary transcript），即 RNA 前体（RNA precursor）。这些初级转录本需经过一系列加工和修饰才能成为具有功能的 RNA 分子。

第 1 节　RNA 合成的模板和酶

转录与 DNA 复制有着相同或相似之处，但也有其特点与不同。转录与 DNA 复制的一个重要差别是转录的选择性，在细胞周期的某个时期或分化形成的不同类型的细胞中，某些特定的基因被转录，而其他基因不被转录。表 14-1 总结了转录与 DNA 复制过程中的异同点。

表 14-1　转录与 DNA 复制的异同点

	转录	复制
模板 DNA	不同转录区段的模板链并非总在同一股 DNA 链上	双链 DNA 的两股链均作为复制的模板
底物	NTP	dNTP
碱基配对	A—U、T—A、G—C	A—T、G—C
聚合酶	RNA-pol（缺乏校读功能）	DNA-pol（有校读功能）
引物	不需要	需 RNA 引物
产物链延长方向	$5' \rightarrow 3'$	$5' \rightarrow 3'$
产物	单链 RNA	子代双链 DNA

一、转录的模板

为保留物种的全部遗传信息，整个基因组 DNA 均需复制。但转录不同，机体会根据不同的发育时期、生存条件和生理需要，启动部分基因转录（表达）。例如，人类基因组编码蛋白质的基因约为 2 万个，只有 2% ～ 15% 的基因处于转录活性状态。在双链 DNA 中，能转录出 RNA 的 DNA 区段称为结构基因（structural gene）。在转录过程中，能按碱基配对规律指导 RNA 合成的那股 DNA 链称为模板链（template strand），也称作 Watson 链；与模板链对应的那股 DNA 链称为编码链（coding strand），也称作 Crick 链（图 14-1）。不同基因的模板链并非总在同一股 DNA 链上。

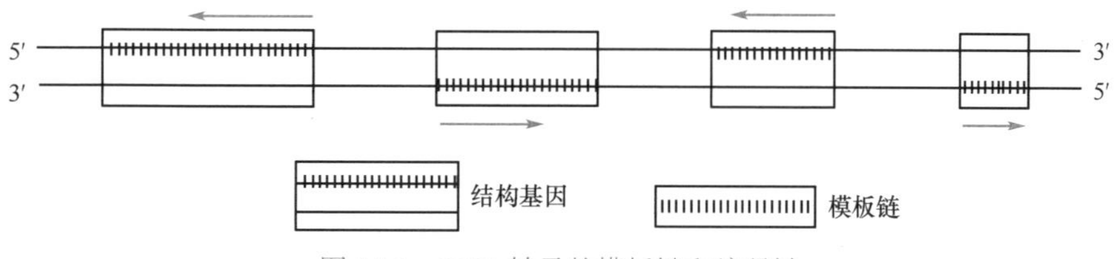

图 14-1　RNA 转录的模板链和编码链
箭头表示转录的方向

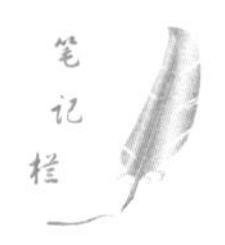

与编码链相比，转录生成的 RNA 链上的碱基除了 U 与 T 不同外，其余与编码链是一致的。模板链与编码链互补，也与 RNA 链互补。文献刊出的 DNA 序列，一般只写出编码链序列（图 14-2），因为编码链的碱基序列真正蕴藏着编码蛋白质的基因信息，故编码链又称为有义链（sense strand），而与之互补的模板链又称为反义链（antisense strand）。需要指出的是，有的书中将模板链称为有义链，而将编码链称为反义链，这主要是对“有义”两字的理解角度不同造成的。

编码链 5′---- ATG GCC CTG TGG ATG CGC CTC CTG CCC ----3′ } DNA
模板链 3′---- tac cgg gac acc tac gcg gag gac ggg ----5′

↓ 转录

5′--- AUG GCC CUG UGG AUG CGC CUC CUG CCC---3′ mRNA

↓ 翻译

N ---- M — A — L — W — M — R — L — L — P --- C 肽链

图 14-2 基因信息流动方向

科研人员曾认为编码链是不能被转录的，但一些研究表明：某些转录产生 mRNA 的特定基因的编码链可转录产生反义 RNA（antisense RNA），借此调控基因表达。例如，大肠埃希菌（*E. coli*）的分解代谢物基因激活蛋白（catabolite activator protein，CAP）基因的编码链可转录产生转录抑制互补 RNA（transcription inhibitory complementary RNA，ticRNA），ticRNA 的 5′ 端一段正好和 CAP mRNA 的 5′ 端一段有不完全的互补，形成双链的 RNA 杂交体。而在 CAP mRNA 上紧随杂交区之后的是一段约长 11bp 的 AU 丰富区。这样的结构十分类似于不依赖 ρ 因子的转录终止子的结构，从而使 CAP mRNA 的转录刚刚开始不久后即迅速终止。真核生物基因组转录生成的 RNA 中有 20% 以上是反义 RNA，说明在不同时间点基因的两股链都可以作为转录的模板。

二、RNA 聚合酶

RNA 聚合酶（RNA polymerase，RNA-pol）是 DNA 依赖的 RNA 聚合酶（DNA-dependent RNA polymerase）的简称，亦称转录酶（transcriptase）。1959 年，美国生物化学家 Hurwitz 等在大肠埃希菌的抽提液中发现了真正的 RNA-pol。RNA-pol 能在转录起点直接催化 2 个核苷酸间形成第一个 3′,5′-磷酸二酯键，并随之在第二个核苷酸的 3′-OH 上继续聚合底物，延伸 RNA 链。聚合过程中释放出的焦磷酸随后水解释能（图 14-3）。因此同 DNA 复制一样，转录也是一个大量耗能的过程。与 DNA-pol 不同，RNA-pol 催化 RNA 合成时不需要引物，而且缺乏校读（proof reading）功能。RNA-pol 催化反应时还需二价金属离子，如 Mn^{2+}、Zn^{2+}。转录的总反应为

$$(\mathrm{NTP})_n \xrightarrow[\text{RNA-pol}]{\text{DNA模板}} \mathrm{pppNpN}\cdots\cdots\mathrm{pN}_n + (n-1)\mathrm{PP_i}$$

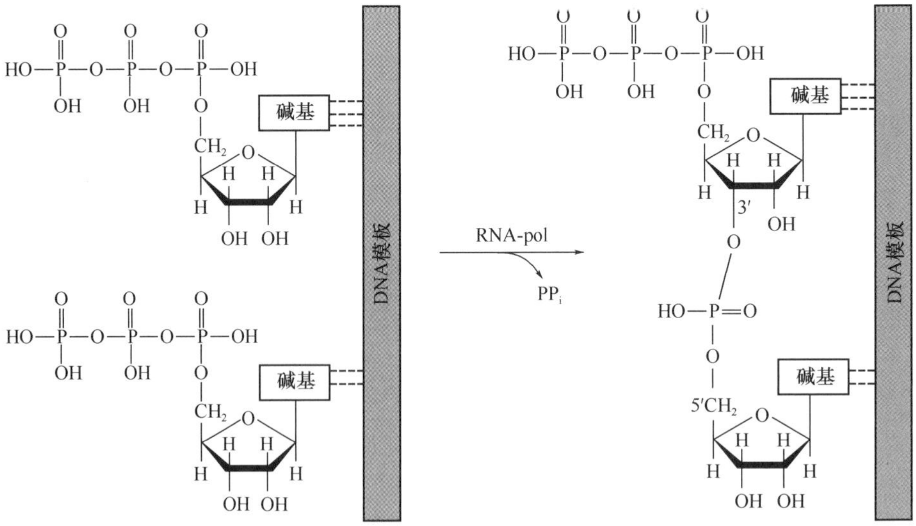

图 14-3 RNA-pol 催化核苷酸聚合示意图

笔记栏

（一）原核生物 RNA-pol

原核生物的 RNA-pol 是一种多聚体蛋白质。目前研究得比较清楚的是大肠埃希菌 RNA-pol。该酶由 2 个 α 亚基、1 个 β 亚基、1 个 β′ 亚基、1 个 ω 亚基和 1 个 σ 亚基（或称 σ 因子）组成，即 $\alpha_2\beta\beta'\omega\sigma$，称为全酶（holoenzyme），分子质量为 450kDa。$\alpha_2\beta\beta'\omega$ 称为核心酶（core enzyme）。大肠埃希菌 RNA-pol 各亚基的功能见表 14-2。

表 14-2　大肠埃希菌 RNA-pol 各亚基的功能

亚基	基因	分子质量（Da）	亚基数目	功能
α	*rpo A*	36 512	2	决定哪些基因被转录，与核心酶亚基的正确聚合有关，控制转录速率，能与启动子结合
β	*rpo B*	150 618	1	与转录全过程有关，催化聚合反应
β′	*rpo C*	155 613	1	结合 DNA 模板，双螺旋解链
σ^{70}	*rpo D*	70 263	1	辨认启动子，促进全酶与启动子结合
ω	*rpo Z*	11 000	1	募集 σ 因子，β′ 折叠和稳定性

核心酶参与整个转录过程，它的 α 亚基能结合相应的启动子，决定转录基因的种类。体外转录实验证明，核心酶能催化 NTP 按模板链碱基序列的指导合成 RNA，但合成的 RNA 没有固定的起点，而含有 σ 因子的酶能在特定的起点上开始转录。可见 σ 因子具有辨认转录起点的作用。已发现大肠埃希菌存在 σ^{70}、σ^{54}、σ^{32}、σ^{28}、σ^{24} 和 σ^{18} 等多种 σ 亚基，以 σ^{70} 最为常见。转录不同的基因时，RNA-pol 核心酶可选择不同的 σ 亚基（见第 16 章）组成全酶。基因转录的起始需要由 RNA-pol 全酶来启动，使得转录在特异的起始区开始（图 14-4）。转录启动后，σ 因子便与核心酶相脱离，转录延长阶段仅需核心酶来催化。

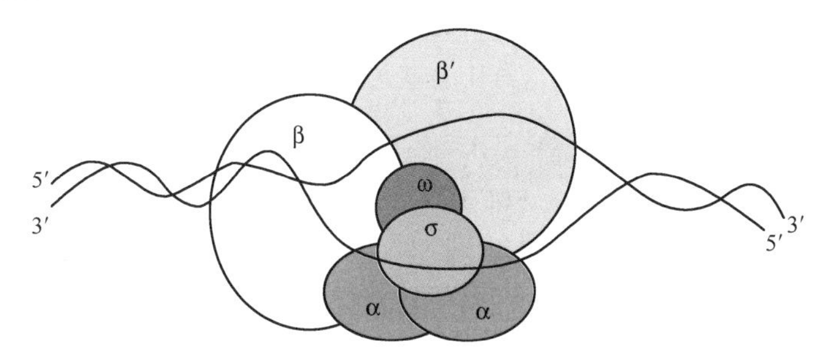

图 14-4　大肠埃希菌 RNA-pol 全酶在转录起始区的结合

在低分辨率的电镜下观察到大肠埃希菌 RNA-pol 似手掌形结构，有一个直径约为 2.5nm 的通道，适合于进出 16bp 的 DNA。在高分辨率电镜下观察到 RNA-pol 形似螃蟹的大钳子，钳子两叶为 β 亚基（即 β 钳子）和 β′ 亚基（即 β′ 钳子），两者之间的宽度约为 2.7nm，能够容纳一段双螺旋 DNA。核心酶单独存在时，β 钳子和 β′ 钳子闭合，当核心酶与 σ 因子结合形成全酶时，β 钳子和 β′ 钳子张开，DNA 随之进入沟内，识别启动子后，β 钳子和 β′ 钳子闭合，形成闭合启动子复合物。

其他原核生物的 RNA-pol 在结构、组成、功能上均与大肠埃希菌的 RNA-pol 相似。原核生物 RNA-pol 的活性，可被某些抗生素特异性地抑制。例如，利福平（rifampicin）和利福霉素（rifamycin）是常用的抗结核分枝杆菌药物，它们能专一地与结核分枝杆菌 RNA-pol 的 β 亚基结合并抑制其活性。若在转录开始后加入利福平，其仍能发挥对转录的抑制作用。RNA-pol 缺乏 3′→5′ 外切酶活性，所以它没有校读功能。

（二）真核生物 RNA-pol

目前已发现真核生物中有 5 种 RNA-pol，分别转录不同的基因，产生不同的转录产物（表 14-3）。*α*- 鹅膏蕈碱（*α*-amanitin）是一种高等菌类（毒伞蕈）毒素（环八肽），对真核生物 RNA-pol 具有特异性抑制作用，但真核生物的各种 RNA-pol 对 *α*- 鹅膏蕈碱的敏感性不同。

笔记栏

表 14-3 真核生物 RNA 聚合酶的种类与性质

种类	细胞内定位	转录产物	对 α- 鹅膏蕈碱的敏感性
RNA-pol Ⅰ	核仁	45S rRNA 前体，经加工产生 5.8S rRNA、18S rRNA、28S rRNA	不敏感
RNA-pol Ⅱ	核质	所有 mRNA 前体（hnRNA） 大多数 snRNA	极敏感
RNA-pol Ⅲ	核质	tRNA、5S rRNA、snRNA U6 snRNA、scRNA	中度敏感
RNA-pol Ⅳ	核质	siRNA	不详
RNA-pol Mt	线粒体	线粒体 RNAs	敏感

RNA-pol Ⅰ催化 rRNA 基因的转录，生成 rRNA 的前体 45S rRNA，经过加工形成成熟的 18S rRNA、28S rRNA 和 5.8S rRNA。RNA-pol Ⅱ催化 mRNA 基因的转录，产生 mRNA 的前体不均一核 RNA（heterogeneous nuclear RNA，hnRNA），经加工成熟后的 mRNA 被转运到细胞质，成为蛋白质合成的模板。mRNA 是各种 RNA 中半衰期最短、最不稳定的 RNA 分子。因此，RNA-pol Ⅱ是真核生物中最活跃的 RNA-pol。RNA-pol Ⅱ也催化合成一些参与 RNA 剪接的小核 RNA（small nuclear RNA，snRNA）。RNA–pol Ⅲ催化 5S rRNA、tRNA 和 snRNA 基因的转录。

RNA-pol Ⅰ、Ⅱ、Ⅲ都由多个亚基组成，分子质量达 500kDa 或更多。它们都含有 2 个大亚基作为催化亚基（分子质量分别为 160 ～ 220kDa 和 128 ～ 150kDa）。这 2 个亚基在功能上与原核生物的 β′ 和 β 亚基相对应，结构上也与 β′ 和 β 亚基有一定的同源性。RNA-pol 最大亚基肽链的 C 端氨基酸残基序列为（YSPTSPS）*n*。不同生物种属的 *n* 值不同，一般为 20 ～ 60。该序列主要是由含羟基氨基酸组成的重复序列，称为羧基端结构域（carboxyl terminal domain，CTD）。CTD 上的 Tyr、Ser 和 Thr 残基可与蛋白激酶作用发生磷酸化。RNA-pol Ⅱ的大亚基 C 端磷酸化在从转录起始过渡到延长时有重要作用。分子质量接近 50kDa 的亚基则与原核生物的 α 亚基相似。3 种 RNA-pol 还分别含有 10、7 和 11 个分子质量较小的亚基，其中有些为 2 ～ 3 种酶所共有。

三、RNA-pol 与模板的辨认结合

启动子（promoter，P）是供 RNA-pol 辨认结合并启动转录的一段模板 DNA 序列。启动子是控制转录的关键序列。转录时，RNA-pol 首先识别、结合 DNA 模板上的启动子，最终才能启动整个转录的过程。启动子具有方向性，决定着转录的方向。绝大多数基因的启动子都位于转录起点的上游。启动子不被转录（内启动子例外）。

（一）原核基因启动子

通过 RNA-pol 保护法可测定启动子的碱基序列。先把一段基因分离出来，然后与提纯的 RNA-pol 混合，再加入外切核酸酶作用一定时间后，总有一段 40 ～ 60bp 的 DNA 片段由于 RNA-pol 的结合而免于被降解。然后对这段受保护的 DNA 序列进行分析。利用该法对大肠埃希菌的乳糖、阿拉伯糖 C 和色氨酸操纵子等 100 多个启动子区序列的分析表明，不同基因的启动子在序列上具有保守性，称为共有序列（consensus sequence）。通常以 DNA 模板链上被转录的第一位核苷酸为起始向下游计数，依次计数为 +1、+2、+3、…，其上游核苷酸依次基数为 –1、–2、–3、…，发现 –35 和 –10 区 A-T 配对比较集中。1975 年，David Pribnow 等首先发现 –10 区的共有序列为 $T_{80}A_{95}T_{45}A_{60}A_{50}T_{96}$（右下角的数字代表该核苷酸在这个位置出现的百分率），因此称之为 Pribnow 盒或 TATA 盒（TATA box）。由于 –10 区富含 A-T，缺少 G-C，故 T_m 值较低，双链比较容易解开，有利于 RNA-pol 的作用，促使转录的起始（图 14-5）。–35 区的共有序列为 $T_{82}T_{84}G_{78}A_{65}C_{54}A_{45}$。

比较 RNA-pol 结合不同 DNA 区段测得的平衡常数，发现 RNA-pol 与 –10 区的结合比 –35 区相对牢固些。从很多实验结果得知，RNA-pol 的 σ 因子辨认结合 –35 区、–10 区主要是提供核心酶结合及解链的位点。RNA-pol 与启动子结合及启动转录的效率很大程度上取决于这些共有序列、它们之间的距离，以及它们与转录起始点的距离。特别是 –35 序列决定着启动子的强度。

笔记栏

操纵子	−35区　　　　　−10区(TATA盒)　起始位点
lac	ACCCCAGGCTTTACACTTTATGCTTCCGGCTCGTATGTTGTGTGGAATTGT
lacI	CCATCGAATGGCGCAAAACCTTTCGCGGTATGGCATGATAGCGCCCGGAAG
galP2	ATTTATTCCATGTCACACTTTTCGCATCTTTGTTATGCTATGGTTATTTCA
araBAD	GGATCCTACCTGACGCTTTTTATCGCAACTCTCTACTGTTTCTCCATACCC
araC	GCCGTGATTATAGACACTTTTGTTACGCGTTTTTGTCATGGCTTTGGTCCC
trp	AAATGAGCTGTTGACAATTAATCATCGAACTAGTTAACTAGTACGCAAGTT
bioA	TTCCAAAACGTGTTTTTTGTTGTTAATTCGGTGTAGACTTGTAAACCTAAA
bioB	CATAATCGACTTGTAAACCAAATTGAAAAGATTTAGGTTTACAAGTCTACA
tRNA^{Tyr}	CAACGTAACACTTTACAGCGGCGCGTCATTTGATATGATGCGCCCCGCTTC
rrnD1	CAAAAAAATACTTGTGCAAAAAATTGGGATCCCTATAATGCGCCTCCGTTG
rrnE1	CAATTTTTCTATTGCGGCCTGCGGAGAACTCCCTATAATGCGCCTCCATCG
rrnA1	AAAATAAATGCTTGACTCTGTAGCGGGAAGGCGTATTATGCACACCCCGCG

−35区　　　　　　　　−10区　　　　　　　起始位点

T T G A C A ～16～19bp～ T A T A A T ～5～8bp～ A(51) / C(55) / T(18) / G(42)

82 84 78 65 54 45　　　　　80 95 45 60 50 96

共有序列　　　　　　　　共有序列

图 14-5　RNA 聚合酶保护法分析启动子序列

(二)真核基因启动子

根据真核 RNA-pol 对启动子的特异性识别，真核生物启动子分为Ⅰ、Ⅱ和Ⅲ类启动子。

1. Ⅰ类启动子　主要启动 rRNA 基因转录，为 RNA-pol Ⅰ所识别。Ⅰ类启动子由转录起点核心元件（+20 ～ –45bp）和上游启动子元件（upstream promoter element，UPE）（–107 ～ –156bp）组成。

2. Ⅱ类启动子　主要启动 mRNA 基因转录，为 RNA-pol Ⅱ所识别。Ⅱ类启动子通常位于转录起点上游，包括启动子核心序列和上游启动子元件等近端调控序列。Ⅱ类启动子具有 TATA 盒的特征结构，位于 –20 ～ –30bp 区域。它于 1978 年由 Hogness 研究小组所确定，故又称 Hogness 盒。TATA 盒是一个短的核苷酸序列，其核心序列为 TATAA，后面通常跟着 3 对以上 A-T 碱基对。通常认为 TATA 盒是真核启动子的核心序列，是 RNA-pol Ⅱ的重要接触点。转录因子（transcription factor，TF）Ⅱ D 与 TATA 盒结合，控制转录的准确性和频率。

上游启动子元件多在 –40 ～ –110bp 处，比较常见的是 CAAT 盒和 GC 盒。CAAT 盒是启动子中另一个短的核苷酸序列，位于 –75bp 处。GC 盒位于 –80 ～ –110bp 处，富含 GC，它常常以多拷贝形式在启动子中出现。在起点周围（–3 ～ +5bp）通常还有一个起始元件（initiator element），或称起始子（initiator，Inr）。有的基因缺少 TATA 盒，此时起始元件可代替其作用。最简单的启动子可由 TATA 盒加转录起始点所构成。一个典型的启动子由 TATA 盒、CAAT 盒和 GC 盒组成（图 14-6）。

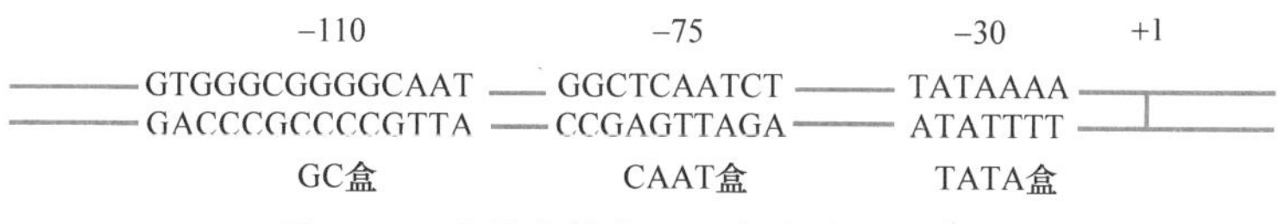

图 14-6　真核生物典型Ⅱ类启动子的序列

3. Ⅲ类启动子　RNA-pol Ⅲ识别该类启动子，启动 tRNA 基因和 5S rRNA 基因及 U6 snRNA 等转录。Ⅲ类启动子完全位于被转录的序列中，称为内启动子（internal promoter）。所有 tRNA 基因的内启动子都包括 A 盒和 B 盒 2 个元件，如 tRNA 内启动子的 A 盒序列为 RGYNNRRYGG（R 代表嘌呤碱基；Y 代表嘧啶碱基；N 代表任意碱基），B 盒序列为 GA/TTCRANNC，2 盒间大约间隔 60bp。5S rRNA 基因中含 A 盒和 C 盒内启动子元件。

第 2 节　原核生物 RNA 的合成过程

原核生物 RNA-pol 能直接与模板 DNA 结合。RNA-pol 与启动子结合后，即可启动转录。转录过程可分为起始、延长和终止 3 个阶段。原核生物转录的起始过程需 RNA-pol 全酶，延长过程的核苷酸聚合反应仅需核心酶催化，终止过程包括依赖 ρ 因子和非依赖 ρ 因子的转录终止两种机制。

笔记栏

一、转录起始

原核生物 RNA-pol 全酶结合到 DNA 的启动子上而启动转录。转录的起始先由 σ 因子辨认启动子的 –35 区序列，并与其他亚基相互配合，促进 RNA-pol 全酶结合到启动子上，酶向下游移动，到达 TATA 盒，并跨入转录起始点，形成闭合转录复合物（closed transcription complex），此时的 DNA 双链仍保持着完整的双螺旋结构；接着启动子 –10 区的 TATA 盒局部解链，闭合复合物转变成开放转录复合物（open transcription complex），启动 RNA 链 5′ 端的头两个核苷酸聚合，产生第一个 3′,5′-磷酸二酯键（图 14-7）。

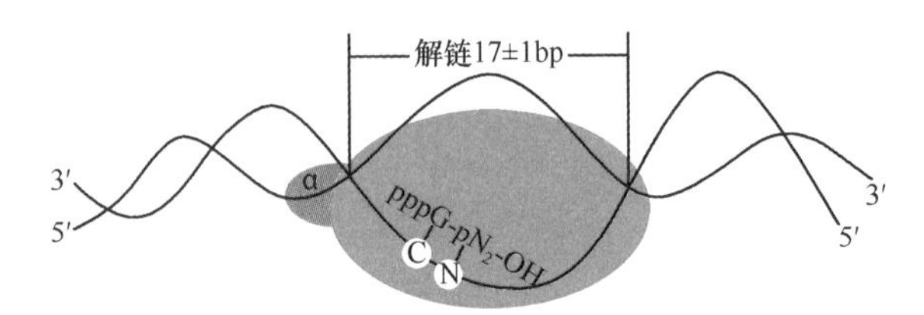

图 14-7 原核生物转录的起始

转录时无论是起始或延长阶段，DNA 双链解开的长度为 17±1bp，这比复制中的复制叉小得多。转录产物 RNA 的 5′ 端第 1 个核苷酸通常是 GTP 或 ATP，以 GTP 多见。当第一个 3′,5′- 磷酸二酯键产生后，形成四磷酸二核苷酸结构，即 5′-pppGpN-OH-3′。直至 RNA 转录完成并脱离模板，此 5′ 端结构仍然保留。

转录起始聚合 8 ～ 9nt 后，σ 因子便从转录起始复合物上脱落，核心酶继续结合在 DNA 模板上，并沿 DNA 链向前滑动，进入延长阶段。实验证明，σ 因子若不脱落，RNA-pol 则停留在起始位置，转录不能继续进行。脱落后的 σ 因子可与其他核心酶形成另一全酶而被再利用。

二、转录延长

σ 因子从转录起始复合物上的脱落，导致 RNA-pol 的构象随之发生改变，这样使核心酶能沿着模板链的 3′ → 5′ 方向滑行。核心酶与 DNA 模板是非特异性的结合，且结合较为松弛，有利于核心酶向下游移动。核心酶向下游移动时，双链 DNA 边解螺旋边解链，同时按照碱基互补配对规律，核心酶不断使 NTP 在 5′-pppG-pN-OH 的 3′-OH 上逐个聚合。核心酶在 DNA 上覆盖的区段可达 40 ～ 60bp，产物 RNA 链与模板链形成长 8 ～ 9bp 的 RNA/DNA 杂交双链。这种由核心酶 -DNA-RNA 形成的转录复合物称为转录空泡（transcription bubble）（图 14-8）。

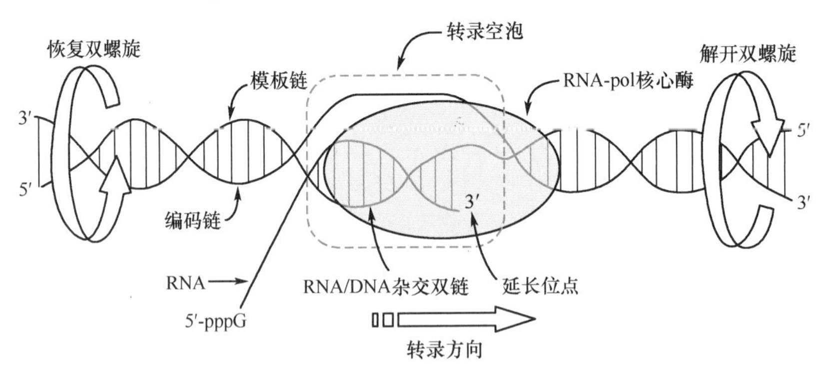

图 14-8 原核生物的转录空泡和转录延伸示意图

在转录空泡上，产物 RNA 3′ 端的一小段依附结合在模板链上，随着 RNA 链的不断延长，其 5′ 端脱离模板链向空泡外伸展。碱基配对的稳定性是 G ≡ C ＞ A=T ＞ A=U。RNA/DNA 杂交双螺旋（hybrid duplex）结构不及 DNA/DNA 双螺旋结构稳定。因而转录产物 RNA 会自动与 DNA 模板链分离而伸出空泡之外，已转录完毕的局部两股 DNA 单链，也会自然恢复成原来的双链结构。在 37℃时，埃希菌 RNA-pol 催化 RNA 链的延伸速度可达 40nt/s。

笔记栏

原核生物 mRNA 的转录过程与翻译过程是同步高效进行的。在电子显微镜下观察原核生物的转录过程，可出现羽毛状现象（图 14-9）。这是由于在同一 DNA 模板上，有多个转录同时在进行，随着核心酶的前移，转录生成的 mRNA 链不断延长，转录尚未完成，翻译已开始进行。原核生物的转录过程呈羽毛状也说明原核mRNA的转录不需加工过程。

图14-9是放大6000倍的电镜照片，箭头所指方向为转录前进方向，黑色实心圆代表的是转录起点，空心圆代表的是转录终点。

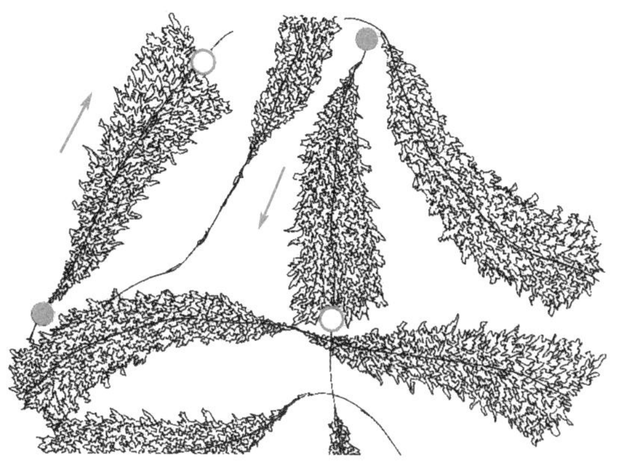

图14-9　电镜下所见原核生物转录过程出现的羽毛状现象

三、转录终止

当核心酶移动到操纵子的终止部位时，就在DNA模板上停顿下来不再前行，转录生成的RNA产物链从转录复合物上脱落下来，这就是转录终止。依据是否需要蛋白质因子ρ因子的参与，原核生物转录终止分为依赖ρ因子和非依赖ρ因子的转录终止两种机制。

（一）依赖ρ因子的转录终止

大肠埃希菌只有很少的操纵子依赖ρ因子的转录终止。1969年Roberts在研究T4噬菌体感染的大肠埃希菌中发现了能控制转录终止的蛋白质，命名为ρ因子。在试管内作转录试验时，如果不加ρ因子，则T4噬菌体DNA的转录产物比在细胞内转录出的要长，说明这种转录跨越了终止点而继续转录。加入ρ因子后，转录产物长于在细胞内的转录产物的现象便不再存在。ρ因子是由6个相同亚基（分子质量为46kDa）组成的六聚体蛋白，并具有解旋酶（helicase）和ATP酶（ATPase）活性。研究发现，在依赖ρ因子终止的转录过程中，产物RNA的3′端有较丰富的C或有规律地出现C碱基。ρ因子终止转录的机制是它能与转录产物RNA结合，使得ρ因子和核心酶都可能发生构象变化，从而使核心酶停顿。ρ因子的解旋酶活性使RNA/DNA杂交双链相分离；它的ATP酶活性水解ATP释能，使产物RNA从转录复合物中释放出来（图14-10）。

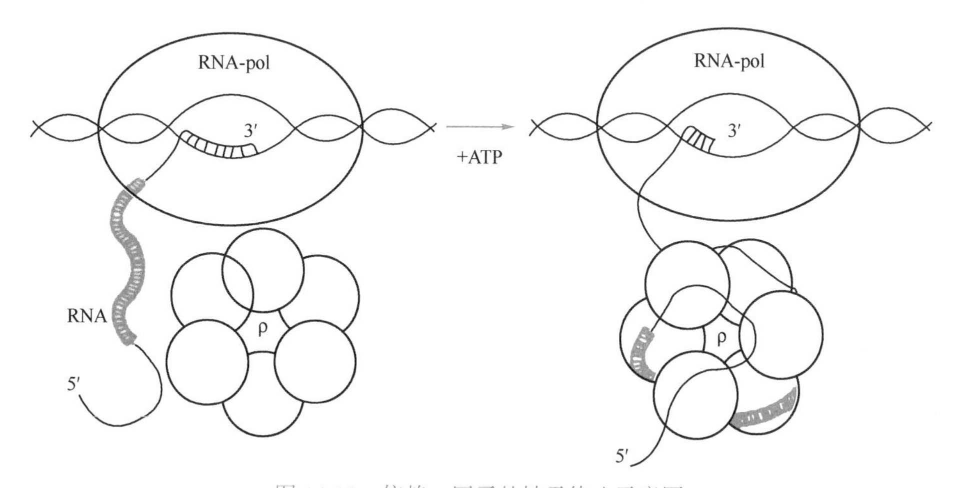

图14-10　依赖ρ因子的转录终止示意图

RNA链上带条纹线处代表富含C的区段，ρ因子结合RNA（右）后，发挥其ATP酶及解旋酶活性

（二）非依赖ρ因子的转录终止

在非依赖ρ因子的转录终止时，转录终止区的序列有2个重要特征，即DNA模板上靠近终止区有富含GC的反向重复序列，以及其后出现的6～8个连续的A。转录生成的RNA形成茎-环（stem loop）或称发夹（hairpin）形式的二级结构。位于核心酶覆盖区域内的RNA的茎-环结构与酶的相互作用，可导致核心酶构象的变化，阻止转录继续向下游推进，这是非依赖ρ因子的转录终止的普遍现象。同时，在RNA链的茎-环结构之后出现多个连续的U，由于在所有的碱基配对中，以rU（RNA链上的U）与dA（DNA链上的A）的配对最不稳定，因此RNA链上一串寡聚U也是使RNA链从模板上脱落的促进因素，有利于RNA链从DNA上脱落（图14-11）。

笔记栏

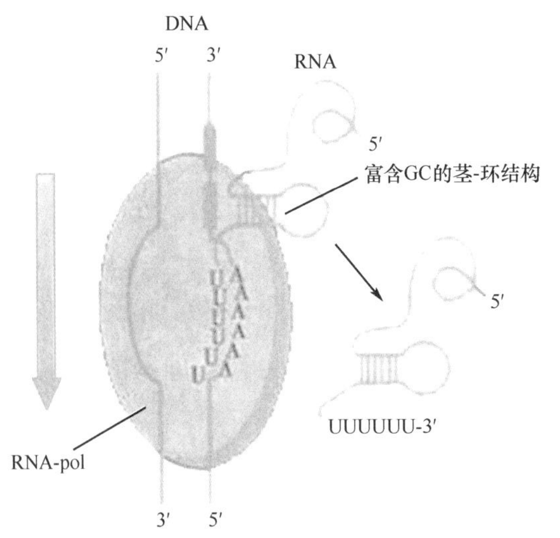

图 14-11 原核生物非依赖 ρ 因子的转录终止模式

微课 14-1

第 3 节 真核生物 RNA 的合成过程

真核生物的转录与原核生物有许多相似之处，但真核生物的转录过程要比原核生物复杂得多，尤其是转录的起始阶段更复杂。与原核生物 RNA-pol 不同，真核生物 RNA-pol 不能直接与 DNA 模板启动子区结合，需有一些蛋白质因子直接或间接地结合到 DNA 模板上，并与 RNA-pol 相互作用形成转录复合体，转录才能启动。另外，真核生物与原核生物转录的终止过程也不相同。

一、mRNA 的合成

（一）转录起始

1. 顺式作用元件 真核生物 DNA 上存在着许多与转录有关的序列，这些序列可统称为顺式作用元件（*cis*-acting element）。顺式作用元件通常位于基因的上游，可影响或调控基因转录。

顺式作用元件包括启动子、增强子（enhancer）、沉默子（silencer）等序列。真核生物 –30 区序列的 TATA 盒，通常认为是启动子的核心序列，RNA-pol Ⅱ结合到这一区域。在靠近 TATA 盒的上游有一个转录因子ⅡB 识别元件。启动子上游元件多在 –40 ～ –110bp 处，比较常见的是 CAAT 盒和 GC 盒。在起点周围通常还有一个起始元件。在某一基因上，上述元件不可能全部齐备，而是若干种元件相互搭配。例如，SV40 早期基因没有 TATA 盒，而有多个 GC 盒串联；胸苷激酶（thymidine kinase，TK）基因起始转录前区段依次为 OCT1（ATTTGCAT）-GC-CAAT-GC-TATA；组蛋白 *H2B* 基因上游序列为 CAAT-CAAT-OCT1-TATA 等。增强子可远离转录的起点而调控基因转录（见第 16 章）。

2. 转录因子 能直接或间接辨认与结合非己基因的顺式作用元件的蛋白质因子，统称为反式作用因子（*trans*-acting factor）。转录因子（TF）一般是指能直接或间接与 RNA-pol 结合的反式作用因子，包括通用转录因子（general transcription factor）[或基本转录因子（basal transcription factor）]及特异转录因子。通用转录因子是 RNA-pol 结合启动子所必需，特异转录因子通过与顺式作用元件结合，起到激活或抑制基因转录的作用，决定基因的时空特异性表达。转录因子有很多种类，相应于 RNA-pol Ⅰ、Ⅱ和Ⅲ的转录因子，分别称为 TF Ⅰ、TF Ⅱ和 TF Ⅲ。TF Ⅱ又可分为 TF ⅡA、TF ⅡB 等（表 14-4）。

表 14-4 真核生物 TF Ⅱ的种类及其功能

转录因子	亚基组成和分子质量（kDa）	功能
TF ⅡA	12，19，35	稳定 TF ⅡB，协助 TBP 结合到启动子上
TF ⅡB	33	结合 TBP；募集 RNA-pol Ⅱ -TF ⅡF 复合物
TF ⅡD	TBP 38	结合 TATA 盒
	TAF	辅助 TBP 与 DNA 结合

续表

转录因子	亚基组成和分子质量（kDa）	功能
TF Ⅱ E	57（α），34（β）	募集 TF Ⅱ H；具有 ATP 酶和解旋酶活性
TF Ⅱ F	30，74	紧密结合 RNA-pol Ⅱ；结合 TF Ⅱ B 和阻止 RNA-pol Ⅱ与非特异性 DNA 序列的结合
TF Ⅱ H	62，89	具有解旋酶活性，使启动子区解旋；具有蛋白激酶活性，使 CTD 磷酸化；募集核苷酸切除修复的蛋白质

TBP. TATA 结合蛋白（TATA binding protein）；TAF. TBP 相关因子（TBP-associated factor）

从转录的过程来看，能与 RNA-pol 直接相互作用的转录因子称为通用转录因子 [或基本转录因子]，如 TF Ⅱ D。TF Ⅱ D 是由 TBP 和 8 ～ 10 个 TAF 组成的复合体。人类细胞中至少有 12 种不同的 TAF。不同的 TAF 与 TBP 的组合可与不同基因的启动子结合，这可以解释这些因子在各种启动子中的选择性活化作用，以及对特定启动子存在不同的亲和力。TBP 可结合 10bp 的 DNA 区段，刚好覆盖 TATA 盒，而 TF Ⅱ D 可覆盖 35bp 或更长的区域。转录因子大多含有如锌指、螺旋 – 转角 – 螺旋等模体，这些模体之间可以相互辨认结合，或与 RNA-pol 及 DNA 结合，组成 RNA-pol- 蛋白质 -DNA 复合物而启动转录（见第 16 章）。氨基酸序列分析表明，某些转录因子或其亚基与原核生物的 σ 因子在序列上有不同程度的一致性。

此外，还有与上游启动子元件如 GC 盒、CAAT 盒等结合的蛋白质，称为上游因子（upstream factor），上游因子可协助调节转录的效率。例如，CAAT 结合转录因子（CAAT-binding transcription factor，CTF）与 CAAT 盒结合，提高转录效率；转录因子 Sp1 与 GC 盒结合，促进转录过程。

3. 转录前起始复合物　真核生物RNA-pol不能与模板 DNA 直接结合，而需依靠众多转录因子的帮助才能与 DNA 结合，这与原核生物 RNA-pol 依靠 σ 因子辨认结合启动子而启动转录不同。例如，在真核 RNA-pol Ⅱ催化合成 mRNA 的起始阶段，RNA-pol Ⅱ在 TF Ⅱ家族成员的按序参与下形成转录前起始复合物（pre-initiation complex，PIC）才能启动转录（图 14-12）。

首先是 TF Ⅱ D 的 TBP 亚基结合到 TATA 盒上，而 TF Ⅱ D的另一亚基 TAF 在不同基因或不同状态转录时，与 TBP 产生不同搭配；然后在 TF Ⅱ A 和 TF Ⅱ B 的促进和配合下，形成 TF Ⅱ D-TF Ⅱ A-TF Ⅱ B-DNA 复合体；TF Ⅱ B 作为桥梁并提供结合表面，促使已与 TF Ⅱ F 结合的 RNA-pol Ⅱ进入启动子的核心区 TATA 盒；接着进入的是 TF Ⅱ E 和 TF Ⅱ H，促进转录起点 DNA 解旋，完成转录前起始复合物的装配。此时 RNA-pol Ⅱ就可以催化第一个 3′,5′- 磷酸二酯键的生成。TF Ⅱ H 有蛋白激酶活性，可使 RNA-pol Ⅱ的最大亚基的 CTD 磷酸化。CTD 磷酸化的 RNA-pol Ⅱ才能离开启动子区域向下游移动，进入转录的延长阶段。此后，大多数的 TF Ⅱ就会脱离转录前起始复合物。

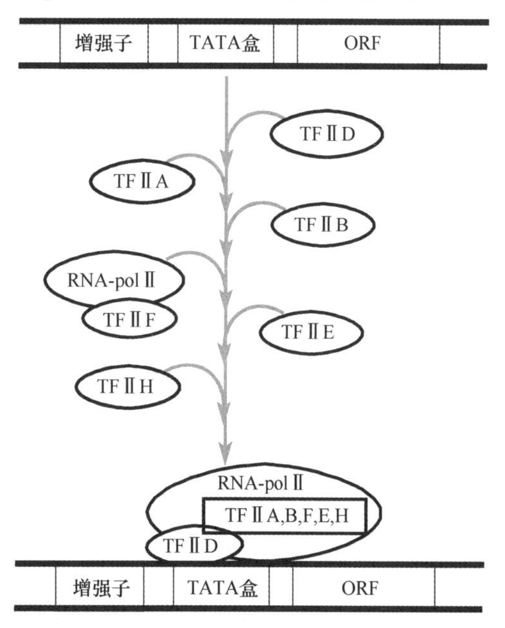

图 14-12　RNA-pol Ⅱ催化转录的前起始复合物的形成

ORF. 开放阅读框架区

4. 拼板理论　随着对不同基因转录特性的研究，现已发现有上百个转录因子。不同基因的转录需不同的转录因子组合。拼板理论（piecing theory）认为：一个真核生物基因的转录需要 3 ～ 5 个不同的转录因子，它们之间相互作用与结合，形成专一的活性复合物，再与 RNA-pol 搭配而特异性地结合相应的基因并启动转录（图 14-12）。转录因子的相互辨认结合，恰似儿童玩具七巧板，搭配得当就能拼出多种不同的图形。此外，还有上游因子、可诱导因子及它们相应的反式作用因子也有相类似的作用规律。目前有不少实验都支持这一理论。

笔记栏

（二）转录延长

真核生物的转录延长过程与原核生物大致相似，RNA-pol 沿着 DNA 模板链的 3′→5′ 方向移动，并按照模板 DNA 链上的碱基序列催化 RNA 链的延长。RNA 链延伸的方向也是 5′→3′。与原核生物不同的是真核生物基因组 DNA 与组蛋白形成核小体，因此转录过程中会出现核小体移位和解聚（见第 16 章）。

（三）转录终止

真核生物的转录终止与转录产物的加工密切相关。真核生物 RNA-pol Ⅱ转录产生 hnRNA 的过程中，以出现多腺苷酸化信号为止。这个信号序列常为 AATAAA 及其再下游的富含 GT 的序列。这些序列称为转录终止的修饰点序列。转录越过修饰点序列后，在 hnRNA 的 3′端产生 AAUAAA ------→ GUGUGUG 剪切信号序列。内切核酸酶识别此信号序列进行剪切，剪切点位于 AAUAAA 下游 10～30nt 处，距 GU 序列 20～40nt。修饰点序列下游产生的多余 RNA 片段很快被降解（图 14-13）。成熟 mRNA 的 5′端“帽子”结构和 3′端的 poly（A）尾是加工过程中产生的。

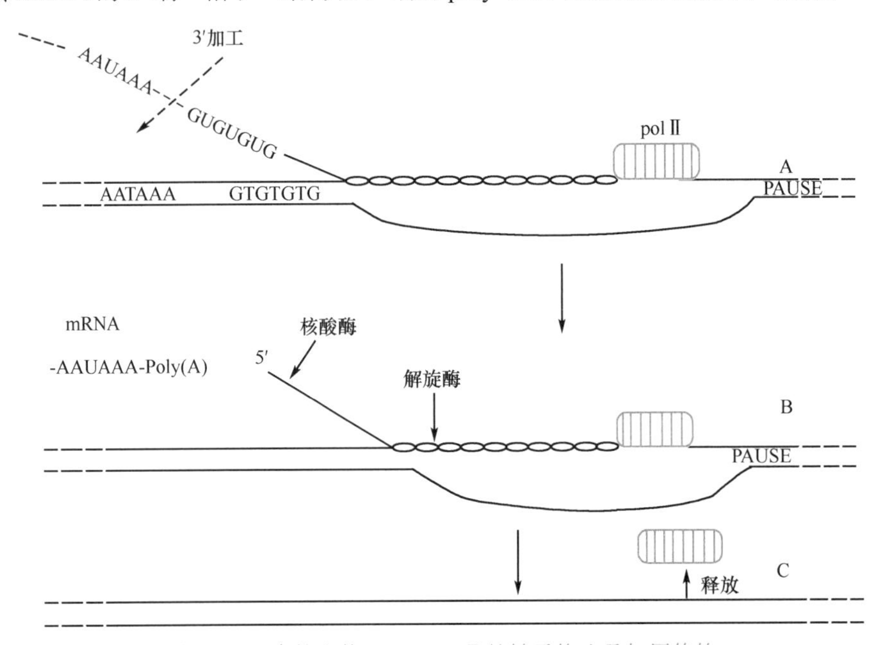

图 14-13 真核生物 RNA-pol Ⅱ的转录终止及加尾修饰

二、rRNA 的合成

rRNA 的合成是在 RNA-pol Ⅰ的催化下进行的。rRNA 的合成过程与 mRNA 的合成相似。rRNA 基因是一些中度重复基因，属于丰富基因（redundant gene）族，真核生物细胞有 50～1000 个相同的 rRNA 基因拷贝，它们串联排列在染色体上。每个拷贝作为一个转录单位被转录，转录片段的长度为 7～13kb。转录单位之间是不被转录的间隔顺序。在不同种属或同一种属的不同个体，甚至同一个体细胞的不同 rRNA 转录单位之间，这种间隔顺序的长度往往差别很大。间隔顺序包含有 RNA-pol Ⅰ和 TF Ⅰ的结合序列。

rRNA 基因的启动子属于第一类启动子。人类 rRNA 基因的启动子由核心元件（core element）和上游控制元件（upstream control element，UCE）组成。核心元件包含转录所必需的起始点和富含 AT 的保守序列。UCE 开始于大约 –107bp 处，长约 50bp，具有增强转录效率的作用。RNA-pol Ⅰ催化的转录需要 2 种 TF Ⅰ，分别称为上游结合因子（upstream binding factor，UBF）和选择因子 1（selective factor 1，SL1）。SL1 含有 4 个亚基，一个是 TBP，另 3 个是 TAF。rRNA 合成时形成的转录前起始复合物比较简单。首先是 UBF 结合在 UCE 和核心元件的上游部分，导致模板 DNA 发生弯曲，使相距上百个核苷酸的 UCE 和核心元件靠拢，接着 SL1 募集 RNA-pol Ⅰ并相继结合到 UBF–DNA 复合物上，完成起始前复合物的装配而启动转录（图 14-14）。

笔记栏

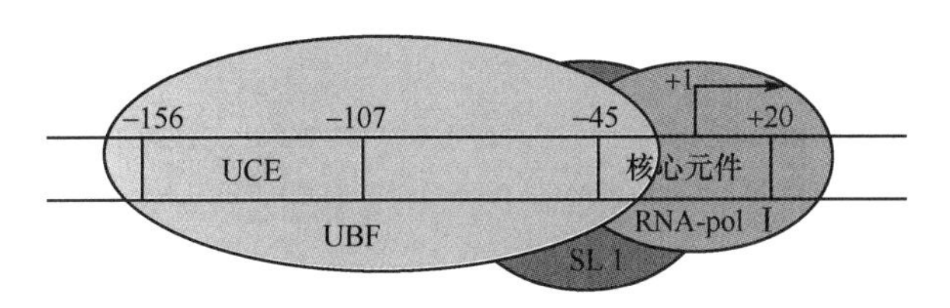

图 14-14 rRNA 基因转录前起始复合物的形成

三、tRNA 和 5S rRNA 的合成

RNA-pol Ⅲ催化 tRNA 和 5S rRNA 的合成。tRNA 和 5S rRNA 基因的启动子属于第三类启动子，完全位于被转录的序列中，称为内启动子（internal promoter）。所有 tRNA 基因均有 A 盒和 B 盒 2 个内启动子元件。酿酒酵母的 RNA-pol Ⅲ启动转录需 TF Ⅲ C 和 TF Ⅲ B 参与，后者起关键作用。tRNA 基因转录起始时，TF Ⅲ C 首先与 A 盒和 B 盒结合，并促进 TF Ⅲ B 结合于转录起始点上游约 30bp 处，后者再促进 RNA-pol Ⅲ结合在转录起始点处，形成转录前起始复合物而启动转录（图 14-15）。

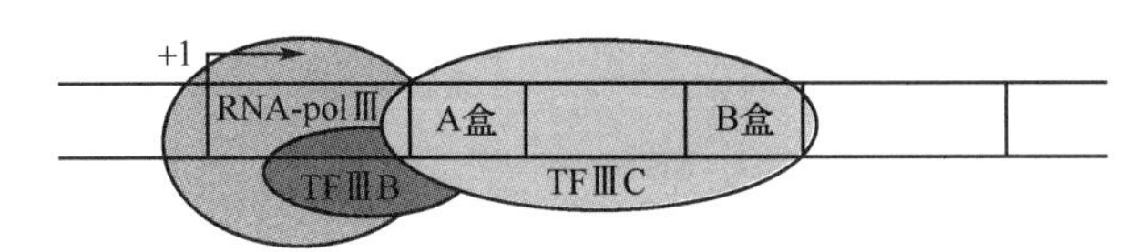

图 14-15 tRNA 基因的内启动子及转录起始复合物的形成

5S rRNA 的内启动子称为 C 盒。5S rRNA 基因启动时，TF Ⅲ A 先与 C 盒结合，接着是 TF Ⅲ C 与 TF Ⅲ A 结合，然后是 TF Ⅲ B 与 TF Ⅲ C 结合，并促进 RNA-pol Ⅲ结合在转录起始点处而启动转录。

第 4 节 真核生物 RNA 前体的加工

转录生成的尚不具有生物活性的RNA分子称为初级转录本，它们需一定程度的加工（processing）才具有生物学功能。在真核生物中，几乎所有的初级转录产物都需一定程度的加工。真核生物初级转录产物的加工修饰主要在细胞核内进行。加工过程包括核苷酸的部分水解、剪接反应，链末端的“加帽”和“加尾”，以及核苷酸的修饰等。原核生物转录产生的 mRNA 不需加工即能作为翻译的模板，而其 rRNA 和 tRNA 初级转录产物也需加工成熟。

一、mRNA 前体的加工

真核生物成熟 mRNA 的前体 hnRNA 需进行切除内含子和连接外显子的剪接（splicing）、5′ 端加帽和 3′ 端加尾的首尾修饰，以及核苷酸的甲基化等，才能成为成熟的 mRNA。

（一）hnRNA

编码真核生物多肽链的基因中，编码序列常被一些非编码序列所间隔。绝大多数真核生物核内 hnRNA 的分子质量往往比在细胞质内出现的成熟 mRNA 大几倍，甚至数十倍。20 世纪 70 年代，Richard J. Roberts（以下简称 Roberts）和 Phillip A. Sharp（以下简称 Sharp）在研究腺病毒 Ad2 时，利用核酸分子杂交试验发现，hnRNA 和 DNA 模板链可以完全配对，但 mRNA 与模板链 DNA 杂交，出现部分配对（双链区段）和中间不配对（单链区段）现象。Sharp 认为 hnRNA 中的非编码区片段被切除，而编码区片段被拼接起来。由此，他们提出断裂基因的概念：真核生物结构基因是由若干个编码区（外显子）和非编码区（内含子）互相间隔而成，这样的基因称为断裂基因（split gene）。Roberts 和 Sharp 因发现断裂基因而共同获得 1993 年的诺贝尔生理学或医学奖。

第一个被详细研究的断裂基因是鸡的卵清蛋白基因，其全长为 7.7kb，8 个编码区被 7 个非编码区所间隔（图 14-16）。

笔记栏

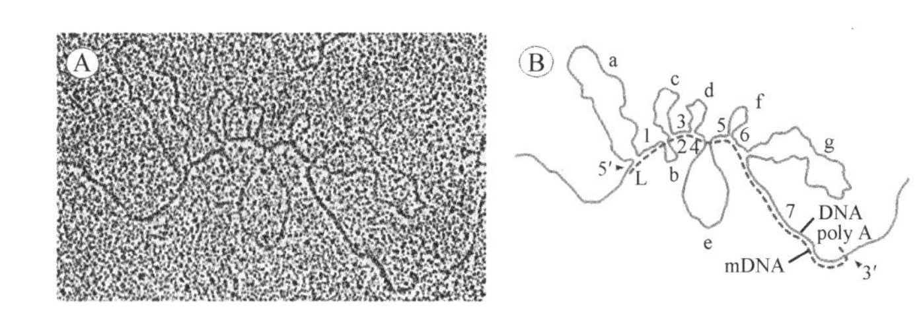

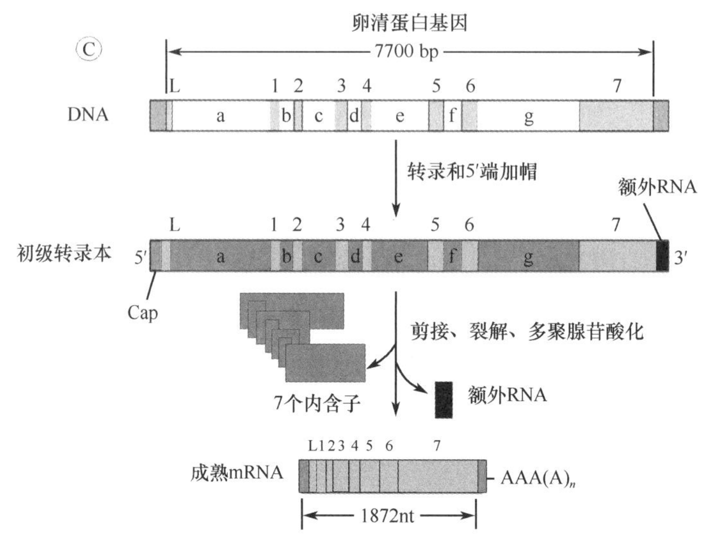

图 14-16　核酸分子杂交研究卵清蛋白断裂基因及其初级转录产物的加工

A. 成熟 mRNA 与基因模板 DNA 杂交的电镜图；B. 成熟 mRNA 与基因模板 DNA 杂交的模式图；C. 初级转录产物的加工。1 ～ 7 为外显子；a ～ g 为内含子

通常，把断裂基因中的编码序列称为外显子（exon），而把非编码序列称为内含子（intron）。真核生物基因在内含子和外显子的交界处有 2 个相当短的保守序列：5′ 端为 GT，3′ 端为 AG，此称为 GT-AG 规则。hnRNA 和相应的基因等长，外显子和内含子均被转录而出现在初级转录产物上。外显子被拼接后成为成熟 RNA 的核苷酸序列，内含子是隔断基因线性表达而在剪接过程中被除去的核苷酸序列。鸡卵清蛋白基因的 8 个外显子连接后编码 386 个氨基酸残基。

肌萎缩蛋白基因是人类最庞大的一个基因，全长为 1×10^6bp，含有 50 多个外显子和 50 多个内含子。该基因成熟的 mRNA 大约仅有 1 万个核苷酸。

绝大多数脊椎动物编码蛋白质的基因都含有内含子，只有为数不多的基因没有内含子，如组蛋白基因。某些低等真核生物编码蛋白质的基因也缺乏内含子，如酿酒酵母的许多基因。有些原核生物的基因也有内含子，如一些真菌（*eubacteria*）和古细菌（*archaebacteria*）的基因。内含子的长度可达 50 ～ 20 000nt。

根据基因的类型和剪接的方式，通常把内含子分为 4 类：Ⅰ类内含子主要存在于线粒体、叶绿体及某些低等真核生物的 rRNA 基因。Ⅱ类内含子也发现于线粒体、叶绿体。Ⅰ类和Ⅱ类内含子中，已发现有相当一部分具有自身剪接（self splicing）作用。Ⅲ 类内含子见于大多数 mRNA 基因。Ⅳ类内含子存在于 tRNA 基因中。

内含子是在进化中出现或消失的，有利于物种的进化选择。目前已有证据表明，前体 mRNA 的内含子具有可移动和转座的功能，内含子很可能参与了 RNA 介导的细胞调节功能。此外，内含子可调节真核生物 mRNA 的选择性剪接，而且还可产生有功能活性的 RNA。最近还发现在高等生物中，内含子还可形成发夹状的微小 RNA（microRNA），利用 RNA 干扰机制调节影响其他基因的活性。有些内含子还能编码酶。例如，酵母的细胞色素 b 基因含有 3 个外显子和 2 个内含子，转录成 mRNA 后首先切除了内含子 1，形成未成熟的 mRNA。此 mRNA 被翻译产生 423 个氨基酸残基的一种蛋白质，称为成熟酶（maturase）。此酶可将未成熟的 mRNA 中的内含子 2 切除，产生成熟的 mRNA，最终以此 mRNA 为模板翻译成细胞色素 b。另外，某些遗传性疾病的基因变异是发生在内含子而不在外显子。

笔记栏

（二）mRNA 首、尾的修饰

绝大部分真核细胞成熟 mRNA 的 5′ 端通常都有一个以 7- 甲基鸟嘌呤 - 三磷酸核苷（m^7G-5′ppp5′-N-3′）作为起始结构的“帽子”结构，3′ 端有一段长 80 ～ 250nt 的 poly（A）尾（见第 3 章）。5′ 端“帽子”结构和 3′ 端 poly（A）尾是通过对 mRNA 前体的加工形成的。

1. “加帽”过程　此过程是在核内完成的，而且先于 hnRNA 链中段的剪接过程。当 RNA-pol Ⅱ 催化合成的 hnRNA 的长度达 25 ～ 30nt 时，其 5′ 端的加帽就开始了。5′ 端加帽过程由加帽酶（capping enzyme）和甲基转移酶（methyl transferase）催化完成。根据生物的不同，加帽酶要么是单功能的，要么是双功能的酶。哺乳动物（包括人类）的加帽酶属于双功能酶，N 端具有三磷酸酶（triphosphatase）活性，C 端具有鸟苷酰转移酶（guanylyltransferase）活性。加帽过程中，加帽酶与 RNA-pol Ⅱ 的 CTD 结合，去除新生 RNA 的 5′ 端核苷酸上的 γ- 磷酸基，产生 5′-ppNp-，同时将 1 分子 GTP 中的 GMP 部分转移到 5′-ppNp- 上，通过与 5′，5′- 三磷酸连接形成 GpppNp；然后在鸟嘌呤 -7- 甲基转移酶催化下，将 *S*- 腺苷甲硫氨酸（SAM）提供的甲基转移到新加入的 GMP 的 m^7 位，形成所谓的帽子结构（图 14-17）。

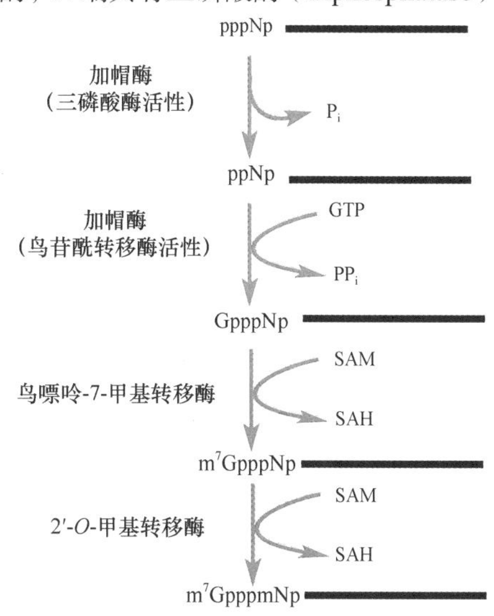

图 14-17　真核生物 mRNA 的 5′ 端“Ⅰ型帽”结构的形成

SAM. S- 腺苷甲硫氨酸；SAH. S- 腺苷同型半胱氨酸

mRNA 的“帽子”结构有 3 种类型：0 型、Ⅰ型和Ⅱ型。5′-m^7GpppNp- 即为“0 型帽”。在“0 型帽”的基础上，如果第 1 位核苷酸的 2′-OH 也甲基化，形成 5′-m^7GpppmNp-，即为“Ⅰ型帽”；如果第 1 和第 2 位核苷酸的 2′-OH 均甲基化，产生 5′-m^7GpppNmNm-，即为“Ⅱ型帽”。mRNA 的第 1 或第 2 位核苷酸 2′-OH 的甲基化由 2′-*O*- 甲基转移酶催化。真核生物帽子结构的复杂程度与生物进化程度密切相关。5′ 端“帽子”结构对于 mRNA 翻译起始是必要的，此结构为核糖体对 mRNA 的识别提供了信号，协助核糖体与 mRNA 结合，使翻译从起始密码 AUG 开始。“帽子”结构可增加 mRNA 的稳定性，保护 mRNA 免遭 5′ → 3′ 核酸外切酶的水解。

2. “加尾”过程　核内 hnRNA 分子中 3′ 端存在 poly（A）尾，推测这一过程也应在核内完成。但是在胞质中也有该反应的酶体系，说明在胞质中加 poly（A）尾还可以继续进行。

mRNA 前体上的转录终止修饰点（断裂点）是多腺苷酸化的起点，断裂点上游 10 ～ 30nt 处有 AAUAAA 加 poly（A）尾的信号序列。断裂点的下游 20 ～ 40nt 处有富含 G 和 U 的序列。AAUAAA 信号序列是特异序列，断裂点下游序列是非特异序列。mRNA 前体分子的断裂和 poly（A）尾的形成至少有 4 种蛋白质因子参与，是多步骤反应过程。①各种 3′ 加工成分组装成复合体：断裂与腺苷酸化特异性因子（cleavage and polyadenylation specificity factor，CPSF）先与 hnRNA 的 AAUAAA 信号序列结合形成不稳定的复合体，然后与断裂激动因子（cleavage stimulatory factor，CStF）、断裂因子（cleavage factor，CF）Ⅰ、CF Ⅱ和 poly（A）聚合酶 [poly（A）polymerase，PAP] 结合。CStF 与断裂点下游富含 G 和 U 的序列相互作用形成的多蛋白复合体稳定；② CF Ⅰ和 CF Ⅱ在 AAUAAA 剪切信号的下游断裂点切断 mRNA 前体 3′ 尾部；③ mRNA 前体在断裂点断裂后，PAP 在 CPSF 指导下，立即在断裂产生的游离 3′ 端催化加入大约 12 个腺苷酸，此反应过程依赖于 AAUAAA 序列，速度较慢；④在 poly（A）结合蛋白Ⅱ [poly（A）-binding protein Ⅱ，PABP Ⅱ] 参与下，多腺苷酸化进入快速合成期，此时不需要 AAUAAA 序列，PAP 与慢速期合成的 poly（A）结合，促进 PAP 催化 poly（A）合成的速率（图 14-18）。反应结束，复合体解离。

PABP Ⅱ被认为可能通过某种未知机制控制 poly（A）的最大长度。poly（A）尾的长度很难确定，因其长度随 mRNA 的寿命而缩短。随着 poly（A）的缩短，翻译的活性下降。因此推测 poly（A）的长短和有无，是维持 mRNA 作为模板的活性，以及增加 mRNA 本身稳定性的重要因素。poly（A）与 poly（A）结合蛋白的结合有助于蛋白质的生物合成（见第 15 章）。

（三）mRNA 剪接

去除初级转录产物上的内含子，把外显子连接起来使之成为成熟的 mRNA 的过程称为剪接（splicing）。剪接过程中内含子区段弯曲，使相邻的 2 个外显子互相靠近而利于剪接，称为套索 RNA

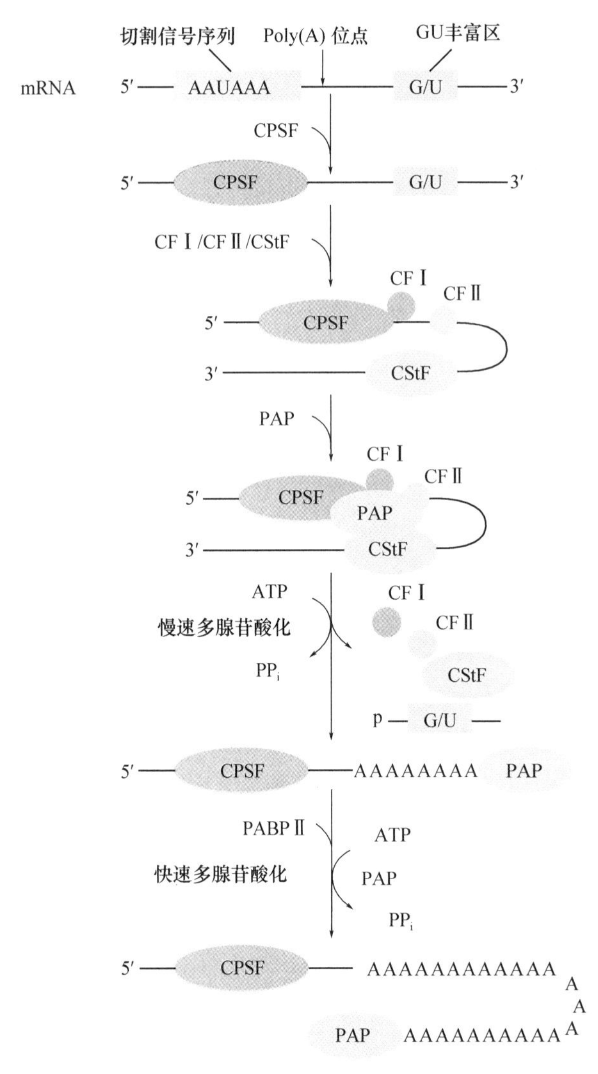

图 14-18 真核细胞 mRNA 前体 3′ 端 poly（A）尾形成过程

（lariat RNA）。这是最初提出的剪接模式。此后，还发现内含子近 3′ 端的嘌呤甲基化是形成套索必需的。从初级转录产物一级结构分析及 snRNA 特性的研究，目前对剪接已有了较深入的了解。大多数内含子序列的 5′ 端都以 GU 开始，称为 5′ 端剪接部位或剪接供体，而以 3′ 端 AG-OH 结束，称为 3′ 端剪接部位或剪接受体。5′-GU……AG-OH-3′ 称为边界序列。位于 3′ 端剪接部位上游 20 ～ 40 个核苷酸处有分支点 A（branch point A）。剪接后，GU 或 AG 不一定被剪除。

剪接体（spliceosome）是由小核核蛋白（small nuclear ribonucleoprotein，snRNP）和 hnRNA 组成的超大分子的复合体。snRNA 和核内蛋白质组成 snRNP。snRNA 长度为 100 ～ 300nt，分子中富含尿嘧啶核苷酸，因而以 U 作为分类命名。现已发现有 U1、U2、U4、U5 和 U6 等类别的 snRNA。

剪接体是 hnRNA 剪接的场所。snRNP 与 hnRNA 结合后，使内含子形成套索并拉近上、下游外显子的距离。剪接体的装配需要上述 5 种 snRNA 和大约 50 种蛋白质，并需 ATP 提供能量。剪接体装配时，① U1 和 U2 snRNP 中的 snRNA 与内含子 5′ 端边界序列和 3′ 端边界序列分别互补，使 U1 和 U2 snRNP 结合到内含子两端。② U4 和 U6 snRNP 中的 snRNA 能碱基互补形成 U4/U6 snRNP 复合体，再加入 U5 snRNP，形成 U4/U5/U6 snRNP 复合体。该复合体与 U1 snRNP-hnRNA-U2 snRNP 装配成完整的无活性剪接体。此时内含子发生弯曲呈套索状，上、下游的外显子 E_1 和 E_2 靠近。③通过内部重排的结构调整，无活性剪接体释放出 U1 和 U4 snRNP，U2 和 U6 snRNP 形成催化中心，活性剪接体形成，通过催化 2 次转酯反应完成切除内含子和连接外显子的剪接过程（图 14-19）。

剪接过程需 2 次转酯反应。第一次转酯反应是由位于内含子分支点的腺嘌呤核苷酸的 2′-OH 亲核攻击连接外显子 E_1 与内含子之间的 3′,5′- 磷酸二酯键，使 E_1 与内含子之间的键断裂，产生游离的 E_1 和套索状的内含子 - 外显子 E_2。此时，内含子 5′ 端的 G 与分支点的 A 以 2′，5′- 磷酸二酯键相连。第二次转酯反应是 E_1 的 3′-OH 亲核攻击内含子和外显子 E_2 之间的磷酸二酯键，将内含子以套环形式切除，并把 E_1 和 E_2 连接在一起（图 14-20）。

（四）RNA 编辑

有些蛋白质的氨基酸序列并不完全与基因的编码序列相对应。研究发现，某些 mRNA 前体的核苷酸序列经过编辑过程发生了改变。所谓 RNA 编辑（RNA editing）是指同一基因转录产生的 mRNA 前体，由于核苷酸的缺失、插入或替换，产生不同的 mRNA 分子，它们的序列与基因编码序列不完全对应，因而导致同一基因可以产生多种氨基酸序列不同、功能不同的蛋白质分子。RNA 编辑是 1986 年首先由 Rob Benne 等报道的，他们发现原生动物锥虫（trypanosome）的线粒体细胞色素 c 氧化酶亚基Ⅱ基因（*cox* Ⅱ）的成熟 mRNA 中有 4 个 U，但其 DNA 编码序列中没有相应的 T，它们显然是在转录后插入的核苷酸，使原来的读码框发生移动。在这些原生细胞线粒体中发现一种特异的被称为指导 RNA（guide RNA，gRNA）的 RNA 分子，它具有与需要 RNA 编辑的 mRNA 互补的序列。指导 RNA 分子的作用可能是在 RNA 编辑中起模板作用（图 14-21）。

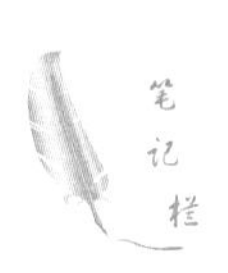

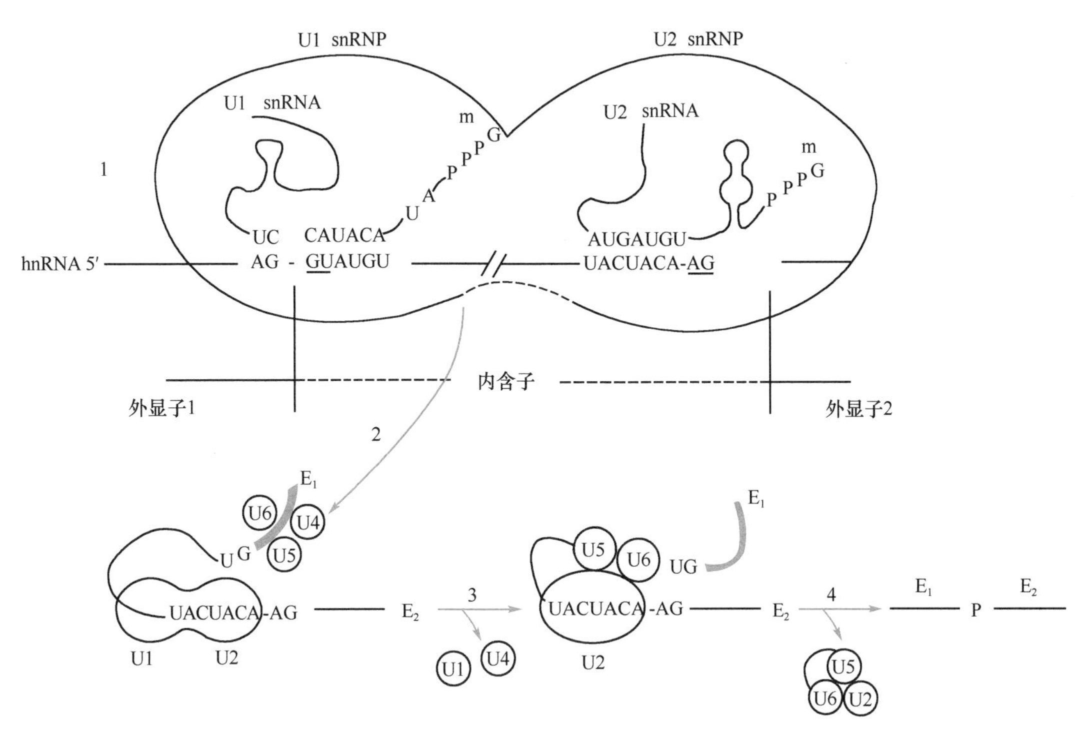

图 14-19　剪接体的装配和剪接过程

1. snRNA与内含子边界序列结合；2. 完整的无活性剪接体形成，内含子形成套索；3. 活性剪接体形成；4. 完成剪接过程

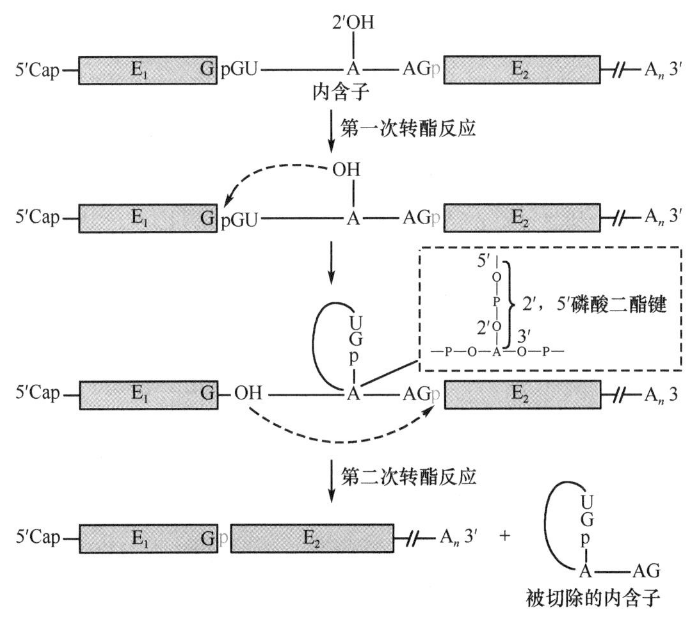

图 14-20　剪接过程的两次转酯反应机制

原始RNA转录本　—AAAGUAG AGAA CCUGGU—
作为模板的gRNA　—UUAUAUC UUUU GGAUAU—

编辑RNA —AAAGUAGA UU G U A U A CCUGGU—
gRNA —UUAUAUCU AA U A U A U GGAUAU—

图 14-21　RNA 编辑机制

人载脂蛋白B（*apoB*）基因转录后也发生RNA编辑。apoB mRNA加工成熟后含有14 500个核苷酸。在肝细胞内，该mRNA表达分子质量为513 kDa的apo B100，而在小肠黏膜细胞则该

mRNA 仅被翻译其 N 端的 2152 个核苷酸，产生分子质量 250kDa 的 apo B48。这是在小肠黏膜细胞内，胞嘧啶脱氨酶将 mRNA 中编码谷氨酰胺（Glu）的 2153 位遗传密码 CAA 编辑为终止密码 UAA 的缘故（图 14-22）。

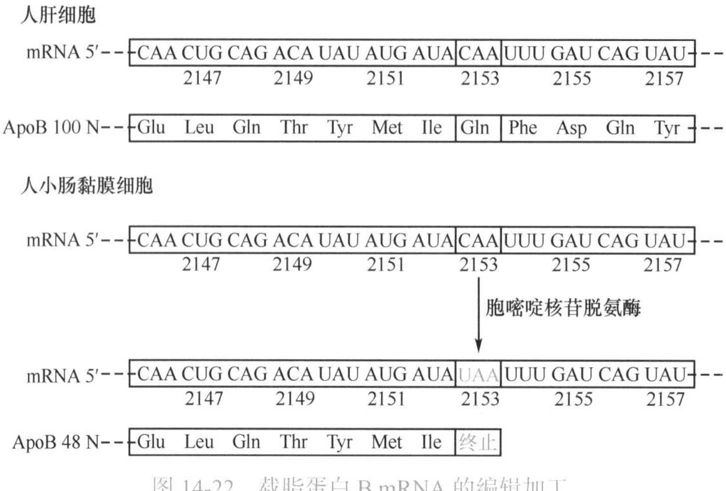

图 14-22 载脂蛋白 B mRNA 的编辑加工

类似的 RNA 编辑的例子还有脑细胞谷氨酸受体（Glu R），该受体是一种重要的离子通道。Glu R mRNA 发生脱氨基使 A → G，导致一个关键位点上的密码子 CAG（Gln）变为 CGG（Arg），含精氨酸的 Glu R 使 Ca^{2+} 不能通过此通道。由此不同功能的脑细胞就可以选择地产生不同的受体。

通过 RNA 编辑，使得一个基因可以产生多种氨基酸序列不同、功能不同的蛋白质，RNA 编辑的结果不仅扩大了遗传信息，而且使生物能更好地适应生存环境。

（五）选择性剪接

自一个 mRNA 前体中选择不同的剪接位点，可产生由不同外显子组合而成的 mRNA 剪接异构体，这种剪接方式称为选择性剪接（alternative splicing），也称可变剪接（图 14-23）。通过对 mRNA 前体的剪接位点和拼接方式的选择，一个基因可在不同的时间或组织被剪接产生不同的 mRNA 分子，并翻译得到功能类似或各异的蛋白质，从而达到对基因表达和基因功能进行精确调控的目的。选择性剪接是真核细胞中一种重要的基因功能调控机制，也被认为是哺乳动物表型多样性的一个重要原因，可能在物种的进化和分化中起到重要作用。选择性剪接在人类基因组中广泛存在，不仅调控着细胞、组织的发育和分化，还与许多人类疾病密切相关。

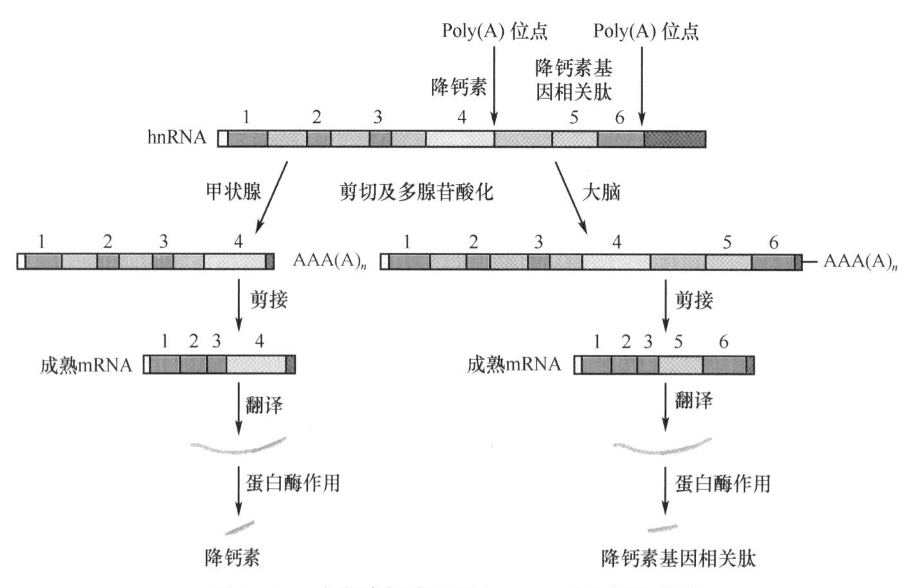

图 14-23 大鼠降钙素基因 hnRNA 的选择性剪接

1，2，3，4，5，6 代表外显子；▭代表内含子

案例 14-1

患儿，女，18个月，因面色苍白，少动，精神状态不佳，患肺炎而就医。查体发现患儿头颅较普通孩子大，额头隆起，眼距宽，颧骨高，扁鼻梁，肝脾大等体征。实验室血常规检查：血红蛋白浓度为53g/L，红细胞计数为6.32×10^{12}/L，平均红细胞体积为60.1FL，HbF为0.45。

该患儿初步诊断为重型β-地贫。

问题讨论：

人类β-珠蛋白基因缺陷类型。

案例 14-1　分析讨论

珠蛋白生成障碍性贫血（thalassemia），亦称海洋性贫血，这种疾病最早发现于地中海地区，又称为地中海贫血，简称地贫。地贫是由于常染色体遗传性缺陷，引起珠蛋白合成障碍，使一种或几种珠蛋白合成数量不足或完全缺乏，导致红细胞易被破坏的溶血性贫血。地贫分为α和β两种，每一种在临床上又有重型、中间型和轻型之分。

人类β-珠蛋白基因簇位于11p15.5，含有3个外显子和2个内含子（IVS Ⅰ和IVS Ⅱ）。IVS Ⅰ（130bp）位于第31和32位密码子之间，IVS Ⅱ（约850bp）位于第104和105位密码子之间。

β-地贫的发生多是由于基因点突变，少数为基因缺失，导致血红蛋白β链完全不能合成（β^0-地贫）或部分合成（β^+-地贫）。重型β-地贫患者的基因型可为β^0/β^0、β^0/β^+和β^+/β^+。β-地贫基因突变较多，迄今已发现的突变点达100多种，国内已发现28种。其中常见的突变有6种：①β41-42（-TCTT），约占45%；②IVS-Ⅱ654（C→T），约占24%；③β17（A→T）；约占14%；④TATA盒–28（A→T），约占9%；⑤β71-72（+A），约占2%；⑥β26（G→A），约占2%。

人类β-珠蛋白基因缺陷类型：

（1）mRNA加工部位缺陷：这类突变是由于mRNA加帽部位和多腺苷酸化信号序列的突变，产生不稳定的mRNA，使β-珠蛋白合成量减少，引起β^+-地贫，如加帽部位发生A→C颠换，多腺苷酸化信号AATAAA→AACAAA。

（2）非编码区IVS Ⅰ和IVS Ⅱ突变：使mRNA前体剪接等加工过程不能准确进行，产生异常的mRNA，导致β^0-或β^+-地贫，如IVS Ⅰ 1（G→T）为RNA拼接处改变；IVS Ⅱ 654（C→T）由于碱基置换形成一个新的裂解信号，影响到正常位点的剪接，产生异常的mRNA。另外一种是内含子中剪接位点上通用序列的同义突变，从而激活内含子或外显子中隐蔽裂解位点（cryptic splicing site，CSS），如IVS Ⅰ 5（G→A），可导致CSS的剪切识别序列（CCTATTGGT）的第7位碱基G→A，产生新的切点（CCTATTAG↓T）。

（3）影响转录的突变：这类突变主要集中在起始点上游的启动子的TATA盒，使转录效率下降，mRNA数量减少，产生β^+-地贫，如TATA盒–29（A→G），–28（A→G）。

（4）编码区的无义突变、移码突变和起始密码子突变：这类突变生成的mRNA稳定性降低或形成无功能的mRNA，从而不能合成正常的β-珠蛋白，多数产生β^0-地贫，少数为β^+-地贫，如无义突变β17（A→T），移码突变β41-42（-TCTT缺失）或起始密码子突变（ATG→AGG）导致β^0-地贫。

二、tRNA前体的加工

真核生物含有较多编码tRNA的基因，而且是多拷贝。真核细胞有40～50种不同的tRNA分子，它们的前体物是由RNA-pol Ⅲ催化生成（图14-24）。

tRNA前体的加工包括切除插入序列（相当于hnRNA的内含子）和连接相当于hnRNA的外显子部分。此外，还包括3′端添加-CCA和稀有碱基的生成（图14-25）。

以酵母$tRNA^{tyr}$前体的加工为例，①RNase P切除5′端16个核苷酸的前导序列；②RNase D切除3′端的2个UU，随之由tRNA核苷酸转移酶催化添加CCA-OH作为统一的末端；③通过剪接反应切除中部14个核苷酸的插入序列；④稀有碱基的形成。例如，tRNA甲基转移酶催化嘌呤碱基的甲基化（A→mA，G→mG），DHU环上尿嘧啶还原为双氢尿嘧啶（DHU），TψC环上的尿嘧啶核苷转变为假尿嘧啶核苷（ψ），反密码上的腺苷酸（A）脱氨转变为次黄嘌呤核苷酸（I）等。

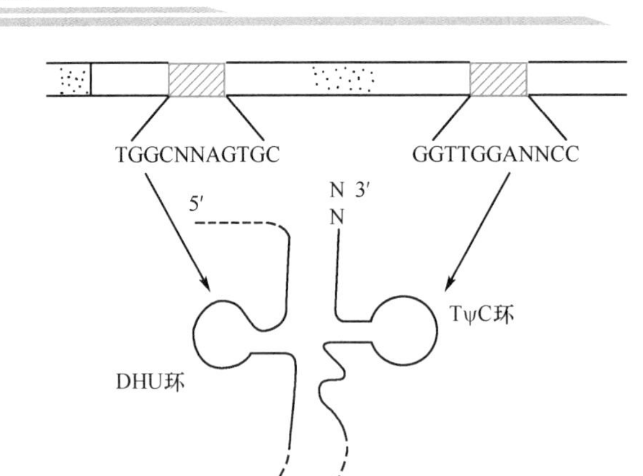

图 14-24 tRNA 的初级转录本

虚线是需要加工被剪除的部分。5′ 端虚线是前导序列，中间虚线是插入序列

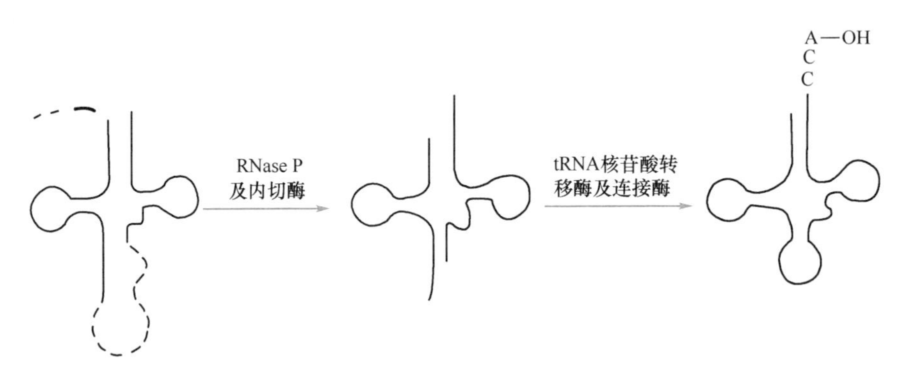

图 14-25 tRNA 前体的剪接和 3′ 端 -CCA 的添加示意图

三、rRNA 前体的加工

真核生物 18S、28S 和 5.8S rRNA 基因（rDNA）处于一个转录单位上，位于核仁组织区，它们的共同前体是编码约含 14 000 个核苷酸的 45S rRNA。45S rRNA 经剪切后，先产生 18S rRNA，余下的部分再剪切产生 5.8S 和 28S rRNA（图 14-26）。

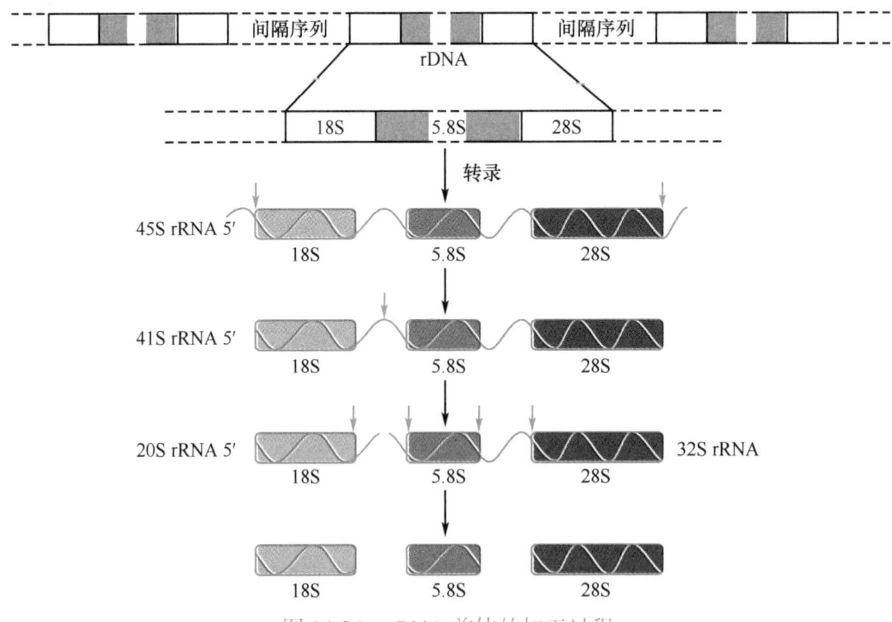

图 14-26 rRNA 前体的加工过程

rRNA的成熟过程还包括核苷酸的甲基化修饰。剪切和甲基化反应均需核仁小RNA参与。在核仁组织区，合成后的45S rRNA很快就与核糖体蛋白和核仁蛋白组装形成80S前核糖核蛋白颗粒，并在核内加工形成一些中间核糖核蛋白颗粒，5.8S和28S rRNA与成熟的5S rRNA成为核糖体大亚基的组分，18S rRNA则成为核糖体小亚基的组分。

第5节　RNA复制

除逆转录病毒外，其他RNA病毒和RNA噬菌体在宿主细胞内是以病毒的单链RNA为模板合成其子代RNA，这种RNA依赖的RNA合成称为RNA复制（RNA replication）。RNA病毒复制的特点表现在：一是利用寄主细胞的物质和能量，以及基因表达机制进行病毒蛋白和RNA合成；二是复制周期短，繁殖效率高。

一、RNA复制酶

催化RNA复制的酶称为RNA复制酶（RNA replicase），也称为RNA依赖的RNA聚合酶（RNA-dependent RNA polymerase，RDRP）。RNA复制酶的特异性非常高，它只识别自身的RNA，而对宿主细胞及其他病毒的RNA均无作用。RNA复制酶缺乏校读功能，复制时核苷酸错误掺入率高。RNA复制的方向是5′→3′，在最适条件下，复制速率为每秒35个核苷酸。

1963年科研人员在噬菌体Qβ中发现了RNA复制酶。噬菌体Qβ的宿主是大肠埃希菌，它是单链RNA噬菌体，RNA长为4.5kb，含有4个基因，分别编码A2蛋白、外壳蛋白、RNA复制酶β亚基和A1蛋白。噬菌体Qβ RNA复制酶由4个亚基组成：①α亚基：分子质量为65kDa，来自宿主小亚基核糖体蛋白S1，与噬菌体Qβ RNA结合。②β亚基：由病毒RNA编码，分子质量为65kDa，具有催化作用。③γ亚基：即宿主延长因子Tu，分子质量为45kDa，识别RNA模板并选择结合底物核糖核苷三磷酸。④δ亚基：即宿主延长因子Ts，分子质量为35kDa，具有稳定α亚基和γ亚基结构的作用。

二、RNA复制的方式

RNA病毒侵入宿主细胞后，需借助于宿主细胞的基因表达系统，经转录和翻译产生病毒RNA和病毒蛋白，最终组装成子代病毒颗粒。大多数RNA的基因组是单链RNA分子，如噬菌体Qβ、脊髓灰质炎病毒、鼻病毒、流感病毒、狂犬病病毒、丙肝病毒、严重急性呼吸综合征（severe acute respiratory syndrome，SARS）病毒和2019新型冠状病毒（SARS-CoV-2）等。少数RNA病毒的基因组是双链RNA分子，如呼肠孤病毒和疱疹性口炎病毒等。有些病毒的RNA链具有mRNA的功能，在宿主细胞内，能直接作为翻译的模板，称为正链RNA，记作（+）链；而有些病毒的RNA链不能作为翻译的模板，此即为负链RNA，记作（−）链。由于RNA病毒的种类很多，因此它们的复制方式是多种多样的。

1. 单链正链RNA的复制　单链正链RNA病毒侵入宿主细胞后，其单链RNA可直接作为翻译的模板，产生病毒蛋白及RNA复制酶的β亚基，后者再与宿主提供的3个亚基组成完整的RNA复制酶。RNA复制酶首先以正链RNA为模板，合成与正链RNA互补的负链RNA，然后再以负链RNA为模板，复制产生正链RNA，供病毒包装。噬菌体Qβ、脊髓灰质炎病毒和SARS病毒的RNA复制即采用这种复制方式。

2. 单链负链RNA的复制　单链负链RNA病毒（如流感病毒和狂犬病病毒）的单链RNA不能直接作为翻译的模板，当它们侵入宿主细胞后，利用其带入细胞的RNA复制酶，首先以负链RNA为模板合成正链RNA。此正链RNA一方面作为翻译的模板合成病毒蛋白；另一方面又作为RNA复制的模板产生负链RNA。

微课14-2

3. 双链RNA的复制　双链RNA病毒的基因组为节段性RNA。例如，呼肠孤病毒含有10～12条双链RNA分子。双链RNA中的一条链是正链，另一条链是负链。双链RNA复制的代表例子是呼肠孤病毒和疱疹性口炎病的RNA复制。病毒利用带入细胞内的RNA复制酶，首先以负链RNA为模板复制合成其正链RNA。此负链RNA成为翻译及RNA复制的模板，合成病毒蛋白和双链RNA。

笔记栏

小　结

RNA 的生物合成有两种方式：一种是以 DNA 为模板，由 RNA-pol 催化的 RNA 合成（即转录）；另外一种是以 RNA 为模板，由 RNA 复制酶催化的 RNA 合成（即 RNA 复制），前一种方式几乎发生于所有的生物，后一种方式只发生于 RNA 病毒（逆转录病毒除外）。

能进行转录的 DNA 链称为模板链，与之对应的 DNA 链称为编码链。不同转录区段的模板链并非总在同一股 DNA 链上。大肠埃希菌 RNA-pol 的全酶（$\alpha_2\beta\beta'\omega\sigma$）启动转录，其中的 σ 亚基具有辨认转录起点的作用。RNA 合成的延长阶段仅由核心酶（$\alpha_2\beta\beta'\omega$）完成。真核生物目前发现有 5 种聚合酶，其中 RNA-pol Ⅱ催化 hnRNA 的合成。

启动子是转录启动时供 RNA-pol 识别与结合的一段 DNA 序列，是控制转录的关键部位，决定着转录的方向。原核生物启动子的 –35 区是 σ 亚基的辨认结合区，–10 区（TATA 盒）主要是核心酶结合与解链的位点。真核生物启动子分为Ⅰ类、Ⅱ类和Ⅲ类。Ⅱ类启动子通常位于转录起点的上游，其 TATA 盒位于 –30 区，通常被认为是启动子的核心序列，控制转录的准确性与频率。启动子上游元件多位于 –40 ～ –110bp 处，常见有 CAAT 盒和 GC 盒。

原核生物 RNA 合成启动时，RNA-pol 全酶结合到启动子上，并跨入转录起始点，形成闭合转录复合物，随着 –10 区的解链，闭合转录复合物转变成开放转录复合物，催化第一个 3′,5′- 磷酸二酯键的生成。转录起始聚合 8 ～ 9 个核苷酸后，σ 因子便从转录起始复合物上脱落，核心酶继续结合在 DNA 模板上，沿 DNA 链向前移动，进入延长阶段。从起始到延长阶段，DNA 始终保持 17 ± 1bp 的解链区。延长过程中形成由核心酶 -DNA-RNA 构成的转录空泡，其中 RNA 链与 DNA 模板链保持着 8 ～ 9bp 的杂交双链。有 2 种机制终止转录，一种是 ρ 因子的作用；另一种是借助于 DNA 模板链靠近终止区的特殊序列，使得 RNA 产生茎—环或发夹结构导致转录终止。真核生物的转录与原核有许多相似之处，但真核 RNA-pol 不能与启动子直接结合，需借助于各种转录因子的相互作用才能启动转录。

真核生物转录产生的初级转录产物需要加工才能具有生物学功能。加工过程包括核苷酸的部分水解、剪接反应、核苷酸的修饰，以及 mRNA 成熟过程中的 5′ 端“加帽”和 3′ 端“加尾”。hnRNA 切除内含子和连接外显子的剪接过程在剪接体上进行。RNA 编辑是由于 mRNA 的核苷酸缺失、插入或替换，使得一个基因可产生序列不同的蛋白质分子。选择性剪接是由于加工时选择不同的剪接位点和拼接方式，产生不同外显子组合的 mRNA 剪接异构体，进而翻译产生功能相近或各异的蛋白质。tRNA 的加工包括切除 5′ 端及 3′ 端多余的核苷酸，切除插入序列及连接相当于外显子的序列，在 3′ 端添加 CCA-OH，以及产生稀有碱基。rRNA 也需加工成熟，如初级转录产物 45S rRNA 经过剪接成为 5.8S、18S 和 28S 3 种有功能的 rRNA 分子。

RNA 病毒（逆转录病毒除外）是以 RNA 为模板，由 RNA 复制酶催化病毒 RNA 的合成过程。当 RNA 病毒侵入宿主细胞后，需借助于宿主的基因表达系统，完成自身的 RNA 复制和组装子代病毒颗粒。

（田余祥）

笔记栏

第 15 章　蛋白质的生物合成

第 15 章 PPT

蛋白质生物合成（protein biosynthesis）是指 DNA 结构基因中储存的遗传信息，通过转录生成 mRNA，再指导多肽链合成的过程。该过程的本质是将 mRNA 分子中 A、G、C、U 4 种核苷酸序列编码的遗传信息转换成蛋白质一级结构中 20 种氨基酸的排列顺序。由于在 mRNA 中的核苷酸排列顺序和蛋白质中的氨基酸排列顺序是 2 种不同的分子语言，所以蛋白质的生物合成过程也称为翻译（translation）。翻译是包含起始、延长和终止 3 个阶段的连续过程。本章重点讨论与蛋白质合成有关的 4 个问题：①氨基酸是怎样被选择并掺入多肽链中去的？②多肽链合成之后是如何修饰、折叠、加工成熟的？③合成加工好的蛋白质怎样被输送到其发挥作用的地方？④影响蛋白质生物合成的物质有哪些？

第 1 节　蛋白质生物合成体系

蛋白质的生物合成体系极其复杂：合成原料是氨基酸，mRNA 是指导多肽链合成的模板，tRNA 结合并运载各种氨基酸至 mRNA 模板上，rRNA 和多种蛋白质构成的核糖体是合成多肽链的场所。除上述 RNA 外，还包括参与氨基酸活化及肽链合成起始、延长和终止阶段的多种蛋白质因子，其他蛋白质、酶类及 ATP、GTP 等供能物质及必要的无机离子等。

一、mRNA 是蛋白质合成的模板

mRNA 分子含有从 DNA 转录出来的遗传信息，是蛋白质合成的模板。由于原核基因与真核基因结构不同，mRNA 转录方式及产物也有所不同。在原核生物中，数个功能相关的结构基因常串联在一起，构成一个转录单位，转录生成的一段 mRNA 往往编码几种功能相关的蛋白质，称为多顺反子（polycistron），转录产物一般不需加工，即可成为翻译的模板。在真核生物中，结构基因的遗传信息是不连续的，mRNA 转录产物需加工成熟才可作为翻译的模板。真核细胞 1 个 mRNA 只编码 1 种蛋白质，称为单顺反子（monocistron）。

mRNA 包括 5′ 非翻译区（5′-untranslated region，5′-UTR）、开放阅读框架区（open reading frame，ORF）和 3′ 非翻译区（3′-untranslated region，3′-UTR）。在 mRNA 阅读框架内，每相邻 3 个核苷酸组成 1 个三联体的遗传密码（genetic codon），编码一种氨基酸。由于 mRNA 分子上有 A、G、C、U 4 种核苷酸，密码子含有 3 个核苷酸，所以 4 种核苷酸可组合成 64（4^3）个三联体的遗传密码（表 15-1）。在 64 个遗传密码子中，有 3 个密码子（UAA、UAG、UGA）不编码任何氨基酸，称为无意义密码子（nonsense codon），它们只作为肽链合成的终止信号，为终止密码子（termination codon）；其余 61 个密码子编码蛋白质的 20 种氨基酸，称为有意义密码子（sense codon）。另外，AUG 既编码甲硫氨酸，又可作为肽链合成的起始信号，称为起始密码子（initiation codon）。

1961 年，Marshall W. Nirenberg（以下简称 Nirenberg）成功地利用多聚尿嘧啶合成了苯丙氨酸肽链的第一个密码子；与此同时，H. Gobind Khorana（以下简称 Khorana）将化学合成与酶促合成巧妙地结合起来，合成含有重复序列的多聚腺苷酸。至 1966 年所有密码子全部被破译，由此 Nirenberg，Khorana 和 Robert W. Holley 共享了 1968 年的诺贝尔生理学或医学奖。

表 15-1　通用遗传密码表

第一碱基(5′)	第二碱基				第三碱基(3′)
	U	C	A	G	
U	苯丙氨酸 UUU	丝氨酸 UCU	酪氨酸 UAU	半胱氨酸 UGU	U
	苯丙氨酸 UUC	丝氨酸 UCC	酪氨酸 UAC	半胱氨酸 UGC	C
	亮氨酸 UUA	丝氨酸 UCA	终止密码子 UAA	终止密码子 UGA	A
	亮氨酸 UUG	丝氨酸 UCG	终止密码子 UAG	色氨酸 UGG	G

笔记栏

续表

第一碱基(5′)	第二碱基				第三碱基(3′)
	U	C	A	G	
C	亮氨酸 CUU	脯氨酸 CCU	组氨酸 CAU	精氨酸 CGU	U
	亮氨酸 CUC	脯氨酸 CCC	组氨酸 CAC	精氨酸 CGC	C
	亮氨酸 CUA	脯氨酸 CCA	谷氨酰胺 CAA	精氨酸 CGA	A
	亮氨酸 CUG	脯氨酸 CCG	谷氨酰胺 CAG	精氨酸 CGG	G
A	异亮氨酸 AUU	苏氨酸 ACU	天冬酰胺 AAU	丝氨酸 AGU	U
	异亮氨酸 AUC	苏氨酸 ACC	天冬酰胺 AAC	丝氨酸 AGC	C
	异亮氨酸 AUA	苏氨酸 ACA	赖氨酸 AAA	精氨酸 AGA	A
	甲硫氨酸 AUG	苏氨酸 ACG	赖氨酸 AAG	精氨酸 AGG	G
G	缬氨酸 GUU	丙氨酸 GCU	天冬氨酸 GAU	甘氨酸 GGU	U
	缬氨酸 GUC	丙氨酸 GCC	天冬氨酸 GAC	甘氨酸 GGC	C
	缬氨酸 GUA	丙氨酸 GCA	谷氨酸 GAA	甘氨酸 GGA	A
	缬氨酸 GUG	丙氨酸 GCG	谷氨酸 GAG	甘氨酸 GGG	G

遗传密码具有如下特点：

（一）方向性

遗传密码的方向性（directionality）是指 mRNA 分子中遗传密码的阅读方向是从 5′→3′，也就是说起始密码子 AUG 总是位于 ORF 的 5′端，而终止密码子位于 ORF 的 3′端。遗传信息在 mRNA 分子中的这种方向性排列决定了多肽链合成的方向是从 N 端到 C 端。

（二）连续性

遗传密码的连续性是指 mRNA 分子中的各个三联体的遗传密码是连续排列的，密码子间无标点符号，没有间隔。翻译时从 5′端特定起点开始，以每 3 个碱基为一组向 3′方向连续阅读。如果 mRNA 阅读框架内插入或缺失 1 个或 2 个碱基，则可引起框移突变（frameshift mutation），使下游翻译出的氨基酸序列完全改变。

（三）简并性

已知 61 个密码子编码 20 种氨基酸，显然两者不是一对一的关系。从遗传密码表中显示，除甲硫氨酸和色氨酸只对应 1 个密码子外，其他氨基酸都有 2、3、4 或 6 个密码子为之编码。同一种氨基酸有 2 个或更多密码子的现象称为遗传密码的简并性（degeneracy）。简并性有 2 种类型：一种类型是指简并密码子的第一位和第二位碱基不同（如丝氨酸密码子 UCC 与 AGC，UCU 与 AGU）或仅第一位碱基不同（如精氨酸密码子 CGA 与 AGA，CGG 与 AGG）仍可编码相同的氨基酸；另一种类型是指简并密码子的第一位和第二位碱基相同，而第三位碱基不同仍编码相同的氨基酸，绝大多数的简并性是指第二种类型。例如，甘氨酸的密码子是 GGU、GGC、GGA、GGG，缬氨酸的密码子是 GUU、GUC、GUA、GUG，这些密码子的特异性是由前两位碱基决定的，第三位碱基的突变并不影响所翻译氨基酸的种类，这种突变类型称为同义突变（synonymous mutation）。因此，遗传密码的简并性具有重要的生物学意义，它可以减少有害突变。编码相同氨基酸的密码子称为密码子家族，其成员互称为同义密码子（synonymous codon），也称为简并密码子（degenerate codon）。但不同生物对同一氨基酸的几个密码子，可表现出某些密码优先选择使用的特性，即对密码子的偏爱性。

（四）摆动性

翻译过程中，氨基酸的正确加入依赖于 mRNA 的密码子与 tRNA 的反密码子之间的相互辨认结合。然而密码子与反密码子配对时，有时会出现不严格遵从常见的碱基配对规律的情况，这种现象称为遗传密码的摆动性（wobble）。按照 5′→3′阅读规则，摆动配对常见于密码子的第三位碱基与反密码子的第一位碱基之间，两者虽不严格互补，也能相互辨认。例如，tRNA 反密码子的第一位出现稀有碱基次黄嘌呤（inosine，I）时，可分别与密码子的第三位碱基 U、C、A 配对（表 15-2）。摆动配对的碱基间形成的是特异、低键能的氢键连接，有利于翻译时 tRNA 迅速与密码子分离，因此摆动配对使密码子与反密码子的相互识别具有灵活性，这可使一种 tRNA 能识别 mRNA 的 1～3 种简并性密码子，据估计最少 32 种 tRNA 才能满足对 61 种有意义密码子的识别。

表 15-2　密码子与反密码子配对的摆动现象

tRNA 反密码子第一位碱基	I	U	G	A	C
mRNA 密码子第三位碱基	U，C，A	A，G	U，C	U	G

（五）通用性

微课 15-1

蛋白质生物合成的整套遗传密码，从原核生物、真核生物到人类都通用，即遗传密码无种属特异性，称为遗传密码的通用性（universality）。但近年研究发现，动物的线粒体和植物的叶绿体中有自己独立的密码系统，与通用密码子有一定差别。例如，在线粒体内，起始密码子可以是 AUG，也可以是 AUA 和 AUU，其中 AUA 还可破译为甲硫氨酸（在通用密码中为异亮氨酸）；而 UGA 编码色氨酸，AGA、AGG 则为终止密码子（在通用密码中为精氨酸）。

二、核糖体是蛋白质合成的场所

早在 1950 年，就有人将放射性同位素标记的氨基酸注射到小鼠体内，短时间后分离小鼠肝的不同细胞组分，进而检测各组分的放射性强度，发现核糖体的放射性强度最高，从而证明核糖体是蛋白质生物合成的场所。

核糖体（ribosome）也称核蛋白体。在原核细胞中，它可以游离形式存在，也可与 mRNA 结合形成串珠状的多聚核糖体。真核细胞中的核糖体可游离存在，也可与细胞内质网相结合形成粗面内质网。核糖体由大、小 2 个亚基组成，每个亚基都由多种核糖体蛋白（ribosomal protein）和 rRNA 组成。大、小亚基所含蛋白质分别称为核糖体蛋白大亚基（ribosomal proteins in large subunit，rpl）或核糖体蛋白小亚基（ribosomal proteins in small subunit，rps），它们多是参与蛋白质生物合成过程的酶和蛋白质因子。rRNA 分子含有很多局部双螺旋结构区，可折叠生成复杂三维构象作为亚基结构骨架，使各种核糖体蛋白附着结合，装配成完整亚基。

2009 年诺贝尔化学奖奖励了“对核糖体结构和功能的研究”做出巨大贡献的三位科学家——英国剑桥大学 Venkatraman Ramakrishnan、美国 Thomas A. Steitz 及以色列 Ada E. Yonath。他们都采用了 X 射线蛋白质晶体学的技术，标识出了构成核糖体的成千上万个原子所在的位置。这些科学家们不仅让我们知晓了核糖体的“外貌”，而且在原子层面上揭示了核糖体功能的机制。因此，2009 年诺贝尔化学奖奖励的是对生命一个核心过程的研究——核糖体将 DNA 信息“翻译”成生命。由于核糖体对生命至关重要，所以它们也是新抗生素的一个主要靶标。三位获奖者均构建了三维模型，展示了不同的抗生素如何绑定到核糖体。这些模型如今被科学家们广为应用以开发新的抗生素，直接挽救了生命及减少人类的痛苦。不同细胞核糖体的组分见表 15-3。

表 15-3　核糖体的组成

项目	原核生物（以大肠埃希菌为例）			真核生物（以小鼠肝为例）		
	核糖体	小亚基	大亚基	核糖体	小亚基	大亚基
S 值	70S	30S	50S	80S	40S	60S
rRNA		16S rRNA	23S rRNA 5S rRNA		18S rRNA	28S rRNA 5.8S RNA 5S rRNA
蛋白质		21 种	31 种		33 种	49 种

原核生物核糖体至少有 6 个功能部位：①容纳 mRNA 的部位；②结合氨酰 -tRNA 的氨酰位（aminoacyl site，A 位）；③结合肽酰 -tRNA 的肽酰位（peptidyl site，P 位）；④ tRNA 排出位（exit site，E 位）；⑤肽酰转移酶所在的部位；⑥转位酶位点。真核生物核糖体结构与原核生物相似，但组分更复杂。

三、tRNA 是蛋白质合成的搬运工具

核苷酸的碱基与氨基酸之间不具有特异的化学识别作用，那么在蛋白质合成过程中氨基酸是怎样来识别 mRNA 模板上的遗传密码，进而排列连接成特异的多肽链序列呢？研究证明，氨基酸与遗

传密码之间的相互识别作用是通过另一类核酸分子——tRNA 来实现的，tRNA 是蛋白质合成过程中的接合体（adaptor）分子。tRNA 分子与蛋白质合成有关的位点至少有 4 个：① 3′ 端的 CCA 氨基酸结合位点；②氨酰 -tRNA 合成酶识别位点；③核糖体识别位点；④密码子识别部位（即反密码子位点）。其中 2 个关键部位是氨基酸结合位点和密码子的识别部位，这 2 点表明 tRNA 是既可携带特异的氨基酸，又可特异地识别 mRNA 遗传密码的双重功能分子。这样，通过 tRNA 的接合作用使氨基酸能够按 mRNA 信息的指导“对号入座”，保证核酸到蛋白质遗传信息传递的准确性。tRNA 与氨基酸的结合由氨酰 -tRNA 合成酶（aminoacyl-tRNA synthetase）催化，此过程称为氨基酸的活化。原核细胞中有 30 ～ 40 种不同的 tRNA 分子，而真核生物中有 50 种甚至更多，因此一种氨基酸可以和 2 ～ 6 种 tRNA 特异地结合。

（一）氨基酸的活化与氨酰 -tRNA 合成酶

1. 氨基酸活化　即指氨基酸的 α- 羧基与特异 tRNA 的 3′ 端 CCA—OH 结合形成氨酰 -tRNA 的过程，这一反应由氨酰 -tRNA 合成酶（E）催化完成，并分两步进行。第一步是氨酰 -tRNA 合成酶识别它所催化的氨基酸及另一底物 ATP，并在酶的催化下，氨基酸的羧基与 AMP 上磷酸之间形成一个酯键，生成氨酰 -AMP-E 的中间复合物，同时释放出一分子 PP_i。第二步是氨酰 -AMP-E 的中间复合物与 tRNA 作用生成氨酰 -tRNA，并重新释放出 AMP 和酶。

氨基酸 + ATP-E → 氨酰 -AMP-E + PP_i

氨酰 -AMP-E + tRNA → 氨酰 -tRNA + AMP + E

总反应式为

$$\text{氨基酸} + \text{tRNA} + \text{ATP} \xrightarrow{\text{氨酰-tRNA合成酶}} \text{氨酰-tRNA} + \text{AMP} + PP_i$$

反应中氨基酸的 α- 羧基与 tRNA 的 3′ 端 CCA—OH 以酯键连接，形成氨酰 - tRNA。细胞中的焦磷酸酶不断分解反应生成的 PP_i，促进反应持续向右进行，每活化 1 分子氨基酸需要消耗 2 个高能磷酸键（图 15-1）。

图 15-1　氨酰 -tRNA 的合成过程

2. 氨酰 -tRNA 合成酶　氨基酸与 tRNA 分子的正确结合，是决定翻译准确性的关键步骤之一，氨酰 -tRNA 合成酶在其中起着主要作用。氨酰 -tRNA 合成酶存在于细胞质的无结构部分，对底物氨基酸和 tRNA 都有高度特异性。该酶通过分子中相分隔的活性部位既能识别特异的氨基酸，又能辨认携带该种氨基酸的特异 tRNA；亦即在体内，每种氨酰 -tRNA 合成酶都能从 20 种氨基酸中选出与其对应的一种，同时选出与此氨基酸相对应的特异 tRNA，从而催化两者的相互结合。由于 1 种氨基酸可以和 2 ～ 6 种 tRNA 特异地结合，故把装载同一氨基酸的所有 tRNA 称为同工接受体（isoacceptor）。与同一氨基酸结合的所有同工接受体均被相同的氨酰 -tRNA 合成酶所催化，因此只需 20 种氨酰 -tRNA 合成酶就能催化氨基酸以酯键连接到各自特异的 tRNA 分子上，可见该酶对 tRNA 的选择性较对氨基酸的选择性稍低。

此外，氨酰 -tRNA 合成酶还具有校正活性（proofreading activity），也称编辑活性（editing activity），即酯酶的活性。它能把错配的氨基酸水解下来，再换上与反密码子相对应的氨基酸。综上原因，tRNA 与氨基酸装载反应的误差小于 10^{-4}。

氨酰 -tRNA 合成酶不耐热，其活性中心含有巯基，对破坏巯基的试剂甚为敏感，其作用需要 Mg^{2+}、Mn^{2+}。不同的酶其分子质量不完全相等，一般以 100kDa 左右为多。真核生物中的这类酶常以多聚体形式存在。

（二）氨酰 -tRNA 的表示方法

如用 3 个字母缩写代表氨基酸，各种氨基酸和对应的 tRNA 结合形成的氨酰 -tRNA 可以如下方法表示，如 Asp-$tRNA^{Asp}$，Ser-$tRNA^{Ser}$，Gly-$tRNA^{Gly}$ 等。

密码子 AUG 可编码甲硫氨酸（Met），同时作为起始密码。在真核生物中与甲硫氨酸结合的 tRNA 至少有 2 种：在起点携带甲硫氨酸的 tRNA 称为起始 tRNA（initiator-tRNA），简写为 $tRNA_i^{Met}$；在肽链延长中携带甲硫氨酸的 tRNA 称为延长 tRNA（elongation-tRNA），简写为 $tRNA_e^{Met}$。Met-$tRNA_i^{Met}$ 和 Met-$tRNA_e^{Met}$ 可分别被在起始或延长过程中起催化作用的酶和因子所辨认。

原核生物的起始密码只能辨认甲酰化的甲硫氨酸，即 *N*- 甲酰甲硫氨酸（*N*-formyl methionine，fMet），因此起点的甲酰化甲硫氨酰 tRNA 表示为 fMet-$tRNA_i^{fMet}$。*N*- 甲酰甲硫氨酸中的甲酰基从 N^{10}- 甲酰四氢叶酸转移到甲硫氨酸的 α- 氨基上，由转甲酰基酶催化。

四、参与蛋白质合成的多种蛋白质因子

蛋白质合成除需要上述 mRNA、rRNA、tRNA 外，还需要 ATP、GTP 等供能物质、肽酰转移酶和转位酶等多种酶分子及必要的无机离子；此外，肽链合成的起始、延长和终止阶段还需要多种蛋白质因子参与。其中参与肽链合成起始阶段的蛋白质因子称为起始因子（initiation factor，IF），参与肽链合成延长阶段的蛋白质因子称为延长因子（elongation factor，EF），参与肽链合成终止阶段的蛋白质因子称为终止因子（termination factor）。

（一）起始因子

原核生物有 3 种起始因子，即 IF1、IF2 和 IF3。其中 IF3 的功能是结合核糖体 30S 小亚基，使之与 50S 大亚基分开；IF1 和 IF2 的功能则是促进 fMet-$tRNA_i^{fMet}$ 及 mRNA 与 30S 小亚基的结合。

真核生物比原核生物拥有更多的起始因子，目前已发现 12 种直接或间接为起始所需的因子，其中有一些因子含有多达 11 种不同的亚基。真核起始因子（eukaryotic initiation factor，eIF）的功能主要包括与 Met-$tRNA_i^{Met}$ 组成复合体；与 5′ 端 mRNA 组成起始复合体；确保核糖体从 5′ 端扫描 mRNA 直到第一个 AUG；在起点探测 tRNA 起始子与 AUG 的结合；介导 60S 大亚基的加入等。

（二）延长因子

原核生物有 3 种延长因子，即 EF-Tu、EF-Ts（属于延长因子 T 的 2 个亚基）和 EF-G。真核生物的延长因子有 eEF1α、eEF1βγ 和 eEF2。

（三）终止因子

终止因子又称释放因子（release factor，RF）原核生物有 3 种终止因子，即 RF1、RF2 和 RF3。真核生物只有 1 种释放因子 eRF。

原核生物和真核生物参与肽链合成的各种蛋白质因子及其生物学功能分别见表 15-4 和表 15-5。

表 15-4 原核生物肽链合成所需的蛋白质因子及其功能

类别	名称	生物学功能
起始因子	IF1	占据核糖体 A 位，防止氨酰 -tRNA 过早进入 A 位；促进 IF2 和 IF3 的活性
	IF2	促进 fMet-$tRNA_i^{fMet}$ 与核糖体 30S 小亚基结合；IF2 在小亚基存在时有很强的 GTP 酶活性
	IF3	防止核糖体大、小亚基过早结合；促进 mRNA 与小亚基结合；增强 P 位与 fMet-$tRNA_i^{fMet}$ 结合的特异性
延长因子	EF-Tu	携带氨酰 -tRNA 进入 A 位；具有 GTP 酶活性，结合并分解 GTP
	EF-Ts	EF-T 的调节亚基，是 GTP 交换蛋白，使 EF-Tu 上的 GDP 交换成 GTP
	EF-G	单体 G 蛋白，具有 GTP 酶活性和转位酶活性，水解 GTP，促进 mRNA- 肽酰 -tRNA 由 A 位移至 P 位；促进 tRNA 卸载与释放
释放因子	RF1	特异识别终止密码子 UAA、UAG；诱导肽酰转移酶转变为酯酶
	RF2	特异识别终止密码子 UAA、UGA；诱导肽酰转移酶转变为酯酶
	RF3	具有 GTP 酶活性；当新生肽链从核糖体上释放后，促进 RF1 或 RF2 与核糖体分离

表 15-5 真核生物肽链合成所需的蛋白质因子及其功能

类别	名称	生物学功能
起始因子	eIF1	结合小亚基的 E 位，促进 GTP-eIF2-tRNA 复合物与核糖体小亚基相互作用
	eIF1A	原核 IF1 的同源物，防止氨酰 -tRNA 过早进入 A 位
	eIF2	具有 GTP 酶活性，促进 Met-$tRNA_i^{Met}$ 与核糖体小亚基结合
	eIF2B	结合小亚基，促进大、小亚基分离
	eIF3	结合小亚基，促进大、小亚基分离；介导 eIF4F 复合物 -RNA 与核糖体小亚基结合
	eIF4A	eIF4F 复合物组分；具有 RNA 解旋酶活性，解开 mRNA 5′ 端的发夹结构，使其与小亚基结合
	eIF4B	结合 mRNA，促进 mRNA 扫描定位起始密码子 AUG
	eIF4E	eIF4F 复合物组分，结合 mRNA 的 5′- 帽子结构
	eIF4F	为 eIF4A、eIF4E、eIF4G 的复合物
	eIF4G	eIF4F 复合物组分，结合 eIF4E、eIF3 和 poly（A）结合蛋白
	eIF5	促进 eIF2 的 GTP 酶活性，并促进各种起始因子与小亚基解离，进而使大、小亚基结合
	eIF5B	具有 GTP 酶活性，促进各种起始因子与小亚基解离，进而使大、小亚基结合
延长因子	eEF1α	与原核生物 EF-Tu 功能相似
	eEF1βγ	与原核生物 EF-Ts 功能相似
	eEF2	与原核生物 EF-G 功能相似
释放因子	eRF	识别所有终止密码子，具有原核生物各类 RF 的功能

第 2 节　蛋白质生物合成过程

在翻译过程中，核糖体从 ORF 的 5′-AUG 开始向 3′ 端阅读 mRNA 上的三联体遗传密码，而多肽链的合成是从 N 端向 C 端，直至终止密码出现。终止密码前一位三联体，翻译出肽链的 C 端氨基酸。蛋白质生物合成是最复杂的生物化学过程之一，它需要上百种不同的蛋白质及数十种 RNA 分子的参与。为了便于叙述，人们常将整个翻译过程分为起始（initiation）、延长（elongation）和终止（termination）三个阶段。伴随着起始和延长，氨酰 -tRNA 不断地进行合成，此外，蛋白质合成后，还需要加工修饰。

一、翻译的起始

翻译的起始是指在一系列起始因子作用下，mRNA、起始氨酰 -tRNA 分别与核糖体结合形成翻译起始复合物（translational initiation complex）的过程。

虽然原核生物与真核生物在蛋白质合成的起始阶段有差异，但有3点是共同的：①核糖体小亚基结合起始氨酰-tRNA；②在mRNA上必须找到合适的起始密码子；③大亚基必须与已经形成复合物的小亚基、起始氨酰-tRNA、mRNA结合。研究表明，起始因子参与了上述3个过程。

（一）原核生物的翻译起始过程

1. 核糖体大小亚基分离　蛋白质肽链合成连续进行，在肽链延长过程中，核糖体的大小亚基是聚合的，一条肽链合成终止实际上是下一轮翻译的起始。此时在IF3和IF1的作用下，IF3、IF1与小亚基结合，促进大小亚基分离。

2. mRNA与核糖体小亚基定位结合　在原核细胞中，起始AUG可以在mRNA分子上的任何位置，并且一个mRNA可以有多个起点，为多个蛋白质编码。那么，原核细胞中的核糖体是如何识别mRNA分子内如此众多的AUG位点呢？Shine和Dalgarno在20世纪70年代初期解答了这个问题。他们发现，在细菌的mRNA起始密码子AUG上游约10个碱基的位置，通常含有一段富含嘌呤碱基的六聚体序列（-AGGAGG-），称为Shine-Dalgarno序列（SD序列）；它与原核生物核糖体小亚基16S rRNA 3′端富含嘧啶的短序列（-UCCUCC-）互补，从而使mRNA与小亚基结合。因此，mRNA的SD序列又称为核糖体结合位点（ribosomal binding site，RBS）。此外，mRNA上紧接SD序列之后的一小段核苷酸序列，又可被核糖体小亚基蛋白辨认结合（图15-2）。原核生物就是通过上述核酸-核酸、核酸-蛋白质的相互作用把mRNA结合到核糖体的小亚基上，并在AUG处精确定位，形成复合体。此过程需要IF3的帮助。

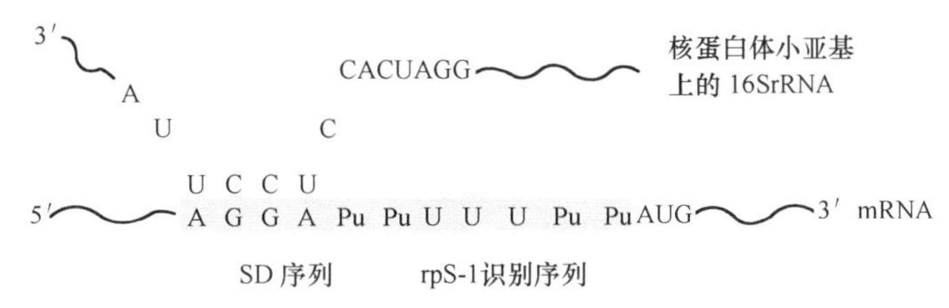

图15-2　原核生物mRNA与核糖体小亚基的辨认结合

3. 起始 $fMet\text{-}tRNA_i^{fMet}$ 与核糖体小亚基的结合　$fMet\text{-}tRNA_i^{fMet}$ 与核糖体的结合受IF2的控制。原核生物核糖体上有3个tRNA结合位点，氨酰-tRNA进入A位，肽酰-tRNA进入P位，去氨酰的tRNA通过E位排出，A位和P位横跨核糖体的2个亚基，E位主要是大亚基成分。IF2首先与GTP结合，再结合起始 $fMet\text{-}tRNA_i^{fMet}$。在IF2的帮助下，$fMet\text{-}tRNA_i^{fMet}$ 识别对应核糖体P位的mRNA起始密码子AUG，并与之结合，这也促进mRNA的准确就位。起始时IF1结合在A位，阻止氨酰-tRNA的进入，还可能阻止30S小亚基与50S大亚基的结合。

4. 70S翻译起始复合物的形成　IF2有完整核糖体依赖的GTP酶活性。当上述结合了mRNA、$fMet\text{-}tRNA_i^{fMet}$ 的小亚基再与50S大亚基结合生成完整核糖体时，IF2结合的GTP就被水解释能，促使3种IF释放，形成由完整核糖体、mRNA、起始氨酰-tRNA组成的70S翻译起始复合物（图15-3）。此时，结合起始密码子AUG的 $fMet\text{-}tRNA_i^{fMet}$ 占据P位，而A位留空，并对应mRNA上AUG后的第一个三联体密码子，为肽链延长做准备。

（二）真核生物的翻译起始过程

真核生物的翻译起始过程与原核生物相似，但顺序不同，所需的成分也有区别。例如，核糖体为80S，起始因子（eIF）数目更多，起始甲硫氨酸不需甲酰化。在真核生物中，成熟的mRNA分子内部没有核糖体结合位点，但在5′端有帽子，3′端有poly（A）尾结构。小亚基需通过eIF4F复合物介导识别结合mRNA的5′端帽子，再移向起点，并在那里与大亚基结合，具体过程如下所示。

1. 核糖体大小亚基的分离　与原核生物一样，在前一轮翻译终止时，真核起始因子eIF2B、eIF3最先与核糖体小亚基结合，并促进后续eIF1、eIF1A等起始因子的加入及反应过程，促使80S核糖体解聚生成40S小亚基和60S大亚基。eIF3是一个分子质量很大的因子，由8～10个亚基组成，它是使40S小亚基保持游离状态所必需的。

笔记栏

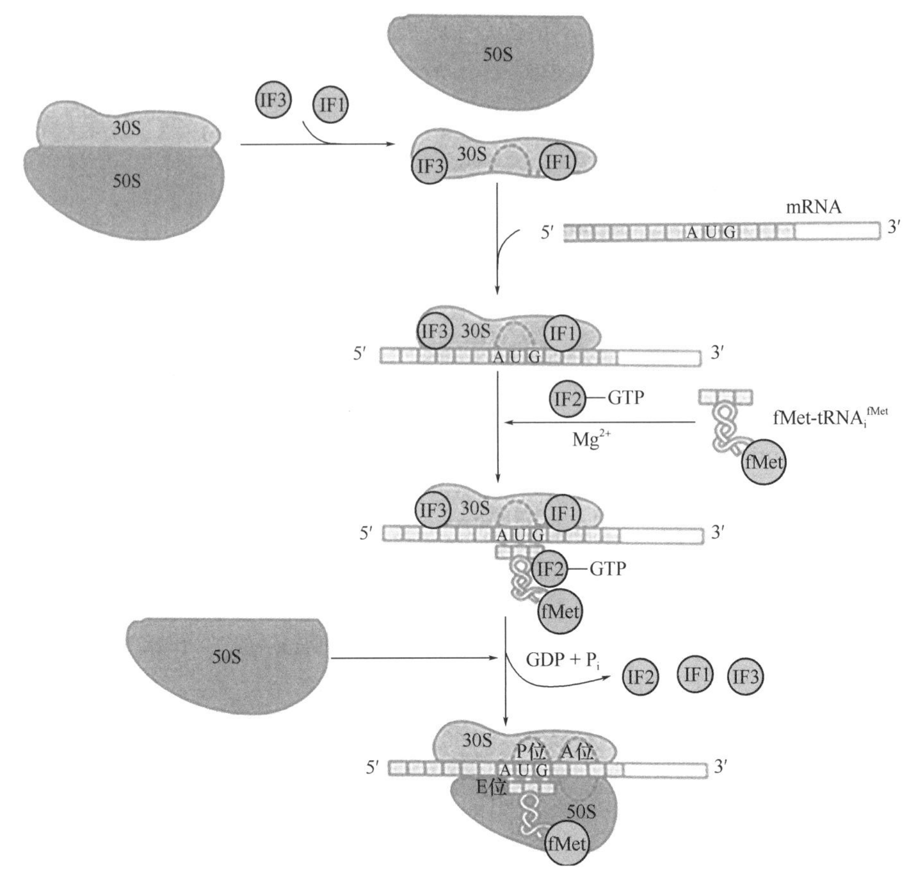

图 15-3 原核生物翻译起始复合物形成

2. 起始 Met-tRNAi^{Met} 与核糖体小亚基的结合 与原核生物不同，真核细胞小亚基先与起始氨酰 -tRNA 结合，再与 mRNA 结合。首先 Met-tRNAi^{Met} 与 eIF2、1 分子 GTP 结合成为三元复合物，然后与游离状态的核糖体小亚基 P 位结合，形成 43S 的前起始复合物。此过程需要起始因子 eIF1、eIF1A 和 eIF3 的参与。eIF1 结合在 E 位，eIF1A 结合在 A 位。eIF1A 和 eIF3 是原核生物 IF1 和 IF2 的同源物，其功能是阻止氨酰 -tRNA 过早进入 A 位，以及阻止核糖体大、小亚基过早结合。此过程还需 eIF5 和 eIF5B 的参与。

3. mRNA 与核糖体小亚基的结合 真核生物 mRNA 没有 SD 序列，mRNA 与上述 43S 前起始复合物的结合由 eIF4F 复合物（帽子结合复合物）介导，进而形成 48S 复合物。eIF4F 复合物由 eIF4A、eIF4E 和 eIF4G（一种连接蛋白，a linker protein）构成，其中 eIF4A 具有 ATP 酶和 RNA 解旋酶活性；eIF4E 结合到 mRNA 的 5′ 帽子结构上，故称为帽结合蛋白（cap binding protein，CBP）；eIF4G 结合 eIF3 和 eIF4E，再与 mRNA poly（A）上的 poly（A）结合蛋白 [poly（A）binding protein，PABP] 结合，使 mRNA 环化。48S 复合物的形成需水解 ATP 提供能量。

4. 48S 复合物沿 mRNA 扫描查找起始密码子 AUG 在大多数真核 mRNA 中，5′ 端帽子与起始密码子 AUG 距离较远，最多可达 1 000 个碱基左右。因此 48S 复合物需从 mRNA 的 5′ 端向 3′ 端移动，直至找到启动信号 AUG，这个扫描过程可能由 eIF4A 和 eIF4B 所促进。当 48S 复合物扫描遇到起始密码子 AUG 时，Met-tRNA$_i^{Met}$ 的反密码子与之互补结合，最终小亚基与 mRNA 准确定位结合。这个定位过程仅凭三联体密码子 AUG 本身并不足以使核糖体移动停止，只有当其上下游具有合适的序列时，AUG 才能作为起始密码子被正确识别。20 世纪 80 年代，美国女科学家玛丽莲·科扎克（Marilyn Kozak）通过点突变技术确定了真核蛋白翻译起始密码子 AUG 的侧翼最适序列为 GCC（A/G）CCAUGG，故称为 Kozak 序列。该序列 AUG 上游的第三个嘌呤核苷酸（A 或 G）和紧跟其后的 G 是最为重要的。Kozak 序列常被应用于真核表达载体的构建中，通常真核引物设计需在 AUG 前加上 GCCACC 序列，以增强真核基因的翻译效率。

5. 80S 起始复合物的形成 一旦 48S 复合物定位于起始密码子，便在 eIF5 和 eIF5B 的作用下，迅速与 60S 大亚基结合形成 80S 翻译起始复合物（图 15-4）。eIF5 促进 eIF2 的 GTP 酶活性并水解

其结合的GTP；eIF5B是原核IF2的同源物，通过水解自身结合的GTP，触发eIF2-GDP和其他起始因子的释放。

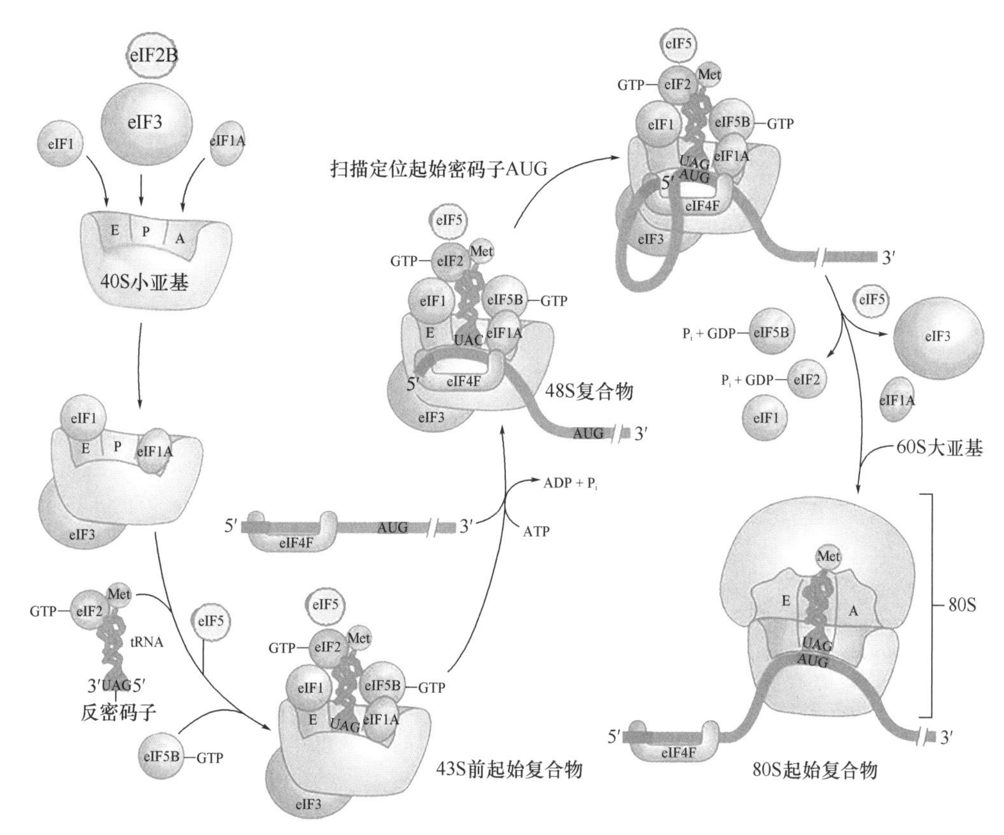

图15-4 真核生物翻译起始复合物形成

二、翻译的延长

翻译的延长是指在mRNA密码序列的指导下，由特异tRNA携带相应氨基酸运至核糖体的A位，使肽链依次从N端向C端逐渐延伸的过程。翻译延长需要GTP和蛋白质因子的参与。原核生物翻译延长需要的蛋白质因子称为延长因子，包括EF-Tu、EF-Ts（属于延长因子T的2个亚基）和EF-G；真核生物的延长因子称为eEF（eukaryotic elongation factor，eEF），包括eEF1α、eEF1βγ和eEF2。其功能详见表15-4和表15-5。

翻译延长的过程是在核糖体上连续循环进行的，故称为核糖体循环（ribosomal cycle）。每次循环分3个阶段：进位（entrance）、成肽（peptide bond formation）和转位（translocation）。循环一次，肽链增加一个氨基酸残基，直至肽链合成终止。真核生物翻译延长过程和原核基本相似，只是反应体系和因子组成不同。

（一）进位

肽链合成起始后，核糖体P位已被起始氨酰-tRNA占据，但A位是留空的，并对应着mRNA可读框的第二个密码子。进位就是与mRNA可读框的第二个密码子所对应的氨酰-tRNA进入核糖体的A位，又称注册（registration），这一过程在原核细胞需要延长因子EF-T的参与。

EF-T由EF-Tu和EF-Ts两个亚基构成，其中EF-Tu为单体G蛋白，其活性受鸟苷酸状态的调节。当EF-Tu结合GTP时，便与EF-Ts分离，使EF-Tu-GTP处于活性状态；而当GTP水解为GDP时，EF-Tu-GDP就失去活性。进位时，活性的EF-Tu-GTP与适当的氨酰-tRNA结合，并将其带入核糖体A位，使密码子与反密码子配对结合。同时，EF-Tu的GTP酶发挥作用促使GTP水解，驱动EF-Tu-GDP从核糖体释出，既而EF-Ts与EF-Tu结合将GDP置换出去，并重新形成EF-Tu-Ts二聚体。由此可见，EF-Ts实际上是GTP交换蛋白，可将EF-Tu上的GDP交换成GTP，使EF-Tu进入新一轮循环，继续催化下一个氨酰-tRNA进位（图15-5）。

笔记栏

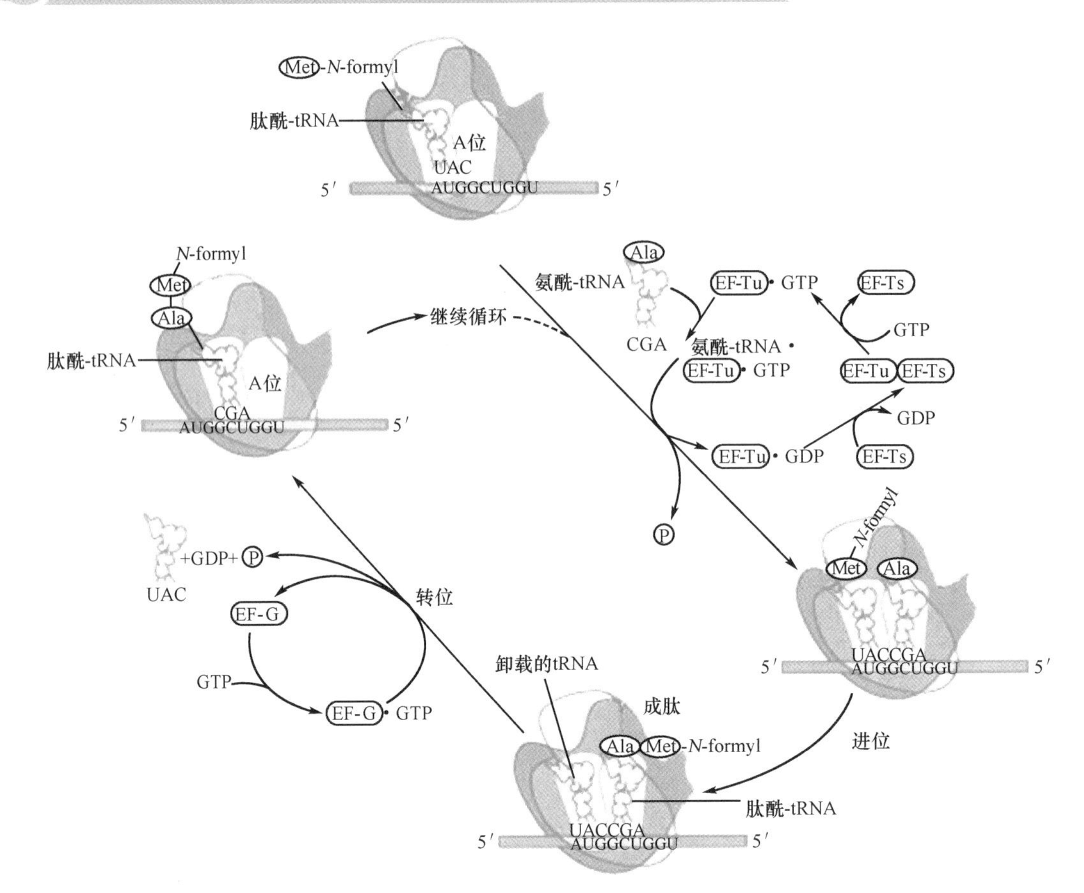

图 15-5 翻译的延长过程

在真核生物中，eEF1α 因子负责将氨酰 -tRNA 带到核糖体 A 位，并同样需要 GTP 高能键的断裂，与原核细胞的 EF-Tu 功能相似。GTP 水解后，活性的再生需要 eEF1βγ 因子，与原核细胞的 EF-Ts 功能相似。

（二）成肽

成肽就是肽酰转移酶（peptidyl transferase）催化肽键形成的过程。进位后，核糖体的 A 位和 P 位各结合了一个氨酰 -tRNA，在肽酰转移酶的催化下，P 位上起始 tRNA 所携带的甲酰甲硫氨酸的 *α*-羧基与 A 位上氨基酸的 *α*- 氨基形成肽键，此过程为成肽反应，在 A 位上进行，无须能量供应（图 15-5）。多年来，人们一直以为肽酰转移酶是核糖体的一种蛋白质组分。但 1992 年，加州大学的 H. Noller 及其同事证实了从核糖体分离出的 rRNA 的催化活性，后来的许多研究都表明肽酰转移酶是一种核酶。在原核生物中，肽酰转移酶位于大亚基的 23S rRNA，在真核生物则位于大亚基的 28S rRNA，这一例子再次证明核酶的重要性。

（三）转位

第一个肽键形成以后，二肽酰 -tRNA 占据核糖体 A 位，而卸载的 tRNA 仍在 P 位。转位即指核糖体向 mRNA 的 3′ 端移动一个密码子的距离，A 位上的二肽酰 -tRNA 移至 P 位，A 位空出并对应下一个三联体遗传密码。与此同时，在原核生物中，P 位的卸载 tRNA 进入 E 位，并由此排出；而真核细胞核糖体没有 E 位，转位时卸载的 tRNA 直接从 P 位释放。在原核生物，转位依赖于延长因子 EF-G 和 GTP。EF-G 有转位酶（translocase）活性，可结合并水解 1 分子 GTP，促进核糖体向 mRNA 的 3′ 端移动。真核生物与 EF-G 同源的是 eEF2 因子，它们功能接近，都是依赖 GTP 水解的转位酶。

转位后，mRNA 分子上的第三个密码子进入 A 位，为下一个氨酰 -tRNA 进位做好准备。再进行第二轮循环，进位—成肽—转位，P 位将出现三肽酰 -tRNA。A 位又空出，再进行第三轮循环，这样每循环一次，肽链将增加一个氨基酸残基。如此重复进位—成肽—转位的循环过程，核糖体依次沿 5′→3′ 方向阅读 mRNA 的遗传密码，肽链不断从 N 端向 C 端延长。需要注意的是每次成肽反应均

笔记栏

是 P 位上肽酰 -tRNA 所携带的肽酰上的 α- 羧基与 A 位上氨酰 -tRNA 所携带的氨基酸的 α- 氨基形成肽键，是多个氨基酸残基转到新进入的单个氨基酸残基上来延长肽键的，而不是新加入的单个氨基酸残基转到肽酰分子上（图 15-5）。

在肽链延长连续循环时，核糖体空间构象也发生着周期性改变，转位时卸载的 tRNA 进入 E 位，可诱导核糖体构象变化有利于下一个氨酰 -tRNA 进入 A 位；而氨酰 -tRNA 的进位又诱导核糖体变构促使卸载 tRNA 从 E 位排出。

三、翻译的终止

翻译的终止涉及 2 个阶段：首先，终止反应本身需要识别终止密码子，并从最后一个肽酰 -tRNA 中释放肽链；其次，终止后反应需要释放 tRNA 和 mRNA，核糖体大、小亚基解离。因此，翻译终止的关键因素是终止密码子和识别终止密码子的组分。研究证实终止密码子不能被任何一种 tRNA 所识别，它们是被蛋白质因子直接识别的。终止过程需要的蛋白质因子称为终止因子（termination factor），又称释放因子（release factor，RF）。

原核生物有 3 种释放因子，即 RF1、RF2 和 RF3。RF1 能特异识别终止密码子 UAA、UAG；RF2 可识别 UAA、UGA；RF3 具有 GTP 酶活性，可结合并水解 1 分子 GTP，当新生肽链从核糖体释放后，促进 RF1 或 RF2 与核糖体分离。真核生物的释放因子称为 eRF（eukaryotic release factor，eRF），eRF 只有 1 种，能识别 3 种终止密码子，具有原核生物各类释放因子的功能，其序列与原核生物的释放因子没有同源性。

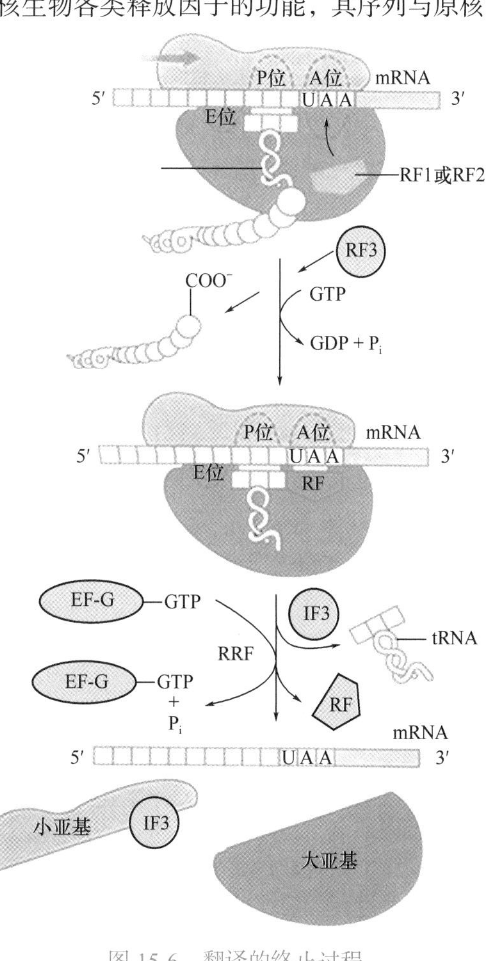

图 15-6　翻译的终止过程

原核生物翻译终止过程如下：肽链延长到 mRNA 的终止密码子进入核糖体 A 位时，释放因子 RF1 或 RF2 识别结合终止密码并占据 A 位。RF1 或 RF2 和终止密码子结合后可触发核糖体构象改变，诱导肽酰转移酶转变为酯酶活性，水解肽酰 -tRNA 的酯键，把多肽链从 P 位肽酰 -tRNA 上释放出来。继而促使 mRNA、卸载 tRNA 及释放因子从核糖体脱离，紧接着核糖体大小亚基解离，开始新一轮核糖体循环（图 15-6）。此过程需借助于核糖体再循环因子（ribosome recycling factor，RRF）、IF3 和 EF-G 介导的 GTP 水解释能来完成。

真核生物翻译终止过程与原核生物相似，eRF 可识别 3 种终止密码子，激发终止反应。

以上叙述的是单个核糖体合成肽链的情况。实际上当用电镜观测正在被翻译的 mRNA 时，会发现沿着 mRNA 附着有许多核糖体。这种多个核糖体与 mRNA 的聚合物称为多聚核糖体（polyribosome 或 polysome）。当一个核糖体与 mRNA 结合并开始翻译，沿 mRNA 向 3′ 端移动一定距离（约 80 个核苷酸）后，第二个核糖体又在 mRNA 的翻译起始部位结合，以后第三个、第四个核糖体相继结合到 mRNA 的翻译起点，这样在一条 mRNA 上常结合有多个核糖体，呈串珠状排列，同时进行多条肽链的合成，大大增加了细胞内蛋白质的合成速率。原核生物 mRNA 转录后不需加工即可作为模板，转录和翻译偶联进行。因此在电子显微镜下观测，原核 DNA 分子上连接着长短不一正在转录的 mRNA 分子，每条 mRNA 再附着多个核糖体进行翻译，显示为羽毛状现象。与原核细胞不同，真核细胞的转录发生在细胞核内，翻译发生在细胞质，因此只能观察到一个 mRNA 分子上附着有多个核糖体，为单个多聚核糖体（图 15-7）。

笔记栏

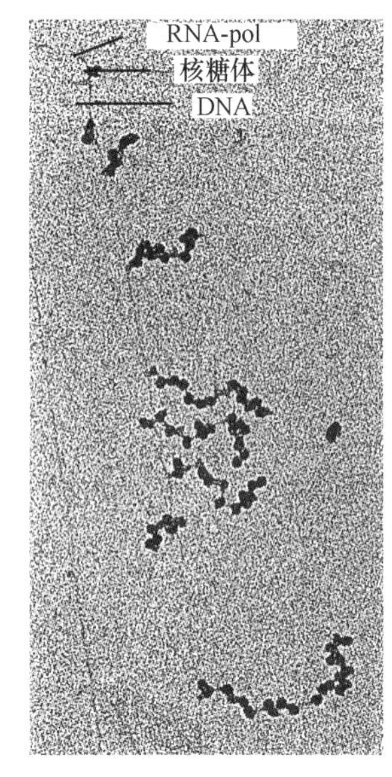

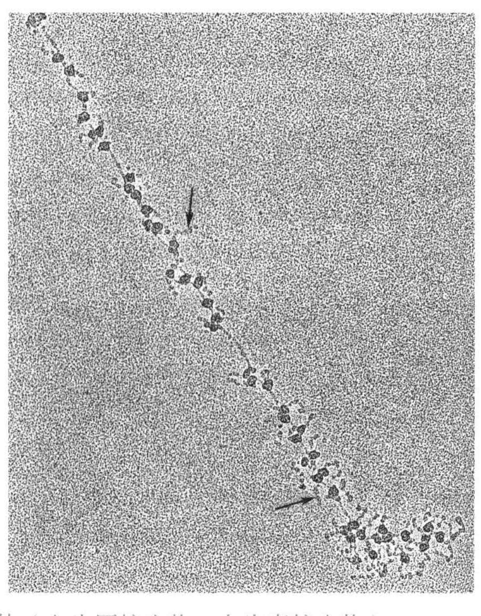

图 15-7 多聚核糖体（左为原核生物，右为真核生物）

蛋白质生物合成是耗能过程。首先每分子氨基酸活化生成氨酰 -tRNA 消耗 2 个高能磷酸键；其次在翻译起始阶段，原核生物消耗 1 分子 GTP，真核生物消耗 1 分子 ATP 和 2 分子 GTP；再次在翻译延长阶段，进位和转位各消耗 1 个高能磷酸键，加之氨基酸活化需消耗 2 个高能磷酸键，因此肽链每生成 1 个肽键至少要消耗 4 个高能磷酸键；最后在翻译终止阶段消耗 2 个 GTP。值得注意的是，GTP 的水解在翻译的全过程中（起始、延长和终止）具有重要的作用。实际上与 GTP 发生作用的翻译因子都属于 G 蛋白家族，包括 IF2、EF-Tu、EF-G、RF3 及真核同源物。它们都能结合并水解 GTP，且遵从类似的机制：与 GTP 结合有活性，与 GDP 结合则无活性。在翻译过程中，核糖体重复地进行着机械变化，这一过程正是由翻译因子与 GTP 的结合及水解释放能量来驱动的。随着 GTP 水解为 GDP，这些因子的构象将发生变化，继而与核糖体分离。除 GTP 外，蛋白质的合成还需要 ATP，包括氨基酸的活化及 mRNA 的解旋等，所以蛋白质的合成是一个昂贵的过程。据估计，在快速生长的细菌中，多至 90% 的 ATP 是用来合成蛋白质。

微课 15-2

第 3 节 翻译后加工及蛋白质输送

从核糖体释放出的新生多肽链一般不具备蛋白质生物活性，必须经过分子折叠及不同的加工修饰过程才转变为具有天然功能构象的成熟蛋白质，该过程称为翻译后加工（post-translation processing），主要包括多肽链折叠为天然的三维构象、肽链一级结构的修饰、肽链空间结构的修饰等。另外，在核糖体上合成的蛋白质还需要靶向输送到特定细胞部位，如线粒体、溶酶体、细胞核等细胞器，有的分泌到细胞外，并在靶位点发挥各自的生物学功能。

一、新生肽链的折叠

蛋白质分子刚合成时是以一条具有特定氨基酸序列的多肽链形式出现的，而细胞内具有生物活性的蛋白质毫无例外都具有特定的三维空间结构，或称天然构象（native conformation），这也就是说核糖体上新合成的多肽链必须经历一个折叠（folding）过程才能成为具有天然空间构象的蛋白质。这种折叠过程的意义有两点：①如果肽链折叠错误的话，就无法形成具有特定生物学活性的蛋白质分子；②至少在人体中，很多疾病如退行性神经系统疾病（阿尔茨海默病、人纹状体脊髓变性病等）都被发现与蛋白质分子的不正确折叠而导致的蛋白质聚集有关。

1961 年，Christian B. Anfinsen 利用纯化的核糖核酸酶进行体外变性 / 复性或者去折叠 / 重折叠（unfolding/refolding）试验证明，蛋白质折叠的信息全部储存于肽链自身的氨基酸序列中，即蛋白质的空间构象由一级结构所决定。Christian B. Anfinsen 因核糖核酸酶的研究，尤其是有关氨基酸序列和蛋白质空间构象关系方面的工作荣获了 1972 年的诺贝尔化学奖。从热力学角度来看，蛋白质多肽链折叠成天然空间构象是一种释放自由能的自发过程。目前已经清楚，蛋白质分子的折叠过程实际就

是大量非共价键形成的过程，对于核糖核酸酶来讲，其折叠过程可在初始状态甚至变性之后都能自动完成，这种能力称为自我组装（self-assembly）。然而，细胞中大多数天然蛋白质折叠都不是自动完成的，而是需要其他酶和蛋白质的协助，主要包括以下几种大分子。

（一）分子伴侣

分子伴侣（chaperone）是细胞中一类保守蛋白质，可识别肽链的非天然构象，促进各种功能域和整体蛋白质的正确折叠。分子伴侣的作用体现在如下两方面。①刚合成的蛋白质以未折叠的形式存在，其中的疏水性片段很容易相互作用而自发折叠，分子伴侣能有效地封闭蛋白质的疏水表面，防止错误折叠的发生。②对已经发生错误折叠的蛋白质，分子伴侣可以识别并帮助其恢复正确的折叠。分子伴侣的这一作用还表现在它能识别变性的蛋白质，避免或消除蛋白质变性后因疏水基团暴露而发生的不可逆聚集，并且帮助其复性，或介导其降解。

细胞内的分子伴侣可分为两大类：一类为核糖体结合性分子伴侣，如触发因子（trigger factor，TF）和新生链相关复合物（nascent chain-associate complex，NAC）；另一类为非核糖体结合性分子伴侣，至少包括两大家族：热激蛋白 70（heat shock protein 70，Hsp70）家族和热激蛋白 60（heat shock protein 60，Hsp60）家族。

1. Hsp 70 家族　热激蛋白（heat shock protein，HSP）也称热休克蛋白，是通过热激作用诱导而发现的。在高温条件下，热激蛋白被诱导而表达增加，以尽量减少热变性对蛋白质的损害。Hsp70 家族包括 Hsp70、Hsp40 和 GrpE 3 种成员，广泛存在于各种生物中。在大肠埃希菌中，Hsp70 是由基因 *dnaK* 编码的，故称 DnaK；Hsp40 是由基因 *dnaJ* 编码的，故称 DnaJ。人的 Hsp70 家族可存在于细胞质、内质网、线粒体、细胞核等部位，涉及多种细胞保护功能。

典型的 Hsp70 具有 2 个结构域：N 端的结构域具有 ATP 酶活性，C 端结构域可与底物多肽结合。Hsp 的作用是结合保护待折叠多肽片段，再释放该片段进行折叠，形成 Hsp70 和多肽片段依次结合、解离的循环。Hsp70 等协同作用可与待折叠多肽片段的 7 ～ 8 个疏水残基结合，保持肽链成伸展状态，避免肽链内、肽链间疏水基团相互作用引起的错误折叠和聚集，再通过水解 ATP 释放此肽段，以利于肽链进行正确折叠。Hsp70 的这种作用与另外 2 种蛋白质（Hsp40 和 GrpE）的调节有关。具体机制如下：Hsp40 结合待折叠多肽片段，并将多肽导向 Hsp70-ATP 复合物，产生 Hsp40-Hsp70-ATP-多肽复合物。Hsp70 与 Hsp40 的相互作用立即激活了 Hsp70 的 ATP 酶活性，使 ATP 水解释放能量，产生稳定的 Hsp40-Hsp70-ADP- 多肽复合物。GrpE 是核苷酸交换因子，与 Hsp40 作用后取代 ADP，使复合物不稳定而迅速解离，释出 Hsp40、Hsp70 和多肽链片段。接着 ATP 与 Hsp70 再结合，继续进行下一轮循环，所以蛋白质的折叠是经过多次结合与解离的循环过程完成的（图 15-8）。

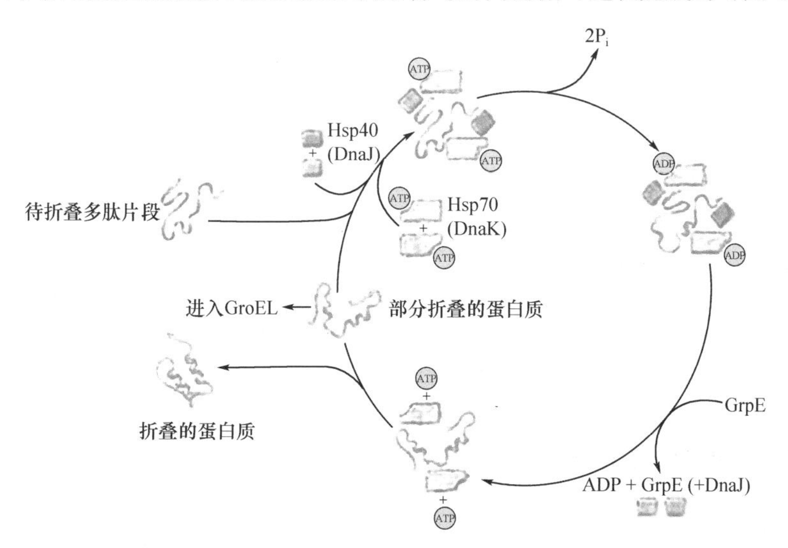

图 15-8　大肠埃希菌中的 Hsp70 反应循环

2. Hsp 60 家族　许多蛋白质分子仅在 Hsp70 存在时不能完成其折叠过程，还需要 Hsp60 家族的辅助。Hsp60 家族并非都是 Hsp，故称伴侣素或分子伴素（chaperonins）。Hsp60 家族主要包括 Hsp60 和 Hsp10 两种蛋白，其在大肠埃希菌的同源物分别为 GroEL 和 GroES。Hsp60 家族的主要作用是为

非自发性折叠蛋白质提供能折叠形成天然空间构象的微环境，据估计大肠埃希菌细胞中 10% ～ 20% 蛋白质折叠需要这一家族辅助。

在大肠埃希菌内，GroEL 是由 14 个相同亚基组成的反向堆积在一起的 2 个七聚体环构成，每环中间形成桶状空腔，每个空腔能结合 1 分子底物蛋白。每个亚基都含有 1 个 ATP 或 ADP 的结合位点，实际上组成环的亚基就是 ATP 酶。GroES 为同亚基七聚体，可作为“盖子”瞬时封闭 GroEL 复合物的一端。封闭复合物空腔提供了能完成该肽链折叠的微环境。伴随 ATP 水解释能，GroEL 复合物构象周期性改变，引起 GroES“盖子”解离和折叠后肽链释放。重复以上过程，直到蛋白质全部折叠形成天然空间构象（图 15-9）。

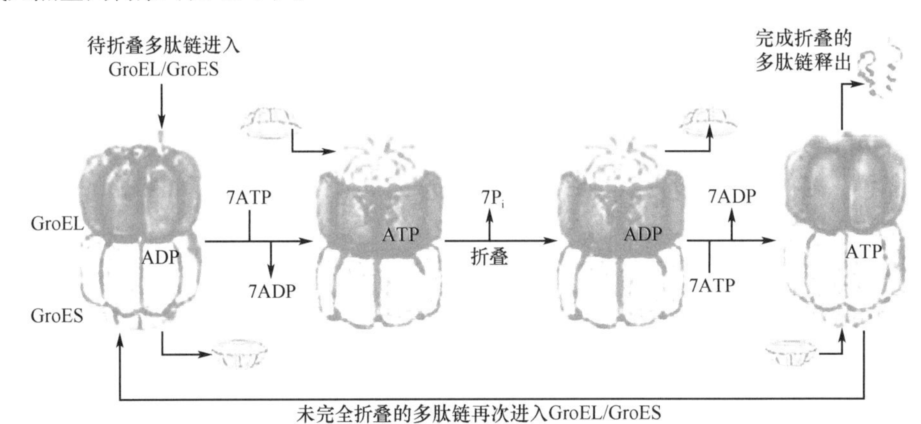

图 15-9　GroEL/GroES 系统的工作原理

必须注意，分子伴侣并未加快折叠反应速度，与其说是促进蛋白质正确折叠，还不如说是防止蛋白质错误折叠或是消除不正确折叠，增加功能性蛋白质折叠产率。

（二）蛋白质二硫键异构酶

多肽链内或肽链之间二硫键的正确形成对稳定分泌蛋白、膜蛋白等的天然构象十分重要，这一过程主要在细胞内质网进行。多肽链的几个半胱氨酸间可能出现错配二硫键，影响蛋白质正确折叠。蛋白质二硫键异构酶（protein disulfide isomerase，PDI）在内质网腔活性很高，可在较大区段肽链中催化错配二硫键断裂并形成正确二硫键连接，最终使蛋白质形成热力学最稳定的天然构象。

（三）肽酰 - 脯氨酰顺反异构酶

脯氨酸为亚氨基酸，多肽链中肽酰 - 脯氨酸间形成的肽键有顺反异构体，空间构象明显差别。天然蛋白质多肽链中肽酰 - 脯氨酸间肽键绝大部分是反式构型，仅 6% 为顺式构型。肽酰 - 脯氨酰顺反异构酶（peptide prolyl cis-trans isomerase，PPI）可促进上述顺反两种异构体之间的转换，在肽链合成需形成顺式构型时，可使多肽在各脯氨酸弯折处形成准确折叠。肽酰 - 脯氨酰顺反异构酶也是蛋白质三维空间构象形成的限速酶。

微课 15-3

二、一级结构的修饰

（一）肽链 N 端 Met 或 fMet 的切除

在蛋白质合成过程中，真核生物 N 端第一个氨基酸总是甲硫氨酸，原核生物则是 α- 氨基甲酰化的甲硫氨酸。但人们发现天然蛋白质并不是以甲硫氨酸为 N 端的第一位氨基酸。细胞内有脱甲酰基酶或氨基肽酶可以除去 *N*- 甲酰基、N 端甲硫氨酸或 N 端一段序列。这一过程可在肽链合成中进行，不一定等肽链合成后发生。

（二）特定氨基酸的共价修饰

某些蛋白质肽链中存在共价修饰的氨基酸残基，是肽链合成后特异加工产生的，主要包括磷酸化、甲基化、乙酰化、羟基化、羧基化等，这些修饰对于维持蛋白质的正常生物学功能是必需的。例如，某些信号蛋白分子的丝氨酸、苏氨酸或酪氨酸残基被磷酸化修饰参与细胞信息传递过程；某些凝血因子中谷氨酸残基的 γ- 羧基化，使凝血因子侧链产生负电基团结合 Ca^{2+}；组蛋白分子的精氨酸可进行乙酰化修饰，从而改变染色质的结构影响基因表达；胶原蛋白前体的赖氨酸、脯氨酸残基发生羟基化，对成熟胶原形成链间共价交联结构是必需的。

笔记栏

（三）二硫键的形成

mRNA 分子中没有胱氨酸的密码子，但许多蛋白质都含有二硫键，这是多肽链合成后通过 2 个半胱氨酸的氧化作用生成的，二硫键对于维系蛋白质的空间构象很重要。例如，核糖核酸酶合成后，肽链中 8 个半胱氨酸残基形成了 4 对二硫键，此 4 对二硫键对于酶活性是必需的。二硫键也可以在链间形成，促使蛋白质分子的亚单位聚合。

（四）多蛋白的加工

真核生物 mRNA 的翻译产物为单一多肽链，有时这一肽链经不同的切割加工，可产生一个以上功能不同的蛋白质或多肽，此类原始肽链称为多蛋白（polyprotein）。例如，垂体前叶所合成的促黑激素（MSH）与促肾上腺皮质激素（ACTH）的共同前身物——阿黑皮素原（pro-opiomelanocortin，POMC）是由 265 个氨基酸残基构成的多肽，经不同的水解加工，可生成至少 9 种不同的活性物质，包括 ACTH、α- 促黑激素（α-MSH）、β- 促黑激素（β-MSH）、α- 内啡肽（α-endorphin）、β- 内啡肽（β-endorphin）、γ- 内啡肽（γ-endorphin）、β- 促脂解素（β-lipotropin）、γ- 促脂解素（γ-lipotropin）、促皮质素样中叶肽（CLIP）（图 15-10）。

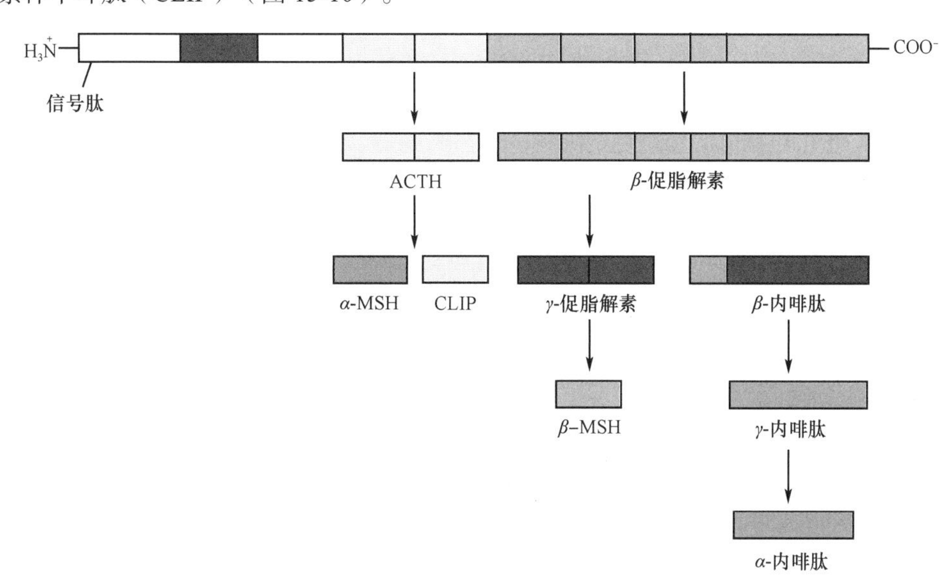

图 15-10 POMC 的水解加工

（五）蛋白质前体中不必要肽段的切除

分泌型蛋白质“信号肽”的切除，前胰岛素原加工成活性胰岛素，血纤维蛋白原转变为血纤维蛋白，一些无活性的酶原（胰凝乳蛋白酶原、胃蛋白酶原、胰蛋白酶原）转变为有活性的酶（胰凝乳蛋白酶、胃蛋白酶、胰蛋白酶），某些肽类激素、神经肽类及生长激素等由无活性的前体变为有活性的形式，都是合成后在不同的细胞场所或特定条件下被特异蛋白水解酶切除修饰的结果。

此外，已发现某些新生蛋白质含有部分间隔顺序等待剪切，其意义类似于 hnRNA 中的内含子，此片段称为内蛋白子（intein）。目前已在酵母及细菌中发现多种内蛋白子，分子质量为 40 ～ 60kDa，其 N 端常为半胱氨酸或丝氨酸，C 端常是组氨酸和天冬酰胺。内蛋白子可自我催化蛋白质前体的剪接，切下后的肽段称为游离内蛋白子。游离内蛋白子可对自身基因起切割作用，造成该内蛋白子基因的转位。因此，游离的内蛋白子是一种双股 DNA 内切酶。

三、空间结构的修饰

多肽链合成后，除了正确折叠成天然空间构象之外，还需要经过某些其他空间结构的修饰，才能成为有完整天然构象和全部生物功能的蛋白质。

（一）亚基聚合

具有 4 级结构的蛋白质由 2 条以上的肽链通过非共价聚合，形成寡聚体（oligomer）。蛋白质各个亚基相互聚合所需的信息仍储存在肽链的氨基酸序列之中，而且这种聚合过程往往有一定顺序，前一步骤常可促进后一步骤的进行，如血红蛋白分子 $\alpha_2\beta_2$ 亚基的聚合。质膜镶嵌蛋白、跨膜蛋白也多为寡聚体，虽然各亚基各自有独立功能，但又必须互相依存，才能够发挥作用。

笔记栏

（二）辅基连接

对于结合蛋白来讲，如糖蛋白、脂蛋白、色蛋白、金属蛋白及各种带辅基的酶类等，其非蛋白质部分（辅基）都是合成后连接上去的，这类蛋白质只有结合了相应辅基，才能成为天然有活性的蛋白质。辅基（辅酶）与肽链的结合过程十分复杂，很多细节尚在研究中。例如，蛋白质添加糖链又称糖基化（glycosylation），是一种更为复杂的化学修饰过程。这类修饰主要发生在真核细胞的质膜蛋白或分泌蛋白上，由多种糖基转移酶催化，在细胞内质网及高尔基体中完成。对糖蛋白来说，用基因工程方法表达出肽链后，其还不具备活性，因此如何使该蛋白质实现糖基化是目前有待解决的关键问题之一。

（三）脂酰化

某些长链脂肪酸可与蛋白质共价连接，如蛋白质从内质网向高尔基体移行过程中，酰基转移酶可催化脂肪酸与肽链中丝氨酸或苏氨酸的羟基以酯键连接，而使新生蛋白质棕榈酰化，有趣的是被棕榈酰基修饰过的蛋白质分子大多定位到细胞质膜上。除长链脂肪酸外，异戊二烯亦可与蛋白质共价结合，以增强蛋白质的疏水性。

四、蛋白质的靶向输送

在生物体内，蛋白质的合成位点与功能位点常常被一层或多层生物膜所隔开，这样就产生了蛋白质转运的问题。蛋白质合成后经过复杂机制，定向输送到最终发挥生物功能的目标地点，称为蛋白质的靶向输送（protein targeting）。真核生物蛋白质在细胞质核糖体上合成后，不外有 3 种去向：保留在细胞质；进入细胞核、线粒体或其他细胞器；分泌到体液。上述后 2 种情况，蛋白质都必须先通过膜结构，才能到达。那么蛋白质是如何跨膜运输的？跨膜之后又是依靠什么信息到达各自“岗位”的？这些有趣的问题正是生物膜研究中非常活跃的领域。

研究表明，细胞内蛋白质的合成有 2 个不同的位点：游离核糖体与膜结合核糖体，因而也就决定了蛋白质的去向和转运机制不同。①翻译运转同步机制：指在内质网膜结合核糖体上合成的蛋白质，其合成与运转同时发生，包括细胞分泌蛋白、膜整合蛋白、滞留在内膜系统（内质网、高尔基复合体、内体、溶酶体和小泡等）的可溶性蛋白质。②翻译后运转机制：指在细胞质游离核糖体上合成的蛋白质，其从核糖体释放后才发生运转，包括预定滞留在细胞质基质中的蛋白质、质膜内表面的外周蛋白、核蛋白及掺入到其他细胞器（线粒体、过氧化物酶体、叶绿体）的蛋白质等。

上述所有靶向输送的蛋白质结构中均存在分选信号，主要为 N 端特异氨基酸序列，可引导蛋白质转移到细胞的适当靶部位，这类序列称为信号序列（signal sequence），是决定蛋白质靶向输送特性的最重要元件。20 世纪 70 年代美国科学家 Günter Blobel（以下简称 Blobel）发现当很多分泌性蛋白质跨过有关细胞膜性结构时，需切除 N 端的短肽，由此提出著名的“信号假说”——蛋白质分子被运送到细胞不同部位的“信号”存在于它的一级结构中，因此 Blobel 荣获了 1999 年的诺贝尔生理学或医学奖。靶向不同的蛋白质各有特异的信号序列或成分见表 15-6。下面重点讨论分泌蛋白、线粒体蛋白及核蛋白的靶向输送过程。

表 15-6　靶向输送蛋白质的信号序列或成分

靶向输送蛋白质	信号序列或成分
分泌蛋白	N 端信号肽，13 ～ 36 个氨基酸残基
内质网驻留蛋白	N 端信号肽，C 端 -Lys-Asp-Glu-Leu-COO^-（KDEL 序列）
内质网膜蛋白	N 端信号肽，C 端 KKXX 序列（X 为任意氨基酸）
线粒体蛋白	N 端信号序列，两性螺旋，12 ～ 30 个残基，富含精氨酸、赖氨酸
核蛋白	核定位序列（-Pro-Pro-Lys-Lys-Lys-Arg-Lys-Val-，SV40T 抗原）
过氧化物酶体蛋白	C 端 -Ser-Lys-Leu-（SKL 序列）
溶酶体蛋白	甘露糖 -6- 磷酸（Man-6-P）

（一）分泌蛋白的靶向输送

如前所述细胞分泌蛋白，膜整合蛋白，滞留在内质网、高尔基体、溶酶体的可溶性蛋白质均在内质网膜结合核糖体上合成，并且边翻译边进入内质网，使翻译与运转同步进行。这些蛋白质首先被其 N 端的特异信号序列引导进入内质网，然后再由内质网包装转移到高尔基体，并在此分选投送，或分泌出细胞，或被送到其他细胞器。

1. 信号肽（signal peptide）　各种新生分泌蛋白的 N 端都有保守的氨基酸序列称为信号肽，一般具有 13 ～ 36 个氨基酸残基，有如下 3 个特点。① N 端常常有 1 个或几个带正电荷的碱性氨基酸残基，如赖氨酸、精氨酸；②中间为 10 ～ 15 个残基构成的疏水核心区，主要含疏水中性氨基酸，如亮氨酸、异亮氨酸等；③ C 端多以侧链较短的甘氨酸、丙氨酸结尾，紧接着是被信号肽酶（signal peptidase）裂解的位点。

2. 分泌蛋白的运输机制　为翻译运转同步进行。分泌蛋白靶向进入内质网，需要多种蛋白质成分的协同作用。

（1）信号识别颗粒（signal recognition particle，SRP）：是由 6 个多肽亚基和 1 个 7S RNA 组成的 11S 复合体。SRP 至少有三个结构域：信号肽结合域、SRP 受体结合域和翻译停止域。当核糖体上刚露出肽链 N 端信号肽段时，SRP 便与之结合并暂时终止翻译，从而保证翻译起始复合物有足够的时间找到内质网膜。SRP 还可结合 GTP，有 GTP 酶活性。

（2）SRP 受体：内质网膜上存在着一种能识别 SRP 的受体蛋白，称 SRP 受体，又称 SRP 锚定蛋白（docking protein，DP）。DP 由 α（69kDa）和 β（30kDa）2 个亚基构成，其中 α 亚基可结合 GTP，有 GTP 酶活性。当 SRP 受体与 SRP 结合后，即可解除 SRP 对翻译的抑制作用，使翻译同步分泌得以继续进行。

（3）核糖体受体：为内质网膜蛋白，可结合核糖体大亚基使其与内质网膜稳定结合。

（4）肽转位复合物（peptide translocation complex）：为多亚基跨内质网膜蛋白，可形成新生肽链跨内质网膜的蛋白通道。

分泌蛋白翻译同步运转的主要过程如下所示。①细胞质游离核糖体组装，翻译起始，合成出 N 端包括信号肽在内的约 70 个氨基酸残基。② SRP 与信号肽、GTP 及核糖体结合，暂时终止肽链延伸。③ SRP 引导核糖体 - 多肽 -SRP 复合物，识别结合内质网膜上的 SRP 受体，并通过水解 GTP 使 SRP 解离再循环利用，多肽链开始继续延长。④与此同时，核糖体大亚基与核糖体受体结合，锚定在内质网膜上，水解 GTP 供能，诱导肽转位复合物开放形成跨内质网膜通道，新生肽链 N 端信号肽即插入此孔道，肽链边合成边进入内质网腔。⑤内质网膜的内侧面存在信号肽酶，通常在多肽链合成约 80% 以上时，将信号肽段切下，肽链本身继续增长，直至合成终止。⑥多肽链合成完毕，全部进入内质网腔中。内质网腔 Hsp70 消耗 ATP，促进肽链折叠成功能构象，然后输送到高尔基体，并在此继续加工后储存于分泌小泡，最后将分泌蛋白排出胞外。⑦蛋白质合成结束，核糖体等各种成分解聚并恢复到翻译起始前的状态，再循环利用（图 15-11）。

（二）线粒体蛋白的跨膜转运

线粒体蛋白的输送属于翻译后运转。90% 以上的线粒体蛋白前体在细胞质游离核糖体合成后输入线粒体，其中大部分定位于基质，其他定位于内、外膜或膜间隙。线粒体蛋白 N 端都有相应信号序列，如线粒体基质蛋白前体的 N 端含有保守的 12 ～ 30 个氨基酸残基构成的信号序列，称为前导肽。前导肽一般具有如下特性：富含带正电荷的碱性氨基酸（主要是精氨酸和赖氨酸）；经常含有丝氨酸和苏氨酸；不含酸性氨基酸；有形成两性（亲水和疏水）α 螺旋的能力。

线粒体基质蛋白翻译后运转过程：①前体蛋白在细胞质游离核糖体上合成，并释放到细胞质中；②细胞质中的分子伴侣 Hsp70 或线粒体输入刺激因子（mitochondrial import stimulating factor，MSF）与前体蛋白结合，以维持这种非天然构象，并阻止它们之间的聚集；③前体蛋白通过信号序列识别、结合线粒体外膜的受体复合物；④再转运、穿过由线粒体外膜转运体（Tom）和内膜转运体（Tim）共同组成的跨内、外膜蛋白通道，以未折叠形式进入线粒体基质；⑤前体蛋白的信号序列被线粒体基质中的特异蛋白水解酶切除，然后蛋白质分子自发地或在上述分子伴侣帮助下折叠形成有天然构象的功能蛋白（图 15-12）。

笔记栏

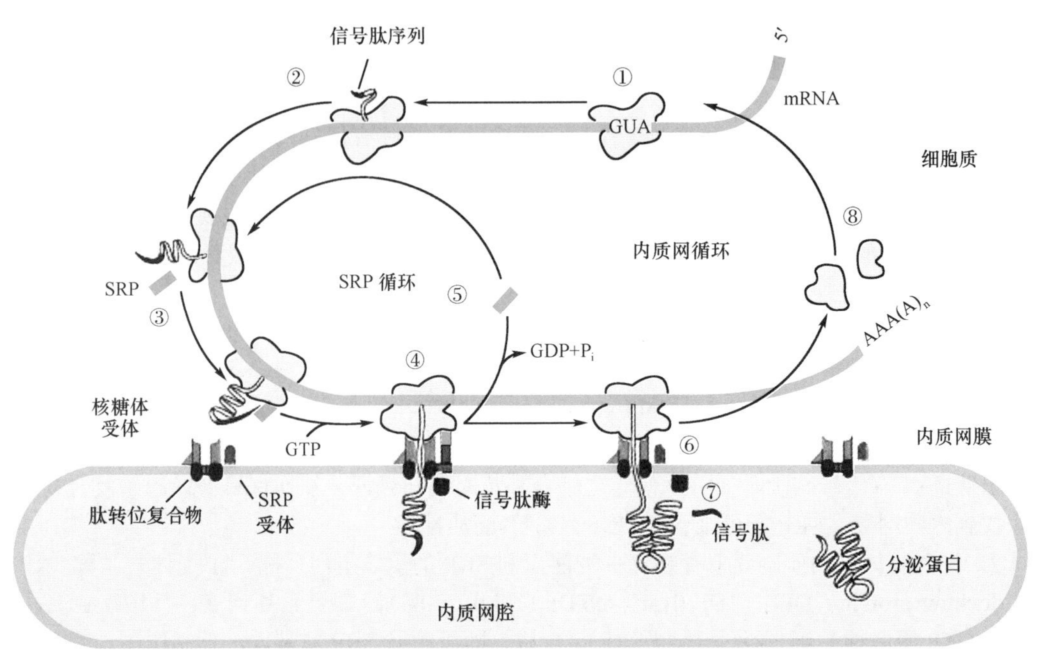

图 15-11 信号肽引导分泌性蛋白质进入内质网过程

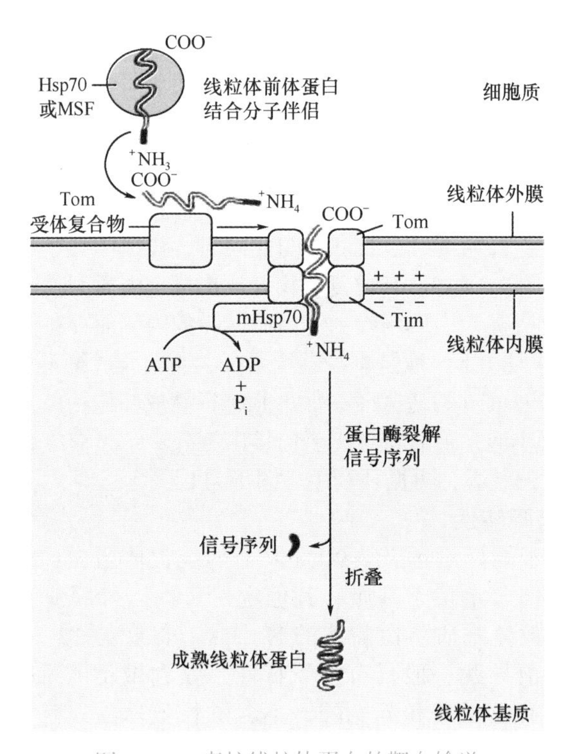

图 15-12 真核线粒体蛋白的靶向输送

（三）核定位蛋白的运转机制

细胞核蛋白的输送也属于翻译后运转。所有细胞核中的蛋白质，包括组蛋白及与复制、转录、基因表达调控相关的酶和蛋白质因子等都是在细胞质游离核糖体上合成之后转运到细胞核，而且都是通过体积巨大的核孔复合体进入细胞核的。

研究表明，所有被输送到细胞核的蛋白质多肽链都含有一个核定位序列（nuclear localization sequence，NLS）。与其他信号序列不同，NLS 可位于核蛋白的任何部位，不一定在 N 端，而且 NLS 在蛋白质进核后不被切除。因此，在真核细胞有丝分裂结束核膜重建时，细胞质中具有 NLS 的细胞核蛋白可被重新导入核内。最初的 NLS 是在猿猴空泡病毒 40（SV40）的 T 抗原上发现的，为 4 ～ 8 个氨基酸残基的短序列，富含带正电荷的赖氨酸、精氨酸及脯氨酸。不同 NLS 间未发

现共有序列。

蛋白质向核内输送过程需要几种循环于核质和胞质的蛋白质因子，包括 α、β 输入蛋白（nuclear importin）和一种分子量较小的 GTP 酶（Ran 蛋白）。3 种蛋白质组成的复合物停靠在核孔处，α、β 输入蛋白组成的异二聚体可作为细胞核蛋白受体，与 NLS 结合的是 α 亚基。核蛋白转运过程如下：①核蛋白在细胞质游离核糖体上合成，并释放到细胞质中；②蛋白质通过 NLS 识别结合 α、β 输入蛋白二聚体形成复合物，并被导向核孔复合体；③依靠 Ran GTP 酶水解 GTP 释能，将核蛋白 - 输入蛋白复合物跨核孔转运入核基质；④转位中，α、β 输入蛋白先后从复合物中解离，细胞核蛋白定位于细胞核内。α、β 输入蛋白移出核孔再循环利用（图 15-13）。

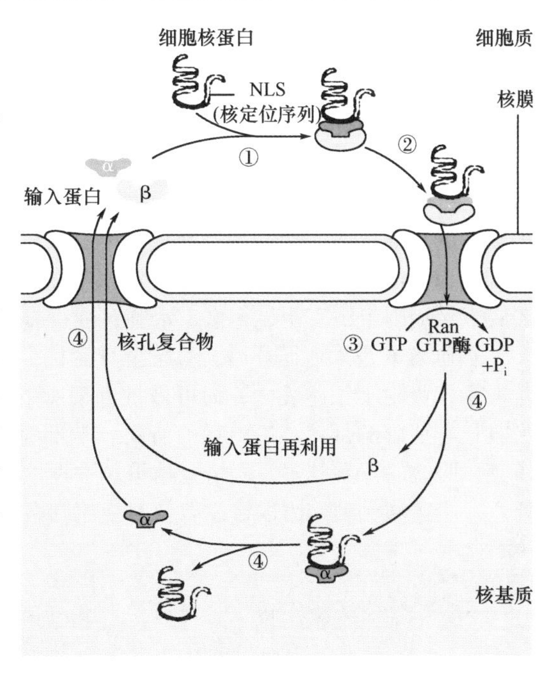

图 15-13　细胞核蛋白的靶向输送

第 4 节　蛋白质生物合成的干扰和抑制

蛋白质生物合成的阻断剂很多，其作用部位也各有不同，或作用于翻译过程，直接影响蛋白质的生物合成（如多数抗生素），或作用于转录过程，对蛋白质的生物合成间接产生影响。此外也有作用于复制过程的（如多数抗肿瘤药物），它们由于能影响细胞分裂而间接影响蛋白质的生物合成。另外，各种阻断剂的作用对象亦有所不同，如链霉素（streptomycin）、氯霉素（chloramphenicol）等阻断剂主要作用于细菌，故可用作抗菌药物；环己酰亚胺又名放线菌酮（cycloheximide），作用于哺乳类动物，故对人体是一种毒物，仅用于医学研究；多种细菌毒素与植物毒素也是通过抑制人体蛋白质合成而致病的。下面重点讨论某些干扰和抑制翻译过程的毒素、抗生素和某些其他生物活性物质的作用。

一、毒素类蛋白质合成阻断剂

抑制人体蛋白质合成的毒素，常见者为细菌毒素与植物毒素。细菌毒素有多种，如白喉毒素、绿脓毒素、志贺毒素等，它们多在肽链延长阶段抑制蛋白质的合成，其中以白喉毒素的毒性最大。

案例 15-1

患者，女，15 岁，学生。因发热、咽剧痛、咽部有白色分泌物曾在 × 医院诊为“奋森咽炎”，抗感染治疗 5 天不见好转来诊。入院后从咽部脱落下一块灰白色假膜，约 5mm×7mm。体格检查：T 37.2℃，P 104 次 / 分，R 26 次 / 分，BP 13.8/11.2kPa（104/84mmHg）；发育营养中等，神志清，嗜睡，呼吸均匀，声音稍有嘶哑；右侧鼻腔内有较多血性浆液性分泌物，通气不畅，唇干，张口呼吸，口中流出带血涎液；软腭、扁桃体、悬雍垂、咽后壁高度充血、水肿，悬雍垂有新鲜出血创面；咽后壁、软腭及双侧扁桃体有灰白色假膜附着，颈部淋巴结肿大，周围软组织高度水肿，呈“牛颈”状，触痛明显；心界不大，心律齐，无杂音，肺可闻干性啰音，腹平软，肝脾未及。

实验室检查：WBC（15.4 ～ 19.8）×10^9/L，NEU 0.82 ～ 0.9，Hb 136 ～ 175g/L，PLT（30 ～ 87）×10^9/L。尿蛋白（++++），可见白细胞及颗粒管形。咽分泌物纳萨染色找到白喉杆菌样的细菌，白喉杆菌豚鼠毒力试验阳性。痰培养生长白喉杆菌样的细菌。心电图：窦性心律，部分导联 ST 段下移，T 波低平、双向。

初步诊断为咽白喉。立即给白喉抗毒素 13 万 U 肌内注射及青霉素、氯霉素等治疗，病情一度平稳。入院第 7 天，病情突然恶化，心率减慢，心电图出现Ⅲ°房室传导阻滞、室性心动过速，心室颤动，经抢救无效死亡。

问题讨论： 1. 如何从生物化学的角度分析白喉的病因与发病机制？

2. 白喉毒素的作用机制是什么？

（一）白喉毒素

白喉毒素（diphtheria toxin）是白喉杆菌产生的毒蛋白，它对人体及其他哺乳动物的毒性极强，其主要作用就是抑制蛋白质的生物合成。

1. 白喉杆菌与白喉毒素的致病作用 一般白喉杆菌侵袭力较弱，但其产生的外毒素毒性非常强烈，是白喉杆菌致病的主要因素。白喉杆菌侵入呼吸道黏膜或皮肤表层，迅速生长繁殖，引起局部组织轻度的炎症反应，而病菌所释放的外毒素则能抑制细胞蛋白质的生物合成，引起上皮细胞坏死，纤维蛋白渗出及白细胞浸润，这种渗出物凝固在溃疡坏死组织表面，形成本病特有的灰白色假膜，假膜下及周围组织有明显充血、水肿，强行剥离假膜时可见出血。

白喉毒素进入血循环后，引起全身症状，与细胞结合引起病变，其中以心肌、外周神经最敏感。若毒素仅吸附于细胞表面，尚可被抗毒素所中和；若已进入细胞，则不能被抗毒素所中和。外毒素吸收量与假膜的部位和广泛程度有关。咽部吸收毒素量最大，扁桃体次之，喉及气管较少。假膜越广泛，吸收的毒素越多，病情也越重。中毒性心肌炎多见于白喉的第 2 ～ 3 周，50% ～ 60% 的病例死亡。上述病例就是因误诊没有及时使用白喉抗毒素，导致病情迁延发展合并中毒性心肌炎而死。

案例 15-1 分析讨论

患者咽分泌物找到白喉杆菌，白喉杆菌豚鼠毒力试验阳性，痰培养生长白喉杆菌。软腭、扁桃体、悬雍垂、咽后壁高度充血、水肿；咽后壁、软腭及双侧扁桃体有灰白色假膜附着，颈部淋巴结肿大，周围软组织高度水肿，呈“牛颈”状。这些症状主要是白喉毒素抑制细胞蛋白质的生物合成，引起上皮细胞坏死，纤维蛋白渗出及白细胞浸润所致。本患者为咽白喉，因误诊 5 天没有使用白喉抗毒素治疗，导致大量毒素进入细胞，合并中毒性心肌炎。入院第 7 天（即发病第 12 天），病情突然变化，心率减慢，心电图出现Ⅲ° 房室传导阻滞、室性心动过速，心室颤动，经抢救无效死亡。

2. 白喉毒素的结构与作用机制 白喉毒素分子量为 6.1×10^4，由 A、B 两个亚基组成。A 亚基起催化作用，B 亚基帮助 A 亚基进入细胞。B 亚基可与细胞表面的特异受体结合，结合后使毒素 A、B 两链之间的二硫键还原，A 链即释出进入细胞。进入胞质的 A 链可使辅酶 I（NAD^+）与真核生物延长因子 eEF2 产生反应，造成 eEF2 失活，抑制蛋白质的合成。

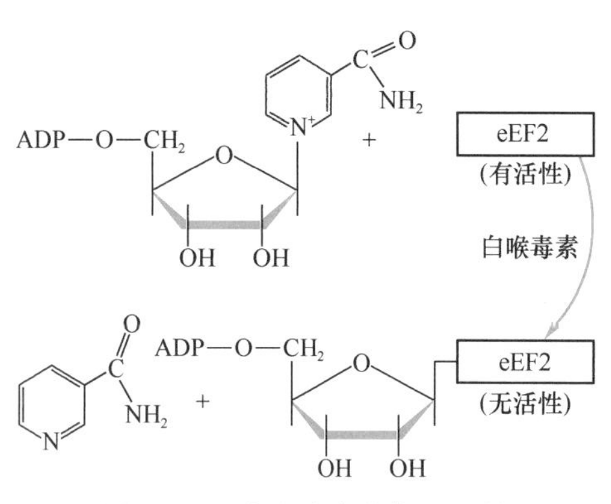

图 15-14 白喉毒素的作用机制

如图 15-14 反应中 eEF2 通过其分子中组氨酸咪唑基上的 N 与 NAD^+ 中核糖的 1′C 相互作用生成 eEF2- 核糖 -ADP，此组氨酸衍生物称为白喉酰胺（diphthamide）。结合后的 eEF2- 核糖 -ADP，仍可附着于核糖体，并与 GTP 结合，但不能促进转位，因而抑制了蛋白质的合成。白喉毒素在 eEF2 与 NAD^+ 的反应中起着催化剂的作用，所以只需极少量，即可终止细胞所有蛋白质的合成。蛋白质合成被抑制后，影响细胞的其他代谢过程，继而引起坏死。因此白喉毒素的毒性甚大，有实验证明一只豚鼠注入 0.05μg，即足以致命。

除白喉毒素外，现知绿脓杆菌的外毒素 A 也与白喉毒素一样，以相似机制起作用。

（二）植物毒素

某些植物毒蛋白也是肽链合成的阻断剂。例如，南方红豆所含的红豆碱（abrin）与蓖麻籽所含的蓖麻蛋白（ricin）都可与真核生物核糖体 60S 大亚基结合，抑制肽链延长。

蓖麻蛋白毒力很强，对某些动物每千克体重仅 0.1μg 即足以致死。蓖麻蛋白的毒力为同等重量氰化钾毒力的 6000 倍，曾被用作生化武器。该蛋白质亦由 A、B 两链组成，两链借 1 个二硫键相连。B 链是凝集素，通过与细胞膜上含半乳糖苷的糖蛋白（或糖脂）结合附着于动物细胞的表面。附着后，二硫键还原，A 链即释下进入细胞与 60S 大亚基结合，切除 28S rRNA 的 4324 位腺苷酸，间接抑制 eEF2 的作用，使肽链延长受阻。另外，A 链在蛋白质合成的无细胞体系中可直接作用，但对完整细胞必须有 B 链帮助才能进入细胞，抑制蛋白质的合成。

笔记栏

二、抗生素类阻断剂

抗生素为一类微生物来源的药物，可杀灭或抑制细菌。抗生素可以通过直接阻断细菌蛋白质生物合成而起抑菌作用。某些抗生素抑制蛋白质生物合成机制见表 15-7。

表 15-7　抗生素抑制蛋白质生物合成的原理

抗生素	作用位点	作用原理	应用
四环素族	原核核糖体小亚基	抑制氨酰 -tRNA 进入 A 位	抗菌药
链霉素、卡那霉素	原核核糖体小亚基	改变构象引起读码错误、抑制起始	抗菌药
氯霉素、林可霉素	原核核糖体大亚基	抑制肽酰转移酶、阻断肽链延长	抗菌药
红霉素	原核核糖体大亚基	抑制转位酶（EF-G）、妨碍转位	抗菌药
夫西地酸	原核核糖体大亚基	与 EF-G-GTP 结合，抑制肽链延长	抗菌药
放线菌酮	真核核糖体大亚基	抑制肽酰转移酶、阻断肽链延长	试验研究
嘌呤霉素	真核、原核核糖体	氨酰 -tRNA 类似物，进位后引起未成熟肽链脱落	抗肿瘤药
大观霉素	原核核糖体小亚基	阻止转位	抗菌药
伊短菌素、螺旋霉素	原核、真核核糖体小亚基	阻碍翻译起始复合物的形成	抗病毒药

三、其他蛋白质合成阻断剂

（一）干扰素

干扰素（interferon，IFN）是真核细胞感染病毒后分泌的一类具有抗病毒作用的蛋白质，它可抑制病毒繁殖，保护宿主细胞。干扰素分为 α-（白细胞）型、β-（成纤维细胞）型和 γ-（淋巴细胞）型三大族类，每族类各有亚型，分别有各自的特异作用。干扰素抗病毒的作用机制有如下两点。

1. 激活一种蛋白激酶　干扰素在某些病毒等双链 RNA 存在时，能诱导 eIF2 蛋白激酶活化。该活化的激酶使真核生物 eIF2 磷酸化失活，从而抑制病毒蛋白质合成。

2. 间接活化核酸内切酶使 mRNA 降解　干扰素先与双链 RNA 共同作用活化 2′, 5′ 寡聚腺苷酸合成酶，使 ATP 以 2′, 5′ 磷酸二酯键连接，聚合为 2′, 5′ 寡聚腺苷酸（2′, 5′A）。2′, 5′A 再活化一种核酸内切酶 RNase L，后者使病毒 mRNA 发生降解，阻断病毒蛋白质合成。干扰素作用机制见图 15-15。

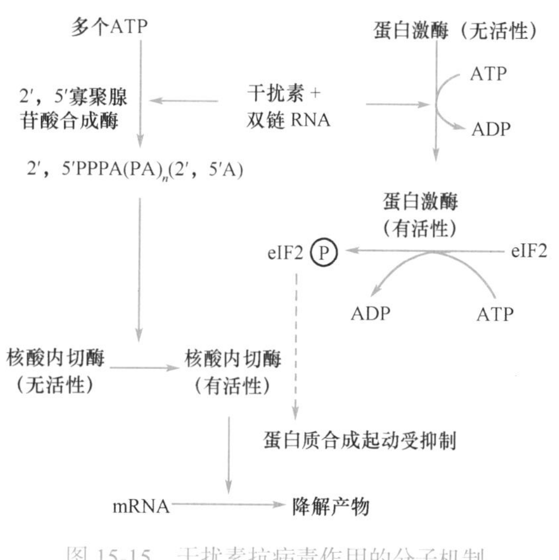

图 15-15　干扰素抗病毒作用的分子机制

干扰素除了抑制病毒蛋白质的合成外，几乎对病毒感染的所有过程均有抑制作用，如吸附、穿入、脱壳、复制、表达、颗粒包装和释放等。此外，干扰素还有调节细胞生长分化、激活免疫系统等作用，因此有十分广泛的临床应用。

（二）eIF2 蛋白激酶

eIF2 是真核细胞翻译起始的重要因子，其活性形式为 eIF2-GTP。翻译起始复合物形成后，eIF2 以无活性的 eIF2-GDP 形式解离，然后再与鸟苷酸交换因子（guanyl nucleotide exchange factor，GEF，又称 eIF2B）作用以 GTP 取代 GDP，重新生成 eIF2-GTP，循环利用。

哺乳类动物细胞有 2 种 eIF2 蛋白激酶，一种依赖于双链 RNA 的激活（如上述干扰素的作用）；另一种受血红素的控制。后者平时无活性，缺铁时，血红素合成减少，使 eIF2 蛋白激酶活化，进而磷酸化 eIF2-GDP。磷酸化的 eIF2-GDP 与 GEF 的亲和力大为增强，两者黏着，互不分离，妨碍 eIF2B 作用，使 eIF2-GDP 难以转变成 eIF2-GTP，eIF2 处于 eIF2-GDP-Ⓟ-eIF2B 无活性状态，eIF2B 也不能再生，肽链翻译停止（图 15-16）。网织红细胞所含 eIF2B 很少，eIF2-GDP 只要 30% 被磷酸化，eIF2B 就全部失活，使包括血红蛋白在内的所有蛋白质合成完全停止。

笔记栏

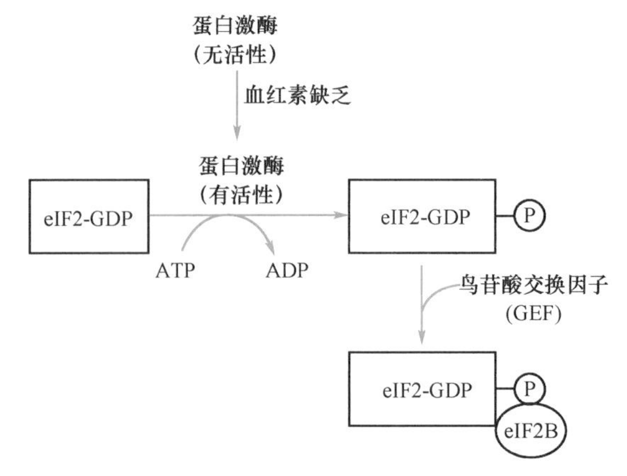

图 15-16　血红素对 eIF2 蛋白激酶活性的调节

小　　结

蛋白质的生物合成也称为翻译，其合成体系包括 20 种氨基酸、mRNA、tRNA、rRNA 及多种蛋白质因子、酶类、ATP 和 GTP 等供能物质及必要的无机离子等。mRNA 是指导多肽链合成的模板，在 mRNA 阅读框架内，每相邻 3 个核苷酸组成 1 个三联体的遗传密码，编码 1 种氨基酸。遗传密码具有方向性、连续性、简并性、摆动性和通用性。tRNA 是蛋白质合成过程中的结合体分子，既可携带特异的氨基酸，又可特异地识别 mRNA 遗传密码。tRNA 的接合作用使氨基酸能够按 mRNA 信息的指导"对号入座"，保证核酸到蛋白质遗传信息传递的准确性。tRNA 与氨基酸的结合由氨酰 -tRNA 合成酶催化，此过程称为氨基酸的活化。rRNA 和多种蛋白质构成的核糖体是合成多肽链的场所。原核生物核糖体上的 P 位、A 位分别结合肽酰 -tRNA、氨酰 -tRNA，卸载 -tRNA 从 E 位排出。

蛋白质合成过程包括起始、延长和终止 3 个阶段。翻译的起始阶段是指 mRNA、起始氨酰 -tRNA 分别与核糖体结合而形成翻译起始复合物的过程。在原核生物中，mRNA 和甲酰甲硫氨酰 -tRNA 先后与核糖体结合，组装形成翻译起始复合物。起始因子 IF1、IF2、IF3 参与这一过程。真核生物起始过程与原核生物相似，但核糖体小亚基是先结合甲硫氨酰 -tRNA，再结合 mRNA。肽链延长的过程是在核糖体上连续循环进行的，故称为核糖体循环。每次循环分 3 个阶段：进位、成肽和转位。循环一次，肽链增加一个氨基酸残基，直至肽链合成终止。真核生物肽链延长过程和原核基本相似，只是反应体系和因子组成不同。翻译的终止涉及 2 个阶段：首先，终止反应本身需要识别终止密码子（UAA、UAG、UGA），并从最后一个肽酰 -tRNA 中释放肽链；其次，终止后反应需要释放 tRNA 和 mRNA，核糖体大、小亚基解离。终止过程需要的蛋白质因子称为释放因子（RF）。原核生物有 3 种释放因子，即 RF1、RF2 和 RF3。真核生物只有一种释放因子称为 eRF。

翻译后加工是指新合成的无生物活性多肽链转变为有天然构象和生物功能蛋白质的过程，主要包括多肽链折叠为天然的三维构象、肽链一级结构的修饰、肽链空间结构的修饰等。几类蛋白质参与多肽链折叠为天然的三维构象过程：分子伴侣、蛋白质二硫键异构酶（PDI）和肽酰 - 脯氨酰顺反异构酶（PPI）。肽链一级结构的加工包括去除 N 端的甲硫氨酸，特定氨基酸的共价修饰，二硫键的形成，多蛋白的加工，以及蛋白质前体中不必要肽段的切除等。空间结构的加工包括亚基聚合、辅基连接和脂酰化等。蛋白质的靶向输送是将合成的蛋白质前体跨过膜性结构，定向输送到特定细胞部位发挥功能的复杂过程。真核细胞胞质合成的分泌蛋白、线粒体蛋白、核蛋白，前体肽链中都有特异信号序列，他们引导蛋白质各自通过不同机制进行靶向输送。

某些药物和生物活性物质能抑制或干扰蛋白质的生物合成。多种抗生素通过抑制蛋白质生物合成发挥杀菌、抑菌作用。白喉毒素、干扰素等作用的实质，也是通过特异的靶点干扰或抑制蛋白质的生物合成。

（肖建英）

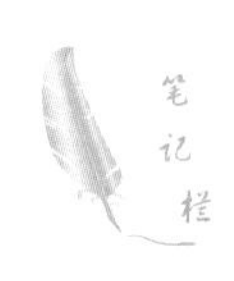

第 16 章　基因表达调控

第 16 章 PPT

基因（gene）是指 DNA 分子中可转录生成 RNA 的功能区段。基因表达（gene expression）是指基因通过转录产生 RNA 和（或）通过翻译产生蛋白质的过程。基因表达不是随意的，它要根据不同的组织细胞或其不同的功能状态，特别是机体生长、发育及繁殖的需要，随着内、外环境的变化，有规律地、有选择性地、程序性地适度表达，使机体适应内、外环境的变化。生物体通过特定的 DNA-蛋白质及蛋白质 - 蛋白质之间的相互作用来控制基因是否表达或表达程度的过程即称为基因表达调控（gene expression regulation）。

一个受精卵细胞如何能分化为生物体内各种各样的组织细胞？生物体内为何有些基因表达，而有些基因保持沉默？这些问题都与基因表达调控有关。基因表达调控过程的异常往往会导致疾病如肿瘤的发生。因此，对于基因表达调控机制的研究是认识生命现象和生命本质的不可或缺的重要内容。

第 1 节　基因表达调控的基本原理

一般而言，随着生物的进化，物种的级别越高，基因表达的调控过程也越复杂和越精细。基因表达调控有其自身的基本规律与基本方式，并且依赖于生物大分子间的相互作用。

一、基因表达的基本方式

（一）组成性表达

组成性表达（constitutive expression）是指一些基因较少受环境因素变化的影响、没有时空特异性的表达。这样的基因几乎在所有的细胞中都以适当恒定的速率持续表达，表达的产物对生命的全过程都是必不可少的，因此这样的基因称为持家基因或管家基因（housekeeping gene）。例如，编码物质代谢所需的大部分酶的基因，以及编码核糖体蛋白、微管蛋白的基因等都属于管家基因。管家基因的表达较少受环境因素的影响，一般只受启动子与 RNA-pol 相互作用的影响。尽管这样，组成性表达也并非真的一成不变，其表达也是在一定调控机制下进行的，由于基因功能的不同，不同管家基因的表达水平也有高有低。

（二）适应性表达

除管家基因外，大多数基因的表达都受到内、外环境变化的影响。内、外环境信号的变化会使得生物体内某些基因的表达水平增高（诱导）或降低（阻遏），以便与内、外环境的变化相适应。诱导表达（induced expression）是指在特定环境信号刺激下，某些基因的表达增强。这样的基因称为可诱导基因（inducible gene）。例如，当大肠埃希菌 DNA 损伤时，参与 DNA 修复的蛋白质因子（Uvr A、Uvr B、Uvr C、rec A、rec B、rec C 等）表达增强。阻遏表达（repressed expression）是指在特定环境信号刺激下，某些基因的表达减弱，这样的基因称为可阻遏基因（repressible gene）。例如，大肠埃希菌可表达与色氨酸合成有关的酶，但当培养基中色氨酸供给充分时，细菌体内这些酶的基因表达水平降低或不表达，细菌则直接利用环境中的色氨酸。诱导表达和阻遏表达在生物界普遍存在，是生物体适应内、外环境变化而变化的基因表达的两种形式。

（三）协调性表达

在生物体内，物质代谢过程的进行和生物学功能的发挥，都需要多种基因产物的共同作用。因此，在一定机制控制下，功能相关的一组基因需协调一致、相互配合、共同表达。这种表达方式称为协调性表达（coordinate expression），对协调性表达的调节称协调调节（coordinate regulation）。协调调节对生物体的整体代谢和功能具有重要意义。如果调控蛋白特异识别、结合自身基因的 DNA 调控序列，调节自身基因的开启和关闭，这种分子内的协调调节方式称为顺式调节（*cis* regulation）；如果调控蛋白特异识别、结合非自身基因的 DNA 调控序列，调节另一基因的开启和关闭，这种分子间的协调调节方式称为反式调节（*trans* regulation）（图 16-1）。

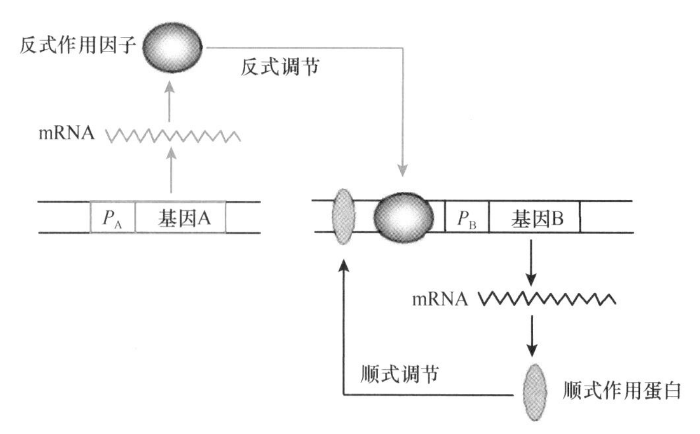

图 16-1 顺式调节与反式调节

二、基因表达调控的基本特性

（一）基因表达的正性调控和负性调控

基因表达的正性调控是指调控因子促进基因的表达，而基因表达的负性调控则是指调控因子抑制基因的表达。在原核生物，正性调控和负性调控共同存在于调控机制中，都发挥着调控作用。例如，CAP 促进大肠埃希菌乳糖操纵子基因转录，而阻遏蛋白阻遏乳糖操纵子基因转录。原核生物在转录水平上以负性调控方式为主。在真核生物的转录水平，RNA-pol 需要多种调控蛋白参与才能催化转录的起始，调控蛋白结合于启动子附近，与 RNA-pol 形成转录起始复合物，才能起始转录，因此真核生物基因表达调控是以正性调控方式为主。

（二）基因表达调控的时空特异性

虽然同一生物体的各种细胞含有完全相同的基因组，但是不同细胞内各种基因的表达水平不同。对于多细胞生物，在同一组织器官的不同生长发育阶段，基因的表达是不一样的，即使在同一生长发育阶段，在不同的组织、器官，基因的表达也不相同。

1. 基因表达的时间特异性（temporal specificity） 按照生物体生长、发育的需要，相应基因的表达严格按特定的时间顺序发生，对多细胞生物而言，又称阶段特异性。例如，噬菌体感染时，其基因表达的时间顺序是前早期基因→后早期基因→前晚期基因→晚期基因。又如，人的 α- 珠蛋白和 β- 珠蛋白的基因分别形成 2 个不同的基因簇，人 α- 珠蛋白基因簇位于 16p13，全长约 30kb，包括 4 个编码基因（ζ_2、α_2、α_1、θ）和 3 个假基因（$\psi\zeta_1$、$\psi\alpha_2$、$\psi\alpha_1$）；β- 珠蛋白基因簇位于 11p15，全长 50～60kb，包括 5 个编码基因（ε、Gγ、Aγ、δ、β）和 1 个假基因（ψβ）（图 16-2）。

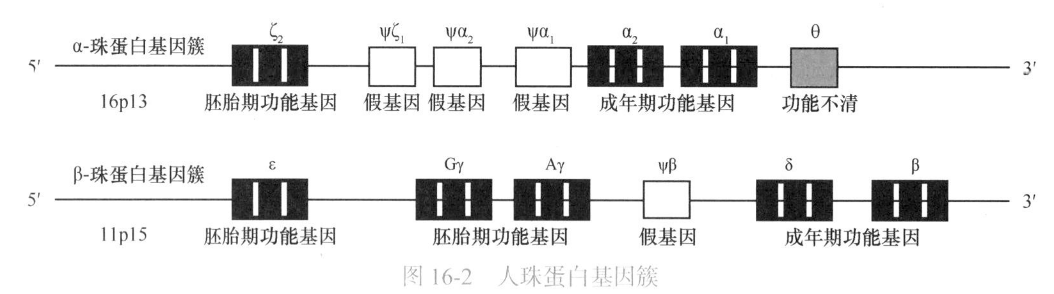

图 16-2 人珠蛋白基因簇

人 α- 珠蛋白和 β- 珠蛋白的基因簇在个体发育的不同时期的表达水平见表 16-1。

表 16-1 人 α- 珠蛋白和 β- 珠蛋白基因簇表达的时间特异性

发育时期	血红蛋白类型
胚胎期（< 8 周） 胚胎早期先合成 ζ_2 链和 ε 链，同时或稍后合成 α 链和 γ 链。	Hb Gower Ⅰ（$\zeta_2\varepsilon_2$）（42%） Hb Gower Ⅱ（$\alpha_2\varepsilon_2$）（24%） Hb Portland（$\zeta_2\gamma_2$）（21%）
胎儿期（3～9 个月） 12 周时 ζ_2 链和 ε 链逐渐消失，γ 链迅速增加，β 链开始合成。	HbF 为主（$\alpha_2\gamma_2$）
妊娠末期和出生不久，γ 链迅速降低，β 链迅速增加。	HbA_1 为主（$\alpha_2\beta_2$）

续表

发育时期	血红蛋白类型
成人	HbA_1（$\alpha_2\beta_2$）（约97%） HbA_2（$\alpha_2\delta_2$）（约2%） HbF（$\alpha_2\gamma_2$）（约1%）

2. 基因表达的空间特异性（spatial specificity） 个体在生长发育过程中，某些基因在不同组织器官中的表达程度不同，又称细胞特异性或组织特异性。基因表达的这种空间上分布的差异，实际上是由细胞在器官的分布决定的。例如，血红蛋白的α-珠蛋白和β-珠蛋白主要在红细胞中合成，清蛋白只在肝细胞合成，胰岛素只在胰腺的B细胞中合成，而生长激素则主要在脑垂体内合成。同工酶不同亚基的编码基因在不同组织器官表达程度的不同，使得不同组织中出现不同的同工酶谱（见第4章）。

案例 16-1

患者，男，56岁，因右上腹部反复疼痛、身体进行性消瘦、全身乏力、食欲减退3个月入院就诊。入院查体：T 36.7℃，P 75次/分，R 20次/分，BP 135/80mmHg，甲胎蛋白600μg/L。肝脏CT片显示：肝体积增大，肝叶比例失调，肝右叶第Ⅶ、第Ⅷ肝段见一低密度块影，大小约8cm×6cm×6cm，边缘模糊，第Ⅵ肝段可见一个2cm大小的圆形低密度灶，边缘清。

初步诊断：原发性肝癌。

问题讨论：甲胎蛋白诊断原发性肝癌的临床意义。

案例 16-1 分析讨论

甲胎蛋白（alpha fetoprotein，α-FP或AFP）是胎儿血循环中的主要蛋白质，分子质量为69kDa。AFP与清蛋白高度同源，起清蛋白的功能，以及保护胎儿不被母体排斥的作用。

AFP在胎儿期表达，由卵黄囊和肝合成。妊娠6个月血中AFP可达500μg/L。胎儿出生1个月后，AFP开始下降，18个月降至正常（健康成人＜10μg/L）。

肝细胞发生癌变时，AFP表达恢复。几乎80%的肝癌患者AFP增高，而且随着病情恶化AFP在血清中的含量会急剧增加。因此，AFP是诊断原发性肝癌的最有价值的指标。

AFP基因表达具有时空特异性，调控主要发生在转录水平。肝细胞核因子1（hepatocyte neclear factor 1，HNF1）是正性调控转录因子，它在启动子内有2个结合位点，HNF1更易于与远端结合位点结合。敲除此位点将抑制AFP基因的转录。非组织特异性的NF-1结合位点在–108～–123bp，低浓度NF-1弱激活AFP启动子，高浓度则抑制该启动子活性。Nkx2.8是与AFP基因表达相关的唯一一个发育调节因子，Nkx2.8的保守结合序列在–153～–166bp处，Nkx2.8对于远端增强子引起的增强子激活是必需的。Nkx2.8仅在胎肝和肝癌细胞中表达，肝细胞癌的发生与癌基因活性增强和抑癌基因活性下降表达密切相关。一些研究表明，*N-ras*是原发性肝癌的转化基因。*c-myc*、*c-fos*和*c-jun*等在细胞增殖信号的作用下，它们的表达可明显增加，其表达产物能与AFP顺式作用元件结合，以反式激活的方式直接参与AFP基因表达的调控，因而与原发性肝癌的发生关系密切。p53蛋白也有可能与其他癌基因或癌相关基因协同促进AFP基因的表达。

（三）基因表达调控的多层次性

基因表达是一个多环节的过程，在任何一个环节上（如染色质水平、转录水平和翻译水平）都可以实现对基因表达的调控（图16-3），由此也可知生物体内基因表达调控是一个十分复杂的过程。但无论是原核生物，还是真核生物，转录水平的调控是最重要的一个调控层面，而转录起始的调控是基因表达调控中最关键的步骤。

三、基因表达调控的分子基础

特异的DNA调控序列、转录调节蛋白和小RNA分子是参与基因表达调控的主要分子。特异的DNA调控序列与转录调节蛋白主要是参与基因转录起始的调控，而小RNA分子在转录后的调控中发挥重要作用。

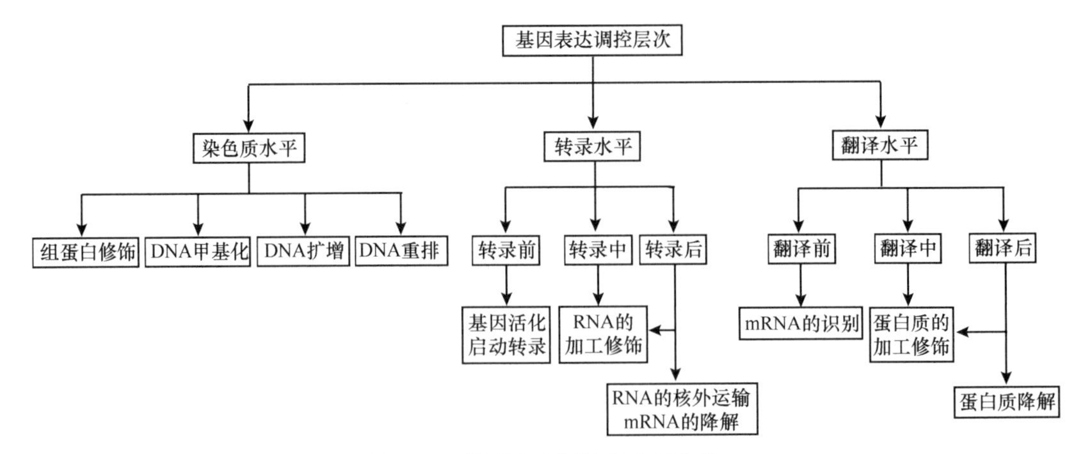

图 16-3 基因表达调控的多层次性

（一）特异的 DNA 调控序列

特异的 DNA 调控序列是 DNA 分子中能与转录调节蛋白或 RNA-pol 相互作用，进而控制基因转录的一些 DNA 区段。

1. 原核生物的 DNA 调控序列 原核基因调控序列位于结构基因的上游，主要有启动子、阻遏蛋白结合序列及激活蛋白结合序列等。原核生物基因转录的调控单位是操纵子（operon），一个操纵子通常是由几个首尾相连的在功能上相关的酶或蛋白质基因、启动子、操纵序列及其他调节序列串联排列而成（图 16-4）。

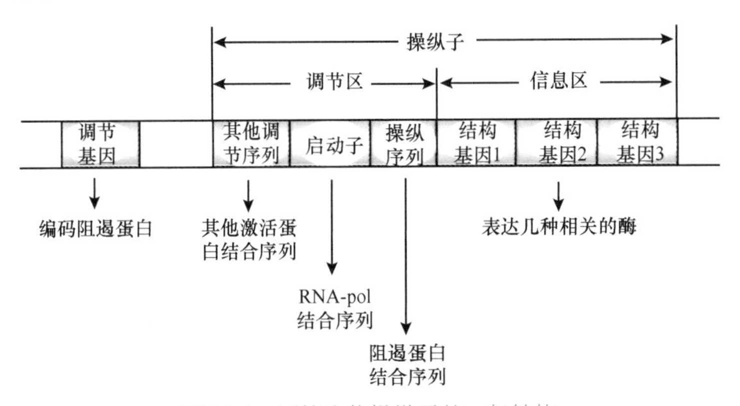

图 16-4 原核生物操纵子的一般结构

（1）启动子：原核基因启动子的 –10 区和 –35 区的共有序列分别为 TATAAT 和 TTGACA。原核生物 RNA-pol 的 σ 亚基（又称 σ 因子）识别 –35 区序列，–10 区序列主要供 RNA-pol 结合，并予以解链。–10 区和 –35 区序列之间的距离，以及它们与转录起点的距离，特别是 –35 区序列决定着启动子的强度。RNA-pol 与启动子结合及启动转录的效率很大限度上取决于这些共有序列。启动子碱基变异影响 RNA-pol 的结合和转录活性。一些高表达基因在 –40 ～ –60 区域之间还存在富含 AT 的共有序列。

（2）操纵序列（operator，O）：操纵序列是阻遏蛋白的结合位点，它介于转录起点与启动子之间，是结构基因转录的开关，在序列上常与启动子有重叠。当阻遏蛋白与操纵序列结合后，可妨碍 RNA-pol 与启动子的结合，或阻碍已与启动子结合的 RNA-pol 向下游的结构基因移动，使转录不能进行。因此，操纵序列是一种负性调节元件。

（3）激活蛋白结合序列：激活蛋白结合序列是激活蛋白结合位点，如大肠埃希菌乳糖操纵子的 CAP 结合位点。CAP 首先与 cAMP 结合成 CAP-cAMP，然后再与 CAP 结合位点结合，从而增强 RNA-pol 的转录活性。因此，激活蛋白结合序列是一种正性调节元件。

2. 真核生物的 DNA 调控序列 真核生物基因组结构庞大而复杂，因此参与基因转录调控的 DNA 序列远比原核的复杂和多样。真核生物基因的 DNA 调控序列主要有启动子、增强子、沉默子、反应元件等，它们统称为顺式作用元件（*cis*-acting element）。这些调控序列可以位于基因的上游或下游，甚至基因的内部（图 16-5）。

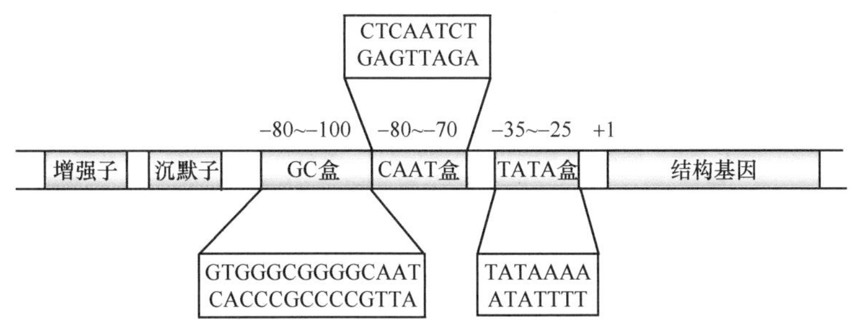

图16-5 真核生物的一些顺式作用元件

（1）启动子：真核生物启动子分为Ⅰ类、Ⅱ类和Ⅲ类启动子，它们分别启动rRNA基因、mRNA基因和tRNA基因的转录。典型的启动子序列包括核心序列（TATA盒）和上游启动子元件（CAAT盒、GC盒）等（图16-5）。

（2）增强子（enhancer）：虽然远离转录起点（1～30kb），但仍可通过启动子来提高转录效率。增强子最初发现于SV40和其他一些病毒中，后来发现一些真核基因（如免疫球蛋白基因、胰岛素基因、HSP70基因及rRNA基因）也具有功能类似于病毒增强子的DNA调控成分。

增强子的跨度一般为100～200bp，可使旁侧的基因转录效率提高约100倍。增强子由若干组件构成，其基本的核心组件跨度一般为8～12bp，可以有完整的或部分的回文结构，并以单拷贝或多拷贝的形式存在。增强子普遍存在于多种真核生物、原核生物及病毒的基因组中，它决定着基因表达的时空特异性。增强子有以下特点：①增强子与启动子是唇齿相依的关系，没有启动子的存在，增强子便不能表现活性。没有增强子存在，启动子也不能发挥作用。②增强子对启动子没有严格的专一性，同一增强子可以影响不同类型启动子的转录。③增强子的效应与其位置无关，它可以在基因的上游或下游，甚至在基因内部发挥作用。④增强子的作用与序列的方向性无关，将增强子的方向倒置后依然能起作用。⑤增强子具有很强的组织或细胞特异性，许多增强子只在某些细胞或组织中表现活性，这是由这些细胞或组织中的特异性蛋白质因子所决定的。

（3）沉默子（silencer）：是可抑制基因转录的特异DNA序列，为一种负性调节元件，当其结合一些特异反式作用因子时，对基因的转录起阻遏作用，使基因沉默。沉默子是在研究T淋巴细胞的T抗原受体基因表达调控时发现的。沉默子在组织细胞特异性或发育阶段特异性的基因转录调控中起重要作用。已有例子显示，沉默子的作用可不受序列方向的影响，也能远距离发挥作用，并可对异源基因的表达起作用。

（4）ter和Poly（A）加尾信号：在3′端终止密码子的下游有一段核苷酸序列为AATAAA，这一序列可能对mRNA的加尾[mRNA尾部添加-poly（A）]有重要作用。这个序列的下游是一个反向重复序列，经转录后可形成一个发夹结构。发夹结构阻碍了RNA-pol的移动，其末尾的一串U与模板中的A结合不稳定，从而使mRNA从模板上脱落，转录终止。AATAAA序列和它下游的反向重复序列合称为ter，是转录终止的信号。

（5）反应元件（response element）：是启动子或增强子的上游元件，它们含有短的保守序列，如激素反应元件、铁反应元件等。反应元件离起点的距离并不固定，一般位于上游小于200bp处，有的也可以位于启动子或增强子序列中。反应元件与其反式作用因子结合来调节相关基因表达。例如，铁反应元件与铁反应元件结合蛋白结合，抑制铁蛋白mRNA的翻译。

（6）绝缘子（insulator）：是序列长几十到几百bp的调控序列，通常位于启动子同邻近基因的正调控元件（增强子）或负调控元件（沉默子）之间。绝缘子本身对基因的表达既没有正性效应，也没有性负效应，其作用是阻止其他调控元件发挥对基因的活化或失活效应。

（二）转录调节蛋白

转录调节蛋白多为DNA结合蛋白，能够与DNA调控序列结合，增强或阻遏RNA-pol的活性。

1. 原核生物转录调节蛋白 包括特异的σ因子、阻遏蛋白和激活蛋白。σ因子是原核RNA-pol的亚基之一，不同的σ因子识别不同基因的启动子，调控不同基因的转录（表16-2）。阻遏蛋白与操纵子的操纵序列结合，阻遏转录起始复合物的形成而抑制基因转录，介导的是负性调控，是原核基因转录调控的主要方式。激活蛋白与激活蛋白结合位点结合，增强RNA-pol的转录活性，介导正性调控。CAP是一种典型的激活蛋白。

表 16-2　大肠埃希菌的 σ 因子种类及其识别的启动子

σ 因子	分子质量（kDa）	识别的启动子
σ^{70}	70	大多数基因的启动子
σ^{54}	54	与氮代谢相关基因的启动子
σ^{32}	32	Hsp 基因的启动子
σ^{28}	28	与细胞移动和化学趋化相关基因的启动子
σ^{24}	24	胞质外功能（蛋白）基因、某些 Hsp 基因启动子
σ^{18}	18	胞质外功能（蛋白）（如柠檬酸铁转运蛋白）基因启动子

2. 真核生物转录调节蛋白　根据作用方式，可将真核生物转录调节蛋白分为顺式作用蛋白和反式作用因子（*trans*-acting factor）两大类。一个基因表达的蛋白质辨认与结合自身基因的顺式作用元件，从而调节自身基因表达活性的蛋白称为顺式作用蛋白。一个基因表达的蛋白质能直接或间接辨认与结合非己基因的顺式作用元件，从而调节非己基因表达活性的转录因子称为反式作用因子。大多数的转录因子是反式作用因子，起转录激活作用的称为转录激活因子，如增强子结合蛋白（enhancer binding protein，EBP）；起抑制转录作用的特异因子称为转录抑制因子，如沉默子结合蛋白。

一个转录因子至少应包括 DNA 结合结构域和转录激活结构域。激活蛋白通过 DNA 结合结构域与 DNA 调控序列结合，通过转录激活结构域与 RNA-pol 或其他蛋白结合，产生募集（recruitment）作用，引导 RNA-pol 与启动子结合，增强 RNA-pol 活性；或通过变构效应改变其他蛋白质活性，促进转录，介导正性调控。阻遏蛋白质与调控 DNA 序列结合，阻碍 RNA-pol 与启动子结合，或使 RNA-pol 不能沿 DNA 向前移动，介导负性调控。大多数转录因子还有介导蛋白质与蛋白质相互作用的结构域（最常见为二聚化结构域），在与 DNA 结合前需通过蛋白质 - 蛋白质相互作用形成二聚体或多聚体，从而具有更强的 DNA 结合能力，有时调控蛋白质二聚化后也可能降低结合 DNA 的能力。还有一些转录因子不能直接结合 DNA，而是通过蛋白质 - 蛋白质相互作用间接结合 DNA，协调调控基因转录。

DNA 结合域的主要模体形式有碱性螺旋 - 环 - 螺旋模体、锌指模体、螺旋 - 转角 - 螺旋模体和亮氨酸拉链模体等。

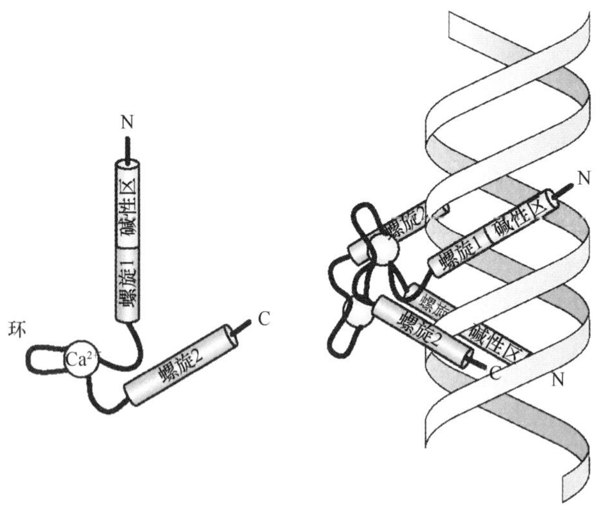

图 16-6　bHLH 模体

（1）碱性螺旋 - 环 - 螺旋（basic helix-loop-helix，bHLH）模体：大约由 60 个氨基酸残基所构成，含有 2 个两性的 α 螺旋，2 个螺旋间由一个短肽段形成的环连接，此环的长度在不同的 bHLH 蛋白中有所不同。第一个 α 螺旋的 N 端富含碱性氨基酸残基，它与 DNA 双螺旋的大沟结合。bHLH 模体通常以二聚体形式存在，它们的 α 螺旋的碱性区之间的距离大约与 DNA 双螺旋的一个螺距相近，使 2 个 α 螺旋的碱性区刚好分别嵌入 DNA 双螺旋的大沟中（图 16-6）。含有 bHLH 模体的转录因子有免疫球蛋白基因的增强子结合蛋白 E12 和 E47 等。

（2）锌指（zinc finger）模体：最初发现于转录因子Ⅲ中，这种类型的模体由 N 端的 2 个反向平行的 β 折叠和 C 端的 1 个 α 螺旋组成。有 2 种类型的锌指模体：Cys2/His2 锌指模体（其保守序列为 Cys-$X_{2\text{-}4}$-Cys-Phe-X_5-Leu-X_2-His-X_3-His）和 Cys2/Cys2 锌指模体（其保守序列为 Cys-X_2-Cys-X_{13}-Cys-X_2-Cys）。由于此种模体保守序列中的 Cys2/His2 或 Cys2/Cys2 与 Zn^{2+} 形成配位键而连接成手指状结构，故称为锌指模体。含有锌指模体的转录因子往往含有 2 ～ 9 个串联的相同的锌指结构，它们之间一般相距 7 ～ 8 个氨基酸残基。锌指模体的 α 螺旋上的碱性氨基酸残基结合在 DNA 的大沟中，这些 α 螺旋几乎连成一线，使得含锌指模体的转录因子与 DNA 结合得非常牢固（图 16-7）。

含锌指模体的转录因子有 Spl、类固醇激素受体家族，抑癌蛋白 WT1 等。

（3）螺旋 - 转角 - 螺旋（helix-turn-helix，HTH）模体：最初发现于 λ 噬菌体的阻遏蛋白中，现发现很多原核和真核生物的 DNA 结合蛋白中含有 HTH 模体。HTH 模体的 2 个 α 螺旋（7 ～ 9 个氨基酸残基）之间通过一个 β 转角相连，其 C 端的 α 螺旋为识别螺旋（recognition helix），能识别并结合 DNA 大沟的特异碱基序列，N 端的 α 螺旋是辅助螺旋，在识别螺旋与 DNA 结合的准确定位过程中发挥辅助作用（图 16-8）。同源异型结构域（homeodomain，HD）（又称同源异型盒，homeobox）与 HTH 模体相似，它含有 3 个 α 螺旋，其第二个和第三个 α 螺旋形成 HTH 结构，第三个 α 螺旋具有识别螺旋的作用，与 DNA 的大沟紧密接触。

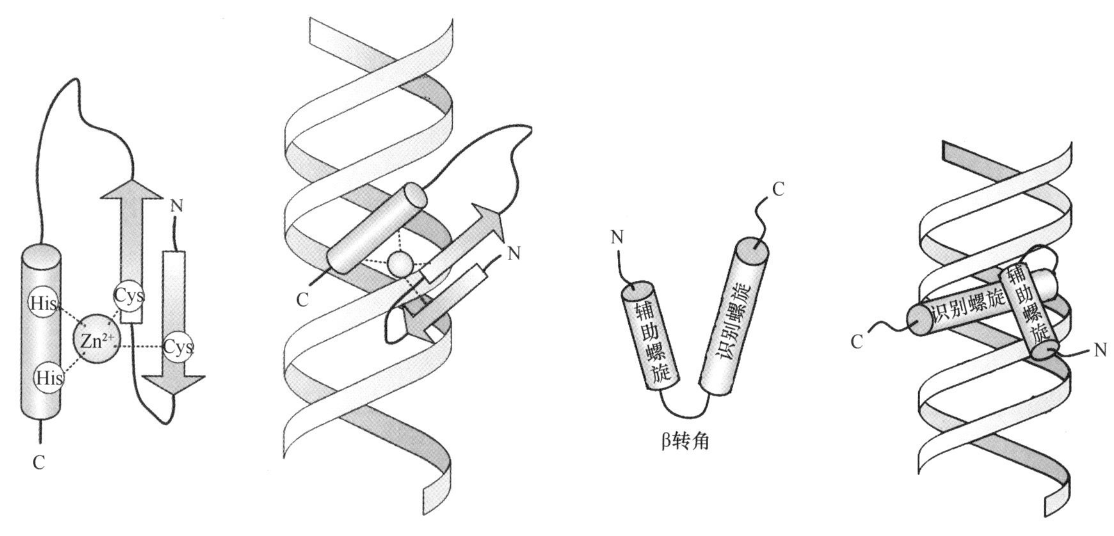

图 16-7　锌指模体的结构　　　图 16-8　HTH 模体

（4）亮氨酸拉链（basic leucine zipper，bZIP）模体：这种模体的 C 端是富含亮氨酸残基的区域，N 端是富含碱性氨基酸残基的区域，前者通过 2 个富含亮氨酸的 α 螺旋之间的疏水性相互作用形成蛋白质二聚体，后者与 DNA 骨架相互作用。bZIP 模体 C 端的氨基酸序列中，每间隔 6/7 个氨基酸残基是一个疏水性的亮氨酸残基，当 C 端形成 α 螺旋结构时，肽链每旋转 2 周就出现 1 个亮氨酸残基，并且都位于 α 螺旋的同一侧。这样的 2 条肽链能以疏水作用形成二聚体，形同拉链一样，故因此得名（图 16-9）。bZIP 可形成结合 DNA 的二聚体结构域。若蛋白质不形成二聚体，则碱性区对 DNA 的亲和力明显降低。具有 bZIP 的转录因子包括原癌基因 *c-Jun/c-fos* 等。

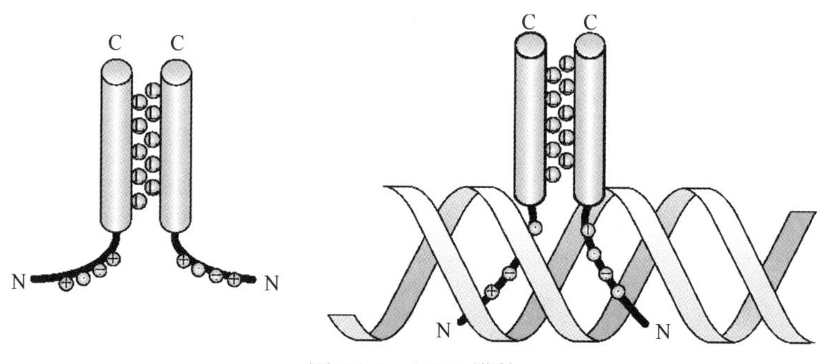

图 16-9　bZIP 模体

不同的转录因子具有不同的转录激活结构域。根据氨基酸组成特点，转录激活结构域可有下面 3 类。

（1）酸性激活结构域：一般由 20 ～ 100 个酸性氨基酸残基组成的保守序列，多呈带负电荷的亲脂性 α 螺旋，通过非特异性的相互作用与转录起始复合物上的 TF Ⅱ D 等因子结合生成稳定的转录复合物而促进转录。含有此种结构域的转录因子有 GAL4、GCN4、糖皮质激素受体和 AP-1/Jun 等。

（2）富含谷氨酰胺的结构域：如与启动子 GC 盒结合的转录因子 Sp1 除了有锌指结构外，还有 4 个参与转录激活的结构域。Sp1 的 N 端含有 2 个主要的转录激活区，氨基酸组成中有 25% 的谷氨酰胺，很少有带电荷的氨基酸残基。酵母的 HAP1、HAP2 和 GAL2 及哺乳动物的 OCT-1、OCT-2、

Jun、AP2 和 SRF 也含有这种结构域。

（3）富含脯氨酸的结构域：此种结构域的脯氨酸的含量可高达 20% ～ 30%，因此该结构域很难形成 α 螺旋，如 CTF 蛋白家族（包括 CTF-1、CTF-2、CTF-3）的 C 端就含有与其转录激活功能有关的富含脯氨酸残基的结构域。

微课 16-1

在转录调控过程中，转录因子需活化。转录因子可以通过几种机制激活：①利用共价修饰来调节转录因子的活性，磷酸化与去磷酸化是最为常见的活化调节方式，糖基化也是激活转录因子的方式之一；②与配体结合可以激活转录因子，许多自然状态下的胞内激素受体是无活性的转录因子，它们只有与激素结合后，才能与 DNA 结合并对其实施调控；③许多转录因子在与其他蛋白质形成复合物后，才具有活性。

第 2 节　原核生物基因表达调控

原核生物的大多数基因的表达调控是通过操纵子调控机制实现的。操纵子是原核生物基因转录的一整套调控单位。操纵子在原核生物基因表达中具有普遍性，如大肠埃希菌有 2584 个操纵子，包括乳糖操纵子、阿拉伯糖操纵子、组氨酸操纵子、色氨酸操纵子等。本节重点介绍乳糖操纵子和色氨酸操纵子。

一、乳糖操纵子及其调节机制

（一）乳糖操纵子的结构

1961 年，法国生物化学家 Jacques Monod（以下简称 Monod）和 Francois Jacob 提出大肠埃希菌乳糖操纵子学说，阐明基因表达调控机制，因此两人和他们的合作者 Andre Lwoff 分享了 1965 年的诺贝尔生理学或医学奖。

乳糖操纵子（*lac* operon）的基本结构如图 16-10 所示。乳糖操纵子的结构基因 *lacZ*，*lacY* 和 *lacA* 分别编码 *β*- 半乳糖苷酶（*β*-galactosidase，催化乳糖产生葡萄糖和半乳糖）、乳糖通透酶（lactose permease，催化乳糖入胞）和硫代半乳糖苷转乙酰酶（thiogalactoside transacetylase，功能不十分清楚，似乎是修饰毒性半乳糖苷类并促进它们自细胞排出），它们是乳糖代谢所必需的酶。大肠埃希菌乳糖操纵子的调控序列有启动子（P）、操纵序列（O）、CAP 结合位点。编码阻遏蛋白的 *lac I* 基因位于操纵子的上游。

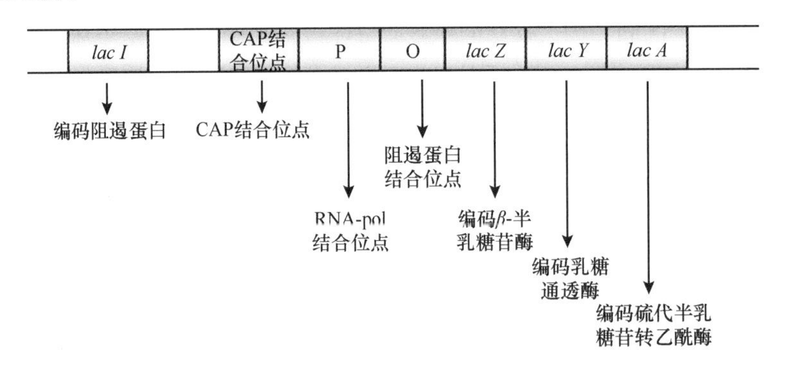

图 16-10　乳糖操纵子的基本结构

乳糖属于半乳糖苷类，乳糖通透酶亦为半乳糖苷通透酶（galactoside permease）；硫代半乳糖苷转乙酰酶亦可写成半乳糖苷乙酰转移酶（galactoside acetyltransferase）

（二）乳糖操纵子的调节机制

1. 阻遏蛋白的阻遏作用　在含有葡萄糖的培养基中，阻遏蛋白基因 *lac I* 呈现出组成性表达，其表达产物形成四聚体后与操纵序列结合，以此阻止已经结合在启动子上的 RNA-pol 向下游移动，从而关闭了乳糖操纵子的转录（图 16-11）。这种阻遏机制保证了在通常情况下乳糖操纵子仅处于基础表达状态（如 5 ～ 6 个通透酶分子 / 大肠埃希菌细胞）。

笔记栏

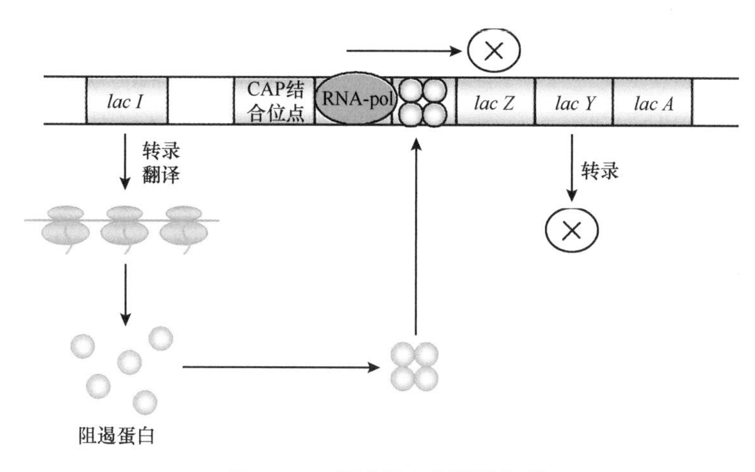

图 16-11　阻遏蛋白的阻遏作用

2. 诱导剂的诱导作用　当乳糖成为培养基的主要碳源时，乳糖在基础表达量的通透酶的作用下进入菌体内，并在基础表达的 β- 半乳糖苷酶的催化下，乳糖异构为别乳糖（allolactose，半乳糖与葡萄糖以 β-1,6 糖苷键相连的产物）。别乳糖可以结合阻遏蛋白，使其失去与操纵序列结合的能力，使得 RNA-pol 可以有效地启动转录，表达出细胞利用乳糖所需要的 3 种酶，使得细菌可以大量地利用乳糖（图 16-12）。因此，别乳糖被称为诱导剂（inducer）。分子生物学实验中常使用的异丙基硫代半乳糖苷（isopropylthiogalactoside，IPTG）即是这样的诱导剂，它不被 β- 半乳糖苷酶分解。

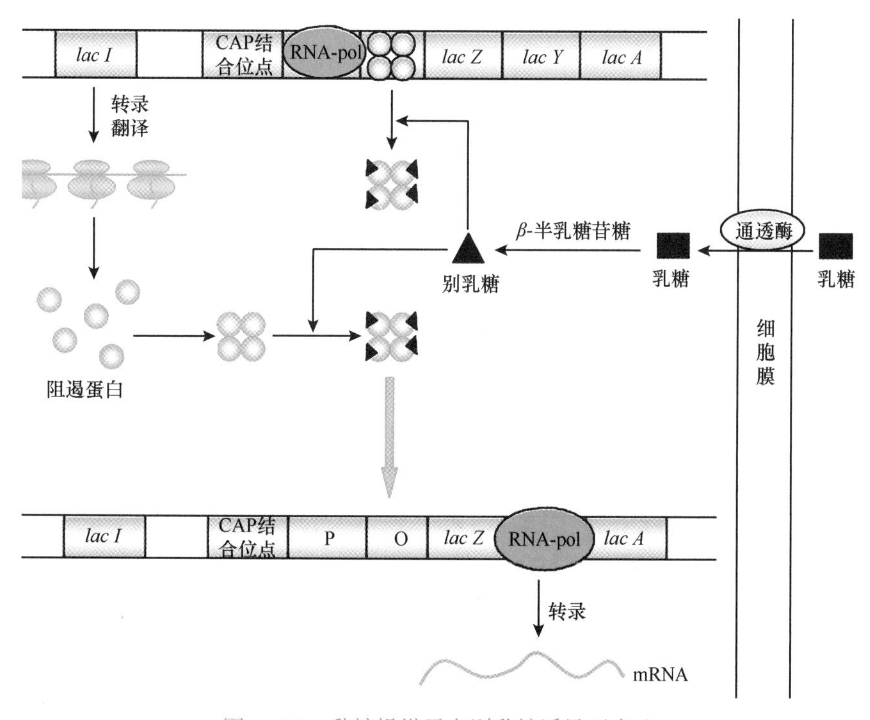

图 16-12　乳糖操纵子在别乳糖诱导下表达

3. CAP 的正调控作用　乳糖操纵子启动子 –35 区和 –10 区序列分别为 TTTACA 和 TATGTT，与共有序列 TTGACA 和 TATAAT 序列相比，是一个弱启动子，使得 RNA-pol 不能与启动子紧密的结合。因此，需要一个正性调控机制促使转录的启动。

当大肠埃希菌处于葡萄糖和乳糖共存的环境中，大肠埃希菌优先利用葡萄糖作为碳源，直至葡萄糖耗尽后乳糖操纵子才被启动。此现象最初被认为是乳糖操纵子被葡萄糖的分解产物所阻遏，因此称它为分解代谢物阻遏。现已明确，所谓的“分解代谢物”实际上是被称为 CAP 的蛋白质。CAP 是一个同源二聚体，具有分别与 DNA 和 cAMP 结合的结构域。细胞核内 cAMP 的浓度受葡萄糖代谢的调节（葡萄糖抑制腺苷酸环化酶）。当缺乏葡萄糖时，cAMP 浓度增高，cAMP 与 CAP 形成的 CAP-cAMP 复合物可结合到 *lac* 启动子上游的 CAP-cAMP 复合物结合部位（约 –60 区），激活 RNA-

pol，使转录效率增强约 50 倍。

4. 阻遏蛋白和 CAP 共同参与协同调控 阻遏蛋白介导的负性调控和 CAP 介导的正性调控共同担负着原核细胞内碳源的协调利用。当大肠埃希菌处在富含葡萄糖的环境中时，细胞内 CAP-cAMP 复合物的浓度不足以激活 RNA-pol，从而不能启动乳糖操纵子的转录。当环境中既没有葡萄糖又没有乳糖时，阻遏蛋白介导的负性调控作用关闭乳糖操纵子。只有当大肠埃希菌所处的环境中，葡萄糖被完全消耗而仅有乳糖存在时，进入细胞的极少量乳糖转变为别乳糖使操纵序列开放，同时细胞内 cAMP 浓度增高，CAP-cAMP 复合物与 CAP 结合部位的结合使转录增强，细胞才能利用乳糖。这种协调作用的调控方式保证了葡萄糖是原核生物优先利用的碳源，并只有葡萄糖完全耗尽后，原核生物才利用乳糖作为碳源（图 16-13）。

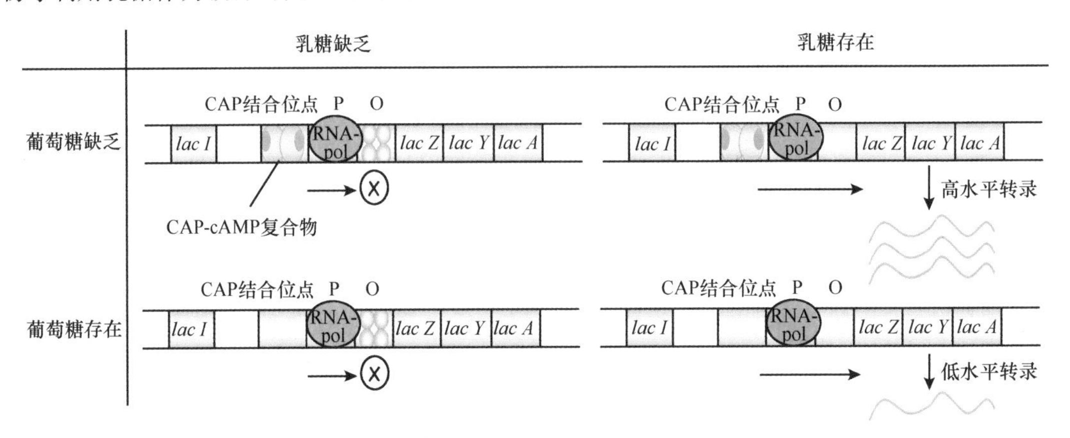

图 16-13 阻遏蛋白和 CAP 对乳糖操纵子的协同调控

二、色氨酸操纵子及其调节机制

（一）色氨酸操纵子的结构

色氨酸操纵子（*trp* operon）包括 *trp E*、*trp D*、*trp C*、*trp B* 和 *trp A* 5 个基因，它们编码利用分支酸来合成色氨酸所需要的酶，其中 *trp E* 和 *trp D* 编码邻氨基苯甲酸合酶的两个组分、*trp C* 编码吲哚-3-甘油磷酸合酶、*trp B* 和 *trp A* 编码色氨酸合酶的 2 个亚基。色氨酸操纵子的调控区包括启动子（P）、操纵序列（O）和前导序列（*trp L*，leader sequence）（图 16-14）。*trp R* 是编码阻遏蛋白的基因。

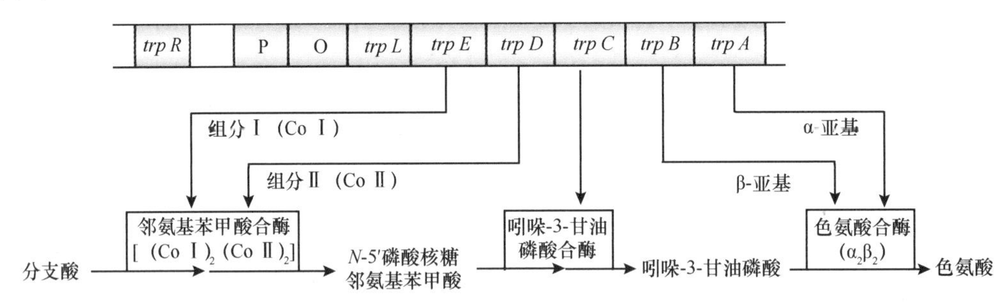

图 16-14 色氨酸操纵子的基本结构

（二）色氨酸操纵子的调节机制

色氨酸操纵子有 2 种机制调控转录：一是阻遏蛋白与操纵序列的结合先于 RNA-pol 与启动子结合，阻止 RNA-pol 向前移动，表现阻遏作用以控制转录起始；二是一旦 RNA-pol 与启动子结合，并越过操纵序列而启动转录时，表现转录衰减作用（attenuation）以控制转录能否进行下去。转录阻遏是 *trp* 操纵子的粗调开关，转录衰减是 *trp* 操纵子的精细调节。

1. 转录阻遏调节 当培养基中色氨酸含量很少时，*trp* 阻遏蛋白以同源二聚体的形式存在，不能与操纵序列结合，使得 RNA-pol 能够转录色氨酸操纵子。但当色氨酸含量丰富时，色氨酸与 *trp* 阻遏蛋白结合，使其能够与操纵序列结合。由于操纵序列与启动子具有一定的序列重叠，阻碍蛋白的结合使得 RNA-pol 不能与启动子结合而抑制了转录（图 16-15）。因此，色氨酸被称为辅阻遏物（corepressor）。

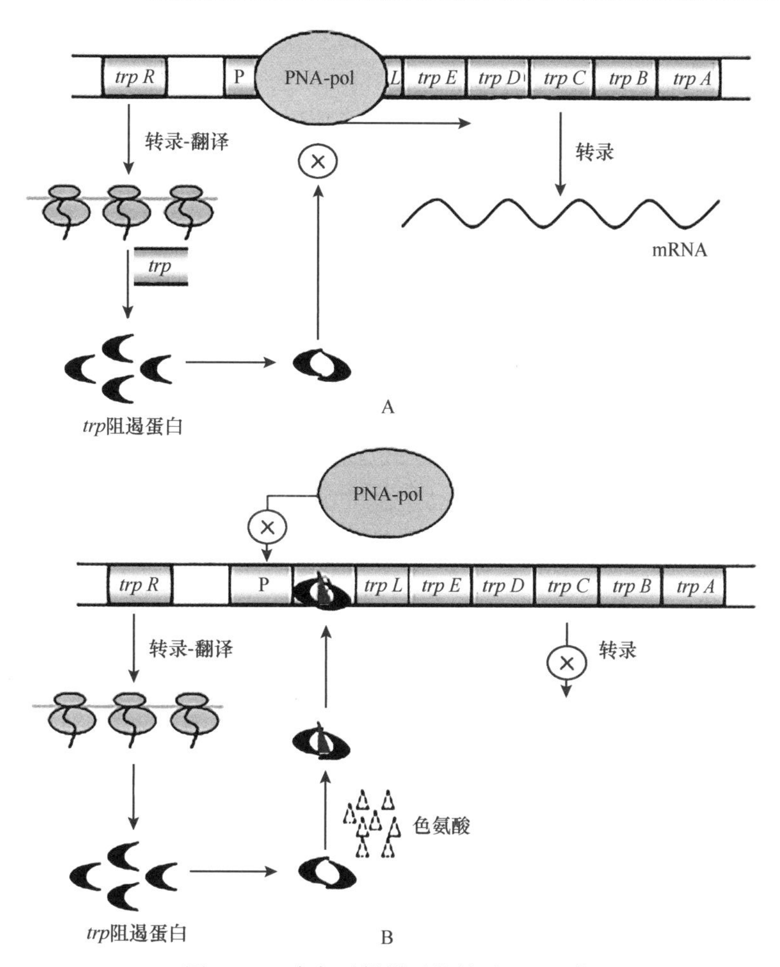

图 16-15　色氨酸操纵子的转录阻遏调控

A. 色氨酸含量低时，阻遏蛋白的二聚体不能结合在操纵序列上，*trp* 操纵子可以表达；B. 色氨酸含量高时，色氨酸与阻遏蛋白结合，并与操纵序列结合，*trp* 操纵子不能表达

2. 转录衰减调节　转录衰减调节是一种将转录与翻译联系在一起的转录调控机制。在色氨酸操纵子中存在一个长 162bp 的前导序列（*trp L*），其中第 123 ～ 150 位核苷酸如果缺失，该操纵子的表达水平可提高 6 ～ 10 倍。当 mRNA 开始合成后，除非培养基中完全不含色氨酸，否则转录总是终止在该区域，产生一个仅有 140 个核苷酸的 mRNA 分子，这就是第 123 ～ 150 位核苷酸缺失会提高色氨酸操纵子表达的原因。因此，此区序列是一个衰减子（attenuator）。

当存在一定量的色氨酸时，衰减产生的 140 个核苷酸的 mRNA 分子含有 4 个短序列，它们分别标记为 1 区、2 区、3 区和 4 区，它们之间可以通过碱基配对形成 1-2 和 3-4 茎 - 环结构，或形成 2-3 的茎 - 环结构。这些茎 - 环结构的稳定性依次是 1-2 ＞ 2-3 ＞ 3-4。3-4 茎 - 环结构的后面紧跟着一个多聚 U 序列，这是一个不依赖 ρ 因子的转录终止结构（图 16-16）。此外，该 mRNA 序列的 1 区中还含有独立的翻译起始密码子 AUG 和终止密码子 UGA，而且第 10 位和第 11 位为色氨酸密码子。

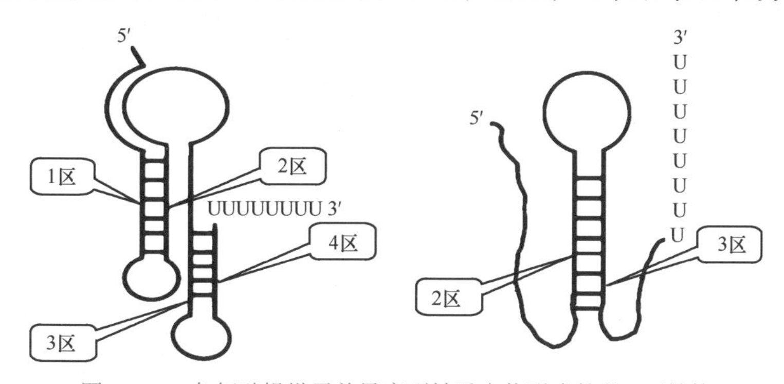

图 16-16　色氨酸操纵子前导序列转录产物形成的茎 - 环结构

因此，前导序列一经转录后，可立即翻译出一段含有 14 个氨基酸残基的前导肽（leader peptide）——MKAIFVLKGWWRTS，此前导肽的第 10 位和第 11 位均为色氨酸残基。由于原核生物的转录与翻译是同步进行的，前导肽中这 2 个色氨酸与转录的调节密切相关。

当培养基中色氨酸大量存在时，前导肽（14 肽）被正常翻译，此时核糖体占据 1 区和 2 区位置，3 区与 4 区互补形成茎 - 环结构，这一结构和随后的多聚 U 序列构成转录终止信号，结束转录过程，使得后续的结构基因得不到表达，转录终止在 140 核苷酸处。当培养基中色氨酸的浓度降低时，trp-tRNA^{trp} 产生受限，前导肽翻译到色氨酸密码子（UGG）处暂停，此时核糖体占据 1 区的位置，2 区与 3 区配对，终止信号不能形成，后续的转录得以继续进行下去（图 16-17）。由此可见，衰减作用充分利用了转录和翻译的偶联来实现对色氨酸操纵子转录的精细调节。转录衰减作用在原核生物中是相当普遍的，在大肠埃希菌和沙门菌中已发现不少操纵子都有衰减现象。

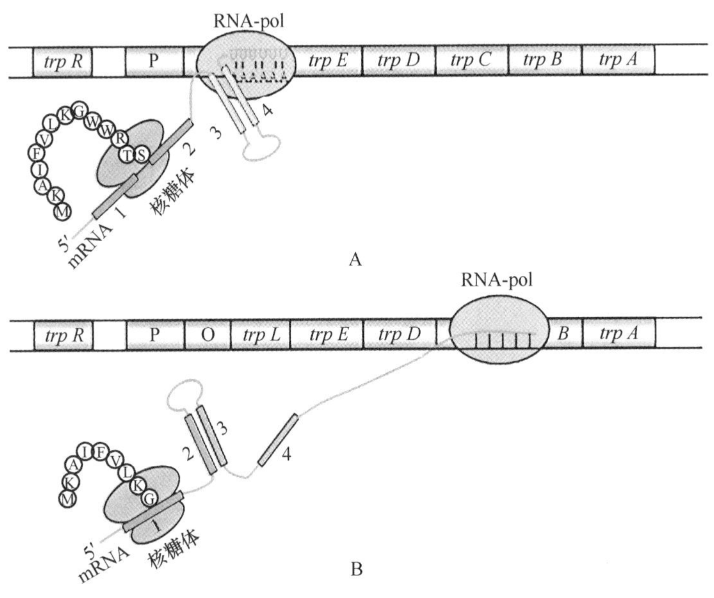

图 16-17　色氨酸操纵子的转录衰减调控机制

A. 当培养基中色氨酸浓度较高时，核糖体占据 mRNA 的 1 区和 2 区位置，3 区与 4 区互补形成了茎 - 环结构，使得转录终止；B. 当培养基色氨酸浓度较低时，核糖体占据 1 区的位置，2 区与 3 区配对，终止信号不能形成，后续的转录得以继续进行

原核基因表达在翻译水平上也受到控制。原核生物中研究最清楚的翻译水平的调控系统是大肠埃希菌核糖体蛋白质合成的负反馈调控（negative feedback regulation）机制。大肠埃希菌有 7 个操纵子与核糖体蛋白质合成有关，每个操纵子转录的 mRNA 都能够被其编码的蛋白质识别与结合。如果某种核糖体蛋白质在细胞中过量积累，他们将与其自身的 mRNA 结合，阻止这些 mRNA 的进一步翻译。mRNA 分子上与蛋白质结合的位点通常包括 mRNA 5′ 端的非翻译区和 SD 序列。如果 SD 序列发生突变，就会大大降低其相应的 mRNA 的翻译效率。

第 3 节　真核生物基因表达调控

真核生物的基因表达调控比原核生物复杂得多。原核细胞与外界环境直接接触，它们主要通过转录调控来启动或关闭某些基因的表达以适应环境。很多环境因子往往是调控基因表达的诱导物。大多数真核生物是复杂的多细胞生物体，基因表达调控最明显的特点是能在特定的时空条件下激活特定的基因，从而实现编程式的不可逆的分化和发育进程，并使组织和器官在一定的环境下保持相对稳定的内环境。

一、真核生物基因组的特点

1. 基因组庞大且结构复杂　如大肠埃希菌基因组为 4.64×10^6bp，约含 4288 个基因。人类基因组则为 3×10^9bp，约有 2 万个编码蛋白基因。真核 DNA 与组蛋白结合构成核小体，具有串珠形状的核小体再经盘绕和浓缩后形成染色质，组装在细胞核内，而原核生物基因组基本是裸露的双链环状 DNA。

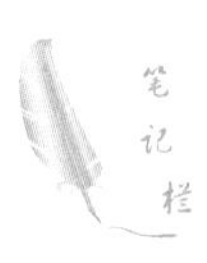
笔记栏

2. 非编码序列远多于编码序列　人类基因组中，编码序列仅占基因组DNA的3%左右，非编码序列（如内含子、调控序列和重复序列）占95%以上。原核生物基因组的大部分序列都是编码序列，编码区占基因组的99.7%。

3. 含有大量重复序列　人类基因组中，重复序列约占40%，其中高度重复序列占10%～20%，中度重复序列占20%～30%，而原核生物基因组中基本上没有重复序列。

4. 基因大多不连续　真核基因内的编码区（外显子）和非编码区（内含子）交替排列，形成断裂基因。而原核生物基因是连续的，无内含子。

5. 编码蛋白基因转录生成单顺反子mRNA　原核生物基因调控是以操纵子为单位，功能上相关的基因串联排列，转录产生多顺反子mRNA。

二、真核生物基因表达调控机制

（一）染色质水平的调控

在真核细胞周期的间期和分裂期的前早期，染色质仍处于凝缩状态的一些区域称为异染色质(又称非活性染色质)，未凝缩部分称为常染色质（又称活性染色质）。

1. 活化基因区对DNase Ⅰ超敏感　常染色质区的基因有转录活性，结构松弛，因而对DNase Ⅰ超敏感。高敏感位点可位于转录活性区域的5′-侧翼区、3′-侧翼区，甚至在转录区内。特别是在5′-侧翼区的1000bp内，用DNase Ⅰ处理可产生100～200bp的片段。高敏感位点区核小体相对缺少。很多高敏感位点是调节蛋白的结合序列。

2. 活化基因区的核小体结构或位置发生变化　核小体上的组蛋白是碱性蛋白质，带正电荷，可与DNA链上带负电荷的磷酸基结合，从而掩盖了DNA分子，抑制转录。染色质中的非组蛋白被磷酸化后，可与组蛋白结合成复合物，并从DNA链上脱落下来，使DNA链启动子暴露，可被RNA-pol识别而开始转录。进一步的研究发现，活跃进行基因转录的染色质区的组蛋白被乙酰化和泛素化，这些修饰导致核小体变得松散或解聚，利于基因转录。基因表达活化时，核小体发生2种改变：①核小体解聚或完全消失（图16-18）；②核小体虽未消失，但位置发生了移动（图16-19）。这引起转录起始部位的DNA链变得“开放”，使促进转录的转录复合物易于靠近。在基因转录过程中，由染色质重塑复合物介导的染色质核小体的变化和组蛋白修饰及对应的DNA结构发生的一系列变化统称为染色质重塑（chromatin remodeling）。

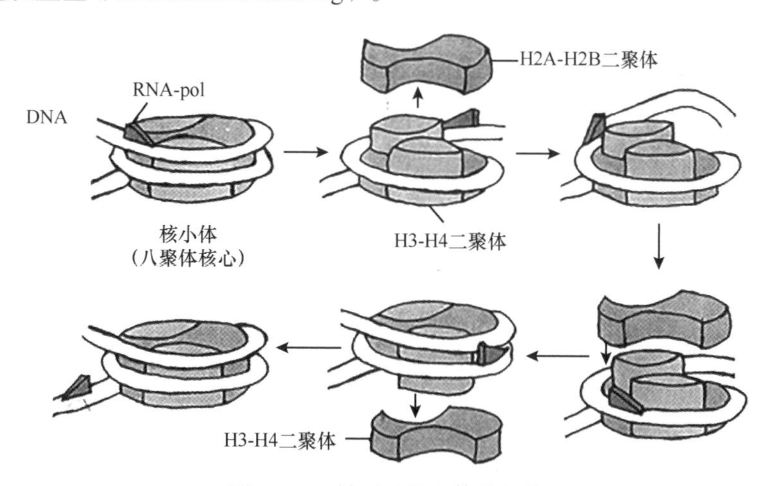

图16-18　转录时核小体的解聚

3. 活化基因的甲基化程度下降　DNA甲基化常发生在DNA链上的胞嘧啶的第5位碳原子上（m^5C），哺乳动物基因组中的m^5C占胞嘧啶总量的2%～7%，约70%的m^5C存在于CpG二联核苷酸上。在结构基因的5′-侧翼区，CpG二联核苷酸常以成簇串联形式排列（主要位于基因的启动子区，也有少量位于基因的第1个外显子区），这种富含CpG二联核苷酸的区域称为CpG岛，其大小为500～1000bp，约56%的编码基因含CpG岛。启动子区甲基化程度与转录的抑制程度相关，基因的甲基化程度与其转录程度呈负相关，活化基因区呈现低甲基化状态。真核细胞中，特别是高等生物体内的甲基化和非甲基化基因的转录活性相差可达10^6倍，高度甲基化的基因处于失活状态，而

笔记栏

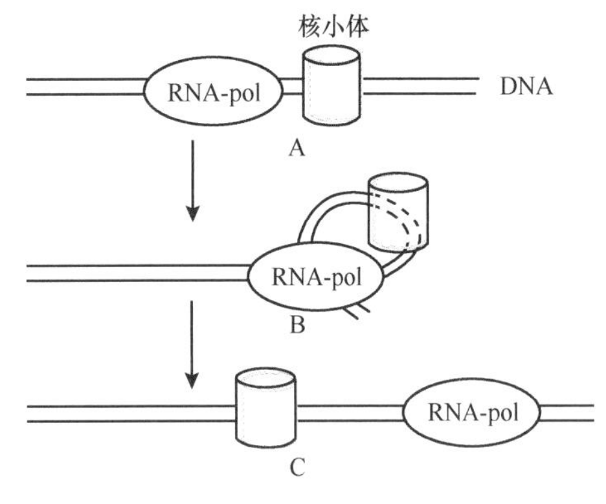

图 16-19　基因活化区的核小体发生位置移动
A. RNA-pol 前移遇到核小体；B. 原来绕在组蛋白上的 DNA 解聚及弯曲；C. 一个区段转录完毕，核小体发生了移位

一直处于活性转录状态的管家基因则始终保持低水平的甲基化。在哺乳类的早期胚胎发育中，CpG 岛的甲基化水平极低，因而表现高转录活性，但此后可通过重新甲基化，使基因在不同发育时期得以特异表达。

4. 组蛋白修饰　细胞对内、外界环境变化所做出的应答常伴有对某些基因表达活性的调节，这几乎都会涉及染色质活性的改变，而且往往是通过组蛋白修饰（histone modification）和组蛋白密码（histone code）变换实现的。组蛋白中被修饰氨基酸的种类、位置和修饰类型统称为组蛋白密码。常见的组蛋白修饰包括乙酰化、甲基化、磷酸化、泛素化和多聚 ADP- 核糖基化等。

上述的 DNA 甲基化、染色质重塑和组蛋白修饰等现象都属于表观遗传学（epigenetics）的研究范畴。

5. DNA 扩增与重排　DNA 扩增（DNA amplification）是指某些基因的拷贝数专一性大量增加的一种基因活性调控方式。这使细胞在短期内产生大量专一性的产物，以满足生长发育的需要。例如，非洲爪蟾卵母细胞为储备大量核糖体以供卵细胞受精后发育，通常需要专一性增加编码核糖体 rRNA 的基因（即 rDNA）。卵母细胞的前体同其他体细胞一样，含有约 600 个 rRNA 基因（rDNA）。在基因扩增之前，这 600 个 rDNA 基因以串联方式排列。在发生扩增的 3 周时间里，rDNA 不再是一个单一连续 DNA 片段，而是形成大量小环及复制滚环，以增加基因的拷贝数。扩增后的 rRNA 基因的拷贝数高达 2×10^6，这个数目可使得卵母细胞形成 1×10^{12} 个核糖体，以满足胚胎发育早期蛋白质合成的需要。卵母细胞成熟后，多余的 rDNA 被水解。

DNA 重排（DNA rearrangement）是基因活性调节的另一种方式。这种调节主要是根据 DNA 片段在基因组中位置的变化，即从一个位置变换到另一个位置，从而改变基因的活性。最熟知的 2 个例子是酵母交配型的控制和抗体基因的重排。

（二）转录水平调控

与原核细胞一样，真核细胞基因转录起始也是基因表达调控的关键。真核生物的转录调控是通过 RNA-pol、DNA 的顺式作用元件和反式作用因子的相互作用实现的。

1. 转录起始调控　主要是 RNA-pol 与转录因子的相互作用，以及顺式作用元件和反式作用因子的相互作用。真核生物的 RNA-pol Ⅰ、Ⅱ和Ⅲ分别识别Ⅰ、Ⅱ和Ⅲ类启动子，并分别与Ⅰ、Ⅱ和Ⅲ类转录因子相互作用，启动不同种类 RNA 基因的转录（见第 14 章）。

前已述及，顺式作用元件包括启动子、增强子、沉默子、各种反应元件（如激素反应元件、铁反应元件）等。增强子是正性调控元件，它需与增强子结合蛋白结合来发挥增强作用。沉默子是负性调控元件，它与沉默子结合蛋白结合后，可使其附近的启动子失活。激素反应元件与激素 - 受体复合物结合，调节邻近基因的表达，如糖皮质激素的反应元件为 5′-AGAACANNNTGTTCT-3′，雌激素的反应元件为 5′-AGGTCANNNTGACCT-3′。

2. 转录后调控　转录后调控涉及 mRNA 的首尾修饰、选择性剪接、RNA 编辑、成熟 mRNA 的核外输出和转录后基因沉默等多个环节。

（1）mRNA 的首尾修饰：有利于 mRNA 的稳定性，mRNA 的稳定性将直接影响到基因表达最终产物的数量。大量稳定的 mRNA 可增加蛋白质的表达。真核生物 mRNA 的 poly（A）尾中每 10 ～ 20 个腺苷酸可以结合一个 poly（A）结合蛋白（PABP），这样的结构可以防止 3′ → 5′ 核酸外切酶降解 mRNA，提高 mRNA 的稳定性。mRNA 在胞质中降解的快慢会影响表达，一般而言，poly（A）尾越长，翻译效率越高。核酸外切酶会使 poly（A）尾缩短，当剩下 30 个 A 时，发生 5′ 端脱帽，降解加速。但真核生物 mRNA 的半衰期相差很大，有的可长达数十小时，而有的则只有几十分钟或更短。半衰期短的 mRNA 通常是编码调节蛋白。因此，这些蛋白质的水平可以随着环境的变化而迅速改变，达到调控其他基因表达的目的。此外，帽子结构还可以通过与相应的帽结合蛋白结合以提高翻译的效率，并参与 mRNA 从细胞核向细胞质的转运。3′ 端 poly（A）尾结构与 5′ 端帽子结构的协同作用影响着翻译的启动。

（2）选择性剪接：一种 mRNA 前体通过不同的剪接方式（选择不同的剪接位点组合）可产生不同的 mRNA 剪接异构体，最终的蛋白质产物会表现出不同或者是相互拮抗的功能和结构特性。一般而言，mRNA 前体仅形成一种成熟的 mRNA，并由此翻译成为一种肽链。但通过选择性剪接可使初始转录本产生不同的成熟 mRNA（见第 14 章）。mRNA 前体的选择性剪接过程是真核细胞中一种重要的基因功能调控机制，也被认为是哺乳动物表型多样性的一个重要原因，可能在物种的进化和分化中起到重要作用。选择性剪接在人类基因组中广泛存在，不仅调控着细胞、组织的发育和分化，还与许多人类疾病密切相关。

（3）RNA 编辑：正如第 14 章所述，mRNA 前体由于核苷酸的缺失、插入或替换，使其碱基序列与基因编码序列不完全对应，这使得一个基因可以产生多种氨基酸序列不同、功能不同的蛋白质分子。机体通过 RNA 编辑不仅扩大了遗传信息，而且使生物能更好地适应生存环境，这可能是生物在长期进化过程中形成的、更经济有效地扩展原有遗传信息的方式。

（4）成熟 mRNA 的核外输出：调节成熟 mRNA 的核外输出也会影响基因表达。成熟 mRNA 输出至核外是需要核输出受体的主动过程。人们普遍认为在转录中进行的细胞核 mRNA 包装和加工直接与其通过核孔复合物（nuclear pore complex，NPC）进行的输出相偶联，以便进行细胞质中的翻译。例如，在芽生酿酒酵母中，mRNA 包装复合物 THO 和 RNA 解旋酶 Sub2 与 mRNA 输出因子结合，形成 TREX（转录 / 输出）复合物，使 mRNA 定位到 NPC 上。

（5）转录后基因沉默：基因沉默（gene silencing）是指生物体内特定的基因由于种种原因不表达或表达减少的现象。基因沉默现象最初在转基因植物中发现，随后在线虫、真菌、水螅、果蝇和哺乳动物中也陆续发现。基因沉默是基因表达调控的一种重要方式，是生物体的本能反应，是生物体在基因调控水平上的一种自我保护机制。基因沉默包括转录水平基因沉默和转录后基因沉默（post-transcriptional gene silencing，PTGS）。转录水平基因沉默主要是由于基因无法被顺利转录成相应的 RNA 而导致的基因沉默，如基因及其启动子的甲基化就属于这种情况。PTGS 是指基因在细胞核里能被稳定转录，但在细胞质里却无相应稳态 mRNA 存在的现象。PTGS 主要有 RNA 干扰、共抑制和基因压制。

RNA 干扰（RNA interference，RNAi）是指通过双链 RNA（double-stranded RNA，dsRNA）分子诱发同源 mRNA 降解而使特异性基因沉默的过程。有 2 种小 RNA 参与 RNA 干扰，即干扰小 RNA（small interference RNA，siRNA）和微小 RNA（microRNA，miRNA）。内源性或外源性的 dsRNA 进入细胞后，经 Dicer 酶（RNAase Ⅲ家族成员）切割产生 21 ～ 25bp 的双链 siRNA，Dicer 酶使双链 siRNA 解链，进一步与 Argonaute 等蛋白结合形成 RNA 诱导的沉默复合物（RNA-induced silencing complex，RISC）。RISC 通过 Dicer 酶的解旋酶活性将双链 siRNA 变成 2 条互补的单链 siRNA，然后那条反义的单链 siRNA 与互补的靶 mRNA 分子结合，Dicer 酶的核酸内切酶活性再降解靶 mRNA，使其不能够进行表达（图 16-20）。

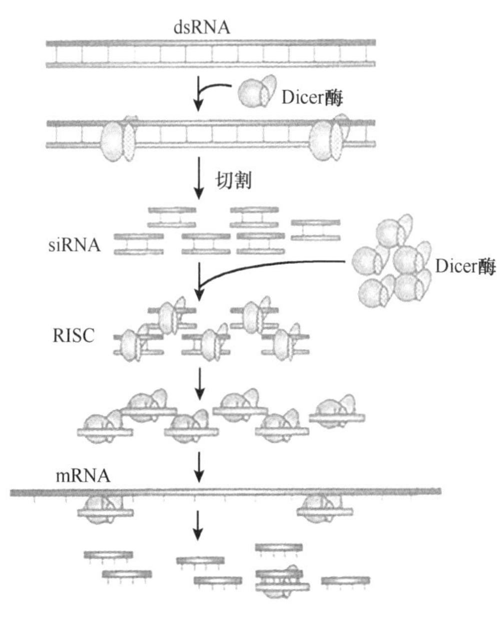

图 16-20 RNA 干扰的作用机制示意图

共抑制（co-suppression）是由于外源基因编码区与受体细胞基因存在同源性，导致外源基因与内源基因的表达同时受到抑制。基因压制是指外源基因可以抑制自身基因和相应内源基因的表达。共抑制和基因压制现象发生于转基因植物中，其实它们的本质都是 RNA 干扰。

3. 翻译水平调控 翻译水平调控在真核生物基因表达调控中的作用要比在原核生物中的作用大得多。蛋白质合成阶段的基因调控有蛋白质合成起始速率的调控和 mRNA 的识别等。

（1）翻译起始因子磷酸化的调控：真核细胞内翻译的起始是一个多步的复杂过程，需要多种起始因子（eIF）的参与（参见第 15 章）。翻译起始的调控受细胞内各种因素影响，这些因素通过激活

蛋白激酶使起始因子磷酸化，磷酸化的起始因子的功能被改变。

eIF2 的功能是介导 Met-$tRNA_i^{Met}$ 与定位在核糖体 P 位上的 mRNA 的起始密码子 AUG 结合，启动翻译过程。eIF2 先与 GTP 结合形成 eIF2-GTP，再进一步与 Met-$tRNA_i^{Met}$ 形成 eIF2-GTP-Met-$tRNA_i^{Met}$ 三元复合物。此三元复合物结合到核糖体上的 mRNA 后，eIF5（GTP 酶激活因子）激活 eIF2 的 GTP 酶的活性，使 eIF2-GTP 水解为 eIF2-GDP，eIF2-GDP 从核糖体上脱落，核糖体进入翻译过程。eIF2-GDP 在 eIF2B 的作用下结合 GTP 转换为 eIF2-GTP，再参与翻译起始，形成循环。如果 eIF2 被 eIF2 α 激酶磷酸化，就不能形成 eIF2-GTP，抑制翻译的起始（图 16-21）。磷酸化的 eIF2 还是 eIF2B 的竞争性抑制剂，降低 eIF2-GDP 转换为 eIF2-GTP 的水平。在哺乳动物，红细胞血红素对珠蛋白合成的调节就是通过 eIF2 的磷酸化进行的。当红细胞血红素降低时，使血红素调节抑制因子（HRI，eIF2α 激酶家族的一个成员）激活，再催化 eIF2 磷酸化，导致珠蛋白翻译受抑制。

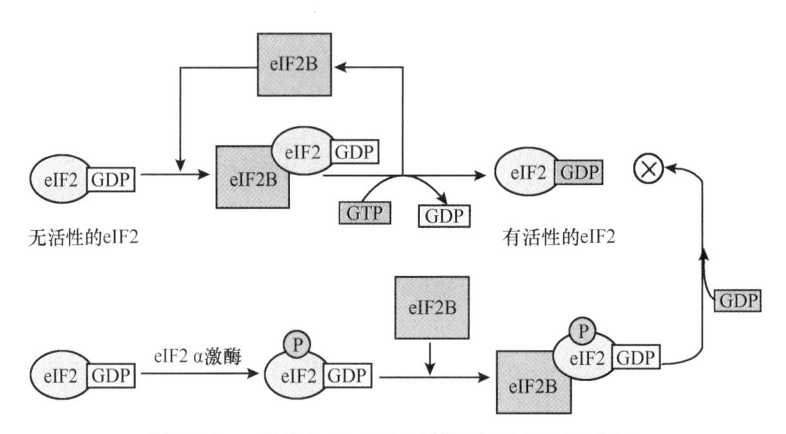

图 16-21　真核生物 eIF2 对翻译起始的调控作用

eIF4E 是识别结合 mRNA 5′-m^7G 帽子结构的翻译起始因子，eIF4E 由 3 个亚基 α、β、γ 组成，α 和 γ 亚基的磷酸化有利于 3 个亚基形成复合物，或促进 eIF4A、eIF4B 和 eIF3 组装成更高级的复合物，增强翻译的起始过程。热休克或生长因子通过信号转导激活蛋白激酶，催化 eIF4E 的磷酸化，促进翻译的起始。

（2）mRNA 非翻译区的调控：mRNA 的非翻译区包括 5′ 非翻译区（5′-UTR）和 3′ 非翻译区（3′-UTR），对翻译起始和终止具有调控作用。翻译起始时，核糖体的小亚基先结合于 5′ 端的帽子结构下游，然后向 mRNA 下游扫描到 AUG，起始翻译。5′-UTR 的长度及其与第一个 AUG 之间的距离，可影响翻译起始的效率和准确度。近 90% 的核糖体，翻译的起始开始于第一个 AUG 密码子。如果 5′-UTR 太短或与 AUG 太近，引起核糖体小亚基扫描遗漏起始 AUG，而滑向第二个 AUG，甚至第三个 AUG，产生 2 个以上相关蛋白。5′-UTR 二级结构也影响翻译过程，5′-UTR 若存在碱基配对形成发夹二级结构，可阻止核糖体亚基的移位，抑制翻译的过程。碱基配对越多，发夹结构越稳定，抑制作用越强。

（3）mRNA 特异结合蛋白的调控：在真核细胞质内，有一些特异的翻译抑制蛋白可以结合到 mRNA 的 5′ 端，抑制翻译起始。还有一些翻译抑制蛋白可以识别结合到 mRNA 的 3′ 端特异位点，干扰 3′ 端 poly（A）与 5′ 端帽子结构的联系，抑制翻译起始。例如，细胞内铁蛋白的翻译受到特异翻译抑制蛋白的调控。铁蛋白是机体内一种储存 Fe^{3+} 的可溶性蛋白，铁蛋白合成的调节与游离的 Fe^{3+} 浓度、铁反应元件结合蛋白、铁反应元件（iron-response element，IRE）等有关。当细胞质中 Fe^{3+} 水平低时，细胞中的铁调节蛋白与铁蛋白 mRNA 的 5′ 端铁反应元件结合，抑制铁蛋白的翻译。当细胞质中 Fe^{3+} 水平上升超过一定值时，Fe^{3+} 与已结合在 mRNA 上的铁调节蛋白相结合，使铁调节蛋白丧失与铁反应元件的结合能力而从铁反应元件上脱落，解除翻译的抑制作用，启动铁蛋白的翻译（图 16-22）。

笔记栏

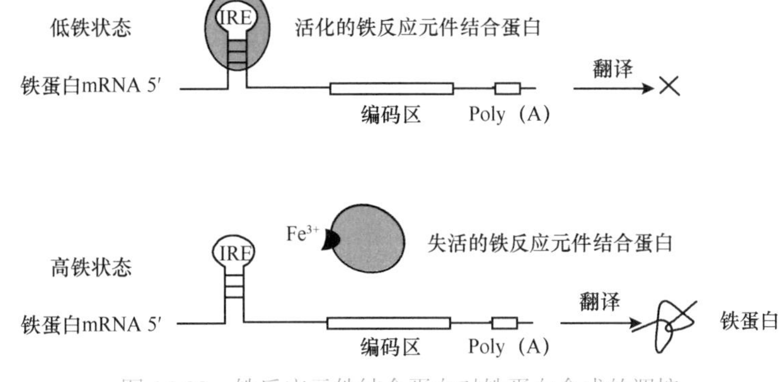

图 16-22　铁反应元件结合蛋白对铁蛋白合成的调控

小　　结

微课 16-2

生物体通过特定的 DNA- 蛋白质及蛋白质 - 蛋白质之间的相互作用来控制基因是否表达或表达多少，以使生物体适应环境的变化过程称为基因表达调控。

基因表达的基本方式有组成性表达、适应性表达和协调性表达。管家基因的表达较少受环境因素的影响，属于组成性表达。在特定环境信号刺激下，使得某些基因的表达增强属于诱导表达，反之属于阻遏表达。在一定机制下，功能相关的一组基因需协调一致、相互配合、共同表达，此为协调表达。

基因表达调控的基本特性有正性调控与负性调控、调控的时空特异性和调控的多层次性。正性调控是指调控因子促进基因的表达，反之为负性调控。基因表达的时间特异性是指按照生物体生长、发育的需要，相应基因的表达严格按特定的时间顺序发生；空间特异性是指某一基因在不同组织中的表达不同；基因表达调控的多层次性是指在染色质水平、转录水平和翻译水平上的任一环节均可进行调控。

基因表达调控的分子基础：特异的 DNA 调控序列、转录调节蛋白和小 RNA 分子是参与基因表达调控的主要分子。特异的 DNA 调控序列与转录调节蛋白主要是参与转录起始的调控；小 RNA 分子参与转录后的调控。原核生物的 DNA 调控序列有启动序列、阻遏蛋白结合序列及激活蛋白结合序列等；真核生物的启动子、增强子、沉默子、反应元件等，统称为顺式作用元件。原核生物转录调节蛋白包括特异的 σ 因子、阻遏蛋白和激活蛋白；真核基因转录调节蛋白即转录因子，分为顺式作用蛋白和反式作用因子两大类。

原核生物的大多数基因的表达调控是通过操纵子机制实现的。操纵子通常由几个编码序列与启动序列、操纵序列及其他调节序列在基因组中成簇串联组成。最典型的例子是乳糖操纵子（可诱导型）和色氨酸操纵子（可阻遏型）。

真核细胞的基因表达调控包括染色质水平调控、转录水平调控和翻译水平调控。染色质水平的调控涉及核小体变化和组蛋白修饰及对应的 DNA 结构发生变化。转录起始的调控是通过反式作用因子与顺式作用元件的相互作用来完成；转录后调控涉及 RNA 的首尾修饰、选择性剪接、RNA 编辑、成熟后 mRNA 的核外输出和 PTGS 等多个环节。选择性剪接是指从一种前体 mRNA 通过不同的剪接方式产生不同的 mRNA 剪接异构体的过程，而最终的蛋白质产物会表现出不同或者是相互拮抗的功能和结构特性。RNA 编辑是指前体 mRNA 分子中，由于核苷酸的缺失、插入或替换，使 mRNA 的序列与基因编码序列不完全对应，导致一个基因可以产生多种氨基酸序列不同、功能不同的蛋白质分子。PTGS 是指基因在细胞核里能被稳定转录，但在细胞质里却无相应稳态 mRNA 存在的现象。造成 PTGS 的根本原因是 RNA 干扰。RNA 干扰是指通过双链 RNA 分子诱发同源 mRNA 降解而使特异性基因沉默的过程。

（田余祥）

笔记栏

第四篇 专 题 篇

本篇共九章，内容涉及细胞信号转导、血液生物化学和肝的生物化学、癌基因与抑癌基因、与医学相关的分子生物学技术（包括重组 DNA 技术、分子生物学常用技术及其应用、基因诊断与基因治疗、疾病相关基因检测）和组学。

机体的一切生命活动与内环境的稳定均与细胞信号转导有关。细胞以多种方式感受内外环境的信号，参与信号转导的信息物质、受体种类和转导途径较多，而且各途径间存在着密切的交互联系，形成了一个复杂的网络系统。信号转导途径包括膜受体介导的信号转导和胞内受体介导的信号转导，当信息传递发生异常时则会导致信息传递的障碍，进而导致某些疾病的发生。

本篇还包括两章临床生物化学内容，即血液生物化学和肝的生物化学。前一章主要讨论血浆蛋白质的性质与功能，重点是讨论红细胞的代谢特点，尤其是血红素的生物合成与调节。后一章在复述肝在物质代谢中的作用之后，主要讨论肝的生物转化作用、胆汁与胆汁酸和胆色素代谢与黄疸。

重组 DNA 技术的重点是掌握该技术的基本过程（目的基因的获得，载体分子的选择与改造，目的基因与载体的连接，重组 DNA 分子的导入、筛选与鉴定，目的基因的表达）及其涉及的一些重要的工具酶。分子生物学常用技术及其应用的重点是掌握各种常用分子生物学技术的有关名词概念、基本原理及其应用。

绝大多数疾病的发生、发展都与患者基因的结构、功能改变或表达异常有关。癌基因、抑癌基因及生长因子在细胞的增殖、分化调节中发挥重要作用，癌基因促进细胞生长和增殖、阻止细胞的终末分化；抑癌基因则抑制细胞增殖、促进细胞分化；生长因子能促进细胞增殖生长，许多癌基因通过生长因子及其受体发挥作用。这些基因在细胞内产生的效应相互拮抗、相互协调，共同精确地调控细胞的生长、增殖与分化；当基因异常时可导致细胞恶性增殖，即形成肿瘤。

在基因水平诊断和治疗疾病是现代医学发展的趋势。基因诊断是利用现代分子生物学技术直接检测基因的存在，分析基因的类型和缺陷及其表达功能是否正常。其检测的对象包括 DNA 和 RNA，前者分析基因的结构，后者分析基因的功能。基因治疗是指通过特定的方式将人的正常基因或有治疗作用的基因导入人体靶细胞，以纠正基因的缺陷或者发挥治疗作用，最终达到治疗疾病的目的。疾病相关基因检测就是确定疾病表型和基因之间的实质联系，鉴定克隆疾病相关基因，确定候选基因。其策略和方法包括检测 DNA 靶标、RNA 靶标和克隆疾病相关基因。基因诊断与基因治疗的重点是掌握基因诊断与基因治疗的概念、常用的技术方法、常见的基因异常及其检测、基因诊断的应用、基因治疗的策略和基本程序。疾病相关基因检测的重点是掌握鉴定疾病相关基因的基本原则、策略和方法。

组学一章主要包括基因组学、转录物组学、蛋白质组学、代谢组学、糖组学、脂质组学和系统生物学等，重点掌握有关概念、研究内容及其在医学中的应用。

第 17 章 PPT

第 17 章 细胞信号转导

生物体内各种细胞功能上的协调统一是通过细胞通讯（cell communication）来实现的，多细胞生物可以对来源于外界的刺激或信号产生反应，在细胞内产生一系列有序反应，以调节细胞的代谢、增殖、分化、凋亡及各种功能活动，这个过程称为信号转导（signal transduction）。通过细胞信号转导，将来源于细胞外的信息传递到细胞内各种效应分子，从而完成细胞的生物学行为。人体的信号转导主要包括以下几个步骤：特定细胞释放信息物质→信息物质到达靶细胞→与特异受体结合→信

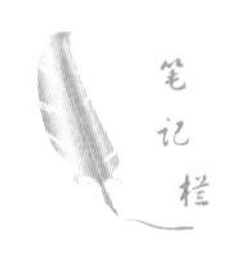

号转换→靶细胞产生效应。信息物质的种类繁多而复杂，表现出生命活动的复杂性和多样性。

第1节 信息物质

在细胞信号转导过程中进行信息传递的各种化学分子被称为信息物质，根据溶解度及其受体在细胞中的分布不同将信息分子分为细胞间信息物质和细胞内信息物质两大类。

一、细胞间信息物质

细胞所接收的信号包括物理信号和化学信号，其中由分泌细胞分泌的对细胞活动进行调节的信息物质统称为细胞间信息物质，又称为第一信使。细胞间信息传递需要数百种细胞间信息物质的参与，包括蛋白质、氨基酸、小分子肽、类固醇和核苷酸等。细胞间信息物质的主要特征是它们携带和传递细胞活动的调节信号给靶细胞（target cell），靶细胞以其特有的信号接收装置（即受体）将信号识别、放大并转换，从而产生细胞的生物学效应。信息物质根据其到达靶细胞的距离及作用方式等又可分为局部化学介质、激素、神经递质三大类。

（一）局部化学介质

局部化学介质是大多数细胞都能分泌一种或数种局部的信息物质，又称为旁分泌信号（paracrine signal）。它们不需要经过血液转运，而是在组织液中通过扩散作用于周围的靶细胞。例如，神经生长因子（nerve growth factor，NGF）、白细胞介素（interleukin，IL）、表皮生长因子（epidermal growth factor，EGF）、肥大细胞分泌的组胺、生长抑素、NO、花生四烯酸及其代谢产物（前列腺素等），都属于此类信息物质。该类物质的作用时间均较短，通常迅速被靶细胞吸收或被细胞外的酶所降解。

（二）内分泌激素

内分泌激素一般是由特殊分化的内分泌细胞分泌的化学物质，又称为内分泌信号（endocrine signal）。它们需要经过血液循环转运到达靶细胞传递信息，从而调节靶细胞的代谢活动。根据内分泌激素的化学组成，可将其分为两大类，即含氮化合物激素和固醇类激素。前者如氨基酸的衍生物（肾上腺素、甲状腺素等）、肽类和蛋白质类物质（胰岛素、胰高血糖素、甲状旁腺素、垂体激素等）；后者如肾上腺皮质激素、性激素等。除甲状腺素外，含氮类激素都是水溶性的。

（三）神经递质

神经递质来源于神经细胞，是神经细胞与靶细胞之间进行信息传递的信息分子，由突触前膜释放，又称为突触分泌信号（synaptic signal），包括神经递质（乙酰胆碱、多巴胺、谷氨酸等）和神经肽（内源性吗啡、P物质等），其作用时间较短。

除上述主要的细胞间信息物质外，还有一些信息物质，如一氧化氮（NO），NO半衰期短、结构简单，化学性质活泼。体内NO由NO合酶（NO synthase，NOS）通过氧化*L*-精氨酸的胍基而产生。除NO外，具有信息传导作用的气体分子还有一氧化碳（CO），是在血红素加氧酶催化血红素的氧化过程中产生的，具有类NO样作用。细胞因子（cytokine）能与分泌细胞自身受体结合发挥调节作用。

微课 17-1

二、细胞内信息物质

配体信号经受体转入细胞内，在细胞内传递细胞调控信号的化学物质称为细胞内信息物质，又称为第二信使（second messenger）。第二信使的组成呈多样性，从Ca^{2+}这样的无机离子到信号蛋白分子都可作为细胞内的信息物质参与信号转导。因为它们本身作用方式不同，作用途径和特点对代谢的影响也存在着很大的差异，见表17-1。

表17-1 第二信使的组成及对细胞功能的影响

信息物质化学本质	细胞内信使	引起的细胞内变化
无机离子	Ca^{2+}	PKC、CaM激活
脂类衍生物	甘油二酯（DAG）	PKC激活
糖类衍生物	三磷酸肌醇（IP_3）	胞内Ca^{2+}升高
核苷酸	cAMP、cGMP	PKA、PKG激活
蛋白质（含激酶）	Ras（P21蛋白）	蛋白激酶活性

微课 17-2

多数受体与配体结合后，使细胞内某种酶被激活，从而催化第二信使的生成，第二信使在细胞内活性迅速增高，第二信使浓度的变化是信息传递的重要机制，在完成其生理功能后，在相应的水解酶的作用下被迅速水解清除，信号终止。只有当其上游分子持续被激活，第二信使才能持续维持一定的浓度。这些充当第二信使的小分子物质多数是蛋白质的别构激活剂，使下游蛋白质激活而使信号进一步传递。

第2节 受　　体

Langley 在药理学实验研究中观察到肾上腺素仍然对完全变性的交感神经产生作用，而箭毒能明显对抗烟碱对去神经后的肌缩作用时指出，药物可能和细胞中某种特殊成分结合而发挥作用，这一实验结果对受体概念的提出是一个重要的启示。其后，Paul Ehrlich（以下简称 Ehrlich）在从事免疫学研究时提出了著名的“锁”与“钥”的受体 - 配体作用假说，即“侧链理论”，用于解释抗体对毒素的中和作用。他认为在细胞上有许多侧链，某种类型的侧链的亲毒基团一旦与毒素的结合基团结合，即如钥匙开锁一样使毒素的作用得以发挥。Clark 于 1933 年在总结和进行实验的基础上提出药物产生的效应和它与受体的结合量成正比，为受体学说奠定了坚实的基础，并对药理学研究产生了重要的影响。Ehrlich 因对抗体的产生机制及其功能原理的研究与 Ilya Ihch Mechnikov 分享 1908 年诺贝尔生理学或医学奖。

一、受体的概念与分类

（一）受体的概念

受体（receptor）是位于细胞膜或细胞内的具有对信息分子（包括内分泌激素、神经递质、毒素、药物、抗原和细胞黏附分子等）特异识别和结合功能，而引起生物学效应的一类生物大分子。其化学本质大多数是蛋白质，个别的是糖脂。能与受体结合的信息分子称为配体（ligand），信息分子的浓度为 10^{-15} ～ 10^{-9}mol/L 时就可以与受体结合。每个细胞的受体数目不同，受体可平均分布于细胞表面，也可集中在细胞的局部区域。

（二）受体的分类

经典的受体分类方法将受体按照配体和功能效应分为神经递质受体、激素受体、摄取血浆蛋白或转运物质的受体、细胞黏附受体、药物受体、化学趋向性物质受体、毒素受体、直接参与免疫功能受体和病原体受体 9 类。这种分类方法不能看出受体的结构与功能的关系，人们按照研究的需要和受体在细胞中的位置进行了分类，以明确解释受体的结构和信号转导机制。

1. 以受体的效应分类　受体来源于药理学研究的概念，在药理学及临床医学药物作用机制的描述中仍习惯于用激活受体的各受体激动剂的化学特性将受体进行分类。以激动剂为主的分类方法，通常将受体分为乙酰胆碱受体、肾上腺素受体、多巴胺受体、阿片肽受体等。对于新的受体激动剂和拮抗剂的深入研究，使各类受体的亚型研究得到迅速的发展，如肾上腺素受体中 α_1、α_2、β_1 和 β_2 等亚型，多巴胺受体 D1 ～ D5 等。

2. 以受体的亚细胞定位分类　为膜受体和胞内受体。大多数受体位于细胞膜上，称为膜受体。神经递质和大部分激素的受体都是膜受体，这些受体是镶嵌在细胞膜脂质双层结构中的糖蛋白，也有糖脂，都是整合膜蛋白（integral membrane protein），可以区域性分布，也可以散在分布。其主要功能是实现跨膜信息传递。胞内受体又可分成细胞质受体和细胞核受体，它们都是 DNA 结合蛋白，其 DNA 结合部位都形成“锌指”结构，改变这一区域的结构会导致该类受体完全丧失生物活性。胞内受体也可根据二聚化方式或与 DNA 结合的方式不同分为类固醇激素受体、RXR 异源二聚体受体、二聚化孤儿受体和单体孤儿受体。

二、受体的一般结构及功能

（一）膜受体

膜受体接收的是水溶性信息分子的信号，因这些水溶性分子不能进入细胞，需与膜受体作用，再将信息向细胞内传递。随着分子生物学技术的快速发展，膜受体分子结构和信号转导机制的研究取得了实质性的进展，人们将膜受体分为 G 蛋白偶联受体、离子通道型受体和酶偶联受体。

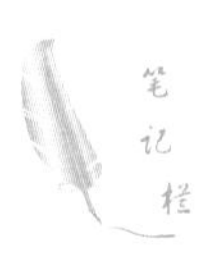

1. G 蛋白偶联受体（G-protein coupled receptors，GPCR） 这类受体由单一的多肽链构成，含 400～500 个氨基酸残基，分细胞外、细胞膜上和细胞内 3 个区。细胞膜结构域由高度保守的 7 个 α 螺旋构成，故该受体又称七次跨膜受体。是目前已经发现的种类最多的受体，在结构上有共同特点。而 G 蛋白是一类和 GTP 或 GDP 相结合、位于细胞膜胞质面、具有信号转导功能的蛋白质的总称。GPCR 多达 1000 多种，但均由单一肽链形成 7 个螺旋反复穿透细胞膜形成跨膜区段，疏水一端延伸为带 N 端的外侧，不同受体常常有不同的糖基化模式；另一端向内延伸为带 C 端的内侧链（图 17-1）。肽链 C 端的丝氨酸和苏氨酸残基为磷酸化部位，G 蛋白结合区位于胞质侧。

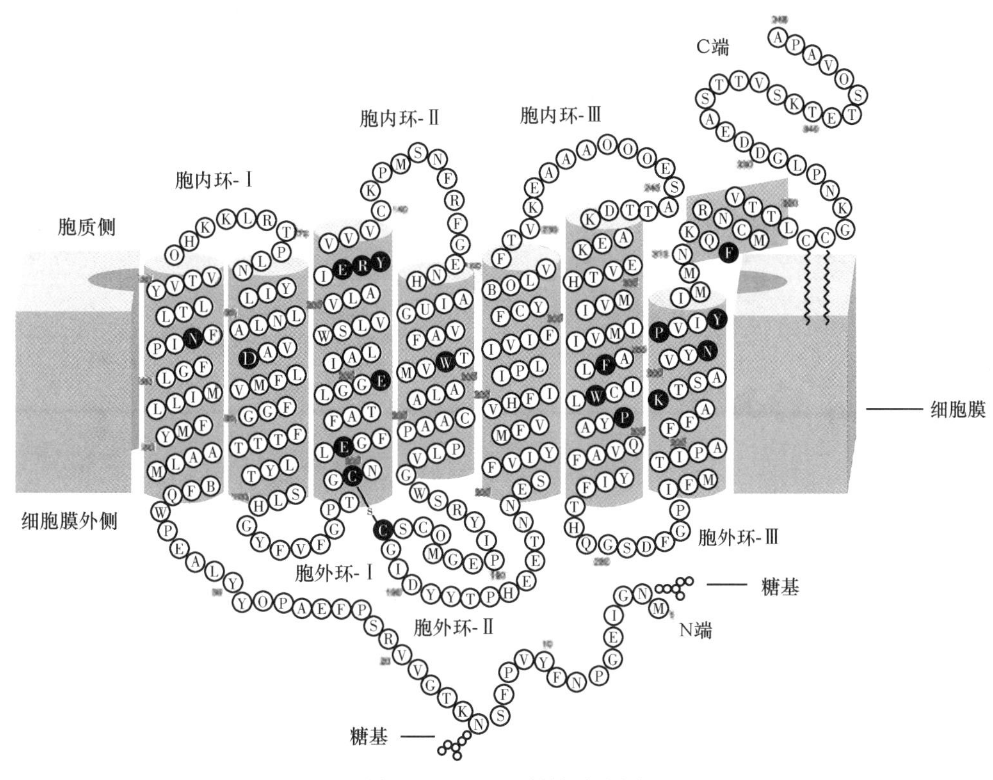

图 17-1 GPCR 结构示意图

G 蛋白有许多种，常见的有激动型 G 蛋白（stimulatory G protein，G_s）、抑制型 G 蛋白（inhibitory G protein，G_i）和磷脂酶 C 型 G 蛋白（PI-PLC G protein，G_p）。G 蛋白作用的重要特点是一个细胞内的 G 蛋白可以与不同受体和不同的效应器相偶联。各种 G 蛋白由 3 个亚基即 α 亚基（45kDa）、β 亚基（35kDa）和 γ 亚基（7kDa）组成（图 17-2），其中 α 亚基具有多个活化位点，包括可与受体结合并受其活化调节的部位，与 β、γ 亚基结合的部位，与 GDP 或 GTP 结合部位等。G 蛋白通过 γ 亚基锚定于细胞膜，有 2 种不同的构象形式，αβγ 三聚体存在并与 GDP 结合为非活化形式，而 α 亚基与 GTP 结合并使 βγ 二聚体脱落为活化形式（图 17-3）。不同的 G 蛋白能特异地将受体和效应酶偶联起来。在细胞内活化的 Gα 可作用于相应的效应分子，从而使细胞内信使分子的浓度发生迅速的改变。细胞内信使作用的靶分子主要为各种蛋白激酶。

案例 17-1

患者，女，一周前外出旅游归来，突然持续腹泻而就诊。主诉：发热、呕吐、腹痛、腹泻频繁，心慌、全身无力。体格检查：T 39℃，BP 9.31/6.65kPa，心率快，脉搏弱，患者粪便样检查，弯曲弧菌革兰氏染色阴性，有明显脱水症状。

初步诊断：霍乱。

问题讨论：1. 霍乱导致腹泻的机制是什么？

2. 如何用生物化学知识解释患者出现的血压下降？

笔记栏

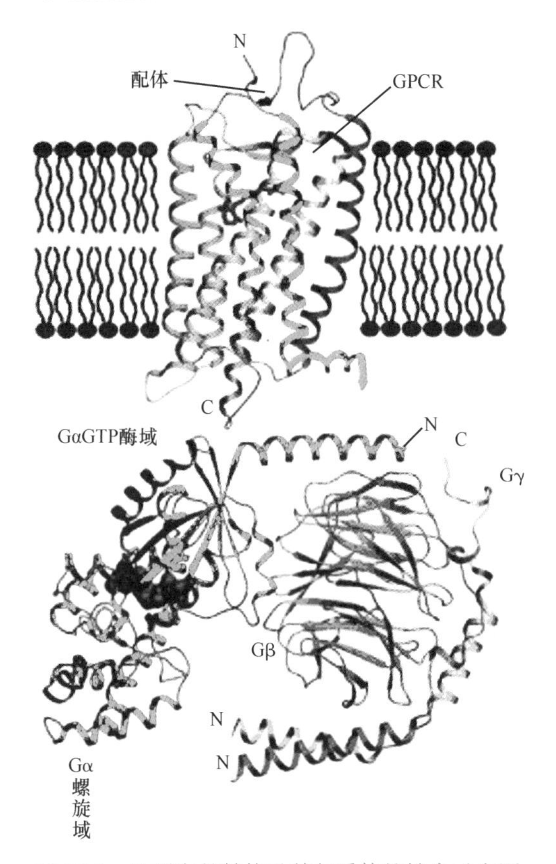

图 17-2 G 蛋白的结构及其与受体的结合示意图

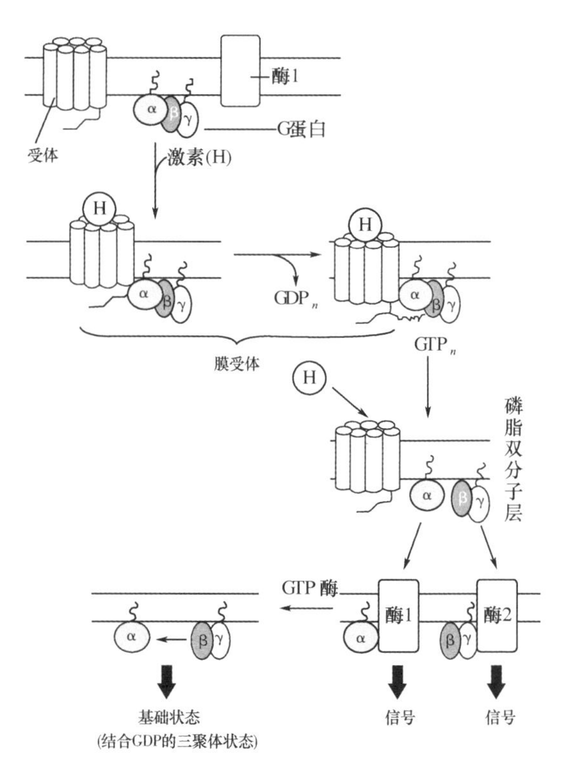

图 17-3 G 蛋白的作用机制示意图

图中◯表示 G 蛋白的 α 亚基，⬮表示 β 亚基，()表示 γ 亚基，当 G 蛋白释放 GDP 结合 GTP 时，G 蛋白的 α 亚基与 β、γ 亚基解离而使 G 蛋白活化，进一步激活其所作用的酶，后者再催化产生细胞内的信号物质

案例 17-1 分析讨论

当感染霍乱弧菌时，霍乱毒素进入细胞内，通过使激动型 G_α 亚基（$G_{s\alpha}$）发生 ADP- 核糖基化修饰，即催化 NAD^+ 上的 ADP- 核糖部分转移到 $G_{s\alpha}$ 亚基的精氨酸[201]上，改变 G 蛋白的功能，使其丧失 GTP 酶活性，使 $G_{s\alpha}$ 维持在活性状态，腺苷酸环化酶持续活化，cAMP 大量积聚至正常的 100 倍以上，改变小肠上皮细胞膜蛋白构象，大量 Cl^- 和水分持续转入肠腔，引起严重腹泻和脱水，直至出现循环衰竭。

2. 离子通道型受体 即环状受体。它们受神经递质等信息物质的调节。离子通道（ion channel）是指细胞膜上一类特殊亲水性蛋白质微孔道，是神经、肌肉细胞电活动的物质基础，其通道的开放或者关闭受化学配体的控制，称为配体门控受体型离子通道。门控（gating）是指离子通道的开放和关闭，根据门控机制的不同，可将离子通道分为 3 大类：①电压门控性（voltage gated，也称电压依赖性或电压敏感性）离子通道，会因膜电位的变化而开启和关闭，如钠、钾、氯和钙等通道；②配体门控性（ligand gated，又称化学门控性）离子通道，通过递质与通道蛋白质受体分子上的特定位点结合而开启，如谷氨酸受体通道、乙酰胆碱受体通道、门冬氨酸受体通道等；③机械门控性（mechanically-gated）离子通道，是能够感受细胞膜表面应力变化，实现胞外机械信号向胞内转导的一类通道。此外，还有细胞器离子通道，如广泛分布于哺乳动物线粒体外膜上的电压依赖性阴离子通道（voltage dependent anion channel，VDAC）、位于细胞器肌浆网或内质网上的 IP_3 受体通道等。它们受神经递质等信息物质的调节。通过离子通道的打开或关闭，改变膜通透性，引起或切断离子流动。

此类受体的共同结构特点是由均一或不均一的亚基在细胞膜上构成寡聚体，形成阴离子或阳离子通道。最典型的此类受体就是烟碱型乙酰胆碱受体（N-ACh 受体）（图 17-4）。N-ACh 受体为直

径只有 7 ～ 8Å 的孔道，由 $\alpha_2\beta\gamma\delta$ 5 种亚基组成的五聚体所形成的 α 螺旋结构组成，孔道的门控开关被认为在通道的中央附近，在这里，5 个 α 螺旋趋向中央，形成一个结，5 个 α 螺旋的亮氨酸残基组成了一个紧缩环，限制了离子的跨膜流动。ACh 受体对突触间隙的 ACh 浓度的增加可以迅速做出反应。在生理条件下 2 分子 ACh 与受体结合可以使受体处于开放状态，ACh 受体由关闭转换为开放型可在 30μs 内完成。ACh 与其受体结合后产生变构效应，使关闭状态时堵塞孔的疏水性较大的非极性氨基酸改变位置，以较小极性的氨基酸或中性氨基酸残基替代，导致离子通道开放。这种状态持续极为短暂，在几十微秒内又变回关闭状态，乙酰胆碱与受体解离，受体回复到初始状态。

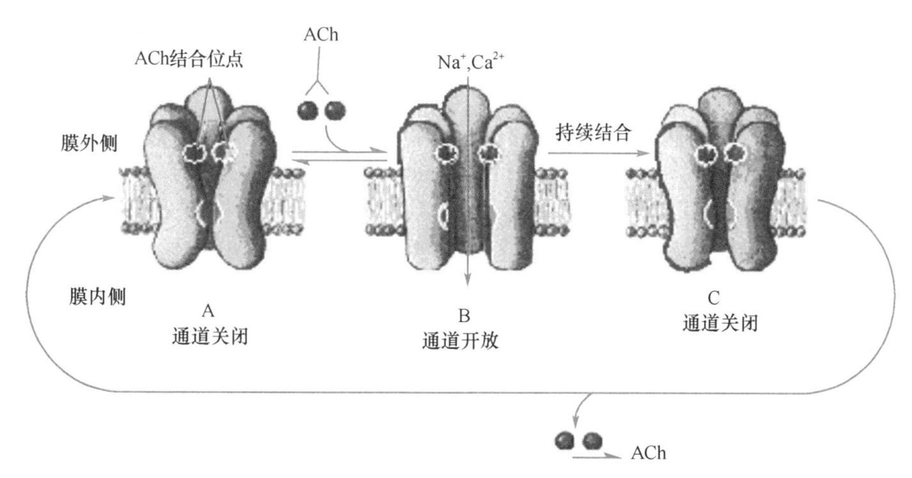

图 17-4　ACh 受体——通道型受体

3. 酶偶联受体　与七次跨膜受体相对应，酶偶联受体又称为单个跨膜 α 螺旋受体，是许多结构为单次跨膜的生长因子和细胞因子的受体。此类受体介导的信号转导主要是调节蛋白质的功能和表达水平、调节细胞增殖和分化。根据这类受体是否具有催化作用分为催化型受体（catalytic receptor）和非催化型受体。催化型受体与配体结合即具有酪氨酸蛋白激酶（tyrosine protein kinase，TPK）活性，可催化自身磷酸化或使其他底物蛋白的酪氨酸残基磷酸化。

催化型受体 [如胰岛素受体、表皮生长因子受体（EGFR）] 由 3 个部分组成：与配体结合的胞外结构域，一般有 500 ～ 850 个氨基酸残基，为配体结合部位（图 17-5，图 17-6），富含半胱氨酸区段（约 51 个氨基酸残基）；中段的跨膜结构域，由 22 ～ 26 个氨基酸残基构成一个 α 螺旋；C 端为近膜区和功能区，构成酪氨酸激酶活性的胞内结构域。此类受体下游分子常含 SH_2 结构域（Src homology 2 domain）、SH_3 结构域（Src homology 3 domain）和 PH 结构域（pleckstrin homology domain）。

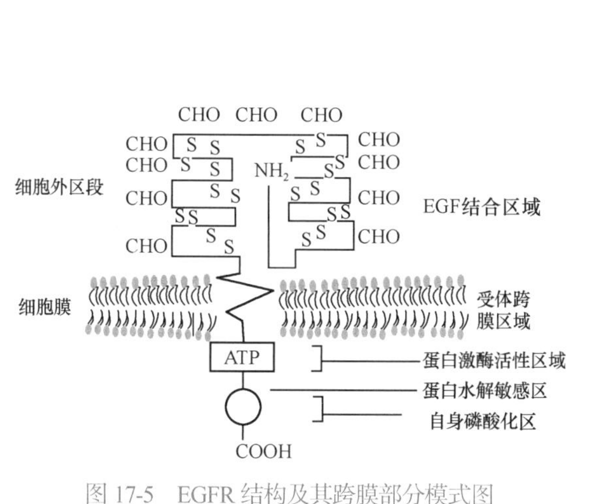

图 17-5　EGFR 结构及其跨膜部分模式图

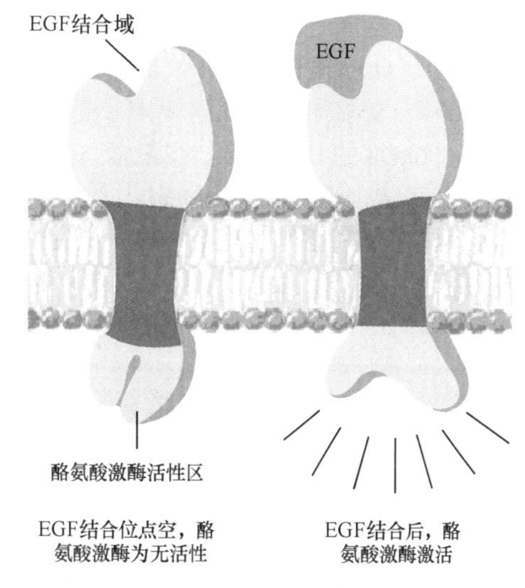

图 17-6　EGFR 示意图

SH_2 结构域与原癌基因 *src* 编码的 2 结构域同源，能与酪氨酸残基磷酸化的多肽链结合，不同的

蛋白质分子含有结构相似但并不相同的 SH_2 结构域，因此对于含有磷酸化酪氨酸的不同模体具有选择性；SH_3 结构域由 50 ～ 100 个氨基酸残基组成，一分子蛋白质可含有一个或多个 SH_3 结构域，可识别另一信号转导分子中富含脯氨酸的 9 ～ 10 个氨基酸残基构成的模体，并与之结合；PH 结构域由 100 ～ 120 个氨基酸残基组成，主要与膜磷脂衍生物结合，使分子定位于细胞膜，该型受体与细胞增殖、分化、分裂及癌变有关。

非催化型受体，常位于胞质中，如生长激素受体、干扰素受体等，大部分为糖蛋白，受体的 C 端在胞质侧，但不具有催化功能。当配体与非催化型受体结合后，可与 TPK 偶联而发挥作用，通过蛋白质 - 蛋白质的相互作用或蛋白激酶的磷酸化修饰作用激活下游信号转导分子，从而传递信号。例如，底物酶的另一类激酶（just another kinase，JAK）和某些原癌基因编码的 TPK 结合而表现活性。非催化型受体的某些酪氨酸残基被非受体型 TPK 磷酸化。

单个跨膜 α 螺旋受体还包括转化生长因子 -β（transforming growth factor β，TGF-β）受体。TGF-β 受体包括 2 个亚家族，TGF-β Ⅰ型受体（transforming growth factor β receptor- Ⅰ，TβR- Ⅰ）和 TGF-β Ⅱ型受体（transforming growth factor β receptor- Ⅱ，TβR- Ⅱ）。TβR- Ⅰ亚家族氨基酸序列具有高度相似性，尤其在激酶结构域，而 TβR- Ⅱ亚家族的氨基酸序列相似性较低，可自身磷酸化和磷酸化 TβR- Ⅰ激酶结构域 N 端的高度保守区 GS 结构域（TTSGSGSG）的丝氨酸和苏氨酸，使受体 TβR- Ⅰ具有信息转导活性，控制 TGF- Ⅰ激酶活性和与底物相互作用的关键区域。TβR- Ⅰ和 TβR- Ⅱ的激酶结构域具有丝 / 苏蛋白激酶的特征序列。

（二）胞内受体

位于细胞内的受体多为转录因子，在没有信号分子存在时，受体往往与具有抑制作用的蛋白质分子（如 Hsp）形成复合物。阻止受体与 DNA 结合，当信号分子如类固醇激素、甲状腺激素、维 A 酸等非极性分子配体透过细胞膜的脂质双层结构与细胞内受体结合后，作为反式作用因子，能与 DNA 的顺式作用元件结合，调节基因的转录。这类受体通常包括 4 个区域：高度可变区、DNA 结合区、铰链区和配体结合区。此类受体常为大分子单体蛋白质，根据其同源性的不同分为 4 个区域。

1. 高度可变区 位于 N 端，具有一个非激素依赖性的组成性转录激活功能区。即便是同一激素的受体其长度及结构都存在非常明显的变异，它与染色体中其他蛋白质的相互作用有关。

2. DNA 结合区 位于受体分子的中部，距离 C 端大约 300 个氨基酸残基，大约由 70 个氨基酸残基组成，富含半胱氨酸、赖氨酸、精氨酸的保守性极为明显区域，可形成锌指结构，改变这一区域（取代或删除某些氨基酸残基）会使之完全失活。说明这部分区域与 DNA 结合发挥调节作用。

3. 铰链区 多数核受体主要定位于核内。核受体中有与 SV40 大 T 抗原核定位信号（nuclear localization signal，NIS）相似的氨基酸序列，引导核受体在胞质合成后定位于细胞核。

4. 激素结合区 甾体激素受体靠近 C 端的 220 ～ 250 个氨基酸残基与激素的结合特性关系密切。其作用包括：①与配体结合，该部分能形成特定的构象与特定的激素结合，相同激素的这部分差别较小（70% ～ 95% 相同），这决定了受体的特异性；②与 Hsp 结合，甾体激素受体在核内与一种分子质量为 90kDa 的 Hsp 结合。当激素与受体结合，受体变构释出，Hsp 显露受体的 DNA 结合部位，与 DNA 紧密结合而调节基因的表达，发挥信息传递作用；③具有核定位信号，具有激素依赖性核定位作用，具有 NIS 相似的氨基酸序列；④使受体二聚化；⑤激活转录，该部位还可与其他转录共激活因子相互作用。

微课 17-3

三、受体作用的特定

从受体 - 配体结合的角度，受体除具备识别和结合配体、转导信号和产生相应的生物学效应这 3 个相关联的功能之外，还应具备以下特征。

（一）高度专一性

受体选择性地与特定配体结合，不受其他分子的干扰，这种结合是两者的选择性互补，是由分子的空间构象所决定的。但这种特异性不是绝对的，如刀豆蛋白 A（Con A）可与胰岛素竞争胰岛素受体，而且与该受体结合后表现部分胰岛素的活性。

案例 17-2

患者，女，20岁。于2年前出现口角无力、面部表情僵硬等症状，经口服溴吡斯的明60mg，6h服一次而缓解，未予明确诊断。发病至今症状逐渐加重，6个月前出现发音不准，吞咽困难，1个月前长时期过度劳累后出现吞咽无力、抬手困难等症状，到本院就诊，住院检查后确诊为重症肌无力。

诊断：重症肌无力。

问题讨论：重症肌无力的发病原因是什么？

案例 17-2 分析讨论

受体阻断剂可特异性阻断信号分子与受体的结合，从而影响信号分子的转导过程。

重症肌无力是一种神经肌肉间传递功能障碍的自身免疫病，主要特征为受累横纹肌稍行活动后即迅速疲乏无力，经休息后肌力有程度不同的恢复。轻者仅累及眼肌，重者可波及全身肌肉，甚至因呼吸肌受累而危及生命。

正常情况下，神经冲动抵达运动神经末梢时，释放ACh，ACh与骨骼肌的运动终板膜表面的N-ACh受体结合，使受体构型改变，离子通道开放，Na^+内流形成动作电位，肌纤维收缩。

在患者的胸腺上皮细胞及淋巴细胞内含有一种与N-ACh受体结构相似的物质，可能作为自身抗体而引起胸腺产生抗N-ACh受体的抗体，体内的抗N-ACh受体的抗体通过阻断运动终板上N-ACh受体与ACh的结合，导致重症肌无力。

（二）高度亲和力

受体（无论是膜受体还是胞内受体）与配体间亲和力都极强，体内化学信号的浓度非常低，高亲和力保证了低浓度配体也能发挥调控作用。

（三）可饱和性

细胞膜受体及胞内受体的数目是有限的，配体与受体结合达到最大值后，不再随配体浓度的增加而加大。受体-配体结合曲线（Scatchard 曲线）为矩形双曲线（图17-7），在配体浓度一定时继续增加配体浓度，激素与受体的结合率不再增加，可使受体饱和。

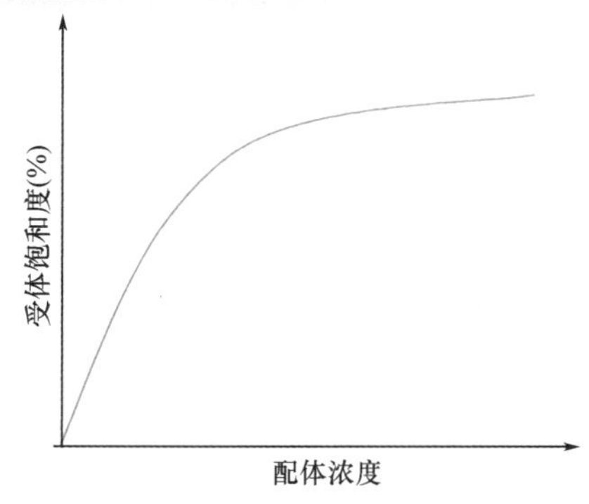

图17-7 受体-配体结合曲线

（四）可逆性

配体与受体以非共价键（包括离子键、氢键、范德瓦耳斯力）相结合，其复合物可以解离，也可以被其他特异性配体置换。当生物效应发生以后，复合物即解离，受体恢复到原来状态。

（五）特定的作用模式

受体以不同的密度存在于靶细胞的不同区域，其在细胞内从数量到种类上均表现出组织特异性，并出现特定的模式，这种特定的模式可提示某类受体与配体结合后能引起特定的某种生物效应。

微课 17-4

四、受体活性的调节

受体可以在配体和某些生理病理因素的作用下发生数目和亲和力的变化，称为受体调节（receptor regulation）。若调节使受体的数目减少和（或）对配体的亲和力降低或失敏，称为受体下调，也称衰减性调节；反之则称为受体上调，又称为上增性调节。根据调节受体的种类又可分为同种调节和异种调节，同种调节时配体作用于特异性受体使其发生变化，例如，高胰岛素血症性糖尿病时，胰岛素水平增高使受体产生胰岛素抵抗，亲和力降低。异种调节是配体作用于非特异性受体使之作用发生改变。受体活性的调节机制表现在以下几个方面。

（一）受体磷酸化和脱磷酸化作用

受体磷酸化和脱磷酸化在许多受体的功能和调节中起重要的作用，受体磷酸化包括两种化学本质不同的机制：一种是某些受体与配体结合可使受体构象发生变化，从而形成了某些激酶或磷酸酶作用的底物；另外一种是受体本身具有内在的激酶活性，当与配体结合后即被激活，从而导致自身的磷酸化。受体磷酸化与脱磷酸化改变了受体的功能。例如，胰岛素及一些生长因子受体分子中酪氨

酸残基被磷酸化后，加强了受体与配体的结合，而脱磷酸化则足以使其转变为无激活能力的形式。

（二）膜磷脂代谢的影响

膜磷脂在维持细胞膜流动性和受体活性中起重要作用。受体激活时膜磷脂经甲基化作用转变为磷脂酰胆碱后，可明显增强 β 受体激活腺苷酸环化酶的能力。

（三）修饰受体分子中的巯基和二硫键

巯基和二硫键在维持蛋白质分子的构象中的重要作用已经成为不争事实，而受体蛋白也不例外地会因为巯基的破坏或二硫键的变化使其空间结构松散及生物活性减弱或丧失。还原剂二硫苏糖醇及烷化剂 *N*- 乙基马来亚胺可通过修饰松散蛋白质构象而影响受体活性。

（四）受体蛋白被水解

许多激素的受体对蛋白水解酶敏感，由于细胞在某些情况下可分泌一些蛋白酶，而且胞质中的蛋白酶可以被 Ca^{2+} 激活，受体通过内化方式被溶酶体降解。

（五）G 蛋白的调节

G 蛋白参与多种活化受体与腺苷酸环化酶之间的偶联作用，当一个受体系统被激活而使 cAMP 水平升高时，就会降低同一细胞受体对配体的亲和力。

第 3 节　信号的转导途径

一、膜受体介导的信号转导

肽类、儿茶酚胺类及生长因子等水溶性的信息分子不能透过细胞膜，只能通过膜受体将信息接收、放大并传入细胞内而调节细胞的生理活动，这一过程称为跨膜信息转导（transmembrane signaling）。跨膜信息转导从膜受体与配体的结合开始，多数经过 G 蛋白的介导，在细胞内催化第二信使的生成，最终引起功能蛋白质或调节蛋白质的激活或失活。第二信使是激素作用于膜受体后，在胞内传递信息的小信号分子。膜受体介导的信息转导存在多种途径，本节以几类典型受体所介导的信号转导途径为例，介绍细胞信号转导的基本特点。

（一）GPCR 介导的细胞信号转导

1. cAMP- 蛋白激酶途径　cAMP 是最早发现的第二信使。1959 年 Earl W. Sutherland，Jr 发现把肾上腺素加入肝组织切片时，能加速肝糖原分解，而且糖原磷酸化酶活性显著增高，提示肾上腺素能激活此酶。在后续的研究中于 1960 年发现了能透过细胞膜的低分子物质——cAMP，从而建立了划时代的功勋，为此获得了 1971 年诺贝尔生理学或医学奖。胰高血糖素、肾上腺素、促肾上腺皮质激素等均能通过这一第二信使而发挥调节作用。

（1）cAMP 的生成与分解：腺苷酸环化酶（adenylate cyclase，AC）膜结合的糖蛋白，是催化生成 cAMP 的关键酶，在 cAMP 信息传递中自成一个系统。这一系统由 4 部分组成：激素、受体、G 蛋白、AC 催化活性亚单位（C）。激素与膜受体结合后，受体构象改变，在膜上发生位移，受体与 G 蛋白结合催化 G_s 的 GDP 与 GTP 交换，释出 G_s-GTP，后者能激活 AC，AC 催化 ATP 转化成 cAMP。

茶碱、咖啡碱 ⊖↓

$$ATP \xrightarrow[Mg^{2+}\ \searrow pp_i]{AC} cAMP \xrightarrow[Mg^{2+}\ \nearrow H_2O]{磷酸二酯酶} 5'\text{-}AMP$$

cAMP 在磷酸二酯酶（phosphodiesterase，PDE）的催化下降解为 5′-AMP 而失活。cAMP 的正常细胞浓度为 0.1 ～ 1.0μmol/L，但在激素作用下可升高 100 倍以上，但静脉注射 cAMP 时不引起任何效应。

AC 分布广泛，除红细胞外，几乎分布在所有细胞膜上。PDE 分布于肝脏、心脏、血管平滑肌、血小板、单核细胞和脂肪细胞，而且具有多种亚型，不同组织中 PDE 活性不同，以脑皮质中活性最高。某些药物，如茶碱，可抑制 PDE 的活性，使细胞内 cAMP 浓度增高。

G 蛋白在 AC 激活中分为参与激活型受体（R_s）活化 AC 的 G_s 和参与抑制型受体（R_i）抑制 AC 的 G_i。GTP 和 Mg^{2+} 可以促进 α、β 和 γ 亚基与质膜的结合。

（2）cAMP的作用机制：cAMP对细胞的调节作用主要是通过激活cAMP依赖的蛋白激酶（cAMP dependent protein kinase，PKA）系统实现的，影响蛋白质的磷酸化进而产生多种生物学效应。

PKA广泛分布在哺乳动物各组织中，2个调节亚基（R）与2个催化亚基（C）组成PKA全酶（C_2R_2），在无cAMP存在时呈无活性状态。在Mg^{2+}存在时，4分子的cAMP结合到特异的R亚基上，引起构象改变，无活性全酶解离为2个二聚体，其中含2个C亚基的二聚体具有催化活性（图17-8）。

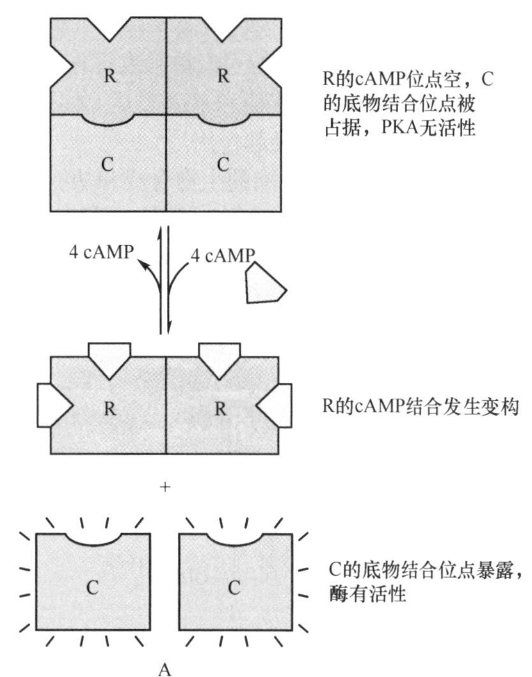

图17-8 PKA的激活

（3）PKA的作用：PKA可通过调节关键酶的活性，对细胞内不同代谢途径发挥调节作用。例如，促进糖原分解，促进脂肪动员，抑制糖原及脂肪的合成；PKA在ATP的存在下，可以催化细胞内多种底物蛋白的特定氨基酸（丝氨酸残基或苏氨酸残基）磷酸化，使多种底物蛋白磷酸化从而调节细胞的物质代谢和基因表达；PKA还可以通过磷酸化作用激活离子通道，调节细胞膜电位。

早在1962年Krebs等对糖原合成和糖原分解调节的研究中，就发现肾上腺素和胰高血糖素等可使细胞cAMP水平增高，激活PKA，后者使糖原磷酸化酶b磷酸化成磷酸化酶a而使该酶激活。与此同时，PKA使糖原合酶Ⅰ磷酸化，转变成无活性的糖原合酶D，抑制糖原的合成。cAMP还能阻止ATP对磷酸果糖激酶的抑制作用。另外，PKA还通过激活脂肪酶蛋白激酶，使脂肪酶磷酸化而激活。此外，它还可以使膜蛋白磷酸化而改变膜的通透性。

实验研究发现在培养的细胞中加入外源性cAMP，细胞核中cAMP结合蛋白含量增高，核蛋白磷酸化增强，并且有基因表达的改变。PKA可使组蛋白H_1、H_2A、H_3磷酸化，使组蛋白与DNA结合松弛而分离，解除了组蛋白对基因的抑制；cAMP可磷酸化转录因子——cAMP应答元件结合蛋白（cAMP response element bound protein，CREB），磷酸化的CREB形成同源二聚体，与DNA上的cAMP应答元件（cAMP response element，CRE）结合，表现激活转录活性。

案例 17-3

患者，男，8岁，近日因“口渴、多饮、多尿5年余”入院。入院时多饮多尿明显，精神一般，其母自诉自家姨表兄弟中有5人患有“尿崩症”，均在1～4岁时发病，无其他家族遗传性病史。监测患者24h尿量，出16 100 ml，入14 700 ml，入院后完善相关检查后予禁水试验，患者禁饮前尿量大，尿相对密度、尿渗透压偏低，禁饮后尿量仍多，尿相对密度及尿渗透压未升高，对加压素无反应，结果提示肾性尿崩症诊断。予醋酸去氨加压素片0.1mg，每日3次口服行诊断性治疗2日综合患者病史及检查结果，考虑患者为肾性尿崩症。

初步诊断：家族性肾性尿崩症。

治疗方案：氢氯噻嗪片用量为早50mg中25mg晚25mg。

问题讨论：家族性肾性尿崩症的发病原因是什么？

案例 17-3 分析讨论

ADH受体位于远端肾小管或集合管上皮细胞膜上，当ADH与受体结合时，激活G_s，继而激活腺苷酸环化酶，产生cAMP，继续激活PKA，使微丝微管蛋白磷酸化，促进位于胞质内的水通道蛋白插入集合管上皮细胞管腔侧膜，管腔内水进入细胞，造成肾小管腔内的尿液浓缩，按逆流倍增机制，尿量增加。编码人ADH受体的基因位于X染色体长臂q27-28区段，编码由371个氨基酸残基组成的GPCR，为X伴性遗传，由于遗传性ADH受体异常，使肾小管对ADH反应性降低，注射ADH亦不能使远端小管及集合管内cAMP含量增加，故引起尿崩症的主要原因是肾小管在ADH的作用下不能产生cAMP。本病多在1岁以内发病，男性显示症状，具有口渴、多饮、多尿等特征，但血中ADH水平在正常水平以上，女性携带者一般无症状。

微课17-5

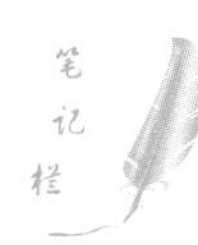

2. IP_3/甘油二酯-蛋白激酶C途径 体内跨膜信息传递方式中有一种以IP_3和甘油二酯为第二信使的双信号途径，该系统可以单独发挥作用，也可与cAMP-PKA及TPK等系统相偶联，组成复杂的网络，共同调节细胞代谢和基因表达。促甲状腺素释放激素、去甲肾上腺素、血管紧张肽和抗利尿激素等可通过此种途径起作用。

（1）IP_3和甘油二酯的生物合成和功能：IP_3和甘油二酯是细胞膜上多磷酸肌醇脂代谢的产物，它们与cAMP体系有类似之处。激素与受体结合后，激活细胞膜上与受体相偶联的特定G蛋白（Gp），引发磷脂酰肌醇特异性磷脂酶C（PI-PLC）的激活，后者催化质膜上的磷脂酰肌醇4,5-二磷酸（PIP_2）水解，产生IP_3和甘油二酯两种信使物质（图17-9）。

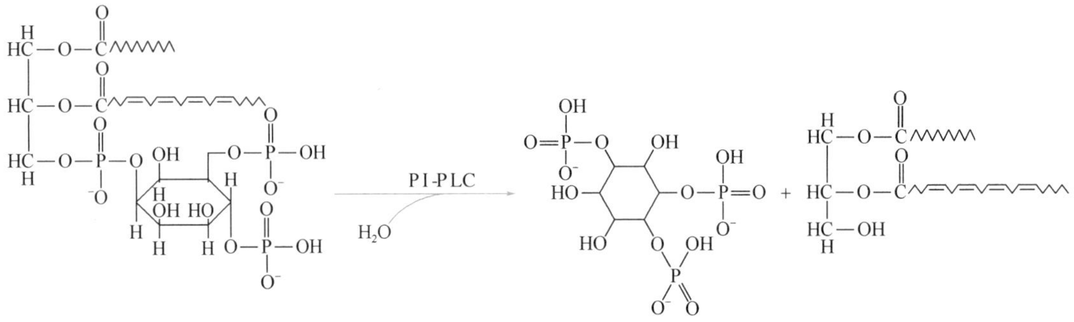

PIP_2 $\xrightarrow[H_2O]{PI\text{-}PLC}$ IP_3 + 甘油二酯

图17-9 PI-PLC的作用

正常情况下细胞膜几乎不存在游离的甘油二酯，甘油二酯为脂溶性物质，生成后不进入胞质，而是留在细胞膜上，在磷脂酰丝氨酸和Ca^{2+}的配合下激活蛋白激酶C（protein kinase C，PKC），引起多种蛋白质磷酸化而引起生物学效应。PLC存在于众多类型的细胞中，有多种功能形式的同工酶，1981年自大鼠肝细胞中分离纯化出均一的PLC，迄今已发现哺乳动物组织中至少有4型（9种）同工酶，大多数含有一个由150或240个氨基酸残基组成的保守序列，具有催化活性的结构域，与识别磷酸二酯键和G蛋白相互作用密切相关。各种PLC都以肌醇磷脂为底物，依赖Ca^{2+}，而新霉素、庆大霉素对PLC具有抑制作用。甘油二酯有2个重要的来源，一个是PI-PLC催化PIP_2产生；另一个是磷脂酶D催化其他磷脂释放磷脂酸分解产生。

PKC为Nishizuka于1979年发现的一类分子质量为78～90kDa的蛋白质，广泛分布于各组织，以脑中含量最高。目前已经分离出12种同工酶，PKC为单链多肽链，C端的382个氨基酸具有激酶活性，为催化结构域：含ATP结合部位（C_3区）和结合底物并催化进行磷酸转移的场所（C_4区）；N端的290个氨基酸具有调节功能，含有磷脂、Ca^{2+}（C_2区）及甘油二酯的结合位点（C_1区，富含半胱氨酸），为调节结构域。PKC存在于细胞膜和胞质，胞质中的PKC呈无活性状态，在胞质Ca^{2+}浓度升高时可转移到细胞膜上成为"待激活态"，而甘油二酯与PKC结合后，增加了它与磷脂和Ca^{2+}的亲和力而使PKC活化。

IP_3生成后从膜上迅速扩散到胞质中，通过存在于肌浆网和内质网膜外侧的特异性受体（IP_3受体），迅速打开钙通道，使Ca^{2+}从储存库进入胞质，Ca^{2+}与胞质中的PKC结合并聚集于细胞膜，参与PKC的激活。

（2）PKC的生理功能：PKC激活可使大量底物丝/苏氨基酸残基发生磷酸化，包括激素、递质、酶和活性因子等，如胰岛素、表皮生长因子（EGF）、α肾上腺素、白细胞介素-2（IL-2）、DNA转甲基酶、运铁蛋白等都是PKC作用的底物，使PKC广泛参与DNA与蛋白质的合成、细胞的生长分化、细胞的分泌、肌肉收缩等生理活动的调节作用。

1）对代谢的调节作用：PKC可催化质膜上的钙通道促进Ca^{2+}内流；还可使肌浆网上Ca^{2+}-ATP酶磷酸化，使钙进入肌浆网，可通过代谢的关键酶，如糖原合酶、磷酸化酶激酶、HMGCoA还原酶等磷酸化，对各代谢途径进行调节。

2）对基因表达的调节：PKC对基因表达的调节分为早期反应和晚期反应2个阶段。PKC使即早期基因（immediate-early gene）的反式作用因子磷酸化，加速即早期基因的表达。即早期基因多数为细胞原癌基因（如*c-fos*、*c-jun*等）。例如，激活因子-1（activitor protein-1，AP-1）是与应激基因表达调控有关的转录因子，属于即早期基因家族，也称早期反应基因，是由*c-fos*和*c-jun*表达产

笔记栏

物形成的二聚体，有 3 个基本功能：DNA 结合功能、稳定功能和激活功能。*c-fos* 和 *c-Jun* 继 Ca^{2+} 等第二信使之后，起信号转导的中介作用，也称为第三信使。通常，第三信使指在细胞核内传递信息的物质，是一类可与靶基因特异序列结合的核蛋白。当即早期基因蛋白发生磷酸化后，最终活化晚期反应基因，并导致细胞增殖或核型变化。

值得提出的是，磷脂酶 D 催化生成甘油二酯所激活的 PKC 较持久，与调控细胞增殖、分化有关。还应强调的是在 PKC 调控基因中有一段序列 TGAGTCA，称为 TPA 反应元件（TPA response element，TRE）。佛波酯（TPA）是一种诱癌剂，结构类似于甘油二酯，能直接激活 PKC，磷酸化核内的磷酸酶，使蛋白质 Jun 脱磷酸后，与 TRE 结合促进 PKC 基因表达，因 TPA 不能像甘油二酯一样很快破坏，导致 PKC 的持久激活，对细胞发出了相对长久、不协调的信号，并由此促进肿瘤的形成。

3. Ca^{2+}/ 钙调蛋白依赖性蛋白激酶途径　钙调蛋白（calmodulin，CaM）是结合 Ca^{2+} 的一种蛋白质，广泛存在于细胞中，其在细胞内以胞质含量较多，而细胞核、线粒体、微粒体等含量较低，常受 Ca^{2+} 浓度影响。CaM 不具有酶活性，为单一多肽链，分子中不含易使肽链定型成分发生氧化的半胱氨酸和羟脯氨酸，主要含谷氨酸和天冬氨酸（30%），可提供与 Ca^{2+} 结合的 COO^-，CaM 有 4 个 Ca^{2+} 结合位点。

在静止期细胞内 Ca^{2+} 浓度低时 CaM 不与 Ca^{2+} 结合，某些 G 蛋白可直接激活细胞质膜上的钙通道，或通过 PKA 激活细胞质膜的钙通道使 Ca^{2+} 进入细胞，或者通过 IP3 使钙储库释放 Ca^{2+}，而当 Ca^{2+} 浓度 ≥ 10^{-2}mmol/L 时，Ca^{2+} 与 CaM 结合成复合物，发生空间构象的改变，激活 Ca^{2+}/CaM 依赖的蛋白激酶（Ca^{2+}/calmodulin dependent protein kinase，CaM-PK）。CaM-PK 的底物非常广泛，包括酶、细胞骨架蛋白、离子通道、受体、转录因子、CREB、5- 羟色胺和突触素等，可在肌肉收缩、物质代谢、神经递质的合成、细胞分泌和分裂等多种过程中起作用。胞内 Ca^{2+} 增高后主要依靠钙泵将其泵出细胞，而 CaM-PK 的活性可维持较久（图 17-10）。

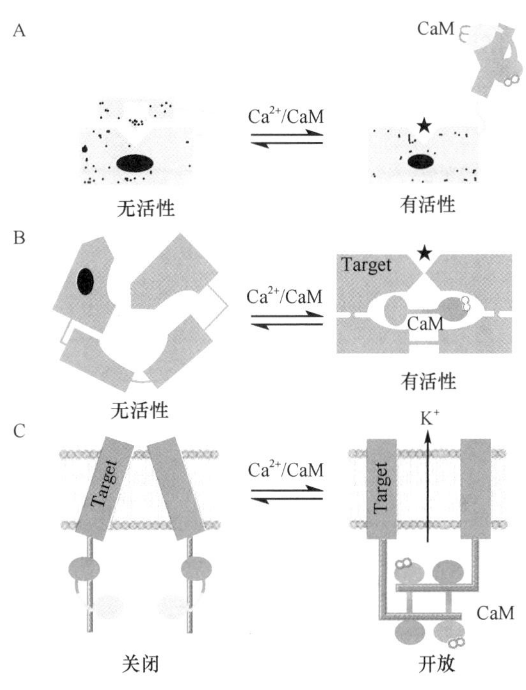

图 17-10　Ca^{2+}/CaM 靶蛋白激活

A. Ca^{2+}/CaM 解除 Ca^{2+}/CaM 激酶的抑制状态；B. Ca^{2+}/CaM 重机关报形成活性部位（如 AC）；C. Ca^{2+}/CaM 引起钾通道开放。●作用位点

4. cGMP- 蛋白激酶途径　继 cAMP 发现之后，Goldberg 于 1963 年首先发现了 cGMP。cGMP 与鸟苷酸环化酶（GC）一起构成细胞信息传递中的另一条重要的环核苷酸类第二信使系统，心钠肽（atrial natriuretic peptide，ANP）、脑钠肽（Brain natriuretic peptide，BNP）、血管活性肽和细菌内毒素等分子通过此途径发挥调节作用。cGMP 的产生是由 GC 在二价离子存在下，催化 GTP 环化而成，cGMP 在 PDE 作用下降解为 5′-GMP。cGMP 能激活 cGMP 依赖性蛋白激酶 G（cGMP-dependent protein kinase，PKG），后者催化有关蛋白质的丝 / 苏氨酸残基磷酸化。这一系统组成包括配体、G 蛋白、GC、cGMP、PKG。在视觉信号传递及 NO 这一无机分子的信号传递中具有重要的特殊作用。

GC 不像 AC 只存在于细胞膜，而是有两种存在形式，即膜结合型和胞质型，它们的特征具有明显的不同。膜结合型 GC 由同源三聚体或四聚体组成，每个亚基包括 N 端的胞外受体结构域、跨膜区域、膜内蛋白激酶样结构域和 C 端的 GC 催化结构域。膜结合型 GC 可被 ANP、B 型利尿钠肽（又称脑钠肽）和 C 型利尿钠肽等激活，胞质型 GC 存在于胞质，由 α、β 亚基组成的杂二聚体，每个亚基具有一个 GC 催化结构域和血红素结合结构域。脑、肺、肝及肾等组织大部分为可溶性受体，NO、CO、叠氮钠、硝普钠等配体与胞质型 GC 结合后引起受体聚合，酶活性被激活，当亚基解聚时酶活性丧失。

NO 是 1988 年首先由 Moncada 首先提出的新型的、不典型递质和理想的时空信使，在心血管、免疫和神经系统中的重要作用引起了人们的普遍关注。体内 NO 由 *L*- 精氨酸在 NO 合酶（nitric oxide

笔记栏

synthase，NOS）作用下，首先由 NOS 接受 NADPH 提供的电子，使酶分子中的 FAD/FMN 还原，在 Ca^{2+}/CaM 和 O_2 的协助下，使 *L*- 精氨酸末端的胍氨基 N 羟化，羟化的 *L*- 精氨酸与 NOS 紧密结合，然后进一步氧化生成瓜氨酸和 NO（图 17-11）。NO 通过与血红素的相互作用激活具有 GC 活性的可溶性受体（图 17-12），使 cGMP 增加，cGMP 又激活 PKG，导致多种底物蛋白质磷酸化，最终导致细胞功能的改变，如血管平滑肌松弛。

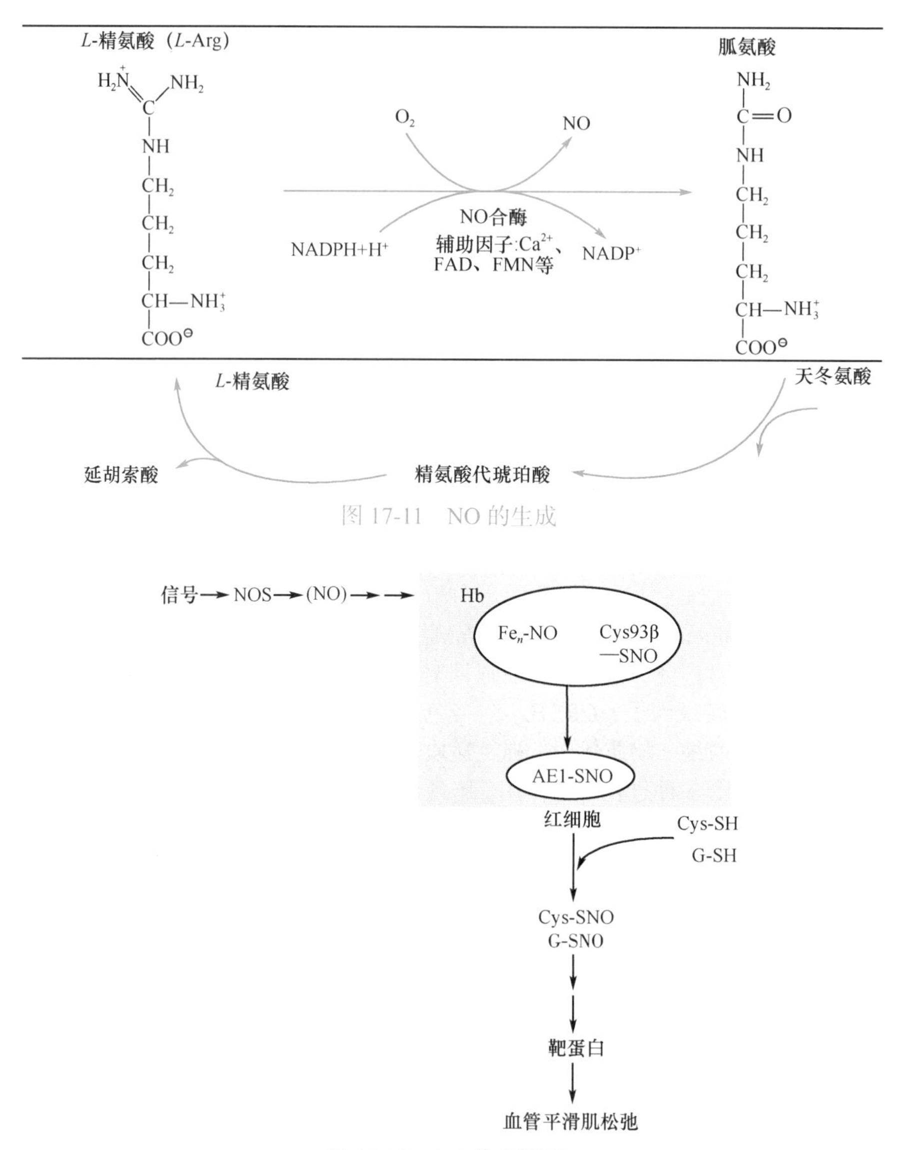

图 17-11 NO 的生成

图 17-12 NO 作用概况

信号激活 NOS，NO 产生增多，NO 直接或间接作用于红细胞内的血红蛋白（Hb）。NO 以 Fe-NO 形式与 Hb 结合（β 亚基的半胱氨酸 93 提供 SH 连接位置，—SNO。结合 NO 的 Hb 能使 AE1 蛋白质变构，形成 AE1-SNO。后者传递红细胞 NO 信号至血管壁。在这一过程中低分子巯基化合物（如 G-SH）或游离半胱氨酸（Cys）形成 Cys-SNO 和 G-SNO 扩散到靶蛋白和 NO 信号。

临床上常用的硝酸甘油等血管扩张剂就是因为其能自发产生 NO。CO 的作用与 NO 相同，内源性 CO 可由脂质过氧化和血红素加氧酶（heme oxygenase，HO）催化血红素代谢产生 CO 和胆绿素（图 17-13）。

PKG 的结构与 PKA 完全不同，为单体酶，N 端有 cGMP 的结合位点，含有亮 / 异亮氨酸拉链区、自身磷酸化区和自身抑制区，可发生自身磷酸化，也可以催化酶、通道蛋白等发生磷酸化。

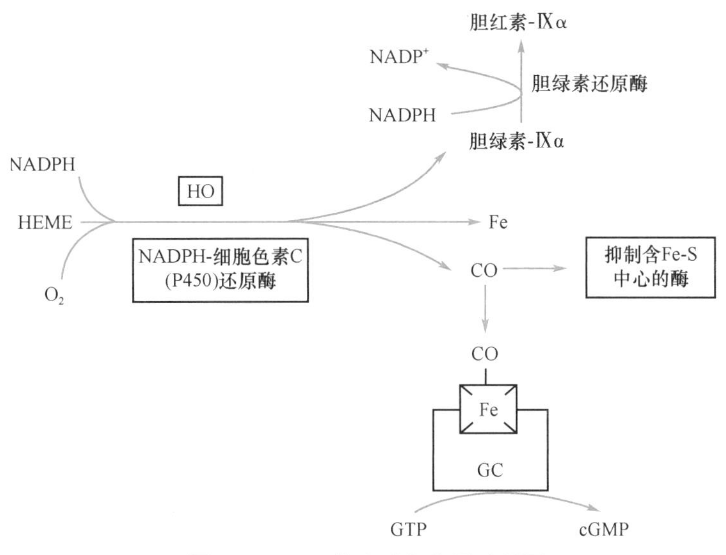

图 17-13　CO 的生成与作用示意图

（二）酶偶联受体介导的细胞信号转导

胰岛素、生长因子及一些细胞因子、生长激素等都是通过该途径发挥作用的。TPK 介导的信息传递在细胞生长、增殖、分化等过程中起重要的调节作用，并且与肿瘤的发生密切相关。根据受体本身是否具有 TPK 活性将其分为通过受体 TPK（受体型 TPK）及胞质内 TPK（非受体型 TPK）2 种不同的方式来传递信息。

1. 受体型 TPK-Ras-MAPK 途径　该途径中受体本身具有 TPK 催化活性，胰岛素受体、EGFR 及某些原癌基因的受体均属于此类受体，这类受体具有蛋白激酶催化部位、底物作用部位、ATP 结合部位（图 17-14）。当配体与催化型受体结合后，受体发生自身磷酸化并磷酸化生长因子受体结合蛋白 2（growth factor receptor bound protin 2，GRB_2，一种接头蛋白）和 SOS（son of sevenless，一种鸟苷酸释放因子），它们的 SH_2 结构域被识别并与磷酸化受体的磷酸酪氨酸残基结合，形成受体 -GRB_2-SOS 复合物，激活 Ras 蛋白。

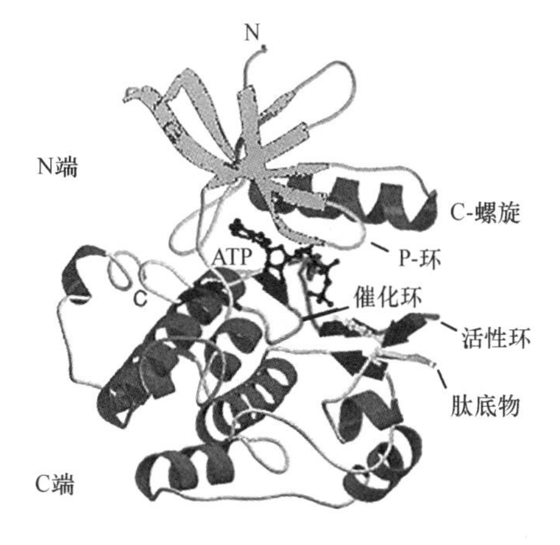

图 17-14　胰岛素受体结合 ATP 和肽底物的酪氨酸激酶结构域的结构示意图

胰岛素与受体结合后，受体的 TPK 被激活的同时，受体一定部位的酪氨酸自身发生磷酸化，并促使胰岛素受体底物 -1（insulin receptor substrate-1，IRS-1）磷酸化，活化的 IRS-1 可激活磷酸肌醇 -3 激酶（phosphoinositide 3-kinase，PI-3K）、Ras 等。蛋白激酶 B（PKB，又称 Akt）是 PI-3K 主要下游信息传递途径，PKB 具有丝 / 苏氨酸蛋白激酶活性，调节多种酶的活性，最后调节细胞骨架重组、蛋白质和糖原合成等细胞反应（图 17-15）。

Ras 是原癌基因编码的蛋白质，是细胞内的小分子单体 GTP 酶，又称小 G 蛋白，属于膜结合蛋白，其功能是介导信号从细胞表面受体传递到细胞核。其某些区域和 G 蛋白相似，Ras 的活性与其结合 GTP 或 GDP 直接有关。GTP 酶活化蛋白（GAP）和鸟苷酸释放蛋白（GNRP）调节细胞中 Ras 蛋白在有活性和无活性状态之间转换。GAP 能增加 Ras 的 GTP 酶活性，为负性调节蛋白，而 GNRP 的作用与 GAP 相反，它使 Ras 蛋白释放 GDP 代之以 GTP，将 Ras 蛋白激活。

如图 17-15 所示，胰岛素分泌后，受体二聚化，通过 GRB 和 SOS 的作用激活 Ras 蛋白。GRB 蛋白质（Grb）均具有 SH_2 和 SH_3 结构域。在静息细胞中 GRB 通过 C 端的 SH_3 与 SOS 结合成复合物游离在胞质中，当胰岛素与受体结合后，受体表现出 TPK 活性并使受体磷酸化，为具备 SH_2 的底物提供结合位点，吸引 GRB-SOS 复合物向质膜移动，使质膜区的 SOS 增加并导致 SOS 与 Ras 的靠近，使 Ras 结合 GTP 活化，称 GTP 酶激活蛋白（GTPase-activating protein，GAP），Ras 进一步活化 Raf 蛋白，Raf 具有丝 / 苏氨酸蛋白激酶活性，可激活有丝分裂原激活蛋白激酶（mitogen-activated protein kinase，MAPK）系统，该系统包括 MAPK、MAPK 激酶（MAPKK）和 MAPKK 激活因子

（MAPKKK）。活化的 MAPK 可进入细胞核内发挥其广泛的催化活性，催化核内诸多的转录因子磷酸化，调节基因转录，从而发挥调节作用。

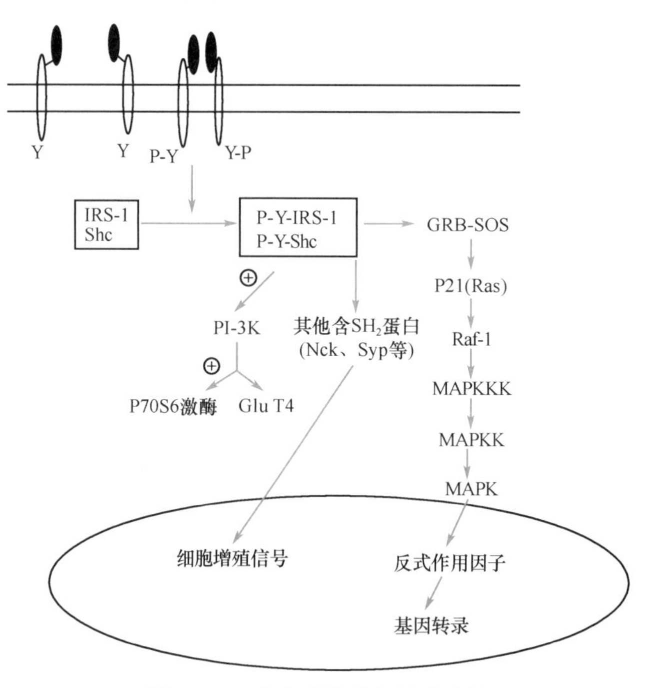

图 17-15　胰岛素的信息传递过程

胰岛素分泌减少或其受体活性降低，影响其相关的代谢调节过程，导致血糖浓度、细胞能量代谢、脂肪代谢等功能紊乱，导致糖尿病。

肥胖型 2 型糖尿病的发生主要源于胰外因素、胰岛素受体及受体后缺陷，内生胰岛素明显增加，胰岛细胞功能逐渐衰竭，为多基因遗传与环境共同作用的结果。

上述 Ras-MAPK 途径是 EGFR 的主要信号通路之一，即生长因子→生长因子受体（如 RTK）→接头蛋白→ SOS → Ras 蛋白→ Raf 蛋白（S/T 激酶）→ MEK（T/Y 激酶）→ MAPK →蛋白质和转录因子。因 EGFR 的胞内段具有多个酪氨酸磷酸化位点，除 Grb2 外还可通过其他 SH_2 结构域信号转导分子形成如 PLC-IP_3/DAG-PKC、PI-3K 通路等，还可以通过激活 AC、多种磷脂酶（如 PI-PLC、磷脂酶 A 和鞘磷脂酶等）发挥调控基因表达的作用。

总之，该途径作用复杂，除调节代谢引起其调节效应外，还在细胞骨架的形成、细胞分化、细胞增殖、细胞生存等方面发挥重要的作用（图 17-16）。

2. JAK-STAT 途径　通常基因表达的诱导是由第二信使经过一连串蛋白激酶系统激活转录因子而引起。而在研究干扰素的 c-fos 的转录调节时发现存在一条可将细胞外信号从膜上的受体直接转入细胞核、激活转录的途径。一些生长因子和大部分细胞因子，如生长激素（growth hormone，GH）、催乳素、干扰素、红细胞生成素、粒细胞集落刺激因子（granulocyte colony stimulating factor，G-CSF）和某些白细胞介素，如 IL-2，IL-3、IL-6 等，它们的受体不具有 TPK 活性，其信号是通过内源性 TPK 参与。

内源性的 TPK 为一类蛋白激酶 JAK，它们可完成信息在细胞内的转导过程。JAK 是 1994 年被提出的与其他 TPK 不同的蛋白激酶，没有 SH_2、SH_3 或 PH 域，而具有 JH_1、JH_2 共有结构域，其中 JH_1 为激酶催化区，JH_2 为激酶相关区，当配体与受体结合后，受体形成二聚体后与 JAK 结合，后者使一类具有 SH_2 区的信号转导子和转录激动子（signal transducer and activator of transcription，STAT）结合于受体上发生酪氨酸磷酸化，并形成二聚体进入胞核。二聚体 STAT 分子（图 17-17）作为活性转录因子影响相关基因的表达。

此时 JAK 对 STAT 磷酸化，活化的 STAT 与受体亲和力降低并与之分离，以二聚体形式或与其他蛋白质形成复合物转入胞核，结合于基因 DNA 相关序列，调节基因的转录。该途径最早在干扰素信号传递研究中发现（图 17-18），P48 是 IRF-1 转录因子家族一员。该途径与 Ras 参与的信号转导之间相互联系，胰岛素和生长因子等也可以同样的方式通过具有 SH_2 区的 PI-3K 进一步发挥作用。

笔记栏

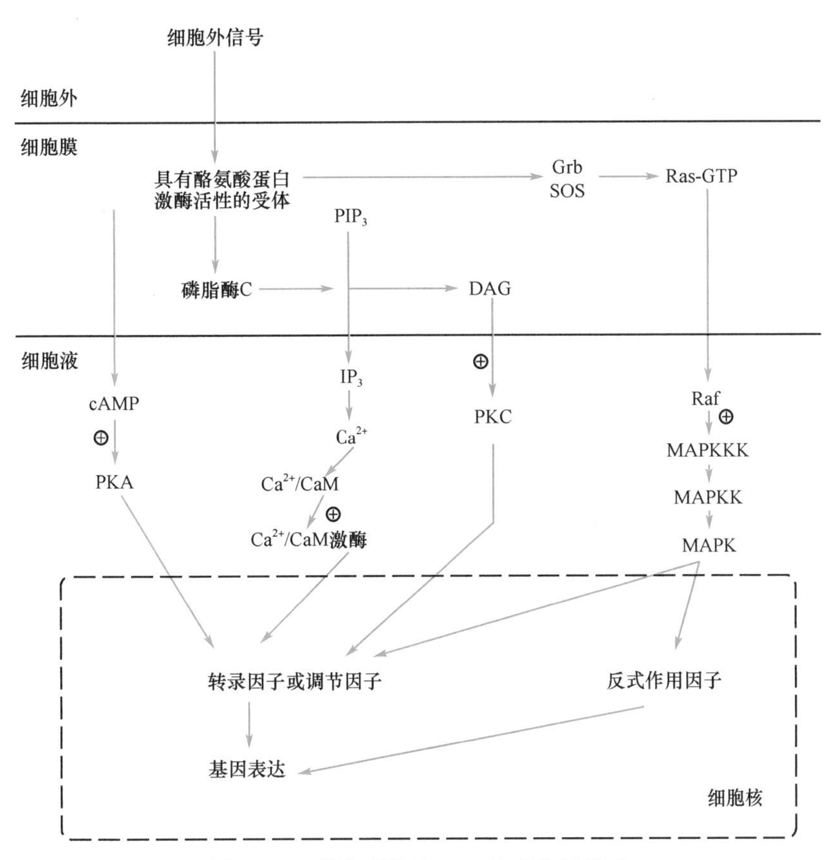

图 17-16　催化型受体 TPK 途径作用模式

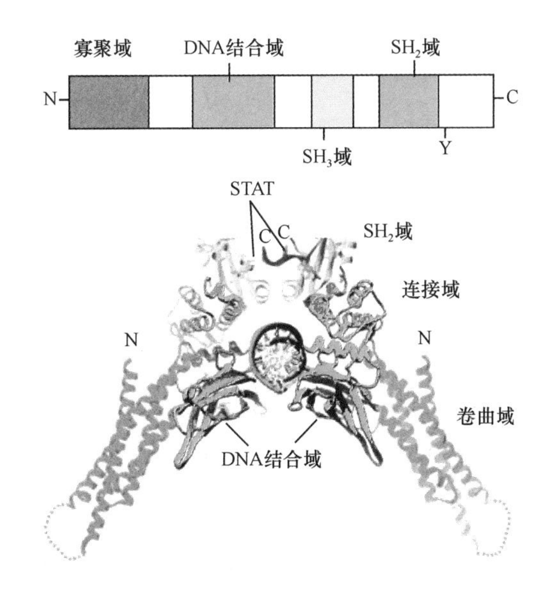

图 17-17　STATs 的结构域

3. 核因子 κB 途径　核因子 κB（nuclear factor-kappa-B，NF-κB）是细胞中一个重要的转录调节因子，首先发现于 B 细胞。是由 Rel 蛋白家族的成员以同源或异源二聚体的形式组成的一组转录因子。Rel 家族的同源结构域（rel-homology domain，RHD）存在于其他 Rel 蛋白、DNA、IκB 结合的区域及 NLS。静息状态下 NF-κB 与其抑制蛋白 IκB（inhibitor κB）相结合形成复合体，以无活性状态存在于胞质中。当细胞受到外界因素活化刺激时，NF-κB 暴露出核定位信号进入核内，使其具有生物活性。这一信号传递途径主要涉及机体防御反应、组织损伤和应激、细胞分化和凋亡，以及肿瘤生长抑制过程的信息传递。全身炎症反应综合征（SIRS）发生、发展的病理生理基础在于过度失控的炎症反应，NF-κB 在 SIRS 的信号传递途径中扮演重要角色。

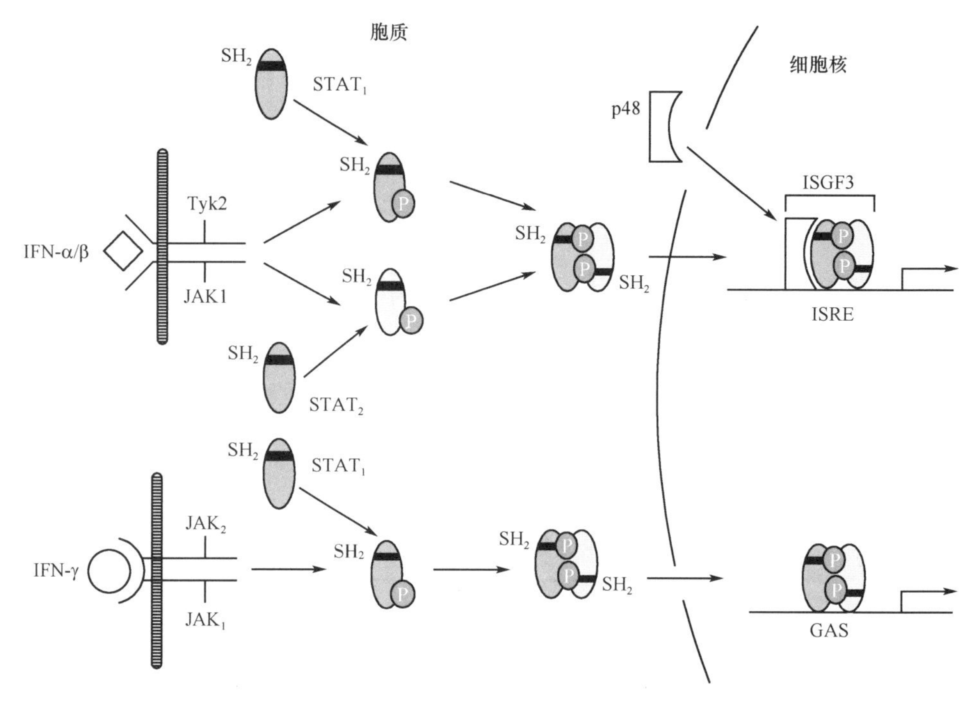

图 17-18 干扰素激活 JAK、STAT 信号转导示意图

IFN. 干扰素；ISRE. 干扰素刺激调节元件；ISGF3. 干扰素刺激生长因子 3；GAS. 干扰素 γ 链激活序列

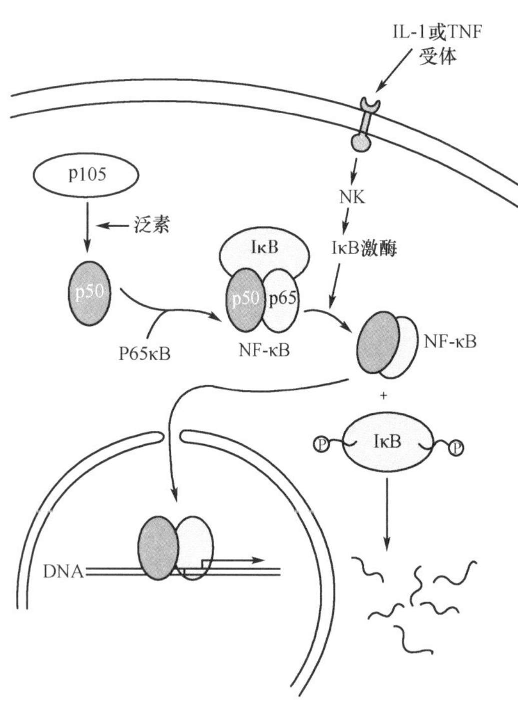

图 17-19 NF-κB 信号转导过程

NF-κB 包括 NF-κB$_1$、NF-κB$_2$ 和某些癌基因蛋白，如 RelA 等。在多数细胞胞质中 NF-κB 与抑制性蛋白质（包括 I κB$_\alpha$、I κBβ、Bcl-3 等）结合成无活性的复合物。肿瘤坏死因子（TNF）等作用于相应的受体后，通过第二信使 Cer 等磷酸化 I κB，使其构象改变，从 NF-κB 复合物上脱落下来，NF-κB 激活。而病毒感染、脂多糖、活性氧中间体、TPA、PKC、PKA 等可直接激活 NF-κB 系统（图 17-19）。NF-κB 进入细胞核与 DNA 接触调节基因的转录。

4. 转化因子 -β 途径 转化因子家族包括转化因子 -β（transforming growth factor β，TGF-β）、骨形态蛋白（bone morphogenetic proteins，BMPs）、活化素（activin）等信息分子，它们的受体属于跨膜丝 / 苏氨酸蛋白激酶受体。

TGF-β 受体分为 Ⅰ 型和 Ⅱ 型。TGF-β 配体与一个 Ⅱ 型受体二聚体结合，该 Ⅱ 型受体二聚体招募一个 Ⅰ 型受体二聚体，并与配体形成异源四聚体复合物。配体与受体结合后使 Ⅰ 型和 Ⅱ 型受体聚合，这些受体是丝氨酸 / 苏氨酸激酶受体。它们有一个富含半胱氨酸的胞外域，一个跨膜域和一个富含丝氨酸 / 苏氨酸的胞内域。Ⅱ 型受体使 Ⅰ 型受体丝氨酸残基磷酸化，Ⅰ 型受体再激活受体调控的 Smad 蛋白，Smad 激活可通过不同亚型的相互作用调节基因的表达。图 17-20 所示为 TGF-β 超家族和 BMP 通过 Smad 的激活将信息向细胞内传递的过程。

二、胞内受体介导的信号转导

目前已经确定通过胞内受体发挥调节作用的激素包括类固醇激素（糖皮质激素、盐皮质激素、雄激素、孕激素、雌激素）、甲状腺素、视黄酸和 1,25(OH)$_2$D$_3$ 等非极性分子，后者易透过细胞膜进入细胞内，从而与相应胞内受体结合。胞内受体又分为胞质内受体和胞核内受体。糖皮质激素受体位于胞质内，与糖皮质激素结合后才转移入细胞核。醛固酮受体则分布在胞质及胞核。雄激素、雌

激素、甲状腺素和孕激素的受体位于胞核内。

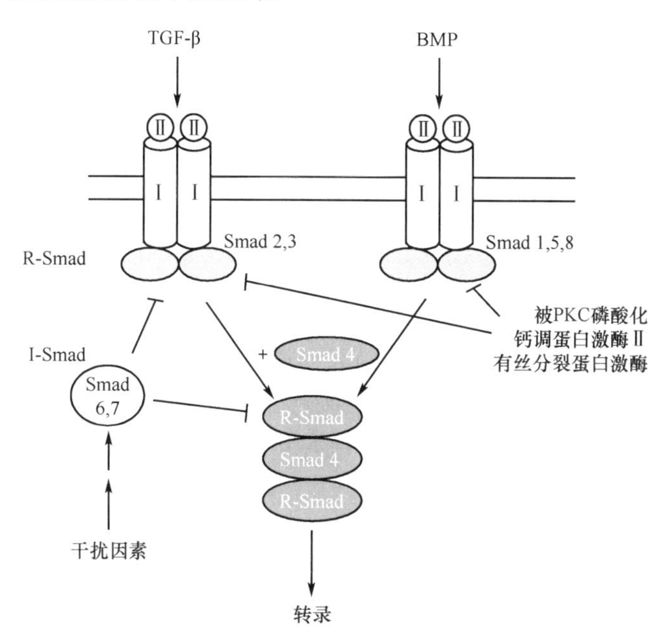

图 17-20 TGF-β 超家族受体信号转导和 BMP 的信号转导

案例 17-4

患者，女，22 岁。因 2 个月未来月经而就诊。医生检查发现，患者有双侧卵巢囊肿，询问病史，得知患者经常服用紧急避孕药米非司酮（mifepristone，Mifeprex，或 RU486），最多时一个月曾先后服用过 5 次，曾有月经不规律。

初步诊断：多囊卵巢综合征。

问题分析：1. 米非司酮紧急避孕的作用机制是什么？

2. 为何经常服用米非司酮会引起月经周期紊乱甚至不孕？

已知的核受体不少于百余种，为超家族，在细胞的生长、发育、分化过程中起重要作用。这些受体有一段保守性极为明显的区段，即使是不同的激素该区段也有 40% ～ 60% 的相似，并且都形成所谓的锌指结构，称 DNA 结合部位。与许多转录调节因子相似，改变这一区域的结构，会使之丧失生物活性，但还保留 100% 的结合特性，说明受体的此区域与受体识别激素关系不大。靠近 C 端的大约 250 个氨基酸残基与激素的结合特性密切相关，能形成特定的构象与激素结合，而且不同激素的受体这部分差异亦很明显（仅有 10% ～ 20% 相同）。

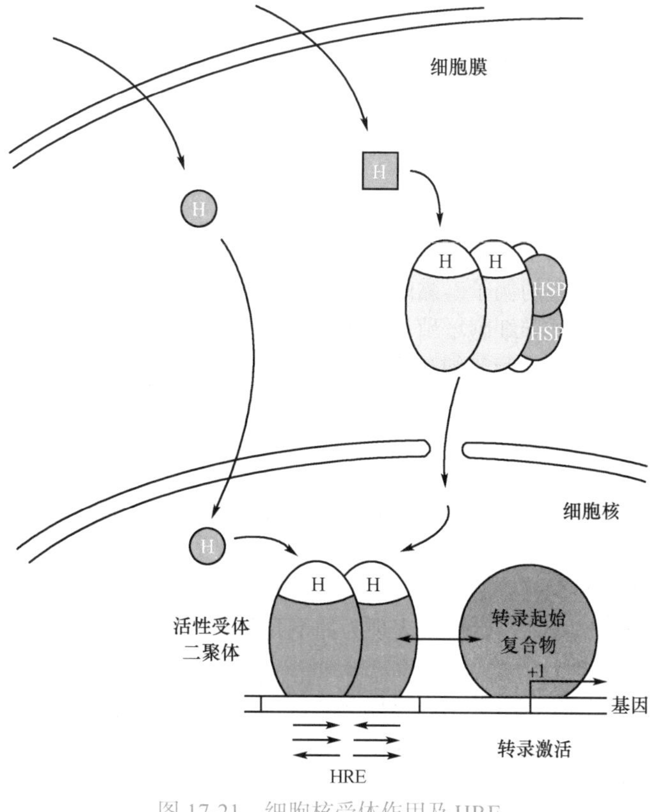

图 17-21 细胞核受体作用及 HRE

如图 17-21，如果激素受体在细胞核内，激素即进入细胞核与受体形成激素 - 受体复合物。如激素受体在细胞质中，在没有激素作用时，受体与抑制蛋白（HSP）形成复合物，从而阻止了受体向细胞核的移动及其与 DNA 的结合。当激素与受体结合后引起受体构象的改变，与 HSP 分

离，并暴露出受体的核内转移部位及 DNA 结合部位，激素结合的受体通过二聚体形式穿过核孔进入细胞核内，在核内与特定的基因结合，一般称基因的这一部位为激素应答单元件（hormone response element，HRE），HRE 诱导基因表达，从而调节基因转录。

类固醇激素与胞内受体结合除启动上述反应外，还表现在多个方面。例如，糖皮质激素可诱导糖异生，增加血糖供应。在肝细胞，皮质激素与胞内受体结合，促进酪氨酸氨基转移酶及色氨酸吡咯酶生成，加速酪氨酸及色氨酸转变成糖。在完整的肝组织培养细胞和肝癌细胞培养株中均可以见到这一作用。这种诱导酶合成的速度很快，10h 内酶浓度即可提高 5 ～ 10 倍。

案例 17-4 分析讨论

避孕药物米非司酮可竞争性地争夺黄体酮受体的配体结合区，使黄体酮不能与受体结合，黄体酮为受精卵在子宫着床的重要激素（图 17-22），因而可干扰受精卵着床，成为早期终止妊娠的有效药物。米非司酮可抑制、延迟排卵和抑制子宫内膜的作用，会导致嗜睡、呕吐、头晕、月经紊乱，推迟月经，甚至造成不孕。正常女性紧急避孕药在 1 个月经周期内只可用 1 次，1 年只可用 3 次，每次间隔不能小于 2 个月。

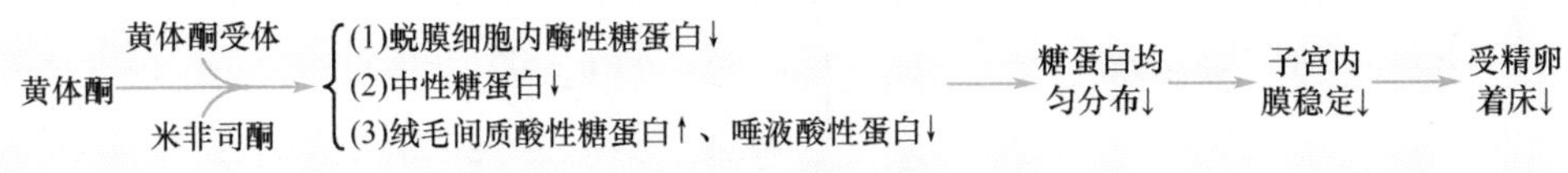

图 17-22 黄体酮对受精卵着床的影响及米非司酮的作用

甲状腺素、维生素 D 和维 A 酸，这类激素的受体在与配体结合前，位于核内 DNA 的相应反应元件上，使转录处于阻抑状态。一旦配体进入靶细胞后，受体活化，与 DNA 上的反应元件结合，作用于启动子的基本转录子及 RNA-pol，促进相应基因的表达。

第 4 节 信号转导途径的交互联系

为了研究的目的，人们把细胞内的信息转导人为地分割成不同的系统或途径，事实上这些系统相互关系十分密切，某一信号在胞内的传递往往不是局限在某一单独的信息传递系统内，而是涉及其他系统。一定的胞外刺激可能主要通过特定的信号系统起作用，但能够产生的细胞效应往往是细胞内各信息系统相互作用的结果。这种相互调节、相互制约可以解释为何同样的刺激在不同的组织和细胞表现出不同的反应。受体及其内源性配体的种类远远超过已知的效应器体系，细胞外信号物质的种类、数目更是远远超过已知的细胞内信使物质，这样细胞外信号必然共用有限的效应体系和细胞内信使物质发挥作用，因此，多种介质、激素及调节物质作用于同一细胞时就可以部分地归结于有限的几种细胞内信使物质的相互作用。

一、信号转导途径具有多样性

随着对信号转导研究的深入，新的、独特的信号分子和转导途径被阐明，整合素家族黏附分子就是典型的例子。黏附分子主要介导细胞与细胞外基质之间的黏附。整合素是细胞外基质组分的受体，可诱导细胞增殖、分化与凋亡。其信号表现为双向性，一方面整合素与配体分子结合，将信号传入胞质，调节细胞的状态与功能，为内向信号传递；另一方面，某些因素引起的细胞功能状态的变化也通过某种途径影响整合素与其特异性配体的结合，后一种方式为外向信号传递。

二、信号转导途径之间的信息交流

复杂的信号转导通路之间是相互交流的，形成网络。目前尚无明确而全面的模式来解释信号途径间的“串话”（cross-talk），即便是 GPCR 和蛋白酪氨酸激酶相关的受体所介导的两大信号转导途径也同样存在着相互的调控作用。对各信号系统间的彼此调节、精确有序地调控细胞信号转导所进行的交联对话主要表现为如下几种方式。

1. 一条信息途径的成员可参与激活另外一条信息途径 当激素等细胞外信息作用于同一细胞上的两种不同受体上，可以起系统促进效应，或者某一个细胞外信息激活一个传递系统，达到时间和空间的分级控制等。例如，甲状腺释放激素与靶细胞膜的受体特异性结合后，通过 Ca^{2+}- 磷脂依赖性蛋白激酶系统亦可激活 PKC，同时细胞内 Ca^{2+} 浓度增高还可通过 Ca^{2+}/CaM 激酶对底物蛋白的磷酸

笔记栏

化而调节 AC 和 PDE 的活性，使 cAMP 生成增多，进而激活 PKA。

2. 两种不同的信息传递途径可共同作用于同一种效应蛋白或同一基因调控区而协同发挥作用 例如，肌细胞的糖原磷酸化酶 b 激酶，该酶为多亚基蛋白质（αβγδ）$_4$，其 α、β 亚基是 PKA 的底物，PKA 通过催化它们的磷酸化而使之激活。而 δ 亚基属于 CaM，Ca^{2+} 浓度增加可与之结合，并使其激活，进一步激活 Ca^{2+}/CaM 激酶。PKA 和 Ca^{2+}/CaM（δ 亚基）在细胞核内均可以使转录因子 CREB 的 133 位丝氨酸残基磷酸化而使之激活，活化的 CREB 作用于 DNA 上的 CRE 顺式作用元件，启动多种基因的转录。

3. 一种信息分子可作用于几条信息转导途径 例如，胰岛素与细胞膜受体结合后，可通过胰岛素受体底物激活 PI-3K、PLCγ，后者促使 PIP_2 生成 IP_3 和甘油二酯，增加胞内 Ca^{2+} 浓度，进一步激活 PKC；PI-3K 受到多种胞外刺激时可明显升高其胞内的第二信使 PI-3、4-P_2(PIP_2) 和 PI-3,4,5-P_3(PIP_3) 的浓度，激活磷酸肌醇依赖的蛋白激酶（phosphoinositide dependent kinase，PDK），激活的 PDK 使 PKB/Akt 蛋白质中的 473 位丝氨酸残基和 308 位的酪氨酸残基磷酸化而将其激活。PKB 是 PI-3K 下游的底物，具有丝 / 苏氨酸蛋白激酶活性。另外，胰岛素还可通过激活 Ras 参与的信号传递途径进行代谢调节。Smad 与 MAPK 途径在细胞质和细胞核中均存在着交流。在胞质中 Smad 特定的连接区可受 MAPK 催化发生磷酸化，从而阻止了 Smad 向核内的聚集，抑制其转录；而细胞核中 Smad 可与多种转录因子相互作用，包括受 MAPK 调节的转录因子，调节基因的转录。

第 5 节　信号转导异常与疾病的关系

机体完整的信息传递通路是保障机体生命活动不可缺少的，当信息传递发生异常时则会导致信息传递的障碍，进而导致某些疾病的发生。

一、信号转导障碍与疾病发生

机体平衡状态是健康的保证，各种疾病的发生和发展都直接或间接地与细胞信号转导的异常有关。除第一信使分子异常，如激素分泌水平的变化引起疾病外，其他信号转导分子的异常与疾病的发生也有非常重要的联系。

（一）GPCR 异常及相关疾病

多种因素可引起 GPCR 所介导的信号转导异常，乃至引起各种疾病状态。GPCR 异常主要是 G 蛋白结构、活性和表达水平的异常。当效应分子和小分子信使分子异常或 G 蛋白结构异常时，G 蛋白功能出现增强（gain of function）或下降（loss of function），引起 GPCR 介导的信号转导异常，出现包括心血管疾病、毒品与酒精依赖、遗传性疾病和传染性疾病等相应的疾病。

1. GPCR 异常与心血管疾病 在 GPCR 异常的疾病中，以 GPCR 与心血管疾病关系的研究最为深入和广泛。心脏的功能依赖 GPCR 及其下游信号的运行，静止时心率由胆碱能受体偶联 $G_{\alpha i}$ 通过抑制 AC 活性和 $G_{\beta\gamma}$ 亚基作用，使 cAMP 降低而共同抑制心率；当运动时，β 受体（β-AR）偶联 $G_{\alpha s}$ 控制心率。$G_{\alpha q}$ 的过表达可引起 MAPK 家族成员 ERK 的激活，ERK 是心肌细胞最重要的生长信号，其的激活引起心肌细胞中的扩增，导致心肌肥大；GPCR 表达减少、受体与下游信号解偶联，使 cAMP 水平下降，引起心肌收缩功能不足，导致心力衰竭。

2. GPCR 异常与肿瘤 目前研究认为，肿瘤的发生和发展涉及 GPCR 的变化，有些 $G_{\beta\gamma}$ 亚基还具有细胞恶性转化作用。$G_{\beta\gamma}$ 亚基可以直接作用于 MAPK 上游的 *ras* 和激活 *jnk*，在细胞增殖中发挥作用。在甲状腺癌、垂体瘤时有 $G_{\alpha s}$ 的突变，在结肠癌、小细胞肺癌存在多种 GPCR 基因的突变，前列腺癌组织中某些 GPCR 高表达，这都说明了肿瘤的发生与 GPCR 有关。最近有人发现，在肿瘤血管形成的过程中可能有 GPCR 介导的信号调控。

3. GPCR 异常与感染 一些细菌感染性疾病的发病机制与 GPCR 介导的信号转导异常有关，这些细菌通过产生的毒素干扰 GPCR 介导的信号转导，使受累的细胞出现功能异常。这些疾病包括破伤风、百日咳、霍乱等（图 17-23）。细菌、病毒感染后，细菌毒素可催化相应的 G_α 亚单位发生 ADP 核苷化。不同的毒素在细胞膜上的受体不同，作用于不同细胞后产生的症状也不同。例如，百日咳毒素可通过催化 $G_{\alpha i}$ ADP 核苷化，阻断 G 蛋白介导的效应。1996 年 Springer 等首先发现了趋化因子受体 CXCR4（为 GPCR）是 HIV 进入 $CD4^+$ 细胞的辅受体。之后又发现了纯合子 CCR5 突变体具有抗 HIV 感染的作用。

图 17-23 霍乱毒素作用机制

4. GPCR 异常与遗传病 GPCR 异常与遗传疾病的关系首先由 Patten 在 1989 年发现，在研究假性甲状腺素低下家系中发现了 $G_{\alpha s}$ 的异常，使 $G_{\alpha s}$ 的翻译不能正常起始。1993 年 Polla 等发现了 G 蛋白基因突变导致家族性尿钙过低性高钙血症、先天性甲状旁腺素过高症等遗传性疾病。

5. GPCR 异常与药物成瘾性疾病 吗啡类药物的镇痛作用和成瘾性是通过 GPCR 介导的信号转导实现的。吗啡的耐受和依赖性机制与细胞内 cAMP 浓度升高密切相关。吗啡通过受体偶联的 $G_{\alpha s}$ 活化，导致 AC 活化，cAMP 浓度升高。细胞中的 G 蛋白长期暴露于吗啡后，原来以 $G_{\alpha i}$ 抑制效应为主的信号转变为以 $G_{\beta\gamma}$ 刺激作用为主导的信号。同时，高吗啡还诱导吗啡受体数目的减少。而大量乙醇除可增强 G 蛋白偶联的内向整流性钾通道，影响突触传递外，还降低血小板 AC 活性，诱导 $G_{\alpha i}$ 的高表达。

（二）蛋白酪氨酸激酶受体异常与疾病

蛋白酪氨酸激酶受体异常介导的相关疾病种类非常多，许多癌基因产物都可作为这一过程的重要信号转导分子。例如，胰岛素受体基因突变可引起的先天性糖尿病，突变以碱基的置换最为常见，可发生在 α 亚基和 β 亚基上。紫外线照射通过损伤 DNA 引起染色体畸变，使一些转录因子活化，引起皮肤癌等。

（三）NO 与相关疾病

在内皮细胞 NO 的合成与释放障碍导致多种心血管疾病的形成。NO 的减少与心肌损伤有关，NO 具有维持血管处于舒张状态、调节血压、调整冠状动脉张力及抑制血小板、白细胞的聚积、黏附等。哮喘等呼吸系统疾病伴有局部 NO 的增高，NO 在正常情况下对维持肺循环低阻力和支气管平滑肌松弛起保护作用，而在急性炎症则促进损伤发生。此外，神经退行性变疾病、神经损伤、胃肠道疾病等均与 NO 的异常有关。

二、信号转导分子与疾病治疗药物的关系

信号转导研究的不断深入和发展，尤其是在疾病过程中信号转导的异常，促进了新的疾病诊疗手段的发展。特别是信号转导分子结构、功能改变与疾病发生、发展关系的研究为新药的筛选和开发提供了靶点。干预信号转导的药物是否可用于疾病的治疗主要基于两点：一是其所干扰的信号转导途径在体内存在是否广泛，如果广泛存在则会出现其副作用难以得到控制的现象；二是自身的选择性，药物对信号转导的选择性越高，所引起的全身副作用越小。目前，已经发现的慢性粒细胞白血病的治疗药物达沙替尼（dasatinib/Sprycel）、伊马替尼（imatinib）就是蛋白酪氨酸激酶的抑制剂。设计药物作用的靶点时，选择在正常细胞和异常细胞中表达水平或活性差别大的信号分子，利用其特异的激动剂或抑制剂作为药物才能在纠正异常细胞信号转导的同时不影响正常细胞，即使药物的副作用较小。

小 结

细胞信号转导是指细胞对外源信息所产生的应答过程。细胞接受的化学信号可以是膜结合型的，受体是这些信号的接受者。受体是细胞表面或细胞内的蛋白质分子，能特异地识别和结合配体分子，

同时将配体的信号进行转换和传递。受体与配体的结合特点是高度特异性、高度亲和力、可饱和性、可逆性和特定的作用方式。受体分为细胞膜受体和胞内受体两类。当激素与细胞膜受体结合时，细胞内某种物质发生改变，这种在细胞内转导信号的物质称为第二信使。重要的第二信使包括环核苷酸类、小分子脂质衍生物、Ca^{2+} 和 NO 等。其中细胞膜受体介导的信号转导途径是本章的重点内容。

细胞膜受体介导的信号转导途径：G 蛋白介导的细胞信号转导途径包括 cAMP- 蛋白激酶途径；IP_3/DAG-PKC 途径、Ca^{2+}/CaM 途径、cGMP- 蛋白激酶途径，酶偶联受体包括受体型 TPK-Ras-MAPK 途径、JAK-STAT 途径、核因子 κB 途径和 TGF-β 途径。各途径的第二信使通过 PKA、PKC、PKG、Ca^{2+}/CaM 激酶、MAPK 等靶分子实现信号的转导。NO、CO 气体小分子在细胞信号转导中可作为重要的信息分子。蛋白激酶与蛋白磷酸酶催化蛋白质的可逆性磷酸化修饰。TPK 影响细胞增殖与细胞分化。许多的生长因子受体本身具有 TPK 活性，为催化型受体。多种非催化型受体主要作为受体与最终效应分子之间的信号转导分子。

cAMP-PKA 途径由 G 蛋白介导，激活腺苷酸环化酶，以 cAMP 为第二信使，通过激活 PKA 使蛋白质发生磷酸化，通过影响物质代谢、基因表达实现配体信号的传导效果。Ca^{2+}/CaM 途径也需要 G 蛋白的介导，激活细胞膜上的 PKC，由 Ca^{2+} 作为第二信使。通过调节细胞内 PKC 的活性而实现调节。Ca^{2+}/CaM 激酶途径以 Ca^{2+}、IP_3 作为第二信使，通过细胞内的 Ca^{2+} 浓度升高，进而激活 Ca^{2+} 依赖的 CaM，后者有广泛的作用底物。TPK 途径包括两种受体型，受体型与非受体型。TPK 受体型主要指胰岛素、EGF、IL 等的受体，受体型 TPK 被激活后可通过活化腺苷酸环化酶、多种磷脂酶等发挥作用。而非受体型 TPK 其受体分子没有 TPK 活性，但可以借助细胞内的非受体型 TPK 连接蛋白完成信号转导。NF-κB 体系主要涉及组织损伤、慢性反应性疾病、细胞凋亡及肿瘤发生等过程中的信息传递。TGF-β 能调节增殖、分化、迁移和凋亡等多种细胞反应。胞内受体具有 DNA 结合区，在核内激素 - 受体复合物与 DNA 特异基因的激素反应元件结合，通过影响基因的表达而完成的信号转导过程。

（江旭东）

笔记栏

第 18 章 PPT

第 18 章 血液生物化学

血液（blood）是体液的重要组成部分，由血浆和血细胞组成。正常成人血液约占体重的 8%。血浆（plasma）是血液的液体部分，占全血容积的 55% ～ 60%。血浆主要成分是水，达 90% 以上，另外还有可溶性固体成分，包括蛋白质、非蛋白质含氮化合物（尿素、肌酸、肌酐、尿酸、胆红素、氨等）、不含氮的有机化合物（葡萄糖、乳酸、酮体、脂质等）及无机盐（Na^+、K^+、Ca^{2+}、Mg^{2+}、Cl^-、HCO_3^-、HPO_4^{2-} 等）等。非蛋白质含氮化合物所含的氮称为非蛋白氮（non-protein nitrogen，NPN），其中尿素氮（blood urea nitrogen，BUN）约占 NPN 的一半。血细胞是血液的有形部分，包括红细胞、白细胞和血小板。血液在心血管系统中循环流动，成为沟通内外环境及机体各部分进行物质交换的场所，对于维持机体内环境稳定具有重要作用。血液中某些代谢物浓度的变化，可反映体内代谢状况，故血液与临床医学有密切关系。临床上对血液进行分析常以血清为样本，血清（serum）是血液凝固后析出的淡黄色透明液体，血清与血浆的区别在于血清中没有纤维蛋白原，但含有一些在凝血过程中生成的分解产物。

第1节 血浆蛋白

血浆蛋白是血浆中多种蛋白质的总称，是血浆中主要的固体成分，其含量为 60 ～ 80g/L。血浆蛋白的种类繁多，功能各异。

一、血浆蛋白的分类和性质

（一）血浆蛋白的分类

按分离方法、来源或功能的不同，可将血浆蛋白分为不同种类。

最初采用盐析法，将血浆蛋白分为清蛋白（albumin，A）、球蛋白（globulin，G）和纤维蛋白原（fibrinogen）。正常人清蛋白（A）含量为 38 ～ 48g/L，球蛋白（G）为 15 ～ 30g/L，清蛋白与球蛋白的比值（A/G ratio）为 1.5 ～ 2.5。临床上一般采用简便快速的醋酸纤维素薄膜电泳，将血浆蛋白分为清蛋白、α_1-球蛋白、α_2-球蛋白、β-球蛋白和γ-球蛋白（图 18-1）。如采用分辨力较高的聚丙烯酰胺凝胶电泳，可将血浆蛋白分出 30 多条区带。采用分辨力更高的等电聚焦与聚丙烯酰胺凝胶组合的双向电泳，可将血浆蛋白分出更多条区带。

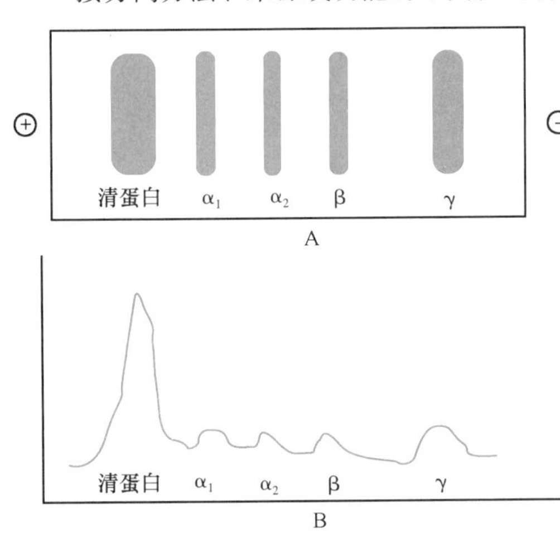

图 18-1 血浆蛋白醋酸纤维素薄膜电泳图谱（A）及电泳峰（B）

血浆蛋白按来源不同分为两类：一类是由各种组织细胞合成后分泌入血，在血浆中发挥作用的血浆功能性蛋白质，如抗体、补体、凝血酶原、生长调节因子、转运蛋白等，这类蛋白质的质量变化可以反映机体的代谢状况；另一类是细胞更新或破坏时溢入血浆的蛋白质，如血红蛋白、淀粉酶、转氨酶等，这类蛋白质在血浆中出现或含量升高可以反映有关组织的更新、破坏或细胞通透性改变。

血浆蛋白按功能不同分为 8 类：①凝血和纤溶系统蛋白质，包括各种凝血因子（除因子Ⅲ外）、纤溶酶等；②免疫防疫系统蛋白质，包括各种抗体和补体；③载体蛋白，包括清蛋白、脂蛋白、运铁蛋白（transferrin，Tf）、铜蓝蛋白（ceruloplasmin，Cp）等；④酶，包括血浆功能酶和非功能酶；⑤蛋白酶抑制剂，包括酶原激活抑制剂、血液凝固抑制剂、纤溶酶抑制剂、激肽释放抑制剂、内源性蛋白酶及其他蛋白酶抑制剂；⑥激素，包括促红细胞生成素、胰岛素等；⑦参与炎症应答蛋白，包括 C-反应蛋白、α_2-酸性糖蛋白等；⑧未知功能的血浆蛋白。目前已知的血浆蛋白有 200 多种，有些蛋白质的功能尚未阐明（表 18-1）。

表 18-1　主要的血浆蛋白的含量及功能

名称	符号	正常血浆中浓度（mg/100ml）	主要功能
清蛋白			
前清蛋白	PA/Pre-Al	28 ～ 35	结合甲状腺素
清蛋白	Alb	4200±700	维持血浆胶渗压，运输，营养
α_1- 球蛋白			
α_1 脂蛋白（HDL）	α_1LP	217 ～ 270	运输脂类及脂溶性维生素
α_1 酸性糖蛋白（乳清类黏蛋白）	α_1AGP	75 ～ 100	感染初期活性物质，抑制黄体酮
α_1- 抗胰蛋白酶	α_1AT	210 ～ 500	抗胰蛋白酶和糜蛋白酶
运钴胺素蛋白Ⅰ			结合维生素 B_{12}
运皮质醇蛋白	TSC	5 ～ 7	运输皮质醇
α_2- 球蛋白			
甲胎蛋白	AFP	0.5 ～ 2.0×10^{-3}	
甲状腺素结合球蛋白	TBG	1 ～ 2	结合甲状腺素（T_4）
α_2HS 糖蛋白	α_2HS		炎症时被激活
铜蓝蛋白	Cp	27 ～ 63	有氧化酶活性，与铜结合，参与铜的代谢，急性时相反应物
凝血酶原		5 ～ 10	参加凝血作用
α_2- 巨球蛋白	α_2M	200±60	抑制纤溶酶和胰蛋白酶，活化生长激素和胰岛素，可和其他低分子物质结合，急性时相反应物
胆碱酯酶	ChE	1±0.2	水解乙酰胆碱
缚珠蛋白（结合珠蛋白）	Hp	100（30 ～ 190）	结合 Hb
血管紧张素原			收缩血管，升高血压；促进醛固酮分泌，促进 RBC 生成
红细胞生成素			
α_2- 脂蛋白（VLDL）	α_2LP	28 ～ 71（随年龄性别而异）	运输脂类（主要是甘油三酯）、脂溶性维生素和激素
β- 球蛋白			
β- 脂蛋白（LDL）	βLP	219～340（随年龄性别而异）	运输脂类（胆固醇、磷脂等）脂溶性维生素、激素
运铁蛋白	Tf	250±40	运输铁，抗菌、抗病素
运血红素蛋白	Hpx	80 ～ 100	与血红素结合
C- 反应蛋白	CRP	<1.2	与肺炎球菌的 C 多糖起反应
运钴胺素蛋白Ⅱ			与维生素 B_{12} 结合
纤溶酶原	Pm	30±2	有纤溶酶活性
纤维蛋白原	Fib	350	凝血因子Ⅰ，急性时相反应物
γ- 球蛋白			
免疫球蛋白 A	IgA	247±87	分泌型抗体
免疫球蛋白 D	IgD	3（0.3 ～ 40）	抗体活性
免疫球蛋白 E	IgE	0.033	反应素活性
免疫球蛋白 M	IgM	146±56	抗体活性
免疫球蛋白 G	IgG	1280±260	抗体活性

笔记栏

（二）血浆蛋白的性质

血浆蛋白具有以下共同性质。

1. 大多数血浆蛋白由肝细胞合成，少数由内皮细胞合成，γ- 球蛋白由浆细胞合成。

2. 血浆蛋白在粗面内质网结合的多核糖体上合成，为分泌型蛋白质，分泌入血前经过剪切信号肽、糖基化、磷酸化等翻译后加工修饰过程变为成熟蛋白质。血浆蛋白自肝脏合成后分泌入血的时间为 30min 到数小时。

3. 血浆蛋白几乎都是糖蛋白，含有 N 或 O 连接的寡糖链，只有清蛋白、视黄醇结合蛋白和 C- 反应蛋白等不含糖。糖链参与血浆蛋白分子三级结构的形成，具有多种功能，如血浆蛋白合成后的定向转移、细胞间的相互识别等。根据含糖量多少，血浆蛋白分为糖蛋白（glycoprotein）和蛋白聚糖（proteoglycan），糖蛋白含糖量小于 40%，蛋白聚糖含糖量达 90% ～ 95%。

4. 各种血浆蛋白都具有特征性的半衰期（half life），如正常成人的清蛋白的半衰期为 20 天。糖链可使血浆蛋白的半衰期延长。

5. 许多血浆蛋白具有多态性（polymorphism）。多态性是指在同种人群中，有两种以上且发生频率不低于 1% 的表现型。最典型的多态性是 ABO 血型物质，此外，α_1- 抗胰蛋白酶、结合珠蛋白（haptoglobin，Hp）、Tf、Cp 等都具有多态性。研究血浆蛋白多态性对遗传学及临床医学均有重要意义。

6. 当急性炎症或组织损伤时，某些血浆蛋白水平会增高，少则增加 50%，多则增加 1000 倍，包括 C- 反应蛋白、α_1- 抗胰蛋白酶、Hp、α_1- 酸性蛋白和纤维蛋白原等，这些血浆蛋白统称为急性时相蛋白（acute phase protein，APP）。急性时相蛋白在人体炎症反应中发挥一定作用，如 α_1- 抗胰蛋白酶能使急性炎症反应释放的某些蛋白酶失活。白细胞介素 -1 是单核 / 巨噬细胞释放的一种多肽，它能刺激肝细胞合成许多急性时相蛋白。有些蛋白质（如清蛋白、Tf 等）在急性炎症时含量下降。

二、血浆蛋白的功能

（一）稳定作用

血浆胶体渗透压和血液 pH 的稳定对于机体内环境的稳定具有重要意义。

血浆蛋白的含量和分子大小决定血浆胶体渗透压的大小。清蛋白是血浆中含量最多的蛋白质，占血浆总蛋白的 60%；多数血浆蛋白的分子质量为 160 ～ 180kDa，而清蛋白的分子质量仅为 69kDa。由于清蛋白含量多而分子小，因此在维持血浆胶体渗透压方面起主要作用，血浆胶体渗透压的 75% 左右由清蛋白产生。清蛋白由肝合成，成人肝每日每千克体重合成约 12g，占肝脏合成蛋白质总量的 25%。清蛋白含量下降会导致血浆胶体渗透压下降，使水分向组织间隙渗出而产生水肿。临床上血浆清蛋白含量降低的主要原因：①合成原料不足（如营养不良等）；②合成能力降低（如严重肝病等）；③丢失过多（如肾脏疾病、大面积烧伤等）；④分解过多（如甲状腺功能亢进、发热等）。

人血浆清蛋白基因位于 4 号染色体上，其初级翻译产物为前清蛋白原（preproalbumin），在分泌过程中切除信号肽生成清蛋白原（proalbumin），继而在高尔基复合体由组织蛋白酶 B 切除 N 端的 6 肽片段（精 - 甘 - 缬 - 苯丙 - 精 - 精），成为成熟的清蛋白。清蛋白是由 585 个氨基酸残基组成的一条多肽链，含有 17 个二硫键，分子呈椭圆形，较球蛋白和纤维蛋白原分子对称，故清蛋白黏性较低。清蛋白等电点（pI）为 4.7，低于其他血浆蛋白，所以在常用的弱碱性电泳缓冲液中带负电荷多，加之分子量小，故电泳迁移速度快。

正常人血液 pH 为 7.35 ～ 7.45，大多数血浆蛋白的等电点在 4.0 ～ 7.3。血浆蛋白为弱酸，其中一部分与 Na^+ 结合成弱酸盐，弱酸与弱酸盐组成缓冲对，参与维持血浆正常 pH。

（二）运输作用

某些血浆蛋白可与血浆中的难溶于水、易从尿丢失、易被酶破坏、易被细胞摄取的小分子物质专一性结合而起运输作用。例如，清蛋白能与许多物质结合（如游离脂肪酸、胆红素、性激素、甲状腺素、肾上腺素、金属离子、磺胺药、青霉素、双香豆素、阿司匹林等），使其水溶性增加而便于运输；金属结合蛋白（如 Hp、Tf、Cp）与金属离子（如铁、铜）结合运输，可以防止这些金属离子的丢失。

1. Hp　Hp 的分子质量约为 90kDa，能与红细胞外血红蛋白（hemoglobin，Hb）结合形成紧密的非共价复合物 Hb-Hp，每 100ml 血浆中的 Hp 能结合 40 ～ 80mg 血红蛋白。每天降解的血红蛋白

约有10%释放入血，成为红细胞外游离的血红蛋白，血红蛋白与Hp结合成复合物后分子质量可达155kDa，不能透过肾小球，从而防止游离血红蛋白及所含铁从肾脏丢失，保证铁再用于合成代谢。溶血时大量的血红蛋白释出，Hp与游离血红蛋白结合成复合物后被肝摄取、清除。Hp是一种急性时相蛋白，炎症时其血浆中含量升高，但溶血性贫血患者血浆中Hp呈现下降。

2. Tf Tf分子质量约80kDa，具高度多态性，目前已发现20多种不同类型的Tf。每天血红蛋白分解释出25mg左右的铁，游离铁有毒性，它与Tf结合后不仅毒性降低，还将铁运到需铁部位，每分子Tf可结合2个Fe^{3+}。铁是许多含铁蛋白质（如血红蛋白、肌红蛋白、细胞色素、过氧化物酶等）生物活性所不可缺少的，任何生长、增殖细胞的膜上都有Tf的受体，携带Fe^{3+}的Tf与受体结合后经内吞作用进入细胞，供细胞利用。

3. Cp Cp分子质量为160kDa，由8个分子质量18kDa的亚基组成。Cp是铜的载体，因携铜而呈蓝色，每分子Cp可结合6个铜离子。血浆中的铜90%由Cp转运，10%与清蛋白结合而运输。Cp还具有氧化酶活性，可将Fe^{2+}氧化成Fe^{3+}，有利于铁掺入Tf，促进铁的运输。

Cp是肝脏合成的一种糖蛋白，肝病时Cp合成减少，血浆Cp含量降低。肝豆状核变性（Wilson病）是一种遗传病，可能因为肝细胞溶酶体不能将来自Cp的铜排入胆汁，导致铜在肝、肾、脑及红细胞中聚积，发生铜中毒，出现溶血性贫血、慢性肝病及神经系统症状。由于角膜内铜的沉积导致角膜周围出现绿色或金黄色的色素环，称为凯-弗环（Kayse-Fleischer ring），这是肝豆状核变性的一种特征性改变，具有诊断价值。临床上采取减少铜摄入，服用D青霉胺螯合铜离子，对肝豆状核变性进行治疗。

归纳起来结合运输具有以下作用：①防止血液中小分子物质由肾流失；②增加难溶物质的水溶性，使其能够运输；③解除某些药物的毒性并促进排泄；④调节组织细胞摄取被运输物质。

案例 18-1

患者，男，23岁。因间断性语言不清半年，加重1日入院。患者主诉半年前无明显诱因发生言语含糊不清，能听懂他人谈话并能正确应答，但发音不清，持续时间30min。此后半年内发病2次，与首次发病症状相似，均自行消失。1日前再次出现言语含糊不清等症状持续无缓解入院治疗。

入院查体：T 36.0℃，P 80次/分，R 20次/分，BP 16.35/10.18kPa，心肺查体未见异常。腹软，肝肋下未触及，脾肋下五横指可触及，无压痛及肌紧张。双下肢无指凹性水肿。患者自发病来，精神差，进食可，大小便正常，近2个月体质量下降约7kg。

神经系统查体：意识清晰，构音障碍，反应力、定向力正常。双侧瞳孔正大等圆，直径3.0mm左右，对光反射灵敏，眼球各方向活动自如充分，无眼震，余神经系统查体未见异常。

既往病史：无肝病史及其他病史。

家族病史：无类似病史。

实验室检测：Cp 0.02g/L（参考值0.22～0.58g/L），维生素B_{12} 626.10pg/ml（参考值191～663pg/ml），总蛋白56.4g/L（参考值65～85g/L），球蛋白16.0 g/L（参考值20～40g/L），清蛋白/球蛋白2.53（参考值1.20～2.40），胆碱酯酶3595U/L（参考值5100～11 700U/L），尿酸195.4μmol/L（参考值208～428μmol/L），钙2.15mmol/L（参考值2.25～2.75mmol/L），总胆固醇2.79mmol/L（参考值3.11～5.20mmol/L），低密度脂蛋白胆固醇1.66mmol/L（参考值2.07～3.37mmol/L），总三碘甲状腺素1.43nmol/L（参考值1.5～3.2nmol/L），24h尿铜3.34μg/24h（参考值0～0.47μg/24h）。

眼科裂隙灯检查双眼可见凯-弗环。

头颅MRI示：双侧基底核、丘脑、中脑、脑桥对称性异常信号。T2序列：双侧基底核、丘脑信号增高，双侧中脑信号增高、双侧脑桥信号增高。FLAIR序列：双侧基底核、丘脑呈稍高信号，双侧中脑、双侧丘脑呈稍高信号。头颅MRA：颅内动脉未见明显异常。

腹部超声示：肝回声增粗；胆囊内少许沉积物；脾大，脾静脉增宽副脾可能；胰、双肾未见占位性病变。

肌电图检查：未见明显异常。

诊断：肝豆状核变性。

问题讨论：1. 肝豆状核变性的致病原因是什么？
2. 简述肝豆状核变性的治疗方法。

案例 18-1 分析

肝豆状核变性（Wilson disease）是 *ATP7B* 基因突变引起的常染色体隐性遗传性疾病，该基因位于 13 号染色体，其编码的 P 型 ATP 酶能将铜转运到高尔基体的反面内质网，参与合成有活性的 Cp，也可协助铜从胆道排泄。*ATP7B* 基因变异可导致 P 型 ATP 合酶功能减低或丧失，使 Cp 合成减少，胆道排泄铜量降低，铜离子沉积于肝、脑及角膜等组织内，导致该部位组织损伤，出现相应的临床症状。肝豆状核变性主要治疗方法是驱铜治疗，驱铜药物可有效降低体内铜离子的浓度，减少铜沉积，降低铜离子产生的自由基对组织器官的伤害。青霉胺是首选驱铜药物，此外确诊患者要低铜饮食，减少肠道对铜的吸收也可降低体内铜的蓄积。

微课 18-1

（三）催化作用

血浆蛋白中包括一些具有酶活性的蛋白质，按其来源与作用不同分为两类：血浆功能酶和血浆非功能酶。

1. 血浆功能酶　这类酶绝大多数由肝脏合成后分泌入血，主要在血浆中发挥催化功能，如凝血及纤溶系统的蛋白水解酶、假胆碱酯酶、卵磷脂胆固醇酰基转移酶和脂蛋白脂肪酶等。

2. 血浆非功能酶　这类酶在细胞内合成并在细胞中发挥作用，在正常人血浆中含量极低，基本无生理作用，但有临床诊断价值。

（1）细胞酶：在细胞中发挥作用，正常时在血浆中含量甚微，病理情况下因细胞膜的通透性改变或细胞损伤而逸入血浆，一些组织特有的酶在血浆中的含量变化有助于诊断该组织的病变。

（2）外分泌酶：由外分泌腺分泌的酶，如胰淀粉酶、胰脂肪酶、胰蛋白酶、碱性磷酸酶和胃蛋白酶等，正常时仅少量逸入血浆，当脏器受损时，血浆中相应的酶含量增加、活性增高，如急性胰腺炎时血浆中淀粉酶含量明显增多。

（四）免疫作用

血浆中具有抗体作用的蛋白质称为免疫球蛋白（immunoglobulin，Ig），由浆细胞产生，电泳时主要出现在 γ- 球蛋白区域。Ig 能识别并结合特异性抗原形成抗原 - 抗体复合物，激活补体系统从而消除抗原对机体的损伤。Ig 分为五大类：IgG、IgA、IgM、IgD 及 IgE，它们的分子结构具有共同特点，都是四链单位构成单体，每个四链单位由 2 条相同的长链或重链（heavy chain，H 链）和 2 条相同的短链或轻链（light chain，L 链）组成。其中 IgG、lgD、IgE 为单体，IgA 为二聚体，IgM 为五聚体。H 链由 450 个氨基酸残基组成，L 链由 210 ～ 230 个氨基酸残基组成，链与链之间以二硫键相连。

补体（complement）是血浆中参与免疫反应的蛋白酶体系，共有 11 种成分。抗原抗体复合物可激活补体系统，使之成为具有酶活性的补体或数个补体构成的活性复合物，从而杀伤靶细胞、病原体或感染细胞。

（五）凝血与抗凝血

多数凝血因子和抗凝血因子属于血浆蛋白，通常以酶原形式存在，在一定条件下被激活后发挥生理功能。凝血因子可促使纤维蛋白原转变为纤维蛋白，后者可网罗血细胞形成凝块以阻止出血。纤溶酶原在纤溶激活剂的作用下转变为纤溶酶，使纤维蛋白溶解，以保证血流通畅。

（六）营养作用

正常成人 3L 左右的血浆中约含 200g 蛋白质，它们起着营养储备作用。体内某些细胞，特别是单核 / 巨噬细胞系统，吞饮完整的血浆蛋白，然后由细胞内的酶将其分解为氨基酸并扩散入血，随时可供其他细胞合成新蛋白质使用。

第 2 节　血细胞代谢

一、红细胞代谢

笔记栏

红细胞产生于红骨髓，由造血干细胞依次分化为原始红细胞、幼红细胞、网织红细胞，最后成为成熟红细胞进入血循环。红细胞在成熟过程中要经历一系列形态和代谢的改变（表 18-2），早幼红细胞与一般体细胞一样，有细胞核、内质网、线粒体等细胞器，具有合成核酸和蛋白质的能力，可进行有氧氧化获得能量，而且有分裂繁殖的能力；网织红细胞无细胞核，含少量线粒体和 RNA，不能合成核酸，但可合成蛋白质；成熟红细胞除细胞膜、胞质外，无其他细胞器，不能合成核酸和蛋白质，只能进行糖酵解获得能量，用以维持红细胞膜和血红蛋白的完整性及正常功能，使红细胞在冲击、挤压等机械力和氧化物的影响下仍能保持活性；糖酵解还可产生高浓度的 2,3 二磷酸甘油酸，这种小分子有机磷酸酯能调节血红蛋白的携氧功能。

表 18-2　红细胞成熟过程的代谢变化

代谢能力	有核红细胞	网织红细胞	成熟红细胞
分裂增殖能力	+	–	–
DNA 合成	+*	–	–
RNA 合成	+	–	–
RNA 存在	+	+	–
蛋白质合成	+	+	–
血红素合成	+	+	–
脂质合成	+	+	–
三羧酸循环	+	+	–
氧化磷酸化	+	+	–
糖酵解	+	+	+
磷酸戊糖途径	+	+	+

注：“+”，“－”分别表示该途径有或无

* 晚幼红细胞为“–”

（一）血红蛋白的生物合成

血红蛋白是红细胞中的主要成分，占红细胞内蛋白质总量的 95%，主要功能是运输氧气和二氧化碳。血红蛋白是在红细胞成熟之前合成的，先合成血红素（heme）和珠蛋白（globin），然后两者再缔合成血红蛋白。

1. δ- 氨基 -γ- 酮基戊酸（δ-amino-γ-levulinic acid，ALA）生成　在线粒体内，由 ALA 合酶（ALA synthase）催化，琥珀酰辅酶 A 与甘氨酸缩合成 ALA（图 18-2）。ALA 合酶是血红素合成的限速酶，由 2 个亚基组成，每个亚基分子质量为 60kDa，其辅酶是磷酸吡哆醛。

2. 胆色素原的生成　在细胞质中，由 ALA 脱水酶（ALA dehydrase）催化，2 分子 ALA 脱水缩合成 1 分子胆色素原（又称卟胆原，porphobilinogen，PBG）（图 18-3）。ALA 脱水酶由 8 个亚基组成，分子质量为 260kDa，其巯基对铅等重金属的抑制作用很敏感。

HSCoA + CO_2；ALA合酶（磷酸吡哆醛）

图 18-2　ALA 的生成

2ALA；ALA脱水酶，$2H_2O$；胆色素原

图 18-3　胆色素原的生成

3. 尿卟啉原Ⅲ及粪卟啉原Ⅲ的生成　在细胞质，由尿卟啉原Ⅰ同合酶（uroporphyrinogen synthetase，又称卟胆原脱氨酶，PBG deaminase）、尿卟啉原Ⅲ同合酶（uroporphyrinogen Ⅲ cosynthase）、尿卟啉原Ⅲ脱羧酶依次催化，4 分子胆色素原经线状四吡咯、尿卟啉原Ⅲ（uroporphyrinogen Ⅲ，UPG Ⅲ），生成粪卟啉原Ⅲ（coproporphyrinogen Ⅲ，CPG Ⅲ）。

4. 血红素的生成　在线粒体内，由粪卟啉原Ⅲ氧化脱羧酶催化，粪卟啉原Ⅲ的2、4位2个丙酸基氧化脱羧变成乙烯基，生成原卟啉原Ⅸ；再由原卟啉原Ⅸ氧化酶催化，使连接4个吡咯环的甲烯基氧化为次甲基，变为原卟啉Ⅸ（protoporphyrin Ⅸ）；再由亚铁螯合酶（又称血红素合成酶，ferrochelatase）催化，原卟啉Ⅸ与 Fe^{2+} 结合生成血红素（图18-4）。

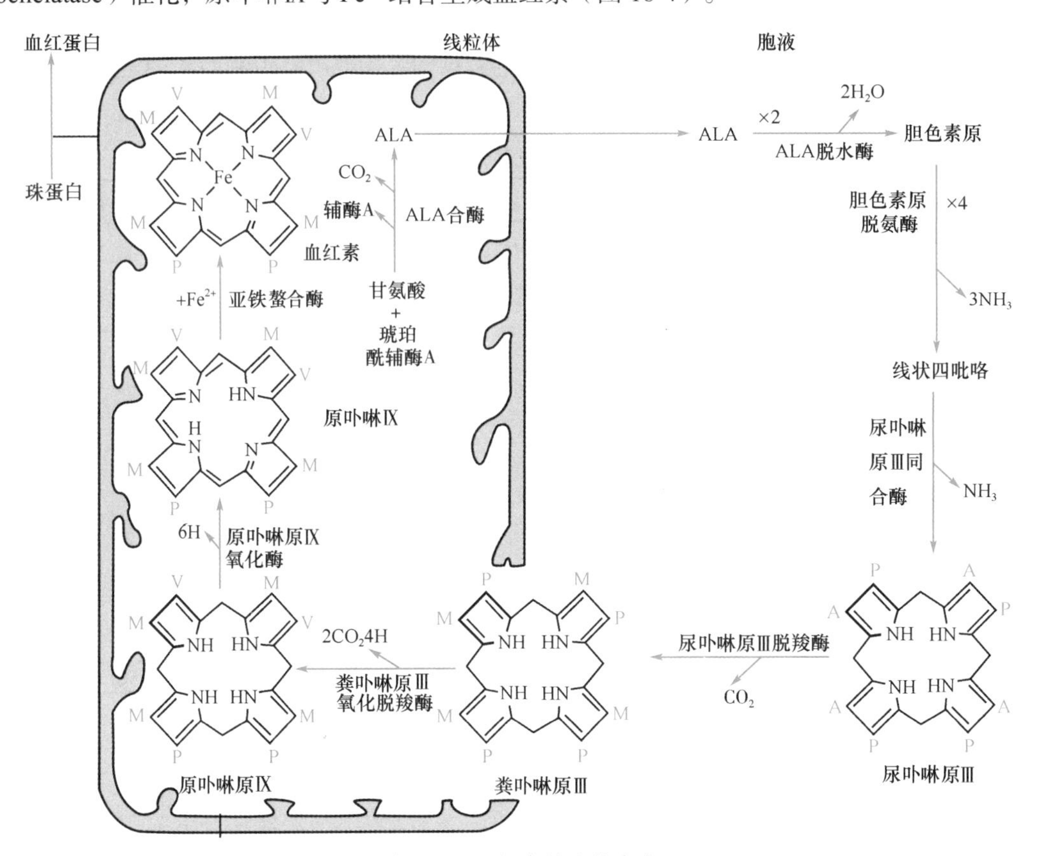

图18-4　血红素的生物合成

A.-CH_2COOH；P.-CH_2CH_2COOH；M.-CH_3；V.-$CHCH_2$

5. 血红蛋白的生成　血红素生成后从线粒体转运到细胞质，与珠蛋白结合成为血红蛋白。正常人每天约合成6g血红蛋白，相当于210mg血红素。成人的血红蛋白由两条α链、两条β链组成，每条多肽链各结合1分子血红素（见第2章图2-26），编码人珠蛋白的基因有α族和β族2组，分别位于16和11号染色体上。

珠蛋白的合成与一般蛋白质相同，在珠蛋白合成后，一旦容纳血红素的空穴形成，立刻有血红素与之结合，并使珠蛋白折叠成最终的立体结构，再形成稳定的αβ二聚体，最后由2个二聚体构成有功能的 $\alpha_2\beta_2$ 四聚体的血红蛋白。珠蛋白的合成受血红素调节，血红素的氧化产物高铁血红素能抑制cAMP激活蛋白激酶A的作用，使翻译起始因子-2（eIF-2）保持去磷酸化的活性状态，有利于珠蛋白合成（图18-5）。

（二）血红素合成的特点及调节

血红素是含铁的卟啉化合物，卟啉由4个吡咯环组成，铁位于其中。由于血红素具有共轭结构，因此性质较稳定。血红素不仅是血红蛋白的辅基，也是肌红蛋白（myoglobin，Mb）、细胞色素（cytochrome，Cyt）、过氧化氢酶（catalase）、过氧化物酶（peroxidase）的辅基，具有重要的生理功能（图18-6）。

1. 血红素合成的特点

（1）体内大多数组织具有合成血红素的能力，但合成的主要部位是骨髓和肝。红细胞血红素从早幼红细胞开始合成，到网织红细胞阶段仍可合成，成熟红细胞不含线粒体，故不能合成血红素。

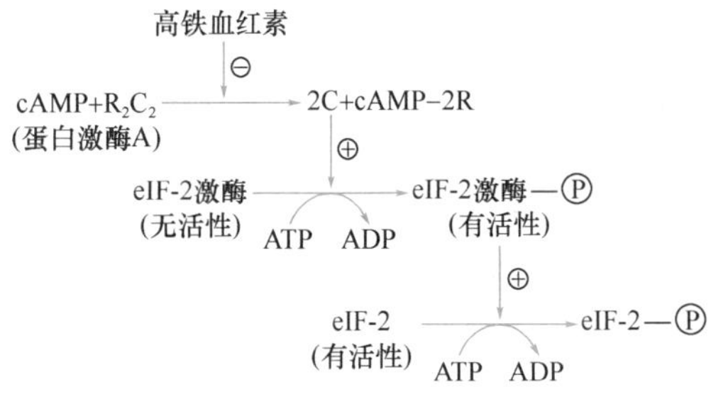

图 18-5　高铁血红素对 eIF-2 的调节

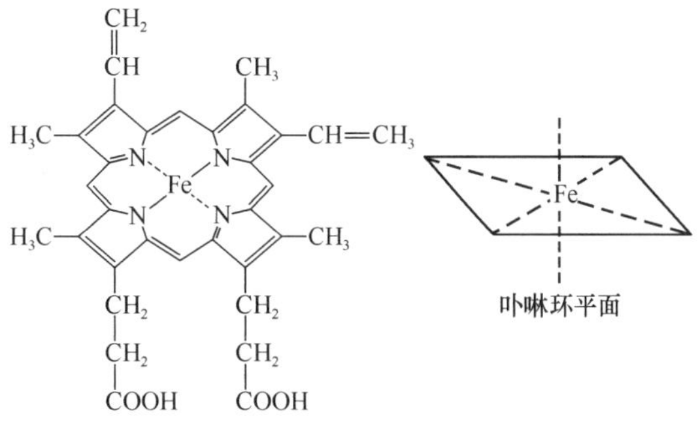

图 18-6　血红素结构

（2）血红素合成的原料是琥珀酰辅酶 A、甘氨酸及 Fe^{2+} 等，中间产物的转变主要是吡咯环侧链的脱羧和脱氢反应。

（3）血红素合成的起始和终末阶段均在线粒体中进行，中间过程则在细胞质中进行，这种定位对终产物血红素的反馈调节作用具有重要意义。

2. 血红素合成的调节　血红素合成有关的酶受多种因素影响，其中 ALA 合酶是血红素合成的限速酶，也是血红素合成调节的关键点。

（1）血红素合成的负向调节：血红素对 ALA 合酶具有负向调节作用。一方面血红素在体内可与一种阻遏蛋白结合，使其转变为具有活性的阻遏蛋白，该蛋白质可抑制 ALA 合酶的合成；另一方面血红素能反馈抑制 ALA 合酶的活性，实验表明，血红素浓度为 5μmol/L 时便可抑制 ALA 合酶的合成，浓度为 10 ～ 100μmol/L 时则可抑制酶的活性。一般情况下，血红素合成后迅速与珠蛋白结合成血红蛋白，不会堆积，当血红素合成速度大于珠蛋白合成速度时，过量的血红素会被氧化成高铁血红素（hematin），后者是 ALA 合酶的强烈抑制剂，而且还能阻遏 ALA 合酶的合成。由于 ALA 合酶的半衰期仅 1h，较易受到酶合成抑制的影响，因此目前认为，血红素与阻遏蛋白结合抑制 ALA 合酶的合成，在调节中发挥主要作用。此外，磷酸吡哆醛是 ALA 合酶的辅酶，因此，缺乏维生素 B_6 将减少血红素生成。

铁卟啉合成代谢异常而导致卟啉或其他中间代谢物排出增多，称为卟啉症（porphyria）。先天性卟啉症是由于某种血红素合成酶遗传性缺陷，后天性卟啉症主要是由于铅或某些药物中毒引起的铁卟啉合成障碍。铅等重金属能抑制 ALA 脱水酶、亚铁螯合酶及尿卟啉合成酶，从而抑制血红素的合成。由于 ALA 脱水酶和亚铁螯合酶对重金属的抑制作用极为敏感，因此血红素合成的抑制也是铅中毒的重要标志。此外亚铁螯合酶还需谷胱甘肽等还原剂的协同作用，如还原剂减少也会抑制血红素的合成。

（2）血红素合成的正向调节：目前已发现多种造血生长因子，如促红细胞生成素（erythropoietin，EPO）、多系 - 集落刺激因子，中性粒细胞 - 巨噬细胞集落刺激因子（GM-CSF）、白细胞介素 -3（interleukin，IL-3）等，其中 EPO 在红细胞生长、分化中发挥关键作用。人 *EPO* 基因位于 7 号染色体长臂 2 区 1 带，由 4 个内含子和 5 个外显子组成，编码 193 个氨基酸残基的多肽，在分泌过程中经水解去除信号肽，成为 166 个氨基酸残基的成熟肽。EPO 为糖蛋白，其中糖基占 30%，蛋白质部分的分子质量约为 34kDa，糖基在 EPO 合成后分泌及生物活性方面均有重要作用。成人血浆 EPO 主要由肾脏合成，胎儿和新生儿主要由肝合成。当血液红细胞容积减低或机体缺氧时，肾分泌 EPO 增加，它释放入血并到达骨髓，作用于骨髓成红细胞上的受体，可诱导 ALA 合酶的合成，从而促进血红素及血红蛋白的生物合成。EPO 是红细胞生成的主要调节剂，能促使原红细胞繁殖和分化，加速有核红细胞的成熟，目前临床上采用基因工程方法制造的 EPO 治疗肾脏疾病所引起的贫血。

雄激素睾酮在肝内 5*β*- 还原酶催化下还原生成的 5*β*- 氢睾酮，能诱导 ALA 合酶的合成，从而促进血红素和血红蛋白的生成。许多在肝中进行生物转化的物质（如致癌剂、药物、杀虫剂等）均可导致肝 ALA 合成酶显著增加。因为这些物质的生物转化作用需要细胞色素 P450，后者的辅基是铁卟啉化合物，通过肝 ALA 合酶的增加，以适应生物转化的需要。细胞色素 P450 的生成要消耗血红素，使红细胞中血红素下降，故它们对 ALA 合酶的合成具有去阻抑作用。

案例 18-2

患者，女，28 岁。入院前 6 日腹痛，1 日前腹痛加重并伴有肢体抽搐，意识障碍，尿液变红。入院查体：腹软，无明显压痛、反跳痛及肌紧张，肝脾未及。既往病史：有类似腹痛发作，均为月经来潮前发生，本次月经来潮发生在腹痛 6 日后，并伴有神经受累的表现。家族史：患者姑妈患有血卟啉病。入院后多次检测尿卟啉定性阴性，尿液暴晒后变粉红色。血铅 41ng/L，正常。行溶血像检查：酸性溶血试验阴性、蔗糖溶血试验阴性，结合珠蛋白阴性，排除铅中毒及溶血性疾病。

初步诊断：急性间歇性卟啉病。

问题讨论：1. 急性间歇性卟啉病致病原因是什么？

2. 简述急性间歇性卟啉病治疗方法。

案例 18-2 分析讨论

急性间歇性卟啉病（acute intermittent porphyria）是一种常染色体显性遗传性疾病，其发病机制主要是由于 PBG 脱氨酶缺乏导致卟啉类化合物代谢紊乱，血红素合成过程中 δ- 氨基酮戊酸及卟胆原合成明显增多直接或间接引发神经传递功能障碍。其临床表现是腹痛、胃肠功能障碍及神经紊乱。目前卟啉病尚无特效药物治疗，急性期临床对症处理主要为控制感染、控制心率，纠正水电解质平衡紊乱并补充碳水化合物。

（三）叶酸、维生素 B_{12} 对红细胞成熟的影响

细胞分裂增殖的基本条件是 DNA 合成，叶酸、维生素 B_{12} 对 DNA 合成有重要影响。叶酸在体内转变为四氢叶酸后作为一碳单位的载体，以 N^{10}- 甲酰四氢叶酸、N^5，N^{10}- 次甲基四氢叶酸、N^5，N^{10}- 甲烯四氢叶酸等形式，参与嘌呤核苷酸和胸腺嘧啶核苷酸的合成。叶酸缺乏时，核苷酸特别是胸腺嘧啶核苷酸合成减少，红细胞中 DNA 合成受阻，细胞分裂增殖速度下降，细胞体积增大，核内染色质疏松，导致巨幼红细胞性贫血。

体内叶酸多以 N^5- 甲基四氢叶酸形式存在，发挥作用时，N^5- 甲基四氢叶酸与同型半胱氨酸反应生成四氢叶酸与甲硫氨酸（见甲硫氨酸循环）。此反应需 N^5- 甲基四氢叶酸转甲基酶催化，而维生素 B_{12} 是该酶的辅酶，当维生素 B_{12} 缺乏时，转甲基反应受阻，影响四氢叶酸的周转利用，间接影响胸腺嘧啶脱氧核苷酸的生成，同样导致巨幼红细胞性贫血。

（四）成熟红细胞的代谢特点

1. 能量代谢　成熟红细胞除质膜和胞质外，无其他细胞器，也不含糖原，主要能源是血糖，其代谢比一般细胞单纯。成熟红细胞须不断从血浆中摄取葡萄糖，葡萄糖为亲水性物质，不能通过疏水的脂双层，需通过协助扩散方式被吸收到红细胞内。成熟红细胞每天消耗 25 ～ 30g 葡萄糖，其中 90% ～ 95% 进入糖酵解途径，5% ～ 10% 进入磷酸戊糖途径。成熟红细胞因为没有线粒体，尽管携带氧但自身并不消耗氧，糖酵解是其产生 ATP 的唯一途径。红细胞中存在催化糖酵解所需要的全部酶，通过糖酵解可使红细胞内 ATP 的浓度维持在 1.85mmol/L 水平，这些 ATP 对于维持红细胞的正常形态和功能具有重要意义。

（1）维持红细胞膜上钠泵（Na^+，K^+-ATPase）的正常运转：钠泵在 ATP 的驱动下，不断将 Na^+ 泵出、将 K^+ 泵入，使红细胞内钾多、钠少。如果糖酵解过程中的某些酶活性下降或缺陷，都会引起糖酵解紊乱，使 ATP 产量减少，从而使红细胞内外离子平衡失调，Na^+ 进入红细胞多于 K^+ 排出，导致细胞膨大甚至破裂。

（2）维持红细胞膜上钙泵（Ca^{2+}-ATPase）的正常运转：正常情况下，红细胞内的 Ca^{2+} 浓度（20μmol/L）低于血浆的 Ca^{2+} 浓度（2 ～ 3mmol/L），血浆 Ca^{2+} 会被动扩散进入红细胞，钙泵又将红细胞内的 Ca^{2+} 泵入血浆以维持红细胞内的低钙状态。缺乏 ATP 时，钙泵不能正常运行，Ca^{2+} 将聚集并沉积于红细胞膜，使膜失去柔韧性而趋于僵硬，红细胞流经狭窄的脾窦时易被破坏。

（3）维持红细胞膜上脂质与血浆脂蛋白中的脂质进行交换：红细胞膜的脂质处于不断更新中，此过程需消耗 ATP。缺乏 ATP 时，脂质更新受阻，红细胞的可塑性降低，易于破坏。

笔记栏

（4）用于葡萄糖的活化，启动糖酵解过程：少量ATP用于谷胱甘肽和NAD^+的生物合成。

2. 2,3-二磷酸甘油酸支路（2,3-bisphosphoglycerate shunt）　在糖酵解过程中生成的1,3-二磷酸甘油酸有15%～50%可转变为2,3-二磷酸甘油酸（2,3-bisphosphoglycerate，2,3-BPG），后者再脱磷酸变成3-磷酸甘油酸，进一步分解生成乳酸（图18-7）。这一糖酵解的侧支循环为红细胞所特有，产生原因是红细胞中存在的BPG变位酶和2,3-BPG磷酸酶催化的反应是不可逆的放能反应，可放出58.52kJ（14kcal）的能量。在正常情况下，2,3-BPG对BPG变位酶的负反馈作用大于对3-磷酸甘油酸激酶的抑制作用，所以红细胞中葡萄糖主要经糖酵解生成乳酸。由于2,3-BPG磷酸酶活性较低，结果2,3-BPG的生成大于分解。在红细胞中2,3-BPG的浓度远远高于糖酵解其他中间产物（表18-3）。

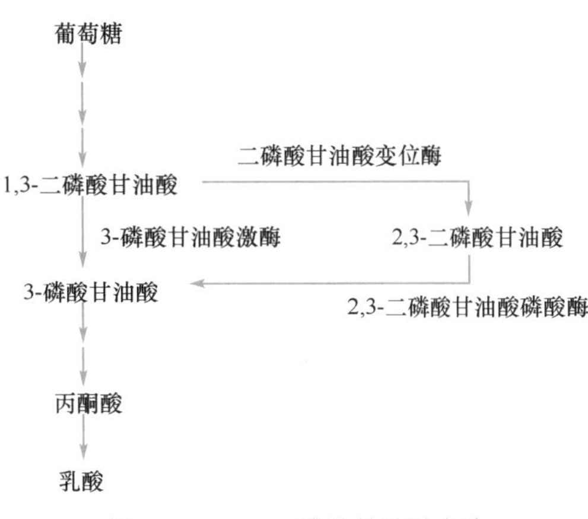

图18-7　2,3-二磷酸甘油酸支路

表18-3　红细胞中糖酵解中间产物的浓度（mol/L）

糖酵解中间产物	动脉血	静脉血
葡萄糖-6-磷酸	30.0	24.8
果糖-6-磷酸	9.3	3.3
果糖-1,6二磷酸	0.8	1.3
磷酸丙糖	4.5	5.0
3-磷酸甘油酸	19.2	16.5
2-磷酸甘油酸	5.0	1.0
磷酸烯醇式丙酮酸	10.8	6.6
丙酮酸	87.5	143.2
2,3-BPG	3400	4940

红细胞内2,3-BPG的主要功能是调节血红蛋白的运氧功能。2,3-BPG是一个负电性很高的分子，可与血红蛋白结合，结合部位在血红蛋白分子4个亚基的对称中心孔穴内。2,3-BPG的负电基团与孔穴侧壁的2个β亚基的正电基团形成盐键（图18-8），促使血红蛋白由松弛态变成紧密态，从而降低血红蛋白对氧的亲和力。在PO_2相同条件下，随2,3-BPG浓度增大，HbO_2释放的O_2增多。红细胞内2,3-BPG浓度升高时有利于HbO_2放氧，下降则有利于血红蛋白与氧结合。BPG变位酶及2,3-BPG磷酸酶受血液pH调节，在肺泡毛细血管血液pH高，BPG变位酶受抑制而2,3-BPG磷酸酶活性强，结果红细胞内2,3-BPG的浓度降低，有利于血红蛋白与O_2结合；在外周组织毛细血管中，血液pH下降，2,3-BPG的浓度升高，有利于HbO_2放氧，借此调节氧的运输和利用。人在短时间内由海平面上升至高海拔处或高空时，可通过红细胞中2,3-BPG浓度的改变来调节组织的供氧状况。

红细胞中无葡萄糖储存，但含有较多的2,3-BPG，它氧化时可生成ATP，因此2,3-BPG也是红细胞中能量的储存形式。

表18-4　红细胞中氧化还原系统

还原系统	占总还原能力的百分比（%）
NADH脱氢酶Ⅰ	61
NADH脱氢酶Ⅱ	5
NADPH脱氢酶	6
维生素C	16
谷胱甘肽	12

3. 氧化还原系统　红细胞内存在以下氧化还原系统：GSSG/GSH来自谷胱甘肽代谢；NAD^+/NADH来自糖酵解和糖醛酸循环；$NADP^+$/NADPH来自磷酸戊糖旁路；此外还有维生素C等。一般称谷胱甘肽和维生素C是非酶促还原系统，NADH和NADPH为酶促还原系统，通过这些氧化还原系统使红细胞保持自身结构的完整性和正常功能（表18-4）。

笔记

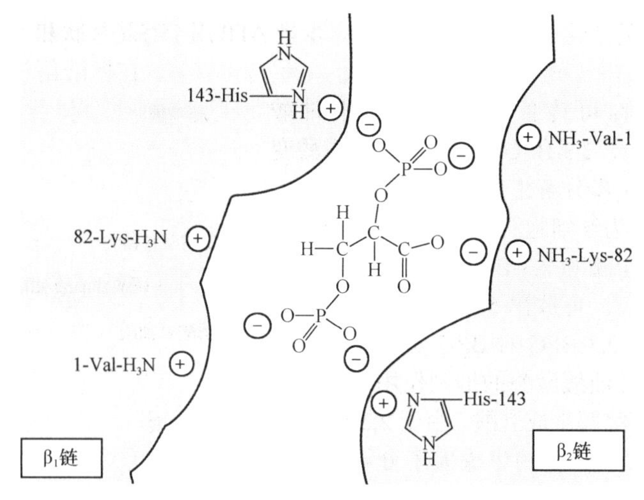

图 18-8 2,3-BPG 与血红蛋白的结合

（1）谷胱甘肽代谢：红细胞内谷胱甘肽含量很高（2mmol/L），几乎全是还原型。谷胱甘肽可以在红细胞内合成，其合成过程：谷氨酸与半胱氨酸在 ATP 和 γ- 谷氨酰半胱氨酸合成酶的参与下缩合成二肽（γ- 谷氨酰半胱氨酸），后者再与甘氨酸在 ATP 和谷胱甘肽合成酶的参与下缩合成谷胱甘肽。

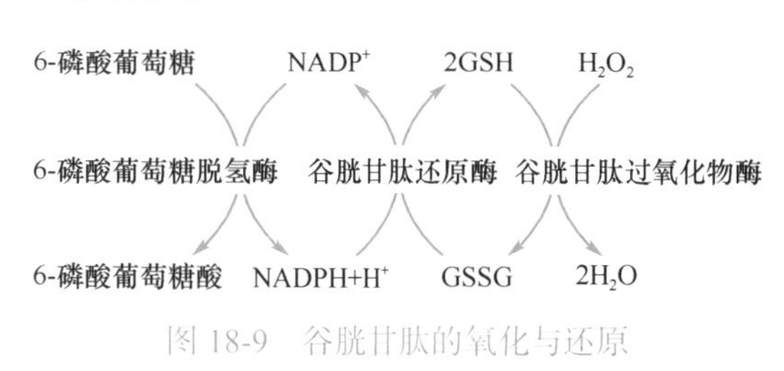

图 18-9 谷胱甘肽的氧化与还原

谷胱甘肽的生理作用主要是防止氧化剂（如 H_2O_2 等）对巯基的破坏，保护细胞膜中含巯基（—SH）的蛋白质和酶不被氧化，维持其生物活性。当细胞内产生少量的 H_2O_2 时，谷胱甘肽在谷胱甘肽过氧化物酶的作用下将其还原成水，而自身被氧化成氧化型谷胱甘肽（GSSG），后者又在谷胱甘肽还原酶的作用下，从 NADPH 接受氢而被还原成还原型谷胱甘肽（图 18-9）。反应中的 NADPH 来源于葡萄糖的磷酸戊糖途径，催化 NADPH 生成的关键酶为葡萄糖 -6- 磷酸脱氢酶，此酶缺陷的患者一般情况下无症状，但有外界因素影响，如进食蚕豆等即引起溶血，故这种病又称蚕豆病。

（2）糖醛酸循环：正常红细胞中糖酵解产生的 NADH，主要用于还原丙酮酸生成乳酸。NADH 主要来自红细胞中的糖醛酸循环，该途径由葡萄糖 -6- 磷酸或葡萄糖 -1- 磷酸开始，经尿甘二磷酸（UDP）- 葡萄糖醛酸脱掉 UDP 后形成葡萄糖醛酸。

（3）高铁血红蛋白的还原：由于各种氧化作用，红细胞内会产生少量的高铁血红蛋白（methemoglobin，MHb），MHb 分子中含 Fe^{3+}，失去携氧能力，如血中 MHb 生成过多而又不能及时还原，则出现发绀等症状。由于正常红细胞内存在 NADH-MHb 还原酶、NADPH-MHb 还原酶、谷胱甘肽和维生素 C 等，能使 MHb 还原成血红蛋白，所以红细胞内 MHb 只占血红蛋白总量的 1% 左右。其中 NADH-MHb 还原酶最为重要。

微课 18-2

4. 脂代谢 成熟红细胞缺乏完整的亚细胞结构，所以不能从头合成脂肪酸。成熟红细胞中的脂质几乎都位于细胞膜。红细胞通过主动摄取和被动交换不断与血浆进行脂质交换，以满足其膜脂不断更新，维持其正常的脂质组成、结构和功能。

二、白细胞代谢

人体白细胞包括粒细胞、淋巴细胞和单核 / 巨噬细胞三大系统，主要功能是抵抗外来病原微生物的入侵。白细胞代谢与白细胞的功能密切相关，这里只扼要介绍粒细胞和单核 / 巨噬细胞的代谢。

1. 糖代谢 粒细胞中的线粒体很少，主要的糖代谢途径是糖酵解。中性粒细胞能利用外源性的糖和内源性的糖原进行糖酵解，为细胞的吞噬作用提供能量。在中性粒细胞中，约有 10% 的葡萄糖通过磷酸戊糖途径进行代谢。单核 / 巨噬细胞虽能进行有氧氧化和糖酵解，但糖酵解仍占很大比重。中性粒细胞和单核 / 巨噬细胞被趋化因子激活后，可启动细胞内磷酸戊糖途径，产生大量的 NADPH，

笔记栏

NADPH 氧化酶递电子体系可使氧接受单电子还原，产生大量的超氧阴离子，超氧阴离子再进一步转变成 H_2O_2、OH·等，发挥杀菌作用。

2. 脂代谢 中性粒细胞不能从头合成脂肪酸。单核 / 巨噬细胞受多种刺激因子激活后，可将花生四烯酸转变成血栓素（thromboxane，TX）和前列腺素。在脂氧化酶的作用下，粒细胞和单核 / 巨噬细胞可将花生四烯酸转变为白三烯，白三烯是速发型过敏反应中产生的慢反应物质。

3. 蛋白质和氨基酸代谢 粒细胞中的氨基酸浓度较高，特别是组氨酸脱羧后的代谢产物组胺的含量尤其多，组胺释放后参与白细胞激活后的变态反应。成熟粒细胞缺乏内质网，因此蛋白质的合成量极少；单核 / 巨噬细胞具有活跃的蛋白质代谢，能合成各种细胞因子、酶和补体。

三、血小板代谢

血小板（blood platelet）是骨髓中巨核细胞质脱落下来的无细胞核，表面有完整细胞膜的小块胞质，体积小，形状不规则，成群分布于红细胞之间。血小板表面细胞膜中含有多种糖蛋白，能吸附血浆蛋白和凝血因子，血小板的颗粒内含有与凝血有关的物质，因此血小板在出血、凝血及血管修复过程中起重要的作用。与血细胞不同，血小板内不进行合成代谢，仅需要分解代谢产生的能量来维持其各种生理功能。血小板内具有完整的糖酵解系统，有丰富的糖原颗粒储备，但是血小板内的线粒体的数量和大小远不及肌细胞，血小板内不含有磷酸肌酸和肌酸激酶，因此血小板的能量来源主要依靠糖酵解产生 ATP。脂肪酸可以在血小板内进行 β- 氧化为血小板生理活动提供能量，血小板不能利用酮体。花生四烯酸在血小板内由 PGE_2 合酶和血栓素合酶（thromboxane synthase）催化下生成 PGE_2 和 TXA_2、两种物质功能相似，能促进血小板聚集、血管收缩、促进凝血及血栓的形成。

小　　结

血浆蛋白是血浆中多种蛋白质的总称。血浆蛋白的种类繁多，功能各异。临床上一般采用简便快速的醋酸纤维素薄膜电泳，将血浆蛋白分为清蛋白、α_1- 球蛋白、α_2- 球蛋白、β- 球蛋白和 γ- 球蛋白。大多数血浆蛋白在肝细胞粗面内质网结合的多核糖体上合成，并且几乎都是糖蛋白。各种血浆蛋白都具有特征性的半衰期，许多血浆蛋白还具有多态性。当急性炎症或组织损伤时，某些血浆蛋白水平会增高，称为急性时相蛋白。血浆蛋白对于血浆胶体渗透压的产生和血液 pH 的稳定，进而稳定机体内环境具有重要作用。血浆蛋白的浓度和分子大小决定血浆胶体渗透压的大小，其中清蛋白含量多且分子小，在维持血浆胶体渗透压方面起主要作用。某些血浆蛋白可与血浆中的难溶于水、易从尿中丢失、易被酶破坏、易被细胞摄取的小分子物质专一性结合而起运输作用。血浆蛋白中包括一些酶、Ig、凝血因子和抗凝血因子等，因而具有相应功能。

血红蛋白是在红细胞成熟之前合成的，先合成血红素和珠蛋白，然后两者再缔合成血红蛋白。血红素是含铁的卟啉化合物，是血红蛋白、肌红蛋白、细胞色素、过氧化物酶的辅基。血红素合成的主要部位是骨髓和肝，合成的原料是琥珀酰辅酶 A、甘氨酸及 Fe^{2+} 等，合成的起始和终末阶段均在线粒体中进行，中间过程则在胞液中进行。血红素合成有关的酶受多种因素影响，其中 ALA 合酶是血红素合成的限速酶。

成熟红细胞除质膜和胞质外，无其他细胞器，也不含糖原，主要能源是血糖，糖酵解是其产生 ATP 的唯一途径。2,3- 二磷酸甘油酸支路为红细胞所特有，这一糖酵解的侧支循环所产生的 2,3-BPG 主要功能是调节血红蛋白的运氧功能。

白细胞包括粒细胞、淋巴细胞和单核 / 巨噬细胞三大系统。粒细胞中的线粒体很少，主要的糖代谢途径是糖酵解。单核 / 巨噬细胞能进行有氧氧化和糖酵解，但糖酵解仍占很大比重。中性粒细胞不能从头合成脂肪酸。单核 / 巨噬细胞受多种刺激因子激活后，可将花生四烯酸转变成血栓素和前列腺素。成熟粒细胞缺乏内质网，因此蛋白质的合成量极少；单核吞噬细胞具有活跃的蛋白质代谢，能合成各种细胞因子、酶和补体。

血小板是骨髓中巨核细胞质脱落下来的无细胞核、表面有完成细胞膜的小块胞质。血小板内具有完成的糖酵解系统，有丰富的糖原颗粒储备，线粒体的数量极少并且不含有磷酸肌酸和肌酸激酶，因此糖酵解是血小板 ATP 的主要来源。花生四烯酸在血小板内由 PGE_2 合酶和血栓素合酶催化下生成 PGE_2 和 TXA_2，两种物质功能相似，能促进血小板聚集、血管收缩、促进凝血及血栓的形成。

（李旭霞）

第 19 章 PPT

第 19 章　肝的生物化学

肝是人体内最大的腺体，也是最大的实质性脏器。我国成年男性的肝重量为 1200 ～ 1500g，女性为 1100 ～ 1300g，占体重的 1/50 ～ 1/40。人肝约含 2.5×10^{11} 个肝细胞，组成 50 万～ 100 万个肝小叶。肝小叶是肝的结构和功能的基本单位，具有肝的全部功能。肝的血液供应非常丰富，具有肝动脉和门静脉双重血液供应；通过肝动脉，肝可接受肺输送的 O_2 和其他组织器官输送的代谢产物；通过门静脉，肝能够从消化道获取大量营养物质。肝细胞之间又有丰富的血窦，血窦血流缓慢，与肝细胞接触面积大、时间长，有利于物质交换。肝还有肝静脉和胆道系统两条输出通道，肝静脉与体循环相联系，利于肝内代谢产物向肝外组织输出；胆道系统与消化道相联系，便于肝内的代谢产物和毒物向消化道排泄。这些结构为肝与人体其他部分之间的物质交换和分泌排泄等提供了良好的条件。肝细胞有丰富的线粒体，为活跃的代谢活动提供足够的能量。肝细胞还有丰富的内质网、高尔基体和大量的核糖体，是合成蛋白质及参与物质代谢的重要场所。此外，肝细胞中还含有各种活性较高和完备的酶体系，在全身物质代谢及生物转化中起着重要作用。因此，肝的代谢极为活跃，不仅在糖、脂质、蛋白质、维生素、激素等代谢中起重要作用，还具有分泌、排泄、生物转化等重要功能。

第 1 节　肝在代谢中的作用

一、肝在糖代谢中的作用

肝是调节血糖浓度的主要器官，通过糖原的合成与分解、糖异生作用维持血糖浓度的相对恒定。在饱食状态下，葡萄糖经门静脉进入肝后，肝细胞迅速摄取葡萄糖，并将其合成为肝糖原储存起来，肝糖原占肝重的 5% ～ 6%。空腹状态下，血糖浓度下降，肝糖原迅速分解为葡萄糖，补充血糖。饥饿时，肝糖原绝大部分被消耗，糖异生作用成为肝供应血糖的主要途径。一些非糖物质如生糖氨基酸、乳酸及甘油等在肝内转变成葡萄糖或糖原。当肝功能受到严重损害时，肝糖原的合成与分解及糖异生作用降低，维持血糖浓度恒定的能力下降，可出现餐后高血糖、饥饿时低血糖症，甚至出现低血糖昏迷。

二、肝在脂质代谢中的作用

肝在脂质的消化、吸收、转运、分解和合成代谢中起着重要作用。

肝在脂肪储存和代谢中起关键作用。食物中的脂肪经胃肠道消化及胆汁的作用最终分解成脂肪酸及甘油，被肠道吸收后重新酯化，经门静脉进入肝。肝是合成和储存胆固醇的重要器官，其合成量占全身总合成量的 3/4 以上。胆固醇是合成肾上腺皮质激素、性激素及维生素 D 等生理活性物质的原料，也是构成细胞膜的成分之一。肝可将胆固醇转化为胆汁酸并分泌胆汁，胆汁中的胆汁酸盐有促进脂质消化吸收、抑制胆固醇析出的作用。当肝受损和胆道阻塞时，分泌胆汁能力下降或胆汁排出受阻，可影响脂质的消化吸收，产生厌油和脂肪泻等症状。肝具有促进胆固醇酯化的作用。肝合成的卵磷脂 - 胆固醇脂酰转移酶（lecithin cholesterol acyl transferase，LCAT）可催化血浆中大部分胆固醇转化为胆固醇酯，以利运输。肝功能障碍时，往往有血浆胆固醇酯 / 胆固醇值下降及脂蛋白电泳谱的异常。

肝是合成甘油三酯和磷脂的主要器官。肝合成的甘油三酯和磷脂以 VLDL 的形式分泌入血，供其他组织器官摄取利用。磷脂是脂蛋白的重要组成成分。肝合成磷脂非常活跃，特别是卵磷脂。如果肝合成甘油三酯的量超过其合成与分泌 VLDL 的能力，或者磷脂合成发生障碍，使 VLDL 的合成减少、脂肪运输障碍，将导致甘油三酯在肝细胞中堆积，引起脂肪肝。在原发性胆汁性肝硬化时，可发生血清游离胆固醇和 LDL 升高、HDL 降低。

肝细胞中含有酮体生成酶系，是体内酮体生成的唯一器官。肝内脂肪酸代谢有两条途径：内质网中的酯化作用和线粒体内的氧化作用。通过这两条途径，肝和脂肪组织不断进行脂肪酸的交换。

饱食后，肝合成脂肪酸，并以甘油三酯的形式储存于脂库。饥饿时，脂库脂肪动员增加，释放出的脂肪酸在肝内经β-氧化，产生酮体供肝外组织（如脑、心肌、骨骼肌等）利用。当酮体生成超过肝外组织的利用能力时，可出现酮症酸中毒，甚至酮尿。

三、肝在蛋白质代谢中的作用

肝是合成和分泌血浆蛋白的重要器官，约占人体每天合成蛋白质总量的40%以上。除γ-球蛋白外，几乎所有的血浆蛋白均由肝细胞合成，如清蛋白、纤维蛋白原、凝血酶原、载脂蛋白及部分球蛋白。其中合成量最多的是清蛋白，成人每日合成量约12g，几乎占肝合成蛋白质总量的1/4。血浆清蛋白是许多物质（如游离脂肪酸、胆红素等）的载体，在维持血浆胶体渗透压方面起重要作用。清蛋白在血浆中含量高且分子量小，每克清蛋白可使18ml水保持在血液循环中。当血浆清蛋白含量低于30g/L时，约有半数患者出现水肿或腹水。正常人血浆清蛋白（albumin，A）与球蛋白（globulin，G）的值为1.5～2.5。肝功能严重受损时，清蛋白合成能力下降，而球蛋白含量相对增加，可导致血浆中A/G值下降，甚至倒置。这种比值的变化可作为某些肝病的辅助诊断指标。此外，大部分凝血因子由肝细胞合成，肝功能严重障碍时，血浆中许多凝血因子含量降低，常导致凝血功能障碍。

肝是清除血浆蛋白质的重要器官（清蛋白除外）。很多血浆蛋白是糖蛋白，它们在肝细胞膜唾液酸酶的作用下脱去糖链末端的唾液酸后，被肝细胞膜上特异受体（肝糖结合蛋白）所识别，并经胞吞作用进入肝细胞而被溶酶体降解。

甲胎蛋白（alpha-fetoprotein，AFP）由胚胎肝细胞合成，与血浆清蛋白结构相似。胎儿出生后AFP合成受到抑制，因而正常人血浆中几乎没有这种蛋白质。原发性肝癌患者癌细胞中编码AFP的基因表达增强，血浆中可检测出这种蛋白质，AFP是原发性肝癌的重要肿瘤标志物。

由于肝内有关氨基酸代谢的酶类十分丰富，故氨基酸的分解代谢也十分活跃。氨基酸在肝经转氨基、脱氨基、脱羧基、脱硫、转甲基等反应，转变为酮酸或其他化合物，进一步经糖异生作用转变为糖，或氧化分解供能。除亮氨酸、异亮氨酸及缬氨酸这3种支链氨基酸主要在肝外组织分解外，其余氨基酸，尤其是酪氨酸、色氨酸、苯丙氨酸这3种芳香族氨基酸主要在肝内分解。故肝功能严重障碍时，会引起血中氨基酸含量增高及支链氨基酸/芳香族氨基酸值变化。

氨是氨基酸代谢的主要产物，肝是清除血氨的主要器官。氨在肝中通过鸟氨酸循环合成尿素。其次，氨在肝中可与谷氨酸反应生成谷氨酰胺。当肝功能严重损害时，肝合成尿素的能力降低，可使血氨增高，导致神经系统症状，出现肝性脑病。临床上应用谷氨酸、精氨酸降血氨，可以治疗肝性脑病。另外，肝也是胺类物质解毒的重要器官。胺类主要来自肠道细菌对氨基酸（特别是芳香族氨基酸）的脱羧基作用，如酪氨酸脱羧产生酪胺后被羟生成*β*-多巴胺等。它们的结构类似于儿茶酚胺类神经递质，故又称假性神经递质（false neurotransmitter），可以取代或干扰大脑正常神经递质的作用。肝具有清除假性神经递质的作用，当肝功能严重减退时，假性神经递质含量升高，这可能是肝性脑病产生的另一种机制。

四、肝在维生素代谢中的作用

肝在维生素的吸收、储存、转化等方面均起重要作用。肝所分泌的胆汁酸可促进脂溶性维生素A、维生素D、维生素E、维生素K的吸收。所以，发生肝胆系统疾病时容易引起脂溶性维生素的吸收障碍。

肝是体内含维生素（如维生素A、维生素K、维生素B_1、维生素B_2、维生素B_6、维生素B_{12}、叶酸及泛酸等）较多的器官，也是维生素A、维生素E、维生素K和维生素B_{12}的储存场所。多种维生素在肝内经过转变成为辅酶。例如，维生素B_1转变成硫胺素焦磷酸酯（TPP），维生素B_6转变成磷酸吡哆醛，维生素PP转变为辅酶Ⅰ（NAD^+）和辅酶Ⅱ（$NADP^+$），泛酸转变为辅酶A等。此外，肝还将维生素A原（*β*-胡萝卜素）转变成维生素A，将维生素D_3羟化为$25(OH)D_3$。

五、肝在激素代谢中的作用

许多激素发挥调节作用之后，主要在肝中代谢转化，从而降低或失去其活性，此过程称为激素的灭活作用。激素灭活过程是体内调节激素作用时间长短和强度的重要方式之一。肝是体内类固醇激

素、蛋白质激素、儿茶酚胺类激素灭活的主要场所。例如，类固醇激素可在肝内与葡萄糖醛酸或活性硫酸根结合而被灭活。肝功能障碍，激素灭活功能降低。临床上男性乳房发育、蜘蛛痣、肝掌、面部色素沉着及水钠潴留等现象，就是由于雌激素、醛固酮和抗利尿激素在体内蓄积的结果。

第 2 节　肝的生物转化作用

一、生物转化的概念

人体内经常存在一些非营养物质，这些物质既不能作为构成组织细胞的成分，又不能氧化供能，而且其中许多对人体有一定的生物学效应或毒性作用，需及时清除以保证各种生理活动正常进行。机体在排除这些非营养性物质之前，将这些物质进行各种代谢转变的过程称为生物转化（biotransformation）。肝是生物转化作用的主要器官，肝细胞的微粒体、细胞质、线粒体等部位都存在进行生物转化的酶类。根据非营养物质来源不同可分为内源性物质和外源性物质两大类。内源性物质包括代谢中所产生的各种生物活性物质如激素、神经递质及胺类等，以及对机体有毒的代谢产物如氨、胆红素等。外源性物质包括药物、毒物、食物防腐剂、色素及经肠道细菌作用产生的腐败产物（如胺、酚、吲哚和硫化氢）等。

生物转化的生理意义在于使大部分非营养物质改变其生物活性，使其溶解度增加，易于从胆汁或尿液排出体外。一般而言，生物转化使非营养物质的生物活性降低或消失，使有毒物质的毒性降低或失去其毒性，对机体是一种保护作用。但是，有些物质经过生物转化后，其生物活性或毒性增加（如形成假神经递质），其溶解度降低，反而不易排出体外（如磺胺类药）。生物转化具有解毒与致毒双重作用，因此，不能将肝的生物转化作用简单地看作是“解毒作用”。

微课 19-1

二、生物转化的反应类型

一般水溶性物质，常以原形从尿液和胆汁排出；脂溶性物质易在体内积聚，并影响细胞代谢，因而必须将其灭活，或转化为水溶性物质，再予排出。生物转化作用包括两相反应：第一相反应包括氧化、还原、水解反应，可使非营养物质中某些非极性基团转变为极性基团，增加亲水性。第二相反应为结合反应，可使非营养物质与某些极性更强的物质（如葡萄糖醛酸、硫酸、氨基酸等）结合，增加其溶解度。有些物质经第一相反应后即可迅速排出体外，也有许多物质经第一相反应后极性改变仍不大，必须经第二相反应后才能最终排出体外。

（一）氧化反应

氧化反应由肝细胞的微粒体、线粒体及细胞质中多种氧化酶系催化，是最常见的生物转化第一相反应。

1. 微粒体单加氧酶系统　外源性非营养物质约一半以上经此酶系氧化。其中最重要的是依赖细胞色素 P450 的单加氧酶系统。单加氧酶系统是一个复合物，至少包括两种组分：一种是细胞色素 P450；另一种是 NADPH- 细胞色素 P450 还原酶。该酶催化烷烃、芳烃、类固醇等脂溶性物质从分子氧中接受一个氧原子，生成羟基化合物或环氧化合物，另一个氧原子则与氢结合生成水，故又称羟化酶、混合功能氧化酶。单加氧酶系统催化的基本反应如下：

$$RH + NADPH + H^+ + O_2 \rightarrow ROH + NADP^+ + H_2O$$

例如，苯胺在单加氧酶系统的催化下生成对氨基苯酚。

$$C_6H_5\text{-}NH_2 \longrightarrow HO\text{-}C_6H_4\text{-}NH_2$$

苯胺　　对氨基苯酚

单加氧酶系统是最重要的代谢药物与毒物的酶系统，其羟化作用不仅增加药物或毒物的水溶性，有利于排泄，还是许多物质代谢不可少的步骤。例如，类固醇激素和胆汁酸的合成需经过羟化作用，维生素 D_3 转变成活性维生素 D_3 也需要羟化作用。有些致癌物质经氧化后丧失其活性，有些本来无活性的物质经氧化反应后生成有毒或致癌物质。例如，黄曲霉素 B_1 在单加氧酶系统的催化下生成具有致癌作用的 2,3- 环氧黄曲霉素 B_1（图 19-1），可与 DNA 分子中的鸟嘌呤结合引起 DNA 突变，成为导致原发性肝癌的重要危险因素。

图 19-1　黄曲霉素的生物转化过程

R. 代表其余结构；UDPGA. UDP 葡萄糖醛酸；PAPS. 活性硫酸

2. 线粒体单胺氧化酶系统　线粒体单胺氧化酶系统是另一类参与生物转化的氧化酶系统。它是一类黄素蛋白，可催化胺类物质氧化脱氨基生成相应的醛，后者进一步在细胞质醛脱氢酶催化下生成酸。从肠道吸收来的蛋白质腐败产物如组胺、酪胺、色胺、尸胺和腐胺等，以及体内许多生理活性物质如 5- 羟色胺、儿茶酚胺在肠壁细胞和肝细胞内均经此氧化方式处理，即可丧失生物活性。反应通式如下：

$$RCH_2NH_2 + O_2 + H_2O \xrightarrow{\text{单胺氧化酶}} RCHO + NH_2 + H_2O_2$$

$$RCHO + NAD^+ + H_2O \xrightarrow{\text{醛脱氧酶}} RCOOH + NADH + H^+$$

3. 醇脱氢酶和醛脱氢酶　肝细胞质和微粒体内含有非常活跃的醇脱氢酶(alcohol dehydrogenase，ADH）和醛脱氢酶（aldehyde dehydrogenase，ALDH），两者均以 NAD^+ 为辅酶。ADH 可催化醇类氧化成醛，后者再经醛脱氢酶催化生成酸。

$$\underset{\text{乙醇}}{CH_3CH_2OH} \xrightarrow[NAD^+ \ \ NADH+H^+]{} \underset{\text{乙醛}}{CH_3CHO} \xrightarrow[NAD^+ \ \ NADH+H^+]{H_2O} \underset{\text{乙酸}}{CH_3COOH}$$

例如，苯甲醇经 ADH 和醛脱氢酶催化后生成苯甲酸，但是苯甲酸的溶解度低，需进一步与甘氨酸结合生成马尿酸才能随尿排出。人摄入乙醇的 30% 由胃吸收、70% 经小肠上段迅速吸收。吸收后的乙醇 90% ～ 98% 在肝中代谢，2% ～ 10% 通过肾和肺排出体外。人血中乙醇的清除率为 100 ～ 200mg/（h·kg 体重）。大量饮酒后，乙醇除经 ADH 氧化外，还可诱导微粒体乙醇氧化系统（microsomal ethanol oxidizing system，MEOS）。MEOS 是乙醇 -P450 单加氧酶，其产物是乙醛。只有血中乙醇浓度很高时，该系统才发挥作用。持续摄入乙醇或慢性乙醇中毒时，可诱导 MEOS 活性增加 50% ～ 100%，乙醇总量的 50% 可由此系统代谢。但是，乙醇诱导 MEOS 活性不但不能使乙醇氧化产生 ATP，反而增加对氧和 NADPH 的消耗，造成肝细胞能量的耗竭，引起肝细胞的损害。ADH 与 MEOS 的细胞定位及特性见表 19-1。

表 19-1　ADH 与 MEOS 之间的比较

	ADH	MEOS
肝细胞内定位	胞质	微粒体
底物与辅酶	乙醇、NAD^+	乙醇、NADPH、O_2
对乙醇的 K_m 值	2mmol/L	8.6mmol/L
乙醇的诱导作用	无	有
与乙醇氧化相关的能量变化	氧化磷酸化释能	耗能

（二）还原反应

肝细胞微粒体内存在由 NADPH 供氢的还原酶类，主要包括硝基还原酶类和偶氮还原酶类。硝基化合物多见于食品防腐剂、工业试剂等。偶氮化合物常见于食品色素、化妆品、纺织与印刷工业等。

有些可能是前致癌物。这些化合物分别在微粒体硝基还原酶类和偶氮还原酶类的催化下，从 NADH 或 NADPH 接受氢，还原生成相应的胺类。

$$C_6H_5-N=N-C_6H_5 \xrightarrow{+2H} C_6H_5-NH-HN-C_6H_5 \xrightarrow{+2H} C_6H_5-NH_2$$

（三）水解反应

肝细胞质和微粒体中含有多种水解酶类，如酯酶、酰胺酶、糖苷酶等，可水解酯类、酰胺类和糖苷类化合物。多数物质经此反应后可以减低或消除活性，也有少数反而呈现出活性。例如，局部麻醉药普鲁卡因在肝中水解反应而失去药理作用，而阿司匹林（乙酰水杨酸）则需经酯酶水解生成水杨酸后才能起到解热镇痛作用。

$$C_6H_4(OCOCH_3)COOH \longrightarrow C_6H_4(OH)COOH$$

阿司匹林　　水杨酸

（四）结合反应

结合反应是体内最重要的生物转化方式，属于第二相反应。含有羟基、羧基或氨基等功能基团的非营养物质（如药物、毒物或激素等）可直接或经上述的第一相反应后再与某种极性基团结合，从而遮蔽分子中的某些功能基团，改变原有生物活性，增加溶解度，使其易于随尿排出体外。可供结合的极性物质有葡萄糖醛酸、硫酸、乙酰辅酶 A、谷胱甘肽、甘氨酸等。其中，葡萄糖醛酸、硫酸和酰基的结合反应最为重要，尤其以葡萄糖醛酸的结合反应最为普遍。

1. 葡萄糖醛酸结合反应　肝细胞微粒体中含有非常活跃的葡萄糖醛酸基转移酶，它以尿苷二磷酸葡萄糖醛酸（uridine diphosphate glucuronic acid，UDPGA）为葡萄糖醛酸的供体，催化葡萄糖醛酸基转移到含醇、酚、胺、羧基等极性基团的化合物分子上，生成 *β*- 葡萄糖醛酸苷衍生物。例如，苯酚与 UDPGA 反应生成苯 -*β*- 葡萄糖醛酸苷。

$$C_6H_5-OH + UDPGA \longrightarrow 苯\text{-}\beta\text{-}葡萄糖醛酸苷 + UDP$$

苯酚　　苯-*β*-葡萄糖醛酸苷

2. 硫酸结合反应　3′- 磷酸腺苷 5′- 磷酸硫酸（PAPS）是硫酸根的供体，又称活性硫酸。在肝细胞内硫酸转移酶催化下，将硫酸基转移到醇、酚、芳香族胺类分子及内源性固醇类等物质上，生成硫酸酯化合物。结合产物水溶性增加，易于排出，生物学活性一般都降低或灭活，如雌酮就是通过此反应而灭活的。

$$雌酮\ (HO-) + PAPS \longrightarrow 雌酮硫酸酯\ (HO_3SO-) + PAP$$

雌酮　　雌酮硫酸酯

3. 酰基结合反应　肝细胞质中含有乙酰基转移酶，能将乙酰基转移到芳香族胺化合物上，生成乙酰化衍生物。乙酰辅酶 A 是乙酰基的供体。

大部分磺胺类药物和抗结核病药物异烟肼在肝内通过这种形式灭活。但是，磺胺类药物经乙酰化后，其溶解度反而降低，在酸性尿中容易析出。因此，在服用磺胺类药物时应服用适量的碳酸氢钠，以提高其溶解度，利于随尿排出。

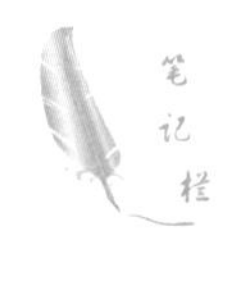

$$\text{异烟肼}\ (\text{OCNHNH}_3\text{-吡啶}) + \underset{\text{乙酰辅酶A}}{CH_3CO\sim SCoA} \longrightarrow \text{乙酰异烟肼}\ (\text{OCNHNHCOCH}_3\text{-吡啶}) + \underset{\text{辅酶A}}{HS\sim CoA}$$

$$\underset{\text{磺胺}}{H_2N-C_6H_4-SO_2NHR} + \underset{\text{乙酰辅酶A}}{CH_3CO\sim SCoA} \longrightarrow \underset{N\text{-乙酰磺胺}}{CH_3CO-NH-C_6H_4-SO_2NHR} + \underset{\text{辅酶A}}{HS\sim CoA}$$

4. 谷胱甘肽结合反应　肝细胞含丰富的谷胱甘肽 *S*- 转移酶，能使谷胱甘肽与许多卤代化合物和环氧化合物结合，生成含谷胱甘肽的结合物，主要随胆汁排出体外，不能从尿排出。谷胱甘肽结合物可在肝、肾进一步分解代谢，最后形成硫醚氨酸，随尿排出体外。例如，环氧萘与谷胱甘肽结合，生成 *S*- 二萘醇谷胱甘肽。

$$\text{环氧萘} + GSH \xrightarrow[S\text{-转移酶}]{\text{谷胱甘肽}} S\text{-二萘醇谷胱甘肽}$$

5. 甘氨酸结合反应　在肝细胞线粒体酰基转移酶催化下，甘氨酸可与含羧基的外源物质结合。首先羧基被激活成酰基辅酶 A，酰基再与甘氨酸的氨基连接，如马尿酸的生成。

$$\underset{\text{苯甲酸}}{C_6H_5-COOH} + CoASH + ATP \longrightarrow \underset{\text{苯甲酰辅酶A}}{C_6H_5-CO\sim SCoA} + ADP + P_i$$

$$\underset{\text{苯甲酰辅酶A}}{C_6H_5-CO\sim SCoA} + H_2N-CH_2-COOH \longrightarrow \underset{\text{马尿酸}}{C_6H_5-CO-NH-CH_2-COOH} + CoASH$$

6. 甲基化反应　在肝细胞质和微粒体中甲基转移酶的催化下，由 *S*- 腺苷甲硫氨酸（SAM）提供甲基，一些胺类生物活性物质和药物可通过甲基化灭活。

微课 19-2

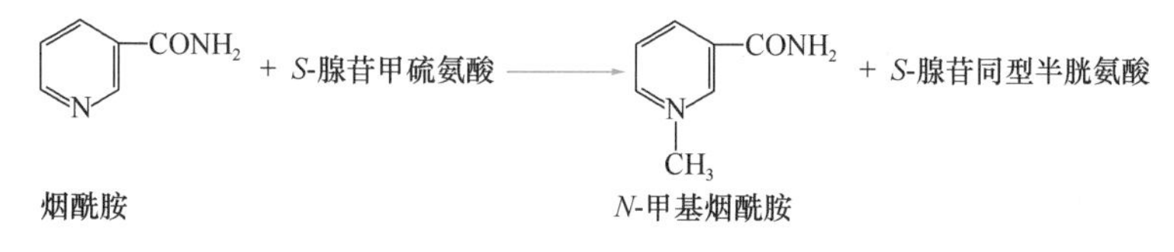

三、影响生物转化作用的因素

肝的生物转化作用受年龄、性别、疾病、诱导物、抑制物等因素的影响。

1. 年龄影响生物转化　新生儿特别是早产儿肝中生物转化酶系统发育不完善，对药物及毒物的转化能力较差。老年人肝的重量和总细胞数明显减少，肝代谢药物的酶不易被诱导，对许多药物的耐受性降低，服药后容易出现中毒现象。例如，安替匹林的半衰期在青年人为 12h，在老年人 17h。因此，老年人的用药量应比青年人低。

2. 病理因素　肝炎、肝硬化等疾病导致肝功能低下，肝血流量减少，使药物或毒物的灭活速度下降，药物的治疗剂量与毒性剂量之间的差距缩小。因此，肝病患者应谨慎用药，避免使用对肝有损害的药物，以免加重肝的负担。

3. 诱导与抑制　由于许多药物的生物转化反应常受同一酶系统的催化，因此联合用药时可发生药物间竞争性抑制作用，影响生物转化作用。例如，保泰松与双香豆素合用，前者抑制了后者的代谢，增强了双香豆素的抗凝作用，甚至引起出血。此外，一些药物或毒物本身可诱导生物转化相关酶的合成，长期服用某种药物可以出现耐药现象。例如，苯巴比妥能诱导葡萄糖醛酸转移酶的合成，可加速药物或毒物的生物转化。长期服用苯巴比妥的患者除了对该药的转化能力增强外，对氯霉素、非那西丁、氢化可的松的转化能力也大大增强。苯巴比妥还可促进胆红素与葡萄糖醛酸的结合，用于治疗新生儿黄疸。

笔记栏

第3节　胆汁和胆汁酸盐

一、胆　　汁

肝细胞分泌的胆汁（bile）称肝胆汁，清澈透明，呈金黄色或橘黄色。正常人平均每天分泌300～700ml肝胆汁，进入胆囊后，经浓缩为原体积的10%～20%，并掺入黏液等物后成为胆囊胆汁，呈黄褐色或棕绿色，随后经胆总管流入十二指肠。胆汁中除水外，溶于其中的固体物质有蛋白质、胆汁酸盐、脂肪酸、胆固醇、磷脂、胆红素、磷酸酶、无机盐等，其中胆汁酸盐（简称胆盐）的含量最高。胆囊胆汁中，胆汁酸盐含量占总固体物质的50%～70%，主要是胆汁酸钠盐与钾盐，它们在脂质消化吸收及调节胆固醇代谢方面起重要作用。胆汁中还有多种酶类及其他排泄物，进入机体的药物、毒物、染料及重金属盐等物质均可随胆汁排出。因此，胆汁既是一种消化液，又可作为排泄液，将体内某些代谢产物及外源物质运输至肠，随粪排出。

二、胆汁酸的代谢与功能

（一）胆汁酸的种类

胆汁酸（bile acid）的结构式见图19-2。

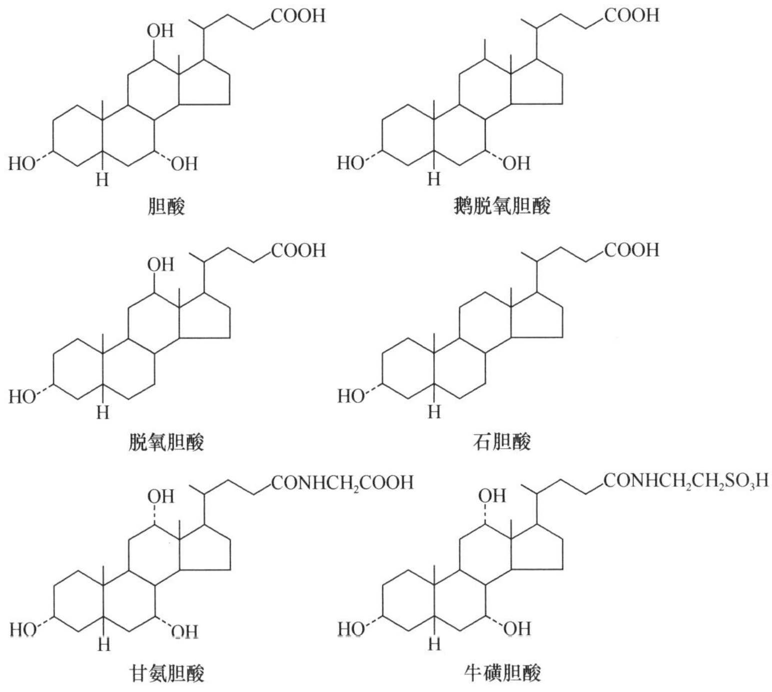

胆酸　　鹅脱氧胆酸

脱氧胆酸　　石胆酸

甘氨胆酸　　牛磺胆酸

图19-2　6种胆汁酸的结构式

按胆汁酸生成部位可分为初级胆汁酸和次级胆汁酸两大类。胆固醇在肝细胞内转化生成的胆汁酸为初级胆汁酸（primary bile acid），包括胆酸和鹅脱氧胆酸及其与甘氨酸或牛磺酸结合后生成的甘氨胆酸、牛磺胆酸、甘氨鹅脱氧胆酸和牛磺鹅脱氧胆酸。初级胆汁酸分泌到肠道后受肠道细菌作用生成次级胆汁酸（secondary bile acids），包括脱氧胆酸和石胆酸及其在肝中生成的结合产物。

按胆汁酸结构也分为两类，一类是游离胆汁酸，包括胆酸、脱氧胆酸、鹅脱氧胆酸和少量石胆酸；另一类是结合胆汁酸，是游离胆汁酸与甘氨酸或牛磺酸的结合产物，主要包括甘氨胆酸、牛磺胆酸、甘氨鹅脱氧胆酸和牛磺鹅脱氧胆酸。胆汁中的胆汁酸以结合型为主。

（二）胆汁酸的生成

1. 初级胆汁酸的生成　正常人每日合成1～1.5g胆固醇，其中约2/5在肝中转变为胆汁酸，随胆汁排入肠腔。胆汁酸的合成过程非常复杂，需经多步酶促反应才能完成，这些酶主要分布在肝的

笔记栏

微粒体和细胞质。胆固醇首先在胆固醇 7α- 羟化酶的催化下生成 7α- 羟胆固醇，后经过还原、羟化、侧链氧化断裂和加辅酶 A 等多步反应，生成具有 24 碳的初级胆汁酸，再与甘氨酸或牛磺酸结合生成相应初级结合胆汁酸。7α- 羟化酶是胆汁酸生成的限速酶，受多因素调节。

2. 次级胆汁酸的生成　进入肠道的初级胆汁酸在协助脂质消化吸收后，在小肠下段及大肠经肠道细菌作用，结合型初级胆汁酸水解脱去甘氨酸或牛磺酸而成为游离胆汁酸，后者在肠菌细菌的作用下发生 7α- 位脱羟基，转变成次级胆汁酸。其中胆酸转变成脱氧胆酸，鹅脱氧胆酸转变成为石胆酸，这 2 种胆汁酸重吸收入肝后可再与甘氨酸或牛磺酸结合生成次级结合胆汁酸。

3. 胆汁酸的肠肝循环及其意义　排入肠道的胆汁酸（包括初级、次级、结合型和游离型），95% 可由肠道重吸收入血，其中以回肠部对结合型胆汁酸的主动重吸收为主，其余在肠道各部被动重吸收。重吸收的胆汁酸经门静脉入肝，在肝细胞内重吸收的游离胆汁酸被重新合成为结合胆汁酸，并与肝细胞新合成的初级结合胆汁酸一同再随胆汁排入小肠，形成胆汁酸的“肠肝循环”（图 19-3）。未被重吸收的胆汁酸（主要为石胆酸）随粪便排出，每天 0.4 ～ 0.6g。

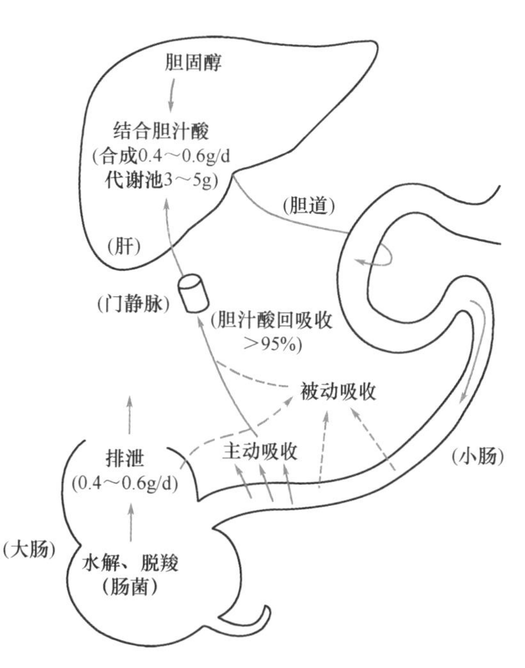

图 19-3　胆汁酸的肠肝循环

肝每天合成胆汁酸的量仅 0.4 ～ 0.6g，难以满足脂质乳化的需求。人体每天进行 6 ～ 12 次肠肝循环，从肠道吸收的胆汁酸总量可达 12 ～ 32g。其生理意义在于弥补肝合成胆汁酸的不足，使有限的胆汁酸反复利用，满足人体对胆汁酸的生理需要，最大限度发挥它的生理功能。

4. 胆汁酸生成的调节　胆汁酸生成主要受以下两方面因素的调节，其一是 7α- 羟化酶受胆汁酸本身的负反馈调节，使胆汁酸生成受到限制。如果能使肠道胆汁酸含量降低，减少胆汁酸的重吸收，可促进肝内胆固醇转化成胆汁酸而降低血胆固醇。临床上应用口服阴离子交换树脂（考来烯胺）以减少胆汁酸的重吸收，降低血胆固醇。7α- 羟化酶也是一种单加氧酶，维生素 C 对其羟化反应有促进作用。其二是甲状腺素的调节作用。甲状腺素可促进 7α- 羟化酶及侧链氧化酶的 mRNA 合成迅速增加，从而加速胆固醇转化为胆汁酸，降低血浆胆固醇。所以，甲状腺功能亢进患者血胆固醇含量降低，甲状腺功能减低患者血胆固醇含量升高。此外，胆固醇可以提高 7α- 羟化酶活性，促进胆汁酸的合成。

（三）胆汁酸的生理功能

1. 促进脂质的消化吸收　胆汁酸分子表面既含有亲水的羟基和羧基或磺酸基，又含有疏水的甲基和烃核，而且羟基和羧基的空间位置均属 α 型。因此胆汁酸的立体构象具有亲水和疏水 2 个侧面（图 19-4），使胆汁酸分子具有较强的界面活性，能够降低油、水两相之间的界面张力。胆汁酸的这种结构特征使其成为较强的乳化剂，使疏水的脂质在水溶液中乳化成直径为 3 ～ 10mm 的微团，扩大脂质和消化酶的接触面，既有利于酶的消化作用，又有利于吸收。

2. 抑制胆汁中胆固醇的析出　胆汁中含有胆固醇。由于胆固醇难溶于水，胆汁在胆囊中浓缩后胆固醇容易沉淀析出。胆汁中的胆汁酸盐和卵磷脂可使难溶于水的胆固醇分散成为可溶性微团，使之不易在胆囊中结晶沉淀。如果肝合成胆汁酸的能力下降，消化道丢失胆汁酸过多或肠肝循环中摄取胆汁酸过少，以及排入胆汁中的胆固醇过多，均可造成胆汁中胆汁酸和卵磷脂与胆固醇的比值下降（小于 10 ： 1），易引起胆固醇析出沉淀，形成胆石。

3. 调控胆固醇的代谢　胆汁酸能反馈性抑制 7α- 羟化酶和胆固醇合成的限速酶的活性。

笔记栏

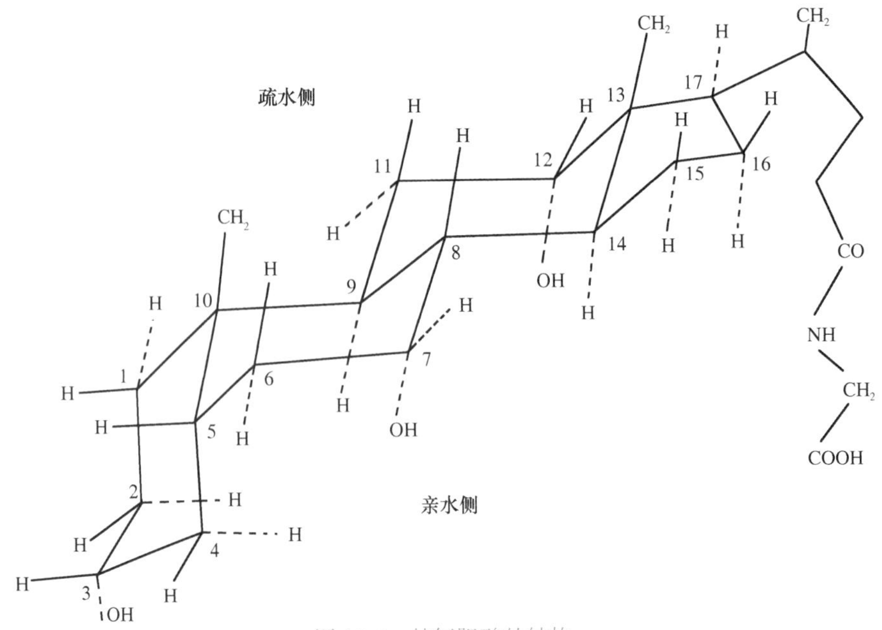

图 19-4 甘氨胆酸的结构

第 4 节 胆色素代谢与黄疸

胆色素（bile pigment）是铁卟啉化合物在体内分解代谢时所产生的各种物质的总称，包括胆红素（bilirubin）、胆绿素（biliverdin）、胆素原（bilinogen）和胆素（bilin）。除胆素原族化合物无色外，其余均有一定颜色，故统称胆色素。正常情况下胆色素主要随胆汁排泄。胆红素是人胆汁的主要色素，呈橙黄色，具有毒性，可引起大脑不可逆的损害。肝是胆红素代谢的主要器官。胆红素随胆汁排入肠道后，在肠道细菌的作用下转变为胆素原族化合物，最后氧化成胆素族化合物，随粪便和尿液排出体外。胆色素代谢异常时可导致高胆红素血症（黄疸）。

一、胆红素的生成

（一）胆红素的来源

体内含铁卟啉的化合物有血红蛋白、肌红蛋白、细胞色素、过氧化氢酶及过氧化物酶等。正常成人每天产生 250 ～ 350mg 胆红素，其中 80% 左右来自衰老红细胞中血红蛋白的分解，其他来自造血过程中某些红细胞的过早破坏（无效造血）及非血红蛋白含铁卟啉化合物的分解。

（二）胆红素的生成过程

红细胞的寿命平均为 120 天。衰老的红细胞由于细胞膜的变化，在肝、脾、骨髓的单核吞噬细胞系统被网状内皮细胞识别、吞噬，释放出血红蛋白。正常成人每天约有 2×10^{11} 个红细胞被破坏，约释放出 6g 血红蛋白。血红蛋白随后分解为珠蛋白和血红素（每一个血红蛋白分子含 4 个血红素分子）。珠蛋白被分解为氨基酸，再利用。血红素则在单核吞噬细胞系统微粒体中的血红素加氧酶（heme oxygenase，HO）催化及 O_2 和 NADPH 的参与下，其分子中的 α 次甲基桥（═CH—）的碳原子两侧断裂，使原卟啉Ⅸ环打开，释出 CO、Fe^{3+} 和胆绿素。Fe^{3+} 进入体内铁代谢池，可供机体再利用或以铁蛋白形式储存；CO 可排出体外；胆绿素进一步在胞质胆绿素还原酶（辅酶为 NADPH）的催化下，从 NADPH 获得 2 个氢原子，还原生成胆红素。由于该酶活性较高，反应迅速，故正常人无胆绿素堆积。X 射线衍射技术分析结果表明，胆红素的分子结构中Ⅲ、Ⅳ 2 个吡咯环之间是单键连接，Ⅲ环与Ⅳ环能自由旋转。在一定的空间位置，4 个环之间能形成 6 个氢键，使胆红素分子卷曲成稳定构象，亲水基团隐藏于内部，疏水基团暴露在表面，成为难溶于水的脂溶性物质。胆红素的生成过程及其空间结构见图 19-5。

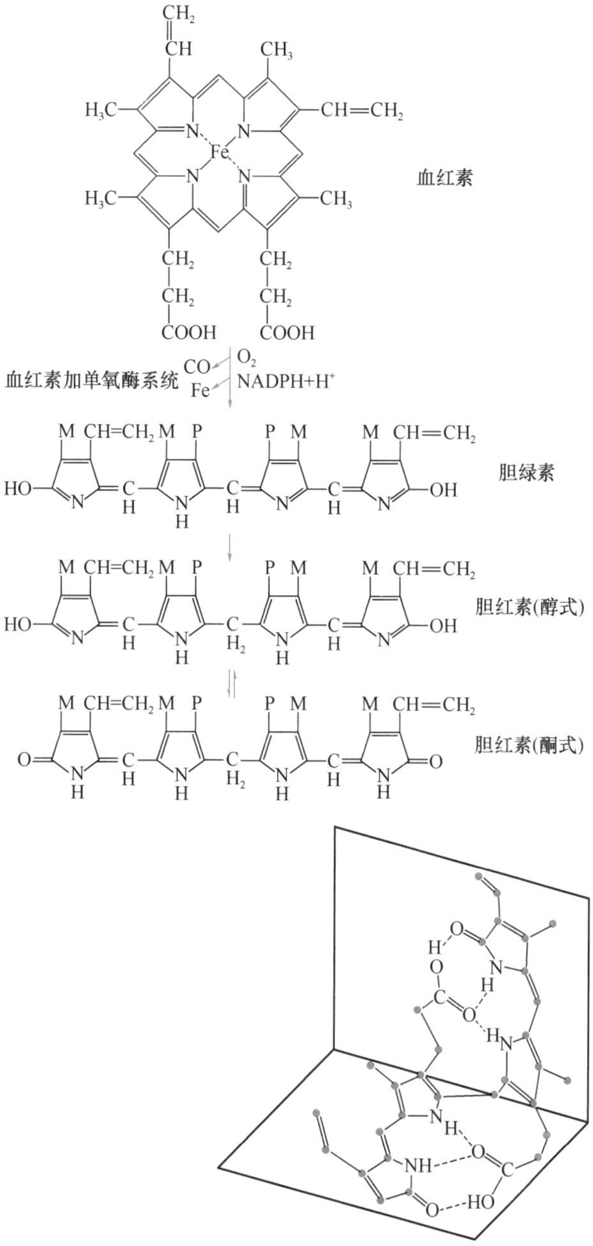

图19-5　胆红素的生成过程及其空间结构

M. CH_3；P. CH_2CH_2COOH

二、胆红素在血液中的转运

胆红素具有疏水亲脂性质，极易穿过细胞膜。由单核吞噬细胞系统生成的胆红素进入血液后，主要与血浆清蛋白结合成胆红素-清蛋白复合物进行运输。清蛋白分子对血红素有极高的亲和力，胆红素与清蛋白的结合增加了胆红素在血浆中的溶解度，有利于运输，同时又限制了胆红素自由透过各种生物膜，避免了其对组织细胞产生毒性作用。

每分子清蛋白可结合2分子胆红素。正常人血浆中胆红素浓度为1.7～17.1μmol/L，而正常人每升血浆能结合342～428μmol胆红素。因此，正常情况下，血浆中的清蛋白足以结合全部胆红素，不与清蛋白结合的胆红素甚微。胆红素与清蛋白的结合是非特异性、非共价可逆性的。当清蛋白含量明显降低，结合部位被其他物质占据，与胆红素的亲和力降低，或胆红素浓度升高时，均可促使胆红素从血浆向组织转移。某些有机阴离子（如磺胺药、脂肪酸、水杨酸、胆汁酸等）也可与清蛋白结合，干扰胆红素与清蛋白结合或改变清蛋白构象，从而使胆红素游离出来。过多的游离胆红素可与脑部基底核的脂质结合，干扰脑的正常功能，引起胆红素脑病或称核黄疸。故对有黄疸倾向的

笔记栏

患者或新生儿必须慎用上述药物。

近年发现，胆绿素和胆红素是一种内源性的抗氧化剂，能清除自由基，抑制过氧化脂质的产生，具有比维生素 E 更强的抗氧化作用。

三、胆红素在肝细胞内的代谢

胆红素的进一步代谢主要在肝进行，肝细胞对胆红素有摄取、结合、排泄等重要作用。

血中胆红素主要以胆红素 - 清蛋白复合物的形式运输，尚未与葡萄糖醛酸结合，故称为游离胆红素或未结合胆红素（unconjugated bilirubin）。血浆清蛋白运输的胆红素并不直接进入肝细胞，而是在肝血窦中先与清蛋白分离。肝细胞膜表面具有结合胆红素的特异性受体，对胆红素有较强的亲和力。当胆红素随血液运输到肝后，与肝细胞膜表面的特异性受体结合，迅速被肝细胞摄取。研究表明，肝细胞有很强的摄取血中胆红素的能力，注射具有放射性的胆红素后，仅需 18min 就可从血浆中清除 50%。

肝细胞质中存在 2 种胆红素结合蛋白（Y 蛋白和 Z 蛋白），也称为配体蛋白（ligandin），是肝细胞内主要的胆红素载体蛋白。胆红素进入肝细胞后，与 Y 蛋白和 Z 蛋白结合。Y 蛋白是一种碱性蛋白，由分子质量为 22kDa 和 27kDa 的 2 个亚基组成，在肝细胞内含量丰富，约占人肝细胞质蛋白质总量的 5%，对胆红素的亲和力较强，是转运胆红素的主要蛋白质。现已证明，Y 蛋白是肝细胞内与生物转化有关的谷胱甘肽 *S*- 转移酶，能催化谷胱甘肽结合物的生成。Z 蛋白是一种酸性蛋白质，分子质量为 12kDa，它与胆红素结合力较差，在胆红素代谢中的重要性次于 Y 蛋白。当胆红素浓度较低时，胆红素优先与 Y 蛋白结合，在胆红素的浓度高到使 Y 蛋白结合量接近饱和时，Z 蛋白与胆红素的结合量增加。此外，脂溶性物质如甲状腺素、磺溴酚酞、某些染料及一些有机阴离子等与 Y 蛋白都具有很强的结合力，可竞争结合 Y 蛋白，影响胆红素的转运。婴儿在出生 7 周后，体内 Y 蛋白的水平才能达到成年人水平，故此时期可发生生理性新生儿非溶血性黄疸。许多药物如苯巴比妥等可诱导肝细胞合成 Y 蛋白，加强胆红素的运输。因此，临床上用苯巴比妥治疗新生儿黄疸。胆红素以胆红素 -Y 蛋白或胆红素 -Z 蛋白形式运输至滑面内质网。在 UDP- 葡萄糖醛酸转移酶（UDP glucuronyl transferase，UGT）的催化下，胆红素与葡萄糖醛酸基以酯键结合，生成水溶性的胆红素葡萄糖醛酸酯（bilirubin glucuronide）。由于胆红素有 2 个自由羧基，故可与 2 分子葡萄糖醛酸结合，形成 2 种结合物，即胆红素葡萄糖醛酸一酯和胆红素葡萄糖醛酸二酯（图 19-6）。胆红素葡萄糖醛酸二酯是主要的结合产物，占 70% ～ 80%。多数胆红素与葡萄糖醛酸结合，少量的还可与硫酸根、甲基、乙酰基、甘氨酸等结合。胆红素经上述转化后称为结合胆红素（conjugated bilirubin）。与未结合胆红素相比，结合胆红素脂溶性弱而水溶性强，与血浆清蛋白亲和力减小，故易作为胆汁的组成成分随胆汁排入小肠，也可通过肾随尿排出，但不易透过细胞膜和血脑屏障，所以其毒性明显降低，是胆红素重要的解毒方式。糖皮质激素、苯巴比妥具有诱导葡萄糖醛酸转移酶的生成，促进胆红素与葡萄糖醛酸结合的作用，糖皮质激素还具有促进结合胆红素排出的作用。因此，临床上用糖皮质激素、苯巴比妥治疗高胆红素血症。 血浆中的胆红素通过细胞膜特异受体、肝细胞质内载体蛋白和内质网的葡萄糖醛酸转移酶的联合作用，不断被肝细胞摄取、结合、转化与排泄，从而不断被清除。

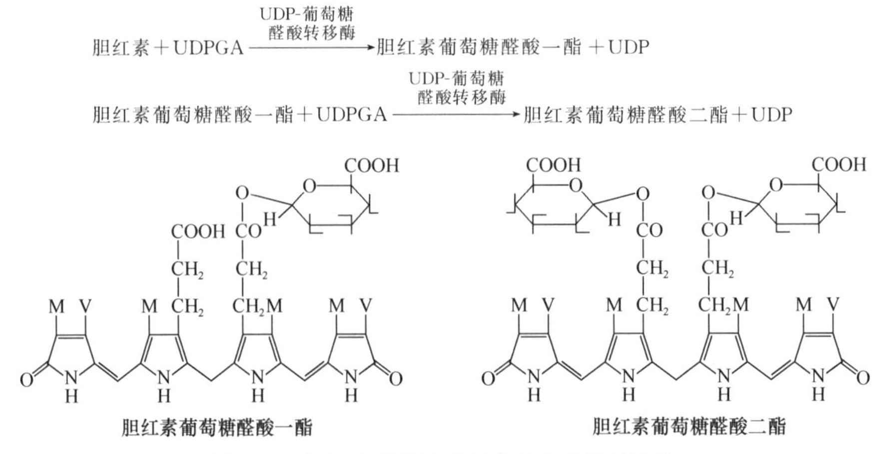

图 19-6　胆红素葡萄糖醛酸酯的生成及其结构

M. CH_3；V. $CH=CH_2$

四、胆红素在肠中的转变

结合胆红素随胆汁排入肠道后，在肠菌作用下，由 β- 葡萄糖醛酸酶催化水解脱去葡萄糖醛酸基，生成未结合胆红素。后者再逐步还原成为多种无色的胆素原族化合物，包括中胆素原（mesobilirubinogen）、粪胆素原（stercobilinogen）及尿胆素原（urobilinogen），总称胆素原（图 19-7）。肠中生成的胆素原大部分（80% ～ 90%）随粪便排出。在结肠下段或随粪便排出后，无色的粪胆素原经空气氧化成黄褐色的粪胆素，是正常粪便中的主要色素。成人一般每天排出胆素原 40 ～ 280mg。当胆道完全梗阻时，结合胆红素不能排入肠道中转变为粪胆素原及粪胆素，粪便呈灰白色，临床上称为白陶土样便。新生儿肠道中的细菌较少，粪便中的胆红素未被细菌作用而使粪便呈橘黄色。

在生理状态下，肠道中生成的胆素原有 10% ～ 20% 被肠道重吸收入血，经门静脉入肝，其中大部分（约 90%）被肝摄取，又以原形随胆汁排入肠道，此过程称为胆素原的肠肝循环（enterohepatic circulation）。重吸收的胆素原有少部分（约 10%）进入体循环，经肾随尿排出，称为尿胆素原，再经空气氧化成尿胆素（图 19-8），是尿的主要色素。正常人每天从尿中排出的尿胆素原 0.5 ～ 4.0mg。

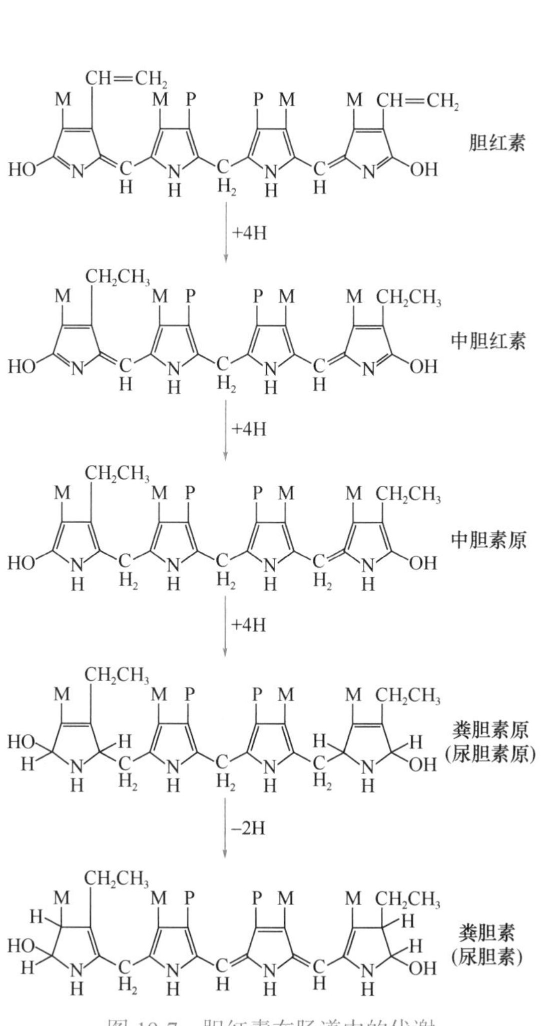

图 19-7　胆红素在肠道中的代谢

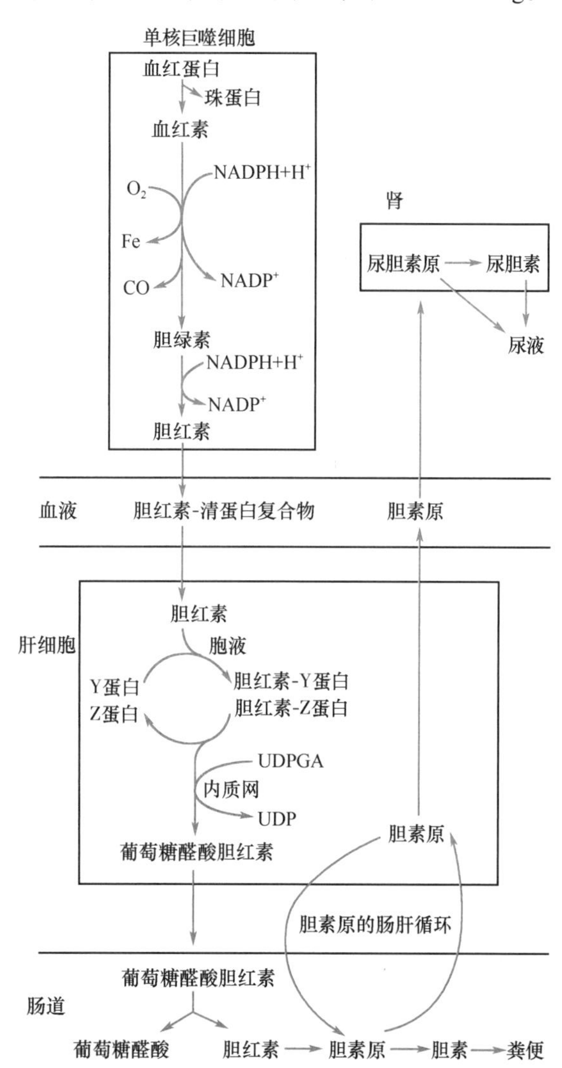

图 19-8　胆红素的生成与胆素原的肠肝循环

临床上将尿胆红素、尿胆素原、尿胆素称为尿三胆。尿胆素原的排出量与尿液的 pH、胆红素的生成量、肝细胞的功能及胆道的通畅状态等因素有关。在酸性尿中，尿胆素原可生成不解离的脂溶性分子，易被肾小管重吸收，从而尿中排出量减少；反之，碱性尿可促进尿胆素原的排泄。当胆红素来源增加时，如溶血过多，随胆汁排入肠腔的胆红素增加，在肠道形成的胆素原族增加，重吸收并进入体循环，故自尿排出的尿胆素原量也增多；反之，当胆红素形成减少，如再生障碍性贫血时，尿

胆素原的含量减少。当肝细胞功能损伤时，从肠道重吸收的胆素原不能有效地随胆汁再排出，血及尿中胆素原浓度也会增加。当胆道发生阻塞时，由于结合胆红素不能顺利排入肠道，胆素原的形成障碍，尿胆素原的量可明显降低，甚至完全消失。同时，由于胆道梗阻可使结合胆红素反流入血，从而使尿胆红素排出量增加。

五、血清胆红素与黄疸

正常血清中存在的胆红素主要以 2 种形式存在。一种是来自单核吞噬细胞系统中红细胞破坏产生的胆红素，在血浆中主要与清蛋白结合而运输，这类胆红素未与葡萄糖醛酸结合，称为未结合胆红素。另一种是经过生物转化作用，与葡萄糖醛酸或其他物质结合的胆红素，称为结合胆红素。

由于结构和性质不同，血清中的未结合胆红素和结合胆红素对重氮试剂的反应（Van den Bergh test，范登堡试验）不一样。未结合胆红素因其侧链丙酸基上的羧基和其他极性基团在分子内形成氢键，使分子卷曲而封闭其作用部位，与重氮试剂反应缓慢，必须先加入乙醇或尿素等破坏分子内氢键，才能与重氮试剂产生紫红色反应，称为范登堡试验的间接反应。因此未结合胆红素也称为间接反应胆红素或间接胆红素（indirect reacting bilirubin）。而结合胆红素因侧链丙酸基与葡萄糖醛酸结合，不存在氢键，分子处于比较伸展的状态，不需加乙醇等试剂，能迅速直接与重氮试剂产生紫红色反应，故结合胆红素也称为直接胆红素（direct reacting bilirubin）。结合胆红素与未结合胆红素的主要区别见表 19-2。

表 19-2　未结合胆红素与结合胆红素的区别

	未结合胆红素	结合胆红素
别名	间接胆红素	直接胆红素
与葡萄糖醛酸的结合	未结合	结合
与重氮试剂反应	缓慢、间接反应	迅速、直接反应
水溶性	小	大
脂溶性	大	小
经肾随尿排出	不能	能
透过细胞膜对大脑的毒性作用	大	小

除上述两种胆红素外，人血清中还发现另外一种胆红素，称为 δ- 胆红素，其本质是与清蛋白紧密结合的结合胆红素，占正常血清总胆红素含量的 20% ～ 30%。肝功能损伤时，δ- 胆红素与血清中其他两种胆红素一起升高。肝功能好转时，其下降速度比上述两种胆红素更缓慢些，从而使其所占比例升高，可达 60% 以上。因此，可以推断，δ- 胆红素的出现与肝功能有着密切关系。

正常人由于胆色素代谢正常，血清中胆红素含量甚微，其总量不超过 1.71 ～ 17.1μmol/L，其中未结合胆红素约占 4/5，其余为结合胆红素。未结合胆红素是脂溶性物质，极易穿过细胞膜对细胞造成危害，尤其是对富含脂质的神经细胞，能严重影响神经系统的功能。因此，肝通过摄取、生物转化及排泄等作用将胆红素与葡萄糖醛酸结合，变成极易排泄的水溶性结合胆红素，对机体具有保护作用。凡能引起胆红素生成过多或肝细胞对胆红素摄取、生物转化、排泄过程发生障碍的因素都可使血中胆红素浓度升高，造成高胆红素血症。

胆红素是橙黄色物质，血清中含量过高，大量的胆红素扩散入组织，造成组织黄染，称为黄疸（jaundice）。由于巩膜或皮肤含有大量弹性蛋白，与胆红素有较强亲和力，故容易出现黄染。另外，黏膜中含有能与胆红素结合的血浆清蛋白，因此也能被黄染。黄疸的程度与血清胆红素的浓度密切有关。血清中胆红素浓度超过 34.2μmol/L 时，皮肤、巩膜、黏膜等组织明显黄染，称为显性黄疸。有时血清中胆红素浓度虽超过正常，但不超过 34.2μmol/L 时，肉眼观察不到巩膜或皮肤黄染，称为隐性黄疸。根据黄疸产生的原因，可分为溶血性黄疸、肝细胞性黄疸和梗阻性黄疸 3 类。

（一）溶血性黄疸

溶血性黄疸（hemolytic jaundice）也称为肝前性黄疸，是由于某些疾病（如恶性疟疾、过敏、镰状红细胞贫血、蚕豆病等）、药物和输血不当引起红细胞大量破坏，释放的大量血红素在单核吞噬细胞系统中生成的胆红素过多，超过肝细胞的摄取、转化和排泄能力，造成血清游离胆红素浓度异

常增高。此时，血中结合胆红素的浓度改变不大，尿胆红素阴性。由于肝对胆红素的摄取、转化和排泄增多，从肠道吸收的胆素原增多，造成尿胆素原增多。各种引起大量溶血的原因都可造成溶血性黄疸。

（二）肝细胞性黄疸

肝细胞性黄疸（hepatocellular jaundice），是由于肝细胞破坏（如各种肝炎、肝肿瘤等），使其摄取、转化和排泄胆红素的能力降低所致。肝细胞性黄疸时，不仅肝细胞摄取胆红素障碍会造成血中游离胆红素升高，而且由于肝细胞的肿胀，毛细胆管阻塞或毛细胆管与肝血窦直接相通，使部分结合胆红素反流入血循环，造成血清结合胆红素浓度增高。另外，通过肠肝循环到达肝的胆素原也可经损伤的肝进入体循环，并从尿中排出。因此，临床检验可以发现血清结合胆红素和未结合胆红素均升高，尿胆红素阳性，尿胆素原增高。

（三）阻塞性黄疸

阻塞性黄疸（obstructive jaundice）也称为肝后性黄疸，是由于各种原因引起胆汁排泄通道受阻（如胆管炎症、肿瘤、结石或先天性胆管闭锁等疾病），使胆小管和毛细胆管内压力增大破裂，结合胆红素反流入血，造成血清结合胆红素升高所致。实验室检查可发现血清结合胆红素浓度升高，血清未结合胆红素无明显改变；由于结合胆红素可以从肾排出体外，所以尿胆红素检查阳性；胆管阻塞使肠道生成胆素原减少，尿胆素原降低。3 类黄疸时血、尿、粪的改变见表 19-3。

表 19-3　三种黄疸血、尿、粪的实验室检查变化

指标	参考范围	溶血性黄疸	肝细胞性黄疸	阻塞性黄疸
血清胆红素总量	＜ 17.1μmol/L	＞ 17.1μmol/L	＞ 17.1μmol/L	＞ 17.1μmol/L
结合胆红素			↑	↑↑
未结合胆红素		↑↑	↑	
尿三胆				
尿胆红素	—	—	++	++
尿胆素原	少量	↑	不一定	↓
尿胆素	少量	↑	不一定	↓
粪便				
粪胆素原	40～280mg/24h	↑↑	↓	—或微量
粪便颜色	正常	深	变浅或正常	变浅，完全阻塞时呈陶土色

案例 19-1

患者，男，69 岁，因“腹痛、腹胀 5 个月，皮肤、巩膜黄染 1 个月”入院，小便黄如浓茶，大便呈陶土色。查体：全身皮肤、巩膜重度黄染。B 超检查提示：肝胆大小正常，肝内胆管、胆总管、主胰管扩张，胰头后方实性包块，考虑壶腹周围占位病变。实验室检验：血清总胆红素 406.0μmol/L，结合胆红素 397.4μmol/L，未结合胆红素 8.6μmol/L，尿胆红素 +++，粪胆原、尿胆原阴性。初步诊断为阻塞性黄疸，胰腺癌？

问题讨论

1. 哪些原因可以导致梗阻性黄疸？还需要做哪些辅助检查帮助确诊阻塞的原因？
2. 阻塞性黄疸导致全身皮肤、巩膜出现黄染的原因是什么？
3. 为什么血清总胆红素和结合胆红素明显增高而未结合胆红素没有增高？
4. 为什么小便黄如浓茶，大便呈陶土色，而尿胆红素 +++，粪胆原、尿胆原阴性？

案例 19-1 分析讨论

1. 胆内胆管经多级汇合成左、右肝管，左、右肝管在肝门处汇合成肝总管，长 3～5cm，直径为 0.4～0.6cm。肝总管与胆囊管汇合成胆总管，长 7～9cm，直径为 0.6～0.8cm。胆总管与胰管汇合成膨大的壶腹（Vater 壶腹），共同开口于十二指肠乳头，口径约 0.9cm，此汇合处有括约肌围绕（称 Oddi 括约肌）可控制胆汁、胰液的排出。胆总管结石、胆总管炎症、胆总管息肉、胆总管肿瘤、胰腺肿瘤、胰腺炎症、肝肿瘤、先天性胆管闭锁等原因均可以引起胆总管阻塞，导致梗阻性黄疸。B超、CT及磁共振（MRI）等影像学诊断方法有助于诊断。本病例B超检查显示肝内胆管、胆总管、主胰管扩张，胰头后方实性包块，因此考虑是壶腹周围占位病变导致阻塞性黄疸，胰腺癌可能性大，可进一步行CT及磁共振（MRI）检查确诊。

2. 胆红素是橙黄色物质，血清中含量过高，大量的胆红素扩散入组织，造成组织黄染，称为黄疸。由于巩膜或皮肤含有大量弹性蛋白，与胆红素有较强亲和力，故易出现组织黄染。黄疸的程度与血清胆红素的浓度密切相关。血清中胆红素浓度超过34.2μmol/L时，皮肤、巩膜、黏膜等组织明显黄染，称为显性黄疸。有时血清中胆红素浓度虽超过正常，但不超过34.2μmol/L，肉眼观察不到巩膜或皮肤黄染，称为隐性黄疸。本病例全身皮肤、巩膜出现重度黄染，血清总胆红素、结合胆红素浓度远远超过34.2μmol/L，故可以考虑是由于壶腹周围占位病变导致的显性黄疸。

3. 由于胆总管阻塞还没有影响肝细胞的功能，未结合胆红素可以在肝细胞内进行生物转化生成结合胆红素（直接胆红素），再排入胆汁中。因此，胆总管阻塞后，胆汁的排泄障碍，造成胆汁中的结合胆红素反流入血液中，从而导致血清总胆红素和结合胆红素明显增高而未结合胆红素不增高。

4. 由于胆总管阻塞，胆汁不能被排泄入肠道，肠道中缺乏胆红素，不能生成粪胆素原和粪胆素，也没有胆素原被吸收回肝脏和血液，故粪便呈陶土色，粪胆素原和尿胆素原均阴性。结合胆红素水溶性大，血液中的结合胆红素浓度增高后，结合胆红素也可以从尿排出，故尿液呈深黄色。

小　结

肝是人体内最大的腺体，在物质代谢中起非常重要的作用。肝通过肝糖原的合成与分解、糖异生作用来维持血糖浓度的相对恒定。肝在脂质的消化、吸收、分解、合成和运输中起着重要的作用。肝将胆固醇转化为胆汁酸，并将胆汁酸随胆汁分泌入肠道，促进脂质的消化吸收。肝是体内合成甘油三酯、胆固醇及其酯和磷脂的主要器官，并将其以VLDL、HDL的形式运输到肝外组织。肝具有合成酮体的酶系，是产生酮体的器官。肝是合成和分泌血浆蛋白的重要器官。除γ-球蛋白外，几乎所有的血浆蛋白均由肝细胞合成。肝也是清除血浆蛋白（除清蛋白外）的重要器官。肝是氨基酸分解代谢的重要器官，除亮氨酸、异亮氨酸及缬氨酸3种支链氨基酸外，其余氨基酸均在肝内分解。肝是清除血氨的主要器官，氨在肝中通过鸟氨酸循环合成尿素。肝在维生素的吸收、储存、转化等方面起重要作用。肝是许多激素灭活的场所。

肝是对内源性和外源性非营养物质进行生物转化的主要器官。非营养物质经过生物转化作用后，水溶性增加，易于排出体外。大部分非营养物质经生物转化作用后，其毒性降低或失去毒性。但是，有些物质经过生物转化后，其生物活性或毒性反而增加。生物转化作用所包括的许多化学反应归纳为两相，第一相反应包括氧化、还原、水解反应；第二相反应为结合反应，包括与葡萄糖醛酸、硫酸和酰基等结合。

胆汁是肝细胞分泌的液体。胆汁中含有胆汁酸盐、多种酶类及其他排泄物。胆汁既是一种消化液，具有促脂质消化吸收的作用，又是一种排泄液。胆汁酸在肝内由胆固醇转变而来，胆固醇7α-羟化酶是胆汁酸生成的限速酶，受胆汁酸和胆固醇的调节。胆汁酸按其生成部位可分为初级胆汁酸和次级胆汁酸，按其结构可分为游离胆汁酸和结合胆汁酸。排入肠道的初级胆汁酸（游离的和结合的）和次级胆汁酸，大部分经肠肝循环重吸收而被再利用，以弥补肝合成胆汁酸能力的不足，使有限的胆汁酸发挥最大限度的作用。

胆色素是铁卟啉化合物在体内分解代谢所产生的各种物质的总称，包括胆红素、胆绿素、胆素原和胆素，大部分来自单核吞噬细胞系统对衰老红细胞中血红蛋白的分解。胆红素是难溶于水的脂溶性物质，能自由透过各种生物膜，对神经细胞具有毒性作用。胆红素在血液中主要与清蛋白结合而运输，不能自由透过各种生物膜，从而限制了对细胞的毒性作用。在肝细胞内，胆红素与配体蛋白（Y蛋白和Z蛋白）结合并被转运到内质网，在UDP-葡萄糖醛酸转移酶的催化

笔记栏

下生成胆红素葡萄糖醛酸酯，后者经胆管排入肠道。在肠道内，胆红素被还原为胆素原。少部分胆素原被肠道重吸收到肝，又以原形随胆汁排入肠道，形成胆色素的肠肝循环；小部分进入体循环，并运至肾脏随尿排出。随粪便（或尿液）排出的胆素原被空气氧化为黄褐色的粪胆素（或尿胆素）。

血清中的胆红素含量升高，扩散入组织，造成组织黄染，称为黄疸。根据血清胆红素的来源，将黄疸分为溶血性黄疸、肝细胞性黄疸和阻塞性黄疸。

（罗晓婷）

笔记栏

第 20 章 PPT

第 20 章　重组 DNA 技术

20 世纪 40 年代至 70 年代，分子生物学、分子遗传学、细胞生物学等学科的快速发展为重组 DNA 技术的诞生奠定了理论和实验基础。1972 年，美国斯坦福大学 Paul Berg 等首次成功完成了 DNA 体外重组实验，因在“有关核酸特别是重组 DNA 分子的基础研究”方面做出重大贡献，获得了 1980 年度的诺贝尔化学奖。1973 年，美国斯坦福大学 Stanley N. Cohen 等成功进行了基因工程史上首个基因克隆实验，由此建立了基因克隆的基本模式。

第 1 节　重组 DNA 技术的基本过程

重组 DNA 技术（recombinant DNA technology）是在体外将不同来源的特异基因或 DNA 片段插入载体分子，构建重组 DNA 分子，并将重组 DNA 导入合适的受体细胞，使其在细胞中扩增和繁殖，筛选出含有目的基因的转化子细胞，再进行扩增，获取大量相同 DNA 分子，即 DNA 克隆（DNA cloning）。由于早期研究是从较大的染色体分离特异基因或 DNA 片段，因此重组 DNA 技术又称为基因克隆（gene cloning）或基因工程（genetic engineering）。

克隆（clone）是指从一个共同祖先无性繁殖下来的由一群遗传上相同的 DNA 分子、细胞或个体所组成的群体；克隆化（cloning）则是获取这类相同的 DNA 分子群体、细胞群体或个体群体的过程。采用克隆技术，将来自不同生物的外源 DNA 插入载体分子所形成的杂合 DNA 分子，即为重组 DNA（recombinant DNA）或嵌合 DNA（chimeric DNA）。

重组 DNA 技术主要包括以下步骤（图 20-1）：①分离带有目的基因的 DNA 片段；②选择或改造载体 DNA 分子；③在体外将带有目的基因的外源 DNA 片段连接到能够自我复制并具有选择标记的载体分子上，形成重组 DNA 分子；④将重组 DNA 分子导入细菌细胞（即受体细胞），并与之一起增殖；⑤从细胞繁殖群体中筛选出含重组 DNA 分子的受体细胞克隆，经扩增培养，提取、纯化重组 DNA。

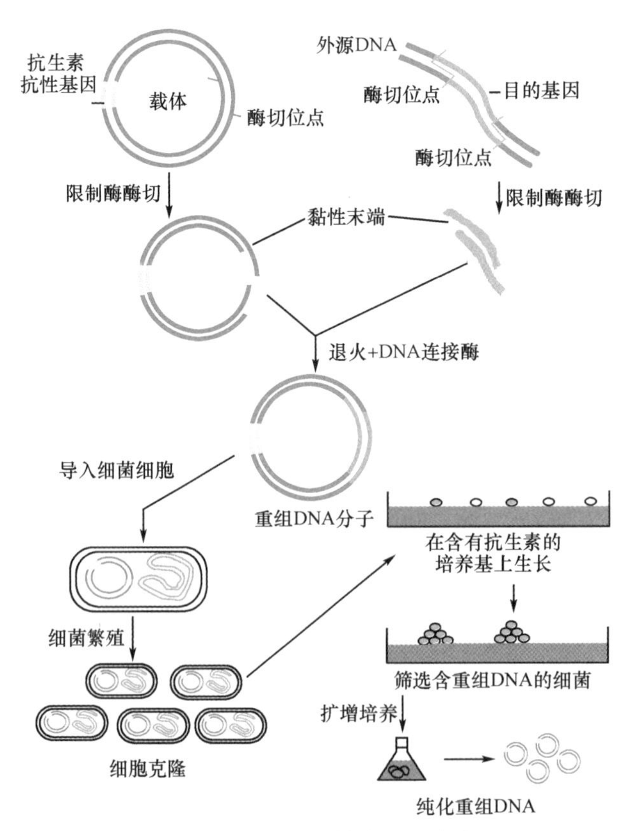

图 20-1　重组 DNA 技术的基本步骤

笔记栏

第 2 节　重组 DNA 技术中常用工具酶

基因的分离与重组包含一系列相互关联的酶促反应。已知有多种工具酶，如对外源 DNA 和载体分子进行特异性识别和切割的限制性内切核酸酶、将外源 DNA 片段与载体分子连接形成重组 DNA 分子的 DNA 连接酶、以 mRNA 为模板合成 cDNA 的逆转录酶，以及 DNA 聚合酶和修饰酶等，都在重组 DNA 技术中有着广泛用途。

一、限制性内切核酸酶

瑞士 Werner Arber、美国 Daniel Nathans 和 Hamilton O. Smith 的研究工作奠定了限制性内切核酸酶作为重组 DNA 技术关键酶的基础，三人分享了 1978 年度诺贝尔生理学或医学奖。

限制性内切核酸酶（restriction endonucleases）是一类能识别双链 DNA 分子中的某些特定核苷酸序列，并由此切割 DNA 双链的核酸内切酶，又称为限制酶（restriction enzymes），主要是从原核生物细菌中分离纯化出来的。在细菌体内，限制性内切核酸酶和甲基化酶共同构成细菌的限制修饰系统（restriction-modification system），限制性内切核酸酶可切割侵入的外源 DNA 使之迅速降解，甲基化酶可修饰自身 DNA，防止被限制性内切核酸酶降解。

（一）限制性内切核酸酶的命名

限制性内切核酸酶的命名根据其来源的微生物种属而确定，通常用缩略字母表示，其中第 1 个字母来自产生该酶的细菌属名（genus），用斜体大写；第 2、3 个字母是该细菌的种名（species），用斜体小写；第 4 个字母（有时无）代表该细菌的菌株（strain），用正体。对于同一细菌来源的几种限制酶，则根据其发现和分离的先后顺序用罗马数字表示。例如，*Eco*R Ⅰ表示从大肠埃希菌（*Escherichia coli*）RY 13 菌株中分离的第 1 种酶，其中“*E*”来自大肠埃希菌 *Escherichia* 属；“*co*”来自 *coli* 菌种；“R”来自 RY 13 菌株；“Ⅰ”代表从该菌种中分离的第 1 种酶。*Eco*R Ⅴ表示从大肠埃希菌 R 菌株中分离得到的第 5 种酶。

（二）限制性内切核酸酶的类型

目前已鉴定出 3 种不同类型的限制性内切核酸酶，即Ⅰ型限制性内切核酸酶、Ⅱ型限制性内切核酸酶和Ⅲ型限制性内切核酸酶，它们各自具有不同的特性。

Ⅰ型和Ⅲ型限制性内切核酸酶通常是分子量较大的多亚基蛋白质复合物，同时具有核酸内切酶活性和甲基化酶活性。Ⅰ型限制性内切核酸酶从距离识别序列数千碱基对（base pair，bp）处随机切割 DNA，Ⅲ型限制性内切核酸酶在距离识别序列约 25bp 处切割 DNA，二者在反应过程中沿着 DNA 移动，并需 Mg^{2+}、ATP 参与。与Ⅰ型和Ⅲ型限制性内切核酸酶不同，Ⅱ型限制性内切核酸酶只有一条多肽，通常以同源二聚体形式存在，核酸内切酶活性和甲基化作用活性是分开的。此类酶作用仅需 Mg^{2+} 参与，不需 ATP 供能。由于Ⅱ型限制性内切核酸酶只具有核酸内切酶活性，而且核酸内切作用又具有序列特异性，可对靶 DNA 进行精确切割，故在重组 DNA 技术中有特别广泛的用途，被誉为基因工程的“手术刀”。目前已在不同种属的细菌中发现数千种限制性内切核酸酶，在重组 DNA 技术中所说的限制性内切核酸酶，通常指Ⅱ型限制性内切核酸酶。

（三）Ⅱ型限制性内切核酸酶的作用特点

1. 基本特性　表 20-1 列出部分常见的Ⅱ型限制性内切核酸酶的识别序列及切割位点。大部分Ⅱ型限制性内切核酸酶能够识别由 4 ～ 6 个核苷酸组成的特定序列，这些核苷酸序列具有特殊的回文结构（palindrome）。回文结构是指具有双重旋转对称的双链核苷酸序列，即两条核苷酸链的碱基序列反向重复（图 20-2）。例如，从 *Bacillus amyloliquefaciens* 细菌的 H 菌株中分类的第 1 种酶 *Bam*H Ⅰ，识别由 6 个核苷酸序列（----GGATCC----）组成回文结构，其每一条核苷酸链 5′→3′序列完全相同。

Ⅱ型限制性内切核酸酶从其识别序列内切割 DNA 分子中的磷酸二酯键，产生含 5′-P 和 3′-OH 的 DNA 片段。识别序列又称为限制酶的靶序列，不同的限制酶切割 DNA 后产生的片段末端不同。限制酶可以在 2 条 DNA 链上交错切割，形成带有 2 ～ 4 个未配对核苷酸的单链突出末端，称为黏性末端（sticky ends 或 cohesive ends）。用同一种限制酶切割 2 个不同的 DNA 分子，能形成相同的黏性末端，黏性末端互补的碱基配对在 DNA 连接酶的催化下可形成新的重组 DNA 分子（图 20-3）。

笔记栏

表 20-1 部分Ⅱ型限制性内切核酸酶的识别序列

名称	识别序列及切割位点	名称	识别序列及切割位点
*Bam*HⅠ	(5′) GGATCC(3′) CCTAGG	*Hind*Ⅲ	(5′) AAGCTT(3′) TTCGAA
*Cla*Ⅰ	(5′) ATCGAT(3′) TAGCTA	*Not*Ⅰ	(5′) GCGGCCGC(3′) CGCCGGCG
*Eco*RⅠ	(5′) GAATTC(3′) CTTAAG	*Pst*Ⅰ	(5′) CTGCAG(3′) GACGTC
*Eco*RⅤ	(5′) GATATC(3′) CTATAG	*Sma*Ⅰ	(5′) CCCGGG(3′) GGGCCC
*Hae*Ⅲ	(5′) GGCC(3′) CCGG	*Tth*111Ⅰ	(5′) GACNNNGTC(3′) CTGNNNCAG

注：↓所指为酶的切割位点，* 表示能被相应的甲基化酶所修饰的碱基，N 代表任意碱基

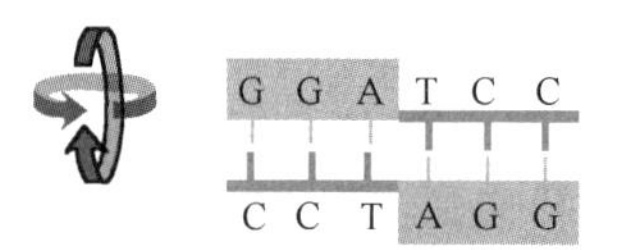

图 20-2 回文结构

图示序列反向重复，在水平轴线和垂直轴线上（箭头所示）旋转对称

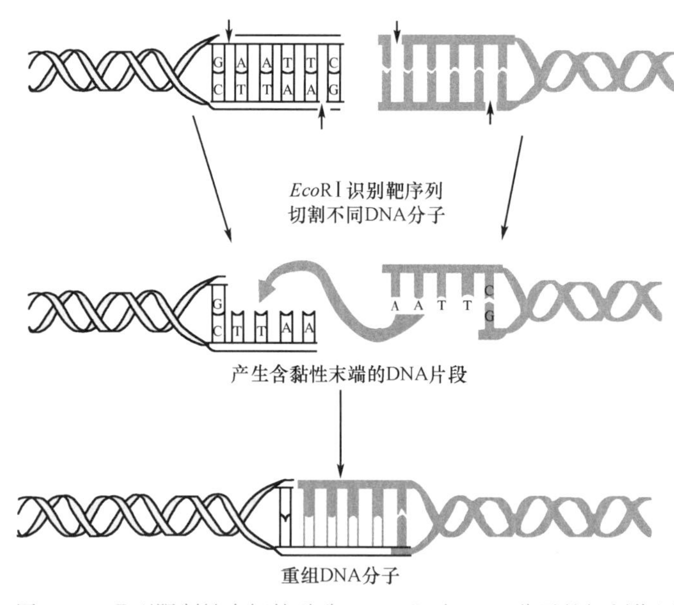

图 20-3 Ⅱ型限制性内切核酸酶 *Eco*RⅠ对 DNA 分子的切割作用

有些Ⅱ型限制性内切核酸酶，如 *Pst*Ⅰ，切割 DNA 分子后产生具有 3′-OH 单链突出的黏性末端（图 20-4 A）；有些Ⅱ型限制性内切核酸酶，如 *Eco*RⅠ，切割 DNA 分子后则形成具有 5′-P 单链突出的黏性末端（图 20-4 B）。另外还有一些Ⅱ型限制性内切核酸酶，如 *Sma*Ⅰ，切割 DNA 分子形成的是没有单链突出的末端，称为平末端或钝末端（blunt ends）（图 20-4 C）。

限制性内切核酸酶切割 DNA 链后所产生的片段大小，取决于酶特异性切割位点在 DNA 链中出现的频率，即依赖于限制性内切核酸酶所识别的靶序列大小。如果 DNA 的碱基组成均一，且限制性内切核酸酶位点在 DNA 链上随机分布，那么限制性内切核酸酶（如 *Bam*HⅠ、*Hind*Ⅲ等）识别的六核苷酸序列将每隔 4^6（4 096）bp 出现一次，而限制性内切核酸酶（如 *Hae*Ⅲ、*Mbo*Ⅰ等）所识别的四核苷酸序列将每隔 4^4（256）bp 出现一次，这样识别四核苷酸序列的限制性内切核酸酶切割 DNA 链后就会产生较小的 DNA 片段。

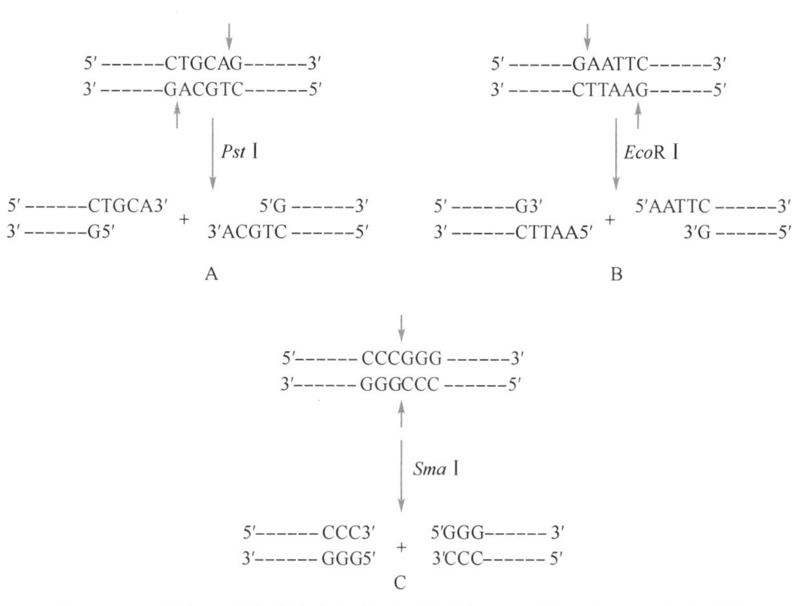

图 20-4　不同Ⅱ型限制性内切核酸酶切割 DNA 分子产生的末端结构

2. 同裂酶（isoschizomer）　又称同工异源酶，指来源不同、识别序列相同的一组限制性内切核酸酶。该类酶切割 DNA 的位点或方式可以相同，也可以不同。例如，*Sau*3A Ⅰ（----↓GATC----）与 *Mbo* Ⅰ（----↓GATC----），二者的识别序列和酶切位点均相同；而 *Sma* Ⅰ（----CCC↓GGG----）与 *Xma* Ⅰ（----C↓CCGGG----），二者的识别序列相同，但酶切位点不同。

3. 同尾酶（isocaudarner）　指来源和识别序列均不相同，但切割 DNA 后可以产生相同黏性末端的一组限制性内切核酸酶。例如，*Bam*H Ⅰ、*Bcl* Ⅰ、*Bgl* Ⅱ和 *Mbo* Ⅰ 4 种酶的来源及识别序列各不相同，但它们切割 DNA 链后均形成由 5′GATC3′ 突出的黏性末端（图 20-5）。

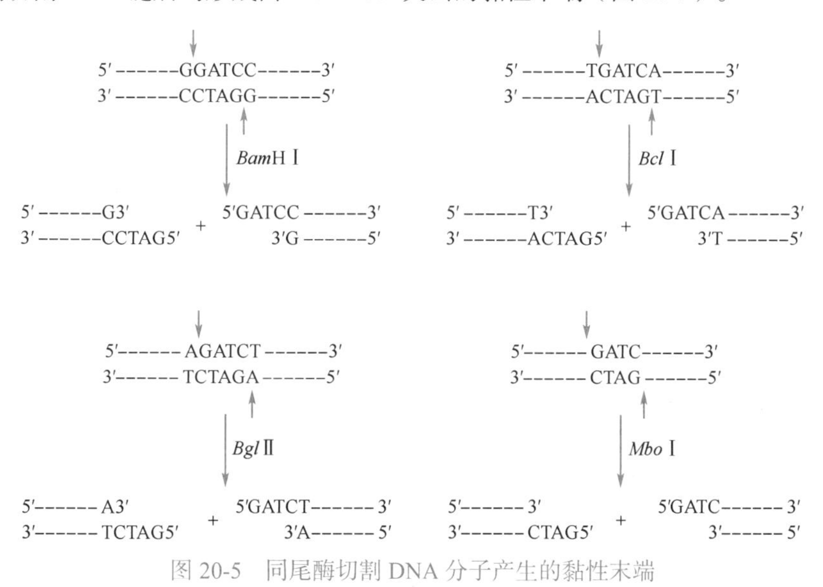

图 20-5　同尾酶切割 DNA 分子产生的黏性末端

同尾酶切割所产生的 DNA 片段，由于具有相同的黏性末端，可通过其黏末端之间的互补作用由 DNA 连接酶催化而彼此连接起来，因此在 DNA 重组实验中很有用处。同尾酶产生的末端重组后形成的序列，有时不能再被原来的同尾酶所识别。上面的一组同尾酶中，只有 *Mbo* Ⅰ能识别并切割黏性末端重新连接后形成的 DNA 片段，其他 3 个酶却不能再识别重组后的 DNA 片段。

4. 可变酶　此类酶是Ⅱ型限制性内切核酸酶的特例，识别序列中有一个或几个碱基是可变的，并且识别序列往往超过 6 个核苷酸。例如，*Bst*p Ⅰ识别序列为 G↓GTNACC，有 1 个可变碱基；*Bgl* Ⅰ识别序列为 GCC（N）$_4$N↓GGC，有 5 个可变碱基。

（四）限制性内切核酸酶的应用及影响酶作用的因素

1. 限制性内切核酸酶的应用　限制性内切核酸酶除作为重组 DNA 技术的关键工具酶外，还广泛

应用于分子生物学研究的其他领域，包括绘制基因组 DNA 物理图谱、研究基因组 DNA 同源性、切割基因组 DNA（或 cDNA）构建基因组文库（或 cDNA 文库）、筛选鉴定重组质粒、测定基因的核苷酸序列及研究基因突变与诊断遗传性疾病等。

2. 影响限制性内切核酸酶作用的因素　不同的限制性内切核酸酶需要不同的反应条件以获得最佳切割靶 DNA 分子的效率。影响限制性内切核酸酶反应的主要因素包括：DNA 的纯度、DNA 的甲基化程度、DNA 分子的结构、酶切反应的温度、酶切反应的时间及酶切反应的缓冲体系等。

二、DNA 连接酶

DNA 连接酶（DNA ligase）是一种能够催化在 2 条 DNA 链之间形成磷酸二酯键的酶。连接酶要发挥催化作用，需要一条 DNA 链的 3′ 端具有游离的羟基、另一条 DNA 链的 5′ 端具有磷酸基团，而且催化过程需要消耗能量。DNA 连接酶只能封闭 DNA 链上的缺口（nick），而不能封闭裂口（gap）。缺口是指 DNA 的一条单链上 2 个相邻核苷酸之间磷酸二酯键受到破坏，产生的单链断裂（图 20-6 A）；裂口是指 DNA 的一条单链上失去一个或数个核苷酸，产生的单链断裂（图 20-6 B）。连接酶可以将不同来源的 DNA 片段组成新的重组 DNA 分子，是重组 DNA 技术中不可缺少的基本工具酶之一，被誉为基因工程的“缝纫针”。

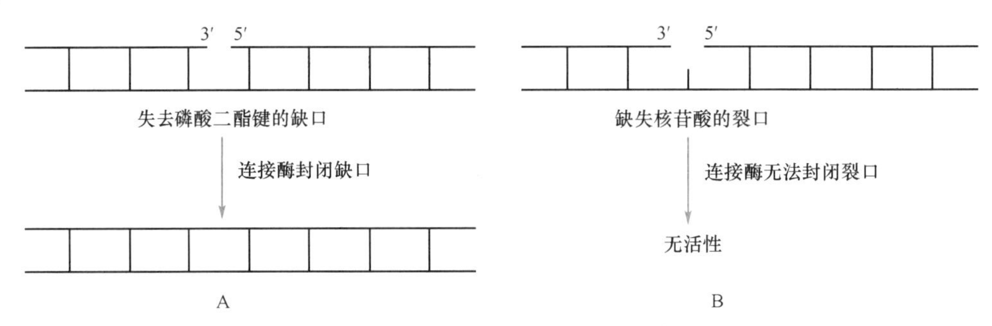

图 20-6　DNA 连接酶的催化活性示意图

（一）DNA 连接酶的类型

1. T4 DNA 连接酶　该酶最早是从 T4 噬菌体感染的大肠埃希菌中发现并分离出来，由 T4 噬菌体基因 30 编码，分子质量为 68 kDa，能催化一个 DNA 片段 5′-P 与另一 DNA 片段 3′-OH 之间形成磷酸二酯键，反应需 Mg^{2+} 作为辅助因子，并由 ATP 提供能量。DNA 连接酶的作用方式参见第 13 章。T4 DNA 连接酶连接的底物可以是 2 个双链 DNA 分子的互补黏性末端或平末端，该酶比较容易制备，因此在重组 DNA 技术及分子生物学研究中有广泛用途。

2. 大肠埃希菌 DNA 连接酶　此酶由大肠埃希菌基因 *lig* A 编码，分子质量为 74 kDa，不能催化平末端 DNA 分子的连接，其底物只能是带缺口的双链 DNA 分子或具有互补黏性末端的 DNA 分子，需要 NAD^+ 作为辅助因子。

（二）DNA 连接酶的应用及影响 DNA 连接酶作用的因素

1. DNA 连接酶的应用　在重组 DNA 技术中，连接酶能催化 2 个具有黏性末端或平末端的 DNA 片段形成磷酸二酯键，组成新的重组 DNA。另外，连接酶也在 DNA 复制、DNA 损伤修复、遗传重组及 DNA 链的剪接过程中起缝合缺口的作用。

2. 影响 DNA 连接酶作用的因素　① DNA 片段的末端结构：DNA 连接酶对黏性末端的连接效率远高于对平末端的连接效率。②温度：温度是影响连接产物转化效率的重要因素之一，连接酶连接黏性末端的温度一般在 4 ～ 15℃。③连接酶的用量：酶的用量也影响连接产物的转化效率，在黏性末端连接反应中所需的酶量低于平末端连接所需的酶量。④ ATP 的浓度：在连接体系中，ATP 浓度一般在 0.01 ～ 1mmol/L 为宜。⑤构建重组载体时，为提高重组效率，载体分子与外源插入片段的量一般在 1 ∶ 10 ～ 1 ∶ 3。

三、DNA 聚合酶

DNA 聚合酶催化以单链 DNA 或 RNA 为模板合成 DNA 的反应，此类酶的作用特点是能够把脱氧核苷酸连续地添加到 DNA 分子的引物链或延伸的 DNA 链的 3′ 端，催化核苷酸的聚合。

（一）大肠埃希菌 DNA 聚合酶 Ⅰ

DNA 聚合酶 Ⅰ（DNA-pol Ⅰ）是由大肠埃希菌 *pol* A 基因编码的一种单链多肽，具有 3 种活性，即 5′→3′ 聚合酶活性、5′→3′ 外切核酸酶活性和 3′→5′ 外切核酸酶活性。DNA-pol Ⅰ的 5′→3′ 聚合酶活性和 5′→3′ 外切核酸酶活性协同作用，可催化 DNA 链发生缺口平移反应，制备 DNA 探针。

（二）Klenow 片段

用枯草杆菌蛋白酶水解 DNA-pol Ⅰ后，产生的大片段称 Klenow 片段，又称 Klenow 聚合酶，具有 5′→3′ 聚合酶活性和 3′→5′ 外切核酸酶活性。该酶的主要用途：填补 DNA 链的 3′ 末端；合成互补 DNA（complementary DNA，cDNA）第二链；DNA 序列分析；随机引物标记 DNA 链的 3′ 端，制备探针。

（三）*Taq* DNA 聚合酶

Taq DNA 聚合酶是第一个被发现的耐热的依赖 DNA 的 DNA 聚合酶，分子质量为 65 kDa，最适反应温度 70 ～ 75℃。*Taq* DNA 聚合酶具有 5′→3′ 聚合酶活性和 5′→3′ 外切核酸酶活性，酶活性的发挥对 Mg^{2+} 浓度非常敏感，主要用于 PCR 和 DNA 测序反应等（参见第 21 章）。

（四）逆转录酶

已从多种 RNA 肿瘤病毒中分离到逆转录酶（reverse transcriptase）。目前普遍使用的是来源于禽类成髓细胞瘤病毒（avian myeloblastosis virus，AMV）及莫洛尼鼠白血病病毒（Moloney murine leukemia virus，M-MLV）的逆转录酶，具有 5′→3′ 聚合酶活性和 3′→5′RNA 外切酶活性（RNase H 活性）或 5′→3′ 外切酶活性。逆转录酶的最主要用途是以 mRNA 为模板合成 cDNA。此外，还可补齐和标记 DNA 链的 3′ 末端、以单链 DNA 或 RNA 为模板制备探针。

四、其他修饰酶

（一）末端脱氧核苷酸转移酶

末端脱氧核苷酸转移酶（terminal deoxynucleotidyl transferase）简称末端转移酶，催化脱氧核苷酸逐个添加到 DNA 分子的 3′ 端。底物主要是单链 DNA，或带有 3′-OH 突出末端的双链 DNA。该酶的主要作用是在外源 DNA 片段及载体分子的 3′-OH 上加上互补的同聚物尾巴，形成人工黏性末端，便于 DNA 重组。也可用于 DNA 片段 3′ 端标记。

（二）多核苷酸激酶

多核苷酸激酶（polynucleotide kinase）又称 T4 多核苷酸激酶，催化 ATP 的 γ- 磷酸基团转移到 DNA 或 RNA 的 5′ 端。在重组 DNA 技术中，多核苷酸激酶可用于标记 DNA 的 5′ 端，也可使缺失 5′ 端的 DNA 发生磷酸化作用。

（三）碱性磷酸酶

碱性磷酸酶（alkaline phosphatase）能特异切除 DNA、RNA 和脱氧核苷三磷酸（dNTP）上的 5′-P。在重组 DNA 技术中，用碱性磷酸酶切除载体分子或 DNA 片段的 5′-P，可防止其发生自身连接。当进行 DNA 片段 5′ 端标记时，先用碱性磷酸酶去除 5′-P，再用多核苷酸激酶对 5′ 端进行标记。

第 3 节　重组 DNA 技术中常用载体

载体（vector）是指能携带外源 DNA 分子进入受体细胞进行扩增和表达的运载工具。作为重组 DNA 技术的载体应具备以下条件：①具有自主复制能力，以保证携带的外源 DNA 可以在受体细胞内扩增。②有多个单一限制性内切核酸酶的酶切位点，即多克隆位点（multiple cloning sites，MCS），以利于外源 DNA 与载体重组。③具有一个以上的选择性遗传标记（如对抗生素的抗性、营养缺陷型、显色表型反应等），以便于重组体的筛选和鉴定。④分子量相对较小，以容纳较大的外源 DNA。⑤拷贝数较多，易与受体细胞的染色体 DNA 分开，便于分离提纯。⑥具有较高的遗传稳定性。

目前可满足上述要求的多种载体均为人工所构建，主要有质粒载体、噬菌体载体、人工染色体载体和病毒载体等多种类型。根据用途不同可分为克隆载体（cloning vector）和表达载体（expression vector）两类，前者主要用于扩增或保存插入的外源 DNA 片段，后者是为了转录插入的外源 DNA 序列，进而翻译成多肽链。表达载体是在克隆载体的基础上衍生而来的，主要增添了与宿主细胞相适

笔记栏

应的强启动子，以及有利于表达产物分泌、分离或纯化的元件。根据所对应的受体细胞不同，可将载体分为原核细胞载体和真核细胞载体。

一、质粒载体

质粒（plasmid）是存在于宿主染色体之外具有自主复制能力的双链环状 DNA。天然存在的细菌质粒小的约 5kb，大的可达 400kb。质粒自身含有复制起点（origin of replication，ori），能利用细菌的酶系统独立进行复制，并在细胞分裂时恒定地传给子代细胞。根据细菌染色体对质粒复制的控制程度，可将质粒分为严紧型质粒（stringent plasmid）和松弛型质粒（relaxed plasmid）。严紧型质粒多为大型质粒，拷贝数少（1 ～ 2 个 / 细胞），具自身传递能力，其 DNA 复制与宿主细胞染色体 DNA 的复制相偶联，故复制受宿主细胞的严格控制。松弛型质粒多为小型质粒，拷贝数多（10 ～ 200 个 / 细胞），其 DNA 复制是在宿主细胞松弛控制下进行的，与染色体复制不同步，适用于在 DNA 重组中作为质粒载体。

由于质粒带有某些特殊的不同于宿主细胞的遗传信息，所以质粒在细菌内的存在会赋予细胞一些新的遗传性状，如对某些抗生素的抗性、显色表型反应等。根据宿主细菌的表型即可识别质粒的存在，这一性质被用于筛选和鉴定重组质粒。

质粒载体大多是在天然松弛型质粒的基础上经人工改造构建而成，一般只能接受 15kb 以下的外源 DNA 分子插入，可用于细菌、酵母、哺乳动物细胞和昆虫细胞等。质粒载体可用于对外源目的基因进行克隆或表达，常用的质粒克隆载体有 pBR322 和 pUC 系列等。

（一）pBR322 质粒载体

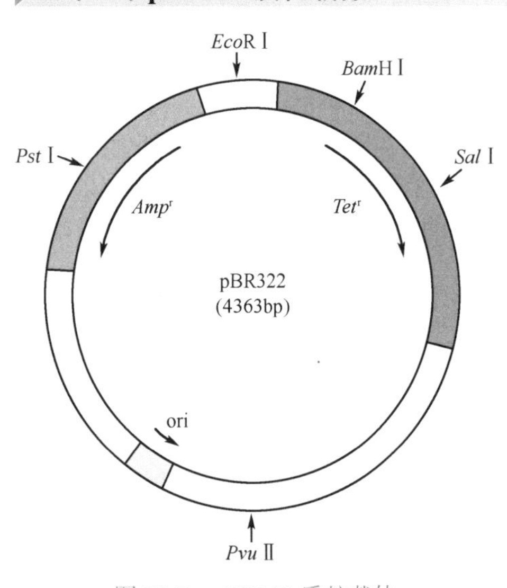

图 20-7 pBR322 质粒载体

pBR322 质粒载体由 3 种天然质粒 pSC101、ColE1 和 pSF2124 构建而成，全长 4363bp。pBR322 质粒载体的命名："p" 来自质粒的第一个字母；"BR" 来自构建者 F. Bolivar 和 R. L. Rodriguez 姓氏的第一个字母；"322" 代表实验编号。pBR322 质粒具有以下结构与功能（图 20-7）。①带有一个复制起点 ori，保证质粒在大肠埃希菌中高拷贝自我复制。②含有氨苄西林抗性（ampicillin resistance，Amp^r）和四环素抗性（tetracycline resistance，Tet^r）基因标记，便于筛选阳性克隆。缺失抗药性基因的大肠埃希菌不能在含有这些抗生素的培养基中生长，而一旦被 pBR322 质粒所转化，即从中获得了对抗生素的抗性。③含有 MCS，可用于插入外源 DNA 片段；如酶切位点 *Bam*H Ⅰ、*Sal* Ⅰ位于 Tet^r 基因内，*Pst* Ⅰ位于 Amp^r 基因内。当外源 DNA 片段插入这些抗性位点时，则导致氨苄西林敏感或四环素敏感，即插入失活。质粒 DNA 编码的抗生素抗性基因的插入失活，是常用的检测重组质粒的方法。④具有较小的分子量，不仅易于自身 DNA 纯化，而且能有效克隆 6kb 大小的外源 DNA 片段。⑤具有较高的拷贝数，为重组 DNA 的制备提供了极大方便。

（二）pUC 质粒载体系列

pUC 系列载体是在 pBR322 质粒载体的基础上，插入了一个来自 M13 噬菌体并带有一段 MCS 的 *LacZ'* 基因，形成具有双重检测特性的质粒载体。以 pUC19 质粒载体为例（图 20-8），典型的 pUC 系列载体包含如下组分：①复制起点 ori，来自 pBR322 质粒。② Amp^r 基因，来自 pBR322 质粒，但其 DNA 序列已不再含有原来的限制性内切核酸酶位点。③ *LacZ'* 基因，来自大肠埃希菌 β- 半乳糖苷酶（β-galactosidase）基因（*LacZ*）的启动子及其编码 α- 肽链的 DNA 序列。④ MCS 区段，来自 M13 噬菌体，位于 *LacZ'* 基因内靠近 5′ 端，但并不破坏该基因的功能。

pUC 载体系列大多是成对的，如 pUC8/9、pUC12/13、pUC18/19 等，成对载体的其他特性完全相同，只是 MCS 的限制性内切核酸酶的排列顺序相反，这就提供了更多的克隆策略选择机会。pUC 载体系列已成为 pBR322 的替代载体，是基因重组中应用较普遍的质粒载体。

pUC 质粒载体的优点：①具有更小的分子量和更高的拷贝数。②适用于组织化学方法检测重组

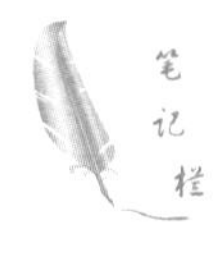

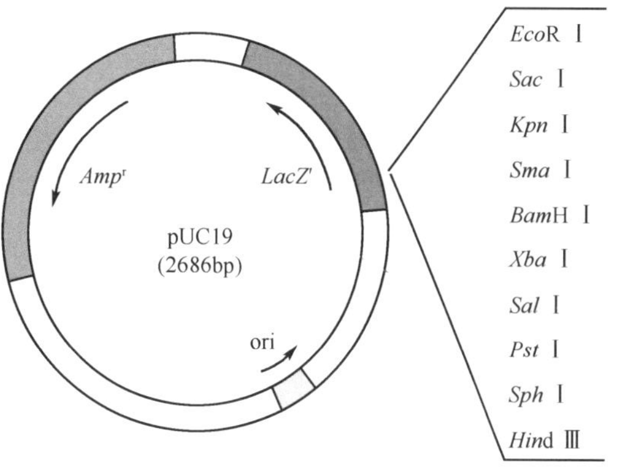

图 20-8　pUC19 质粒载体

体。pUC 载体中含有 *LacZ'* 基因，可编码 *β*- 半乳糖苷酶 N 端 146 个氨基酸残基形成的 *α*- 肽链，该 *α*- 肽链与宿主细胞中 F′ 因子上的 *LacZ'ΔM*15 基因（*α*- 肽链缺陷型）的产物互补，产生完整的、有活性的 *β*- 半乳糖苷酶，此酶可分解生色底物 5- 溴 -4 氯 -3- 吲哚 -*β*-*D*- 半乳糖苷（5-bromo-4-chloro-3-indolyl-*β*-*D*-galactopyranoside，X-gal）形成蓝色菌落。当外源基因插入 MCS 后，*LacZ' α*- 肽链基因的读码框被破坏，不能合成完整的 *β*- 半乳糖苷酶分解底物 X-gal，菌落呈白色。用这种方法可筛选阳性重组体，称为蓝白斑筛选（也称为 *α*- 互补筛选）。③ pUC 载体系列的 MCS 与 M13mp 系列对应，因此克隆的外源 DNA 片段可以在两类载体系列之间穿梭，为克隆序列的测序提供了便利。

（三）其他质粒载体

1. 能在体外转录克隆基因的质粒载体　此类载体由 pUC 系列质粒载体衍生而来，携带有噬菌体 T7、SP6 的启动子，这些启动子为 RNA-pol 的附着提供了特异性识别位点，使载体能在体外转录插入的外源 DNA。例如，pGEM-3Z/4Z 载体由 pUC18/19 载体改造而来，大小为 2.74kb，序列结构与 pUC18/19 几乎完全相同，其不同之处是 pGEM-3Z/4Z 在 MCS 的两端添加了 SP6 和 T7 噬菌体的启动子。pGEM-3Z/4Z 载体之间的差别在于 SP6 和 T7 启动子的位置互换，并且序列相反。

2. 穿梭质粒载体（shuttle plasmid vector）　它是一类人工构建的具有 2 种不同复制起点和选择标记，可在 2 种不同的宿主细胞中存活和复制的质粒载体。这类质粒载体可携带外源 DNA 序列在不同物种的细胞之间，特别是在原核细胞（如大肠埃希菌）和真核细胞（如酵母）之间往返穿梭，在重组 DNA 技术中非常有用。

（四）TA 克隆载体

此类载体是专为克隆 PCR 产物而设计，它们的共同点是在其 MCS 两侧 3′ 端携带有未配对的 T 碱基。许多耐热的 DNA 聚合酶（如 *Taq*、*Tth* 等）扩增时都在 PCR 产物 3′ 端加上 A 碱基，因此在连接酶的作用下可直接将 PCR 产物插入到 TA 载体中。TA 克隆载体的突出优点是能直接克隆 PCR 产物，获取、连接外源 DNA 不受酶切位点的限制，已得到广泛应用。

二、噬菌体载体

噬菌体（bacteriophage，phage）是一类细菌病毒，可用于克隆和扩增特定的 DNA 片段，是广泛使用的基因克隆载体。

（一）λ 噬菌体载体

野生型 λ 噬菌体的基因组为线状双链 DNA，全长 48.5kb，含有 66 个基因，线性 DNA 的两端为 12bp 组成的彼此完全互补的 5′ 单链突出黏性末端，称为 cos 位点。进入寄主细胞的线性 DNA 会借助 cos 位点互补连接形成环状双链结构，按 θ 方式及滚环方式进行复制。λ 噬菌体感染细菌后，可进入溶菌生命周期及溶源生命周期。

λ 噬菌体在大肠埃希菌中繁殖所必需的序列位于左右两臂，基因组中间约 1/3 的序列不是病毒生活所必需的成分，可以被切除而被大小相当的外源 DNA 片段取代。重组后的 λDNA 大小应为原来长度的 75% ～ 105%，才能在体外包装成有感染性的噬菌体颗粒，感染细菌后在细菌体内繁殖。

λ 噬菌体是最早发展和使用的基因工程载体，以溶菌方式生长。与质粒载体相比，其突出优点是可插入较大外源 DNA 片段，并且其感染效率远高于质粒载体的转化效率。在野生型 λDNA 基础上构建的载体可分为两类：一类具有 2 个或 2 组限制性内切核酸酶位点，经酶切除基因组中噬菌体正常生长非必需的序列，由外源基因片段取代，这类载体称为置换型载体（replacement vector 或 substitution vector），如 Charon 系列、EMBL 系列等。另一类携带有可供外源基因插入的单一限制性内切核酸酶位点，这类载体称为插入型载体（insertion vector），如 λgt10/11、λZAP 等。

EMBL3/4λ 克隆载体的非必需序列两端含有携带 MCS 序列的接头，其序列方向相反。若用 2 种不同的限制性内切核酸酶切割 EMBL 载体后，即可直接与具有相同切口的外源 DNA 片段连接，重

组效率很高，可容纳 9kb ～ 23kb 的外源片段，常用于构建基因组 DNA 文库。

λgt10/11 载体能克隆 7kb 以下的外源 DNA，适用于构建 cDNA 文库。外源 DNA 的插入位点处于 λgt10 的阻遏剂（repressor）*λCI* 基因上，DNA 插入后使 *CI* 基因失活，重组噬菌体可使大肠埃希菌形成透明斑点，而未重组的 λgt10 CI^{+} 形成浑浊斑点，很易区分。λgt11 载体含有 *LacZ'* 基因，外源 DNA 插入位点在其编码的 C 端。当插入的 cDNA 阅读框架与 *LacZ'* 基因相一致时，能产生融合蛋白，可用免疫学方法进行检测。此外，重组的 λgt11 因 *LacZ'* 基因失活，在含 X-gal 培养基中形成白斑，而未重组的 λgt11 则形成蓝斑，便于区分筛选。

（二）黏粒载体

虽然用 λ 噬菌体作为载体可插入 23kb 的外源 DNA 片段，但有些基因可达 35kb ～ 40kb。同时在分析基因组结构时，还需要了解相连锁的基因及基因的排列顺序，这就要求克隆更大的 DNA 片段。黏粒可作为克隆大片段 DNA 的一种载体。

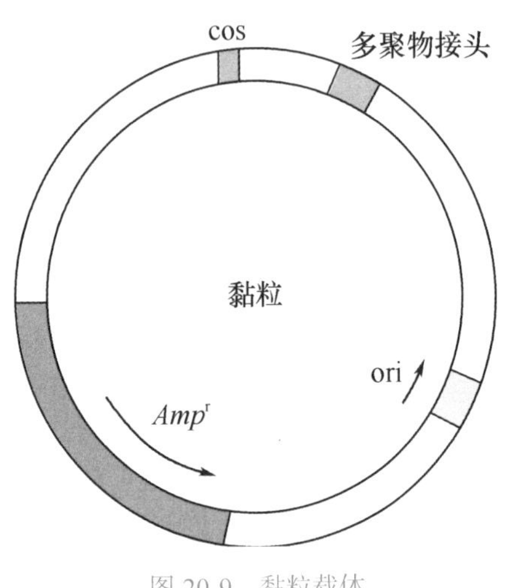

图 20-9 黏粒载体

黏粒又称柯斯质粒（cos site-carrying plasmid，cosmid），是由 λ 噬菌体的 cos 黏性末端和质粒构建而成。黏粒载体具有以下结构与特点（图 20-9）：①含有 λDNA 的 cos 黏性末端及与噬菌体包装有关的短序列。通过 cos 位点的突出单链相互补，可将多个 λDNA 串联在一起。若 2 个 cos 位点相距 35kb ～ 45kb，则能被包装酶系识别并切断而包装成病毒颗粒。②含有质粒的自主复制成分和抗药性标记（如 Amp^{r} 基因）。当体外重组的黏粒分子包装成病毒颗粒感染细菌后，可按质粒方式在细菌中进行复制、扩增。黏粒载体所携带的抗药性基因，可作为重组体分子的筛选标记。③含有携带 MCS 序列的多聚物接头（polylinker）。④黏粒分子小，如 pJB8 为 5.4kb，可插入大片段的外源 DNA（可达 45kb）。⑤某些黏粒若插入能在真核细胞生活的元件，SV40 的 ori、启动子及选择标记，便可作为穿梭载体在真核细胞中生存及表达。

（三）M13 噬菌体载体

M13 是一种丝状噬菌体，基因组全长 6.4kb，为闭环单链 DNA。M13 只感染雄性大肠埃希菌，在细菌内复制时形成双链 DNA，这种复制型（replication form，RF）M13 相当于质粒，可用作基因克隆载体。当 RF M13 在细菌内达到 100 ～ 200 个拷贝后，M13 只合成单链 DNA，包装成噬菌体颗粒而分泌至细胞外。可利用 RF M13 作为载体插入外源 DNA，使其在细菌内产生单链 DNA，以进行 DNA 序列分析、体外定点突变和核酸杂交等。通过对 M13 噬菌体进行改造，已成功构建了 M13mp 系列载体，这些载体大多是成对的，如 M13mp8/9、M13mp10/11 及 M13mp18/19 等，它们都含有携带 MCS 序列的 *LacZ'* 基因。

M13 噬菌体载体克隆的外源 DNA 小于 1.5kb，限制了其在基因克隆中的应用。为解决这一问题，可将质粒和单链噬菌体进行组合而构建噬菌粒（phagemid），如 pUC118/119 噬菌粒载体。

三、人工染色体载体

人工染色体载体是为了克隆更大的 DNA 片段及建立真核生物染色体物理图谱和进行序列分析等而发展起来的一类新型载体。

酵母人工染色体（yeast artificial chromosome，YAC）载体是第一个成功构建的人工染色体载体，用于在酵母细胞中克隆大片段外源 DNA。YAC 载体由酵母染色体、酵母 2μm DNA 质粒的复制起始序列等元件衍生而成，主要包括以下调控元件（图 20-10）：①着丝粒（centromere，CEN），以保证染色体在细胞分裂过程中被正确地分配到子代细胞；②端粒（telomere，TEL），作为染色体复制所必需的成分，可防止染色体被核酸外切酶降解而缩短；③复制起点和限制性内切核酸酶位点；④两臂均带有选择标记；⑤原核序列及调控元件，包括大肠埃希菌 ori、Amp^{r} 基因等，以便于在大肠埃希菌中操作。YAC 载体可插入 100kb ～ 3000kb 外源 DNA 片段，是人类基因组计划中绘制物理图谱所采用的主要载体。

笔记栏

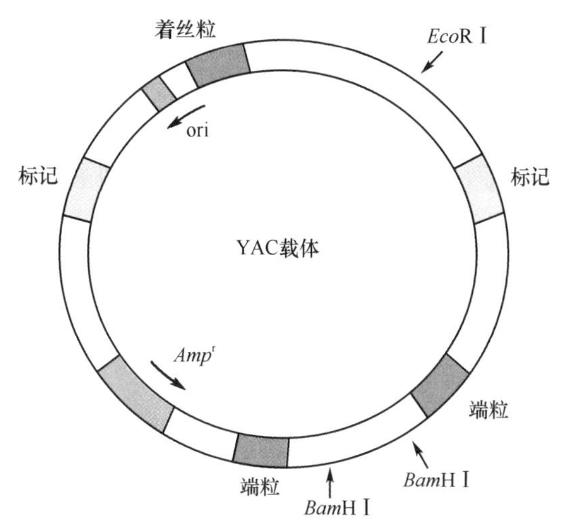

图 20-10　酵母人工染色体载体

细菌人工染色体（bacterial artificial chromosome，BAC）载体是继 YAC 载体之后的又一人工染色体载体，是以细菌的 F 因子为基础构建而成，可插入 50kb ～ 250kb 的外源 DNA 片段。与 YAC 载体相比，BAC 载体具有克隆稳定、易与宿主 DNA 分离等优点，是人类基因组计划中基因序列分析所用的主要载体。此外，也发展出噬菌体 P1 衍生的人工染色体（P1-derived artificial chromosome，PAC）载体和哺乳动物人工染色体（mammalian artificial chromosomes，MAC）载体。

四、病毒载体

前述的质粒载体、噬菌体载体都是以原核细胞（如大肠埃希菌）作为宿主细胞。为适应真核细胞重组 DNA 技术的需要，特别是为实现真核基因表达或基因治疗的需要，已发展出用动物病毒（如 SV40、牛乳头瘤病毒、腺病毒及逆转录病毒等）改造的病毒载体及用于昆虫细胞表达的杆状病毒载体等。

常用的病毒载体有整合型和游离型两类。整合型载体可整合到宿主细胞的染色体上，随染色体一起复制，可持续表达外源基因，但存在插入诱变的危险。游离型载体并不整合到宿主染色体 DNA 上，而是游离于染色体外瞬时表达外源基因，有较好的安全性。逆转录病毒载体、腺病毒载体和腺相关病毒载体是最常用于哺乳动物细胞的病毒载体，其主要特点见第 23 章。

表 20-2 列出上述 4 种不同类型载体可插入的外源 DNA 片段大小。

表 20-2　不同类型载体的克隆容量

载体类型	插入 DNA 片段的大小（kb）
质粒载体	
pBR322	6
pUC19	0.01 ～ 10
噬菌体载体	
EMBL3/4λ	9 ～ 23
λgt10/11	＜ 7
黏粒	35 ～ 50
M13 噬菌体	＜ 1.5
人工染色体载体	
YAC	100 ～ 3000
BAC，PAC	50 ～ 250
病毒载体	
逆转录病毒	＜ 9
腺病毒	2 ～ 7
腺相关病毒	＜ 3.5

第 4 节　目的基因的获得和体外重组

DNA 体外重组技术的第一步是获得目的基因并将其插入合适的载体中。目的基因（target DNA 或 interest DNA）是指待研究或应用的特定基因，亦即待克隆或表达的基因，又称为外源基因（foreign DNA）。获得目的基因后必须将其插入合适的载体中才能够在宿主细胞内扩增或表达。将目的基因插入载体的过程，即为 DNA 重组。

笔记栏

一、目的基因的获得

根据研究目的和基因来源的不同，可选用不同的方法获取目的基因。

（一）化学合成法

若已知目的基因的核苷酸序列，或根据基因产物的氨基酸序列能推导出其核苷酸序列，则可利用全自动DNA合成仪化学合成该目的基因。化学合成对于短片段的合成效率极高，对于较长的基因，可以先将其划分为较短的片段进行分段合成，然后再拼接成一个完整基因。化学合成法可以改变原始的基因序列，甚至可以合成自然界不存在的基因序列。在合成过程中可根据需要改变核苷酸密码子，如将真核基因序列中不易在大肠埃希菌中利用的稀有密码子改变为大肠埃希菌偏爱的密码子，以实现真核基因在原核细胞中的高效表达。

化学合成基因具有快速、有效、不需收集基因来源的优点，特别对于获取小片段目的基因、设置某种生物偏爱密码子、消除基因内部的特定酶切位点及获取天然基因的衍生物等更具优势。采用化学合成方法已得到多种基因，如抑生长素基因、胰岛素基因、生长激素基因和干扰素基因等。

（二）聚合酶链式反应或逆转录-聚合酶链式反应法

若已知目的基因的全序列或目的基因片段两侧的DNA序列，可采用聚合酶链式反应（polymerase chain reaction，PCR）或逆转录PCR（reverse transcription PCR，RT-PCR）方法从组织或细胞中获取目的基因。对与已知基因序列相似的未知基因，也可利用此法进行扩增。PCR或RT-PCR的原理详见第21章。

PCR或RT-PCR方法是目前实验室最常用的获取目的基因的方法，它具有简便快速、特异性强、灵敏度高等优点。此法能在很短时间内，用特异性的引物将仅有几个拷贝的基因扩增合成有数百万拷贝的特异DNA序列；而且还可以根据实验需要在引物序列上设计适当的酶切位点、起始密码子或终止密码子等，或通过错配改变某些碱基序列对基因片段进行修饰。

（三）从基因文库中筛选

基因文库（gene library）是指包含了某一生物体全部DNA序列的克隆群体。根据DNA的来源不同可分为基因组DNA文库（genomic DNA library）和cDNA文库（cDNA library）。

基因组DNA文库是指包含某一生物体全部基因组片段的重组DNA克隆群体，储存着一个细胞或生物体的全部基因组的编码区和非编码区的DNA片段，含有基因组的全部遗传信息。构建基因组文库时，先从组织细胞中分离纯化基因组DNA，用限制性内切核酸酶将基因组DNA切割成一定大小的片段，将这些片段与适当的克隆载体（如λ噬菌体、黏粒、YAC或BAC载体等）连接，获得一群含有不同DNA片段的重组体，继而将重组体转入受体菌中，使每个受体菌内携带一种重组体。在一群受体菌中，每个细菌所包含的重组体内可能存在不同的基因组DNA片段，这些细菌中所携带的各种大小不同的DNA片段的集合就代表了一个细胞或生物体的基因组。

cDNA文库是指某一组织或细胞在一定条件下所表达的全部mRNA经逆转录而合成的全部cDNA的克隆群体，它将细胞的基因表达信息以cDNA的形式储存于受体菌中。与基因文库不同，不同种类和不同状态的细胞可有不同的cDNA文库。其构建过程除逆转录外，其他步骤基本与基因组DNA文库的构建相同。

大部分未知基因的获得，需要先构建基因组DNA文库或cDNA文库。基因组文库构建成功后，可采用适当的方法（如特异性探针杂交筛选法、PCR法等）从中筛选出含有目的基因的克隆，再进行扩增、分离、回收，获取目的基因。除通过构建文库的方法筛选未知的目的基因外，mRNA差异显示技术和差异蛋白质谱表达技术也被用来筛选差异表达基因和功能基因。

二、目的基因的体外重组

DNA体外重组本质上是一个酶促反应过程，是在DNA连接酶的催化下，将外源DNA分子（目的基因）与载体分子连接成一个重组DNA分子的过程。不同性质、来源的外源DNA片段与载体分子之间的连接方式各不相同。

（一）黏性末端连接

目的基因与载体分子用同一种限制性内切核酸酶或一组同尾酶切割成具有相同黏性末端的

DNA 片段后，在 DNA 连接酶的作用下形成重组 DNA 分子，这是 DNA 体外重组最普遍的一种连接方式。例如，外源 DNA 和载体分子被 *Eco*R Ⅰ酶切后，产生带有相同单链突出的黏性末端 5′AATT 3′（图 20-11 A），二者可通过 AATT 碱基互补配对，仅在双链 DNA 上留下缺口，DNA 连接酶可催化缺口上游离的 5′-P 与相邻的 3′-OH 之间生成磷酸二酯键而封闭缺口。

用同一种限制性内切核酸酶或一组同尾酶切割载体和外源 DNA 后，由于分子两端带有相同的黏性末端，载体分子可通过黏性末端的互补自身连接环化，目的基因也可借助黏性末端的互补连接形成多聚体，而且目的基因可能会从 2 个方向插入载体中。为解决这些问题，可选用 2 种不同的限制性内切核酸酶切割外源 DNA 和载体分子，在其两端形成不同的黏性末端或一端是黏性末端、另一端是平末端。如图 20-11 所示，用 *Eco*R Ⅰ和 *Sma* Ⅰ分别酶切外源 DNA 和载体，产生的末端不能自身互补配对，这样目的基因只能与载体连接，而且只能以一个方向插入载体分子中，这种克隆方案即为定向克隆。

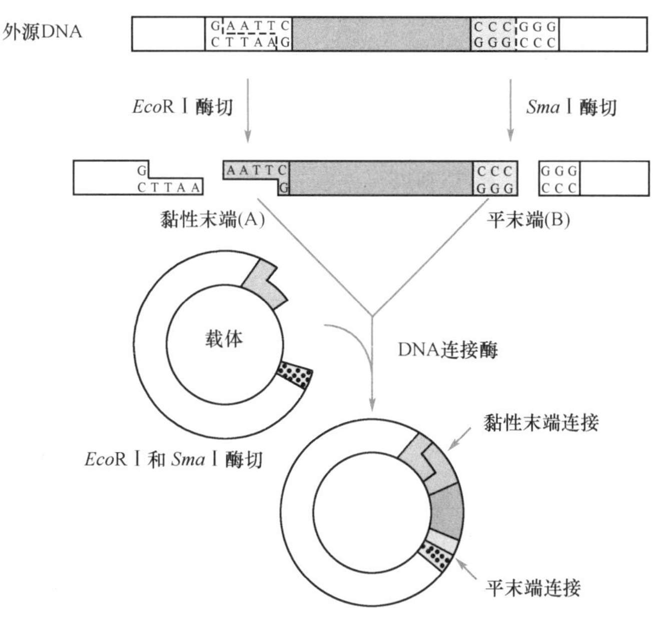

图 20-11　利用黏性末端和平末端构建重组 DNA

（二）平性内切核酸末端连接

某些限制性内切核酸酶对外源 DNA 和载体分子切出平齐的末端，可利用 DNA 连接酶催化游离的 5′-P 与相邻的 3′-OH 之间生成磷酸二酯键，这种连接方式就是平末端连接法。例如，外源 DNA 和载体分子被限制性内切核酸酶 *Sma* Ⅰ切割后产生平末端（图 20-11 B），在 DNA 连接酶的作用下二者连接形成重组 DNA 分子。平末端连接要求 DNA 的浓度较高，而且连接酶的用量也比黏性末端连接大 20 ～ 100 倍，因此其连接效率比黏性末端连接低很多。平末端连接时，载体自连的概率较高，而且往往在重组体中有目的基因的多聚体及双向插入等。

如果目的基因和载体上没有相同的限制性内切核酸酶或同尾酶识别位点，那么用不同的限制性内切核酸酶切割后产生的黏性末端则不能互补结合，此时可选用适当的酶将 DNA 分子突出的黏性末端消化平齐（如 S1 核酸酶）或使补齐（如 Klenow 聚合酶），再借助平末端连接法构建重组 DNA 分子。

（三）人工接头连接

人工接头连接法是在待连接的载体分子或外源目的性内切核酸基因两端，接上一段人工合成的含有不同限制性内切核酸酶识别序列的多聚物接头。借此可用限制性内切核酸酶将其切开，产生黏性末端，将载体与目的基因连接构建重组 DNA。如图 20-12 所示，先合成一段含有 *Bam*H Ⅰ、*Hind* Ⅲ、*Pst* Ⅰ和 *Sma* Ⅰ识别序列的多聚物接头，在 DNA 连接酶催化下，将多聚物接头插入经 *Eco*R Ⅰ酶切的载体中，产生带有多聚物接头的重组载体。然后选用合适的限制性内切核酸酶切割载体，产生黏性末端，再与具有相同黏性末端的目的基因退火连接，形成重组 DNA 分子。

笔记栏

（四）同聚物加尾连接

如果待连接的载体和外源目的基因的两端均为平末端，或其两端不是互补的黏性末端，则可通过同聚物加尾法在其末端引入互补黏性末端。利用末端转移酶将互补的多聚核苷酸[poly（A）与poly（T）或poly（G）与poly（C）]分别连接到目的基因与载体的两端，然后用DNA连接酶将其连接构建重组DNA。如图20-13所示，在末端转移酶催化下，在目的基因的3′端接上poly（A），而载体分子的3′端接上poly（T），这样就在目的基因和载体两端产生可以互补的同聚物黏性末端，二者退火后由DNA连接酶封闭缺口形成重组DNA分子。

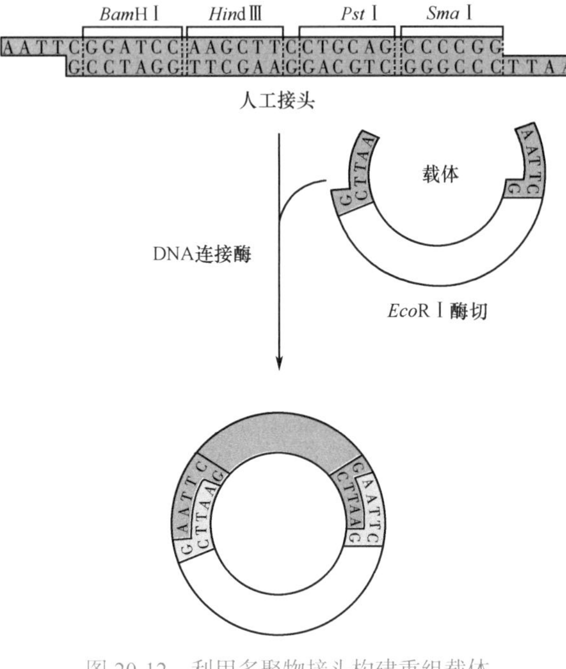

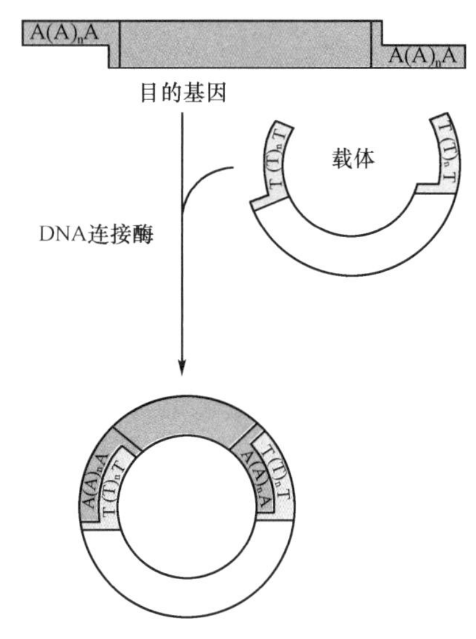

图20-12 利用多聚物接头构建重组载体

图20-13 利用同聚物加尾构建重组DNA

（五）TA克隆

TA克隆策略是一种直接将PCR产物插入到载体中的方法。前已述及TA克隆载体两侧的3′端带有突出的T碱基，而PCR扩增后产物两侧的3′端会加上突出的A碱基，这样载体与产物之间通过T-A互补配对，在DNA连接酶的作用下封闭缺口形成重组分子。

第5节 重组DNA分子的导入和筛选与鉴定

一、重组DNA分子的导入

体外构建的重组DNA分子需要导入合适的受体细胞才能进行复制、扩增或表达。选定的受体细胞应具备以下特性：易于接纳重组DNA分子的导入；对载体的复制、扩增或表达无严格限制；不存在特异性降解外源DNA的酶系统；不能对外源DNA进行修饰；能表达导入的重组DNA分子所提供的某种表型特征。受体细胞包括原核细胞和真核细胞，不同的重组DNA分子需要在适当的受体细胞中扩增、表达，因此应选择不同的导入方法。

（一）转化

转化（transformation）是指将质粒DNA或重组质粒DNA分子导入细菌（原核细胞）的过程。常用的细菌是大肠埃希菌的突变体菌株，这些菌株在人的肠道几乎不存活或存活率极低，而且由于其丧失了限制修饰系统，故不会降解导入细胞内未经修饰的外源DNA。转化前需要处理细菌细胞，使之处于容易接受外源DNA分子的状态，此时的细胞称为感受态细胞（competent cells）。

最常用的转化方法是$CaCl_2$法。用低渗$CaCl_2$溶液在0～4℃条件下处理快速生长期的细菌，使细菌细胞壁和膜的通透性增加，处于感受态，然后加入重组DNA或质粒DNA，通过42℃短时间热激作用促使DNA分子进入细胞内。转化的关键是感受态细菌的制备，用预冷的$CaCl_2$处理制备的感受态细菌，其转化效率可达10^6～10^7个转化子/μg DNA。此外，还可采用电穿孔法（electroporation）

笔记栏

进行转化。该法比 $CaCl_2$ 法操作简单，除需特殊仪器外，无须制备感受态细胞，适用于任何菌株，转化效率较高，可达 10^9 ～ 10^{10} 个转化子 /μg DNA。

（二）转染

转染（transfection）是指将质粒载体、噬菌体载体、病毒载体或重组 DNA 载体导入真核细胞的过程。已接受外源 DNA 分子的细胞称为转染细胞（transfectant）。导入细胞内的 DNA 分子可以被整合至真核细胞染色体，经筛选而获得稳定转染（stable transfection），转染后细胞内 DNA 分子的表达即为稳定表达（stable expression）。导入细胞内的 DNA 分子也可以游离在宿主细胞染色体外短暂地复制表达，不经过筛选而进行瞬时转染（transient transfection），转染细胞内 DNA 分子的表达即为瞬时表达（transient expression）。常用的转染方法有以下几种。

1. 磷酸钙转染法　将被转染的 DNA 和磷酸钙混合形成磷酸钙 -DNA 共沉淀物后，使其附着在培养细胞的表面，然后通过内吞作用被细胞捕获。该法不需要昂贵的仪器和试剂，是将外源 DNA 导入哺乳动物细胞中进行瞬时或稳定转染的常规方法。

2. 二乙氨乙基（DEAE）- 葡聚糖介导转染法　DEAE- 葡聚糖是一种高分子阳离子多聚物，能促使哺乳动物细胞捕获外源 DNA，其机制可能是 DEAE- 葡聚糖与 DNA 结合成复合物，可保护 DNA 免受核酸酶的降解，或者是 DEAE- 葡聚糖与细胞膜发生作用，促进细胞对 DNA 的内吞作用。此法比磷酸钙转染法重复性好，最适宜于瞬时转染。

3. 电穿孔转染法　若磷酸钙转染法等不能将外源 DNA 导入受体细胞，可利用很短促的高压电脉冲，在受体细胞的质膜上形成暂时性微孔，外源 DNA 能通过这些微孔进入细胞。该方法由于操作简单且转染效率高而被广泛应用，几乎可转染任何细胞用于瞬时或稳定表达。但是该法需要专门仪器，而且导入前需要进行预实验，以确定最佳转染条件。

4. 脂质体转染法　用阳离子脂质体（liposomes）包裹 DNA，通过与细胞膜融合将外源 DNA 导入细胞。脂质体转染法可用于瞬时或稳定表达，操作简单，转染效率高，且毒性低、包装容量大，是近年来广泛使用的转染方法，但试剂相对昂贵。

5. 显微注射法　通过显微注射装置将外源 DNA 直接注入细胞核中进行表达。该法虽然转染效率高，但需要一定的仪器和操作技巧，主要用于进行稳定表达的细胞转染。

（三）感染

感染（infection）是指以人工改造的噬菌体或病毒为载体构建的重组 DNA，经体外包装成具有感染性的噬菌体颗粒或病毒颗粒后，借助噬菌体或病毒的外壳蛋白将重组 DNA 注入细菌或真核细胞，使目的基因得以表达的过程。感染的效率很高，但重组 DNA 分子需经过较为复杂的体外包装过程。

二、重组 DNA 分子的筛选与鉴定

将目的基因与载体连接后的重组产物转化、转染或感染受体细胞，经适当培养得到大量转化菌落、转染细胞或噬菌斑后，需采用特殊的方法从中筛选出含目的基因的重组体克隆，并鉴定从这些克隆中提取的质粒 DNA 或噬菌体 DNA 确实带有外源目的基因。根据不同的载体系统、相应的宿主细胞特性及外源 DNA 的性质，选用不同的筛选和鉴定方法。

（一）根据重组载体的遗传表型进行筛选

1. 根据载体的耐药性标记筛选　大多数克隆载体都带有抗生素抗性基因，如 Amp^r、Tet^r 等。当带有完整耐药性基因的载体转入无耐药性细胞后，细胞可获得耐药性，能在含相应抗生素的琼脂培养板上生长成单菌落，而未被转化的细胞不能生长。但是在培养板上生长的菌落，除含有重组体分子外，可能也含有自身环化的载体、未酶切完全的载体及非目的基因插入的载体等，因此还需要进一步筛选鉴定。

2. 根据载体的耐药性标记插入失活筛选　在含有 2 个耐药性基因载体中，外源目的片段插入其中 1 个基因，并导致其失活，可用 2 个含不同抗生素的琼脂平板互相对照筛选出含重组体的阳性菌落。如图 20-14 所示，pBR322 重组质粒的 Amp^r 基因区内插入外源目的基因，由于破坏了 Amp^r 的正常读码框，则该基因不能表达有功能的蛋白质产物。当质粒转化大肠埃希菌后，携带 pBR322 质粒的细菌，能够在含 Amp 和 Tet 的琼脂培养板上生长；而携带 pBR322 重组质粒的细菌则失去对 Amp 的抗性，不能在含 Amp 的培养板上生长，只能在含 Tet 的培养板上生长。在后续筛选过程中，进一步从含有 Tet 的培养板（主平板）上挑取单菌落，分别涂布在含 Tet 和 Amp 培养板的对应位置上，

这样只能在 Tet 培养板上生长而不能在 Amp 培养板上生长的菌落即为含重组质粒的阳性菌落（见图 20-14 中的 3 号和 5 号菌落）。

3. 根据 β- 半乳糖苷酶显色反应筛选 pUC 系列载体及其他一些载体中含有 *LacZ'* 基因，可通过蓝白斑标记进行筛选。没有外源目的基因插入 *LacZ'* 基因的载体转化的细菌在 IPTG/X-gal（IPTG：异丙基 -*β*-*D*- 硫代半乳糖苷，是 *β*- 半乳糖苷酶表达的诱导剂）琼脂培养板上呈现蓝色，而含有重组载体转化的菌落在 IPTG/X-gal 培养板上呈现白色（图 20-15）。

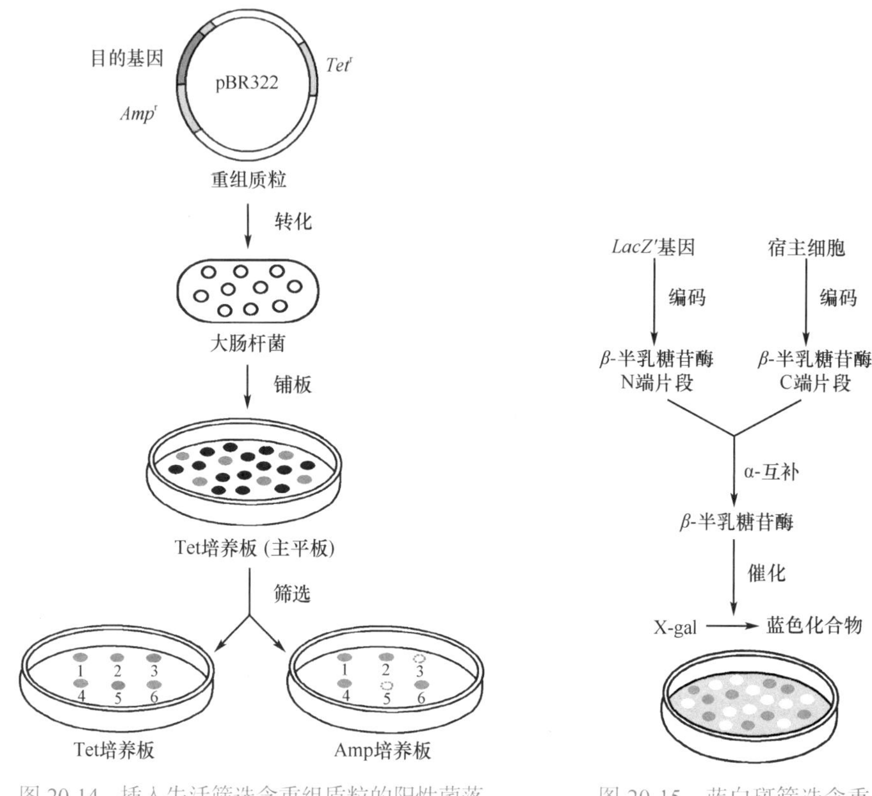

图 20-14 插入失活筛选含重组质粒的阳性菌落

图 20-15 蓝白斑筛选含重组质粒的阳性菌落

4. 根据插入的外源基因性状进行筛选 如果克隆的外源基因能够在宿主菌表达，且表达产物与宿主菌的营养缺陷性状互补，则可以利用营养突变菌株进行筛选。例如，酵母基因组 DNA 随机切割后插入质粒载体中，将构建的重组质粒转入组氨酸缺陷型大肠埃希菌细胞，并在无组氨酸的培养基中培养，这样只有含酵母组氨酸基因并获得表达的转化菌才能在无组氨酸的培养基中生长。

（二）限制性内切核酸酶酶切鉴定

对于初步筛选确定含有重组体的菌落，扩增培养后提取重组 DNA 分子，用插入位点的限制性内切核酸酶酶切，琼脂糖凝胶电泳分析，即可判断目的基因是否存在。若目的基因已成功插入载体分子中，电泳结果则显示出预期大小的插入片段，这是简便而常用的鉴定方法。

（三）PCR 法

如果已知目的基因的全序列或其两端的序列与全长，可设计合成一对引物，以转化菌中提取的重组载体为模板进行 PCR 扩增。若 PCR 产物与目的基因的预期长度一致，即可初步筛选出含重组体的阳性菌落。

某些载体的 MCS 两侧存在保守序列，如 pGEM 系列载体的 MCS 两侧是 T7 及 SP6 启动子序列。可根据此序列设计引物，对提取的重组载体进行 PCR 扩增，不但可快速扩增插入的目的片段，而且可以直接进行 DNA 序列分析。

（四）DNA 序列测定法

DNA 序列测定是鉴定插入目的 DNA 片段的最准确方法，可检测重组体中插入的已知 DNA 序列的正确性，或测定插入的未知 DNA 片段的序列以供进一步研究。

笔记栏

（五）核酸分子杂交法

利用标记的核酸探针进行分子杂交，对重组体中插入的片段进行鉴定。常用的方法有菌落或噬菌斑原位杂交法，先将转化菌直接铺在硝酸纤维素（NC）膜或琼脂板上，再转移到另一 NC 膜上，碱裂解后从菌落释放的 DNA 原位吸附在膜上，然后用标记的特异性探针进行分子杂交，挑选阳性菌落。该法适用于大规模操作，是从基因文库中筛选含目的基因阳性克隆的常用方法。

（六）免疫化学检测法

此法是针对目的基因表达产物的直接筛选，要求表达载体携带的目的基因导入宿主细胞后能表达蛋白质产物。通常利用标记的特异性抗体与目的基因表达产物的相互作用来筛选含重组体的转化菌，因而可通过化学发光、显色反应或免疫共沉淀等方法进行筛选。

微课 20

第 6 节　外源基因的表达

将外源目的基因克隆到表达载体上，导入受体细胞，实现外源基因的表达也是重组 DNA 技术的重要内容。外源基因的表达涉及目的基因的克隆、复制、转录、翻译、蛋白质产物的加工及分离纯化等，这些过程需要在适当的表达系统中完成。表达系统的建立包括表达载体的构建、受体细胞的选择及表达产物的鉴定、分离纯化等操作技术。根据受体细胞的不同，表达系统可分为原核表达系统和真核表达系统。

一、外源基因在原核系统中的表达

原核表达系统是将克隆的外源基因导入原核细胞，使其在细胞内快速、高效地表达目的基因产物，主要有大肠埃希菌、芽孢杆菌及链霉菌表达系统等，其中大肠埃希菌表达系统是使用最多的原核表达系统。人胰岛素、生长激素、干扰素等基因已在大肠埃希菌表达系统中成功实现表达，其优点是培养方法简单、迅速、经济，适合大规模生产。要实现外源基因在原核细胞中的高效表达，需考虑外源基因的性质、表达载体的特点及原核细胞的启动子和 SD 序列、阅读框架、宿主菌调控系统等诸多因素。

（一）原核表达系统对外源目的基因的要求

克隆基因要在原核细胞中获得有效表达，需满足以下基本条件：①外源真核基因不能带有 5′ 端非编码区和内含子结构，因此必须用 cDNA 或化学合成基因。②外源基因必须置于原核细胞的强启动子和 SD 序列等元件控制下，以调控其基因表达。③外源基因与表达载体重组后，必须形成正确的 ORF，利于外源基因正确表达。④外源基因转录生成的 mRNA 必须相对稳定并能被有效翻译，所表达的蛋白质产物不能对宿主菌有毒害作用，且不易被宿主的蛋白酶水解。

（二）原核表达载体

要利用大肠埃希菌表达系统表达外源基因，必须使用合适的原核表达载体（prokaryotic expression vector）。与其他克隆载体相同，原核表达载体也带有原核的复制起点 ori、筛选标记（如 *Amp*ʳ、*Tet*ʳ）等。除此之外，大肠埃希菌表达载体还具有以下的调控元件与功能（图 20-16）：①含有强启动子（promoter，P）及其两侧的调控序列。调控序列包括操纵序列（operator，O）、阻遏物编码基因（inhibitor gene，I）等，能调节克隆的外源基因的转录，产生大量 mRNA。②含有 SD 序列。SD 序列提供了能被核糖体 30S 小亚基中 16S rRNA 的 3′端部分序列识别与结合的位点，并与起始密码子 AUG 之间有合适的距离，以启动正确、高效的翻译过程。③带有转录终止序列（transcription termination sequence）。此序列可保证外源基因在原核细胞中高效、稳定表达，一般在外源基因下游加入不依赖 ρ 因子的转录终止序列，以避免 RNA 过度转录。④携带多聚物接头的克隆位点（cloning site）。此克隆位点可保证外源基因按正确的方向插入表达载体中，且阅读框架保持不变。

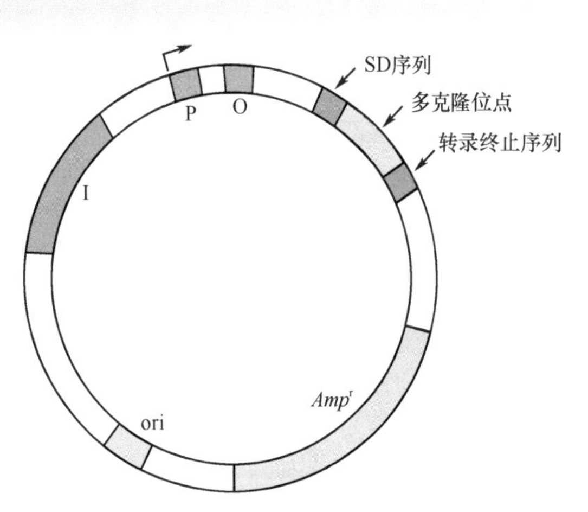

图 20-16　大肠埃希菌表达载体

（三）外源基因在原核细胞中的表达

外源基因导入宿主细胞后，在载体和细胞的调节元件控制下可表达出融合型、非融合型或分泌

型重组蛋白。在实际工作中，应根据目的蛋白的性质与用途及所用载体的特点，选择不同的表达方式。

融合型表达是指将外源目的基因与另一基因（可以是原核 DNA 或其他 DNA 序列）相拼接构建成融合基因进行表达，这种由外源目的蛋白与原核生物多肽或具有其他功能的多肽结合在一起的蛋白质，称为融合蛋白（fusion protein）。可通过酶解法或化学降解法切除融合蛋白中的其他多肽成分而获得外源目的蛋白。采用融合型方式表达时，需选用融合表达载体，如 pET 系列载体、pGEX 系列载体等。融合型表达的特点：融合蛋白表达效率高；融合蛋白较稳定，可抵抗细菌蛋白酶的水解；融合蛋白能形成良好的构象，且大多具有水溶性；融合蛋白带有特殊标记，易于进行亲和纯化。

非融合型表达是指外源目的基因不与其他基因融合，直接从起始密码子 AUG 开始在原核调控元件控制下表达蛋白质。非融合型表达载体也包含强启动子及其调控序列、SD 序列、转录终止序列及筛选标记等元件。非融合型表达的蛋白质具有类似天然蛋白质的结构，其生物学功能与天然蛋白质更为接近，但其缺点是容易被细菌蛋白酶水解或水溶性较差。

分泌型表达是利用分泌型表达载体将表达的蛋白质由细胞质跨膜分泌到细胞周质中，需要在信号肽的帮助下进行。分泌型表达载体除含有强启动子及其调控序列、SD 序列等元件外，必须在 SD 序列下游携带一段信号肽序列。分泌型蛋白可以是融合蛋白或非融合蛋白。分泌型表达可防止宿主蛋白酶对外源蛋白的水解，减轻大肠埃希菌代谢负荷，便于蛋白质在细胞外正确折叠和提纯，但分泌型蛋白的表达量往往较低，且有时信号肽不能被切除或在错误的位置上被切除。

当大肠埃希菌高效表达外源基因时，所表达的蛋白质致密地集聚在细胞内，或被膜包裹或形成无膜裸露结构，这种水不溶性的结构称为包涵体（inclusion body）。包涵体的形成有利于表达产物的分离纯化，可在一定程度上保持表达产物的稳定，也能使宿主细胞表达对其有毒或有致死效应的目的蛋白。但以包涵体形式表达的重组蛋白丧失了原有的生物学活性，因此必须通过有效的变性 / 复性操作以恢复其生物活性。

（四）原核表达系统的不足

原核表达系统主要存在以下不足：由于缺乏转录后加工机制，原核系统只适合表达克隆的 cDNA，不宜表达真核基因组 DNA；由于缺乏适当的翻译后加工机制，原核系统表达的真核蛋白不能形成正确的折叠并进行糖基化、磷酸化、乙酰化等修饰；原核系统难以大量表达分泌型蛋白；原核系统表达的真核蛋白常以包涵体形式存在，且表达的真核蛋白易受细菌蛋白酶水降；原核细胞周质中常含有多种内毒素，易污染表达产物，影响产品纯度。

二、外源基因在真核系统中的表达

真核表达系统是指在真核细胞中表达外源基因的系统，主要有酵母、哺乳动物、昆虫细胞（杆状病毒）系统和高等植物系统等。这些表达系统在重组 DNA 药物、疫苗生产及其他生物制剂生产上都获得了成功。另外，真核表达系统在研究蛋白质分子功能、了解真核基因表达调控机制等方面也有广泛应用。

（一）真核表达系统的优点

相对于原核表达系统，真核表达系统具有以下优势：具有转录后加工系统，可表达克隆的 cDNA 或真核基因组 DNA；具有翻译后加工系统，可进行糖基化、磷酸化、乙酰化等修饰；某些真核细胞可将外源基因表达产物直接分泌至细胞培养基中，简化了后续分离纯化操作。

（二）真核表达载体

真核表达载体（eukaryotic expression vector）大多是穿梭载体，既含有原核克隆载体的 ori、抗性基因和 MCS 序列等，利于在原核细胞中进行目的基因重组和载体扩增，又含有真核细胞的启动子、增强子、剪接信号、转录终止信号和 Poly（A）化信号及遗传选择标记等组件，便于在真核细胞中高效、正确表达目的基因。

哺乳动物细胞表达载体通常包括以下元件。①启动子：位于基因上游，决定转录的起始及速度。其转录效率因细胞而异。②增强子：能提高基因转录效率的短 DNA 序列，发挥作用时与所处的位置或方向无关。应根据宿主细胞来选择增强子。③剪接信号：真核基因的初级转录产物通常需要剪接去除内含子，一般选择在哺乳动物基因转录单位中带有剪接信号的载体。④终止信号和 Poly（A）化信号：真核表达载体中必须含有转录终止信号和 Poly（A）信号，以使生成的 mRNA 能有效进行切割和 Poly（A）化。⑤荧光标签：带有不同荧光信号的表达载体已得到广泛应用，如绿色 / 红色荧光蛋白载体、双荧光蛋白载体等。通过观察细胞内的荧光强度，可判断重组载体的转染效率，或通过追踪

细胞内的荧光，研究目的蛋白在细胞内的分布及与其他蛋白质的相互作用。⑥遗传选择标记：便于筛选出含重组体的转染细胞，常用的标记基因有胸苷激酶基因（*tk*）、二氢叶酸还原酶基因（*dhfr*）、氯霉素乙酰转移酶基因（*cat*）和新霉素抗性基因（neo^r）等。

（三）外源基因在真核细胞中的表达

可采用病毒感染和载体转染将外源基因导入真核细胞。病毒感染是一种将外源基因导入细胞的天然方法，而载体转染则是利用化学或物理等方法将外源基因导入真核细胞的方法。由于所用载体、导入方法及选用的宿主细胞不同，外源基因在真核细胞中的表达方式也不相同，主要有瞬时表达和稳定表达两大类。在实际工作中，应根据实验目的选用不同的表达方式。

瞬时转染的基因表达和对细胞的影响只能维持较短的时间（一般在 72h 内），随着未转染细胞的大量增殖，少数的转染细胞很快丢失。瞬时转染方法相对简单，无须筛选，耗时短，各种转染方法都可使用。稳定转染是为了获取持续表达外源目的基因的稳定细胞株，为此需选用药物来进行筛选。稳定转染细胞中，外源 DNA 已整合至宿主染色体中，可随宿主基因组的复制、转录和翻译持续表达外源蛋白。稳定转染耗费时间长，而且有些外源基因表达产物对宿主细胞有毒性，因此不易获得成功。

（四）稳定转染细胞的筛选

可利用表达载体中带有的选择标记基因（selectable marker gene）或报告基因（reporter gene）对转染细胞进行筛选，常用的筛选系统有胸苷激酶基因 -HAT 选择系统、二氢叶酸还原酶基因选择系统及新霉素抗性选择系统等。

近年来，荧光素酶（luciferase）报告基因也广泛应用于转染细胞的筛选。常用的荧光素酶有萤火虫荧光素酶（firefly luciferase，Fluc）和海洋桡脚类动物 *Gaussia princeps* 的荧光素酶（Gluc），已成功建立了 Fluc、Gluc 单荧光素酶基因报告系统和双荧光素酶基因报告系统。

第 7 节　重组 DNA 技术在医学中的应用

重组 DNA 技术使整个生命科学研究发生了前所未有的深刻变化，已广泛应用于医学研究的各领域，为药物研发与筛选、模式动物建立与修饰、疾病诊断与治疗等提供了新的研究途径。

在生物医学领域，重组 DNA 技术的主要应用包括：①克隆目的基因，表达具有生物学活性的蛋白质；②利用定点突变技术，研究蛋白质功能或对蛋白质进行结构改造；③开发基因工程药物与疫苗，用于疾病治疗；④利用转基因技术和基因剔除 / 敲入技术，研究基因功能及其表达调控；⑤建立基因诊断与基因治疗技术，对疾病做出早期诊断、预防和治疗。

利用重组 DNA 技术生产有药用价值的蛋白质、多肽、疫苗、抗原产品已成为当今世界一项重大产业。重组 DNA 技术已在生产治疗糖尿病、贫血、病毒性肝炎及粒细胞减少等疾病的基因工程药物方面取得了重大成果，在生产治疗心血管、肿瘤及代谢性疾病的基因工程药物方面也将会发挥更大作用。

小　结

重组 DNA 技术的基本过程包括：目的基因的获得、载体分子的选择与改造、目的基因与载体的连接、重组 DNA 分子的导入和筛选与鉴定。重组 DNA 操作中涉及一些重要的工具酶，如限制性内切核酸酶、DNA 连接酶及逆转录酶等。外源目的基因要在宿主细胞中扩增、表达，必须选择适当的载体，常用的有质粒载体、噬菌体载体、人工染色体载体和病毒载体等，每种载体具有不同的特点和应用。化学合成法、PCR 或 RT-PCR 法及通过基因文库筛选法等被用来获取外源目的基因。目的基因与载体的连接方法主要有黏性末端连接、平末端连接、人工接头连接、同聚物加尾连接和 TA 克隆等。将载体 / 重组载体导入原核细胞的过程称为转化，导入真核细胞的过程称为转染。重组 DNA 分子导入受体细胞经适当培养后，必须进行筛选，载体的遗传表型及限制性酶切、PCR、序列测定、核酸分子杂交、免疫化学检测等可作为筛选、鉴定重组体的依据。重组 DNA 技术的另一目标是进行目的基因的表达，获取外源蛋白质产物。表达体系有原核表达系统和真核表达系统。要实现原核表达需选择原核表达载体，表达蛋白产物可以融合型、非融合型或分泌型形式存在，有时也会以包涵体形式存在。借助真核表达载体，通过选择适当的转染方法可进行外源基因的瞬时表达或稳定表达。重组 DNA 技术首次成功应用于蛋白质、多肽药物生产的实例是重组人胰岛素的开发生产。

（张志珍）

第 21 章 PPT

第 21 章　分子生物学常用技术及其应用

自从 1975 年 E. M. Southern 建立 Southern 印迹法以来，分子生物学技术已经取得了巨大发展，成为医学领域不可缺少的研究工具。分子生物学技术的发展可以使人们从分子水平了解疾病发生的机制，也为开发新的诊治方法及研发新药提供了技术平台。因此，了解分子生物学技术的原理及其应用，将有助于认识疾病发生和发展的分子机制，为寻找和开发新的诊断技术与治疗方法奠定基础。本章主要介绍一些常用的分子生物学技术。

第1节　分子印迹与杂交技术

1975 年，E. Southern 将琼脂糖电泳分离的 DNA 片段在胶中变性成为单链后，将硝酸纤维素（nitrocellulose，NC）膜放在胶上，上面再置一定厚度的吸水纸巾，利用毛细作用使胶中的 DNA 转移到 NC 膜上。将载有 DNA 单链分子的 NC 膜放在杂交反应液中，溶液中具有互补序列的 DNA 或 RNA 单链分子就可以结合到存在于 NC 膜上的 DNA 分子上。这种技术类似于用吸墨纸吸收纸张上的墨迹，因此称为印迹法（blotting）。Southern 印迹法用于分析 DNA，因此也称为 DNA 印迹法。Alwine 在 Southern 印迹法的基础上建立了 Northern 印迹法，用于分析 RNA，因此也称为 RNA 印迹法。Towbin 又将印迹法进一步发展，建立了 Western 印迹法，用于分析蛋白质，因此也称为蛋白质印迹法。

一、核酸分子印迹与杂交技术

核酸分子印迹与杂交技术是目前生命科学领域中应用最广泛的技术之一。核酸分子杂交是指具有一定互补序列的不同来源的核苷酸单链，在一定条件下按照碱基配对原则形成双链的过程。存在一定程度互补碱基序列的不同来源核酸通过变性、退火，就可以形成双链结构的杂交分子或杂交体。核酸分子杂交可以在 DNA-DNA 之间，也可在 DNA-RNA 或 RNA-RNA 之间进行。在杂交之前，通常用琼脂糖凝胶分离待测的 DNA 分子，再将分离的 DNA 片段转移到特定的支持物上，由于转移后各个 DNA 片段在膜上的相对位置与在凝胶中的相对位置一样，故称为印迹。

核酸分子杂交技术常用已知序列核酸分析未知序列核酸，其中进行标记的已知序列核酸称为探针（probe），未知序列核酸称为待测核酸（包括待测 DNA 和 RNA）。核酸分子杂交可以分为液相杂交和固相杂交。液相杂交是指进行杂交的核酸都存在于杂交液中，是最早建立且操作简便的杂交技术（图 21-1）。液相杂交速度快，但杂交后过量的未杂交探针在溶液中除去较为困难，误差较高，因此其应用较少。固相杂交是指杂交液中的游离探针与固定在固相支持物上的核酸进行杂交。固相杂交克服了液相杂交的缺点，而且重复性好，应用广泛。

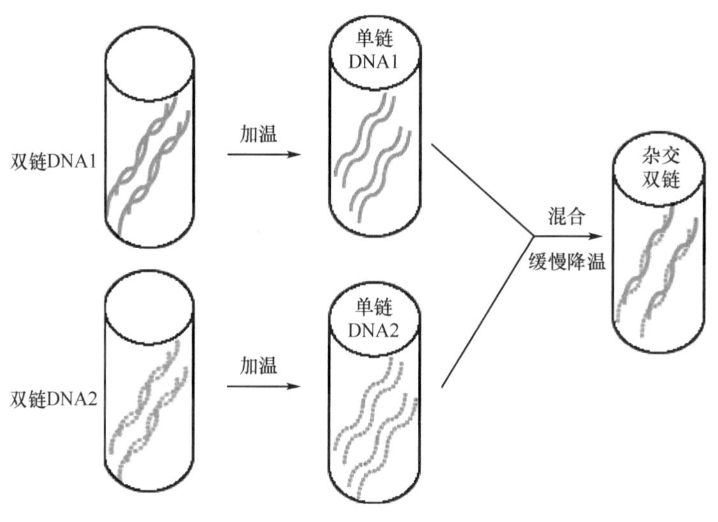

图 21-1　核酸分子杂交示意图

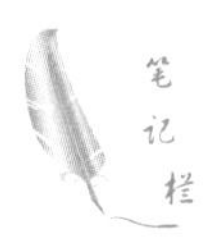

核酸分子杂交技术的基本条件及其具有高度特异性的分子基础是杂交体双链序列互补，因此 DNA-DNA 杂交可以用来分析个体之间是否存在亲缘关系，如两种生物 DNA 的杂交率越高，说明该生物之间的进化关系越近；在基因工程技术中，用标记的寡核苷酸或 cDNA 探针与菌落杂交，可以从 cDNA 文库或基因组文库中选出特定的菌落，获得某一重组体；用克隆的 DNA 片段作为探针与基因组 DNA 进行杂交，可以确定基因组 DNA 上特定区域的核苷酸同源序列；而 DNA-RNA 杂交可以用来分析基因在 DNA 链上的位置；核酸杂交技术可用于遗传病的基因诊断、疾病相关基因的连锁分析、多态性与疾病的相关分析、法医鉴定及个体识别等。

（一）Southern 印迹法

Southern 印迹法（Southern blotting）是指 DNA 与 DNA 分子之间的杂交。其基本过程是将琼脂糖凝胶电泳分离的待测 DNA 片段变性后，将凝胶中的 DNA 分子转移到一定的固相支持物上，然后用标记的探针检测待测 DNA（图 21-2A）。基本步骤如下所示。

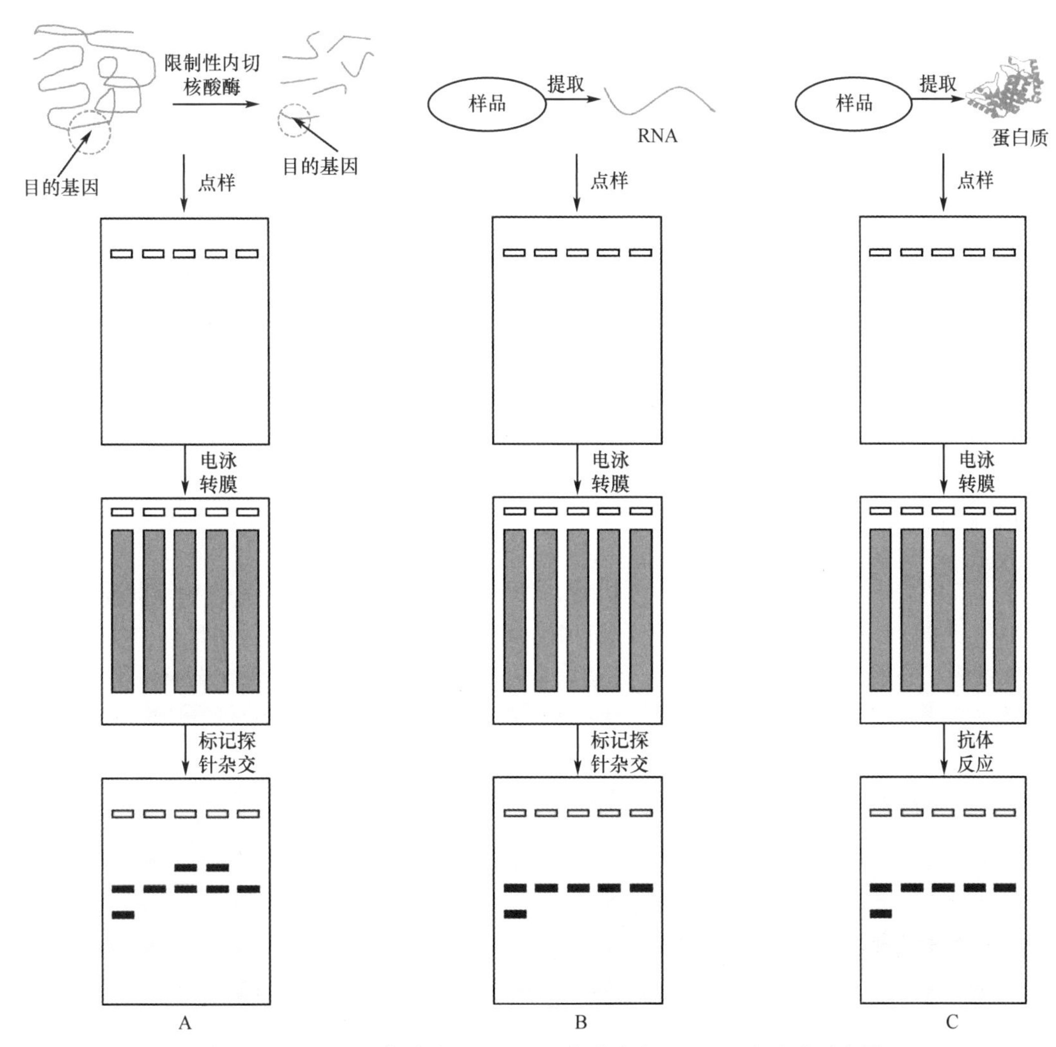

图 21-2　Southern 印迹法、Northern 印迹法和 Western 印迹法示意图

A. Southern 印迹法；B. Northern 印迹法；C. Western 印迹法

1. 提取待测样品基因组 DNA　首先采用合适的方法从相应的组织或细胞样本中提取制备基因组 DNA，选用一种限制性内切核酸酶将其切成大小不同的片段，获得 DNA 片段混合物之后才能用于杂交分析。若有特殊的目的，可分别选用不同的内切酶消化基因组 DNA。

2. 酶切 DNA 样品的电泳分离　用 0.8% ～ 1.0% 的琼脂糖凝胶进行电泳，将 DNA 片段混合物按大小分离，DNA 片段的移动速度取决于 DNA 分子量大小，分子量越小，移动速度越快。琼脂糖凝胶的浓度主要取决于 DNA 片段的大小，分离大片段 DNA 需要浓度较低的凝胶，分离小片段 DNA 需要浓度较高的凝胶。为了便于测定待测 DNA 分子量的大小，往往同时在样品邻近的泳道中加入已知分子量的 DNA 样品，即 DNA 标记进行电泳。标准 DNA 可以用放射性同位素等进行标记，这样杂交后的标准 DNA 也能显影出条带。

3. 将 DNA 片段原位变性解链和转移 将电泳分离后的琼脂糖凝胶置于碱性溶液中，使凝胶中的双链 DNA 变性成单链 DNA，以便于转印操作和与探针杂交。再用中性缓冲液中和，用毛细管虹吸法、电转移法和真空转移法将单链 DNA 转移到 NC 膜、尼龙膜、化学活化膜等固相支持物上，其中常用的是 NC 膜和尼龙膜，固相支持物对 DNA 分子有非常强的结合能力。

4. 用封闭物进行预杂交 在杂交之前必须用鲑鱼精子 DNA、聚蔗糖 400、聚乙烯吡咯烷酮和牛血清白蛋白等封闭物，将膜上所有能与 DNA 非特异性结合的位点封闭后漂洗除去未结合封闭物。

5. 杂交 用探针杂交液浸泡固相膜，标记的探针 DNA 在适当的离子强度和温度下与待测 DNA 片段进行杂交反应。

6. 用不同离子强度的溶液依次漂洗固相膜 除去未杂交探针和非特异性杂交体。

7. 杂交结果的检测 采用同位素或发光剂标记的探针进行杂交时，在杂交后将膜与 X 线胶片装入暗盒，使 X 线胶片感光，显影后，在 X 线胶片上可显示出杂交区带的位置。用非放射性核素标记的探针进行杂交时，可直接在膜上显色，显示出杂交区带。通过显影或显色分析固相膜上的杂交体，将杂交体位置和凝胶电泳图谱进行对比，能检出特异的 DNA 片段，计算待测 DNA 片段的分子量，分析 DNA 限制酶图谱、DNA 指纹、基因突变、基因扩增和 DNA 多态性等。

探针的种类包括：①基因组 DNA 探针是最常用的 DNA 探针，多为某一基因的全部或部分编码序列；② cDNA 探针是一种较为理想的核酸探针，特异性高，但 cDNA 不易制备；③寡核苷酸探针是人工合成的 DNA 探针，其优点是可以根据需要合成，特别适合于分析点突变；④ RNA 探针是单链探针，可以用带有噬菌体 DNA 启动子（T7、T3、SR6 等）的质粒载体制备，成本低、杂交所需时间较短，而且易纯化。理想的探针应当具备以下基本条件：①便于分析杂交体；②应该是单链核酸，若是双链核酸探针，使用前需要变性解链；③具有高度特异性、灵敏度高而稳定；④探针序列通常是基因编码序列；⑤标记方法简便而安全，常用的标记物有放射性核素、生物素或荧光染料。

（二）Northern 印迹法

1977 年，Alwine 等提出一种与 DNA 的 Southern 印迹法相类似的、用于分析细胞 RNA 样品中特定 mRNA 分子大小和丰度的分子杂交技术，为了与 Southern 印迹法相对应，则将这种 RNA 印迹法称为 Northern 印迹法（Northern blotting）（图 21-2B）。

Northern 印迹法的特点：① RNase 无处不在，可以将 RNA 降解为核苷酸，因而从 RNA 制备到分析都要绝对消除外源 RNase 的污染，并尽量抑制内源性 RNase。② RNA 分子量小，在电泳前无须进行限制性内切核酸酶切割。③ Southern 印迹法是先电泳后变性、转移，而 Northern 印迹法是先变性后电泳、转移。RNA 的琼脂糖凝胶电泳分离需要在甲醛、乙二醛、二甲亚砜等变性剂存在的情况下进行。变性剂的作用是防止 RNA 分子形成二级结构，维持其单链线性状态。RNA 不能采用碱变性，采用碱变性会导致 RNA 水解。④ Southern 印迹法可以用于定性或定量分析组织细胞内的总 RNA 或某一特异 RNA，特别是用来对组织或细胞中的 mRNA 和 miRNA 进行定性或定量，分析是否有不同剪接体等。尽管用 Northern 印迹法的敏感性较 PCR 法低，但是由于其特异性强，假阳性率低，仍然被认为是最可靠的 mRNA 定量分析方法之一。

（三）其他核酸杂交法

1. 斑点印迹法和狭线印迹法 由 Southern 印迹法发展而来的两种类似的检测 DNA 或 RNA 的核酸分子杂交技术，是将粗制或纯化的 DNA 或 RNA 样品变性后直接点样于 NC 膜或尼龙膜表面，再进行固定、预杂交和杂交分析。斑点印迹法（dot blotting）采用圆形点样，狭线印迹法（slot blotting）采用线状点样。与 Southern 印迹和 Northern 印迹法相比，其优点是简便、用样量少且快速，提取的核酸不需要进行电泳和转移，可以在同一张膜上进行多个样品的检测。缺点是有一定比例的假阳性，特异性不高，不能鉴定所检测核酸的分子量。斑点印迹法或狭线印迹法可以用于检测 DNA 样品的同源性、细胞内特定基因的拷贝数或 mRNA 的相对含量。

2. 噬斑杂交法和菌落杂交法 噬斑杂交法和菌落杂交法分别适用于筛选含有特异 DNA 序列的噬斑或阳性菌落。菌落杂交法的基本过程：首先用 NC 膜拓印培养菌落，并做相应标记后用碱处理拓膜菌，裂解释放 DNA 并固定，进行预杂交和杂交，分析杂交结果，从原培养菌落中筛选含有目的 DNA 的阳性菌落（图 21-3）。噬斑杂交法和上述过程基本一致。

笔记栏

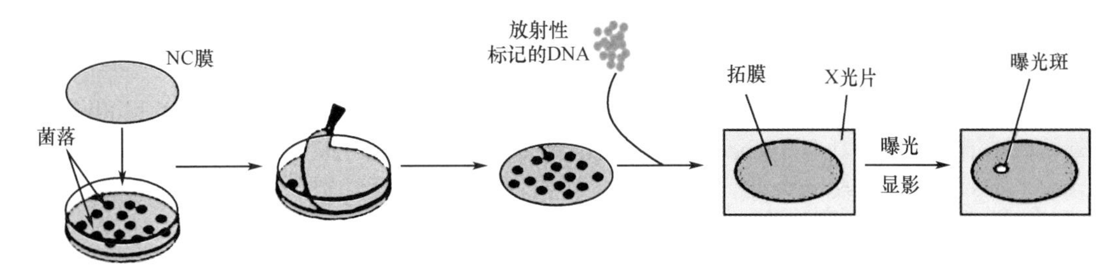

图 21-3　菌落杂交示意图

3. 原位杂交　原位杂交（*in situ* hybridization）又称组织原位杂交，不需要把核酸提取出来，是直接用组织切片或细胞涂片进行杂交的方法。将组织或细胞切片，适当处理增加细胞通透性，然后用探针处理，使探针进入细胞内，与 DNA 或 RNA 杂交，可用于检测组织切片或细胞内某些特异性核苷酸或核酸片段。该法能在成分复杂的组织中对某些细胞的 DNA 或 RNA 进行分析，并可保持组织与细胞形态的完整性，而且灵敏度高，特别适用于组织细胞中低丰度核酸的检测。原位杂交多用于分析待测核酸的组织、细胞甚至亚细胞定位，能更准确地反映出组织细胞的相互关系，这一点具有重要的生物学和病理学意义。此外，原位杂交还可以分析病原微生物的存在方式和存在部位。

二、Western 印迹法

Western 印迹法是根据蛋白质分子之间存在相互作用的特点，将蛋白质电泳分离，然后将其转移和固定于固体支持物（NC 膜或其他膜）上，再用相应的抗体对其进行检测，因此 Western 印迹法也被称为免疫印迹法（immunoblotting）、蛋白质印迹法（图 21-2C）。

（一）Western 印迹法的基本过程

Western 印迹法和 Southern 印迹技术、Northern 印迹技术类似，由电泳分离、转移固定和检测分析等组成。

1. 蛋白质样品的制备　根据样品的组织或细胞来源及待测蛋白质的性质，选择适当的方法制备蛋白质样品，并测定蛋白质浓度。

2. 蛋白质样品的分离　通过十二烷基苯磺酸钠（SDS）- 聚丙烯酰胺凝胶电泳（PAGE）分离蛋白质样品，使其按分子量大小在凝胶上形成阶梯状排列的区带。通常同时使用强阴离子去污剂 SDS 与某一还原剂（如巯基乙醇），并通过加热使蛋白质变性解离成单个亚基后，再加样于凝胶上进行电泳分离。根据蛋白质的分子大小选择凝胶浓度，增加凝胶浓度通常可以提高蛋白质分离效果。

3. 印迹　将凝胶电泳分离的蛋白质区带应用水浴式（即湿转）和半干式电转移法转移到 NC 膜、尼龙膜、PVDF 膜等固相膜载体上，固相载体以非共价键形式吸附蛋白质。

4. 封闭　用封闭液浸泡固相膜，在进行抗原 - 抗体反应之前，一般需用脱脂奶粉等作为封闭剂对固相载体和一些无关蛋白质的潜在结合位点进行封闭处理，以降低背景信号和非特异性结合。

5. 检测与结果分析　以固相载体上的蛋白质或多肽作为抗原，根据抗原 - 抗体反应检测印迹在固相膜上的目的蛋白，用一抗（即抗目的蛋白抗体）与固相膜上的目的蛋白结合，再加二抗（即抗一抗的抗体）与一抗结合。二抗一般为酶标抗体或放射性核素标记的抗体，所用标记酶可以是辣根过氧化物酶或碱性磷酸酶。经双抗体标记后，固相膜上只有目的蛋白位点存在标记酶；加标记酶底物进行呈色反应或放射自显影来检测蛋白质区带的信号，确定目的蛋白在固相膜上的位置和分子量。

（二）Western 印迹法的注意事项

以下因素决定 Western 印迹法的成败：①选用合适的 SDS- 聚丙烯酰胺凝胶浓度，提高分离效果；②转移时，应选用小孔径的固相膜，以免小分子量蛋白质的丢失；③ Western 印迹法只作为半定量指标；④不同的目的蛋白用不同的抗体检测时，结果不具有可比性。

Western 印迹法综合了凝胶电泳分辨率高和固相免疫测定特异性强、灵敏度高等优点，是分析和鉴定蛋白质的最有效技术之一，且不需要对靶蛋白进行放射性标记。此外，由于蛋白质的电泳分离在变性条件下行，因此也不存在溶解、聚集及靶蛋白质与外来蛋白质的共沉淀等诸多问题。Western 印迹法可用于鉴定一个蛋白质样品中特异性蛋白质的存在，也可以用于进行一种特异目的蛋白在不同组织细胞内的半定量分析及蛋白质分子的相互作用研究等。

笔记栏

第2节 PCR技术

PCR技术是20世纪80年代中期由美国PE-Cetus公司人类遗传研究室的Kary B. Mullis等发明的体外核酸扩增技术。1971年，Khorana最早提出核酸体外扩增的设想，Mullis和Saiki等于1985年正式发表了第一篇相关论文，Mullis也因此获得1993年度诺贝尔化学奖。PCR技术具有敏感度高、特异性强、产率高、简便快速、重复性好、易自动化等优点，可在一支试管内将所要研究的目的基因或某一DNA片段于数小时内扩增至十万乃至百万倍，已成为分子生物学研究领域中应用最广泛的方法。PCR技术的建立使很多以往难以解决的分子生物学问题得以解决，极大地推动了生命科学研究的发展，是生命科学领域中的一项革命性创举和里程碑。

一、PCR技术的基本原理

PCR是一种在试管内选择性扩增目的DNA的方法，其基本原理类似于细胞内DNA的复制过程。但反应体系相对简单，包括拟扩增的DNA模板、特异性引物、dNTP及合适的缓冲液。PCR反应过程是以拟扩增的、两端序列已知的DNA分子为模板，以一对分别与目的DNA两端序列互补的寡核苷酸为引物，在DNA-pol的催化下，按照半保留复制的机制合成新的DNA链，重复这一过程可使目的基因得到大量扩增。

PCR由变性、退火和延伸3个基本反应步骤构成。①模板DNA的变性：模板DNA经加热至95℃左右一定时间后，模板DNA双链或经PCR扩增形成的双链DNA变性解链，成为单链，以便与引物结合。同时，变性时引物自身及引物之间存在的局部双链也得以消除。②模板DNA与引物的退火（复性）：模板DNA经加热变性成单链后，将温度降至合适的温度（一般较T_m低5℃），主要使引物与模板DNA单链互补序列配对结合，DNA模板之间基本不发生复性，这是由于引物的量远大于模板的量而且引物短，不易缠绕。③引物的延伸：将温度调至DNA-pol的最适温度（72℃），DNA-pol以dNTP为反应原料、靶序列为模板，按碱基配对和半保留复制原理，催化DNA模板与引物结合生成新的DNA分子。上述3个步骤称为一个循环，新合成的DNA分子可作为下一轮反应的模板。每循环一次，目的DNA的拷贝数就增加一倍，经多次循环，理论上能将目的DNA扩增2^n倍，使DNA扩增量呈指数上升，将目的DNA扩增几百万倍。PCR的平均扩增效率约为75%，经过n次循环后扩增的倍数约为$(1+75\%)^n$（图21-4）。

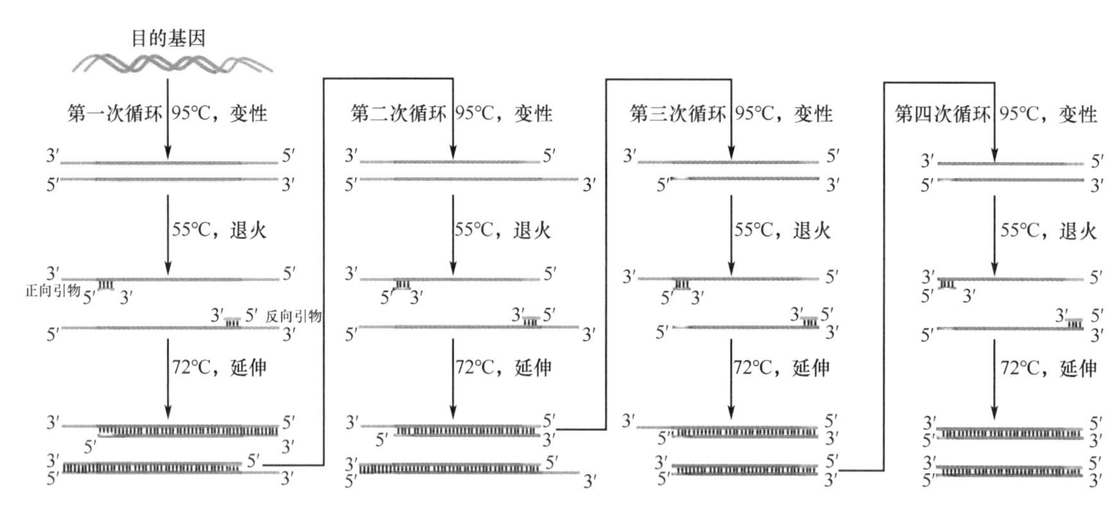

图21-4 PCR原理示意图

二、PCR的体系组成

应用PCR技术扩增目的DNA，既要考虑特异性，又要考虑扩增效率。PCR技术的特异性和效率是由PCR的体系组成和反应条件决定的。常规PCR的体系组成包括耐热DNA-pol、引物、dNTP、模板、缓冲液和Mg^{2+}等。

（一）引物

引物与模板DNA结合的特异性决定PCR的特异性，因此，PCR特异性的关键是引物。引物的设计与合成需遵循以下原则。①引物的长度要合适。引物长度应为 15 ～ 30nt。②引物碱基的组成和分布具有随机性。要避免嘌呤或嘧啶碱基含量过高或集中排列，G/C 含量以 40% ～ 60% 为宜。③ 2 条引物的碱基组成基本一致。可应用相同的退火温度，确保 PCR 的成功。④避免引物内部或引物间形成二级结构。若 2 条引物之间，特别是 3′ 端存在互补序列，会降低模板 DNA 的扩增效率。⑤引物应有严格特异性。引物与样品中其他序列的同源性一般应不超过 70%。⑥引物的 3′ 端最好是 G/C。若引物的 3′ 端是 G/C 可以提高 PCR 产物的特异性。⑦引物的 5′ 端可以修饰。引物的 5′ 端可以加接限制性内切核酸酶切位点或密码子序列，引入突变位点或末端标记。⑧引物的浓度要合适。引物浓度过高会降低 PCR 扩增的特异性。

（二）酶

目前用于 PCR 的耐热 DNA-pol 有多种，其中 Taq DNA-pol 应用最为广泛。Taq DNA-pol 有良好的热稳定性，在 75 ～ 80℃活性最高，降低温度则扩增效率随之降低。Taq DNA-pol 的作用特点：①以 dNTP 为底物；②以 DNA 为模板，引物的 3′ 端为起点，遵循碱基互补原则；③按 5′ → 3′ 方向合成 DNA 新链；④需要引物；⑤具有 5′ → 3′ 外切酶活性；⑥无 3′ → 5′ 外切酶活性，所以没有校对功能；⑦具有逆转录酶活性，可以直接用于从 RNA 扩增 cDNA，使 RT PCR 技术简化；⑧发挥作用需依赖 Mg^{2+} 或 Mn^{2+}；⑨具有类似末端转移酶的活性，可以在新生链的 3′ 端加接一个不依赖模板的核苷酸，而且优先添加 dAMP。

（三）dNTP

dNTP 是 PCR 的底物，其浓度、比例和质量与反应效率和特异性密切相关。①浓度过高可以提高扩增效率，但会降低反应的特异性；浓度过低可以提高反应的特异性，但会降低扩增效率。② 4 种 dNTP 的量要相等，如果其中一种 dNTP 的浓度不同于其他几种（偏高或偏低），会导致错配率升高，或过早终止延伸反应。

（四）模板

PCR 的模板可以是 DNA 或 cDNA，且模板来源广泛，如病原体标本可以是病毒、细菌、真菌、支原体、衣原体和立克次氏体等；临床标本可以是组织细胞、血液、尿液、分泌物和羊水等；法医学标本可以是犯罪现场的血迹、精斑和毛发等。

（五）Mg^{2+}

Mg^{2+} 可以影响解链温度、退火温度、扩增效率、扩增特异性和引物二聚体的形成等。Mg^{2+} 的浓度过低，会显著降低 Taq DNA-pol 的活性，降低扩增效率；如果 Mg^{2+} 浓度过高，则会降低 PCR 特异性，发生非特异性扩增。

（六）缓冲液

缓冲液的 pH ＜ 7.0，会影响扩增效率。

三、PCR 产物分析

依据研究对象和研究目的，选择相应的方法分析 PCR 产物。常用的分析方法如下所示。

1. 凝胶电泳分析　通过凝胶电泳可以分析 PCR 产物片段的大小是否与预计的一致。

2. 酶切分析　此法既能进行产物鉴定，又能进行基因分型、变异性研究。

3. 分子杂交分析　可以检测 PCR 产物碱基突变。

4. 测序分析 DNA　测序是检测 PCR 产物特异性的最可靠方法，不仅能进行基因分型，还能进行变异性研究。

四、PCR 技术的主要特点

（一）特异性强

PCR 反应特异性的决定因素包括引物的特异性、退火温度、Taq DNA-pol 合成反应的忠实性等。其中，引物与模板 DNA 特异正确地结合是决定 PCR 反应特异性的关键因素。PCR 反应时的退火温度对特异性也有影响。一般情况下，退火温度越高，引物的非特异性结合越少，扩增的特异性越好。因此，只要引物设计合理，退火温度适宜，PCR 扩增的特异性很高。其他因素如聚合酶催化的合成反应的忠实性和耐高温性、反应的 pH、Mg^{2+} 等对 PCR 反应的特异性也有一定的影响。耐热性 Taq DNA-pol 的应用，使反应中模板与引物的退火可以在较高的温度下进行，大大增加了反应的特异性。

（二）灵敏度高

灵敏度高是PCR技术的主要特点。PCR产物的生成量是以指数方式增加的，能将皮克（$1pg=10^{-12}g$）量级的起始待扩增模板扩增到微克水平，可对单拷贝基因、单个细胞、单根头发等微量标本进行分析。

（三）简便快速

目前的PCR反应一般均用耐高温的Taq DNA-pol，一次性将反应液加好后，置于PCR扩增仪中，反应可以自动进行，一般在2～4h可完成扩增反应。

（四）对标本的纯度要求低

PCR技术对标本的要求并不高，DNA样品可以是纯化的，也可以是粗提样品，甚至是细胞或体液。在临床上可直接用临床标本如血液、体腔液、洗漱液、毛发、细胞、活组织等扩增检测。

五、PCR技术的主要用途

（一）目的基因的扩增与克隆

在人类基因组计划完成之前，研究者通过PCR从cDNA文库或基因组文库中获得目的基因。目前，该技术是快速获得已知序列目的基因片段的主要方法，可通过以下方式获得目的基因片段：①与逆转录反应相结合，从细胞mRNA获得目的cDNA片段；②以基因组DNA或cDNA为模板，通过特异性引物扩增获得目的基因片段；③利用随机引物从基因组文库或cDNA文库中扩增目的基因；④利用简并引物从基因组文库或cDNA文库中扩增目的基因。

（二）基因的体外定点突变

PCR技术为基因的体外改造提供了简便快速的方法。通过设计特定的引物和PCR技术，可以在体外对目的基因进行点突变、缺失、嵌合等改造。

（三）基因突变分析

基因突变与许多疾病（如遗传病、肿瘤等）密切相关。因此，分析基因突变的状态可为这些疾病的诊断、治疗和预防提供重要的科学依据。传统的分析方法是核酸杂交和限制性片段长度多态性（restriction fragment length polymorphism，RFLP）分析等。这些方法费时、复杂，需要的样品较多。利用PCR技术和一些相关的技术结合，可以大大简化基因突变分析的过程，提高检测的速度和灵敏度。例如，PCR-单链构象多态性（PCR-SSCP）分析、PCR-RFLP分析、PCR-等位基因特异的寡核苷酸探针杂交、基因芯片等。

（四）DNA和RNA的微量分析

PCR技术灵敏度高，对模板DNA的量要求很低，是DNA与RNA微量分析的最好方法，可通过PCR技术检测病原体（细菌、病毒、寄生虫等）的DNA或RNA进行诊断。细胞中RNA的水平可以反映基因表达状态，在逆转录成为cDNA后，可用PCR技术进行检测。

六、几种重要的PCR衍生技术

PCR技术建立以来，在生命科学的各个领域广泛应用。PCR技术的发展及与其他分子生物学技术的结合形成了适用于不同目的PCR衍生技术。本节主要介绍几种与医学研究、临床应用密切相关的PCR衍生技术。

（一）RT-PCR技术

RT-PCR是将逆转录反应与PCR反应联合应用的一种技术。其原理是以RNA为模板，以一个与RNA的3′端互补的寡核苷酸为引物，在逆转录酶的催化下合成cDNA，再以cDNA为模板进行PCR扩增，从而获得大量的双链DNA。将扩增产物进行凝胶电泳，通过分析电泳图谱可以鉴定cDNA或mRNA的长度，进而推断是否存在基因缺失或插入，或mRNA加工过程是否存在异常。如果对电泳图谱进行光密度扫描，还可以分析mRNA的相对含量。

RT-PCR具有灵敏度高、特异性强和省时等优点，是目前获得目的基因cDNA和构建cDNA文库的有效方法之一，可以用少量的RNA构建cDNA文库。RT-PCR也可用于对已知序列基因进行定性定量分析，只要在反应体系中同时加入内参照基因的引物，使已知基因和内参照基因在同一反应体系中扩增，以内参照基因的PCR产物为对照，可以估算已知基因的表达水平。

笔记栏

（二）原位PCR技术

原位PCR（*in situ* PCR）技术是以细胞内的DNA或RNA为靶序列，在细胞内进行的PCR反应，是将目的基因的扩增与定位相结合的一种最佳方法。实验用的标本可以是新鲜组织、石蜡包埋组织、脱落细胞、血细胞等。其原理是将PCR技术与原位杂交技术相结合，先在细胞内进行PCR反应，然后用特定的探针与细胞内的PCR产物进行原位杂交，检测细胞或组织内是否存在待测的DNA或RNA。

原位PCR技术结合了高度特异敏感的PCR技术和具有细胞定位能力的原位杂交技术的优点，既能分辨鉴定带有靶序列的细胞，又能标出靶序列在细胞内的位置，已成为靶基因序列的细胞定位、组织分布和靶基因表达检测的重要手段。原位PCR方法弥补了PCR技术和原位杂交技术的不足，在肿瘤学、组织胚胎学及病毒学检测等方面得到广泛应用。

（三）实时PCR技术

普通PCR扩增中产物以指数形式增加，在比较不同来源样品的DNA或cDNA含量时，产物的堆积将影响对检测样品中原有模板含量差异的准确判断，因而普通PCR扩增只能作为半定量手段应用。实时PCR（real-time PCR）技术是近年发展起来的一种对PCR起始模板进行定量的分析技术。其原理是在PCR反应中引入荧光标记分子，PCR反应中产生的荧光信号与产物的生成量成正比，利用荧光信号积累实时监测整个PCR进程，动态监测反应过程中的产物量，消除了产物堆积对定量分析的干扰，由此可知，实时PCR技术是对反应体系中的模板进行精确定量的方法。实时PCR也称为实时定量PCR（quantitative real-time PCR）、实时荧光定量PCR或荧光定量PCR。实时PCR技术作为一种新型的PCR技术，其不仅彻底克服了常规PCR采用终点法定量的缺陷，并具有快速、灵敏度高和避免交叉污染等特点，真正实现了PCR技术从定性到定量的飞跃。

根据是否使用探针，可将实时PCR分为非探针类实时PCR和探针类实时PCR。非探针类实时PCR不加入探针，而加入了能与双链DNA结合的荧光染料或特殊设计的引物。最常用的荧光染料为SYBR Green，是一种能够结合到DNA双螺旋小沟区域的荧光染料。荧光染料与双链DNA结合之时，荧光信号强度大幅度增强，而荧光染料处于游离状态时，荧光信号强度较低（大约为结合状态的1/1000），这就保证了PCR扩增产物量的增加与荧光信号的增加完全同步。因此，该荧光染料的信号强弱可用来实时反映PCR扩增产物量的多少。目前，荧光染料的种类繁多，经济实用，在国内快速发展。近年来，非探针实时PCR技术日趋得到了更为广泛的应用。

探针类实时PCR是通过使用探针来产生荧光信号而不是通过向反应体系中加入的荧光染料产生荧光信号。探针不仅能产生荧光信号来监测PCR进程，还能与模板DNA待扩增区域结合，因此大幅度提高了PCR的特异性。目前，常用的探针类实时PCR包括TaqMan探针法、分子信标（molecular beacons）探针法和荧光共振能量转移（fluorescence resonance energy transfer，FRET）探针法等。下面以TaqMan探针法为例介绍实时PCR的原理。

TaqMan反应系统中除了两条PCR引物外，还增加了与上游和下游引物之间的序列特异性杂交的探针。探针的5′端标记荧光报告基团，3′端标记荧光猝灭基团。没有PCR扩增反应时，探针保持完整，由于猝灭基团的作用，报告基团不能产生荧光；PCR扩增时，Taq DNA-pol随着引物的延伸而沿着DNA模板移动，当到达探针结合的位置时，利用其5′→3′的外切酶活性将探针5′端报告基团切下，使猝灭荧光基团和荧光基团分离，从而发出荧光，切下的荧光分子数与PCR产物的数量呈正比，通过荧光光谱仪检测荧光强度。

微课21-1

七、核酸序列分析

在20世纪70年代之前测定一个五核苷酸或十核苷酸的DNA顺序是困难和费力的。1975年Frederick Sanger提出了一种新的策略。他设法获得一系列多核苷酸片段，使其末端固定为一种核苷酸，然后通过测定片段的长度来推测核苷酸的序列。核酸序列测定技术的发明依赖于这一原理及对核酸化学和DNA代谢基础知识的研究，还得益于能把仅相差一个核苷酸的DNA链分开的电泳技术。在这个基础之上，科学家发明了荧光标记的自动测序技术，大大提高了测序效率和测序精度。但随着生物科学研究要求不断提高，荧光全自动测序的速度无法满足科研工作的需要，在这样的背景下，出现了第二代、第三代乃至第四代测序技术。由于第一代测序技术是基础，下面着重介绍第一代测序技术。

（一）第一代测序技术

第一代测序是以 1975 年 Sanger 和 Coulson 发明的加减法（后发展为双脱氧链终止法）及 1977 年 Walter Gilbert 和 Maxam 发明的化学降解法为代表。

1. DNA 的加减法测序　Sanger 于 1975 年发明，使人们有可能第一次“读”DNA 的碱基序列。

首先，在做加法体系和减法体系之前的工作。

待测 DNA 的单链作为模板，1 条合适的引物，4 种 dNTP，用同位素标记。DNA-pol 从引物开始合成一条互补链，理想情况是，合成所产生各种长度的片段都存在。然后除去那些未参与合成的 dNTP，将剩下的合成产物分成两部分。一部分用于加法系统，一部分用于减法系统。

加法系统：将用于加法系统的产物再分成 4 小份，每 1 小份中仅仅将 4 种 dNTPs 的一种加入反应体系，如仅加入 dATP。由于 DNA-pol 具有 3′→5′ 外切酶活性，而反应体系中缺少另外 3 种必要的 dNTP，合成产物就从 3′→5′ 方向降解。然而由于存在 dATP，遇到 dA 的位置降解反应就停止了。因而所有的片段都是以 A 结尾的。同理，可以分别制备以 C、G 或 T 结尾的另外 3 组片段。

4 组片段在同一块凝胶板的不同样品槽中同时电泳，从放射自显图上就可以推断出碱基序列，因为从 A 样品槽查出的放射性区带代表 A 在片段中的位置，同理也可定出 C、G 和 T 的位置。

加法系统实际就是以降解为条件，以 DNA-pol 的 3′→5′ 外切酶活性为基础，当降解过程遇到试剂中所富含的 dNTP 时，反应就停止。

按理只用一个加法系统就足以推断 DNA 的碱基序列。但由于技术上的原因，只用一种方法有时不能得到完全正确的结果，因此又设计了一种减法系统。

减法系统：将上述酶促产物分成 4 小份，每 1 小份中只加入 3 种 dNTP，如缺少 dATP。在这个反应体系中，DNA-pol 能够把片段继续合成下去，但是在遇到应该是 dATP 掺入的位置时，合成反应就停下来了。这就可以得到一个都是以 A 前一个位置为结尾的片段组，电泳后同样可以定出 A 的位置。

减法系统实际就是以合成为条件，当合成过程缺少需要的 dNTP 时，反应就停止。

剩下的就是读取序列，在理想情况下，如以 A 结尾的各种长度的片段，出现的可能性是均等的。那么在聚丙烯酰胺凝胶电泳中，分子量小的片段迁移速度快。在同一块凝胶中有 4 个列，分别是以 4 种不同结尾的核苷酸的电泳情况。跑在最前面的（也就是最靠近底部的）片段第 1 个被读出来，随后的片段分子量不断增大，迁移速度不断减慢，按其顺序和所处的列，就可直观读出序列。

但这种加减法并不尽如人意，由于反应速度上的差异，有些片段可能多些，另一些片段可能少些，有时可能导致漏读和重读，有时图谱上还会出现假谱线，当同样碱基排列时图谱上有时只出现一条带。因此用这个方法测定 DNA 片段可能有 1/50 的误差。在加减法之后，Sanger 对测序技术又做了重要改进，提出了双脱氧链终止法。

双脱氧链终止法测序原理，简单来说就是一个放射性同位素标记的引物退火到一条待测序的单链 DNA 上进行的测序。待测序单链 DNA 充当模板用于体外 DNA 合成；模板 DNA 和引物混合物被分到 4 个独立的反应管中，每个管中都含有 DNA-pol、dNTP 溶液（4 种脱氧核苷三磷酸的混合溶液）和 4 种 2′，3′ 双脱氧核苷三磷酸（2′，3′ dideoxy-NTP，ddNTP）之一，并且每一种 ddNTP 的浓度均为同管中 dNTP 浓度的 1%；DNA-pol 可以从引物的 3′ 端以待测序的单链 DNA 为模板延长子链；每个反应管中存在有某一种 ddNTP，当这管中的某一延长反应加入了 ddNTP 时，这个反应没有 3′ 端就会终止，那么这个新合成的子链 3′ 端就是这种特定的 ddNTP；由于这种 ddNTP 的掺入是随机的，所以会在这个反应管中产生不同长度的子链 DNA，它们都有一个共同特点就是 3′ 端都是这种特定的 ddNTP；以每个反应管产物作为点样液进行变性聚丙烯凝胶电泳，分离大小不同的片段，电泳完成后用 X 线片记录引物标记的同位素信号，最后从自显影图谱上直接读出 DNA 序列（图 21-5）。

笔记栏

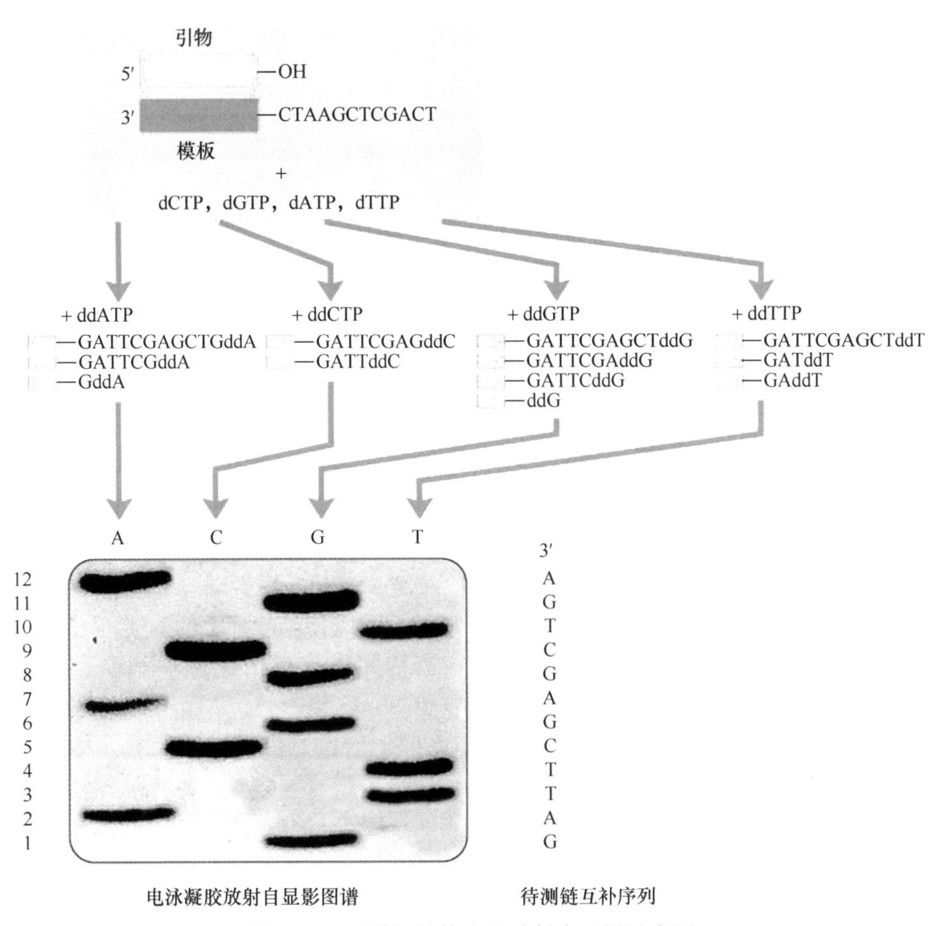

图 21-5　双脱氧链终止法放射自显影示意图

最初引物标记的是放射性同位素，由于放射性同位素对环境和实验者都会造成一定的危害，后来发展出银染技术和荧光标记引物等检测技术，不但大大降低了危害和成本，也为自动化测序打下了坚实的基础，图 21-6 为荧光自动测序示意图。

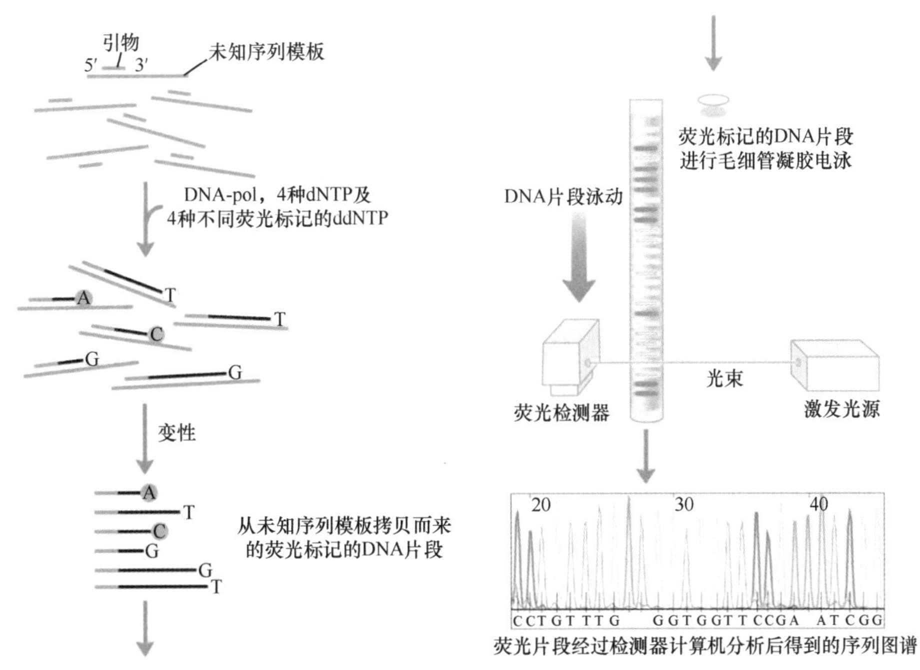

图 21-6　荧光自动测序示意图

2. DNA 的化学降解法测序　化学降解法测序由 Maxam 和 Gilbert 于 1977 年发明，其基本原理

是用特异的化学试剂对 4 种核苷酸碱基之间 3′,5′ 磷酸二酯键进行切割，见表 21-1。

表 21-1 化学降解法测定 DNA 序列所用化学试剂

碱基体系	化学修饰试剂	化学反应	断裂部位
G	硫酸二甲酯	甲基化	G
A+G	哌啶甲酸，pH 2.0	脱嘌呤	G 和 A
C+T	肼	打开嘧啶环	C 和 T
C	肼 + 1.5mol/L NaCl	打开胞嘧啶环	C
A > C	90℃，1.2mol/L NaOH	断裂反应	A 和 C

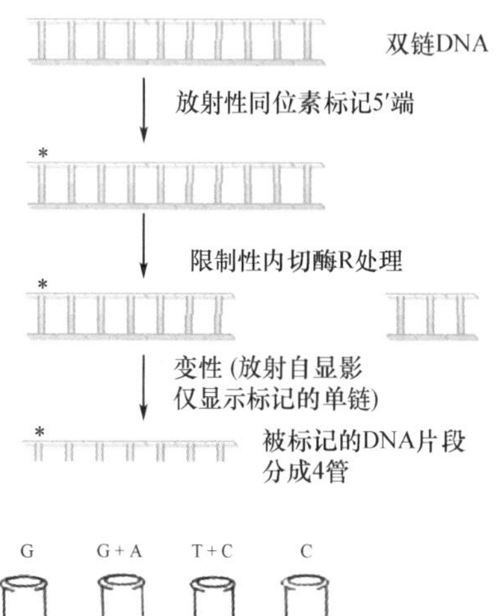

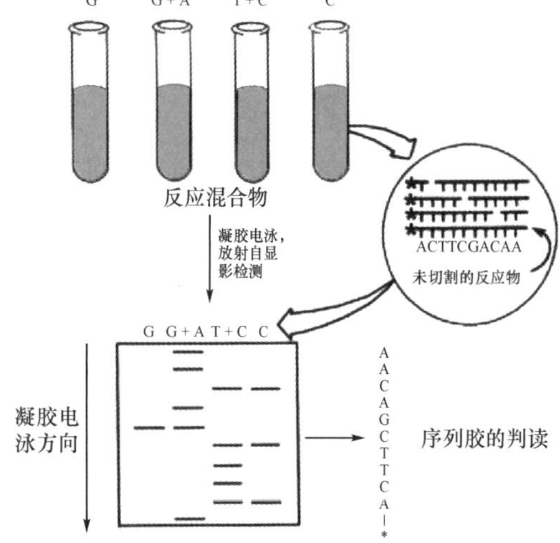

图 21-7 化学降解法测序示意图

硫酸二甲酯（dimethyl sulfate，DMS）是一种碱性化学试剂，可以使 DNA 链上 A 的 N_2 和 G 的 N_7 甲基化，但是 G 的 N_7 甲基化速度比 A 的 N_2 甲基化速度要快 4～10 倍，并且在中性 pH 环境中，DMS 主要作用于 G，使之甲基化，导致糖苷键断裂。

哌啶甲酸可使嘌呤环上的 N 原子化，从而导致脱嘌呤，并因此减弱 A 和 G 的糖苷键，导致 DNA 链在脱嘌呤位点（G 和 A）发生断裂。

肼又称联氨，在碱性环境中作用于 C 和 T 的 C_4 和 C_6 位置，导致糖苷键断裂。如果加入 1.5mol/L NaCl，肼则主要作用于 C，使之断裂。

化学降解法测序原理如图 21-7。

放射性标记一般在待测 DNA 的 5′ 端，常采用 $\alpha^{32}P$、^{35}S 和 ^{33}P 标记，近几年又采用非放射性标记，如 dioxetane（商品名 Lumigen）等。

化学降解测序法不需要进行酶催化反应，因此不会产生由于酶催化反应而带来的误差；对未经克隆的 DNA 片段可以直接测序；化学降解测序法特别适用于测定含有如 5- 甲基腺嘌呤或者 G、C 含量较高的 DNA 片段，以及短链的寡核苷酸片段的序列。

化学降解测序法既可以标记 5′ 端，也可以标记 3′ 端。如果从两端分别测定同一条 DNA 链的核苷酸序列，相互参照测定结果，可以得到准确的 DNA 链序列。

由于 Sanger 发明的双脱氧链终止法测序技术和 Gilbert 发明的化学降解法测序技术，他们和发明 DNA 重组技术的 Paul Berg 一起分享了 1980 年的诺贝尔化学奖。这是 Sanger 继发明蛋白质中氨基酸序列测定方法获得 1958 年诺贝尔化学奖后的第 2 次获奖。

DNA 序列分析目前已经实现自动化，全自动 DNA 测序仪的问世大大提高了测序速度，也是人类基因组计划得以提前完成的重要基础。DNA 自动测序是一种改进的双脱氧链终止法。它把每次用于聚合反应的底物用不同颜色的荧光标记物标记，反应在毛细管中进行，通过激光检测。这种方法能在几个小时内分析几千个核苷酸顺序。

（二）第二代测序技术

第二代测序技术又称为高通量测序技术、下一代测序技术、深度测序技术，核心思想是边合成边测序（sequencing by synthesis），即通过捕捉新合成的末端的标记来确定 DNA 序列。它一次运行可以对含有几十万至上亿碱基的 DNA 或 RNA 样品进行测定。与第一代测序技术相比，极大地增加了数据产出，极大地降低了测序成本，使得物种在基因组水平和转录组水平精细分析成为可能。第二代测序技术平台的发展与现今“共享单车”的发展颇为相似，具有代表性的有 Illumina 公司推出的 HiSeq2000、1500/2500、3000/4000、HiSeq X-ten MiSeq、NextSeq500；Life 公司推出的 Ion-PGM（Personal Genome Machine）；Ion-Proton Qiagen 公司推出的 GeneReader NGS system；华大基因公司收购 Complete Genetics 后推出的 BGISeq-100，BGISeq-1000 等。

第二代测序技术的工作原理主要是先将片段化的 DNA 两侧连上接头，随后用固着芯片的引物进行 Bridge PCR，得到上百万条相同的 DNA 簇，再加入 4 种不同荧光标记的终止型 ddNTPs，每掺入一个 dddNTP 反应即终止，洗去未参加的 dNTP 后，读取荧光数据，得到一个位点的串行，切去终止 dNTP 上的阻断基团后即可进入下一轮测序，如此循环 50 次左右。同时对上百万个 DNA 簇进行边合成边测序，最后用计算机进行分析，得到 DNA 簇的串行，最后拼成全基因组串行。

第二代测序成本不断下降，以人类基因组为例，人类基因组大小为 3Gb，以 Sanger 测序法耗时 13 年，全世界科学家合作，花费约 27 亿美元，而以 Illumina 公司的 HiSeq X-ten 测序法，约需 3 天，测序费约为 1 千多美元。截至 2017 年 3 月，125 种植物，180 种动物及数百种微生物的基因组串行得以发表，绝大部分是框架图谱，而不是精细图谱。运用二代测序技术发表的农作物种类的全基因组有小麦、黄瓜、大麦、马铃薯、谷子、棉花和白菜。

（三）第三代测序技术

第三代测序技术是以单分子为目标的边合成边测序，该技术不需要经过 PCR 扩增，实现了对每一条 DNA 的单独测序，关键技术是荧光标记核苷酸、纳米微孔和激光共聚焦显微镜实时记录微孔荧光。相比第二代测序，它能够产生远长于第二代测序技术的串行读长，可以直接测 RNA 串行，也可以测甲基化的 DNA 串行，在表观遗传学研究中有着巨大潜力。尽管如此，它的缺点也不容忽视。第三代测序单读长错误率偏高，需要重复测序纠错，以 PacBio SMRT 技术为例，错误率高达 15%，且随机出错，需要进行多次测序纠错，增加了测序成本。第三代测序对 DNA-pol 活性依赖度也较高，由于运用率没有第二代测序普遍，其生信分析软件丰富度不够，积累较少。

第三代测序技术发明人是 Stephen W. Turner 博士和 Jonas Korlach 博士。基因测序技术逐渐成为临床分子诊断中重要技术手段，第三代测序技术是未来主要发展方向，第三代测序技术的应用在基因组测序、甲基化研究、突变鉴定（single nucleotide polymorphism，SNP 检测）等方面。第三代测序技术原理主要分为两大技术阵营：

第一大阵营是单分子荧光测序，代表性的技术为美国螺旋生物（Helicos）的 SMS 技术和美国太平洋生物的 SMRT 技术。脱氧核苷酸用荧光标记，显微镜可以实时记录荧光的强度变化。当荧光标记的脱氧核苷酸被掺入 DNA 链的时候，它的荧光就同时能在 DNA 链上探测到。当它与 DNA 链形成化学键的时候，它的荧光基团就被 DNA-pol 切除，荧光消失。这种荧光标记的脱氧核苷酸不会影响 DNA-pol 的活性，并且在荧光被切除之后，合成的 DNA 链和天然的 DNA 链完全一样。

第二大阵营为纳米孔测序，代表性的公司为英国牛津纳米孔公司。新型纳米孔测序法（nanopore sequencing）是采用电泳技术，借助电泳驱动单个分子逐一通过纳米孔来实现测序的。由于纳米孔的直径非常细小，仅允许单个核酸聚合物通过，而 ATCG 单个碱基的带电性质不一样，通过电信号的差异就能检测出通过的碱基类别，从而实现测序。

（四）第四代测序技术

第四代测序技术，又称纳米孔测序技术，是最近几年兴起的新一代测序技术。目前测序长度可以达到 150kb。这项技术开始于 20 世纪 90 年代，经历了 3 个主要的技术革新：①单分子 DNA 从纳米孔通过；②纳米孔上的酶对于测序分子在单核苷酸精度的控制；③单核苷酸的测序精度控制。目前市场上广泛接受的纳米孔测序平台是 Oxford Nanopore Technologies（ONT）公司的 MinION 纳米孔测序仪。它的特点是单分子测序，测序读长长（超过 150kb），测序速度快，测序数据实时监控，机器方便携带等。

第 3 节　转基因技术与基因剔除技术

转基因技术与基因剔除技术，是利用同源重组原理对哺乳动物细胞特定的内源基因进行改造的技术。

基因靶向技术源于 Mario R. Capecchi、Olive Smithies 和 Sir. Martin J. Evans 的杰出贡献，3 人也

因此获得2007年的诺贝尔生理学或医学奖。20世纪80年代，Capecchi和Smithies先后证实了哺乳动物细胞可以发生同源重组并应用同源重组原理对哺乳动物基因进行改造，这实际上是在细胞水平上的基因靶向。同时Evans也创立了应用胚胎干细胞（embryonic stem cell，ES）建立转基因动物的关键技术体系。由此，Capecchi和Smithies进一步采用ES作为受体细胞系，将基因打靶技术应用于构建转基因动物。

在采用基因打靶技术对动物的特定基因进行改造时，按照其改造性质不同，可以分为基因敲入（gene knockin）和基因剔除（gene knockout）两类。基因敲入是将外源有功能的基因转入细胞，使之与基因组中的同源序列进行同源重组，插入基因组中从而在细胞内获得表达；基因剔除是用外源DNA片段替代宿主基因组中特定的功能靶基因的部分片段，从而使靶基因失活。由此构建的转基因动物则相应地分别称为基因敲入动物和基因剔除动物。

一、转基因技术

转基因技术（transgenic techniques）是指将外源基因整合到动物细胞或植物细胞的染色体基因组中，使外源基因在动物细胞或植物细胞中稳定遗传和表达，并能遗传给后代的技术，是在细胞水平和整体水平研究目的基因的生物技术，由此构建的动物则称为转基因动物。转基因的基本原理是将目的基因（或基因组片段）选用适当基因导入方法，转移到实验动物的受精卵或着床前的胚胎细胞，使目的基因整合到基因组中，然后将此受精卵或着床前的胚胎细胞再植入受体动物的输卵管（或子宫）中，使其发育成携带有外源基因的转基因动物。转基因动物建立的基本流程包括获取外源目的基因；外源目的基因导入；胚胎培养与移植；外源目的基因表达的检测等。获取外源目的基因时应选用有较高表达活性的强启动子，启动子可以是目的基因的天然启动子序列，也可选择组织特异性启动子，使结构基因在动物体内特定的组织或器官中表达。外源目的基因的导入的主要方法有基因显微注射法、ES介导法、精子载体导入法等，其中最常用的方法是显微注射法。

（一）基因显微注射法

该方法是最早发展，也是最为有效和常用的转基因技术。将目的基因直接注射到实验动物受精卵的细胞核内，卵细胞内的酶就会将外源性线性DNA片段首尾相连，并整合到染色体的一个随机位点中，将存活的受精卵移入假孕的母体子宫中，由此发育成带有外源基因的胚胎，最终可产生带有外源基因的转基因动物。动物发育后，在其体细胞和生殖细胞中都有外源基因的存在和表达，并可以将该基因遗传给子代。1974年，Jaenish和Mintz应用显微注射法，在世界上首次成功地获得SV40 DNA转基因小鼠。1982年，Palmiter等获得比普通小鼠生长速度快2～4倍、体形大一倍的转基因"硕鼠"。随后的十几年里，转基因动物技术飞速发展，各种转基因动物陆续育成。基因显微注射法的优点是导入基因的速度快且操作简单，不需要载体，对DNA大小无限制；缺点是效率低、外源基因插入位点随机所造成的表达结果的不确定性等。

（二）ES介导法

ES是一种高度未分化的多发育潜能的细胞。它可以在体外进行人工培养、扩增，以克隆形式保存，它在被注射到宿主胚胎后，能参与宿主胚胎的发育，形成包括生殖细胞在内的所有组织。因此，可利用该特性来制备转基因动物。基本步骤是首先分离获得ES，将外源目的基因导入ES后将其移入胚泡期的宿主胚胎，处理过的宿主胚胎移植到假孕动物子宫内，便可培育出转基因动物。

（三）精子载体导入法

通过DNA与精子共育法、电穿孔导入法、脂质体转染法等方法将外源目的基因导入精子，携带外源基因的精子使卵子受精后，外源基因可整合到卵细胞内，在胚胎内获得表达，并得到转基因动物。

转基因技术在生命科学的各个领域得到了广泛的应用，先后培育出各种转基因动植物，如转基因鼠、转基因牛、转基因羊和转基因玉米等。从某种程度上来讲，转基因动物是在符合医学伦理学原则的前提下，人类按自己的主观意愿有目的、有计划、有根据、有预见地改变动物的遗传组成或遗传性状，培育优良的动植物品种，人们也可以通过分析转基因动植物表型与基因之间的关系，研究外源基因的功能。

笔记栏

二、核转移技术

核转移技术（nuclear transfer）也称为体细胞克隆技术，即所谓的动物整体克隆技术，是用显微操作、电融合等方法将动物体细胞的细胞核全部导入另一个体的去除细胞核的卵细胞内，使之发育成为个体。1997年，英国罗斯林研究所的Wilmut等，利用绵羊乳腺细胞进行核转移试验，并成功地获得了世界上第一只体细胞克隆绵羊——多莉（Dolly），成为生命科学发展中的重要事件。两年后，他们又成功克隆合成人第Ⅸ因子的克隆羊，使核转移技术更接近于实用。核转移技术可以使一个细胞变成一个个体，这样产生的个体所携带的遗传物质与细胞核供体的遗传物质完全一样，是一种无性繁殖的过程，故称为克隆（clone）。通过核转移技术可以产生很多个遗传相同的个体。

案例 21-1

克隆羊的细胞核来自供体的乳腺细胞，其基因组与供体的基因组完全一样。因此，应用核转移技术（体细胞克隆技术）可以产生很多个遗传相同的个体。

问题讨论：乳腺细胞是高度分化的细胞，很多基因已经沉默，为什么将其细胞核转移到去核的成熟卵细胞后，能使受体细胞发育成为胚胎细胞？

案例 21-1 分析讨论

细胞的高度分化使核失去全能性，很多基因已经沉默。在细胞转移过程中，必须恢复供体细胞核的全能性，使供体细胞核的全部遗传信息按特定的时空性表达，发育成为胚胎细胞，这一过程也称为细胞核的再程序化。在核转移前可以采用“血清饥饿法”恢复细胞核的全能性，再将该细胞核移植到合适的去核受体细胞内，从而使供体的细胞核在受体细胞内获得全能性。

三、基因剔除技术

通过分子生物学的方法定向地敲除动物体细胞内的某个基因的技术称为基因剔除或基因打靶（gene targeting）。目前主要在小鼠ES中进行。其基本原理是通过DNA定点同源重组，使ES特定的内源基因被破坏而造成其功能丧失。这种基因剔除技术可以在细胞水平进行，从而建立基因剔除细胞系，也可以用显微注射的方法将ES移入小鼠囊胚中，再移植到假孕母鼠内使其发育成为嵌合体小鼠，经过适当的交配，获得基因剔除小鼠。

其基本过程包括：①应用同源基因DNA片段构建含有失活的目的基因的基因剔除载体，在基因剔除载体中要去除的基因内插入一个抗生素抗性基因（通常用新霉素抗性基因，neo^r）使基因失去表达能力，在载体上加上一个胸苷激酶基因*HSV-tk*（通常用单纯疱疹病毒胸苷激酶基因*HSV-tk*）用于将来去除基因未能失活的克隆。②剔除载体导入受体ES和重组细胞的筛选。用显微注射法将含有失活目的基因的载体导入ES，在细胞核内与ES染色体的相应基因发生同源重组，替代ES中原有的正常基因，从而得到基因剔除（含有失活基因）的ES。ES的筛选通常采用基于neo^r和*HSV-tk*标志基因的正负双向筛选系统。在构建剔除载体时，neo^r和*HSV-tk*基因分别位于同源序列的内侧和外侧。neo^r基因能使细胞耐受新霉素类似物G418的毒性，因此作为正选择标志；*HSV-tk*基因可使环氧丙苷（gancidovir，GCV）磷酸化转变为细胞毒性核苷类似物而导致细胞死亡，因此作为负选择标志基因。正常的细胞不能在含有G418的培养基中存活，当*HSV-tk*和neo^r均整合入宿主染色体，细胞能在含有G418的培养基中存活，但不能在含有GCV的培养基中存活；而当发生同源重组时，仅neo^r整合入宿主基因组，细胞可在同时含有G418和GCV的培养基中存活。因此，通过该正负双向筛选系统获得的neo^{r+}/tk^-小鼠ES就是剔除载体与内源基因组DNA发生同源重组的ES。③将基因剔除的ES注射入小鼠的囊胚中，使其与囊胚中的细胞共同组成囊胚内的细胞团。④将含有基因剔除ES的囊胚移植到假孕小鼠的子宫中，使之发育成一种既含基因剔除细胞又含正常细胞的嵌合体小鼠。⑤将嵌合体小鼠与正常小鼠交配，将干细胞注射到小鼠的囊胚细胞，并植入小鼠体内使之发育出生，这时得到的子小鼠是杂合子，即一条染色体上是正常基因，一条染色体上是失活基因，再经交配，最终筛选出基因剔除的纯合子小鼠（图21-8）。

笔记栏

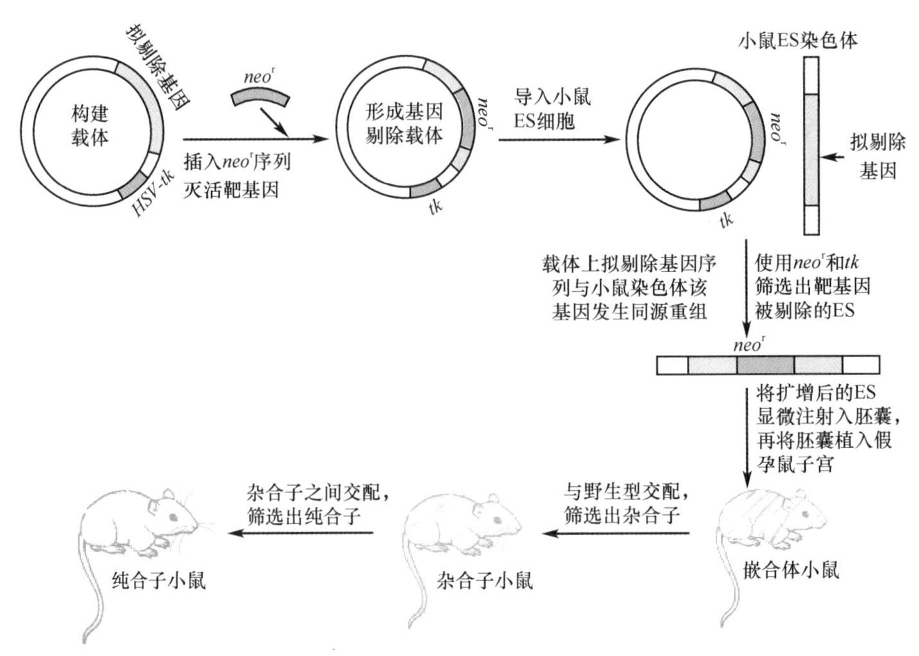

图 21-8　基因剔除原理示意图

四、基因转移和基因剔除在医学中的应用

基因转移技术和基因剔除技术是研究基因功能的生物技术，在医学领域已得到广泛应用。

（一）建立疾病动物模型

人类的遗传病及许多复杂性疾病（糖尿病、心血管疾病、肿瘤、神经系统疾病等）与基因的结构发生改变密切相关。通过转基因技术和基因剔除技术建立人类疾病的各种动物模型，可以在整体水平研究基因在动物中的表达调控规律及其产物与疾病发生的关系。目前已建立的动物疾病模型包括地中海贫血、动脉硬化症、阿尔茨海默病、帕金森病、糖尿病等动物模型。此外，转基因或基因剔除动物还可作为药效评价、药物筛选的动物模型，为寻找新的治疗药物提供一种有效评价和筛选手段。

（二）生物制药

转基因动物用于生物制药，生产出具有医药价值的多肽或蛋白质、抗体、疫苗等。通过使目的蛋白在特定的组织中表达，可以获得目的蛋白。例如，将组织特异性启动子引入目的基因中，使其在乳腺细胞或膀胱细胞中表达，可以从转基因动物分泌的乳汁或排出的尿液中获得目的蛋白或多肽。1987 年，世界上出现了第一例表达人组织型纤维蛋白溶酶原激活因子的转基因小鼠，从转基因小鼠乳汁中可以提取得到人组织型纤溶酶原激活因子。目前已有多种转基因技术生产的重组蛋白用于临床试验，如从转基因山羊获得的抗凝血酶Ⅲ，从转基因绵羊得到的 α1- 抗胰蛋白酶，还有来自转基因兔的 α- 葡萄糖苷酶。β- 乳球蛋白转基因小鼠、促红细胞生成素（EPO）转基因小鼠和单克隆抗体转基因小鼠等转基因动物可以用于生物制药。

（三）治疗性克隆和生产可用于人体器官移植的动物器官

用细胞核移植技术可获得具有增殖分化潜能的干细胞，诱导其分化为特定的细胞、组织或器官后，再移植到患者体内治疗疾病，称为治疗性克隆，如分化为可分泌胰岛素的胰腺细胞可用于治疗糖尿病。通过转基因动物还可以改造异种来源器官的遗传性状，使之能适用于人体器官的移植，生产人体器官移植时所需的器官。但目前还存在伦理、法律、安全性等问题。

（四）人类疾病的基因治疗

基因治疗本质上就是在个体水平上对人体进行相关的转基因和基因剔除技术操作，基因剔除技术的不断进步和最终完善对基因治疗必将产生重大影响。另外，转基因动物和基因剔除动物也为基因治疗提供了良好的动物模型。

（五）改良动物品种

转基因动物技术为动物品种改良提供了新途径。目前已被成功的用于提高动物生长速度、改良动物肉质和乳质、增强动物抗病毒能力等方面。

第4节　生物芯片技术

生物芯片（bio chip）技术是融微电子学、生物学、物理学、化学、计算机科学为一体的高度交叉的新技术。芯片通常是指包埋在硅片、玻璃和塑料等固相载体上的高密度DNA、RNA、核苷酸、蛋白质等阵列芯片，这些微阵列由生物活性物质以点阵的形式有序地固定在固相载体上形成。在一定的条件下进行生化反应，将反应结果用酶标法、化学荧光法、电化学法显示后，用生物芯片扫描仪或电子信号检测仪采集数据，通过专门的计算机软件进行数据分析。根据检测的分子不同，生物芯片可分为基因芯片、蛋白质芯片、糖芯片、细胞和组织芯片及其他类型生物芯片等。本节主要介绍基因芯片和蛋白质芯片。

一、基因芯片

基因芯片（gene chip）也称DNA芯片（DNA chip）、DNA阵列（DNA array）、寡核苷酸微芯片（oligonucleotide microchip）等，包括DNA芯片和cDNA芯片。该技术是在核酸斑点杂交技术的基础上，利用核酸杂交的特性，以大量特定的DNA片段或cDNA片段等寡核苷酸分子为探针，按一定顺序排列并固定于某种固相载体表面，如玻片、尼龙膜等，形成致密、有序的DNA分子点阵，然后与荧光标记的待测样品分子进行杂交，通过由激光共聚焦显微镜和电脑组成的检测器及处理器检测杂交的荧光信号和强度，从而获取样品分子的数量和序列信息等。

（一）DNA芯片的类型

根据探针来源和性质的不同，一般将DNA芯片分为寡核苷酸芯片和cDNA芯片。根据功能的不同，DNA芯片可以分为基因表达谱芯片和DNA测序芯片。根据制备模式的不同，DNA芯片可以分为Ⅰ型DNA芯片和Ⅱ型DNA芯片。根据用途的不同，DNA芯片可以分为基因表达分析芯片、DNA多态性分析芯片和疾病诊断芯片。

（二）DNA芯片的特点

DNA芯片技术的基本特点是检测通量大和敏感度高，可以在同一时间对大量样品进行快速的定性和定量分析，特别适用于大规模筛查由基因突变引起的疾病、分析不同组织细胞或同一细胞不同状态下的基因差异表达，以及大规模筛查基因组单核苷酸多态性SNP。

（三）DNA芯片技术的原理

DNA芯片技术是以核酸斑点杂交为基础建立的高通量检测DNA的技术。其基本的技术路线：先将DNA或cDNA片段按照一定的阵列固定于支持物表面，再与经过荧光标记的待测DNA进行杂交，用专门仪器检测芯片上杂交信号的分布情况，经过计算机分析处理，便可以获得待测DNA的各种信息。因此，一般将DNA芯片技术的基本操作分为芯片制备、样品制备、分子杂交和检测分析等3个基本步骤。

1. 芯片制备　按照操作原理和技术的不同，DNA芯片的制备可以分为原位合成法和微量点样法两大类。

2. 样品制备　通常是先提取mRNA，并通过逆转录合成cDNA后对其进行扩增。一般将待测样品和对照样品分别用Cy3和Cy5进行标记。

3. 分子杂交和检测分析　DNA芯片杂交属于固相杂交，在一定条件下使待测DNA与芯片探针阵列进行杂交后，通过芯片扫描仪扫描芯片，获得杂交图像，利用相应的软件进行数据分析。利用芯片检测仪对芯片产生的荧光图像进行扫描处理，根据芯片上每个位点的探针序列便可以知道待测DNA的碱基序列，从而获得待测DNA的信息（图21-9）。

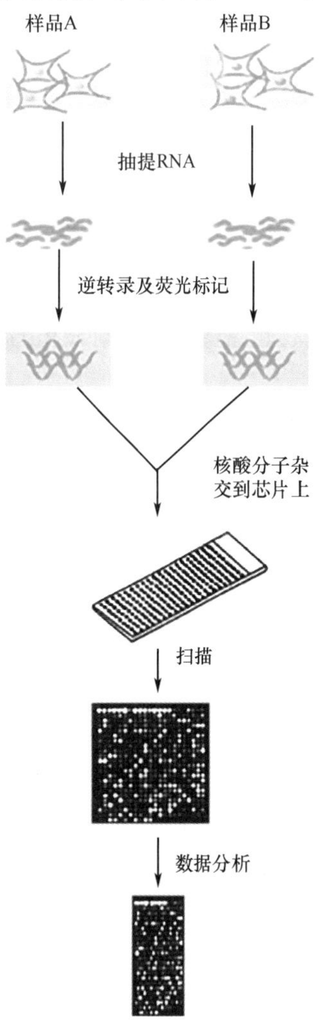

图21-9　基因芯片技术原理示意图

（四）DNA 芯片应用

由于具有能快速准确地同时分析数以千计基因信息的特点，DNA 芯片技术自诞生以来，在生物学和医学领域的应用日益广泛，在基因突变检测、基因诊断、基因表达检测、功能基因组学、药物筛选、个体化治疗、杂交测序及新基因发现等方面已得到广泛应用，具体包括如下方面。① DNA 测序。应用 DNA 芯片进行 DNA 测序属于杂交测序，是 DNA 芯片最基本的用途之一。②基因表达研究。研究基因表达是目前应用 DNA 芯片最多的一个领域。在基因组水平上，应用 DNA 芯片技术检测 mRNA 的含量，分析多基因的表达状况，具有高通量和高效率等优势。③基因诊断。已经发现许多疾病如肿瘤和遗传病等都与一个或多个基因的变异有关。在 DNA 水平上检测基因可以确定有关基因的结构是否异常，在 RNA 水平上检测基因表达可以确定有关基因的表达是否异常，从而对疾病做出准确诊断。④药物研究和开发。DNA 芯片技术特别适用于药物筛选、药理和毒理分析等方面的研究，可以使药物筛选、药物靶 DNA 鉴别和新药开发的效率大为提高。⑤中医药研究。将 DNA 芯片技术应用于中医药学研究，推动中医药现代化。在中医基础理论研究方面，利用基因表达谱芯片研究中医证候的分子生物学机制是一个令人感兴趣的研究方向。在中药鉴定方面，可以鉴定中药的类型和品质。⑥用药个体化检测。应用 DNA 芯片技术可分析 SNP，可以确定与药物遗传学有关的 SNP，以促进新药开发；另外，可以针对不同基因型采取不同的用药剂量，使临床用药个体化，以降低药物的不良反应，获得最佳疗效。

微课 21-2

二、蛋白质芯片

蛋白质芯片（protein chip）是将作为探针的蛋白质以高密度的方式固定于固相载体上，然后与待测蛋白质样品进行反应，捕获待测样品中的靶蛋白，再经过检测系统对靶蛋白进行定性和定量分析的一种技术。蛋白质芯片又称为蛋白质阵列（protein array）或蛋白质微阵列（protein microarray）。其基本原理是蛋白质与蛋白质分子之间在空间构象上能特异性地相互识别与结合，如抗体与抗原或受体与配体之间的特异性结合。最常用的探针是抗体，因为抗体与抗原结合的特异性最强。

蛋白质芯片的检测方法有多种，目前常用的蛋白质芯片检测方法有标记检测法和直接检测法。标记检测法是将样品中的蛋白质标记上荧光分子、化学发光分子或放射性核素，与蛋白质芯片反应后，再通过特定的检测仪对反应信号进行分析，可以获得蛋白质表达的信息。直接检测法包括表面加强激光解析离子化飞行时间质谱（SELDI-TOF-MS）、表面等离子体共振检测技术等检测方法。目前在蛋白质表达谱、蛋白质的功能、蛋白质间的相互作用、疾病诊断及疗效判定、寻找疾病生物标志物、药物筛选、肿瘤相关抗原的筛查与检测等方面已得到广泛应用。

第 5 节　蛋白质相互作用研究技术

蛋白质是各种生物学功能的执行者，蛋白质与蛋白质之间的相互作用是细胞生命活动的基础和特征。研究细胞内蛋白质分子之间相互作用的机制及蛋白质相互作用网络，将有助于理解生命活动的分子机制。目前常用的研究蛋白质相互作用的技术包括酵母双杂交系统、各种亲和分离分析（亲和色谱、蛋白质免疫共沉淀与 GST pull-down、标签蛋白沉淀等）、生物传感芯片质谱、蛋白质工程中的定点诱变技术、FRET 效应分析、噬菌体展示技术等。

一、酵母双杂交系统

酵母双杂交系统是由 Fields 等于 1989 年提出，是在酿酒酵母（*Saccharomyces cerevisiae*）中研究蛋白质间相互作用的一种非常有效的手段之一。其原理主要是基于对酵母转录因子 GAL4 分子的结构和功能特点。GAL4 包括两个彼此分离但功能相互必需的结构域，一个是位于 N 端 1 ～ 174 位氨基酸残基区段的 DNA 结合域（DNA binding domain，DNA-BD）；另一个是位于 C 端 768 ～ 881 位氨基酸残基区段的转录激活域（activation domain，AD）。DNA-BD 能够识别位于 GAL4 效应基因的上游激活序列（upstream activating sequence，UAS）并与之结合，而 AD 则是通过与转录元件中的其他成分之间的结合作用，以启动 UAS 下游的基因进行转录。如果 DNA-BD 和 AD 分开，两者均不能激活下游基因的转录，但是当二者在空间上充分接近时，就可以呈现完整的 GAL4 转录因子活性并可激活 UAS 下游启动子，使启动子下游基因得到转录。因此，将 DNA-BD 基因与已知的诱饵蛋白质 X（Bait）基因融合，构建 BD-X 质粒载体；将 AD 基因与 cDNA 文库、基因片段或基因突变体（以 Y

表示）融合，形成猎物（prey）蛋白或靶蛋白（target protein）基因，构建AD-Y质粒载体。在GAL4上游启动激活序列的下游融合有特定的报告基因，报告基因的产物可以是一些特殊的酶如*β*-半乳糖苷酶或报告基因的产物如His、Leu、Trp等。当两种融合基因的质粒载体共转染酵母细胞时，如果表达的蛋白质X和蛋白质Y发生相互作用，则导致了BD与AD在空间上的接近，从而激活UAS下游启动子调节的报告基因的表达。通过观察报告基因的表达可以筛选出与诱饵蛋白X相互作用的阳性菌落，从而判断蛋白质X与蛋白质Y之间是否存在相互作用（图21-10）。

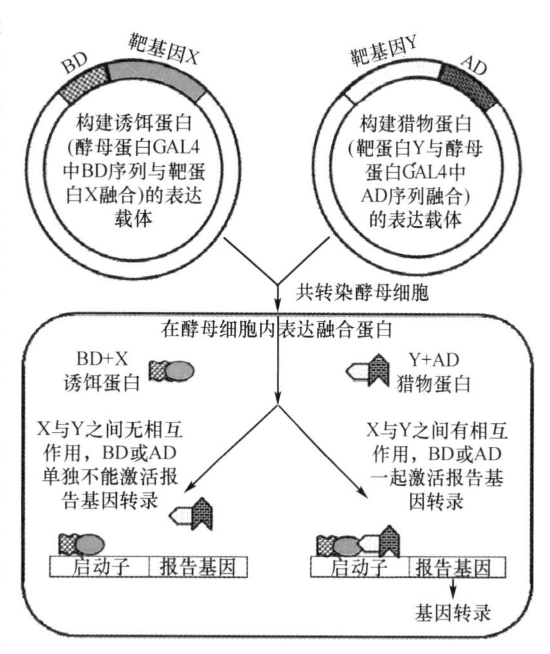

图21-10　酵母双杂交原理示意图

酵母双杂交系统主要应用于：①验证已知蛋白质间可能的相互作用。②确定蛋白质特异相互作用的关键结构域和氨基酸。③克隆新基因和新蛋白：将感兴趣的已知蛋白质基因与BD基因构建成“诱饵X”表达质粒，将某一器官或组织的cDNA文库与AD基因构建成“猎物Y”基因库，共转染酵母细胞，可筛选出与已知蛋白质相互作用的蛋白质的cDNA序列，并推测其蛋白质序列。④检测与蛋白质相互作用的小分子多肽的药理作用。

酵母双杂交系统也存在一些问题和缺点：首先并非对所有蛋白质适用，融合蛋白的相互作用激活报告基因转录是在细胞核内发生的，而表达的融合蛋白能否正确折叠并运至核内是前提条件。其次，在某些酵母菌株中大量表达外源蛋白常会带来毒性作用，影响菌株生长及报告基因的表型。因此，对于筛选对象和范围，应有一个合适的选择。另外，“假阳性”也是困扰酵母双杂交的一个突出问题。近年来，随着一些新开发的技术（如蛋白质组学技术）在蛋白质相互作用研究方面的应用，在某些方面酵母双杂交技术已被这些技术所取代。

二、噬菌体展示技术

噬菌体展示技术是将外源蛋白或多肽与噬菌体外壳蛋白融合并呈现于噬菌体表面的技术。将编码外源肽或蛋白质的DNA片段与噬菌体表面蛋白的编码基因融合后，以融合蛋白的形式出现在噬菌体的表面，被展示的多肽或蛋白质可保持相对的空间结构和生物活性，而不影响重组噬菌体对宿主菌的感染能力。通过与特定的靶标（如抗体、受体、配基、核酸，以及某些碳水化合物等）反应可以使展示特定蛋白质的噬菌体从表达有各种外源性蛋白的噬菌体肽库中筛选出来，再通过感染大肠埃希菌使选择出来的噬菌体扩增，然后进行序列测定，可获得相应的结构和功能信息。该技术的特点是实现了表型与基因型的统一，是一种高通量筛选功能性多肽或蛋白质的分子生物学技术。因此，噬菌体展示技术在抗原表位分析、分子间相互识别、新型疫苗及药物的开发研究等方面有广泛的应用前景。

三、蛋白质工程中的定点诱变技术

基因定点诱变是一种蛋白质工程技术。其基本原理是在编码蛋白质基因的特定位置引入碱基替代、产生小的碱基缺失或插入，使其编码的蛋白质的一级结构发生改变。目前常用的定点诱变的方法是PCR诱变，其基本过程：在合成PCR引物时，除了在定点诱变的位置引入相应的突变（点突变、小片段插入或缺失）外，其余序列与模板完全配对，PCR扩增后，在PCR产物中引入特定的突变，将PCR产物克隆并表达，可获得定点突变的蛋白质。通过定点诱变，可以比较正常蛋白质和突变蛋白质的功能，鉴定蛋白质分子中特定位置的氨基酸残基在维持蛋白质结构与功能中的作用，也可以发现改善蛋白质功能的突变。因此，定点诱变技术可用于蛋白质的相互作用研究、蛋白质药物及疫苗的筛选等。

笔记栏

四、蛋白质免疫共沉淀与 GST pull-down

蛋白质免疫共沉淀（co-immunoprecipitation，co-IP）是以抗体与抗原之间的特异性作用为基础建立的，是确定两种蛋白质在细胞内相互作用的经典有效方法。其基本原理：当细胞在非变性条件下被裂解时，完整细胞内存在的许多蛋白质-蛋白质复合物不会解离。如果用某种特定蛋白质的抗体与细胞裂解液温育，使该抗体与蛋白质复合物中的抗原蛋白质发生特异性结合，那么与该特定蛋白质在体内结合的其他蛋白质也能同时沉淀下来，最后通过 Western 印迹法检测其他蛋白质是否被沉淀下来即可确认其相互作用是否存在。Co-IP 技术的突出优点是它在非变性条件下进行，这样蛋白质之间的天然相互作用得以最大限度地保留，因此可以比较真实地反映蛋白质之间的相互作用。但需要注意的是，该技术并不能显示蛋白质间的相互作用是直接还是间接的，因为通过目的蛋白抗体并沉淀下来的实际上可能是一个含有多种蛋白质的复合物，而不仅仅是和目的蛋白直接相互作用的蛋白质。

如果要进一步确证蛋白质之间的直接相互作用，则需采用 GST pull-down 技术。该技术不仅可以证明蛋白质分子的直接物理结合，还可以更为精细的分析两个蛋白质结合的具体结构域。其基本原理：首先需要将目的蛋白的基因和一些标签蛋白如谷胱甘肽 *S*- 转移酶（GST）的基因进行 DNA 重组，表达融合蛋白，并将该融合蛋白在体外与待检测蛋白温育，然后利用 GST 与还原型谷胱甘肽的强结合特性，采用偶联了还原型谷胱甘肽的琼脂糖珠将该 GST 融合表达蛋白吸淀下来（即 pull-down），接着用特定的洗脱液将该 GST 融合表达蛋白及其结合蛋白复合物从琼脂糖珠洗脱下来，最后采用电泳等方法检测洗脱液中相互作用蛋白质的存在。如果两种蛋白质可直接结合，则待检测融合蛋白就会同时被琼脂糖珠沉淀下来并被检测到（图 21-11）。

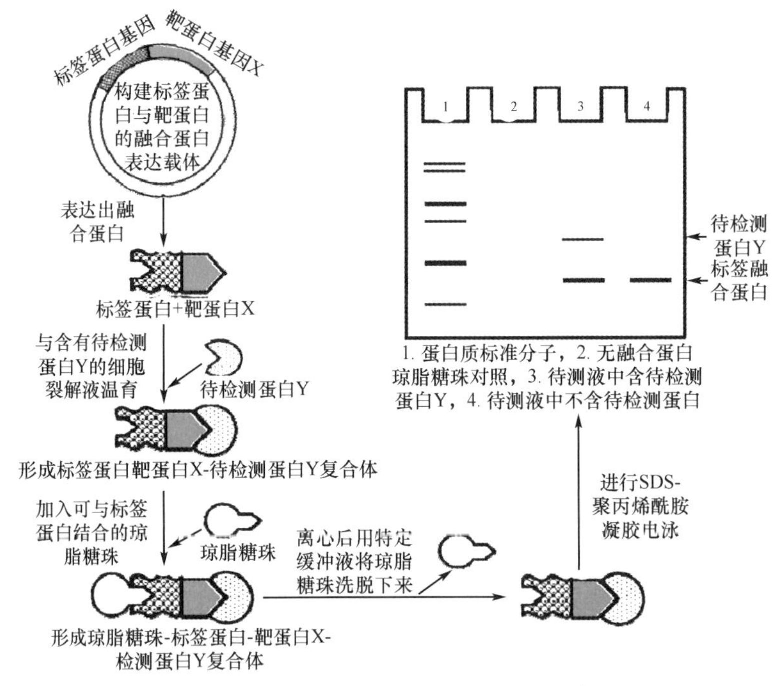

图 21-11　标签融合蛋白沉淀实验原理示意图

第 6 节　蛋白质 – 核酸相互作用研究技术

基因表达的调控是细胞对外部或内部的刺激发生应答的方式，其涉及基因组 DNA 和一系列结合蛋白的相互作用。不同生理条件下特异性的基因转录调控常常依赖于不同的反式作用因子与顺式作用元件的特异性结合。研究蛋白质与 DNA 的相互作用将有助于阐明基因表达调控的机制。研究蛋白质与 DNA 之间相互作用的主要方法包括电泳迁移率变动分析、酵母单杂交技术、染色质免疫沉淀技术等。

一、电泳迁移率变动分析

电泳迁移率变动分析（electrophoretic mobility shift assay，EMSA），也称为凝胶阻滞分析（gel retardation assay）或凝胶迁移分析（gel shift assay），是一种在体外研究核酸序列和蛋白质相互作用的技术。这一技术最初用于研究DNA序列与蛋白质之间的相互作用，目前已用于研究RNA序列和蛋白质的相互作用。其原理是将纯化的蛋白质或细胞粗提液与^{32}P放射性核素标记的DNA或RNA探针一起保温，然后在非变性的聚丙烯酰胺凝胶上电泳分离，如果探针与目的蛋白结合，则DNA-蛋白质复合物或RNA-蛋白质复合物的移动比非结合的探针移动慢。

EMSA的基本实验流程包括：探针的合成标记与纯化；细胞裂解液的制备；探针与蛋白质的结合及检测。细胞裂解液包括细胞核或细胞质提取液。用聚丙烯酰胺凝胶进行电泳，是为了尽可能保证蛋白质与核酸均处于天然构象以维持相互结合状态。如果探针采用放射性标记，电泳结束后直接进行放射自显影；如果探针采用非放射性标记如生物素标记，则电泳后先将其转印至NC膜等支持载体上再进行显色。最后根据标记探针的位置来推测该探针是否与目的蛋白结合，如果探针信号全部集中出现在凝胶的前沿，说明探针没有和目的蛋白结合；如果探针信号在靠近加样孔的地方出现，此即为探针与目的蛋白形成的复合物。为证明所检测到的核酸-蛋白质复合物的特异性，还可以通过加入过量的未标记探针（即冷探针）进行竞争性结合实验或通过加入特异性目的蛋白的抗体进行检测。当加入过量未标记的冷探针后，由于冷探针竞争性地抑制了标记探针与目的蛋白的结合，则导致目的蛋白与标记探针复合物的量减少；当加入特异性目的蛋白的抗体后，因核酸探针-蛋白质-抗体三者形成复合物，则使条带更为滞后，此即为超迁移率分析（super shift assay）（图21-12）。EMSA通常用于研究和寻找具有调控作用的顺式作用元件及与顺式作用元件相结合的蛋白质氨基酸序列或结构域。

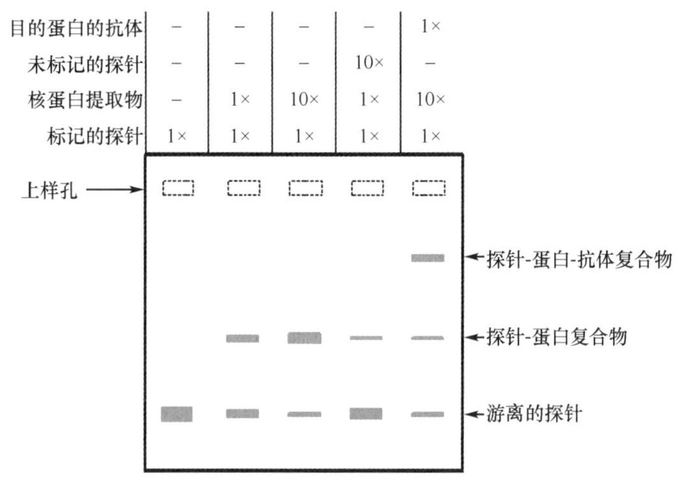

图21-12　电泳迁移率变动分析示意图

二、酵母单杂交技术

酵母单杂交（yeast one hybrid）技术是体外分析DNA与细胞内蛋白质相互作用的一种方法，从酵母双杂交技术发展而来。真核生物基因的转录起始需转录因子参与，转录因子通常含有一个DNA结合结构域（BD）和一个或多个其他调控蛋白相互作用的转录激活结构域（AD）。酵母转录因子GAL4蛋白的C端含有一个DNA结合结构域和一个转录激活结构域。前者可激活酵母半乳糖苷酶的上游激活位点（UAS），后者可与RNA-pol或转录因子相互作用，提高RNA-pol的活性。GAL4蛋白的DNA结合结构域和转录激活结构域可完全独立地发挥作用。因此，可将GAL4的DNA结合结构域置换为转录因子编码基因，构建cDNA文库与酵母GAL4转录激活结构域融合表达的cDNA文库。同时构建含有目的基因和下游报告基因的报告质粒。首先将报告质粒整合入酵母基因组，产生带有目的基因的酵母报告株，再将文库质粒转化入酵母报告株中。如果表达的文库蛋白与目的基因的相互作用可使报告基因表达，即可将文库蛋白的基因筛选出来。

酵母单杂交技术主要用于筛选与DNA结合的蛋白质，分析DNA结合结构域，鉴别DNA结合位点及发现潜在的结合蛋白基因。

笔记栏

三、染色质免疫沉淀技术

染色质免疫沉淀技术（chromatin immuno- precipitation assay，ChIP）是一种研究体内 DNA 和蛋白质相互作用的方法。其原理是在活细胞状态下把细胞内的 DNA 与蛋白质交联在一起，并将其随机切断为一定长度范围内的染色质小片段，然后利用目的蛋白的特异抗体通过抗原 - 抗体反应形成 DNA- 蛋白质 - 抗体复合体，使与目的蛋白结合的 DNA 片段被沉淀下来，特异性地富集与目的蛋白结合的 DNA 片段，最后将蛋白质与 DNA 解偶联，对目的 DNA 片段进行纯化，最后利用 PCR 等技术对所纯化的 DNA 片段进行分析，进而判断细胞内与目的蛋白发生相互作用的 DNA 序列（图 21-13）。ChIP 能准确、完整地反映结合在 DNA 序列上的转录调控蛋白，主要用于鉴定与体内转录调控因子结合的特异性核苷酸序列或鉴定与特异性核苷酸序列结合的蛋白质，已成为研究染色质水平基因表达调控的一种有效的方法。

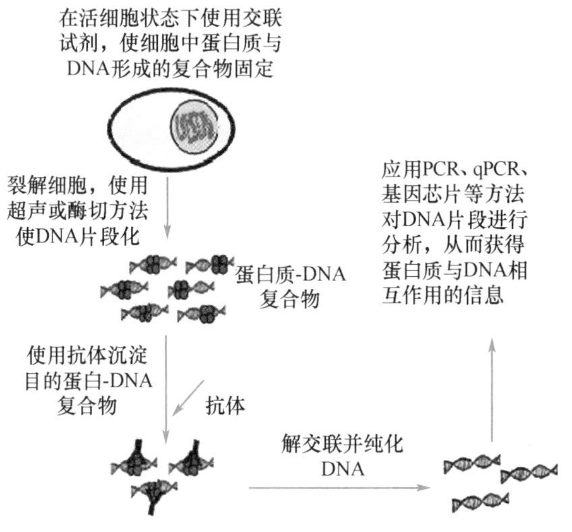

图 21-13 染色质免疫沉淀技术示意图

EMSA 可用于研究 DNA 与蛋白质的体外结合，但这并不能说明这种结合在细胞内也是同样真实存在的。而 ChIP 则可以用来证实 DNA 与蛋白质在细胞内的特异性结合，因此在研究 DNA 与蛋白质的相互作用时，EMSA 和 ChIP 往往联合使用。

小　　结

核酸分子印迹杂交技术是将 DNA 片段转移到特定的支持物上，再根据碱基配对的原则用标记的已知序列探针对其进行检测的技术。根据检测的核酸分子不同，可分为检测 DNA 的 Southern 印迹法和检测 RNA 的 Northern 印迹法。Southern 印迹法的基本过程包括待测 DNA 样品的酶切、电泳分离、凝胶中变性和转移、探针制备、杂交及结果检测。Northern 印迹法的基本原理和过程与 Southern 印迹法基本相同。Western 印迹法是根据蛋白质分子之间存在相互作用的特点，将蛋白质电泳分离，然后将其转移和固定于固体支持物上，再用相应的蛋白质分子对其进行检测的技术。Western 印迹技术主要用于检测样品中特异蛋白质的存在和表达情况。

PCR 是在体外进行 DNA 合成的技术，由变性、退火和延伸 3 个基本反应步骤构成，上述 3 个步骤称为一个循环，新合成的 DNA 分子可作为下一轮反应的模板，经多次循环，可在短时间内获得大量的目的 DNA 分子。PCR 具有敏感度高、特异性强、简便快速、重复性好、易自动化和对标本要求不高等优点，可用于目的基因的扩增与克隆、基因的体外定点突变、基因突变分析、DNA 和 RNA 的检测和 DNA 序列测定。

转基因技术、核转移技术、基因剔除技术是研究基因功能的生物技术，可用于建立疾病动物模型、生物制药、药物的筛选和治疗性克隆。

生物芯片技术主要包括基因芯片和蛋白质芯片。基因芯片可用于基因表达检测、基因突变检测、功能基因组研究、新药筛选等。蛋白质芯片技术在蛋白质表达谱、蛋白质的功能、蛋白质间的相互作用、药物筛选、肿瘤相关抗原的筛查与检测等方面有广泛应用。

笔记栏

研究蛋白质相互作用的常用技术包括酵母双杂交系统、噬菌体展示技术、蛋白质工程中的定点诱变技术、蛋白质免疫共沉淀与GST pull-down。酵母双杂交系统是最常用的技术之一。研究DNA与蛋白质之间相互作用的主要方法包括电泳迁移率变动分析、酵母单杂交技术、染色质免疫沉淀技术等。

（库热西·玉努斯）

笔记栏

第22章PPT

第22章 癌基因与抑癌基因

肿瘤是一种基因病，肿瘤的发生是由于细胞增殖与分化的调节基因失衡所导致的细胞恶性生长现象。细胞的增殖生长由两类基因调控。一类是促进细胞生长和增殖，阻止终末分化的癌基因（oncogene，onc）。另一类是促进分化，抑制增殖的抑癌基因（tumor suppressor gene，anti-oncogene）。当这两类基因的任何一种或两种发生变化，即可引起细胞生长失控，导致肿瘤发生。许多生长因子或生长因子的受体由癌基因编码，它们的异常激活可导致细胞恶性转化、诱发肿瘤。可见肿瘤的发生与癌基因、抑癌基因及生长因子有密切关系。

第1节 癌 基 因

自20世纪70年代从逆转录病毒发现癌基因，以及20世纪80年代初在人膀胱细胞株中证实有癌基因以来，已经发现了一百多种癌基因。癌基因是指其编码产物与细胞的肿瘤性转化有关的基因，是一类普遍存在于正常细胞内调控细胞增殖和分化的重要管家基因，以显性的方式促进细胞转化。癌基因分为病毒癌基因和细胞癌基因。癌基因常用3个斜体小写字母表示，如*myb*、*sis*、*ras*等。

一、病毒癌基因

肿瘤病毒是一类能使敏感宿主产生肿瘤或使培养细胞转化成癌细胞的动物病毒，根据其核酸组成的不同分为DNA病毒和RNA病毒（即逆转录病毒）。早在1911年，Rous发现将鸡肉瘤组织匀浆后的无细胞滤液皮下注射于正常鸡可使鸡发生肉瘤，这种无细胞滤液还可以使体外培养的鸡胚成纤维细胞发生转化。可惜当时缺乏对病毒的认识，直到几十年后才发现原来致瘤的因素是病毒，这一病毒后来被命名为Rous肉瘤病毒（Rous sarcoma virus，RSV）。

Rous的这一发现在1966年使其获得诺贝尔生理学或医学奖。研究表明，Rous肉瘤病毒核酸中有一个特殊的片段*src*，可使正常细胞转化为肿瘤细胞，早期将这一部分基因命名为转化基因（transforming gene），即后来的癌基因。许多致癌病毒中的癌基因不仅与致癌密切相关，而且与正常细胞的某些DNA顺序是同源的，从而进一步认识了病毒癌基因（virus oncogene，v-onc）。例如，1976年，Harold Varmus（下文称Varmus）和J. Michael Bishop（下文称Bishop）等研究证实在正常生物体内的DNA（包括人）也有RSV中的*v-src*序列，两人最终发现了细胞癌基因并分享了1989年的诺贝尔生理学或医学奖。病毒癌基因是一类存在于肿瘤病毒中的，能使靶细胞发生恶性转化的基因。

（一）逆转录病毒

逆转录病毒特征是含有编码依赖RNA的DNA-pol基因，可使宿主细胞恶性转化而形成肿瘤，按其致病性分为急性和非急性逆转录病毒。

1. 逆转录病毒的基本结构和功能 都含有2套RNA基因组，每一基因组为（3～5）×10^3kb。非急性逆转录病毒的每一单链RNA基因组含有3个基本的结构基因，它们排列为5′-*gag*-*pol*-*env*-3′；5′端有帽子结构，3′端有pol（A）尾（图22-1）。*gag*基因（约2kb）编码核心蛋白，*pol*基因（约2.9kb）编码逆转录酶和整合酶，*env*基因（约1.8kb）编码病毒外壳蛋白。这3个结构保证病毒颗粒在宿主细胞中正常复制。病毒进入宿主先以RNA为模板，在逆转录酶的作用下将逆转录病毒的5′端和3′端的独特顺序重复复制成长末端重复序列（long terminal repeats，LTR）。LTR中通常含有启动子、增强子等调控序列。这种整合到细胞DNA中两端带有LTR的DNA中间体称前病毒（provirus）。前病毒可随宿主细胞DNA的转录而表达，生成相应的病毒结构蛋白质，组装新的病毒颗粒。

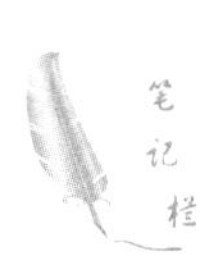

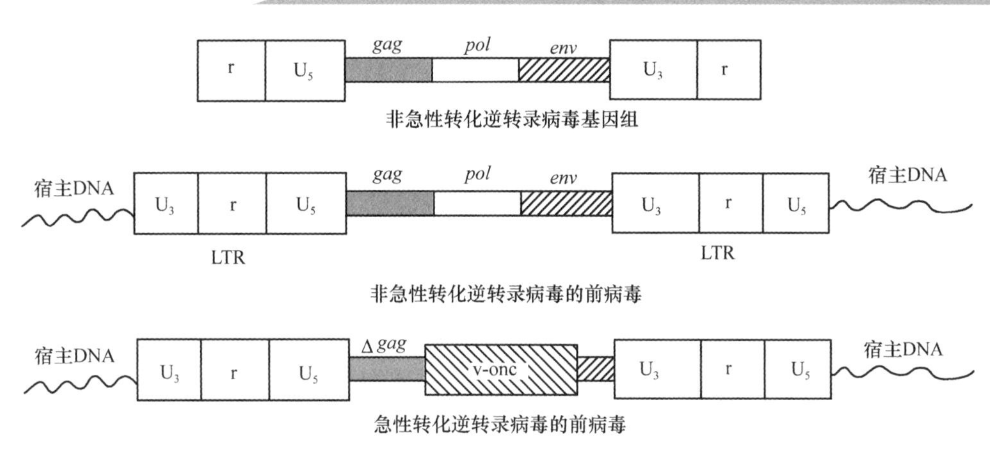

图 22-1　急性和非急性转化逆转录病毒的前病毒结构

2. 急性转化性逆转录病毒　主要特征是在病毒感染宿主后，潜伏期短，只需要几天或数周即可引起易感宿主发生实体瘤或白血病；在基因中都具有在体外恶性转化相应靶细胞的能力。一般来说，病毒基因组中都含有 1 种癌基因，但也有的含有 2 种癌基因，如禽增生症病毒含有癌基因 *erb-A* 和 *erb-B*。

3. 非急性转化逆转录病毒　在宿主体内可以长期潜伏后诱发肿瘤。这类病毒在体外不能恶性转化培养细胞，不含癌基因，但其前病毒两侧的 LTR 中含有对病毒的整合、复制和表达所需的调控序列。一般包括启动子、增强子及 Poly（A）添加顺序，这些调控序列插入宿主基因可能致癌。

（二）DNA 病毒

DNA 病毒为肿瘤发生的原因之一。从正常或恶性体细胞中获得一些能与 DNA 病毒基因组顺序杂交的胞质 RNA，表明这些 DNA 病毒，如 EB 病毒、人巨细胞病毒（human cytomegalovirus，HCMV）及腺病毒 2 等基因组内存在着与人基因组某些顺序同源的序列。DNA 病毒引起细胞恶性转化的原因可能是：①存在于细胞中整合或整个 DNA 病毒引起细胞癌基因紊乱；② DNA 病毒表达癌基因样蛋白产物；③ DNA 肿瘤病毒蛋白产物和特定细胞癌基因蛋白产物之间相互作用。

二、细胞癌基因

前文提到，病毒癌基因在生物基因组中也含有，此序列在真核细胞的复本为细胞癌基因（cellular oncogene）。生物正常细胞内与病毒癌基因结构相似的基因，称为原癌基因（proto oncogene，pro-onc）。原癌基因编码一类对细胞正常生长、繁殖、发育和分化起调控作用的产物，其基因显示出高度的保守性，可视为管家基因。

（一）分类

基因产物依据的结构与功能的不同进行分类，分为生长因子、生长因子受体、蛋白激酶、非蛋白激酶受体、信息传递蛋白、核内转录因子等。癌基因命名与所确定的逆转录病毒或细胞的名称有关（表 22-1）。

表 22-1　细胞癌基因分类、功能及相关肿瘤

类别	癌基因	同源细胞基因	相关肿瘤
生长因子类	*sis*	PDGF-2	星形细胞瘤、骨肉瘤、乳腺癌等
	int-2	成纤维细胞生长因子	膀胱癌、乳腺癌、黑色素瘤等
生长因子受体	*erb-B1*	EGFR	肺鳞癌、脑膜瘤、卵巢癌
	erb-B2（*nue*）	EGFR 相似物	乳腺癌、卵巢癌、肺癌、胃癌
蛋白激酶	*met*、*trk*		胃癌、肝细胞癌、肾乳头状细胞癌等
非蛋白激酶受体	*fms*	Csf-1 受体	白血病
信息传递蛋白	*H-ras*	膜结合 G 蛋白	甲状腺癌、膀胱癌等
	K-ras	膜结合 G 蛋白	肺癌、结肠癌等
	N-ras	膜结合 G 蛋白	甲状腺癌等
核内转录因子	*N-myc*	转录因子	肺小细胞癌、神经母细胞瘤等
	bcl-2	Bcl-2	结节性非霍奇金淋巴瘤
	c-myc	转录因子	伯基特淋巴瘤

笔记栏

（二）常见的原癌基因族类

现根据原癌基因表达蛋白的功能及定位介绍几种常见的族类。

1. *src* 癌基因家族（*c-src*） 是被发现的第一个原癌基因。人的 *c-src* 定位于第 20 号染色体，含有 17 个外显子，转录产物为 3.9 ～ 4.0kb。编码具有 TRK $P60^{c\text{-}src}$，其高度同源结构位于羧基侧，具有特定激酶活性结构域，包括 *src*、*abl*、*fgr*、*fes*、*yes*、*fps*、*lck*、*lyn*、*tkl* 和 *kek*。

2. *ras* 癌基因家族（*c-ras*） 包括来自大鼠肉瘤病毒 *H-ras*、*K-ras* 和来自人神经母细胞瘤的 *N-ras*，均含有分布在 30kb 的 4 个外显子，其表达产物是由 188 或 189 个氨基酸残基组成的 21kDa 的蛋白质，称 P21 蛋白，位于细胞质膜内面，因与 G 蛋白作用类似可与 GTP 结合，又称为小 G 蛋白。其参与 cAMP 水平的调节，进而影响细胞内信号传递过程。

3. *myc* 癌基因家族（*c-myc*） 包括 *c-myc*、*l-myc*、*r-myc*、*c-fos*、*c-jun* 等，它们具有类似的结构和功能，编码核内 DNA 结合蛋白质。*c-myc* 有 3 个外显子，但有 1 个不编码，缺少起始密码，并有多个终止密码。*c-fos* 属于多基因家族，由 5 个外显子组成，成熟转录产物 2.2kb，表达产物 381 个氨基酸残基，分子质量为 55kDa，称 P55c-myc，其 C 端含有较多的碱性氨基酸，对单、双链 DNA 都有很强的亲和力，在胚胎组织、再生肝及肿瘤中表达水平高。*c-jun* 的表达产物 Jun 可以形成同源二聚体，也可与 *c-fos* 的表达产物 P55c-myc 形成异源二聚体。转录因子 AP-1（activator protein-1，AP-1）是一个 Fos 成员与一个 Jun 成员形成的二聚体，通过亮氨酸拉链与 DNA 结合，结合点为 TRE。目前发现，启动子中存在 AP-1 结合位点的基因有成骨素、胶原酶、NGF 及珠蛋白等。Jun 还能与 cAMP 激活的转录因子家族成员形成异源二聚体，通过多种途径调节其他基因的转录。

4. *sis* 癌基因家族（*c-sis*） 只有一个基因成员，由 5 个外显子组成，分布在 12kb 的 DNA 序列中，编码 241 个氨基酸残基的 *p28*，其 99 ～ 207 位氨基酸序列与血小板源生长因子（platelet-derived growth factor，PDGF）B 链同源，能刺激间叶组织的细胞分裂繁殖。但 *v-sis* 的蛋白表达产物由 258 个氨基酸残基组成，第 1 ～ 38 位氨基酸是猴肉瘤病毒的 env 残留基因产物。

5. *myb* 癌基因家族（*c-myb*） 包括 *c-myb*、*c-myb-ets* 2 个成员。编码能与 DNA 结合的核蛋白，为核内转录因子。当受到细胞外生长或分化因子刺激时能快速被诱导转录，或者说它们多属于“立早基因”的成员，这类基因首先受信号刺激迅速表达，其产物进一步调控其他基因的转录。同其他原癌基因表达产物普遍表达相反，*c-myb* 表达只限于造血组织中的不成熟细胞，表明 C-myb 蛋白在正常血液成熟过程中有一定的作用。在原癌基因的作用中，有些原癌基因（野生型）只有经过突变（突变型）才具有使细胞恶性转化的活性，如 *c-ras*。因此，原癌基因表达的蛋白质不一定都是具有致癌活性的。

三、癌基因与肿瘤的发生

原癌基因是细胞的正常基因，通常在出生后处于低表达或不表达的状态，对维持细胞正常生长、分化和凋亡起重要的调节作用，没有致癌性。但如受到致癌因素刺激则可转变成为具有转化细胞活力的癌基因，导致细胞增殖、分化异常，变为“真正”的癌基因。

（一）癌基因激活的机制

1. 点突变 点突变可激活原癌基因，*c-onc* 序列与相应的 *v-onc* 序列仅有微小的差异。这就是说在某些致癌因素的作用下，发生微小的变化就可使 *c-onc* 成为有致癌作用的癌基因。正常人的膀胱上皮 *Hgras* 基因与人膀胱癌细胞的 *Hgras* 序列差别只是第一外显子的第 12 位密码子 GGC（甘氨酸）内一个碱基发生突变为 GTC（缬氨酸）。这种点突变还可见于结肠癌、神经母细胞瘤等的癌基因。

2. 调节序列的插入 有些逆转录病毒在体外没有恶性转化培养细胞的能力，只有当感染宿主细胞后经过一个较长的潜伏期才可诱发肿瘤。在所有发生恶性转化的细胞中都发现了 LTR 序列，其含有较强的启动子和增强子，插入宿主细胞原癌基因附近或内部，可启动或影响下游邻近基因的转录，使原癌基因过度表达或不表达变表达，从而导致细胞癌变。Leder 在体外将小鼠乳腺肿瘤病毒（mouse breast tumor virus，MMTV）的 LTR 和具有不同长度 5′ 端序列的小鼠 *c-myc* 癌基因连接起来，产生 4 种杂交基因，然后将这些基因分别注射到小鼠受精卵的原核，再移植到假母输卵管，经胚胎发育最后得到 13 只转基因小鼠。其中 12 只的唾液腺组织测到 MMTV-*myc* 的表达产物，3 只雌鼠的乳腺组织也检测到表达产物，2 只雌鼠发育到妊娠泌乳期时长出乳腺肿瘤，而它们的数代雌鼠当妊

笔记栏

娠时也长出乳腺肿瘤。这个实验充分显示“增强子的插入”的确可以激活 *c-onc*，诱导动物细胞恶性转化。

3. 基因易位　原癌基因遭受各种致癌因子的攻击后，常会从其在染色体上的正常位置易位到另一个染色体的某个位置，发生基因重排，使其调控环境改变而激活。例如，在多数人伯基特淋巴瘤中，位于第8号染色体q24带的 *c-myc* 移位到14号染色体q32带的免疫球蛋白重链基因调节区旁，与该区的高活性启动子连接而被激活。免疫球蛋白的重链区有一个很强的增强子，位于V-D-J序列和C序列之间的内含子，可促进上游的C-D-J序列转录。在人慢性粒细胞性白血病可出现9q34与22q11之间的平衡易位，形成费城染色体（Philadelphia chromosome，Ph）（图22-2）。

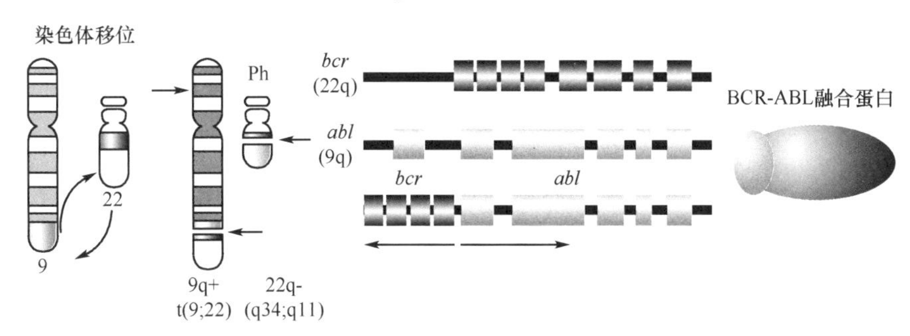

图22-2　费城染色体

位于第9号染色体上发生易位的是一个逆转录病毒癌基因 *c-abl*，而且总是连接在第22号染色体上的基因 *bcr* 上，这个融合的基因表达为杂合体mRNA，产生BCR-ABL融合蛋白，该融合蛋白具有较强的酪氨酸激酶活性。这个BCR-ABL融合蛋白的产生无疑对白血病的发展是重要的，因为动物中输入外源性融合BCR-ABL可引起相同的疾病。

4. 基因扩增　基因扩增即基因拷贝数的增加，也能激活癌基因。正常状态下，细胞经过一个细胞周期，DNA只复制一次，有时却可复制数次甚至更多即为基因扩增。一些肿瘤中发现了癌基因的扩增，如在人急性粒细胞白血病细胞株HLG60中有 cG-*myc* 大量扩增。肿瘤细胞常出现染色体特定部位均拷贝区（homogenous staining region，HSR）或双微体（double minute chromosomes，DMS）。在某些成神经瘤细胞遗传学异常区域含有与 *c-myc* 有密切关系的多拷贝基因，名为 *n-myc* 基因，使细胞功能紊乱，如结肠癌、肺小细胞癌等均可找到 *c-myb* 扩增。

（二）癌基因与肿瘤

肿瘤的发生是一个复杂的细胞恶变过程：激活的癌基因可能是细胞恶性转化的内因；激活癌基因的协同作用是使细胞恶性转化的关键；原癌基因的激活可能是部分或所有致癌因素导致肿瘤的共同途径。

1. *ras* 基因变异与肿瘤发生　点突变常见于 *ras* 基因，*ras* 基因点突变导致Ras蛋白活性过高，成为许多肿瘤发生的重要原因。大约15%的人类肿瘤有 *ras* 点突变，其中以 *K-ras* 突变为最常见，*K-ras* 的突变在肺腺癌中占30%，在结肠癌中占50%，而在胰腺癌中占90%。*N-ras* 突变常见于血液系统恶性肿瘤，如在急性骨髓细胞白血病中 *N-ras* 突变占25%，而在甲状腺癌中，有 *N-ras* 突变、*K-ras* 突变、*H-ras* 突变等多种 *ras* 基因的点突变。*ras* 在细胞增殖分化信号传递中发挥重要作用，每一种 *ras* 基因分别编码一种G蛋白，分子质量为21kDa，故称为P21。

2. *myc* 基因变异与肿瘤发生　*myc* 基因在细胞生长调控中具有重要的作用。Myc蛋白在细胞内的功能形式是与Max蛋白形成二聚体；Max具有较强的DNA结合能力，而Myc的N端具有转录活性区，Myc的过度表达可刺激相关基因的转录而有助于细胞的增殖及肿瘤的形成。Myc蛋白是与某些人类肿瘤关系密切的转录因子，它在人类肿瘤中的活化方式首次在伯基特淋巴瘤中发现，可通过染色体易位而活化。

微课22-1

3. *bcl-2* 基因与肿瘤发生　*bcl-2* 基因是从B细胞淋巴瘤中鉴定出来的癌基因，通过染色体易位而激活，易位涉及14q的免疫球蛋白重链基因及染色体18q的部分序列。这一易位使得 *bcl-2* 基因序列与Ig位点的强调控元件相结合，导致易位细胞中 *bcl-2* 基因表达失控。*bcl-2* 的活化能抑制淋巴细胞程序化死亡（programmed cell death），导致某些淋巴瘤的发生。绝大多数结节非霍奇金淋巴瘤中均能见到易位活化的 *bcl-2* 基因表达。

四、原癌基因的产物与功能

原癌基因具有真核细胞基因结构的一般特性，即有外显子和内含子。在正常细胞表达水平低，不具有使靶细胞恶性转化的功能。其所编码的蛋白质与细胞生长调控的许多因子有关，按基因表达产物在细胞信号传递系统中的作用分如下4类：

（一）生长因子

某些癌基因可直接表达生长因子样活性物质，*sis* 基因首次发现于猴肉瘤病毒。1983 年的研究表明，*sis* 基因表达产物与 PDGF B 链同源，这是对间质细胞如成纤维细胞的一种强力的促细胞分裂原。用携带 *sis* 癌基因的病毒感染的细胞，通过自身分泌刺激方式变为转化细胞。这种方式通过作用于细胞膜上的受体系统或直接被传递至细胞内，再通过多种蛋白激酶活化，对转录因子进行磷酸化修饰，引发一系列基因的转录激活（详见本章第 3 节）。

（二）生长因子受体

原癌基因另一类的产物为跨膜生长因子受体，它能接受细胞外的生长信号并将其传入胞内。跨膜生长因子受体有胞质结构区域，并具有酪氨酸特异的蛋白激酶活性。例如，*c-src*、*c-abl* 等另一些癌基因所编码的激酶不是在酪氨酸上磷酸化，而是使丝氨酸和苏氨酸残基磷酸化。通过这种磷酸化作用，使其结构发生改变，增加激酶对底物的活性，加速生长信号在细胞内的传递。动物包括人类都是由单细胞胚胎发育而成的，胚胎发育又是一个异常复杂的过程，各种组织和器官的形成涉及细胞增殖、分化和运动等，而这些过程必须受到精密的调控，其中任何一个环节出现了错误，都会产生胚胎畸形甚至死亡，或引起多种先天性疾病。

而另一类生长因子受体定位于细胞液，当生长因子与胞内相应的受体结合后，形成生长因子G受体复合物，后者亦可进入细胞核活化相关基因促进细胞生长。生长因子能对靶细胞产生促有丝分裂的作用。

（三）细胞内信号传导体

生长信号到达细胞后，借助一系列胞内信息传递体系，将接受的生长信号由胞内传至核内，促进细胞生长。胞内信号传递体系成员多是原癌基因的成员，或通过这些基因产物的作用影响第二信使，如非受体酪氨酸激酶（*c-crl*、*c-bal* 等），丝 / 苏氨酸激酶（*c-ras*、*c-mas*），*ras* 蛋白（*H-ras*、*K-ras* 和 *N-ras* 等）及磷脂酶（*crk* 产物）。例如，*c-erbB2* 基因，又称为 *neu* 基因，编码一种与上皮生长因子受体（EGFR）非常相似的磷酸化蛋白质，分子质量为 185kDa，又称 P185。与正常的 *c-erbB2* 基因比较，从肿瘤细胞中分离出的 *c-erbB2* 基因，由于跨膜区的氨基酸序列变异而具有转化活性。但在乳腺癌、卵巢癌和胃癌等多种肿瘤中，采用抗肿瘤治疗时 *c-erbB2* 基因扩增或过表达阳性的患者表现对抗肿瘤治疗的敏感性低，预后差，而采用人源化抗 *CGerbB2* 蛋白抗体可抑制这种依赖于 *c-erbB2* 过度表达的肿瘤细胞的恶性生长，获得比较满意的治疗效果。在哺乳动物基因组中，一个激活了的 *ras* 基因就是导致人类膀胱癌的癌基因，某些癌基因的表达产物为生长因子受体。

（四）核内转录因子

为了改变细胞的生长状态，细胞的基因表达方式必会发生改变。事实上有某些癌基因（如 *myc*、*fas* 等）表达蛋白定位于细胞核内，它们直接与靶基因的调控元件结合调节转录活性发挥转录因子作用。这些蛋白质通常在细胞受到生长因子刺激时迅速表达，促进细胞的生长与分裂过程。例如 *c-ras*、*c-myc*、*c-rel*，在静止细胞中表达水平很低，但在促细胞分裂信号刺激下很快被激活。*c-fos* 是一种即刻早期反应（立早）基因，在生长因子、佛波酯、神经递质等作用下，*c-fos* 能即刻、短暂表达，作为传递信息的第二信使。由此可见，原癌基因具有广泛的生物学作用。它们不仅与肿瘤的发生有关，还是以调节细胞生长、分化为主要功能的正常基因组成成分。

第 2 节　抑癌基因

一、抑癌基因的概念

正常细胞生长的调节控制，涉及调控细胞生长的基因（如原癌基因）和调节生长抑制的基因（如抑癌基因）的协调表达，互相制约，使细胞生长处于相对的动态平衡中，细胞生长到一定程度则自动产生反馈抑制。判定抑癌基因的基本标准：①恶性肿瘤的相应正常组织中该基因正常表达；②恶

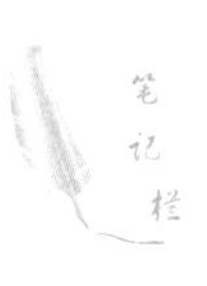

性肿瘤中该基因应有功能失活或结构改变或表达缺陷；③将该基因的野生型导入基因异常的肿瘤细胞内可部分或全部改变其恶性表型。属于这一类型的 2 个典型基因的蛋白是 RB 蛋白和 P53 蛋白。它们是肿瘤抑制基因编码的产物，这种基因称为抑癌基因。抑癌基因是一类抑制细胞过度生长、增殖从而遏制肿瘤形成的基因，抑癌基因的丢失或失活可能导致肿瘤发生。

二、常见抑癌基因及其作用

抑癌基因及其产物对细胞增殖起负性调节作用，通常认为是 2 个等位基因都丢失或失活后才显示出抑癌功能缺陷，故抑癌基因的发现和分离都很困难。从 1971 年 Knudson 提出两次突变论，1978 年 Francke 发现 13 号染色体特定部位的缺失，到 1989 年 *Rb* 基因全部被克隆，克服了抑癌基因研究中的障碍，抑癌基因的分离和鉴定工作获得了快速的进展。目前已被克隆的抑癌基因（表 22-2）和未被克隆的候选抑癌基因已达 20 余种，且新的抑癌基因还在不断被鉴定分离。

表 22-2 常见的某些抑癌基因

基因名称	染色体定位	常见主要相关肿瘤	作用
p53	19p13	多种肿瘤	编码 P53 蛋白
Rb	13q14	视网膜母细胞瘤	编码 P105Rb1 蛋白
p16	9p21	黑色素瘤、结肠癌等肿瘤	编码 CD4 的抑制蛋白（P16 蛋白）
p15	9p21	神经胶质瘤、白血病、非小细胞肺癌等	CDK4/CDK6 抑制蛋白（P15 蛋白）
P27	12p13	消化道肿瘤、乳腺癌、肺癌、宫颈癌等	编码 cyclinE-CDK2 抑制蛋白（P27 蛋白）
APC	5q21	结肠癌、胃癌、肝癌等	可能编码 G 蛋白
DCC	18q21	结肠癌、前列腺癌、食管癌等	编码表面蛋白
WT1	11p13	肾母细胞瘤、横纹肌肉瘤等	编码含锌指的转录因子
NF1	17q11.2	神经纤维瘤等	编码 GTP 酶激活蛋白
NF2	22q12	施万细胞瘤、脑膜瘤	编码与细胞膜和骨架连接蛋白
nm23	17q22	多种肿瘤转移	产物与核苷二磷酸激酶（NDPK）高度同源
VHL	3p25	肾癌、宫颈癌等	编码转录调节蛋白
BRCA	17q21	乳腺癌、卵巢癌	编码核内磷酸化蛋白
PTEN	10q23.3	胶质母细胞瘤、前列腺癌、子宫内膜癌、淋巴瘤等	编码 PTEN 蛋白
DPC4	18q21.1	胰腺癌、胆管癌	编码 DPC4 蛋白

抑癌基因在特定位置发生一个核苷酸的突变，使编码的相应蛋白质的一个氨基酸发生改变，从而改变蛋白质的空间构型和生物学功能。

三、抑癌基因与肿瘤的发生

（一）*Rb* 基因

1986 年，美国 3 个实验室分别独立克隆了 *Rb* 基因，全长约 200kb，含有 27 个外显子，26 个内含子。其外显子大小不同，短的仅 31bp，长的可达 19kb，转录产物为 4.7kb 的 mRNA，编码由 928 个氨基酸组成的 105 ～ 110kDa 的核内磷酸化 RB 蛋白。*Rb* 基因是最早发现的肿瘤抑制基因。最早发现于儿童的视网膜母细胞瘤，因此称为视网膜母细胞瘤基因（retinoblastoma gene，*Rb*）。

RB 蛋白有磷酸化和非磷酸化 2 种形式，非磷酸化形式称活性型，能促进细胞分化，抑制细胞增殖。调节 RB 蛋白磷酸化状态重要的过程发生于 G_1/S 期交界处，磷酸化可使 RB 蛋白与细胞内蛋白质形成复合物的能力丧失。

在正常情况下，机体携带 2 个拷贝具有功能的 *Rb* 基因，即 2 个 *Rb* 等位基因，一个发生突变并不导致肿瘤，而一个细胞发生 2 次突变的机会很少见。

视网膜母细胞瘤受累的家族成员发生的肿瘤是遗传而来的。*Rb* 基因的异常常表现为等位基因纯合子缺失、杂合子丢失和基因突变。在遗传型视网膜母细胞瘤，儿童生下来已经有一个来自父母的、遗传获得的 *Rb* 基因被破坏，现在只需要再发生一次突变，损伤残留的另一个正常基因就可以导致肿

瘤的发生。在视网膜母细胞瘤中，多数病例的 *Rb* 基因表现为完全或部分缺失。缺乏正常结构的 RB 蛋白使其不能充分与E2F 结合而使后者强烈激活靶基因，使细胞进入 S 期。已经证实，某些 DNA 肿瘤病毒的抗原（癌基因产物）可与非磷酸化的 RB 蛋白发生特异性结合，如 SV40 病毒的 T 抗原、腺病毒的 E1A 和 HPV 的 E7 等，发挥这些病毒转化细胞的能力。*Rb* 基因对肿瘤的抑制作用与转录因子（E2F）有关。E2F 是一类激活转录作用的活性蛋白。非磷酸化型的 RB 蛋白可与 E2F 结合成复合物，使 E2F 处于非活化状态并抑制其活化基因表达。而 RB 蛋白被磷酸化时可与 E2F 解离，E2F 与一种 DP1 蛋白形成二聚体，活化一系列在细胞由 G_1 进入 S 期转换过程中起关键作用的基因表达，细胞立即进入增殖阶段。在 G_1 期，RB 为去磷酸化状态；当细胞进入 S 期时，磷酸化状态急剧增加，并持续到 G_2 和 M 期，细胞 G_1/S 期 RB 磷酸化受周期调节激酶 CDK2 调节。在病毒转化的宿主细胞中，腺病毒 EIA、SV40 的 T 抗原和 HPVE7 蛋白可与 RB 蛋白结合使其失活。当 *Rb* 基因发生缺失或突变，丧失结合、抑制 E2F 的能力，于是细胞增殖活跃，导致肿瘤发生。

案例 22-1

患者，男，29 个月，因父母发现患儿晚上右眼发蓝而就诊。检查患者外眼无炎症，右眼视力明显下降，仅可辨光。右眼瞳孔开大，经瞳孔可见黄光反射（黑矇猫眼），眼底检查见右眼底后方偏下椭圆形、边界清楚的黄色隆起结节，表面不平，有新生血管，结节大小不一。

初步诊断：右眼视网膜母细胞瘤。

问题：1. 视网膜母细胞瘤发病机制是什么？

2. 患儿预后如何？

案例 22-1 分析讨论

视网膜母细胞瘤是婴幼儿时期最常见的眼部恶性肿瘤，占 15 岁以下儿童恶性肿瘤的 3%。无种族、地域及性别的差异。视网膜母细胞瘤的发病率随年龄的增长而迅速降低，89% 的视网膜母细胞瘤发生在 3 岁以前。在无家族史的患者中，单眼患者平均诊断年龄为生后 25 个月。在有家族史的患者中，诊断年龄明显提前，于生后 3 ～ 9 个月出现 2 个高峰。也有出生后即被发现及成年后才发现的患者，但很少见。*Rb* 基因一旦丧失功能或先天性缺乏，视网膜母细胞则出现异常增殖，形成视网膜母细胞瘤。在肿瘤的发展过程中根据生长的部位和细胞分化的程度不同，临床表现也极不一致。临床上分为 4 期，眼内生长期、眼压增高期、眼外扩展期和全身转移期，多发生在眼底后极偏下方位置。

在眼内生长期肿瘤起源于内、外核质层，分别向玻璃体或脉络膜生长，使视网膜表面不规则隆起或发生扁平脱离，视力减退。眼内肿瘤的生长导致眼压增高，引起明显的眼痛等继发性青光眼症状。肿瘤通过穿通角膜或穿透巩膜向眼外蔓延，经视神经进入颅内。晚期经血管或淋巴管转移到脑、骨骼、肝等，导致死亡，故患者预后不佳。早期应尽早将眼球摘除，一侧 50% 存活 5 年。*Rb* 基因失活还见于多种肿瘤，具有一定的广泛性。在其他肿瘤中也存在 *Rb* 基因的异常，其 *Rb* 基因的序列是完整的，显示一个常发生在剪切点上的突变，导致 *Rb* mRNA 在组装时外显子漏掉，产生异常的 RB 蛋白。

（二）*p53* 基因

p53 于 1979 年由 Lane 等发现，*p53* 基因以其编码 P53 蛋白而得名，它是第一个被发现的核内蛋白质，它和 SV40 的 T 抗原结合，并被 T 抗原所稳定。*p53* 是根据它的分子质量（53kDa）而命名的。在 DNA 肿瘤病毒引起的肿瘤中，常可见 *p53* 的变化，而非致癌的病毒突变感染的细胞中，并不发生 *p53* 的改变。人类肿瘤中约 50% 以上与 *p53* 基因变化有关，*p53* 基因也被 *Science* 评为 1993 年明星分子。

野生型 *p53* 基因全长 20kb，由 11 个外显子组成，编码由 393 个氨基酸组成的 53kDa 的核内磷酸化蛋白，在体内以四聚体形式存在，具有蛋白质 -DNA 和蛋白质 - 蛋白质结合的功能。P53 蛋白有 5 个高度保守区，分别位于氨基酸残基的 13 ～ 19、117 ～ 142、171 ～ 181、234 ～ 258 和 270 ～ 286。*p53* 是细胞生长周期中负调节因子，与细胞周期的调控、DNA 修复、细胞分化及细胞凋亡等生物学功能有关。*p53* 基因分为野生型和突变型两种。野生型 P53 蛋白极不稳定，半衰期仅 20 ～ 30min，并具有反式激活功能和广谱肿瘤抑制作用。按照氨基酸序列将 *p53* 基因表达产物分

笔记栏

为 3 个区。

1. 核心区　位于 P53 蛋白分子中心，由 102 ～ 290 位氨基酸残基构成的高度保守区，含有 DNA 特异结合氨基酸序列（图 22-3）。

2. 酸性区　由 N 端 1 ～ 80 位氨基酸残基组成，易被蛋白酶水解，含有一个特殊的磷酸化位点。

3. 碱性区　位于 C 端，由 319 ～ 393 位氨基酸残基组成，通过这一片段 P53 蛋白形成四聚体。C 端可单独具备转化活性发挥癌基因作用，具有多个磷酸化位点，被多种蛋白激酶所识别。*p53* 基因时刻监控着基因的完整性，一旦细胞 DNA 遭到损害，P53 蛋白其核心区域与相应基因的 DNA 部位特异结合。其 N 端序列有转录活性作用。一方面活化 *p21* 基因转录，调节 CDK 活性，使细胞停滞于 G_1 期；另一方面，可调节 DNA 损伤修复蛋白的 Gadd45 基因，决定细胞是否启动 DNA 合成。在 DNA 受到损伤时，野生型 *p53* 可使细胞停滞于 G_1 期，并与 REA 相互作用参与 DNA 的复制与修复；如果修复失败，P53 蛋白即启动程序性死亡过程诱导细胞自杀，阻止有癌变倾向突变细胞的生成，从而防止细胞恶变（图 22-4）。

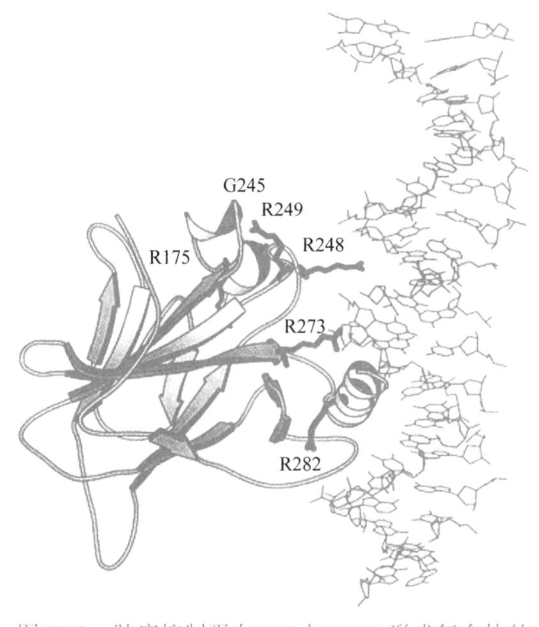

图 22-3　肿瘤抑制蛋白 P53 与 DNA 形成复合体的结合域

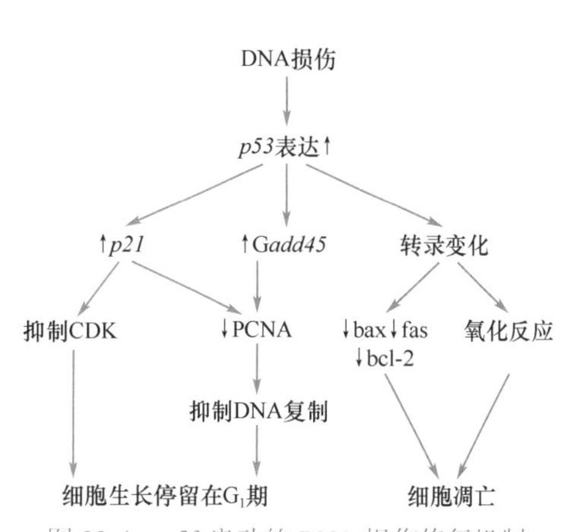

图 22-4　*p53* 启动的 DNA 损伤修复机制

p53 基因的突变是许多肿瘤发生的原因之一。其突变的形式可以表现为点突变、缺失突变、插入突变、移码突变和基因重组等。突变位点大多数集中在第 5 ～ 8 个外显子，称为突变热点（hot spots）。86% 的突变发生于进化保守区，如肺癌 *p53* 突变发生在 273 密码子，结肠癌发生在 175 密码子。*p53* 基因的另一种突变为等位基因的丢失，特别是当一个等位基因发生点突变时，另外一个等位基因便存在丢失的倾向，这种 2 个等位基因都失活的现象在结肠癌和乳腺癌中发生频率较高。P53 蛋白既有与双链或单链 DNA 结合的能力，还有与 DNA 病毒编码的产物结合的能力。当 *p53* 发生突变后，由于空间构象改变影响到转录活化功能及 P53 蛋白的磷酸化过程，并且使 P53 蛋白半衰期延长至 6 ～ 12h，这不单失去野生型 *p53* 抑制肿瘤增殖的作用，突变本身又使该基因具备癌基因功能。突变 P53 蛋白可与野生型 P53 蛋白相结合，形成寡二聚体，而不能结合 DNA，使一些细胞癌基因转录失控，促进细胞恶性转化，减少细胞凋亡。多种人类肿瘤，如白血病、结肠癌、食管癌、乳腺癌、肺癌、肝癌等几乎都有 *p53* 基因的缺失或点突变。利 - 弗劳梅尼（Li-Fraumeni）综合征是以乳腺癌为主的家族性肿瘤综合征，有明显的肿瘤家族史，患者 *p53* 基因突变位于 248-258 密码子，不仅存在于肿瘤细胞，而且也见于正常细胞中。

微课 22-2

（三）*p16* 基因

1994 年，Kamb 和 Beach 分别观察到黑色素瘤细胞中出现一种等位基因的丢失或突变，称为 *p16* 基因，后被人类基因组命名为周期素依赖激酶抑制物 2（cyclin dependent kinase inhibitor 2，CDKI2）。

p16 基因由 2 个内含子和 3 个外显子组成，编码一种分子质量为 15.8 kDa 的 CDK 抑制蛋白，简称 *p16*。P16 蛋白既是细胞周期有效调控者，又是抑制肿瘤细胞生长的关键因子，可通过与 cyclin 竞争 CDK4/6 结合而特异性抑制其活性，抑制细胞的增殖，阻止细胞的生长。当 cyclinD 与 CDK4/6 结合时刺激细胞生长分裂，正常两者处于平衡状态。当 *p16* 基因异常，不能正常表达时，cyclinD 则与 CDK4/6 优势结合，使细胞生长失去控制，细胞表型发生变化。在视网膜母细胞瘤，非磷酸化的 RB 可阻止细胞进入 S 期，而 CDK4/6 与 cyclinD 结合后促使 RB 磷酸化，发挥 *Rb* 对转录因子的抑制作用。在晚期胶质瘤中，*p16* 基因缺失达 71%，当 *p16* 基因异常而不能正常表达时，CDK 抑制 RB 的磷酸化而失活，而使细胞分裂增强。

在实体瘤组织中平均 *p16* 基因缺失可达 70% 左右，因 *p16* 基因片段小，而且有明确的作用靶点，是基因治疗研究中较为理想的研究对象。

（四）*p27* 基因

p27 是细胞周期素依赖性激酶抑制因子（cyclin dependent kinase inhibitor，CKI）的两大家族（KIP 家族和 INK 4 家族）中 KIP 家族的重要成员之一，具有广泛抑制各种细胞周期蛋白和激酶活性的作用，是细胞周期的负调控因子。*p27* 是 1994 年 Polyak 等在转化生长因子 -α（TGF-α）和细胞接触抑制导致的静息细胞 Mvilu 提取物中发现的一种抑癌基因。它定位于 12 号染色体短臂 1 区 3 带（12p13），编码蛋白是分子质量为 27kDa 的热稳定蛋白，能作用于整个细胞周期，主要与 cyclinE-cdk2、cyclinD-cdk4 及 cyclinD-cdk6 结合，抑制 CDK-cyclin 复合物的活性，发挥其激酶抑制作用，具有负调控细胞周期进程、参与细胞分化的调控、诱导细胞凋亡等作用。正常情况下 *p27* 基因在 G_0/G_1 期表达增高，当细胞进入 S 期表达下降。cyclinE-CDK2 是细胞通过 G_1/S 限制点的关键，*p27* 通过抑制 cyclinE-CDK2 复合物的活性使细胞阻滞在 G_0 期或 G_1 期，控制细胞由 G_1 期进入 S 期的位点，从而抑制细胞的增殖。除此之外 *p27* 还可调节实体瘤的耐药性，防止炎症对机体的损伤。*p27* 被广泛应用于各种肿瘤如消化道肿瘤、乳腺癌、肺癌、宫颈癌等治疗的试验研究。研究发现在人类几乎所有的上皮性肿瘤都有 P27 蛋白的表达下降或缺失，P27 在正常组织、癌前病变、良性肿瘤、肿瘤的早晚期表达有逐渐减低趋势。*p27* 基因剔除的小鼠出现多种组织器官增生综合征，表现为体态肥大、多器官肥大、组织增生、视网膜变性、雌性不孕等。*p27* 表达水平的变化对于判断肿瘤的预后有重要的意义，在某些肿瘤中其判断肿瘤的预后强于用组织学分级或其他抑癌基因如 *p53*。分析浸润、转移情况不同的结肠癌患者癌组织 *p27* 表达水平变化，发现 *p27* 表达水平在出现淋巴结转移的患者中显著降低；在具有高转移潜力的Ⅲ、Ⅳ期结直肠癌患者中，P27 蛋白高表达者比弱或无表达者生存期平均长 23 个月，P27 是乳腺癌、结直肠癌患者良好的独立预后指标；胃癌手术切除标本中 *p27* 低水平表达与肿瘤分化差、浸润程度深及淋巴结转移明显相关；低分化和有肝内转移的肝癌组织中 P27 蛋白含量明显降低。对 P21、P27、P53 单独及联合应用在胃癌预后判断中的作用研究，发现 *p21*、*p27* 阳性表达患者预后好于 *p53* 阳性表达者。*p27* 的降解主要由泛素介导的 187 位苏氨酸磷酸化引起，半衰期较短（约 2h），在体内不稳定，因此 P27 kip1 被称为“短寿蛋白”。Kudo 等研究发现将 187 位的苏氨酸置换成丙氨酸，P27 蛋白将不被泛素激活，蛋白降解明显降低。Jean 等将 *p27* 转染 HeyC 2 细胞，发现细胞生长明显抑制。

总之，细胞原癌基因与抑癌基因协调表达以维持细胞正常生长、增殖与分化。抑癌基因的缺失或突变失活不仅使其丧失抑癌作用，反而变成具备促癌效应的癌基因。肿瘤的发生与发展往往涉及多种癌基因在不同的癌变时期的相继激活，以及几种抑癌基因的突变或缺失。

第 3 节 生长因子

一、生长因子概述

生长因子（growth factor）又称细胞生长调节因子，是一类能促进靶细胞增殖生长等细胞效应的多肽类物质。它们通过与质膜上特异的受体相互作用将信息传递至细胞内，对靶细胞生长增殖起调节作用。细胞生长调节因子包括促进细胞增殖的细胞生长因子及能抑制细胞增殖的细胞生长抑制因子。生长因子种类很多，常见的生长因子及功能见表 22-3。

表 22-3　常见的生长因子及功能

生长因子	来源	功能
表皮生长因子（EGF）	颌下腺	促进表皮与上皮细胞生长
促红细胞生成素（EPO）	肾、尿	调节红细胞的发育
类胰岛素生长因子（IGF）	血清	促进软骨细胞分裂，对多细胞发挥胰岛素样作用
神经生长因子（NGF）	颌下腺	营养交感及某些感觉神经元
血小板源生长因子（PDGF）	血小板	促进间质及胶质细胞生长
转化生长因子 -α（TGF-α）	肿瘤细胞	类似 EGF
转化生长因子 -β（TGF-β）	肾、血小板	双向调节

近年发现，多数生长因子不仅对某种特定细胞产生多种效应，作用的效应细胞类型也非常广泛。一种生长因子有时兼有抑制和促进细胞增殖两种功能。同时一种生长因子作用于靶细胞可以影响其他生长因子的功能，彼此互相协同，互相影响，构成复杂的生长因子网络。

根据生长因子产生细胞与接受生长因子作用的细胞相互之间的关系，可概括为以下 3 种模式：①内分泌（endocrine），从细胞分泌出来的生长因子，通过血液运输作用于远隔的靶细胞，如 PDGF 源于血小板，作用于结缔组织细胞；②旁分泌（paracrine），细胞分泌的生长因子作用于邻近的其他类型细胞，因自身细胞缺乏相应受体而不发生作用；③自分泌（autocrine），生长因子作用于合成及分泌该生长因子的细胞本身，生长因子的作用方式以后 2 种为主（图 22-5）。

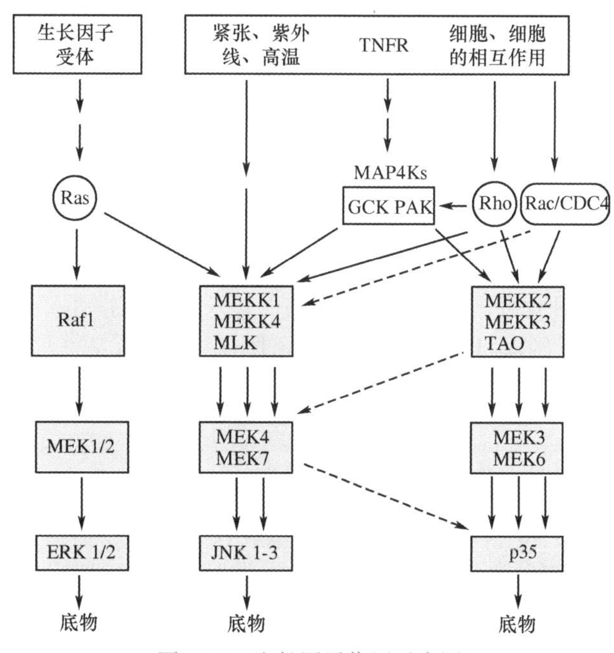

图 22-5　生长因子作用示意图

二、生长因子的作用机制

多数肽类生长因子以大分子的蛋白前体形式合成，经过蛋白酶剪切，产生成熟的单体，聚集或不聚集分泌后，与靶细胞膜表面或细胞内受体结合，通过信号转导途径将其信号传至核内或直接作用于染色体，引发基因转录而达到调节细胞生长与分化的作用（图 22-6）。生长因子跨膜信号的传递是生长因子作用的主要方式，因生长因子的不同，可通过不同途径进行传递。生长因子跨膜传递途径主要有 3 条：TPK 途径；G 蛋白 - 磷脂酶 C 途径（PKC 途径）；G 蛋白 - 腺苷酸环化酶途径（PKA 途径）。生长因子的信号通过这 3 条途径的传递，通过磷酸化级联反应（cascade reaction）导致核内转录因子的活化而引起基因转录。例如，PDGF 与受体（PDGFR）结合后，PDGFR 的 TRK 活性被激活，PI3KR 含有能结合 SH_2 结构域蛋白的结合位点，c7、PI3K 的 p85 调节亚基、连接物蛋白（Grb2）、Shc、ras-GTP 酶活化蛋白（GAP）及 STAT 家族中的转录因子。PDGFR-qp85 结合后，促使 p85 与

p110 聚集并激活 PI3K。被激活的 PI3K 可活化 PKB、P70 核糖体蛋白 S6 激酶（P70S 6K）、磷脂酰肌醇依赖性蛋白激酶 D1（PDKl）。PDKl 还能结合并磷酸化 PKC 的激酶结构域而使 PKC 活化。PI3K 所引起的一系列效应最终导致 mRNA 及蛋白质的生物合成。

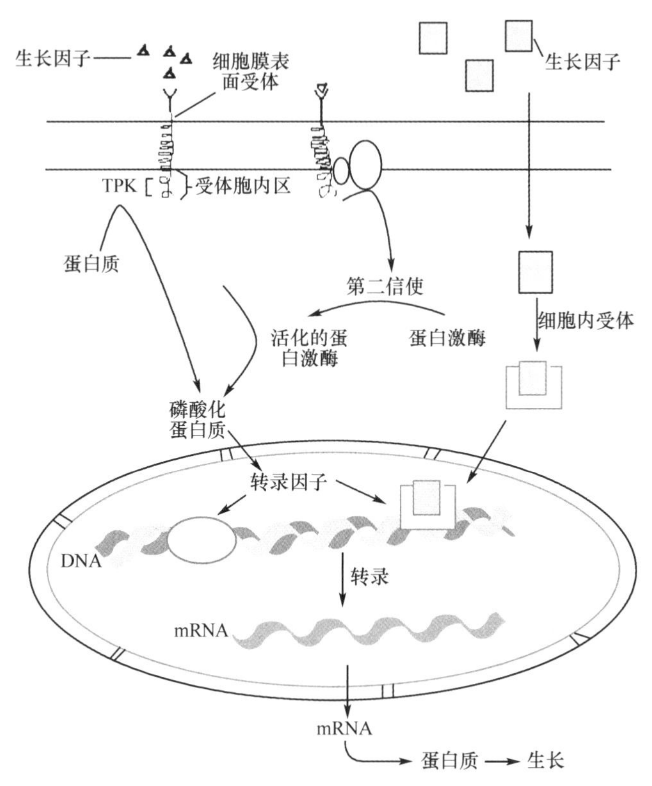

图 22-6 生长因子作用机制示意图

另外，肽类生长因子还可能有一条细胞核直接作用途径。研究发现 EGF 与受体解离后即被分解，但也有较少部分 EGF 未被降解而进入细胞核，作用于分子量为（2 ～ 2.2）$\times 10^3$ 的单链蛋白质，而促进转录，如 EGF 可促进纯化的小鼠成纤维细胞核的转录。而 EGF 主要与其受体结合后，其受体 TPK 被活化，可使转录因子 STAT-1（p91）磷酸化，使 STAT-1 由无活性形式转变为有活性的转录因子而促使 *c-fos* 基因转录。

三、生长因子与临床

（一）生长因子与肿瘤

各种生长因子都与细胞增生有关，如 EGF 可促进多种细胞有丝分裂，刺激细胞增生促进创伤愈合。在肿瘤发生发展中，肿瘤细胞通过自分泌、旁分泌的 EGF 刺激细胞 TPK 活性，使细胞不断分裂增生。PDGF 主要促进结缔组织相关细胞分裂增生，参与胚胎发育、创伤修复、肿瘤形成和纤维变性等多种过程。HGF 介导肿瘤组织与间质的作用，促进肿瘤的浸润与转移。TGF-β 受体无 TPK 活性而有 Ser/Thr 激酶活性，其作用包括抑制多种正常细胞及肿瘤细胞增生，TGF-β 受体可促进肿瘤抑制基因表达，因此 TGF-β 受体突变常是肿瘤的遗传因素之一。

癌基因 / 生长因子信号途径与肿瘤发生密切相关。某些癌基因属于生长因子类，某些属于信号转导途径的不同成分，包括受体、小 G 蛋白、蛋白激酶和转录因子等。在肿瘤组织中，一些蛋白激酶（如 TPK、PKA、PKC 等）活性都有不同程度的上升。每种蛋白激酶有特异性底物，而这些激酶可能有相同的底物；一个信号途径被激活后又可影响另一个途径，形成复杂的信号转导网络，因而有可能在同一细胞内促进细胞增生的各种信号同时被激活。此外，在肿瘤细胞中常表现为促进增生的信号加强，主要表现为肿瘤细胞分泌更多的生长因子，生长因子受体数量增多，信号途径分子异常激活。

（二）生长因子与心血管疾病

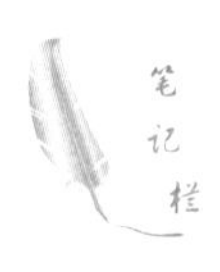

常见的心血管疾病包括原发性高血压、动脉粥样硬化、心肌肥厚、心肌梗死和心力衰竭等，严

重影响人们的健康。随着研究的深入，发现多种心血管疾病（如原发性高血压、心肌肥厚、动脉粥样硬化等）的发生与某些原癌基因过表达、抑癌基因表达减少和生长因子相关。

1. 动脉粥样硬化 动脉粥样硬化也是一种以细胞增殖和变性为主要特征的疾病。癌基因和抑癌基因与动脉粥样硬化可能有密切关系。动脉粥样硬化斑块损伤的细胞，癌基因表达比正常组织高5～12倍。癌基因的高表达产生过量的PDGF，引起组织细胞的增生和血管壁斑块形成。

2. 心肌肥厚 癌基因存在于正常心肌、血管平滑肌和内皮细胞中，为心血管生长发育所必需。心肌肥大时，许多癌基因（*ras*、*myb*、*myc*、*fos* 等）发生过量表达。生长因子在心肌肥厚发生中的作用十分关键。与此有关的生长因子有IGF、TGF及成纤维细胞生长因子（FGF）等。

小结

癌基因是指其编码产物与细胞的肿瘤转化有关的基因，是一类普遍存在于正常细胞内调控细胞增殖和分化的重要管家基因，以显性的方式促进细胞转化。可分为病毒癌基因和细胞癌基因。病毒癌基因能使宿主细胞发生恶性转化，形成肿瘤。细胞癌基因又称为原癌基因，因对细胞的正常生长与分化的调节作用而为生命活动所必需。原癌基因可通过点突变、基因扩增、获得启动子或增强子及基因移位的方式而被激活，当激活时基因的结构发生异常或表达失控而导致细胞恶性肿瘤的形成。抑癌基因是一类抑制细胞增殖的基因。正常的抑癌基因在特定位置发生一个核苷酸的突变，使相应的蛋白质的一个氨基酸发生改变，从而改变蛋白质的空间构型和生物学功能。当抑癌基因失活时可引起细胞转化。抑癌基因的失活常因基因的突变、缺失引起。生长因子是一类能促进细胞增殖的肽类，通过与质膜上的特异受体发挥作用。这些受体有的位于细胞膜，有的位于细胞内部。膜表面受体属胞内有酪氨酶激酶活性结构域跨膜受体蛋白。当生长因子与这类受体结合后，一些可通过激活酪氨酸激酶使相关蛋白质磷酸化。另一些则通过胞内第二信使使蛋白激酶活化，活化的蛋白激酶同样可使胞内相关蛋白质磷酸化，然后再活化核内的转录因子，引发基因转录，从而调节生长与分化。恶性肿瘤的基本生物学特征是细胞增殖失控、分化异常、凋亡抑制，细胞具有侵袭性及转移性。

（叶 辉）

笔记栏

第23章PPT

第23章 基因诊断与基因治疗

人类疾病的各种表型大多数都与内在的基因异常有关，基因的改变往往是疾病发生的根本原因。基因的改变包括人体自身基因结构和表达的异常，也包括外源性细菌、病毒基因在人细胞中的扩增和表达。采用现代分子生物学手段，从基因水平检测人体细胞中的基因结构和表达的改变，分析疾病发生的原因及机制，评估个体在基因水平对某些疾病的易感性，这是基因诊断（gene diagnosis）的基本任务；针对各类基因结构、表达的改变而采取的针对性矫正手段，降低外源基因的水平属于基因治疗（gene therapy）的内容。

1976年美国加州大学华裔科学家简悦威（Y. W. Kan）博士采用DNA片段多态性分析技术，对镰状细胞贫血患者血红蛋白基因进行了特异性产前诊断，这是基因诊断的首次尝试和应用。随着分子生物学技术的进步，基因诊断从实验室研究逐渐进入了临床应用，用于许多遗传病的诊断。作为一种新的临床诊断方法，基因诊断范围不断扩大，可以用于产前诊断，也可用于症状前诊断；不但用于单基因病（由一个基因位点上突变引起）诊断，还用于多基因病（如高血压、动脉粥样硬化和肿瘤等）和获得性基因病（即由病原学微生物感染引起的感染性疾病如HIV、SARS和新冠肺炎等）诊断。目前基因诊断已经广泛地用于遗传性疾病、感染性疾病及肿瘤等的早期诊断、分期分型、疗效及预后判断，并使得基因治疗成为可能，为一些重大疾病的根本性治疗提供基础，显示出区别于传统诊断和治疗技术的独特优势及重大的临床应用价值。1990年美国国立卫生研究院（NIH）和其下属重组DNA顾问委员会（RAC）批准实施了第一例基因治疗的临床试验方案。

第1节 基因诊断

人类疾病产生的原因多种多样，但绝大多数都与基因变异密切相关。基因结构变异通常包括点突变、缺失或插入突变、染色体易位、基因重排、基因扩增等，往往是由于先天遗传造成，引起遗传性的分子病；在后天内、外环境因素的影响下，也可能引起体细胞中内源基因结构发生突变或基因表达发生异常，导致细胞增殖失控而产生肿瘤、免疫性疾病等。此外，病毒、细菌或寄生虫等感染人体后，其特异的基因进入人体细胞，甚至整合到宿主染色体中，发生外源性基因扩增或表达，引起各种感染性疾病。采用基因诊断技术，不仅可以在DNA水平上检测与疾病相关的内源基因和外源基因的存在、结构变异及基因多态性，也可以在RNA水平上检测致病基因的表达是否异常，以此对相应疾病进行诊断、治疗和预后分析。

一、基因诊断的概念和特点

利用现代分子生物学技术方法，鉴别生物体DNA、RNA的存在与否、进行序列分析，从而达到诊断疾病的方法称为基因诊断，又称DNA诊断或分子诊断（molecular diagnosis）。它是继形态学、生物化学和免疫学诊断之后的第四代诊断技术。基因诊断一般是基于疾病的表型与基因型的关系已经明确的基础之上，选择患者的血液、组织、羊水、绒毛、精液、毛发、唾液和尿液等一种或多种样本，提取其DNA或RNA，鉴定目的基因存在与否、进行序列分析或进行基因表达的检测。目前基因诊断主要针对DNA分子，功能分析时还可定量检测RNA（主要是mRNA）和蛋白质分子。RNA在样本中容易降解，提取RNA的样本必须用新鲜样品，并经逆转录成cDNA后再进行后续分析。基因诊断属于病因诊断，可以揭示尚未出现临床症状个体与疾病相关的基因状态，对于表型正常的携带者或某种疾病的易感者能提前作出诊断和预测，特别是对于确定有遗传病家族史的个体或产前的胎儿是否携带有疾病基因的检测具有重要临床指导意义。

传统的医学诊断依据是患者的临床症状和体征，这些疾病的表型改变通常特异性较差，且在中晚期才会出现明显的症状，难以作出准确判断并容易导致治疗的滞后。基因诊断则不依赖于疾病的表型改变，直接以相关的内源性或外源性基因为诊断对象，具有如下显著特点。①特异性强：直接以疾病相关的目的基因作为探测目标，利用现代分子生物学技术可以鉴定出基因的碱基序列，判断基因是否发生碱基突变及是否存在外源性病原体基因的入侵，特异性极强。②灵敏度高：基因诊断

常用的 PCR 技术具放大效应，能够对极其微量的样本基因快速进行百万倍的扩增，可以鉴定出几个细胞、一根头发、一滴血迹中样本的基因，PCR 结合核酸杂交技术能快速鉴定微量样本中病原体基因的存在及拷贝数。③快速和早期诊断：PCR 扩增通常能在 2 ～ 3h 内鉴定出基因的序列、拷贝数及是否存在变异；基因诊断属于"病因诊断"，不依赖疾病的表型，可以在疾病症状出现前做出判断，并能预测疾病的易感性。④适应性强，诊断范围广：人类基因组序列已经完成测序，家族遗传性致病基因、肿瘤易感基因、各类病原体的特异性基因不断被揭示，为基因诊断提供了越来越坚实的基础，并不断扩大检测的疾病范围，且基因诊断的取材极为方便，目前已经能够对大多数疾病做出判断。

基因诊断至少应有三大原则：①基因诊断要有严格的实验室标准，保证基因不被污染；②诊断的敏感性和准确性需要设立标准线；③基因诊断必须有严格的伦理学要求，其中包括隐私保密、知情同意等。

二、基因诊断常用的技术方法

基因诊断是针对人体基因或病原体基因进行的定性和定量分析。定性分析包括基因分型、是否存在基因突变；定量分析是测定基因的拷贝数及基因表达与否。基因诊断所用到的基本方法是核酸分子杂交和 PCR 技术，以及基于这两种技术发展起来的 DNA 序列测定、基因芯片技术和 RNA 诊断等。

（一）核酸分子杂交技术

核酸分子杂交技术是基因诊断的基本方法之一，是基于 DNA 变性和复性的原理建立起来的分子生物学技术。不同来源的 DNA 或 RNA 分子变性后，在一定条件下可以发生复性，形成杂化双链。选择已知序列的核酸片段（目的基因或基因的局部序列），用放射性核素、生物素或荧光染料进行标记后作为探针，与样品核酸进行杂交反应，可检测样品中目的基因的存在及拷贝数。常用的杂交方法包括：Southern 印迹法、Northern 印迹法（参见第 21 章）、斑点杂交、限制性内切核酸酶酶谱（restriction map）分析、RFLP 遗传连锁分析、等位基因特异性寡核苷酸探针杂交法、单链构象多态性诊断法、SNP 分析等。

1. 斑点杂交（dot blotting）　将取材的生物样本直接置于固相支持的膜上，释放出 DNA 并进行变性处理，用核酸探针与膜上的 DNA 或 RNA 进行杂交，根据信号可以判断目标基因或相关的 DNA 片段是否存在，信号的强弱代表基因的拷贝数。该方法样品用量少、简便快速，但不能鉴定基因片段大小，有一定比例假阳性。

2. 限制性内切核酸酶酶谱分析　此法是 Southern 印迹法与限制性内切核酸酶酶切分析的结合，可以检测基因突变（包括点突变、缺失和插入等）。样本中的 DNA 序列若发生突变，可能导致某一限制酶识别位点改变，其特异的限制酶酶切片段大小和数量也随之改变，即酶切图谱发生改变，用特异性探针进行 Southern 印迹法分析，可以诊断出突变与致病基因之间的联系。例如，血红蛋白 A 的珠蛋白由 2 条 α 链与 2 条 β 链组成（$\alpha_2\beta_2$）。β- 珠蛋白基因第 6 个密码子发生点突变 GAG → GTG，相应 β 链第 6 个氨基酸残基发生改变：谷氨酸→缬氨酸，引起镰状红细胞贫血。GAG → GTG 的突变使 β- 珠蛋白基因在该位点的 *Mst* Ⅱ限制酶酶切位点消失，*Mst* Ⅱ对基因的酶切图谱片段数量减少，部分片段长度增加。因此用 *Mst* Ⅱ酶切正常人与突变体的基因组 DNA，通过电泳检测图谱，即可诊断出携带者或患者（图 23-1）。

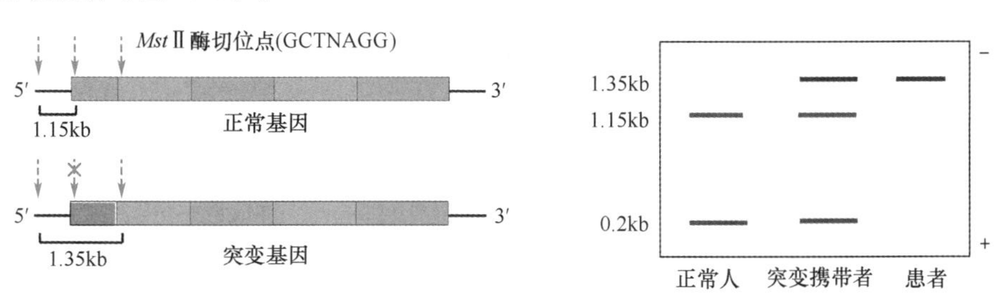

图 23-1　镰状红细胞贫血患者基因组的限制性酶切分析

笔记栏

案例 23-1

一对夫妻第一胎生了一个男孩，经诊断患有α-地贫，即为Hb Bart's水肿。现妻子又怀孕了，想知道腹中的胎儿是否正常，要求对该孕妇腹中胎儿进行产前诊断。专家通过用限制性内切核酸酶*Bam*HⅠ和*Bgl*Ⅱ分别酶切孕妇外周血和胎儿绒毛组织DNA，经琼脂糖凝胶电泳分离后，进行Southern转移，再用^{32}P标记的α-珠蛋白基因探针进行杂交，分析所得酶谱。

检测结果：该孕妇腹中胎儿为α^0-地贫（αα/--）。

问题讨论：1. 基因诊断与其他诊断方法相比，有何优势？

2. 常用的基因诊断技术方法有哪些？

3. RFLP遗传连锁分析 人类基因组中基因突变的频率比较高，平均约200个碱基对即可发生一对变异，个体间基因的碱基序列存在的差异称为DNA多态性。目前鉴定出与疾病关联的多态性仍是少数，多数基因改变不引起生理功能的改变，或者与疾病的关系尚未明确，被称为中性突变。DNA序列的多态性发生在限制性内切核酸酶识别位点上，用一种或多种限制酶水解DNA就会产生长度不同的片段，称为RFLP。特异的多态性片段若与某一种致病基因紧密连锁，就可用这一多态性片段作为一种“遗传标记”来判断该家族成员或胎儿的基因组中是否携带致病基因。RFLP遵循孟德尔遗传规律，已用于甲型血友病（hemophilia A）、苯丙酮尿症、亨廷顿舞蹈病等疾病的诊断。图23-2为甲型血友病家系RFLP图谱，正常父亲具有*Bcl*Ⅰ酶识别位点，酶切DNA后出现一条99bp带和一条43bp带（后者由于分子量小，常泳出胶外而见不到）；先证者因基因突变缺失*Bcl*Ⅰ酶切位点，只有142bp一条带（142bp条带与甲型血友病基因连锁）；母亲与胎儿绒毛样品均有142bp/99bp两条区带，用Y探针证实胎儿为女性，产前诊断说明该胎儿仅是基因携带者，不发病，可以继续妊娠至分娩。

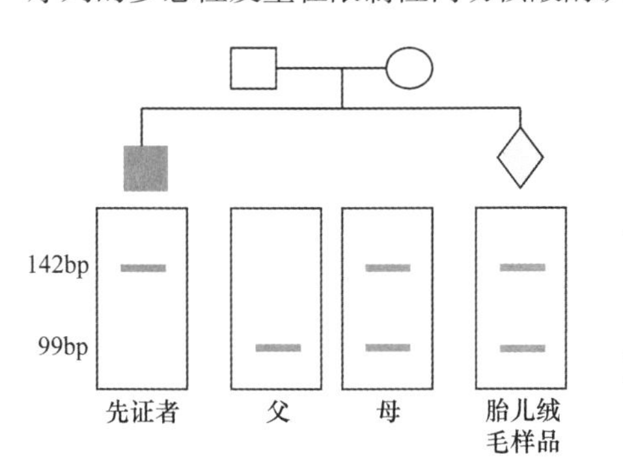

图23-2 甲型血友病家系RFLP图谱

□代表男性，○代表女性，■先证者，◇为胎儿绒毛样品。142bp与甲型血友病基因连锁，99bp为正常片段。

4. 等位基因特异性寡核苷酸（allele specific oligonucleotide，ASO）探针杂交法 针对基因突变已经明确的遗传疾病，根据DNA的正常序列与突变序列直接合成相应的探针，用它们分别与受检者DNA进行分子杂交。若受检者DNA只能与ASO突变型探针杂交，说明受检者是这种突变的纯合子；若与2种探针都能结合，说明受检者是这种突变的杂合子；正常人只能与正常序列的探针杂交。若出现均不能杂交，说明受检者是该基因缺陷型个体。这种检测方法简单、直接，一种突变需要一个探针，对于一种遗传疾病由多种点突变引起，需要设计多种探针，则会显得烦琐甚至漏检。ASO探针杂交法已应用于地贫、苯丙酮尿症等的纯合子和杂合子的诊断；也可用于分析癌基因如*H-ras*和抑癌基因如*p53*的点突变。

5. 单链构象多态性（single strand conformation polymorphism，SSCP）诊断法 DNA由于突变导致碱基序列发生改变，即使只有单个碱基不同也会引起单链构象产生微小差异，造成相同或相近长度的单链DNA电泳迁移率不同，因而可用电泳的方法检测DNA中单个碱基的替代及缺失。SSCP诊断法检测基因突变时，通常在疑有突变的DNA片段附近设计一对引物进行PCR扩增，然后将扩增物用甲酰胺等变性，在聚丙烯酰胺凝胶中电泳分离，电泳带位置的差异能体现出突变所引起的DNA构象差异，从而对基因突变作出诊断。

6. SNP分析 SNP是指在基因组水平上由单个核苷酸的变异所引起的DNA序列多态性，在人群中的发生率大于1%。SNP是人类进化、种族和个体差异的重要遗传标志物，是人类最常见可遗传的基因变异。SNP包括单碱基的转换、颠换、插入、缺失等形式，但主要是单个碱基的置换。一般认为基因组中的SNP有助于解释生物个体间的表型差异，与不同群体或个体对复杂疾病的易感性、对药物的耐药性和对环境因素反应不同有关。

（二）PCR技术

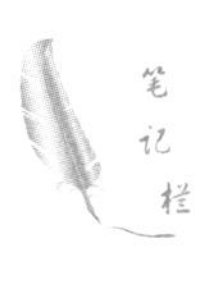

PCR是体外快速扩增DNA的技术，在基因诊断中被广泛应用。设计不同的引物可以扩增同一基因的不同部位，对于缺失突变、多点突变可以在电泳凝胶上直接读出结果，具有快速、灵敏等特

点。PCR技术自建立以来发展极其迅速，与其他方法联合应用，产生了许多相关的衍生技术，广泛用于基因诊断中，如PCR-限制性内切核酸酶酶谱分析法、PCR-RFLP分析法、PCR-ASO探针法、PCR-SSCP分析法等。

PCR扩增目的基因区域若存在SNP，扩增产物即能体现出不同的空间构象，产物经变性处理，会出现电泳的迁移位置不同，称为PCR-SSCP分析法，借此可分析确定致病基因的存在。PCR-SSCP分析法能快速、灵敏地检测有无点突变或多态性，具体是哪类碱基突变则需要进一步作序列分析。此法可用于检测苯丙酮尿症、血友病等遗传病的点突变，在肿瘤诊断方面可检测癌基因和抑癌基因点突变。

（三）DNA序列测定

直接测定基因的碱基排列顺序在技术上已基本实现自动化，经济易行，是鉴定基因变异最直接、最准确的方法，不仅可以确定突变的部位，而且可以确定突变的性质，主要用于基因突变类型已经明确的遗传病的诊断及产前诊断。

（四）基因芯片技术

基因芯片（gene chip）技术是将待检样品DNA/RNA通过PCR扩增、体外转录等技术掺入荧光标记分子，同DNA微阵列杂交，然后通过荧光扫描仪扫描和计算机分析，获得样品中大量基因序列及基因表达的信息。该技术操作相对简单，具有快速、高效、规模化、平行化、自动化等特点，能同时检测多个基因、多种突变。在临床疾病诊断中主要应用于基因突变分析、基因多态性检测和基因表达分析等，基因芯片技术还可以用于基因文库作图、寻找新基因、药物筛选、毒理学研究和环境化学毒物的筛选等许多领域。目前已经用于快速诊断地贫、血红蛋白病、血友病、苯丙酮尿症等常见遗传病，也广泛用于肿瘤基因表达谱分析、基因突变、SNP检测和甲基化分析等。例如，在白血病分型方面，以Lander和Gloub为首的研究小组从38例患者骨髓细胞中提取了mRNA，并标以生物素，与点有6800个人类基因的芯片进行杂交，发现有50个表达差异明显的基因，根据这些差异可以确定患者患的是急性髓性白血病（AML）还是急性淋巴母细胞白血病（ALL）。

（五）RNA诊断

RNA诊断通常是对待测基因的转录产物（mRNA）进行定量分析，检测其转录和加工的缺陷，显示的是基因表达异常，常用的方法有印迹法、RT-PCR和荧光定量PCR等。

三、常见的基因异常及其检测

常见的基因异常包括基因结构异常和表达异常，结构异常包括DNA点突变、缺失、插入和易位等，主要存在于遗传性疾病、肿瘤中，基因结构的改变往往会影响到基因的表达和功能，两者具有内在的关联。而对于感染性疾病则主要是基因表达异常，是病原体侵入体内，表达外源性基因所致。针对这些基因异常，检测方法也不尽相同。

（一）点突变的检测

若点突变的位点已经完全明了，可以选择合适的限制性内切核酸酶，通过限制性内切核酸酶酶切分析或RFLP分析患者的基因组DNA来鉴定，也可以先根据突变点上下游的序列设计引物，PCR扩增出突变区的DNA片段，然后用酶切或杂交的方法检测，即PCR-RFLP分析法或PCR-ASO探针法。对未知点突变的检测，可以用PCR-SSCP分析法鉴定是否存在突变，在确定突变存在的基础上，通过DNA测序来确定突变的确切位置和类型。

（二）缺失和插入的检测

可以直接用PCR法进行缺失和插入的检测。将PCR的引物设计在DNA缺失或插入区域的旁侧，或者其中一个引物直接是缺失或插入区的序列，PCR扩增后通过凝胶电泳观察片段的大小或存在与否，即可判断出DNA片段（＜1.5kb）的缺失或插入。若被测基因插入片段较长（如＞1.5kb）导致PCR扩增困难；在存在多个位置缺失或插入的情况下，采用多重PCR的方法较合适，如进行性假肥大性肌营养不良（Duchenne muscular dystrophy，DMD）诊断。

（三）基因重排的检测

针对已知的重排基因和重排位点序列的检测，设计合适的引物用PCR方法可以直接检测。对未知情况的基因重排和易位，通过PCR及测序可以进行鉴定。荧光原位杂交（fluorescence *in situ* hybridization，FISH）技术可检测基因的染色体定位，可以检测发生在不同染色体上的易位，该方法具有探针稳定、检测快速及不同探针多色显示等优点。

（四）STR 序列的诊断

STR 是一类具有长度多态性的 DNA 序列，广泛存在于人类基因组中。STR 也称微卫星 DNA（microsatellite DNA），一般由 2 ～ 6 对碱基构成一个核心序列，在结构上呈串联重复排列，重复次数通常在 15 ～ 30 次，核心序列重复次数的不同，即拷贝数目的变化导致 STR 长度多态性。STR 遵循孟德尔共显性遗传，是一种连锁分析的遗传标志，呈高度多态性，STR 核心序列拷贝数的增加也是某些疾病的致病原因。因此针对 STR 序列的诊断具有重要临床意义，可以利用相同的限制性内切核酸酶将不同拷贝数的 STR 从不同个体的基因组 DNA 中切割下来，得到不同长度的 DNA 片段。具有操作简便、分型准确和丰富的多态信息量等特点，STR 是继 RFLP 之后的第二代 DNA 分析技术的核心。

（五）病原体基因的检测

感染性疾病可以对侵入人体的病原体基因进行检测，包括病原体的 DNA 或 RNA。病原体的 DNA 或 RNA 可以从外周血有核细胞、血清、组织、体液、分泌物或排泄物中提取。常用的诊断技术包括 PCR、核酸杂交、基因芯片及核酸测序技术等。根据病原体特异性基因设计引物，直接用 PCR 或 RT-PCR 可以进行检测；也可以设计合成 ASO 探针进行杂交检测。

四、基因诊断的应用

人类基因组全序列已经测序完成，但基因信息与人类疾病的关系尚未完全明确。许多疾病的发生往往与基因结构异常或基因表达改变相关，这些改变是疾病出现表型之前已经存在，甚至不需要出现表型，即可作为疾病易感性的风险指标，也能对治疗后的预后效果作出评价。基因诊断以基因的结构异常或表达异常为切入点，具有传统诊断方法无法比拟的优势，现已广泛应用于遗传病、感染性疾病、肿瘤、心血管疾病等多种疾病的诊断，在法医学、临床药学方面也具有广泛的应用前景。

（一）遗传病的基因诊断

目前已经有越来越多的蛋白质或酶缺陷相关的遗传病被阐明（表 23-1），由于遗传病基因变异在全身各细胞中均能一致体现，诊断取材极为方便，血液细胞及羊水脱落细胞等均可作为诊断材料，无须对某一特殊的组织或器官进行检测。因而基因诊断越来越广泛地应用于遗传性疾病，可用于许多单基因缺陷引起的遗传病，包括显性遗传、隐性遗传、X- 染色体连锁遗传病等。通过遗传筛查，针对具有高风险遗传疾病基因的携带者，可以有目的地进行胎儿的产前诊断，这对遗传病的防治和优生优育有重要意义。在许多国家针对遗传病和某些恶性肿瘤的基因诊断已成为医疗机构的常规项目，并逐步形成了商业化的服务网络，如美国著名的基因诊断机构——GENETests 网站（http: //www.genetests.org/）为超过 3000 种遗传性疾病提供分子遗传、生化和细胞生物学检测。

表 23-1　几种单基因遗传病及其缺陷基因

遗传病	病变基因
常染色体显性遗传病	
家族性高胆固醇血症	低密度脂蛋白受体（LDLR）突变
亨廷顿舞蹈病	亨廷顿基因发生变异 （注：已有诊断用探针）
马方综合征	赖氨酰氧化酶缺陷
肝豆状核变性（威尔逊病）	P 型铜转运 ATP 酶缺陷
结肠息肉	*APC* 基因突变
遗传性球形细胞增多症	红细胞膜蛋白先天缺陷
软骨发育不全症	纤维芽细胞生长因子受体 -3 基因突变
成年型多囊肾病	*PKD* 基因突变
常染色体隐性遗传病	
重症联合型免疫缺陷病（SCID）	腺苷脱氨酶（ADA）缺陷
囊性纤维化病（CF）	囊性纤维化跨膜调节蛋白（CFTR）突变
苯丙酮尿症（PKU）	苯丙氨酸羟化酶（PHA）突变

笔记栏

续表

遗传病	病变基因
镰状红细胞贫血	血红蛋白 β 链第六位 Glu → Val
β- 地贫	β- 珠蛋白链突变
白化病	酪氨酸酶基因突变
着色性干皮病	DNA 损伤修复基因缺陷
黑尿症	尿黑酸氧化酶基因缺陷
糖原累积症	酸性麦芽糖酶缺陷
戈谢病（Gaucher disease）	葡萄糖神经酰胺酶基因缺陷
染色体 X- 连锁（X 伴性显性遗传病）	
遗传性肾炎（AS）	胶原Ⅳ α 链亚单位 α3、4（COL4A3 及 COL4A4）
进行性假肥大性肌营养不良（DMD）	抗肌萎缩蛋白基因
色盲症	红或绿色素基因缺陷
染色体 X- 连锁（X 伴性隐性遗传病）	
血友病 A/B 型	凝血因子Ⅷ / Ⅸ
葡萄糖 6- 磷酸脱氢酶（G6PD）缺乏症	葡萄糖 6- 磷酸脱氢酶缺失
无汗性外胚叶发育不良症（EDA）	EDA 致病基因突变

（二）感染性与传染性疾病的基因诊断

针对病原体特异性核酸（DNA 或 RNA）序列，采用分子杂交或 PCR 等技术，确定病原体基因或基因片段在人体中的存在，可以证实是否存在感染，能快速实现病毒或病菌的分型及药物敏感性检测等。基因诊断一般不需要分离和培养病原体，特别对于体外难以培养或高致病性的病原体，具有快速、安全、特异性和灵敏度高的优点。基因诊断只能判断病原体的有无和拷贝数的多少，不能判断病原体进入人体后机体的反应及其他方面的后果，因此必要时仍需结合传统的血清学、免疫学检测技术。

（三）恶性肿瘤的基因诊断

恶性肿瘤的发生、发展是公认的多因素、多基因、多阶段的癌变过程。引起肿瘤的因素既包括个体自身的肿瘤相关基因的突变，也包括由于相关病毒感染引起的突变。因此，肿瘤基因诊断的对象可以是肿瘤相关基因，包括原癌基因、抑癌基因，也包括病毒相关基因，如鼻咽癌有关的 EB 病毒、与宫颈癌有关的人类乳头状瘤病毒及与肝癌有关的乙肝病毒等。这些基因表达量上的改变，往往与肿瘤发展阶段乃至恶性程度相关，成为基因诊断上的特异性的肿瘤标志物，检测标志物 mRNA 水平或蛋白质表达水平可用于预测肿瘤发展的程度及药物治疗后的预后情况。

现以人大肠癌为例说明癌变的分子机制，进而提供基因诊断的策略及依据。正常肠上皮细胞经过腺瘤 adonema Ⅰ、Ⅱ、Ⅲ级，最终可能发展为恶性的大肠癌，依据解剖部位可分为结肠癌和直肠癌。在肠癌的癌变过程中，存在原癌基因 *K-ras* 的点突变、*c-myc* 的过量表达和 *p53* 基因的突变；抑癌基因——家族性多发性腺瘤（familial adenomatous polyposis，FAP）基因、结肠癌缺失（deleted in colorectal cancer，DCC）基因、*p53* 基因的丢失等变异（图 23-3）。

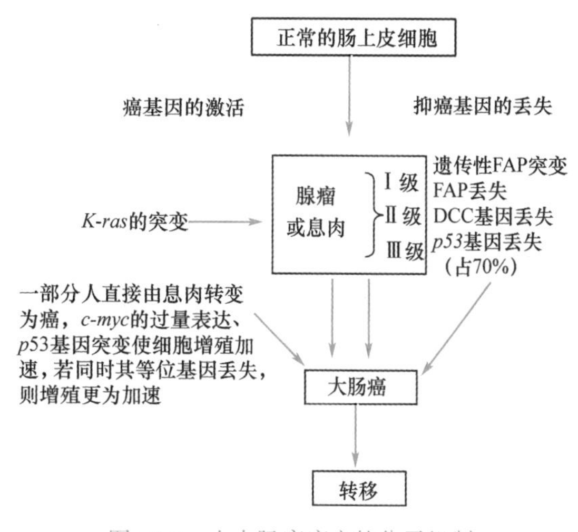

图 23-3　人大肠癌癌变的分子机制

常见的肿瘤标志物包括 *ras* 家族、*c-myc*、*c-erbB2*、EGF、TGF-α、*p53*、MTS1 等癌基因、抑癌基因及其表达产物，相关诊断可用于肿瘤复发与转移的评价指标，在判断疗效和预后及人群普查等方面都有临床实用价值，也为临床肿瘤的靶向治疗

及免疫治疗提供依据。这些标志物的诊断结果还可用于阐明肿瘤发生和发展的机制。表 23-2 列举了我国部分开展的常见恶性肿瘤的基因诊断靶标及诊断方法。

表 23-2 我国部分常见恶性肿瘤的基因诊断

疾病	致病基因	诊断方法
肝癌	*K-ras*、*SAMS*	ASO 杂交、RT-PCR、Northern 杂交
小细胞肺癌	*K-ras*、*H-ras*、*p53*	ASO 杂交、SSCP
乳腺癌	*BRCA1*、*BRCA2*	SSCP、直接测序
结肠癌	*APC*、*K-ras*	SSCP、PCR
前列腺癌	*KAI1* 等	RT-PCR
胰腺癌	*K-ras*、*CCK-A*	PCR- 酶切分析

（四）法医学中的应用

DNA 的多态性广泛存在，某些特征序列具有高度的个体特异性和终生稳定性，与人的指纹类似，称为 DNA 指纹（DNA fingerprinting）。基于 STR 的 DNA 指纹技术进行的个体识别和亲子鉴定，已成为法医学上刑侦、排查嫌疑人的重要手段。与传统的血型、血清蛋白型、红细胞酶型和白细胞膜抗原等鉴定方法相比，STR-PCR 指纹技术具有高度的精确性和快捷性，可对微量血痕、精液、毛发等进行个体鉴定。

（五）其他应用

基因诊断技术可以用于判断临床用药后的预后情况，通过分析某一药物主要代谢酶的基因表达，可以客观、准确地了解个体在药物反应方面的特异性。人的体型、长相约与 500 多个基因相关，应用基因诊断技术理论上可以揭示人的外貌特征、脸型、长相等。基因诊断在判断个体对某一重大疾病的易感性、在临床的器官移植组织配型等的应用中日益受到关注。

基因诊断作为一种诊断手段具有划时代意义，把对疾病的诊断和治疗引入分子水平，极大地推动了医学的发展。与其他诊断方法类似，基因诊断同样存在缺陷及制约。首先基因异常与临床疾病并非一一对应，导致基因检查存在技术上的假阳性和假阴性；其次，基因诊断还面临着一些伦理学问题，如对身患绝症的患者做基因诊断是否符合医学伦理学要求，被诊断为基因缺陷患者如何得到法律保障，避免受社会歧视等问题。

第 2 节 基因治疗

案例 23-2

1990 年 9 月 14 日，NIH 的 Blease 和 Anderson 合作进行了第一例人类基因治疗。患者是一位由于体内缺乏腺苷脱氨酶（adenosine deaminase，ADA）而患有重度联合免疫缺陷病（severe combined immunodeficiency disease，SCID）的 4 岁女孩。采用梯度分离得到患儿血细胞中的单个核细胞，在含有 CD3 抗体和 IL-2 存在情况下培养这些细胞以刺激 T 淋巴细胞增殖，以携带 ADA 基因和 *neo* 基因逆转录病毒转染增殖的细胞，数日后将细胞输回患者体内。该患者在随后的 10 个半月中，共接受了 7 次上述的自体细胞输回体内，患者免疫功能明显增强，临床症状改善。用 PCR 分析表明，患者血液中约有相当于正常人的 25% 的 ADA 基因转染细胞。治疗结果令人满意，极大地推动了临床基因治疗的发展。

问题讨论：1. 基因治疗的基本程序有哪些？

2. 将外源基因导入细胞内的常用方法有哪些？

3. 为何要采用基因疗法治疗重症联合免疫缺陷症？

一、基因治疗的概念

基因治疗是将人的正常基因或有治疗作用的基因通过一定方式导入人体靶细胞以纠正基因缺陷

或者发挥治疗作用，从而达到治疗疾病的目的。在早期，基因治疗是指用正常的基因原位整合入细胞基因组，以校正和置换致病基因的一种治疗方法。广义基因治疗的概念是将外源基因导入患者靶细胞，并有效地表达该细胞本来不表达的基因，或采用特定方式关闭、抑制异常表达基因，从而达到治疗疾病目的的治疗方法。

基因治疗是 20 世纪 80 年代发展起来的人类医学分子生物学的新领域。基因治疗和常规治疗的区别在于：一般常规治疗方法针对患者表现出的各种症状，而基因治疗针对的是疾病的根源——异常的基因。基因治疗是通过一定方式改变患者的遗传物质以纠正异常的基因，是从根本上治疗一些现有的常规治疗无法解决的疾病。起初基因治疗仅用于单基因遗传病的治疗性探索，现已扩展到遗传性疾病、恶性肿瘤、心脑血管疾病、艾滋病、代谢性疾病和感染性疾病等。

二、基因治疗的策略

近年基因研究不断深入，基因治疗的概念也有所发展，不仅可以导入正常基因以纠正遗传性疾病的基因缺陷，也可导入特定的 DNA、RNA 片段以封闭或抑制特定的基因表达。因此凡是采用分子生物学的方法和原理，在核酸水平上开展的疾病治疗方法都可称为基因治疗。根据所采用的方法不同，基因治疗的策略大致分为以下几种。

（一）基因置换或矫正

基因置换（gene replacement）是用正常的基因通过体内基因同源重组，原位替换病变细胞内的致病基因，使细胞内的 DNA 完全恢复正常状态。基因矫正（gene correction）也属于此范畴，它是将致病基因的异常碱基进行纠正，而保留正常部分，这种治疗方法最为理想，但目前由于技术原因尚难达到。

（二）基因增补

基因增补（gene augmentation）又称基因修饰，是将目的基因导入病变细胞或其他细胞，目的基因的表达产物能修饰缺陷细胞的功能或使原有的某些功能得以加强。在这种治疗方法中，缺陷基因仍然存在于细胞内，目前基因治疗多采用这种方式。例如，将组织型纤溶酶原激活剂的基因导入血管内皮细胞并得以表达后，防止经皮冠状动脉成形术诱发的血栓形成。

案例 23-2 分析讨论

该患者在随后的 10 个半月中，共接受了 7 次上述的自体细胞输回体内，临床症状改善。用 PCR 分析表明，患者血液中约有相当于正常人的 25% 的 ADA 基因转染细胞。此种治疗就是采用基因增补法进行的基因治疗。

（三）基因失活

基因失活（gene inactivation）是利用反义核酸技术特异地封闭一些有害基因异常过度表达，以达到治疗疾病的目的。例如，利用反义 RNA、核酶、肽核酸、基因剔除和 RNA 干扰技术等抑制一些癌基因的表达，抑制肿瘤细胞的增殖，诱导肿瘤细胞的分化。

（四）自杀基因疗法

自杀基因疗法（suicide gene therapy）向肿瘤细胞中导入一种基因，其表达产物为一种酶，它可将无细胞毒或者低毒的药物前体转化为细胞毒性产物，从而导致携带该基因的受体肿瘤细胞被杀死。此种基因也称为“自杀基因”，如单纯疱疹病毒胸苷激酶基因（*HSV-tk*）。*HSV-tk* 表达产物为单纯疱疹病毒胸苷激酶（HSV-TK），此酶可使鸟苷类似物 GCV 磷酸化。单磷酸化的 GCV 在细胞中转换成三磷酸形式（GCVTP）后不仅可抑制 DNA-pol 活性，而且还可与 dTTP 竞争掺入分裂细胞的 DNA 中，抑制 DNA 的合成，从而杀死肿瘤细胞。

（五）免疫基因治疗

免疫基因治疗（immunogene therapy）将抗体、抗原或细胞因子的基因导入患者体内，改变患者免疫状态，达到预防和治疗疾病的目的。例如，将白细胞介素 -2（IL-2）导入肿瘤患者体内，提高患者 IL-2 的水平，激活体内免疫系统的抗肿瘤活性，达到防治肿瘤复发的目的。此策略已应用于多种恶性肿瘤的临床试验。

笔记栏

三、基因治疗的基本程序

（一）治疗性基因的选择

选择对疾病有治疗作用的特定目的基因是基因治疗的首要问题。目的基因应是能弥补、替代缺损基因的外源性正常基因，将目的基因引入靶细胞内，进行基因重组，取代突变基因，新的基因组即可执行正常的功能，从而达到治病的目的。对于单基因缺陷的分子病，其野生型基因即可被用于基因治疗，如选用 ADA 基因治疗 ADA 缺陷导致的 SCID；对于血管栓塞性疾病，可选用血管内皮生长因子（VEGF）基因，刺激侧支循环的建立，以改善栓塞部位的血液供应；对于肿瘤，则选用反义核酸干预活化的原癌基因（如 $erbB_2$）过度表达，从而发挥抑癌作用。

（二）基因载体的选择

要有效将治疗基因导入人体细胞内需要靠合适的运送基因的工具，即载体。载体有两类：病毒载体、非病毒载体。在临床基因治疗过程中，一般多选用病毒载体，如逆转录病毒（RV）载体、腺病毒（AV）载体和腺相关病毒（AAV）载体。几种常用病毒载体的特点见表 23-3。

表 23-3　几种常用病毒载体的主要特点比较

主要特点	逆转录病毒载体	腺病毒载体	腺相关病毒载体
基因组大小	8.5kb	36kb	5kb
核酸类型	RNA	DNA	DNA
外源基因容量	＜ 9kb	2 ～ 7kb	＜ 3.5kb
重组病毒滴度	中	高	较低
靶细胞状态	分裂细胞 表面有特异受体	分裂细胞或 非分裂细胞	分裂细胞或 非分裂细胞
基因整合	随机整合	不整合	优先整合于染色体 19q 位点
外源基因表达情况	短暂表达 / 稳定表达	短暂表达	稳定表达
基因转移效率	高	高	不明
生物学特性	清楚	清楚	尚未研究清楚
安全性	不明	病毒蛋白可引起炎症及免疫反应	无病原性

（三）靶细胞的选择

根据受体细胞种类不同，基因治疗有两种形式，一种是改变体细胞的基因表达，将目的基因转移到体细胞中进行基因治疗，即体细胞基因治疗（somatic gene therapy）；另一种是改变生殖细胞的基因表达，即种系基因治疗（germline gene therapy），从理论上讲，若对缺陷的生殖细胞进行矫正，不但当代可以得到根治，而且可以将正常的基因传给子代。但生殖的生物学极其复杂，且尚未清楚，这种治疗有可能改变生殖细胞的遗传性状，一旦发生差错将给人类带来不可想象的后果，还涉及一系列伦理学的问题，故要慎重对待，目前还不能用于人类。在现有的技术条件下，基因治疗仅限于体细胞，基因型的改变只限于某一类体细胞，其影响只限于某个体的当代。

人体细胞是现今基因治疗的合适靶细胞，对靶细胞的选择标准：①容易取出和移植；②容易体外培养；③外源目的基因能高效导入靶细胞；④具有较长寿命。目前研究和应用最多的是人体骨髓干细胞、淋巴细胞、血管内皮细胞和成纤维细胞等，由于骨髓细胞不仅符合以上条件，且与许多疾病的发生有关，是较理想的靶细胞。

（四）基因转移方法的选择

基因治疗的实施，有赖于将外源治疗基因准确、高效地转入靶细胞，并使之安全、高效和可控地表达。在体外研究中，将基因导入哺乳动物细胞的方法有两类，即非病毒介导的基因转移和病毒介导的基因转移。在基因治疗的临床实施中，以病毒载体为主，特别是逆转录病毒载体。

在人类基因治疗实施中，导入基因的方式有两种：一种是间接体内（*ex vivo*）疗法，目前研究和应用较多，即在体外将外源基因导入载体细胞内，再将这种基因修饰过的细胞回输患者体内，使带有外源基因的细胞在体内表达相应产物，以达到治疗的目的。其基本过程类似于自体组织细胞移植。另一种直

笔记栏

接体内（*in vivo*）疗法，即将外源基因导入受体体内有关的器官组织和细胞内，以达到治疗目的，这种方法简便易行，如肌内注射、静脉注射、器官内灌输、皮下包埋等，但其缺点是基因转染率较低。

（五）外源基因及其表达产物的筛检

利用载体中的标记基因对转染细胞进行筛选，只有稳定表达外源基因的细胞在患者体内才能发挥治疗效应，常采用遗传学方法、酶切鉴定、PCR扩增、核酸分子杂交法、免疫学方法及DNA序列测定等方法进行筛选。

（六）将遗传修饰细胞回输体内

将治疗性基因修饰的细胞以不同的方式回输体内，以发挥治疗效果。例如，淋巴细胞可经静脉回输入血；造血干细胞可采用自体骨髓移植法；皮肤成纤维细胞可经胶原包裹后埋入皮下组织中等。

四、基因治疗的应用与展望

自1990年全世界第一例用ADA基因治疗ADA缺陷导致的SCID获得成功后。现在基因治疗在遗传性疾病、心血管疾病、肿瘤、感染性疾病和神经系统疾病等多种病种中都取得了突破性进展。在我国，采用VEGF、血友病因子基因治疗外周梗死性下肢血管病、血友病基因治疗方案也已获准进入临床试验。

虽然基因治疗部分应用于临床并获得成功，但基因治疗大多还处在理论研究和动物试验阶段，依然存在缺少高效的传递系统、缺少持续稳定的表达和宿主产生免疫反应等问题。特别是外来基因导入引起的伦理讨论尚无定论。今后基因治疗研究将向两个方向发展：一个方向是应用基础研究，以解决基因导入系统和基因表达的可控性研究为主要研究内容，结合人类基因组研究，寻找更有效的“目的基因”。另一个方向是临床试验，项目增多，使实施方案更加优化，判断标准更加客观，评价效果更加精确。相信随着人类基因组计划顺利实施和完成，新的人类疾病基因的发现和克隆，基因治疗研究和应用将不断取得突破性进展。

小　　结

人类许多疾病都与基因密切相关，基因诊断已成为临床试验诊断的重要组成部分。疾病的发生不仅与DNA结构变异有关，而且与基因表达异常有关。基因变异致病的病因可分为内源性基因的变异和外源性基因的入侵两大类。在基因水平诊断和治疗疾病是现代医学发展的趋势。

利用现代分子生物学和分子遗传学的技术方法，直接检测基因的存在，分析基因的类型和缺陷及其表达功能是否正常，从而达到诊断疾病的方法称为基因诊断。基因诊断的特点是属于病因诊断、针对性强、特异性高、灵敏度高、适用性强及诊断范围广等。基因诊断常用技术方法有PCR、核酸分子杂交及序列测定等。PCR和核酸分子杂交是基因诊断的最常用方法。基因诊断的基本操作流程为样本抽提、样本扩增、分子杂交和信号检测。基因诊断已广泛用于遗传病、肿瘤、心血管疾病及感染性疾病等多种疾病的诊断。

基因治疗是将人的正常基因或有治疗作用的基因通过一定方式导入人体靶细胞以纠正基因的缺陷或者发挥治疗作用，从而达到治疗疾病目的的生物医学高技术。目前常用的基因治疗方法主要有基因置换、基因增补、基因失活、自杀基因疗法、免疫基因治疗等，其中RNA干扰作为一种新兴的基因阻断技术，在基因治疗等方面开辟一条新思路并具广阔的应用前景。基因治疗中选择什么样的细胞作为基因治疗的靶细胞是基因治疗成功与否的重要因素。目前常用的靶细胞主要有骨髓干细胞、淋巴细胞、皮肤成纤维细胞、血管内皮细胞等。如何将外源基因导入受体细胞是基因治疗的重要步骤之一。将外源基因导入哺乳动物细胞的方法有非病毒介导的基因转移和病毒介导的基因转移两类。目前常用的基因转移的病毒载体有逆转录病毒、腺病毒、腺相关病毒等。

基因治疗在少数患者身上获得成功，但还有许多理论和技术方法及伦理学方面问题有待进一步研究，基因治疗目前还仅处于理论研究和动物实验初期。

（陈维春）

第24章PPT

第24章 疾病相关基因检测

疾病相关基因检测与常规体检都能起到预防疾病的作用，但它们反映的疾病发展阶段不同。一种疾病从开始到发病要经历很长的时间。基因检测能提供人在没发病时，将来会发生什么疾病的信息，属于第一阶段检测。常规检测是发生疾病后，疾病发展到什么程度，如早期、中期等，这属于第二阶段检测，是临床医学的要求。因此，疾病相关基因检测是主动预防疾病的发生，传统的体检手段无法起到这样的预防作用。

广义的疾病相关基因检测应包括严重影响人类健康的病原生物的基因和基因组，以及影响疾病发生发展的基因，也是通常简称的疾病相关基因。后者可区分单基因病相关基因和多基因病相关基因。如果基因结构变化、基因表达变化和功能改变是疾病发生的直接原因，则该基因是致病基因，这类疾病是单基因病，如传统的遗传性疾病。环境因素和遗传因素在复杂疾病中有一定影响，有2个或以上基因的相加作用。单一基因变异仅改变疾病的易感性，多基因间相互影响引发疾病，这些基因被称为疾病易感基因，该类疾病为多基因病，如肿瘤、心血管疾病、代谢性疾病、自身免疫性疾病等。这些疾病相关基因的检测包括致病基因和易感基因的克隆与功能研究。

从疾病开始到发病过程中，疾病相关基因的检测在没发病时能预测疾病风险的发生，也可以分析病因、预判病情、评价疗效和评估预后。推动疾病相关的基因研究能够开发新的诊断和干预技术，了解基因功能，鉴定新基因（或称克隆新基因）对感染性疾病、遗传疾病和多基因病基因与基因组的研究具有重要的意义。人类基因组计划自2000年完成以来，发现超过2000种基因相关疾病，有700多种基因相关疾病如今已开发出相应药物及治疗方法。

第1节 鉴定疾病相关基因的原则

疾病相关基因有致病基因和易感基因，原则上判断疾病相关基因应确定疾病表型和基因之间的实质联系，进一步鉴定克隆疾病相关基因，最终能够确定在疾病发生发展中起作用的候选基因。

一、确定疾病表型和基因之间的实质联系

在多基因病中首先需要明确疾病分类，避免非同类疾病导致的临床差异。其次，需要确定疾病的遗传因素在疾病发生发展中的作用。遗传因素影响越小，克隆疾病相关基因的可能性越低。确定遗传因素的作用，就可以确定影响疾病表型的基因，确定该基因的基因组位点及与其他位点的联系。

二、鉴定克隆疾病相关基因

疾病基因在染色体上的定位，称为疾病的位点（locus），可以通过基因连锁分析获得这些位点的信息。生物信息数据库中有有关待定基因的信息，也有利于疾病相关基因的克隆。随着全基因组测序（whole-genome sequencing，WGS）被广泛使用，对测序数据以过滤方法排除测序获得的变异位点，进一步分析剩下的变异位点与疾病或表型的相关性。过滤方法可以获得可能与疾病相关的易感位点，基于WGS的连锁分析可以为变异位点在疾病病因学中的作用提供统计学证据。连锁分析可以直接用于WGS数据的分析，也可以对过滤后的数据进行分析。借助疾病相关蛋白质的生物化学和细胞生物学信息，发现基因结构的异常，确定导致蛋白质结构或表达异常的突变DNA序列，可以最终克隆疾病的基因。通过不同的疾病动物模型，分析导致实验动物异常表型的基因，也有助于鉴定在疾病作用中的人类同源基因。

三、确定候选基因

感染性疾病的基因可以用PCR产物直接测序和用PCR-DNA探针快速检测该病原微生物菌种。相对传统的培养法可以缩短检测时间，有利于临床及时救治患者。疾病相关的致病基因和易感基因的最终鉴定可以筛选出候选基因，从而筛检患者中该基因的突变。人类基因组计划的完成提供了人类所有基因的信息，相对以往鉴定候选基因变得相对容易。但在候选区域内预测可能的候选基因仍然

缺乏简单快速的方法，需要大量重复实验、逐一排除来确定候选基因的突变及它们和疾病的关系。

微课 24-1

第 2 节　疾病相关基因检测的策略和方法

疾病相关基因检测在策略上包括检测 DNA 靶标、RNA 靶标和克隆疾病相关基因。为确定基因和疾病的相关性，可采取非染色体定位和定位克隆不同策略方法鉴定与克隆疾病相关基因。全基因组关联分析和全外显子测序、生物信息数据库分析有助于疾病相关基因克隆。最后可以在生物化学、细胞和整体水平上佐证基因产物在疾病发生发展中的功能。

一、检测 DNA 靶标

DNA 序列突变、多态性和本身含量变化与疾病有密切关系。基因突变可能引起各种单基因遗传病的产生，可以用作检测标志。癌基因、抑癌基因和错配修复可以预测肿瘤的发生。DNA 甲基化、SNP、线粒体 DNA、病原菌 DNA 可以预测一些疾病的发病风险。

二、检测 RNA 靶标

基因的转录产物包括 mRNA、异常剪接转录产物、microRNA 和 lncRNA，借助高通量技术综合评价 RNA 的表达，有利于对疾病预后和疗效反应作出判断。重要药物代谢酶的转录水平在临床上可以用来预测癌症患者对化疗的反应。

三、克隆疾病相关基因

（一）功能克隆

DNA 功能克隆（functional cloning）是在已知基因功能产物蛋白质的基础上，鉴定蛋白质编码基因的方法。对于未知基因位置的疾病如血红蛋白病、苯丙酮尿症等，以从蛋白质到 DNA 的思路，通过了解影响疾病的功能蛋白的结构信息，克隆获得相关基因。

功能克隆的缺点是特异功能蛋白质的确认、鉴定及其纯化都相当困难。功能克隆存在着局限性，操作过程比较烦琐，需要多步实验才能完成，微量表达的基因产物在研究中难以获得，很难用于多基因疾病的基因分离，也因很多基因表达的蛋白质不能被精确了解，不一定能提取出足够的蛋白质用来准确测序。

1. 根据蛋白质的氨基酸序列克隆基因　对体内表达丰富和可分离纯化的疾病相关蛋白质，用质谱或化学方法进行氨基酸序列分析，根据它的全部或部分氨基酸序列信息，设计寡核苷酸探针，筛查相关的 cDNA 文库，最终筛选出目的基因。由于密码子的简并性，即除甲硫氨酸和色氨酸仅有 1 个密码子外，其余氨基酸都有 2 个或超过 2 个的密码子。设计可能含有全部简并密码子信息的寡核苷酸探针作为 PCR 引物，通过多种的 PCR 引物组合，获得候选基因的扩增产物。通过序列测定鉴定扩增产物的特异性。

这一方法成功地克隆到镰状红细胞贫血的基因。免疫电泳等方法已经发现镰状细胞贫血患者的 α- 珠蛋白异常，根据它的已知部分氨基酸残基序列，设计简并寡核苷酸探针，对有核红细胞的 cDNA 文库筛选，α- 珠蛋白基因的 cDNA 被克隆测序，通过比较正常人的 cDNA，α- 珠蛋白基因变异被发现。通过 cDNA 探针将人的 α- 珠蛋白基因定位于第 16 号染色体上，并由此提出了分子病的概念。

2. 根据特异性抗体鉴定疾病基因　某些疾病相关蛋白质在体内含量很低，难以得到满足氨基酸序列测定的足够纯度蛋白质。但少量低纯度的蛋白质可用于免疫动物获得特异性抗体，用以鉴定基因。获得的抗体直接结合正在翻译过程中的新生肽链，获得同时结合在核糖体上的 mRNA 分子，克隆得到未知基因。可表达的 cDNA 文库也可以利用特异性抗体筛查，筛选出表达蛋白质可与该抗体反应的阳性克隆，获得相应候选基因。抗体的特异性影响基因的克隆，一般以单克隆抗体最为适宜。特异抗体获取方法：①选择识别功能抗原的单克隆抗体；②利用 SDS- 聚丙烯酰胺凝胶电泳分离的蛋白质特异带免疫动物，获得识别该特异蛋白质的抗体；③ Western 印迹膜洗脱识别某一蛋白质带的抗体，用获取的理想抗体筛选表达型基因组文库或 cDNA 文库，从文库中将编码某一特异蛋白质的基因克隆出来。

（二）表型克隆

在疾病表型的基础上，依据基因结构或基因表达的特征联系，分离鉴定疾病相关基因，称为表

型克隆（phenotype cloning），包括针对疾病表型的基因比较方案、序列已知和序列未知的疾病相关基因克隆三类方案。

第一类方案，从疾病表型出发，针对患者基因组DNA和正常人基因组DNA，克隆分析产生变异的DNA片段，获得疾病相关的基因。这一方法可以不需要基因的染色体位置和基因产物的其他信息。一些遗传性神经系统疾病的基因组中含有三联重复序列的拷贝数改变，而且会随着世代的传递而扩大，称为基因的动态突变。可以采用代表性差异分析（representative difference analysis，RDA）或基因组错配筛选（genome mismatch scanning）检测患者的DNA是否有拷贝数增加的三联重复序列，克隆出相关患病原因。

RDA由Lisitsyn等1993年发明，是一种通过对正常和疾病组织的cDNA差异片段（即代表性片段）PCR扩增，检测和捕获相关基因。原则上通过对疾病和正常组织的cDNA或DNA片段PCR扩增，然后进行差异杂交，杂交后进行第二次PCR反应，其中，只有对照样品中有差异的DNA片段可以被扩增。

RDA技术基本步骤：①酶切DNA片段，提取正常人和患者基因组DNA，使用限制性内切核酸酶消化获得的150～1000bp片段DNA。②制备扩增子（amplicon），两组所有DNA片段加上接头，以接头互补序列为引物进行PCR扩增，获得的扩增产物称为扩增子，正常人的DNA片段作为检测扩增子，患者的DNA片段作为驱赶扩增子。③更换新接头：切去所有扩增子的接头，将检测扩增子加上新的接头。④筛选：按1 ∶ 100的比例混合检测扩增子和驱赶扩增子进行液相杂交。以检测扩增子新接头为引物，以少量杂交反应物为模板进行第二次PCR扩增，最终筛选出两组DNA样品间的差异片段。

检测DNA和驱赶DNA片段的杂交反应使得：①两组相同的DNA片段不会得到大量扩增。因为驱赶扩增子DNA片段的数目远多于检测扩增子DNA，会优先结合检测DNA，使得同源复性双链几乎不会在检测DNA分子间形成，以新接头为引物的二次PCR反应过程不会有扩增产物。②两者的差异片段可得到扩增。如果驱赶DNA相对检测DNA有某一片段缺失或突变，失去了碱基互补能力，在杂交反应中就不存在检测DNA和驱赶DNA间同源片段的竞争，检测DNA自身可以复性，且由于检测DNA双链都具有新接头，二次PCR可以大量扩增。得到的片段即为候选的疾病相关DNA序列。反应中无差异片段可能会被扩增一部分，但是较小产物量可以被排除。

mRNA差异表达基因也可以先逆转录成cDNA片段，应用RDA技术克隆。RDA技术对正常人和患者间的差异DNA片段区分能力强、富集效率高和起始材料限制性少，故人们利用RDA技术克隆了多个疾病相关新基因。

基因组错配筛选（GMS）是一种在遗传背景有差异，但遗传性状相同的疾病相关的远亲配对人群中，筛选可能包含有导致这一性状的基因相同的DNA片段（IBD序列），从而克隆与疾病相关基因的连锁分析方法。GMS实验方法是用限制性内切核酸酶切割两个血缘远亲基因组DNA，其中一个以大肠埃希菌Dam甲基化酶处理，与另一个血缘远亲DNA等量充分混合杂交，形成同源和异源双链。用Dpn1和Mbo1等酶消化甲基化和未被甲基化的双链DNA分子，再用MutHLS酶去除含错配碱基不能精确配对的异源双链；将筛选到的无错配的IBD序列作为探针，与全基因组克隆进行杂交，可以发现基因组中所有含IBD序列的克隆。GMS技术优点是对多基因引起的疾病更为有效，相当于用DNA多态标记，能迅速检测疾病相关亲属配对中的IBD序列，为复杂性状疾病易感基因的分离和定位提供了一个新的方法。缺点是该方法获取的DNA量较少，人类基因组中大量重复序列会影响杂交的效率和特异性。

第二类方案，针对已知序列基因，高度怀疑它是否为某疾病相关基因，可通过比较患者和正常人基因表达差异，克隆出该基因。常用方法有RNA酶保护试验、Northern印迹法、RT-PCR和实时定量RT-PCR等。

第三类方案，针对未知基因，通过比较mRNA的表达种类和含量在疾病及正常组织中的差异，最终克隆出疾病相关基因。mRNA的表达差异的原因可能是基因结构变化，也可能是基因表达调控机制的改变。常用的技术有mRNA差异展示技术、抑制消减杂交、基因表达系列分析（serial analysis of gene expression，SAGE）、策阵列和基因鉴定集成法等。这里介绍mRNA差异展示技术（mRNA-DD）。

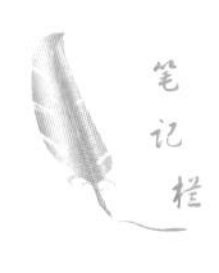

mRNA差异展示技术由Peng Liang和Arthur B. Pardee等于1992年率先使用。mRNA-DD是比

较不同组织在不同状态下 mRNA 表达的差异，是 RT-PCR 技术和聚丙酰胺凝胶电泳技术的结合，又称为差异显示逆转录 PCR 方法。原理是利用真核细胞 mRNAs 的 poly（A）尾结构，设计一套（12 条）3′ 端 T12MN 引物，其中 M 代表 A、G、C 任意一种碱基，N 代表 A、G、C、T 任意一种碱基（图 24-1）。在 5′ 端再设计若干条随机引物组合，用 PCR 扩增正常人和患病个体相应组织的 cDNA。在测序胶上切下差异片段进行 PCR 扩增并进一步分析。依据理论计算，该方法所设计的组合引物可以与所有 mRNA 的 poly（A）尾匹配，如果是种类和含量相同的 mRNA 样品，PCR 产物的种类和分布应该相同。如果在正常人和患者的 mRNA 标本中扩增出一些不同长度的 mRNA 片段，它们代表的 mRNA 有可能与疾病状态相关。这一方法的优点在于所需 mRNA 量少、较快速、可同时显示多种生物性状的差异、可同时获得高表达和低表达的基因等。这种方法同时也存在许多严重的缺陷：①部分已获的 cDNA 片段不一定是产生某一性状或疾病的原因，可能是该疾病或性状发生后的表达产物；②信噪比过低，可出现非特异扩增，假阳性条带多；③工作量大、无法定量研究；④扩增的条带往往是 3′-UTR 区的一段短序列。以上缺陷常导致筛选困难，如假阳性率高达 70%、获得的片段太短等，很难直接判断其功能和意义。尽管有上述缺陷，但因其步骤较简单，高效易行，实验周期短，同时可以比较大批样本，对样品的要求较低，可检测低丰度的mRNA，在实际工作中该法应用仍较大。

	mRNA序列	poly(A)尾
	—— NMAAAA	——
1	—— ATAAAA	——
2	—— GTAAAA	——
3	—— CTAAAA	——
4	—— TTAAAA	——
5	—— ACAAAA	——
6	—— GCAAAA	——
7	—— CCAAAA	——
8	—— TCAAAA	——
9	—— AGAAAA	——
10	—— GGAAAA	——
11	—— CGAAAA	——
12	—— TGAAAA	——

图 24-1　真核细胞 12 种 mRNA 的 poly（A）尾序列特征

（三）动物模型

人类疾病的动物模型是与人类疾病具有相似性、可靠性表现和能够重复性再现该疾病的动物实验对象和材料。现代生物医学研究中使用动物模型是一个极为重要的实验方法和手段。动物模型的间接研究，有助于方便、有效地认识人类疾病的发生发展规律。在动物模型复制人类部分疾病，如果发现动物某种表型的突变基因在染色体的某一部位定位，而在人染色体的同源部位很有可能存在具有相似人类疾病表型的基因。当疾病基因在动物模型上已完成鉴定，人的同源基因可以采用荧光原位杂交定位分离。例如，肥胖相关的瘦蛋白（leptin）基因克隆就是利用突变的肥胖近交系小鼠，通过定位克隆分离得到瘦蛋白基因位于小鼠 6 号染色体。小鼠和人的瘦蛋白基因有 84% 的同源性，利用小鼠瘦蛋白基因侧翼序列，定位出人的瘦蛋白基因位于人染色体 7q31 区。该基因表达产物瘦蛋白为分泌性蛋白，包含 167 个氨基酸残基，主要功能是参与控制食物的摄入，促进能量的消耗。肥胖小鼠和一些遗传性肥胖症患者均缺损该基因，导致丧失相关基因功能。

（四）染色体定位

根据疾病基因在染色体上的大体位置鉴定克隆疾病相关基因，称为定位克隆（positional cloning）。定位克隆首先是基因定位，即在染色体上确定疾病相关基因位置，根据这一位置信息，应用 DNA 标记将经典的遗传学信息转换为遗传标记定位到特定基因组区域，在相关基因组区域的相连重叠群（contig）内筛选候选基因，最后比较这些基因在患者和正常人间的差异，确定和疾病相关的基因。人类基因组计划后所进行的定位候选克隆，是将疾病相关位点定位在某一染色体区域后，根据该区域的基因、表达序列标签（expressed sequence tag，EST）或模式生物对应的同源区基因等有关信息，直接进行基因突变筛查，通过多次重复，最终确定疾病相关基因。

基因定位（gene location）是基因分离和克隆的基础，目的是确定基因在染色体的位置及基因在染色体上的线性排列顺序和距离。可用家系连锁分析、等位基因共占法、人群相关性分析，在细胞、染色体和分子水平等不同层次进行基因定位，由于采用不同手段可产生多种方法，这些方法可联合使用，也可相互补充。

1. 体细胞杂交法　将来源不同的两种细胞融合成一个新细胞称为体细胞杂交（somatic cell hybridization），也称为细胞融合（cell fusion）。新产生的融合细胞称为杂种细胞（hybrid cell），含有双亲不同的染色体。大多数体细胞杂交是用人的细胞与小鼠、大鼠或仓鼠的体细胞进行杂交。这种杂种细胞有一个重要的特点是在其繁殖传代过程中出现保留啮齿类一方染色体而人类染色体逐渐丢失，最后只剩一条或几条的现象，其原因至今不明。Milr 等运用体细胞杂交，结合杂种细胞的特征，证明杂种细胞的存活需要胸苷激酶（TK）。含有人 17 号染色体的杂种细胞在特殊的培养基中，都因有 TK 活性而存活，反之则死亡，从而推断 TK 基因定位于第 17 号染色体上。利用这一方法定

位了许多人的基因。肿瘤抑制基因也是应用体细胞杂交技术而被发现的。

2. 染色体原位杂交 染色体原位杂交是在细胞水平定位基因的常用方法。是核酸分子杂交技术在基因定位中的应用，也是一种直接进行基因定位的方法。其主要步骤是获得组织培养的分裂中期细胞，将染色体 DNA 变性，与带有标记的互补 DNA 探针杂交，显影后可将基因定位于某染色体及染色体的某一区段。如果用荧光染料标记探针，即为荧光原位杂交。1978 年科研人员首次用 α- 及 β-珠蛋白基因的 cDNA 为探针，与各种不同的人 / 鼠杂种细胞进行杂交，从而将人 α- 及 β- 珠蛋白基因分别定位于第 16 号和第 11 号染色体上。这种染色体原位杂交技术特别适用于那些不转录的重复序列，如利用原位杂交技术将卫星 DNA 定位于染色体的着丝粒和端粒附近，这些重复序列很难用其他方法进行基因定位。

3. 染色体异常疾病基因定位 对于任何已知与染色体异常直接相关的疾病来说，染色体异常本身就成为疾病定位基因克隆的一个绝好的位置信息。染色体异常有时可替代连锁分析，用于定位疾病基因。在一些散发性、严重的显性遗传病，染色体变异分析是获得候选基因的唯一方法。有时可直接获得基因的正确位置，而无须进行连锁分析。例如，染色体的平衡易位和倒位等诸如多囊肾、巨肠症、DMD 的定位在很大程度上借助于染色体的异常核型表现。

如果细胞学观察的染色体异常与某一基因所表达的异常同时出现，即可将该基因定位于该染色体的异常区域内。例如，对一具有 6 号染色体臂间倒位的家系分析表现，凡是有此倒位者，同时也都有某 *HLA* 等位基因的表达；而家族中无此倒位者，也无该等位基因的表达，因此将该 *HLA* 基因定于 6 号染色体短臂的远侧区。染色体非整倍体分析中，可通过基因剂量法进行基因定位。在唐氏综合征（核型 47，+21）的患者中过氧化物歧化酶的活性比正常人高 1.5 倍，因此将该酶基因定位于 21 号染色体上。但是并非所有基因的拷贝数都有明显的剂量效应作用。

4. 连锁分析 基因定位的连锁分析（linkage analysis）是根据基因在染色体上呈直线排列，不同基因相互连锁成连锁群的原理，即应用被定位的基因与同染色体上另一基因或遗传标记相连锁的特点进行定位。如果待定基因与标记基因呈连锁遗传，即可推断待定基因与标记基因处于同一染色体上，并且依据和多个标记基因连锁的程度（用两者间的重组率度量），可确定待定基因在染色体的排列顺序及其与标记基因间的遗传距离。例如，已知血型基因 *Xs* 定位于 X 染色体上，普通鱼鳞病和眼白化病基因与其连锁，因此判定这两个基因也在 X 染色体上，计算患者子代的重组率，即可确定这些基因间的相对距离。

定位克隆的基本程序包括三大步骤：①尽可能缩小染色体上的候选区域。定位克隆困难与否取决于染色体候选区域的大小。为此要尽可能地缩小疾病基因在染色体上的候选区域。在单基因疾病基因的遗传制图时，需要选择更多的遗传标记，寻出遗传距离最近的标记，增加更多的家系，建立所有个体的单倍体型等，以增加发现重组机会，结合寻找更多连锁不平衡，精确疾病相关基因的候选区域。②构建目的区域的物理图谱。由于人类基因组研究的发展，各种 DNA 分子水平上物理手段的建立，已经使得疾病相关基因的克隆变得较为容易。现在已无须建立 DNA 重叠群，仅需从人类基因组序列数据库下载即可，但使用前要仔细检查重叠的拼装是否正确。③疾病相关基因的确定在得到区域性很窄的 DNA 重叠群克隆后，可以使用多种方法对变异位点进行确定。常用的方法：a. cDNA 直接筛选法，如果知道该种疾病发生的特异组织，还可以将该组织中的 cDNA 直接与得到的克隆杂交，筛选出此区域内的特异表达基因，再对这些基因作进一步分析。b. 候选基因克隆法，对该区域中的已知基因位点进行测序，比较变异情况，确定变异位点。c. 对克隆直接进行序列分析。

采用定位克隆策略鉴定的第一个疾病相关基因是 X 连锁慢性肉芽肿病基因。而 DMD 基因的成功克隆，更彰显了基因定位克隆的优势。这项工作主要分两个阶段。首先，根据患病女性 X 染色体与第 21 号常染色体的易位，以及男性患儿发生小的 Xp21.2 缺失并伴发 3 种其他 X 连锁隐性遗传病，再运用 RFLP 连锁分析将 DMD 基因定位于 Xp21。然后，分别克隆得到了基因的 2 个不同的片段，分别命名为 XJ 系列探针和 pERT87 系列探针，根据 2 片段的比较，证明 DMD 基因约为 2300kb，占 X 染色体的 1% 以上，该基因编码肌营养不良蛋白（dystrophin），影响横纹肌和心肌的结构和收缩功能。

微课 24-2

四、全基因组关联分析和全外显子测序

在基因定位克隆中，常用一些分子遗传标记进行全基因组关联分析（genome-wide association

study，GWAS），极大地提高了基因克隆的效率。全基因组关联分析方法是一种在无假说驱动的条件下，通过扫描整个基因组观察基因与疾病表型之间关联的研究手段。在具体操作中，通常收集成千上万个患者和对照的 DNA 标本，利用高通量芯片进行 SNP 的基因定型，进一步通过统计学分析，确定分子 SNP 位点和疾病表型的关系。该方法已成功鉴定了常见多发病的多种基因位点，不仅有效简化了常见病的相关基因鉴定过程，而且为研究疾病的发病机制和干预靶点提供了极有价值的信息。不过该技术对研究团队的经济实力、合作性、生物信息学水平及庞大的假阳性数据排查能力都有很高的要求，且只涉及常见等位基因的变异。

全外显子测序（whole exon sequencing）技术则可使全基因组外显子区域 DNA 富集从而进行高通量测序，它选择性地检测蛋白编码序列，可实现定位克隆，对常见和罕见的基因变异都具有较高灵敏度，仅对约 1% 的基因组片段进行测序就可覆盖外显子绝大部分疾病相关基因变异，其高性价比使其在复杂疾病易感基因的研究中颇受推崇。

五、生物信息数据库分析

随着人类基因组计划和多种模式生物基因组测序的完成，生物信息学的发展，计算机软件的开发应用和互联网的普及，人们通过已获得的序列与数据库中核酸序列及蛋白质序列进行同源性比较，或对数据库中不同物种间的序列比较分析、拼接，预测新的全长基因等，进而通过实验证实，从组织细胞中克隆该基因，这就是所谓的电子克隆（in silico cloning）。

早在 1991 年，M. D. Adams 首先运用 EST 以发现新基因，随着基因组计划的进展及 EST 数据库的迅速扩展，在克隆基因的全长 cDNA 序列以前，很有必要首先采用生物信息学的方法进行“电子”cDNA 文库筛选，以指导下一步的实验策略。对于已纯化的目的蛋白，首先可以测定 N 端相应的氨基酸序列，从氨基酸序列出发，证实 dbEST 中是否存在与待查询项完全相同或相似的 EST，当查询到某一 EST 后，以该 EST 所在克隆的克隆编号作为查询项，以期获取对应于该 EST 的 cDNA 克隆的另一端的 EST 信息，为了进行电子 cDNA 库筛选，可以把通过以上方法获得的 EST 序列作为查询项通过 BLAST N 软件对 dbEST 进行搜寻，寻找 EST 重叠群，进而通过计算机程序获得基因的部分乃至全长 cDNA 序列并通过电子 PCR 的方法对其进行染色体定位，而且可通过 IMAGE 协议索取相应的免费克隆，避免或减轻筛选全长基因的麻烦，以集中精力进行基因的功能研究。

人类新基因克隆大都是从同源 EST 分析开始的。应用同源比较，在人类 EST 数据库中，识别和拼接与已知基因高度同源的人类新基因的方法：①以已知基因 cDNA 序列对 EST 数据库进行搜索分析（basic local alignment search tool，BLAST），找出与已知基因 cDNA 序列高度同源的 EST。②用 Seqlab 的 Fragment Assembly 软件构建重叠群，并找出重叠的一致序列。③比较各重叠群的一致序列与已知基因的关系。④对编码区蛋白质序列进行比较，并与已知基因的蛋白质的功能域进行比较分析，推测新基因的功能。⑤用新基因序列或 EST 序列对序列标签位点（sequence-lagged site，STS）数据库进行 BLAST 分析，如果某一非重复序列（FST）与某一种 STS 有重叠，那么，STS 的定位即确定了新基因的定位。

电子克隆充分利用网络资源，可大大提高克隆新基因的速度和效率。由于数据库的不完善、错误信息的存在及分析软件的缺陷，电子克隆往往难以真正地克隆基因，而是电子辅助克隆。

六、基因功能的研究

基因的功能实际是基因产物的功能，也就是编码基因的蛋白质功能和非编码基因 RNA 的功能，前者是本节讨论的重点。非编码 RNA，如 miRNA 的功能，最近亦引起广泛的关注。基因产物的功能可以从 3 个不同水平来描述：①生物化学水平，主要描述基因产物参与了何种生化过程，如属于激酶转录因子等；②细胞水平，主要论述基因产物在细胞内的定位和参与的生物学途径，如某蛋白质定位于核内，参与 DNA 的修复过程，有可能并不了解确切的生物化学功能；③整体水平，主要包括基团表达的时空性及基因在疾病中的作用。

为研究基因的功能，有必要获得尽可能多的有关该基因的信息。目前生物信息学方法可提供很大的帮助。对基因产物不同水平的研究，需要采用不同的研究手段。例如，采用生物信息学序列比对，预测基因功能；通过细胞水平上的基因高表达或基因沉默，观察细胞的功能改变；研究蛋白质与蛋白质或 DNA 的相互作用，了解基因产物的生物学途径；构建转基因或基因剔除动物，在整体水

平研究基因功能。

克隆了疾病相关基因，往往并不了解基因的正常功能。对人类基因功能的研究是后基因组时代生命科学领域中的重大命题。通过研究基因功能可以阐明人体细胞的增殖、分化、通讯、衰老和死亡的分子机制，确定人类疾病发生发展及转归的机制，进而研发新的诊断技术及治疗干预措施，提供药物开发的靶标分子。

（一）基因比对及功能诠释

在以往的研究中，已经对大量的基因功能产物的功能有了详尽的了解，获得了足够多的信息，建立了共享资源数据库，其中最为著名的就是美国的GenBank。这些数据库是进行基因序列比对，诠释基因功能的基础。依据分子进化的理论，核酸或氨基酸序列相似的基因，应表现出类似的功能。这些序列相似的基因称为同源基因。所采取的基本方法是基因序列比对分析。

两个或多个符号序列按字母比较，尽可能确切地反映它们之间的相似和差异，称为序列比对，又称序列联配。通常所讲的序列比对包括核酸序列比对和蛋白质序列比对。根据每次参与比对的序列数又可分为双序列比对和多序列比对。

常用的两大双序列比对工具是BLAST和FASTA，分别由美国国立生物技术信息中心（NCBI）和欧洲生物信息学研究所（EBI）开发和维护。NCBI的主页是http：//www. ncbi.nlm.nih.gov。EBI的主页是http：//www.ebi.ac.uk。两个数据库均有详细的序列比对数据，且有方便的对话框式操作和使用说明。新基因的功能研究的第一步就是在这些数据库中进行序列比对。

（二）利用工程细胞研究基因功能

在细胞水平研究基因功能，除了观察细胞在实验条件下该基因表达的改变，更重要的是人为地导入外源基因或干预正常基因的表达，以观察细胞生物学的改变。

1. 采用基因重组技术建立基因高表达工程细胞系 采用基因重组技术，将外源基因导入宿主细胞，使其表达目的基因，进而观察细胞的生物学特征改变。根据外源基因在宿主细胞表达的持续时间，可区分为瞬时转染和稳定转染细胞。稳定转染细胞是一种最常用的细胞水平的转基因模型，外源基因通过转基因过程插入细胞的染色体中，或以游离基因（episome）的形式存在于细胞中稳定表达。稳定表达外源蛋白的转染细胞可以用作基因功能研究的细胞模型，也可以利用这种方法获得外源基因产物，目前被广泛应用于细胞模型的建立。

2. 基因沉默技术抑制特异基因的表达 在细胞水平沉默待研究基因的表达，进而观察基因沉默后细胞的生物学行为改变，是基因功能研究的有力工具。可以利用RNA干扰技术、反义技术等来实现对特定基因表达的抑制。

（三）研究生物大分子间的相互作用

在一些情况下，即使对基因的序列、结构和表达模式有清楚的认识，但仍然难以阐明基因所表达的蛋白质的功能。此时通过研究该蛋白质与已知功能蛋白质的相互作用，无疑将非常有助于对该蛋白质功能的了解。例如，未知功能的新蛋白质与参与RNA剪接的蛋白质存在相互作用，极有可能新蛋白质也参加了RNA的剪接过程。研究蛋白质相互作用的方法包括遗传学、生物化学和物理学方法。遗传学方法仅用于如果蝇、酵母等模式生物，而生物化学和物理学的方法可直接用于人类细胞。常用的生物化学方法是亲和层析和免疫共沉淀。常用的高通量筛查蛋白质间相互作用的方法是酵母双杂交技术和噬菌体展示技术。

噬菌体展示（phage display）是将外源性DNA插入噬菌体衣壳蛋白基因中的一种表达克隆技术。重组基因以融合蛋白的形式，掺入病毒颗粒中，展示在噬菌体的表面。融合噬菌体可与表面展示的外源蛋白相互作用的蛋白结合，以筛查蛋白质的相互作用。噬菌体展示的缺点在于其本身是一种体外分析系统，另外，只有短肽可以展示在噬菌体表面。噬菌体展示也可用于抗体工程和普通的蛋白质工程。

（四）应用基因修饰动物整体研究基因功能

尽管在体外对基因功能的研究可提供大量信息，但是只有在整体内的研究才能真实反映该基因在体内的真正作用。通过在实验动物，特别是小鼠体内进行相关的基因操作，获得基因修饰动物品系，已成为在体研究基因功能的重要手段，常用的有转基因动物和基因剔除动物。

笔记栏

小　　结

疾病相关基因检测的原则包括确定疾病表型和基因之间的实质联系，鉴定克隆疾病相关基因，确定候选基因。疾病相关的致病基因和易感基因的最终鉴定可以筛选出候选基因。疾病相关基因检测的策略和方法包括检测 DNA 靶标、RNA 靶标和克隆疾病相关基因。疾病相关基因的鉴定和克隆，可采取非染色体定位的基因功能鉴定和定位克隆两类策略。前者包括：功能克隆可根据蛋白质的氨基酸序列克隆基因和根据特异性抗体鉴定疾病基因；表型克隆从疾病表型出发，针对序列已知基因或序列未知基因；在动物模型上复制人类部分疾病，人的同源基因可以采用荧光原位杂交定位分离。后者染色体定位有体细胞杂交法、染色体原位杂交法、染色体异常疾病基因定位、连锁分析。定位克隆的基本程序包括三大步骤：尽可能缩小染色体上的候选区域；构建目的区域的物理图谱；疾病相关基因的确定。DMD 的克隆是定位克隆策略应用的成功范例。全基因组关联分析和全外显子测序、生物信息数据库分析有助疾病相关基因克隆。

基因的功能由基因表达产物体现，也就是编码基因的蛋白质功能和非编码基因 RNA 的功能。基因产物的功能可以从 3 个不同水平来描述，即生物化学水平、细胞水平和整体水平的功能。生物信息学的同源序列比对、细胞水平高表达或低表达基因（反义技术和 RNA 干涉）技术、蛋白质与蛋白质相互作用技术和整体水平的转基因技术、基因剔除小鼠动物型等，都是目前进行基因功能研究的有效手段。

（殷嫦嫦）

笔记栏

第25章　组　学

第25章PPT

德国的 Hans Winkler 于 1920 年首次提出基因组（genome）一词，意为基因（gene）与染色体（chromosome）的组合，用于描述生物的全部基因和染色体组成。基因组学（genomics）最初由美国的 Thomas Roderick 于 1986 年提出，指的是对所有基因进行基因组作图（genomic mapping）和核苷酸测序（sequencing）。随着人类基因组计划（HGP）的实施与完成，基因组学研究进入了以破译、解读、开发基因组功能信息为主要研究内容的后基因组学（post-genomics）时代，于是基因组学的概念得到不断发展与更新，并衍生出各种不同的组学（-omics），如转录物组学（transcriptomics）、蛋白质组学（proteomics）、代谢组学（metabolomics/metabonomics）、糖组学（glycomics）、脂质组学（lipidomics）和生物信息学（bioinformatics）等。由此可见，组学研究是针对某一类分子的总体进行分析，是从整体的角度出发研究生物体组织细胞内 DNA、RNA、蛋白质、代谢物或其他分子的所有组成、结构与功能及其相互关系的科学。这就使得医学研究从对单一基因、蛋白质及其代谢物的研究转向对多个基因、蛋白质、代谢物及其分子间的相同作用同时进行系统的研究，整体分析反映人体组织器官功能和代谢状态，为探索人类疾病的发生发展规律和机制，发展现代高效的预防、诊断和治疗手段提供新思路。

第1节　基因组学

基因组学是研究生物体基因组的结构、结构与功能的关系及基因之间相互作用的科学，包括基因组作图、核苷酸序列分析、基因定位、基因功能分析及表达调控研究等。基因组学可分为结构基因组学（structural genomics）、功能基因组学（functional genomics）、比较基因组学（comparative genomics）和其他基因组学。

一、基因组学的研究内容

（一）结构基因组学

结构基因组学是研究生物体基因组结构的科学，通过基因作图、核苷酸序列分析确定基因组成、基因定位。结构基因组学是基因组学研究的早期阶段，是建立功能基因组学的基础，其主要目标是绘制生物体的遗传图谱（genetic map）、物理图谱（physical map）、序列图谱（sequence map）和转录图谱（transcription map）。

人类基因分布在线性染色体上，要阐明人类基因组 3×10^9 个碱基对的排列顺序，发现所有人类基因并阐明其在染色体上的位置，首先需要对基因组 DNA 进行分区和标记，使之成为比较容易操作的较小的结构区域，这一过程称为作图。人类基因组计划的主要任务是人类基因组的作图和测序，绘制遗传图谱、物理图谱、序列图谱和转录图谱。

1. 遗传图谱　指通过遗传重组所得到的基因和（或）遗传标记（genetic marker）在染色体上的线性排列图谱，也称连锁图谱（linkage map）。它通过计算连锁的遗传标志之间的重组频率来确定它们之间的相对距离，图距单位为厘摩（centi-Morgan，cM）。1cM 代表每次减数分裂时的重组频率为 1%，约相当于 1000kb。基因重组使 2 个连锁遗传标记分开的频率与它们在染色体上的图距呈正相关，图距值越大，说明它们之间的距离越远。人类基因组遗传大小已确定为 3600cM。

绘制遗传图谱是结构基因组学的重要内容。建立精细遗传图谱的关键是获得足够的、高度多态性的遗传标记。被用作第一代遗传标记的有 RFLP、随机扩增多态性 DNA（random amplified polymorphism DNA，RAPD）、扩增片段长度多态性（amplified fragment length polymorphism，AFLP），2 个标记平均相距 2 ～ 5cM。被用作第二代遗传标记的是 STR 序列，标记之间平均距离为 0.7cM。被用作第三代遗传标志的是 SNP，SNP 的精确度最高，可作为基因组精确分区的标记。

2. 物理图谱　是以 STS 作为标记，以物理长度 bp、kb、Mb 作为图距单位，采用分子生物学技术将 DNA 分子标记或基因定位在染色体的实际位置，也称染色体图谱（chromosome map）。STS 是指染色体定位明确且可用 PCR 扩增的单拷贝序列，每隔 100kb 就有一个标记。物理图谱是在遗传作

图基础上绘制更详细的基因组图谱，是进行DNA序列分析和基因组结构研究的基础，包括荧光原位杂交图谱、限制性内切核酸酶酶切图谱和重叠群图谱。

最常用的物理图谱的构建方法是利用限制性内切核酸酶将染色体DNA切成片段，将其按次序排列连接起来作图。作图的技术路线可分为两类：一类是利用酶切位点稀有的限制性内切核酸酶将染色体完全酶切，得到长100kb～l000kb的DNA长片段，按照片段上的标记依次排序，然后将每一长片段酶切成短片段，再把短片段排列成序绘制物理图谱。另一类方法则是利用限制性内切核酸酶将染色体部分酶切，得到的DNA短片段分别用酵母人工染色体（YAC）或黏粒（cosmid）等作为载体进行克隆，根据克隆片段两端共有的重叠序列排序，得到由排好序的携带DNA片段克隆组成的重叠群图谱。克隆重叠群是人类基因组计划物理图谱的核心部分。

3. 序列图谱　随着遗传图谱和物理图谱的绘制完成，基因组测序就成为结构基因组学重要的研究内容。物种的基因组DNA序列测定完成之后，就可以在碱基水平上破译生物体的遗传信息。序列图谱是物理图谱的延伸，是最详细、准确的物理图谱。

构建序列图谱的策略是首先将基因组DNA分区克隆，并赋予遗传图谱和物理图谱中的遗传标志，然后逐段进行序列测定，最后根据遗传标志将序列拼接起来，获得一个完整基因组DNA的全部核苷酸排列顺序。人类基因组计划于1990年10月正式启动，历时13年，科学家于2003年4月宣布人类基因组序列图谱绘制成功。已完成的序列图覆盖人类基因组所含基因区域的99%，精确率达到99.99%。2003年9月启动了DNA元件百科全书（encyclopedia of DNA element，ENCODE）计划，其目标是识别人类基因组中的所有功能元件，包括转录本序列、转录调节序列及目前功能未知的序列等。2006年5月，1号染色体的基因测序图公布，标志着解读人类基因密码的“生命之书”宣告完成。迄今已完成100多个物种的基因组DNA序列测定，其中包括流感嗜血杆菌、大肠埃希菌、啤酒酵母、秀丽线虫、果蝇、拟南芥、水稻、小鼠、疟原虫、按蚊、鸡、家蚕、蜜蜂、玉米等。

4. 转录图谱　是在识别基因组所包含的蛋白质编码序列的基础上绘制的结合有关基因序列、位置及表达模式等信息的图谱，也称cDNA图谱或EST图谱。

蛋白质编码序列占人类基因组DNA的1%～2%。绘制转录图谱时，首先需要将全部转录本mRNA通过逆转录酶催化合成cDNA，构建cDNA文库。然后对文库中EST部分的cDNA片段进行序列测定，以EST作为定位标志，与染色体某一特定区域的DNA进行分子杂交，确定这一序列在基因组中的位置。最后根据所有转录序列的位置和距离，绘制出可表达基因在染色体DNA上的转录图谱。转录图谱不仅可提供生物体基因或基因家族的数目、每一基因的序列及其在基因组中的位置，而且还能有效提供正常或特殊环境条件下基因表达的时间和空间关系。

（二）功能基因组学

功能基因组学是建立在结构基因组学研究基础上的基因组分析。利用结构基因组学所提供的信息，采用高通量和大规模的实验手段，结合计算机科学和统计学进行基因组功能注释，在整体水平上全面了解基因功能及基因之间相互作用的信息，认识基因与疾病的关系，掌握基因的产物及其在生命活动中的作用。功能基因组学的研究主要包括基因功能发现、基因表达分析、突变检测及模式生物研究等。

1. 识别和鉴定基因　要了解基因功能，需进一步鉴定基因序列、识别基因转录调控信息。以基因组DNA序列的信息为基础，发展序列比较、基因组比较及基因预测理论方法，将理论方法与计算生物学技术、生物学实验手段相结合，全面分析基因组结构，发现或寻找新基因，分析基因调控信息。采用的生物学手段主要包括消减杂交、差示筛选、cDNA差异分析、mRNA差异显示及DNA芯片、cDNA芯片、全基因组扫描等。

2. 注释基因产物的功能　基因功能主要包括生物学功能、细胞学功能、发育学功能等。通过序列同源性分析、生物信息关联分析及生物数据挖掘，可以进行基因功能注释。

研究疾病相关基因的结构与功能主要包括人类基因突变体的系统鉴定、全基因组表达谱的绘制、基因功能关系的鉴定、基因相互作用网络图的绘制及与疾病防治相关的基因功能研究等。

3. 研究基因组的表达调控　一个细胞的转录表达水平能够精确而特异地反映其类型、发育阶段及状态，因此要在整体水平识别所有基因组表达产物RNA和蛋白质及两者之间的相互作用，绘制基因组表达在细胞发育的不同阶段和不同环境状态下基因调控网络图。

4. 研究基因组的多样性　人类基因组计划得到的基因组序列虽然具有代表性，但是人类是一个

具有多态性的群体，基因多态性可来源于基因组中重复序列拷贝数的不同，也可来源于单拷贝序列的变异、双等位基因的转换或替换等。SNP 是指在基因组水平上由单个核苷酸的变异所引起的 DNA 序列多态性，占所有已知多态性的 90% 以上。开展基因组多样性研究，对于了解人类的起源、进化和迁徙，以及对生物医学等有重大影响。

（三）比较基因组学

比较基因组学研究是在基因组作图和测序的基础上，对已知的基因和基因组结构进行比较，鉴别基因组的相似性和差异性，了解基因的功能、表达调控机制和物种进化的科学。

1. 种间比较基因组学　通过比较不同物种间的基因组序列，可鉴别出编码序列、非编码序列及物种特有的基因序列，有助于了解不同物种基因组结构和功能上的相似及差异，用于基因定位和基因功能预测，也可用于绘制系统进化树，揭示物种的起源和进化。利用模式生物基因组与人类基因组编码顺序和结构上的同源性，克隆人类疾病和健康基因，揭示基因功能和疾病分子机制，阐明物种进化关系及基因组的内在结构。

2. 种内比较基因组学　种内比较基因组学可以分析同源基因的功能，也可以比较同种群体内不同个体基因组存在的变异和多态性。SNP 是人类基因组 DNA 序列中最常见的变异形式，平均每 500 ～ 1000bp 就有 1 个，其总数可达 300 万个甚至更多。不同个体有不同的疾病易感基因，鉴别个体间 SNP 的差异性，有助于了解不同个体的疾病易感性和对药物的反应性，用于判定不同人群对疾病的易感程度并指导个体化用药。

（四）其他基因组学

基因组学研究的不断深入及与其他学科研究的交叉与融合，形成了诸多新的基因组学，如疾病基因组学、药物基因组学、营养基因组学、环境基因组学、病理基因组学、生殖基因组学、群体基因组学等，下面简单介绍疾病基因组学、药物基因组学、环境基因组学。

1. 疾病基因组学（disease genomics）　人类所有疾病或健康状态都与基因直接或间接相关，每种疾病都有其相应的致病基因或易感基因。人类疾病相关基因是人类基因组中结构与功能完整性至关重要的信息，疾病的发生过程是相关基因与内外环境相互作用的结果。人类基因组研究的一个主要目标是寻找人类疾病相关基因，以人类基因组为大背景研究疾病发生、发展过程中基因型的变化规律，将是揭示基因组功能奥秘的最佳途径。

疾病基因组学主要研究与疾病易感性相关的各种基因的定位、鉴定、表达水平及 SNP 的关联分析等。采用“定位克隆”和“定位候选基因”的策略，已发现了包括囊性纤维化、遗传性结肠癌和乳腺癌等一大批单基因遗传病的致病基因，为这些疾病的基因诊断和基因治疗奠定了基础。有些疾病的发生涉及多个基因的变异及环境的影响，如心血管疾病、肿瘤、糖尿病、阿尔茨海默病、精神分裂症、自身免疫性疾病等多基因病。在疾病相关基因的研究中，由单基因病向多基因病的转移已成为目前疾病基因组研究的重点。

2. 药物基因组学（pharmacogenomics）　药物基因组学主要研究遗传变异与药物反应之间的相互关系，以提高药物疗效和安全性为目标。基因多态性是药物基因组学的基础和重要研究内容，主要包括药物代谢酶的多态性、药物转运蛋白的多态性及药物作用靶点的多态性等。基因多态性决定了患者对药物的不同反应，研究疾病及药物作用与 DNA 多态性之间的关系，特别是对药物代谢相关基因、药物靶分子基因在群体和个体中的 SNP 研究，可阐明不同患者间药物代谢及药效差别的遗传基础，指导和优化临床用药。根据不同患者的基因组特征发展合理的基因分型方法，优化治疗方案，用以指导个体化合理用药，保证获得最大的疗效和产生最小的不良反应。

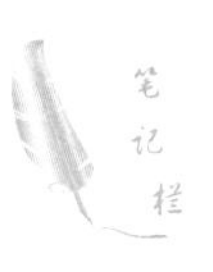
微课 25

3. 环境基因组学（environmental genomics）　环境基因组学主要研究参与或介导环境因子对机体生物表型产生影响的相关基因的识别、鉴定与功能分析，其目的是了解环境与人类疾病的关系。由于人类遗传的多态性，不同个体对环境致病因素的易感性也有差异。针对与环境中物理、化学或生物因素发生相互作用蛋白的编码基因，应用人类基因组计划所使用的方法，鉴定这些基因中有重要功能的等位片段多态性，并确定它们在环境暴露下引起疾病的危险度方面的差异。在疾病流行病学中，研究基因与环境的相互作用，有助于发现特定环境因子致病的风险人群，并制定相应的预防措施和环境保护策略。

笔记栏

二、基因组学研究的常用技术

（一）DNA 测序技术

由于4种核苷酸之间的差异仅在于碱基的不同，因此DNA序列测定实际上就是分析特定DNA分子中4种碱基的排列顺序。双脱氧链末端终止法和化学降解法是目前所称的第一代测序技术，其中双脱氧链末端终止法是DNA测序的主要方法（参见第21章）。将PCR技术与双脱氧链终止法结合是DNA自动化测序的重要基础，全自动激光荧光DNA测序仪的问世大大提高了测序速度，也是人类基因组计划得以提前完成的重要基础。

要将人类基因组序列分析及模式生物基因组序列分析的研究成果应用于医学实践，需要对人群及个体等进行全基因组序列分析，DNA测序技术必须实现微量、快速和低成本化，新一代测序技术及分析仪器应运而生，由此产生了第二代测序技术（即大规模平行测序）、第三代测序技术（即单分子测序技术）、第四代测序技术（即纳米孔测序技术），其共同特点是实现了微量化、高通量并行化和低成本化。这些高通量的DNA测序技术为全基因组测序、转录物组测序、全外显子测序及DNA甲基化研究、突变鉴定、SNP检测等提供了核心支撑技术。

（二）全基因组鸟枪法

基因组测序方法包括亚克隆法测序、鸟枪法测序（shotgun sequencing）及全基因组鸟枪法测序等，可根据具体测定的片段大小选择不同的策略。目前全基因组测序最主要的方法是全基因组鸟枪法，该法能高效地从人类基因组或其他真核生物基因组获得重叠序列信息。全基因组鸟枪法首先采用限制性内切核酸酶酶切或高频超声波处理基因组DNA，得到长1.6kb～4kb的DNA片段，构建随机细菌人工染色体（BAC）文库，然后对文库进行大规模的克隆双向测序，最后运用生物信息学方法将测序片段拼接成全基因组序列。

（三）生物信息学研究

生物信息学是随着人类基因组计划的实施、核酸和蛋白质一级结构序列数据及与此相关的分子生物医学文献数据的迅速增长而兴起的一门交叉学科，以计算机为工具，综合运用生物学、计算机科学和信息技术的观点、理论和方法对生物信息进行采集、处理、存储、传播、分析和注释的科学。通过这样的分析逐步破译生物体全部遗传信息，认识生命的起源、进化、遗传和发育本质，揭示人体生理和病理过程的分子基础，为人类疾病的预测、诊断、预防和治疗提供最合理和有效的方法或途径。

生物信息学通常由数据库、计算机网络和应用软件三大部分组成。基因识别主要从已经掌握的大量核酸序列数据入手，发展序列比对（sequence alignment）、基因组比较、基因预测等方法。基因功能注释主要采用序列同源性分析、生物信息关联分析、生物数据挖掘等手段。BLAST（http：//www.ncbi.nlm.nih.gov/blast/）是广泛应用于核酸或蛋白质序列两两比对和分析的工具，Clustal Omega（https：//www.ebi.ac.uk/Tools/msa/clustalo/）是常用于蛋白质、DNA和RNA多序列比对和分析的工具。

数据库是生物信息学的主要内容，常用的文献数据库有Medline、UnCover等，核酸序列数据库有GenBank、EMBL、DDBJ等，与基因组有关的数据库还有GDB、dbEST、OMIM、GSDB等。

生物信息学已在基因组学、蛋白质组学研究中发挥了巨大作用。近年来，转录物组学、代谢组学及其他组学的出现和迅猛发展，极大地丰富了生物信息学的内涵，生物信息学的发展也为其他组学研究提供了重要方法。

（四）DNA 芯片技术

DNA芯片技术是在核酸斑点杂交技术的基础上，建立的一种快速、准确、高通量检测DNA的技术（参见第21章）。在基因组学研究中，该技术可用于基因突变检测、基因诊断、基因表达检测、基因功能研究、药物筛选、个体化治疗、杂交测序及新基因发现等。

（五）转基因技术与基因剔除技术

转基因技术与基因剔除技术是基因靶向技术，利用同源重组原理对哺乳动物细胞特定的内源基因进行改造的技术。转基因技术是将外源目的基因导入受体细胞，在细胞水平和整体水平研究目的基因的生物学特性和功能。采用基因打靶技术对特定基因的功能进行研究时，可选用基因敲入和基因剔除两种不同方法（参见第21章）。

第2节 转录物组学

转录物组（transcriptome）是指一个细胞、组织、器官或者生物体所能转录出来的全部转录本，包括mRNA、rRNA、tRNA和其他非编码RNA。狭义的转录物组是指一个活细胞所能转录出来的全部mRNA。转录物组学是在整体水平上研究细胞中基因转录的水平及其转录调控规律的一门学科。与基因组学相对应，转录物组学也是一个整体的概念。但需要注意的是，一个生物体的基因组是相对稳定的，而转录物组则是动态的，包含了某一环境条件、某一生命阶段、某一生理或病理状态下，生物体组织细胞的编码基因所转录产生的全部转录物的种类、结构功能及其相互关系的信息。

一、转录物组学的研究内容

转录物组学是功能基因组学的一个重要分支，其主要内容包括大规模基因表达谱分析和基因功能注释。任何一种组织、细胞在特定条件下所表达的基因种类和数量都有特定的模式，称为基因表达谱。大规模基因表达谱或全景式表达谱（global expression profile）是生物体组织细胞在一定的发育时期、生长环境下基因表达的整体状况。根据不同状态下的基因表达谱，可推断相应未知基因的功能，研究基因间的相互作用及特定调节基因的作用机制，揭示基因与疾病发生、发展的内在联系。例如，通过差异转录物组学分析，可将表面上看似相同的病症分为多个亚型，为疾病的诊断、个性化的治疗方案等提供依据。

目前，转录物组学的核心任务侧重于大规模转录物组测序即RNA测序（RNA sequencing，RNA-seq）和单细胞转录物组测序（single-cell RNA sequencing，scRNA-seq）。利用RNA-seq技术，能够对任意物种的整体转录活性进行检测，可用于转录本结构研究（如基因边界鉴定、可变剪切研究等）、转录本变异研究（如基因融合、编码区SNP研究等）、非编码区功能研究（如非编码RNA、微小RNA前体研究等）、基因表达水平研究、全新转录本发现等。

对多细胞生物来说，细胞与细胞之间存在差异。不同类型的细胞具有不同的转录物组表型。不同于组织或细胞群测序，scRNA-seq是在单细胞水平上对RNA进行高通量测序和分析，能够深入挖掘细胞个体特异性的信息。利用scRNA-seq技术，能够在单细胞水平研究细胞内的基因表达和变异，结合活细胞成像系统，更有助于深入理解细胞发育及分化、细胞重编程及转分化等过程。单细胞转录物组分析在临床上广泛应用于肿瘤细胞异质性、免疫细胞异质性、神经元细胞异质性、胚胎细胞发育分化、生物标志物 / 疾病分型等方面研究。

二、转录物组学研究的常用技术

（一）cDNA芯片技术

cDNA芯片是从生物体特定阶段组织或细胞中提取mRNA，经逆转录合成cDNA后制备的芯片（参见第21章），可以高通量灵敏地检测多基因的表达状况，是大规模基因组表达谱研究的主要技术。该技术可以在同一时间内对大量样品进行快速的定性和定量分析，适用于分析不同组织细胞或同一细胞在不同状态下的基因差异表达。

（二）基因表达系列分析

基因表达系列分析（serial analysis of gene expression，SAGE）是基于cDNA芯片技术在转录水平研究生物体组织或细胞基因表达模式的一种高通量技术。SAGE的基本原理是以来自cDNA 3′端特定位置可代表相应转录本的一段9～10bp的特异序列为标签，获得生物体转录本的表达信息。SAGE基本操作流程：获取生物体特定阶段组织或细胞中全部mRNA，逆转录合成cDNA；利用锚定酶（anchoring enzyme）和位标酶（tagging enzyme）切割cDNA分子3′端的特定位置，分离所有转录本中的SAGE标签；通过PCR扩增和连接，将这些标签串联插入克隆载体中进行测序；以融合标签作为探针，结合生物信息学进行基因表达谱分析。

该技术是一种快速高效地分析特定组织或细胞中基因群体表达状态的方法，不仅可以全面提供生物体特定组织或细胞中的SAGE标签基因是否表达及基因表达的丰度，还可以定量比较不同组织、不同时空条件下基因表达的差异。

（三）大规模平行信号测序系统

大规模平行信号测序系统（massively parallel signature sequencing，MPSS）是一种以测序为基础

的基因表达谱自动化和高通量分析技术。MPSS的基本原理是以能够特异识别每个转录子信息的一段16～20bp的序列信号（sequence signature）为检测标签，定量地大规模平行测定相应转录子的表达水平。MPSS基本操作流程：利用荧光标记的引物将来自生物体特定阶段组织或细胞的mRNA逆转录成cDNA并进行克隆，PCR扩增获得含荧光引物的标签序列信号库；将大量特定的与标签序列互补的寡核苷酸片段加载到特制的微球载体表面，制备含抗标签的微球；将序列信号库与微球进行杂交，含标签的样品就被微球吸附；采用荧光激活细胞分选（fluorescence activated cell sorting，FACS）后直接进行序列测定，每一测定序列在样品中频率（拷贝数）就代表了与该序列信号相应的cDNA表达水平；经生物信息学分析，即可获得高通量基因表达谱。

该技术可在短时间内检测生物体组织或细胞内全部基因的表达情况，特别适用于对统计学检验有严格要求的病变样本和正常样本之间的高通量分析，能够有效测定表达水平较低、差异性较小的基因。

（四）RNA-seq技术

RNA-seq技术是利用高通量的测序平台将生物体组织或细胞在某一功能状态下所能转录出来的全部RNA的序列测定出来。RNA-seq基本操作流程：提取样品总RNA，逆转录合成cDNA；经末端修复、加碱基A、加接头后PCR扩增，构建文库；基于高通量测序平台进行测序。

该技术无须预先针对已知序列设计探针，可以在单核苷酸水平上分析任意物种转录本的结构和表达水平，并发现未知的转录本，识别可变剪切位点及编码序列SNP，从整体上对其转录活性进行检测，提供物种全面的转录物组信息。

（五）生物信息学研究

随着生物信息学的快速发展，目前已建立了诸多转录物组相关数据库，如cDNA数据库（TIGR DATAbase）、可变剪接数据库（ASDB）、真核生物基因组转录调控区数据库（TRRD）、真核生物基因表达调控因子数据库（TRANSFAC）、真核生物启动子数据库（EPD）、转录因子和基因表达数据库（OOTFD）及非编码RNA组数据库（non-coding RNA database，NONCODE）等。这些数据库及相关分析平台提供了更多资料和手段便于对基因转录调控区的特点、基因剪接、基因表达模式及表达的时空特异性进行更深入研究。

第3节 蛋白质组学

澳大利亚的Marc Wilkins和Keith Williams于1994年首先提出了蛋白质组（proteome）的概念，意为蛋白质（protein）与基因组（genome）的组合，是指一个基因组、一个细胞或组织、一种生物体在特定时间和空间上所表达的全部蛋白质。生物体所表达蛋白质的种类、数量随着细胞生长发育的不同阶段及所处环境条件（生理或病理状态等）的不同而发生变化，因此蛋白质组是一个在时间和空间上动态变化着的整体。蛋白质组学是从整体水平研究细胞内蛋白质的组成、结构及其活动规律的一门学科，包括蛋白质鉴定、蛋白质加工和修饰分析、蛋白质功能研究、代谢相互作用及其作用的网络与时空变化的关系研究等。

一、蛋白质组学的研究内容

蛋白质组学是从一个机体或一个组织细胞的蛋白质整体活动的角度，研究在不同时间和空间发挥功能的蛋白质群体的组成（种类、结构鉴定）、转运定位（组织、细胞、亚细胞器定位）、表达水平（丰度变化）、翻译后修饰（磷酸化、泛素化、糖基化、甲基化、乙酰化及酶原激活等）、蛋白质之间相互作用、蛋白质与其他生物分子相互作用等。蛋白质组学的研究大致可分为结构蛋白质组学（structural proteomics）研究、功能蛋白质组学（functional proteomics）研究和相互作用蛋白质组学（interaction proteomics）研究。

（一）结构蛋白质组学

结构蛋白质组学即蛋白质组表达模式的研究。采用高通量的蛋白质组研究技术从大规模、系统性的角度对一个细胞、组织、器官中所有蛋白质进行分离、鉴定及对表达丰度等进行研究，建立蛋白质表达谱，从而获得对蛋白质表达调控规律的全景式认识。通过对生物体生长发育、生理病理乃至死亡等不同阶段细胞、组织、器官中蛋白质表达谱的变化分析，可发现与生物体生长发育及疾病发生发展密切相关的蛋白质。

（二）功能蛋白质组学

功能蛋白质组学即蛋白质组功能模式的研究。通常研究细胞内与某种功能相关或在某种条件下表达的一群蛋白质，即以细胞内涉及特定功能或与特定生理病理过程相关的蛋白质群体为主要研究对象。选取重大生命活动或疾病发生、发展过程中几个相继的重要阶段，分别进行蛋白质作图，筛选有差异表达的关键蛋白质和导致疾病发生、发展的标志性蛋白质，从核酸、蛋白质水平对差异蛋白质进行研究，了解蛋白质结构与功能的关系，以及基因结构与蛋白质结构、功能的相互关系，进而确定重大生命活动或疾病发生、发展的蛋白质基础。

对于疾病的研究，比较正常与异常细胞或组织中蛋白质表达水平的差异，进而找到与人类疾病密切相关的差异蛋白质，通过对其功能的研究确定靶分子，为临床诊断、病理研究、新陈代谢研究、药物筛选、新药开发等提供理论依据。

（三）相互作用蛋白质组学

相互作用蛋白质组学是对特定细胞器中的蛋白质或蛋白质结构进行分析，确定蛋白质在细胞中的定位，了解蛋白质组成员之间的相互作用、相互协调关系。蛋白质在细胞中往往以蛋白质 - 蛋白质、蛋白质 - 核酸等复合物的形式执行各种生物学功能。蛋白质与蛋白质之间的相互作用是细胞生命活动的基础和特征。相互作用蛋白质组学的目标是根据蛋白质 - 蛋白质之间的相互作用及通过蛋白质复合物系统分析确定的更高级别的相互作用来构建蛋白质组的相互作用网络图。

蛋白质组学自提出以来，其研究内涵不断扩大，先后出现了疾病蛋白质组学、营养蛋白质组学、临床蛋白质组学、化学蛋白质组学、器官蛋白质组学、膜蛋白质组学、单细胞蛋白质组学等。随着蛋白质组学研究的不断深入，其研究内容及范围将会不断延伸和丰富。

二、蛋白质组学研究的常用技术

由于蛋白质在数量、氨基酸组成上均比基因复杂，使得蛋白质组的研究远比基因组研究复杂。双向凝胶电泳（two-dimensional gel electrophoresis，2-DE）技术、电喷雾串联质谱（ESI-MS/MS）和基质辅助激光解吸飞行时间质谱（MALDI-TOF-MS）技术、计算机图像分析与数据处理技术是蛋白质组学研究的三大基本支撑技术。蛋白质组学研究包括 3 个主要步骤：蛋白质分离；蛋白质鉴定；鉴定结果的存储、处理、对比和分析，采用如下技术。

（一）蛋白质分离技术

通常可选用组织细胞中的全部混合蛋白质组分或根据蛋白质的溶解性和在细胞不同部位分离得到的蛋白质组分进行蛋白质组分析。根据混合样品中蛋白质的不同理化特性进行分离，常用的蛋白质分离技术主要有 2-DE、二维差异凝胶电泳、双向高效柱层析等。

1. 2-DE 2-DE 的原理是根据蛋白质的等电点和分子量特性来分离复杂的蛋白质混合物。第一向是基于蛋白质等电点不同，采用等电聚焦（isoelectric focusing，IEF）电泳进行分离；第二向则按分子量大小不同，采用 SDS- 聚丙烯酰胺凝胶电泳（SDS-PAGE）进行分离，使混合物中的蛋白质在二维平面上分开。目前 2-DE 的分辨率可达到上万个蛋白质点，且分离得到的大部分蛋白质组分纯度可达 90% 以上。该方法具有高分辨率、高重复性的优势，已成为使用最广泛的蛋白质组学分离技术。

2. 二维差异凝胶电泳（two-dimensional difference in-gel electrophoresis，2D-DIGE） 该法是在 2-DE 基础上发展起来的一种荧光标记的定量蛋白质组学技术，比经典的 2-DE 具有更高的检测范围和灵敏性，是目前最为可靠的蛋白质组学定量方法。使用不同的荧光染料 Cy2、Cy3 或 Cy5 分别标记不同的蛋白质样品后，将样品等量混合，基于各种荧光染料的激发和发射波长相同，便可在同一 2-DE 胶中进行分离。通过加入荧光标记的已知量的某种蛋白质作为内标，可保证定量结果的可靠性和操作的可重复性。该法可用于比较两种状态下特定蛋白质丰度变化，也可用于发现不同状态下缺失或新出现的蛋白质。

3. 双向高效柱层析 第一向是先将复杂的蛋白质混合样品进行凝胶过滤柱层析（即分子筛层析），第二向是利用蛋白质表面疏水性质进行反向柱层析分离。该法的优点是可以适当放大，分离得到较多的蛋白质以供鉴定。层析柱流出的蛋白质峰可直接进行质谱测定（一维色谱与质谱联用技术，多维色谱与质谱联用技术），这在分析复杂混合物时很有优势。

（二）蛋白质鉴定技术

蛋白质鉴定技术主要包括质谱（mass spectroscopy，MS）技术、Edman 降解法、氨基酸组成分析、蛋白质和多肽的C端氨基酸序列分析等，其中质谱技术是蛋白质鉴定的核心技术。

质谱技术是将样品分子离子化后，根据不同离子间质荷比（*m/z*）的差异进行成分和结构分析的方法。由于电离技术的制约，早期质谱法只能分析小分子挥发物质。随着基质辅助激光解吸电离（matrix-assisted laser desorption ionization，MALDI）技术和电喷雾电离（electrospray ionization，ESI）技术的出现，质谱技术可以使核酸或蛋白质、多肽等生物大分子产生带单电荷或多电荷的分子离子，从而能测定其分子量。质谱分析具有很高的灵敏度和高质量检测范围，与串联质谱联用，可用于复杂体系中痕量物质的鉴定或结构分析。利用质谱技术鉴定蛋白质主要采用以下方法。

1. 肽质量指纹图谱（peptide mass fingerprinting，PMF）法鉴定蛋白质 蛋白质经酶消化成不同长度的肽段后，通过质谱分析获得所有肽段的分子量，形成一个特有的PMF，每个谱峰代表一种肽段。不同的蛋白质具有不同的氨基酸序列，因而会呈现其特征性的PMF。将获得的PMF与多肽蛋白数据库中蛋白质的理论肽段进行比对，即可确定待分析蛋白质分子的性质。PMF法鉴定蛋白质时要求全部肽段质量与理论值相符合，可同时处理大量样品，是大规模鉴定的首选手段。

对于2-DE来源的蛋白质点的鉴定常采用MALDI-TOF-MS质谱仪，以MALDI作为离子源，用飞行时间（time of flight，TOF）作为质量分析器，其基本原理是将样品与小分子基质混合共结晶，当用不同波长的激光照射晶体时，基质分子所吸收的能量转移到样品分子上，形成带电离子并进入质谱进行飞行，飞行时间与*m/z*的平方根成正比。MALDI-TOF-MS质谱仪具有灵敏度高、快速、谱峰简单等优点。

2. 肽段串联质谱（MS/MS）法鉴定蛋白质 除了测定蛋白质、多肽的分子量、等电点、氨基酸组成外，还需要获得有关其结构和功能的信息。蛋白质酶解消化后的多肽混合物，通过质谱分析获得蛋白质一段或数段肽段的分子量及其离子峰信息，再进行MS/MS分析即可获得有关序列的信息，并通过多肽蛋白数据库检索匹配，就可以确定肽段的序列和蛋白质来源。

电喷雾串联质谱仪（ESI-MS/MS）具有测序功能，以ESI作为离子源，其基本原理是利用高电场使质谱进样端的毛细管柱流出的液滴带电，带电液滴在飞行过程中变得细小而呈喷雾状，使被分析物离子化成为带单电荷或多电荷的离子而得以鉴定。ESI-MS/MS能够在微量/超微量水平上分析蛋白质、多肽序列，也能够以序列为基础分析侧链的化学修饰，已成为蛋白质组学研究的关键技术之一。

3. 色谱与质谱联用技术鉴定蛋白质 色谱与质谱联用有一维色谱与质谱联用（LC-MS）和多维色谱与质谱联用（MDLC-MS）。从组织细胞中提取的蛋白质混合物经选择性酶解后，获得肽段混合物，然后进行液相色谱分离。LC-MS常见的是高效液相色谱（high performance liquid chromatography，HPLC）与质谱联用（HPLC-MS），目前最为常用的是将ESI-MS/MS与纳米升级反相高效液相色谱（nano-RP-HPLC）联用。对于不是很复杂的体系，该技术可以发挥快速、灵敏及自动化的优势，实现蛋白质、多肽混合物的分离和鉴定，是蛋白质组学研究中简单快速的方法之一。对于复杂的蛋白质、多肽混合体系，可采用MDLC-MS技术。MDLC分离系统的原理是按照样品中各个组分的等电点、分子量、分子大小、荷电状况及疏水性等的差异将组分进行分离。常用的MDLC分离系统有凝胶过滤-反相液相色谱联用、离子交换色谱-反相液相色谱联用、亲和液相色谱-反相液相色谱联用和反相液相色谱-反相液相色谱联用。

近年来，三维液相色谱-质谱联用技术、多维蛋白质鉴定技术也成功建立并应用于蛋白质组学研究。另外，毛细管电泳（capillary electrophoresis，CE）-质谱联用技术在蛋白质组学研究中，可用于蛋白质肽谱的建立与蛋白质鉴定、物化常数分析、蛋白质动力学研究、样品定性定量检测及微量制备等。

（三）蛋白质芯片技术

蛋白质芯片技术是一种高通量、高灵敏度、自动化的蛋白质分析技术（参见第21章）。该技术在蛋白质表达谱、蛋白质功能、蛋白质相互作用、寻找疾病生物标志物、药物筛选等方面已得到广泛应用。

（四）蛋白质相互作用研究技术

酵母双杂交、噬菌体展示技术、蛋白质工程中的定点诱变技术、蛋白质免疫共沉淀与GST pull-down（参见第21章）及亲和层析、Western印迹、蛋白质交联等蛋白质相互作用研究技术已广泛应用于蛋白质组学的研究中。

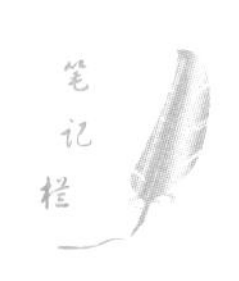

（五）生物信息学研究

生物信息学不仅可以高效地进行基因组、蛋白质组数据分析，还可以通过与数据库的搜索匹配对已知基因或新基因产物进行全面的功能注释。目前常用的蛋白质序列数据库有 PIR-PSD、SWISS-PROT、TrEMBL、UniProt 等；蛋白质片段数据库有 PROSITE、BLOCKS、PRINTS 等；蛋白质三维结构数据库有 PDB、MMDB、BioMagResBank 等；蛋白质结构分类数据库有 SCOP、CATH、ProtClustDB 等及相互作用的蛋白质数据库（DIP）。

第4节 代谢组学

代谢（metabolism）是生物体内所发生的一系列有序的化学反应的总称，可认为是生物体不断进行物质和能量交换的过程。代谢组（metabolome）是指一个细胞、组织、器官或体液中所产生的所有代谢产物（metabolite）。这些代谢物主要是指在代谢过程中产生的分子量小于 1000 的小分子物质（主要是酶的底物和产物），如葡萄糖、cAMP、cGMP、谷氨酸等。代谢组学（metabolomics）是对某一细胞、组织、器官或体液中所有小分子代谢产物同时进行定性和定量分析的一门学科。代谢组学本质上是蛋白质组学的延伸，重点关注基因表达产物（代谢酶）与代谢产物之间的相互关系。狭义的代谢组学（metabonomics）是对生物系统在病理生理刺激或者基因修饰等条件下代谢反应的定量测定，研究生物体整体或组织细胞系统的动态代谢变化，旨在阐明由于基因修饰、疾病、环境（包括营养）压力造成的群体差异，建立系统代谢图谱，并确定这些变化与生物过程的联系。

一、代谢组学的研究内容

代谢组学重点关注的是生物系统代谢循环中小分子代谢物的变化情况及其规律，反映的是在内外环境刺激下细胞、组织或机体的代谢应答变化。在许多与基因改变（突变）没有明显联系的疾病中，代谢物是最能揭示疾病或长期暴露于环境毒素及药物作用的标志。代谢组学研究可分为以下不同的层次和途径。①代谢物靶向分析（metabolite target analysis）：对一个或几个特定代谢组分进行分析。②代谢谱分析（metabolic profiling analysis）：对一系列预设的代谢组分进行定性和定量分析。③代谢组学分析：对某一生物或细胞中所有代谢组分进行定性和定量分析。④代谢指纹谱分析（metabolic fingerprinting analysis）：不分离鉴定生物样品中的具体单一组分，而是对不同产物的整体代谢组分进行高通量的定性分析。

代谢物的定性和定量分析，高通量和高分辨率的代谢组检测，数据分析挖掘及代谢途径分析的自动化、高效化、可视化是代谢组学的发展方向。

二、代谢组学研究的常用技术

代谢组学主要以血液、尿液及唾液等生物体液作为研究材料，也可选用细胞培养液、组织提取液及组织样品等作为研究材料。其基本流程：提取样品；采用亲和色谱、固相萃取等对样品进行预处理；采用气相色谱（GC）、液相色谱（LC）、毛细管电泳等分离化合物；采用光谱、质谱、磁共振（magnetic resonance，MR）、电化学等对代谢物进行检测与鉴定；最后借助生物信息学、化学信息学、化学计量学、计算生物学等进行数据分析、建模及仿真。

目前用于代谢组学研究的分离、分析手段及其组合技术有多种，其中以磁共振、质谱和色谱-质谱联用技术最为常用。①磁共振：磁共振波谱分析利用具有自旋性质的原子核在感应磁场中的能级跃迁来分析物质的化学组成和空间结构，已广泛应用于生物样本的分析，既适用于混合体系的定性分析，也适用于定量测定，常用的磁共振波谱有氢谱（^{1}H-NMR）、碳谱（^{13}C-NMR）及磷谱（^{31}P-NMR）。基于磁共振的分析技术可对生物体系中所有小分子代谢物进行定性和定量分析，该技术已成为代谢组学研究中的重要手段。②质谱：质谱分析是将样品分子离子化后，根据质荷比（m/z）的差异对反应体系中的小分子代谢物进行定性和定量分析，以得到相应的代谢产物图谱。但是质谱只能检测离子化的物质，针对非离子化的代谢产物，可采用磁共振方法。将质谱与磁共振相结合，可获得生物体中较完整代谢途径的图谱。将质谱与毛细管电泳共同使用，可以更高效率地分离某些特定组分，提高低丰度代谢组分的检出率及鉴定和定量的精确度。③色谱-质谱联用技术：GC-MS 和 LC-MS 技术是针对代谢物进行定性和定量分析的高通量实验手段，具有较高的灵敏

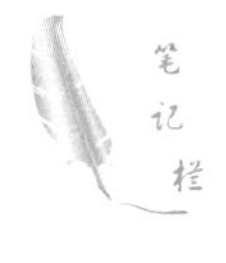

度和选择性，可用于比较不同样品中各自的代谢产物和相对丰度，也可通过比较不同个体中代谢产物的质谱峰，了解不同化合物的结构，建立完备的识别这些不同化合物特征的分析方法，已被广泛用于代谢组学研究。

代谢组学已广泛应用于疾病（如遗传性代谢病、心脑血管疾病、肿瘤、肝肾疾病、内分泌系统疾病等）诊断、器官移植、生殖医学及营养和药动学等方面，同时也在中医药的炮制、配伍、药效评价、作用机制研究及食品安全、作物育种、环境检测等方面有广阔应用前景。

当前，肠道菌与代谢是医学和生命科学研究中最为活跃的领域之一。肠道菌紊乱与大多数疾病的发生发展密切相关，而且肠道菌稳态与失衡更是影响药物药效及不良反应的重要因素。在诸多的组学研究技术中，代谢组学研究技术是探索肠道菌参与疾病发病和药效机制的关键手段。

第5节　其他组学

一、糖　组　学

聚糖（glycan）是由单糖通过糖苷键聚合而成的寡糖或多糖，参与细胞识别、细胞黏附、细胞分化、细胞信号转导及肿瘤转移、微生物感染、免疫反应等重要生物学过程。结构多变、功能多样的聚糖中富含大量生物信息，通过种类繁多的糖基转移酶和部分糖苷水解酶协同作用而合成。糖链是继 DNA 链、蛋白质多肽链之后生命的第 3 种复杂多分子结构链，鉴于糖基转移酶由基因编码，故糖基转移酶继续了“基因→蛋白质”的信息流，由此可以认为“蛋白质→糖类”是基因信息传递的延续。糖生物学（glycobiology）是对生物体内聚糖及其衍生物的结构、化学、生物合成及其生物功能进行研究。

糖组（glycome）是指一个细胞或一个生物体中全部聚糖的种类，其主要成分为糖蛋白、糖脂等的糖链部分。类似于基因组和蛋白质组，糖组富含大量信息。糖组学是对生物体所有聚糖或聚糖复合物的组成、结构及其功能进行研究的一门学科，包括糖与糖之间、糖与蛋白质之间、糖与核苷酸之间的联系和相互作用，旨在阐明聚糖的生物学功能及与细胞、生物个体表型、疾病之间的关系。糖组学是蛋白质组学的延伸，根据研究内容可将其分为结构糖组学（structural glycomics）和功能糖组学（functional glycomics）两部分，前者是对生物体中聚糖的种类、结构、糖基化位点等进行分析，后者是对蛋白质糖基化的机制、功能等进行研究，并对蛋白质与聚糖间的相互作用和功能进行全面分析。

色谱分离与质谱鉴定技术是糖组学研究的核心技术，已广泛应用于糖蛋白的系统分析。这些技术通过与蛋白质组数据库相结合，能够系统地鉴定可能的糖蛋白及其糖基化位点。另外，糖微阵列技术也广泛应用于糖组学研究中，对生物个体产生的全部蛋白聚糖结构进行系统鉴定与表征。借助生物信息学，可对糖链结构信息进一步处理、归纳分析及检索。目前相关的网址和数据库有 NIH 功能糖组学研究共同体计划（the consortium for functional glycomics，CFG）、欧洲糖基因组学计划、糖组数据库（glycosuiteDB）、KEGG 等。

目前，糖组学研究已广泛应用于肿瘤（如乳腺癌、结直肠癌、肾细胞癌等）、肝脏疾病、感染性疾病、自身免疫性疾病等的诊断、发病机制研究、疫苗研制与免疫治疗。2019 年 12 月 29 日，中国原创、拥有完全知识产权的治疗阿尔茨海默病新药——甘露特钠胶 gv-971 的正式上市，也为糖生物学和糖组学研究在疾病诊断、药物开发等转化医学研究领域带来更广阔前景。

二、脂质组学

脂质是生物体内最重要的物质之一，脂质及其代谢产物具有特殊而重要的功能，参与细胞的组成、增殖、代谢、内吞、自噬、凋亡、衰老及物质运输、能量代谢、信号转导、代谢调控等生物学过程。脂质代谢紊乱与多种疾病（如心脑血管疾病、糖尿病、肥胖及痴呆、癌症等）的发生、发展密切相关。因此，对组织细胞和生物体中的所有脂质进行量化分析、鉴定，探索脂质的代谢调控及代谢产物的功能具有重要意义。

脂质组（lipidome）是指一个细胞或生物体内所有的脂类。与转录组和蛋白质组一样，细胞或生

笔记栏

物体的脂质组在各种刺激和生理条件下会发生重塑。脂质组学是对细胞、组织、体液或者生物体内所有脂质及与其相互作用的分子进行研究的一门学科，旨在了解脂质的结构与功能及与其相互作用的分子，揭示脂质代谢与细胞、器官乃至机体的生理、病理过程之间的关系。脂质组学实际上是代谢组学的一个分支，但由于脂类结构和功能的多样性，加之脂质代谢在物质代谢中的重要地位，目前脂质组学已成为一门独立学科。脂质组学通过大规模定性和定量研究脂类分子，并了解它们在不同生理、病理条件下的功能及变化，可准确全面地建立生物样品在不同生理、病理条件下脂质组的全方位信息图谱。

脂质组学研究的技术主要包括脂质的提取、分离、分析鉴定及相应的生物信息学技术。生物质谱技术是目前脂质组学研究的核心技术，基于质谱技术的脂质分析策略主要包括色谱与质谱联用技术和鸟枪法脂质组学（shotgun lipidomics）技术，前者主要有气相色谱与质谱联用（GC-MS）、高效液相色谱与质谱联用（HPLC-MS）、超高效液相色谱与质谱联用（UPLC-MS）；后者主要依赖电喷雾串联质谱（ESI-MS/MS）。脂质组学的迅速发展，促进了相关数据库的建立，目前已有的数据库包括 LIPID MAPS、Lipid Bank、Cyber Lipids、HMDB 等。

目前，脂质组学已广泛应用于疾病脂生物标志物的识别、疾病诊断、药物靶点及先导化合物的发现、药物作用机制研究等方面。随着高覆盖率的组学研究方法不断被开发，将脂质组学与代谢组学整合，可提供更完整的代谢图谱，能够更全面地分析脂质及其代谢产物在生理、病理条件下的作用机制及在疾病进展中的相互联系。

三、系统生物学

随着各种组学与生物信息学的不断发展与整合，一门新的学科——系统生物学（systems biology）应运而生。系统生物学是研究一个生物系统中所有组成成分（如基因、mRNA、蛋白质等），以及在特定条件下这些组分间的相互关系，并分析生物系统在一定时间内的动力学过程。系统生物学从全方位、多层次的角度，整体性了解基因组、蛋白质组和代谢组之间的相互关系。基因、蛋白质及环境之间不同层次的交互作用共同架构了整个系统的完整功能。

系统生物学是以整体性研究为特征的整合科学，主要研究实体系统（细胞、组织、器官、生物个体、环境因子）的建模与仿真、生化代谢途径的动态变化、各种信号转导途径的相互作用、基因表达调控网络及疾病机制等。高通量的组学研究构成了系统生物学的技术平台，利用各种组学提供的数据，结合计算生物学进行建模，并对模型进行预测或假设。系统生物学使生命科学由描述式的科学转变为定量描述和预测的科学。目前，系统生物学理论与技术已在预测医学、预防医学和个体化医学中得到广泛应用。

小　　结

基因组学是研究生物体基因组结构、功能及基因之间相互作用的科学，包括结构基因组学、功能基因组学和比较基因组学等。结构基因组学主要是绘制生物体的遗传图谱、物理图谱、序列图谱和转录图谱；功能基因组学是对基因功能进行注释；比较基因组学通过比较不同生物体种内 / 种间基因组，研究基因功能、表达调控及其进化关系。DNA 测序技术、全基因组鸟枪法、DNA 芯片技术等是基因组学研究的常用技术。

转录物组学是在整体水平上研究某一特定条件下，生物体组织细胞的编码基因所能转录出来的全部转录本的种类、结构与功能、相互作用及其调控规律。内容包括大规模基因表达谱分析、基因功能注释及大规模转录物组测序、单细胞转录物组测序等。cDNA 芯片技术、SAGE、MPSS、RNA-seq 技术等是转录物组学研究的常用技术。

蛋白质组学是从整体水平研究在不同时间和空间发挥功能的蛋白质群体的组成、表达水平、修饰状态、相互作用及其作用网络，包括结构蛋白质组学、功能蛋白质组学和相互作用蛋白质组学。2-DE 和色谱是蛋白质分离的主要技术，ESI-MS/MS 和 MALDI-TOF-MS 是蛋白质鉴定的主要工具。

代谢组学是对某一细胞、组织、器官或体液中所有小分子代谢产物同时进行定性和定量分析，研究生物体整体或组织细胞系统的动态代谢变化，并确定这些变化与生物过程的联系。代谢组学研

笔记栏

究包括不同的层次和途径，磁共振、质谱和色谱 - 质谱联用技术是最常用的研究技术。

糖组学是对生物体所有聚糖或聚糖复合物的组成、结构、相互作用及其功能进行研究，包括结构糖组学和功能糖组学。脂质组学是对细胞、组织、体液或者生物体内所有脂质及与其相互作用的分子进行研究。色谱分离、质谱鉴定和色谱 - 质谱联用是糖组学、脂质组学研究的核心技术。系统生物学是整体性研究一个生物系统中所有组成成分，以及在特定条件下的相互关系和动力学过程。

生物信息学在基因组学、蛋白质组学研究中发挥了巨大作用。转录物组学、代谢组学及其他组学的出现和迅猛发展，极大丰富了生物信息学的内涵，生物信息学的发展也为其他组学研究提供了重要方法。

（张志珍）

笔记栏

主要参考资料

黄诒森，张光毅．2012. 生物化学与分子生物学．3 版．北京：科学出版社
欧芹，龙石银．2021. 医学分子生物学．2 版．北京：科学出版社
田余祥，秦宜德．2020. 医学分子生物学．2 版．北京：科学出版社
田余祥．2016. 生物化学．3 版．北京：高等教育出版社
王琳芳，杨克恭．2001. 医学分子生物学原理．北京：高等教育出版社
吴乃虎．2016. 基因工程原理．2 版．北京：科学出版社
吴士良，周迎会，黄新祥．2005. 医学生物化学与分子生物学．北京：科学出版社
徐克前．2014. 临床生物化学检验．北京：人民卫生出版社
尹一兵，倪培华．2015. 临床生物化学检验技术．北京：人民卫生出版社
于秉治．2008. 图表生物化学．北京：中国协和医科大学出版社
查锡良，药立波．2013. 生物化学与分子生物学．8 版．北京：人民卫生出版社
周春燕，药立波．2018. 生物化学与分子生物学．9 版．北京：人民卫生出版社
周克元，罗德生．2010. 生物化学（案例版）．2 版．北京：科学出版社
David L. Nelson，Michael M. Cox. 2017. Lehninger Principles of Biochemistry. 7th ed. New York：W. H. Freeman & Company

笔记栏

附录　生物化学和分子生物学知识相关的诺贝尔奖一览表（收录至2020年）

获奖内容出现的章名	获奖者	获奖年份	获奖成果	获奖种类（生理学/医学奖或化学奖）
蛋白质的结构与功能	Frederick G. Banting and John Macleod	1923	发现胰岛素	生理学 / 医学奖
	Arne Tiselius	1948	研究电泳和吸附分析，发现血清蛋白质的复杂性质	化学奖
	Archer J.P. Martin and Richard L.M. Synge	1952	发明分配色谱法	化学奖
	Linus Pauling	1954	对化学键性质的研究及其在阐明复杂物质结构中的应用	化学奖
	Vincent du Vigneaud	1955	在生物化学上的重要硫化合物的研究，特别是第一次合成多肽激素	化学奖
	Frederick Sanger	1958	对蛋白质结构，特别是胰岛素结构的研究	化学奖
	Max F. Perutz and John C. Kendrew	1962	对球形蛋白质结构的研究	化学奖
	Christian Anfinsen	1972	对核酸核酸酶的研究，特别是氨基酸序列与生物活性构象之间的联系	化学奖
	Stanford Moore and William H. Stein		有助于理解核糖核酸酶分子活性中心的化学结构与催化活性之间的联系	
	Stanley B. Prusiner	1997	发现了蛋白感染素（朊蛋白），解释感染的一种新的生物学原理	生理学 / 医学奖
	Jacques Dubochet, Joachim Frank and Richard Henderson	2017	发展了低温电子显微镜用于测定溶液中的生物分子的高分辨结构	化学奖
核酸结构与功能	Albrecht Kossel	1910	在蛋白质，包括核物质方面的工作对我们认识细胞化学知识的贡献	生理学 / 医学奖
	Lord Todd	1957	核苷酸和核苷酸辅酶方面的工作	化学奖
	Francis Crick, James Watson and Maurice Wilkins	1962	核酸分子结构的发现及其对信息传递的意义	生理学 / 医学奖
酶	Eduard Buchner	1907	生物化学研究与无细胞发酵的发现	化学奖
	Gerhard Domagk	1939	发现磺胺类药物 Prontosil 的抗菌作用	生理学 / 医学奖
	James B. Sumner	1946	发现酶可以结晶	化学奖
	John H. Northrop and Wendell M. Stanley		制备了纯的酶和病毒蛋白质	
	Hugo Theorell	1955	发现氧化酶的性质和作用方式	生理学 / 医学奖
	John Cornforth Vladimir Prelog	1975	在酶催化反应的立体化学方面的工作 对有机分子和反应的立体化学的研究	化学奖
	Sidney Altman and Thomas R. Cech	1989	发现了核糖核酸的酶催化性质	化学奖
维生素与微量元素	Adolf Windaus	1928	研究甾醇的构成及其与维生素的关系	化学奖
	Christiaan Eijkman	1929	发现了抗神经性维生素（B_1）	生理学 / 医学奖
	Sir Frederick Hopkins		发现了刺激生长的维生素	
	Norman Haworth	1937	对碳水化合物和维生素 C 的研究	化学奖
	Paul Karrer		对类胡萝卜素、黄酮和维生素 A 和维生素 B_2 的研究	
	Richard Kuhn	1938	对类胡萝卜素和维生素的研究	化学奖
	Henrik Dam	1943	发现维生素 K	生理学 / 医学奖
	Edward A. Doisy		发现维生素 K 的化学性质	
	Dorothy Crowfoot Hodekin	1964	使用 X 射线衍射技术测定重要生物化学物质的结构	化学奖
	Ragnar Granit, Keffer Hartline and George Wald	1967	关于眼睛主要的生理和化学视觉过程的发现	生理学 / 医学奖

笔记栏

续表

获奖内容出现的章名	获奖者	获奖年份	获奖成果	获奖种类（生理学/医学奖或化学奖）
糖代谢	Arthur Harden, Hans von Euler-Chelpin	1929	糖的发酵和发酵酶的研究	化学奖
	Carl Cori, Gerty Cori Bernardo Houssay	1947	发现糖原催化转化过程 发现了垂体前叶激素在糖代谢中所起的作用	生理学/医学奖
	Hans Krebs Fritz Lipmann	1953	发现三羧酸循环 发现辅酶A及其对中间代谢的重要性	生理学/医学奖
	Luis Leloir	1970	发现糖核苷酸（UDPG）及其在糖合成中的作用	化学奖
生物氧化	Otto Warburg	1931	发现呼吸酶的性质和作用方式	生理学/医学奖
	Peter Mitchell	1978	提出化学渗透学说，阐明氧化磷酸化的偶联机制	化学奖
	Paul D. Boyer and John E. Walker Jens C. Skou	1997	阐明ATP合成的酶学机制 首次发现离子转运酶即 Na^+-K^+-ATP 酶	化学奖
脂质代谢	Adolf Windaus	1928	研究甾醇的构成及其与维生素的关系	化学奖
	Konrad Bloch and Feodor Lynen	1964	发现胆固醇和脂肪酸代谢的机制和调节	生理学/医学奖
	Michael S. Brown and Joseph L. Goldstein	1985	发现胆固醇代谢的调控机制	生理学/医学奖
氨基酸代谢	Aaron Ciechanover, Avram Hershko and Irwin Rose	2004	发现泛素介导的蛋白质降解机制	化学奖
核苷酸代谢	Emil Fischer	1902	在糖和嘌呤合成方面所做出的非凡贡献	化学奖
物质代谢联系与调节	Edmond H. Fischer and Edwin G. Krebs	1992	发现可逆蛋白质磷酸化是一种生物调节机制	生理学/医学奖
DNA生物合成	Hermann J. Muller	1946	发现X射线诱导突变	生理学/医学奖
	Max Delbrück, Alfred D. Hershey and Salvador E. Luria	1969	在病毒复制机制和遗传结构方面的发现	生理学/医学奖
	David Baltimore, Renato Dulbecco and Howard M. Temin	1975	发现了肿瘤病毒和细胞遗传物质之间的相互作用	生理学/医学奖
	Elizabeth H. Blackburn, Carol W. Greider and Jack W. Szostak	2009	发现端粒和端粒酶是如何保护染色体的	生理学/医学奖
	Tomas Lindahl, Paul Modrich and Aziz Sancar	2015	DNA修复的机制研究	化学奖
RNA的生物合成	Severo Ochoa and Arthur Kornberg	1959	发现RNA和DNA生物合成机制	生理学/医学奖
	Richard J. Roberts and Phillip A. Sharp	1993	发现断裂基因	生理学/医学奖
	Roger D. Kornberg	2006	真核转录的分子基础	化学奖
蛋白质的生物合成	Selman A. Waksman	1952	发现链霉素，第一种有效的结核病菌抗生素	生理学/医学奖
	Robert W. Holley, H. Gobind Khorana and Marshall W. Nirenberg	1968	解释了遗传密码及其在蛋白质合成中的作用	生理学/医学奖
	Albert Claude, Christian de Duve and George E. Palade	1974	研究细胞的结构和功能	生理学/医学奖
	Günter Blobel	1999	发现蛋白质有内在的信号来控制它们在细胞中的运输和定位	生理学/医学奖
	Venkatraman Ramakrishnan, Thomas A. Steitz and Ada E. Yonath	2009	研究核糖体结构和功能	化学奖
	James E. Rothman, Randy W. Schekman and Thomas C. Südhof	2013	发现了细胞囊泡运输系统的运行与调节机制	生理学/医学奖

笔记栏

续表

获奖内容出现的章名	获奖者	获奖年份	获奖成果	获奖种类（生理学/医学奖或化学奖）
基因表达调控	Francois Jacob, Andre Lwoff and Jacques Monod	1965	在基因控制酶和病毒合成方面的发现	生理学 / 医学奖
	Andrew Z. Fire and Craig C. Mello	2006	发现了 RNA 干扰 - 双链 RNA 导致基因沉默	生理学 / 医学奖
	William G. Kaelin Jr, Sir Peter J. Ratcliffe and Gregg L. Semenza	2019	发现了细胞是如何感知和适应氧气供应的	生理学 / 医学奖
细胞信号转导	Sir Bernard Katz, Ulf von Euler and Julius Axelrod	1970	发现了神经末梢的体液递质及其储存、释放和失活的机制	生理学 / 医学奖
	Earl W. Sutherland, Jr.	1971	发现激素的作用机制	生理学 / 医学奖
	Ilya Metchnikov and Paul Ehrlich	1908	有关免疫力方面的研究	生理学 / 医学奖
	Erwin Neher and Bert Sakmann	1991	发现细胞膜上单离子通道的功能	生理学 / 医学奖
	Alfred G. Gilman and Martin Rodbell	1994	发现 G 蛋白及其在细胞信号转导中的作用	生理学 / 医学奖
	Robert F. Furchgott, Louis J. Ignarro and Ferid Murad	1998	发现一氧化氮是心血管系统的信号分子	生理学 / 医学奖
	Arvid Carlsson, Paul Greengard and Eric Kandel	2000	在神经系统信号传导方面的发现	生理学 / 医学奖
	Richard Axel and Linda B. Buck	2004	发现了气味受体和嗅觉系统的组织	生理学 / 医学奖
	Robert J. Lefkowitz and Brian Kobilka	2012	发现G蛋白偶联受体	化学奖
	Jeffrey C. Hall, Michael Rosbash and Michael W. Young	2017	发现了控制昼夜节律的分子机制	生理学 / 医学奖
癌基因与抑癌基因	Peyton Rous and Charles B. Huggins	1966	发现诱导肿瘤的病毒	生理学 / 医学奖
	Stanley Cohen and Rita Levi-Montalcini	1986	发现生长因子	生理学 / 医学奖
	J. Michael Bishop and Harold E. Varmus	1989	发现了逆转录病毒癌基因的细胞起源	生理学 / 医学奖
	Leland Hartwell, Tim Hunt and Sir Paul Nurse	2001	发现细胞周期的关键调节因子	生理学 / 医学奖
	Sydney Brenner, H. Robert Horvitz and John E. Sulston	2002	研究器官发育和程序性细胞死亡的基因调控	生理学 / 医学奖
血液生物化学	Hans Fische	1930	研究血红素和叶绿素，特别是研究合成血红素	化学奖
	Karl Landsteiner	1930	发现了人类血型	生理学 / 医学奖
肝的生物化学	Heinrich Wieland	1927	胆汁酸和相关物质组成的研究	化学奖
	Harvey J. Alter, Michael Houghton and Charles M. Rice	2020	发现丙型肝炎病毒	生理学 / 医学奖
重组 DNA 技术	Werner Arber, Daniel Nathans and Hamilton O. Smith	1978	限制性内切酶的发现及其在分子遗传学中的应用	生理学 / 医学奖
	Barbara McClintock	1983	发现可移动的基因元件	生理学 / 医学奖
	George Beadle and Edward Tatum	1958	发现基因通过调节特定的化学事件起作用	生理学 / 医学奖
	Joshua Lederberg		在基因重组和细菌遗传物质组织方面的发现	
	Paul Berg	1980	对核酸生物化学的基础研究，特别是关于重组 DNA	化学奖
	Walter Gilbert and Frederick Sanger		在核酸碱基序列测定方面的贡献	
	Osamu Shimomura, Martin Chalfie and Roger Y. Tsien	2008	发现并发展了绿色荧光蛋白	化学奖
	Sir John B. Gurdon and Shinya Yamanaka	2012	发现成熟细胞可以被重新编程成为多能干细胞	生理学 / 医学奖
	Yoshinori Ohsumi	2016	发现细胞自噬机制	生理学 / 医学奖

笔记栏

续表

获奖内容出现的章名	获奖者	获奖年份	获奖成果	获奖种类（生理学/医学奖或化学奖）
常用分子生物学技术	Kary B. Mullis	1993	发明多聚酶链式反应技术	化学奖
	Michael Smith		建立以寡核苷酸为基础的定向突变技术以及在蛋白质研究方面的应用	
	Mario R. Capecchi, Sir Martin J. Evans and Oliver Smithies	2007	发现了利用胚胎干细胞在小鼠体内引入特定基因修饰的原理	生理学 / 医学奖
	Robert G. Edwards	2010	体外授精技术	生理学 / 医学奖
	Eric Betzig, Stefan W. Hell and William E. Moerner	2014	超分辨率荧光显微的发展	化学奖
	Frances H Armold, George P Smith and Gregory P Winter	2018	肽类和抗体的噬菌体展示技术	化学奖
	Emmanuelle Charpentier and Jennifer A. Doudna	2020	开发基因组编辑方法	化学奖

索引

笔记栏